研究生规划教材

高分子材料进展

第二版

张留成　王家喜　编

化学工业出版社

·北京·

本书介绍了今年来高分子材料领域的研究进展。全书共分五章，分别简要介绍了高分子合成反应、高分子合成反应实施技术、多组分高分子材料、液晶高分子以及功能高分子方面的研究进展。

本书可作为高等工科院校高分子类专业研究生教材或主要参考书，也可供从事高分子材料方面工作的教学、科研和生产技术人员参考。

图书在版编目（CIP）数据

高分子材料进展/张留成、王家喜编.—2版.北京：化学工业出版社，2014.7
研究生规划教材
ISBN 978-7-122-20619-0

Ⅰ.①高… Ⅱ.①张…②王… Ⅲ.①高分子材料-研究生-教材 Ⅳ.①TB324

中国版本图书馆CIP数据核字（2014）第093718号

责任编辑：杨　菁　　文字编辑：徐雪华
责任校对：蒋　宇　　装帧设计：关　飞

出版发行：化学工业出版社（北京市东城区青年湖南街13号　邮政编码100011）
印　　装：大厂聚鑫印刷有限责任公司
787mm×1092mm　1/16　印张28¾　字数760千字
2014年10月北京第2版第1次印刷

购书咨询：010-64518888（传真：010-64519686）　售后服务：010-64518899
网　　址：http://www.cip.com.cn
凡购买本书，如有缺损质量问题，本社销售中心负责调换。

定　　价：68.00元

第二版前言

本书自 2004 年 6 月出版以来，承蒙广大读者的厚爱，社会需要量较大。9 年后的今天，原书的内容已经不能适应今天高分子科学的迅速发展的需要。受到同行专家的鼓励及化学工业出版社的支持，并考虑到学科发展的现实需要，决定对原书进行一次修订再版。

本书第二版的修订时根据近年来高分子材料发展的变化，对原版的部分内容进行了删减，补充了一些最新的研究进展及相关文献，本书还保留 5 章的格局。第 5 章的修订较大，将高吸水树脂及吸油树脂合并到吸附高分子的合成及应用中，修订成吸附高分子材料，原配位高分子及螯合树脂修订成离子交换高分子、螯合树脂及配位高分子，导电高分子修订成电磁高分子，医用高分子修订成生物高分子，高分子负载催化剂的内容重新修订成高分子负载酸碱催化剂及相转移催化剂、高分子负载金属络合物及金属催化剂，添加了电磁流变材料。其他章节也添加了相应的研究进展及相应的文献。

本书 1.7 节、2.4～2.7 节、5.3～5.9 节由王家喜修订，其余由张留成修订，并由张留成统一定稿。

科技文献浩如烟海、涉及面广、内容丰富，高分子材料研究的日新月异，因编者有限的水平，在内容选择和处理、文字表述方面可能会存在欠妥之处，敬请读者指正。

编者于天津
2014 年 2 月

第一版前言

高分子科学的迅速发展，新反应的发现，新材料的制备和新应用领域的拓展使高分子材料对国民经济有着重大影响，在21世纪已经成为社会进步和发展的重要技术支柱之一。

在对研究生和大学高年级学生的教学过程中，我们感到有必要编写高分子材料进展这样一部教材，以便能够帮助学生对异彩纷呈的高分子材料领域有一个相对完整的了解，达到扩展视野的目的。通过这部教材所列的参考文献，能够帮助学生较快地进入高分子材料的新研究领域。在硕士研究生和高年级本科生的教学基础上，对这些年的教学内容进行了一定的扩充，编写出这部教材。

这部教材主要分为5章。第1章高分子材料合成反应。除了介绍传统聚合反应中的新进展外，还介绍了新的聚合方法；如插烯亲核取代缩聚反应、自由基开环聚合及含金属单体的自由基聚合、基团转移聚合、开环易位聚合、活性/可控自由基聚合、变换聚合反应、端活性低聚物及大分子引发剂和烯烃聚合催化剂研究进展等内容。第2章高分子合成反应实施技术。主要介绍各种悬浮聚合方法、乳液聚合进展、模板聚合、等离子体聚合方法、超临界聚合技术和辐射聚合及其研究进展。第3章多组分高分子材料。主要介绍聚合物共混物和聚合物基复合材料、多组分高分子材料中的界面、聚合物之间的互溶性及聚合物共混物的相分离、互穿聚合物网络、高分子材料的增韧改性、聚合物基纳米复合材料和高性能高分子材料等方面的研究进展。第4章液晶高分子材料。主要介绍液晶高分子材料的基本问题、液晶高分子的分子设计与合成方法、液晶高分子的特性及应用、液晶高分子研究的进展与趋势，以及液晶高分子的应用。第5章功能高分子材料。主要介绍吸附树脂的合成与应用、配位高分子及螯合树脂、感光高分子、高吸水树脂与高吸油树脂、高分子功能膜、导电高分子、医用高分子、高分子催化剂、聚合物光纤和智能高分子材料。

科技文献浩如烟海、涉及面广、内容丰富，高分子材料研究的日新月异，加之编者有限的水平，在内容选择和处理、文字表述方面可能会存在欠妥之处，敬请读者指正。

编者于天津

2004年12月

目录

第1章 高分子材料合成反应

第2章 高分子合成反应实施技术

第3章 多组分高分子材料

第4章 液晶高分子材料

第5章 功能高分子材料

第1章 高分子材料合成反应

20 世纪 30 年代至 60 年代之间奠定了高分子材料合成反应的基础。目前工业生产的聚合物主要使用自由基聚合、离子聚合、配位加成聚合及逐步聚合反应（主要是缩聚反应）。相对新近发展的基团转移聚合、开环易位聚合等新的聚合反应，不妨将自由基聚合、离子聚合、配位加成聚合及逐步聚合反应称为传统聚合反应。

为连贯和对比起见，本章先对传统聚合反应及其具有重要实际价值的最新进展和研究热点作简要介绍。然后阐述新近发展的新型聚合反应。

1.1 传统聚合反应

1.1.1 概述[1,2]

由低分子单体合成聚合物的反应称为聚合反应。可以从不同角度对聚合反应进行分类。

根据聚合物和单体元素组成和结构的变化可将聚合反应分成加聚反应和缩聚反应两大类。单体加成而聚合起来的反应称为加聚反应。由加聚反应而生成的聚合物亦称为加聚物，其元素组成与单体相同，加聚物分子量是单体分子量与聚合度的乘积。

若在聚合反应过程中，除形成聚合物外，同时还有低分子副产物形成，则此种聚合反应称为缩聚反应，其产物亦称为缩聚物。由于有低分子副产物析出，所以缩聚物的元素组成与相应的单体不同，缩聚物分子量亦非单体分子量的整数倍。缩聚反应一般是官能团之间的反应，大部分缩聚物是杂链聚合物。

按照反应机理分类，可将聚合反应分成连锁聚合反应和逐步聚合反应两大类。

烯类单体的加聚反应大部分属于连锁聚合反应，连锁聚合反应亦称链式聚合反应，其特征是整个反应过程可划分成相继的几步基元反应，如链引发、链增长、链终止等。此类反应中，聚合物大分子的形成几乎是瞬时的，体系中始终由单体和聚合物大分子两部分组成，聚合物分子量几乎与反应时间无关，而转化率则随反应时间的延长而增加。根据连锁聚合反应中活性种的不同，此类反应可分为自由基聚合反应、阴离子聚合反应及阳离子聚合反应等。

绝大多数缩聚反应和合成聚氨酯的反应都属于逐步聚合反应。其特点是在低分子单体转变成高分子的过程中，反应是逐步进行的。反应早期，大部分单体很快生成二聚体、三聚体等低聚物，这些低聚物再继续反应，分子量不断增大。所以随反应时间的延长，分子量增大，而转化率在反应前期就达到很高的值。

烯类单体对不同的连锁聚合机理具有一定的选择性，这主要是由取代基的电子效应和空间效应所决定的。

烯类单体上的取代基是推电子基团时，使碳碳双键 π 电子云密度增加，易与阳离子结合，生成碳阳离子。碳阳离子形成后，由于推电子基团的存在，使碳上电子云稀少的情况有所改变，体系能量有所减低，阳碳离子的稳定性就增加。因此，带有推电子集团的单体有利于阳离子聚合。异丁烯是个典型的例子。

相反，取代基是吸电子基团时，使碳碳双键上 π 电子云密度降低，这就容易与阴离子结合，生成阴碳离子。阴碳离子形成后，由于吸电子基团的存在，密集于阴碳离子上的电子云相对的分散，形成共轭体系，使聚合继续进行下去。因此，带有吸电子基团的烯类单体易进行阴离子聚合。丙烯腈是个典型例子。

自由基聚合有些类似阴离子聚合。如有吸电子基团存在，碳碳双键上 π 电子云密度降低，易与含有独电子的自由基结合。形成自由基后，吸电子基团又能与独电子形成共轭体系，使体系能量降低。这样，链自由基有一定的稳定性，而使聚合反应继续进行下去。这是丙烯腈既能阴离子聚合，又能自由基聚合的原因。丙烯酸酯类也有类似的情况。但基团的吸电子倾向过强，如偏二腈乙烯，就只能阴离子聚合，而难进行自由基聚合。

乙烯分子无取代基，结构对称，偶极距为零。须在高温高压的苛刻条件下才能进行自由基聚合，或在特殊的配位络合催化剂作用下进行聚合。

带有共轭体系的烯类，如苯乙烯、丁二烯，π 电子流动性大，易诱导极化，往往能按上述三种机理进行聚合。

烯类单体对不同聚合类型的选择性如表 1-1 所示。

表 1-1　烯类单体和聚合反应类型

阳离子聚合 $CH_2{=}C$	自由基聚合 $CH_2{=}C$ X	阴离子聚合 $H_2C{=}C$
$CH_2{=}C(CH_3)_2$ $CH_2{=}C(CH_3)C_6H_5$ $CH_2{=}CHOR$ $CH_2{=}C(CH_3)OR$ $CH_2{=}CH(OR)_2$ 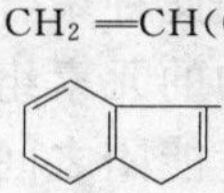 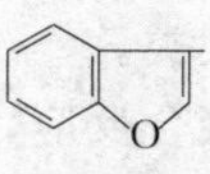	$CH_2{=}CHX$　X:F,Cl $CH_2{=}CHX_2$ $CH_2{=}CHF_2$ $CH_2{=}CHFCl$ $CH_2{=}CHOCOR$ $CH_2{=}CClCH{=}CH_2$ $CH_2{=}CHCOOR$ $CH_2{=}CHCONH_2$ $CH_2{=}CHCN$ $CH_2{=}C(COOR)_2$	$CH_2{=}CHNO_2$ $CH_2{=}C(CH_3)NO_2$ $CH_2{=}CClNO_2$ $CH_2{=}C(CN)COOR$ $CH_2{=}C(CN)_2$ $CH_2{=}C(CN)SO_2R$ $CH_2{=}C(COOR)SO_2R$ $CH_2{=}C(CH_3)COOR$ $CH_2{=}C(CH_3)CONH_2$ $CH_2{=}C(CH_3)CN$
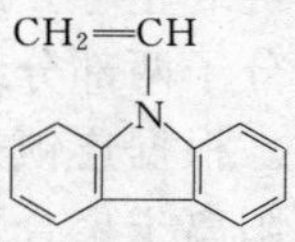 $CH_2{=}CH_2$ $CH_2{=}CHCH{=}CH_2$	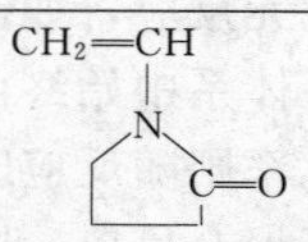 $CH_2{=}CHC_6H_5$ $CH_2{=}C(CH_3)CH{=}CH_2$	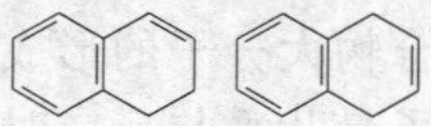 $CH_2{=}C(CH_3)C_6H_5$ $CH_2{=}CHCOCH_3$

除了取代基的电子效应对聚合性能有很大的影响外，取代基的数量、体积和位置所引起的空间位阻效应也有显著的影响。

逐步聚合反应包括缩聚反应和逐步加聚反应。与连锁聚合相比，这类反应没有特定的反应活性中心，每个单体分子的官能团，都有相同的反应能力。所以在反应初期形成二聚体、三聚体和其他低聚物。随着反应时间的延长，分子量逐步增大。增长过程中，每一步产物都能独立存在，在任何时候都可以终止反应，在任何时候又能使其继续以同样活性进行反应。显然这是连锁反应的增长过程所没有的特征。

对于逐步聚合反与连锁聚合反应，可以从表 1-2 几个方面的比较中看出它们的主要差别。

表 1-2　逐步聚合反应与连锁聚合反应的比较

特性	连锁聚合反应	逐步聚合反应
单体转化率与反应时间的关系	（图：纵轴 转化率，横轴 时间） 单体随时间逐渐消失	（图：纵轴 转化率，横轴 时间） 单体很快消失，与时间关系不大
聚合物的分子量与反应时间的关系	（图：纵轴 相对分子质量，横轴 时间） 大分子迅速形成，不随时间变化	（图：纵轴 相对分子质量，横轴 时间） 大分子逐步形成，分子量随时间增大
基元反应及增长速率	引发、增长、终止等基元反应的速率和机理截然不同，增长反应活化能较小，$E_p \approx 21 \times 10^3$J/mol，增长速率极快，以秒计	无所谓引发、增长、终止、等基元反应，反应活化能较高，例如，酯化反应 $E_p \approx 63 \times 10^3$J/mol，形成大分子的速率慢，以小时计
热效应及反应平衡	反应热效应大，$-\Delta H = 84 \times 10^3$J/mol，聚合临界温度高，200～300℃。在一般温度下为不可逆反应，平衡主要依赖温度	反应热效应小，$-\Delta H = 21 \times 10^3$J/mol，聚合临界温度低，40～50℃。在一般温度下为可逆反应，平衡不仅依赖温度，也与副产物有关

除缩聚反应以外，逐步加聚反应还包括各种逐步加成反应。例如二异氰酸酯和二元醇生成聚氨基甲酸酯的反应；双环氧化合物、双亚乙基亚胺化合物、双内酯等二官能环状化合物以及某些烯烃化合物都可按逐步加成反应形成聚合物。Diels-Alder 反应也可视作一种逐步加聚反应。

Diels-Alder 反应是一个双轭烯与一个烯类化合物发生的 1，4 加成反应形成环状结构，可用以制备梯形聚合物、稠环聚合物等。例如 1，3-二烯烃在 $TiCl_4$-$Al(C_2H_5)_2Cl$ 所形成的有效催化剂 $C_2H_5AlCl^+$ 存在下可制得梯形聚合物。

$$C_2H_5AlCl^+ + \text{(butadiene)} \longrightarrow C_2H_5AlCl^{\cdot}\text{(allyl cation)} \longrightarrow \cdots$$

$$\text{(diene)} + \text{(cation)} \longrightarrow \cdots \xrightarrow{C_2H_5AlCl^{\cdot}} \text{(vinylcyclohexene)} + C_2H_5AlCl^+$$

如此反复进行可得到梯形聚合物：

$$[\cdots]_n + \text{(cation)}\ C_2H_5AlCl^{\cdot} \longrightarrow [\cdots]_{n+1} + C_2H_5AlCl^+$$

传统聚合反应已应用于工业规模生产各种高分子材料，其发展和改进概括起来主要集中在以下三个方面：

①更好地控制聚合物分子量及其分布；

②更好的控制聚合物的微结构，如立体异构、几何异构、区域异构（Regiosomerism）以及共聚物的序列分布等；

③扩大这些聚合物反应的应用范围，采用新型单体合成新型聚合物以及筛选高效催化剂或引发剂等。

1.1.2 缩聚反应

缩聚反应是早已用于工业化生产、研究的较为成熟的一类高分子材料合成反应，已有不少专著、教科书和综述发表[1~4]。

与加成聚合物相比，缩聚物热稳定性高，其微观结构也易于由其单体结构预测，所以热稳定性高、力学强度大的工程材料，大都由这类反应合成。近期的进展主要集中在合成高性能的芳香聚酯和芳香聚酰胺，聚芳砜和聚芳酮以及星状聚合物的合成[5]、仿生合成也是一个重要的方向。这些方面除在以后相关的章节中介绍外，这里就有关不平衡缩聚、插烯亲核取代缩聚反应等方面的进展作一简要介绍。

1.1.2.1 不平衡缩聚反应

某些缩聚反应在一定条件下，逆反应速率很小或等于0，反应过程可进行到底，这称为不平衡缩聚反应。与一般的平衡缩聚相比，其基本特点是在反应中缩聚物不被低分子产物降解，不发生任何形式的交换反应。就此意义上讲，用界面缩聚和低温溶液缩聚方法进行的缩聚反应一般就是属于不平衡缩聚，这属于在一定条件下使原来属于平衡缩聚的反应变成不平衡缩聚反应的问题。以下主要介绍几种本身就是不可逆的非平衡缩聚反应。

(1) 脱氢缩聚　脱氢缩聚是将单体中的氢原子经氧原子脱出后形成聚合物的过程。一般用氯化铜、二氯化铁作氧化催化剂。利用此反应已制得商品化的聚苯醚（PPO）：

$$n\ \text{(2,6-dimethylphenol, }CH_3\text{, }CH_3\text{)}{-}OH + \frac{1}{2}nO_2 \xrightarrow{CuCl_2} \left[\text{(}CH_3\text{, }CH_3\text{)}{-}O\right]_n + nH_2O$$

也可用乙炔及其衍生物，通过氧化脱氢制备在主链上含有三键的线形缩聚物，如 $\left(C{\equiv}C\right)_n$ 及 $\left(C{\equiv}C{-}C_6H_4{-}C{\equiv}C\right)_n$，此类反应还可由苯制取聚苯。此外，聚苯甲醛、聚对苯二胺等一系列芳环耐高温聚合物都是通过这类反应制备的。

(2) 自由基缩聚　把由自由基偶合作用构成的缩聚反应称为自由基缩聚。此类反应的单体必须有活性原子（如 H、Cl、Br 等），在初级自由基作用下，单体给出它的活性原子形成自由基并进行偶合反应。例如二苯甲烷在过氧化叔丁基的作用下生成聚合物的反应。

首先是过氧化叔丁基分解形成自由基：

$$(CH_3)_3-COOC(CH_3)_3 \longrightarrow (CH_3)CO\cdot + \cdot CH_3 + (CH_3)_2O$$

所形成的自由基与单体作用，夺取活泼的氢原子

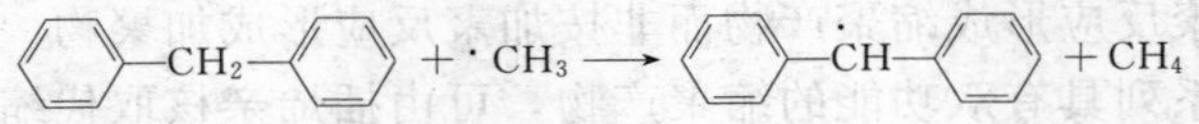

$$C_6H_5-CH_2-C_6H_5 + \cdot CH_3 \longrightarrow C_6H_5-\dot{C}H-C_6H_5 + CH_4$$

由单体形成的自由基通过偶合作用生成二聚体：

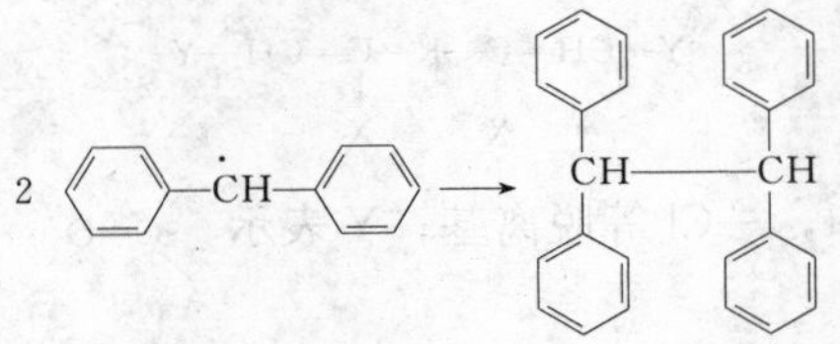

$$2\ C_6H_5-\dot{C}H-C_6H_5 \longrightarrow (C_6H_5)_2CH-CH(C_6H_5)_2$$

二聚体在丁氧基或甲基自由基作用下重新变成自由基，再经偶合形成三聚体、四聚体等等，最后形成高聚物。

(3) 环化缩聚　环化缩聚反应是通过缩合反应使聚合物分子链上形成环状结构的聚合反应。反应总的来说属于不平衡缩聚。反应有两个阶段，第一阶段是形成线形聚合物，一般为平衡缩聚；第二阶段为成环反应，是不平衡反应。例如由均苯四酸二酸酐与 4，4-二胺基二苯醚制备聚酰亚胺的反应（见 3.7 节），首先在室温下反应形成聚酰胺酸。然后加热第一步反应产物，进行环化反应，在聚合物链中引入亚胺环。

利用环化缩聚反应引入的环状结构还有噻唑（S、N 五元环）、咪唑（H-N、N 五元环）、吡唑（H-N、N 五元环）、三嗪（N、N、N 六元环）等。

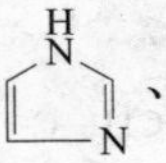

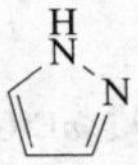

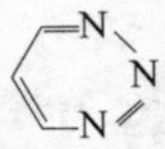

1.1.2.2　插烯亲核取代缩聚反应[3]

例如结构为 $R-\underset{\underset{O}{\|}}{C}-CH=CH-OEt$ 的化合物，是一种在 β 位置上具有脱离基（EtO—）的 α，β 不饱和酮，可看作是在羧酸酯的羰基和脱离基之间插入了双键。把这种类型的化合物与亲核试剂之间所进行的反应称之为“插烯亲核取代反应”。对双官能的这类单体形成缩聚物的反应称之为插烯亲核取代缩聚反应。

这种反应的机理与通常的酰基亲核取代反应是一样的。

酰基类亲核取代：

$$R-\underset{\underset{O}{\|}}{C}-CH-X + Nu^{\ominus} \rightleftharpoons R-\overset{\overset{O^{\ominus}}{|}}{\underset{\underset{X}{|}}{C}}-Nu$$

插烯类的亲核取代：

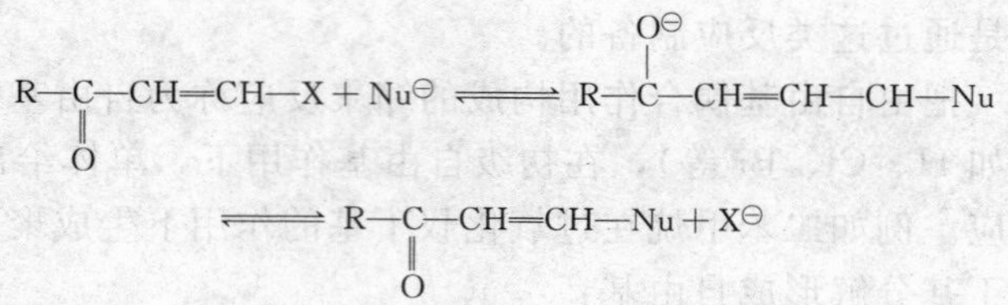

$$R-\underset{\underset{O}{\|}}{C}-CH=CH-X+Nu^{\ominus} \rightleftharpoons R-\overset{\overset{O^{\ominus}}{|}}{C}-CH=CH-CH-Nu$$

$$\rightleftharpoons R-\underset{\underset{O}{\|}}{C}-CH=CH-Nu+X^{\ominus}$$

可见，两者的反应机理基本上是相同的。第一阶段是生成过渡状态的四面体，再进一步放出脱离基而得最终产品。总的结果是，插入的烯键对亲核取代反应并无大的影响。这就是说，这类单体是按缩聚反应形成缩聚产物而非按加聚反应形成加聚物。

目前已合成出一系列具有双功能的缩聚产物，可由插烯亲核取代缩聚反应在相当温和的条件下制得高分子量的缩聚体。这些单体有以下两种模式：

$$X-CH=CH-Y-R-Y-CH=CH-X \text{ 及}$$

$$Y-CH=\underset{\underset{X}{|}}{C}-R-\underset{\underset{X}{|}}{C}=CH-Y$$

式中，X 表示—OH，OEt，—Cl 等脱离基；Y 表示 $>C=O$，$>SO_2$，—COOEt，—CN，—NO_2 等吸电子基团。

兹举两例以作说明：

(1) 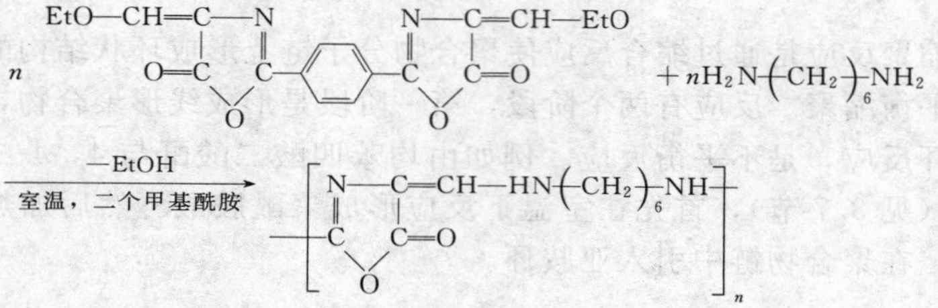 n EtO—CH=C—N ... N—C=CH—EtO（双噁唑酮—对苯撑）$+ nH_2N\left(CH_2\right)_6NH_2$ $\xrightarrow[\text{室温，二个甲基酰胺}]{-EtOH}$ $\left[N—C=CH—HN\left(CH_2\right)_6NH\right]_n$（噁唑酮环）

(2) $nEtO-CH=CH-\underset{\underset{O}{\|}}{C}-\underset{\underset{O}{\|}}{C}-CH=CH-OEt + nH_2N-C_6H_4-O-C_6H_4-NH_2 \xrightarrow[\text{室温，六甲基磷酰三胺}]{-EtOH}$

$$\left[CH=CH-\underset{\underset{O}{\|}}{C}-\underset{\underset{O}{\|}}{C}-CH=CH-NH-C_6H_4-O-C_6H_4-NH\right]_n$$

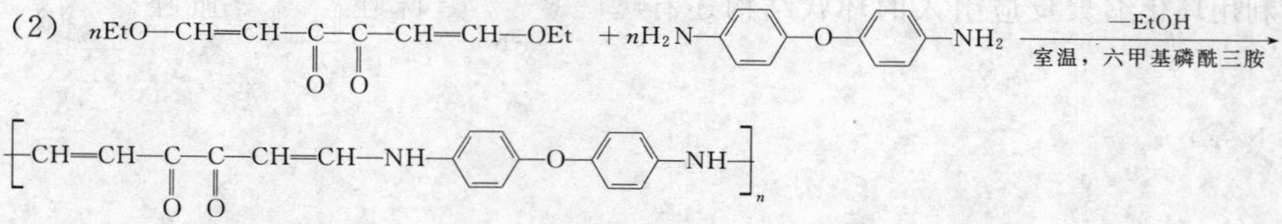

1.1.2.3 相转移催化剂在缩聚反应中的应用[6~10]

相转移催化剂法（phase-transfercatalysis，PTC）是 20 世纪 70 年代发展起来的一种有机合成的新方法，该法利用一种特殊的催化剂，使水相或固相中的反应物能顺利地转入有机相中，从而为不具有共同溶剂的反应物找到了反应场所，而且反应条件温和，操作简便，反应速度较快，产率较高。目前，在高分子合成中已开始使用这一方法。相转移催化法所用的催化剂可分为以下三类：

第一，鎓盐类。主要有季铵盐（$R_3N^+RX^-$），季鏻盐（$R_3P^+R'X^-$），季钾盐（$R_3As^+R'X^-$）。其中以季铵盐应用最广，季鏻盐次之，季钾盐的毒性最大，使用上受到一定的限制。鎓盐类多用于液-液相转移反应。

第二，大环多醚类。这是近年发展起来的具有特殊络合性能的化合物，主要有冠醚和穴醚。冠醚的特征是分子中具有重复单元 $\left(Y-CH_2-CH_2\right)_m$，其中 Y 为氧或其他杂原子。由于它们的形状似皇冠，故俗称为冠醚（Crown ether）。常用的冠醚有：15-冠-5

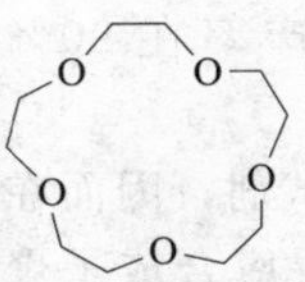

，二苯基-18-冠-6 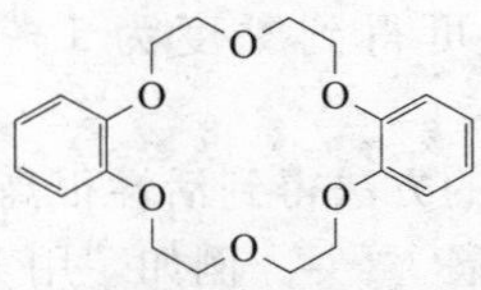 ，二环己基-18-冠-6 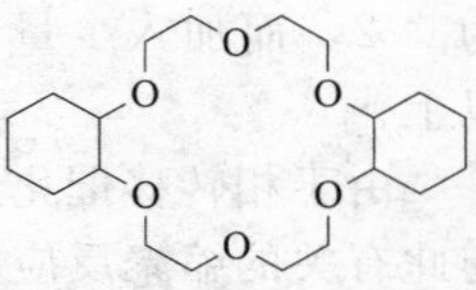 。

穴醚（Cryptates）则是具有三度空间的大环多醚，对金属离子的络合能力更为突出。2，2，2-穴醚就是其中的一种，结构为：。

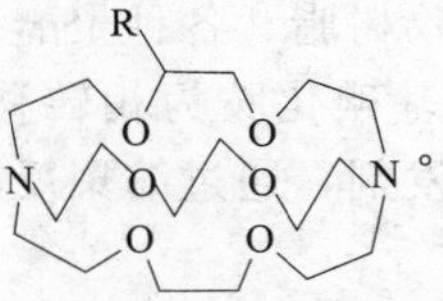

上述这些大环多醚由于其空穴尺寸不同，因而具有不同的络合性能。如18-冠-6的空穴半径为2.6～3.2Å（1Å＝0.1nm），与钾离子半径（2.66Å）相适应，能形成共平面的1∶1的大阳离子，从而削弱了对阴离子的影响，这类络合物的图示如下：

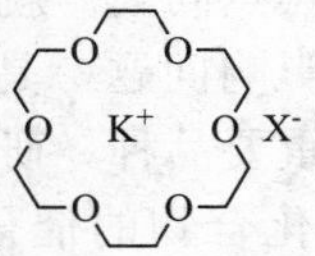

（其中X＝CN，F，MnO_4 等）

当上述络合物转入有机相后，不仅能使反应在均相进行，而且其中阴离子成为活性很高的所谓裸阴离子（naked anion），因而活性大大提高。前已述及，𬭩盐的相转移催化剂只能在液-液相中进行，而大环多醚类却能使一些固相试剂转入有机相，从而实现了固-液相转移催化反应。

第三，高分子催化剂。以高分子为骨架（如部分交联的聚苯乙烯），将𬭩盐或大环多醚“挂”到高分子链上作为相转移催化剂应用，这种催化剂反应后易于从反应体系中除去，所以，很有实用意义。

相转移催化法在缩聚反应中已有一些成功的例子。例如，分别将双酚A溶于NaOH水溶液中，光气溶于二氯乙烷中，用𬭩盐（氯化三乙基苯基铵）作为相转移催化剂，可制得聚碳酸酯。更有趣的是，用18-冠醚-6作为相转移催化剂时，不用光气，直接把固体粉末状 K_2CO_3 与对位二溴甲基苯在二氧六环中进行固-液相转移反应，便可得到白色粉末状聚碳酸酯：

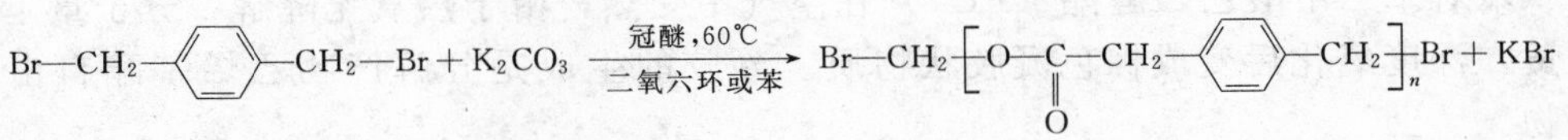

冠醚，60℃ / 二氧六环或苯

使用冠醚催化的液-液相催化转移系统还可制得高分子量的磺酸酯。

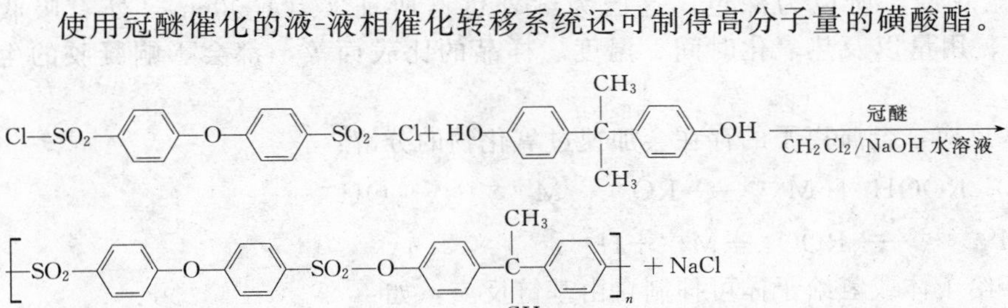

冠醚 / CH_2Cl_2/NaOH 水溶液

上述反应若在没有冠醚存在时，反应速度很慢，反应24h，所得聚合物的对数比黏度为0.2，而加入少量的冠醚，则3h后便可得到黏度为1～1.5的聚合物，产率在90%以上。

由于相转移催化反应的特点是用简单的方法得到活性很高的负离子或亲核试剂，因而在与此有关的缩聚反应中的应用有了很大进展[7～10]。例如，用PTC法通过缩聚反应合成了聚羟基氨基甲酸酯[7]、含有二乙基醚的液晶聚合物[8]、具有高折射率的透明的2，2'-巯基乙基硫化二甲基丙烯酸酯与苯乙烯的共聚物树脂、各种聚醚以及三烯酚三嗪及其与顺丁烯二酰亚胺的共聚物。Yokozawa等[10]用四丁基碘化胺为相转移催化剂，将4-溴甲基苯甲酸盐分散在有机相溶剂中，以活性苄基溴为引发剂，通过缩聚反应合成了具有精确分子量且分子量分布很窄（$\overline{M}_w/\overline{M}_n<1.3$）的聚酯。

总之PTC法在缩聚反应中的应用主要集中在各种芳香聚醚和聚酯的合成上。

1.1.2.4 缩聚反应机理的研究进展[3,12,13]

有重大工业价值的缩聚反应大都是可逆平衡反应。反应平衡、单体的活性、反应机理和反应动力学等一直都是缩聚反应研究的焦点问题。就当前的应用价值而言，金属化合物催化剂催化机理及其对缩聚产物热稳定性的影响问题，是缩聚反应研究的前沿领域。由于聚酯、聚酰胺等都是工业生产的高分子材料的重要品种，研究对象大都集中在这类缩聚反应。以下就以聚酯反应为例，简要阐述一下金属化合物的催化机理以及对聚酯反应过程中副反应的影响。

（1）聚酯缩聚过程中的副反应　和其他缩聚反应一样，聚酯在缩聚的同时，还存在热降解以及热氧化凝胶等副反应。

聚酯热解降使分子量下降，羧端基含量增加，大分子中醚键含量也会增加。热降解可发生于链端亦可发生在链间：

发生于链端：

$$\sim\!\!\mathrm{C_6H_4}\!-\!\overset{\overset{\displaystyle O}{\|}}{C}\!-\!O\!-\!CH_2CH_2OH \longrightarrow \sim\!\!\mathrm{C_6H_4}\!-\!\overset{\overset{\displaystyle O}{\|}}{C}\!-\!OH + CH_3CHO$$

发生于链间：

$$\sim\!\!\mathrm{C_6H_4}\!-\!\overset{\overset{\displaystyle O}{\|}}{C}\!-\!O\!-\!CH_2CH_2O\!-\!\overset{\overset{\displaystyle O}{\|}}{C}\!-\!\mathrm{C_6H_4}\!\sim \longrightarrow \sim\!\!\mathrm{C_6H_4}\!-\!\overset{\overset{\displaystyle O}{\|}}{C}\!-\!OH + CH_2\!=\!CHO\!-\!\overset{\overset{\displaystyle O}{\|}}{C}\!-\!\mathrm{C_6H_4}\!\sim$$

聚对苯二甲酸乙二醇酯（PET）在空气中受热，由于热氧化降解，分子量下降，色泽发黄，深度氧化后变成棕色凝胶状物质。凝胶的生成是分解产物乙烯基酯自由基反应的产物。

凝胶物含有共轭双键，所以为深色，这已为红外色谱所证实（$1600cm^{-1}$处有吸收峰）。催化剂的种类、用量以及热氧化时间、温度、样品的比表面等，都会影响凝胶的生成量。

热氧化是自由基反应，金属离子的存在会加速过氧化物的分解：

$$ROOH + M^{n+} \longrightarrow RO\cdot + M^{(n+1)+} + OH^-$$

或　$ROOH + M^{(n+1)+} \longrightarrow ROO\cdot + M^{n+} + H^+$

另一方面，电子给予体或氢给予体可抑制自由基链反应，如：

$ROO\cdot + Co^{2+} \longrightarrow ROO^- + Co^{3+}$

$ArOH + ROO\cdot \longrightarrow ROOH + ArO\cdot$

$ArO\cdot + ROO\cdot \longrightarrow ROOArO$

因此，在 PET 合成中加入钴盐和阻碍酚可防止热氧化作用，但实验表明，必须在稳定剂磷酸酯存在下才有明显的效果。这就是说，只有在电子给予体、氢给予体和磷酸酯同时存在时才能发挥协同效应，有效地阻碍热氧化反应。

由于酰胺基团中—NH—上的 H 更容易生成过氧化氢。所以聚酰胺比聚酯更容易发生热氧化反应。在合成聚酰胺时，加入亚磷酸可减轻产物的热氧化。

(2) 金属化合物的催化机理　对于聚酯合成中所用金属化合物的催化机理已提出不少模式。在 H^+ 催化机理的基础上 Zimmermann 认为，对苯二甲酸乙二醇酯（BHET）中的羟乙酯基容易形成内环状络合物。此内环的形成是靠羟基氢原子与羰基氧生成分子内氢键而形成的。在缩聚条件下，氢原子被金属化合物催化剂中的金属取代而形成螯合物，螯合物中的金属提供空轨道与羰基氧的孤对电子配位，从而提高羰基氧的正电性，这样就易于另一个羟乙酯基上的羟氧基的进攻并与其结合，完成缩合反应。这就是其催化作用的实质，可表示如下：

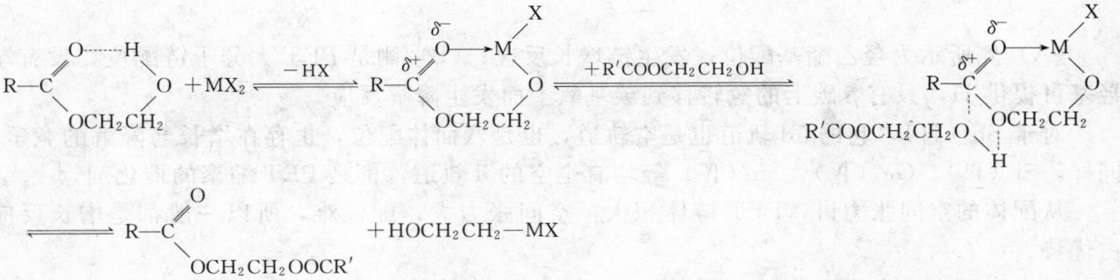

R—C(=O┈H—O)—OCH₂CH₂ + MX₂ $\xrightleftharpoons{-HX}$ R—C(δ^+)(=O$^{\delta-}$→M(X)—O)—OCH₂CH₂ $\xrightleftharpoons{+R'COOCH_2CH_2OH}$ R—C(δ^+)(=O$^{\delta-}$→M(X)—O)—OCH₂CH₂ ┆ R′COOCH₂CH₂O—H

$\rightleftharpoons$ R—C(=O)—OCH₂CH₂OOCR′ + HOCH₂CH₂—MX

根据 Co（Ⅱ）、Mn（Ⅱ）、Zn（Ⅱ）等的乙酰丙酮络合物的研究，对金属化合物的催化机理，提出了另一种配位机理：

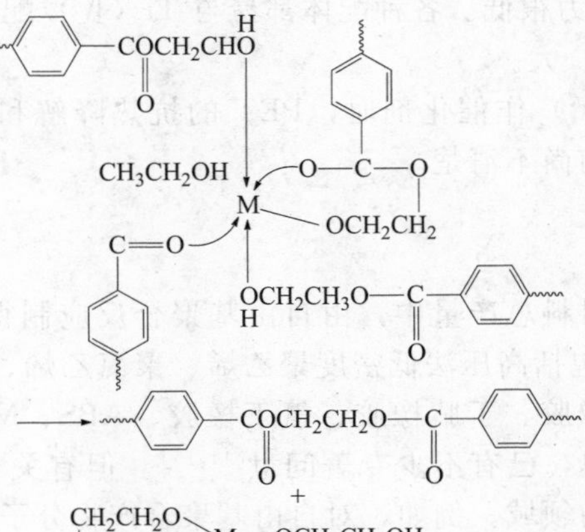

~C₆H₄—C(=O)OCH₂CHO(H)→M；CH₃CH₂OH；~C₆H₄—C(=O)—O→M；M—OCH₂CH₂；C=O→M；OCH₂CH₃O(H)—C(=O)—C₆H₄~

⟶ ~C₆H₄—C(=O)OCH₂CH₂O—C(=O)—C₆H₄~
+
CH₂CH₂O—M—OCH₂CH₂OH；O—C=O→M；OCH₂CH₂OH(H)—C(=O)—C₆H₄~

这两种机理都解释了 BHET 缩聚时脱出乙二醇（EG）生成大分子的历程。但这两种模式，特别是第一种模式，是以二价金属盐为催化剂的前提出发。但实验表明，Sb_2O_3 以及 Ti（Ⅳ）、Sn（Ⅳ）、Ge（Ⅳ）等都是高效催化剂，上述机理尚不能解释其催化机理。此外，也不能解释不同催化剂对热降解催化活性的差别。为此从晶体场理论出发，提出了如下的催化机理。例如，Ti（Ⅳ）的五个3d轨道都是空轨道，理想状态下为简并轨道，成八面体配位。根据强场配体与弱场配体的顺序，首先是羧基配位，尔后是羟基。又因六元环的不饱和配体是稳定的，故设想其配位情况为：

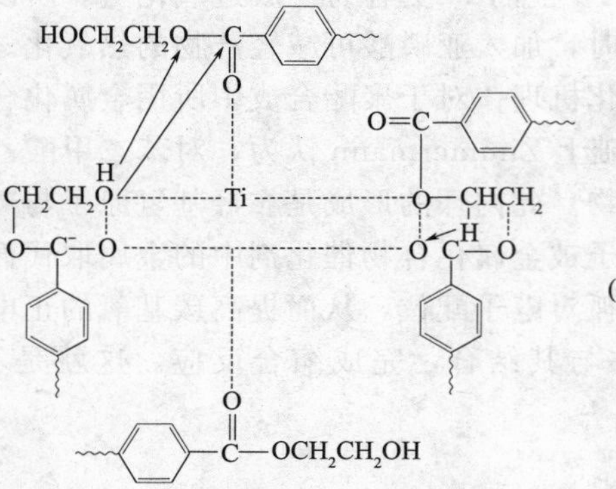

（A）侧所示为羟乙酯基配位，发生链增长反应；（B）侧是PET大分子链配位，没有端羟基可提供H，只有β碳上的氢转移到羰基氧上而发生降解反应。

对于Sb（Ⅲ），它的5d轨道也是空轨道，也是八面体配位，也存在增长与降解的竞争。同样，Si（Ⅳ）、Ge（Ⅳ）、Sn（Ⅳ）等均有全空的d轨道，都是PET缩聚的催化剂。

从配体的空间张力讲，PET链体积大，空间张力大，配位难，所以一般都是增长反应占优势。

对金属而言，离子电荷对半径的比越大，配位物就越稳定。Sb（Ⅲ）的电荷对半径比为0.017，Ti（Ⅳ）为0.03，可见同一配体，Ti（Ⅳ）比Sb（Ⅲ）的配位倾向大。PET的空间张力大，Sb（Ⅲ）的电荷与半径比又小，所以PET更难与Sb（Ⅲ）配位。因此Sb（Ⅲ）对热降解的催化能力很低。各种配体都易与Ti（Ⅳ）配位，所以它催化缩聚和催化热降解的能力都比Sb（Ⅲ）大。

值得一提的是，Ge（Ⅳ）作催化剂时，PET的抗热降解和热氧化降解性能都比较好，透明性最好。具体原因目前尚不清楚。

1.1.3 自由基聚合

在所有的合成高分子材料总产量中，由自由基聚合反应制得的产品占60%以上，在热塑性树脂中则达80%，这包括高压法低密度聚乙烯、聚氯乙烯、聚苯乙烯、聚醋酸乙烯酯、丙烯酸酯类聚合物、丁苯橡胶、丁腈橡胶、氯丁橡胶、ABS、MBS等重要品种。自由基聚合的理论和实践也比较成熟，已有不少专著问世[14,15]。但有关自由基聚合反应及其应用的研究仍然是一个备受关注的领域。例如，对自由基聚合产物分子量及其分布和微观结构控制的研究、高黏度、非均相体系高转化率聚合动力学、新型高效引发剂、新型单体等方面的研究都是此领域备受关注的前沿课题。

1.1.3.1 分子量及微观结构的控制

自由基聚合包括一系列随机过程，对产物分子量及分布和微观机构控制的有效办法有限。

自由基聚合产物的平均分子量可用链转移剂控制。20世纪80年代发现，使用称之为引转剂（iniferter）的添加剂来控制分子量[16]。这种添加剂不仅起引发剂作用，还同时起链转移剂和终止剂的作用。以 X-Y 表示引转剂，M 表示单体，其作用机理可表示如下：

$$X\text{-}Y \rightleftharpoons X\cdot + Y\cdot \qquad \text{分解}$$

$$X\cdot + M \longrightarrow P_1\cdot \qquad \text{引发}$$

$$P_n\cdot + X\text{-}Y \rightleftharpoons P_nY \qquad \text{终止}$$

$$P_m\cdot + X\text{-}Y \longrightarrow P_mY + X\cdot \qquad \text{转移}$$

典型的引转剂有二苯基二硫化物、秋兰姆二硫化物、频哪醇衍生物等。引转剂在控制分子量和制备活性大分子引发剂（macroinitiator）方面具有很大的潜在应用前景。

新近发展了自由基活性可控聚合的新技术，为自由基聚合分子量及其分布的控制开辟了新的途径。这将在 1.4 节中讨论。

由于自由基聚合时，活性链端没有专一的定向能力，所以要获得立构规整的聚合物，必须提高单体的极性和空间位阻，或者设法使单体在聚合前就排列规整。

将极性单体和无机盐络合，然后进行自由基聚合，可获得立构规整聚合物。例如，将甲基丙烯酸甲酯和无水氯化锌络合，提高其极性，再用紫外线照射可聚合成全同立构的聚甲基丙烯酸甲酯。

也可采用晶道络合物的聚合方法获得立构规整性聚合物。例如，将单体（如 $CH_2=CHCl$，1，3-丁二烯）溶解在脲或硫脲中，经冷冻后，脲结晶，单体形成包结络合物并规则地排列在晶道中，经辐射聚合得立构规整聚合物。

近年来采用固相聚合的方法，即单体在结晶状态下用 γ 射线辐射聚合，反应十分迅速，获得立构规整的聚合物。

采用自由基聚合制备立构规整性 α-烯烃聚合物，至今尚无有效的方法。

为克服自由基聚合物难于控制分子量及微观结构的缺点，发展了模板聚合反应（template polymerization）[17]。但模板聚合尚存在一系列问题。例如生成的聚合物难于从模板上分离等。应用丙烯酸/聚氧化乙烯模板聚合体系作为制备互穿网络聚合物（IPN）的起始物质，将其附于惰性基体上，据称可减少聚合物从模板上分离的困难。

关于模板聚合，详见本书第 2 章。

1.1.3.2　引发剂及引发反应研究进展

自由基聚合引发剂有无机过氧化物、有机过氧化物、偶氮类引发剂以及氧化-还原引发体系等。此外尚可采用热引发、光引发、辐射引发及电子转移引发等。以下仅就具有重大应用前景的几种引发剂及相关的引发反应的研究进展作一简要介绍。

(1) 偶氮类引发剂　常用的偶氮类引发剂的典型例子有偶氮二异丁腈（AIBN）、偶氮二异庚腈（ABVN）等，属中等活性引发剂。

此类引发剂的一个突出进展是合成带端羟基或端羧基的引发剂[18]，用于制备遥爪聚合物。举例如下：

$$HO-R-\underset{CH_3}{\overset{CH_3}{\underset{|}{\overset{|}{C}}}}-N{=}N-\underset{CH_3}{\overset{CH_3}{\underset{|}{\overset{|}{C}}}}-R-OH \longrightarrow N_2\uparrow + 2HO-R-\underset{CH_3}{\overset{CH_3}{\underset{|}{\overset{|}{C}}}}\cdot$$

$$\xrightarrow{M} HO-R-\underset{CH_3}{\overset{CH_3}{\underset{|}{\overset{|}{C}}}}-M\cdot \longrightarrow HO-R-\underset{CH_3}{\overset{CH_3}{\underset{|}{\overset{|}{C}}}}\!\leftarrow\! M \!\rightarrow_{m+n}\! \underset{CH_3}{\overset{CH_3}{\underset{|}{\overset{|}{C}}}}-R-OH$$

此类引发剂分解温度约为 50～70℃。

可用于制备羟端基聚苯乙烯、聚丙烯腈、聚丙烯酸酯等，带有端羧基的偶氮引发剂可用于聚氯乙烯-聚氧化乙烯嵌段共聚物的合成，也可用于合成主链上有冠醚结构的聚合物。冠醚能与碱金属、碱金属阳离子形成络合物，因而此类引发剂引起极大的关注。反应过程可表示如下：

$$HOOC—CH_2CH_2—C(CH_3)(CN)—N{=}N—C(CH_3)(CN)—CH_2CH_2—COOH \xrightarrow{PCl_5}$$

$$Cl—C(=O)—CH_2CH_2—C(CH_3)(CN)—N{=}N—C(CH_3)(CN)—CH_2CH_2—C(=O)—Cl$$

$$\xrightarrow[0℃,\ N_2,\ CH_2Cl_2\ 或\ DMF]{NH_2—C_6H_4—(二苯并冠醚)—NH_2} —HN—(二苯并冠醚)—NH—C(=O)—CH_2CH_2—C(CH_3)(CN)—N{=}N—C(CH_3)(CN)—$$

$$\xrightarrow[—N_2]{70℃} —HN—(二苯并冠醚)—NH—C(=O)—CH_2CH_2—\dot{C}(CH_3)(CN) \xrightarrow{烯类单体}$$

$$\longrightarrow —HN—(二苯并冠醚)—NH—C(=O)—CH_2CH_2—C(CH_3)(CN)—M—M—$$

端羟基及端羧基引发剂引发生成的聚合物，其端官能团若能与烯类单体中的官能团作用就可能生成大单体。

(2) 有机过氧化物类引发剂　有机过氧化物类引发剂及其分解反应可表示为：

$$RO—OR' \longrightarrow RO\cdot + R'O\cdot$$

此类引发剂的活性决定于 R 及 R′的结构。其研究的方向除开发高效的过氧化物引发剂外，另一个方向是合成带活性端基的过氧化物，端基可为羟基、羧基等，也可为不饱和基团。如为不饱和基团，如乙烯基 $CH_2{=}CH—$等，则可引发单体聚合生成大单体，再与其他单体共聚，制备接枝共聚物。

结构不对称的三官能团引发剂也为人们关注。中心为偶氮基，二侧为过氧基团的称为偶氮过氧化物，能依次分解并产生多自由基。例如：

$$C_6H_5—C(=O)—O—O—C(=O)\!\leftarrow\!CH_2\!\rightarrow_n\!C(CH_3)(CN)—N{=}N—C(CH_3)(CN)\!\leftarrow\!CH_2\!\rightarrow_n\!C(=O)—O—O—C(=O)—C_6H_5$$

$$\longrightarrow 2\,C_6H_5—C(=O)—O—O—C(=O)\!\leftarrow\!CH_2\!\rightarrow_n\!\dot{C}(CH_3)(CN) + N_2$$

$$\longrightarrow 2\,C_6H_5\cdot + 2\cdot O—C(=O)\!\leftarrow\!CH_2\!\rightarrow_n\!\dot{C}(CH_3)(CN) + 2CO_2\uparrow$$

$$\longrightarrow 2\cdot\!\leftarrow\!CH_2\!\rightarrow_n\!\dot{C}(CH_3)(CN) + 2CO_2\uparrow$$

用这种引发剂可制得嵌段共聚物。

(3) 氧化-还原体系　此类引发体系分解活化能低，聚合速率和产物分子量大，聚合反应可在室温或室温以下进行，是目前研究工作十分活跃的领域。

新型的氧化-还原体系有如下几种[19]：

①过硫酸盐体系　过硫酸盐与柠檬酸、抗坏血酸（维生素 C)、硫脲等都可以发生氧化-还原反应生成自由基。以硫脲为例，反应如下：

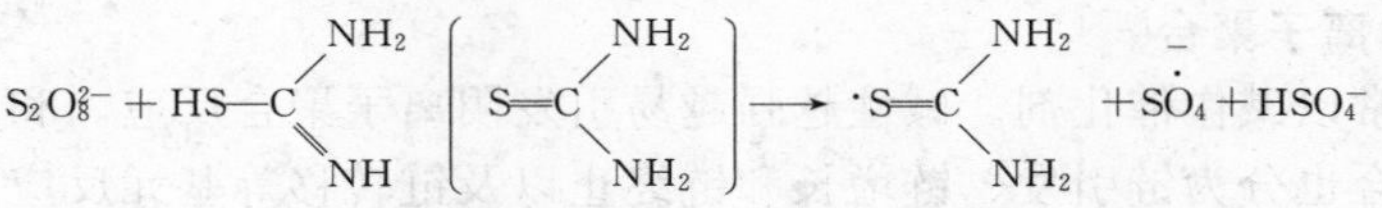

$$S_2O_8^{2-} + HS—C(=NH)—NH_2 \left[S=C(NH_2)_2 \right] \longrightarrow \cdot S=C(NH_2)_2 + \dot{S}O_4^- + HSO_4^-$$

$\dot{S}O_4^-$ 可与水反应生成 $\dot{O}H$：$\dot{S}O_4^- + H_2O \longrightarrow HSO_4^- + \cdot OH$

所以由 $S_2O_8^{2-}$ 还原剂构成的引发体系引发聚合，所得聚合物常带有端羟基。

②溴酸盐及氯酸盐体系　研究较多的有 $KBrO_3$－硫脲体系及 $NaClO_3$-Na_2SO_3 体系。

③过氧化磷酸二氢盐体系　$P_2O_8^{4-}$ 可与 Co^{2+}、Ag^+、Vo^{2+} 及 $S_2O_3^{2-}$、硫脲等构成氧化-还原引发体系、引发丙烯腈水相聚合反应。

此外，金属络合物、偶氮化合物、卤素等与还原剂所构成的氧化-还原引发体系，也是目前受到关注的新型氧化-还原引发剂。

此外，电荷转移络合引发[20]、相转移引发剂[21]等，也都是新型引发体系研究的热门领域。

1.1.3.3　自由基开环聚合反应及含金属单体的自由基聚合

(1) 自由基开环聚合反应[22]　可进行自由基聚合的环状单体很少。目前报道的有以下几种：

乙烯基环氧乙烷 $CH_2=CH—CH—CH_2$（CH—CH₂ 间以 O 成环）；乙烯酮环羧醛 $CH_2=C<(O—CH_2)(O—CH_2)$ 及其氮、硫同系物；

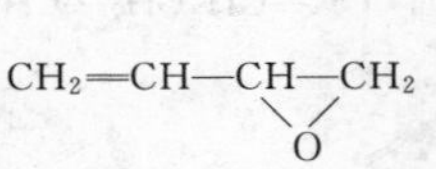

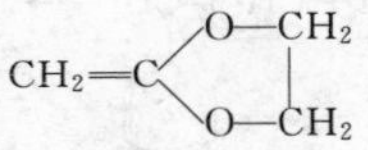

螺邻酯，如螺邻碳酸酯。

这里应特别指出螺邻碳酸酯自由基开环聚合时，伴有体积膨胀，这很有实用价值。例如在牙科填充上有大潜在应用价值。少量螺邻酯与其他单体共聚，可减少聚合时体积收缩从而提高产品的尺寸稳定性。

(2) 含金属单体的聚合[23]　含金属单体（MCM）的聚合和共聚合可用以制备含金属聚合物（MCP)。这种聚合物可广泛用作特殊性能的涂料、催化剂及热塑性材料，有的还具有生物活性。但其制备方法多采用缩聚反应（见 1.2 节)。近些年有关 MCM 的自由基聚合引起了很大关注。可进行自由基聚合的 MCM 主要有以下几种类型。共价键型 (σ)、配位键型 (nV) 和 π 键型。

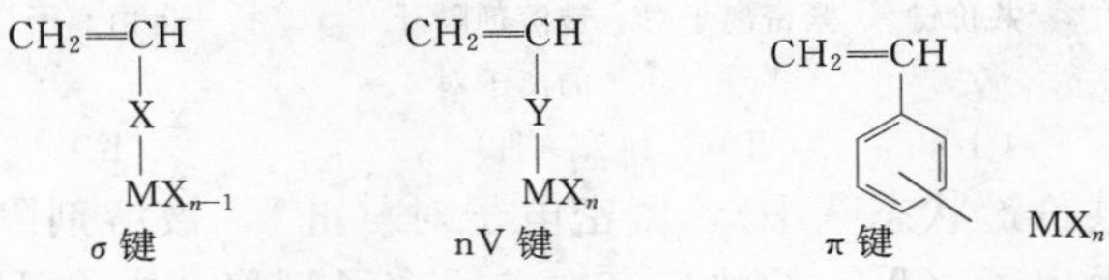

$CH_2=CH—X—MX_{n-1}$（σ 键）　$CH_2=CH—Y—MX_n$（nV 键）　$CH_2=CH—C_6H_4 \cdot MX_n$（π 键）

式中，M 代表金属，n 表示化合价。

共价键型和配位键型中 M 可以是过渡金属亦可为非过渡金属，π 键型则必须是过渡金属。

目前 MCM 的合成及聚合还处于初步研究阶段。

1.1.4 离子型聚合

根据增长链离子的特征，可将离子型聚合分为阳离子聚合、阴离子聚合和配位离子聚合三类。配位离子聚合由于与定向聚合关系密切，将单独作一节讨论，本节只讨论前两类。

1.1.4.1 阴离子聚合[25]

阴离子聚合常以碱作催化剂。碱性越强越易引发阴离子聚合反应。和其他链式聚合反应一样，阴离子聚合也分为链引发、链增长和链终止以及链转移等基元反应。

(1) 链引发　根据所用催化剂类型的不同，引发反应有两种基本类型。

① 催化剂 R—A 分子中的阴离子直接加到单体上形成活性中心，如

$$R{-}A + CH_2{=}\underset{\displaystyle Y}{\underset{|}{CH}} \longrightarrow RCH_2{-}\underset{\displaystyle Y}{\underset{|}{\bar{C}H}}A^+$$

以烷基金属（如 LiR）和金属络合物（如碱金属的蒽、萘络合物）为催化剂时即为此种情况。

② 单体与催化剂通过电子转移形成活性中心：

$$e + CH_2{=}\underset{\displaystyle Y}{\underset{|}{CH}} \longrightarrow \dot{C}H_2{-}\underset{\displaystyle Y}{\underset{|}{\bar{C}H}}:$$

例如以碱金属为催化剂时即为此种情况：

$$Na + CH_2{=}\underset{\displaystyle C_6H_5}{\underset{|}{CH}} \longrightarrow Na^+\,\underset{\displaystyle C_6H_5}{\underset{|}{\bar{C}H}}{-}\dot{C}H_2 \longrightarrow Na^+\,\underset{\displaystyle C_6H_5}{\underset{|}{\bar{C}H}}{-}CH_2CH_2{-}\underset{\displaystyle C_6H_5}{\underset{|}{\bar{C}H}}Na^+$$

与自由基聚合的情况相似，活泼单体形成的阴离子不活泼，不活泼的单体则形成反应活性大的阴离子。活性大的单体对活性小的单体有一定的阻聚作用。

(2) 链增长　引发阶段形成的活性阴离子继续与单体加成，形成活性增长链，如

$$C_4H_9CH_2{-}\underset{\displaystyle C_6H_5}{\underset{|}{\bar{C}H}}Li^+ + nCH_2{=}\underset{\displaystyle C_6H_5}{\underset{|}{CH}} \longrightarrow C_4H_9{\left(CH_2{-}\underset{\displaystyle C_6H_5}{\underset{|}{CH}}\right)}_n CH_2{-}\underset{\displaystyle C_6H_5}{\underset{|}{\bar{C}H}}Li^+$$

实际表明，许多反应物分子，在适当溶剂中可以几种不同的形态存在。如

$$AB \rightleftharpoons A^+B^- \rightleftharpoons A^+/B^- \rightleftharpoons A^+ + B^-$$

共价键	紧密离子对	被溶剂隔开的离子对	自由离子
(Ⅰ)	(Ⅱ)	(Ⅲ)	(Ⅳ)

即从一个极端的共价键状态（Ⅰ），紧密电子对（Ⅱ），被溶剂隔开的离子对（Ⅲ），到另一个极端的完全自由离子（Ⅳ）的状态存在着。离子型聚合中，活性增长链离子对在不同溶剂中也存在上述平衡关系。因此，链增长反应就可能以离子对方式、以自由离子方式或者以二者同时都存在的方式进行。换言之，离子型聚合中可能存在几种不同的活性中心。离子对存在的状态决定于反离子的性质、溶剂和反应温度。

若离子对以共价键状态存在，则没有聚合反应能力。而离子对（Ⅱ）和（Ⅲ）的精细结构决定于反应条件。这时聚合速率要小一些［与状态（Ⅳ）相比］，但由于单体的加成受到反离子的制约，使加成反应受到限制，所以产物的立体规整性好。以自由离子即状态（Ⅳ）进行链增长反应时，聚合速率较大，但易得无规立构体。

（3）链终止　阴离子聚合中一个重要的特征是在适当条件下可以不发生链转移或链终止反应，直到单体耗尽，增长链仍保持其活性。这种链阴离子亦称为“活性聚合物”。当重新加入单体时又可开始聚合，聚合物分子量继续增加。在无外界引入杂质时，链终止反应一般难于发生。

阴离子聚合链终止反应如何进行，依具体体系而定。一般是阴离子发生链转移或异构化反应，使活性消失而终止。所以链终止反应速率属于一级反应。

①链转移反应　活性链与醇、酸等质子给予体或与其共轭酸发生转移。

$$\sim\sim\underset{\textstyle Y}{\underset{|}{\overset{-}{C}H}}\overset{+}{A} + ROH \longrightarrow \sim\sim\underset{\textstyle Y}{\underset{|}{C}H_2} + ROA \quad \sim\sim\underset{\textstyle Y}{\underset{|}{C}H}A^+ + RH \longrightarrow \sim\sim\underset{\textstyle Y}{\underset{|}{C}H_2} + R^- A^+$$

如果转移后生成的产物 $R^- A^+$ 很稳定，不能引发单体，则 RH 相当于阴离子聚合的阻聚剂。如果转移后产物 $R^- A^+$ 还相当活泼，并可继续引发单体，则 RH 就其分子量调节剂的作用。例如甲苯在某些阴离子聚合中就常作链转移剂使用，又可节约引发剂用量。

②活性链端发生异构化，如

$$\sim\sim CH_2-\underset{\textstyle C_6H_5}{\underset{|}{\overset{-}{C}H}}Na^+ \longrightarrow \sim\sim CH_2-\underset{\textstyle C_6H_5}{\underset{|}{C}H}-CH=\underset{\textstyle C_6H_5}{\underset{|}{C}H} + NaH$$

$$\xrightarrow{\sim\sim CH_2-\overset{-}{C}HNa^+(C_6H_5)} \sim\sim CH_2-\underset{\textstyle C_6H_5}{\underset{|}{C}H_2} + \sim\sim\underset{\textstyle C_6H_5}{\underset{|}{\overset{\textstyle Na^+}{\overset{-}{C}}}}-CH=\underset{\textstyle C_6H_5}{\underset{|}{C}H}$$

③与特殊添加剂发生终止反应，如

$$\sim\sim\overset{-}{C}H_2A^+ + \underset{\textstyle O}{CH_2-CH_2} \longrightarrow \sim\sim\overset{-}{C}H_2CH_2OA^+ \xrightarrow{CH_3OH} \sim\sim CH_2CH_2CH_2OH$$

加入的终止剂除使活性链失活外还可得到所需的端基，此种方法可用以制备“遥爪”或“星形”聚合物。

反离子、溶剂和反应温度对聚合反应速率、聚合物分子量和结构规整性有关键性的影响。

阴离子聚合中显然应选用非质子性溶剂如苯、二氧六环、四氢呋喃、二甲基甲酰胺等，而不能选用质子性溶剂如水、醇等，否则溶剂将与阴离子反应使聚合反应无法进行。

在无终止反应的阴离子聚合体系中，反应活化能很小甚至为负值，聚合速率常随温度升高而下降，聚合物的分子量则减小。

需要提及的还有阴离子聚合中所发生的缔合作用。例如：丁基锂为催化时，丁基锂本身和增长链都会产生缔合作用，可分别形成六聚体和二聚体：

$$6C_4H_9Li \rightleftharpoons (C_4H_9Li)_6$$

$$2C_4H_9Mn^-Li^+ \rightleftharpoons (C_4H_9Mn^-Li^+)_2$$

不同的溶剂对此种缔合作用的影响不同，缔合作用对引发速率和增长速率都有影响。添加 Lewis 碱可以防止这种缔合作用，因为它能与催化剂络合。

工业上以阴离子聚合反应生产高分子材料的单体主要是丁二烯，其次有苯乙烯和异戊二烯等。生产的主要品种有 SDS，即聚苯乙烯和聚二烯烃（包括聚丁二烯和聚戊二烯两种）三嵌段共聚物、无规溶液丁苯、氢化 SDS（即 S-EB-S 及 S-EP-S）、K-树脂、低顺丁橡胶（顺式含量小于 40%）、中乙烯基聚丁二烯（1，2-结构大于 90%）、聚丁二烯调聚物、遥爪型预聚物（主要为丁羟胶和丁羧胶两种）等。这些产品都是军用和民用的重要高分子材料。

由于丁二烯分子中存在两个共轭双键，阴离子聚合的机理十分复杂。丁二烯阴离子聚合的机理、活性种的类型和缔合度、产物的微结构及反应聚合反应动力学至今仍是研究的热点[13, 25]。阴离子聚合己内酰胺反应注射模塑（RIM）和环氧化物的活性聚合[26]等方面也取得了很大进展。

以下就具有重大工业应用价值的一些进展作一简要概括。

（1）聚丁二烯基锂的官能化反应　阴离子聚合的一个重要特点是聚合链末端带有具有反应活性的碳负离子，可通过不同的途径使其转化成不同的官能团。这些末端官能团可进一步参与下列反应：①与官能团试剂发生链的延伸、支化或交联作用；②与其他低聚物或聚合物链端反应性基团进行偶合或联结；③与其他单体进行引发反应。通过这些反应可制得各种嵌段共聚物、接枝共聚物以及大单体等，在聚合物分子设计中具有重要地位。

重要的官能化反应有羟基化反应、羧基化反应和卤化反应等。例如：

$$\sim\sim \bar{C}H_2A^+ + \underset{\diagdown O \diagup}{CH_2—CH_2} \longrightarrow \sim\sim CH_2CH_2OA^+ \xrightarrow{CH_3OH} \sim\sim CH_2CH_2CH_2OH$$

在官能化反应过程中，由于端基离子对之间的强烈的缔合作用而使体系黏度大大提高，甚至使整个体系成为块状凝胶。它与一般凝胶不同，可用质子酸酸化而恢复原来的溶液状态，故称之为“假凝胶”。假凝胶的形成增加了活性链终止反应的困难，导致工艺设备的复杂性，使产品成本提高。所以，对官能化过程中假凝胶的形成机理及其克服方法的研究是一个具有重大应用意义的领域。

（2）双官能有机锂催化剂　双官能有机锂催化剂亦称双锂催化剂，可用以制备含聚二烯烃的三嵌段共聚物，能得到低乙烯基、高 1，4-结构的产物，也是制备遥爪聚合物的主要方法。双锂催化剂在烃类溶剂中由于碳-锂键的静电作用产生强烈的缔合作用而难于溶解，为此，常需增强有机基团的立体效应和增加其链长以减少缔合，增加溶解度。

双锂催化剂的合成方法主要有以下几种：

①阴离子-自由基法　这是通过碱金属与共轭二烯烃之间的电子转移反应而制得双锂催化剂。这类反应表示如下：

$$Me + R_1CH{=}\overset{R_2}{\overset{|}{C}}{-}\overset{R_3}{\overset{|}{C}}{=}CHR_4 \longrightarrow Me^{(+)(-)}\overset{R_1}{\overset{|}{C}H}{-}\overset{R_2}{\overset{|}{C}}{=}\overset{R_3}{\overset{|}{C}}{-}\overset{R_4}{\overset{|}{C}H}\cdot$$

$$\longrightarrow Me^{(+)(-)}\overset{R_1}{\overset{|}{C}H}{-}\overset{R_2}{\overset{|}{C}}{=}\overset{R_3}{\overset{|}{C}}{-}\overset{R_4}{\overset{|}{C}H}{-}\overset{R_4}{\overset{|}{C}H}{-}\overset{R_3}{\overset{|}{C}}{=}\overset{R_2}{\overset{|}{C}}{-}\overset{R_1}{\overset{|}{C}H}{}^{(-)(+)}Me$$

②有机锂-芳烯烃加成法　这主要指以单官能有机锂催化剂，在活化剂的作用下与芳香二烯烃进行加成反应转化为双官能催化剂的过程。有机锂多为 S-BuLi（仲丁基锂），活化剂

有 MEDA（四甲基乙二胺）和 Et_3N（三乙胺），如：

$$CH_2{=}CH{-}C_6H_4{-}CH{=}CH_2 + 2S\text{-}BuLi \xrightarrow{2Et_3N} \underset{S\text{-}Bu}{CH_2}{-}\underset{Li}{CH}{-}C_6H_4{-}\underset{Li}{CH}{-}\underset{Bu\text{-}S}{CH_2}$$

③保护性基团法　严格说，保护基团法合成的催化剂不属于双官能催化剂。实际上，此种引发剂分子中仅含有一个 C—Li 键，它可使单体聚合。不过在引发剂分子中 C—Li 键的另一端尚有一个“保护性”基团，它在单体的引发和链增长过程中稳定，不发生变化。但聚合结束且 C—Li 键转化后，在适宜的条件下，保护性基团可发生水解作用，转变成—OH 或—NH_2，其结果与双官能锂催化剂一样，起到合成含双官能度聚合物主链及双官能遥爪聚合物的作用。

例如，由对苯酚卤化物与丁基锂反应生成的 $LiOC_6H_4Li$：

$$p\text{-}HOC_6H_4X + BuLi \longrightarrow LiOC_6H_4X + BuH$$

$$LiOC_6H_4X + BuLi \longrightarrow LiOC_6H_4Li + BuX$$

式中，X 表示卤素，一般为 I 或 Br。

这是一个典型的含羟基保护性基团的锂催化剂。$LiOC_6H_4Li$ 的特点是只有 C—Li 键才有催化活性，而 Li—O 键无催化活性，也不受活性中心的影响。此种催化剂可使丁二烯聚合，也可加入另一单体得嵌段共聚物；然后用终止剂终止反应后，再经酸化、水解，可相应地制得单官能或双官能端羟基及端羧基的遥爪聚合物。若将活性聚合物溶液与不同官能团的偶联剂耦合，则可制得双官能度的线型或多官能度的星型聚合物。

1.1.4.2　阳离子聚合

由于乙烯基单体形成的碳阳离子高温下不稳定，易和碱性物质结合、易发生异构化等复杂反应，所以需低温下反应才能获得高分子量聚合物。此外，聚合中只能使用高纯有机溶剂而不能用水等便宜的物质做介质，所以产品成本高。目前采用阳离子聚合大规模生产的只有丁基橡胶，它是异丁烯和异戊二烯的共聚物，以 $AlCl_3$ 为催化剂、氯甲烷为溶剂在－100℃左右聚合而得。

能进行阳离子聚合的单体多数是带有强供电取代基的烯类单体，如异丁烯、乙烯基醚等，还有显著共轭效应的单体如苯乙烯、α-甲基苯乙烯、丁二烯、异戊二烯等。此外还有含氧、氮原子的不饱和化合物和环状化合物，如甲醛、四氢呋喃、环戊二烯、3，3-双氯甲基丁氧烷等。

常用的催化剂有三类：

①含氢酸，如 $HClO_4$、H_2SO_4、H_3PO_4、CCl_3COOH 等。这类催化剂除 $HClO_4$ 外，都难于获得高分子量产物，一般只用于合成低聚物。

②路易氏（Lewis）酸，其中较强的有 BF_3、$AlCl_3$、$SbCl_3$；中等的有 $FeCl_3$、$SnCl_4$、$TiCl_4$；较弱的有 $BiCl_3$、$ZnCl_2$ 等。此类是最常用的阳离子催化剂。除乙烯基醚外，对其他单体必须含有水或卤代烷等作共催化剂时才能聚合。Lewis 酸与共催化剂先形成催化络合物，它使烯烃质子化从而发生引发反应。

③有机金属化合物，如 $Al(CH_3)_3$、$Al(C_2H_5)_2Cl$ 等，此外还有 I_2 以及某些较稳定的碳阳离子盐，如 $(C_6H_5)_3C^+SnCl_5^-$、$C_7H_7^+BF_4^-$ 等。

阳离子聚合反应同样存在链引发、链增长和链终止三个主要基元反应。阳离子聚合的一个特点是容易发生重排反应。因为碳阳离子的稳定性次序是伯碳阳离子＜仲碳阳离子＜叔碳阳离子；而聚合过程中活性链离子总是倾向生成热力学稳定的阳离子结构，所以容易发生复杂的分子内重排反应。而这种异构化重排作用常是通过电子或键的移位或个别原子的转移进行的（如通过 H:⁻或 R⁻进行），发生异构化的程度与温度有关。通过增长链碳阳离子发生异构化的聚合反应称为异构化聚合。如 3-甲基-1-丁烯（用 $AlCl_3$ 催化剂）的聚合，就是氢转移的异构化聚合。

$$CH_2{=}CH(CH(CH_3)_2) \longrightarrow \sim CH_2{-}\overset{+}{C}H(CH(CH_3)_2)(AlCl_4)^- \ (\text{Ⅶ}) \xrightarrow{1,2\text{-聚合}} \sim\!\!(CH_2{-}CH(CH(CH_3)_2))_n \ (\text{Ⅷ})$$

$$\longrightarrow \left[\sim CH_2{-}CH{\cdots}H(AlCl_4)^-{\cdots}C(CH_3)_2\right] \longrightarrow \sim CH_2{-}CH_2{-}\overset{+}{C}(CH_3)_2(AlCl_4)^- \ (\text{Ⅸ})$$

$$\xrightarrow{1,3\text{-聚合}} \left(\sim CH_2{-}CH_2{-}C(CH_3)_2\right)_n \ (\text{Ⅹ})$$

所得聚合物（Ⅹ）的结构在 0℃，占 83%；在 −80℃ 占 86%，在 −130℃ 占 100%。这时主要是 1，3-聚合物。因为（Ⅸ）的结构比（Ⅶ）的结构更稳定。其他单体如 4-甲基-1-戊烯，5-甲基-1-己烯等也可进行异构化聚合。

所以聚合物分子量决定于向单体的链转移常数。当然此种转移反应并非真正的链终止。但是，活性链离子对中的碳阳离子与反离子化合物可发生真正的链终止反应，如：

$$\sim\!\sim CH_2{-}\overset{+}{C}(CH_3)_2(BF_3OH)^- \longrightarrow \sim\!\sim CH_2{-}C(CH_3)_2{-}OH + BF_3$$

当前采用阳离子聚合大规模生产的产品主要是丁基橡胶，它是异丁烯和异戊二烯［含 1.5%～4.5%（质量分数）］的共聚物。其他工业化的产品有聚苯 $\left(\text{C}_6\text{H}_4\right)_n$、氯醇胶 $\left(O{-}CH_2CH(CH_2Cl)\right)_n$ 是在 BF_3 催化下环氧氯丙烷阳离子开环聚合的产物。

20 世纪 80 年代以来，阳离子聚合中基元反应的控制、阳离子活性聚合等方面都取得了迅速进展。

（1）基元反应的控制　对碳阳离子聚合中基元反应加控制，通过分子设计可合成特定结构的聚合产物，制备遥爪聚合物、接枝和嵌段共聚物。

①控制引发反应　使用传统的路易氏酸，如 $AlCl_3$、BF_3、$TiCl_4$ 等，作催化剂时，在痕迹量质子化杂质（通常为水）存在下，迅速引发 α-烯烃聚合，属于不可控引发，所生成的聚合物端基为无活性的—CH_3，采用含有活性基团的适宜催化剂可对引发反应进行控制。例如采用 $CH_3C(=O){-}Cl$ 或 CH_3OCH_2Cl/Et_3Al 引发体系进行苯乙烯聚合可分别制得端基为或 CH_3OCH_2—的聚苯乙烯。又如，以 $Cl_2/TiCl_4$ 为催化剂，使 α-甲基苯乙烯进行阳离子聚合，制得 $CH_3{-}C(=O){-}$ 双氯端的聚 α-甲基苯乙烯[27]。

将两端带有特定官能团的大分子进一步作为引发剂引发第二种单体聚合可得嵌段共聚物；若利用分子链上所含有特定官能团的聚合物作催化剂，使第二种单体聚合，则可制得接枝共聚物。

②控制链增长反应　在阳离子聚合中，由于碳阳离子本身活泼，易产生重排反应，生成更为稳定的结构，再进行链增长。因而生成重复单元不同于单体的聚合物：

$$nA \longrightarrow \leftarrow B \rightarrow_n$$

利用这一特性，控制链增长反应，可制得一系列结构独特、性能特殊的聚合物。例如，3-甲基-1-丁烯的阳离子聚合，由于内负氢离子迁移，在很低温度下（－100℃）得到结晶聚合物；而在高于－100℃时，生成橡胶状产物，其中包括重排与非重排产物：

$$CH_2{=}CH(CH(CH_3)CH_3) \xrightarrow{R^{\oplus}} \sim\sim CH_2CH^{\oplus}(CH(CH_3)CH_3) \xrightarrow{-H^{\ominus}} \sim\sim CH_2{-}CH_2{-}C^{\oplus}(CH_3)_2$$

$$\xrightarrow[-100℃\ 以下]{+M} -CH_2CH_2-C(CH_3)_2-CH_2CH_2-C(CH_3)_2-CH_2CH_2-C(CH_3)_2-$$

1,3 重复单元构成的结晶聚合物

$$\xrightarrow[-100℃\ 以上]{+M} -CH_2-CH(CH(CH_3)_2)-CH_2CH_2-C(CH_3)_2-CH_2-CH(CH(CH_3)_2)-CH_2-CH(CH(CH_3)_2)-$$

1,2 和 1,3 重复单元构成的橡胶状无规共聚物

以 BF_3、OEt_2 作催化剂，于丙烷溶剂中，通过对链增长的控制可制立体规整的结晶聚异丁基乙烯基醚。

③控制链转移　在阳离子聚合中，活性链向单体的链转移，导致大分子首端为非活性的—CH_3，末端为不饱和双键，一般这是所不希望的。可有效地控制向单体的链转移，生成带所希望末端基的大分子。主要方法有以下几种：

a. 引转剂法　引转剂法即 inifer 法。inifer（引转剂）是指同时具有引发转移和终止功能的试剂。这在自由基聚合一节中曾提及过（见 1.1.3.1）。对阳离子聚合反应，Inifer 就是同时具有催化剂和转移剂双重功能的试剂。例如 BCl_3 与有机卤化物组成的催化剂使异丁烯聚合时，该催化体系就同时具有链转移剂的作用。反应机理如下：

引发：

$$C_6H_5{-}C(CH_3)_2{-}Cl + BCl_3 \longrightarrow C_6H_5{-}C^{\oplus}(CH_3)_2\ BCl_4^{\ominus}$$

$$\xrightarrow{CH_2{=}C(CH_3)_2} C_6H_5{-}C(CH_3)_2{-}CH_2{-}C^{\oplus}(CH_3)_2\ BCl_4^{\ominus}$$

增长：

$$C_6H_5{-}C(CH_3)_2{-}CH_2{-}C^{\oplus}(CH_3)_2\ BCl_4^{\ominus} \xrightarrow{nCH_2{=}C(CH_3)_2} C_6H_5{-}C(CH_3)_2{\leftarrow}CH_2{-}C(CH_3)_2{\rightarrow_n}CH_2{-}C^{\oplus}(CH_3)_2\ BCl_4^{\ominus}$$

链转移：

$$\text{C}_6\text{H}_5-\text{C}(\text{CH}_3)_2-(\text{CH}_2-\text{C}(\text{CH}_3)_2)_n-\text{CH}_2-\text{C}^{\oplus}(\text{CH}_3)_2\ \text{BCl}_4^{\ominus} \xrightarrow{\text{C}_6\text{H}_5-\text{C}(\text{CH}_3)_2-\text{Cl}}$$

$$\text{C}_6\text{H}_5-\text{C}(\text{CH}_3)_2-(\text{CH}_2-\text{C}(\text{CH}_3)_2)_n-\text{CH}_2-\text{C}(\text{CH}_3)_2-\text{Cl}+\text{C}_6\text{H}_5-\text{C}^{\oplus}(\text{CH}_3)_2\ \text{BCl}_4^{\ominus}$$

在此体系中，向单体的链转移完全被向引转剂的链转移反应所取代，转移反应得到控制，可以得到端基完全确定的大分子。

如果上述的催化体系中，采用双官能的有机卤化物，如 $\text{Cl}-\text{C}(\text{CH}_3)_2-\text{C}_6\text{H}_4-\text{C}(\text{CH}_3)_2-\text{Cl}$ 则可得两端都为 Cl 的聚异丁烯。—Cl 端基还可进一步转化为其他活性基团，如羟基等。因此 Inifer 法是通过阳离子聚合制备遥爪型聚异丁烯的重要方法，也是制备嵌段共聚物的重要方法。

b. 质子阱（proton trap）法　这里质子阱是指可截获质子的化合物，例如二叔丁基吡啶（DTBP)。这类化合物可截获向单体发生链转移过程中生成的质子，因而可控制链转移[39]。例如：

$$\sim\text{CH}_2-\text{C}^{\oplus}\ (\text{C–H}) \longrightarrow \left[\sim\text{C}=\text{C} + \text{H}^{\oplus}\right] \longrightarrow \begin{cases} \xrightarrow{\text{CH}_2=\text{C}} \\ \xrightarrow{\text{DTBP}} \text{2,6-R}_2\text{C}_5\text{H}_3\text{NH}^{+}\ (\text{无活性}) \end{cases}$$

R 为叔丁基

这种质子捕获反应实质上是一种终止反应。质子阱技术在制备接枝共聚物中可用以提高接枝率、减少均聚物的组成。前已述及通过控制引发反应可进行接枝共聚。但若发生向单体的转移，则会生成第二种单体的均聚物，使接枝率下降。采用质子阱技术，可防止向单体的链转移，从而防止均聚物的生成，大幅度提高接枝率，可使接枝率达 100%。

c. 准活性聚合（quasiliving polymerization）　这是相对活性聚合而言的。对于活性聚合，链转移速率和链终止速率为零。若二者不为零，但不大，则称之为准活性聚合。

原来人们认为，阳离子聚合不存在活性聚合体系，主要原因是存在包括向单体转移的各种链转移反应。但情况并非完全如此，在存在可逆的链转移和链终止的情况下，设法使这些反应向其逆方向转移，则可达到接近活性聚合的条件，即为准活性聚合。例如采用滴加单体的办法，使单体浓度很低，从而使向单体的链转移速度很小，这样就可达到准活性聚合的目的。

例如，以 $\text{TiCl}_4/\text{C}_6\text{H}_5-\text{C}(\text{CH}_3)_2-\text{Cl}$ 为催化剂，以 $\text{CH}_2\text{Cl}_2/n\text{-C}_6\text{H}_4$ 为溶剂，以缓慢加入单体的方法可实现异丁烯的准活性聚合，可得到分子量分布低于 2.0 的聚异丁烯。如向体系加入第二、第三单体，则可形成嵌段共聚物[28]。

因此，准活性聚合是阳离子聚合中控制分子量及其分布以及制备嵌段共聚物的主要方法之一。

④控制链终止　如链终止速率大于向单体链转移的速率，那么活性链向单体链转移前就发生链终止。如采用带有 Cl、乙烯基、环戊二烯基等官能团的试剂为终止剂，则即可把这些官能团引入到聚合物的末端，这种方法称之为控制链终止，所生成的末端含有官能团的聚合物可进一步反应生成所需要的产物。

(2) 活性阳离子聚合　活性聚合源于阴离子聚合，不少活性聚合产品已工业化生产，如 SBS、SIS、溶液丁苯橡胶、遥爪端羧基聚丁二烯等。由于活性聚合能有效地控制聚合物分子量及其分布以及分子链结构，为聚合物的大分子设计开辟了新途径，因此发展很快。阳离子活性聚合最早实现于杂环化合物的开环聚合，对于烯烃类单体的活性阳离子聚合从 20 世纪 80 年代中期以来也取得了很大进展。最重要的进展是以 HI/I_2 为催化剂使乙烯醚类单体在低温下进行活性聚合生成分子量分布很窄（$\overline{M}_w/\overline{M}_n=1.1$）的聚合物，并能制备出带有侧官能基的聚乙烯醚。

以 HI/I_2 为催化剂，乙烯基醚类单体的活性聚合可用下式表示：

$$\underset{\displaystyle\text{OR}}{\text{CH}_2\!=\!\text{CH}} \xrightarrow{\text{HI}} \underset{\displaystyle\text{OR}}{\text{HCH}_2\text{CHI}} \xrightarrow{\text{I}_2} \underset{\displaystyle\text{OR}}{\text{HCH}_2\overset{\delta^+}{\text{CH}}}\cdots\overset{\delta^-}{\text{I}}\cdots\text{I}_2$$

$$\xrightarrow{\underset{\text{OR}}{\text{CH}_2=\text{CH}}} \text{HCH}_2\underset{\text{OR}}{\text{CH}}\text{CH}_2\underset{\text{OR}}{\overset{\delta^+}{\text{CH}}}\cdots\text{I}\cdots\text{I}_2 \xrightarrow{\underset{\text{OR}}{\text{CH}_2=\text{CH}}} \text{CH}_3-\underset{\text{OR}}{\text{CH}}\sim\sim\sim\text{CH}_2-\underset{\text{OR}}{\overset{\delta^+}{\text{CH}}}\cdots\text{I}\cdots\text{I}_2$$

活性增长中心是紧密离子对，抑制了向单体的链转移，实现了活性聚合。活性阳离子聚合为阳离子聚合的分子设计提供了有效的途径。使乙烯基醚类单体进性阳离子活性聚合的催化剂还有 HI/ZnI_2、$AlEtCl_2$/添加剂体系等。采用有机叔烃基酯/BCl_3 催化剂，以 CH_2Cl_2 或 CH_3Cl 为溶剂，还实现了异丁烯的活性阳离子聚合。

1.1.5　配位聚合[1,46]

配位聚合是定向聚合的主要方法。

立体规整性聚合物亦称为定向聚合物。凡能获得立体规整性聚合物的聚合反应称为定向聚合反应。

单体加成到增长链时，在立体方向上有不同的可能性。从烯烃聚合的立体化学上讲，定向聚合就是创造一定的反应条件，使单体以一定的空间构型加成到增长链中。这就是说，能否形成立构规整聚合（如全同立构或间同立构），主要决定于增长链末端单体单元对单体加成时，形成相反或相同构型单元的相对加成速率。如果只形成相同的构型单元则生成全同立构的聚合物；如 R 和 S 两种构型单元交替形成，则生成间规立构聚合物；二者都是立构规整的聚合物。若形成 R 构型和 S 构型单元的顺序是无规律的，则生成立构无规的聚合物。形成立构规整聚合物的加成方式就叫定向加成，即定向聚合。这里起关键作用的是活性链端与催化剂的连接方式，即自由方式和配位方式（缔合作用）两种情况，以自由方式存在的增长链端，不发生配位作用。只有以配位方式存在的活性链端才能定向加成，生成立体规整聚合物。所以，配位离子型聚合反应是定向聚合的主要方法。

最早制备立体规整聚合物的催化剂是由过渡金属化合物和金属烷基化合物组成的配位体系，称为 Ziegler-Natta 催化剂，亦称为配位聚合催化剂或络合催化剂。聚合时单体与带有非金属配位体的过渡金属活性中心先进行配位，构成配位键后使其活化，进而按离子型机理进行增长反应。如活性链按阴离子增长机理就称为配位阴离子聚合；若活性链按阳离子机理增长就称为配位阳离子聚合。重要的配位催化剂大都是按配位阴离子机理进行的。

配位离子聚合的特点是在反应过程中，催化剂活性中心与反应系统始终保持化学结合（配位络合），因而能通过电子效应、空间位阻效应等因素，对反应产物的结构起着重要的选择作用。还可以通过调节络合催化剂中配位体的种类和数量，改变催化性能，从而达到调节聚合物的立体规整性的目的。

Ziegler-Natta 催化剂就是配位离子型聚合中常用的一类络合催化剂。由于这种催化剂具有很强的配位络合能力，所以它具有形成立体规整性聚合物的特效性。

关于络合催化剂能形成立体规整性聚合物的机理，仍然是研究的热门领域。以［Cat］表示催化剂部分，则可示意如下：

（Ⅳ） （Ⅴ） （Ⅵ）

通常聚合过程是单体与催化剂首先发生络合（Ⅳ），经过渡态（Ⅴ），单体“插入”到活性链与催化剂之间，使活性链进行增长（Ⅵ）。单体与催化剂的络合能力和加成方向，是由它们的电子效应和空间位阻效应等结构因素决定的。极性单体配位络合能力较强，配位络合程度较高，只要它不破坏催化剂，就易得高立构规整性聚合物。非极性的乙烯、丙烯及其他α-烯烃，配位程度较低，因此要采用立构规整性极强的催化剂，才能获得高立构规整性聚合物。通常要选用非均相络合催化剂，以便在反应过程中借助于催化剂固体表面的空间影响。而当使用均相（可溶性）催化剂时，产物立构规整性极低，甚至有时只得无规体。那些极性介于上述两者之间的单体（如苯乙烯、1，3-丁二烯），用非均相和均相络合催化剂都可获得立构规整性聚合物。

α-烯烃如丙烯，二烯类如丁二烯、异戊二烯都可采用 Ziegler-Natta 催化剂进行配位离子聚合制得立构规整性聚合物。

此种络合催化剂中的第一组分是过渡金属化合物，又称主催化剂，常用的过渡金属有 Ti、V、Cr 及 Zr。丙烯定向聚合物中常用的主催化剂为 $TiCl_3$。$TiCl_3$ 晶型有 α、β、γ 和 δ 四种，其中 α、β 和 δ-$TiCl_3$ 是有效成分。络合催化剂中的第二组分是烷基金属化合物，又称助催化剂。常用的有 Al、Mg 及 Zn 的化合物。工业上常用的是烷基铝，其中又以 $Al(C_2H_5)_3$ 所得聚丙烯的立构规整度较高。如烷基铝中一个烷基被卤素原子取代，效果更好。

为了提高络合催化剂的活性，常在双组分络合催化剂中加入第三组分。第三组分的效果可从表 1-3 中看到。

从表 1-3 中可见 $TiCl_3$-$Al(C_2H_5)Cl_2$ 不能使丙烯聚合，而添加第三组分后，不仅可使丙烯聚合，而且产物立构规整度较高，分子量也较大。

表 1-3　添加第三组分对丙烯聚合的影响[1]

烷基铝	第三组分		聚合速度/[mmol/(L·s)]	立构规整度/%	[η]
	化合物	摩尔比			
$Al(C_2H_5)_2Cl$	—	—	1.51	约 90	2.45
$Al(C_2H_5)Cl_2$	—	—	0	—	—
$Al(C_2H_5)Cl_2$	$(C_4H_9)_3N$	0.7	0.93	95	3.06
$Al(C_2H_5)Cl_2$	$[(CH_3)_2N]_3P=O$	0.7	0.74	95	3.62
$Al(C_2H_5)Cl_2$	$(C_4H_9)_3P$	0.7	0.73	97	3.11
$Al(C_2H_5)Cl_2$	$(C_4H_9)_2O$	0.7	0.39	94	2.96
$Al(C_2H_5)Cl_2$	$(C_4H_9)_2S$	0.7	0.15	97	3.16

① 聚合温度 70℃。

第三组分的作用主要是能使 $TiCl_3$-$Al(C_2H_5)Cl_2$ 转化为 $TiCl_3$-$Al(C_2H_5)_2Cl$。反应可表示如下（B 代表第三组分）：

$$Al(C_2H_5)Cl_2 + B \longrightarrow B:Al(C_2H_5)Cl_2\ (固体) \xrightarrow{Al(C_2H_5)Cl_2}$$
$$Al(C_2H_5)Cl + B:AlCl_3\ (固体) + B:[Al(C_2H_5)Cl_2]_2\ (固体)$$

由于第三组分与铝的化合物都能络合，只是络合物稳定性大小各异（其稳定性次序为：$B:AlCl_3 > B:AlRCl_2 > B:AlR_2Cl > B:AlR_3$），所以必须严格控制用量。一般工业上采用 Al∶Ti∶B＝2∶1∶0.5。

上述以卤化钛和烷基铝为主构成的 Ziegler-Natta 络合催化剂体系，在低压下能使 α-烯烃聚合成高聚物。它的缺点是催化剂活性低，约 3kg 聚丙烯/g 钛，聚合物中残留催化剂多，后处理工艺复杂；催化剂的定向能力低，即聚合物的立构规整度低，一般在 90%左右，须除去所含的无规体；产品表观密度小，颗粒太细，难以直接加工利用。

20 世纪 60 年代末，催化剂的研制工作有了重大的突破，出现了第二代 Ziegler-Natta 催化剂，又称高效催化剂，它的催化活性达 300kg 聚丙烯/g 钛，甚至有的更高。立体规整度提高到 95%以上，表观密度在 0.3 以上，因此不必经过处理和造粒等工序就可加工使用。由于聚合物分子量和立构规整度都有提高，所以产品的机械强度和耐热性也增加。

高效催化剂的特点是使用了载体。一方面是由于 Ti 组分在载体上高度分散，增加了有效的催化表面，即催化剂的比表面积由原来的 1～5 m^2/g，提高到 75～200 m^2/g，使得活性中心数目剧增。另一方面是有了载体后，过渡金属与载体间形成了新的化学键，如用 $Mg(OH)Cl$时，就产生了～Mg—O—Ti～键骨架，而不是简单地吸附在载体粒子表面上，所以使产生的络合物结构改变了，导致催化剂热稳定性提高，催化剂寿命增长，不易失活，催化效率提高。

从大量的实践中发现，作为载体的金属离子半径与聚合物的立构规整度有很密切的关系。如图 1-1 所示。

虽然至今对于载体影响聚合活性的原因还不完全清楚，但已发现镁化合物作载体时聚合活性很高，因此目前工业中被广泛采用。一般选用 MgCl，$Mg(OH)_2$ 或 $Mg(OH)Cl$。它与卤化钛和烷基铝共同调制、研磨。通常钛含量只占催化剂重量中的百分之几。

值得指出的是在使用活性载体的情况下（如用 MgO），聚乙烯的聚合反应速率常数 k_p 值为 2400L/（mol·s），比用无载体的原始体系或用惰性载体（如硅酸铝）体系时 k_p 值 [在相同条件下，$k_p \approx 110 \sim 130$ L/（mol·s）] 大得多。另外，改变载体结构还可以调节聚

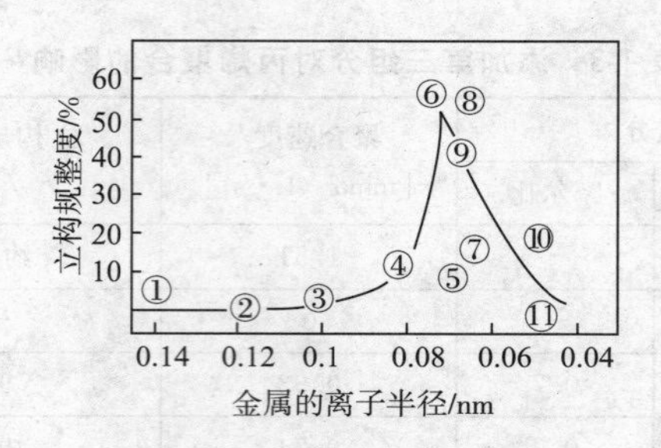

图 1-1　载体的金属离子半径和立构规整度的关系

①Ba；②Sr；③Ca；④Mn；⑤Co；⑥Cr；⑦Ni；⑧Mg；⑨Fe；⑩Al；⑪Si；⊙Ti

合物分子结构、分子量及其分布。

极性单体如丙烯酸酯类、氯乙烯、丙烯腈、乙烯基醚类等，因为含有电子给予体原子如O、N等，这些基团容易和络合催化剂反应而使催化剂失去活性，所以用Ziegler-Natta催化剂进行定向聚合有困难。

关于定向聚合除采用Ziegler-Natta催化剂进行的配位离子聚合外，某些单体也可通过自由基型聚合和离子型聚合制得立构规整性聚合物。

配位聚合已用于大规模生产高密度聚乙烯（HDPE）、等规聚丙烯、等规聚丁烯、乙丙橡胶、线型低密度聚乙烯、顺式1，4-聚丁二烯等。当前研究的主要方向是拓宽这种技术的应用范围。例如各种环化物用配位聚合的方法进行开环聚合；产物分子量及分布的控制以及高效催化剂的研究。

1.1.5.1　高效催化剂[31]

根据催化剂催化效率的大小，可分为常规催化剂和高效催化剂两种。常规催化剂主要是Ziegler早期开发的均相或非均相催化剂，也包括后来开发的一些催化效率不高的催化剂。高效催化剂是指将常规催化剂通过加入第三组分改性、络合或引入载体等方法而制得的具有很高催化活性、定向能力和催化效率的催化剂。在聚烯烃工业上，将常规催化剂称为第一代催化剂；添加醚类等第三组分的催化剂称为第二代催化剂；以氯化镁为载体，$TiCl_4$为主催化剂并添加酯类的载体催化剂为第三代催化剂；将可省去造粒而直接生产球状聚烯烃的催化剂称为第四代催化剂。现在已发展到第五代、第六代催化剂。

催化效率是指在给定的单体浓度和反应温度条件下，在一定的反应时间内，单位质量催化剂（一般指主催化剂）所制得聚合物的质量，以kg聚合物/g催化剂表示之。

（1）均相超高活性锆系催化剂　这是由茂锆/铝氧烷所组成的催化剂。催化乙烯聚合，催化效率可达2亿克PE/克锆。并且此种锆系催化剂还具有活性聚合的特性，所得各种聚烯烃的分子量分布很窄，$\overline{M}_w/\overline{M}_n \approx 2$。但此类催化剂尚未工业化应用，主要问题是助催化剂甲基铝氧烷价格高，使生产成本增加。

（2）可进行活性聚合的高效Ziegler-Natta催化剂　可溶性钒系催化剂（V（acac）$_3$/$AlEt_2Cl$）在-65℃可使丙烯进行活性聚合，得到分子量分布很窄（$\overline{M}_w/\overline{M}_n=1.05\sim1.20$）的产物。可利用此活性聚合进一步制备嵌段共聚物。

$TiCl_3$-$AlEt_2Cl$催化剂中添加二茂钛，可在常温以上进行丙烯的活性聚合。

前已述及，Zr系催化剂可显示活性聚合的特征。

（3）乙丙共聚物高效催化剂　乙丙共聚高效催化剂的进展是采用钛系载体型高效催化剂。$MgCl_2$/$TiCl_4$/Et_3Al/苯甲酸乙酯体系催化剂效率可达100kg/g Ti。据报道$MgCl_2$/$TiCl_4$/（i-Bu）$_3$Al/Lewis酸体系的催化效率可达2000kg乙丙胶/g Ti。但这类催化剂至今尚未工业化应用，主要问题是此类催化剂定向能力高，会使部分长链段的丙烯单元形成结晶，使乙丙胶的弹性变差。

关于烯烃聚合催化剂的研究进展，将在 1.7 节作进一步阐述。

1.1.5.2 用配位聚合方法制备功能化聚合物材料

近年来，配位聚合已用于制备具有特殊功能、高附加值的聚合物材料，例如：

(1) 导电高分子 以 Ti $(n\text{-}C_4H_9O)_4/AlEt_3$ 为催化剂制得的聚乙炔经 $PtCl_4$ 或 $H_2PtCl_6 \cdot 6H_2O$ 掺杂后电导率可达 1.34×10^4S/m。用固体环烷酸稀土盐/Al $(i\text{-Bu})_3$ 为催化剂制得的聚乙炔，经 I_2 和 Br_2 等液相掺杂后，室温电导率可达 10^5S/m[49]。

(2) 液体烯烃低聚物 用配位聚合方法，通过细致控制聚合过程，可制得分子量为600～2000的烯烃低聚物，在橡胶加工助剂、化妆品、染料、润滑剂等方面有重要的应用。

(3) 无定形聚烯烃 以配位聚合方法可制得特种无定形聚烯烃材料用作光盘基材，具有高透明度、低双折射率和低吸水率的特性，综合性能远优于传统的光盘基材聚碳酸酯及聚甲基丙烯酸甲酯。

(4) 具有形状记忆特性的树脂 用配位聚合方法，使降冰片烯经开环聚合可制得聚降冰片烯，分子量可达 300 万。

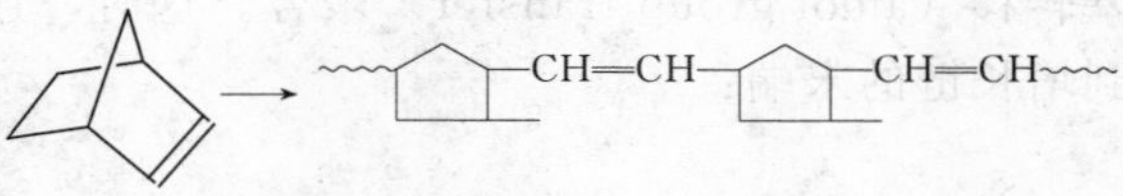

→ ～～[环戊烷]—CH═CH—[环戊烷]—CH═CH～～

这种树脂可在高温下成型，然后冷却成制品。制品放入热水后即恢复原状，这即为形状记忆特性，这种材料可用作管子的层压材料、衬里材料、铸型材料，还可用作很容易擦除的光记录材料。

1.2 基团转移聚合反应

1.2.1 概述[32, 34, 40,117]

基团转移聚合（group transfer polymerization，简称 GTP）是一种新型的聚合反应，被认为是 20 世纪 50 年代发现配位聚合以来又一重要的新聚合技术。

所谓 GTP，是以 α，β-不饱和酯、酮、酰胺和腈类为单体，以带有硅、锗、锡烷基基团的化合物为引发剂，用阴离子型或路易氏酸型化合物为催化剂，以适当的有机物为溶剂而进行的聚合反应。通过催化剂与引发剂端基的硅、锗或锡原子配位，激发硅、锗或锡原子，使之与单体的羰基或氮结合成共价键，单体中的双键与引发剂中的双键完成加成，而硅、锗、锡烷基基团转移至链的末端，形成“活性”化合物，以上过程反复进行，得到相应的聚合物。实际聚合过程可看作引发剂中活泼基团，如（—$SiMt_3$—）从引发剂转移至单体而完成链引发，然后又不断向单体转移而使聚合链不断增长。因而称之为“基团转移聚合”反应。

例如，以二甲基乙烯酮甲基三甲基硅烷基缩醛 $(CH_3)_2C{=}C(OCH_3)(OSiMe_3)$（MTS）为引发剂，用阴离子型催化剂（$HF_2^-$），甲基丙烯酸甲酯（MMA）为单体，聚合反应可表示如下：

首先是在催化剂作用下，MTS 与 MMA 发生加成反应：

$$\underset{(MTS)}{(CH_3)_2C^{\delta^-}{=}C(OCH_3)OSiMe_3} + \overset{\delta^+}{CH_2}{=}C(CH_3){-}\underset{\underset{O}{\|}}{C}{-}OCH_3\ (MMA) \xrightarrow{HF_2^-} \underset{(\text{I})}{CH_3O{-}\underset{\underset{O}{\|}}{C}{-}C(CH_3)_2{-}CH_2{-}C(CH_3){=}C(OCH_3)OSiMe_3}$$

上述加成物（Ⅰ）的一端仍含有与MTS相似的结构，即末端为 $\gt C{=}C\lt^{OCH_3}_{OSiMe_3}$ ，它可继续与MMA加成，直至所有的单体耗尽。所以聚合过程就是活性基团$-SiMt_3$不断转移的过程。

当前，基团转移聚合主要包括两种新型的聚合过程。第一种是基于硅烷基烯酮缩醛类为引发剂，MMA等为单体的聚合反应，如上所述，在聚合过程中，活性基团从增长链末端转移到加进来的单体分子上：

$$\sim\sim Y'{-}X + {=}\!\!\diagdown Y \longrightarrow \sim\sim Y'{-}X\ \ Y \longrightarrow \sim\sim\underset{Y}{|}\ \ \underset{Y'-X}{|}$$

第二种过程是醛醇基转移（aldol group transfer）聚合。这时，连接于进来加成的单体分子上的一个基团转移到增长链的末端：

$$\sim\sim Y' + {=}\!\!\diagdown Y{-}X \longrightarrow \sim\sim Y'\ \ Y{-}X \longrightarrow \sim\sim\underset{Y-XY'}{|}$$

例如三甲基硅烷乙烯醚的聚合：

$$\sim\sim\overset{H}{\underset{}{C}}{=}O + H_2C{=}\overset{H}{C}{-}OSiMe_3 \longrightarrow H_2C{-}\overset{H}{\underset{OSiMe_3}{C}}{-}CH_2{-}\overset{H}{C}{=}O$$

熟知，阴离子聚合的主要单体为单烯烃类和共轭双烯烃，这些都是非极性单体。极性单体容易导致副反应，使聚合体系失去活性。极性单体则可用GTP技术聚合。GTP法可在室温下使丙烯酸酯类及甲基丙烯酸酯类单体迅速聚合。GTP可视为反复进行的Michal加成反应，增长链是稳定的分子，可视为一种特殊的活性聚合。GTP在控制分子量及其分布、端基官能化和反应条件等方面，比传统的聚合方法具有更多的优点，为高分子材料的分子设计开辟了新的途径。

1.2.2 单体

有关GTP的最早期专利[32]中设计的单体主要是α，β-不饱和酯类特别是丙烯酸酯和甲基丙烯酸酯类。甲基丙烯酸甲酯是GTP最常用的单体。甲基丙烯酸甘油酯（GMA）在0℃聚合，可制得带环氧侧基的聚合物，亦可制得带侧羧基及侧羟基的聚合物，不过需要单体中这些官能团事先屏蔽保护起来。

GTP单体，一般可用$H_2C{=}CR'X$表示之，其中R'为H或CH_3，X为$-COOR$、$-CONH_2$、$-COR'$以及$-CN$，R为烷基。

对某些特定结构的单体，GTP 法具有特殊的意义。例如 $CH_2=C(CH_3)-C(=O)-O-CH_2CH=CH_2$，若采用自由基聚合，难免发生交联反应。而用 GTP 技术，不会使$-CH_2-CH=CH_2$ 基团聚合，所以可制得弹性体和光敏性聚合物。

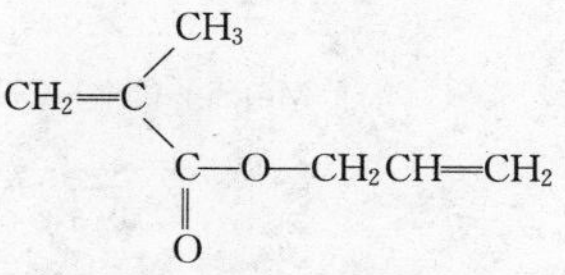

含有咔唑或苯环等特殊基团的丙烯酸酯或甲基丙烯酸酯类单体也可进行 GTP 聚合。这些单体有：

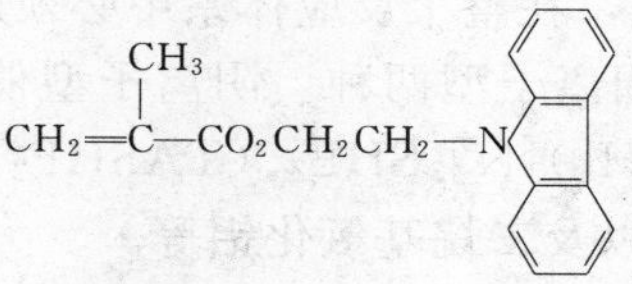

$CH_2=C(CH_3)-CO_2CH_2CH_2-N$(咔唑) (HECM)

$CH_2=C(CH_3)-CO_2CH_2-C_6H_4-CH=CH_2$ (VBM)

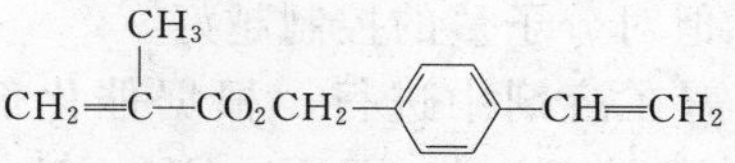

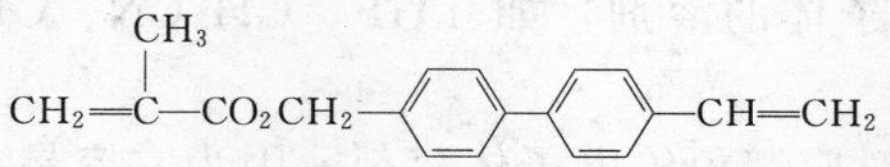

$CH_2=C(CH_3)-CO_2CH_2-C_6H_4-C_6H_4-CH=CH_2$ (PBA)

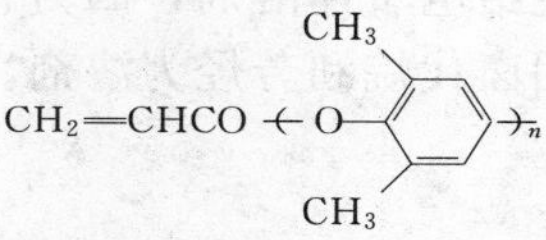

$CH_2=CHCO+O-C_6H_2(CH_3)_2+_n$ (PPOA)

1.2.3 引发剂及催化剂[35]

在基团转移聚合中，引发剂的作用是提供可转移的基团。其通式为 R_3MZ，式中 R 为烷基，M 为 Si、Sn 和 Ge，主要是 Si；Z 是一个活化基团，如—CN、$-CR'R''COOSiR_3$ 等。GTP 引发剂可分为以下几类：

① 通式为 $(R_1)(R_2)C=C(OSi(R_4)_3)(OR_3)$，这是最好的一类，最常用的是 1-甲氧基-1（三甲基硅氧）-2-甲基丙烯（MTS）：$(CH_3)_2C=C(OSi(CH_3)_3)(OCH_3)$。此类引发剂分子中，$OR_3$ 基团可有大幅度变化，借此可在聚合物末端引入不同官能团。如 $Me_2C=C(OSiMe_3)_2$ 为引发剂时，可引入端羧基，而用引发剂 $Me_2C=C(OCH_2CH_2OSiMe_3)(OSiMe_3)$ 时，可引入端$-COCH_2CH_2OH$ 基等。

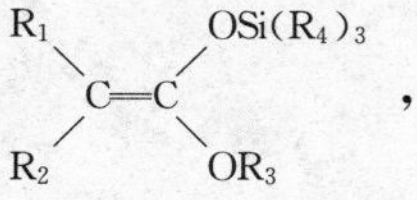

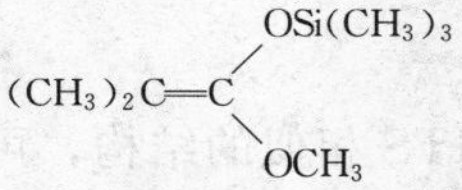

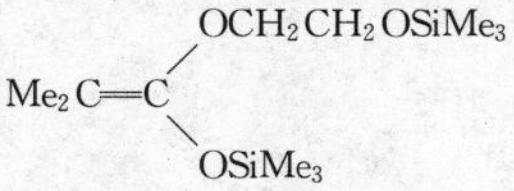

② 2-三甲基硅氧基-4,5-二氢呋喃（环上 $OSiMe_3$）及 4-R 取代的同类化合物（环上 $OSiMe_3$，R）。

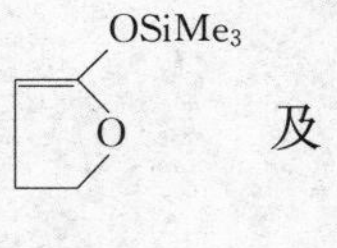

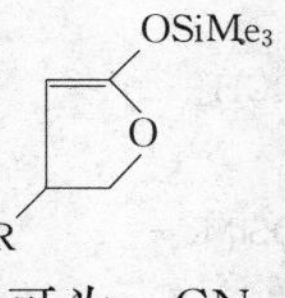

③ R_3SiX，这里 X 可为—CN、$-SCH_3$、$-CH_2COOEt$ 等。以 Me_3Si-CN 为例，其引发作用可表示如下：

$$Me_3Si{-}CN + CH_2{=}C(CH_3){-}C({=}O){-}OCH_3 \longrightarrow NC{-}CH_2{-}C(CH_3){=}C(OCH_3)(OSiMe_3)$$

其他引发剂还有 $(CH_3)_2C(COOCH_3)(Si(CH_3)_3)$ 等。

作为GTP引发剂，分子中含有活泼的 $R_3M{-}C$ 键或 $R_3M{-}O$ 键，它极易被含活泼氢的化合物分解，所以与阴离子聚合一样，在整个反应体系中必须避免含质子的化合物存在。

GTP催化剂可分为阴离子型和阳离子型两种。阴离子型催化剂主要包括 HF_2^-、CN^-、$F_2Si(CH_3)_3^-$ 等。最常用的为 $[(CH_3)_2N]_3SHF_2$（TASHF$_2$）。阳离子型主要指路易氏酸型催化剂，如 $ZnCl_2$、$ZnBr_2$、ZnI_2 以及二烷基氯化铝等。

催化剂越弱，聚合速度越小，但对分子量的控制越好。

由于GTP反应速度很大，常需在溶剂中进行。根据催化剂类型的不同选用不同的溶剂。阴离子催化剂宜采用给电子体的溶剂，如THF、CH_3CN、$CH_3OCH_2CH_2OCH_3$ 以及甲苯等。

当采用路易氏酸型催化剂时应避免给电子体溶剂，因为它容易与路易氏酸发生络合配位而使催化剂失效。所以，这时一般采用卤代烷和芳烃为溶剂。

1.2.4 聚合反应机理[36～39]

与其他加聚反应一样，GTP过程也可分为链引发、链增长和链终止三步。以甲基丙烯酸甲酯在MTS（引发剂）和 HF_2^-（催化剂）作用下的聚合为例，表示如下：

① 链引发

$$(CH_3)_2C{=}C(OCH_3)(OSiMe_3) + CH_2{=}C(CH_3){-}C({=}O){-}OCH_3 \xrightarrow{HF_2^-} CH_3O{-}C({=}O){-}C(CH_3)_2{-}CH_2{-}C(CH_3){=}C(OCH_3)(OSiMe_3)$$

（Ⅰ）

② 链增长　上述加成物（Ⅰ）的一端仍含有与MTS相似的结构，可与MMA的羰基氧进一步加成，使聚合链不断增长：

$$CH_3O{-}C({=}O){-}C(CH_3)_2{-}CH_2{-}C(CH_3){=}C(OCH_3)(OSiMe_3) + n\,MMA \xrightarrow{HF_2^-}$$

$$CH_3O{-}C({=}O){-}C(CH_3)_2{-}\!\left(CH_2{-}C(CH_3)(CH_3)\right)_n\!{-}C(CH_3){=}C(OCH_3)(OSiMe_3)$$

（Ⅱ）活性聚合物链

③ 链终止　从（Ⅱ）可见，增长的聚合物链均含有—SiMe$_3$ 末端基，具有与单体加成聚合的能力，因此是一种活性聚合物。若聚合体系中存在活性氢（质子）一类杂质，可将活性聚合物链“杀死”而终止反应。例如以甲醇为终止剂，终止反应表示如下：

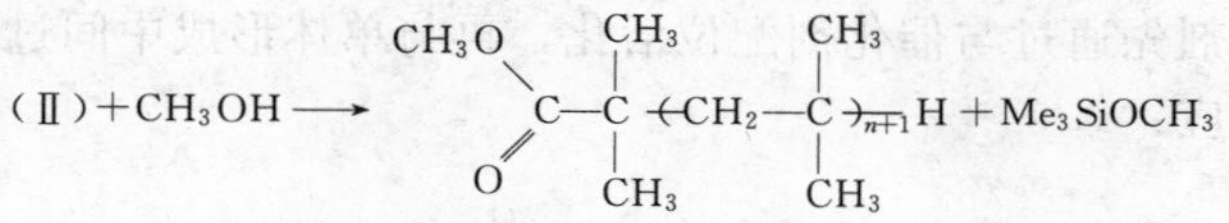

$$(\text{II}) + CH_3OH \longrightarrow CH_3O-\underset{\underset{O}{\|}}{C}-\underset{CH_3}{\overset{CH_3}{C}}\left(CH_2-\underset{CH_3}{\overset{CH_3}{C}}\right)_{n+1}H + Me_3SiOCH_3$$

以上是GPT反应过程的总体过程。关键是—$OSiMe_3$ 基团的转移。根据催化剂的不同，这种转移机理亦不同。当采用阴离子型催化剂（如 HF_2^-）时，硅烷基转移的可能机理如下：

亲核性阴离子 Nu^- 先与引发剂或活性聚合物的活性端基的硅原子配位，使硅活化，活化的硅原子与单体中的羰基氧相连，形成六配位硅中间过渡态：

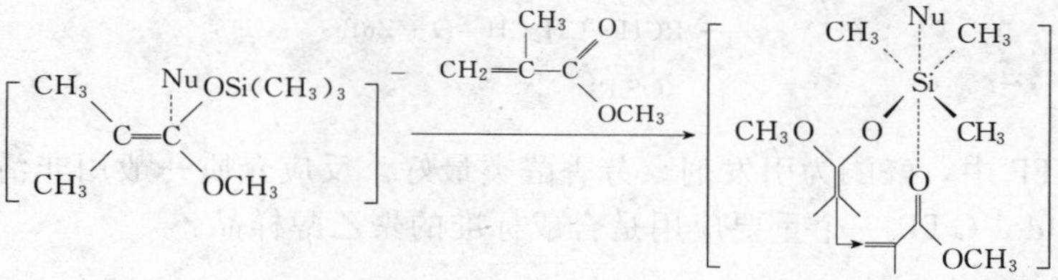

$$\left[(CH_3)_2C=C(OCH_3)OSi(CH_3)_3\cdots Nu\right]^- + CH_2=C(CH_3)-C(=O)OCH_3 \longrightarrow [\text{六配位硅过渡态：}Si(CH_3)_3(Nu)\text{ 与两个氧配位}]$$

随后，三甲基硅与单体的羰基氧形成共价键，使引发剂的双键与单体完成加成反应，催化剂 Nu^- 被挤出，单体形成了接在键前段的碳－碳单键，－$Si(CH_3)_3$ 移至链末，形成活性聚合物。反应过程可表示为：

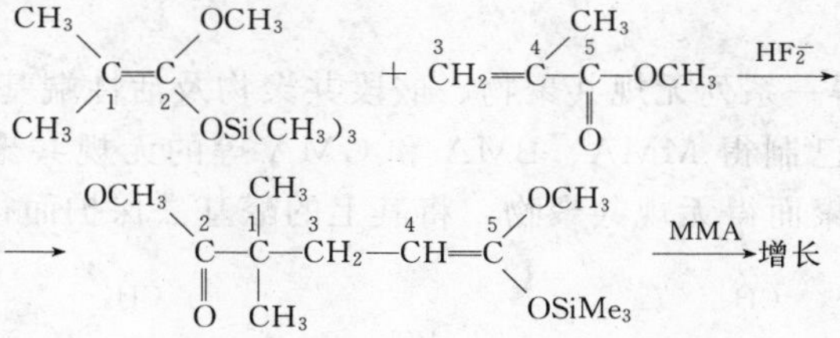

$$(CH_3)_2\overset{1}{C}=\overset{2}{C}(OCH_3)OSi(CH_3)_3 + \overset{3}{C}H_2=\overset{4}{C}(CH_3)-\overset{5}{C}(=O)-OCH_3 \xrightarrow{HF_2^-}$$

$$\longrightarrow CH_3O-\overset{2}{C}(=O)-\overset{1}{C}(CH_3)_2-\overset{3}{C}H_2-\overset{4}{C}H=\overset{5}{C}(OCH_3)OSiMe_3 \xrightarrow{MMA}\text{增长}$$

上述机理的核心是形成六配位硅的中间过渡态，这已为实验所证实。

若以路易氏酸为催化剂，则可能是催化剂先与单体的羰基氧配位形成络合物，单体被活化后再与引发剂反应，进行基团转移并进一步与其他单体加成。

1.2.5 醛醇基团转移聚合[38,39]

醛醇基团转移聚合（Aldol－GTP）是基于催化的硅烷基缩合反应的一种基团转移聚合反应。在Lewis酸催化下，硅烷基醇醚与醛或酮反应可得高产率、高选择性的产物。用这种方法可直接合成聚乙烯醇。与一般GTP不同的是，此反应是—SiR_3 由单体向引发剂转移开始的，结果使活性聚合物末端继续含醛基或酮基。这样，通过单体不断向醛基（酮基）转移 SiR_3 基团而使聚合进行。这里，醛（酮）为引发剂，转移基团在单体上。例如以苯甲醛为引发剂，$ZnBr_2$ 为催化剂，硅烷基乙烯醚为单体，聚合反应如下：

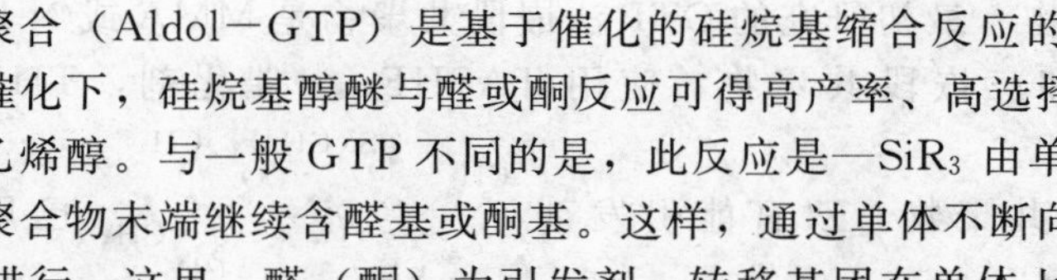

$$C_6H_5-\overset{H}{C}=O + CH_2=CHOSiMe_3 \xrightarrow[30℃]{ZnBr_2} C_6H_5-\underset{OSiMe_3}{\overset{H}{C}}-CH_2-\overset{H}{C}=O$$

$$\xrightarrow[ZnBr_2]{nCH_2=CHOSiMe_3} C_6H_5\left(\underset{OSiMe_3}{CH}-CH_2\right)_{n+1}\overset{H}{C}=O$$

由于上述反应是通过醛醇缩合而导致－SiR_3 基团转移，故称之为Aldol-GTP。基团转移的机理可能是引发剂先通过与催化剂配位活化，再与单体形成中间过渡态，分解出催化剂并完成转移和加成反应：

$$RCH{=}O + ZnBr_2 \rightleftharpoons R{-}\overset{H}{C}{-}\overset{\oplus}{O}{-}\overset{\ominus}{Zn}Br_2$$

$$\longrightarrow RCH(OSiR_3){-}CH_2CH{=}O + ZnBr_2$$

在 Aldol-GTP 中，醛酮为引发剂。芳香醛类最好。反应介质一般用非活性的卤代烃类，如二氯甲烷。Aldol-GTP 一个重要应用是合成标准的聚乙醇样品：

$$\sim\!\!\!\leftarrow CH_2{-}CH(OSiMe_3) \rightarrow_n\!\!\sim \xrightarrow[\text{甲醇，回流}]{F^-/THF} \sim\!\!\!\leftarrow CH_2{-}CH(OH) \rightarrow_n\!\!\sim$$

1.2.6 共聚合

采用 GTP 法可制得一系列无规共聚物、嵌段共聚物及活性端基共聚物。

(1) 无规共聚物　已制得 MMA、BMA 和 GMA 等的无规共聚物。例如，MMA 与 5-甲基丙烯酰氧基戊醛共聚而得无规共聚物，将其上的醛基去保护而得带醛侧基的共聚物：

$$\leftarrow CH_2{-}C(CH_3)(CO_2CH_3) \rightarrow_m \leftarrow CH{-}C(=O)O{-}(\text{dioxolane}) \rightarrow_n \xrightarrow[THF/CH_3OH]{HCl} \leftarrow CH_2{-}C(CH_3)(CO_2CH_3) \rightarrow_m \leftarrow CH{-}C(=O)O{-}CHO \rightarrow_n$$

又如，利用 Aldol-GTP 制备梳形接枝共聚物等。

(2) 嵌段共聚物　最初研究的 GTP 法嵌段共聚物是 MMA 或 N-BMA 与甲基丙烯酸烯丙酯的二嵌段和三嵌段共聚物，使用 $TASHF_2$ 为催化剂，THF 为介质，已制得 MMA/MA 的嵌段共聚物。双官能引发剂 $(CH_3)_2C{=}C(OSi(CH_3)_3){-}O{-}CH_2CH_2{-}O{-}C(OSi(CH_3)_3){=}C(CH_3)_2$ 已用于合成三嵌段共聚物。

另一种合成嵌段共聚物的方法是首先制得端官能的嵌段再制得嵌段共聚物。例如用 Br_2 使 PMMA 的端基变成 Br，再用氧化还原方法移去 Br 以产生自由基，使苯乙烯聚合从而得到 MMA 与苯乙烯的嵌段共聚物，其中 PMMA 嵌段具有窄分子量分布，PSt 嵌段具有宽分子量分布。

通过已形成的“活”聚合物的偶合，也可制得相应的嵌段共聚物。例如，利用末端基含 $OSiR_3$ 的活性 PMMA 与另一末端含醛基的活性聚合物作用，可制得 PMMA-PVA 双嵌段共聚物：

$$\sim\!\!\sim\!\!(CH_2-\underset{OSiR_3}{CH})_n CH_2\overset{H}{C}=O + \sim\!\!\sim\!\!(CH_2-\underset{CH_3}{\overset{CH_3}{C}}H)_n CH_2\overset{CH_3}{C}=C\begin{matrix}OMe\\OSiR_3\end{matrix}$$

$$\xrightarrow[THF]{HF_2^-} \sim\!\!\sim\!\!(CH_2-\underset{OSiR_3}{CH})_{n+1}(\underset{COOCH_3}{\overset{CH_3}{C}}-CH_2)_{n+1}\sim\!\!\sim \xrightarrow[CH_3OH]{Bu_4NF}$$

$$\sim\!\!\sim\!\!(CH_2-\underset{OH}{CH})_{n+1}(\underset{COOCH_3}{\overset{CH_3}{C}}-CH_2)_{n+1}\sim\!\!\sim$$

可通过引入不同量的 PVA 来控制产物的亲水性。

用以合成由亲水嵌段和憎水嵌段组成嵌段共聚物，GTP 法对表面活性剂的合成有十分重要的应用前景。

1.2.7 应用[41,42]

GTP 在许多方面具有与阴离子聚合相似的特点，特别是在“活性聚合”方面。所以 GTP 可用以合成分子量窄分布（$\overline{M}_w/\overline{M}_n$ 为 1.03～1.20）的均聚物作为标准样品。也可用以制备无规共聚物和嵌段共聚物以及带官能团的遥爪聚合物。

某些基团转移聚合的例子列于表 1-4。

无规共聚物和嵌段共聚物已在 1.2.6 节中述及。GTP 技术的另一重要应用就是合成遥爪聚合物。用这种方法，官能度可达到理论值，较其他方法优越。

表 1-4　基团转移聚合反应举例[43]

单　体	引发剂	催化剂①	溶剂	聚合物			
				$\overline{M}_n$	$\overline{M}_w$	$\overline{M}_n/\overline{M}_w$	理论 $\overline{M}_n$
甲基丙烯酸甲酯	$(CH_3)_2C=C(OCH_3)(OSiMe_3)$ (MTS)	$TASF_2SiMe_3$	THF，−78℃	1120	1750	1.56	2040
		$TASN_3$	CH_3CN	3000	3100	1.03	3700
		TAS [F, C, CF, O, Si, Me, F, Ph 环状硅酸盐结构]	CH_3CN	1700	1900	1.11	2000
		$ZNnI_2$	$ClCH_2CH_2Cl$	6020	7240	1.20	3400
甲基丙烯酸甲酯	Me_3SiCN	TASCN	CH_3CN	800	800	1.03	1000
甲基丙烯酸甲酯		KHF_2	CH_3CN	18000	21400	1.18	20200
丙烯酸乙酯		ZnI_2	CH_2Cl_2	3300	3400	1.03	3360
甲基丙烯酸甲酯 (57%)② 甲基丙烯酸丁酯 (32%) 甲基丙烯酸丙酯 (11%)	MTSMTS	$TASHF_2$	THF	3800	4060	1.07	4060

续表

单　体	引发剂	催化剂①	溶剂	聚合物			
				$\overline{M}_n$	$\overline{M}_w$	$\overline{M}_n/\overline{M}_w$	理论 $\overline{M}_n$
甲基丙烯酸甲酯(58%)② 甲基丙烯酸丁酯(17%) 甲基丙烯酸缩水甘油酯(25%)	MTSMTS	$TASHF_2$	THF	3010	4290	1.10	4092
N,N-二甲基甲酰胺	$Me_3SiCH_2CO_2Et$	$TASF_2SiMe_3$	THF	1400	2000	1.43	4092
甲基乙烯酮	MTS	$TASF2SiMe_3$	THF	490	944	1.93	2260
甲基丙烯酸甲酯	$OSiMe_3$ O（环状）	$TASF_2SiMe_3$	THF	2100	2400	1.14	2000
甲基丙烯酸甲酯(90%) 甲基丙烯酸月桂酯(10%)	MTS	$TASF_2SiMe_3$	CH_3CN/THF	6540	7470	1.14	7000
甲基丙烯酸甲酯(75%) 2-乙基己基的甲基丙烯酸酯(25%)	MTS	$TASHF_2$	THF	41500	54200	1.30	46300
丙烯酸乙酯	MTS	$ZnBr_2$	THF	17000	26600	1.57	10100
		$ZnCl_2$	$ClCH_2CH_2Cl$	5800	11300	1.96	4100
丙烯酸乙酯	MTS	Et_2AlCl	$C_6H_5CH_3$	2340	2740	1.17	2100
丙烯酸丁酯		i-Bu_2AlCl	CH_2Cl_2	2370	2520	1.06	2600
丙烯酸乙酯		$(i$-$Bu_2Al)_2O$	$C_6H_5CH_3$	1380	1580	1.19	2100
甲基丙烯酸甲酯		EtAlCl	CH_2Cl	1800	3300	1.83	1030

① TAS为［$(CH_3)_2N]_3$之简称。② 三元嵌段共聚物。

所谓遥爪聚合物（telechelic polymers）是指带有特殊端基的聚合物。活性端基可通过引发剂或终止剂引入。例如含100%末端羟基PMMA的制备：

$$(H_3C)_2C{=}C(OSi(CH_3)_3)_2 + nCH_2{=}C(CH_3)C(=O)OCH_3 \xrightarrow{HF_2^-}$$

$$\longrightarrow (CH_3)_3SiOCH_2CH_2OC(=O)-C(CH_3)_2 \leftarrow CH_2-C(CH_3)(COOCH_3) \rightarrow_{n-1} CH_2-C(CH_3)=C(OCH_3)(OSi(CH_3)_3) \quad (1)$$

$$\xrightarrow[\text{或 } Br_2]{CH_3OH} (CH_3)_3SiOCH_2CH_2OC(=O)-C(CH_3)_2 \leftarrow CH_2-C(CH_3)(COOCH_3) \rightarrow_n X \qquad X\text{为 H 或 Br}$$

$$\xrightarrow{Bu_4NF} HOCH_2CH_2OCO-C(CH_3)_2 \leftarrow CH_2-C(CH_3)(COOCH_3) \rightarrow_n H$$

（两端带 OH 基）

若（1）用 $BrCH_2-C_6H_4-CH_2Br$ 处理则得两端带羟基的遥爪聚合物：

$$(1) \xrightarrow{BrCH_2-C_6H_4-CH_2Br} (CH_3)_3SiOCH_2CH_2OC(=O)-C(CH_3)_2 \leftarrow CH_2-C(CH_3)(COOCH_3) \rightarrow_n CH_2-C_6H_4-CH_2- \leftarrow C(CH_3)(COOH)-CH_2 \rightarrow_n C(CH_3)_2-COOCH_2CH_2OSi(CH_3)_3$$

$$\xrightarrow{Bu_4NF} HOCH_2CH_2OCO-C(CH_3)_2 \leftarrow CH_2-C(CH_3)(COOCH_3) \rightarrow_n CH_2-C_6H_4-CH_2 \leftarrow C(CH_3)(COOCH_3)-CH_2 \rightarrow_n C(CH_3)_2-COOCH_2CH_2OH$$

（两端带羟基的遥爪的聚合物）

原则上，只要采取适当的屏蔽保护措施，可制得各种官能的遥爪聚合物。

GTP 是迄今最好的合成分子量及其分布可控的丙烯酸酯及甲基丙烯酸酯聚合物的方法。如上所述，GTP 法在合成各种嵌段共聚物，特别是合成表面活性剂方面具有重要的应用价值。另外的用途是合成特殊的共聚物。GTP 还用于制备枝状、梳状及各种星状聚合物。用 GTP 法还可制得结构更复杂的聚合物。例如，将双官能单体二甲基丙烯酸乙二醇酯加到活性聚合而得的“活”PMMA 中而生成嵌段共聚物，在聚合过程中可交联，此交联的蕊连有很多臂，是一种星状结构，PMMA 嵌段连于表面。这种星状聚合物可用于制备韧性涂料。若用 GTP 法制备星状聚合物时，引发剂带有被屏蔽保护的羟基，则去保护后，星状聚合物成为多元醇，连到其他结构上可形成高度交联的材料。

GTP 较新的应用是合成梯形聚合物。

GTP 法尚存在不少问题。引发剂价格昂贵，使得 GTP 法难于大规模应用。由于存在固有终止反应，在制备高分子量聚合物方面尚有困难。当前，GTP 法仅用于特殊场合及少量需求的情况。

1.3 开环易位聚合[45,46,120]

环烯烃开环易位聚合（ring-opening metathesis polymerization，ROMP），亦称开环置换聚合和开环歧化聚合。开环易位聚合是 Caldtron[44] 1967 年首先提出来的，它可视为烯烃易位反应的一种特例。烯烃易位反应可表示为：

$$2R_1CH{=}CHR_2 \rightleftharpoons R_1CH{=}CHR_1 + R_2CH{=}CHR_2$$

烯烃易位反应一般以过渡金属化合物为催化剂，活性中心是过渡金属碳烯。C=C 可在链烯上亦可在环烯上，若为环烯，则易位反应的结果是聚合。这种易位反应是可逆平衡反应。

不同烯烃之间可进行交叉易位聚合反应。环烯烃与链烯烃之间的交叉易位反应也导致聚合，形成聚合物。例如：

$$RCH{=}CHR + n\ \text{(环戊烯)} \longrightarrow RCH\ (\!{=}CH{-}CH_2CH_2CH_2{-}CH\!)_n{=}CHR$$

这时，链烯烃起链转移剂的作用，可用以控制分子量。

开环易位聚合（ROMP）既不同于链烯烃双键开裂的加成聚合，亦不同于内酰胺、环醚等杂环的开环聚合，而是双键不断易位，链不断增长，而单体分子上的双键仍保留在生成的聚合物大分子中。

开环易位聚合反应条件温和，反应速率快，多数情况下反应中几乎没有链转移反应和链终止反应，因而是一种活性聚合。利用开环易位聚合可制得许多特殊结构的聚合物。利用开环易位聚合反应已开发出一大批具有优异性能的新型高分子材料，如反应注射成型聚双环戊二烯、聚降冰片烯和聚环辛烯（新型热塑性弹性体）等。上述三种产品已进行工业规模生产。因此开环易位聚合已成为高分子材料制备的一种重要聚合方法。

1.3.1 单体

环烯烃能否进行开环易位聚合可从热力学上判断。在开环聚合中，单体中链的断裂和聚合物中的生成一般是相同的，聚合热焓主要来自环张力能的释出。所以环的张力能是决定能否开环聚合的主要因素。若 C=C 双键在张力环上，则此环烯烃能聚合。环的张力越大，单体就越活泼，环己烯是非张力环，所以不聚合。张力较大的环烯如环丁烯、环辛烯及 1，5-环辛二烯都能进行开环易位聚合，转化率几乎为 100%；张力中等的环戊烯和环庚烯也可聚合，进行到平衡转化率。

双链上的取代基会使单体活性下降，特别是取代基中不能含有给电子基团如氨基、酯基、醚基或羟基。

单环烯聚合产物是一个高分子量链烯，其中的双链可进一步参加次级易位反应。开环易位聚合生成聚合物的立体结构和分子量分布与此种次级反应密切相关。

单体也可是双环烯，如降冰片烯及其衍生物；也可是三环烯，双环烯及三环烯聚合物中的双键一般不易参加次级置换反应。

单环烯与双环烯共聚可制得高度交联的体型聚合物。

1.3.2 催化剂

开环易位聚合催化剂是以过渡金属为主催化剂，主族金属有机化合物为共催化剂组成的复合催化剂。可从不同角度进行分类。按均相和非均相分，可分为非均相催化剂和均相催化剂两种。非均相催化剂一般是过渡金属化合物如 WO_3、$W(CO)_6$、Re_2O_7 等吸附于惰性金属氧化物如 Al_2O_3 载体上，再加入活化剂（共催化剂）如 $Sn(CH_3)_4 + AlEtCl_2$ 等。均相催化剂有 $WCl_6 + AlEt_3$，以及二茂二氯钛 + $Al(CH_3)_3$、$Cp_2TiCl_2 + Al(CH_3)_3 \longrightarrow$

CH_2 Ti $Al(CH_3)_3$ Cl 等。

按发展进程和组成分，可分为以下三类：

（1）传统催化剂　是 20 世纪中期前后由 Anderson 等人先后开发的催化剂，这类催化剂中，主催化剂为 MX_n（其中 M＝W、Mo、Re、Os 等过渡金属，X＝Cl、Br 等）。传统催化剂是至今为止研究的最透彻的一部分。Anderson 等人开始研究开环易位聚合使用的即是这一类。这类催化剂除了对普通的环烯烃有较好的催化活性外，对极性单体，如共轭二羰基化合物也有很好的催化活性。通过这类催化剂所得的聚合物的立构规整性受催化剂的立体构型控制，可在一定范围内调节，因此具有较好的分子结构可设计性。这类催化剂目前主要用于环戊烯、环戊二烯、降冰片烯及其衍生物的聚合。

（2）水溶性催化剂　可用于水溶液体系的开环易位聚合，主要代表是 $K_2RuCl_3 \cdot H_2O$，主要用于 2，3-双官能度取代的降冰片烯和 7-氧化降冰片烯的聚合。低温和高压聚合可有效控制聚合物立体结构。

（3）卡宾型催化剂[48,49]　卡宾型催化剂亦称为亚烷基型或碳烯型催化剂，这是近十几年发展起来的，催化活性高，产物立体有择性强，是目前研究和发展的最重要开环易位聚合催化剂。有六种类型，如图 1-2 所示。

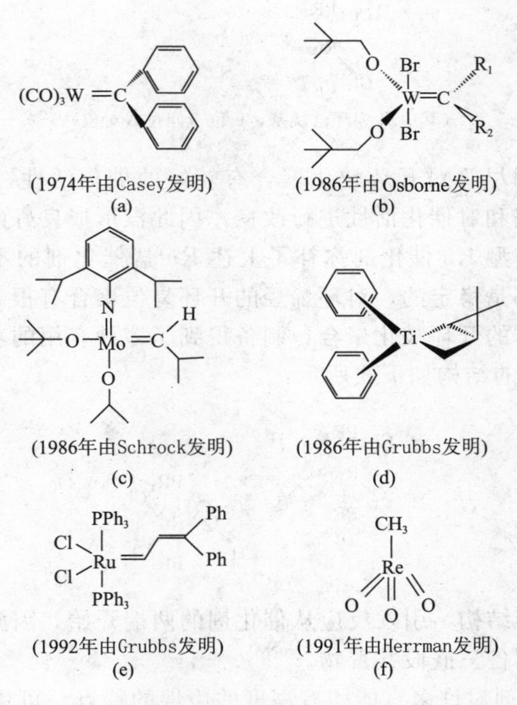

图 1-2　卡宾型催化剂或金属亚烷基型催化剂

在这类催化剂中，最重要的是图中所示的 c 类（Schrock 类）和 e 类（Grubbs 型）两种。其共催化剂主要有 $CpTiCl_2/RMgX$（其中 Cp 为环戊二烯，$R=CH_3$，X＝Cl、Br、I 等）、二茂钛化合物/MeLi 等。

①Schrock 型催化剂　Schrock 型催化剂的主要优点是其引发机理清晰。它的催化活性、

产物的立体选择性以及与杂原子的相容性取决于烷氧取代基的性质，其配体的种类繁多。与同类型的钨系卡宾催化剂相比，副反应较少。

手性配位体最近才被引入 Schrock 型催化剂中。一个典型的例子为双取代-联（2，2′-双羟联萘）基亚烷基钼。用此催化剂引发的开环歧化聚合可生成全顺式等规立构产物。例如对 2，3-R_2-降冰片烯（R＝CF_3 或 CO_2Me）的开环歧化聚合反应，产物的立构规整度＞95％。

不同手性配体引发单体聚合的速度不同，所得聚合物的立构规整度也有差别，聚合产物中顺反结构的比例也会因配体的不同而异。

有研究表明，以甲基铝氧烷交联的二醇类物质为载体的 Schrock 型催化剂的活性比无载体的催化剂活性高，并且可控制聚合物的立构规整度、分子量及其分布。这种催化剂的另一个优点是可重复使用多次而不会降低其活性。

②Grubbs Ru 型催化剂　Ru 盐作为开环易位催化剂已经有很长的时间。20 世纪 80 年代后期，Grubbs 发现含水的 Ru 盐化合物用做开环歧化聚合催化剂不仅可耐痕量的水，而且用于水性体系的开环易位聚合也有很高的催化活性。用三苯基膦作为配体，可大大提高催化活性，但引发速度较慢。而如果在卡宾位置上引入氟化苯基，不但催化活性提高，而且链引发速率和链增长速度均有提高。这种含氟苯基的卡宾型 Ru 催化剂的结构如下式所示：

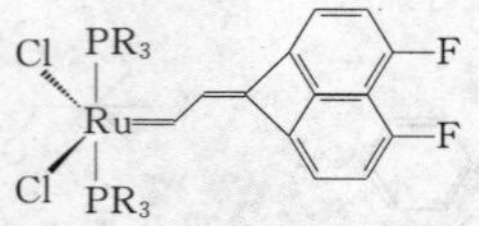

（其中 R 为环己烷基，F 位于间位或对位）

早期的 Ru 盐催化剂尽管对开环歧化聚合有较好的催化活性，但由于催化机理不甚明了，无法系统地进行研究和对催化活性进行改良，因此没形成良好的催化体系，近年来有逐步被淘汰的可能性。卡宾型 Ru 催化剂弥补了上述 Ru 盐催化剂的不足，在醛、酮、水、醇以及乙醚的盐酸溶液中都是稳定的，对环烯烃的开环易位聚合有很大的催化活性。这类催化剂亦用于多种官能团单体的开环歧化聚合，制备得到了多种有用的功能高分子材料。如一种新型的卡宾型 Ru 催化剂的结构如下式所示：

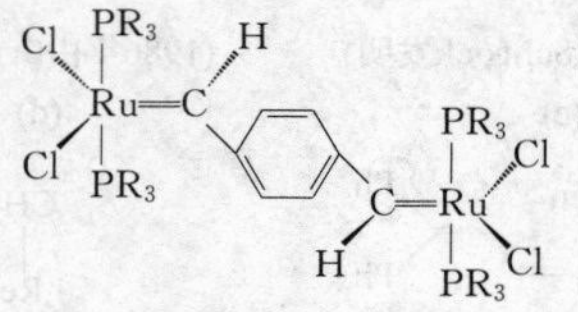

这种催化剂含双卡宾结构，引发反应从催化剂的两端开始，因此所得的聚合物有两个活性末端，可进一步用于制备三嵌段共聚物。

利用卡宾型 Ru 催化剂对许多官能团有高度的惰性的特点，可用于侧基为可交联基团的聚合物的合成，这些侧基可交联聚合物在紫外光的作用下可发生交联，因此可作为感光高分子使用。

1.3.3 反应机理

烯烃易位反应是 C＝C 键断裂导致亚烷基置换的结果：

$$R^1CH{=}CHR + RCH{=}CHR^1 \rightleftharpoons R^1CH{=}CHR^1 + RCH{=}CHR$$

关于C＝C是怎样断裂和烷基是怎样易位目前已有几种说法，这些不同说法是在特定的时代提出的。

Calderson首先提出了置换反应的成对机理，认为，在过渡金属原子d轨道的参与下，通过两个烯烃分子间的环化加成，形成环丁烯中间物再进一步完成易位作用。以Ⅲ*表示过渡金属催化剂，此过渡可表示为：

$$Ⅲ^* + R^1CH{=}CHR + RCH{=}CHR^1 \rightleftharpoons (R^1CH{=}CHR)(RCH{=}CHR^1)Ⅲ^* \rightleftharpoons \text{环丁烷中间物} \rightleftharpoons (RCH{=}RCH)Ⅲ^*(R^1CH{=}R^1CH) \rightleftharpoons RCH{=}CHR + R^1CH{=}CHR^1$$

此后，Biefield提出了形成过渡金属环戊环中间物的机理。Herisson提出了动力学链机理用以解释链烯烃和环烯烃的交叉置换反应。Herisson认为，增长链是一种金属碳烯（即卡宾），反应的第一步是C＝C键在过渡金属原子上的配位，然后配位的单体与过渡金属碳烯反应形成金属环丁烷，它可再回复到其原先烯烃配位到金属碳烯的形式，如下式所示：

$$M{=}CHP_n + \text{环戊烯} \longrightarrow \text{(环戊烯)}M{=}CHP_n \longrightarrow \text{金属环丁烷}(M{-}CH(H)P_n) \longrightarrow M{-}P_nCH \longrightarrow M{=}CHP_{n+1}$$

这就是当前普遍接受的金属碳烯配位化合物（即金属卡宾配位化合物）引发和增长的机理。这种金属卡宾配位化合物可由以下几种途径获得：

① 事先制备，如Schrock配位化合物；

② 由主催化剂与共催化剂（活性剂）原位反应产生，如：

$$WF_6 + Et_2AlCl \longrightarrow Cl_5W{-}CH_2{-}CH_3 \xrightarrow{-HCl} Cl_4W{=}CH{-}CH_3$$

$$WF_6 + (RCH_2)_4Sn \longrightarrow Cl_4W(CH_2{-}R)_2 \xrightarrow{-RCH_3} Cl_4W{=}CH_2{-}R$$

③ 单体与催化剂的活性中心金属原子配位后发生双键上氢转移反应，直接形成金属卡宾配位化合物。

在聚合过程中，除了以上的聚合反应外，还可能发生以下的链转移反应。

① 自身反咬转移 增长的大分子金属卡宾络合物链端反咬自身聚合物链上的双键，导致环状聚合物的生成：

$$\sim CH{=}M \cdots CH{=}CH\sim \rightleftharpoons \text{(环状)}CH{=}CH + M{=}CH\sim$$

自身反咬转移反应的难易程度取决于金属卡宾增长链的刚性程度。单环烯烃开环聚合的产物由于金属卡宾增长链柔韧性较大，容易发生自身反咬转移反应。而由降冰片烯开环歧化聚合的产物则由于分子链的刚性结构则不易发生自身反咬转移反应。

② 大分子金属卡宾配位化合物与体系中的其他大分子发生交叉歧化反应：

$$P_1 \sim CH-M+P_2 \sim CH=CH \sim P_3 \longrightarrow P_1 \sim CH=CH \sim P_3+P_1 \sim CH=M$$

③ 大分子卡宾配位化合物与体系中的外加无环烯烃发生交叉歧化反应：

$$P \sim CH=M+R_1 \sim CH=CH \sim R_2 \longrightarrow P \sim CH=CH \sim R_1+R_2 \sim CH=M$$

在这里，外加无环烯烃实际上成了分子量调节剂。

在聚合过程中，可能发生的链终止反应有以下几种：

① 增长的大分子卡宾型配位化合物活性链端发生 α-氢转移反应，生成带末端双键的大分子，并还原出金属原子：

$$P \sim CH_2-CH=M \longrightarrow P \sim CH=CH_2+M$$

② 增长的大分子卡宾配位化合物与终止剂反应生成无引发活性的金属卡宾配位化合物。常用的终止剂有三甲基乙烯基硅烷、1，1-二苯乙烯、乙烯基醚等。例如：

$$P \sim CH_2-CH=M+Me_3Si-CH=CH_2 \longrightarrow P \sim CH=CH_2+Me_3Si-CH_2-CH=M$$

③ 增长的大分子卡宾型配位化合物与其他含双键分子发生环丙烷化反应而终止：

$$P \sim CH_2-CH=M+R_1-CH=CH-R_2 \xrightarrow{-M} P \sim CH_2-CH\begin{cases} CH-R_1 \\ | \\ CH-R_2 \end{cases}$$

1.3.4 产物分子量及结构[50]

在环烯开环聚合反应中常见到这样的情况：反应初期产物分子量很高，但数均分子量随反应程度的增加而减少，分子量为双峰分布，例如以 $WCl_6/Al(i\text{-}Bu)_3$ 为催化剂，环戊烯的聚合就是这样。这可能是由于 WCl_6 与环戊烯之间的反应产生不同氧化态的钨原子，产生两种动力学上不同的活性种，因而出现分子量的双峰分布。分子量的变化则是由于大分子链中的 C═C 双键次级置换反应造成的。这种次级反应可以是分子间的也可是分子内的。分子间的次级置换使分子量分布变宽；分子内的次级反应则导致环状低聚物的生成而使数均分子量下降。

开环易位聚合的一个显著特点是单体中的 C═C 双键在聚合物中保持不变，这是聚合物立体异构的主要原因之一。生成的聚合物有顺式和反式之别。双环烯制得聚合物的情况更为复杂，大分子内碳环的取向是立体异构的另一个重要原因。聚合物的立体结构与所用催化体系以及催化体系中各组分的用量比有密切关系。

开环易位聚合可用来合成一系列聚合物和共聚物，有时聚合产物可用作进一步反应的原料，例如可由如下的反应制得聚乙炔：

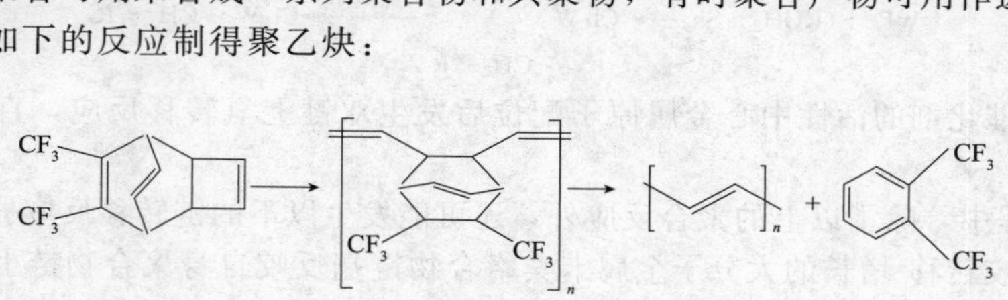

1.3.5 开环易位均聚合与共聚合[51～53]

以降冰片烯及其衍生物为例，简单讨论一下开环易位均聚合反应及共聚合反应。

1.3.5.1 降冰片烯均聚反应

降冰片烯均聚合产物有顺、反两种结构。采用传统催化的聚合产物具有顺式结构：

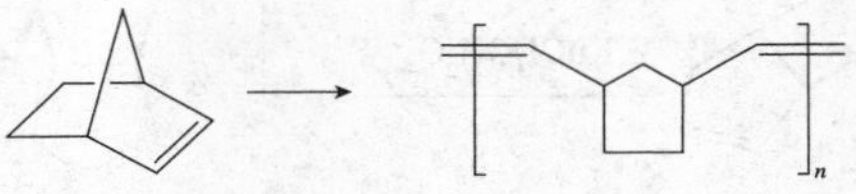

以 $RuCl_2$ 为催化剂时，得反式结构：

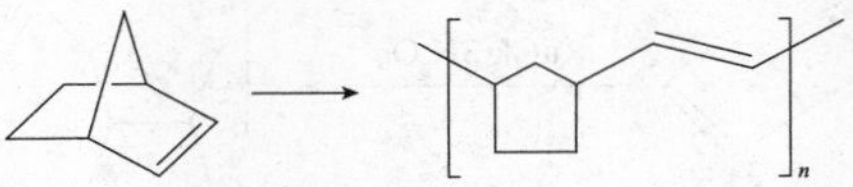

Nguyen 等人[51]以三苯基膦卡宾型 Ru 络合物为催化剂，采用极性有机物为溶剂，研究了降冰片烯均聚反应，用氘代降冰片烯跟踪聚合过程，发现聚合过程如图 1-3 所示。聚合过程中链终止和链转移反应速度比链增长速度低得多，产物分子量分布很窄，是一种活性聚合。

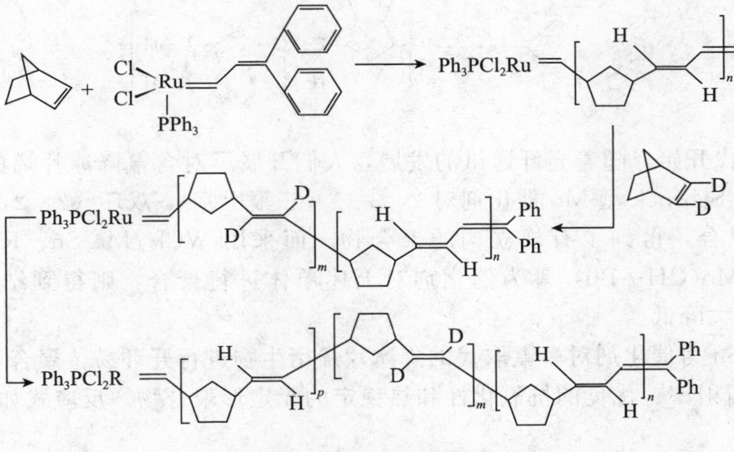

图 1-3 降冰片烯活性聚合示意图

1.3.5.2 降冰片烯衍生物均聚反应

降冰片烯衍生物通常是由取代的环戊二烯与烯烃经 Diels-Alder 反应制成的。对这些单体进行开环易位聚合可得到许多具有各种特性的功能高分子和特种高分子。

实现对降冰片烯衍生物的开环易位聚合，关键问题是寻找合适的催化剂。通常，催化剂的活性容易受到单体分子中极性基团的影响。但由于降冰片烯的环张力较大，在开环聚合过程中释放的张力能使得反应自由能较低，因此现已发现，大部分对降冰片烯开环易位聚合有效的催化剂对降冰片烯衍生物的开环易位聚合也都是十分有效的。

双环戊二烯（DCPD）分子中也带有降冰片烯环结构。它有两种异构体，即内式（桥环式）异构体（*endo*-DCPD）和外式（挂环式）异构体（*exo*-DCPD）。这两种异构体都能进行开环歧化聚合。用相同的催化剂可得到不同结构的聚合物。

例如以 $RuCl_3 \cdot 3H_2O$ 为催化剂进行 *endo*-DCPD 的开环易位聚合，得到的是全顺式双键结构聚合物，而对 *exo*-DCPD 应用开环易位聚合，得到的则是以反式双键结构为主的聚合物。下列反应式为两种双环戊二烯异构体的开环易位聚合反应：

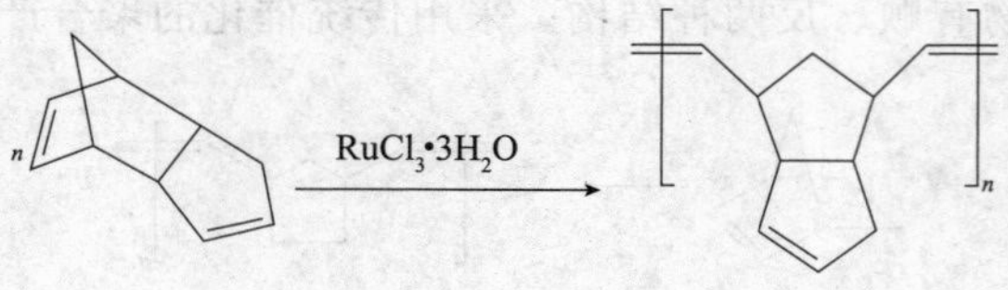

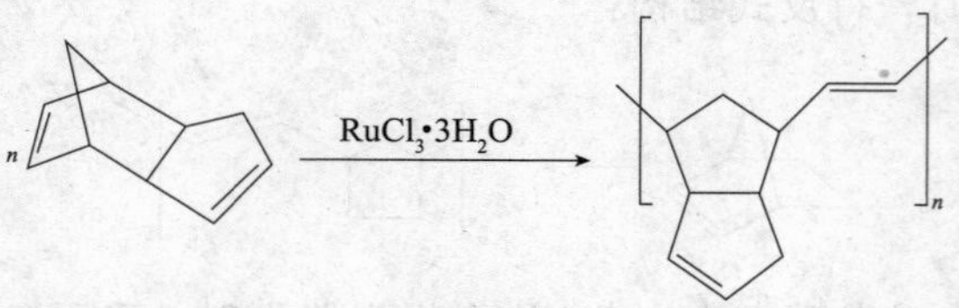

有趣的是，若以 $ReCl_5$ 位催化剂，则不论采用内式环戊二烯还是外式双环戊二烯，均可得到高度立构规整的、具有全顺式双键结构的间规聚合物，如下式所示：

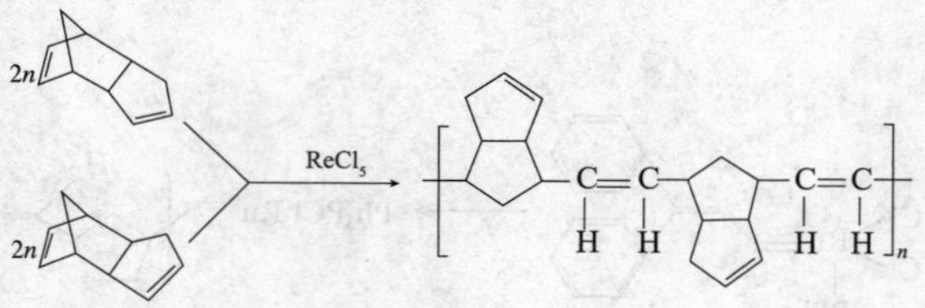

20 世纪 90 年代开始，随着光纤通讯的发展，人们开展了对含氟降冰片烯的开环易位聚合的研究。例如用 Schrock 型 Mo 催化剂对 2，3-二（三氟甲基）-双环（2，2，1）庚-2，5-二烯的开环易位聚合，得到了有规立构的聚合物。而采用 WCl_6/Me_4Sn、$RuCl_3/Me_4Sn$、$MoCl_5/Me_4Sn$ 或 Mo(CH-*t*-Bu) 等为催化剂对上述单体进行聚合，则得到结晶的聚合物，有规立构的比例大大降低。

用 WCl_6/Ph_4Sn 为催化剂对多氟取代的降冰片烯衍生物进行开环易位聚合，得到的产物为具有高 T_g、低折射率、优良的抗氧化性和热稳定的无定形聚合物。反应式如下所示：

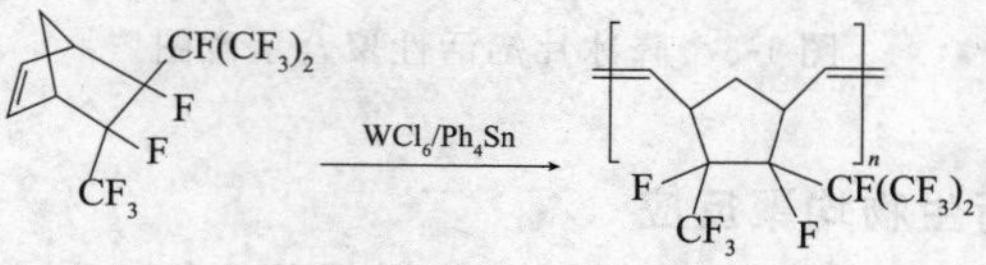

此外，对含硼、硅、氯、腈、硅氯、硅腈和酰胺等取代基的降冰片烯衍生物都进行过广泛的研究，合成出许多有用的聚合物。例如对含硼的降冰片烯衍生物（降冰片烯-9-二环壬硼烷）进行开环易位聚合，并在强碱条件下水解，得到含羟基的降冰片烯衍生物，反应式如下所示：

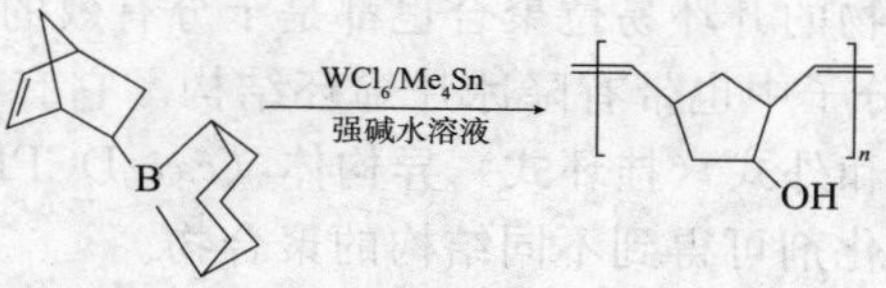

利用钨系催化剂可以使乙酰氧基降冰片烯发生开环易位聚合，所得的聚合物上含有乙酰氧基，这就为降冰片烯接枝共聚物和含有降冰片烯结构单元的功能高分子的合成奠定了基

础，反应式如下所示：

$$\text{降冰片烯-OCOCH}_3 \xrightarrow{WCl_6} \text{聚合物（OCOCH}_3\text{）}_n$$

1.3.5.3　共聚合

降冰片烯及其衍生物共聚合有三种方法。一种是将两种单体直接共聚，得到无规共聚物，例如用钨系催化剂可使降冰片烯与乙酰氧基降冰片烯进行开环易位共聚合，得到热塑性无规共聚物。

第二种方法是利用开环易位活性聚合的性质，先使一种单体进行活性开环易位聚合，形成活性聚合物链，再加入另一种单体进行聚合，制得嵌段共聚物。

前已述及在特殊的聚合条件和催化剂存在下的开环易位聚合是活性聚合。制备嵌段共聚物是活性聚合最有效的功能，活性开环易位聚合同样如此。例如，以二茂钛的环丁烷衍生物为催化剂先进行降冰片烯的活性开环易位聚合，然后依次加入双环戊二烯和降冰片烯，成功制备了一种 ABA 型三嵌段共聚物。反应过程如下：

$$n\ \text{降冰片烯} \xrightarrow{Cp_2Ti} [\ ]_{n-1}\ Cp_2Ti$$

$$\xrightarrow{m\ \text{双环戊二烯}} \xrightarrow{p\ \text{降冰片烯}} [\ ]_n [\ ]_m [\ ]_{p-1}\ Cp_2Ti$$

通过这种方法还可制备星状聚合物，例如用 Schrock 配位化合物催化剂先进行降冰片烯活性开环易位聚合，然后再使二聚降冰片烯聚合，即可制得星状聚合物。

第三种方法是使活性开环易位聚合转换为其他聚合方式制备嵌段共聚物或接枝共聚物。

将一种活性聚合转为其他类型的活性聚合以制备接枝或嵌段共聚物是近年来常用的手段。与其他活性聚合一样，利用降冰片烯及其衍生物活性聚合产物上的活性中心或活性基团转为其他聚合机理的聚合方式，同样可制备接枝和嵌段共聚物。

例如，首先用二茂钛环丁烷化合物作为催化剂引发降冰片烯活性开环易位聚合，得到分子量为 1×10^4、分子量分布 $M_w/M_n=1.15$ 的均聚物，然后用等摩尔的甲醇在缓和的条件下与其反应，使聚合物上的二茂钛环丁烷末端基转变为茂基甲氧基钛，再在 $EtAlCl_2$ 存在下催化乙烯聚合，得到以聚降冰片烯聚乙烯嵌段共聚物。用同样的方法，将活性开环易位聚合得到的聚降冰片烯所带的二茂钛环丁烯末端转变成烷氧基茂钛，然后在 $EtAlCl_2$ 助催化剂存在下催化乙烯与丙烯配位共聚合，则可合成出聚降冰片烯聚（乙烯-丙烯）嵌段共聚物。

利用同样的催化剂先进行降冰片烯的活性开环易位聚合，然后将带有二茂钛环丁烯末端基的聚降冰片烯与预先合成和的聚醚酮反应，可制得以聚醚酮为主链、聚降冰片烯为支链的接枝共聚物。

利用环烯烃能与支链烯烃的双键进行易位反应的特点，可将一种预制的带有不饱和侧基的聚合物与环烯烃进行易位反应得到接枝共聚物，反应式如下所示。用这种方法已经将环辛烯接枝到天然橡胶主链上，将环戊烯接枝到 1，2-聚丁二烯主链上，将 1，5-环辛二烯接枝到乙烯-丙烯-二烯烃三元共聚物主链上。

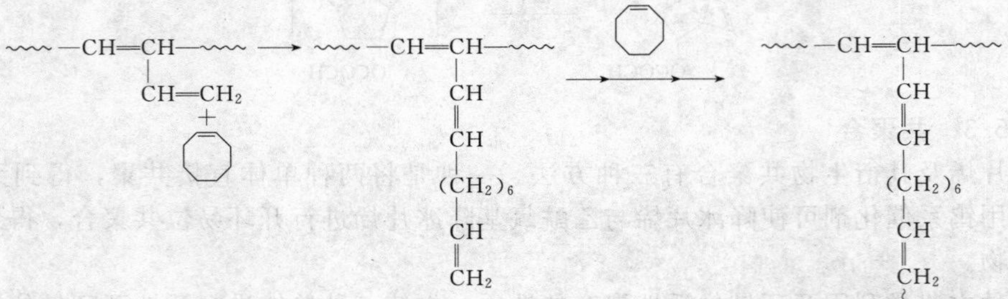

利用开环易位均聚及共聚反应，可制一些特殊的聚合物。例如：

(1) 恒比共聚物　至今为止，通过自由基聚合或其他连锁聚合制备恒比共聚物是十分困难的，因为只有少数几对共聚单体的竞聚率能满足 $r_1=r_2=1$ 的条件。

对以 WF_6 为催化剂的双环戊二烯和 2-乙酰氧基-5-降冰片烯的开环易位聚合研究表明，这两种单体的竞聚率为 $r_1=r_2=1$，反应为恒比共聚：

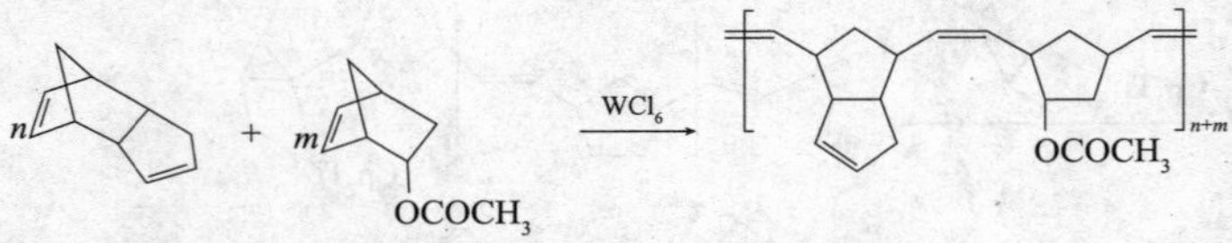

上述恒比共聚反应速度适中，更重要的是单体的竞聚率不受降冰片烯环上的取代基种类的影响，因此可通过调节两种单体的比例来合成各种具有预定组成的共聚物，也可通过改变降冰片烯上取代基的种类来制备具有不同特性的功能基化合物。

(2) 理想交替共聚物　理想交替共聚物具有重要的理论意义和应用价值。但通过一般的连锁聚合方法不可能合成理想的二元或三元交替共聚物，但是通过开环易位聚合可合成出理想交替的三元共聚物。

例如，以钌卡宾配位化合物［$(PCy_3)_2Cl_2Ru(=CH-CH=CPh_2)$］（Cy 为环己基）为催化剂进行 5-乙酰氧基环辛烯的开环易位聚合，所得的产物是一种同时含有聚乙烯（$-CH_2-CH_2-$）、聚乙酸乙烯酯［$-CH_2CH(OCOCH_3)-$］和聚 1，4-二烯（$-CH_2-CH=CH-CH_2-$）结构单元的三元交替共聚物。反应如下：

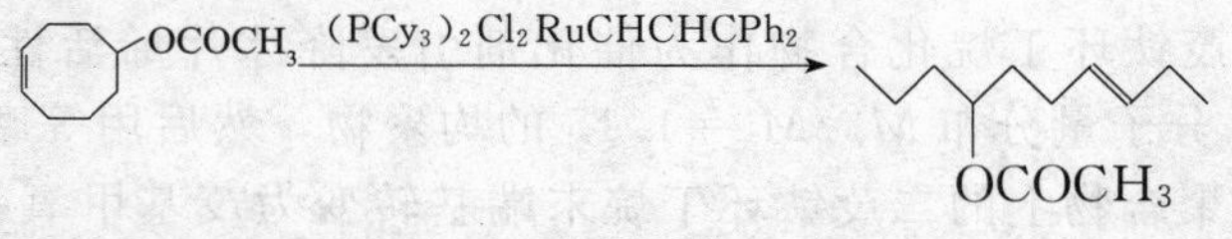

这是迄今为止其他任何方法都不可能做到的。因为将乙烯、乙酸乙烯和 1，4-丁二烯三种单体进行链式共聚时，由于存在 9 个链增长反应，6 个竞聚率，不可能制得严格交替的三元共聚物。

此外，用开环易位聚合，还可合成出全同立构全顺式、间同立构全反式聚合物；如前所述利用这一聚合反应，可合成嵌段、接枝共聚物以及梳形及星形共聚物。这种聚合方法为高分子材料分子设计开辟了一条有效的新途径。

1.3.6 应用

开环易位聚合已获得广泛的实际应用。以下仅举几例：

（1）在石油化工及工业聚合物材料合成上的应用　降冰片烯可从石油化工副产品环戊二烯与乙烯通过 Diels-Alder 反应制得。经过开环易位聚合得到分子量高达 2×10^6 的热塑性聚降冰片烯，其主链为反式结构，1976 年实现工业化，商品名为“Norsorex”。这是一种高吸油性树脂，能吸收自身质量 10 倍左右的油，还可以用作隔音材料、减震材料、阻尼材料和密封材料等。

环辛烯在钨系催化剂催化下进行的开环易位聚合可得到以反式主链结构为主的聚合物，分子量为 10^5 以上，已于 1980 年实现工业化。这类产品是性能优良的橡胶配合剂，能显著改善橡胶的加工流动性、提高硫化胶的弹性。

环戊烯在不同的催化剂作用下可生成反式或顺式两种主链结构的聚合物，反应如下所示。这两种环戊烯都是优良的弹性体，前者的性能接近于天然橡胶，后者则具有优良的低温性能。

$R_2AlCl/MoCl_5$：$\left[CH_2-CH=CH-CH_2-CH_2 \right]_n$

R_3Al/WCl_6：$\left[CH_2-CH=CH-CH_2-CH_2 \right]_n$

在石油化工裂解制备乙烯的过程中有大量的 C_5 馏分副产品（约占乙烯产量的 15%～17%），其中含有大量的双环戊二烯。它们以往主要作为燃料烧掉，既污染了环境，又浪费了宝贵的资源。自从开环易位聚合问世以后，这一难题在一定程度上得到了解决。

双环戊二烯在钨系催化剂 WCl_6-Et_2AlC 的作用下可进行开环易位聚合，生成一种交联的聚合物。这种聚合物具有很高的冲击、拉伸和弯曲强度，是一种新型的高抗冲塑料，可用于制备汽车零部件和运动器材，在机械工业中也有应用。20 世纪 80 年代，反应性注射成型聚双环戊二烯也已经实现工业化生产。

（2）导电高分子的制备　聚乙炔是一种性能优良的导电高分子材料，但其溶解性能不好，加工性能很差，限制了它的实际用途。环烯烃的开环易位聚合技术的建立导致了制备聚乙炔新方法的提出。例如以 WCl_6-Me_4Sn 为催化剂使 7，8-双（三氟甲基）三环［2.2.0］-3，7，9-癸三烯进行开环歧化聚合，可以得到一种可溶性和容易加工的聚合物 P。如下式所示：

WCl_6/Me_4Sn → P（含 F_3C、CF_3）→ △ → 聚乙炔 + 邻双三氟甲基苯（CF_3、CF_3）

P

可将 P 加工成所需的形状（通常为薄膜）后，加热除去挥发性邻双三氟甲基苯，即可得到聚乙炔。这种聚乙炔为无定形全反式结构，容易加工，有多种用途。例如，将聚合物 P 涂覆在硅晶片上，再经加热和掺杂可制得晶体管；将聚合物 P 制成以绝缘体为夹心的“三明治”（P-绝缘体-P），再经加热可制成电容器；将聚合物 P 先制成薄膜，然后可加工成电脑的柔性导线等。但用这种方法制备的聚乙炔电导率较低，因为氟代芳烃较难去除干净。下式为一种改进的方法。

→ 电化脱碳 → WCl_6/Me_4Sn → △ → 聚乙炔 + 苯

另一种通过开环易位聚合制备聚乙炔的方法是以盆苯为单体，以钨系卡宾配位化合物 W（CH-t-Bu）（NAr）（O-t-Bu)$_2$ 为催化剂。聚合得到具有全顺式主链双键结构的聚合物，然后用 $HgCl_2$ 处理，使聚合物异构化为聚乙炔。反应过程如下：

n [盆苯] $\xrightarrow{催化剂}$ [聚合物]$_n$ $\xrightarrow{HgCl_2}$ [聚乙炔]$_n$

用这种方法制备的聚乙炔的中间聚合物容易加工，可制成强度很高的纤维和薄膜。另外。该中间聚合物分子中具有高张力的二环丁烷结构，极不稳定，具有很高的内能(250.8kJ/mol)，可望作为固体火箭燃料应用。但这一方法也存在缺点，因为产物中的 $HgCl_2$ 不容易去除干净，导致聚合物会发生轻度交联而损失部分双键，从而导致电导率的下降。

最近，采用环辛四烯开环易位聚合直接制备聚乙炔获得成功。例如用 Schrock 型钨系卡宾配位化合物［W(CH-t-Bu)(NAr)(OCMe(CF_3)］为催化剂，可使环辛四烯开环聚合成顺式结构的聚乙炔，然后再在高温下处理转型为反式聚乙炔：

n [环辛四烯] $\xrightarrow{催化剂}$ [顺式聚乙炔]$_n$ $\xrightarrow{\triangle}$ [反式聚乙炔]$_n$

这种聚乙炔用碘掺杂后，电导率可达 50～350 S /cm。

近年来还用开环易位聚合制备出许多其他类型的导电高分子。

(3) 离子交换树脂　以钼系卡宾配位化合物 Mo(CHCMe$_2$Ph)(NAr)[OCMe(CF_3)$_2$] 为催化剂，2，3-羧酸酐-5-降冰片烯为单体进行活性开环易位聚合。待单体全部聚合后加入二聚降冰片二烯进行嵌段共聚，用苯甲醛终止活性链，再经过水解、酸化后即可得到带羧基的功能化嵌段共聚物。这是一种高交换容量的弱酸性阳离子交换树脂，交换容量高达 10mol/g 树脂。它在水和极性溶剂中溶胀，可用于从水中提取胺类、吡啶类碱性物质和净化空气，具有很高的实用性。

(4) 在表面涂层及黏合剂方面的应用　开环易位聚合在表面涂层及材料黏合方面也有特殊的应用。最近，Caster 等人[54]提出了称作接触易位聚合（contact metathesis polymerization，CMP）的方法，对材料表面改性和粘接非常有效。这种方法主要是将适当的催化剂溶液涂到需改性或需粘接的材料或制品表面，然后在此表面上涂抹单体并进行单体的开环易位聚合。用这种方法可使硫化的橡胶、EPDM 等弹性体与金属进行很好的粘接。同样的方法可对各种材料进行涂层改性。这种方法可在有水汽、氧等存在的自然条件下进行操作，室温下完成聚合反应。

这种方法在涂料、黏合剂及材料工艺方面具有重要的应用前景。特别是对低内聚能材料（如聚烯烃类材料）与金属的黏合，开辟了一条新途径。图 1-4 及图 1-5 分别为 CMP 法表面涂层和两种材料粘接过程的示意图。

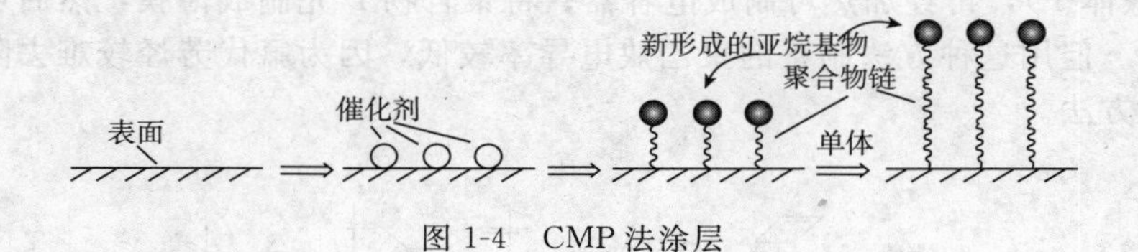

图 1-4　CMP 法涂层

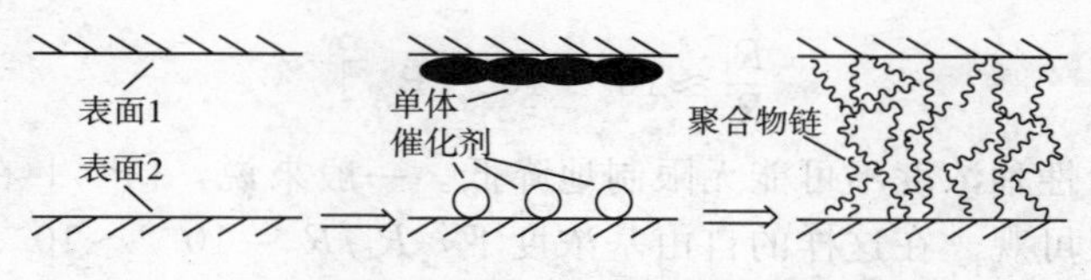

图 1-5 CMP 法粘接过程示意图

1.4 活性/可控自由基聚合反应

1.4.1 概述[55~60,117~119]

活性聚合是指无链终止反应和无链转移反应的聚合反应，在聚合过程中，活性中心的活性自始至终保持；引发速率远大于增长速率，可认为全部活性中心几乎是同时生成的，从而保证所有活性中心几乎以相同速率增长。因此活性聚合可以有效地控制聚合物分子量、分子量分布窄，结构规整性好。已成功的活性聚合反应体系有：活性阴离子聚合、活性阳离子聚合、活性开环聚合、活性开环易位聚合、基团转移聚合、配位阴离子聚合等。但这类反应，当前真正大规模工业化应用的并不多，原因是反应条件一般比较苛刻，成本高，且适用的单体较少。

自由基聚合具有单体种类多、反应条件温和、容易实现工业化等优点。但自由基聚合中，链自由基活泼，易于发生双分子偶合或歧化终止以及链转移反应，不是活性聚合。分子量及其分布、端基结构等都难于控制。所以自由基活性聚合，近年来一直是高分子学科界的重要课题。

在离子型聚合中，增长碳阴离子或碳阳离子由于静电排斥，彼此不发生反应。而自由基却强烈地表现出偶合或歧化终止反应的倾向，其终止反应速率常数接近扩散控制速率常数（$k_t=10^7\sim10^9\,m^{-1}\cdot s^{-1}$），比相应的增长反应速率常数（$k_p=10^2\sim10^4\ m^{-1}\cdot s^{-1}$）高出5个数量级。此外，经典自由基引发剂的慢分解（$k_d=10^{-6}\sim10^{-4}\ s^{-1}$）又常常导致引发不完全。这些动力学因素（慢引发、快增长、速终止和易转移）决定了传统自由基聚合的不可控制性。

另外，从自由基聚合反应动力学角度考虑，引发剂分解速率与引发剂分子中化学键的解离能密切相关，而解离能又是温度的函数，升高温度固然可以提高引发剂的分解速率，但同时加快了链增长反应速度，并且导致链转移等副反应的增加。因而，活性自由基聚合的研究焦点集中在稳定自由基、控制链增长上。

由高分子化学可知，链终止速率和链增长速率之比可用下式表示：

$$\frac{R_t}{R_p}=\frac{k_t}{k_p}\times\frac{[P\cdot]}{[M]}$$

式中，R_p、R_t、k_p、k_t、$[P\cdot]$、$[M]$ 分别为链增长速率、链终止速率、链增长速率常数、链终止速率常数、自由基瞬时浓度和单体瞬时浓度。

不难看出，k_t/k_p 值越小，链终止反应对整个聚合反应的影响越小。通常 k_t/k_p 为 $10^4\sim10^5$，因此链终止反应对聚合过程影响很大。另外，R_t/R_p 还取决于自由基浓度与单体浓度之比。如自由基本体聚合中，$[M]_0$ 约为 1～10mol/L，一般情况下难以改变。由此可见，要降低 R_t/R_p 值，主要应通过降低体系中的瞬时自由基浓度来实现。假定体系中单体浓度

为 1mol/L，则

$$\frac{R_t}{R_p} \approx 10^4 \sim 10^5 \ [P\cdot]$$

当然，自由基活性种浓度不可能无限制地降低。一般来说，[P·] 在 10^{-8}mol/L 左右，聚合反应的速率仍很可观。在这样的自由基浓度下，$R_t/R_p = 10^{-4} \sim 10^{-3}$，$R_t$ 相对于 R_p 就可忽略不计。另一方面，自由基浓度的下降必定降低聚合反应速度。但由于链增长反应活化能高于终止反应活化能，因此提高聚合反应温度不仅能提高聚合速率（因为能提高 k_p），而且能有效降低比值 k_t/k_p，抑制终止反应的进行。基于这一原因，“活性”自由基聚合一般应在较高温度下进行。

在实际操作中，要使自由基聚合成为可控聚合，聚合反应体系中必须具有低而恒定的自由基浓度。因为对自由基浓度而言，终止反应为动力学二级反应，而增长反应为动力学一级反应。而既要维持可观的聚合反应速度（自由基浓度不能太低），又要确保反应过程中不发生活性种的失活现象（消除链终止、链转移反应），需要解决两个问题：一是如何自聚合反应开始直到反应结束始终控制如此低的反应活性种浓度；二是在如此低的反应活性种浓度的情况下，如何避免聚合所得的聚合物的聚合度过大（$\overline{DP}_n = [M]_0/[P] = 1/10^{-8} = 10^8$）。这是一对矛盾。为解决这一矛盾，受活性阳离子聚合的启发，将可逆链终止反应与可逆链转移反应概念引入自由基聚合，通过在活性种与休眠种（暂时失活的活性种）之间建立快速交换反应，建立一个可逆的平衡反应，成功地实现了上述矛盾的对立统一，如下式所示：

$$P\cdot + X \underset{k_a}{\overset{k_d}{\rightleftharpoons}} P{-}X$$

（$P\cdot$ 经 R_p +M 增长；P—X +M 不增长）

这种考虑的基本原理为：如果在聚合体系中加入一种数量上可以人为控制反应物 X，此反应物 X 不能引发单体聚合，但可与自由基 P· 迅速作用而发生钝化反应，生成一种不会引发单体聚合的“休眠种”P—X。而此休眠种在实验条件下又可均裂成增长自由基 P· 及 X。这样，体系中存在的自由基活性种浓度将取决于 3 个参数：反应物 X 的浓度、钝化速率常数 k_d 和活化速率常数 k_a。其中，反应物 X 的浓度是可以人为控制的，这就解决了上面提出的第一个问题。研究表明，如果钝化反应和活化反应的转换速率足够快（不小于链增长速率），则在活性种浓度很低的情况下，聚合物分子量将不由 P· 而由 P—X 的浓度决定：

$$(\overline{DP}_n = \frac{[M]_0}{[P{-}X]} \times d)$$

式中，d 为单体转化率。这就解决了上面提出的第二个问题。

由此可见，借助于 X 的快速平衡反应不但使自由基浓度控制得很低，而且可以控制产物的分子量。因此，可控自由基聚合成为可能。但是上述方法只是改变了自由基活性中心的浓度而没有改变其反应本质，因此是一种可控聚合，而并不是真正意义上的活性聚合。为了区别于真正意义上的活性聚合，通常人们将这类宏观上类似于活性聚合的聚合方法称为活性/可控聚合。有时也简称为活性自由基聚合或可控自由基聚合。

为实现上述目标，可采用以下三种途径：

①增长自由基与稳定自由基可逆形成休眠共价化合物：

$$P\cdot + R\cdot \underset{k_a}{\overset{k_d}{\rightleftharpoons}} P{-}R$$

式中，k_d 和 k_a 分别为活化与失活的反应速率常数。目前已发现的稳定自由基化合物主要有氮氧自由基化合物（如2，2，6，6-四甲基-1-哌啶氧化物，TEMPO）、二硫代氨基甲酸酯、三苯甲基衍生物和二苯甲基衍生物、过渡金属化合物（如烷基卟啉钴、卤化铜/联二吡啶络合物）等。

②增长自由基与非自由基物质可逆形成休眠持久自由基：

$$P\cdot + X \underset{k_a}{\overset{k_d}{\rightleftharpoons}} P—X\cdot$$

X通常是有机金属化合物，与增长自由基反应形成相对稳定的高配位自由基，如烷基铝-TEMPO络合物。

③增长自由基与链转移剂之间的可逆钝化转移：

$$P_n\cdot + P_L—R \underset{k_a}{\overset{k_d}{\rightleftharpoons}} P_n—R + P_L\cdot$$

理想的链转移剂应当具有较高的链转移常数 k_{tr}，常用的有烷基碘化合物、双硫脂类化合物等。

根据上述的基本途径，可将活性/可控自由基聚合反应（CRPP）分为以下4类：①稳定自由基聚合（SFRP）；②引发转移终止剂（iniferter）法；③可逆加成-裂解链转移（RAFT）活性自由基聚合；④原子转移自由基聚合（ATRP）。

经过几十年的努力，自由基活性可控聚合的研究已取得重大突破。1993年加拿大Xerox公司的研究人员首先报道了TEMPO/BPO引发苯乙烯的高温（120℃）本体聚合。这是有史以来第一例活性自由基聚合体系。但是除苯乙烯以外，TEMPO不能使其他种类的单体聚合。另外TEMPO的价格昂贵，难以工业化应用。

1994年Wayland等采用四（三甲基苯基）卟啉-2，2′-二甲基丙基合钴［（TEM）Co-$CH_2(CH_3)_3$］引发丙烯酸甲酯的聚合反应，发现聚丙烯酸甲酯的分子量与单体转化率呈线性增长关系，且其分子量分布很窄（$\overline{M}_w/\overline{M}_n=1.10\sim1.21$），因此是一种活性自由基聚合。但此体系也不能使其他种类的单体聚合，而且价格也很昂贵，难有工业化前途。

1995年Matyjaszewski等在采用1-PECl/CuCl/bpy组成的非均相体系引发苯乙烯及丙烯酸酯的聚合时发现，单体转化率与时间和聚合物分子量与单体转化率之间成线性关系，且接近理论值（$\overline{DP}_n=\Delta[M]/[I]$），同时聚合物的分子量分布很窄（$\overline{M}_w/\overline{M}_n\leqslant1.5$），因此聚合过程呈现“活性特征”。这就是轰动高分子化学界的，被认为是活性聚合领域最重要发现的原子转移自由基聚合（ATRP）。本章将介绍几种较重要的自由基活性/可控聚合。

1.4.2 引发转移终止剂活性/可控自由基聚合

1.4.2.1 聚合原理

此法也可简称为引发-转移-终止剂法。

引发转移终止剂（iniferter）可简称为引转剂，是指同时具有引发、转移和终止作用的物质。以AB表示这种物质，其作用可示意如下：

引发作用 $AB \longrightarrow A\cdot + B\cdot$

$A\cdot + M \longrightarrow AM\cdot \xrightarrow{M} \cdots\cdots \longrightarrow A\text{-}(M)_n\text{-}M\cdot$

转移作用 $A\text{-}(M)_n\text{-}M\cdot + AB \rightleftharpoons A\text{-}(M)_{n+1}\text{-}B + A\cdot$

终止作用 $A\text{-}(M)_n\text{-}M\cdot + B\cdot \rightleftharpoons A\text{-}(M)_n\text{-}MB$

这里关键是：①B·要足够稳定；②转移反应和终止反应是可逆的，并且转移反应速率要足够大。

有效的 iniferter 应满足这些条件，这时烯类单体的自由基聚合可视为单体分子向 AB 中的连续插入反应：

$$A—B + nM \longrightarrow A\text{-}(M)_n\text{-}B$$

所得的聚合物的结构特征是大分子两端带有引转剂的碎片。

采用适当的 iniferter 即可实现活性/可控自由基聚合[58]。这种聚合的特点是，聚合物分子量随转化率及聚合反应时间而提高，当转化率小于 40%时，转化率与分子量成线性关系，但分子量分布可控性不理想，一般$\overline{M}_w/\overline{M}_n$ 约为 2。这种聚合可用于合成嵌段共聚物和星状聚合物。

1.4.2.2 引转剂的基本类型

引发转移剂可分为：①单、双、三、多官能度引发转移终止剂；②热、光引发转移终止剂，如四苯基乙烷类衍生物是常见的热引发转移终止剂（thermal iniferters），含有二乙氨基二硫代甲酰氧的一些化合物是良好的光引发转移终止剂（photoiniferters）；③单体型、聚合物型大分子引发转移终止剂。

按结构的对称与否，引转剂还可分为对称型和非对称型两种。当引转剂分子 AB 中，A 与 B 相等时，即为对称型引转剂。

(1) 热分解引转剂　已报道的热分解引转剂除三苯甲基偶氮苯（APT）和四乙基秋兰姆（TD）分别为偶氮键和 S—S 键外，其余的均是 C—C 键的对称六取代乙烷类化合物。其中又以 1，2-二取代的四苯基乙烷衍生物居多，其通式为：

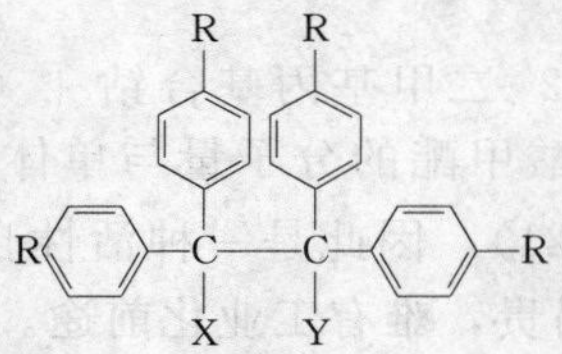

①R=H，X=Y=CN，OC_6H_5，$OSi(CH_3)_3$

②R=OCH_3，X=Y=CN

③R=H，X=H，Y=C_6H_5

其中包括，四苯基丁腈（TPSTN）、四（对甲氧基）苯基乙烷（TMPSTN）、五苯基乙烷（PPE）、1，1，2，2-四苯基乙烷（TPPE）和 1，1，2，2-四苯基-1，2-二（三甲基硅氧基）乙烷（TPSTE）等。

这些对称的 C—C 键热分解引转剂可使极性单体 MMA 进行活性/可控自由基聚合。引转剂的活性为：PPE > TPPSTN>TPSTN。制得的 PMMA 可作为大分子引发剂引发第二单体如苯乙烯聚合，制得 PMMA-PSt 嵌段共聚物，但嵌段效率较低。然而对于非极性单体如 St，其作用和传统的引发剂一样，无活性聚合的特征。这是由于，当 1，2-二取代四苯基乙烷衍生物引发 St 聚合时，得到的聚合物 ω 端为五取代的 C—C 键，键能较高，受热时不易再分解，而在引发 MMA 聚合时，所得聚合物大分子 ω 端为六取代的 C—C 键，键能较低，受热时仍能可逆分解，故可实现活性自由基聚合。

上述的热分解引转剂活性较低，只能在较高温度（>78℃）下实现极性单体 MMA 的活性聚合。近年来，相继合成出了高活性的热分解引转剂，例如，2，3-二氰基-2，3-二苯基丁二酸二乙酯（DCDPST）和 2，3-二氰基-2，3-二（对甲苯基）丁二酸二乙酯（DCDTS）。这两种引转剂可在 50℃使 MMA 及 St 进行活性聚合，得到高分子量、窄分布的 PMMA 或 PSt。

以 DCDPST 引发 St 进行活性聚合为例，其聚合机理如下式所示。在引发阶段，DCDPST（A）均裂为两个相同的自由基 B，它既能引发 St 聚合，又能可逆地终止链自由基，形成 α 端和 ω 端带有引转剂碎片的聚合物 D，D 中 ω 端新带的五取代基团的 C—C 键在热作用下，仍能可逆分解为增长链自由基 C 和自由基 B，C 继续引发单体聚合，而 B 的活性相对较低，主要参与初级自由基终止形成休眠种 D。如此反复形成增长链自由基与休眠种之间的动态平衡，实现活性聚合。可能发生的副反应是，自由基 B 可能发生异构化反应，在苯环上形成自由基，这样形成的自由基可不可逆地使链自由基终止，生成死端聚合物 E，导致分子量分布变宽。

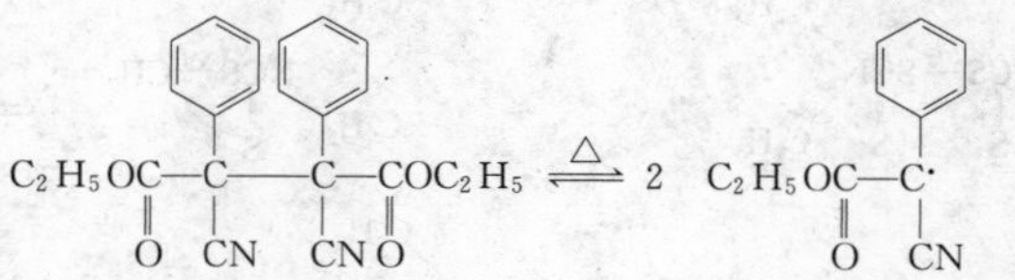

$$C_2H_5OC(=O)-C(Ph)(CN)-C(Ph)(CN)-C(=O)OC_2H_5 \ (A) \overset{\triangle}{\rightleftharpoons} 2\ C_2H_5OC(=O)-\dot{C}(Ph)(CN) \ (B)$$

$$B + nSt \longrightarrow C_2H_5OC(=O)-C(Ph)(CN)\text{-}[CH_2-CH(Ph)]_{n-1}\text{-}CH_2-\dot{C}H(Ph) \ (C)$$

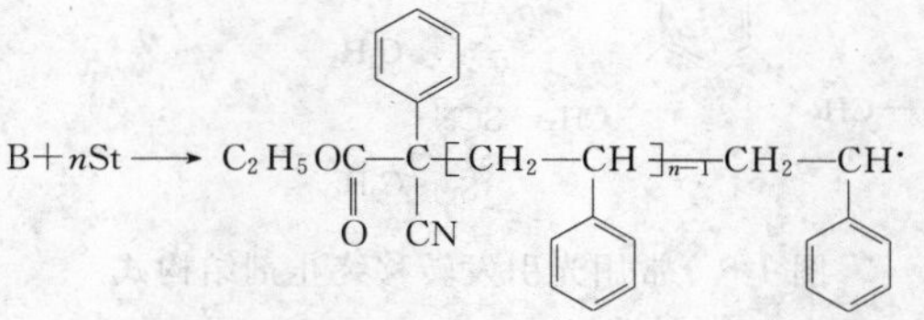

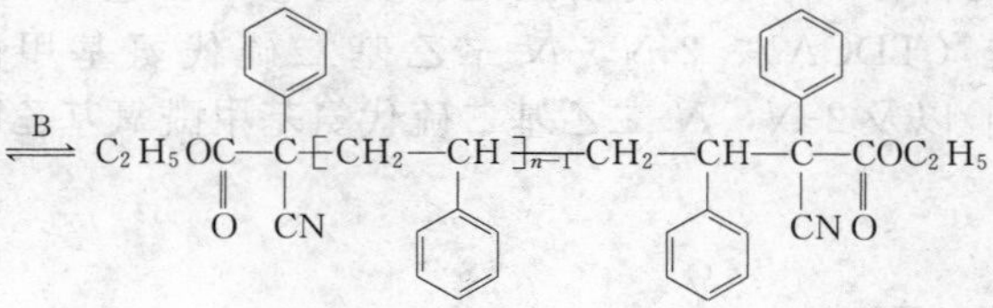

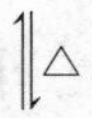

$$\overset{B}{\rightleftharpoons} C_2H_5OC(=O)-C(Ph)(CN)\text{-}[CH_2-CH(Ph)]_{n-1}\text{-}CH_2-CH(Ph)-C(Ph)(CN)-C(=O)OC_2H_5 \ (D)$$

$$\downarrow\uparrow \triangle$$

或

$$C + B \longrightarrow C_2H_5OC(=O)-C(Ph)(CN)\text{-}[CH_2-CH(Ph)]_{n-1}\text{-}CH_2-CH(Ph)-C_6H_5{=}C(CN)(COOC_2H_5) \ (E)$$

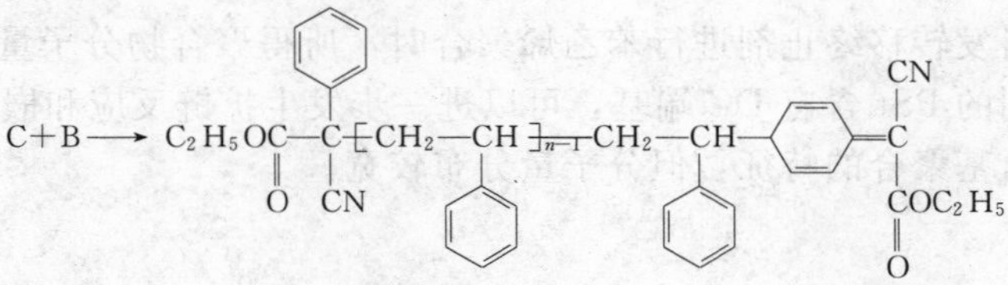

(2) 光引发转移终止剂　光引发转移终止剂主要是指含有二乙基二硫代氨基甲酰氧基(DC)基团的化合物。相对来讲，它的种类比较多，文献中报道的有 *N*，*N*-二乙基二硫代氨基甲酸苄酯（BDC)、双（*N*，*N*-二乙基二硫代氨基甲酸）对苯二甲酯（XDC)、*N*-乙基二硫代氨基甲酸苄酯（BEDC)、双（*N*-乙基二硫代氨基甲酯）对苯二甲酯（XEDC)、2-*N*，*N*-二乙基二硫代甲酰氧基异丁酸乙酯（MMADC)、2-*N*，*N*-二乙基二硫代氨基甲酰氧基丙酸乙酯（MADC）和 *N*，*N*-二乙基二硫代氨基甲酸（4-乙烯基）苄酯（VBDC）等。这些光引发转移剂终止剂多用来引发乙烯基单体活性聚合，从而制备端基功能化聚合物及嵌段、接枝共聚物。光引发转移终止剂的一个显著的优点是可聚合单体多，尤其是能实现乙酸乙烯酯和异戊二烯等单体的活性聚合，这是采用目前其他活性自由基聚合方法都不能或难以实现的。常用光引发引转终止剂的结构式如图 1-6 所示。

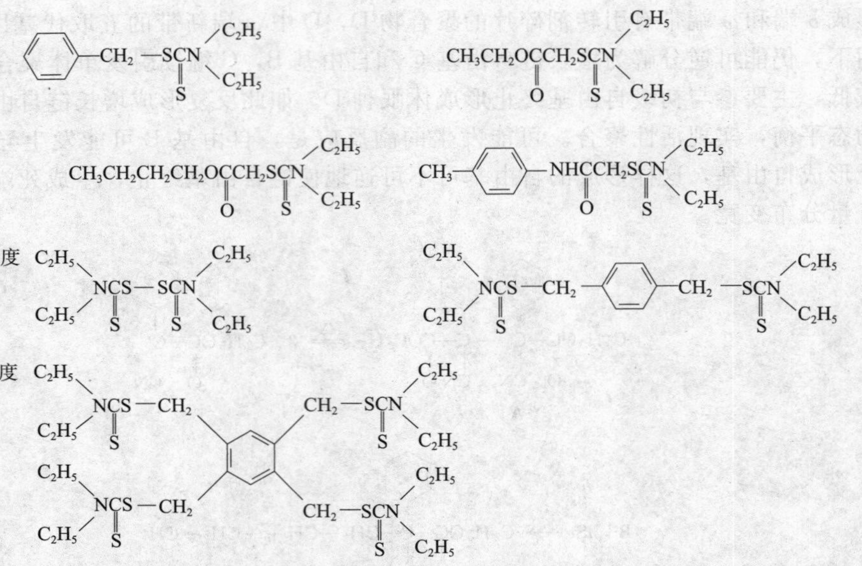

单官能度 $C_6H_5-CH_2-SCN(C_2H_5)_2$（SCN 的 C 上连 =S） $CH_3CH_2OC(=O)CH_2SC(=S)N(C_2H_5)_2$

$CH_3CH_2CH_2CH_2OC(=O)CH_2SC(=S)N(C_2H_5)_2$ $CH_3-C_6H_4-NHC(=O)CH_2SC(=S)N(C_2H_5)_2$

双官能度 $(C_2H_5)_2NC(=S)S-SC(=S)N(C_2H_5)_2$ $(C_2H_5)_2NC(=S)S-CH_2-C_6H_4-CH_2-SC(=S)N(C_2H_5)_2$

多官能度 $C_6H_2[CH_2SC(=S)N(C_2H_5)_2]_4$

图 1-6 常用光引发转移终止剂结构式

近来，文献报道了几种含 DC 基团的新型光引发转移剂，包括 2-*N*，*N*′-二乙基二硫代氨基甲酰氧基对甲苯胺（TDCA）、2-*N*，*N*-二乙基二硫代氨基甲酰氧乙酸乙酯和丁酯[(EDCA) 和 (BDCA)] 以及 2-*N*，*N*-二乙基二硫代氨基甲酰氧基乙酸苄酯（BEDCA），其结构如下：

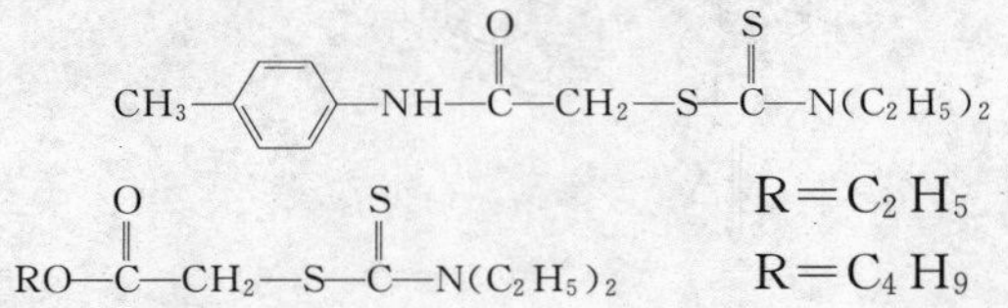

$$CH_3-C_6H_4-NH-\overset{O}{\overset{\|}{C}}-CH_2-S-\overset{S}{\overset{\|}{C}}-N(C_2H_5)_2 \qquad \text{TDCA}$$

$$RO-\overset{O}{\overset{\|}{C}}-CH_2-S-\overset{S}{\overset{\|}{C}}-N(C_2H_5)_2$$

$R=C_2H_5$	EDCA
$R=C_4H_9$	BDCA
$R=CH_2C_6H_5$	BzDCA

用这些新型光引发转移终止剂进行苯乙烯聚合时，所得聚合物分子量随反应时间和转化率而增加，并且得到的 PSt 含有 DC 端基，可以进一步发生扩链反应和嵌段共聚合反应。说明聚合具有活性自由基聚合的特征，但分子量分布较宽。

聚合机理如下：

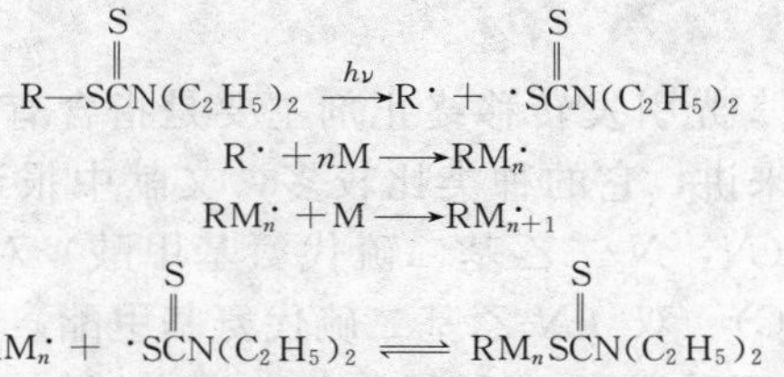

$$R-\overset{S}{\overset{\|}{S}C}N(C_2H_5)_2 \xrightarrow{h\nu} R\cdot + \cdot\overset{S}{\overset{\|}{S}C}N(C_2H_5)_2$$

$$R\cdot + nM \longrightarrow RM_n\cdot$$

$$RM_n\cdot + M \longrightarrow RM_{n+1}\cdot$$

$$RM_n\cdot + \cdot\overset{S}{\overset{\|}{S}C}N(C_2H_5)_2 \rightleftharpoons RM_n\overset{S}{\overset{\|}{S}C}N(C_2H_5)_2$$

其中，$R\cdot=CH_3-C_6H_4-NH\overset{O}{\overset{\|}{C}}CH_2\cdot$，$CH_3CH_2O\overset{O}{\overset{\|}{C}}CH_2\cdot$，$CH_3CH_2CH_2CH_2O\overset{O}{\overset{\|}{C}}CH_2\cdot$，$C_6H_5-CH_2O\overset{O}{\overset{\|}{C}}CH_2\cdot$。

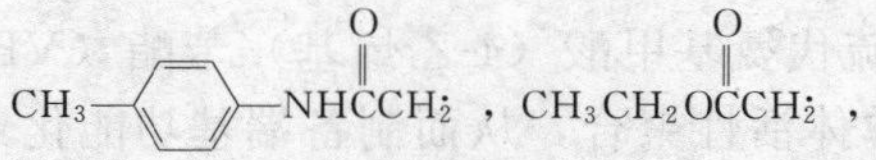

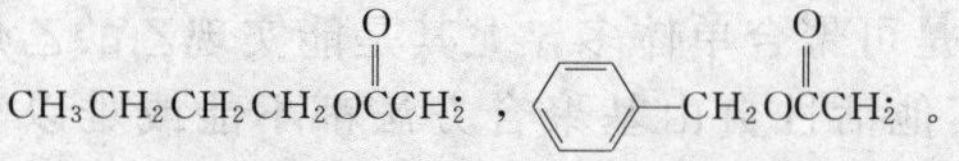

还有一类光引发转移终止剂含有可聚合的基团称为可聚合光引发转移终止剂，如 *N*，

N-二乙基二硫代氨基甲酸对乙烯基苄酯（VBDC）、2-*N*，*N*-二乙基二硫代氨基甲酰氧基乙酸-*β*-甲基丙烯酰氧基乙酯（MAEDCA）和 2- *N*，*N*-二乙基二硫代氨基甲酰氧基乙酸烯丙酯（ADCA）。它们可引发 MMA 和 St 进行活性自由基聚合，产物为相应的大分子单体。所得的大分子单体与第二单体共聚能合成梳状接枝共聚物。也可使此种可聚合光引发转移终止剂与 MMA 共聚，而后利用侧链上的 DC 基团光引发接枝聚合，也可制得梳状接枝共聚物。

（3）新型多功能引发转移终止剂　热引发转移终止剂和光引发转移终止剂能分别引发不同的单体进行活性自由基聚合，并且具有各自的优点。将六取代乙烷型 C—C 键和 DC 基团设计到一个分子中，合成出一种新的化合物：2，3-二氰基-2，3-二（对二乙基二硫代氨基甲酰氧基甲基）苯基丁二酸二乙酯（DDDCS），它集中了光引发转移终止剂和热引发转移终止剂的优点，是一种多功能的引发转移终止剂。DDDCS 的合成路线如下式所示：

$$CH_3-C_6H_4-CH_2CN \xrightarrow[\text{碳酸二乙酯}]{NaOC_2H_5} CH_3-C_6H_4-CH(CN)COOC_2H_5$$

$$CH_3-C_6H_4-CH(CN)COOC_2H_5 \xrightarrow{Cu^{2+}\text{-TMEDA-}O_2} CH_3-C_6H_4-C(CN)(COOC_2H_5)-C(CN)(COOC_2H_5)-C_6H_4-CH_3 \quad (\text{DCDTS})$$

$$\xrightarrow[h\nu]{NBS} BrCH_2-C_6H_4-C(CN)(COOC_2H_5)-C(CN)(COOC_2H_5)-C_6H_4-CH_2Br$$

$$\xrightarrow{NaSCSNEt_2} (CH_3CH_2)_2NC(=S)SCH_2-C_6H_4-C(CN)(COOC_2H_5)-C(CN)(COOC_2H_5)-C_6H_4-CH_2SC(=S)N(CH_2CH_3)_2 \quad (\text{DDDCS})$$

TMEDA：四甲基乙二胺；NBS：*N*-溴代琥珀酰亚胺；

$NaSCSNEt_2$：*N*，*N*-二乙氨基二硫代甲酸钠

DDDCS 能分别在加热和紫外光照射下引发 St、MMA、乙酸乙酯（VAc）、甲基丙烯酸叔丁酯（*t*-BMA）以及异戊二烯等单体进行活性/可控自由基聚合。用 DDDCS 可制备一系列组分及链长可控的 ABA 型嵌段共聚物。尤其是制备 PVAc-PSt-PVAc 三嵌段共聚物，这种多功能引转剂具有独特优势，因为 VAc 不能用原子转移自由基聚合进行活性自由基聚合。

（4）大分子光引发转移终止剂　大分子光引发转移终止剂也是引发转移终止剂领域的一个重要研究方向，主要是用来制备嵌段共聚物。采用小分子光引发转移终止剂如 TDCA、EDCA 和 BDCA 引发单体 St 光聚合得到的聚合物 PSTt-DC 带有 DC 端基，也可作为大分子引发剂，在光照下引发 MMA、BA 等共聚得到 AB 型嵌段共聚物。

上述大分子光引发转移终止剂都是采用小分子光引发转移终止剂引发单体聚合而制备的，以此制备的嵌段共聚物中的各个组分均是乙烯基类聚合物。近年来，报道了由聚乙二醇（PEG）和聚氧化四亚甲基（聚四氢呋喃，PTHF）经两步反应分别合成两端带有 DC 基团的聚合物 PEG-1 和 PTHF-1。在紫外光照下，大分子引发剂的端基断裂形成两端为碳自由基的活性中心，由此引发 St、MMA、VAc、BA 等单体聚合，得到 ABA 型嵌段共聚物。大

分子光引发转移终止剂的合成及ABA嵌段共聚物的制备如下列反应式所示：

$$H\lbrack O(CH_2)_n\rbrack_m OH \xrightarrow[\text{苯}]{ClOCCH_2Cl} ClCH_2-\overset{O}{\overset{\|}{C}}\lbrack O(CH_2)_n\rbrack_m O\overset{O}{\overset{\|}{C}}CH_2Cl$$

$$\xrightarrow[C_2H_5OH]{NaSSCN(CH_2CH_3)_2} (C_2H_5)_2N\overset{S}{\overset{\|}{C}}SCH_2\overset{O}{\overset{\|}{C}}\lbrack O(CH_2)_n\rbrack_m O\overset{O}{\overset{\|}{C}}CH_2S\overset{S}{\overset{\|}{C}}N(C_2H_5)_2$$

($n=2$：PEG-I；$n=4$：PTHF-I)

$$\text{PEG-I(或 PTHF-I)} \xrightarrow{h\nu} \cdot CH_2\overset{O}{\overset{\|}{C}}\lbrack O(CH_2)_n\rbrack_m O\overset{O}{\overset{\|}{C}}CH_2\cdot + 2\cdot S\overset{S}{\overset{\|}{C}}N(C_2H_5)_2$$

$$\downarrow M$$

$$M_n-CH_2\overset{O}{\overset{\|}{C}}\lbrack O(CH_2)_n\rbrack_m O\overset{O}{\overset{\|}{C}}CH_2-M_n$$

1.4.3 稳定活性自由基聚合 (SFRP)[61～66]

SFRP是利用稳定自由基（stable free radical）来控制自由基聚合。它按照如下的可逆反应进行：外加的稳定自由基 $X^\cdot$ 可与链自由基 $P^\cdot$ 迅速进行失活反应，生成休眠种P—X，P—X能可逆分解，又形成 $X^\cdot$ 和 $P^\cdot$，$P^\cdot$ 又可进行链增长。

$$P^\cdot + X^\cdot \underset{k_d}{\overset{k_a}{\rightleftharpoons}} PX$$

这样，$P^\cdot$ 可被抑止在较低的浓度，减少链自由基之间的不可逆终止，使终止反应与增长反应相比可忽略，从而使聚合反应得到控制，具有活性聚合的特征。

稳定自由基 $X^\cdot$ 主要为TEMPO（2，2，6，6-四甲基-1-哌啶氮氧自由基），还有二价钴自由基 $Co_{Ⅱ}$。氮氧稳定自由基体系聚合的主要特点是聚合工艺简单，可合成一些特殊结构的大分子；其缺点是TEMP价格昂贵，合成困难，只适用于苯乙烯及其衍生物。并且聚合慢，温度需要在110～140℃。$Co_{Ⅱ}$ 类稳定自由基体系聚合合成的聚合物分子量不高，且分子量分布较宽。最近有报道，采用新的氮氧自由基代替TEMPO有更好的效率，可更好地控制分子量，分子量分布也较窄，并且还可用于MMA之类的单体。

1.4.4 可逆加成-裂解链转移自由基聚合 (RAFT)[62，63，119，126]

前面谈到的TEMPO体系的聚合原理是增长链自由基的可逆终止，RAFT过程则是增长链自由基的可逆链转移，其控制聚合反应的机理是链自由基和二硫代酯的加成，生成稳定自由基，避免了链自由基之间不可逆终止反应，使聚合反应得以有效控制。这种稳定自由基又可自身裂解，产生活性自由基而实现链的继续增长。

RAFT的关键是具有高链转移常数和特定结构的链转移剂双硫脂（ZCS_2R）。其化学结构如下：

单官能度 $Z-\overset{S}{\overset{\|}{C}}-S-R$

Z＝Ph，CH_3

R＝$C(CH_3)_2Ph$，$CH(CH_3)Ph$，CH_2Ph，$CH_2PhCH=CH_2$

$C(CH_3)_2CN$，$C(CH_3)(CN)CH_2CH_2CH_2OH$，$C(CH_3)(CN)CH_2CH_2COOH$，$C(CH_3)(CN)CH_2CH_2COONa$

双官能度 $Z-CS-C(CH_3)_2-C_6H_4-C(CH_3)_2-CS-Z$

多官能度 $C_6H_2(CH_2CS_2Z)_4$　　$C_6(CH_2CS_2Z)_6$

RAFT 的聚合机理表示如下：

$$I \longrightarrow 2R\cdot$$

$$R\cdot + nCH_2{=}CYX \longrightarrow R\!\left[CH_2-CYX\right]_{n-1}CH_2-\dot{C}YX \;+\; S{=}C(Z)-S-R_1 \rightleftharpoons R\!\left[CH_2-CYX\right]_n S-\dot{C}(Z)-S-R_1 \rightleftharpoons R\!\left[CH_2-CYX\right]_n S-C({=}S)Z + R_1\cdot$$

$$R_1\cdot + nCH_2{=}CYX \longrightarrow R_1\!\left[CH_2-CYX\right]_{n-1}CH_2-\dot{C}(S)Z$$

从以上的反应机理不难看出，链转移剂中的 Z 和 R_1 两个基团有至关重要的作用。其中 Z 应该是能够活化 C ═S 对自由基加成的基团，通常为芳基、烷基；而 R_1 应是活泼的自由基离去基团，断裂后生成的自由基 $R_1\cdot$ 应该能有效地再引发聚合，常用的 R_1 基有异丙苯基、氰基异丙基等。

利用 RAFT 过程可制备分子量可控、分子量分布较窄（$\overline{M}_w/\overline{M}_n$ 约为 1.1）的聚合物，并能制得嵌段或星型共聚物。RAFT 适用的单体范围较广，可适用于 St、MMA、丙烯腈、VAc 等常见单体，还适用于丙烯酸、苯乙烯磺酸钠，甲基丙烯酸-β-羟乙酯等功能单体。可采用本体聚合、溶液聚合、乳液聚合和悬浮聚合等多种聚合工艺。RAFT 法继承了传统自由基聚合的主要优点，具有工业化前景。其缺点是双硫脂的制备复杂。

1.4.5 原子转移活性/可控自由基聚合（ATRP）[60,64～67,121,122]

1.4.5.1 基本原理

原子转移自由基聚合的概念源于有机合成中过渡金属催化的原子转移自由基合成（atom transfer radical addition，ATRA)。ATRA 是有机合成中形成 C—C 键的有效方法，总的反应为：

$$RX + M \xrightarrow{\text{过度金属催化剂}} RMX \qquad \text{式中 M 表示烷烯}$$

具体反应过程为：

$$R-X + Mt^n \rightleftharpoons R\cdot + Mt^{n+1}X$$

$$R\cdot + CH_2{=}CHY \longrightarrow RCH_2\dot{C}HY \qquad \text{即 } R\cdot + M \longrightarrow RM\cdot$$

$$RCH_2\dot{C}HY + Mt^{n+1}X \rightleftharpoons RCH_2CHXY + Mt^n \qquad \text{即 } RM\cdot + Mt^{n+1}X \rightleftharpoons RMX + Mt^n$$

首先，还原态过渡金属种 Mt^n 从有机卤化物 R—X 中夺取原子 X，形成氧化态过渡金属种 Mt^{n+1} 和碳自由基 $R^{\cdot}$；自由基 $R^{\cdot}$ 再与烷烯 M 反应，产生中间体自由基 $RM^{\cdot}$；中间体自由基与 Mt^{n+1} 反应得到目标产物 R—M—X，同时产生还原态过渡金属种 Mt^n，然后开始新一轮的反应。这种过渡金属催化的原子转移反应效率很高，加成物 RMX 的收率大于 90%，这说明 Mt^{n+1}/Mt^{n+1} 的氧化还原反应能产生低浓度自由基，从而大大抑制了自由基之间的终止反应。

ATRP 就是在此基础上提出并发展的。但应注意，ATRA 只是 ATRP 的必要条件而非充分条件。ATRA 能否转化为 ATRP，不仅取决于反应条件以及过渡金属离子及配体的性质，还与卤代烷与不饱和化合物（单体）的分子结构有关。ATRA 的关键是卤原子能顺利地加成到双键上，而加成物中的卤原子能否顺利地转移下来，对 ATRA 来说并不重要，而对 ATRP 来说却是关键。为此，分子中必须有足够的共轭效应或诱导效应以削弱 α 位置 C—X 键的强度。这是选择 R—X 的原则，这也决定了 ATRP 所适应的单体范围。

典型的 ATRP 反应模式如下：

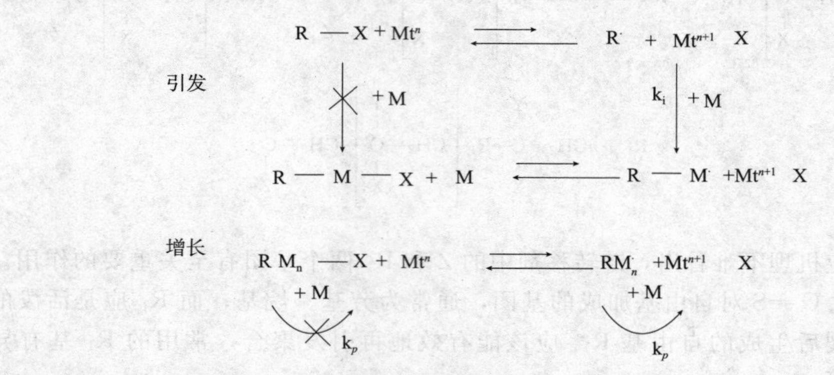

在引发阶段，处于低氧化态的转移金属卤化物（盐）Mt^n 从有机卤化物 R—X 中吸取卤原子 X，生成引发自由基 $R^{\cdot}$ 及处于高氧化态的金属卤化物 Mt^{n+1}—X。自由基 $R^{\cdot}$ 可引发单体聚合，形成链自由基 R—$M_n^{\cdot}$。R—$M_n^{\cdot}$ 可从高氧化态的金属配位化合物 Mt^{n+1}—X 中重新夺取卤原子而发生钝化反应，形成 R—M_n—X，并将高氧化态的金属卤化物还原为低氧化态 Mt^n。如果 R—M_n—X 与 R—X 一样（不总是一样）可与 Mt^n 发生促活反应生成相应的 R—$M_n^{\cdot}$ 和 Mt^{n+1}—X，同时若 R—$M_n^{\cdot}$ 与 Mt^{n+1}—X 又可反过来发生钝化反应生成 R—M_n—X 和 Mt^n，则在自由基聚合反应进行的同时，始终伴随着一个自由基活性种与有机大分子卤化物休眠种的可逆转换平衡反应。

由于这种聚合反应中包含卤原子从有机卤化物到金属卤化物、再从金属卤化物转移至自由基这样一个反复循环的原子转移过程，所以是一种原子转移聚合。同时由于其反应活性种为自由基，因此被称为原子转移自由基聚合。原子转移自由基聚合是一个催化过程，催化剂 Mt^n 及 Mt^{n+1}—X 的可逆转移控制着 [$M_n^{\cdot}$]，即 R_t/R_p（聚合过程的可控性），同时快速的卤原子转换控制着分子量和分子量分布（聚合物结构的可控性）。这种反应具有活性聚合的特点，属于活性/可控的聚合过程。

1995 年，J. Wang 等[60]采用 1-氯代苯乙烯为引发剂，氯化铜和联吡啶的络合物为催化剂，130℃下进行苯乙烯的本体聚合，实现了活性/可控的 ATRP；同年 Sawamoto[66]采用 CCl_4/RuO_2 $(PPh_3)_3$ 为催化剂，MeAl $(ODBP)_2$ 为助催化剂，60℃使 MMA 聚合，也实现了 MMA 的活性/可控 ATRP。此后，对 ATRP 活性种本质问题进行了研究。Wang 等认为 ATRP 活性种的性质和普通自由基是一样的。其根据是：①可被自由基捕捉剂（如 TEMPO）阻聚；②用传统的自由基引发剂 AIBN 与卤化铜配合实现了反向 ATRP；③MMA 的

ATRP产物的立体结构与普通自由基一样；④电子顺磁共振实验观察到很强的 Cu^{2+} 信号。然而，Haddleton 等[67]发现，常用的酚类自由基阻聚剂对 ATRP 毫无阻聚作用，对活性种的本质提出了问题。有人提出碳卤键异裂产生碳阳离子的可能性。华东理工大学应圣康等，通过对 CuX/bpy 在有机溶剂中的紫外可见光谱分析，证明在 ATRP 反应过程中具有催化活性的 Cu（I）络合物结构为［Cu（I）/bpy_2］X，并且催化活性中心在引发反应之前先形成，提出了在聚合反应初期存在多种活性种的推论。在此基础上，他们认为聚合反应可能发生在增长链自由基与催化剂之间新形成的配位笼内。总之关于 ATRP 活性种的本质问题，至今尚无定论。不过认为活性种为自由基的居多。

1.4.5.2 引发体系[65]

ATRP 引发体系包括引发剂、催化剂和配体三部分。

（1）引发剂　所有 α 位上含有诱导或共轭基团的卤代烷都能引发 ATRP 反应。目前已报道的比较典型的 ATRP 引发剂主要有 α-卤代苯基化合物，如 α-氯代苯乙烷、α-溴代苯乙烷、α-苄基溴等；α-卤代羰基化合物，如 α-氯丙酸乙酯、α-溴丙酸乙酯、α-溴代异丁酸乙酯等；α-卤代氰基化合物，如 α-氯乙腈、α-氯丙腈等；多卤化物，如四氯化碳、氯仿等。此外，含有弱 S—Cl 键的取代芳基磺酰氯是苯乙烯和（甲基）丙烯酸酯类单体的有效引发剂。近年的研究发现，分子结构中并没有共轭或诱导基团的卤代烷（如二氯甲烷、1，2-二氯甲烷）在 $FeCl_2 \cdot 4H_2O/PPh_3$ 的催化作用下，也可引发甲基丙烯酸丁酯的可控聚合，从而拓宽了 ATRP 的引发剂选择范围。

（2）催化剂和配体　催化剂是含有过渡金属化合物与 N，O，P 等强配体所组成的络合物，其中心离子易发生氧化还原反应，通过建立快速氧化还原可逆平衡，使增长活性种变为休眠种。配体亦称为配位剂的主要作用是与过渡金属形成络合物，使其溶于溶剂，调整中心金属的氧化还原电位，当金属离子氧化态改变时，配位数随之增减，建立原子转移的动态平衡。

可用的过渡金属有铜、铁、镍、钌、钼、钯、铼、铑等。最早使用的配体是联二吡啶，它与卤代烷、卤化铜组成的引发体系是非均相体系，效率不高，产物分子量分布也宽。用油溶性长链烷基取代的联二吡啶效果较好。已采用过的配体还有 2-吡啶缩醛亚胺、邻菲咯啉、氨基醚类化合物（如双（二甲基氨基乙基）醚）等。

早期的 ATRP 引发体系为非均相体系，催化效果不高，可控能力低。当前引发体系的研究趋向是向均相体系转变。主要有以下三个方面：

（1）改变卤化亚铜的配体　最初使用的卤代烷/卤化亚铜/联吡啶引发体系为非均相的。为了促进卤化亚铜在聚合体系中的溶解性，可在配体联吡啶的 4-4′-位上引入可溶性侧链，一般需含 4 个碳原子以上的侧链。采用 4，4′-二叔丁基-2，2′-联吡啶（dTbpy），4，4′-二正庚基-2，2′-联吡啶（dHbpy）和 4，4′-二（5-壬基）-2，2′-联吡啶（dNbpy）代替联吡啶，可实现均相的 ATRP，所得的聚苯乙烯和聚丙烯酸酯的分子量分布明显降低，有的可低至 1.04～1.05。还发现，便宜易得的多齿直链烷基胺类化合物如四甲基乙二胺（TMEDA）、五甲基二亚乙基三胺（PMDETA）、六甲基三亚乙基四胺（HMETETA）等也可作为卤化亚铜的配体和卤化亚铜形成的配位化合物催化 ATRP 反应。而且由于烷基胺类和卤化亚铜形成的配位化合物氧化还原反应位能与联吡啶为配体时的位能低，其反应比联吡啶作配体的反应速度明显加快。

（2）利用铜以外的过渡金属　许多学者尝试利用铜以外的某些可溶性金属催化体系来实现均相的 ATRP，如钌、钯、铁和镍等。例如，以对甲氧基苯磺酰氯为引发剂，用氯化亚钌或氯化亚钯并以三苯基膦为配体可实现苯乙烯的 ATRP 均相聚合。

（3）加入适当的溶剂　可采用加入对催化剂溶解度较大的溶剂来实现 ATRP 的均相反应。例如，用 2-溴代丙酸乙酯（MBP）/CuCl/bpy 引发体系，以乙腈为溶剂，可实现 MMA 的 ATRP 溶液聚合。均相聚合可明显是分子量分布变窄。

1.4.5.3　单体

目前已报道的，可用 ATRP 方法聚合的单体有以下三类：

（1）苯乙烯及取代苯乙烯　如对氟苯乙烯、对氯苯乙烯、对溴苯乙烯、对甲基苯乙烯、间甲基苯乙烯、对氯甲基苯乙烯、间氯甲基苯乙烯、对三氟甲基苯乙烯、间三氟甲基苯乙烯、对叔丁基苯乙烯等。

（2）（甲基）丙烯酸酯　如（甲基）丙烯酸甲酯、（甲基）丙烯酸乙酯、（甲基）丙烯酸正丁酯、（甲基）丙烯酸叔丁酯、（甲基）丙烯酸异冰片酯、（甲基）丙烯酸－2－乙基己酯、（甲基）丙烯酸二甲氨基乙酯等。

（3）带有功能基团的（甲基）丙烯酸酯　如（甲基）丙烯酸-2-羟乙酯、（甲基）丙烯酸羟丙酯、（甲基）丙烯酸缩水甘油酯、乙烯基丙烯酸酯；特种（甲基）丙烯酸酯，如（甲基）丙烯酸十五氟辛基乙二醇酯、（甲基）丙烯酸-*β*-(*N*-乙基-全氟辛基磺酰基)氨基乙酯、（甲基）丙烯酸-2-全氟壬烯氧基乙酯等；（甲基）丙烯腈；4-乙烯基吡啶等。

至今为止，采用 ATRP 技术尚不能使烯烃类单体、二烯烃类单体、氯乙烯和醋酸乙烯等单体聚合。

1.4.6　反向原子转移自由基聚合（RATRP）

因为烷基卤化物（RX）对人体有较大的毒害，低氧化态过渡金属复合物易被空气中氧气氧化，存储较困难，价高，不易得，不易处理等，又发展了反向原子转移自由基聚合(reverse ATRP)。ATRP 与反向 ATRP 在于引发剂类型不同，过渡金属卤化物氧化态不同，在反向 ATRP 聚合体系中，普通的自由基引发剂和高氧化态过渡金属复合物取代了 ATRP 聚合体系中使用的 RX 和低氧化态过渡金属复合物，聚合反应也是通过可逆的卤原子的原子转移反应得以控制。反向 ATRP 机理可表示如下：

引发：

$$I \longrightarrow 2R\cdot$$

$$R\cdot + Mt^{n+1}X \rightleftharpoons R—X + Mt^{n}$$

$$\downarrow M$$

$$R—M\cdot + Mt^{n+1}X \rightleftharpoons R—M—X + Mt^{n}$$

增长：

$$R—M\cdot + Mt^{n+1}X \rightleftharpoons R—M—X + Mt^{n}$$

$$\xrightarrow[k_p]{+M}$$

与常规的原子转移自由基聚合中首先用 Mt^n 活化休眠种 R—X 不同，反向原子转移自由基聚合是从自由基 I· 或 I—P 与 XMt^{n+1} 的钝化反应开始的。在引发阶段，引发自由基 I· 或 I—P· 一旦产生，就可以从氧化态的过渡金属卤化物 XMt^{n+1} 夺取卤原子，形成还原态过渡金属离子 Mt^n 和休眠种 I—X 或 I—P—X。以后，过渡金属离子 Mt^n 的作用就同常规原子转移自由基聚合中一样了。

应用 AIBN/$CuCl_2$/bpy 成功实现了苯乙烯的反向原子转移自由基聚合。由于是非均相反应，Cu（Ⅱ）的用量很高时才能较好的控制聚合，而且反应速度很慢。这种非均相的反向原子转移自由基聚合对（甲基）丙烯酸酯类弹性体的聚合难以控制。之后，改用

$AIBN/FeCl_3/pph_3$ 体系，成功实现了甲基丙烯酸甲酯的活性可控聚合。采用 $BPO/CuCl_2/$ bpy 可使苯乙烯和甲基丙烯酸甲酯进行反向原子转移自由基聚合，发现也具有活性可控聚合特征，并提出了有别于 AIBN 引发的反向原子转移自由基聚合的机理。首先，BPO 分子分解成两个自由基，由于 BPO 及其分解所得的初级自由基具有较强的氧化性，Cu^{2+} 不可能直接从 BPO 初级自由基上夺取电子而生成休眠种；但当 BPO 初级自由基加成一个或几个单体分子后，$CuCl_2$ 就可以夺取自由基上的电子，发生卤代反应，产生休眠种及 Cu^+；由于 Cu^+ 具有还原性，能与 BPO 发生氧化还原反应，从而又生成一初级自由基，反应过程如以下反应式所示：

$$C_6H_5-\overset{O}{\overset{\|}{C}}-O-O-\overset{O}{\overset{\|}{C}}-C_6H_5 \longrightarrow 2\,C_6H_5-\overset{O}{\overset{\|}{C}}-O\cdot$$

$$C_6H_5-\overset{O}{\overset{\|}{C}}-O\cdot + nM \longrightarrow C_6H_5-\overset{O}{\overset{\|}{C}}-O-M_n^{\cdot}$$

$$C_6H_5-\overset{O}{\overset{\|}{C}}-O-M_n^{\cdot} + CuCl_2\cdot bpy \longrightarrow C_6H_5-\overset{O}{\overset{\|}{C}}-O-M_n-Cl + CuCl\cdot bpy$$

$$C_6H_5-\overset{O}{\overset{\|}{C}}-O-O-\overset{O}{\overset{\|}{C}}-C_6H_5 + CuCl\cdot bpy \longrightarrow C_6H_5-\overset{O}{\overset{\|}{C}}-O\cdot + C_6H_5-\overset{O}{\overset{\|}{C}}-O^- \cdot \overset{2+}{CuCl}\cdot bpy$$

普通的自由基引发剂如偶氮二异丁腈初始引发时产生的自由基浓度无法控制在很低水平，所以，反向 ATRP 反应得到的聚合物分子量分布普遍比较宽。为了解决这一问题，可在反向 ATRP 的引发体系中加入可进行可逆分解的热引发转移终止剂（thermal iniferter），如 2，3-二氰基-2，3-二（对甲）苯基丁二酸二乙酯来控制引发反应中的自由基浓度。研究结构表明，热引发转移终止剂的加入对反应的控制确实有利。由此又派生出不用任何其他配体，而只用 2，3-二氰基-2，3-二苯基丁二酸二乙酯和三（二乙基二硫代氨基甲酸酯）化铁作为引发体系来引发苯乙烯的反向 ATRP 反应，得到的聚合物分子量分布低至 1.09，这在反向 ATRP 反应中已是相当低的。

ATRP 所用引发剂有毒，催化剂用量较大且对氧气和水敏感，后处理工艺复杂，近年来发展了电子转移再生催化剂原子转移自由基聚合[122]，可将反应中催化剂用量降至 10^{-6} 级，这在工业化应用上具有广阔前景。近年来对 ATRP 的实施方法也进行了大量研究。例如在水分散体系（包括细乳液体系、乳液体系、微乳液体系等）实施 ATRP[121,123,124]。

近年还报道了以沉淀聚合的方法实施活性/可控自由基聚合反应[125]，以这种方法可制得粒径窄分布、高度交联的功能聚合物微球。

1.4.7 原子转移自由基聚合技术的应用[68~74,126~130]

ATRP 的提出至今还不到 20 年，已取得了巨大的进展。其中一个主要原因就是它具有广泛而重要的应用前景。以下举例，简要说明 ATRP 技术的某些应用。

1.4.7.1 制备窄分子量分布聚合物

作为一种活性可控聚合，原子转移自由基聚合可得到分子量分布很窄的聚合物。例如采用有机卤化物/CuX（X 为 Cl、Br）/2，2′-bpy 引发体系引发苯乙烯聚合可得到分子量分布指数为 1.1～1.2 的均聚物。但这类引发体系即使在高温下（100～120℃）仍是非均相的，因此聚合物的分子量分布不可能接近于典型的阴、阳离子活性聚合物的水平（阴、阳离子活性聚合物的 $\overline{M}_w/\overline{M}_n<1.1$）。但是如果在 2，2′-bpy 杂环上带上某些油溶性取代基团，如正

丁基、叔丁基等，则上述引发体系可变为均相体系。由此得到的聚合物的分子量分布可低至$\overline{M}_w/\overline{M}_n \approx 1.04$。这是至今用自由基聚合方法得到的最低的分子量分布。

1.4.7.2 制备端活性聚合物[131]

ATRP 用有机卤化物 RX（X 为 Cl 或 Br）作为引发剂时，产物的末端带有卤素原子，而卤素原子本身就是一种官能团。例如采用 1-苯基氯乙烷或 1-苯基溴乙烷/CuCl/2，2′-bpy 作为引发体系进行苯乙烯的聚合，产物为末端为卤素原子的聚苯乙烯。如果将 1-苯基卤乙烷改为 1，4-二氯（溴）甲基苯，则所得产物分子链两端均为卤素原子的双官能度聚苯乙烯。聚合物分子链末端的卤素原子还可以进一步演变成其他官能团，如氨基、羧基、叠氮基、烯丙基等。如果用带有另一种官能团 E（如—OH、—COOH、—CH_2 ═CH_2）得有机卤化物为引发剂，则聚合物分子链末端即带上官能团 E。例如用 2-氯醋酸乙酯为引发剂，使 St 进行 ATRP 聚合得到的聚合物大分子末端即带有醋酸乙烯单元，这是一种大分子单体，可用于制备接枝共聚物。

带有官能团的引发剂主要有：4-氰基溴化苄、氯甲基萘、烯丙基氯（溴）、2-溴丙酸叔丁酯、2-溴丙酸羟乙酯、2-溴丙酸缩水甘油酯、2-溴丁内酯、氯代醋酸乙烯酯、氯代醋酸烯丙酯、氯代乙酰胺等。

如果 Z 是标记基团的话，可很方便地制备出各种标记聚合物，供物理化学研究使用。

1.4.7.3 制备嵌段共聚物[59,69,130]

嵌段共聚物是分子结构规整聚合物中研究最多、应用最广泛的一类聚合物。至今为止只有活性聚合反应才能合成出不含均聚物、分子量及组成均可控制的嵌段共聚物。

用 ATRP 方法可直接制得二嵌段和三嵌段共聚物。实践上有两种方法可以使用。第一种方法是用 ATRP 法制备第一种单体的均聚物，待一种单体反应完以后，直接加入第二单体，即可得到二嵌段共聚物。因为 ATRP 反应结束时的产物是端基带卤素的大分子，很稳定，所以可以在第一单体反应后，打开反应瓶，加入第二单体，去氧，封瓶，加热，共聚反应就会继续进行，最后得到纯的嵌段共聚物。第二种方法是用 ATRP 法制得含有卤原子的大分子，然后再用这种大分子作为引发剂，引发第二种单体聚合，得到二嵌段共聚物。这种方法制备嵌段共聚物是离子型活性聚合反应所不具备的。如果用引发剂是二官能度的，则用上面两种方法均可得到三嵌段共聚物例如 1，4-二氯（溴）甲基苯/CuBr/bpy 作为引发体系，先进行丙烯酸丁酯（BA）的原子转移自由基聚合，而后加入丙烯腈（AN）继续反应，制得了 PAN-PBA-PAN 三嵌段共聚物。

某些单体不能进行原子转移自由基聚合，但由于将 ATRP 引发剂末端引入聚合物链并不是一件十分困难的事，因此可先通过一定方法制备可引发 ATRP 的大分子引发剂，再用 ATRP 法合成嵌段共聚物，这就是所谓的半 ATRP 法。例如将 ATRP 引发基团引入聚醚、聚酯和聚丁二烯等末端，制得了一系列大分子引发剂，并与 St、MA 和 MMA 等单体进行 ATRP 嵌段共聚，从而制得了一系列特殊的嵌段共聚物。用自由基聚合添加四氯化碳链转移剂的方法可制得了带卤素原子的聚乙酸乙烯酯，然后用这种聚乙酸乙烯酯作为大分子引发剂，采用 ATRP 方法可制备 PVAc-PVP、PVAc-PtBMA 和 PVAc-PSt 等嵌段共聚物。

1.4.7.4 制备星状聚合物

用 ATRP 法制备星状聚合物最简单的是采用多官能度化合物作为引发剂。这种方法称为“先核后臂”法，制得的星状聚合物是一个末端多官能团聚合物，有很多应用。例如图 1-7 中所示的化合物作为多官能度引发剂引发苯乙烯或甲基丙烯酸甲酯聚合，就可得到星状 PSt 或星状 PMMA。

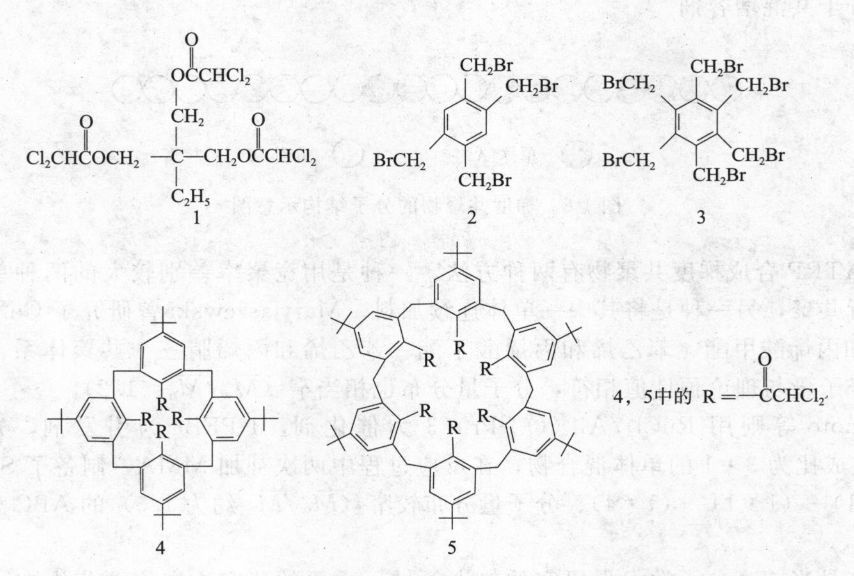

图 1-7　用于制备星状聚合物的多官能度引发剂

目前人们也在研究用 ATRP“先臂后核”法制备多臂星状聚合物。即先用 ATRP 法制备带末端基的均聚物，然后与多官能团化合物反应，得到多臂星状聚合物。例如先用 ATRP 制备末端均为活性卤素原子的聚苯乙烯，然后再加入二乙烯基苯，继续进行 ATRP 反应，便可得到以网状交联二乙烯基苯为核的多臂星状聚苯乙烯。

1.4.7.5　制备接枝共聚物与超支化聚合物[71~74]

含有性质差别较大的主链和支链的接枝共聚物具有很多特殊的性质。例如通过苯乙烯与对氯甲基苯乙烯进行氮氧稳定自由基共聚合反应，得到具有对氯甲基苯侧基的线形共聚物，以这些共聚物作为大分子引发剂引发丙烯酸丁酯进行原子转移自由基聚合，在原来的对氯甲基苯侧基上生长出支链，形成接枝共聚物。黄昌国等以氯甲基化苯基聚丙二醇为大分子引发剂，由 $CuCl_2$/bpy 催化苯乙烯的原子转移自由基聚合反应合成了聚（丙二醇-g-苯乙烯）。Wang X. S. 等先通过溴化法在乙丙橡胶（EPDM）或热塑弹性体（SBS）烯丙位上引入活泼溴原子，然后以溴化产物为大分子引发剂，引发 MMA 等单体聚合，得到了接枝链长可控、接枝率很高的 EPDM-g-PMMA 和 SBS-g-PMMA 接枝共聚物。

Shu S. M. 等合成了新型的芳香聚醚砜接枝共聚物。首先将芳香聚醚砜（PSF）氯甲基化，接着以此为大分子引发剂，在 $FeCl_2$/间苯二甲酸催化下在 DMF 中制得一系列芳香聚醚砜接枝聚丙烯酸酯的共聚物：PSF-g-PMMA、PSF-g-PMA、PSF-g-PBA 等。

采用原子转移自由基引发体系引发带卤原子的乙烯基单体，可以得到多分支聚合物（也称树枝状聚合物或超支化聚合物）。如对氯甲基苯乙烯（CMS）在 $CuCl_2$ 和 bpy 存在下的自引发均聚反应。由于在 CMS 的分子结构中既有双键，又有卤原子，所以可以发生自聚合反应——自缩合乙烯基聚合，生成多分支聚合物。聚合物的分支度可通过改变 CMS 的量和聚合反应时间来控制。由于生成的聚合物端基含有卤原子，加入其他单体后反应可以继续进行，合成出树枝状或超支化嵌段共聚物。

1.4.7.6　制备梯度共聚物[130]

梯度共聚物的分子结构可用图 1-8 形象地表示。这是一种比嵌段共聚物或无规共聚物更有效的高分子共混增容剂。

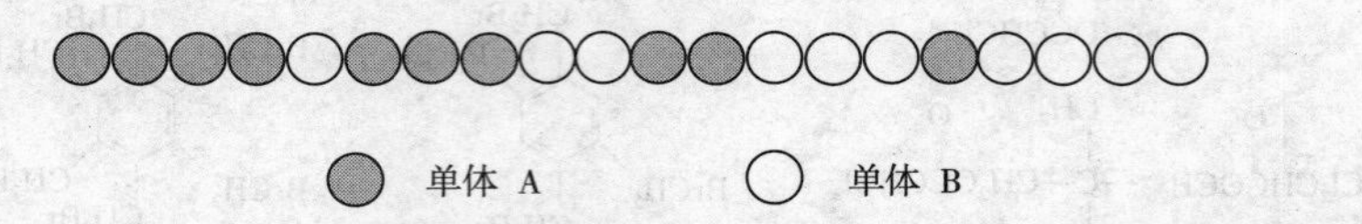

图 1-8 梯度共聚物的分子结构示意图

采用 ATRP 合成梯度共聚物有两种方法。一种是用竞聚率差别较大的两种单体一次加料直接进行共聚，另一种是将其中一单体连续加料。Matyjaszewski 曾研究了 CuX/bpy 催化下 MMA 和丙烯酸甲酯、苯乙烯和丙烯酸丁酯、苯乙烯和丙烯腈三个共聚体系，所得梯度共聚物的分子量与理论预计值相符，分子量分布也相当窄（$\overline{M}_w/\overline{M}_n<1.2$）。

Sawamoto 等则用 $RuCl_2$/Al（O-i-Pr）3 为催化剂，1-PEBr 为引发剂，先加入 St/MMA 的组成比为 3∶1 的单体混合物，在反应过程中两次补加 MMA，制备了 St/MMA 组成为（3∶1）-（1∶1）-（1∶4）、分子量分布较窄（$\overline{M}_w/\overline{M}_n$ 约为 1.5）的 ABC 型三嵌段梯度共聚物。

ATRP 是当前高分子学术界研究的热点领域，重要的研究方向主要集中在：制备高活性催化剂，能够使用极少量催化剂在较低温度下（40～80℃）即可使单体聚合；研究能使 VA、氯乙烯、乙烯等单体聚合的引发体系；研究无金属存在的 ATRP 催化剂；ATRP 对聚合物立构规整性的控制问题等。

关于活性可控自由基聚合的应用，近几年已拓宽到多种高科技领域。例如可用以制备聚合物—蛋白质/多肽生物结合物，即将蛋白质或多肽连接到高分子链上以改善蛋白质/多肽的稳定性、生物相容性[129]。也可用活性/可控自由基聚合反应制得含糖聚合物[128]，即将糖类分子引入高分子链。这种聚合物具有高官能度、生物相容性、药物活性、光学活性、可生物降解性，具有很大的应用前景。

1.5 变换聚合物反应[75～77,118,126,127,130]

所谓变换聚合反应就是将一种聚合机理所得到的并已终止的聚合物链重新引发并按另一种聚合机理进行另一种单体聚合的聚合方法。实际涉及的主要是活性聚合物链末端的转化。这种方法可以集各种聚合机理的特点于一体，弥补单一机理之不足，使不同聚合性质的单体能相互结合，得到单一聚合方法难于合成的特异结构和性质的高分子，如特种嵌段、接枝、梳状及星状等形态的高分子。变换聚合反应已成为从分子水平进行高分子设计、合成的重要手段，在新材料制备、成型加工等方面具有广阔的应用前景。

变换聚合反应的研究起于 20 世纪 70 年代。近年来，随着负离子、正离子、配位和自由基等各种活性聚合或可控聚合反应的发展，使得变换聚合反应的研究从方法论上的兴趣转变为分子构筑的重要手段。

例如对烯类单体的聚合反应，可用以下的图示表示其间的相互变换：

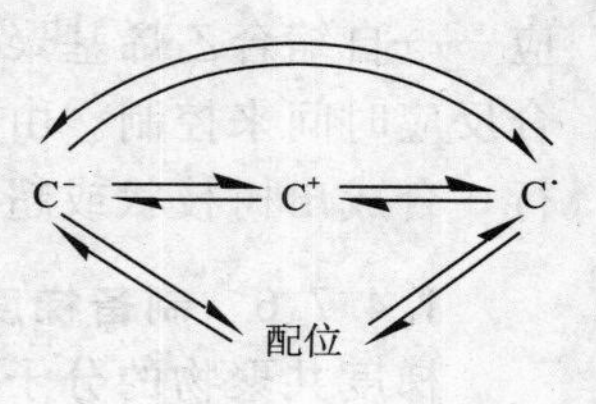

可采用以下步骤实现其间的相互转换：①依机理 A 使单体 1 聚合，然后将增长链端用稳定的但具有潜在反应活性的官能屏蔽；②分离出生成的聚合物，溶于适当的溶剂中，加入单体 2；③使端官

能基反应转变成一个大分子引发剂，以机理B使单体2聚合。不过现在在很多情况下，可免去分离提纯这一步，通过一釜（one-pot）反应即可合成相应的嵌段共聚物，这就是所谓的一步法。例如正离子到负离子聚合的转换[78]以及从自由基到正离子的变换聚合[79,80]已经可用一步法完成。

1.5.1 阴离子聚合的变换

能进行阴离子活性聚合的单体最初仅限于一些非极性单体如苯乙烯、共轭二烯及环氧单体类。几十年来随着阴离子聚合催化体系研究的进展，可进行活性阴离子聚合的单体范围有所拓宽，但其范围仍然有限。阴离子聚合与其他聚合机理的相互转换，克服了这一局限。在阴离子聚合物大分子链引入官能性末端基，还可与缩聚反应或开环聚合等所得到的活性末端基聚合物进行耦合，制得相应的特异结构高分子。

1.5.1.1 大单体法

阴离子聚合增长链末端很容易与亲电试剂发生亲核加成，如表1-5所示。从这些活性端基出发可进行各种变换聚合反应。

表1-5 阴离子聚合中利用亲核置换反应引入活性端基

活性聚合物	终止剂	引入的官能团
S,I	$X-(CH_2)_n-O-SiMe_2\,i\text{Bu}$	$-(CH_2)_n-OH$
S,I	$Cl(CH_2)_3-S-SiMe_2\,t\text{Bu}$	$-(CH_2)_3-SH$
S,I	$Br-(CH_2)_2-N(SiMe_3)_3$	$-(CH_2)_2-NH_2$
S	$Br-(CH_2)_3-C(OMe)_3$	$-(CH_2)_3-COOH$
S	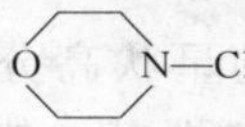 O(环)N—CHO	—CHO
S,I	$X-(CH_2)_n-Y$ X, Y=Cl, Br, I, Tf, Ts	$-(CH_2)_n-Y$
S*, S—b—B·	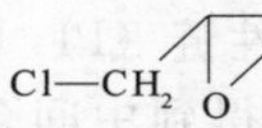 $Cl-CH_2$—(环氧)	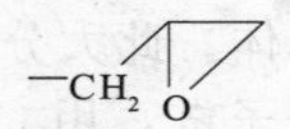 $-CH_2$—(环氧)
S, S, VP	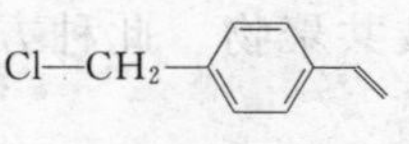 $Cl-CH_2$—(对乙烯基苯基)	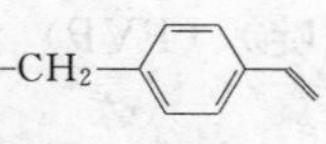 $-CH_2$—(对乙烯基苯基)
M	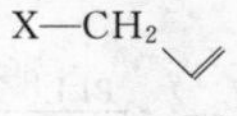 $X-CH_2$—CH=CH₂	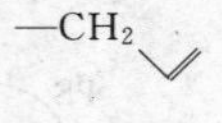 $-CH_2$—CH=CH₂
S*	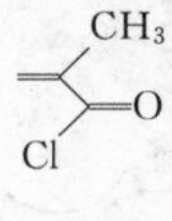 $CH_2=C(CH_3)-C(=O)Cl$	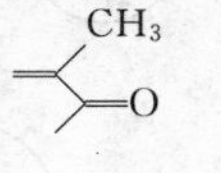 $CH_2=C(CH_3)-C(=O)-$
S, I, M	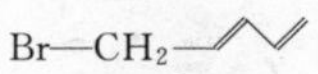 $Br-CH_2$—CH=CH—CH=CH₂	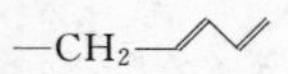 $-CH_2$—CH=CH—CH=CH₂
S	$ClSiMe_2(CH_2)_3OCH_2CH(OSiMe_3)-CH_2(OSiMe_3)$	$-SiMe_2(CH_2)_3OCH_2CH(OH)-CH_2(OH)$
S	$Cl-Si(OEt)_3$	$-Si(OEt)_3$
S	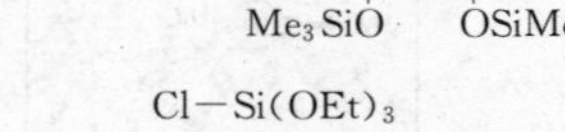 $Cl-CH_2-C_6H_4-Si(OMe)_3$	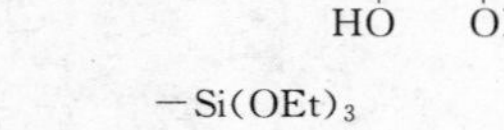 $-CH_2-C_6H_4-Si(OMe)_3$

注：S—苯乙烯，I—异戊二烯，M—甲基丙烯酸甲酯，VP—乙烯基吡啶，B—丁二烯，*表示活性末端用环氧乙烷或1，1-二苯基乙烯等修饰。

利用这种终止型活性端即大分子单体进行的变换反应举例如下：

（1）向阳离子聚合的变换　这是能使单体1进行阴离子聚合形成阴离子活性聚合物，再将其转变成聚合物阳离子。然后以生成的聚合物阳离子引发单体2进行阳离子聚合，从而生成相应的嵌段共聚物，可用下式表示：

$$\sim\sim M_1^- Na^+ + RX \xrightarrow{\text{终止}} \sim\sim M_1R + NaX$$

$$\sim\sim M_1R \xrightarrow{\text{阳离子催化剂}} \sim\sim M_1R^+$$

$$M_1R^+ \xrightarrow{M_2} \sim\sim M_1M_2 \sim\sim$$

例如：

$$\sim\sim CH_2—\overset{-}{C}HLi^+ (C_6H_5) + Br_2(\text{过量}) \longrightarrow \sim\sim CH_2—CHBr (C_6H_5) + LiBr \quad (\text{Ⅰ})$$

或：

$$\sim\sim CH_2—\overset{-}{C}HLi^+ (C_6H_5) + BrCH_2—C_6H_4—CH_2Br \longrightarrow \sim\sim CH_2—CH(C_6H_5)—CH_2—C_6H_4—CH_2Br + LiBr \quad (\text{Ⅱ})$$

所生成的大分子单体（Ⅰ）及（Ⅱ）能分离出来，溶于适当的溶剂中，用阳离子聚合催化剂，如强酸和AgX使四氢呋喃（THF）进行阳离子聚合，生成PS-PTHF嵌段共聚物及PTHF均聚物的混合物。

（2）利用活性端基制备接枝共聚物和特异结构的星状高分子　高野敦等[81]用含有3-氯丙基-二甲基硅基的二苯基乙烯（DPE-Cl）作为末端基，制备了有确定接枝点的共聚物[81]。如图1-9所示，先用1，1-二苯基乙烯（DPE）将聚苯乙烯活性链封端，由于空间位阻效应生成的末端不能引发DPE聚合，但可与DPE-Cl进行终止反应，生成含DPE末端的大分子单体。此大分子单体可被聚异戊二烯活性链（$PI^- Li^+$）引发，生成中部含C^-阴离子的大分子链，用$ClCH_2—CH_2Cl$将其终止，得到中间含—Cl基团的链，它可与聚(2-乙烯基吡啶)（PVP）活性链耦合，制得接枝共聚物。此种方法可用于反应性成型加工体系[82]。

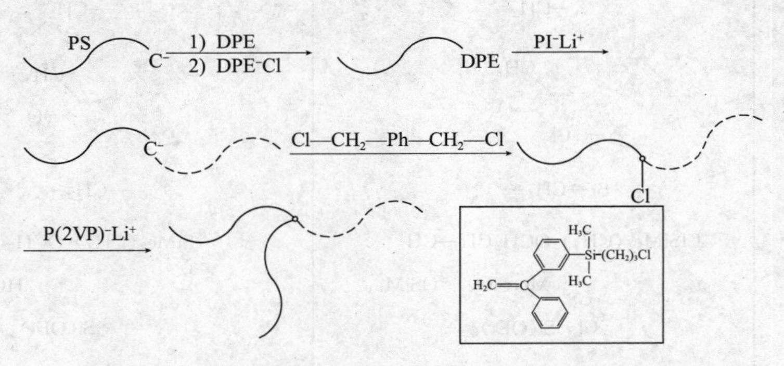

图1-9　用大分子单体合成可控结构的接枝共聚物

P（2VP）：聚（2-乙烯基吡啶）；PI：聚异戊二烯；PS：聚苯乙烯；

DPE：1，1-二苯基乙烯

泽本[82]用活性/可控自由基聚合制得了星型共聚物，如图 1-10 所示。使用端基为卤素的大分子引发剂，则可继之以阴离子聚合，制得星型与嵌段相结合的特异结构大分子，如图 1-11 所示。

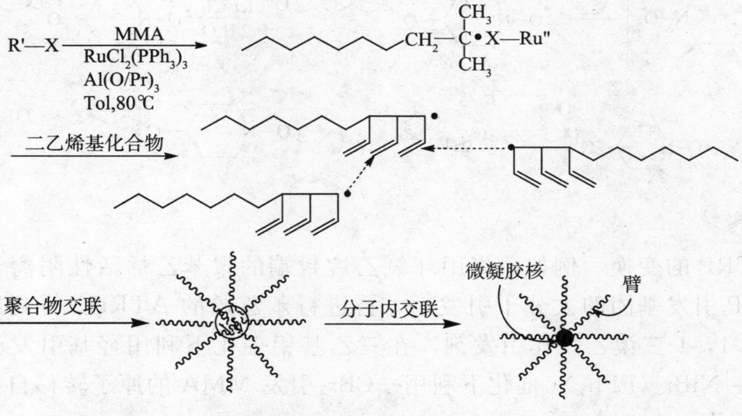

$$R'{-}X \xrightarrow[\substack{Al(O/Pr)_3 \\ Tol, 80^{\circ}C}]{\substack{MMA \\ RuCl_2(PPh_3)_3}} \sim\sim CH_2{-}\overset{\displaystyle CH_3}{\underset{\displaystyle CH_3}{C}}{\bullet}X{-}Ru''$$

二乙烯基化合物

聚合物交联

分子内交联

微凝胶核

臂

图 1-10 可控自由基聚合法合成星状高分子

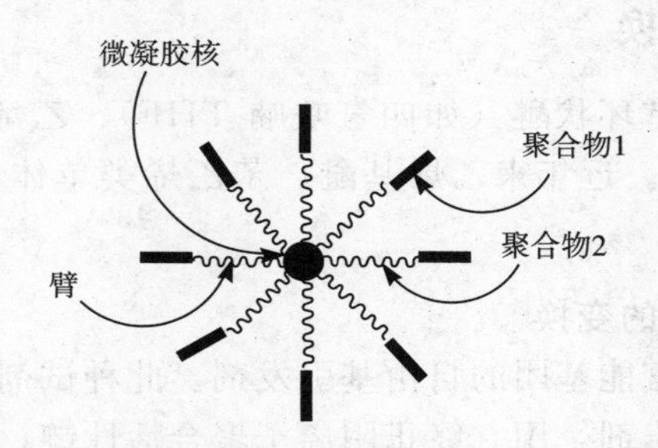

图 1-11 可用负离子活性聚合和可控自由基聚合得到的星状-嵌段高分子

1.5.1.2 大分子引发剂法

这就是在阴离子聚合中向大分子链引入具有引发剂作用的端基，然后进行变换聚合的方法。

(1) 阴离子向自由基聚合的变换 一般是用含引发基团的试剂（过氧化物、偶氮化合物以及 O_2 等）与链阴离子的端基作用，使链阴离子转变成大分子引发剂，引发单体进行自由基聚合。例如：

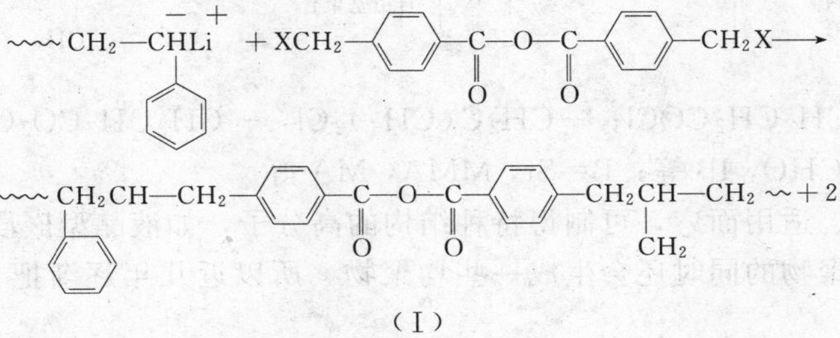

$$\sim\sim CH_2{-}\underset{\displaystyle C_6H_5}{\overset{-\;+}{CHLi}} + XCH_2{-}C_6H_4{-}\underset{\displaystyle O}{\overset{}{\underset{\|}{C}}}{-}O{-}\underset{\displaystyle O}{\underset{\|}{C}}{-}C_6H_4{-}CH_2X \longrightarrow$$

$$\longrightarrow \sim\sim \underset{\displaystyle C_6H_5}{CH_2CH}{-}CH_2{-}C_6H_4{-}\underset{\displaystyle O}{\underset{\|}{C}}{-}O{-}\underset{\displaystyle O}{\underset{\|}{C}}{-}C_6H_4{-}CH_2\underset{\displaystyle CH_2}{\underset{|}{CH}}{-}CH_2 \sim\sim + 2LiX$$

(I)

生成的中间产物（I）实际上是大分子引发剂，加热分解即可引发可进行自由基聚合的单体（如 MMA、氯乙烯、乙酸乙酯等）进行自由基聚合，生成相应的嵌段共聚物。

(2) 向活性/可控自由基聚合的变换 如 Yosida 等[83]用 Al-TEMPO 先引发内酯化合物

的阴离子聚合，生成含 TEMPO 端基的聚合物链，然后与 BPO 一起引发苯乙烯的可控自由基聚合，得到了定量的嵌段共聚物，如下式所示：

$$\text{Al}\left[\text{O–TEMPO}^{\bullet}\right]_3 \xrightarrow{\varepsilon\text{-CL}} {}^{\bullet}\text{O–N(TEMPO)–O–CO(CH}_2)_5\text{O}^- \xrightarrow[2.\ H_2O]{1.\ \varepsilon\text{-CL}} {}^{\bullet}\text{O–N(TEMPO)–O}\!\left(\text{CO(CH}_2)_5\text{O}\right)_m\text{H}$$

$$\xrightarrow[BPO]{\text{St}} \text{R–CH}_2\text{–CH(Ph)}^{\bullet}\ {}^{\bullet}\text{O–N(TEMPO)–O}\!\left(\text{CO(CH}_2)_5\text{O}\right)_m\text{H} \xrightarrow{n\ \text{St}} \text{R}\!\left(\text{CH}_2\text{CH(Ph)}\right)_n\text{O–N(TEMPO)–O}\!\left(\text{CO(CH}_2)_5\text{O}\right)_m\text{H}$$

（3）向 ATRP 的变换　例如，将用环氧乙烷封端的聚苯乙烯活性阴离子与乙酰氯反应得到具有 ATRP 引发基团的大分子引发剂，再进行苯乙烯的 ATRP，得到嵌段共聚物。又如用 α-羟基-1，1，1-三溴乙烷作引发剂，在三乙基铝催化下利用羟基引发己内酯开环阴离子聚合，然后在 $NiBr_2(PPh_3)_2$ 催化下利用—CBr_3 引发 MMA 的原子转移自由基聚合，得到相应的嵌段聚合物。

1.5.2 阳离子聚合的变换

阳离子聚合的主要单体有环状醚（如四氢呋喃 THF）、乙烯基醚、苯乙烯和异丁烯等，用于变换聚合的主要是 THF。近年来乙烯基醚、苯乙烯类单体和异丁烯也进行了阳离子变化聚合的研究。

1.5.2.1 向自由基聚合的变换

此类转化一般是利用含官能基团的自由基引发剂。此种试剂可分为两类，一类是采用含引发剂基团的正离子聚合终止剂，用它终止阴离子聚合活性链，进而引发自由基聚合。另一类是双功能性引发剂，先引发阳离子聚合，然后引发自由基聚合，如下式所示：

$$\text{A} \xrightarrow{\text{R–C(CH}_3)_2\text{–N=N–C(CH}_3)_2\text{–R(1)}} \text{AAAAAA}\sim\text{–C(CH}_3)_2\text{–N=N–C(CH}_3)_2\text{–}\sim\text{AAAAAA}$$

$$\xrightarrow[-N_2]{\triangle} 2\left[\text{AAAAAA}\sim\text{–}\dot{\text{C}}(\text{CH}_3)_2\right] \xrightarrow[\text{自由基聚合}]{\text{B}} \text{AAAAAA}\sim\text{–C(CH}_3)_2\text{–BBBBBB}$$

式中，R＝—CH_2CH_2COCl；—$CH_2C(CH_3)_2Cl$，—$CH_2CH_2CO_2CH_2C(Ph)(OCH_3)COPh$；A＝THF，CHO，IB 等；B＝St，MMA，MA 等。

这种方法灵活、适用面广，可制得特种结构的高分子，如液晶型嵌段共聚物及接枝共聚物等。但在生成共聚物的同时还会生成一些均聚物。所以近几年逐渐把目标转向活性/可控自由基聚合反应。

1.5.2.2 向活性/可控自由基聚合的变换

Acar 等[84]将乙烯基醚的活性阳离子聚合与活性/可控自由基聚合结合起来，如下式所示：

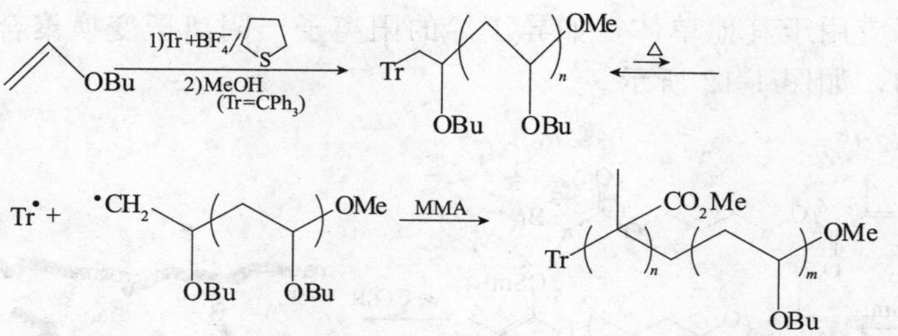

先用 $Tr^{+}BF^{-}$ 和四氢噻吩，在甲醇介质中进行阳离子聚合，得到含三苯甲基（Tr）端基的聚合物链，此端基是一个引转剂，可引发 MMA 等单体进行活性/可控自由基聚合，无均聚物生成，可定量地得到嵌段共聚物。

Matyjazewski[85] 用 1-苯基-1-氯代乙烷/$SnCl_4$ 催化体系，在 n-Bu_4NCl 存在下，于 -15℃在二氯甲烷中进行苯乙烯的活性阳离子聚合，得到 $\overline{M}_w/\overline{M}_n=1.17$ 的聚苯乙烯，端基为 $—CH_2—CH(Ph)—Cl$，实际上是一种原子转移自由基聚合的大分子引发剂。将所得的产物分离提纯后溶于甲苯中。以 CuCl/bpy 为引发剂，可引发 MMA、MA 等单体进行原子转移自由基聚合（ATRP），制得窄分子量分布的嵌段共聚物：

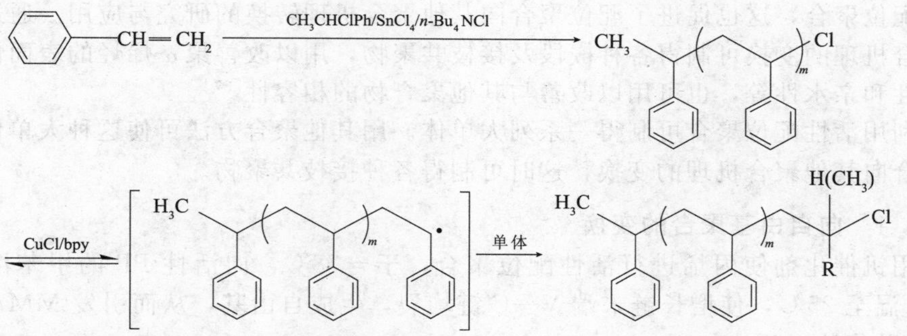

用类似的方法还可制备异丁烯和苯乙烯的嵌段共聚物。

1.5.2.3 向阴离子聚合的变换

早期的方法常用苯胺或醇锂等碱性化合物将阳离子活性链末端终止，然后将其转化为阴离子，使其他单体进行阴离子聚合[86]。例如，聚四氢呋喃活性阳离子与带有苯乙烯单元的醇锂盐反应，生成带有双键端基的大分子单体：

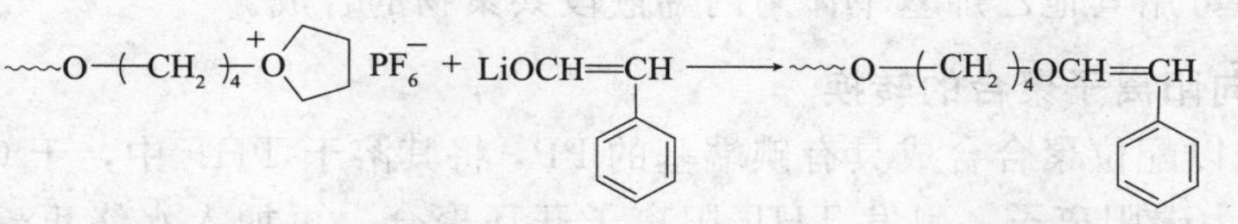

可将其分离出来，溶于溶剂中，再以丁基锂等为催化剂使苯乙烯或异戊二烯进行阴离子聚合，生成相应的嵌段共聚物。但形成嵌段共聚物的效率低，仅 20%～30%，所以并非特别成功。

近年来，用二价钐盐直接将聚四氢呋喃增长链末端还原为阴离子，生成的端阴离子可定量引发甲基丙烯酸特丁酯、己内酰胺等单体进行阴离子聚合，并且整个反应过程可一步（one－pot）完成，省去中间的分离过程。反应过程如下：

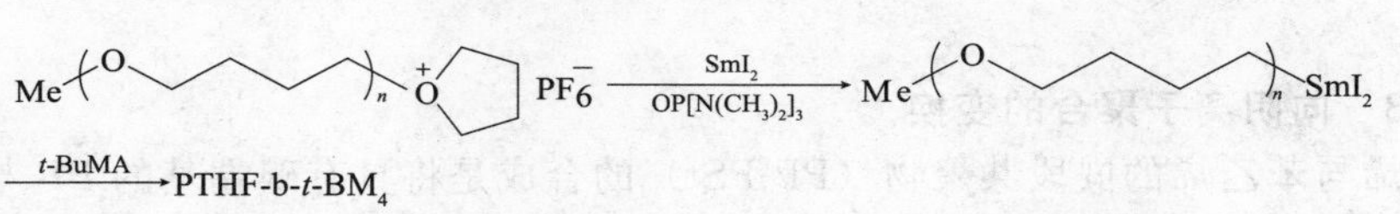

$\xrightarrow{t\text{-BuMA}}$ PTHF-b-t-BM_4

这种方法还可应用于其他单体，如异丁烯的阳离子—阴离子变换聚合，还可合成一些多分枝的嵌段共聚物，如图 1-12 所示。

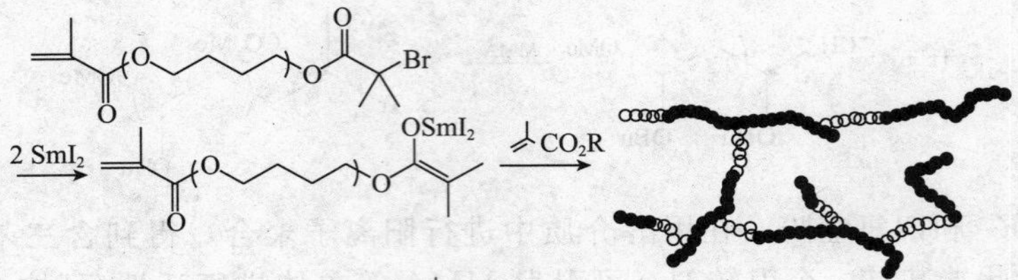

Br

$\xrightarrow{2\ SmI_2}$ $OSmI_2$ $\xrightarrow{\ \ CO_2R}$

式中，O:THF; $\diagup\!\!\!\!\!=\ CO_2R$

$R{=}MeCH_2CH_2OSi\ t\text{-}BuMe_2$

图 1-12 阳离子-阴离子聚合直接转化法合成多分枝状嵌段共聚物

1.5.3 配位聚合的变换

20 世纪 70 年代末以来，随着多种新型催化剂体系研究与开发的成功，实现了丙烯等单体的活性配位聚合，这也促进了配位聚合向其他聚合机理转换的研究与应用。通过配位聚合向其他聚合机理的变换可制得各种嵌段及接枝共聚物，用以改善聚 α-烯烃的表面性质，如黏性、涂装性和亲水性等，也可用以改善与其他聚合物的相容性[87]。

此外利用活性配位聚合可制得一系列大单体。用其他聚合方法可使这种大单体聚合，实现配位聚合向其他聚合机理的变换，这时可制得各种接枝共聚物。

1.5.3.1 向自由基聚合的变换

例如用钒催化剂使丙烯进行活性配位聚合，于−78℃，向活性 PP 的甲苯溶液中加入 MMA，升温至 25℃，使增长链末端 V—C 键均裂，生成自由基，从而引发 MMA 聚合，得 AB 型嵌段共聚物，反应如下：

$$\cdot V^{3+}\!-\!\underset{}{\overset{CH_3}{\overset{|}{C}H}}\!-\!CH_2PP \xrightarrow[-78℃\rightarrow 25℃]{MMA} V^{2+}\ \underset{\underset{\underset{OCH_3}{|}}{O\!-\!C}}{|}{\!\!CH}\!-\!CH_2\!-\!\overset{CH_3}{\overset{|}{C}H}\!-\!CH_2\!-\!PP \xrightarrow[MMA]{25℃} PP\text{-}PMMA$$

这一方法也可用其他乙烯基单体与丙烯嵌段共聚物的合成。

1.5.3.2 向阳离子聚合的转换

例如，首先以配位聚合合成具有碘端基的 PP，将其溶于 THF 中，于 0℃加入 $AgClO_4$，使 PP 端基转变为碳阳离子。引发 THF 阳离子开环聚合，再加入水终止聚合，制得丙烯与 THF 的嵌段共聚物，反应如下：

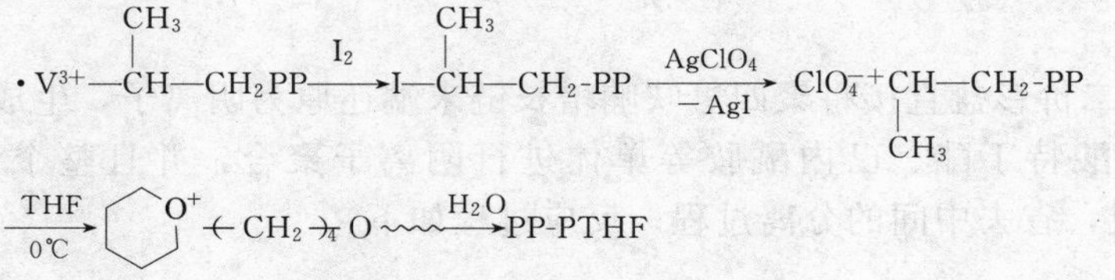

$$\cdot V^{3+}\!-\!\overset{CH_3}{\overset{|}{C}H}\!-\!CH_2PP \xrightarrow{I_2} I\!-\!\overset{CH_3}{\overset{|}{C}H}\!-\!CH_2\text{-}PP \xrightarrow[-AgI]{AgClO_4} ClO_4^{-}\,{}^{+}\underset{\underset{CH_3}{|}}{CH}\!-\!CH_2\text{-}PP$$

$$\xrightarrow[0℃]{THF} \bigcirc\!\!O^{+} \leftarrow\!\!\left(CH_2\right)_4\!O \sim\!\sim\!\sim \xrightarrow{H_2O} PP\text{-}PTHF$$

1.5.3.3 向阴离子聚合的变换

例如丙烯与苯乙烯的嵌段共聚物（PP-PSt）的合成是将具有碘端基的 PP 与活性 PSt 阴

离子进行偶合反应而得：

$$PP—CH_2\underset{}{\overset{CH_3}{\overset{|}{C}H}}—I + Li^{+-}\underset{C_6H_5}{CH}—CH_2—PSt \xrightarrow[0℃]{甲苯} PP—CH_2—\underset{C_6H_5}{\overset{CH_3}{CH}}—CH_2—PS$$

严格而言，这是一种偶合反应，并非变换聚合。

1.5.3.4 大单体法合成接枝共聚物

利用活性配位聚合可制得各种大单体，通过这种大单体可制得各种接枝共聚物。主要是用钒系催化体系，通过配位聚合，制得一系列大单体。例如 在钒催化丙烯聚合中分别加入双功能单体乙二醇二甲基丙烯酸酯（EGMA）、甲基丙烯酸缩水百油脂和二乙烯苯（DVB）可制得相应的大分子单体：

$$PP\text{-}[CH_2C(CH_3)]_n\text{-}H,\ \text{侧基}\ C{=}O,\ O(CH_2)_2OOC(CH_3)=CH_2$$

PP-EGMA

$$PP\text{-}[CH_2CH]_n\text{-}H,\ \text{侧基}\ C_6H_4\text{—}CH=CH_2$$

PP-DVB

$$PP\text{-}[CH_2C(CH_3)]_n\text{-}H,\ \text{侧基}\ C{=}O,\ OCH_2—\underset{O}{CH—CH_2}$$

PP-GMA

这些大分子单体有些可用于与其他单体的配位聚合、负离子聚合或自由基聚合以形成各种接枝共聚物。PP-GMA 可用于全同 PP 与聚对苯二甲酸二丁酯（PBT）体系的反应成型加工过程。在成型加工过程中可形成 PBT-PP 嵌段共聚物，从而增加了 PP 与 PBT 的相容性，结果可明显提高这种共混材料的抗张强度和表面剥离强度[87]。

1.5.4 自由基聚合的变换

由于链自由基容易发生终止反应，使得其寿命很短，因此自由基聚合难于控制，自由基聚合向其他机理变换的报道也较少。早期的研究只有从自由基到阳离子聚合的变换。其方法是利用金属卤化物或卤代烃 CBr_4 等与链自由基进行链转移反应生成端基卤化物。将此端基卤化物与 $AgClO_4$ 反应生成碳阳离子再引发 THF 等单体进行阳离子聚合。例如：

$$\sim\sim CH_2—\underset{C_6H_5}{\dot{C}H} + FeBr_3 \longrightarrow \sim\sim CH_2—\underset{C_6H_5}{CHBr} + FeBr_2$$

$$\sim\sim CH_2—\underset{C_6H_5}{CHBr} + AgClO_4 \longrightarrow \sim\sim CH_2—\underset{C_6H_5}{\overset{+\ -}{CHClO_4}} + AgBr$$

形成的链阳离子可引发其他单体进行阳离子聚合，形成相应的嵌段共聚物。

活性/可控自由基聚合，例如 ATRP 也可向阳离子聚合变换。例如先用 ATRP 制得含卤素端基的聚苯乙烯，然后加入 THF，使 THF 进行阳离子聚合，可制得 PSt-PTHF 嵌段共聚物。

H. Q. Guo 等人[88]将电子转移反应运用到自由基聚合过程，使链自由基直接转化为阳离子，一步法合成了嵌段共聚物。以对甲氧基苯乙烯（MOS）与环己烯氧化物（CHO）的

AB型嵌段共聚的合成为例，反应如下：

① 链自由基与电子受体 ph_2IPF_6 作用转变为碳阳离子：

$$\mathrm{AIBN} \xrightarrow{\triangle} 2\mathrm{CH_3}-\overset{\mathrm{CH_3}}{\underset{\mathrm{CN}}{\mathrm{C}}}\cdot$$

$$\mathrm{CH_3}-\overset{\mathrm{CH_3}}{\underset{\mathrm{CN}}{\mathrm{C}}}\cdot + \mathrm{MOS} \longrightarrow \mathrm{CH_3}-\overset{\mathrm{CH_3}}{\underset{\mathrm{CN}}{\mathrm{C}}}-\mathrm{CH_2}-\dot{\mathrm{C}}\mathrm{H}(\mathrm{C_6H_4OCH_3}) \xrightarrow{\mathrm{MOS}} \sim\sim \mathrm{CH_2}\dot{\mathrm{C}}\mathrm{H}(\mathrm{C_6H_4OCH_3})$$

$$\xrightarrow{\mathrm{Ph_2I^+PF_6^-}} \sim\sim \mathrm{CH_2}\overset{\oplus}{\mathrm{C}}\mathrm{H}(\mathrm{C_6H_4OCH_3})$$

② 链阳离子引发 CHO 进行阳离子聚合生成嵌段共聚物：

$$\sim\sim \mathrm{CH_2}\overset{+}{\mathrm{C}}\mathrm{H}(\mathrm{C_6H_4OCH_3}) + \mathrm{CHO} \xrightarrow{80℃} \sim\sim \mathrm{CH_2CH}(\mathrm{C_6H_4OCH_3})-\overset{+}{\mathrm{O}}(\mathrm{C_6H_{10}}) \xrightarrow{\mathrm{CHO}} \cdots\cdots \longrightarrow$$

$$\longrightarrow \left[\mathrm{CH_2}-\mathrm{CH}(\mathrm{C_6H_4OCH_3})\right]_n\left(\mathrm{O}-\mathrm{C_6H_{10}}\right)_m$$

Poly (Mos-b-CHO)

通过选择电子受体的反应活性与浓度，可以调节自由基聚合链段的长度。改变电子受体反离子的类型可以调节阳离子聚合链段的长度。选择具有官能基的反离子还可合成具有不同官能端基的聚合物。它可用来在低温下引发阳离子聚合。这种带活性端基的聚合物亦可用于与活性阴离子耦合或与配位聚合生成的端活性聚合物耦合，制得相应的嵌段共聚物。

1.5.5 其他聚合反应的变换

Matyjaszewski 等人还研究了活性易位聚合（ROMP）向 ATRP 的变换聚合。用 MoMe(CHCphMez)(NAr)$(\mathrm{O}\text{-}t\text{-}\mathrm{Bu})_2$（Ar=2，6-二异丙基苯）为引发剂，在甲苯中于室温进行降冰片烯或二聚环戊二烯的活性开环易位聚合。将所得聚合物用对溴甲基苯处理，得到端基为苄基溴的聚合物。然后，用它作为大分子引发剂引发苯乙烯的原子转移自由基聚合，制得相应的嵌段共聚物。

其他的变换聚合反应还有：阴离子聚合向开环易位聚合的变换[89]，基团转移聚合(GTP) 向自由基聚合的变换[90]，开环易位聚合向醛醇基团转移聚合的变换[91]以及自由基聚合和多肽合成之间的变换[92]等。自由基聚合与多肽合成之间的变换在生物相容性聚合物合成方面具有很大的应用前景。

近年来，用各种新型聚合反应的变换聚合已成为一个研究热点。例如烯烃的配位聚合与ATRP、ROP、RAFT等偶合制备改性聚乙烯[127]；将RAFT与阴离子聚合、阳离子聚合及烯烃配位聚合偶合制得官能化烯烃嵌段共聚物[126]。

1.6 端活性低聚物及大分子引发剂

链端有活性基团的聚合物称为端活性聚合物。这类聚合物一般要求分子量在500至20000之间，且分子量分布要窄，所以亦称端活性低聚物。端活性低聚物可分为两种基本类型即遥爪齐聚物（telechelic oligomer）和大分子单体（macromonomer或macromer）。

遥爪低聚物是指端基为异氰酯基、环氧基、羟基、羧基、硫醇基以及氨基等反应性官能团的端活性齐聚物。大分子单体或简称大单体，是Milkovi于1974年首先提出的术语，最初是用以表示用阴离子聚合制得的带有烯端基，因而能进行加成聚合的苯乙烯低聚物。但现在已广义地表示至少带有一个可进行聚合或共聚端基的低聚物。这类端基的典型例子有烯烃基、乙炔基、丙烯酸酯基等。

大分子引发剂（macroinitiator）是指分子链上带有可分解自由基基团的低聚物。可分解成自由基的基团主要是指过氧基和偶氮基。与端活性低聚物有所不同，这类可分解成自由基的基团，多数并非处于链端而是处于分子链之中。

1.6.1 遥爪低聚物

链端带活性官能团的聚合物称为端活性聚合物。这种活性基团遥居分子链的两端，像两个爪子，故亦称为遥爪聚合物。聚合物的端基总是浓度较低，而体系黏度较大，所以分子量不能太大。因为端活性聚合物常常又是作用进一步反应的起始物，需要分子量分布窄、结构明确，所以也称之为端活性低聚物。遥爪低聚物一般是指链端带有可进行缩聚或逐步聚合官能团的端活性低聚物。若活性基团为不饱和键，则称之为大单体。但是某些活性基团，在不同的条件下可进行不同类型的聚合反应。所以二者并不存在严格的界限。

遥爪低聚物可按端官能团的类型分为羟端基遥爪低聚物、羧端基遥爪低聚物等。按分子类型可分为线型、星型等。若分子为线型，两端为活性端基，则为线型遥爪低聚物；若分子为支链型，每个支链端部都带有官能团，则称星型遥爪低聚物。每个分子的端活性基团可以相同也可以不相同。有时，一端为羟基等官能团，另一端则为不饱和键，这时可将其视为遥爪低聚物也可视作为大单体。

1.6.1.1 制备方法

（1）缩聚反应　以缩聚反应制备含相同端基的遥爪低聚物，可采用一种官能团过量的方法。例如，以二元酸与二元醇反应以制备端羟基聚酯低聚物时可使二元醇过量。二者的用量比，可根据预定的低聚物分子量决定。

（2）自由基聚合反应　通过自由基聚合反应制备遥爪低聚物有两种基本途径。其一是采用带有所需官能的引发剂；其二是选择所需结构的链转移剂。

以引发剂引发的自由基聚合反应，引发剂残基连接在分子链的一端，另一端是否含有引发剂残基，与终止方式有关。只有偶合终止时才能获得两端都含引发剂残基的聚合物。以偶合终止为主的主要有丁二烯、异戊二烯、氯丁二烯、苯乙烯、丙烯腈等十几种单体。对于这类聚合，引发剂结构决定了端基的性质。例如采用带羟基或羧基的偶氮引发剂则可分别制得端羟基或端羧基的遥爪低聚物。又如用 H_2O_2-Fe^+ 等氧化还原体系，则可形成羟端基低聚物。需注意的是，为制得所需的遥爪低聚物，分子量的调节是关键。

按链转移剂法制备遥爪低聚物时关键是精心选择链转移剂，如欲制得氯端基低聚物，可用四氯化碳为链转移剂，引转剂也常被采用。

当然也可通过端基官能团的化学转化，从一种端活性低聚物制备另一种端活性低聚物。例如羟端基低聚物与二异氰酸酯反应，可转化成以异氰酯为端基的端活性低聚物。

(3) 阴离子聚合反应[93～95]　阴离子聚合为活性聚合，分子量易于控制，分子量分布窄，至今仍是合成遥爪低聚物的主要方法。

阴离子聚合法合成遥爪低聚物的一般途径是：用高浓度的阴离子引发聚合以保证低聚作用，然后用链终止剂终止“活”的低聚物并引入所需的端基。

阴离子聚合的一个重要特点是增长链末端带有稳定而具有反应活性的碳负离子，可通过不同类型的反应使聚合物两端带上官能团而制成遥爪低聚物。例如在丁二烯阴离子聚合中以环氧乙烯或环氧氯丙烷为终止剂可制得端羟基低聚物；加 CO_2 进行羧基化反应可制得端羧基低聚物等。又如在以丁基锂为催化剂的丁二烯阴离子聚合中加入三聚氯氰 $(CNCl)_3$，可制得多种不同含氯量的聚丁二烯低聚物。控制三聚氯氰用量可制成双端氯基的遥爪低聚物：

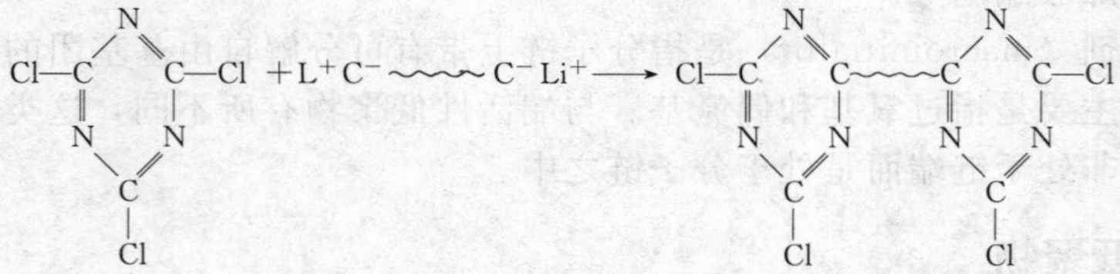

$$(CNCl)_3 + Li^+C^-\sim\sim\sim C^-Li^+ \longrightarrow Cl_2(CN)_3C\sim\sim\sim C(CN)_3Cl_2$$

将此端双氯基聚 1，2-丁二烯遥爪低聚物用醋酸、乙醇或 NaOH 对其进行水解反应即可制得相应的遥爪型端双羟基低聚物，它在乙酸乙酯溶液中还存在醇-酮互变异构：

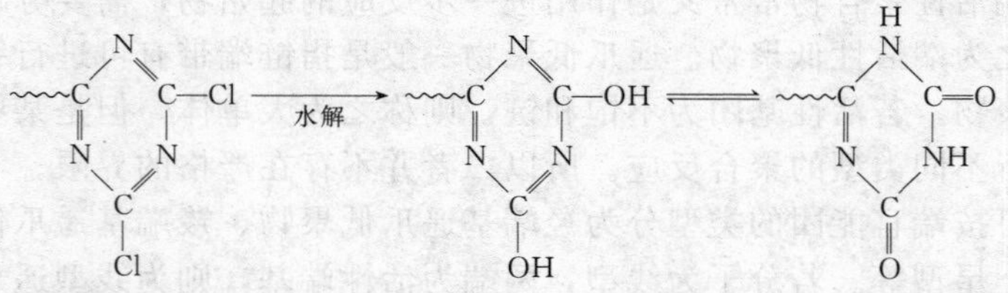

$$\sim\sim C(CN)_3Cl_2 \xrightarrow{\text{水解}} \sim\sim C(CN)_3(OH)_2 \rightleftharpoons \sim\sim C_3N_3H_2O_2$$

用阴离子聚合法制备遥爪低聚物的另一途径是所谓的保护性基团法。例如用对锂基苯酚盐 $LiOC_6H_4Li$ 为催化剂于 THF 溶剂中 0～30℃可使丁二烯进行阴离子聚合。由于此种催化剂的结构特点，即同时存在 C—Li 键和 O—Li 键，O—Li 键不能使单体聚合，也不受活性中心的影响，是一个所谓的保护性基团。当聚合完成，C—Li 键转化后，这种保护基团可发生水解反应，生成—OH，从而制得到双官能度的遥爪低聚物。

(4) 活性阳离子聚合法[96]　在活性阳离子聚合中，采用适当的催化剂对引发反应进行控制也可得到含各种端基的遥爪低聚物。例如以 Cl_2/BCl_3 为催化剂进行阳离子聚合，可制得双氯端基的聚异丁烯。

阳离子聚合法制遥爪低聚物比较好的途径是采用 inferter。前已述及，inferter 同时具有引发、转移和终止功能。例如有机卤化物/卤化硼催化体系即有这种多重作用。以 $C_6H_5C(CH_3)_2Cl$ 与 BCl_3 组成的催化体系使异丁烯聚合的 Iniferter 机理可表示如下：

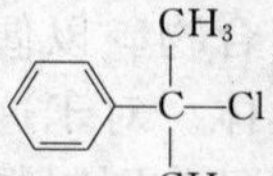

链引发：

$$\text{C}_6\text{H}_5-\text{C}(\text{CH}_3)_2-\text{Cl}+\text{BCl}_3 \rightleftharpoons \text{C}_6\text{H}_5-\text{C}^{\oplus}(\text{CH}_3)_2\,\text{BCl}_4^{\ominus} \xrightarrow{\text{H}_2\text{C}=\text{C}(\text{CH}_3)_2} \text{C}_6\text{H}_5-\text{C}(\text{CH}_3)_2-\text{CH}_2-\text{C}^{\oplus}(\text{CH}_3)_2\,\text{BCl}_4^{\ominus}$$

链增长：

$$\text{C}_6\text{H}_5-\text{C}(\text{CH}_3)_2-\text{CH}_2-\text{C}^{\oplus}(\text{CH}_3)_2\,\text{BCl}_4^{\ominus} \xrightarrow{n\text{H}_2\text{C}=\text{C}(\text{CH}_3)_2} \text{C}_6\text{H}_5-\text{C}(\text{CH}_3)_2\leftarrow\text{CH}_2-\text{C}(\text{CH}_3)_2\rightarrow_n\text{CH}_2-\text{C}^{\oplus}(\text{CH}_3)_2\,\text{BCl}_4^{\ominus}$$

链转移：

$$\text{C}_6\text{H}_5-\text{C}(\text{CH}_3)_2\leftarrow\text{CH}_2-\text{C}(\text{CH}_3)_2\rightarrow_n\text{CH}_2-\text{C}^{\oplus}(\text{CH}_3)_2\,\text{BCl}_4^{\ominus} \xrightarrow{\text{C}_6\text{H}_5-\text{C}(\text{CH}_3)_2-\text{Cl}}$$

$$\text{C}_6\text{H}_5-\text{C}(\text{CH}_3)_2\leftarrow\text{CH}_2-\text{C}(\text{CH}_3)_2\rightarrow_n\text{CH}_2-\text{CH}(\text{CH}_3)-\text{Cl}+\text{C}_6\text{H}_5-\text{C}^{\oplus}(\text{CH}_3)_2-\text{BCl}_4^{\ominus}$$

这里 $\text{C}_6\text{H}_5-\text{C}(\text{CH}_3)_2-\text{Cl}$ 即起到引转剂的作用。在反应中，向单体的链转移反应完全被向引转剂的链转移所代替，得到端基完全确定的低聚物。分子量由转移剂用量来调节。

上述反应中，若用 $\text{Cl}-\text{C}(\text{CH}_3)_2-\text{C}_6\text{H}_4-\text{C}(\text{CH}_3)_2-\text{Cl}$ 代替 $\text{C}_6\text{H}_5-\text{C}(\text{CH}_3)_2-\text{Cl}$ 即可得到两端都是Cl的遥爪型聚异丁烯低聚物。这种α，ω-双端氯基遥爪低聚物可进一步转化为α，ω-双羟基聚异丁烯，这是一种火箭及导弹高级部件的胶黏剂。

采用引转剂法合成遥爪型聚异丁烯具有官能度高、反应步骤简单等优点，是目前用阳离聚合反应制备遥爪形低聚物用途最广的方法。

（5）基团转移聚合法（GTP） 像丙烯酸酯类的α，β-不饱和羰基化物，使用阴离子聚合方法或阳离子聚合法制备遥爪低聚物尚存在很多困难。对这类单体采用GTP法是较好的途径。例如用GTP法制备端羟基遥爪聚甲基丙烯酸甲酯低聚物的反应可表示如下：

$$(\text{CH}_3)_3\text{SiO}-\text{C}(\text{O}\text{CH}_2\text{CH}_2\text{OSi}(\text{CH}_3)_3)=\text{C}(\text{CH}_3)_2+n\text{H}_2\text{C}=\text{C}(\text{CH}_3)\text{CO}_2\text{CH}_3 \longrightarrow$$

$$(\text{CH}_3)_3\text{SiOCH}_2\text{CH}_2\text{O}\overset{\text{O}}{\overset{\|}{\text{C}}}-\text{C}(\text{CH}_3)_2\leftarrow\text{CH}_2-\text{C}(\text{CH}_3)(\text{CO}_2\text{CH}_3)\rightarrow_{n-1}\text{CH}_2-\text{C}(\text{CH}_3)=\text{C}(\text{OSi}(\text{CH}_3)_3)(\text{OCH}_3)$$

$$\xrightarrow[\text{Bu}_4\text{NF}]{\text{BrCH}_2\text{-C}_6\text{H}_4\text{-CH}_2\text{Br}} \text{HOCH}_2\text{CH}_2\text{OC(=O)}\text{-}\!\left(\text{C(CH}_3)_2\text{-CH}_2\right)_n\!\text{-C(CH}_3)_2\text{-CH}_2\text{-C}_6\text{H}_4\text{-CH}_2\text{OH}$$

应当指出，也可用可控大分子断链方法可由高分子量聚合物制备遥爪低聚物。例如PVC、PE、PB等，可通过可控的臭氧化作用再经还原而制得相应的端羟基遥爪低聚物。缩聚产物，如聚酯、聚酰胺等，可用可控的水解反应制得相应的遥爪低聚物。此外，新近发展的可控自由基聚合亦可用以制备遥爪低聚物（见1.4节）。

1.6.1.2 反应及应用

遥爪低聚物进行化学反应的特征与一般聚合物相近。由于其分子量远比一些低分子有机物大，而较接近一般的聚合物。在此化学反应中，反应速度常受扩散因素的控制，使得官能团的表观反应活性要比相应的低分子物低。同样，由于遥爪低聚物分子量比相应的低分子物高得多，活性官能团的浓度要低得多。为了能很好地进行化学反应，分子量不能太高，分子量分布不能过宽。所以对遥爪低聚物的分子量及其分布都有一定的限制。和一般聚合物一样，由于遥爪低聚物不挥发，也不能简单地从饱和溶液中重结晶，所以把遥爪低聚物作为制造新材料的原料，其提纯和产物的精制都比较困难，用遥爪低聚物进行化学反应时，必须充分考虑这些问题。

遥爪低聚物可进行扩链、交联以及其他相应的官能团反应。利用官能团反应可合成嵌段共聚物和接枝共聚物。

遥爪低聚物主要应用于合成嵌段共聚物。它类似于双官能单体可进行逐步聚合反应。有三种途径实施反应：在熔融态或在溶液中两种不同遥爪低聚物之间直接反应；两种遥爪低聚物通过双官能低分子物连接起来以及遥爪低聚物与单体之间的反应。

例如羟端基聚苯乙烯与端羧基聚丙烯酸酯通过端基酯化制得聚苯乙烯-聚丙烯酸酯嵌段共聚物；又如异氰酸酯端基的聚醚或聚酯与端羟基化合物反应可制得嵌段聚氨酯等。遥爪低聚物与具有双官能单体反应可生成线型大分子链，这称为扩链反应。若遥爪低聚物与具有三个或三个以上官能团的试剂反应，可形成体型聚合物。这种交联产物，与橡胶硫化，不饱和聚酯固化产物不同，它没自由链端，如图1-13所示。

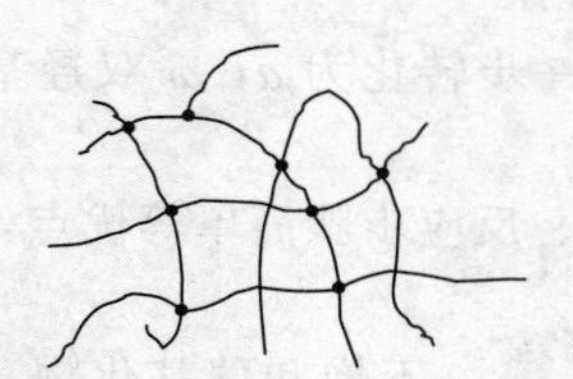

(a) 有自由链端的一般交联产物

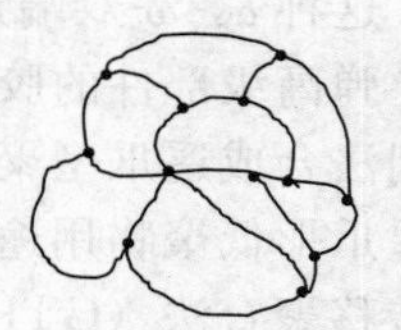

(b) 遥爪低聚物交联产物

图1-13 遥爪低聚物交联产物与一般交联产物结构比较示意图

因此，在相同分子量的情况下，遥爪低聚物交联点间分子链较长，也比较规整，有效网联密度高，因此弹性模量和断裂伸长率亦较高。遥爪低聚物的扩链和交联反应可与聚合物注射成型模塑的物理过程结合在一起，在成型过程中完成扩链或交联反应，这称之为反应注射模塑（RIM）[97]。RIM最重要的应用是通过二异氰酸酯与α，ω-羟基低聚物反应制备聚氨酯。氨基甲酸酯/脲体系在RIM中的应用也日益重要，特别是用于制备汽车部件。

一类十分重要的遥爪低聚物是带有离子端基的低聚物，如带有羧端基的低聚丁二烯。这是一种所谓“离聚体”(ionomer)。离子基团可在固态和溶液中形成聚结体。在固态，聚结体形成物理交联，在聚合物共混中占有重要的位置。在溶液中，聚结体可大幅度提高溶液黏度，是很有潜力的增黏剂。

1.6.2 大分子单体

大分子单体(macromonomer)简称大单体(macromer)，是1974年由美国化学家Milkovich首先提出的。大单体是带有一个或多个可加聚末端基团的低聚物。这种基团一般为乙烯基、炔基、丙烯酸酯基，也可为杂环基。大单体可作为合成结构明确的接枝共聚物的理想起始原料。在合成的接枝共聚物或网络结构中，支链的长度和数目可通过大单体和共聚单体的摩尔比来控制。大单体在高分子材料分子设计中的作用日益重要，越来越引起人们的关注。

1.6.2.1 合成[98,99]

目前具有实际应用价值的合成方法主要是阴离子聚合、阳离子聚合、自由基聚合以及基团转移聚合等方法。近年来，采用逐步聚合合成大单体的方法也受到了重视。

(1) 阴离子聚合法　阴离子聚合法利用阴离子聚合原理，可准确地控制大单体的分子量及其分布、链规整性和链官能度，具有独特的优点。此法制备大单体的主要过程是使烯类单体(主要是苯乙烯、丁二烯、异戊二烯)在阴离子聚合中达到预定分子量后，加入不饱和卤化物使活性链终止，从而得到带不饱和键端基的大单体。例如加入烯丙基氯为终止剂则制得烯烃类大单体；假如丙烯酰氯为终止剂则得到烯丙酸酯型大单体：

$$nH_2C{=}CH(C_6H_5) \xrightarrow{BuLi} Bu{+}CH_2{-}CH(C_6H_5){+}_nLi \xrightarrow{H_2C{-}CH_2\ (\text{环氧乙烷})}$$

$$\longrightarrow Bu{+}CH_2{-}CH(C_6H_5){+}_nCH_2CH_2OLi \xrightarrow{H_2C{=}CH{-}C(=O){-}Cl}$$

$$\longrightarrow Bu{+}CH_2{-}CH(C_6H_5){+}_nCH_2CH_2O{-}C(=O){-}CH{=}CH_2$$

也可利用硅氧烷的阴离子聚合制得苯乙烯型和甲基丙烯酸型的大单体，产物分子量分布窄(基本上为泊松分布)，分子量为10000左右，其反应过程为：

$$(CH_3)_3SiOLi + n\,[(CH_3)_2SiO]_3 \longrightarrow \underset{(\mathrm{I})}{(CH_3)_3SiO{+}Si(CH_3)_2{-}O{+}_{3n-1}Si(CH_3)_2OLi}$$

$$(\mathrm{I}) \xrightarrow{CH_2{=}C(CH_3){-}C(=O){-}O{-}CH_2{-}O(CH_2)_3Si(CH_3)_2Cl} CH_2{=}C(CH_3){-}C(=O){-}O{-}CH_2{-}O(CH_2)_3Si(CH_3)_2{+}O{-}Si(CH_3)_2{+}_{3n-1}OSi(CH_3)_3$$

甲基丙烯酸酯型大单体

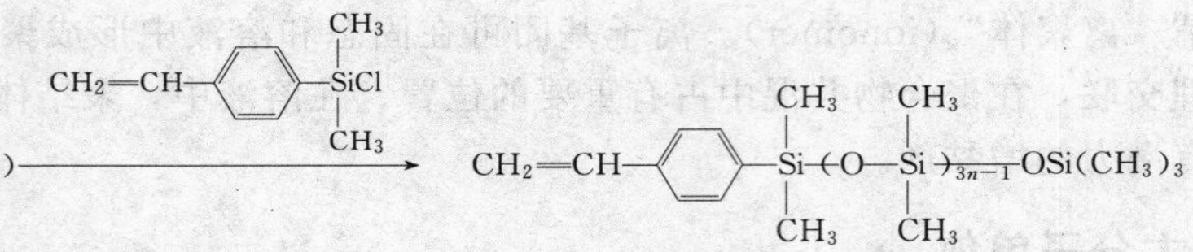

$$(\text{I}) \xrightarrow{CH_2{=}CH{-}C_6H_4{-}Si(CH_3)_2Cl} CH_2{=}CH{-}C_6H_4{-}Si(CH_3)_2{-}(O{-}Si(CH_3)_2)_{3n-1}OSi(CH_3)_3$$

苯乙烯型大单体

表 1-6 列举了阴离子聚合法制大单体所用一些起始单体、催化剂和终止剂。表 1-7 列举了阴离子聚合法制得的一些大单体的结构。

表 1-6 阴离子聚合制备大单体常用的反应系统

单体	催化剂	终止剂
苯乙烯	$CH_2{=}CHLi$ $CH_2{=}CHCH_2Li$	$CH_2{=}CHCH_2Br$ $CH_2{=}C(CH_2)COCl$ 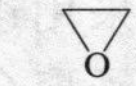 环氧乙烷, $CH_2{=}C(CH_2)COCl$ $CH_2{=}CHOCH_2CH_2Cl$ 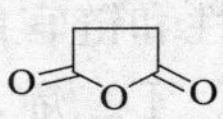 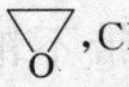 马来酸酐 环氧乙烷, $CH_2{=}CHSi(CH_3)_2CH_2Cl$ $CH_2{=}CH{-}C_6H_4{-}CH_2Cl$ 环氧乙烷, $CH_2{=}CH{-}C_6H_4{-}CH_2Cl$ 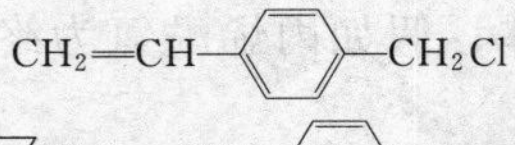 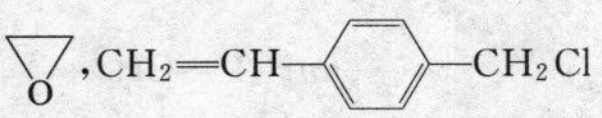
甲基丙烯酸甲酯		$CH_2{=}CHCH_2Br$ 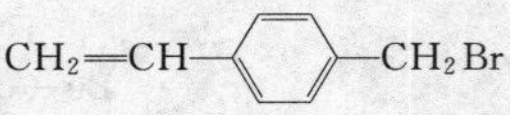 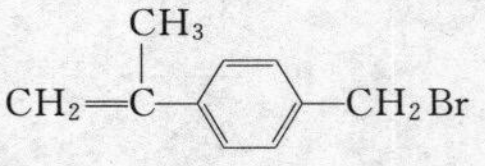 $CH_2{=}CH{-}C_6H_4{-}CH_2Br$ $CH_2{=}C(CH_3){-}C_6H_4{-}CH_2Br$
环氧乙烷	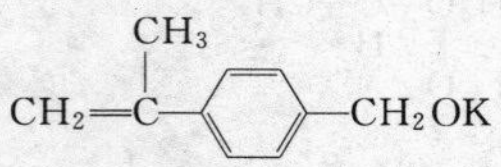 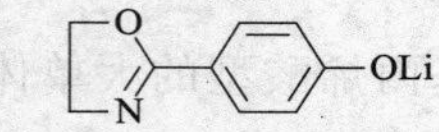 $CH_2{=}C(CH_3){-}C_6H_4{-}CH_2OK$ 2-(4-氧锂基苯基)-2-噁唑啉 ($C_3H_4NO{-}C_6H_4{-}OLi$)	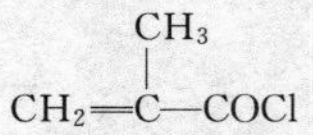 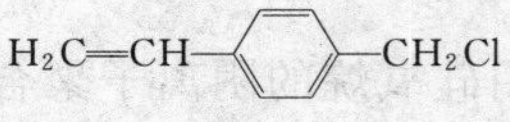 $CH_2{=}C(CH_3){-}COCl$ $H_2C{=}CH{-}C_6H_4{-}CH_2Cl$
2-乙烯基吡啶		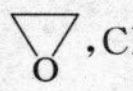 环氧乙烷, $CH_2{=}C(CH_3)COCl$ $H_2C{=}CH{-}C_6H_4{-}CH_2Cl$ $H_2C{=}C(CH_3){-}C_6H_4{-}CH_2Br$ 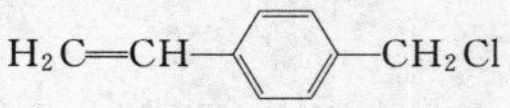 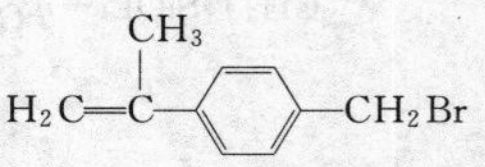
4-乙烯基吡啶		$CH_2{=}C(CH_3)COCl$
六甲基环三硅氧烷		$CH_2{=}CHSi(CH_3)_2Cl$ 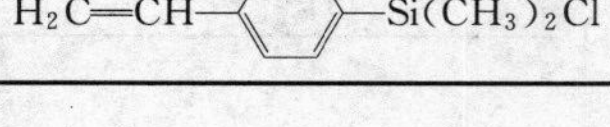 $H_2C{=}CH{-}C_6H_4{-}Si(CH_3)_2Cl$

表 1-7　阴离子聚合法制备的一些大单体

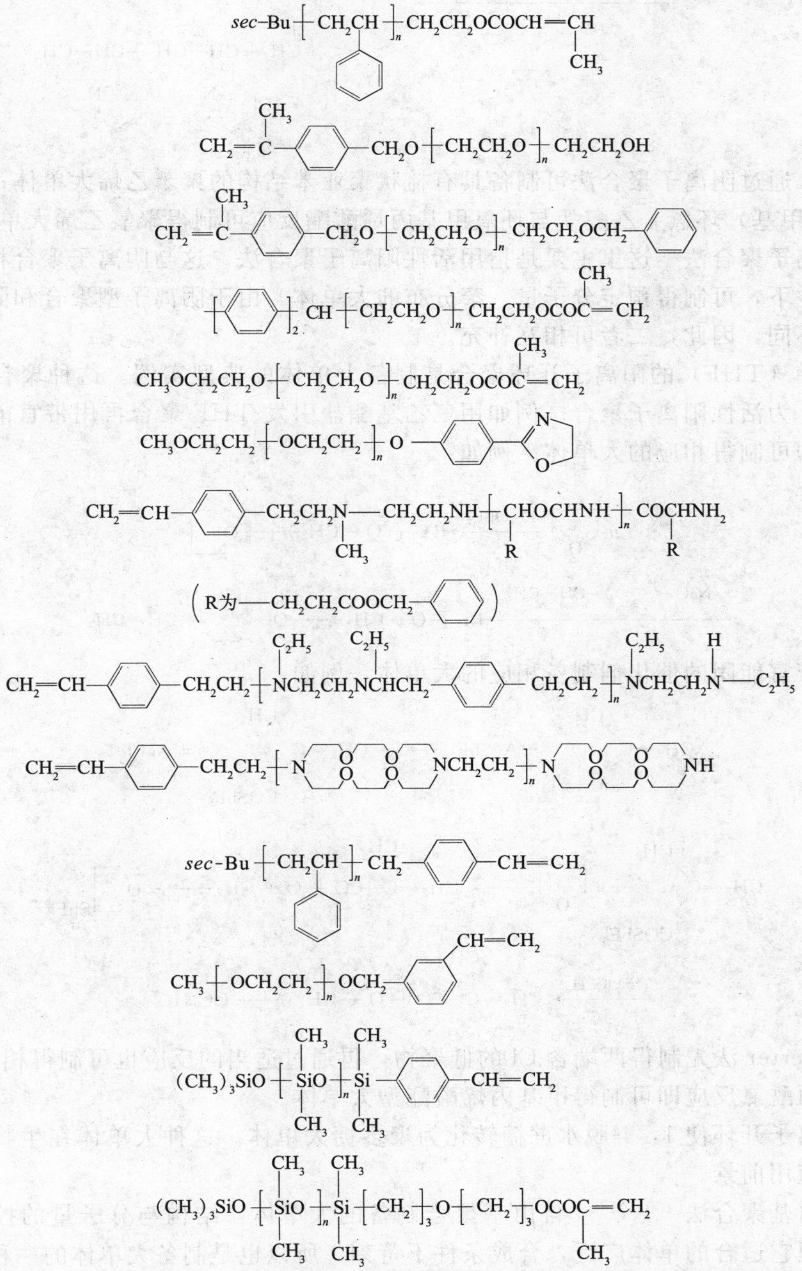

$sec\text{-}Bu{-}[CH_2CH(C_6H_5)]_n{-}CH_2CH_2OCOCH{=}CH(CH_3)$
$CH_2{=}C(CH_3){-}C_6H_4{-}CH_2O{-}[CH_2CH_2O]_n{-}CH_2CH_2OH$
$CH_2{=}C(CH_3){-}C_6H_4{-}CH_2O{-}[CH_2CH_2O]_n{-}CH_2CH_2OCH_2{-}C_6H_5$
$(C_6H_5)_2CH{-}[CH_2CH_2O]_n{-}CH_2CH_2OCOC(CH_3){=}CH_2$
$CH_3OCH_2CH_2O{-}[CH_2CH_2O]_n{-}CH_2CH_2OCOC(CH_3){=}CH_2$
$CH_3OCH_2CH_2{-}[OCH_2CH_2]_n{-}O{-}C_6H_4{-}$(2-噁唑啉基)
$CH_2{=}CH{-}C_6H_4{-}CH_2CH_2N(CH_3){-}CH_2CH_2NH{-}[CHOCHNH(R)]_n{-}COCHNH_2(R)$ （R为 $-CH_2CH_2COOCH_2{-}C_6H_5$）
$CH_2{=}CH{-}C_6H_4{-}CH_2CH_2{-}[N(C_2H_5)CH_2CH_2N(C_2H_5)CHCH_2{-}C_6H_4{-}CH_2CH_2]_n{-}N(C_2H_5)CH_2CH_2N(H){-}C_2H_5$
$CH_2{=}CH{-}C_6H_4{-}CH_2CH_2{-}[N$(穴醚环)$NCH_2CH_2]_n{-}N$(穴醚环)$NH$
$sec\text{-}Bu{-}[CH_2CH(C_6H_5)]_n{-}CH_2{-}C_6H_4{-}CH{=}CH_2$
$CH_3{-}[OCH_2CH_2]_n{-}OCH_2{-}C_6H_4{-}CH{=}CH_2$（间位）
$(CH_3)_3SiO{-}[Si(CH_3)_2O]_n{-}Si(CH_3)_2{-}C_6H_4{-}CH{=}CH_2$
$(CH_3)_3SiO{-}[Si(CH_3)_2O]_n{-}Si(CH_3)_2{-}[CH_2]_3{-}O{-}[CH_2]_3{-}OCOC(CH_3){=}CH_2$

另外，由2-乙烯基吡啶阴离子聚合可制得水溶性大单体：

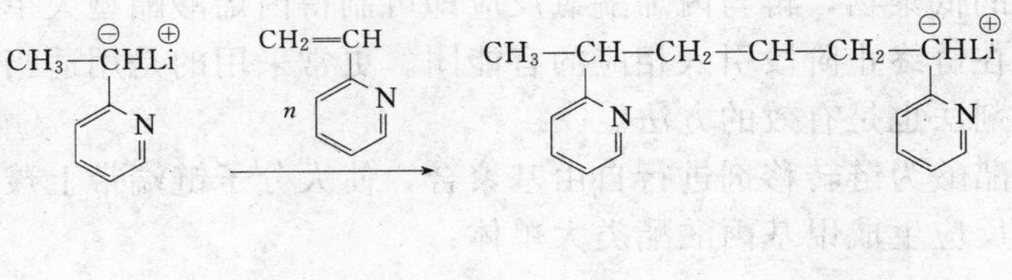

$$CH_3{-}\overset{\ominus}{C}HLi^{\oplus}(2\text{-}Py) + n\,CH_2{=}CH(2\text{-}Py) \longrightarrow CH_3{-}CH(2\text{-}Py){-}CH_2{-}CH(2\text{-}Py){-}CH_2{-}\overset{\ominus}{C}HLi^{\oplus}(2\text{-}Py)$$

$$CH_2{=}CH{-}C_6H_4{-}CH_2Cl \longrightarrow \underset{\text{(pyridyl)}}{CH_2{=}CH{-}C_6H_4{-}CH_2{+}CH{-}CH_2{+}_nCH{-}CH_3}$$

据报道，通过阴离子聚合法可制备具有梳状聚亚苯结构的聚苯乙烯大单体；利用2-［2-（*N*，*N*-二氨甲基）环氧］乙醇盐与环氧甲基丙烯酸酯反应可制得聚氧乙烯大单体。

（2）阳离子聚合法　这里主要是指用活性阳离子聚合法。这与阴离子聚合相似，在不存在链终止条件下，可制得预定分子量、窄分布的大单体。由于阴离子型聚合和阳离子聚合所适用的单体不同，因此，二者可相互补充。

四氢呋喃（THF）的阳离子开环聚合是制备大单体的典型实例。这种聚合不存在链终止和链转移，为活性阳离子聚合。例如用三乙基酯盐引发THF聚合再用带官能团的亲核试剂终止反应即可制得相应的大单体。例如：

$$n\,\text{THF} \xrightarrow{Et_3\overset{+}{O}BF_4^-} ET_3{+}O{+}CH_2{)_4}{]}_{n-1}\overset{+}{O}\text{(THF)}$$

$$\xrightarrow{NaO{-}C_6H_4{-}CH{=}CH_2} Et_3{+}O{+}CH_2{)_4}{]}_{n-1}O{-}C_6H_4{-}CH{=}CH_2$$

也可用带官能团的催化剂制备相应的大单体。例如：

$$CH_3{=}C(CH_3){-}C(=O){-}Cl + AgSbF_6 \longrightarrow CH_2{=}C(CH_3){-}\overset{+}{C}OSbF_6 + AgCl\downarrow$$

$$CH_2{=}C(CH_3){-}\overset{+}{C}OSbF_6^- + n\,\text{THF} \longrightarrow CH_2{=}C(CH_3){-}CO{+}O{+}CH_2{)_4}{]}_{n-1}\overset{+}{O}\text{(THF)}\ SbF_6^-$$

$$\xrightarrow{NaOC_6H_5} CH_2{=}C(CH_3){-}CO{+}O{+}CH_2{)_4}{]}_{n-1}OC_6H_5$$

利用iniferter法先制得两端含Cl的低聚物，再通过适当的反应也可制得相应的大单体。例如与甲基丙酰氯反应即可制得甲基丙烯酸酯型大单体。

利用阳离子开环使1，4-脱水蔗糖转化为聚多糖大单体。这种大单体在生物材料制备上具有重要的应用前景。

（3）自由基聚合法[100,101]　自由基聚合制备的大单体，结构与分子量的控制不如离子型聚合好。但它适合的单体广泛，合成条件不苛刻，所以也是制备大单体的一种重要方法。

在自由基聚合中可使用带官能基的引发剂在分子链端引入官能团，然后使这种官能团进一步进行化学转化，转化成含不饱和键的基团，制得相应的大单体。例如用含羟基的偶氮引发剂制得带端羟基的低聚物，再与丙烯酰氯反应即可制得丙烯酸酯型大单体。同样，采用合适的链终止剂就可在链终止阶段引入相应的官能团。更常采用的是用适当的链转移剂引入所需的官能团。引转剂法也是有效的方法。

例如采用巯基醋酸为链转移剂进行自由基聚合，使大分子链端带上羧基，然后再与甲基丙烯酸环氧丙烷酯反应生成甲基丙酸酯类大单体：

$$nCH_2{=}CRX \xrightarrow[AIBN]{HSCH_2COOH} HO_2CCH_2S{-}\!\!\{CH_2CRX\}_n H$$

$$\xrightarrow{CH_2{=}C(CH_3){-}C(=O){-}OCH_2CH{-}CH_2 \text{ (环氧)}} CH_2{=}C(CH_3){-}C(=O){-}OCH_2CH(OH)CH_2O_2C{-}CH_2{-}S{-}\!\!\{CH_2{-}CRX\}_n H$$

又如，以硫醇为链转移剂，用自由基聚合法制得含端羟基的聚丙烯酯，再使之与甲基丙烯酰氯反应，制得甲基丙烯酸酯型大单体。

此外，也可用可控自由基聚合法制备各种大单体（见 1.4 节）。

(4) 基团转移聚合法　基团转移法也是合成大单体的重要方法。例如用基团转移聚合法使 MMA 聚合，用为 $CH_2{=}CH{-}C_6H_4{-}CHBr$ 终止剂可制得相应的大单体，例如：

$$(CH_3)_2C{=}C(OSi(CH_3)_3)(OR) + (n+1)CH_2{=}C(CH_3){-}C(=O){-}OCH_3 \xrightarrow{HF_2^-}$$

$$\longrightarrow RO{-}C(=O){-}C(CH_3)_2{-}\!\!\{CH_2{-}C(CH_3)(COOCH_3)\}_n{-}CH_2{-}C(CH_3){=}C(OSi(CH_3)_3)(OCH_3)$$

$$\xrightarrow{CH_2{=}CH{-}C_6H_4{-}CH_2Br} PMMA{-}CH_2{-}C(CH_3)(COOCH_3){-}CH_2{-}C_6H_4{-}CH{=}CH_2$$

(5) 逐步聚合法[102～104]　逐步聚合法（包括缩聚发）亦可以用制备某些大单体。例如以逐步聚合反应可制得聚氨酯、丙烯酸酯类大单体[102]，这类大单体在制备光学透明材料、特种黏合剂等方面的应用受到了关注。这类大单体是由二异氰酸酯、二元醇和带羟基的丙烯酸酯类通过逐步聚合制得的。例如：先将甲苯二异氰酸酯与二缩三乙二醇反应制成预聚体，再与甲基丙烯酸羟乙酯进行反应即制得聚氨酯丙烯酸酯类大单体。

1.6.2.2 大单体的聚合反应

由于大单体分子量高，可聚合基团的相应浓度很低。在聚合反应中，反应速率常受扩散速率控制。由于空间阻碍作用，大单体可聚合基团的活性常比相应的低分子小。这些特点在前面有关遥爪低聚物的讨论中已提及。

与低分子单体一样，原则上大单体也可进行各种均聚和共聚反应。大单体可进行自由基聚合、阳离子聚合、阴离子聚合以及相应的共聚合。常用的是自由基聚合和阴离子聚合，阳离子聚合用得较少。

(1) 大单体的均聚反应　与相应的低分子单体相比，大分子分子量大，可聚合基团含量低并且需在溶液中进行，在实施上存在诸多困难。

大单体自由基均聚合已有不少报道。例如甲基丙烯酸酯型环氧乙烷大单体的自由基均聚、甲基丙烯酸酯型苯乙烯大单体的自由基均聚等。氨基甲酸酯丙烯酯大单体用自由基均聚反应可制得性能良好的透明材料[105]。

阴离子均聚的例子有：以二苯基甲基钾为催化剂，以 THF 为溶剂的 α-甲基苯乙烯大单体的阴离子均聚合。

(2) 大单体共聚反应[106～108] 大单体与一般单体一样可进行各种共聚反应，如接枝共聚、嵌段共聚、共聚交联等，原则上也可进行无规共聚。但应用价值最大的是接枝共聚。下面仅就接枝共聚反应做一简要介绍。

接枝共聚反应分大单体与低分子单体的共聚和不同单体之间的共聚两种基本情况。常规方法得到的接枝共聚物支链长短不一，分布不均匀，均聚物含量一般也高。而大单体制得的接枝共聚物，支链长短可以控制，支链分布均匀，均聚物含量少。这也是大单体受到普通重视的主要原因。

以 M 表示大单体，低分子共聚单体以 A 表示，则共聚方程可表示为：

$$\frac{d[A]}{d[M]}=\frac{[A](r_a[A]+[M])}{[M](r_m[M]+[A])}$$

式中 r_a 及 r_m 分别为 A、M 的竞聚率。

由于 [A] >> [M]，因而上式可简化为：

$$\frac{d[A]}{d[M]}=r_a\frac{[A]}{[M]}$$

积分得：$r_a=\dfrac{\ln\dfrac{[A_0]}{[A]}}{\ln\dfrac{[M_0]}{[M]}}=\dfrac{\ln(1-x_a)}{\ln(1-x_m)}$

式中，x_a 及 x_m 分别是 A 及 M 在时间 t 的转化率分数；$[A_0]$ 及 $[M_0]$ 分别为 A 及 M 的起始浓度。

由上式可知，若 $r_a>1$，共聚单体 A 的消耗比 M 快，[M]/[A] 随反应进行而增大，共聚物中接枝的比率也较高。若 $r_a<1$，则相反。

以 f_a 和 f_m 分别表示 A 及 M 在单体混合物中的摩尔分数；F_a 和 F_m 分别为共聚物中 A 及 M 的摩尔分数，$f_a=1-f_m$；$F_a=1-F_m$。不难导出 A 和 A 相连的概率 $P_{aa}=F_a^2$；A 与 M 相连的概率 $P_{am}=F_aF_m=F_a(1-F_a)$，而 M 与 M 相连的概率 $P_{mm}=F_m^2=f_m^2/(r_af_a+f_m)^2$，而 $f_m<<f_a$，例如 $f_m=0.05$ 时，$P_{mm}\approx0.0025$，所以当 $f_m<0.05$ 时，MM 连接的概率可以忽略。

根据以上讨论，在已测得 r_m 及 r_a 并已知大单体分子量时，即可预计接枝共聚物的支链长短以及均聚物的含量，这对分子设计是一个很好的指导原则。

大分子单体与低分子单体共聚可用自由基、阴离子、阳离子等聚合反应进行，但普通应用的是自由基聚合。表 1-8 为一些大单体自由基共聚的竞聚率。

表 1-8 大单体自由基共聚时的竞聚率

大分子单体	共单体			竞聚率			
(M),分子量或聚合度	(A)	r_m	r_a	(M)	(A)	r_m	r_a
PSt-MA $M_n=11000$	MMA	—	1.0	MMA	MMA	1.0	1.0
PSt-MA	EA	—	0.73	MMA	EA	2.0	0.28
PSt-MA	BA	—	0.82	MMA	BA	1.8	0.37
PSt-MA	St	—	0.61	MMA	St	0.46	0.52
PSt-MA $M_n=3180$	HEMA	—	1.7	MMA	HEMA	0.29	1.05
PSt-MA $M_n=14000～23000$	HEMA	—	2.0～2.3	MMA	HEMA	0.29	1.05

续表

大分子单体	共单体			竞聚率			
(M),分子量或聚合度	(A)	r_m	r_a	(M)	(A)	r_m	r_a
PSt-St M_n=3000	MMA-^{13}C	0.24	0.47	pMeSt	MMA	0.44	0.41
PSt-St M_n=6200	MMA	0.22	0.89	pMeSt	MMA	0.44	0.41
P_4VP-MA	BA	—	8.3	MMA	BA	1.8	0.37
PMMA-MA M_n=1650，4080	SMA	1.0	1.0	MMA	SMA	1.0	1.0
PIB-MA M_n=3200～4800	MMA	—	≥1.0	MMA	MMA	1.0	1.0
PIB-St M_n=4200	MMA	—	0.5	iPSt	MMA	0.39	0.44
PIB-St 9600	MMA	—	0.5	iPSt	MMA	0.39	0.44
PIB-St 48000	MMA	—	1.1	iPSt	MMA	0.39	0.44
PIB-St 4200	St	—	1.2	iPSt	St	0.89	1.22
PIB-St 9600	St	—	2.1	iPSt	St	0.89	1.22
PIB-St 48000	St	—	6.6	iPSt	St	0.89	1.22
PEO-MA n=1	St	0.43	0.37				
PEO-MA n=25	St	—	0.94				
PEO-MA 35	St	—	1.02				
PEO-MA 62	St	—	1.18				
PEO-MA n=0	BzMA	—	1.20	MMA	BzMA	0.85	1.14
PEO-MA n=5	BzMA	1.43	1.24				
PEO-MA 10	BzMA	0.76	1.23				
PEO-MA 20	BzMA	—	1.49				
PEO-MA n=50	BzMA	—	1.68				
PEO-St n=2	BA	—	0.21	St	BA	0.66	0.19
PEO-St n=1	St	—	0.86				
PEO-St n=13	St	—	1.01				
PEO-St 33	St	—	1.53				
PEO-St 51	St	—	1.71				
PEO-St 94	St	—	1.79				
PDMS-MA M_n=500	St	—	1.07	MMA	St	0.46	0.52
PDMS-MA 1160	St	—	1.06	MMA	St	0.46	0.52
PDMS-MA 9750	St	—	1.55	MMA	St	0.46	0.52
PDMS-MA M_n=6500	VN	0.21	1.28	MMA	VN	0.40	1.00
PDMS-MA M_n=10000	VN	0.10	2.69	BA	VN	0.13	2.13

注：引自伊藤浩一，高分子加工（日），1986，36：262。

以下简要介绍一些大单体共聚体系的典型例子。

① 环氧乙烷大单体的共聚　已报道的有：苯乙烯型环氧乙烷大单体与丙烯腈的自由基乳液共聚，产物用以改善聚丙烯腈薄膜和纤维的表面润湿性能；甲基丙烯酸甲酯型和α-甲基苯乙烯型环氧乙烷大单体与苯乙烯和甲基丙烯酸酯的自由基共聚；也有使噁唑啉基环氧乙烷

大单体与苯基噁唑啉阳离子接枝共聚的报道。

② 四氢呋喃大单体的共聚　例如，甲基丙烯酸酯型四氢呋喃大单体与苯乙烯及甲基丙烯酸丁酯的自由基接枝共聚以及与β-乙烯基萘的自由基共聚。

③ 苯乙烯大单体的共聚　例如以阴离子聚合法制备的甲基丙烯酸酯型苯乙烯大单体（分子量5000～20000）与MMA、氯乙烯、丙烯腈等的自由基共聚；也有采用齐格勒-纳塔催化剂与乙烯、丙烯及异丁烯共聚以及用阳离子聚合法与异丁烯共聚的报道。

④ 甲基丙烯酸烷酯大单体的共聚　例如与甲基丙烯酸（2-羟基）乙酯和丙烯酸全氟烷基酯的自由基共聚合等。

⑤ 异丁烯大单体的共聚　例如苯乙烯型的异丁烯大单体与St、MMA等的自由基共聚。

⑥ 二甲基硅氧烷大单体的共聚　例如苯乙烯以及甲基丙烯酸酯型二甲基硅氧烷大单体分别与苯乙烯和MMA进行自由基共聚。（以AIBN为引发剂），产率达80%。所得接枝共聚物中大单体摩尔含量与单体进料的含量大致相同。这种接枝共聚物具有潜在的医学应用价值。

其他的例子有：丙烯酸丁酯大单体与丙烯酰胺共聚[109,110]；聚氧乙烯大单体与丙烯酸丁酯及丙烯酸共聚，合成三元接枝共聚物[107]；聚氨酯丙烯酸酯类大单体与二甲基硅氧烷的接枝共聚等。值得一提的是，聚氨酯丙烯酸酯大单体近来受到很大的关注。例如用PEG（聚乙二醇）、TDI（甲苯二异氰酸酯）、HEMA等制得聚氨酯丙烯酸酯大单体，将大单体与MMA、苯乙烯等共聚以制得新型的透明材料。以TDI、HDI、TEG、HEMA合成的聚氨酯丙烯酸酯大单体可与MMA共聚交联制得性能优异的透明材料[102]。用丙烯酸酯型二甲基硅氧烷聚氨酯大单体与MMA共聚可制得有使用价值的接枝共聚物[103]。

两种不同大单体之间的共聚已引起关注。例如对乙烯基苄基型的苯乙烯大单体（VB-PSt）与对乙烯苄基型四氢呋喃大单体（VBO-PTHF）的共聚以及VB-PSt与丙烯酸甲酯型的四氢呋喃大单体（MA-PTHF）的共聚。图1-14表示了VB-PSt与VBO-PTHF共聚物的GPC谱图。由图可见，转化率很高，表明两种大单体的反应活性都很高。VB-PSt与MA-PTHF的共聚物示于图1-15。由图可见，转化率仅为20%。这是由于两种大单体共聚时溶剂有重要影响的缘故。

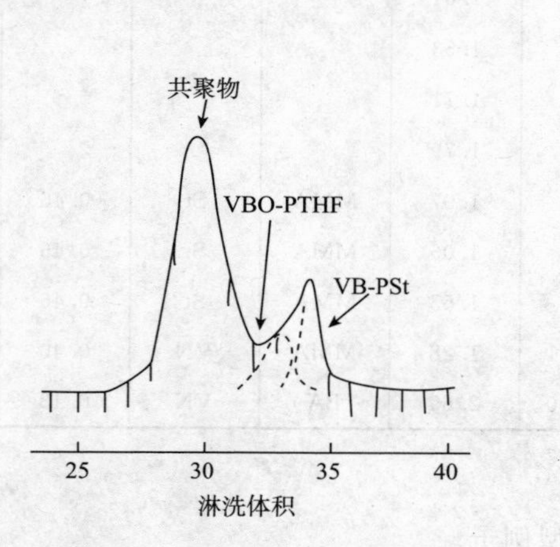

图1-14　VB-PSt与VBO-PTHF共聚的GPC图

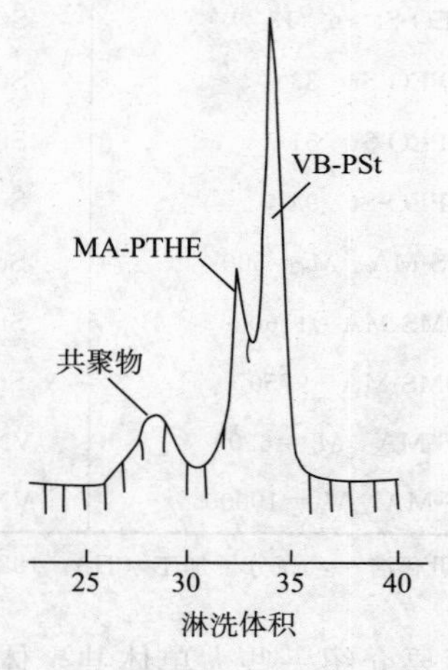

图1-15　VB-PSt与MA-PTHF共聚的GPC图

引自R. Asami, et al., Macromol. Chem. Suppl., 1985, 12: 163

1.6.2.3　应用

利用大分子单体可制备预定结构的接枝共聚物，还不仅在高分子的分子设计上具有重要意义，而且具有十分重要的应用前景。

大单体用于工业产品生产已有报道。例如一种重要工业材料 Moder，就是基于甲基丙烯酸羟乙酯与 α，ω-二异氰酸酯基低聚醚反应而制得的甲基丙烯酸氨基甲酸酯大单体，它可用 RIM 法与 MMA 共聚而制得热固性产物，用于制备玻纤增强的汽车零部件、贮罐衬里及电器铸件等[111]。

利用大单体可制得具有分散性能的各种接枝共聚物，用作聚合时的分散剂和稳定剂。

采用甲基丙烯酸型大分子（AA-6）与 MMA 和 BA 共聚可制得硬度和加工性能（耐挠曲性）兼优的涂料。

大单体接枝共聚物的另一重要应用是用于热塑性弹性体。例如聚苯乙烯型大单体与丙烯酸丁酯及丙烯酸乙酯共聚，采用适当的配方可制得热塑性弹性体。

利用接枝共聚物微相分离的特点，大单体接枝共聚物已用于改善高分子材料的表面疏水性，增强防污能力和防静电作用。

大单体接枝共聚物用作相转移催化剂引起了人们的重视。例如 Tadabiro 等[112]将环氧乙烷大单体与 MMA 的接枝共聚物，用作溴辛烷与苯酚钠盐醚化反应（在甲苯中）的相转移催化剂并取得良好效果。

其他方面的应用有：制备对氧有选择性的渗透膜、接触透镜材料、生物相容性材料、潜能电池、压敏胶[113]以及制备表面憎水的尼龙-6[114]等。

1.6.3　大分子引发剂

大分子引发剂（macroinitiator）是指分子链上带有可分解成自由基的偶氮基、过氧基的聚合物。20 世纪 50 年代由 Shah 首先提出，60 年代 Smith 等首先将其用于嵌段共聚反应，70 年代 Heitz 等合成了一系列大分子引发剂。用于自由基聚合法制备结构明确的嵌段共聚物引起了广泛的关注[115,132]。

1.6.3.1　合成

大分子引发剂分大分子偶氮化物和大分子过氧物两种基本类型。有时，大分子引发剂分子中既含有偶氮基团也含过氧基团，这时就称之为大分子偶氮过氧化物。

由于有机过氧化物种类繁多，所以大分子过氧化物也相应地种类很多。目前作为大分子引发剂的大分子过氧化物有四种基本类型：

（1）过氧化酰类

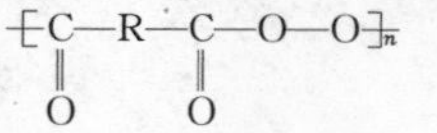

$$\left[\!\!\begin{array}{c}\mathrm{C}\\ \|\\ \mathrm{O}\end{array}\!\!-\mathrm{R}-\!\!\begin{array}{c}\mathrm{C}\\ \|\\ \mathrm{O}\end{array}\!\!-\mathrm{O}-\mathrm{O}\right]_n$$

（2）改性过氧化酰类

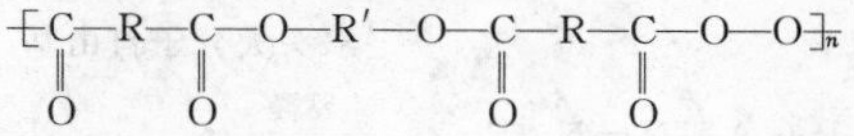

$$\left[\!\!\begin{array}{c}\mathrm{C}\\ \|\\ \mathrm{O}\end{array}\!\!-\mathrm{R}-\!\!\begin{array}{c}\mathrm{C}\\ \|\\ \mathrm{O}\end{array}\!\!-\mathrm{O}-\mathrm{R'}-\mathrm{O}-\!\!\begin{array}{c}\mathrm{C}\\ \|\\ \mathrm{O}\end{array}\!\!-\mathrm{R}-\!\!\begin{array}{c}\mathrm{C}\\ \|\\ \mathrm{O}\end{array}\!\!-\mathrm{O}-\mathrm{O}\right]_n$$

（3）过氧化酯类

$$\left[\!\!\begin{array}{c}\mathrm{C}\\ \|\\ \mathrm{O}\end{array}\!\!-\mathrm{R}-\!\!\begin{array}{c}\mathrm{C}\\ \|\\ \mathrm{O}\end{array}\!\!-\mathrm{O}-\mathrm{O}-\mathrm{R'}-\mathrm{O}-\mathrm{O}\right]_n$$

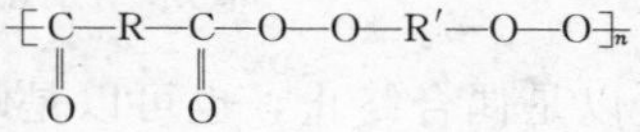

（4）过氧化醚类

$$\left[\mathrm{R}-\mathrm{O}-\mathrm{O}\right]_n$$

R、R′基团可以是脂肪类或芳香族。k 及 R′的结构不同，过氧物的活性、溶解性及抗爆性亦不同。

大分子过氧化物制备方法和一般的有机过氧化物的制备方法是基本一样的，即使适当的化合物在过氧化物、氧或臭氧作用下进行氧化反应而引进过氧基。

大分子偶氮化合物有三种制备途径：

① 用带适当反应基团的低分子偶氮单体与具有相应反应官能团的单体或聚合物反应制得大分子偶氮化合物。例如将偶氮二异丁腈与聚乙二醇通过 Pinner 合成反应制得聚酯型偶氮化合物：

$$NC-\underset{CH_3}{\overset{CH_3}{C}}-N{=}N-\underset{CH_3}{\overset{CH_3}{C}}-CN + HO\left(CH_2CH_2O\right)_nH \xrightarrow{\text{Pinner 合成反应}}$$

$$\longrightarrow \left[\underset{O}{\overset{\|}{C}}-\underset{CH_3}{\overset{CH_3}{C}}-N{=}N-\underset{CH_3}{\overset{CH_3}{C}}-\underset{O}{\overset{\|}{C}}\left(OCH_2CH_2O\right)_n\right]_m$$

② 聚合物的基团转换法。这是通过聚合物分子链上基团的化学转换制备大分子偶氮化物。例如利用聚酰胺的氧化重排反应制得大分子偶氮化物：

$$\left(R-\underset{O}{\overset{\|}{C}}-NH\right)_n \xrightarrow{N_2O_3} \left(R-\underset{O}{\overset{\|}{C}}-\underset{NO}{N}\right)_n \xrightarrow{\text{重排}}$$

$$\longrightarrow \left(R-\underset{O}{\overset{\|}{C}}-N{=}N\right)_n$$

③ 降解法。这是使高分子量的偶氮化物进行降解，即发生部分偶氮键的分解，制得分子量较小的大分子偶氮化物。

1.6.3.2 大分子引发剂在嵌段共聚中的应用[116,132,133]

一般而言大分子引发剂的分解活化能与相应的低分子引发剂的分解活化能相近。但是大分子引发剂的引发效率要低得多。这是由于大分子自由扩散速度小，降低了与单体碰撞的概率。

大分子引发剂引发的嵌段共聚一般分两步进行：第一步是单体 A 聚合并在形成的大分子链上引入偶氮基或过氧基，这实际上就是大分子引发剂的制备反应；第二步是用已生成的大分子引发剂引发单体 B 聚合。

根据偶氮基或过氧基的位置和裂解方式的不同，可分别形成所谓的单头或双头大分子自由基。例如：

$$R-N{=}N\left(A\right)_nN{=}N-R \xrightarrow[-N_2\uparrow]{\text{裂解}} \cdot A\left(A\right)_{n-2}A\cdot + \cdot R$$

双头大分子自由基

$$R\left(A\right)_nN{=}N-R \xrightarrow[-N_2\uparrow]{\text{裂解}} R\left(A\right)_{n-1}A\cdot + \cdot R$$

单头大分子自由基

自由基聚合的终止反应可以是偶合终止，也可以是歧化终止。对单头大分子自由基，当为歧化终止时，生成 AB 型嵌段共聚物。对双头大分子自由基，歧化终止时生成 BAB 型嵌段共聚物；偶合终止时则生成 $(AB)_n$ 型嵌段共聚物。这里 A 及 B 分别表示由单体 A 及 B 所构成的嵌段。所以可根据制备的嵌段共聚物的类型来选择适当的大分子引发剂。

例如，以聚酯型偶氮化合物为大分子引发剂引发苯乙烯进行嵌段共聚合，由于苯乙烯自由基聚合时主要为偶合终止，所以制得 $(AB)_n$ 型嵌段共聚物；MMA 自由基聚合时主要为歧化终止，所以得到 BAB 型和 AB 型嵌段共聚物。

采用大分子引发剂

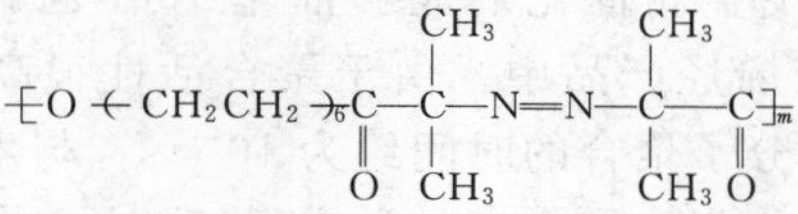

$$\left[O \leftarrow CH_2CH_2 \rightarrow_n \underset{\underset{O}{\|}}{C} - \overset{\overset{CH_3}{|}}{\underset{\underset{CH_3}{|}}{C}} - N{=}N - \overset{\overset{CH_3}{|}}{\underset{\underset{CH_3}{|}}{C}} - \underset{\underset{O}{\|}}{C} \right]_m$$

引发 St 共聚可制得聚醚-聚苯乙烯嵌段共聚物：

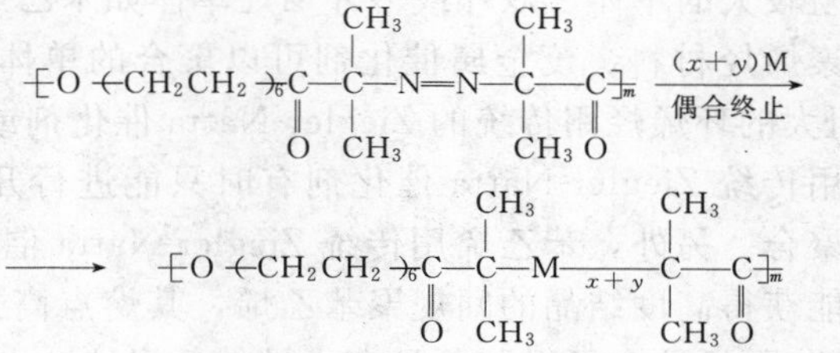

$$\left[O \leftarrow CH_2CH_2 \rightarrow_n \underset{\underset{O}{\|}}{C} - \overset{\overset{CH_3}{|}}{\underset{\underset{CH_3}{|}}{C}} - N{=}N - \overset{\overset{CH_3}{|}}{\underset{\underset{CH_3}{|}}{C}} - \underset{\underset{O}{\|}}{C} \right]_m \xrightarrow[\text{偶合终止}]{(x+y)M}$$

$$\longrightarrow \left[O \leftarrow CH_2CH_2 \rightarrow_n \underset{\underset{O}{\|}}{C} - \overset{\overset{CH_3}{|}}{\underset{\underset{CH_3}{|}}{C}} - \underbrace{M}_{x+y} - \overset{\overset{CH_3}{|}}{\underset{\underset{CH_3}{|}}{C}} - \underset{\underset{O}{\|}}{C} \right]_m$$

式中，M 表示苯乙烯。聚醚链段长度由聚乙二醇的长度决定；聚苯乙烯链段长度与苯乙烯由大分子引发剂的相对用量决定。

由于大分子引发剂适用的单体广泛，在热塑性弹性体的制备中具有广泛的应用前景。例如用大分子引发剂制得的聚二甲基衣康酸与丁二烯嵌段共聚物就是性能优良的热塑性弹性体。由于二甲基衣康酸嵌段的玻璃化温度 T_g（132～143℃）比 SBS 中苯乙烯嵌段的 T_g（80～110℃）高，因此具有更高的工作温度。

大分子引发剂制得的嵌段共聚物在涂料、复合材料等方面都有广泛的应用前景。所以此领域的研究和开发工作受到了普遍的关注。

1.7 烯烃配位聚合催化剂

1.7.1 概述

聚烯烃工业在国民经济中占有重要地位，烯烃聚合技术的关键在于催化剂。目前烯烃聚合的催化剂主要分成均相催化剂及多相催化剂。多相催化剂又分成传统的 Ziegler-Natta 催化剂及均相催化剂负载后形成的多相催化剂，多相配位聚合已经在 1.1 节配位聚合中有介绍。均相催化剂主要由茂金属催化剂与非茂金属络合物催化剂两大类。均相催化剂有利于研究催化机理，而多相催化剂有利于工业生成，这些催化剂一般都要经助催化剂的活化才具有催化活性。近年来，聚烯烃用催化剂的研究及应用得到人们的广泛关注，有了长足的发展，由于本领域的研究丰富，本节将从催化剂大的类型加以简单介绍，更多内容将参考有关评论性文章及书籍[134～141]。

1.7.2 茂金属催化剂

自从 Kaminsky 发现了茂金属络合物与 MAO 组成的催化体系对烯烃聚合取得突破性进展以来，茂金属催化剂在烯烃聚合方面的研究已有大量报道[135,137,140,141]。

茂金属化合物一般主要指由ⅣB 过渡金属（如钛、锆、铪）或稀土金属和至少一个环戊二烯或环戊二烯衍生物配体组成的一类有机金属配合物。茂金属化合物一般不能直接催化烯烃的聚合，要经助催化剂如有机铝、有机硼的活化后形成具有催化活性的活性中间体。茂金属催化剂的结构对催化活性、聚合过程的立体选择性产生巨大影响，直接影响着聚合物的微观结构。一般茂金属催化剂具有如下特点：①茂金属催化剂，特别是茂锆催化剂，具有极高的催化活性。含 1g 锆的均相茂金属催化剂能够催化 100t 乙烯聚合[122]，催化剂的残留为 $\times 10^{-8}$ 级，可以允许保留在聚烯烃产品中。由于聚合活性很高，烯烃进入聚合物链的时间极快，链增长过程中每个烯烃分子聚合的时间约为 10^{-5}s，与生物酶活性相当。②茂金属催化剂属于具单一活性中心的催化剂，聚合产品具有很好的均一性，平均分子量分布较窄，共聚单体在聚合物主链中分布均匀。③茂金属催化剂具有优异的催化共聚合能力，几乎能使大多数共聚单体如空间位阻较大的单体、双环或多环烯烃单体如苯乙烯和降冰片烯与乙烯共聚合，从而获得许多新型聚烯烃材料。茂金属催化剂可以聚合的单体已有 50 种以上[137, 140]，见表 1-9。一些空间位阻大的环烯烃用传统的 Ziegler-Natta 催化剂或其他配位催化剂体系很难或不可能催化聚合，用传统 Ziegler-Natta 催化剂有时只能进行开环聚合，而用茂金属催化剂则能发生双键加成聚合。另外，苯乙烯用传统 Ziegler-Natta 催化剂只能进行无规聚合，而应用茂金属催化剂则能获得高度结晶的间规聚苯乙烯，其熔点高达 270℃，性能在某些方面与尼龙 66 接近。茂催化丙烯聚合可以制备具有优异的低温抗冲击性的透明性间规聚丙烯。

表 1-9　可通过茂金属催化剂催化聚合的单体[137, 140]

乙炔		间氯苯乙烯	乙烯基芘
烯烃和双烯烃		对氯苯乙烯	对氟苯乙烯
乙烯	3-甲基-1-丁烯	环烯烃和环二烯	
丙烯	4-甲基-1-戊烯	环戊烯	二聚环戊二烯
1-丁烯	4-甲基-1-己烯	3-乙烯基环己烯	4-苯乙烯基环丁烷
1-戊烯	1,3-丁二烯	降冰片烯	环十二碳四烯(TCD-3)
1-己烯	1,4-己二烯	5-乙烯基-2-降冰片烯	7-辛烯基-9-硼双环[3,3,1]壬烷
1-辛烯	1,5-己二烯	5-亚乙基-2-降冰片烯	
1-十六碳烯	1,6-辛二烯	含杂原子的烯烃	
1-十八碳烯	1,4-十二碳二烯	甲基丙烯酸甲酯	丙烯基三甲基硅烷
二甲桥八氢化萘(DMON)		丙烯酸乙酯	丙烯腈
芳香族烯烃		乙烯基硅烷	顺丁烯二酰亚胺
苯乙烯	茚	苯基硅烷	丙烯酸
邻甲基苯乙烯	4-乙烯基联苯	氯乙烯	2-乙基丙烯酸己酯
间甲基苯乙烯	乙烯基芴	1,1'-二氯乙烯	甲基丙烯腈
对甲基苯乙烯	乙烯基蒽	氟乙烯	甲基丙烯酸
对叔丁基苯乙烯	乙烯基菲	异丁烯	一氧化碳

1.7.2.1　ⅣB 族茂金属催化剂

ⅣB 族茂金属化合物主要有三大类，单茂金属化合物、双茂金属化合物、多金属茂化合物。作为烯烃聚合催化剂，研究最早的茂金属化合物是二氯二茂锆，它们结构为类四面体构型，金属原子 M 位于四面体的中心，而两个 Cp 和两个氯原子位于四面体的 4 个顶点上。茂金属化合物茂环上取代基对茂金属化合物的催化剂活性具有一定影响。常见的茂环配体有环戊二烯基（Cp）、茚基（Ind）和芴基（Flu）及其衍生物，在助催化剂有机铝氧烷（MAO）存在下这 3 种配体的茂金属化合物催化烯烃的聚合能力的次序为 Ind＞Cp＞Flu[142]。

表 1-10 列出一些典型的茂金属催化剂在相同条件下催化乙烯、丙烯聚合的数据。没有取代基团的二氯二茂锆催化体系对乙烯具有相对高的活性，而对丙烯的催化活性却不高。催化剂的催化活性与活性中心的金属、配体的结构有关。锆的茂金属化合物的催化活性大大高于相应的铪和钛催化剂。含有桥基 X（C_2 桥或 Me_2Si 桥）的双四氢茚茂金属化合物 *rac*-(X)$(THInd)_2ZrCl_2$ 催化乙烯聚合可以产生较高分子量的聚乙烯。多个取代基、位阻效应较高的二茚化合物显示出对乙烯聚合较高的活性。

表 1-10　典型的茂金属催化剂均相催化乙烯、丙烯聚合[139(b)]

茂金属催化剂	乙烯聚合		丙烯聚合		
	催化剂活性/[kg/(mol·h)]	M_w/(10^3g/mol)	催化剂活性/[kg/(mol·h)]	M_w/(10^3g/mol)	等规度[*mm*]/%
Cp_2ZrCl_2	60900	620	140	2	7
$(RC_5H_4)_2ZrCl_2$(R＝neomenthyl)	12200	1000	170	3	59
$(C_5Me_2Et)_2ZrCl_2$	18800	800	290	0.2	7
$[(Me_2Si)_2O](Ind)_2ZrCl_2$	57800	930	230	0.3	24
$Et(Ind)_2ZrCl_2$	41100	140	1690	323	95
$Et(Ind)_2HfCl_2$	2900	480	610	446	94
$Et(THInd)_2ZrCl_2$	22200	1000	1220	24	98
$Et(1,4,7\text{-}Me_3Ind)_2ZrCl_2$	78000	190	750	418	＞99
$(Me_2Si)_2(Ind)_2ZrCl_2$	36900	260	1940	79	97
$(Me_2Si)_2(THInd)_2ZrCl_2$	30200	900	7700	44	95
$(Me_2Si)_2(1,4,7\text{-}Me_3Ind)_2ZrCl_2$	111900	250	3800	192	94
$(Me_2Si)_2[(1\text{-}Me\text{-}4\text{-}Ph)Ind)]_2ZrCl_2$	16600	730	15000	650	99
$(Me_2C)(C_5H_4)(Ind)ZrCl_2$	1550	25	180	3	49
$(Me_2C)(C_5H_4)(Flu)ZrCl_2$	2000	500	1550	159	0.6
$(Me_2C)(C_5H_4)(Flu)HfCl_2$	890	560	130	750	0.7
$(Ph_2C)(C_5H_4)(Flu)ZrCl_2$	2890	630	1980	729	0.4

注：聚合条件：30℃，2.5×10^5Pa，茂金属浓度为 6.25μmol/L，MAO/M＝250∶1（摩尔比）。

单取代二茂金属化合物上取代基的大小对茂金属化合物的构型及其各构型的含量具有一定的影响，三种构型如下所示[143,144]，不同构型的组分对烯烃聚合具有不同的立体选择性和催化活性。晶体四圆 X 射线分析证明，当 R 为小的取代基时，两个环戊二烯的结构趋于顺式构型（a）；当 R 为大的取代基时，茂金属化合物趋于为反式构型（b）。茂金属化合物 $[C_5H_4(i\text{-}Pr)]_2ZrCl_2$ 的单晶结构分析表明，三种构型都存在于这个化合物的单晶结构之中。

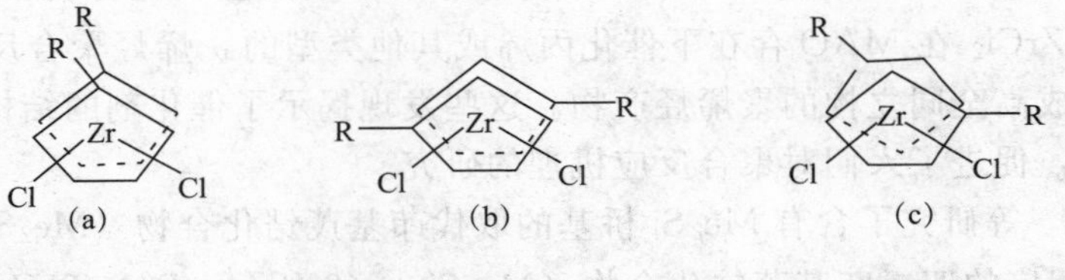

(a)　　(b)　　(c)

茂金属催化剂中两个茂环可以通过桥基相连接，形成含有桥基的茂金属催化剂。桥基可以是含有各种碳链的基团，也可以是含有硅烷基等杂原子基团，可以是一个桥基联接着两个环戊二烯基，也可以是以两个桥基联接着两个环戊二烯基，还可以是一个茂环通过桥联连接另一个配体，形成螯合物。桥基的引入使得茂环不能以金属－茂环中心轴线旋转，增加了茂金属化合物的刚性。对于桥联双茂金属络合物而言，桥基的引入可以影响茂金属化合物中两个茂环之间夹角，调节茂金属催化剂催化活性及立体选择性。以桥基 X 双芴金属（M）二氯化物为例（图 1-16）[145]，研究发现，当桥基 X 为 Si（Me）$_2$OSiMe$_2$ 或（CH$_2$）$_n$（$n\geqslant3$）时，催化剂对丙烯聚合没有活性，而只对乙烯具有一定的催化活性，这可能是长链的桥基使得两个芴环几乎平行，催化活性中心金属外围的配位空间较小，不利于 α-烯烃的插入所致。在桥基茂金属催化剂中，由于茂与桥基相连的桥头原子 β 位上的取代基团比较接近高分子链增长的配位中心，β 位上的取代基大小直接影响 α-烯烃单体与中心原子的配位取向，从而影响 α-烯烃聚合的立体规整度。Ewen[146a,146b] 等研究了以 Me$_2$C 为桥基的 Me$_2$C（Cp）（9-Flu）ZrCl$_2$ 在 MAO 存在下其 Cp 环上取代基 R 的大小对聚丙烯立体规整度的影响，当 R＝H 时，丙烯聚合产生间同立构产物，其立体规整度［*rrrr*］＞0.9；R＝CH$_3$ 时，产生半全同立构的聚丙烯；而 R＝*tert*-Bu 时，产生全同立构的聚丙烯（图 1-17）。

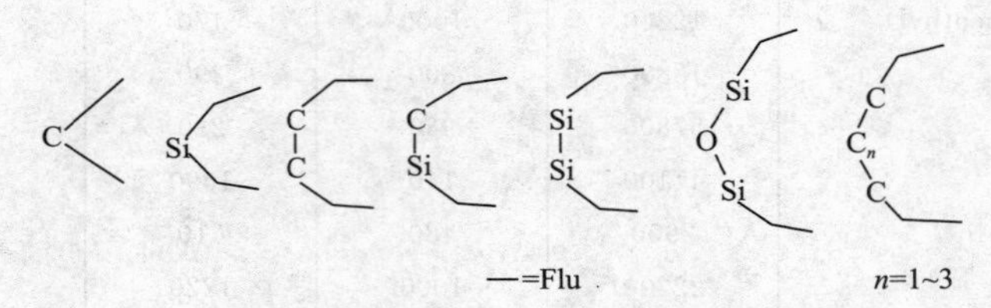

图 1-16　桥基对茂金属络合物结构的影响

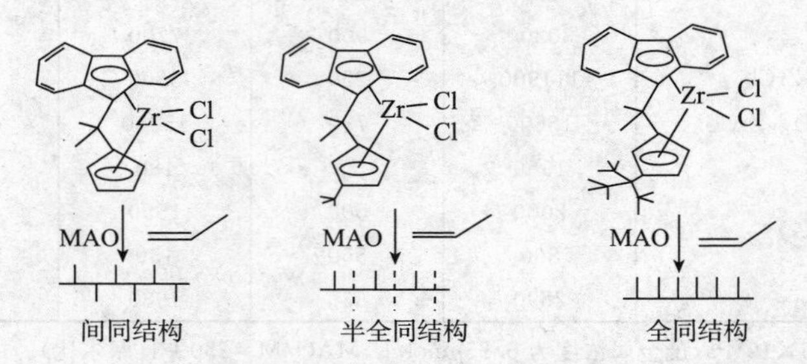

图 1-17　催化剂结构与聚烯烃立体选择性关系

Brintzinger[146c] 等首先合成出含有 C$_2$ 桥基的二茚基和二（四氢化茚基）茂金属化合物 *rac*-Et（Ind）$_2$MCl$_2$ 和 *rac*-Et（THInd）$_2$MCl$_2$（M＝Ti，Zr；Et＝C$_2$H$_4$），见图 1-18。由于 C$_2$ 桥基的存在，双茂配体与金属配位形成的茂金属化合物存在 *rac*-和 *meso*-两种异构体。*rac*-异构体具有手性结构，催化丙烯聚合形成全同立构的聚丙烯，而 *meso* 异构体催化丙烯聚合形成无规聚丙烯。Kaminsky[147] 等研究了这类 ansa 的茂金属化合物 Et（THInd）$_2$TiCl$_2$ 和 Et（THInd）$_2$ZrCl$_2$ 在 MAO 存在下催化丙烯或其他类型的 α-烯烃聚合反应，发现这类催化剂能够催化形成高全同立构的聚烯烃产物。这些发现揭示了催化剂的结构与聚 α-烯烃产物立体结构的关系，促进了人们对聚合反应机理的研究。

Herrmann[148] 等研究了含有 Me$_2$Si 桥基的取代茚基茂锆化合物（Me$_2$Si［（2-R^1，4-R^2）Ind］$_2$ZrCl$_2$）和相应的四氢茚基茂锆化合物（Me$_2$Si［（2-R^1，4-R^2）THInd］$_2$ZrCl$_2$）（图 1-19），研究发现在 MAO 存在下催化剂对丙烯聚合具有很高的催化活性，且产生的聚丙烯分子量高。

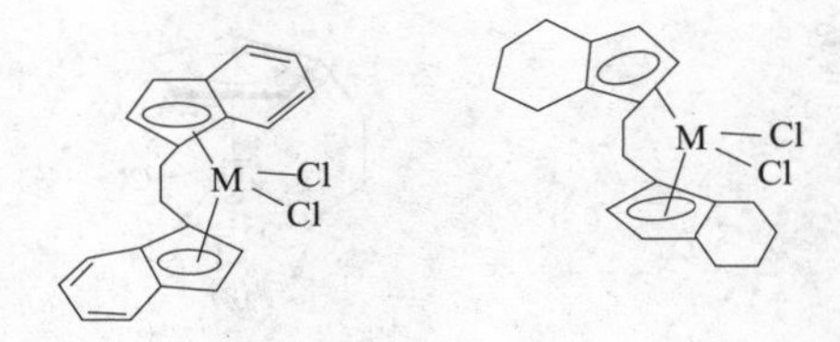

图 1-18　*rac*-Et（Ind）$_2$ZrCl$_2$ 与 *rac*-Et（THInd）$_2$ZrCl$_2$ 结构

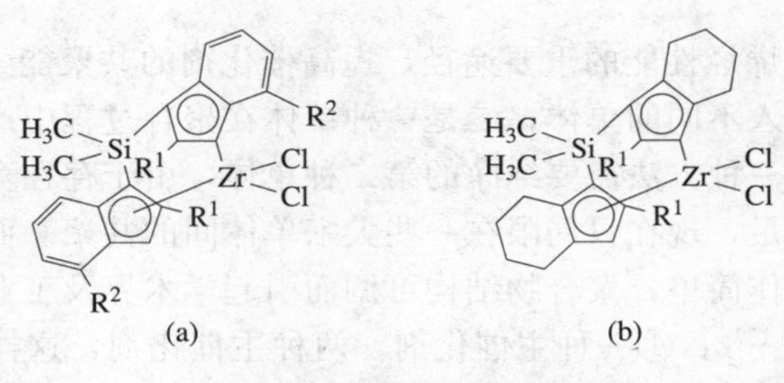

图 1-19　硅桥茂金属催化结构

二茂金属化合物由于茂环的立体位阻较大，对 α-烯烃（如苯乙烯）的聚合能力较低，为了提高催化剂对 α-烯烃的聚合及共聚合的活性，单茂金属及桥链单茂金属催化剂也得到广泛的研究。1986 年，Ishihara[149] 等首先发现 $CpTiCl_3$/MAO 体系催化苯乙烯的聚合，高活性形成间规聚苯乙烯（*s*PS）。不同催化剂对催化苯乙烯聚合的影响见表 1-11[149~151]。在苯乙烯聚合反应中，Ti 的催化活性和立体选择性高于相应的 Zr 的化合物。

表 1-11　单茂钛催化剂催化苯乙烯间规聚合结果

催化剂	聚合条件			转化率 /%	催化剂活性 /(g/g)	间规度 /%
	溶剂	反应温度 /℃	时间 /h			
$CpTiCl_3$	甲苯	20	1	97		96
	甲苯	50	2	68～99.2	8597	≥99
$CpTi(OC_6H_5)_3$	Isopar. E.	50	20	96.9	6325	>95
$Cp^*Ti(OCH_3)_3$	甲苯	70	1	21.5	3392	96
$CpTi(OEt)_3$	甲苯	50	0.25	65.9	12500	≥99
$Cp^*Ti(OEt)_3$	甲苯	70	4	28.8	435.8	98
$CpTi(OBu)_3$	甲苯	60	1	94	104000	99
$CpZrCl_3$	Isopar. E.	50	20		6500	≥65

单茂金属化合物的茂环上的取代基可以与金属进一步成键形成桥联单茂金属化合物，由于桥的存在，限定了茂环的旋转，形成限定几何构型（constrained-geometry）半夹心结构催化剂（图 1-20）[152, 153]。这类催化剂催化活性中心配位空间较大，允许各种烯烃单体的配位，可以不仅可以催化乙烯、丙烯、苯乙烯的聚合，还能够催化乙烯与各种 α-烯烃（C_3～C_{20}）的共聚，且共聚能力很强[154]。

Rausch[155] 等合成出含有中性配体的半夹心结构化合物（a）和（b）（图 1-21），它们在 MAO 存在下都能够催化乙烯、丙烯聚合。其中催化剂（b）对苯乙烯聚合具有较高的活性，且得到 92%以上的间同立构聚苯乙烯[156]。

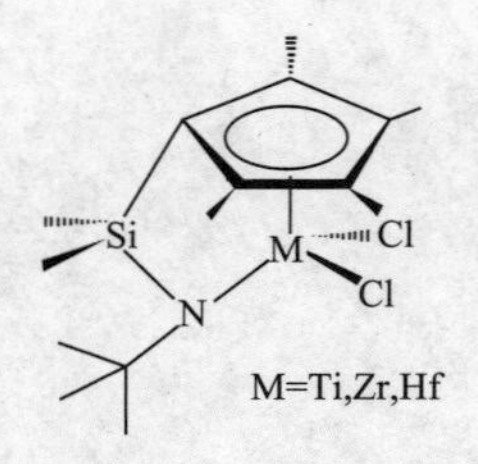

图 1-20　限定几何构型催化剂结构

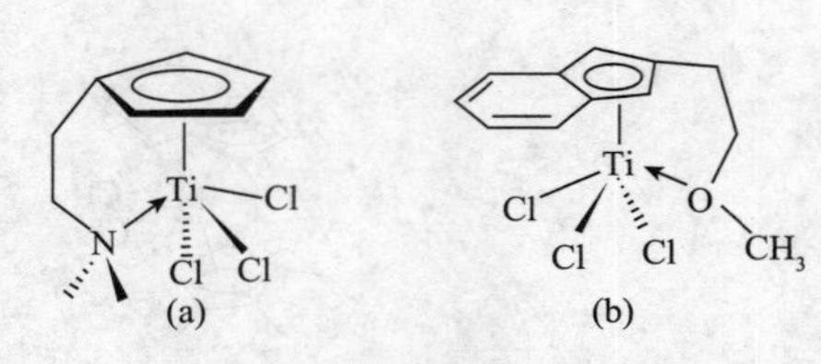

图 1-21　乙基桥限定几何构型催化剂

烯烃共聚物是改善聚烯烃性能的重要途径，提高催化剂的共聚能力是关键。烯烃的共聚合反应有两种途径：一是加入不同的单体；二是一种单体在聚合过程中产生一些烯烃低聚物，再次共聚到聚合物链中。前一种方法需要纯净的第二种单体，由于存在竞聚率的问题及单体种类有限，纯化工序麻烦等不足，现在只局限在一些大宗单体间的共聚。而由单一的乙烯制备线性低密度聚乙烯的研究因操作简单，聚合物结构可调而引起学术界及工业界的广泛关注。这一方面的研究主要在三个方面[157]：①一种主催化剂，两种主催化剂，这样反应体系中形成两种催化活性中心，一种催化乙烯的低聚形成低聚物，一种催化乙烯与形成的低聚物共聚；②二种主催化剂，一种助催化剂，也是形成二个活性中心。也有采用单一主、助催化剂，再加入一种调节剂，调节剂的作用是与一部分催化活性中心形成新的催化中心，用于制备烯烃的低聚物。共聚催化的共聚能力是这一研究的关键；③为了提高共聚能力，将两种催化活性中心键合在一起，从而提高了共聚性，避免了前二种催化体系的随机性。有关详细资讯可参考文献[158]。

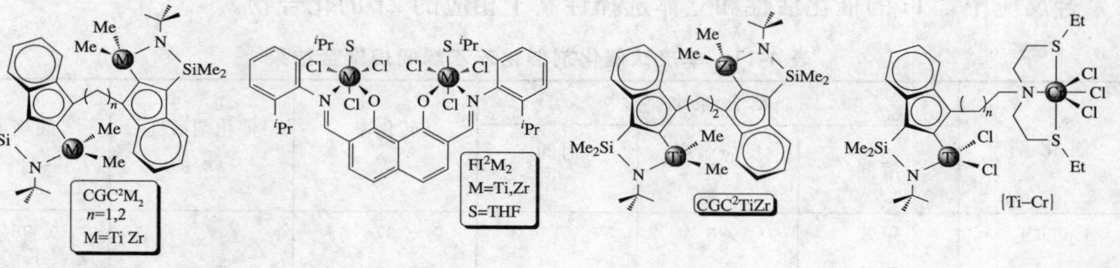

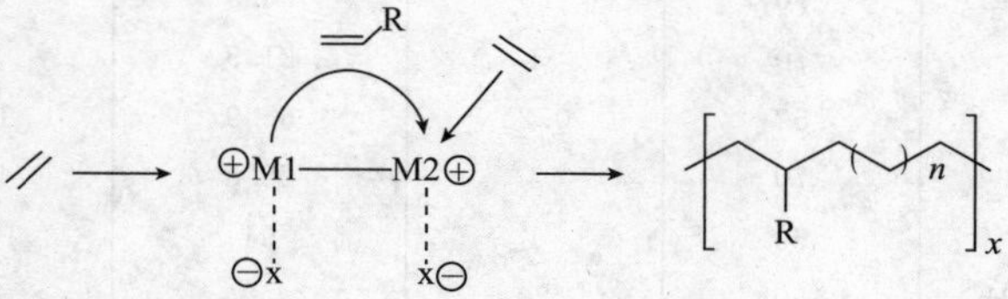

1.7.2.2　**稀土茂金属催化剂**

稀土包括镧系的 15 个元素（La～Lu），一般再加上第 3 族钪（Sc）、钇（Y）两元素，共 17 个元素。稀土元素的 f 轨道中的电子赋予稀土阳离子具有 Lewis 酸性、亲氧性、氧化还原稳定性及高配位性，为许多催化过程提供了原动力[135]。

① 稀土有机化合物对水和空气都极为敏感，反映了其有机配体的强碳阴离子特性和 Ln^{2+}、Ln^{3+} 离子的亲氧性。

② 稀土-配体的轨道重叠缺少延展性，稀土-配体的相互作用基本不含有反馈键的效应。

③ 稀土-配体键合中，配体与稀土中心原子配位键的多样性以满足中心原子寻求与自身大小相适的最大配位数。

图 1-22 给出的一些稀土化合物的结构表达式，实际的结构往往由于中心原子的不饱和

性而呈现较为复杂的桥联结构，但是这些结构表达式也反映了催化剂结构的根本特征[135,159~161]，这些化合物对烯烃聚合具有很好的催化活性。

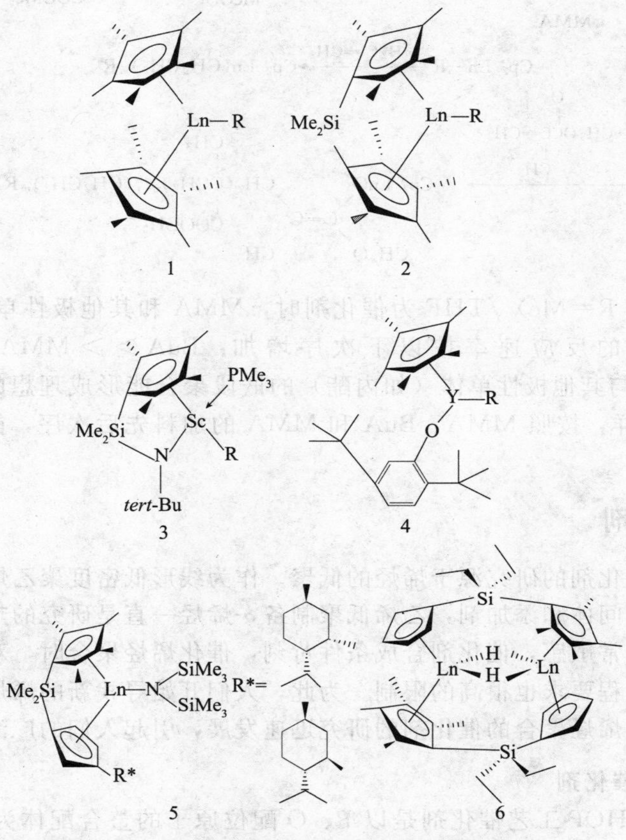

图 1-22 几种稀土茂金属催化剂结构

稀土茂金属催化乙烯聚合得到的聚乙烯，其分子量可高达 6.76×10^5 g/mol，$M_w/M_n=1.3\sim1.9$[162]。上述催化剂 1 能使乙烯和亚甲基环丙烷无规共聚，形成的共聚物中每 1000 个 CH_2 单元中约含有 65 个亚甲基[163]。催化剂 2 可以引发乙烯和己烯的无规共聚，共聚物中乙烯和 1-己烯的比例为 3∶1，说明了链增长步骤对共聚单体空间位阻因素的敏感性[164]。

$$\mathrm{Ln{-}H}\xrightarrow{m\mathrm{H_2C{=}CH_2}}\mathrm{Ln\,(CH_2CH_2)_{\mathit{m}}H}\xrightarrow{\mathrm{H_2C{=}C(CH_2CH_2)}\ (\text{亚甲基环丙烷})}\mathrm{LnCH_2C(CH_2CH_2)_{\mathit{m}}H}\ (\text{C 与 }\mathrm{H_2C{-}CH_2}\text{ 成环})$$

$$\longrightarrow \mathrm{LnCH_2CH_2C({=}CH_2)(CH_2CH_2)_{\mathit{m}}H}$$

催化剂 1 能催化 MMA 的活性聚合[163~165]，也可以使乙烯和 MMA 进行嵌段聚合，形成乙烯均聚段（$M_n\approx10000$）和 MMA 均聚段（$M_n\approx20000$）的 AB 线型嵌段共聚物[135]。

$$\text{MMA} \xrightarrow{\text{催化剂}} \text{(syndiotactic PMMA: MeOOC, MeOOC, COOMe, COOMe)}$$

$$Cp_2^*\ Ln—R \xrightarrow{mH_2C=CH_2} Cp_2^*\ Ln(CH_2CH_2)_mR$$

$$\xrightarrow{nCH_3OC(=O)C(CH_3)=CH_2} Cp_2^*\ LnO(CH_3O)C=C(CH_3)CH_2(C(CH_3)(COOCH_3)CH_2)_{n-1}(CH_2CH_2)_mR$$

以 1（Ln＝Sm，R＝Me）/THF 为催化剂时，MMA 和其他极性单体能以活性方式无规共聚，共聚单体的反应速率按以下次序增加：BuA＞＞MMA≈EMA＞（*i*-Pr）MA[165,168]。MMA 与其他极性单体（如内酯）的嵌段聚合能形成理想的活性聚合物（PDI＝1.11～1.34）。同样，按照 MMA、BuA 和 MMA 的加料先后次序，能够得到 ABA 型三嵌段共聚物[135]。

1.7.3 非茂催化剂

非茂烯烃聚合催化剂的研究源于烯烃的低聚。作为线形低密度聚乙烯的共聚单体、表面活性剂和润滑油的中间体和添加剂，乙烯低聚制备 α-烯烃一直是研究的热点。由于茂金属化合物对氧气、水汽非常敏感，催化剂合成条件苛刻，催化烯烃聚合时，对烯烃上的极性官能团也很敏感，聚合过程要求也很高的限制。为此，人们开始寻找新的烯烃聚合催化剂，新型非茂金属化合物作为烯烃聚合的催化剂的研究迅速发展，引起人们的广泛关注[169～173]。

1.7.3.1 镍系催化剂

典型乙烯低聚 SHOP 工艺催化剂是以 P、O 配位原子的螯合配体为主的中性镍螯合物（1、2）[174]，该类催化剂由螯合配体部分和单齿配体部分组成，单齿配体主要稳定配位化合物，而螯合配体决定了催化剂的活性和选择性[175]。催化剂在甲苯中催化乙烯低聚得到 99% 以上的线型低聚物，其中 α-烯烃占 98%；活性为 168 kg/（molNi·h）。实验与理论研究表明，催化剂的活性中心是 LxNi-H[175,176]。基于以上认识，人们探索了其他配位原子螯合配体与镍生成的配合物来催化乙烯齐聚[177～180]，这些螯合物的配位原子不再局限于 O、P，可以为 S、S；N、O 和 N、N，螯合配体仍以共轭结构为主。中心原子除了传统的中性镍原子（Ni（0））外，也使用了阳离子镍（Ni（Ⅱ））。表 1-12 列出一些催化剂的催化性能，从表 1-12 可知，不同配位原子、不同配体的镍系配合物，其催化性能各异。对于 S、S 配位原子的镍系催化剂（3、4、5）系列来说，它们的催化活性远高于经典 SHOP 催化剂，产物以二聚为主。α，α′-亚胺基镍系列催化剂（如 6a ～ 6d）与改性甲基铝氧烷（MMAO）组合，催化乙烯聚合形成的齐聚产物线形率和 α-烯烃含量均很高。该类催化剂中配体的电子效应不影响催化剂对 α-烯烃的选择性，但对催化活性影响很大。随着苯环对位取代基吸电子能力增强，活性中心 Ni 的亲电性增加，催化活性提高。如苯环上有吸电子的 CF_3 的催化剂催化活性提高了一倍多，但对位有 OCH_3 的催化剂催化活性却只有较小的提高。Brookhart 认为这可能是 OCH_3 与过量助催化剂中的 Al 形成 Lewis 酸-碱络合物，使配位体的电子云密度下降，造成活性中心 Ni 的亲电性略有增强的缘故[179]。李达刚和刘冬兵[181]以 DPA（Na）/ $NiCl_2 \cdot 6H_2O$ / Zn（DPA（Na）：二苯基膦基醋酸钠）为催化体系合成低碳 α-烯烃，催化活性达到 181 kg/（molNi·h），其中 $C_4^=$、$C_6^=$ 和 $C_8^=$ 的含量分别为 62.1%、24.7% 和 7.9%，线形率在92%以上。Carlini等人[182]以苯乙烯-二乙烯基苯聚合物为载体合成出负载型β-二酮镍催化剂，该催化体系可以催化乙烯聚合，得到乙烯低聚物和聚合物的混合物，可以催化乙烯-丙烯共低聚，但不能催化丙烯均聚。Nicolaides等人[183]以无定形和中孔Si—Al氧化物为载体负载Ni（NO_3）$_2$，制备出多相镍（Ⅱ）催化剂用于乙烯低聚，在低温高压（100～120℃、3.5MPa）下，用固定床反应器得到C_4～C_{20}的α-烯烃，选择性在97%以上，其中C_{10}以上低聚物占23%～41%。

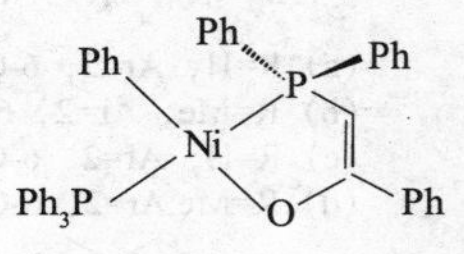

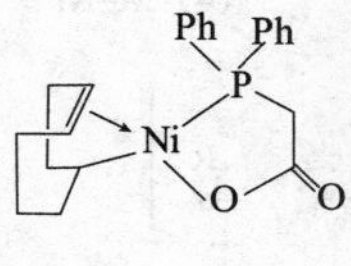

Ph—苯基

1

2

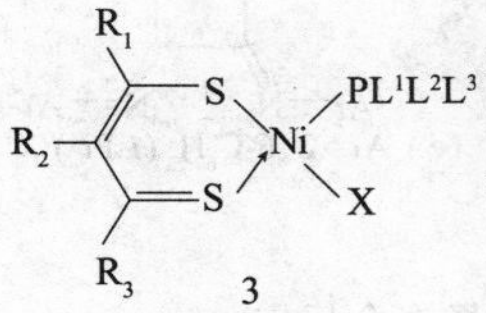

a $R_1=R_2=R_3=H$, $L^1=L^2=L^3=Et$

b $R^1=R^2=R^3=H$, $L^1=L^2=L^3=Bu$

3

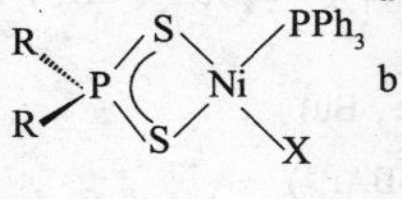

a R = Ph

b R = Me X = 卤素

4

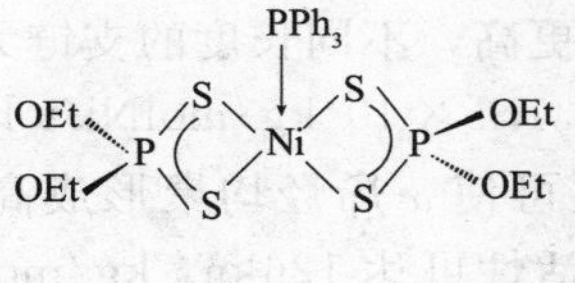

5

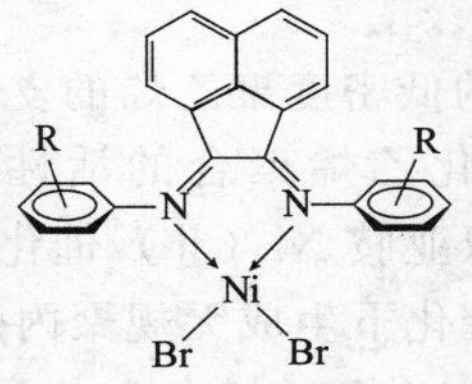

a R = p-CF_3

b R = p-H

c R = p-Me

d R = p-OMe

e R = o-Me

6

表1-12 一些乙烯低聚催化剂的基本性能[177～180]

催化剂	助催化剂	$\frac{n(Al)}{n(Ni)}$	T/℃	p/MPa	催化活性/[kg/(mol·h)]	线形率/%	α-烯烃含量/%	α-烯烃碳数范围
3a	$AlEt_2Cl$	25	0		147	7	100[a]	≤C_{10}
3b	$AlEt_2Cl$	25	0	2.8	5460	4	100[a]	≤C_{10}
4a	$AlEt_2Cl$	150	15	2.8	56000	56	56[a]	≤C_{10}
4b	$AlEt_2Cl$	150	15	2.8	224000	26	26[a]	≤C_{10}
5	$AlEt_2Cl$	9	23	2.8	18100	100	57	
6a	MMAO	240	35	5.6	3800	100	91	C_4～C_{26}
6b	MMAO	240	35	5.6	1372	100	92	C_4～C_{26}
6c	MMAO	240	35	5.6	1260	100	91	C_4～C_{26}
6d	MMAO	240	35	5.6	1400	100	95	C_4～C_{26}

注：a—<C_{10}部分的α-烯烃含量，b—丁烯含量；MMAO—改性甲基铝氧烷。

烯烃聚合反应实际上是M—C不断与金属配位的烯烃进行迁移插入反应，聚合反应与β消除反应相竞争。早期研究的后过渡金属有机烷基化合物由于β消除反应很快，大多数后过渡金属催化剂只适合于烯烃二聚或低聚，不能得到高分子量α-烯烃聚合物[184～186]。Johnson等对Ni（Ⅱ）和Pd（Ⅱ）化合物的结构进行改造，合成出能够催化乙烯和α-烯烃聚合，形成独特微观结构的高分子量聚合物[187]的化合物。这类化合物具有双亚胺配体（图 1-23）。图中二甲基 Pd（**1**）和 Ni（**2**）配合物与 $H(OEt_2)_2^+BAr'^-_4$ 作用形成乙醚加合物（**3**）和（**4**），Pd 的乙醚加合物（**3**）催化乙烯、丙烯或 1-己烯均聚得到无规的高分子量聚合物。这

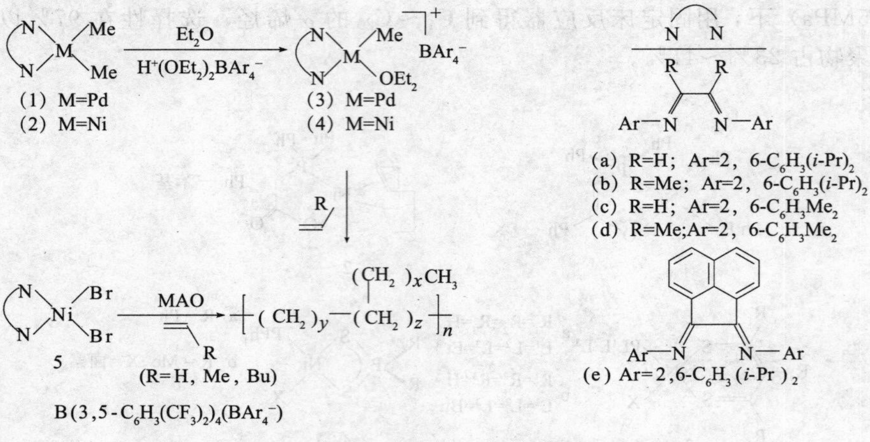

(1) M=Pd
(2) M=Ni
Et_2O
$H^+(OEt_2)_2BAr_4^-$
(3) M=Pd
(4) M=Ni
BAr_4^-
(a) R=H；Ar=2，6-$C_6H_3(i\text{-}Pr)_2$
(b) R=Me；Ar=2，6-$C_6H_3(i\text{-}Pr)_2$
(c) R=H；Ar=2，6-$C_6H_3Me_2$
(d) R=Me；Ar=2，6-$C_6H_3Me_2$
MAO
$-[(CH_2)_y-(CH((CH_2)_xCH_3))-(CH_2)_z]_n-$
5
(R=H, Me, Bu)
$B(3,5\text{-}C_6H_3(CF_3)_2)_4(BAr_4^-)$
(e) Ar=2,6-$C_6H_3(i\text{-}Pr)_2$

图 1-23　Ni（Ⅱ）和 Pd（Ⅱ）催化烯烃聚合反应

类聚乙烯“共聚物”比通常的低密度聚乙烯的支化度更高，不同长度的支链无规分布在主链上。5a＋MAO 在 25℃下催化乙烯聚合的活性可达 1.1×10^4 kg/molNi·h，$M_w=7.6\times10^4$ g/mol，$M_w/M_n=2.5$。双亚胺 Ni（Ⅱ）催化剂还可使 α-烯烃均聚形成高分子量的聚合物，例如丙烯在 5e＋MAO 催化下生成无规聚丙烯，活性可达 126kg/ kg/molNi·h，$M_w=2.4\times10^4$ g/mol，$M_w/M_n=1.6$；1-己烯在 5a＋MAO 催化下得到无规聚（1-己烯，PH），活性为 176kg/ molNi·h，$M_w=3.1\times10^4$ g/mol，$M_w/M_n=2.2$。由于双亚胺 Ni（Ⅱ）催化剂在一定条件下可以催化乙烯低聚，也可以催化不同烯烃的共聚，通过改变温度、压力和配体取代基，就能从单一的乙烯单体“均聚”，形成高度支链化完全无规的乙烯“共聚物”及半结晶的高密度乙烯聚合物的不同产品。中性水杨醛亚胺 Ni 催化剂（图 1-24）用于乙烯聚合，具有高的催化活性[188]。通过增大催化剂中 3-位取代基 R 的体积可进一步提高催化剂的活性，并降低聚乙烯的支化度（10～50 支链/1000 C）；5-吸电子取代基 X 可提高催化活性（R＝H，X＝NO_2，活性为 253.3 kg/molNi·h）。

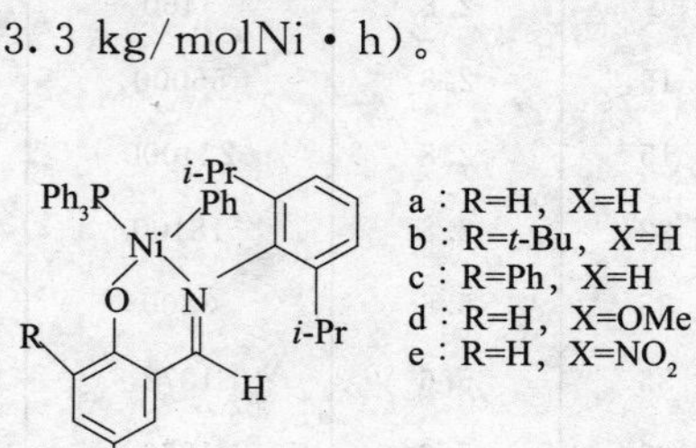

Ph_3P
Ph
i-Pr
i-Pr
a：R=H，X=H
b：R=t-Bu，X=H
c：R=Ph，X=H
d：R=H，X=OMe
e：R=H，X=NO_2

图 1-24　中性水杨醛亚胺 Ni 催化剂

传统 Ziegler-Natta 催化剂和茂金属ⅣB 族金属催化剂亲氧性高，难于催化含极性基团烯基单体的均聚及共聚。Brookhart 等首次报道了能够使乙烯、丙烯与含极性基团的乙烯基单体通过配位催化聚合，得到高分子量聚合物[189～191]。催化剂 **1**（图 1-25）或 **3**（图 1-25）催化丙烯酸酯与乙烯或丙烯共聚形成高分子量的无规共聚物，丙烯酸酯单元均匀分布在共聚

物中，呈单峰分布，乙烯-丙烯酸酯共聚物的结构为无规的及高支化的，支化度大约为100支链/1000 C，酯基主要分布在支链端。共聚物收率受丙烯酸酯浓度以及取代基R的影响，丙烯酸酯浓度升高，收率下降，而取代基对产率的影响为：Me＞An≈H。

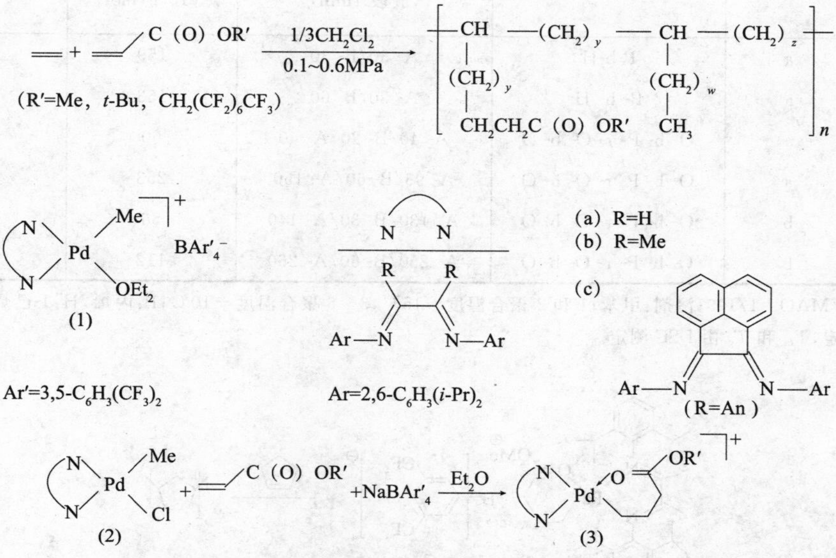

(R′=Me，t-Bu，$CH_2(CF_2)_6CF_3$)

1/3CH_2Cl_2

0.1~0.6MPa

Ar′=3,5-$C_6H_3(CF_3)_2$

Ar=2,6-C_6H_3(i-Pr)$_2$

(a) R=H
(b) R=Me
(c) (R=An)

图 1-25　乙烯与极性基单体共聚反应

前过渡金属催化剂催化乙烯和α-烯烃聚合时由于催化过程中链增长过快，难以进行烯烃活性聚合。Killian 等开发出一种α-烯烃活性聚合的方法，α-双亚胺 Ni（Ⅱ）催化剂（[ArN═C（R）—C（R）═NAr] $NiBr_2$）能够合成二嵌段和三嵌段聚（α-烯烃）[187]，制备出接近于单分布的弹性α-烯烃嵌段共聚物[192]（见表 1-13）。例如，在－10℃，1-庚烯与催化剂聚合95min，然后再加入压力为0.1MPa的丙烯，接着形成第二个聚（1-庚烯）段，从而生成高分子量的弹性A-B-A三嵌段共聚物（表1-13）。该聚合物具有独特的二嵌段和三嵌段的微观结构。α-烯烃A-B-A三嵌段共聚物中A段是半结晶的长链的α-烯烃，B段是无规的聚丙烯。这些三嵌段聚合物具有高弹性和良好的弹性回复性能。

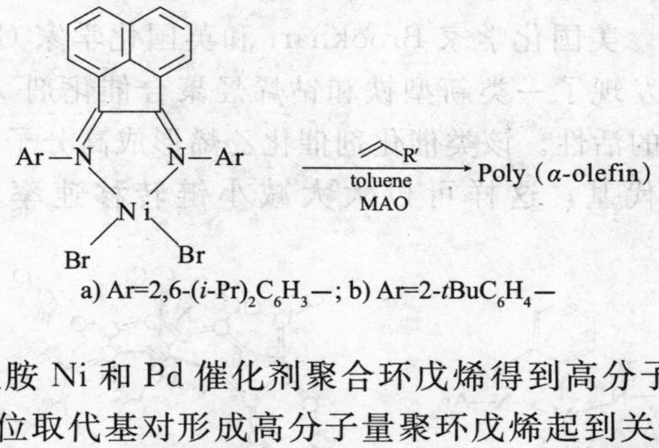

toluene, MAO → Poly (α-olefin)

a) Ar=2,6-(i-Pr)$_2C_6H_3$—; b) Ar=2-tBuC_6H_4—

McLain[193]等用双亚胺 Ni 和 Pd 催化剂聚合环戊烯得到高分子量的聚合物（M_w＝25.1×10^4 g/mol）。N-芳基邻位取代基对形成高分子量聚环戊烯起到关键作用。邻位取代基的大立体位阻降低了链转移反应，增大了链增长速率与链转移速率的比率。与C_2对称的锆茂催化剂催化环戊烯聚合得到的高等规、高结晶加成聚合物不同，用Ni和Pd新型非茂催化剂催化环戊烯得到是从无规到中等等规度（[m]＝51.5%～66.4%；[mm]＝26.1%～

44.1%）的聚环戊烯，T_g 从100℃变化到241℃，290℃下可挤压成透明硬膜。

表 1-13　合成 α-烯烃嵌段聚合物（A-B 和 A-B-A）

编号	催化剂	嵌段共聚物	反应时间（嵌段 1min）	M_n /(10^4g/mol)	M_w/M_n
1	a	P-b-H	A-30/B-30	159	1.11
2	a	P-b-H	A-30/B-60	163	1.13
3	a	O-b-P-r-O-b-O	A-40/B-20/A-40	60	1.09
4	a	O-b-P-r-O-b-O	A-95/B-60/A-150	253	1.17
5	b	O-b-P-r-O-b-O	A-130/B-30/A-140	56	1.24
6	b	O-b-P-r-O-b-O	A-250/B-60/A-260	112	1.43

注：催化剂/MAO＝1/100；溶剂：甲苯；1 和 2 聚合温度－15℃，3～6 聚合温度－10℃；P：丙烯，H：1-己烯，O：1-庚烯；分子量由 GPC 测定，T_m 和 T_g 由 DSC 测定。

1.7.3.2　**铁和钴新型烯烃催化剂**

铁系催化剂（7）催化乙烯低聚形成 C_{10}～C_{24} 之间的低聚物[196]，主要结果见表 1-14。该类催化剂的催化活性随着乙烯压力的增加而迅速上升，对催化剂 7a 来说，在相同条件下反应（60℃，30 min），当反应压力从 1.3 MPa 提高到 2.7 MPa，催化活性从 7.10×10^5 kg/(mol·h) 急剧增加到 2.0×10^6 kg/(mol·h)。从催化剂结构来看，邻位取代基的空间位阻增加，催化活性有所下降，但选择性提高。如邻位取代基为甲基（7a）时，所得产物中支化 α-烯烃的含量约为 2%～3%；邻位取代基为乙基（7b）时，所得产物中支化 α-烯烃的含量＜1%。如果在吡啶亚胺基铁系配合物的配体中，苯胺对位引入基团时，对位基团的电子效应对催化剂的活性和产物 α-烯烃的碳数分布都有一定的影响[197]。在 α-双亚胺 Ni（Ⅱ）和 Pd（Ⅱ）催化剂的基础上，美国化学家 Brookhart 和英国化学家 Gibson 针对铁系催化剂的低聚反应特性，各自独立发现了一类新型铁和钴烯烃聚合催化剂（图 1-26）[199]。这类催化剂对乙烯聚合具有相当高的活性。该类催化剂催化乙烯形成高分子量聚合物的关键在于芳环的邻位引入大的位阻取代基，这样可以大大减小链转移速率，得到高分子量的聚合

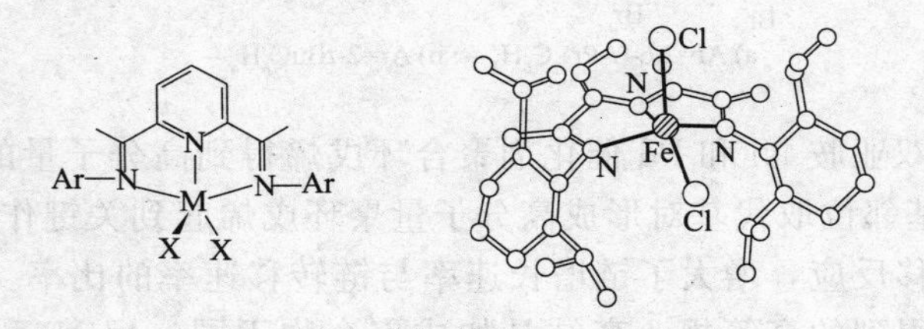

图 1-26　铁和钴催化剂的结构式

物[199～201]。α，α′-亚胺基配体系列铁系络合物（**8**）催化乙烯低聚，并且催化剂配体的空间位阻对催化剂的性能影响较大，催化结果列于表1-15[194]。从表1-15可以看出，活性中心附近的取代基 R_3 从大体积的异丙基（Pr^i）向体积小的H变化时，产物的分子相对质量从 20.3×10^4 g/mol 降到260g/mol。导致这种变化的主要原因是邻位的大立体位阻取代基对活性中心的β-H消除反应有限制作用。随着空间位阻效应的减小，β-H消除反应加剧，导致生成α-烯烃[179,183,194,195]。

aR=Me
bR=Et
cR=i-Pr

7 + ═ —MMAO→ α-烯烃

表 1-14 亚胺基铁系催化剂催化乙烯齐聚

催化剂	θ/min	T/℃	p/MPa	催化活性/[kg/(mol·h)]	α-烯烃含量/%
7a	180	25	0.1	2800	>95
7a	30	60	1.3	710000	>99
7a	30	60	2.7	2000000	>99
7a	30	90	4.0	5000000	>99
7b	60	25	0.1	2200	>98
7b	30	60	1.3	480000	>99
7b	30	60	2.7	550000	>99
7b	30	50	4.0	830000	>99
7c	60	25	0.1	2200	>99

	R_1	R_2	R_3	R_4
a	Me	Pr^i	Pr^i	H
b	Me	Me	Me	H
c	Me	Me	Me	Me
d	Me	Me	H	H

8

表 1-15 配体空间位阻对铁系催化剂性能的影响

催化剂	$\frac{n(Al)}{n(Fe)}$	T/℃	p/MPa	催化活性/[kg/(mol·h)]	M_w/(g/mol)
8a	100	25	0.1	1170	203000
8b	50	25	0.1	570	29000
8c	100	25	0.1	1230	52000
8d	50	25	0.1	120	260

注：溶剂：甲苯；反应时间：1h，助催化剂：MAO。

α，α′-亚胺基配体系列铁系络合物催化剂催化乙烯聚合有以下几个主要特点：

① 乙烯在这类催化剂作用下聚合得到高线形聚乙烯。聚合物分子量随配体、主催化剂和助催化剂浓度的改变而变化很大，而且随着芳基邻位取代基的空间位阻增大，聚合物的分子量提高。一般来说，与钴催化剂相比，铁催化剂体系合成聚合物的相对分子质量更高；而叔丁基取代的铁、钴催化体系所得产物的相对分子质量则相差不大。

② 对于铁催化剂体系，增加催化剂浓度导致聚合物相对分子质量分布变宽，甚至呈双

峰分布。加大催化剂用量或缩短聚合时间得到产物主要为低聚物。

③ 对铁催化剂来说，催化活性随着乙烯压力增大而提高，如在60℃，乙烯压力分别为1.3MPa，2.7MPa和4.0MPa下，催化剂的活性分别是1.35×10^5kg/（molFe·h）、1.96×10^5kg/（molFe·h）和3.3×10^5kg/（molFe·h）。相比之下，钴催化体系的活性受乙烯浓度的影响很小。

④ 用于乙烯聚合时催化剂的活性高，而且催化剂寿命长。

经过分子设计，特别适用于乙烯低聚成α-烯烃，齐聚的主要产物是1-己烯，1-辛烯或1-癸烯等长链烯烃，对α-烯烃的选择性高于99%，其活性超过了目前用于生产α-烯烃的其他类型催化剂。在低温下，也可使α-烯烃以活性聚合方式聚合。Brookhart利用所合成的Fe催化剂催化丙烯聚合[202]，催化剂的活性较低［1～10kg/（mol Fe·h)]，得到的聚丙烯相对分子质量也不高（$M_w\approx1.0\times10^4$g/mol)，聚合物的等规度仅为（［*mmmm*］≈35%～70%）。这是聚合的过程中催化剂活性中心易发生β-氢消除的缘故。因此，对于丙烯聚合，Fe和Co催化剂需要在结构上进行更精确的设计。在空间结构上，所采用的配体及配体的取代基要能够减小链转移速率并能够使丙烯进行有规立构聚合，有规聚合则要在配体上引入手性取代基。普遍认为铁系亚胺基吡啶配合物对乙烯-α-烯烃共聚基本没有活性[203]。但是实验表明一些特定结构的催化剂是可以催化乙烯-α-烯烃共聚的[204]。

何仁[198]等人合成了含N、O配位原子的铁系乙烯低聚催化剂，在$p=1.8$MPa、n（Al）/n（Fe）=200时，随反应温度的上升催化活性增加，而α-烯烃选择性下降。90℃时催化剂**9**的催化活性为5 kg/（mol·h)，产物中α-烯烃含量达到78.7%；催化剂**10**的催化活性为4 kg/（mol·h)，产物中α-烯烃含量达到95.0%。200℃时催化剂**9**的催化活性为130 kg/（mol·h)，产物中α-烯烃含量达却下降到58.3%。同样，催化剂**10**的催化活性达到110kg/（mol·h)，产物中α-烯烃含量也下降到63.0%。

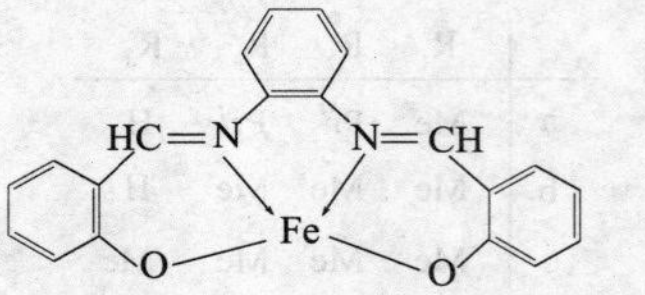

9 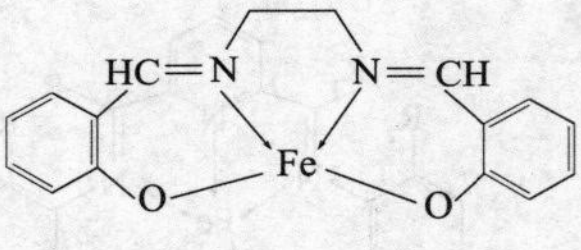　　　10

1.7.3.3 铬系催化剂

Phillips公司用三2-乙基己酸铬（Ⅲ）（Cr（EH)$_3$）与吡咯（PyH）或2，5-二甲基取代吡咯（DMP）反应制备出专门用于乙烯三聚合成1-己烯的铬系催化剂[205]。该催化体系的助催化剂主要为三乙基铝（TEA）、部分水解三异丁基铝（IBAO)[205]。乙烯三聚结果见表1-16。

表1-16　铬系催化剂催化乙烯三聚结果

催化体系	催化活性/[kg/(mol·h)]	收率/%	产物分布/%						
			$C_4^=$	1-$C_6^=$	C_6	C_8	C_{10}	C_{12}	C_{14}
$CrEH_3$/PyH/TEA	448.8	88	1	87	5	2	4	<1	<1
$CrEH_3$/PyH/DEAC	1326	98	<1	88	4	6	<1	<1	<1
$CrPy_3$/TEA	168.3	98	<1	89	4	1	5	<1	<1
$CrEH_3$/PyH/DEAC/TEA	2499	96	<1	91	2	2	3	<1	<1
$CrEH_3$/DME/IBAO	204.0	64	1	95	<1	2	1	—	—
$CrPy_3$/DME/IBAO	42.3	87	1	83	6	2	7	—	—
$CrEH_3$/DMP/TEA/$GeCl_4$	3386	99.9	<1	98	<1	<1	<1	—	—

注：DEAC——一氯二乙基铝(Et_2AlCl)，DME—二甲氧基乙烷($MeOC_2H_4OMe$)。

研究表明，该催化体系对1-己烯有如此高选择性的主要原因是，活性中心的Cr与插入的乙烯形成七元环后，当继续插入乙烯单体时形成的九元环不稳定而发生消除反应，生成1-己烯[206]。

人们研究了Cr（EH）$_3$/DMP/TEA/氯化物均相催化体系对乙烯三聚催化性能的影响时发现，含有双取代的氯化物对催化活性和1-己烯的选择性都有很大影响[206]。这种影响可能是这些氯化物通过与TEA的作用，使二聚的TEA相互分开，从而更容易形成活性中心Cr，致使该类催化剂体系的催化活性和1-己烯的选择性提高[206]。

1.7.3.4 锆系催化剂

β-二酮与锆形成的配合物在一氯二乙基铝（DEAC）作用下也可以催化乙烯齐聚。该催化剂结构式为[207,208]：

$R_2=R_3=Me$ a
$R_2=Me,R_3=CF_3$ b
$R_2=tBu,R_3=CF_3$ c
$R_2=tBu,R_3=C_3F_7$ d

11

值得注意的是，以甲基铝氧烷（MAO）为助催化剂时，在常用的n（Al）/n（Zr）范围内，该β-二酮锆催化剂所得产物为乙烯高聚物（分子相对质量约为2×10^5g/mol）；只有用一氯二乙基铝（DEAC）为助催化剂才能得到满意的乙烯低聚物[210]。Oouchi从催化剂11的^{1}H NMR谱发现，β-二酮的亚甲基峰的化学位移随着R_1、R_2基团吸电子能力的增加而向低场移动[208]，表明催化剂分子中配位体的电子效应对催化活性和低聚产物分布都有明显的影响，活性中心Zr的电子云密度随配体的吸电子能力增强而下降，使其与乙烯单体的π电子云间的相互作用加大，从而加速了乙烯插入增长链的速率；同时活性中心Zr的电子云密度下降，使β-H消除反应更易发生，因此随着配位体的吸电子能力增强，催化活性提高、低碳低聚物含量增加，催化结果见表1-17。

表1-17 β-二酮锆/DEAC催化体系催化乙烯低聚结果

催化剂	催化活性/[kg/(mol·h)]	低聚产物分布/%									
		$C_4^=$	$C_6^=$	$C_8^=$	$C_{10}^=$	$C_{12}^=$	$C_{14}^=$	$C_{16}^=$	$C_{18}^=$	$C_{20}^=$	$>C_{20}^=$
11a	90	未测定									
11b	330	4.4	8.1	8.1	8.5	8.5	8.3	8.1	7.0	7.2	32.0
11c	740	6.3	10.6	11.9	11.9	10.8	9.4	8.1	6.3	5.6	19.1
11d	1170	12.5	17.5	15.6	13.8	10.0	8.1	6.3	5.0	4.4	6.8

注：反应条件：n(Al)/n(Zr) = 10，T = 60 ℃，p = 0.5 MPa，θ = 10 min。11a所得产物中$C_4\sim C_8$烯烃约占50%[210]。

Keim 等人利用系统考察了 β-胺基酮催化剂（12）中取代基（R_1）对催化剂性能的影响[209]，催化结果见表 1-18。实验结果表明，β-胺基酮、$ZrCl_4$ 和助催化剂烷基铝的加合物与 β-胺基酮、$ZrCl_4$ 形成的配合物（12）都能催化乙烯低聚，但加合物催化乙烯低聚时所得的低聚物以低碳 α-烯烃（$C_4^{=}\sim C_{10}^{=}$）为主，而相应的配合物（12）催化乙烯低聚时所得的低聚物低碳 α-烯烃含量相对较少，而且随着与 N 相连的 R_1 基团的吸电子能力增强，催化剂的催化活性提高，这与 Oouchi 的结论相吻合。利用 NMR 对反应在线研究，Keim 还观测到了助催化剂对金属中心的烷基化，从而形成极性双核活性中心或紧密离子对的实验证据。

X=O，（R_2=R_3=Me　R_1 Nacac）a

（R_2=Me，R_3=CF_3　R_1 Nacac）b

（R_2=Me，R_3=Ph　R_1 Nacac）c

（R_2=R_3=Ph　R_1 Nacac）d

X=S，（R_2=R_3=Me　R_1 NacSac）e

12

表 1-18　β-胺基酮/Zr 催化体系催化乙烯低聚结果

R_1	催化剂	催化活性/[kg/(mol·h)]	$C_4\sim C_{10}$烯烃含量/%	α-烯烃选择性/%
异丙基	i-Pr—HNacac　(J)	27.5	92.2	96.9
	$(i\text{-Pr—Nacac})_2ZrCl_2$	828.3	60.1	99.4
苯基	Ph—HNacac　(J)	484.1	70.7	98.6
	$(\text{Ph—Nacac})_2ZrCl_2$	946.7	60.0	99.1
对氯苯基	ClPh—HNacac　(J)	454.8	83.5	97.6
	$(\text{ClPh—Nacac})_2ZrCl_2$	900.4	41.5	94.5
对甲氧基苯基	Ph—HNacac　(J)	826.5	79.4	98.4
	$(\text{Ph—Nacac})_2ZrCl_2$	1527.6	46.0	95.3

注：(J)—加合物。

1.7.3.5　苯乙烯间规聚合单活性中心非茂催化剂

间规聚苯乙烯因其高熔点成为聚苯乙烯类材料的重要高分子，其合成一直受研究人员的关注。苯乙烯的配位聚合的催化剂主要有单茂金属化合物及非茂金属化合物。与单茂钛催化剂相比，非茂钛化合物合成简便、催化剂总收率高、稳定性好。表 1-19 列出目前研究较多的非茂钛催化剂催化苯乙烯聚合的结果。从催化剂结构上看，这些新型非茂钛催化剂大多数含有螯合配体，新型非茂钛催化剂的铝钛比普遍较小。总体上非茂钛催化剂的催化活性低于单茂钛催化剂[211~218]。Ti（Ⅲ）β-二酮催化剂活性与 Ti（Ⅳ）β-二酮催化剂相当[218, 219]。适当增加催化剂配体的空间位阻，sPS 的分子量上升，但催化活性有所下降。催化剂活性的大小、sPS 间规度的高低和分子量大小可通过调节催化剂配体的电子效应和空间效应来实现。

1.7.4　助催化剂[222]

无论是在传统的 Ziegler-Natta 催化体系、茂金属催化体系，还是非茂催化体系，催化剂大多数要经烷基金属化合物（或者氢化物）活化形成具有催化活性的催化中心，这些助催化剂重要是有机铝、有机铝氧烷、改性铝氧烷及有机硼、有机硼盐。依据催化剂的结构不同，助催化剂可以是烷基化试剂，也可以是离子化试剂。

表 1-19 主要的非茂钛催化剂[218～221]

催化剂	催化剂浓度/(mmol/L)	$n(Al)/n(Ti)$	温度/℃	催化活性/[kg/(mol·h)]	熔点/℃	间规度/%
$Ti(OEt)_4$	0.41	800	50	19.8		
$Ti(OBu)_4$	0.33	43	50	14.3	275	93
$TiBz_4$	0.63	100	50	18.3		
$Ti(acac)_2$	0.63	100	50	6.4		
$Ti(acac)_3$	0.88	130	50	76	274	96
$(acac)_2TiCl_2$	0.88	110	50	76.1	273	95
$(acac)Ti(OEt)_3$	0.42	500	80	150	265	93
$(dbm)_3Ti(OPh)$	0.42	500	80	160	268	97
$(dbm)_3Ti(OPhMe)$	0.42	500	80	170	269	97
$(dbm)_3Ti(OPhOMe)$	0.42	500	80	220	269	97
$(8\text{-}HQ)Ti(OEt)_3$	0.42	500	80	100	267	95
$(mbmp)TiCl_2$	3.3	150	80	0.23	268	>95
$(ebmp)TiCl_2$	3.3	150	80	0.91	256	>95
$(ebmp)Ti(O^iPr)_2$	3.3	150	80	0.41	259	>95
$(ebmp)TiCp^*Cl$	3.3	150	80	42.2	275	>95
$(tbmp)TiCl_2$	3.3	150	80	3.64	268	>95
$(tbmp)TiCp^*Cl$	3.3	150	80	14.0	271	>95
$(sibmp)TiCl_2$	3.3	150	80	11.4	268	>95
$(EtN)_2TiCl_3$	2.2	50	50	20.0	270	96

注：acac—乙酰丙酮基；dbm—二苯甲酰甲烷基；8-HQ—八羟基喹啉基；mbmp—亚甲基桥联二酚；ebmp—亚乙基桥联二酚；tbmp—硫基桥联二酚；sibmp—亚砜桥联二酚；EtN—乙胺。

1.7.4.1 有机铝及其衍生物[223]

有机铝是最常用的烯烃聚合的助催化剂，如三甲基铝、三乙基铝、三异丁基铝等，为了调整催化剂的催化性能，部分水解的有机铝如甲基铝氧烷（MAO，methylaluminoxane）、乙基铝氧烷（EAO）、丁基铝氧烷（BAO）、乙基/丁基铝氧烷（EBAO）等也成为助催化剂中重要成员。MAO 是由三甲基铝（TMA，trimethylaluminum）部分水解得到的一种低分子量聚合物，其分子结构尚不确定，是以［OAlMe］为重复单元的线形或环状低聚物，可能的结构式如下图。常温、常压下 MAO 是白色、无定形粉末，对水分及空气表现出很强的敏感性，可溶于苯、甲苯、二甲苯等芳香烃中，在脂肪烃如戊烷、己烷、庚烷中的溶解度很小。随着研究工作的不断深入，又出现了改性 MAO（即在合成 MAO 时使用了 TMA 与其他烷基铝的混合物），改性 MAO 的分子结构中除含有甲基外还含有其他烷基，其重复单元可表示为［OAl（Me）OAl（R）］。

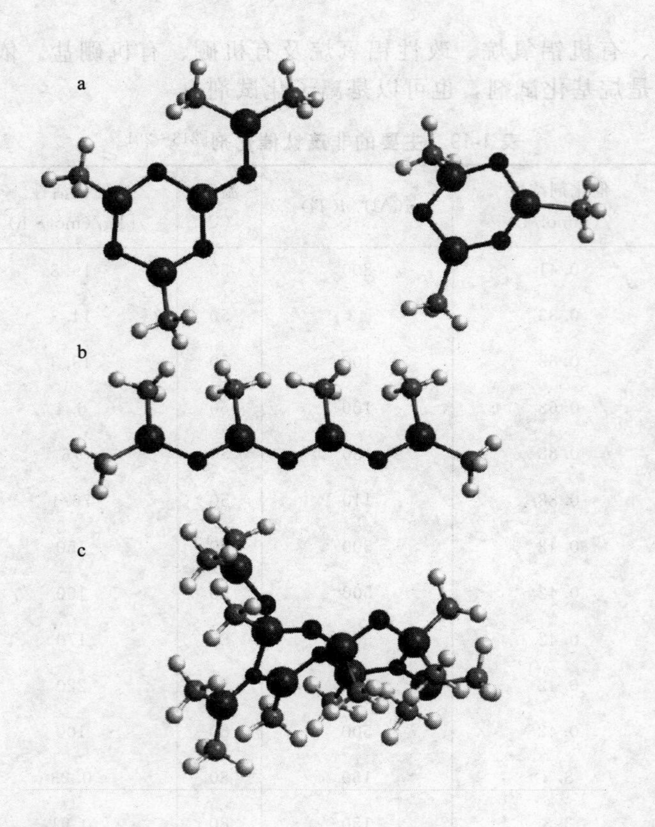

1.7.4.2 有机硼化合物

随着对茂金属催化剂催化烯烃聚合机理——“形成阳离子活性中心”认识的不断加深，人们很容易想到：合成一些能够促使形成茂金属化合物阳离子或能使茂金属化合物阳离子稳定化的化合物，是否也能起到与烷基铝氧烷相同的助催化作用。人们将 B $(C_6F_5)_3$、[$(C_6H_5)_3B$]、[B $(C_6F_5)_4$]、[PhNH $(Me)_2$][B $(C_6F_5)_4$] 等化合物用于以茂金属化合物为主催化剂的烯烃聚合反应，也呈现较高的聚合活性，有机硼化合物成为烯烃聚合的一类重要的助催化剂[224]。常见的硼化合物如下：

M=Al; $x=4$
M=Nb, Ta; $x=6$

M=Y, La

参考文献

[1] 张留成等．高分子材料基础．第3版．北京：化学工业出版社，2013.
[2] G. Odian. Priciples of polymerization. Ind. Ed. New York：Inerscience，1983.
[3] 张留成，李佐邦等．缩合聚合．北京：化学工业出版社，1986.
[4] 冯新德等．高分子化学与物理理论．广州：中山大学出版社，1984.
[5] A. M. Naylor，et al.，J. Am. Chem. Soc.，1989，111：2339.
[6] 今井淑夫．高分子（日），1997，26（11），799-802.
[7] M-R. Kim，et al.，J. Appl. Polym. Sci.，2001，81（11）：2735.
[8] O. Catanescu，et al.，Angew Makromol Chem.，1999，273（1）：91.
[9] S-W，park，et al.，J. Polym. Sci. part A：polym. Chem.，2000，38（17）：3059.
[10] T. Yokoqawa，et al.，Macromol chem. P hys，2001，202（11）：2181.
[11] C. Gao，et al.，J. Appl. Polym. Sci.，2000，75（12）：1474.
[12] 冯新德等．饱和聚酯与缩聚反应．北京：科学出版社，1986.
[13] 金关泰主编．高分子化学理论和应用进展．北京：石化出版社，1995.
[14] 潘祖仁等．自由基聚合．北京：化学工业出版社，1983.
[15] A. M. North. The Kinetics of Free Radical Polymerization. New York：pergamon，1966.
[16] T. Otsu，et al.，Macromol Chem Rapid Commun，1982，37：127.
[17] S. Nishi，et al.，Macromolecules，1986，19：987.
[18] J. C. Brosse，et al.，Advance in polymer science，81. Catalytical and Radical Polymerization，Berlin，Heidelberg：Spring-Verlag，1986.
[19] K. Munmaya，J. Macromol. Sci.，Rev. Macromol. Chem.，1981，C20（1）：149.
[20] M. N. Dass. in Progress in Polymer Science，vol. 10，PP51，Peramon Press，Ltd. 1983.
[21] 曲荣君等．催化学报，2003，24（9）：716-724.
[22] G. Allen，et al.，Comprehensive Polymer Sci.，Oxford：Pergaman Press，1989.
[23] D. Pomogailo，J. Macromol. Sci-Rev. Macromol. Chem. Phys.，1985，C25（3）：375.
[24] Bamford. in Alternating Copolymer. New York：Plenum press，1985.
[25] M. 莫尔顿著．阴离子聚合原理和实践，余鼎声等译．北京：烃加工出版社，1988.
[26] T. Aide，et al.，Macromolecule，1988，21：1195.
[27] 韩其汶等．高分子材料科学与工程，1990，1：39.
[28] Z. S. Fordor，et al.，J. Macromol. Sci. Chem.，1987，A24：735.
[29] K. Kojima，et al.，Polym. Bull.，1990，23：149.
[30] I. Boor. Jr，Ziegler-Natta Catalysts and Polymerization. London：Academic，1979.

[31] 恭志等. 分子催化，1988，2：1.
[32] O. W Webster，et al.，J. Am. Chem. Sci.，1983，105：5706.
[33] EP 0068887，1983.
[34] D. Y. Sogah，et al.，Macromolecules，1984，17：2913.
[35] I. B. Dicker，et al.，Polym. Prepr.，1987，28 (1)：106.
[36] O. W Webster，et al.，J. Macromol. Sci.，Chem. 1984，A21：943.
[37] W. B. Farnham，et al.，Polym. Prepr.，1986，27 (1)：167.
[38] D. Y. Sogah，et al.，Macromolecules，1985，19：1775.
[39] 邹友思等，高分子学报，1988，4：301.
[40] D. Y. Sogah，et al.，Recent Advances in Mechanistic and Sythetic Polymerization.，NATO ASI ser.，1987，C. 215.
[41] 戴李宗等. 应用化学，1997，14 (5)：23.
[42] 戴李宗等，应用化学，1999，16 (2)：14.
[43] H. Craubber，J. Polym. Sci.，Chem. Ed.，1982，20：1935.
[44] N. Caldtron，et al.，Tetrahedron Letters，1967，34：3327.
[45] V. Balaban，et al.，Olefin Metathesis and Ring Opening Polymerization of Cyclo-Olefins (Ind ED.). New York：Wiley Interscience，1985.
[46] K. J. Ivin and J. C. Mol.，Olefin Metathesis and Metathesis Polymerization，New York：Academic press，1997.
[47] A. Fiistner，Angew Chem. Int. Ed.，2000，39：3012.
[48] R. R. Schrock，et al.，J. Mol. Cat.，1988，46：243.
[49] R. H. Grubbs. J. Macromol. Sci.，Pure and Appl. Chem.，1994，A 31 (11)：1829.
[50] R. M. Green，et al.，Macromol. Chem.，1986，187：619.
[51] S. T. Nguyen，et al.，J. Am. Chem. Sci.，1992，114：3974.
[52] V. Heroguez，et al.，Macromolecules，1996，(29)：4459.
[53] 张丹枫. 高分子材料科学与工程，2000，16 (1)：13-15.
[54] K. C. Caster，et al.，J. of Molecular Catalysis A：Chemical，2002，190：65-77.
[55] K. Matyjaszewski，J. Am. Chem. Soc.，2001，123 (39)：9724.
[56] Fischer，Hanns. Chemical Reviews，2001，101 (12)：3581.
[57] 陈小平等. 化学进展，2001，13 (3)：224-233.
[58] J. H. Ward et al.，Polymer，(43)：2002，1745-1753.
[59] 张洪敏等. 活性聚合. 北京：中国石化出版社，1998.
[60] J. S. Wang，et al.，Am. Chem. Soc.，1995，117 (20)：5614.
[61] C. J. Hawker，J. Am. Chem. Soc.，1994，116：11185-11186.
[62] Y. K. Chong，et al.，Macromolecules，1999，32 (21)：6895-6903.
[63] 郭清泉等. 材料科学与工程学报，2003，21 (3)：446-449.
[64] 张兆斌等. 高分子通报，1999，(9)：138-144.
[65] 袁金颖等. 功能高分子学报，2001，14 (3)：57-60.
[66] M. Kato，et al.，Macromolecules，1995，28 (5)：1721.
[67] D. M. Haddleton，et al.，Macromolecules，1997，(30)：2190.
[68] 钟玲等. 弹性体，2003，13 (6)：54-60.
[69] 袁金颖. 高分子材料科学与工程，2003，9 (5)：1-9.
[70] 蒋序林等. 高等学校化学学报，2000，21 (10)：1613.
[71] 刘兵等. 高等学校化学学报，2000，21 (3)：484.
[72] 黄昌国等. 高分子学报，2000，(4)：467.
[73] X. S. Wang，et al.，Polymer，1999，40：4515.
[74] S. M. Zhu，et al.，J. Polym. Sci.，Part A：Polym. Chem.，2001，39：2943.
[75] F. Schue，Comprehensive Polymer Science，G. C. Eastmond et al.，Ed. Pergamont Press，1989.
[76] 野村亮こ远藤刚. 高分子，1998，47：66.
[77] G. Riess，et al.，Encyclopedia of Polymer Science and Engineering. H. F. Mark et al.，New York：John Wiley & Sons. 1985.
[78] R. Nomura，et al.，Macromolecules，1994，27：5523.

[79] H. Q. Guo, et al., Polym. Adv. Tech., 1996, 8: 196.
[80] H. Q. Guo, et al., Macromolecules, 1996, 29: 2354.
[81] 高野敦等．高分子学会予稿集（日），1996，45：1447.
[82] P. Guegan, et al., Macromolecules, 1994, 27: 4993.
[83] E. Yosida, et al., Polym. Prepr., Jpn, 1997, 46: 1532.
[84] M. H. Acar, et al., Polymer, 1997, 38: 2829.
[85] K. Matyjaszewski, et al., Macromolecules, 1997, 30: 2808.
[86] M. S. Abadie, et al., Polymer, 1982, 23: 1105.
[87] 小原忠直．高分子（日），1998，47：74.
[88] H. Q. Guo, et al., Macromol. Symp., 1997, 118: 149, .
[89] A. J. Amass, et al., Brit. Polym. J., 1987, 19: 263.
[90] G. C. Eastmond, et al., Macromol. Chem. Rapid Commun., 1986, 7: 375.
[91] L. F. Cannizzo, et al., Macromolecules, 1987, 20: 1488.
[92] M. Tanaka, et al., Int. J. Biol. Macromol., 1985, 7: 173.
[93] E. J. Goethals (Ed.) Telechelic Polymer: Synthesis and Applications, Roca Raton: CRC Press, 1987.
[94] S. Slomkouski, et al., J. Polym. Adv. Technol, 2002, (13): 906-918.
[95] A. Hirao, et al., Prog. Polym. Sci., 2002, (27): 1399-1471.
[96] N. Ishihara, et al., Macromolecules, 1986, 19: 2465.
[97] C. M. Macosko. Fundamentals of Reaction Injection Moulding, Munich, 1989.
[98] Iroan Cianga, et al., Polym. Bulletin, 2001, 47 (1): 17.
[99] Koji Ishizu, et al., Polymer, 2001, (42): 7233-7236.
[100] Cedric Loubat, et al., J. Polymer Bulletin, 2001, 45: 487.
[101] O. W. Webster, et al., Macromol. Chem., 1983, 184: 240.
[102] L. C. Zhang, et al., J. Appl. Polym. Sci., 1994, (54): 1847.
[103] M. Chen-chi, et al., J. Appl. Polym. Sci., 2002, (86): 962-972.
[104] A. Baron, et al., J. Macromol. Chem. Phys., (204): 1616-1620.
[105] 台会文等．河北工业大学学报，1996，25 (1)：22.
[106] H. Q. Xie, et al., J. Macromol. Sci., Chem. 1992, A29: 263-276.
[107] 刘新华等．合成橡胶工业，2002，(4)：207-211.
[108] Qiu Dai, et al., J. Polymer, 2003, (44): 73-77.
[109] 廖桂英等．石油技术及应用，2003，(2)：88-91.
[110] 廖桂英等．化工新型材料，2001，(8)：29-31.
[111] W. Heitz, et al., Agrew Makromol. Chem., 1986, 145: 37.
[112] W. Tadahiro, et al., Makromol. Chem., 1986, 187: 533.
[113] EP 202831, 1986.
[114] Y. Chujo, et al., J. Polym. Sci. Polym. Chem. Ed., 1988, 26: 2991.
[115] N. Osker, et al., Adv. Polym. Sci., 1986, 73/74, 147.
[116] J. M. G. Cowie, et al., Br. Polym. J., 1984, 16: 127.
[117] Christopher Barner-Kowollik et al. Polym. Chem. 2012, 3, 1677-1679.
[118] 卓莹莹等．造纸化学品，2012，24 (3)：1-7.
[119] 游倩倩等．化学研究，2012，23 (2)：94-99.
[120] 胡方圆等．高分子通报，2011，9，139-150.
[121] 王思瑶等．涂料工业，2011，41 (2)：64-68.
[122] 张磊等．化工新型材料，2012，40 (7)：21-24.
[123] 杨蓓蓓等．涂料工业，2012，42 (5)：75-79.
[124] 钱涛等．化学进展，2010，22 (4)：663-668.
[125] Huiqi Zhang. European Polymer Journal, 2013, 49: 579-600.
[126] Marya Ahmed Ravin Varain, Progress in Polymer Sci., 2013, 38: 767-790.
[127] Yulai Zhao, et al., Progress in Polymer Sci. , 2013, 49: 579-600.
[128] 杨光等．高分子材料科学与工程，2011，27 (6)：182-185.

[129] 王建芝等．化学通报，2012，75（3）：202-208.
[130] 罗英武．化工学校，2013，64（2）：415-424.
[131] Mehmet Atilla Tasdelen et al.，Progress in Polymer Sci.，2011，36：455-567.
[132] Dfuk Yildiz et al.，Polym Chem.，2009，3：1017-1118.
[133] H. F. Gao et al.，Progress in Polymer. Sci.，2009，34：317-350.
[134]（a）洪定一．塑料工业手册：聚烯烃．北京：化学工业出版社，1999；（b）刘伟娇 等．高分子通报，2010，6：1；（c）杨国兴等．高分子通报，2012，4：39；（d）王伟．石油化工，2013，42（1）：95；（e）王俊 等．石油学报，2013，29（5）．920；（f）姚培洪 等．高分子通报，2012，4：17.
[135]（a）黄葆同，陈伟．茂金属催化剂及其烯烃聚合物．北京：化学工业出版社，2000；（b）陈商涛等．高分子通报，2012，4：97.
[136] 肖士镜，余斌生．烯烃配位聚合催化剂及聚烯烃，北京：北京工业大学出版社，2002.
[137]（a）K. Kaminsky. Metalorganic Catalysts for Synthesis and Polymerization. Springer Press，1999；（b）M. Atiqullah，et al，Polymer Reviews，2010，50：178.
[138] 洪定一．聚丙烯——原理、工艺与技术．北京：中国石化出版社，2002.
[139]（a）H. Sinn，W. Kaminsky，Adv Organomet Chem，1980，18：99；（b）W. Kaminsky，J Chem Soc.，Dalton，Trans.，1998，1413.
[140] SRI International. Metallocenes：Catalysts for New Polyolefin Generation. 1993.
[141]（a）钱延龙，陈新滋．金属有机化学与催化．北京：化学工业出版社，1997；（b）杨晴等．石油化工，2012，41（5）：609.
[142] F. Giannetti，Nicoletti G M，Mazzocchi R. J Polym Sci A，Polym Chem.，1985，23：2117.
[143] G Erker，M Aulbach，M Knikmeier，et al. J Am Chem Soc.，1993，115：4590.
[144] C Kruger，F Lutz，M Nolte，et al. J Organomet Chem.，1993，452：79.
[145]（a）H G Alt，S J Palackal. J Organomet Chem.，1994，472：113；（b）H G Alt，S J Han，U. Thewalt J Organomet Chem.，1993，456：89.
[146]（a）J A Ewen，R L Jones，A Kazavi，et al. J Am Chem Soc.，1988，110：6255；（b）J A Ewen，M J Elder，R L Jones. Stud Surf Sci Catal，1990，56：439；（c）H Schwemlei，H H Brintzinger. J Organomet Chem.，1983，254：69；（d）F R W PWild，L Zsolnai，G Huttner，et al. J Organomet Chem.，1982，232：233.
[147] W Kaminsky，K Kulper，H H Brintzinger，et al.，Angew Chem Int Ed Engl.，1990，24：507.
[148] W Spaleck，M Autberg，W A Hermann，et al.，Angew Chem Int Ed Engl.，1992，31：1347.
[149] N Ishihara，T Seimiya，M Karamoto et al. Macromolecules，1986，19：2464；（b）ibid，1988，21：3356.
[150]（a）J P Liu，Y L Qian et al. Polym Bull，1996，37：719；（b）J P Liu，Y L Qian et al. Polym J.，1997，29：182；（c）ibid，1999，35：1105.
[151]（a）A Kucht，H Kucht，et al. Organometallics，1993，12：3075；（b）A Kucht，et al，Appl Organomet Chem.，1994，8：2404；（c）P Foster，M D Rausch，J C W Chien. Organometallics，1996，15：2404；（d）C Pellechin，et al. Makromol Chem，Rapid Commun.，1987，8：277；（d）C Pellechin，et al. Makromol Chem.，1991，192：233.
[152] a）P J Shapiro，et al. Organometllics，1990，9：867；b）吕春胜 等．化工进展，2009，28（8）：1371.
[153] P J Shapiro，et al. J Am Chem Soc.，1994，116：4623.
[154] P Jutzi. Chem Rev.，1986，96：983.
[155] P Foster，M D Rausch，J C W Chien. J Organimet Chem.，1997，527：71.
[156]（a）T E Rendy，J C W Chien，M D Rausch. J Organomet Chem.，1996，519：21；（b）H Wessel，L Montero，C Rennekamp，H W Roeky. Angew Chem.，1998，110：862.
[157]（a）Chen，E.-Y.；Marks，T. J. Chem. Rev.，2000，100，1391.（b）Alt，H. G.；Ko¨ppl，A. Chem. Rev.，2000，100，1205.
[158]（a）Jiaxi Wang，et al.，Organometallics，2004，23，5112；（b）Yuki Takii，et al.，Dalton Trans.，2013，42，11632，（c）M. R. Radlauer，et al，J. Am. Chem. Soc.，2012，134，1478；（d）S. F. Liu，et al.，J. Am. Chem. Soc.，2013，135，8830.
[159] Z Shen. Inorg Chim Acta.，1987，140：7.
[160] P L Watson，G W Parshall. Acc Chem Res.，1985，18：51.
[161] M E Thompson，J E Bercaw. Pure Appl Chem.，1984，56：1.
[162] G Jeske，et al.，J Am Chem Soc，1985，107：8091.

[163] X Yang, et al., Macromolecules, 1994, 27: 4625.
[164] G Jeske, et al., J Am Chem Soc., 1985, 107: 8103.
[165] H Yasyda, et al., J Am Chem Soc., 1994, 116: 4908.
[166] T Jiang, et al., J Organomet Chem., 1993, 450: 121.
[167] M A Giardello, et al., J Am Chem Soc., 1995, 117: 3726.
[168] H Yasuda, et al., Macromolecules, 1992, 25: 5115.
[169] R W Barnhart, G CBazan. J Am Chem Soc., 1998, 120: 1082.
[170] J S Rogers, G C Bazan, C K Sperry. J Am Chem Soc., 1997, 119: 9305.
[171] a) 李留忠，达建文．合成树脂及塑料，1998，15：46；b) 任鸿平 等．现代树脂加工应用，2011，23（1）：60；c) 王俊 等．化工进展，2012，31（12）：2729；d) 毛国梁等．化学工业与工程技术，2012，33（2）：9.
[172] M Freemantle. Chem Eng News, 1998, 13: 11.
[173] L K Johnson, et al., WO 96/23010, 1996.
[174] W Keim. Angew Chem Int Ed Engl., 1990, 29: 235.
[175] B Ermark, et al., Organometallics, 1998, 17: 5367.
[176] L Fan, et al., Inorg chem., 1996, (35): 4003.
[177] (a) R G Cavell, et al., Inorg Chem., 1998, 37: 757; (b) 胡海斌 等．中国科学：化学，2012，42（5）：62.
[178] C M Killian, L K Johson, M Broohkart. Organometallics, 1997, 16: 2005.
[179] S A Svejda, M Broohkart. Organometallics, 1999, 18: 65.
[180] S Y Desjardins, et al., J Organomet Chem, 199, 515: 2336.
[181] D B Liu, D G Li. J. Appl Catal A: General, 1998, 166: 255.
[182] F Bevenuti, C Carlini, A M P Galleti. et al., Polymers Adv. Tech., 1998, 9: 113.
[183] J Heveling, C P Nicolaides, M S Scurrell. Appl Catal A: General, 199, 173: 18.
[184] M Peuckert, W Keim. Organometallics, 1983, (2): 594.
[185] G Wilke. Angew Chem Int Ed Engl, 1988, 27: 185.
[186] V M Mohring, G Fink. Angew Chem Int Ed Eng, 1985, 24: 1001.
[187] L K Johnson, C M Killian, M Brookhart. J Am Chem Soc., 1995, 117: 6414.
[188] C Wang, R H Grubbs. Organometallics, 1998, 17: 3149.
[189] L K Johnson, S Mecking, M Brookhart. J Am Chem Soc., 1996, 118: 267.
[190] F C Rix, M Brookhart. J Am Chem Soc., 1995, 117: 1137.
[191] S L Mecking, K Johnson, L Wang, M Brookhart. J Am Chem Soc., 1998, 120: 888.
[192] C M Killiam, M Brookhart. J Am Chem Soc., 1996, 118: 11664.
[193] S J Mclain, J Feldman, E F McCord, et al., Marcomolecules, 1998, 31: 6705.
[194] M Brookhart, B Small. WO Patent: 02472, 1999-01-22.
[195] G J Britovsek, V C Gibson, D F Wass. Angew Chem Int Ed Eng., 1999, 38: 428.
[196] L B Small, M Brookhart. J Am Chem Soc., 1998, 120: 7143.
[197] 李光辉，黄英娟，闫卫东等．精细石油化工，2004，(1)：1.
[198] 钱明星，王梅，何仁．催化学报，2000，21：99.
[199] B L Small, M Brookhart. Polym Prepr., 1998, 39 (1): 213.
[200] M Brookhart, B L Small, A M A Bennett. J Am Chem Soc., 1998, 120: 4049.
[201] G J P Britovsek, V C Gibson, B S Kimberley, et al. Chem Commun., 1998, 849.
[202] M Brookhart, B L Small. WO 98/30612, 1998.
[203] E Kokko, A Malmberg, et al. J Polym Sci A., 2000, 38: 376.
[204] 李贺新，石金永，闫卫东，胡友良．高分子学报，2004，(6)：935.
[205] (a) K R William, M P Ted, W F Jeffery. US Patent: 5 523 507, 1996; (b) 王登飞 等．工业催化，2013，21（3）：13.
[206] R Emerich, O Heinemann, P W Jolly, et al., Organometallics, 1997, 16: 1511.
[207] J Christoffers, R G Bergman. Inorg Chim Acta., 1998, 270: 20.
[208] K Oouchi, M Mitani, et al., Macromol Chem Phys., 1996, 197: 1545.
[209] D Jones, K Cavell, W Keim. J. Mol. Catal A: Chem., 1999, 138: 37.
[210] S S Reddy, K Radhakrishnan, S Sivaram. Polym Bull., 1996, 36: 165.

[211] W Kaminsky, S Lenk, V Scholz, et al., Macromolecules, 1997, 30: 7647.
[212] W Kaminsky, S Lenk. Macromol Symp., 1997, 118: 45.
[213] (a) A Zambelli, C Pellecchia, L Oliva, et al., Makromol Chem., 199, 192: 2231.
(b) C Pellecchia, A Proto, P Longo, et al., Macromol Chem Rapid Commun., 1992, 13: 277.
[214] Q Z Ye, S Lin. Macromol Chem Phys, 1997., 198: 1823.
[215] 祝方明,林尚安.高等学校化学学报,1997,18:2065.
[216] R. Po N. Cardi, Prog Polym Sci., 1996, 21: 47.
[217] Xu G. Macromolecules, 1998, 31: 568.
[218] 闫卫东,陈金晖,周蒴等.石油化工,1999,28:716.
[219] J Okuda, E Masoud. Macromol Chem Phys., 1998, 199: 543.
[220] J C W Chien, Z Salajka. J Ploym Sci, Part A: Polym Chem., 1991, 29: 1243.
[221] A Grassi, C Lamberti, A Zambelli, et al., Macromolecules, 1997, 30: 1884.
[222] (a) B Heurtefen, et al., Prog. Polym. Sci., 2011, 36, 89; (b) M Delferro,; T. J. Marks, Chem. Rev., 2011, 111, 2450.
[223] (a) H Sinn, W Kaminsky, H. J. Vollmer, Angew. Chem., Int. Ed. Engl., 1980, 19, 390; (b) P. S Chum, K. W. Swogger, Prog. Polym. Sci., 2008, 33, 797. (c) V Busico, Dalton Trans., 2009, 41, 8794. (d) J Severn, L Robert,. In Handbook of Transition Metal Polymerization Catalysts; (e) R Hoff, R. T Mathers,. Eds.; New York: John Wileyand Sons, 2010; (f) W. Kaminsky, Macromolecules, 2012, 45, 3289.
[224] M V. Metz, et al., Organometallics, 2002, 21, 3691.

第2章 高分子合成反应实施技术

高分子合成反应是通过一定的技术（方法）实现的。不同的反应常需不同的实施方法。不同的实施方法对产物的结构和性能会有重大影响。

加聚方应的实施方法可分为本体聚合、溶液聚合、悬浮聚合和乳液聚合四种基本类型。缩聚反应是官能团之间的反应，与加成聚合反应机理不同，所以其实施方法亦有所不同。常见的缩聚实施方法有：熔融缩聚、溶液缩聚、固相缩聚、界面缩聚。某些缩聚反应还可采用乳液的方法进行。

2.1 概述

根据聚合反应实施方法的不同，聚合体系有两种基本类型：单相体系即均相体系和多相体系。

聚合反应进行的区域也分两种基本类型：均相和复相。均相是指反应在一个相的全部体积内进行；复相是指反应在相界面区域内进行，复相聚合亦称为非均相聚合，进行反应的区域亦称为反应相。

多相体系中，聚合反应进行的区域取决于聚合反应速率和扩散速率的相对值。聚合反应为控制步骤时，即扩散速率远大于反应速率时，聚合反应属于动力学范畴。这又分为两种情况：当反应在反应相的整个体积内进行（体积反应）时称为内部动力学范畴；当反应在相界面进行（表面反应）时，称为外部动力学范畴。当扩散速率远小于聚合反应速率时，扩散为控制步骤，这时聚合反应处于扩散范畴内。至反应相内部的扩散称为内扩散；至相界面的扩散称为外扩散。扩散控制的反应体系以及外部动力学控制的反应体系，一般为复相聚合反应。

聚合反应进行的不同阶段，进行反应的区域可能有所不同，例如沉淀聚合的情况。某些情况下，随聚合反应的进行，反应体系可能由反应控制转变成扩散控制。对具体实施方法的聚合机理和动力学进行分析时，必需考虑到这些问题。

加聚反应的实施方法可分为本体聚合、溶液聚合、悬浮聚合和乳液聚合四种基本类型。

所谓本体聚合是单体本身加少量引发剂（或催化剂）的聚合。溶液聚合是单体与引发剂（或催化剂）溶于适当溶剂中的聚合。悬浮聚合一般是单体以液滴状态悬浮于水中的聚合方法，体系主要由水、单体、引发剂和分散剂组成。乳液聚合是单体和分散介质（一般为水）

由乳化剂配成乳液状态而进行聚合，体系的基本组分是单体、水、引发剂和乳化剂。

本体聚合和溶液聚合属均相体系，而悬浮聚合和乳液聚合是非均相体系。但悬浮聚合在机理上与本体聚合相似，一个液滴就相当于一个本体聚合单元。

根据聚合物在其单体和聚合溶剂中的溶解性质，本体聚合和溶液聚合都存在均相和非均相两种情况。当生成的聚合物溶解于单体和聚合所用的溶剂时即为均相聚合，例如苯乙烯的本体聚合和在苯中的溶液聚合。若生成的聚合物不溶于单体和聚合所用溶剂时则为非均相聚合，亦称沉淀聚合。例如聚氯乙烯不溶于氯乙烯，在聚合过程中从单体中沉析出来，形成两相。

气态和固态单体也能进行聚合，分别称为气相聚合和固相聚合，都属于本体聚合。

各种实施方法的相互关系示于表 2-1；各种方法的配方、聚合机理和特点示于表 2-2。

表 2-1 聚合体系和实施方法示例

单体-介质体系	聚合方法	聚合物-单体(或溶剂)体系	
		均相聚合	沉淀聚合
均相体系	本体聚合 气态 液态 固态度	— 苯乙烯，丙烯酸酯类 —	乙烯高压聚合 氯乙烯，丙烯腈 丙烯酰胺
	溶液聚合	苯乙烯-苯 丙烯酸-水 丙烯腈-二甲基酰胺	苯乙烯-甲醇 丙烯酸一己烷
非均相体系	悬浮聚合	苯乙烯 甲基丙烯酸甲酯	氯乙烯 四氟乙烯
	乳液聚合	苯乙烯，丁二烯	氯乙烯

离子型聚合、配位离子聚合的催化剂活性会被水所破坏，所以一般以有机溶剂为介质进行溶液聚合和本体聚合。这时，生成的聚合物沉淀析出，呈淤浆状故亦称为淤浆聚合。高活性配位催化剂开发成功的结果，使乙烯、丙烯等单体可采用气相或液相本体聚合法合成高质量的聚烯烃。

根据聚合物在单体中或溶剂中溶解与否，本体聚合、溶液聚合、悬浮聚合中的液滴既可以是均相聚合，也可以是沉淀聚合。

多相聚合的情况很多，如乙烯的流态化聚合、氯乙烯的本体聚合、本体沉淀聚合、溶液沉淀聚合以及悬浮聚合和乳液聚合等。

以水为介质的多相聚合在工业上最为重要。以水为介质的多相聚合主要包括悬浮聚合、乳液聚合、分散聚合和沉淀聚合四类。沉淀聚合也常归入分散聚合之中。

表 2-2 四种聚合实施方法比较

项目	本体聚合	溶液聚合	悬浮聚合	乳液聚合
配方主要成分	单体引发剂	单体引发剂 溶剂	单体引发剂 水分散剂	单体 水溶性引发剂 水乳化剂
聚合场所	本体内	溶液内	液滴内	胶束和乳胶粒内

续表

项目	本体聚合	溶液聚合	悬浮聚合	乳液聚合
聚合机理	遵循自由基聚合一般机理，提高速率的因素往往使分子量降低	伴有向溶剂的链转移反应，一般分子量较低，速率也较低	与本体聚合相同	能同时提高聚合速率和分子量
生产特征	热不易散出，间歇生产(有些也可连续生产)，设备简单，宜制板材和型材	散热容易，可连续生产，不宜制成干燥粉状或粒状树脂	散热容易，间歇生产，须有分离、洗涤、干燥等工序	散热容易，可连续生产，制成固体树脂时，需经凝聚、洗涤、干燥等干序
产物特征	聚合物纯净，宜于生产透明浅色制品，分子量分布较宽	一般聚合液直接使用	比较纯净，可能留有少量分散剂	留有少量乳化剂和其他助剂

悬浮聚合反应的机理与本体聚合基本相同，所不同的是另有成粒机理。悬浮聚合物颗粒大小和形状主要决定于分散剂种类和用量、搅拌强度、单体/水比、单体种类、聚合温度等因素。

聚合物能溶于单体的悬浮聚合，产物呈规则的球状颗粒，故称为珠状（悬浮）聚合。用这一方法生产的聚合物有聚苯乙烯、聚甲基丙烯酸甲酯、交联聚苯乙烯等。产物粒径，根据不同的工艺条件，在10～5000μm之间。

不能使聚合物溶解的单体进行悬浮聚合时，形成的聚合物将从单体液滴中沉析出，呈粉状，故亦称为粉状悬浮聚合，实际上属于沉淀聚合的范畴。氯乙烯悬浮聚合就是典型的例子，粒径约100～130μm。依分散剂的不同，颗粒可为小球状或表面粗糙、疏松多孔的不规则形。

乳液聚合体系主要由单体、水、水溶性引发剂、乳化剂组成。与悬浮聚合相比，乳液聚合中乳化剂（表面活性剂）用量较多，远在临界胶束浓度以上。大量乳化剂将形成胶束。单体形成被乳化剂稳定的液滴，还有少量增溶于胶束内。与液滴相比，胶束具有大得多的比表面。因此，水溶性引发剂在水相分解成初级自由基后，扩散入增溶胶束内引发单体聚合，形成单体/聚合物乳胶粒。胶束或乳胶粒成为引发聚合的区域。单体液滴的单体经水相扩散入胶束和乳胶粒内供链增长的需要，所以液滴仅起供应单体的仓库的作用，并非聚合场所。胶束和乳胶粒内只容纳一个自由基，当第二个自由基进入时，链即终止。由于链自由基处于隔离状态，寿命较长，因此可同时获得高聚合速率和高的产物分子量。未成核胶束中的乳化剂将迁移至乳胶粒表面以满足乳胶粒体积和表面积增长后的需要。乳液聚合产物粒径约0.05～0.2μm，比悬浮聚合粒径要小2～3个数量级。

典型的乳液聚合一般可分为乳胶粒生成期、恒速期和降速期三个阶段。在恒速期，聚合速率 R_p 可表示为：

$$R_p = K_p[M][I]^{2/5}[E]^{3/5} \tag{2-1}$$

式中 [I] ——引发剂浓度，mol/ml；

[E] ——乳化剂浓度，mol/ml；

K_p——链增长速率常数；

[M] ——单体浓度，mol/ml。

并可得聚合度

$$\overline{X}_n = K[M][I]^{-3/5}[E]^{3/5} \tag{2-2}$$

式中，K 为比例常数，与链转移反应及交联、支化反应有关的修正参数。

这是典型的乳液聚合关系式。若采用油溶性引发剂则单体液珠也可能参与聚合；若采用水溶性大的单体，则水相聚合也可能重要起来。这时动力学关系式可能有所变化。

所谓分散聚合（disptrsion polymtrization）是指单体溶于分散介质而生成的聚合物不溶，但借稳定剂而分散于介质中的聚合方法。分散聚合（包括沉淀聚合）介于悬浮聚合和乳液聚合之间。分散聚合最常用的单体是醋酸乙烯酯；所用的分散剂不是乳液聚合中常用的乳化剂（阴离型乳化剂），而与悬浮聚合中常用的水溶性保护胶体（如聚乙烯醇）相近，但用量（>1%）远比悬浮聚合时（约 0.05%～0.2%）多；所用引发剂为水溶性的，如过硫酸钾，这与乳液聚合的情况相近。醋酸乙烯酯在水中有较大的溶解度（20℃时约 2.5%），引发在水相和液滴表面同时进行。结果生成的聚合物粒子也介于悬浮聚合和乳液聚合产物之间，约 0.5～10μm，粒径分布也较宽。

四氟乙烯（TFE）的水相聚合，习惯上常称之为悬浮聚合或分散聚合，而其实质则为水溶液沉淀聚合。水相聚合中，采用水溶性引发剂。当气态 TFE 引入聚合釜后，先溶于水（虽然 TFE 在水中只有约 0.1g/L 的溶解度），再聚合，而后聚合物沉析出来。不加分散剂时习惯上称为悬浮聚合，生成的粒子较粗；当加有少量（少于临界胶束浓度）表面活性剂时，可形成稳定的聚合物分散液，习惯上称之为分散聚合。

以水为介质以多相聚合的简要比较列于表 2-3。

表 2-3　以水为介质的多相聚合比较

项目	珠状悬浮聚合	粉状悬浮聚合	乳液聚合	分散聚合	沉淀聚合
单体在水中的溶解度	微溶，如 St、MMA、VAc 等	微溶，如 VC 聚合物不溶于单体	微溶，如 St、MMA、Bd 等	稍溶，如 VAc	较溶到微溶，如 AN、VAc、TFE 等
水相	<1%有机分散剂	<1%有机分散剂	乳化剂，阴离子型和非离子型	>1%水溶性高分子，如 PVA	有分散剂或无
引发剂	油溶性，如 BPO、AIBN 等	油溶性，如 BPO、AIBN 等	水溶性，如 KPS、氧化还原体系	水溶性，KPS、过氧化氢、氧化还原体系	水溶性，KPS、氧化还原体系
引发场所	单体液滴中	单体液滴中	胶束或水相中	水相或液滴中	水相中
产物分子量	与本体法同	与本体法同	比本体法高	高于本体法	通常比本体法高
产物性状	透明球状 0.05～2mm	不透明球状 100～200μm	细胶乳 <0.2μm	粗分散液 0.5～10μm	沉淀析出淤浆状

悬浮聚合和乳液聚合已有专著和综述进行了系统的阐述，近几年的有关专著还对新近的有关进展进行系统的论述[1～4,7]，所以本书不再赘述。在悬浮聚合及乳液聚合基础上发展起来的一些新聚合方法，如：微悬浮聚合、分散聚合（主要是非水介质的分散聚合）、非水介质乳液聚合、无皂乳液聚合、种子乳液聚合、微乳液聚合、定向乳液聚合等将作简要介绍。

此外，近年来利用现代技术而发展了一系列聚合反应新的实施技术，包括模板聚合、等离子聚合、超临界方法等，本章将分别予以阐述。

2.2 悬浮聚合进展

微悬浮聚合和非水介质的分散合，是在悬浮聚合基础上发展起来的新型聚合技术。关于非水分散聚合，也常常划入乳液聚合的范畴，作为乳液聚合的延伸和进展。就其特征而言，分散聚合介于悬浮聚合和乳液聚合之间，更接近于沉淀聚合，可视为沉淀聚合的一种形式。就其成核和生长的特点而言，和悬浮聚合相似，具有小本体聚合的特征，聚合速率与粒子数无关，也无单体液滴独立相。因此本书将分散聚合放入悬浮聚合进展的范畴中进行介绍。

2.2.1 微悬浮聚合[3,5~7]

微悬浮（micro-suspension）聚合是近年来发展的一种新型悬浮聚合方法。

悬浮聚合亦可称之为经典悬浮聚合。经典悬浮聚合体系由单体、水、油溶性引发剂和分散剂组成。液滴直径一般为50～2000μm。聚合动力学和机理与本体法相同，产物粒径与液滴粒径大致相同。经典乳液聚合体系由非水溶性单体、水、水溶性引发剂、乳化剂等主要成分构成，单体液滴直径1～10μm，生成的乳胶粒直径为0.1～0.3μm。聚合场所在增溶胶束内。微悬浮聚合中，单体液滴及制得的聚合物粒径为0.2～2μm。微悬浮法中，分散剂是由乳化剂和难溶助剂（如十六醇）组成。在微悬浮聚合中，不论采用油溶性或水溶性引发剂，聚合的引发和进行都是在微液滴内，与经典悬浮聚合相近而有别于经典乳液聚合的胶束成核。但微悬浮产物粒径更靠近乳液聚合。所以微悬浮聚合兼有悬浮聚合和乳液聚合的一些特征。

微悬浮法已在工业上用来制备高质量的聚氯乙烯糊树脂。

2.2.1.1 制备方法及聚合机理

微悬浮液一般以水为分散介质，分散剂为乳化剂（E）和难溶助剂（Z）所组成的复合体系。乳化剂可以是阴离子型，如十二烷基硫酸钠（SDS）；也可以是阳离子型，如十六烷基三甲基溴化铵。难溶助剂可采用长链的脂肪醇或烷烃，最常用的是十六醇或十六烷烃。乳化剂/脂肪醇摩尔比应在1∶4之间，一般1∶3为好。乳化剂用量一般比乳液聚合时少一些。十六醇一类的难溶助剂的作用有三：①降低界面张力使单体M易于分散；②促使单体M从大液滴向溶有Z的小液滴作单方向扩散；③在液滴表面形成E/Z复合界面膜，使悬浮液稳定。

微悬浮聚合中所用单体一般在水中溶解度较小，如苯乙烯（St）、氯乙烯等。引发剂可为油溶性的也可为水溶性的，但采用油溶性引发剂居多。

单体微悬浮液配制举例如下：将SDS/十六醇（摩尔比1∶1～1∶3），在65℃（十六醇熔点以上）加入水中搅拌，先制成复合物乳液。然后在搅拌下加入单体和引发剂，升温并聚合。产物粒度与液滴尺寸相当。典型配方如下：SDS 0.5g，十六醇0.2g，单体50～100g，水100g。

根据对微悬浮聚合中扩散和体系稳定性的热力学分析，并经实验证明[2]，在微悬浮体系中，液滴中含有少量难溶助剂即足以阻碍单体M从小液滴向大液滴扩散，只允许M从大液滴向小液滴的单方向扩散。这是Z使体系稳定的一个重要方面。Z与乳化剂形成的复合物，吸附在液滴表面，这是稳定作用的另一方面。

热力学分析和实验也证明，难溶助剂Z的液滴以及溶有Z的聚合物粒子对单体M的吸收能力比相应的纯聚合物粒子对M的吸收能力要大得多。这是一个很重要的结论。

在配制单体悬浮液时，乳化剂/难溶助剂的乳液要在加单体前配好，配制温度须在Z的熔点以上。若E/Z/M同时混合，或先配M/E乳液而后加Z，或M中溶有少量Z，都只能得到不稳定的粗悬浮液。在上述热力学分析结论的基础上，这方面是不难理解的。

事实上根据对SDS/十六醇微悬浮液电导的实验，由于SDS与十六醇形成复合物，所以要比同一乳化剂含量的乳化剂溶液的电导小得多，根据电镜照片的研究，此种复合物为棒状晶粒，而单一的十六醇为无定形颗粒，单一的SDS在超过临界胶束浓度后，形成胶束。此种复合物晶粒的形态与乳化剂及难溶助剂的种类和相对用量有关。实验表明仅当脂肪醇碳原子数超过16时才形成此种棒状晶粒。如在复合物形成之前就加入单体，则此种复合物晶粒就不能形成。

在SDS/十六醇复合物溶液中加入少量单体如苯乙烯后，棒状晶粒将聚集成星状。继续加入单体，最后变成球形微液滴。继续使单体溶胀其中，可使微滴尺寸增大3～4倍。这就是微乳液形成的机理。

上述SDS/十六醇复合物棒状晶粒的结构模型如图2-1所示。该模型由二同心圆筒构成，两端封以半球。提出此模型的基础是：SDS分子长度约1～3nm，两分子尾尾排列时长约5～6nm，其两倍就相当于棒状粒子的直径10～15nm。这与电镜观察结果相符。

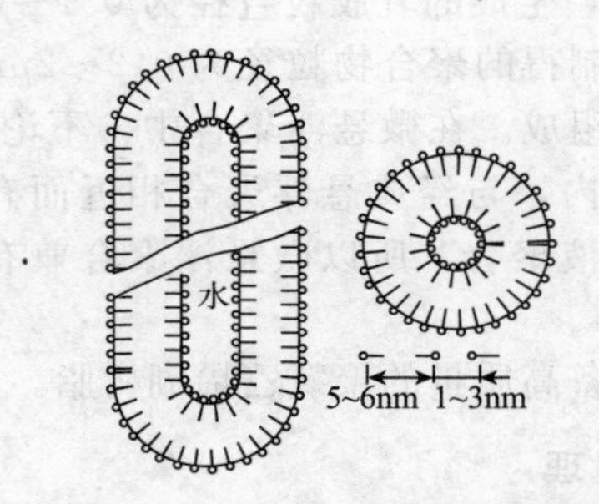

图2-1 SDS/十六醇复合物棒状粒子的结构模型

现以苯乙烯的微悬浮聚合为例，说明微悬浮聚合的一般机理。

苯乙烯微悬浮聚合时，既可用油溶性引发剂，如过氧化苯甲酰（BPO）；也可用水溶性引发剂，如过硫酸钾（KPS）。当用KPS为引发剂时，典型配方为：水，30ml，苯乙烯10ml，SDS 0.3%（水基），SDS/十六醇（摩尔比）1∶3，反应温度70℃，pH值8，KPS 1.5×10^{-3}mol/L。在此配方的情况下，大部分SDS与十六醇（CA）形成复合物，吸附在微液滴表面。留在水中的SDS甚少，远低于临界胶束浓度，基本上无胶束成核。KPS在水中分解成自由基，可在水相成核；自由基也可被单体液滴吸附而发生液滴成核，两种成核机理并存。当转化率为4.4%时，就出现颗粒粒径的双峰分布。大量小乳胶粒的平均粒径小于0.1μm；少量大粒子平均粒径约0.3μm。两者均随转化率增大而增大。转化率达90%时，小粒子增至0.26μm，大粒子则达0.6μm，总平均粒径为0.5μm。

以油溶性BPO为引发剂时，则以液滴成核为主，更接近悬浮聚合机理。这时粒径基本上无双峰分布，液滴成核的大粒子占主导。

2.2.1.2 种子微悬浮聚合

在微悬浮聚合中可以加入一种或两种乳胶粒种子，这种微悬浮聚合可称之为种子微悬浮聚合。例如在微悬浮聚合初期加入粒径为0.1μm的乳胶粒种子，使种子与单体液滴同时聚合，最终得到双峰分布的胶乳，其中一峰约 0.2μm，另一峰约 0.8μm，固含量可高达 55%。种子微悬浮聚合与种子乳液聚合相似，但聚合机理并不相同。

微悬浮法当前主要用于配制聚氯乙烯糊，俗称糊树脂。糊树脂亦可用乳液法制备。糊树脂约占 PVC 总产量的 10%，主要用于人造革、无底革、乳胶手套、壁纸等。用乳液法和微悬浮法制得的糊树脂，由于粒径多分散性不够，黏度过高，固含量不足是主要的不足。为克服这些问题，使这两种方法制得的树脂掺混使用，使粒径分布加宽，可使黏度降低。另一种解决办法就是采用种子乳液聚合法或种子微悬浮聚合的方法。

例如用油溶性引发剂使氯乙烯进行微悬浮聚合的过程中可加入两种乳胶种子，其中一种是由微悬浮法制得的 0.5μm 种子；另一种是普通乳液法制得的 0.1μm 种子。这种双种子微悬浮聚合制得的树脂具有双峰或三峰分布，大小粒子相互充填，可制得高固含量（55%～60%）的胶乳，既可减少喷雾干燥的能耗，又可降低糊的黏度。所以，种子微悬浮聚合是生产 PVC 糊树脂的重要方法。

2.2.1.3 扩散溶胀法及其应用

前面已经谈到，根据热力学分析，由于难溶助剂 Z 的存在，只允许单体由大液滴向小液滴的单方向扩散；Z 的存在使得含 Z 的液滴和含 Z 的聚合物粒子对 M 的吸收能力大大增加。这是微悬浮聚合的关键问题。这一过程对 M 而言是一扩散过程，而对含 Z 的液滴和聚合物颗粒而言则为溶胀过程，此过程可称之为扩散溶胀法。有些溶胀体系的溶胀程度可达到纯聚合物粒子的千倍。在此意义上讲，微悬浮聚合也可视作是扩散溶胀法的一种实际应用。

应用扩散溶胀法除配制微悬浮液外尚有其他方面的重要应用，例如：

（1）单分散大颗粒聚合物的制备　采用扩散溶胀法可制备 1～100μm 粒径的单分散聚合物大颗粒。其结构可以是紧密的，也可以是疏松多孔的。

先用普通乳液法制成单分散的细粒种子（0.1～0.3μm），再加入难溶助剂 Z，Z 使种子易于被单体 M 溶胀。经单体溶胀后再用油溶性引发剂引发聚合，最后可得单分散大颗粒聚合物。也可以不使用难溶助剂，而采用齐聚物的方法，即加入单体、引发剂和链转移剂使之聚合生成低聚物。这种低聚物即起到难溶助剂 Z 同样的作用。溶有低聚物的种子和溶有 Z 的种子一样易于被单体溶胀，用油溶性引发剂引发聚合，最后生成单分散大颗粒聚合物。

若一步溶胀所得粒径达不到要求，则可采用多步溶胀的方法。例如第一步溶胀所得聚合物颗粒作为第二步聚合的种子，再进步溶胀并聚合，使粒径进一步增大。

单分散交联聚合物粒子难以用普通种子法制得，却可用这种种子溶胀法制得。例如用这种方法可制得苯乙烯/二乙烯基苯交联共聚物的单分散大颗粒，直径可达 100μm，为表面光滑的球形颗粒。如在单体/交联剂体系中加适当的惰性溶剂，经溶胀聚合后则生成多孔的大粒子。也可使磁性氧化铁沉积在单分散多孔粒子上制成大比表面的磁性粒子。

单分散粒子可用作测定粒径大小及分布的标样、大液晶的间融基、色谱柱填料、免疫检测、血液循环的示踪粒子、结晶和熔融的模型研究等。磁性单分散粒子用于癌症细胞分离方面具有重要的应用前景。

（2）聚合物乳液的配制　由乳液聚合制得的聚合物胶乳，不使用有机溶剂，可避免环境污染，应用日益广泛，但诸如环氧树脂、聚氨酯、有机硅等，不能采用乳液聚合法制备。欲将这些聚合物制得水乳液，可用均化法将其用溶剂溶解，再用乳化剂以及水进行乳化，然后蒸发掉溶剂，得到水乳液。但这样形成的乳胶粒子较粗，贮存稳定性差且成膜性不好。若在均化前将少量难溶助剂 Z 加入聚合物溶液中，则可减小乳胶粒尺寸，提高贮存稳定性并改善成膜性能。这是由于溶剂一般微溶于水，相当于M。若在均化前加入少量Z，可使一定量溶剂所形成的聚合物液滴直径显著减小。

扩散溶胀法也应用于悬浮接枝聚合反应中用以提高接枝效率[2]。

2.2.2 非水分散聚合

分散聚合（dispersion polymerization）是指单体溶于分散介质，而生成的聚合物不溶，借位障稳定剂（分散剂）而稳定分散于介质中的一种聚合方法[6]。它可视作一种特殊类型的沉淀聚合。和一般沉淀聚合不同的是，沉析出来的聚合物不是形成粉末或块状聚合物，而是借位障型稳定剂的作用，生成所谓油包油型（0/0）的聚合物胶乳，简称P-OO型胶乳，或P-OO型乳液。

分散介质可以是水，也可以是有机物。常规分散聚合就是以水为分散介质。四氟乙烯、丙烯腈以及醋酸乙烯酯的水相聚合就是例子。

分散聚合这一术语常有不同的理解，有人把乳液聚合、悬浮聚合和微悬浮聚合都统称为分散聚合。当前“分散聚合”一般是指以有机物为分散介质的分散聚合，也称之为非水分散聚合或简称分散聚合。事实上，分散聚合最早源于20世纪60年代的涂料工业，其目的是要在烃类溶剂中直接制备聚合物粒子分散液。20世纪70年代以来，以非极性烃类溶剂为分散介质的非水分散聚合得到长足发展，K. E.，J. Barrett专著《Dispersion Polymerization in Organic Media》[7]已成为此领域的经典之作。

20世纪80年代以来，该领域最活跃的工作是极性介质中分散聚合，特别是苯乙烯在极性介质中的分散聚合，目的主要是制备大粒径（微米级）单分散微球，分散介质一般是醇类与水的混合物。

值得一提的是，以无污染的超临界二氧化碳代替常规有机溶剂为介质的高分子合成反应已引起高度重视。例如采用具有两亲性的1，1-二氢全氟代辛基丙烯酸酯（FOA）聚合物为稳定剂，在超临界二氧化碳中进行MMA的分散聚合，制得了单分散的聚合物微球[8]。

非水分散聚合具有粒径小（一般在1μm以下）、黏度低、介质挥发速率可以在很大范围内调节等优点，特别适合于制备各种涂料、染料、油墨、胶黏剂等。特别还是制备单分散微球的重要方法。

非水分散聚合至今仍以均聚为主，共聚合的报道尚仅多限于专利[9]。

2.2.2.1 制备方法

典型的非水分散聚合是将单体溶解在有机介质中，形成均相溶液，在聚合过程中形成不溶聚合物并沉淀出来，在稳定剂作用下，形成稳定的聚合物分散体系。

乙烯基单体和丙烯酸酯类单体在烃类溶剂中的自由基分散聚合有一步法和两步法两种。一步法是将单体、引发剂、稳定剂溶解在烃类溶剂中形成均相溶液，加热至回流温度（80～90℃）进行聚合。两步法是将成核和增长分两步进行，即先将一部分单体和稳定剂加入，聚合成种子，再将其余的单体和稳定剂在1～3h内滴加完毕，从而可很好地控制反应速率。这对制备浓胶乳很有必要，因为浓胶乳固含量一般在35%以上，一步法放热剧烈，难以控制，常常只能制得粗粒分散液，所以要采用二步法。应用这一技术可制得浓度为85%（质量分数）的PMMA分散液。该方法已工业化。

非水分散聚合可用以制备单分散胶乳，粒径在80nm和2.6μm之间可调节。关于具体配方，以MMA为例，列于表2-4中。

表 2-4 MMA 非水分散聚合配方

试 剂	浓度/%(质量分数)
单体(98.2MMA/0.8MMA)	42.5
稳定剂(聚 12-羟硬脂酸-CO-MMA)/失水甘油酯的梳状接枝共聚物	5.25
引发剂 AIBN	0.39
正辛硫醇	0.2
正乙烷	35.2
芳烃(沸程 230～250 ℃)	17.0

单分散聚苯乙烯大粒子的制备也受到关注。用 2-甲氧基乙醇/乙醇混合溶剂，以羟丙基纤维素为稳定剂，苯乙烯浓度限制在 15%以下，经分散聚合可制得 3～9μm 的单分散粒子。用单一乙醇作溶剂，聚乙烯吡咯烷酮为稳定剂，Aerosol OT 为助稳定剂，用偶氮类引发剂，可制得 2.5～6.2μm 范围内的大粒子 PS。助稳定剂的作用机理目前尚不清楚，但不用时，粒径就成双峰分布。

在非水分散聚合中即可采用预先制成的稳定剂也可就地制成稳定剂。所谓就地制成稳定剂就是起稳定作用的接枝共聚物是在聚合反应过程中就地形成的。例如加入能与链自由基发生接枝反应的均聚物分散剂，在聚合反应过程中就地形成起稳定作用的接枝共聚物。

2.2.2.2 组分及其作用

(1) 单体 原则上讲，油溶性单体和水溶性单体都可进行分散聚合。例如苯乙烯、丙烯腈、酸醋乙烯酯、丁二烯、丙烯酸、丙烯酸酯、甲基丙烯酸、甲基丙烯酸酯、氯乙烯、偏二氯乙烯、丙烯酰胺、乙烯、丙烯等单体的非水介质分散聚合及其共聚均有报道[10,11]。单体浓度［M］是重要参数，聚合速率随［M］增大而提高，但只有一定范围［M］内，才可制得窄分布的聚合物颗粒。

(2) 分散介质 要求所用分散介质能溶解单体、稳定剂和引发剂而不溶解生成的聚合物，其黏度应小于 2～3Pa·s，以利于反应过程中物质的扩散和热量的传递。一般而言，对非极性单体如苯乙烯、丁二烯等可选用极性较大的介质，如低级醇、胺等；对极性大的单体，如丙烯酸、醋酸乙烯酯等，应当选用非极性介质，如脂肪烃等。这主要是考虑介质对生成聚合物的溶解性问题。对能生成结晶性聚合物的单体，如乙烯、丙烯、丙烯腈等，则可选择的介质范围就比较宽，非极性介质、极性介质都可。此外，为合成单分散、大颗粒聚合物微球，可选用甲醇-水或乙醇-水的混合物作分散介质。醇水比越大，所得粒径越大，但粒度分布变宽。当然，考虑到应用，应尽量选择毒性小、污染轻、价格便宜的分散介质。极性介质常用的有甲醇、乙醇、异丙醇等；非极性介质常用的有烷烃和环烷烃，例如汽油。对于某些特殊用场的非水乳液，可根据具体需要选择介质。例如，用作增强聚氨酯发泡材料的苯乙烯及丙烯腈共聚物微粒可采用分散聚合的方法制备。这时选用聚醚多元醇为分散介质，制得的共聚物 P-OO 乳液，粒径小于 1μm。这种乳液也称为 POP。将 POP 作为制备聚氨酯发泡塑料的原料，因为 POP 中聚醚多元醇介质本身就是制备聚氨酯的原料之一。由于共聚物颗粒的填充增强作用，故可制得高回弹、高强度的聚氨酯发泡塑料。这是一种巧妙的构思。

(3) 引发剂 一般采用油溶性引发剂，应用最多的是过氧化苯甲酰和 AIBN、引发剂浓度［I］为 0.1%～0.4%（质量分数，以单体)。［I］增加聚合速率增大而产物分子量下降。

数均分子量与引发剂浓度常有如下关系：$M_n \propto [I]^{-0.5}$。

（4）稳定剂　分散聚合中，分散剂即稳定剂，亦称位阻或位障稳定剂（steric stabilizer），其稳定机理是所谓的位障作用。位障作用，即位阻效应，但与有机化学中的位阻效应不同，这里是指体积排斥效应[12]。稳定剂大分子吸附在有机胶体粒子表面，形成高分子稳定剂层。当两个粒子靠近时，吸附层受压或相互穿透，大分子链段密度增加，产生体积排斥效应，产生斥力，迫使粒子分开。这就是位障稳定的机理。

对于非水分散聚合，最有效的稳定剂是嵌段或接枝共聚物，其中一组分可溶于介质中（亦称可溶组分），是亲介质的；另一组，亦称为固定组分，不溶于连续相而吸附在分散相颗粒表面，如图 2-2 所示。

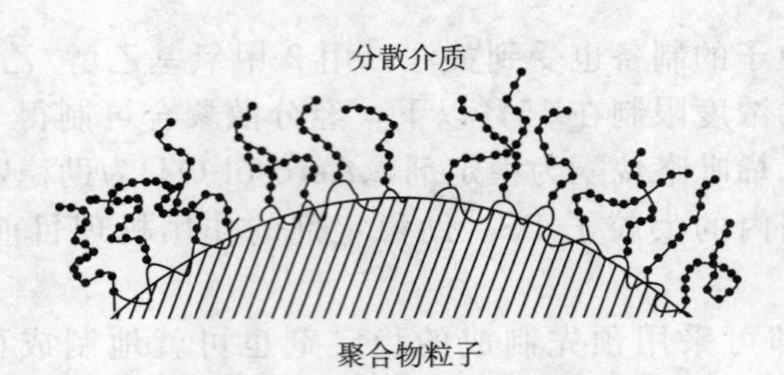

图 2-2　接枝共聚物在分散粒子与分散介质界面的吸附示意图

可溶部分的分子量最低值一般为 1000～1500。固定部分的最低分子量在 500～1000 才有效。其大小与在介质中的不溶程度以及与粒子的结合强度有关。固定部分要大到不溶于介质中，但太大了又可能与所要分散的聚合物相容性变差。所以存在一最佳值，对不同的单体这一最佳值不同。

固定部分和可溶部分要有个平衡，称作固定/可溶平衡（ASB），这与表面活性剂中的 HLB 值相似。ASB 值一般 0.33～18 为宜。若 ASB 值大于 20 将得到形状不规则的颗粒；ASB 值在 0.33 以下时，稳定效果亦不好。

位障稳定剂有以下三种类型：

① AB 型和 ABA 型嵌段共聚物。如 St 与 MMA 的嵌段共聚物、苯乙烯与二甲基硅烷的嵌段共聚物、苯乙烯与环氧乙烯的嵌段共聚物等。此类稳定剂一般用于非极性介质。

② 两亲型接枝共聚物。这类接枝共聚物一般由体系中加入的均聚物分散剂与链自由基反应就地形成。这类均聚物分散剂一般为带有活泼氢因而易于发生接枝反应的亲水型聚合物，如羟丙基纤维素（HPC）、聚乙烯吡咯烷酮（PVP）、聚丙烯酸（PAA）、聚乙二醇（PVA）、聚丙烯酰胺等。

③ 大单体。所采用的大单体可预先形成接枝共聚物或就地反应生成接枝共聚物。例如将具有甲基丙烯酸酯端基的大单体与 MMA 共聚接枝，可作为 MMA 分散聚合的有效稳定剂。

近年来一种趋势是，采用大单体既作共聚单体亦作稳定剂。发现，与均聚物稳定剂相比，大单体更有效。这是由于大单体存在进一步反应的基团，其接枝效率远高于均聚物。大单体亲水性越好越有利于粒径的单分散。有些大单体还存在静电稳定作用，比单一的位障稳定剂更有效，得到的粒径更小。

稳定剂应具有较强的吸附能力，以免从粒子表面脱吸，并能在介质中舒展以便对粒子表面充分覆盖。稳定剂与乳液聚合中的乳化剂不同。一方面它属于位障稳定，主要靠体积排斥效应而非靠降低表面张力或静电作用来稳定粒子；另一方面，为了保证单分散的产物，不允许有胶束存在，以免胶束成核而影响单分散性。在非极性介质中，稳定剂通常分布于整个粒子（即被粒子吸收），而在极性介质，稳定剂常位于粒子的表面。

有时，除稳定剂外还加入助稳定剂，如甲基三辛基氯化铵、反应性共聚单体等。助稳定剂单独使用时并无稳定效果。在稳定剂浓度较低时与稳定剂联合使用时有一定稳定效果，可减小粒子尺寸并提高粒径的单分散性。但当稳定剂浓度较高时，加入助稳定剂并无明显作用。

2.2.2.3 聚合机理

聚合机理包括成粒机理和反应机理。这方面的研究还处于起步阶段，尚无成熟的理论。关于粒子的成核和增长，主要倾向于两种机理。一是低聚物沉淀机理（self-nucleation）[13]，一般认为适用于非极性介质中用嵌段共聚物为稳定剂的体系；二是接枝共聚物聚结机理（aggregative nucleation）[14]，一般认为较适合于在极性介质中以均聚物为稳定剂的体系。

（1）低聚物沉淀机理　图 2-3 为低聚物沉淀机理示意图。在聚合反应进行前，单体、稳定剂、引发剂溶解在介质中形成均相体系，如图中（a）所示；加热到反应温度后引发剂分解成自由基，引发聚合，生成溶于介质的低聚物［图 2-3（b）］；当达到临界聚合度时，低聚物从介质中沉析出来，并吸附稳定剂形成稳定的核［图 2-3（c）］；所形成的核从连续相中吸收单体和自由基，形成被单体溶胀的颗粒并同时进行聚合，直到单体耗尽。

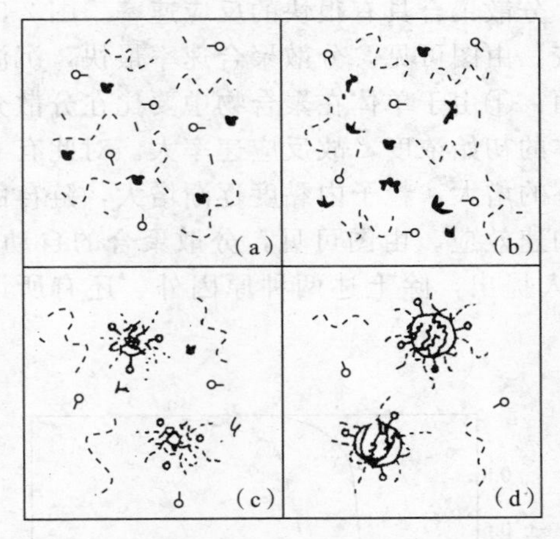

图 2-3　低聚物沉淀成核机理示意图

稳定剂；共稳定剂；低聚物或聚合物链；

引发剂；单体

（2）接枝共聚物聚结成核机理　此机理示于图 2-4。反应开始前为均相体系，升温至反应温度后，产生自由基并在稳定剂分子链活泼氢位置上进行接枝反应，形成接枝共聚物。这些接枝共聚物中的聚合物链聚结在一起形成核，而稳定剂链则伸向介质，其位障效应使颗粒稳定地悬浮于介质中。颗粒不断从介质中吸收单体并进行聚合反应，使颗粒不断长大，直到反应结束。

不论哪种成核机理，在经过初期核的聚并之后，在微粒增长期间，粒子数都保持恒定，新核在稳定之前就将被稳定的微粒俘获。为了得到单分散微粒，关键在于初始成核期要短；使微粒能几乎在同一时刻形成；无二次成核；微粒增长期间不产生微粒之间的聚并。

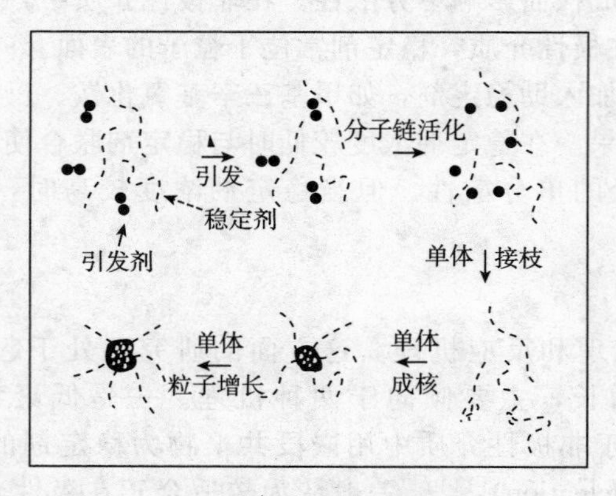

图 2-4　接枝共聚物聚结成核机理示意图

成核过程受许多因素影响，包括：聚合物的不溶解程度、单体对介质溶剂化的影响，以及稳定剂的 ASB 值等。

一般而言，分散聚合主要是以齐聚物沉淀成核机理为主，接枝共聚物也参与成核。在整个聚合过程中，稳定剂及其接枝共聚物共同起稳定粒子的作用。

2.2.2.4　聚合动力学

与其他聚合方法相比，分散聚合具有很快的反应速率。图 2-5 为 MMA 三种不同方法自由基聚合动力学曲线的比较。由图可见，分散聚合速率最快，沉淀聚合次之，溶液聚合速率最慢。其原因主要有两方面：①由于单体在聚合物中要比在分散介质中的溶解度大，粒子内部单体浓度高于介质中单体的初始浓度，故反应速率大。对此有人也称之为富集效应。②凝胶效应，即随着单体转化率的增大，粒子内黏度逐渐增大，链自由基扩散阻力增大，链终止速率下降，即所谓的自动加速效应。由图可见，分散聚合的自动加速效应最显著，1h 内转化率就达 99%。此外也有人提出，除上述两种原因外，还有所谓的隔离效应和体积效应。但主要的是上述两种原因。

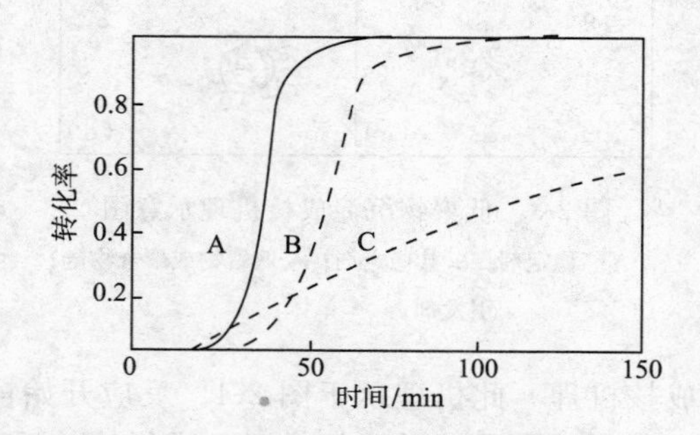

图 2-5　86℃ MMA 分散聚合（A）、沉淀聚合（B）和溶液聚合（C）的转化率-时间曲线

若聚合主要在粒子内进行，则聚合速率 R_p 可表示为：

$$R_p = \alpha c_d \phi^{1/2} K_p \ (R_i / K_t)^{1/2}$$

式中　α——单体在聚合物/介质中的分配系数；

c_d——溶剂中单体浓度；

ϕ——分散粒子体积分数；

K_p——链增长速率常数；

R_i——引发速率；

K_t——链终止常数。

这时，聚合速率与粒子总体体积成正比。在聚合过程中，终止速率并非常数，而随粒子内黏度增加而降低。高转化率时，增长速率也为扩散控制而降低。聚合速率-转化率曲线与本体聚合相似，即开始升高至极大值而后下降，呈倒钟形。根据单体极性的不同，曲线有两种类型。一类是 α 值较小，如 MMA（$\alpha=1$）和 VAc（$\alpha=1$），以烷烃为介质时，开始时转化率增加与时间成正比，倒钟形曲线不对称；另一类是极性大的单体，如丙烯酸，α 较大，早期大部分单体分配在粒子内，则聚合动力学与悬浮聚合相似，开始时转化率迅速增加，经极大值后，自动加速效应被单体浓度降低所抵消，使速率下降，倒钟形曲线比较对称。

在共聚合中，分配系数大的极性单体（如丙烯酸或羟甲基甲基丙烯酯类）的相对活性增加，分配系数小的非极性单体（如苯乙烯）的相对活性下降。这会使共聚物组成分布很不均一，甚至在粒子内出现相分离。

在分散聚合中，由于单体全部溶于连续相，使其浓度随聚合反应的进行而下降，但单体的分配系数在聚合全过程中并无明显变化[15]。

由于分散聚合主要用于制备单分散性微球，有关分散聚合动力学特征的研究报道不多。G. W. Poehlein[16] 近来提出了种子分散聚合的速率模型，把连续相和粒子相的聚合速率分别加以考虑。

关于聚合物分子量及其分布的变化规律的研究报道也少。一些研究表明[17]，随聚合反应进行，分子量有所增大，分布加宽。同时在许多情况下，聚合物分子量与微球粒径成反比，如图 2-6 所示。

如图所示，在 St/PVP/AIBN 体系的分散聚合，采用不同分散介质对聚合物粒径及聚合物分子量有明显影响。以丁醇为分散介质时，粒径最大。若采用乙醇/水为介质，则随乙醇含量增加，粒径增大，分子量减小。

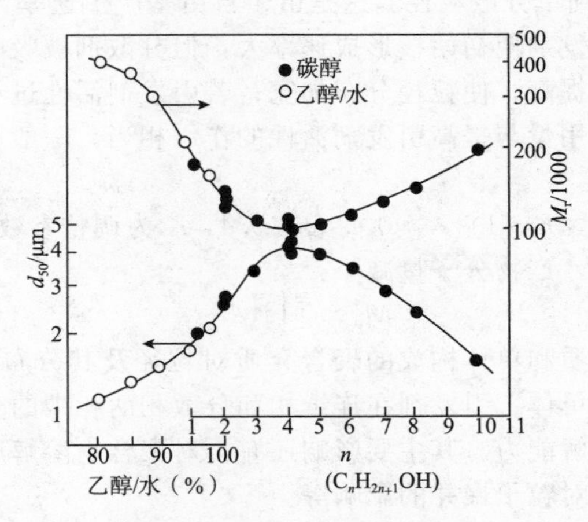

图 2-6　粒径与分子量的反比关系

2.2.2.5　影响因素

各种因素对非水分散聚合的影响主要是指对粒径及其分布的影响。

（1）单体　单体的影响可分为两个方面：单体的种类和单体的初始浓度。

① 单体种类的影响　不同的单体要求不同的分散介质和稳定剂与之匹配。非极性单体选用极性大的介质，极性大的单体要选用非极性介质。

② 单体起始浓度的影响　单体起始浓度的影响有两个相互竞争的方面。

单体作为聚合介质的一个组成部分，其浓度增加时，介质对聚合物的溶解能力提高，使得低聚物在沉析之前有更长的链长即增加了低聚物的临界链长；单体初始浓度的增大使低聚物链增长速率提高；由于对稳定剂溶解力增大使稳定剂吸附或吸收速率降低；界面张力下降使粒子被单体溶胀至更大程度等。所有这些影响均导致粒径变大。因此提高单体起始浓度易使粒径变大[17]。但另一方面，单体浓度提高，会使稳定剂的接枝物含量增大，从而提高稳定能力，倾向使粒径变小。这两种相反的影响的竞争，使得很多体系在某一单体浓度下粒径有极小值。

另外，过高或过低的单体含量都会使粒径分布变宽，而得不到单分散性微粒[14]。

对于亲水性单体 *N*-乙烯基甲酰胺（NVF）的分散聚合，发现 NVF 在 10%～30%（质量分数）范围内粒径不变。这与亲油性单体在极性介质中的聚合不同。这是由于 NVF 的亲水性与介质甲醇相近，体系的亲水性不随单体浓度而改变的原因。

(2) 稳定剂　由于稳定剂是两亲分子，增加接枝部分的含量，可使分散剂有效地吸附于微球，提高稳定能力。增大稳定剂分子量（即提高接枝个数）和增大稳定剂用量，均使粒径减小[17]。例如，对 St/乙醇/PVP 体系和 MMA/甲醇/PVP 体系，稳定剂 PVP 浓度与粒径 d 有如下关系：

$$d \propto K\,[\mathrm{PVP}]^{-\alpha},\quad 0<\alpha<0.5$$

如果只有最简单的吸附稳定机理，则粒子表面积应与稳定剂用量成正比，即 $\alpha=1$。由此可见，实际起稳定作用的是 PVP 的接枝共聚物。然而也有一些体系，稳定剂浓度对粒径的影响很小[18]。

共稳定剂有助于使粒径减小，但当稳定剂用量较大时，共稳定剂的作用就不显著了。

(3) 引发剂　分散聚合多用油溶性引发剂，如偶氮二异丁腈（AIBN）、偶氮二异庚腈（ADVN）及过氧化二苯甲酰（BPO），引发剂活性大小决定自由基形成速率和浓度，从而影响介质黏度和成核期的长短。研究表明，活性最小的 BPO 和活性最大的 ADVN，对 St/乙醇/PVP 聚合体系均得不到单分散粒径。这是由于自由基产生速率与稳定剂被吸收速率不匹配的缘故。活性过大的引发剂使初始核形成速率大，但分散剂被吸收速率跟不上，粒子间聚并增多，二次成核可能性提高，使粒径分布加宽；若引发剂活性过小，成核期延长也导致粒径分布加宽。提高引发剂用量与提高引发剂活性的作用相当。一般而言，粒径与引发剂用量具有如下关系：

$$d \propto K\,[\mathrm{I}]^{\beta},\quad 0.2<\beta<0.4,\ K\text{ 为调整参数。}$$

但引发剂浓度增大时，产物分子量减小：

$$M_{\mathrm{n}} \propto [\mathrm{I}]^{-0.5}$$

(4) 介质　由分散介质和单体构成的聚合介质对粒径及其分布影响最大，作用也复杂。影响主要有两个方面：①单体、引发剂在连续相和分散相两相中的分配；②介质对就地形成的接枝共聚物稳定剂的溶解能力。其主要影响还有：对聚合物溶解度的影响、介质对链转移反应和分子量的影响以及对粒子聚并的影响等[17]。

对于极性介质中的分散聚合 LOK 等提出了以反映介质极性的溶度参数 δ 作为控制粒径及其分布的指标[14]。但不同体系之间缺乏统一的标准。Parine 进一步提出以 Hansen 溶度参数 δ_{t} 的三个部分：色散项 δ_{d}、氢键项 δ_{h} 极化项 δ_{p} 来解释分散介质的作用。Parine 通过实验证明，Hansen 溶度参数三个项同时相近的体系会产生相似的结果（粒径及其分布、分子量）。因此一种介质产生单分散微粒的结果可通过其他介质体系再现。尽管如此，对同一分散介质体系还是可以通过极性变化来观察和判断实验结果。对于非极性单体，介质极性大到一定程度，会导致粒径分布加宽；极性降低，粒径尺寸增大。

近年来由于某些高科技领域，如喷墨印刷、电泳显示的需求以及科学理论研究的需要，在非极性溶剂中分散聚合的研究受到很大关注[7,65,67]。非极性溶剂中分散聚合的单体主要有 MMA、苯乙烯等，主要溶剂有正己烷、二氧六环、苯、四氯化碳等。

2.3 乳液聚合进展

由于乳液聚合方法独特的优点，在高分子材料生产中具有极重要的地位，所以乳液聚合的理论研究和新技术开发取得了很大进展，派生出了一系列乳液聚合的新分枝，形成了许多乳液聚合新方法，进一步扩大了乳液聚合的应用领域，深化了理论研究的深度。本节将对非水介质的乳液聚合、无皂乳液聚合、种子乳液聚合、微乳液聚合等乳液聚合新方法作简要阐述。

2.3.1 非水介质中的乳液聚合

传统的乳液聚合是以水为分散介质，不溶于水（或微溶于水）的单体为分散相（油相），采用水溶性引发剂。但对像丙烯酸、丙烯酰胺等水溶性单体，采用水为分散介质的传统乳液聚合方法就有困难。在此背景下，就提出了非水介质中的乳液聚合问题。

非水介质中的乳聚合有两种类型：①反相乳液聚合，这是以与水不相溶的有机溶剂为介质，采用油溶性引发剂和溶于水的单体。这时，与传统的乳液聚合刚好相反，是油为分散介质，水为分散相，故称之为反相乳液聚合。②非水介质中的正相乳液聚合即非水介质中的常规乳液聚合，这时仅仅用非水介质代替水作分散介质，其他仍如传统乳液聚合一样，即单体仍为非水溶性，仅只用极性物质代替水。这种方法并无强的应用背景。目前尚限于研究阶段，所以以下重点阐述反相乳液聚合，对非水介质正相乳液聚合也作简要介绍。

2.3.1.1 非水介质中的正相乳液聚合

早在 1949 年就有人提出以极性溶剂代替水为分散介质进行正相非水介质乳液聚合的设想，此后进行了一些试验工作。主要以苯乙烯和丁二烯的均聚和共聚为研究对象。采用与单体不互溶的甲酰胺、甲酸和液氨等为分散介质；采用传统乳液聚合的所用乳化剂如脂肪酸皂、脂肪酸磺酸盐或硫酸盐、季铵盐等；引发剂为过硫酸盐及偶氮化物等。但试验结果都存在问题，并未获得成功。例如，液氨为介质时，液氨与许多单体都有较大程度地互溶；而与乳化剂和引发剂不溶；以甲酸为介质时，对自由基有捕集作用。用甲酰胺为分散介质时，可制得苯乙烯和丁二烯共聚物的稳定乳液，但这时分子量调节又存在问题，因为这时硫醇并不能发挥分子量调节剂的作用。对所有研究过的体系，其结果都不及以水为分散介质的乳液聚合。所以近年来，这方面的研究工作陷于停滞状态，没有新突破。

2.3.1.2 反相乳液聚合

将水溶性单体，如丙烯酰胺，配成水溶液，借助油溶性乳化剂辅之以搅拌作用，使在非极性有机介质中分散成微小液滴，形成油包水（W/O）型乳液。这种乳液的分散相恰与水包油（O/W）型乳液相反，故称之为反相乳液。反相单体乳液以水溶性或油溶性引发剂引发聚合，形成反相聚合物胶乳。称这种聚合方法为反相乳液聚合（inverse emnlsion polymerization）。此种方法的液滴和最终聚合物粒径很小（0.1～0.2μm 或更小），与常规乳液聚合粒子及微悬浮聚合物粒子相当，而多数情况下，液滴是主要聚合场所，因此亦有人称之为反相微悬浮聚合。

(1) 聚合体系　反相乳液聚合体系主要包括水溶性单体、水、油溶性乳化剂、非极性有机溶剂以及水溶性或油溶性引发剂。

① 单体。常用于反相乳液聚合的水溶性单体有丙烯酰胺（AM）、丙烯酸（AA）、甲基丙烯酸（MAA）、丙烯酸钠、乙烯基对苯磺酸钠、*N*-乙烯基吡啶、烷酮、甲基丙烯酸乙酯基三甲基氯化铵及某些单体的二元共聚体系。其中，研究得较多的是丙烯酰胺的反相乳液聚合。

通常，单体以水溶液的形式进行聚合，浓度一般在10%～50%之间，而以30%左右为宜。

② 分散介质。反相乳液聚合的分散介质，即连续相，可选择任何不与水互溶的有机惰性液体。分散介质的性质，特别是介电常数、溶解度参数和对所选用的表面活性剂的溶解能力，对反相乳液聚合过程有着非常显著的影响。与常规乳液聚合体系不同的是，连续相或油相可以有不同的选择，它与不同乳化剂可以组合为多种匹配关系。根据有机溶剂与表面活性剂的相互作用关系，可以把有机溶剂分为三类：a. 非溶剂化作用的溶剂（solvophobic interactions），如乙二醇，2-胺基乙醇，这类溶剂含有两个以上氢键生成中心，其结构类似于水，在这类溶剂中形成与水溶液相同的正相胶束。b. 形成反相胶束的溶剂。这类溶剂的典型代表为烷烃、芳烃、环烷烃等。c. 不形成胶束的溶剂，如甲醇、乙醇和二甲基甲酰胺等。它们是有单个氢键生成中心与表面活性剂不形成胶束。因此，用于反相乳液聚合的溶剂应选择第二类，通常为脂肪烃、芳烃、卤代烃等，如甲苯、邻二甲苯、异构石蜡、异构烷烃、环已烷、庚烷、辛烷、白油、煤油等。

油相与水相（分散相）的比例及油相的黏度，也是影响乳液稳定性的重要因素。当油水相的比例较大时，可防止粒子间的黏并，根据经验，采用油/水＝（1～3）/1，合适的油/水比在1.6左右。为了增大黏度以提高乳液的稳定性，有时还需加入增稠剂，如纤维素醚或酯，苯乙烯-马来酸酐共聚物，聚环氧丙烷、聚丙烯酰胺等。

③ 乳化剂。反相乳液聚合可采用HLB＝3～9的乳化剂，一般HLB值在5以下为宜。常用的大都为非离子型乳化剂，包括山梨醇脂肪酸酯（Span系列）及环氧乙烷加成物（Tween系列），如Span60、Span80或Span80/Tween80的混合物等。乙二胺与环氧乙烷/环氧丙烷嵌段共聚物（Tetronic 1102，HLB＝6）作乳化剂很有特色，所制得的反相乳液乳胶粒子细小，乳液属油/水/油多重结构，稳定性好。

有时也用阴离子乳化剂。但溶于油相的阴离子乳化剂品种较少，只有长链脂肪酸盐、烷基萘磺酸盐、烷基脂磺酸盐等几种。

乳化剂用量可在较大范围内变化，一般占油相的1%～10%。

在反相乳液体系，乳化剂对分散粒子的稳定作用不可能靠界面的静电作用而只能靠界面的位障作用及降低油水界面张力来稳定。因此，分散稳定性较传统乳液聚合要差。

关于乳化剂在非极性溶剂的二元体系中是否形成胶束，胶束的结合形式以及胶束的聚集数等，长期以来都是研究的热点，研究结果也差异最大。显然这是由于分散介质、乳化剂种类不同、实验条件差异（杂质等的影响）以及不同的研究手段造成的。

研究结果表明，某些体系不形成反相胶束。同一研究者在同一体系中，由于采用不同的研究方法也有得出不同结果的例子。

然而，更多的试验结果表明，乳化剂在油相中聚集而形成反相胶束，乳化剂在溶剂中的许多溶液性质显示出在临界浓度下有截然不同的变化，这是确定反相胶束形成的依据。光散射所得的聚集数远远大于蒸汽渗透压法所得的结果，这被归因于杂质被胶束所增溶和散射光的荧光作用导致对聚集程度的正偏差。大量试验表明，不同乳化剂形成反相胶束的一般规律是：甘油脂肪酸酯在氯甲烷中不形成胶束，在其他许多溶剂中可形成胶束，失水山梨醇单脂肪酸酯（Span系列）和失水山梨醇单脂肪酸酯聚氧乙烯醚（Tween系列）在多数溶剂中可形成胶束；脂肪醇聚氧乙烯醚、烷基酚聚氧乙烯醚在EO单元数为1时，不形成胶束，EO单元大于2以上的，可形成胶束。在这些非离子表面活性剂中，尤其是同一分子中含有羟基和酯基的表面活性剂，能在许多非极性溶剂中较好地形成胶束，这是由于乳化剂分子间容易形成氢键的结果。无论哪种类型的乳化剂，在干燥的有机介质中的胶束聚集数是小的（光散射的某些实验结果产生正偏差，杂质的影响是主要原因）。一般认为不超过5个分子的聚集体。这样低的聚集数使某些研究手段观察不到聚集体的形成。一种观点认为这样的聚集体不能形成球形胶束，因为球形胶束不能对极性区提供足够的保护层，因而提出了层状胶束模型(lamellee)，乳化剂的亲水端和亲油端相向排列成双层薄层结构，两平行层的烃链间弱的范德华作用力和极性基团间弱的偶极矩，使这种层状胶束得以形成。

不同乳化剂在有机溶剂中的临界胶束浓度和胶束的聚集数，其影响因素较多，不同作者得出了不同的结果。表面活性剂的结构、溶剂的性质、杂质、温度等的影响较大。某些研究表明：a. 聚氧乙烯类乳化剂，疏水基相同时，EO链越长，CMC值越小。b. 烷基铵羧酸盐类乳化剂 $R_1NH_3^+ . R_2COO^-$，在苯中，CMC值随 R_2 链长的增加而增加，随 R_1 链长的增加而减小，而在强极性溶剂 CCl_4 中，CMC值无明显变化。c. 阴离子表面活性剂的聚集数随碳链增加而减小，如羧酸盐、二烷基琥珀酸酯磺酸钠等。

溶剂的性质，特别是介电常数，溶解度参数和对表面活性剂的溶解能力，对于聚集体的大小有着非常显著的影响。一般而言，CMC值随着溶剂极性的增加而增大，随介电常数的增加而减小。

温度的增加将导致聚集数的减小，这是一般的趋势，但并非所有的情况下都如此。阳离子乳化剂比阴离子乳化剂对温度的敏感性更大，非离子乳化剂表现出类似于阳离子的温度敏感性，甚至比阳离子对温度更敏感。

需要指出的是，水对反相胶束的形成具有重要作用。了解这一点，对研究反相乳液聚合中成核和聚合机理是十分重要的。

虽然聚氧乙烯基醚在某些溶剂中的二元体系表明并不形成胶束，但它们在极性物质如水存在下都能形成反相胶束，这可能是由于分子间氢键作用的缘故。

有人[19]运用准弹性光散射研究了水对聚氧乙烯十二烷基醚在环已烷中聚集作用的影响，结果表明，在水/表面活性剂摩尔比小于3时，表面活性剂并不形成聚集体，而摩尔比为5时，形成小的反相聚集体，摩尔比在9以下时形成大的聚集体，且该聚集体显示陈化效应(ageing effect)。在更高的摩尔比下，形成具有时间依赖性的小的反相胶束。壬基酚聚氧乙烯醚在环已烷中，由水诱导的胶束化倾向随表面活性剂分子中聚氧乙烯链长的增加而增大，而且水对非离子表面活性剂胶束分子量的影响比对Aero sol OT这样的阴离子乳化剂的影响要大得多。

水的存在不仅促进了反相胶束的形成和聚集体的增长，而且也改变了组分间的相互作用及由此产生的某些胶束性质的变化，如胶束中水的活性比本体水的活性小，含水胶束导致CMC值的降低。NMR对聚氧乙烯失水山梨醇单油酸酯在二甲苯中的研究表明，随着加入水量的增多，氧化乙烯单元逐渐地从它们与有机溶剂单独作用中游离出来，并在胶束核中表现为不同的水解状态。在胶束核的水解区域存在着水的快速质量交换，同时，增溶水的流动性随着水的浓度增加而增大。

④ 引发剂　反相乳液聚合的引发剂可以是油溶性的，如偶氮类引发剂或有机过氧化物，也可以是水溶性的引发剂如过硫酸盐。它们分别被加入到油相或水相。此外，也可以采用氧

化-还原引发体系，如叔丁基过氧化氢-$NaHSO_3$体系，过硫酸钾-脲氧化还原体系等。

表 2-5 及表 2-6 分别列出了对苯乙烯磺酸钠和丙烯酰胺[20]反相乳液聚合的具体配方。

表 2-5　对苯乙烯磺酸钠反相乳液聚合配方

组　分	质 量 份
对苯乙烯磺酸钠	6.00
蒸馏水	24.00
邻二甲苯	70.00
Span 60 乳化剂	变量(2.30～8.75)
过氧化苯甲酰	0.14
过硫酸钠	0.060

表 2-6　丙烯酰胺反相乳液聚合配方

组　分	质 量 份
丙烯酰胺	10.0
蒸馏水	22.1
邻二甲苯	67.9
Tetronic 1102 乳化剂①	0.0068～0.027
过氧化苯甲酰引发剂	1.70～8.49

①聚氧乙烯-聚氧丙烯乙二胺加成物。

(2) 聚合机理及动力学　反相乳液聚合机理涉及成核过程和聚合场所。

在反相乳液聚合体系中，存在着多相平衡。体系中可能不形成胶束，也可能形成被单体水溶液增溶的球形或层状胶束。随着聚合过程的进行和温度的变化，乳化剂在油相和水相的分配也会改变。这些因素都会影响成核机理及聚合场所。

与传统乳液聚合相对应，反相乳液聚合成核机理也有三种可能：反相胶束成核、单体液滴成核和油相（连续相）成核。根据反应体系和反应条件的不同，这三种机理所占的比重亦不同。

例如，在丙烯酰胺（AM）的反相乳液聚合中，用油溶性引发剂、芳烃类溶剂为分散介质的情况下，反相胶束成核也占主导地位，聚合动力学行为类似于传统乳液聚合[21]。

一般而言，反相乳液聚合体系中单体液滴的尺寸很小，约为 1μm，在某些条件下可为 0.1～0.4μm，远比一般乳液聚合中单体液滴（10～100μm）为小，而接近微乳液聚合中单体液滴（小于 0.1μm）。因此比表面很大，是成核的重要场所，这与传统的乳液聚合不同。例如用油溶性引发剂、脂肪烃为分散介质的 AM 反相乳液聚合，动态光散射测定证明，此体系无反相胶束存在，且聚合过程中分散相的粒子大小基本不变，是单体珠滴成核为主导。Visioli 等[22]研究了 AM 在邻二甲苯中的反相乳液聚合，结果表明无论采用油溶性还是水溶性引发剂，成核和聚合均以单体液滴为主。

当然，胶束和单体液滴同时都是成核和聚合重要场所的情况也是存在的。由于单体液滴很小，表面积大，在多种情况下都能与增溶单体胶束竞争而成为粒子成核和聚合进行的重要乃至主要场所。一般而言，反相乳液聚合的机理具有乳液聚合与反相微悬浮聚合两种机理的综合结果。

聚合动力学主要是研究聚合速率、产物分子量等与单体浓度、引发剂浓度、乳化剂浓度、温度等参数间的定量关系。

对典型的传统乳液聚合，聚合速率 R_p 与单体浓度［M］、引发剂浓度［I］和乳化剂浓度［E］具有关系：

$$R_p \propto [M][I]^{0.4}[E]^{0.6}$$

但是反相乳液聚合动力学有所不同。例如AM的反相乳液聚合，虽然不同研究者大都采用甲苯或二甲苯为溶剂（分散剂），AIBN或KPS为引发剂，但动力学结果很不一致，综合式子如下：

$$R_p = k[M]^a[I]^b[E]^c$$

不同作者得到的指数 a、b、c 相差别很大，如表2-7所示[23]。

聚合速率对单体浓度的幂次从1.0到1.9；对引发剂浓度的幂次从0.0到2.0；对乳化剂浓度的幂次从－0.57到1.0。差别如此之大，可能是由于乳化剂来源和纯度不同所致。此外，乳化剂种类、水和分散介质的相比、介质酸碱度、搅拌速度等都可能对聚合速度和产物分子量产生影响。反相乳液聚合机理和动力学比较复杂，研究工作远未深透，目前还处于特定体系实验结果的描述上。

表2-7 丙烯酰胺反相乳液聚合动力学[23]

油相	乳化剂	引发剂	a	b	c
甲苯	Sentamide 5	KPS	1.7	0.9	
	E_1	AIBN	1.3	0.46	
	E_2	APS	1.3	0.50	
邻二甲苯	Tetronic	BPO	1	2	1
	1102	ADVN	1	0.2	0.8
	1102	KPS	1	0.4	0.6
甲苯	E_2	AIBN	1.9	0.5	
	Aerosol OT	AIBN	1.1	0.1	－0.55
	Aerosol OT	KPS	1.5	0.0	
	Aerosol OT	ADVN	1	0.5	－0.45
Isopar M	Span 80	AIBEA	1	0.5	
	Span 80	AIBN	1	1	－0.2
	Span 60	ADVN	1	1	－0.1
己烷	Span 60	AIBN	1.3	0.5	c
			[M]＝7.45mol/L，c＝－0.57		
			[M]＝2.14mol/L，c＝－0.27		
异辛烷	Span 80	ADVN	1.2	0.8	－0.4
	季戊四醇棕榈酸酯	AIBN	1	0.4～1.0	0

注：Sentamid 5为聚乙烯乙二醇醚；Isopar M为异烷烃混合物（沸程204～247℃）；E_1 为苯乙烯磺酸钠低聚物或共聚物；E_2 为聚苯乙烯-聚氧乙烯-聚苯乙烯ABA型嵌段共聚物。

反相乳液聚合过程的重现性差。由于聚合过程的机理和动力学受多种因素制约，尤其是杂质和温度波动的影响，同一体系所得产物也很难有重复性。Vanderhaff在苯乙烯磺酸钠反相乳液聚合的实验中发现，在50℃下，聚合速率不依赖于乳化剂浓度，而在60℃和70℃时分别随乳化剂浓度的0.58和0.89次方变化。当乳化剂浓度为0.033g/ml时，粒子数随聚合温度的升高而减少；而当乳化剂浓度为0.042g/ml和0.050g/ml时，在50℃和60℃的粒子数相同，70℃时粒子数减少；当乳化剂浓度为0.067～0.125g/ml时，三个温度下的粒子数相同，这说明聚合过程的规律性很差[24]。当采用非离子乳化剂时，它比阴离子乳化剂受温度波动的影响也较大。少量添加剂对聚合过程的影响有时是惊人的。

通常，反相乳液聚合产物的稳定性不如常规乳液聚合产物，这是因为分散粒子没有表面电荷的稳定作用，而是靠乳化剂的亲油端在粒子界面形成空间阻隔来稳定，它对界面张力的减少是很有限的。此外，反相乳液产物的乳胶粒径一般大于常规乳液聚合产物，尤其是微悬浮聚合机理下的反相乳液聚合过程。而且连续相的密度一般小于水，使得粒子的自然沉降作用力较大，因此，乳胶粒径的大小决定着产物的稳定性。

影响粒径大小的主要因素是：乳化剂的选择和用量、聚合温度、搅拌速度、相比和连续相的性质。正是由于反相乳液聚合的产物稳定性差，其发展趋势是向反相微乳液聚合靠拢。

2.3.2 无皂乳液聚合

无皂乳液聚合（emnlsifier-free emnlsion polymerization）是在传统乳液聚合基础上发展起来的一种聚合反应新技术。无皂乳液聚合是指在反应体系中事先不加或只加入微量（其浓度小于 CMC 值）乳化剂的乳液聚合。乳化剂主要是在反应过程中形成的。一般采用可离子化的引发剂，它分解后生成离子型自由基。这样在引发聚合反应后，产生的链自由基和聚合物链带有离子性端基，其结构类似于离子型乳化剂结构，因而起到乳化剂的作用。常用的阴离子型引发剂有过硫酸盐和偶氮烷基羧酸基等；阳离子型引发剂主要有偶氮烷基氯化铵盐，最常用的是过硫酸钾（KPS）。

传统的乳液聚合因其独特优点如成本低、无污染、反应易操作以及产物分子量高等而得到广泛的应用。但由于反应过程中需要加入一定量的乳化剂，而且会将乳化剂带到最终产品中去。从而影响乳液聚合物的应用性能如电性能、光学性能、表面性能及耐水性等。无皂乳液聚合由于反应过程中不含有乳化剂，故而克服了传统乳液聚合中由于乳化剂存在而对最终聚合物性能造成不良影响的弊端。除此之外，无皂乳液聚合还可以用来制备粒径在 0.5～1.0μm 之间、单分散、表面清洁的聚合物粒子，可用于标准测量的基准物。同时，可以通过粒子设计使粒子表面带有各种功能基团而广泛用于生物医学等领域。所以这是一具有重要应用前景和理论意义的新型聚合技术。

2.3.2.1 成核与稳定机理

传统乳液聚合是按胶束成核机理进行反应、成核的。体系中乳化剂浓度远远高出临界胶束浓度 CMC 值，并形成单体增溶胶束。当反应开始时，水相中的引发剂分解生成自由基，而后进入单体增溶胶束进行聚合反应并成核。成核阶段的结束是以胶束的消失为标志的。反应过程中乳化剂吸附在乳胶粒表面，起到稳定乳液的作用。这种成核及稳定机理对根本不含有乳化剂的无皂乳液聚合显然是不可能成立的。因此自 20 世纪 70 年代以来，人们对无皂乳液聚合的成核与稳定机理进行了深入的研究。目前得到普遍接受的可归纳为均相成核机理和低聚物胶束成核机理。

（1）均相成核机理　该机理的主要内容是：聚合反应最初在水相中进行，引发剂在水溶液中分解生成自由基并与溶于水中的单体分子引发聚合和进行链增长反应。反应遵从均相动力学。随着链增长反应的进行，自由基活性链的聚合度逐渐增大，在水中的溶解性逐渐变差。当活性链增长至临界链长时，便自身缠结，从水相中析出，形成初始粒子。

在无皂乳液聚合过程中，通常采用过硫酸盐类引发剂。这样在引发聚合反应后，引发剂碎片—SO_4^- 将保留在自由基链的一端。反应过程可表示如下：

$$S_2O_8^{2-} \longrightarrow 2SO_4^-$$

$$—SO_4^- + M \longrightarrow —SO_4^- M$$

$$—SO_4^- M + M \longrightarrow —SO_4^- MM$$

$$—SO_4^- MM + M \longrightarrow —SO_4^- MMM$$

这样就形成一端带有亲水性基团的活性自由基链。当链长达到临界链长并卷曲缠结成聚合物粒子时，大部分—SO_4^- 基团分布在粒子表面，起类似于乳化剂的稳定作用。

初始粒子形成之后，便会捕捉水相中的自由基而继续增长，形成二次粒子。二次粒子的尺寸仍然很小（粒径大约 5nm），极不稳定。需要通过粒子间的聚并来提高粒子稳定性。这种粒子间的聚并是影响聚合反应中乳胶粒成核速率的一个重要因素。粒子间的聚并使乳胶粒数目下降。同时粒子体积不断增加，粒子表面电荷密度增加，使粒子逐渐趋于稳定，粒子间聚并速率减慢。当粒子对自由基的捕捉速率等于自由基有效生成速率。乳胶粒数目 N_p 不再变化，成核期结束。均相成核过程机理示意于图 2-7。

（2）低聚物胶束成核机理　该机理认为，在反应初期，水相中生成大量低聚物链，链的一端带有亲水性基团（如—SO_4^-），使低聚物本身具有表面活性剂的性质。当低聚物浓度达到 CMC 值时，便形成为单体增溶的低聚物胶束，在其中进行聚合反应，形成乳胶粒，如图 2-8 所示。

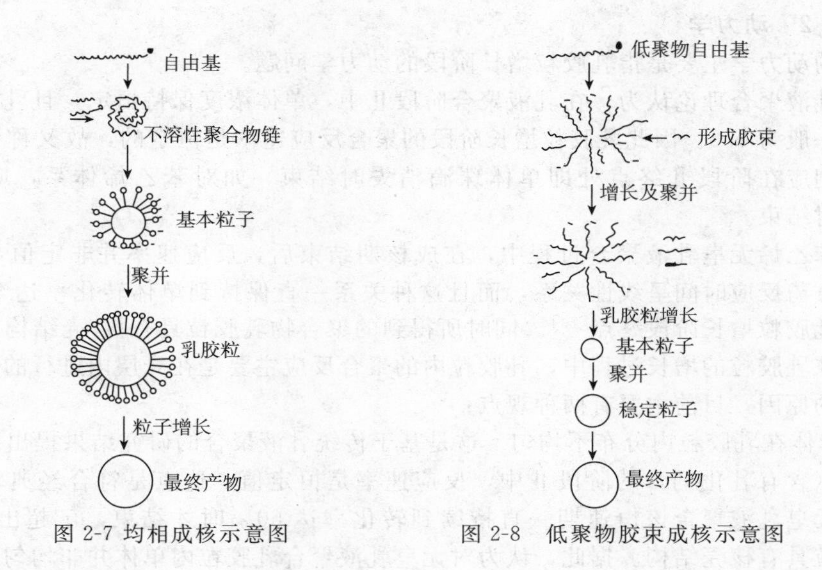

图 2-7 均相成核示意图　　图 2-8 低聚物胶束成核示意图

Vanderhoff[24] 利用均相反应动力学理论，当以 KPS 为引发剂时，算出苯乙烯水溶液聚合可生成平均聚合度为 7 的低聚物。这种低聚物具有表面活性剂的性质，其球形半径和表面电荷密度与乳化剂十二烷基硫酸钠十分接近。

Song 等人[25] 认为，在 St/KPS 体系无皂乳液聚合的成核过程中，低聚物的链长是变化的，其 CMC 随分子链长的增大而减小。成核过程实际上由齐聚物胶束形成阶段和粒子增长阶段组成。而乳胶粒中聚合物分子量越大，表面电荷密度越低，乳液稳定性越小。反应初期形成的乳胶粒全部由分子量为 1000 左右的低聚物（相当于聚合度为 7 左右）组成。聚合物分子链的两个端基皆为—SO_4^-（即为双基偶合终止），并且全部分布在乳胶粒表面。从以上的考虑，Song 等提出两阶段成核模型。

两阶段模型的基本观点为：反应初期，首先生成较长的低聚物链，临界链长 n^* 较长。当链浓度达到临界胶束浓度时，开始胶束化形成低聚物胶束。但由于胶束数目有限，体积又很小，所以自由基被捕捉的概率很小，大部分仍在水相中终止形成低聚物。随着低聚物浓度的不断增加，临界链长 n^* 不断下降，低聚物胶束形成的速率增加。这个时期的反应特征是临界链长 n^* 不是定值。随着反应的进行 n^* 在不断下降。将这一阶段定义为第一成核期或称阶段Ⅰ，该阶段的特征是 n^* 为变数。

当形成的低聚物胶束逐渐增多后，水相中自由基活性链被粒子捕捉的概率也逐渐增加。这使得水相中自由基相互终止所生成的低聚物浓度逐渐下降。最终使临界链长 n^* 保持为一个恒定值。此时，开始进入第二成核期或阶段Ⅱ，该阶段的主要特征是 n^* 为定值。

在第二成核期，已形成的乳胶粒不断捕捉水相中的活性自由基，进行粒子增长反应，生成高分子量的聚合物。高分子量聚合物的生成必然要大大降低乳胶粒表面的电荷密度，降低体系的稳定性，发生粒子间的聚并。当粒子聚并到一定程度后，乳胶粒体积增大，稳定性提高，使粒子聚并速率又逐渐下降，最终使乳胶粒数目达到一个恒定值，至此成核期结束。

无皂乳液聚合遵循哪一种成核机理，最终应取决于单体亲水性大小。一般来说，水溶性较大的单体遵从均相沉淀成核机理；而水溶性小或疏水性单体的无皂乳液聚合则倾向于遵从低聚物胶束成核机理。但不论是哪一种机理，当成核过程结束后，开始进入乳胶粒增长反应阶段，这点与传统乳液聚合是相同的。

2.3.2.2 动力学

这里的动力学主要是指乳胶粒增长阶段的动力学问题。

经典乳液聚合理论认为，在乳液聚合阶段Ⅱ中，单体浓度保持恒定，且乳胶粒内平均自由基数目一般为0.5。因此乳胶粒增长阶段的聚合反应速率是恒定的，故又称该阶段为恒速期。该恒期应在阶段Ⅱ终点处即单体珠滴消失时结束。如对苯乙烯体系，应在转化率达40%左右时结束。

但在苯乙烯无皂乳液聚合过程中，在成核期结束后，反应速率并非定值，与转化率 X 的2/3次方与反应时间呈线性关系，而且这种关系一直保持到单体转化率达50%左右，远远超出了乳胶粒增长阶段终点[26]。同时所得到的聚合物乳胶粒具有核/壳结构形态。这些现象表明，在乳胶粒的增长过程中，乳胶粒内的聚合反应主要是在壳层内进行的。对乳胶粒的壳层增长的原因，目前主要有两种观点：

(1) 单体在乳胶粒内分布不均匀　这是基于传统乳液聚合的研究结果提出的。苯乙烯的乳液聚合（含有乳化剂）的阶段Ⅱ中，反应速率是恒定值，这点是符合经典乳液聚合理论的。但对无皂乳液聚合该恒速期一直持续到转化率达60%时才结束，已超出阶段Ⅱ范围，而且乳胶粒具有核壳结构。据此，认为对无皂乳液聚合乳胶粒内单体并非均匀分布。在乳胶粒中心为聚合物富集区，单体浓度较低。而乳胶粒的外部为单体富集区，聚合物含量相对较少。换言之，聚合物乳胶粒是由富集聚合物的核和富集单体的壳结成的。聚合反应主要在富集单体的壳层进行的，从而形成具有核壳结构的乳胶粒。当反应进行到阶段Ⅱ终点以外时，虽然体系内单体的平均浓度是不断下降的，但粒子壳层内的局部单体浓度在一段时间内仍保持不变。宏观上表现为反应直到超过阶段Ⅱ时仍为恒速。

(2) 乳胶粒内自由基分布不均匀　该理论认为，在无皂乳液聚合的乳胶粒增长过程中，乳胶粒内并不存在单体浓度梯度。乳胶粒的壳层增长是由于粒子内自由基的不均匀分布造成的。由于被单体溶胀的乳胶粒内的单体浓度要远远高于水相，所以水相自由基首先吸附在乳胶粒表面上进行链增长反应，并朝着富集单体的乳胶粒表层内部进行，使活性自由基逐渐深入到乳胶粒表层内，而带有亲水性基团的另一端仍保持在乳胶粒-水相界面上，起稳定粒子的作用。单体从粒子内部或水相向表层的自由基活性点周围扩散，进行链增长反应。从而形成了乳胶粒内自由基的不均匀分布及壳层增长反应。

由于自由基链的一端停留在乳胶粒表面，自由基活性点可到达乳胶粒内部的深度取决于自由基链长。即乳胶粒壳层厚度与聚合物分子的尺寸，均方末端距 r^2 是相当的，而且壳层增长只有在粒径较大（大于0.2μm）的乳胶粒内才可能存在。

无皂乳液聚合所得聚合物分子量一般在 10^5 数量级。根据Flory方程可以计算出相应的均方末端距为 $(r^2)^{1/2}=22.5\text{nm}$。比如对St体系无皂乳液聚合，当粒径大于0.2μm时，壳层厚度计算值为10～40nm，正好与大分子尺寸一致。

实验表明对St/KPS体系无皂乳液聚合，聚合物末端的—SO_4^- 基团大部分都保持在粒子表面。这无疑是对壳层增长理论的有力支持。

对于无皂乳液聚合粒子增长阶段中 $x^{2/3}$-t 的线性关系，与传统乳液聚合中，与乳胶粒内平均自由基数 $n \gg 1$ 时，在壳层增长的理论预计是完全一致的。当反应进行到阶段Ⅲ时，由于凝胶效应使反应速率加快，与由于单体浓度下降使反应速率下降的影响正好相互补偿。从而使得 $x^{2/3}$-t 的线性关系在进入反应第三阶段一段时间内仍保持不变。

由于多数情况下，单体可溶解或溶胀生成的聚合物，认为乳胶粒内部单体浓度低的观点并无充分证据，所以乳胶粒内自由基分布不均匀的观点更有说服力，实验证据也较充分。

无皂乳液聚合由于自身特点，使得到的聚合物乳液与传统乳液聚合制得的制品间存在着两个显著的区别，即第一，乳胶粒数目及直径不同。无皂乳液乳胶粒数目数量级一般为 10^{12} 个/cm^3，粒径在0.5～1.0μm之间，而传统乳液则分别为 10^{15} 个/cm^3，小于0.5μm；第二，无皂乳液聚合产物分子量较低，一般数量级为 10^5，而传统乳液聚合产物的分子量为 10^6 左右。

2.3.2.3 共聚合

无皂乳液共聚合反应，特别是憎水性单体与亲水性单体的共聚合反应是研究的热点之一。这除了是制备特殊性能共聚物胶乳的需要之外，也是提高反应体系稳定性的重要方法。

同传统乳液聚合相比，无皂乳液聚合往往存在反应速率慢、体系稳定性差的问题。在无皂乳液聚合中加入水溶性（即亲水性）单体可提高聚合速率，提高体系的稳定性。水溶性单体有以下几种类型：

（1）羧酸类单体　这类单体主要有丙烯酸、甲基丙烯酸、衣康酸、马来酸、富马酸等。单体的种类、用量、中和度等都对反应有很大影响。一般说来，水溶性共聚单体越易溶于油相，在聚合反应中越易于扩散到乳胶粒内，从而有效地起到稳定作用。但它们在乳胶粒表面的分配比越小。此外，羧酸类单体的中和度不同，会导致羧酸单体在油-水中的分配比变化，进而影响羧基在乳胶粒表面的含量，乳胶粒数目及稳定性。

（2）酰胺类单体　这类单体包括丙烯酰胺及其衍生物如 *N*-羟甲基丙烯酰胺［CH_2═$CHCONHCH_2OH$］、*N*，*N*-二甲基丙烯酰胺［CH_2═$CHCON(CH_3)_2$］及甲基丙烯酰胺［CH_2═$C(CH_3)CONH_2$］等。这类单体由于亲水性好，参与共聚合反应后，分布在乳胶粒表面，可以在乳胶粒表面形成水化层，从而起到稳定作用。

（3）离子型共聚单体　这类单体一般含有强亲水离子基团如—SO_3^-，参加共聚反应后，分布在乳胶粒表面，起类似乳化剂的作用。因此合成的乳液稳定性高，反应速率快。常用的离子型共聚单体有

NaSS［CH_2═CH—C_6H_4—SO_2Na］、NaSEM［CH_2═$C(CH_3)COOCH_2CH_2SO_3Na$］等。

采用水溶性共聚单体时，乳胶粒通过“均相成核”机理形成，并按“壳层反应”机理增长。无皂乳液聚合反应速率快，稳定性好。

还可采用具有反应活性的乳化剂作为共聚单体，如十一碳烯酸羟乙基磺酸钠等。当浓度低于CMC时，在水相中参加共聚反应，生成具有表面活性的齐聚物自由基，最后通过均相成核机理或齐聚物胶束成核机理形成乳胶粒，进行无皂乳液共聚合反应。

H. Kawaguchi等人较系统地研究了苯乙烯与丙烯酰胺类单体的无皂乳液共取合反应。以过硫酸钾为引发剂，共聚单体与苯乙烯质量比为0.9、pH值9.0、反应温度70℃时，得出总转化率及两种单体转化率以及共聚单体丙烯酰胺（AM）在聚合物中的瞬时组成与聚合

时间的关系，如图 2-9 所示。

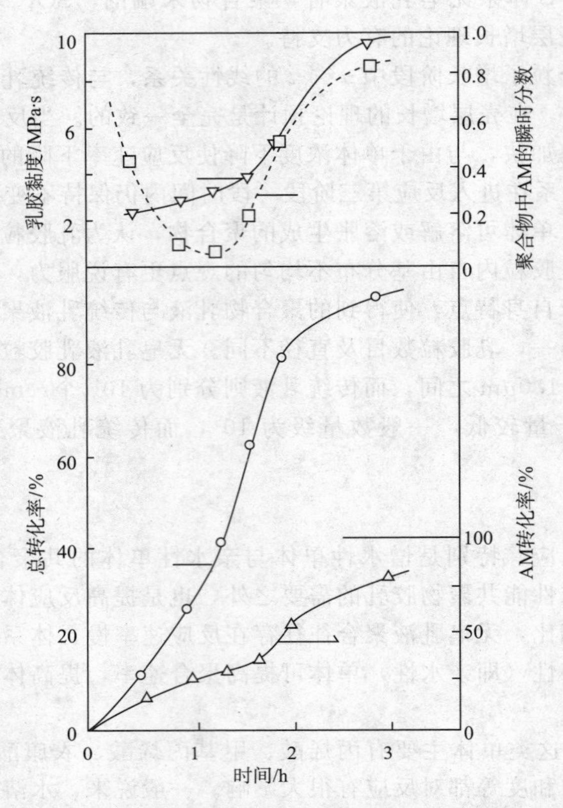

图 2-9 St 与 AM 共聚反应中转化率与共聚物瞬时组成与聚合时间的关系

根据实验结果可得出如下结论：共聚反应可分为三个阶段。第一阶段，主要是丙烯酰胺类共聚单体在水相聚合，并生成乳胶颗粒；第二阶段主要是苯乙烯在生成的乳胶粒中进行聚合。当苯乙烯液滴消失后，苯乙烯浓度下降，主要聚合场所从乳胶粒又转向水相，从而进入第三阶段，以水相中 AM 类共聚单体聚合为主。共聚单体的亲水性和反应活性对聚合模式和胶乳粒粒径都有明显影响。

苯乙烯与少量 *N*-(羟甲基) 丙烯酰胺共聚可制得 0.35～1.10μm 的单分散乳胶粒。

共聚合对无皂乳液聚合的理论研究和应用都十分重要，是当前研究的热点之一。

为了提高无皂乳液聚合产物的稳定性并提高其固含量，近年来进行了大量研究工作[68～72]。例如，采用与表面活性单体共聚、使用表面活性引发、增加单体在分散剂中的溶解度（如在水介质中加入有机溶剂）等方法，可大幅度提高体系稳定性并可提高固含量，从而大幅度拓宽其应用领域。近年来无皂乳液聚合在活性/可控自由基聚合反应中的应用也受到关注[73]。

2.3.3 微乳液聚合

微乳液聚合（microemulsion polymerization）是以制聚合物微乳液为目的的聚合过程，是将单体与分散介质、乳化剂和助乳化剂配成微乳液，继而引发聚合的过程。利用微乳液体系进行光化学反应、光引发聚合、药物微胶囊化、纳米级材料的制备以及反相聚合物微乳液在石油开采中的应用等方面即有重要的开发前景。微乳液聚合是在乳液聚合基础上发展起来的一项重要聚合新技术。

2.3.3.1 微乳液[27]

(1) 概念和特征　乳液体系通常以分散相的液滴大小进一步区分。当我们把油-水-乳化剂混合进行乳化分散时，或对单体进行预乳化分散时，体系成为大粒子乳液（macroemulsion)。大粒子乳液通常是指液滴直径大于 0.1μm 的乳浊液分散体。常规乳液聚合体系的单体乳化液的液滴直径在 10～100μm。如果在乳化时加入助乳化剂（它本身不是表面活性剂)，可使分散相的液滴直径大大缩小，达到 100～400nm，这样的体系称为小粒子乳液（miniemulsion）或细乳液聚合。如前面所述微悬浮聚合的情况。当然，它仍是牛奶状的不透明的乳浊液。

微乳液（microemulsion）使分散相珠滴直径在 10～100nm、透明的、热力学稳定的两种不互溶液体的分散体系，体系中一般含有相当数量的表面活性剂或表面活性剂与助表面活性剂的混合物。

尽管小粒子乳液体系也采用助表面活性剂，但在乳化工艺上与微乳液体系有三个不同点：①乳化剂的含量不同。小粒子乳液的乳化剂浓度一般占分散相的 0.5%～3%，而微乳液一般采用 15%～30%的混合乳化剂来制备。②小粒子乳液仅采用链长至少 12 个碳原子的助乳化剂来制备，而微乳液则采用较短链的助乳化剂，如 C_5～C_{10} 的脂肪醇。③组分的混合顺序不同。小粒子乳液的乳化过程序需把离子性乳化剂的水溶液与助乳化剂在熔点温度以上预乳化 0.5～1h，然后再加入油相组分，而微乳液可采用助乳化剂与油相预先溶解，再与含离子性乳化剂的水相混合。

与普通乳液一样，微乳液也可分为 O/W 型微乳液，即正相微乳液，和 W/O 型微乳液，即反相微乳液。O/W 型微乳液需很高浓度的表面活性剂。W/O 型微乳液中，由于单体可起一定程度的油乳化剂的作用，因此制备 W/O 型微乳液要比 O/W 型容易一些。

乳液（大粒子或小粒子乳液）与微乳液的本质区别不仅仅是粒子的大小不同，还在于它们的热力学状态不同。乳液的珠滴大小随时间的推移而增大，最终导致相分离，这就是所谓动力学稳定而热力学不稳定的体系。而微乳液则是热力学稳定的体系，它的性质不随时间而变化。

水-油-乳化剂（助乳化剂）制备的透明的、清亮的、热力学稳定的体系可包括三类：三组分共溶体系；正相和反相胶束溶液；正相和反相微乳液。

共溶体系是单分子分散的互溶体系，虽然体系中可能存在瞬间动态平衡的小的分子聚集体，但聚集作用是微弱的；胶束和增溶胶束溶液中有大量的乳化剂分子的聚集体，胶束的内部由乳化剂的亲油端和少量被增溶的油相所组成，因而胶束的内相不一定是各向同性的（取决于胶束的形状)，它的外相是明显的单连续相结构。而微乳液是由各相异性的乳化剂分子膜所分离的各向同性的本体油（或水）微区所组成的，本体的油区或水区在尺寸上大大超过胶束的分子聚集体，且微乳液体系可能以动态双连续相的结构存在，也可能以单连续相的聚集体的形式存在，这是胶束溶液所不具备的。动态双连续相结构中油和水的微区在体系中共存，且在极短的时间内处于快速质量传递的动态平衡中。当增溶胶束溶液中加入更多的油（或水)，使油相和水相的数量达到可比程度时，若具备微乳液形成的条件，则体系将变为微乳液。从这个意义上说，微乳液是特殊条件下的溶胀的胶束溶液，其溶胀的程度之大，是通常单体在胶束中的增溶所无法比拟的。由此可看出，在共溶体系-增溶胶束-微乳液体系三者之间既有区别又有联系。

微乳液可用非离子性乳化剂制得也可由离子性乳化剂制得。采用离子性乳化剂时一般需加入助乳化剂。常用的助乳化剂是 C_5～C_{10} 的脂肪醇。此外也可采用胺、酸等带有极性基团的有机物。丙烯酰胺（2-甲氧基丙烯酸氧基）三甲基氯化铵等极性单体也可起助乳化剂的作用[28]。

微乳液具有以下特点：①是各向同性的热力学稳定的透明体系，但水油两相是亚微观相分离的；②液滴直径比一般胶束大一个数量级，各向同性的油和水被各向异性的界面层所分离，而胶束不是各向同性的；③与常规乳液相似，当连续改变水油比时，可产生相反转（内外相互换）。

（2）结构　微乳液的结构是研究的焦点问题。根据油水两相比的差异，微乳液有三种不同的类型：O/W 型，W/O 型（反相微乳液）；如果两相用量相当则表现为双连续相或液晶型。微乳液中的分散相，根据不同的条件，可是球形、圆柱形或其他形式。微乳液是液滴紧密堆积的体系，液滴间距离小于液滴直径。液滴被乳化剂和助乳化剂所形成的复合界面所稳定。图 2-10 表示了几种微乳液液滴结构示意图。

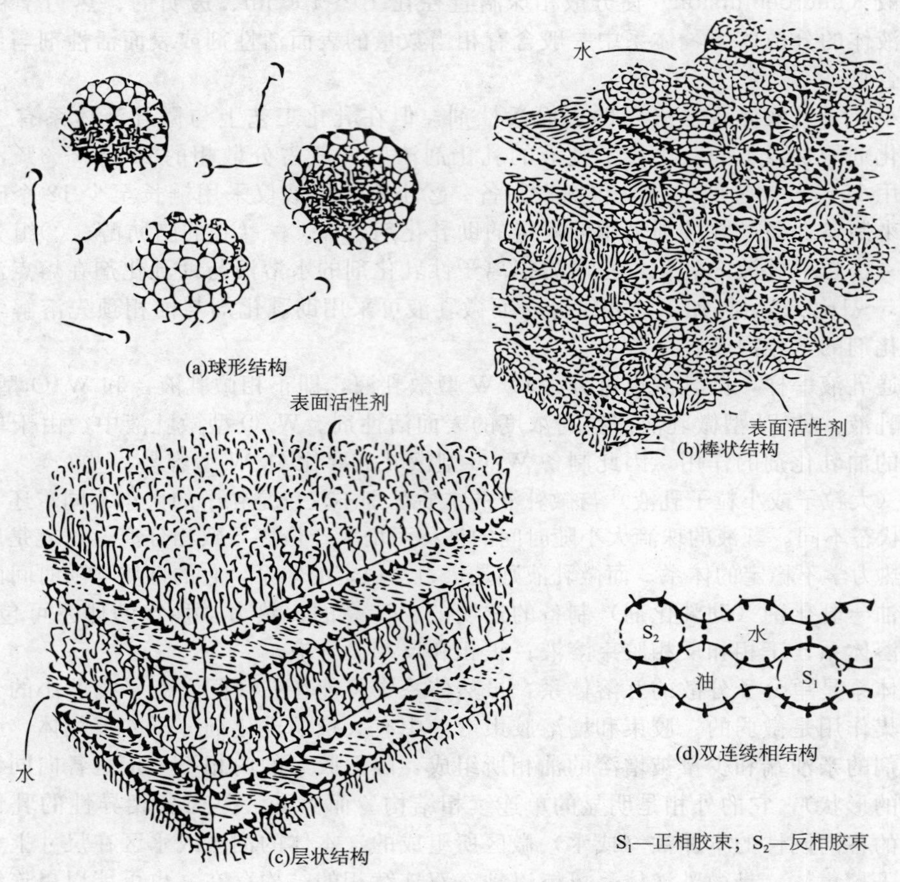

图 2-10　几种微乳液液滴的结构示意图

2.3.3.2　正相微乳液聚合

当前，对 O/W 型即正相微乳液研究较多的是苯乙烯体系。各组分的典型配方示例于表 2-8。

表 2-8　苯乙烯微乳液聚合配方示例

组分名称	质量分数/%
苯乙烯(St)	4.85
十二烷基硫酸钠(SDS)	9.05
1-戊醇	3.85
水	82.5
过硫酸钾(KPS)	0.27

微乳液聚合体系中乳化剂及助乳化剂浓度很高，单体浓度很低。单体主要以微液滴形式分散于水中，亦有少量（约5%）分散于界面层中。助乳化剂大部分存在于界面层，少部分存在于单体液滴及水相中。在O/W微乳液聚合中，单体浓度稍高一些就会使体系不稳定，所以迄今为止，尚未有用此方法制备固含量足够高的乳液以用于工业的报道。

（1）成核机理　O/W型微乳液聚合是首先以单体微液滴成核为主，这与微悬浮聚合相似。聚合反应进行一段之后又以混合胶束内成核为主。在整个聚合过程中一直有新的乳胶粒生成。

由于微乳液内单体液滴尺寸很小（0.01～0.1μm），远小于传统乳液聚合中的单体珠滴，而与乳液聚合中的单体增溶胶束尺寸（0.04～0.05μm）相当，因此反应初期，单体微珠滴表面积很大，极易捕捉水相中的自由基而聚合成核，因而以单体微滴成核为主。聚合物乳胶粒一旦形成，微乳液体系原有的平衡即被破坏，各组分在不同相内重新建立平衡。微滴中的单体不断向连续相扩散，从连续相向乳胶粒内扩散，以保证乳胶粒聚合物被单体溶胀平衡和聚合反应的需要。由于乳胶粒数目不断增多，体积逐渐增大，对单体需要越来越多，这使得转化率很低（约4%）时，单体液滴就消失了。单体微滴消失后，体系内大量乳化剂、助乳化剂及少量单体形成混合胶束，其表面积很大，要比聚合物乳胶粒表面积高出近一个数量级。因此，单体微滴消失后，混合胶束成为成核的主要场所，直至反应结束[29]。

反应初期（转化率约2%），形成的乳胶粒内只有一个聚合物链。随着反应的进行，平均链数增加，粒径分布也变宽，如图2-11所示。这表明，整个聚合过程中不断有新的乳胶粒生成，而且不存在乳胶粒之间的聚并。

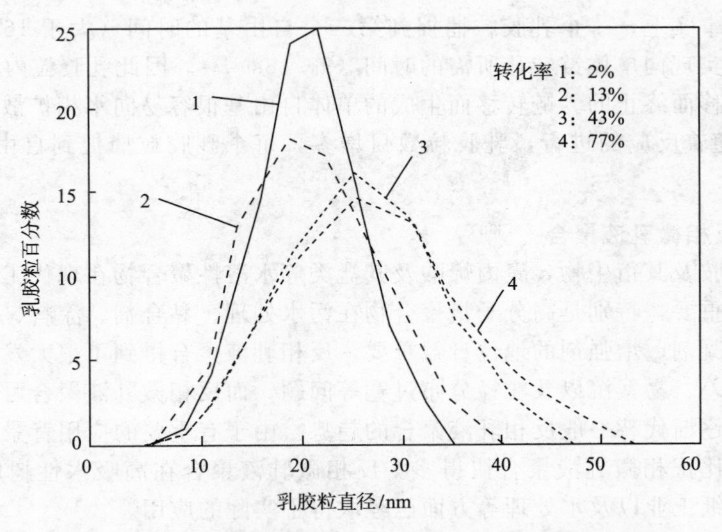

图2-11　苯乙烯微乳液聚合中不同转化率下乳胶粒粒径分布

反应温度70℃，配方见表2-8

（2）动力学　对传统的乳液聚合，由于存在成核期和乳胶粒增长期，反应动力学有明显的恒速期。对微乳液聚合，整个反应过程一直有新的乳胶粒生成，乳胶粒数目一直增加，故而不存在恒速期。反应初期，聚合速率不断增加，但达到一定转化率后，反应速率又随转化率的增加而下降，存在聚合速率极大值，如图2-12所示。

微乳液聚合的另一特点是，乳胶粒内的平均自由基数$\bar{n}$与传统乳液聚合的不同。对典型的传统乳液聚合，此平均数$\bar{n}$为0.5，随凝胶效应的发生和乳胶粒体积的增加，$\bar{n}$会不断增

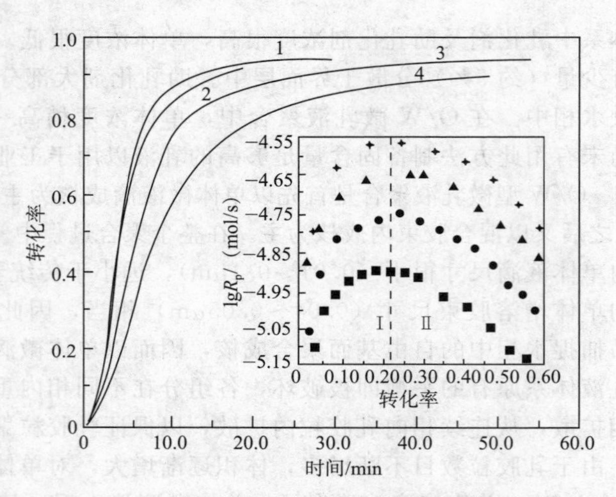

图 2-12 苯乙烯在不同 KPS 引发剂浓度下的转化率-时间和聚合速率-转化率曲线

1—0.69mmol/L（+）；2—0.48mmol/L（▲）；3—0.27mmol/L（●）；

4—0.14mmol/L（■）（引发剂浓度以水为基准，70℃）

加。而在微乳液聚合过程中，$\bar{n}$值小于 0.5，且随反应的进行，$\bar{n}$值下降。这是由于，对于微乳液聚合，乳胶粒链自由基的终止，不是通过双基终止而是通过向单体的链转移而实现的。由于体系内，单体微滴及混合胶束的表面积远大于乳胶粒的表面积，乳胶粒捕捉到水相自由基的概率很小。事实上，一个乳胶粒捕捉到第二个自由基的时间（大于 164s）要远大于乳胶粒内链自由基实现向单体链转移所需的时间（9～18s）[29]。因此乳胶粒内链自由基主要是通过向单体链转移而终止的。链转移而生成的单体自由基很容易向水相扩散而解吸，这导致$\bar{n}$的减小。而且随着反应的进行，乳胶粒数目增多，每个乳胶粒捕捉到自由基的几率减小，导致 $\bar{n}$不断下降。

2.3.3.3 反相微乳液聚合[29,30]

随着丙烯酰胺及其衍生物，聚丙烯酸及其盐类等水溶性聚合物在现代工业、日常生活等方面的作用日益重要，特别是高分子量聚合物在污水处理、黏合剂、涂料、造纸以及石油开采工业中用作聚凝剂、增强剂的地位日益重要，反相乳液聚合得到了很大发展。但反相乳液聚合存在稳定性差、易絮沉以及粒径分布过宽等问题，而反相微乳液聚合可从根本上解决这些问题。所以有逐渐代替一般反相乳液聚合的趋势。由于有重要的应用背景，所以反相微乳液聚合的发展要比正相微乳液聚合快得多。反相微乳液聚合在高吸水性树脂、石油开采助剂、增稠剂、造纸工业以及水处理等方面已经取得了实际的应用。

反相微乳液聚合的速率要比反相乳液聚合高很多，聚合过程几分钟即可完成。产物是透明的和高度稳定的，且粒径分布窄，平均粒径约几十个纳米。

（1）聚合体系　反相微乳液聚合中，分散介质一般采用甲苯、二甲苯、白油等有机溶剂；单体主要是丙烯酰胺及其衍生物、丙烯酸及其盐类；引发剂可采用水溶性的也可采用油溶性的，当采用水溶性引发剂时，则聚合机理类似于溶液聚合，若采用油溶性引发剂则以异相反应为主。采用油溶性引发剂有利于体系的稳定性，所以一般都采用油溶性引发剂，常用的是 AIBN 等。

可采用非离子乳化剂体系亦可采用离子型乳化剂体系。非离子型乳化剂常用的有 AOT (Aweosol OT，即琥珀酸二异辛酯磺酸钠)。采用 HLB 值在 5～6 之间的复合乳化剂可使体系有最好的稳定性，其中各组分的HLB值相差不宜过大。长链烷基改性的聚乙烯醇（MPVA）具有梳形结构，它与OP（壬基酚聚氧乙烯醚）和Span-80构成的复合乳化剂体系Span-80/OP/MPVA可使微乳液高度稳定，放置稳定期可达两年以上[31]。

根据乳液体系内聚能匹配（CER）的原则，有时水相与乳化剂的亲水端很难达到匹配状态，这是可通过加入电解质以调节，因为加入电解质可改变水与乳化剂之间的相互作用。一般采用强盐析的电解质（如NaCl，NaAC等）以提高乳液的稳定性。

（2）聚合机理　反相微乳液（W/O型）聚合机理与正相微乳液（O/W型）聚合机理有很多相近的特征，例如：反应过程没有恒速期；成核反应一直贯穿于整个反应过程；反应初期以单体液滴内成核为主，当单体微滴消失后转为以胶束成核为主。

但亦存在不同的特征，这就是在W/O型微乳液聚合中存在乳胶粒与单体微滴的撞合。在单体微滴消失之前，乳胶粒增长所需单体可通过连续相扩散进入乳胶粒，又可直接与单体微滴撞合来提供。这是因为，在W/O体系中，分散相（乳胶粒或单体微滴）表面的乳化剂离子基朝粒子内侧，而亲油基伸展到油相介质中，分散粒子间没有静电排斥作用，尤其单体液滴表面结构较松散，所以易于与乳胶粒撞合，如图2-13所示。

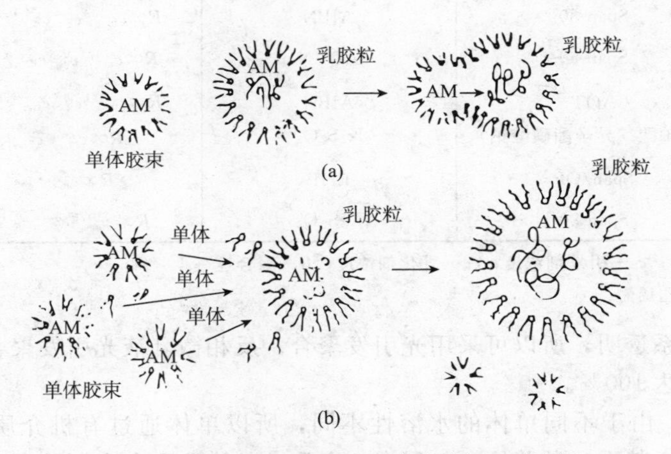

图2-13　AM反相微乳液聚合成核机理示意图

反相微乳液聚合得到的粒径分布比传统的乳液聚合要窄的多。每个乳胶粒内最多不超过几条聚合物链，而产物分子量很高，在10^6以上。在乳胶粒内聚合物分子链是以紧密折叠链形式存在的。

然而，某些情况下，产物粒径是双峰分布。例如当以甲苯为介质，采用Moutane83（失水山梨醇倍半油酸酯）与Tween-85的复合乳化剂，AIBN为引发剂的AM反相微乳液聚合中，当反应进行到一定程度时，粒径突然变小，形成20～80nm的大小两种粒子，聚合完成后，粒子仍是双峰分布，而且粒径更小。

如上所述，反相微乳液聚合机理尚处于研究阶段，有很多现象尚需进一步研究。

（3）动力学　反相微乳液聚合中，初级自由基及大分子自由基在油相和水相之间的迁移、传递，自由基向乳化剂、分散介质以及杂质的转移反应，对聚合反应有着重要影响。自由基的终止常常是通过转移反应实现的。

反应动力学主要以AM为研究对象。由于分散介质、乳化剂以及引发剂的不同，研究结果差别很大，甚至相互矛盾，试验重复性也差。有时，同一反应体系，不同人得到差别很大的结果。所以，反应动力学的研究还很不成熟，许多现象尚未有确切的解释。表2-9列出了反相微乳液聚合反应动力学的一些研究结果以供参考。

表 2-9 丙烯酸酰胺反相微乳液聚合动力学的一些研究结果

分散介质(油)	乳化剂	引发剂	动力学关系式	参考文献
庚烷	Span-80/Tween-80	$K_2S_2O_8$	$R \propto c_m^{1.88} c_2^{0.78} c_E^{0.51}$	[31]
白油	Span/OP	$K_2S_2O_8$	$R \propto c_m^{1.07} c_2^{0.52} c_E^{0.9}$	[28]
甲苯	辛乙烷/磺酸盐低聚物	$K_2S_2O_8$ AIBN $(NH_4)_2S_2O_8$	$R \propto c_m^{1.7} c_2^{0.9}$ $R \propto c_m^{1.3} c_2^{0.45}$	[32] [33]
二甲苯	Telronic 1102 (聚氧化乙烯和聚氧化丙烯)	BPO ADVN	$R \propto c_m^{1} c_2^{2} c_E^{1}$ $R \propto c_m^{1} c_2^{0.2} c_E^{0.8}$	[34] [35]
ISPPARM (异烷烃)	Span-80	$K_2S_2O_8$ AIBN ADVN	$R \propto c_m^{1} c_2^{0.4} c_E^{0.6}$ $R \propto c_m^{1} c_2^{1} c_E^{-0.2}$ $R \propto c_m^{1} c_2^{1} c_E^{-0.1}$	[36] [37]
乙烷	Span-80	AIBN	$R \propto c_m^{1.3} c_2^{0.5} c_E^{-0.57}$	[38]
异辛烷	Span-60	ADVN	$R \propto c_m^{1.2} c_2^{0.8} c_E^{-0.4}$	[39]
甲苯	AOT (琥珀酸二异辛酯磺酸钠)	AIBN $K_2S_2O_8$	$R \propto c_m^{1.1} c_2^{0.1} c_E^{-0.55}$ $R \propto c_m^{1.5} c_2^{0}$	[40]
白油	Span/OP	EHP	$R \propto c_m^{1.1}$	[41]
煤油	Span-80	$K_2S_2O_8$	$R \propto c_m^{1.5} c_2^{0.78} c_E^{0.1}$	[30]

注：1. c_m—单体浓度；c_2—引发剂浓度；c_E—乳化剂浓度；R—聚合速率。
2. OP 为壬基酚聚氧乙烯醚。

由于微乳液体系透明，所以可采用光引发聚合。反相微乳液光引发聚合速率极快，据报道 10s 转化率即可达 100%。

(4) 共聚反应　由于不同单体的水溶性不同，所以单体通过有机介质的扩散速度有差别，这有可能有利于其中一种单体参与聚合，竞聚率与溶液聚合有所差别，序列分布也会有所不同。

Hunheler 等对 AM 与季铵盐单体的共聚反应进行了较系统的研究[42]，指出了共聚反应的动力学模型。

Candan 等人[43]以异链烷烃为分散剂，用 Arlacel（倍半油酸失水山梨醇酯）混合乳化剂，使 AM 与丙烯酸钠进行反相微乳液共聚合反应，用紫外光引发，测得 AM 及丙烯酸钠的竞聚率分别为 0.92±0.15 及 0.89±0.15。在此共聚反应中，产物组成与转化率无关，说明反应场所的单体比例在聚合过程中保持恒定。据此 Candan 认为，成核粒子的增长主要是由未成核的胶束碰撞完成的。

赵勇[31]用油溶性引发剂 EHP 分别用阴离子乳化剂 DOP（皂化磷酸二（2-乙基）己酯）及非离子乳化剂 DIO（油酸聚甘酯类），研究了丙烯酰胺（AM）与丙烯酰乙胺乙酯基三甲基氯化铵（AEPTAC）的反相微乳液共聚反应。结果表明，不同体系，不同条件下，单体的共聚特性有很大不同。在水溶液共聚中，AEPTAC 比 AM 活性大；但在反相微乳液条件下，AM 的活性有很大提高，当以 DIO 为乳化剂时，AEPTAC 的活性明显下降，而以 DOP 为乳化剂时，AEPRAC 活性下降不大。可见乳化剂种类对竞聚率有明显影响。这是由于乳化剂不同时会造成单体在两相分配的变化。可见，在共聚反应中，单体在不同相中的分配系数及扩散程度是影响单体反应活性的主要因素。

2.3.4 种子乳液聚合

2.3.4.1 概述

种子乳液聚合是在聚合物共混物复合技术及聚合物微粒形态设计要求的背景下发展而成的一种新型乳液聚合方法。

种子乳液聚合（seeded emulsion polymerization）亦称为核壳乳液聚合或多步乳液聚合，是在单体Ⅰ聚合物乳胶粒存在下使单体Ⅱ 进行乳液聚合的方法。将单体Ⅰ乳液聚合而制得的乳胶粒称为种子。因为是在种子存在下的乳液聚合，故称之为种子乳液聚合。用这种方法可制得核壳结构的乳胶粒，所以也称之为核壳乳液聚合。这种乳液聚合是分步进行的，即用乳液聚合法制备种子是第一步，单体Ⅱ聚合是第二步，所以也称为两步乳液聚合。有时可进行三步及四步聚合，这时就是多步乳液聚合（multi-stage emulsion polymerization）。

种子乳液聚合基本实施方法如下：第一步是将单体（或混合单体）Ⅰ按常规乳液聚合方法进行聚合，制得聚合物Ⅰ胶乳，称为种子乳液；第二步，在种子乳液中加入单体（或混合单体）Ⅱ和引发剂，但不再加乳化剂（为了体系稳定的需要，有时也加入少量乳化剂，其量最好在 CMC 浓度以下，以免产生新种子），升温，使单体Ⅱ进行聚合，制得具有特殊结构的聚合物Ⅰ/聚合物Ⅱ复合乳胶粒。这种方法制得的乳胶粒，常常是聚合物Ⅰ为核，聚合物Ⅱ为壳的核-壳结构。有时聚合物Ⅱ为核，聚合物Ⅰ为壳，则称为“翻转”核壳结构。制得的乳胶粒的形态结构与单体种类和反应条件有关。不同的单体组合和不同的反应条件，可制得各种各样形态结构的乳胶粒。具有非正常核壳结构的乳胶粒亦称为异形结构乳胶粒。

在种子乳液聚合中，若聚合物Ⅰ及聚合物Ⅱ是交联的，或其中一个是交联的，则制得的复合乳胶粒就是所谓的胶乳型聚合物互穿网络（latex interpenetrating polymer networks，简记为 LIPN）（见第 3 章），是一种特殊形态的聚合物共混物。LIPN 也可视作种子乳液聚合的一种应用。

这种方法亦不限于乳液聚合，已经应用到分散聚合及微乳液聚合分别称之为种子分散聚合和种子微乳液聚合。

2.3.4.2 核壳结构乳胶粒形成机理[44,45]

如前所述，通过种子乳液聚合可制得核壳结构的乳胶粒，即单体Ⅱ在聚合物Ⅰ的外层聚合形成包裹聚合物Ⅰ的聚合物Ⅱ壳层。这必定增加聚合物Ⅱ的界面能。一般而言，聚合物Ⅰ和Ⅱ亦不互溶，因而形成壳层在热力学上是不利的。聚合物Ⅱ形成壳层必定是由于两种聚合物之间产生特殊的作用力。关于这种结合力的本质，即核壳结构形成的机理，有以下几种情况。

(1) 接枝机理　这是指在单体Ⅱ聚合过程中与聚合物Ⅰ发生接枝反应，产生核壳之间的共价键结合。

乙烯基单体用乳液聚合方法接枝到丙烯酸系橡胶上早就为人们所熟知，还有 ABS 树脂也是苯乙烯和丙烯腈的混合单体以乳液聚合法接枝到聚丁二烯种子乳胶粒上，制成的性能优良的高抗冲性工程塑料。研究表明，在核壳乳液聚合中，如果核壳单体中一种为乙烯基化合物，而另一种为丙烯酸酯类单体，核壳之间能形成接枝共聚物过渡层，也就是说，在这种情况下核壳乳胶粒的生成是按接枝机理进行的。

众所周知，苯乙烯和丙烯酸丁酯的均聚物的相容性很差，将两者共混一般情况下会发生相分离，PBA/PSt 核壳乳液聚合中则能够形成较为稳定的 PBA/PS 复合乳胶粒。这是因为在 PBA/PS 之间发生了接枝反应。为考察接枝共聚物的作用，进行了 PBA/PS 核壳乳液存放稳定性的测试，结果表明，当反应的第二阶段苯乙烯单体以半连续法加入时，此时由于接枝率较低，实验制得的球形乳胶粒在存放三个月后就开始变形，当存放期达到一年时，乳胶粒就变成哑铃型了，这种乳胶粒的畸变是由于 PS 和 PBA 发生相分离导致的；而以间歇法或预溶胀法加入苯乙烯单体时，由于此时接枝率较高，因而乳液经长期存放乳胶粒仍呈球形，乳胶粒中没有发生相分离。这说明，接枝共聚物的形成，改善了两种聚合物的相容性。

(2) 互穿聚合物网络（IPN）机理　在核壳乳液聚合反应体系中加入交联剂，使核层、壳层中一者或两者发生交联，则生成乳液互穿聚合物网络。网络的形成，和接枝共聚物一样能改善聚合物的相容性。

(3) 离子键合机理　若核层聚合物与壳层聚合物之间靠离子键结合起来，这种形成核壳结构乳胶粒的机理称为离子键合机理。为制得这种乳胶粒，在进行聚合时需引入能产生离子键的共聚单体，如对苯乙烯磺酸钠及甲基丙烯酸三甲胺基乙酯氯化物。有研究表明，采用含离子键的共聚单体制得的复合聚合物乳液，由于不同分子链上异性粒子的引入抑制了相分离，从而能控制非均相结构的生成。

2.3.4.3　影响乳胶粒形态结构的因素[44,46~48]

在种子乳液聚合中，可能生成核壳结构的乳胶粒，也可能生成各种各样的异形粒子，这由反应条件和两种单体的类型所决定。图 2-14 是常见的几种乳胶粒形态结构。

图 2-14　种子乳液聚合制得的几种常见的乳胶粒形态结构

各种因素对乳胶粒形态结构的影响可从热力学和动力学两方面进行分析。

可以从热力学的角度来简单分析核壳结构的形成，当进行完种子乳液的合成后，反应体系实际上是聚合物Ⅰ乳胶粒悬浮在水中，此时只存在聚合物Ⅰ和水的界面（忽略乳化剂）；当进行完第二阶段反应后，如果聚合物Ⅱ包裹在聚合物Ⅰ乳胶粒的表面上，则此时存在聚合物Ⅰ/聚合物Ⅱ、聚合物Ⅱ/水两种界面，所以，从第二阶段反应开始，体系的界面自由焓变化为：

$$\Delta G=\gamma_{2W}A_s+\gamma_{12}A_c-\gamma_{1W}A_c$$

式中，γ_{2W}、γ_{12} 和 γ_{1W} 分别为聚合物Ⅱ/水、聚合物Ⅰ/聚合物Ⅱ和合物Ⅰ/水界面的界面张力；A_c 和 A_s 分别为核的面积和乳胶粒的面积（壳的外表面）。

原则而言，ΔG 越小，则越有利于核壳结构的形成。当 $\Delta G<0$ 时，核壳结构的形成具有热力学推动力；当 $\Delta G>0$ 时，形成核壳结构在热力学上是不利的。由上可见，聚合物Ⅰ和Ⅱ之间相容性越大，γ_{12} 越小，越有利于形成核壳结构；聚合物Ⅱ亲水性越大，γ_{2W} 越小，也越有利于形成核壳结构；聚合物Ⅰ亲水性越大，γ_{1W} 越小，则越不利于核壳结构的形成；相反，憎水性大的聚合物Ⅰ则有利于核壳结构的形成。所以上式从热力学上再度分析各种因素的影响是很有帮助的。

然而热力学只能解决一个过程的进行方向和最终的平衡状态。但过程能否进行和进行的程度则决定过程的动力学。

种子乳液聚合制得的乳胶粒的形态结构决定于热力学因素和动力学因素的竞争。相分离的推动力是热力学因素，主要是组分之间的热力学互溶性。所有提高互溶性的因素都会促使相畴的减小和提高相之间的相互贯穿。但相分离的程度则决定于动力学，主要是在聚合反应区黏度增加的速度与相分离速度之比。所有使黏度增加的因素都会使相分离程度减少，相分离速度下降。例如反应温度的影响[47]，一方面温度提高时，反应区黏度下降，可使相分离速度提高，相分离程度增加；另一方面，温度提高时，聚合速率增大，这将导致聚合反应区黏度增大，最终结果将取决于这两方面因素的竞争结果。所以可以看到，有些报道中，提高聚合反应温度不利于核壳结构形成，而有些报道中，提高聚合反应温度有利于核壳结构的形成。

所以从热力学和动力学两方面分析可为分析各种因素的影响提供一个基本指导原则。以下讨论几种主要影响因素。

(1) 聚合物亲水性的影响　聚合物亲水性对乳胶粒的结构形态有较大影响。乳液聚合是以水为分散介质的，显而易见，疏水性大的聚合物更倾向于远离水相，所以，如果第一阶段生成的聚合物Ⅰ是疏水性的，而第二阶段生成的聚合物Ⅱ是亲水性的，则第二阶段实际上是用一种亲水性聚合物Ⅱ将水与聚合物Ⅰ分开，这个过程破坏了原来的聚合物Ⅰ/水界面，形成了新的聚合物Ⅰ/聚合物Ⅱ、聚合物Ⅱ/水界面。新生成的两个界面的界面能之和比原来的聚合物Ⅰ/水界面的界面能要低，所以此时能形成较规整的核壳结构。在这种情况下，当第二阶段单体加入体系中后，聚合反应就在种子乳胶粒的表面进行，壳聚合物就包在核聚合物的外面。由于壳层聚合物是亲水的，不会受到由相分离生成的压力，故此时生成的乳胶粒具有规整的核壳球形结构。反之，如果聚合物Ⅰ是亲水的，而聚合物Ⅱ是疏水的，此时如果形成以聚合物Ⅰ为核，以聚合物Ⅱ为壳的乳胶粒，则这种乳胶粒从热力学的角度来看是不稳定的，在这种情况下，第二阶段生成的聚合物Ⅱ就可能向种子聚合物Ⅰ形成的乳胶粒核的内部运动，从而形成所谓“翻转”的核壳乳胶粒。这只是一般情况而言，实际的核壳乳液聚合中聚合物的亲水性对乳胶粒结构形态的影响要复杂得多，尤其是当种子聚合物的亲水性较大时更是如此，此时根据引发剂、反应中心黏度等其他条件的不同，可能形成如草莓型、雪人型、海岛型或者翻转等异形结构的乳胶粒。

(2) 加料方式的影响　第二阶段单体的加入方式对乳胶粒颗粒形态有较大的影响，尤其表现在以亲水性聚合物为核层聚合物，以疏水性聚合物为壳层聚合物的核壳乳液聚合中。具体地说，单体Ⅱ的加入可采用三种方式：半连续的滴加方法、一次性加入的间歇法和经一定时间溶胀的预溶胀法。很显然，这三种加料方式造成了单体Ⅱ在种子乳胶粒的表面及内部的浓度分布有所不同：采用饥饿态半连续加料时，种子乳胶粒表面及内部的单体Ⅱ浓度均很低；如果将单体Ⅱ一次全部加入，则在种子乳胶粒的表面单体Ⅱ的浓度很高；而采用预溶胀方法加料，不但种子乳胶粒的表面单体Ⅱ浓度很高，而且单体Ⅱ有充分的时间向种子乳胶粒内部渗透，所以种子乳胶粒内部也富含单体Ⅱ。由于单体Ⅱ在种子乳胶粒的表面及内部分布情况不同，就会造成形成的乳胶粒结构形态也不同。以聚丙烯酸丁酯/聚苯乙烯为例，图 2-15 是以丙烯酸丁酯为核单体，以苯乙烯为壳单体，分别采用不同加料方式进行核壳乳液聚合得到的乳胶粒。由图中可以看出，采用间歇法和预溶胀法加入苯乙烯时，形成的乳胶粒中聚丙烯酸丁酯—聚苯乙烯接枝共聚物的含量较高，因此改善了核层聚合物与壳层聚合物的相容性，这有利于提高乳胶粒的稳定性。由图中还可以看出，虽然聚丙烯酸丁酯的亲水性远大于聚苯乙烯亲水性，但此时也没有形成“翻转”的核壳乳胶粒，这也说明了聚合物亲水性对乳胶粒结构形态的影响不一定是决定性的，还和其他因素有关。

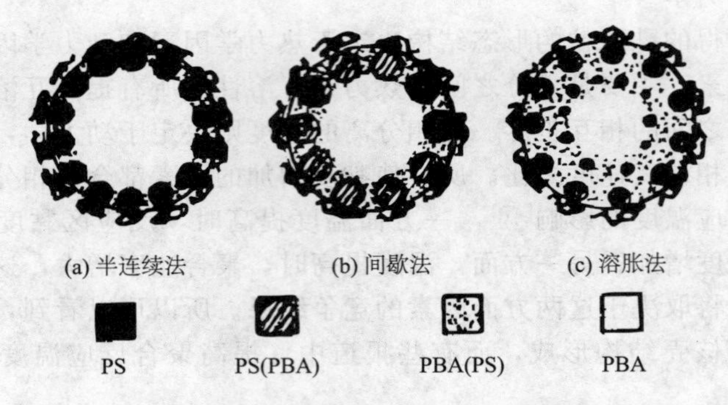

图 2-15　PBA/PB 乳胶粒结构示意图

(3) 引发剂的影响　如上所述，如果以亲水性聚合物为核，以疏水性聚合物为壳的核壳乳液聚合可能得到非正常的核壳结构。如果进一步考虑引发剂的性质，则结果将会更复杂一些。例如以甲基丙烯酸甲酯（MMA）为核单体，以苯乙烯（St）为壳单体，分别采用过硫酸钾、偶氮二异丁腈和 4，4′-二偶氮基-4-氰基戊酸（ABCVA）为引发剂进行核壳乳液聚合，则会得到不同结构形态的乳胶粒。当以油溶性的偶氮二异丁腈和亲水性不大的 ABCVA 为引发剂时，由于聚甲基丙烯酸甲酯的亲水性较大，则苯乙烯进入到种子乳胶粒内部反应，得到以聚苯乙烯为核，以聚甲基丙烯酸甲酯为壳的乳胶粒，即乳胶粒发生翻转；而当使用亲水性离子型过硫酸钾为引发剂时，由于在大分子链上带上了粒子基团—SO_4^-，增大了聚苯乙烯链的亲水性，引发剂浓度越高，大分子链上离子基团也越多，聚苯乙烯链亲水性就越大，则此时乳胶粒就可能不发生翻转，而形成“夹心状”或“半月状”乳胶粒。这种连接在大分子链末端的离子基团所起的作用，类似表面活性剂，它降低了大分子链与水之间的界面张力，从而起到稳定乳胶粒的作用，这种现象常被称为“锚定效应”。

(4) 黏度的影响　反应区域的黏度对乳胶粒结构形态也有影响。以聚甲基丙烯酸甲酯-聚苯乙烯（PMMA-PS）体系为例，当聚合反应场所黏度较高时，苯乙烯分子在乳胶粒中的扩散受到阻碍，只能在 PMMA 种子乳胶粒表面进行聚合，结果 PMMA 颗粒就被 PS 分子所覆盖。PS 的疏水性较大，因此，它将对 PMMA 产生巨大的压力，从而将乳胶粒挤成一种“草莓形”的不规则颗粒；反之，当反应中心黏度较低时，大分子运动阻力较小，PS 和 PMMA 容易发生相分离，则此时形成的乳胶粒界面清晰，颗粒比较规整。

与黏度影响相关的有交联程度的影响和聚合温度的影响。

在种子乳液聚合中，交联剂的用量对乳胶粒形态结构有重要影响[47]。例如，当以丙烯酸丁酯（BA）为单体Ⅰ，St 为单体Ⅱ时，生成翻转核壳结构。但当加入二甲基丙烯酸乙二醇酯（EGMA）交联剂后，形态结构产生明显变化，当 EGMA 用量为 2%时，得到正常的核壳结构。这是由于 PBA 和 PS 热力学互溶性小，倾向于相分离，憎水性较大的 PS 和 St 倾向于向种子 PBA 颗粒扩散，这是形成翻转核壳结构的原因。这种扩散受聚合反应区黏度的控制。加入交联剂使聚合反应区黏度大幅度提高，扩散受到阻碍。交联剂用量越大，影响就越大，形成的乳胶粒越接近于核壳结构。

在采用交联剂的情况下，提高聚合温度，可生成更接近核壳结构的乳胶粒。这是由于温度提高时，聚合反应速率增加，使反应区黏度大幅度提高，超过因温度提高而使 St 单体扩散速度增加的影响。这在前面已经述及。

如果核壳乳液聚合中种子单体为单体Ⅰ，生成聚合物Ⅰ，第二阶段加入单体Ⅱ，生成聚合物Ⅱ，根据大量的研究结果，可以总结出以下几条规律：

① 如果聚合物Ⅰ不溶于单体Ⅱ，则有可能形成正常乳胶粒，且核壳层界限分明。

② 如果聚合物Ⅰ和聚合物Ⅱ相容，则有可能生成正常乳胶粒，但核壳层相互渗透，界限不分明。

③ 如果单体Ⅱ可溶胀聚合物Ⅰ，但两种聚合物不相容，则可能发生相分离，生成异形结构的乳胶粒。

④ 如果聚合物Ⅰ交联，与聚合物Ⅱ不相容，则聚合物Ⅱ可能穿透聚合物Ⅰ生成富含聚合物Ⅱ的外壳。

⑤ 如果聚合物Ⅱ的亲水性大于聚合物Ⅰ，则可能形成正常核壳结构。

⑥ 如果聚合物Ⅱ的亲水性小于聚合物Ⅰ，则可能形成非正常核壳结构。

2.3.4.4 性能及应用

核壳乳胶粒聚合物乳液与一般的聚合物乳液相比，区别仅在于乳胶粒的结构形态不同，核壳乳胶粒独特的结构形态大大改变了聚合物乳液的性能，例如乳液的最低成膜温度（MFT）等。以聚甲基丙烯酸甲酯（PMMA）-聚丙烯酸乙酯（PET）核壳乳液为例。MFT强烈依赖于聚合物结构与粒子形态。当 PMMA 含量为 50%时，共聚物乳液的 MFT 为 30℃，而PMMA核/PE壳和PE核/PMMA壳的核壳乳液的MFT分别为0℃和70℃，这些具有不同结构乳胶粒乳液的 MFT 之间的差别反映了乳液成膜能力的不同。同时所成膜的力学性能也各有差异，当伸长率为100%时，上述核壳乳液皮膜的模量是相同组成共聚物乳液皮膜模量的四倍。对于其他体系，如 MA- BA- MAA、MMA- BA- MAA 或 St- BA-MAA 等也可以得到相类似的结果。

由于核壳结构乳胶粒的核层与壳层之间可能存在接枝、互穿网络或离子键合，它不同于一般的共聚物或聚合物共混物，在相同原料组成的情况下，乳胶粒的核壳化结构可以显著提高聚合物的耐磨、耐水、耐候、抗污、防辐射性能以及抗张强度、抗冲强度和粘接强度，改善其透明性，并显著降低最低成膜温度，改善加工性能。所以核壳乳液聚合物可广泛应用于塑料、涂料到生物医学工程等领域，例如，采用具有不同玻璃化温度的聚合物为核与壳的乳液涂料，其性能有明显的改善和提高；若用对 pH 值敏感性不同的聚合物制备核壳乳液，则可以得到中空的有机阻光涂料；核壳乳液在热塑性弹性体和作为高抗冲塑料添加剂等方面有着关阔的应用前景；在理论研究方面，可以将核壳乳液作为研究共混聚合物性能与聚合物颗粒形态之间关系的模型。

2.3.5 乳液定向聚合[4]

众所周知，利用 Ziegler-Natta 催化剂将烯类单体或二烯类单体在非极性溶剂中进行定向聚合，可以制得规整性很高的聚合物。Ziegler-Natta 催化剂的主要组分是有机金属化合物，在水及空气中或在其他极性物质存在时极易分解，故在利用这种催化剂时，反应必须在无水及无其他极性物质存在的条件下进行。由于乳液聚合多以水为介质，故这种催化剂不能用于乳液定向聚合。在进行乳液定向反应时一定要采用对水稳定的催化剂。元素周期表中第Ⅷ族金属化合物和适当的乳化剂相配合可以作乳液定向聚合的催化剂。这些金属化合物有：$RhCl_3 \cdot 3H_2O$、$Rh(NO_3)_3 \cdot 2H_2O$、$(NH_4)_3RhCl_6 \cdot 1.5H_2O$、$Na_3RhCl_6 \cdot 18H_2O$、$(C_8H_{12}RhCl)_2$-$PdCl_2$、$(NH_4)_2PdCl_4$、$IrCl_3$、$RuCl_3$、$CoSiF_6$、$PdBr_2$、$KPdCl_6$、$K_2PdCL_4$、$Pd(CN)_2$、$PdSO_4$、$Pd(NO_3)_2$ 等。定向乳液聚合中所用的乳化剂有烷基芳磺酸盐、烷基硫酸盐等。

2.3.5.1 反应机理及动力学特点

在乳液定向聚合反应中应用最多的金属化合物催化剂是 $RhCl_3 3H_2O$。它和烷基或烷芳基乳化剂配合使用时所进行的丁二烯聚合反应机理可表示如下：

链引发：

$$-RhCl + RSO_3^- \rightleftharpoons -\overset{\delta^+}{Rh}\cdots\overset{\delta^-}{O}SO_2R + Cl^-$$

$$\overset{\delta^-}{CH_2}{=}CH{-}CH{=}\overset{\delta^+}{CH_2} + \overset{\delta^+}{Rh}\cdots\overset{\delta^-}{O}SO_2R \longrightarrow [\text{六元环中间络合物}] \longrightarrow \overset{\delta^-}{CH_2}\cdots\overset{\delta^+}{Rh}{-}CH{=}CH{-}CH_2{-}OSO_2R$$

链增长：

$$\overset{\delta^-}{CH_2}\cdots\overset{\delta^+}{Rh}{-}CH{=}CH{-}CH_2{-}OSO_2R \xrightarrow{CH_2=CH-CH=CH_2} [\text{六元环中间络合物}] \longrightarrow \overset{\delta^-}{CH_2}\cdots\overset{\delta^+}{Rh}{-}CH{=}CH{-}CH_2{-}CH_2{-}CH{=}CH{-}CH_2{-}OSO_2R \longrightarrow \cdots\cdots$$

链终止：

$$-CH_2-CH=CH-\overset{\delta^-}{CH_2}\cdots\overset{\delta^+}{Rh} + H^+ \rightleftharpoons -CH_2-CH=CH-CH_3 + -Rh^+$$

聚合反应也可以分为链引发、链增长和链终止三个阶段。链引发反应阶段的第一步为一可逆反应，铑离子和磺酸根结合到一起生成初始络合物，这个络合物中的 Rh—O 键具有很大的极性，可以引发聚合，与丁二烯生成六元环中间络合物，但这个中间络合物不稳定，易发生电子重排而生成一端带有磺酸基而另一端带有强极性的 CH_2—Rh 键的活性单体分子链，它可以继续与丁二烯单体发生反应，开始链增长过程。在链增长反应阶段中，由于单体活性分子链中的 CH_2—Rh 键具有强极性，可与丁二烯分子生成六元环中间络合物，这个络合物不稳定，可以分解成更长的活性分子链，这样的分子链可以继续与丁二烯反应，一直增长下去，即可生成规整性的长链大分子。当活性大分子链遇到氢离子时，可将 CH_2—Rh 键破坏，生成没有活性的大分子和铑离子，但链终止反应为一可逆反应，失去活性的分子在一定条件下还可以恢复活性。

实验证明，乳液定向聚合反应的时间一转化率关系与常规乳液聚合存在着本质的区别。图 2-16 表明，在用 $RhCl_3 \cdot 3H_2O$ 作催化剂及以十二烷基苯磺酸钠为乳化剂来进行丁二烯乳液定向聚合时所得到的时间一转化率呈线性关系。由图可以看到该反应无诱导期存在，其反应速率随温度的升高而升高。

2.3.5.2 影响因素

(1) 催化剂的影响　研究表明，采用不同的过渡金属离子催化剂时，其催化效果是不同的。再者即使采用同样的金属离子催化剂，配位体不同时，其催化效果差别也很大，如表

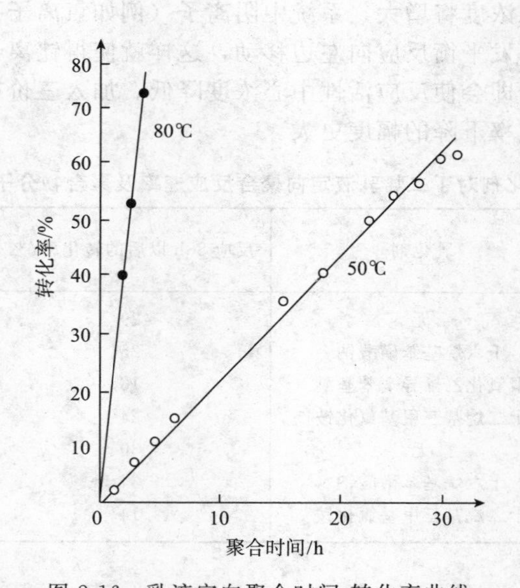

图 2-16　乳液定向聚合时间-转化率曲线

反应体系：丁二烯，100；水，200；$RhCl_3 3H_2O$，1；十二烷基苯磺酸钠，5（质量份）

2-10 所示。由表可以看出，在用 $RhCl_3$、$IrCl_3$ 及 $(C_8H_{12}RhCl)_2$ 作催化剂时，可得反式 1，4 结构接近 100%的聚合物；而当用 $CoSiF_6$ 作催化剂时，则顺式 1，4 结构占优势，若采用 $(NH_4)_2PdCl_4$ 作催化剂则主要得到 1，2 结构的聚合物。

表 2-10　第Ⅷ族金属化合物对丁二烯乳液定向聚合反应催化效果的比较

催化剂	反应温度/℃	催化剂与丁二烯分子比	聚合物微观结构百分数/%		
			顺 1,4	反 1,4	1,2
$RhCl_3$	50	1∶2000	—	95.5	<0.5
$(C_8H_{12}RhCl)_2$	50	1∶20000	—	95.5	<0.5
$PdCl_2$	50	1∶20	—	17	83
$(NH_4)_2PdCl_4$	50	1∶20	—	2	98
$IrCl_3$	50	1∶30	—	99～100	—
$RuCl_3 6\phi_3P$	25	1∶200	68	17	15
$RuCl_3 10(nC_4H_9)_3P$	50	1∶200	15	15	70
$CoSiF_6$	50	1∶200	88	8	4

(2) 乳化剂的影响　乳化剂的分子结构和浓度对聚合反应速率及聚合物的规整性有着很大的影响，如表 2-11 所示。

由表 2-11 可知，聚合反应速率及聚合物微观结构皆因有无乳化剂及乳化剂的种类而异。在采用不同烃链长度的同类和等量（质量）乳化剂时，对于同一聚合过程来说其反应速率是不同的。烃链越长，反应速率就越大。这主要是由于当乳化剂分子中烃链越长时，胶束的聚集数（一个胶束中的乳化剂分子数）越大，即胶束尺寸越大，因而胶束对单体的增溶能力增强所致。

(3) 其他影响因素　这主要是指电解质、介质 pH 值和其他二烯烃存在的影响。

向乳液定向聚合体系中加入无机电解质将会显著的降低聚合反应速率，由于向系统中加入电解质以后，阴离子总浓度将增大，系统中阴离子（例如氯离子）浓度升高必导致在以上所列出的反应机理中链引发平衡反应向左边移动，这样就使得铑离子和磺酸根之间所形成的初始络合物的浓度降低，即会使反应活性中心浓度降低。加入三价或二价金属化合物要比一价金属化合物聚合反应速率下降的幅度更大。

表 2-11 乳化剂对丁二烯乳液定向聚合反应速率及聚合物分子结构的影响

催化剂	乳化剂	反应 88h 以后的转化率/%	聚合物微观结构百分数/%	
			反 1,4	1,2
$PdCl_2$	无	29	2	98
$PdCl_2$	十六烷基苯磺酸钠	25	17	83
$PdCl_2$	聚氧化乙烯异辛苯基醚	18	6	94
$PdCl_2$	十二烷基三甲基氯化铵	24	2	98
$(NH_4)_2PdCl_4$	无	30	2	98
$(NH_4)_2PdCl_4$	十六烷基苯磺酸钠	34	2	98
$(NH_4)_2PdCl_4$	十二烷基三甲基氯化铵	14	2	98

注：反应温度为 50℃。

乳液定向聚合反应速率与氢离子浓度紧密相关。在 pH 值很大或很小时聚合速率都低，存在 pH 最佳值，一般当 pH＝3～4 时，聚合反应出现极大值。这是因为，当 pH 高时，氢氧根离子浓度大，而 OH^- 会封闭初始络合物的配位中心，使引发速率和聚合速率下降；而当 pH 值很低时，氢离子浓度大，终止反应速率增大，因而聚合速率减小。由于这两方面影响的共同作用，使得存在最佳 pH 值和聚合反应速率极大值。

其他二烯烃的存在对丁二烯的乳液定向聚合有很大影响。在以 $RhCl_3 3H_2O$ 为催化剂，在 55℃进行的丁二烯乳液定向聚合中，1，3-环己二烯及 1，3-戊二烯的存在，使丁二烯聚合反应速率大大提高；而当体系中含有异戊二烯、2，3-二甲基丁二烯以及 1，5-环辛二烯时，则会使丁二烯聚合反应速率显著降低。这是由于不同的共轭二烯烃与 Rh—O 键生成的六元环中间络合物的稳定性是不同的。对于 1，3-环己二烯来说，它和活性链生成的中间络合物稳定性最小，即活性最大，甚至比丁二烯和活性链生成的中间络合物的活性还要大得多，故它很容易发生电子重排而进行链增长，因而 1，3-环己二烯的加入大大地提高了丁二烯乳液定向聚合反应速率。对于 1，5 环辛二烯来说，它和活性链生成的中间络合物活性最小，分解活化能最高，实际上它将大部分活性链封闭起来，使之失去了反应活性，所以 1，5-环辛二烯的加入大大降低了聚合反应速率。

应当指出，定向乳液聚合当前主要限于丁二烯。这方面的研究主要集中在有关的催化剂方面。

2.3.6 悬浮态乳液聚合[49]

悬浮态乳液聚合（suspended emulsion polymerization）是从悬浮聚合和乳液聚合衍生出来的一种新的聚合方法，兼有悬浮和乳液聚合的部分特征，有人亦称之为悬浮－乳液共轭聚合。从聚合机理而言，悬浮态乳液聚合基本上是水相成核的乳液聚合，自由基在水相生成并引发溶于水相的单体聚合；但产物颗粒大小及结构类似于悬浮聚合，故名之为悬浮态乳液聚合。

2.3.6.1 聚合体系及特点

悬浮态乳液聚合是 Nogues 等于 1989 年首先提出的，首先应用于氯乙烯（VC）的聚合。

聚合体系各组分如下：

（1）引发剂　采用水溶性引发剂如 $K_2S_2O_8$ 等，将引发剂溶于水，水用量占体系总量的20%～40%（质量分数）。引发剂的水溶液为分散相。

（2）单体　一般而言，采用与其聚合物不互溶的单体，如 VC、AN、MA 等。对与其聚合物互溶的单体如 MMA 、St 等，只要加入聚合物的不良溶剂也可进行悬浮态乳液聚合[50]。单体为分散介质，用量为体系的60%～80%。

最简单的悬浮态乳液聚合配方仅包括单体和引发剂水溶液，为控制产物颗粒尺寸和形态，也可加入少量分散剂和乳化剂，若加入乳化剂，其用量必须在临界胶束浓度（CMC）以下。

通过悬浮态乳液聚合可得到初级粒大小均匀，聚结程度较低，孔隙率高的疏松型聚合物。但目前已报道的聚合物体系还不多，仅限于 VC、AN/MA 以及 MMA 等少数单体。有人提出，先使 MMA 进行乳液聚合，按乳液聚合机理生成“初级”粒子。然后将制得的 PMMA 胶乳加入 MMA 悬浮聚合的体系中，使这些“初级”粒子在悬浮聚合的条件下聚结，制得双峰或多峰分布的聚合物颗粒。将这种方法称为悬浮-乳液共轭聚合。

悬浮态乳液聚合为制备初级粒子均匀分布的疏松型聚合物提出了一种新途径，它具有自身的一些特点，与悬浮聚合、乳液聚合及分散聚合的特点相比较于表 2-12。

表 2-12　四种聚合方法的比较

特点	悬浮聚合	乳液聚合	悬浮态乳液聚合	分散聚合
体系组成	单体相与水相体积比为 0.1～0.5	单体相与水相体积比为 0.1～0.5	单体相与水相体积比为 1.2～10	单体相与水相体积比为 0.35～0.50
分散状态	单体存在于单体液滴中	单体存在与分散于连续水相中的单体液滴中和胶束中	水滴悬浮分散于连续的单体相中	单体可溶解于有机溶剂连续相及以液滴形式存在
引发剂	油溶性引发剂溶于单体中	溶于水的引发剂	溶于水的引发剂	油溶性引发剂
稳定剂	分散剂	乳化剂	少量分散剂或乳化剂	位障型稳定剂
聚合机理	在悬浮的单体珠滴中进行本体聚合	聚合在乳胶粒中进行或在水相进行	类似于乳液聚合，但在分散的水滴中进行	聚合物胶粒中进行聚合
成核机理	单体液滴成核	胶束成核或均向成核	乳胶粒子聚结成核	低聚物沉淀成核
颗粒形态	规整球形粒子（珠状悬浮聚合）或不规整疏松粒子（粉态悬浮聚合）	球形乳胶粒，干燥后为乳胶粒子聚集体	类似于悬浮聚合	球形乳胶粒（与乳液聚合类似）
颗粒尺寸/μm	100～1000	0.06～0.50	接近悬浮聚合颗粒尺寸	1～20
粒径分散性	分布宽	分布较窄	分布较窄	单分散

2.3.6.2　聚合机理

通过高速搅拌使溶有引发剂的水相分散在单体连续相中，引发剂分解，产生自由基引发溶有水的单体聚合，当聚合物分子量达到一定程度后，沉析成核，这方面与分散聚合的齐聚物沉析成核相类似。沉析的聚合物继而成长形成初级粒子，这些初级粒子稳定性差，聚结形成在形态上和尺寸上类似于悬浮聚合物的产物。

VC悬浮态乳液聚合过程取样分析表明聚合物颗粒在2.6%转化率时就已形成，颗粒表面初级粒子较为密集，类似悬浮PVC树脂中的皮膜；在干燥后所得聚合物颗粒中发现有过硫酸盐晶体，说明水相被封闭在颗粒内，确证水相分散在油相中；用超声波破坏颗粒分离出初级粒子，发现初级粒子是由小得多的实体融合成的聚结体，大小约200nm，这正是乳液聚合制备乳胶粒子的典型尺寸。显而易见，因为引发剂是水溶性的，聚合是由水相自由基引发溶解的单体开始，当PVC链自由基增长到一定的长度后，就有沉析出来的倾向。在很低的转化率，如0.1%～1%以下，一定数目的链自由基线团缠绕聚结在一起，很快沉析形成原始微粒，由于稳定性差，这些原始微粒就会聚结。过硫酸盐的残余物使它们有一定的亲水性，避免进入VC相，但有机性使其优先存在于水相的边缘。因此，聚结过程优先发生在水滴表面，形成较致密的表层。

聚合物粒子被溶解在水中的单体所溶胀，其玻璃化温度比聚合温度小得多，故原始微粒容易合并为初级粒子。这些初级粒子通过溶胀在其中的单体的聚合和捕获新的乳胶粒子两个过程而增长。颗粒聚并和增长过程同时发生。在聚合过程中，整个体系的物理状态也逐渐变化。从最初的两个液相的混合体系，首先经历固体（细粒子，然后是由固体皮膜包裹着水相的颗粒）在液相单体中的分散。随着聚合进行，液相VC逐渐地因被颗粒中形成的聚合物溶胀并在颗粒中聚合而消失，到最后体系是粉末状的多孔PVC颗粒。

同VC的悬浮态乳液聚合过程一样，AN/MA共聚物体系也有连续不同的物理状态：最初是液相，当转化率大约为3%时，在水滴中开始形成固体聚合物粒子。接着颗粒体积变大，单体的混合液相减少，得到连续的液相中高度分散的固体颗粒，故在10%～20%转化率时体系类似于“蛋黄”。之后体系变为粉粒状，被单体溶胀的粉粒中包裹着水；当转化率达到40%，搅拌困难，所以一般把反应只进行到40%～50%转化率[51]。

2.3.6.3 影响因素

悬浮态乳液聚合的成核机理比较复杂，一系列因素影响到最终聚合物颗粒形态和尺寸，如水/油比、搅拌强度、分散剂及乳化剂的种类和用量等。

(1) 水油比　在悬浮态乳液聚合中，水相为分散相，水/单体比例较小，一般为0.2～0.4。以水/VC的影响为例，随水/单体比的增大，颗粒尺寸和初级粒子尺寸均有减小的趋势。

(2) 分散剂及乳化剂　一般采用水溶性的分散剂，如聚乙烯醇和纤维素类分散剂。随分散剂的加入，产物粒径减小，但粒径分布变宽。

由于乳化剂用量很少，一般在CMC以下，所以聚合过程中形成的原始粒子不稳定，容易结合成尺寸大得多的初级粒子。加入少量乳化剂可增加体系的稳定性，减小粒径。不同的乳化剂其影响亦不同。以VC的悬浮态乳液聚合为例，在不加分散剂时，加入少量(0.05%)阴离子乳化剂可使产物粒径大幅度下降，但非离子性乳化剂影响较小。在纤维素类分散剂存在下，阴离子乳化剂（SDS），阳离子乳化剂（氢化十二烷基溴化铵（DTAB））和非离子乳化剂（乙氧基壬基酚NP30）具有不同影响。DTAB及NP30使初级粒子粒径变大，产物颗粒分布变宽；SDS对初级粒子粒径影响不大，但可使粒径分布更均一。几种乳化剂对产物颗粒形态及尺寸的影响示于表2-13[52]。

(3) 其他因素　不同聚合阶段的搅拌速度和温度也有明显影响。搅拌速度为700r/min时可避免产生过细的粒子，并且转化率为80%时颗粒仍有较高的空隙率。

在聚合过程中补加水溶液可更好的控制粒径及颗粒形态。补加时间一般应在颗粒尺寸完全稳定（转化率2%～3%）以前。对于水/VC为0.25的VC悬浮态乳液聚合，在聚合过程中添加不同组成的水溶液，最终使水/VC为0.33，试验结果[52]如图2-17所示。

表 2-13 采用不同表面活性剂对聚合物颗粒形态的影响

表面活性剂		转化率/%	增塑剂吸附量	表观密度(MVA%)	直径/μm	
乳化剂	用量				颗粒	初级粒子
不用	0	65	21	0.486	120	1
SDS	1/2CMC	71.8	18	0.515	84	1
SDS	CMC	2.5	24	0.585	32	1
DTAB	1/2CMC	65	22	0.550	113	3
DTAB	CMC	64	33	0.533	36	2
NP30	1/2CMC	67	20	0.428	91	2
NP30	CMC	65.5	27	0.526	45	2

注：水/VC 比为 0.33。

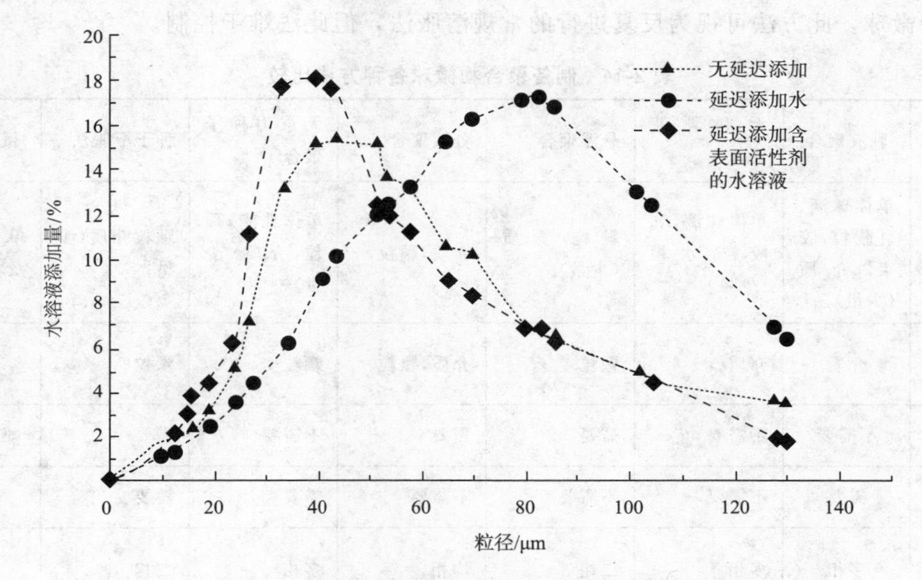

图 2-17 聚合过程添加水溶液对聚合物粒径的影响

若聚合过程中单独添加水，颗粒尺寸变大，无新颗粒形成，水仅分散到已有单体相的颗粒中。若加入含分散剂的水溶液，粒径可减小。当加入的水溶液只含引发剂时，则有新颗粒形成，也使平均粒径减小。

悬浮态乳液聚合方法有广阔的应用前景。在拓宽更多单体的悬浮态乳液聚合、聚合动力学、成核机理等方面的研究尚待进行。

2.3.7 单分散大粒径聚合物微球

单分散、大粒径（微米级）聚合物微球已经应用到一系列科学技术领域，已成为高分子合成方法中一个具有重要作用的新领域。当前其主要制备方法是分散聚合方法及种子溶胀法。

2.3.7.1 制备方法

制备聚合物微球的各种方法对比于表 2-14。

由表可见，乳液法只能制备 0.5μm 以下的颗粒且非单分散；悬浮法制备的颗粒在微米级以上且是多分散的。表中所列无重力种子聚合是 20 世纪 80 年代美国 Vanderhoff 等人在宇宙飞船上的失重条件用种子乳液聚合法制得单分散聚苯乙烯微球，成本比黄金还要贵几千倍。新的制备单分散聚合物微球有实用价值的方法是分散聚合法和种子溶胀法。分散聚合法在2.2.2节作过介绍；关于种子溶胀法的基本原理已在2.2.1节作过简要介绍（见2.2.1.3）。所以以下仅介绍种子溶胀法。

所谓种子溶胀法就是先用无皂乳液聚合、分散聚合、微悬浮聚合或雾化法等方法制成单分散小粒径的聚合物颗粒，然后依次以此为种子用单体溶胀再聚合，以制得单分散大粒径的聚合物微球。溶胀方法可分为常规溶胀法、逐步溶胀法、二步溶胀法及动力学溶胀法四种。

（1）常规溶胀法　例如先用分散聚合法制的粒径为2μm的单分散聚苯乙烯颗粒，然后在0℃用St-氯甲基苯乙烯或St-DVB单体混合物使颗粒溶胀24h，再聚合，可制得粒径为3μm的聚苯乙烯微球。

（2）逐步溶胀法　逐步溶胀法是把种子多次溶胀、多次聚合，最终制得所需粒径的单分散聚合物微球。此方法可视为反复进行的常规溶胀法，但此法难于控制。

表2-14　制备聚合物微球各种方法比较

比较项目	乳液聚合	无皂乳液聚合	悬浮聚合	分散聚合	无重力种子聚合	种子溶胀法	微悬浮法
单体存在场所	单体球滴、乳胶粒，胶束，介质（少量）	单体珠滴，乳胶粒，水相（少量）	颗粒，介质（少量）	介质，颗粒	单体珠滴，颗粒，介质（少量）	颗粒介质（少量）	单体液滴及乳胶粒
引发剂存在场所	介质	介质	颗粒	介质，颗粒	颗粒	颗粒	颗粒
稳定剂	不需要	不需要	需要	需要	不需要	需要	难溶助剂
乳化剂	需要	不需要	不需要	不需要	需要	需要	少量
聚合反应前状态	多相	多相	二相	均相	多相	二相	均相
粒径范围/μm	0.06～0.50	0.5～1.0	100～1000	1～20	2～30	1～100	0.2～2
粒径分散性	分布较窄	分布窄	分布宽	单分散	单分散	单分散	分布较窄

（3）二步溶胀法　此种方法是利用2.2.1.3节所叙及的原理，第一步是向种子分散体中加入一种低聚物O或一种低分子化合物（如硬脂酸辛酯）Y，再用单体溶胀，溶胀度可提高1000倍。所选用的O及Y在水中的溶解度必须比单体还要低（实际上就是2.2.1节中所说的难溶助溶剂），被聚合物颗粒吸收后不能再向介质中扩散。为向颗粒引入低聚物O可先用单体、分子量调节剂、引发剂对种子颗粒进行溶胀，然后再进行聚合。第二步，把第一步溶胀的种子分散体系用单体、油溶性引发剂进行溶胀，达到溶胀平衡后，升温聚合，可制得单分散、大粒径的聚合物微球。若第二步用单体和交联剂的混合物进行溶胀则可制得核壳型聚合物微球，外层为高度交联的壳。

（4）动力学溶胀法[53]　先用分散聚合方法制得2μm左右的种子，再向体系加入单体、引发剂、稳定剂及某种溶剂，然后慢慢加入水，使单体在介质中的溶解度降低，以改变单体在颗粒内和介质间的分配系数，使更多的单体进入聚合物颗粒，溶胀成为 8μm 的单分散颗粒。最后升温聚合，可制得粒径为 6μm 的单分散微球。

此法适用于疏水性单体，可用甲醇－乙醇－异丙醇，乙二醇等水溶性溶剂为介质；采用 PVA、PAA、PAM、聚乙二醇等为稳定剂、BPO、AIBN 等油溶性引发剂。

此法的关键是加水的方法，即如何使水缓慢而均匀的加入体系而不致出现水的局部过浓。为此，可采用半透膜加水；或把水结合在某物质如交联聚合物或微胶囊中，水在溶胀过程中逐渐释放出来；也可采用水蒸气加水的方式。

2.3.7.2 应用

用上述各种方法可制得具有不同分子量、不同形态结构和表面特性的单分散、大粒径聚合物微球，还可在表面上引入不同的官能基团。这种微球有广阔的应用前景，在国外已有商品出售。其应用主要有以下几方面：

① 作为标准计量的基准物，用作电镜、标准测定仪的标准粒子。

② 在医学和生物化学领域，用作临床检验、药物释放、癌症和肝类诊断、细胞标记、识别、分离和培养等，还可制成磁响应微球而应用于免疫方面。

③ 在分析化学中用作高效液相色谱填料。

④ 在化学工业中，大粒径单分散且具有多孔结构的聚合物微球可用作催化剂载体、离子交换树脂等。

⑤ 可用作液晶片之间的间隙保持剂，提高液晶显示的清晰度；用于高档涂料和油墨的添加剂，可大幅度提高其遮盖力；还可用于干洗剂、化妆品的润湿材料等。

2.3.8 反应性聚合物微凝胶

具有胶体尺寸（1nm～1μm）且分子内交联的聚合物颗粒称为聚合物微凝胶，也称为 μ-凝胶。有时亦称为纳米粒子或亚微米粒子。其实就是交联的、亚微米级的聚合物乳胶粒。若微凝胶颗粒的表面或内部带有可进一步反应的基团，则称之为反应性聚合物微凝胶。

聚合物微凝胶具有交联结构，只能溶胀，不能溶解，使聚合物微凝胶颗粒分散于有机介质中，称为非水聚合物微凝胶分散液。若将聚合物微凝胶分散液进行共沸蒸馏、喷雾干燥或冷冻干燥，即可制得粉状微凝胶颗粒。

反应性聚合物微凝胶可采用适当的聚合方法，通过多官能度单体进行聚合而成。在聚合过程中，由于空间障碍，不是所有的官能团都能参与网络结构的形成，部分未反应的基团，如双键、羧基、氨基、羟基、环氧基等，可残留于凝胶颗粒内部或表面，在适当条件下可进一步和其他单体反应生成具有非均相结构的网状聚合物。图 2-18 为由烯类单体和二烯类单体制备反应性聚合物微凝胶及其进一步交联的示意图，图中 f 表示官能度。

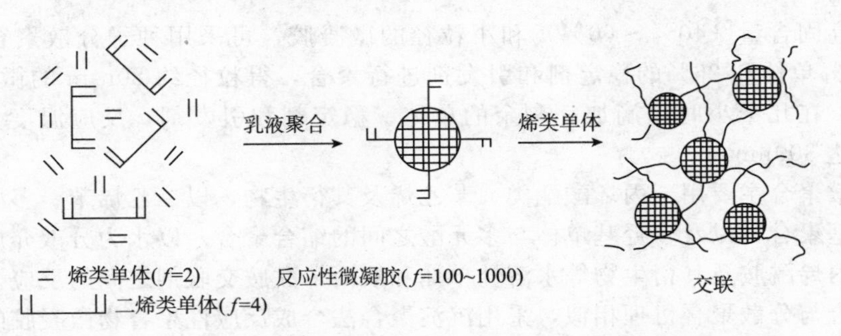

图 2-18　反应性微凝胶生成与交联示意图

2.3.8.1 制备方法

反应性聚合物微凝胶可采用溶液聚合、乳液聚合、微悬浮聚合和分散聚合等方法制备。

(1) 溶液聚合　聚合物微凝胶最初就是在溶液聚合中发现的，溶液聚合也是最早采用的微凝胶制备方法[54,55]。根据 Ziegler 稀释律，溶液越稀进行分子内交联的概率就越大。这是因为，链末端自由基处在微凝胶颗粒内部或表面，而在微凝胶分子上带有较多的反应性基团，当溶液很稀时，反应性基团在微凝胶内部或表面的浓度远大于在溶液中的浓度。因此，溶液浓度低至一定程度时，就不再生成大网络交联聚合物，仅生成聚合物微凝胶。一般而言，当交联剂用量大时，更适于用溶液法。这种方法主要用于纯研究工作。

(2) 乳液聚合　乳液聚合是合成反应性聚合物微凝胶最行之有效的方法，包括常规乳液聚合、无皂乳液聚合和微乳液聚合。在乳液聚合反应中，由于聚合反应和交联反应都被限制在乳胶粒内，在乳胶粒之间无聚合和交联反应，一个乳胶粒即为一个反应性聚合物微凝胶颗粒。

常规乳液聚合法制备反应性微凝胶时，常用阴离子乳化剂，如 SDS，水溶性引发剂如过硫酸钠。聚合物微凝胶的粒径、粒径分布、交联度及微凝胶产率决定于反应条件。

根据对微凝胶粒径及其分布以及形态结构等的不同要求，可采用常规乳液聚合、无皂乳液聚合、种子乳液聚合和微乳液聚合[56]。

采用自乳化乳液聚合方法制备的反应性聚合物微凝胶已应用于不饱和酯的改性。所谓自乳化乳液聚合，实际上是一种改进的无皂乳液聚合。例如用于改进不饱和聚酯触变性能 并提高其强度的苯乙烯-不饱和聚酯微凝胶的制备就是采用所谓的自乳化方法。这种方法是实际上就是无皂乳液聚合，但单纯靠生成的分子链末端—SO_4^- 基团还不足以稳定生成的 St-UP 聚合物颗粒，所以在合成大分子单体 UP 时使用过量的酸酐，使生成—COOH 封端的大单体，这种两亲性大单体增加了体系的稳定性，并且在聚合过程中生成起稳定作用的大分子，类似乳化剂的作用。制备过程如下：

把带羧基的不饱和聚酯和规定量的去离子水加入反应釜中，进行预聚合；然后加入氨水进行中和，将—COOH 转变成—$COO^- NH_4$，在搅拌下，将不饱和聚酯和苯乙烯混合物分散成极细的液滴，再升温至 70℃，加入过硫酸钾和 pH 值调节剂 $NaHCO_3$，在 70℃进行乳液聚合。聚合完成后过滤掉可能产生大块凝胶物，然后加入稀盐酸凝析、分离、水洗后，冷冻干燥，得粒径为 0.03～0.05μm 的反应性聚合物微凝胶粉体，其表面带有羧基、硫酸根及双键等反应性基团，可用于不饱和聚酯树脂的改性。

(3) 分散聚合及沉淀聚合　用分散聚合方法可制备反应性聚合物微凝胶的非水介质分散液[57,58]，所用分散介质多为脂肪烃，其沸点最好和反应温度相同，以便通过介质的回流冷凝带走反应热。采用位障稳定剂。最有效的位障稳定剂为梳形接枝共聚物。常用的引发剂为偶氮二异丁腈。

为制备高固含量（40%～60%）和小粒径的微凝胶，可采用种子分散聚合。这种方法为：先用 10%单体和 25%的稳定剂和引发剂进行聚合，得粒径约 80n m 的微凝胶分散液，以其为种子，在几个小时内滴加完剩余的单体、稳定剂和引发剂，反应温度为 80℃左右，最终粒径可达 300nm。

非水分散聚合主要用于丙烯酸酯类、苯乙烯及其衍生物，以二乙烯苯、多丙烯酸酯为交联剂的自由基聚合，以及多羟基单体与多元酸之间的缩合聚合。以水为分散介质的分散聚合则主要用于丙烯酰胺及其衍生物等水溶性单体和双丙烯酰胺交联剂之间的反应。

沉淀聚合与分散聚合机理相似，采用沉淀聚合法合成反应性聚合物微凝胶的研究主要集中在由丙烯酰胺及其衍生物制备单分散聚合物微凝胶[59]。

(4) 微悬浮聚合[60]　例如，丙烯酰胺/丙烯酸钠/亚甲基双丙烯酰胺，采用微悬浮聚合法，可制得水溶胀的反应性聚合物微凝胶，可用作涂料、增稠剂或用作防渗剂。

(5) 缩合聚合法[61]　利用多官能单体的缩合反应，也可制备反应性聚合物微凝胶。此种微凝胶的主要成分一般是环氧树脂、不饱和聚酯、聚酯、聚氨酯等。例如，以新戊基二醇及己二酸为共聚单体，以三羟甲基丙烷为交联剂，在水/二甲苯混合介质中进行缩聚反应，并于 210℃脱水，可制得三元醇聚酯微凝胶，可用作聚氨酯、聚酯制件的底层涂料，不用培烘即可涂敷面漆。

2.3.8.2 性能及应用

(1) 加工性能和成膜性能　反应性聚合物微凝胶具有优异的加工性能和成膜性能，故在与此相关领域具有巨大的应用前景。

与同种聚合物的溶液型（即溶剂型）产品相比，反应性聚合物微凝胶具有如下重要特性。

① 黏度低且黏度随分子量变化小。聚合物微凝胶颗粒尺寸与溶液中线型大分子无规线团及支链大分子的尺寸相当，但聚合物微凝胶分散液的黏度要低很多。这是由于，在溶液中大分子无规线团高度伸展，增强了溶剂化作用；而微凝胶颗粒内部高度交联，大分子链紧密堆砌，微凝胶颗粒之间以及颗粒与介质之间的相互作用要小得多，所以即使在固含量很高时（40%～60%）体系黏度也很低。此外微凝胶分散液的黏度受分子量影响较小，即在关系式 $[\eta]=KM_v^{\alpha}$ 中指数 α 显著低于相应的线型聚合物。

② 反应性聚合物微凝胶分散液呈现很大的假塑性，在静止状态或低剪切速度下，黏度很高，随剪切速度的提高，黏度迅速下降。

③ 干燥速度快。和溶剂型产品相比，聚合物微凝胶分散液干燥速度要快得多，其原因为：微凝胶分散液黏度低，溶剂蒸发快；微凝胶中分子链堆积密实，密度可达 $0.3g/cm^3$，而相应的线型大分子无规线团的密度仅为 $0.01\ g/cm^3$ 以下，因此微凝胶中聚合物溶剂化作用小，溶剂迁移和蒸发的阻力小；微凝胶分散液固含量可达 40%～60%，在相同涂层厚度下，所需挥发溶剂的量少。

④ 在反应性微凝胶分子内有较大交联密度，在其表面又带有许多反应性基团，可和其他单体进一步聚合生成非均相结构的网状聚合物，如图 2-18 所示，亦称为“石垣结构”。所以由微凝胶制成的涂膜具有优异的抗张强度、抗冲强度、耐水、耐磨、耐候、耐光和耐久性能。

由于上述的特点，所以反应性微凝胶可广泛地应用于涂料、黏合剂等领域；还可用于聚合物分散体系的流变控制、触变改性剂等。另外，由于微凝胶在良溶剂中可充分溶胀，所以也可将其应用于玻璃钢成型的降收缩添加剂。它与其他降收缩剂相比，最大的优点是透明性十分优异。

(2) 反应性聚合物微凝胶具有显著的环境响应特性　反应性聚合物微凝胶与其他聚合物凝胶一样，能对环境的变化发生响应，随温度、介质组成、介质的 pH 值、离子强度等外界条件的变化，微凝胶形态会发生显著变化，这就是所谓的环境响应特性。

例如，微凝胶的性质与其网络结构及所包含的溶剂性质有密切关系。溶剂与高分子的亲和性越好，凝胶膨胀率就越大。在一定条件下，凝胶会因为系统中某些参数（如温度、pH 值等）的微小变化而引起体积极大的变化，这就是所谓的凝胶体积相转变。事实上，聚合物微凝胶的体积相转变与线型聚合物无规线团和聚合物微球间的相互转变是相似的[62]。对线型聚合物物而言，溶剂有良溶剂、不良溶剂和 Θ 溶剂之分。同一种溶剂，随温度的变化，对某一种线型聚合物而言可能是良溶剂、Θ 溶剂或不良溶剂，聚合物大分子也随之呈无规线团态（良溶剂）或球形粒子态（不良溶剂），相应的 Θ 温度为转变点。微凝胶随温度变化而产生的体积相转变也基于同样的道理。

利用微凝胶的环境响应特性可将其应用到许多领域，如生物技术、分离技术以及智能设备等。例如聚（甲基乙烯基醚）就是一种感温材料，以 37℃ 为体积相变点，能迅速反复的膨胀、收缩。

除体积相转变外，许多离子聚合物微凝胶还能在电场作用下发生收缩及变形。例如，在 5V/mm 电场下，直径为 1μm 的微凝胶粒子能在 1ms 内收缩至原来大小的 4%。微凝胶的这种迅速反应能力可应用于机器人的“肌肉”或其他机器设备上，例如根据这一特性，有人还设计了一种“化学阀”，作为电场控制的控制膜。

经过分子与结构设计还可制得具有形状记忆功能的微凝胶[63]。微凝胶还可用于药物释放、生物酶固定、生物分离等。还可应用于分离及分析技术。

由于反应性聚合物微凝胶一系列独特的性能，因此广泛地应用于化工、医药卫生、生物、农业、工业等各个领域，也可应用于纳米设备与装置、纳米催化等高新技术领域[64]，所以此领域的发展十分迅速，是一个前景广阔的研究领域。

2.4 模板聚合

2.4.1 概述[74~76]

“模板聚合”（matrix polymerization）是指单体在能与单体或增长链通过特定相互作用，在模板上聚合形成高分子的聚合反应。这些特定相互作用包括：①共价键；②离子键；③氢键；④疏水/范德华力作用；⑤配位作用；⑥冠醚与离子作用；⑦ π-π 作用。不同类型作用的专一性也不一样，共价键限制性最强，即它只对专门的功能基有专一的结合作用，而离子键和疏水作用可用适用很多大化合物，专一性较差。共价键有方向性，而离子键和疏水作用基本没有方向性，因此，共价结合的方法应能产生最好的模板聚合物。然而，值得注意的是模板分子或模板类似物分子与单体及聚合物的相互作用应该是快速及可逆的，因此共价键的生成是不利的，而离子交换和疏水作用则是极为快速的。利用 π-π 作用（常有相当的方向性）和氢键作用（常有很好的方向性）在许多情况下可以提供一个很好的折中方案。氢键或许有更大的利用范围，尤其是它可以通过多重相互作用提供专一性很高的结合作用。模板聚合在生物大分子的形成中具有重要的作用[74b]。

模板聚合最常见的反应历程可表示如图 2-19 所示。

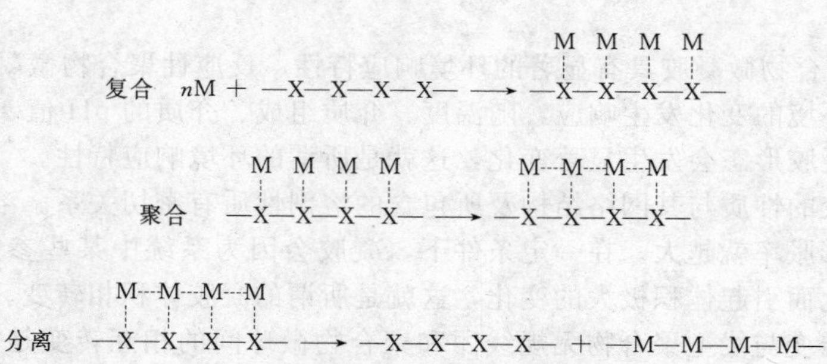

复合　nM + —X—X—X—X— ⟶ —X—X—X—X—（各 X 上结合 M）

聚合　—X—X—X—X—（各 X 上结合 M）⟶ —X—X—X—X—（M···M···M···M 聚合）

分离　—X—X—X—X—（M···M···M···M）⟶ —X—X—X—X— + —M—M—M—M—

图 2-19　模板聚合反应历程示意图

高分子合成中存在很多模板聚合的例子。例如，使用间同立构规整度为90%，分子量为3×10^5的s-PMMA为模板，在s-PMMA/MMA=6时，MMA聚合得到87%全同立构、5%间同立构及8%无规立构的PMMA。同样在全同立构PMMA作用下，MMA有利于形成间同立构PMMA。丙烯酸的水溶液聚合中，单体浓度仅为10%以下时，聚合一旦开始，自动加速效应便十分明显，这一现象很难用常规的自动加速的扩散因素来解释，通过仔细研究，发现体系中一旦有聚合物生成，其余单体便会通过氢键吸附在聚合物的周围，如图2-20所示，在聚合物的链上形成单体的大量富集，提高了单体的浓度，形成的聚合物起到了富集单体、并使单体按一定规律排列形成“聚合物链”的模板作用。模板聚合与一般聚合相比具有反应速度快，聚合反应结构可控的特点。由于模板与聚合过程的单体、聚合过程的中间体及聚合产物之间的作用复杂，模板聚合的理论发展还不完善，模板聚合是一个复杂的体系。不同的模板聚合选用不同的模板试剂，模板可以选择低分子化合物、低聚物、聚合物、分子聚集体、金属离子或金属络合物。模板可以是可溶的，也可以是具有特定孔道的不溶的材料。可以利用模板聚合制备可溶的特定构象的高分子，如印迹高分子，也可以在特定的空洞中制备特定形状的高分子，如三维有序高分子材料。如果聚合仅仅在特定的无相互作用的孔道中聚合，可以形成特定形状的高分子，在一定意义上讲在不是模板聚合，只不过可能是受限聚合[74c, 74d]，不在本节讨论范围。

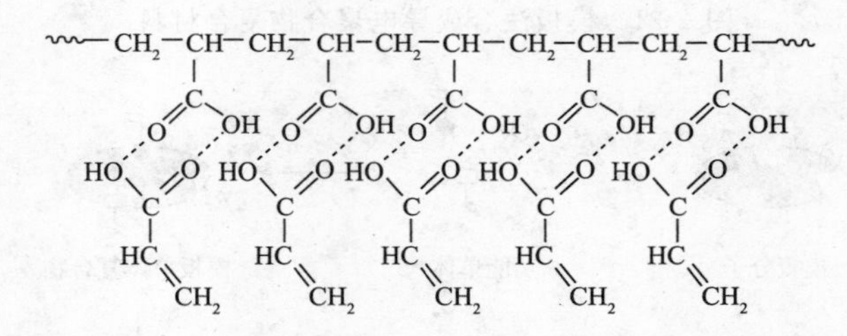

图2-20 丙烯酸聚合过程中单体与聚合物间的氢键吸附

模板聚合是通过其上的特定的结合基团与单体及聚合物相互作用来实现的，这些特定基团要有以下的特点：第一，模板上的结合基团与模板间的键合要尽可能地强，这样才能在聚合过程中能牢固地把模板固定住；第二，结合基团要能与单体有良好的相互作用；第三，生成聚合物后，模板要尽可能地能被完全除去，即聚合物能够分离开。聚合的单体及聚合物与模板的相互作用应具有快速和可逆的特性。结合基团是模板物与模板聚合物的关键部位。作为可模板聚合的单体应该含有一个可聚合的基团及结合基团，结合基团与模板作用，可聚合的基团形成聚合物。一般可聚合的基团是烯基，聚合后烯类残基就是网络骨架的一部分。除去模板后在聚合物网络内就存在一个孔穴。在孔穴表面还有能与模板或模板类似物结合的功能基。若模板物上有一个以上的结合部位，则聚合后可得到结合部位与之相对应的方向性很好匹配的模板孔穴。

模板聚合还可以制备特定符合材料，如导电聚合物一般较难溶解及加工，利用可聚合的单体在聚合物模板上聚合，可以原位制备复合导电聚合物[76c]。分子印迹聚合也是模板聚合的一部分[76d]。二者合成过程如图2-21和图2-22所示。

2.4.2 模板及模板聚合物的合成

2.4.2.1 阳离子聚合物模板

主链上含有氮原子的阳离子聚合物是一类广泛使用的模板。典型的有线性含氮聚合物

（图 2-23）和杂环含氮聚合物（图 2-24）。

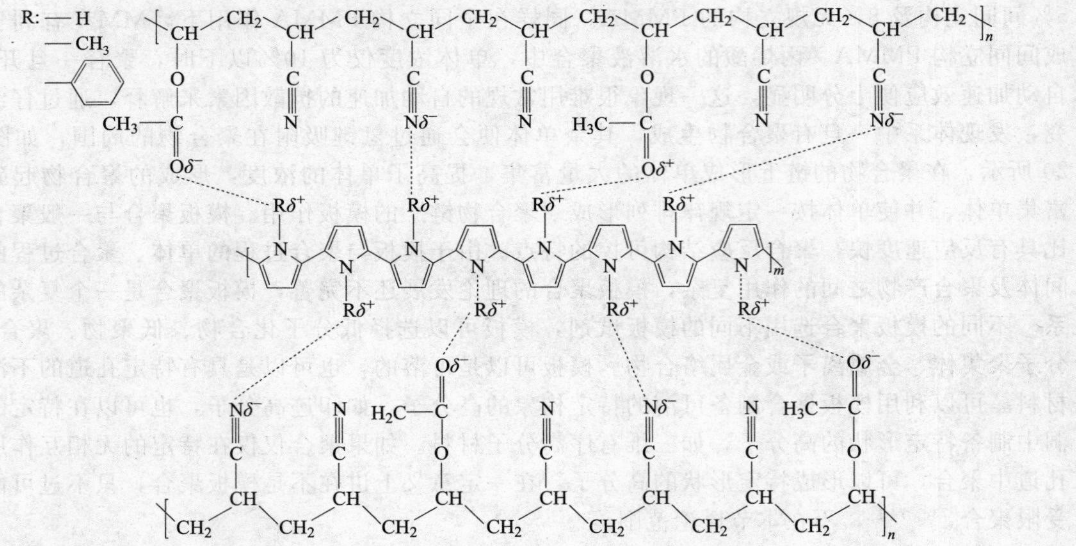

图 2-21　模板法合成导电聚合物复合材料

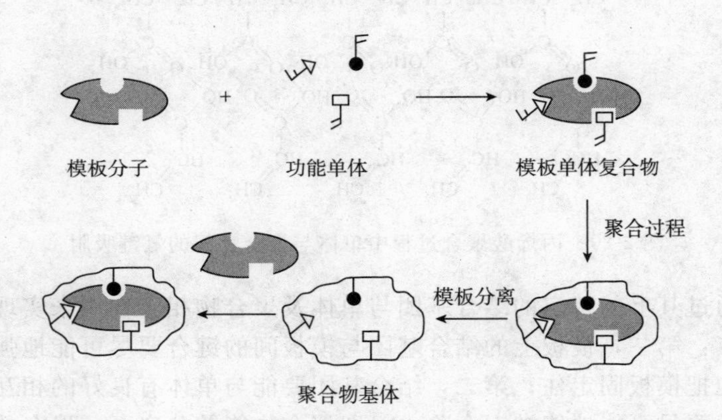

图 2-22　分子印迹聚合物的合成过程图

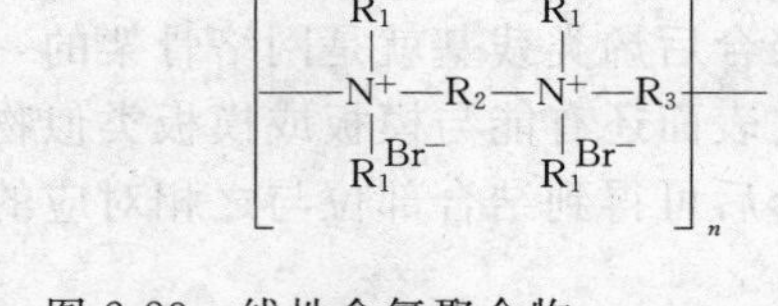

图 2-23　线性含氮聚合物

其中，R_1 为脂肪族基团；R_2、R_3 为 $(CH_2)n$

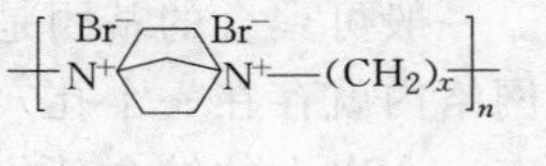

图 2-24　杂环族含氮聚合物

其中，$x=4$，6，8

这类聚合物的特点可归纳如下：①离子位于聚合物的主链上，其密度较其他离子聚体要高；②离子在主链上的排列是有规律的，可以调控；③合成过程简单；④通常反离子为卤素原子，但是在一定条件下可以被其他阴离子取代。如采用 N，N，N'，N'-四甲基-α，β-二氨基碱和-α，ω-二卤化物反应即可得到线性含氮的离子聚体，反应历程如下（图 2-25），上述反应物中，x、y 值是控制生成物主链上电荷密度分布及聚合物结构的主要参数。作为模板使用的脂肪族离子聚合物一般希望分子量比较低，以降低模板与聚合物的相互作用，有利于聚合物从模板上分离下来。

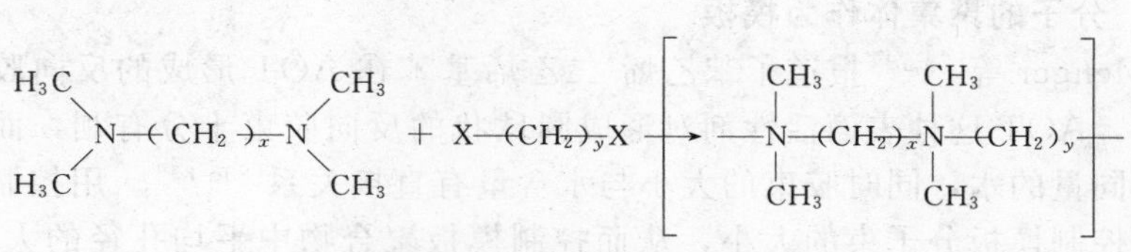

$$(H_3C)_2N-(CH_2)_x-N(CH_3)_2 + X-(CH_2)_y-X \longrightarrow \left[-\overset{CH_3}{\underset{CH_3}{N}}-(CH_2)_x-\overset{CH_3}{\underset{CH_3}{N}}-(CH_2)_y- \right]$$

图 2-25　线性含氮聚合物的合成

含氮杂环聚合物可以由环状二胺与二卤代烃的反应制备，如（α，α，α）4-Br 离子聚体（图 2-26）。

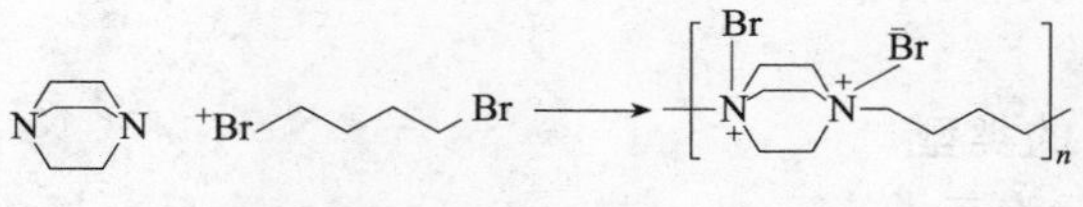

图 2-26　由环状二胺与二卤代烃制备含氮杂环聚合物

（α，α，α）4-Br 离子聚体分子链中两个连续电荷之间的距离为 0.45nm，有利于单体反离子的相互作用，并使双键易于聚合。由于（α，α，α）4-OH 离子聚体在水溶液中十分稳定，因此在实际作为模板使用中，都将季铵溴盐通过离子交换或与 AgOH 作用转化为季铵羟基盐（N^+OH^-）的形式。反应式如图 2-27 所示。

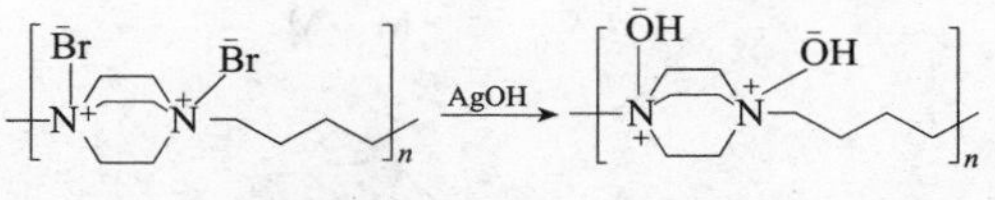

图 2-27　季铵羟基盐（N^+OH^-）的反应

用上述方法还可以制备（α，α，α）6、（α，α，α）8-Br（或 OH）等离子聚体。随着聚合物中亚甲基的增加，电荷之间的距离也从 0.45nm 增加至 0.90nm。这对模板与单体之间的作用有一定影响，从而影响聚合速率。

2.4.2.2　离子模板聚合物

特定孔道的离子聚合物对特定离子有选择性吸附，是一类“模板聚合物”，在形成过程中，金属离子起到了“模板”的作用。实施方法：①带有能与金属离子结合基团的线形聚合物（如聚 4-乙烯基吡啶）在溶液中用一定的阳离子处理，使其平衡一段时间后生成金属-聚合物络合物。这时聚合物的构象被最优化，同时发生很多配位反应，然后把这些聚合物交联以稳定优化的聚合物构象，洗出金属离子就得到离子模板聚合物。②在某种金属离子存在下单体与金属离子形成络合物中间体，然后与交联剂一起共聚合。这种方法很简单，但是选择性较差。③制备可聚合的确定金属离子络合物，这种方法比较费时且工作量大，但是络合物的类型可以精确地测定，可在严格控制的条件下进行聚合，聚合时络合物必须不发生解离。聚合可能会受到聚合介质的影响。④表面模板印记法。Takagi 等[77]首先用甲基丙烯酸作为单体之一首先进行乳液聚合制得直径为 0.4～0.7mm 的微颗粒，随后微粒用交联剂溶胀，通过 NaOH 的作用在表面上浓集了羧基。然后这些颗粒分别专一地与 Cu^{2+}、Co^{2+} 或 Ni^{2+} 离子进行络合，这种排列通过交联进行固定。这样制得了对模板阳离子有很高选择性的聚合物。例如，在 Cu^{2+} 浓度较低时，用 Cu^{2+} 为模板的聚合物吸附 Cu^{2+} 离子的量是非模板聚合物的 1000 倍。

2.4.2.3 分子的聚集体作为模板

1990 年 Menger 等[78,79]报道了苯乙烯-二乙烯基苯在 AOT 形成的反向胶束中聚合形成孔状共聚合物，AOT 这种表面活性剂对形成圆球状的反向胶束十分有利，而且这种反向胶束可以包含不同量的水，同时胶束的大小与水含量有直接关系[80~85]。用控制胶束内水的含量的方法可以控制模板分子束的大小，从而控制模板聚合物中平均孔径的大小[86,87]。这种模板的刚性小，但对形成较大的孔穴的模板聚合物还是很有用的，能起到分子模板起不到的作用。离子型的功能基团可以被引入到孔穴内[88,89]。其他表面活性剂在其他聚合物体系上形成多孔树脂也已有报道[90~93]。

2.4.3 模板聚合

2.4.3.1 模板聚合的类型

模板聚合基本上可分为三类：

① 当模板与单体的相互作用比与增长链的作用更强时，模板先于单体作用，然后随着聚合的进行，单体不断从模板上脱落而加成到增长链上，此时模板实际上起到了催化剂的作用，见图 2-28（a）。

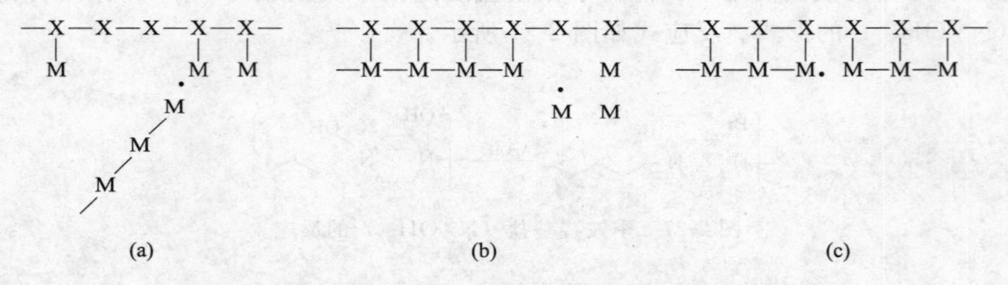

图 2-28 模板与单体或增长链相互作用示意图

② 增长链与模板的作用比单体更强时，增长链总是与模板处于缔合状态，得到如图 2-28（b）所示的高分子复合物。

③ 单体、增长链与模板的相互作用相同，此时单体沿着模板进行聚合，所产生的聚合物与模板缔合，如图 2-28（c）所示。

在实际使用中，随着单体和模板的不同，三类情况都可能出现。

2.4.3.2 影响模板聚合的因素

（1）模板的影响

① 模板电荷分布对聚合速率的影响　杂环（α，α，α）4-离子聚体（a）、（α，α，α）6-离子聚体（b）、（α，α，α）8-离子聚体（c）以及线性 6，6-离子聚体、6，10-离子聚体为模板，促进等物质量苯乙烯磺酸（SSA）单体聚合的单体转化率与时间的关系如图 2-29 所示，从中计算出的电荷密度与聚合速率间的关系如表 2-15 所示。

从图表可知，随着电荷密度的升高，模板周围单体浓度增大，聚合速度随单体浓度的增大而增大。单体双键间的距离越小，聚合活性越大。即使采用 6，10-离子聚体作为模板（双键间距离较远），其聚合速率比无模板时仍要高出两个数量级（这时双键间的距离比溶液中自由单体间的距离小很多）。

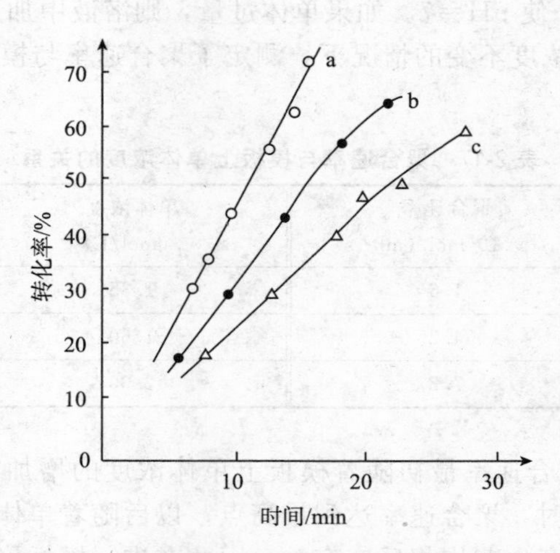

图 2-29　不同离子聚体作用下 SSA 反应速率
异丙醇/水混合溶剂 25/75（体积比），AIBN，70℃

表 2-15　不同离子聚体作用下 SSA 的聚合速率①

离子聚体	电荷密度②	模板附近单体浓度/(mol/L)	聚合速率/[×10⁷mol/(ml·s)]
(α,α,α)4-Br	2.2	1.63	7.3
(α,α,α)6-Br	1.74	1.27	5.5
(α,α,α)8-Br	1.43	1.05	3.9
6,6-Br	1.11	0.82	2.5
6,10-Br	0.87	0.64	1.3

① 聚合条件：聚合物单体浓度为 10^{-2}mol/L，引发剂 AIBN 浓度为 10^{-3}mol/L，聚合温度为 70℃，介质 pH 值为 7.0。

② 指模板离子聚体中每 1.0mm 长度上的电荷数目。

② 模板离子聚体分子量对聚合速率的影响　以（α，α，α）4-离子聚体为模板，选择了特性黏数［η］分别为 0.16、0.36、0.48 的三种离子聚体在上述聚合条件下，苯乙烯磺酸聚合速率的影响见表 2-16。由表中结果可知，随着离子聚合物特性黏数的提高，聚合速率也相应增加。这是由于模板分子量的大小，直接影响着模板对反离子的束缚能力。将这种束缚能力以聚集分数 x 表示，随着的 x 增加，通过静电作用与单体结合的浓度愈高，因此聚合速率越高。但［η］也有一个适宜值，因为［η］过高，模板在溶液中不易溶解或黏度增高，也会影响聚合的进行。一般模板单元控制在 10～12。

表 2-16　不同特性黏数的（α，α，α）4-离子聚体与反离子 Br^- 聚集分数的关系及对 SSA 的聚合

［η］	极低	0.16	0.36	0.48
x	0.34	0.47	0.54	0.58
v_p/[×10^7mol/(ml·s)]		5.8	7.23	7.62

③ 模板与单体的分子比对聚合速率的影响　仍以（α，α，α）4-OH 离聚体为模板，苯乙烯磺酸为单体，在上述条件下聚合。单体浓度由低到高变化。当单体浓度低，模板过量

时，溶液用 H_2SO_4 中和，使 pH=7。如果单体过量，则溶液中加入 NaOH 中和，同样控制 pH=7。在模板和引发剂浓度不变的情况下，测定了聚合速率与模板上单体浓度的关系，结果见表 2-17。

表 2-17 聚合速率与模板上单体浓度的关系

单体浓度 /(mol/L)	聚合速率 v_p/[$\times10^7$ mol/(ml·s)]	单体浓度 /(mol/L)	聚合速率 v_p/[$\times10^7$ mol/(ml·s)]
0.5	1.6	1.35	6.9
0.75	4.2	1.60	6.4
1.0	7.2	2.00	5.5

从表 2-17 中可见，聚合速率最初随着模板上单体浓度的增加而增加，当模板与单体的加入量达到等物质量之比时，聚合速率达到最高点，以后随着单体浓度的增加，聚合速率缓慢下降，这与单体过量后产生非均相反应有关。因此在进行模板聚合时，通常选择模板与单体浓度为等物质量之比，以保证聚合速率达到最高点。

(2) 溶剂的影响　模板溶液聚合中，溶剂的选择既要有利于模板、单体、聚合物的溶解，又要有利于聚合速率的提高。现以（α，α，α）4-Br 为模板，SSA 为单体，AIBN 为引发剂，在 70℃下进行聚合。比较了不同介电常数 D 的异丙醇/水混合溶剂对聚合速率的影响，结果如图 2-30 所示。

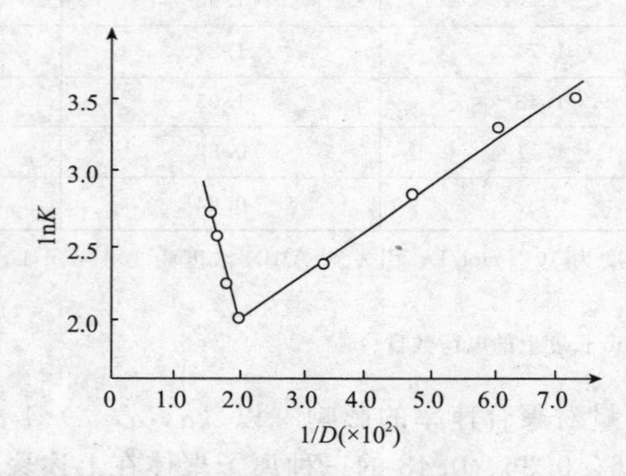

图 2-30 离子聚体 SSA 模板聚合中聚合速率与介电常数的关系

从图 2-30 可以看出，随着介电常数 D 的减小，聚合速率有很大提高，可以认为在这一范围内，加强了模板与单体反离子之间的静电作用。当溶剂中醇的含量减少，D 增大，甚至接近纯水时，聚合速率也提高。可以认为此时模板与单体反离子之间的静电作用已很弱，主要起作用的是疏水基团的键合作用。

2.5 等离子体聚合方法

2.5.1 概述[94]

等离子体（plasma）是一种由自由电子和带电离子为主要成分的物质形态，常被视为是物质的第四态，被称为等离子态，或者“超气态”，也称“电浆体”。等离子体具有很高的电导率，与电磁场存在极强的耦合作用。严格来说，等离子体是具有高位能、动能的气体团，等离子体的总带电量仍是中性，借由电场或磁场的高动能将外层的电子击出，结果电子已不再被束缚于原子核，而成为高位能高动能的自由电子。等离子体分为低温等离子体及高温等离子体。一般在高分子科学中应用的是低温等离子体，它们能与化合物中的化学键相互作用，诱导化学反应的发生。

低温等离子体中由于电子与气体之间不存在热平衡，这就意味着电子可以拥有使化学键断裂的足够能量，而气体温度又可以保持与环境温度相近。这一点对于不能耐受高温的有机化合物和高分子化合物具有特别重要的意义。

在等离子体中，具有速度 v 的电子的分布接近 Maxwell 分布，大部分电子的能量为 1～2eV，少量高能量的可超过 10eV，通过放电产生等离子体的方法如图 2-31 所示。

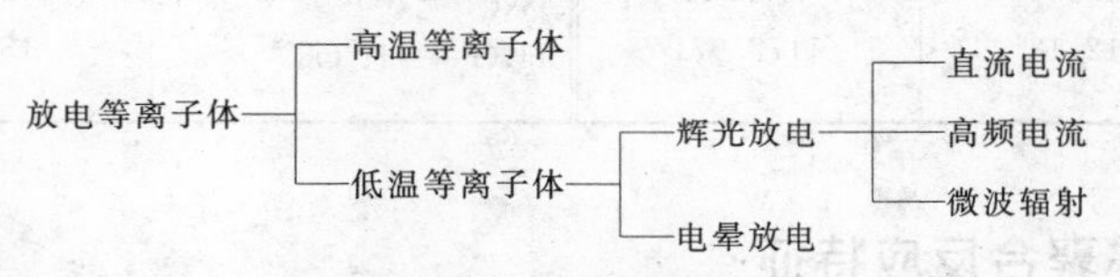

图 2-31　通过放电产生等离子体的方法

从图 2-31 中可见，在从直流电流到微波辐射的广泛的频率范围内，通过放电都可以产生等离子体。辉光放电产生的电子能量约为 5eV，将等离子体中各种粒子的能量与有机化合物分子中典型的键能相比较（表 2-18 所示的有机化合物的键能，表 2-19 所示的中性原子及分子的离子化位能很好地对应），可以清楚地看到，当有机化合物分子暴露于等离子体的环境中时，处于等离子态的各种活性种的能量足以引起分子中共价键的断裂。

表 2-18　有机化合物中部分化学键的键能

化学键	能量		化学键	能量	
	eV	kJ/mol		eV	kJ/mol
$H—CH_3$	4.5	435	$CH\equiv CH$	10.0	967
$H—C_2H_5$	4.2	406	$CH_2=CH_2$	7.5	725
$H—CHCH_2$	4.7	454	$CH_3—CH_3$	3.8	367
$H—CCH$	5.4	522	$CH_3—C_6H_5$	4.3	416
$H—C_6H_5$	4.8	464	$CH_3—CN$	5.4	522
$H—CH_2C_5H_5$	3.7	358	$CH_3—OH$	3.9	377
$H—CH_2OH$	4.1	396	$CH_3—Cl$	3.6	348
$H—CH_2COCH_2$	4.3	416	$CH_3—Br$	3.6	290
$H—OCH_3$	4.5	435	$CH_3—I$	2.4	232
$H—OC_6H_5$	3.8	367	$C_6H_5—Cl$	4.1	396

利用等离子体中的电子、粒子、正离子、自由基以及其他激发态分子等活性粒子使单体聚合的方法称为等离子体聚合。由于等离子体中各种活性粒子的种类多，能量分布宽（低能、中能和高能的活性粒子都同时存在），这就使等离子体的聚合机理变得十分复杂。

在高分子化学领域所利用的等离子体是通过辉光放电或电晕放电方式生成的低温等离子体。低温等离子体聚合大致可分为等离子体聚合（单体等离子化，再聚合）、等离子体引发聚合和等离子体表面处理三大类。

表 2-19 中性原子及分子的离子化位能

化学键	能量		化学键	能量	
	eV	kJ/mol		eV	kJ/mol
$Ar \longrightarrow Ar^+ + e$	15.755	1523.085	$H_2 \longrightarrow H_2^+ + e$	15.4	1489.18
$C \longrightarrow C^+ + e$	11.264	1089.299	$C_2 \longrightarrow C_2^+ + e$	12	1160.4
$Cs \longrightarrow Cs^+ + e$	3.893	376.453	$N_2 \longrightarrow N_2^+ + e$	15.5	1498.85
$He \longrightarrow He^+ + e$	24.580	2376.886	$O_2 \longrightarrow O_2^+ + e$	12.1	1170.17
$H \longrightarrow H^+ + e$	13.595	1314.637	$F_2 \longrightarrow F_2^+ + e$	16.5	1595.55
$Hg \longrightarrow Hg^+ + e$	10.44	1009.548	$Cl \longrightarrow Cl^+ + e$	11.5	1112.05
$N \longrightarrow N^+ + e$	14.54	1406.086	$Br \longrightarrow Br^+ + e$	10.7	1034.69
$O \longrightarrow O^+ + e$	13.614	1316.474	$CO \longrightarrow CO^+ + e$	14.0	1353.80
$Na \longrightarrow Na^+ + e$	5.138	496.845	$NO \longrightarrow NO^+ + e$	9.25	894.475
$Xe \longrightarrow Xe^+ + e$	12.13	1172.971	$H_2O \longrightarrow H_2OC^+ + e$	18	1257.1

2.5.2 等离子体聚合反应特征

等离子体聚合反应的研究始于 20 世纪 60 年代中期，Goodman 成功地用低温等离子体实施了苯乙烯的聚合，制备出具有低导电率和优异耐腐蚀性的均匀、超薄聚合物膜。根据所确认的单体在固体表面的吸附速度与等离子体聚合膜的生长速度之间的相关性，等离子体聚合反应是以自由基引发的基板表面聚合为主，即吸附于基板上的单体在等离子体中的活性自由基的作用下被活化，并以此为聚合场所发生聚合反应，也有理论认为等离子体中的活性离子也参与引发单体在气相发生聚合反应。等离子体聚合的机理非常复杂，至今尚不十分清楚。

通常，等离子体聚合具有以下显著的特点：① 几乎所有的有机化合物或有机金属化合物都可以进行聚合，除带双键的或其他官能团的单体外，像甲烷、乙烷、苯、甲苯[96]、氟代烷、烷基硅烷等饱和烷烃类化合物都可进行聚合而得到不同的聚合物；② 等离子体聚合可以由输入能量、单体加入速度及真空度进行控制，不同条件下可以得到粉末、油状或薄膜状等不同性状的聚合物，产物结构复杂，通常支链很多；③ 由于多种活性粒子在气相中同时引发聚合反应，聚合产物则在器壁和底层沉积，因此等离子体聚合的机理和过程极其复杂。

等离子体聚合过程是通过辉光放电造成低温等离子体状态，在等离子体氛围中使单体解离-再结合，从而发生聚合反应，在基板上得到薄膜。目前，等离子体聚合技术已在多方面获得利用。由等离子体聚合得到的聚合物膜具有以下特征：① 容易获得无针孔的薄膜（通常厚度为 1μm 以下）；② 由于从理论上讲无论何种有机化合物都可能使之聚合，因此可制得具有新型结构与性能的聚合物；③ 可形成三维网状结构，因此具有优良的耐药品性、耐热性和力学性能；④ 合成工艺简单、清洁；⑤ 可对各种形状物体进行涂层处理。

等离子体聚合的不足之处是：① 等离子体聚合的基本反应极其复杂，聚合机理不清楚，目前难以定量控制；② 等离子体聚合膜的结构十分复杂；③ 若等离子体反应装置不同，则很难得到再现性的结果；④ 很难做成较大厚度的膜。

等离子体引发聚合（plasma initiatated polymerization）是利用单体蒸气激发产生等离子体，使等离子体活性基团与单体液面或固体表面接触实现聚合制备高分子的方法。与等离子体聚合不同，等离子体引发聚合可以不破坏单体的结构，合成直链超高分子量聚合物或结晶性聚合物。从高分子合成化学的角度来看，其实只是利用非平衡等离子体作为引发聚合反应的能源，保持起始单体的化学结构使之聚合。因此，等离子体引发聚合反应不但在合成新的功能性高分子方面，而且对阐明等离子体聚合的基本过程都具有十分重要的意义。

等离子体引发聚合有两个显著的特征[97]：① 聚合的引发反应是在气相中进行的；② 链增长及终止反应是在凝聚相内进行的。因此，等离子体引发聚合的链引发、增长、转移、再结合、再引发的全过程与等离子体聚合不同。通常是用等离子体照射聚合体系数秒至数分钟，然后在适当温度下进行聚合反应。这种聚合与辐射聚合类似，不同是这里引发反应的中间体强调产生了电子及离子。

低温等离子体引发高分子表面改性的特征是不会对高分子主体的性质产生本质性的影响，仅仅是对表面层（<10nm）的改性。而同样作为高分子表面改性手法的放射线或电子束等高能射线则会深及高分子内部，使高分子内部也发生与表面同样的变化。在低温等离子体反应中，通过适当选择形成等离子体的气体种类和等离子体化条件，能够对高分子表面层的化学结构或物理结构进行有目的的改性。例如，可能发生的反应有：①表面刻蚀；②表面层交联；③表面化学修饰；④接枝聚合；⑤等离子体聚合涂层等。通过低温等离子体处理，高分子材料表面的润湿性、粘接性、耐磨损性、防水性、抗静电性、生物相容性、光学特性等均可获得改善，其中已有部分实功能性膜而引人注目。等离子体聚合膜本质上是非结晶性交联结构，其化学结构一般不明确。

2.5.3 等离子聚合在高分子中的应用

等离子聚合在高分子材料的制备方面有很多特殊的应用，如制备纳米复合材料、组装多维材料等（见图 2-32）[95]。本节主要从化学角度介绍等离子技术在高分子材料制备中的应用。

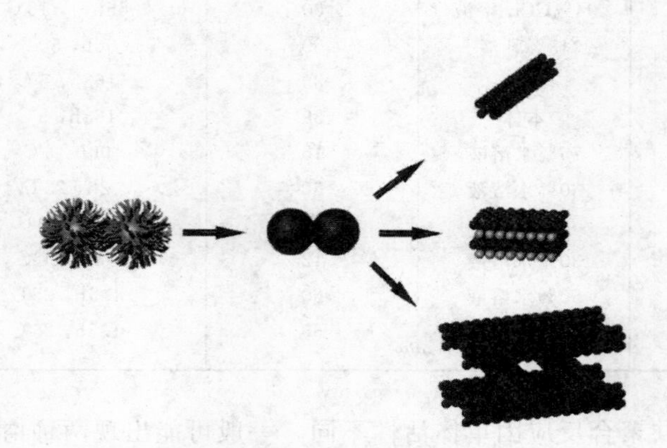

图 2-32 等离子聚合纳米微晶形成多维材料

2.5.3.1 乙烯基单体的等离子体引发聚合[94]

表 2-20 对 MMA 的等离子体引发聚合和辐射聚合的聚合速度及达到的分子量作了比较，由此可充分了解等离子体引发聚合的特异性。等离子体引发聚合的 PMMA 没有分支或交联结构，可溶于溶剂，且不含会使力学强度下降的低分子量聚合物。因此，这种超高分子量聚合物不但在溶液理论的研究方面，而且从材料应用方面都有重要的意义。

表 2-20 各种辐射引发聚合方法对 MMA 聚合的比较

辐射源	聚合速度/[mol/(L·s)]	分子量
等离子体	4×10^{-6}(25℃)	30×10^{6}
γ射线	4×10^{-6}(20℃)	0.5×10^{6}
β射线	4×10^{-6}(30℃)	1×10^{6}
高能电子束	4×10^{-6}(20℃)	$(1.8\sim3)\times10^{6}$

大多数乙烯基单体都可通过等离子体引发进行聚合，聚合结果列于表 2-21。各种 l-烯基单体在等离子体引发聚合反应中的活性不同，这种特殊的单体选择性的原因目前尚不清楚。由表 2-21 可知，丙烯酸乙酯、丙烯酸丁酯、苯乙烯等单体在本体中不发生聚合，但使之乳化就很容易聚合，得到高分子量聚合物。与本体聚合相比甲基丙烯酸酯的乳化聚合速度可增大数倍至十数倍。

表 2-21 烯类单体等离子体引发聚合的相对活性

单体	聚合条件	等离子体照射时间/s	后聚合条件	产率/%
甲基丙烯酸甲酯	本体	60	100h, 25℃	40
甲基丙烯酸	本体	30	168h, 5℃	3
甲基丙烯酸	75%水溶液	15	90h,5℃	80
甲基丙烯酸乙酯	本体	60	168h, 5℃	1
甲基丙烯酸正丁酯	本体	30	168h, 5℃	1～2
丙烯酸乙酯	本体	900	168h, 5℃	0
丙烯酸乙酯	50%乳液	60	100h, 5℃	76
丙烯酸正丁酯	本体	20	168h, 5℃	0
苯乙烯	本体	60	168h, 5℃	0
苯乙烯	50%CCl_4 溶液	15	66h, −15℃	0
苯乙烯	94%CCl_4 溶液	60	66h, −15℃	0
苯乙烯	48%乳液	60	66h, 50℃	80
ε-甲基苯乙烯	本体	30	168h, 5℃	0
丙烯酸	本体	30	168h, 5℃	3
丙烯酸	75%水溶液	15	90h, 5℃	50
丙烯酰胺	30%水溶液	60	2h, 25℃	83
甲基丙烯酰胺	本体	120	45h, 20℃	痕量
甲基丙烯酰胺	30%水溶液	12	45h, 20℃	80
甲基丙烯酸-2-羟乙酯	50%水溶液	60	1.5h, 25℃	75
2-丙烯酰胺-2-甲基丙磺酸	25%水溶液	60	1.5h, 25℃	70

等离子体引发的共聚合反应因单体活性不同，一般可能出现两种情况[98]：

① 两种聚合活性相近的单体组合时（如 MMA 和 MAA），无论单体组成比如何变化，都能有效地聚合；

② 若一方为非活性单体的组合（如 St 为非活性单体，MMA 为活性单体），那么随体系中非活性单体比例的增大，聚合效率急剧下降。但无论何种情况，共聚物的组成都与自由基共聚物一致，这印证了等离子体引发聚合的链增长反应是自由基机理。

2.5.3.2 嵌段共聚物的合成

利用等离子体引发聚合生成的长寿命中间体，以及在水溶液中表现出的极高的聚合速度，可用以合成水溶性乙烯基单体的嵌段共聚物。目前已经合成的嵌段共聚物有丙烯酰胺-甲基丙烯酸（AAM-MAA）、丙烯酰氨基甲基丙烷磺酸-甲基丙烯酸-2-羟乙酯（AMPS-HEMA）、丙烯酰氨基甲基丙烷磺酸-丙烯酰胺（AMPS-AAM）等[99～101]。

2.5.3.3 固相开环聚合[94]

等离子体引发聚合还可实现环状化合物的固相开环聚合，常见的单体主要有以下几种。

（1）环醚的固相开环聚合　环醚经低温等离子体短时间照射，可被引发开环聚合，得到高度结晶结构的聚合物。从1，3，5-三噁烷或1，3，5，7-四噁烷出发，可有效地合成高度取向的纤维状聚甲醛（POM）。在此聚合过程中，单体晶形在外观上不发生任何形态变化，保持着起始晶体的形态。推测这种高度取向的二维结晶性聚甲醒是所谓局部化学性的聚合产物，单体的结晶结构在聚合过程中起着重要作用。根据X射线小角散射和熔点测定结果推测，TOX的聚合是由等离子体照射TOX分子开环，这些开环的分子沿晶轴 c（图2-33）如同“多米诺骨牌”现象一样，一个压一个地倒下去，与相邻的TOX分子键合，最终形成螺旋状的高结晶结构聚合体。

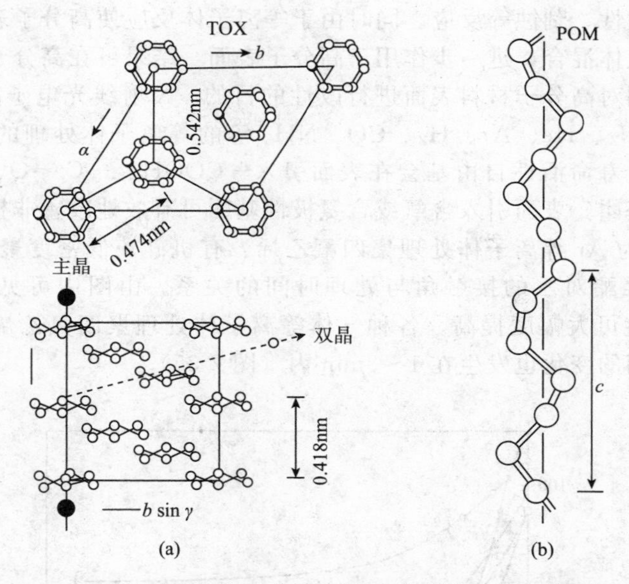

图2-33　三噁烷结晶结构（a）与等离子体引发的甲醛链结构（b）

（2）无机环状化合物的固相开环聚合　无机环状化合物如六氯环三磷嗪 $(PNCl_2)_3$ 结晶物经等离子体直接照射，可发生下列开环聚合反应。在110W放电功率、1～10^5Pa气体压力下等离子体引发聚合15min后即可得到收率为41%的白色磁性体聚合物。这是迄今为止采用高能电子束、γ、β射线和β射线等辐射聚合等方法均未能实现的聚合。

$$(NPCl_2)_3 \xrightarrow{\text{等离子体聚合}} \left[-\underset{Cl}{\overset{Cl}{P}}{=}N- \right]_n$$

（3）环状有机硅化合物的开环聚合　环状有机硅化合物如六甲基环三硅氧烷（HMS）、

八甲基环四硅氧烷（D_4）等化合物，利用等离子体都可容易地发生开环聚合，得到聚二甲基硅氧烷。这两种有机硅单体的聚合转化率都随着等离子体照射时间的增加呈直线上升。红外光谱和气相色谱分析表明，二者都发生了开环聚合，但有分支结构产生，也有分子量较小的低聚物生成。

$$\mathrm{HMe_2Si{-}N}\!\begin{array}{c}\mathrm{Me_2}\\\mathrm{Si}\\\diagup\ \diagdown\\\\\diagdown\ \diagup\\\mathrm{Si}\\\mathrm{Me_2}\end{array}\!\mathrm{N{-}SiMe_2H}$$

NSCDSN

2.5.3.4 低温等离子体对高分子材料的表面处理[105]

低温等离子体作用于材料表面时，其巨大的能量可对表面进行改性。低温等离子体对高分子材料表面的作用机理十分复杂，基础研究尚十分缺乏。一般认为，当高能态的等离子体轰击高分子表面时，可使高分子表面的分子链断裂，引发了气-固相间的界面化学反应，从而发生交联、化学改性、刻蚀等反应。同时由于等离子体反应使高分子表面刻蚀生成的气态产物又与等离子体气体混合，进一步作用于高分子表面，结果可在高分子材料表面上引入许多复杂的基团，达到对高分子材料表面进行改性的目的。X 射线光电子能谱（ESCA）研究表明，一般经 O_2、N_2、He、Ar、H_2、CO、NH_3 等的等离子体处理的高分子与空气接触时，其表面生成的长寿命活性自由基会在表面引入—COOH、—C═O、—NH_2、—OH 等含氧或含氨的极性基团。表面引入含氧或含氨极性基团可有效地改善非极性高分子材料表面的亲水性。图 2-34 为 Ar 等离子体处理聚四氟乙烯、有机硅、低密度聚乙烯、乙烯-乙烯醇共聚物、聚丙烯、聚酯对水的接触角与处理时间的关系。由图中可见，等离子体处理仅 2min，表面亲水性就可大幅度提高。各种气体等离子体处理聚四氟乙烯，其对水的接触角随等离子体处理时间的变化也发生在 1～3min 内（图 2-35）。

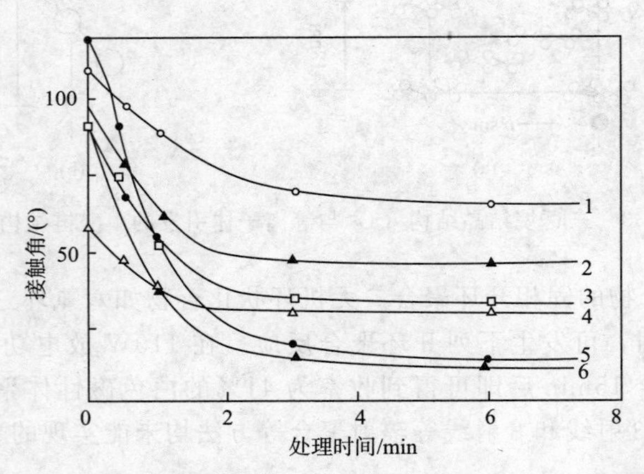

图 2-34 Ar 等离子体处理高分子材料时对水的接触角与时间处理的关系

1—聚四氟乙烯；2— 有机硅；3— 低密度聚乙烯；

4—乙烯/乙烯醇共聚物；5—聚丙烯；6—聚酯

通过 NH_3 等离子体、N_2/H_2 混合等离子体或 N_2 等离子体的处理，在高分子表面可导入氨基。对于含氢高分子，N_2 等离子体的作用可使高分子链中的氢气离出来，故无须特别通入 H_2O 对 N_2 等离子体处理的聚乙烯表面进行 ESCA 分析的结果表明，在表面除氨基外，还存在羟基、羰基或羧基。

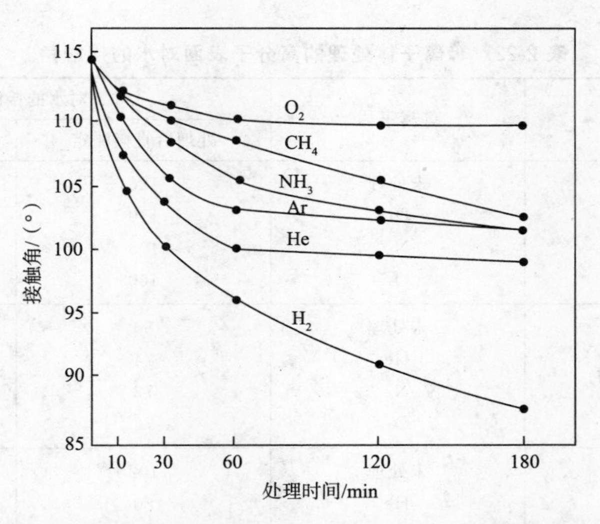

图 2-35　各种气体等离子体处理聚四氟乙烯时对水的接触角与处理时间的关系

H_2O 等离子体处理也可使高分子表面亲水化。图 2-36 是对用 H_2O 和 O_2 等离子体处理的聚乙烯表面用水-乙醇混合液测定接触角所得的 Zisman 曲线。由此测定结果可知 H_2O 等离子体处理的聚乙烯的临界表面张力约为 60mN/m，与未处理的聚乙烯（约为 40mN/m）相比表面更亲水化。

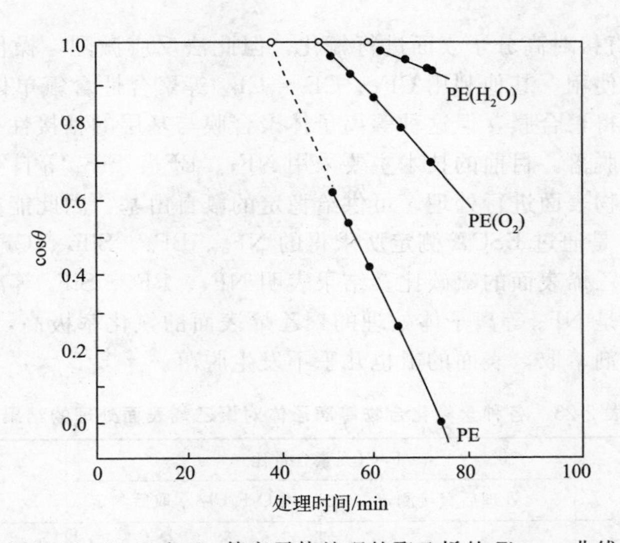

图 2-36　H_2O 和 O_2 等离子体处理的聚乙烯的 Zisman 曲线

经 He 或 Ne 等惰性气体等离子体处理，高分子表面生成的残留活性自由基与空气中的氧反应，可获得氧化表面。但是，为了有效提高高分子表面的氧含量，获得更多的—OH、 C═O 、—COOH 基团，一般来说以直接用氧等离子体处理更好。表 2-22 为 He、N_2、O_2 等离子体处理的氟系高分子和聚乙烯表面对水的接触角的变化。从表 2-23 中可见，三者之中以 O_2 等离子体处理的表面亲水化程度最高。

在低温等离子体对高分子的表面改性反应中，聚乙烯、聚丙烯、聚酯等碳氢系列聚合物的表面氟化引起人们的关注。通过表面氟化可以赋予高分子材料表面良好的防水-防油性和光学特性。

表 2-22 等离子体处理的高分子表面对水的接触角

高分子	等离子体	对水的接触角/(°)	
		处理后直接测定	处理后 3 日测定
聚四氟乙烯	未处理	126	126
	He	110	111
	N_2	105	95
	O_2	100	100
四氟乙烯-乙烯共聚物	未处理	80	80
	He	74	68
	N_2	72	76
	O_2	72	70
聚氟化偏氯乙烯	未处理	102	102
	He	80	80
	N_2	82	82
	O_2	77	80
聚乙烯	未处理	89	89
	He	41	56
	N_2	49	65
	O_2	40	58

利用 F_2 气体可直接对高分子表面进行氟化，但此法反应激烈，操作很危险，并且需要特殊装置，因此很少使用。其他利用 CF_4、$CF_2{=}CF_2$ 等聚合性含氟单体的等离子体聚合法也可以在基材表面获得聚合膜，但这种等离子体聚合膜与基层的粘接性往往不好，使用过程中氟化层容易从表面脱落。目前的技术主要采用 NF_3、BF_3、SiF_4 等自身不聚合的无机氟化物的等离子体对聚合物表面进行处理，可供给稳定的氟自由基，因此能简单地获得具有 C—F 键的表面。表 2-23 是通过 ESCA 测定所求得的 NF_3、BF_3、SiF_4、CF_4 以及 $CF_2{=}CF_2$ 辉光放电氟化处理的聚乙烯表面的氟碳比。结果表明 NF_3、BF_3、SiF_4 等离子处理的聚乙烯表面氟化率较高。特别是 NF_3 等离子体处理的聚乙烯表面的氟化率极高，F/C≈2，与聚四氟乙烯相当，而且经溶剂萃取，表面的氟也几乎不发生脱落。

表 2-23 各种含氟化合物等离子体对聚乙烯表面处理的结果

氟化物	F/C(元素含量比)		萃取损耗率/ %
	处理后直接测定	用 $C_2F_3Cl_3$ 萃取后测定	
NF_3	1.92	1.90	1
BF_3	1.12	0.93	17
SiF_4	1.12	0.92	19
CF_4	1.50	1.05	30
$CF_2{=}CF_2$	1.44	0.63	57

用低温等离子体处理高分子材料表面的优点如下[105～107]：

① 它是气固反应过程，不使用化学试剂，所以比化学方法更安全、无污染；

② 处理过程简单，避免了湿法处理的反应、洗涤、干燥等复杂的工艺过程；

③ 处理后，材料的本体不受影响，而其表面性能却有很大的改进；

④ 处理速度较快。

通过等离子体处理，可显著地改善高分子材料的表面性能，例如吸水性、疏水性、抗静电性、粘接性、渗透性、生物相容性、阻燃性等，而不影响材料的热稳定性和力学性能。

2.5.3.5 接枝聚合[94]

利用低温等离子体进行的接枝聚合与等离子体聚合有本质的不同，等离子体接枝聚合是通过等离子体预处理使高分子材料表面生成活性自由基，由此引发乙烯基单体接枝聚合。1961年，Bamford通过泰斯拉（Tesla）线圈放电加对粉末状聚乙烯、聚丙烯、聚甲基丙烯酸、聚甲基丙烯酸甲酯、聚氯乙烯或纤维状纤维素进行处理，使聚合物表面生成活性基团，然后，在真空条件下通入丙烯腈，于80℃下进行聚合，获得良好的接枝效果。ESR测定结果表明在放电处理的高分子材料表面生成了自由基，自由基的浓度随时间发生变化。用同样的方法对等离子体前处理引发丙烯酸在聚酯纤维或聚丙烯膜上接枝聚合进行了工业化试验研究，接枝的结果改善了材料的抗静电性和吸水性。对聚乙烯、聚酯、苎麻、碳纤维等聚合物采用氮气、氧气、氢气或者空气等离子体处理后，在空气中使之与丙烯酰胺、丙烯酸等烯类单体溶液进行聚合，结果对应于每一种等离子体处理条件，接枝量均呈现出一个极大值。ESR测定及采用自由基捕获剂1，1-二苯基-2-异丙苯基肼（DPPH）对聚合活性基团量测定结果表明，对应于接枝量极大值的处理条件，聚合活性基团浓度也呈现极大值。电晕放电处理的HDPE膜也与辉光放电处理的一样，接枝量、聚合活性基团浓度都呈现出极大值。对浸渍了含氟乙烯基单体 $CF_3(CF_2)_7SO_2(C_3H_7)n\,CH_2CH_2OCOCH{=}CH_2$ 的羊毛通过等离子体处理进行接枝加工，可获得良好的防水效果。

2.5.3.6 等离子体聚合材料的应用[102,108,109]

（1）生物医用材料　等离子体引发单体进行聚合反应得到的聚合物产物组成纯净，不含引发剂等杂质，对生物体无害，而且生物相容性好，很适于用做生物医用高分子材料，如人工牙齿、人工骨骼等。用等离子体引发甲基丙烯酸甲酯单体约6min，然后于乳液体系中聚合所得的PMMA重均分子量大于 1×10^7 g/mol，其 $T_g=132.8$℃，$T_m=299.2$℃，远高于常规的PMMA，这种超高分子量的PMMA可望用做人造骨骼/人工牙齿等。

选择具有不同功能的活性单体与高分子材料进行等离子体接枝共聚反应，可用之作为蛋白质和酶的固定化载体。用氧等离子体处理聚丙烯膜，使丙烯酸与之接枝共聚，经与氯化亚砜反应后，用做胰蛋白固定化载体，具有较好的活性及操作、贮存稳定性。

生物中外来材料的使用存在血液相容性的问题，Hollaban等人采用氨气或氮/氢混合气体对一些普通聚合物材料表面（聚氯乙烯、聚四氟乙烯等）进行等离子体处理，使表面导入氨基，使材料表面季铵化后再与肝素结合，这样改性的材料能延缓血凝现象的发生。lshikwa等人采用二氧化碳和其他气体的混合物为等离子体，对软质PVC进行处理，实验表明，血小板在形成交联结构的表面上虽有黏附，但固体溶出物减少，使其黏附密度大大降低。Hoffman用四氟乙烯进行PET的等离子体处理，减少了表面的纤维蛋白质吸附，从而有降低血栓沉积的作用（见表2-24）。

等离子体技术改性高分子材料在血液相容性材料的开发研究中，越来越受人们重视，它起着如下几种作用：① 改善细胞黏性和生物相容性；② 形成一层阻挡膜，减少小分子进出底物的扩散；③ 在底物上形成活性点有利于生物分子的成长，有利于细胞吸附。

表 2-24　四氢呋喃等离子体处理 PET 的纤维素蛋白质流失性

样品	吸附后流失性	
	0.5min	120min
PET	77±2	71±0.7
TFE/PET	57±4	39±6
PE	88±3	94±4

（2）分离膜的制备[103]　在液-液分离体系中，等离子体引发接枝膜用做渗透汽化膜引起人们广泛的兴趣。这种渗透汽化膜的一个显著优点是：由接枝聚合组成的选择透过层通过化学键连接在力学性质稳定的基底膜上，因此这种复合膜具有更加持久的分离性质，通过控制接枝层的性质可达到使特定组分优先透过从而进行分离的目的。如引发接枝亲水性单体，则接枝膜对水表现出高的选择透过性。Hirotsu 等人研究了多种分离膜的醇、水分离性能，结果表明，通过加入酸或碱将接枝单体单元离子化可显著改善其渗透汽化性能，接枝丙烯酸后的阴离子化复合膜具有最佳的渗透汽化性能。Takehisa 等人也发现多孔 PE 膜上等离子体引发接枝丙烯酸所得的复合膜有良好的渗透汽化性、力学性能和抗溶胀性。Chung 等人[104]还报道了一种有趣的光响应渗透汽化膜，他们在多孔聚合物材料上等离子体引发接枝含螺吡喃的甲基丙烯酸（SPMMA）及丙烯酰胺，复合膜对 H_2O、CH_3OH 渗透汽化性能随紫外光或可见光照射而变化。等离子体引发接枝膜还可用于气体分离，Hideto 等人在微孔基膜上等离子体引发接枝丙烯酸、甲基丙烯酸作为一种新型阳离子交换膜，而质子化的胺类由于静电作用固定在阳离子交换膜上，可作为输送 CO_2 的载体，CO_2 透过速率远大于常规高分子分离膜和其他含载体的离子交换膜。

（3）天然高分子物的表面处理　羊毛、皮革、棉制品经惰性气体的等离子体表面处理后，能提高抗缩性，改善湿润性，增强染色性、可纺性，防止擦伤、不易燃性，并且有防止污染的效果。表 2-25 和表 2-26 列出了一些对比结果。

表 2-25　经不同等离子体处理的羊毛织物表面收缩率

气体	压力/Pa	功率/W	处理时间/s	面积收缩率/%
空气	266.64	30	1.2	4.0
O_2	533.28	30	1.2	3.0
N_2	399.96	30	1.2	4.3
CO_2	399.96	60	0.7	8.1
H_2	399.96	30	1.2	4.2
He	399.96	30	1.5	2.0
NH_3	533.28	60	1.2	3.6
未处理				48.0

（4）改善材料表面的亲水性　等离子体引发亲水性单体接枝到聚合物表面后，聚合物的亲水性大大改善，且亲水性不随时间衰减。由于高分子链的运动，采用一般等离子体处理中表面引入的极性基因会随之转移到聚合物本体中，导致被改善的表面亲水性随时间衰减。而利用等离子体引发接枝聚合反应，引入较长的亲水性高分子链，则能“固定”所需的亲水性能，使表明亲水性基团的含量受高分子链迁移的影响减小。例如用常规自由基聚合得到的 PDMAA 水凝胶的吸水率对温度的敏感性不是很强（最高吸水率在 30 倍左右），但由等离子体引发聚合制备的 PDMAA 水凝胶的吸水率对温度则有较大的敏感性（最高吸水率在 120 倍左右）。且随温度上升，聚合物的吸水率相应上升，在 20～30℃范围内存在一个明显的突

变，即聚合物具有最高相转变温度 T_m，同时还可以看到当放电时间延长后聚合物吸水率对温度的敏感性降低。

表 2-26　给 Ar 等离子体处理后棉纤维的吸收性

处理时间/s	经一定时间浸渍后的吸水量(占干重的比例)/%		
	2s	10s	30s
1	63.79	70.61	65.22
10	93.18	116.00	141.39
20	95.60	124.73	147.40
30	88.20	131.14	137.97
40	96.59	126.40	142.37
50	98.12	111.00	145.88
60	93.18	124.82	132.02
90	98.95	115.14	153.26

2.6 超临界聚合技术

2.6.1 超临界流体概述[110]

超临界技术是一项全新的化学工程技术。超临界流体是指温度和压力均在其临界点以上的流体。在超临界状态下，兼具液体和气体的优点。密度大，接近于液体，又具有气体的黏度，因而具有很高的传质速度。由于超临界流体内在的可压缩性，液体密度、溶剂强度和黏度等性能均可由压力和温度的变化调节，因此超临界流体既是一种良好的分离介质，又是一种良好的反应介质，在环境保护、聚烯烃生产、聚合物合成及共混各个方面都具有重要的应用前景。表 2-27 列出了主要超临界流体的物理数据。

表 2-27　主要溶剂的沸点及临界性质

溶剂名称	沸点/℃	临界温度/℃	临界压力/atm	临界密度/(g/cm³)
二氧化碳	−78.5	31.3	72.9	0.448
二氧化硫	−10.0	157.6	78.8	0.525
氨	−33.4	132.3	111.3	0.24
水	100.0	374.4	226.8	0.334
一氧化二氮	−89.0	36.5	71.7	0.451
乙烷	−88.0	32.3	48.8	0.203
丙烷	−44.5	96.9	42.6	0.220
丁烷	−0.5	152.0	38.0	0.223
正己烷	69.0	234.2	29.6	0.234
苯	80.1	288.9	48.3	0.302
甲醇	64.7	240.5	78.9	0.272
乙醇	78.4	243.4	63.0	0.276
一氯三氟甲烷	−81.4	28.8	39.0	0.578

注：1atm＝101.325kPa。

超临界聚合反应是单体在超临界流体作反应介质或反应单体在超临界条件下的聚合反应。在众多的超临界流体中比较常用的有二氧化碳和水，二氧化碳低毒，不燃，无污染，价格便宜，且超临界条件温和，在众多领域被广泛应用。超临界二氧化碳作为一种对“环境友好“的有机溶剂替代品已经被人们广泛接受，是一种绿色溶剂。

2.6.2 超临界聚合反应

2.6.2.1 超临界流体作反应介质的聚合反应

1992 年 Desimone 在 Science 上首次报道了用超临界二氧化碳作溶剂，用 AIBN（偶氮二异丁腈）为引发剂进行 1，1-二氢全氟代辛基丙烯酸酯的自由基均聚，得到了分子量达 27 万的聚合物，开创了超临界二氧化碳在高分子合成中应用的先河，开始了高分子合成与制备领域中又一种绿色技术的研究。超临界聚合研究涉及氟代单体的均相自由基聚合与调聚反应、甲基丙烯酸甲酯的分散聚合、丙烯酸的沉淀聚合以及丙烯酰胺的反相乳液聚合等。反应涉及自由基聚合、阴离子聚合、阳离子聚合及配位聚合，反应类型涉及加聚反应和缩聚反应。表 2-28 中列出一些以超临界二氧化碳作反应介质的聚合反应。

表 2-28 一些在超临界二氧化碳中聚合反应的类型和体系[111]

单体	引发剂	聚合方法	压力/bar	分子量 /($\times 10^3$ g/mol)	分子量分布(M_w/M_n)
四氟乙烯	AIBN	调聚反应	345	0.67～0.96	1.4～1.6
偏二氟乙烯	AIBN	调聚反应	280～340	0.58～0.61	1.04～1.05
MMA	AIBN	分散聚合	204	77～321	2.1～2.9
丙烯酰胺	AIBN	反相乳液	345	4920～7090	—
丙烯酸	AIBN	沉淀聚合	125～345	144～149	
苯乙烯	AIBN	分散聚合	345	7～152	3.8～3.9
乙烯醚类环	$EtAlCl_2$	阳离子	290	7～8	1.8～4.0
醚类	BF_3-THF	阳离子	240	4	1.6～2.7
苯乙烯	$SnCl_4$	阳离子	300	20	—
降冰片烯	$Ru(H_2O)_6(tos)$	开环聚合	115～300	14	1.2
1,1-二氢全氟辛基丙烯酸酯	AIBN	溶液聚合	207	270	—

注：1bar＝0.1MPa。

在超临界二氧化碳中进行聚合反应时具有如下优点：

① 惰性：二氧化碳分子很稳定，一般不会导致副反应。到目前为止，未见报道在以二氧化碳作为介质的各类聚合反应中发现二氧化碳引起链转移现象。

② 溶解力随压力而变化：对一种聚合物来说，在一定的温度下超临界二氧化碳压力越大可溶解的该聚合物的分子量就越大，在聚合反应中应用这一原理可以得到特定分子量分布的产品。

③ 产物易纯化：超临界二氧化碳通过减压很容易和产物分离，完全省去了用传统溶剂带来的复杂的后处理过程，同时在反应结束后用超临界萃取技术除掉体系中未反应的单体和引发剂，可以直接得到纯净的聚合物。这一技术使反应过程和分离过程结合在起来，实现反应分离一体化，不仅大幅度提高生产效率，而且还可以节约能源和资源。

④ 超临界二氧化碳对聚合物有很强的溶胀能力，还可以提高反应的转化率和产物分子量。

二氧化碳虽然是一个较惰性的化合物，但它是一个含氧化合物，既具有一定的酸性，又具有路易斯碱性，容易与一些碱性化合物反应、也可以与路易斯酸化合物反应，而这些化合物往往是有机反应、高分子聚合反应的催化剂，因此，利用超临界二氧化碳作聚合反应的介质，就要考虑到其对聚合的可能影响。在阴离子聚合中，二氧化碳会与微量的负碳离子（活性中心）作用而干扰破坏聚合反应，甚至能终止阴离子聚合，因此选择合适的引发剂及聚合条件非常重要。

从目前来看，大多数单体在超临界二氧化碳中的聚合都是分散聚合、乳液聚合、溶液聚合和沉淀聚合，反相乳液聚合的研究较少。在分散聚合、乳液聚合中的一个关键的问题是选择合适的乳化剂。传统的乳化剂由于其乳化的机理是电荷排斥，在超临界二氧化碳中不适用，大多数乳化剂在超临界二氧化碳中的溶解性很小。在超临界二氧化碳中，乳化剂主要靠立体阻隔作用，实现稳定化。乳化剂可以通过吸附及化学键合的方式与生成的聚合物链相连，起到立体阻隔的稳定化作用。许多二氧化碳可溶的聚合物表面活性剂，如：均聚物、嵌段共聚物、接枝共聚物及分子刷等被合成出来，并应用在超临界二氧化碳的分散聚合中。这类聚合物大多数是含氟、硅的聚合物[112]。

超临界二氧化碳用表面活性剂按其种类和作用方式的不同，可分成物理吸附及化学键合型。物理吸附型表面活性剂常用两亲嵌段或接枝共聚物，可由含活泼氢的亲二氧化碳介质的均聚物的化学接枝、或用含亲二氧化碳的大单体和主单体共聚而成。而化学键合型的稳定剂是含有可参与化学反应的官能团，在所参与分散的反应体系中，共聚到聚合物中，稳定效果更好。表面活性剂的 SFC 的体系相态研究表明，要求表面活性剂的尾巴上结合一个低溶解度参数、低极性或电子给予作用的 Lewis 碱性基团（考虑到二氧化碳是一个弱 Lewis 酸）来实现。含有这些特性的亲二氧化碳官能团包括硅氧烷、全氟醚和全氟烷烃、叔胺、脂肪醚、炔醇和炔二醇等。另外，含有弱极性或中等极性的极性头的表面活性剂在 SFC 中的溶解度较高，有利于形成 SFC 微乳液。1991 年 Holfling 等首先合成了能够形成 SFC 反相微乳液的表面活性剂，其中包括氟代二-（2-乙基己基）磺基琥珀酸钠（简称 F-AOT）同系物、氟烷基和氟醚碳酸盐、羟基铝表面活性剂。此后，文献报道了许多含有上述亲二氧化碳官能团表面活性剂的合成。此外，还有一些化学品对超临界二氧化碳中的微乳液形成有较大的影响，这种试剂可称为助表面活性剂，作为助表面活性剂，含有 3～6 个碳原子的醇最有效。

下面就超临界二氧化碳在各种不同的聚合反应中的应用分别介绍如下：

(1) 自由基聚合　自由基聚合反应是超临界二氧化碳在高分子合成中应用最多的一类反应，自 Desimone 首次用超临界二氧化碳作溶剂，合成出聚 1，1-二氢全氟代辛基丙烯酸酯之后，他又用超临界合成的方法得到了一种氟链修饰的 poly-FOA，再用该聚合物作稳定剂使甲基丙烯酸甲酯（MMA）单体在超临界二氧化碳中形成很好的多相分散体系，进行多相分散聚合，得到了粒子尺寸为微米级且分散度很小的有机玻璃（PMMA）粒子，转化率达到了 98%。从此超临界二氧化碳在高分子聚合体系的应用不断丰富。

$$H_2C{=}CH{-}C({=}O){-}O{-}(CH_2)_6{-}CF_2{-}CF_3 \xrightarrow[ScCO_2]{AIBN} {-}\!\left(\overset{H_2}{C}{-}C\right)_n\!{-} \text{ with side chain } C({=}O){-}O{-}(CH_2)_6{-}CF_2{-}CF_3$$

Desimone 等用氟代丙烯酸酯与甲基丙烯酸酯、丙烯酸丁酯、全氟丙基乙烯基醚、苯乙烯等含氟或不含氟单体在超临界二氧化碳中的共聚，制备出在超临界二氧化碳中具有较好溶解性的聚合物，这些聚合物可用作超临界二氧化碳作介质的高分子聚合反应的分散稳定剂。

在超临界二氧化碳聚合技术工业化方面，Desimone 等人已经设计出超临界二氧化碳下的连续聚合反应装置，他们用这套装置成功地实现了聚偏氟乙烯和聚丙烯酸的连续沉淀聚合，并发现在相同的条件下，其聚合产率较单釜聚合有明显的提高。

人们以 AIBN、氟取代的 AIBN、BPO 等为引发剂，在超临界二氧化碳中已成功地实现丙烯腈、甲基丙烯酸类、醋酸乙烯和苯乙烯等单体的均聚及共聚合反应。研究还发现 MMA 和甲基丙烯酸在超临界二氧化碳中的聚合速率常数低于本体聚合中的常数，而超临界二氧化碳对苯乙烯的聚合速率却影响不大，这可能是由于聚合体系不同，单体与超临界二氧化碳的相互作用不同，单体在溶剂中的溶解性不同造成的。经研究发现，二氧化碳可减低自由基引发剂的分解，对聚合反应有一定的抑制作用，但由于超临界二氧化碳的黏度低，笼式效应小，AIBN 的分解效率却较高。同时发现，可以通过调节二氧化碳的压力而改变引发剂的分解速率，即聚合反应速率。随着聚合的进行，聚合物从反应介质中析出，二氧化碳对聚合物具有较强的溶胀性，可将单体带入聚合物中，使聚合反应继续进行，聚合效率也可以因此而得以提高。由于大部分自由基聚合的单体或聚合物在超临界二氧化碳中的溶解性不大，为了使聚合物及单体在超临界二氧化碳中能较好地分散，使用高效的稳定剂是顺利实现在超临界二氧化碳中自由基聚合的关键。

DMA 的均聚物及其与 MMA 的共聚物乳胶稳定剂，在化妆品、药物释放的载体等领域有着广泛的应用，但一般都要较高的纯度。传统的合成方法是在丙酮及水中合成，分离及纯化是一个高耗能的过程，在超临界二氧化碳中，用 PDMS-MMA 或 Krytox157FSC 作稳定剂，可实现 DMA 的均聚及其与 MMA 的共聚，反应的时间、稳定剂、反应的压力等对聚合物的分子量、反应的转化率及聚合物的形态都有很大影响。

在超临界二氧化碳介质，不仅可用一般的自由基引发剂引发反应，也可利用原子转移反应制备嵌段的两亲聚合物[113]，见下列反应

$$CH_3(OCH_2CH_2)_nOH + H_3C{-}CH(Cl){-}C(=O)Cl \xrightarrow{TEA,\ DMAP} CH_3(OCH_2CH_2)_nO{-}C(=O){-}CH(Cl){-}CH_3$$

$$\xrightarrow[sc\ CO_2]{CuCl\ bipy,\ CH_2=C(CH_3)COOR} CH_3(OCH_2CH_2)_nO{-}C(=O){-}CH(CH_3){-}[CH_2{-}C(CH_3)(COOR)]_n{-}Cl$$

R: $CH_2(CF_2)_nCF_3$
$CH_2CH_2(CF_2)_nCF_3$

$$\text{Styrene} \xrightarrow[\triangle]{Initiator/Nitroxide} A{-}(PS)_p{-}O{-}N(R_1)(R_2)$$

$$\xrightarrow[\triangle]{FDS} \text{PS-b-PFDS: } A{-}(PS)_p{-}(CH_2CH(C_6H_4CH_2OC_2H_4C_8F_{17}))_q{-}O{-}N(\text{tetramethylpiperidine})$$

$$\xrightarrow[\triangle]{FDA} \text{PS-b-PFDA: } A{-}(PS)_p{-}(CH_2CH(COOC_2H_4C_8F_{17}))_q{-}O{-}N(t\text{-Bu})CH(t\text{-Bu})P(=O)(OEt)_2$$

(2) 阳离子聚合　阳离子聚合反应速率较快，大多可在零度以下进行，以减少副反应。而二氧化碳的临界温度较高，这限制了它在阳离子聚合方面的应用。但二氧化碳的介电常数可以通过改变温度和压力而改变，从而可不同程度地影响聚合活性中心阴阳离子间的紧密性，可以达到活性可控聚合的目的。人们对异丁烯、乙烯基醚和环醚等单体在超临界二氧化碳中的聚合反应进行了较为详细的研究，发现虽然超临界二氧化碳对聚合反应有不同程度的影响，部分单体的转化率较低，但一些聚合体系所得产物的相对分子质量却很高。如用 $EtAlCl_2$、BF_3 引发乙烯基醚和环醚聚合，得到了相对分子质量达几十万的高聚物。此外，Clark 等人在40℃、34.5MPa 的超临界二氧化碳中，以 $EtAlCl_2$ 为引发剂，在杂质水（水为共催化剂）的存在下，使有氟化侧链的乙烯基醚聚合，生成数均分子量为4500、分子量分布 M_w/M_n 为1.6的高分子，这种高分子是超临界聚合的良好稳定剂。由此可见，以超临界二氧化碳为反应介质的阳离子聚合也是很有研究前途的。

(3) 阴离子聚合　在有关超临界二氧化碳在高分子合成中应用的文献中，较少有人提及阴离子聚合。这是由于弱酸性二氧化碳会攻击反应中间体阴离子，使反应活性中心消失，终止聚合反应。但 Francois 等在超临界二氧化碳中，用异丙醇铝、异丙醇钇和异丙醇镧等为催化剂，以环状硅氧烷和己内酯为单体进行了大胆的尝试，并认为己内酯在异丙醇铝催化下的反应为阴离子反应。他们认为，只要选择合适的催化剂，使活性中心离子化程度不要太高，以减慢和二氧化碳的反应，就可以实现阴离子聚合。

(4) 配位聚合　相对于离子聚合，配位聚合的反应的温度较高，因此更能够发挥超临界二氧化碳的优势，所得聚合产物的相对分子质量也较高。周贤爵课题组，在超临界二氧化碳中，用异辛酸亚锡作催化剂，在不同的温度和压力下使丙交酯开环聚合，反应较易控制，聚合物的相对分子质量约4万，同样用异辛酸亚锡作催化剂，乙交酯-丙交酯也可以在超临界二氧化碳中实现配位聚合。此外用二丁基二甲氧基锡作催化剂，可使ε-己内酯开环聚合，聚己内酯的相对分子量可以由单体与催化剂的比率和单体转化率来控制。研究发现，二氧化碳使反应速率降低，经 NMR 检测，他们认为是二氧化碳和单体的酯羰基竞争，二氧化碳插入到催化剂的锡氧键当中，从而降低了反应速率。

对于非极性单体如乙烯等的配位聚合，由于传统聚合催化剂对二氧化碳的敏感性，使超临界二氧化碳在这类聚合中的应用受到限制，但如若使用后过渡金属络合物催化剂如 Brookhart 催化剂，乙烯与己烯可在超临界二氧化碳中实现配位聚合，催化活性 TOF 可达2250/h，比在二氯甲烷中用同一催化剂的活性还高（TOF：1010/h），聚合物的结构与分子量分布与在二氯甲烷聚合中情况相似[114a]。

Sc CO_2
Cat

†
Pd
L
Me
N
N
$B(Ar_F)_4^-$
L: OEt_2
NCMe

用铑催化剂在液体二氧化碳中催化聚合苯乙炔，可合成出聚苯乙炔，该催化剂在非超临界的正常条件下，反应 18h，收率为 75%，而在液体和超临界二氧化碳中反应速度快，仅 1h 收率可达 65%～70%[115]。

由于在超临界二氧化碳中，二氧化碳可能对配位聚合的催化剂有相互作用，限制了超临界流体在配位聚合中的应用，人们已经开始研究饱和烃的超临界性能及在配位聚合中的应用。如在聚烯烃中应用超临界进料流化床技术、超临界浆液法烯烃聚合技术。其中超临界浆液法有效地解决了环管法生产中的“气穴”现象。Borealis 公司用丙烷代替异丁烷作为超临界流体，在临界区下进行乙烯聚合，聚合物在丙烷中的溶解度比在异丁烷中小，因而低密度和高熔体黏度的聚合物不易溶胀，反应器热传导表面的结垢明显减少。由于在超临界区反应，体系不存在气、液相分离的问题，可以允许采用高浓度的氢气生产低分子量的聚乙烯，只要两个反应釜串联使用，由于每个釜的氢气浓度可以独立变化，因而可很灵活地生产具有双峰分子量分布的聚乙烯。

(5) 缩合聚合　超临界二氧化碳在双酚 A 的聚碳酸酯的固相合成中也得到应用。在超临界二氧化碳介质中，反应速度比在氮气中高，且反应速度随反应的压力的增加而增加。经测定，反应的活化能从在氮气中的 23.9kcal/mol 降到在超临界二氧化碳中的 15.5kcal/mol（压力 138bar），11.6kcal/mol（207bar），11.4kcal/mol（345bar），这可能是由于聚合物在超临界二氧化碳中的溶解性比在氮气中大、反应体系黏度小，扩散速度快的结果[116]。

2.6.2.2　超临界单体聚合反应

超临界二氧化碳不仅可作为超临界反应的介质，还可以作为反应单体用于聚合物的合成中，如超临界二氧化碳可用于制备聚碳酸酯、聚氨基甲酸酯。见下列反应。

$$\underset{CH_3}{\overset{O}{\triangle}} + CO_2 \longrightarrow \left[CH_2\underset{}{CH}(CH_3)-O-\overset{O}{\overset{\|}{C}}-O \right]_n \left[CH_2CH(CH_3)-O \right]_{1-n}$$

$$\underset{CH_3}{\overset{\overset{H}{|}}{\overset{N}{\triangle}}} + CO_2 \longrightarrow \left[CH_2CH(CH_3)-\underset{H}{\underset{|}{N}}-\overset{O}{\overset{\|}{C}}-O \right]_n \left[CH_2CH(CH_3)-\overset{H}{\overset{|}{N}} \right]_{1-n}$$

此外，我国扬子石化股份有限公司研究院在丙烯超临界聚合试验方面取得重大突破，发现了一种能够适应丙烯在超临界状态下聚合的催化剂体系，从而成倍地提高催化剂的使用效率，缩短丙烯聚合时间，大大降低生产成本，所得聚合物的粉料颗粒无破碎、大小均匀、形态好、流动性好。同时，丙烯在超临界状态下聚合时聚合物熔体流动速率可调性好，聚合物的分子量分布容易调节，聚丙烯组合物的灰分含量较低，可以开发生产多种品级的聚丙烯[114b, 114c]。

2.6.3　超临界聚合在聚合物加工中的应用

超临界流体技术在高分子聚合物的合成中可对高聚物的形状、粒度加以控制，此外超临界二氧化碳在高分子复合材料、高分子加工及高分子的应用中也都有着广泛的应用前景。可用在聚合物的改性或修饰，薄膜、微小颗粒、极细纤维或多孔材料的研究与加工领域。此外，由于超临界流体技术制备和加工材料温度较低，可广泛对热敏材料开展研究。

超临界二氧化碳发泡技术：超临界二氧化碳可使处于熔融状态的聚合物产生微孔密度大

于 1012 个/cm^2 的泡沫塑料，所得产品的强度、韧性、耐冲击力能保持与未发泡聚合物相同的水平，而密度大大降低。

超临界二氧化碳印染技术：超临界二氧化碳染料混合物由于其低黏度和高扩散速率的特性能很快地渗透进入被印染物，之后适当控制压力能将染料保留在被印染物里，减压后过多的染料能被回收再次利用，同时减少了干燥工艺。

由于超临界二氧化碳对聚合物有较好的塑化作用，可降低熔融体的黏度，内在的混合剪切作用力使二氧化碳可以控制挤出物的形态结构，因此，超临界二氧化碳可用于超高分子量及高熔点聚合物如聚四氟乙烯聚合物、四氟乙烯-丙烯共聚物、间规聚苯乙烯的加工中[117]。

扬季书等人研究发现，当用超临界二氧化碳猝灭甲基丙烯酸甲酯-苯乙烯共聚物时，聚苯乙烯端可富集到表面，形成稳定的结构，这可能是 PMMA、PS 在聚合物与空气，聚合物与底物这两个界面上的堆积不同造成的[118]。

超临界 CO_2 技术还可用于共混体系，其原理为超临界 CO_2 使某一基体聚合物（如高密度聚乙烯）溶胀，溶在 CO_2 中的单体（如苯乙烯）和引发剂也随溶胀过程渗入该聚合物中，加热引发聚合后降压除去 CO_2，即可得到两种聚合物的分子水平上的共混物（PE/PS）。

超临界二氧化碳还可以用于导电聚合物的合成与掺杂中。在 40℃、10.5MPa 的超临界二氧化碳中，吡咯可渗透到聚苯乙烯中，将所得聚合物在金属盐溶液中浸泡，形成导电聚合物，导电性能较好[119]。此外将聚氨酯的膜与碘或铁盐在超临界二氧化碳中处理，再将膜材料在吡咯的蒸气中处理，可得到较高导电性的导电聚合物[120]。美国 Georgia 大学的学者将聚噻吩及聚噻吩与聚苯乙烯的复合材料在超临界二氧化碳中进行碘掺杂的研究时发现，超临界二氧化碳可大大提高掺杂效率，提高聚合物的导电性. 性能测试结果见表 2-29[121]。

表 2-29 碘掺杂的 P3UBT/PS 复合材料的性能

掺杂条件	时间 /min	复合材料碘含量 /%(质量分数)	初始导电性 /(S/cm)	最终导电性 /(S/cm)
298K,0.1MPa	8500	9.3	2.4×10^{-6}	1.1×10^{-5}
313K,10.5MPa,CO_2	60	21.4	2.4×10^{-6}	1.2×10^{-4}

利用热塑性聚合物在超临界二氧化碳的塑化及对二氧化碳的吸收特性，Taryn L. Sproule 等人荧光标识的蛋白质分子在超临界二氧化碳的帮助下，注入到聚甲基丙烯酸甲酯的基材中制备出生物活性聚合物[122]。

在超临界二氧化碳中，实施马来酸酐对聚丙烯的接枝改性研究中发现，二氧化碳可降低反应物的黏度，提高接枝率。同样丙烯酸及苯乙烯也可以在超临界二氧化碳中对聚丙烯进行接枝改性[123]。通过超临界二氧化碳对高分子材料的塑化作用及对单体对聚合物的渗透力的提高，使得高分子材料的改性有了新的途径，改性的效果达到常规共混所无法比拟的程度[124]。

展望：超临界流体的独特的高密度、低黏度、高流动性及性能的可调性，对聚合反应、聚合物的加工过程，分离及纯化过程具有重要的作用，超临界流体的利用，尤其是超临界二氧化碳的利用对建立环境优化的社会，开展绿色化学、化工及材料的研究及应用具有重要的意义。

2.7 辐射聚合

2.7.1 概述[125]

辐射聚合是应用电离辐射能来引发有机单体（主要是乙烯基单体）的聚合反应，从而可获取高分子化合物。它与普通聚合反应的主要差异在于链引发方式。对链式聚合反应而言，辐射聚合是用电离辐射引发活性粒子（自由基或离子），而不是加入各类引发剂；在链增长、链终止阶段与普通聚合法的区别就不那么明显了。与引发剂引发、热引发等聚合相比，辐射聚合有如下几个特征：

① 生成的聚合物更加纯净，没有引发剂的残渣。这对合成生物医用高分子材料尤为重要。

② 聚合反应易于控制，用穿透性大的γ射线，聚合反应可均匀连续进行，防止了局部过热和不均一的反应。

③ 可在常温或低温下进行。在辐射聚合反应中链引发活化能（E_i）很低，与反应温度无关。

④ 生成的聚合物分子量和分子量分布可以用剂量率等聚合条件加以控制。

辐射聚合的研究开始得比较早。在基础和应用等方面积累了大量实验结果。但是，工业规模应用的辐射聚合尚不多，主要原因是设备问题。

辐射聚合的方法很多，有气相聚合、液相聚合、固相聚合。聚合反应可在均相或非均相中进行。可以是单组分体系，也可以是二组分，甚至多组分体系。不同聚合方式各有特色，机理也不尽相同。

辐射聚合中多以乙烯基单体为研究对象，开环聚合、异构聚合等研究较少。在乙烯基单体辐射聚合为链式反应，绝大多数是自由基链式反应，离子型聚合则有更高的选择性和更严格的条件限制。

液体均相辐射聚合研究得最多。由于多数单体在室温下是液态，因此液相辐射聚合反应的机理和动力学分析研究得比较深入而且具有一定的代表性。

2.7.2 辐射聚合的实施方法[126,127]

从不同角度来看，聚合方法可以按以下方法分类：

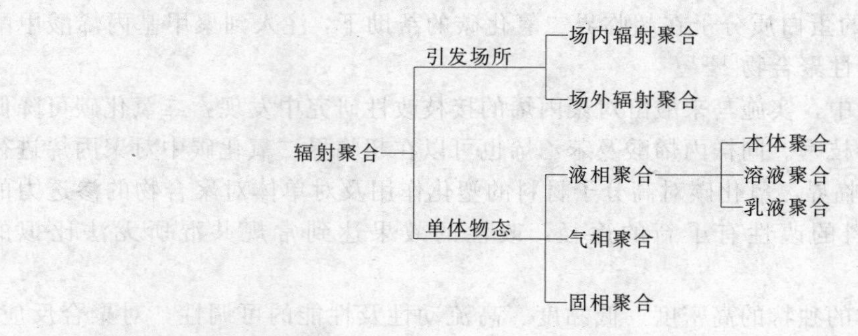

2.7.2.1 气相辐射聚合

Thomas[128]研究了乙烯高压气相聚合，给出了乙烯气压逐渐增加条件下聚合物产量与剂量的关系（见图 2-37）。曲线表明，聚乙烯产量随剂量的增长经过一个诱导期、加速期，

然后达到恒速期。乙烯气相辐射聚合反应的机理还不太清楚，一般认为是自由基机理，但离子在引发和聚合初期起着重要的作用

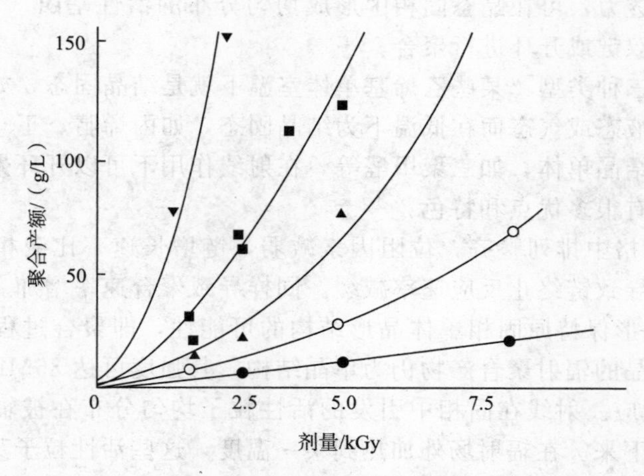

图 2-37　聚合物产量与计量关系

剂量率 2.4kGy/h，乙烯气压/MPa (● 1.8，○ 3.24，▲ 4.56，■ 5.83，▼ 7.09)，引发反应温度 25 ℃

2.7.2.2　溶液聚合

Thomas[129] 等人研究了不同溶剂中乙烯的辐射聚合。某些有代表性的结果列于表 2-30 中。

表 2-30　部分溶剂中乙烯辐射聚合速率和聚合性质

溶剂	速率/[g/(L·h)]		溶解度①/(mol/L)	$M_n\times10^2$	密度/(g/cm³)	T_m②/℃
	5.05MPa	10.13MPa				
甲醇	0.59	2.02	0.105	—	0.946	118
乙醇	0.49	0.278	0.112	0.94	—	—
正丙醇	0.53	0.221	0.62	1.62	0.948	114
正丁醇	0.36	0.212	0.138	1.37	0.950	114
二级丁醇	0.38	1.98	0.081	1.43	0.949	114
异丁醇	0.36	1.87	—	—	—	—
正庚烷	0.46	1.57	0.111	2.6	0.951	117
丙酮	0.46	2.13	0.132	—	—	115
乙醚	0.69	1.98	—	—	0.949	116
苯	0.07	0.29	0.153	—	0.955	—
异丙醇	0.24	1.06	0.119	1.53	0.954	—

①温度 20℃，剂量率 5.3kGy/h，溶解度是 1.01×10⁵Pa (1atm) 气压下，25℃是测定的。

②T_m 为结晶熔点。

从表 2-30 中可以看出，乙烯在所列 11 种溶剂中的溶解度是十分相近的。压力增加时，估计其溶解度会相应地增加。

2.7.2.3　固相辐射聚合

用普通方法引发固相单体的聚合反应是很困难的。首先，引发剂不易进入单体结晶内部。如果用某种方法引入了引发剂，单体内晶格次序也会被扰乱。热引发聚合的方法也不可取，因为加热会导致固态单体熔融，难以使单体在固态下聚合。固态单体在室温下比液态单体稳定得多，易于保存。紫外光可以引发固态单体聚合反应，但光容易被单体结晶散射，在定量研究时不可行。唯独电离辐射引发可克服上述困难，具有独特的优越性。

按单体在固态时的特征，固相单体辐射聚合又分为结晶态辐射聚合和玻璃态辐射聚合。

(1) 结晶态单体辐射聚合　一些有机单体，熔点以下温度呈晶态固相。电离辐射（如 γ 射线）具有较强的穿透力，可在晶态固相中形成均匀分布的活性基团（自由基或离子），进一步打开晶态固体的双键或开环进行聚合。

结晶单体可分为三种类型：某些乙烯基单体室温下就是结晶固态，如丙烯酰胺；另一些乙烯基单体室温下是液态或气态而在低温下为结晶固态，如丙烯腈、丁二烯等；第三类不属乙烯基单体而为环状结晶单体，如三聚甲醛等，在射线作用下可以开环聚合。

结晶态辐射聚合有很多优点和特色：

① 单体分子在晶格中排列整齐，位阻因素减弱，链增长速率比液相快；同时固相中自由基复合反应受阻，导致链终止反应速率减缓。同样导致聚合速率增加。

② 有使聚合物晶形保持原固相单体晶形结构的可能性，即聚合过程可不破坏单体晶形结构。如三聚甲醛单晶的辐射聚合产物仍为单晶结构，其强度可达 36MPa。

③ 有明显的后效应。射线在固相中引发的活性粒子均匀分布在被辐照的体系中，在低温下可被有效地保存下来。在辐射场外加热到某一温度，这些活性粒子又可以有效地引发聚合反应。这也属于后面要讲到的预辐射聚合。

④ 氧的阻聚作用减少，因为氧很难进入单体晶格之中。

⑤ 某些在液态下不可能进行的共聚反应在固态下可以进行。这是由于结晶分子的某些空间立构有利于聚合反应。

Tabata[130]认为固相乙炔聚合时影响最大的两大因素是单体的结晶结构和它的电子状态。固体辐射聚合机理不是一般意义的自由基机理或离子机理，而是一种电子聚合，是由单体结晶作为整体的集体激发引起的。如乙炔的结构，其 π 电子重叠后 π 电子云形成一个以 σ 键为对称轴的圆柱体形状。易于形成整体电子激发态，其聚合过程有诱导期。诱导期的时间随辐照温度上升而缩短。在 35℃以下聚合反应速率与剂量率一次方成正比，活化能为 19.6 kJ/mol。

$$\equiv \longrightarrow (\equiv)^{+} \longrightarrow (\!=\!)$$

(2) 玻璃态辐射聚合　另有一类单体，当温度降低到软化点以下时并不生成结晶固态，而是通过一个过冷态，在温度降到玻璃化温度（T_g）时开始形成非晶态固体，即玻璃态。具有这种特征的单体被称作玻璃化单体。玻璃化单体必须具备下列某一特征：

① 具有适当的氢键，如有 OH 基存在；

② 具有柔顺性回转度大的链节，如醚键；

③ 具有非对称性，体积大的取代基及侧链，如丙烯酸酯类、乙烯基醚类等。

此外，某些单体在玻璃态不稳定或本不是玻璃态单体，加入另一些典型玻璃态单体，其混合体可以形成稳定的玻璃态，如丙烯酰胺-亚甲基丁二酸、丙烯酸-乙酰胺等。

玻璃态辐射聚合物的特征与结晶固态单体辐射聚合相似，如聚合速率高、产物分子量大以及明显的后聚合效应等。

玻璃态辐射聚合分辐射场内聚合和场外聚合两种。当辐照温度低于玻璃化温度（T_g）时，在辐照时并不聚合。但辐照后，样品移出辐照场并加热超过 T_g 时，聚合反应几乎以爆聚的形式进行，很快即完成。由于聚合热体系温度可升至 80～160℃。在 T_g 以上温度辐照，聚合反应可在辐射场内进行，转化率可达 100%。

过冷态辐射浇铸聚合是在接近 T_g 温度下进行的，差不多是非晶态固-固转化反应。这时体系内体积变化、温度梯度都很小，因此上述两种畸变都容易得到控制，可以方便地制得各种要求的光学有机玻璃。

对典型的玻璃化单体甲基丙烯酸β-羟乙酯（HEMA）进行了辐射浇铸聚合研究，得到图2-38的结果。从图2-38可以看出，在某一低温下对较厚样品可以在较短时间内制得无光畸变的产品。

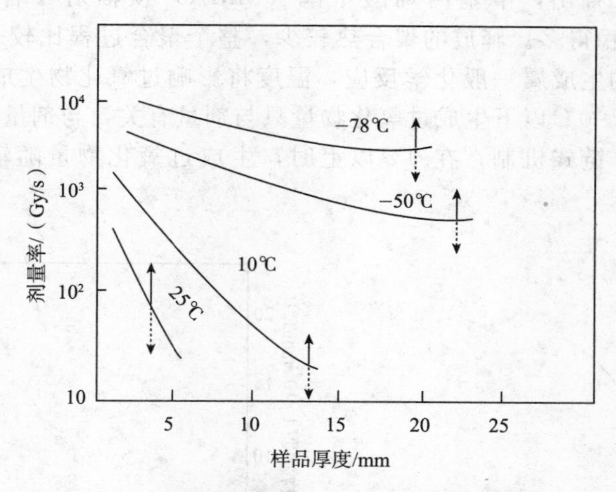

图2-38 辐射浇铸聚合条件与畸变的关系

←—畸变区；←--无畸变区

2.7.2.4 辐射乳液聚合

辐射引发乳液聚合优点有以下[125]：

① 普通乳液聚合中，过氧化物引发剂生产的自由基要进入胶束与乳胶粒作用才能引发单体聚合。进入胶束自由基的浓度随温度而变化，整个反应过程也随时间而变化。电离辐射提供了一个基本不受温度与时间影响的自由基源。

② 当乳化剂浓度远低于临界胶束浓度（*cmc*）时，过氧化物和紫外线都难以引发乳液聚合，而辐射可顺利引发聚合。如氯乙烯、丙烯腈、甲基丙烯酸甲酯等在离子乳化剂浓度0.002%～0.04%内就可以有效引发聚合。

③ 常具有后效应，这样可避免产物辐解，从而得到分子量高、分布窄的高聚物。如用此法得到的聚苯乙烯膜强度比一般聚苯乙烯膜大5～10倍。又如聚丙烯腈制成的纤维比普通这类纤维的强度大30～50倍。

④ 辐射引发乳液聚合所需剂量小，而转化率可达99%以上，聚合物分子量亦较高。

在整个反应体系中存在三相：水相（溶解了引发剂，少量单体和乳化剂）；单体微珠（直径1～50μm）；胶束（5～10nm）。

2.7.2.5 预辐射聚合

有机单体在辐射场内生成的活性中间粒子的寿命都很短，一般原初自由基寿命小于10^{-4}s。它们如不能引发反应则将很快消失。预辐射聚合的原理是将这些短寿命活性自由基转化成过氧化物或使其钝化（如低温储存），然后在辐射场外再恢复其反应能力，引发聚合反应。

预辐射聚合法有很多优点，使它的应用面不断拓宽。

① 单体经辐射引发而形成的过氧化物源于单体又引发单体聚合，可以保证聚合物的纯净性。

② 整个聚合过程都在辐射场外进行，避免了聚合物的辐射损伤，同样简化了工艺流程，

提高了辐射源的利用率。

③ 过氧化物的分解及引发聚合有较低的活化能，一般在 54.4kJ/mol 左右。

④ 辐射诱发过氧化物选择性低，所以预辐射聚合应用面广。

从图 2-39 中可以看出，甲基丙烯酸甲酯（MMA）预辐射聚合比用过氧化苯甲酰（BPO）引发聚合要平稳得多。释放的聚合热较少，整个聚合过程比较平稳，避免了爆聚等破坏作用。过氧化物的生成属一般化学反应，温度将影响过氧化物生成速率。从图 2-40 可以看出，0℃为转折点。0℃以下生成过氧化物量只与剂量有关，与剂量率和辐照温度关系不大。此时反应过程为非链式机制；在 0℃以上时，生成过氧化物量随辐照温度的升高而增加，呈链式过程。

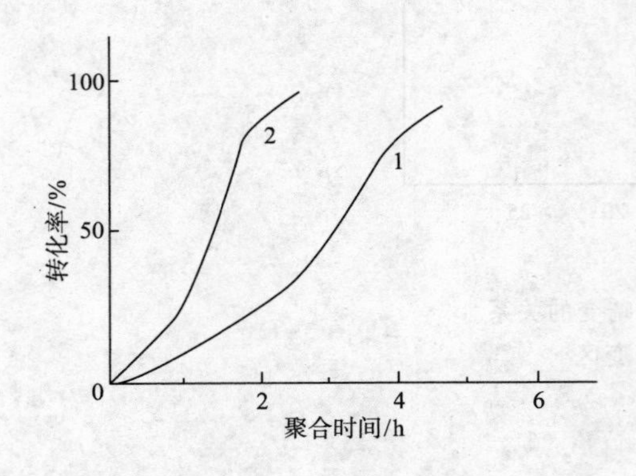

图 2-39 MMA 聚合的一般进程

1—辐射引发；2—BPO 引发

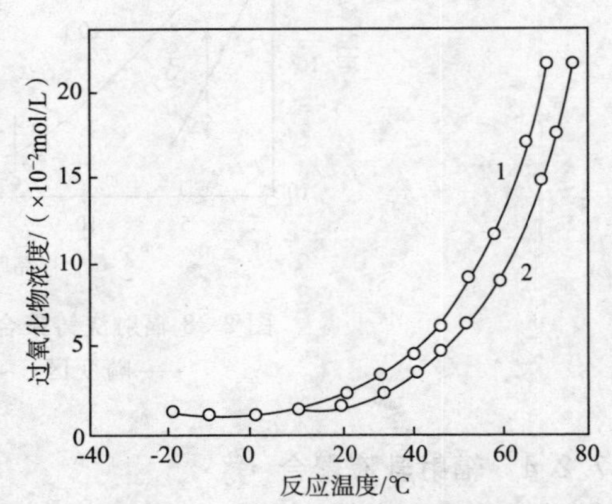

图 2-40 辐射温度与过氧化物的关系

1—剂量率 1.38Gy/s；2—剂量率 0.69Gy/s

2.7.3 辐射接枝共聚

辐射接枝共聚是高分子辐射化学与辐射工艺学中的一个重要领域，与传统接枝方法相比具有自己的特点[131~134]：

① 可以完成化学法难以进行的接枝反应。如对固态纤维进行接枝改性时，化学引发要在固态纤维中形成均匀的引发点是困难的，而电离辐射，特别穿透力强的 γ 辐射，可以在整个固态纤维中均匀地形成自由基，便于接枝反应的进行。

② 电离辐射可被物质非选择性吸收，因此比紫外线引发接枝反应更为广泛。原则上，辐射接枝技术可以应用于任何一对聚合物-单体体系的接枝共聚。

③ 辐射接枝操作简单、易行，室温甚至低温下也可完成。同时，可以通过调整剂量、剂量率、单体浓度和向基材溶胀的深度来控制反应，以达到需要的接枝速度、接枝率和接枝深度（表面或本体接枝）。

④ 辐射接枝反应是由射线引发的，不需引发剂，可以得到纯净的接枝共聚物，同时还起到消毒的作用，这对医用高分子材料的合成和改性是十分重要的。

根据辐照与接枝程序的差异，可将辐射接枝共聚的方法大体分为共辐射接枝法（direct，simultaneous 或 mutual radiation grafting）和预辐射接枝法（pre-irradiation grafting）两类。

2.7.3.1 共辐射接枝法

这种辐射接枝共聚的方法是将聚合物 A 与乙烯基单体 B 置于同一体系，保持直接接触

情况下同时进行辐照，单体可以是气相、液相或溶于某溶剂中。这时发生接枝共聚反应。对交联型聚合物

这种接枝共聚的优点如下：①辐射与接枝过程一步完成，操作简便、易行；②聚合物辐解生成的自由基，一经生成可立即引发接枝反应，活性点或辐射能利用效率高；③在多数接枝体系中单体B可以作聚合物A的保护剂，这对辐射稳定性较差的聚合物尤为重要。

这一方法的最大缺点是聚合物、单体同时受辐照，单体均聚反应严重，降低了接枝效率，增加了去除均聚物的步骤。

2.7.3.2 预辐射接枝法

这种接枝共聚的方法是将聚合物A在有氧或真空条件下进行辐照，然后将辐照过的聚合物A浸入单体，在无氧条件下进行接枝反应。这种方法的主要特点是辐照与接枝反应分步进行，在整个接枝过程中单体不直接接受辐射能。它有两个明显的优点：

① 单体不直接接受辐射能，最大限度地减少了均聚反应，控制了均聚物的生成；

② 由于辐射与接枝是两个独立的过程，研究和生产单位即使没有辐射源装置和相应的专业人员也可以进行某些辐射接枝的研究或较成熟辐射接枝工艺的生产。

这个方法的缺点是聚合物自由基的利用率较低，基材的辐射损伤也比共辐射接枝严重。

根据聚合物结构特点等因素，预辐射接枝共聚可分为两种。

（1）陷落自由基引发　这一方法适用于在室温下处于玻璃态或结晶态聚合物。这种聚合物辐照后可以产生寿命较长的陷落自由基（trapped radical），若置于低温下，陷落自由基可有很长的使用寿命。由于氧是自由基有效的俘获剂，所以，使用这种方法在辐照前样品必须高真空或通氮除氧。为了减少陷落自由基衰变的损失，提高辐射能利用率，随后的接枝反应最好在样品从辐照场取出后尽可能快的进行。如果单体与陷落自由基反应速率比自由基热衰变速率高，则适当提高接枝反应温度可以增加接枝率。

这种接枝方法对聚合物结构和实验条件要求较严，应用实例不多，但陷落自由基在接枝共聚中的作用即使在下面讨论的过氧化物接枝法中也是不能忽视的。

（2）过氧化物法（peroxidation method）　与上述方法不同的是聚合物在有氧条件下进行辐照，生成烷基过氧化物（alkylperoxides）或烷基过氧化氢（alkyl hydroperoxides）。这些过氧化物室温下比较稳定，便于较长时间保存。接枝反应同样在辐射场外进行。可用加热、紫外光照或加某些还原剂等方法分解过氧化物，给出含氧自由基，后者可以有效地引发单体接枝反应。

生成过氧化物的引发过程：

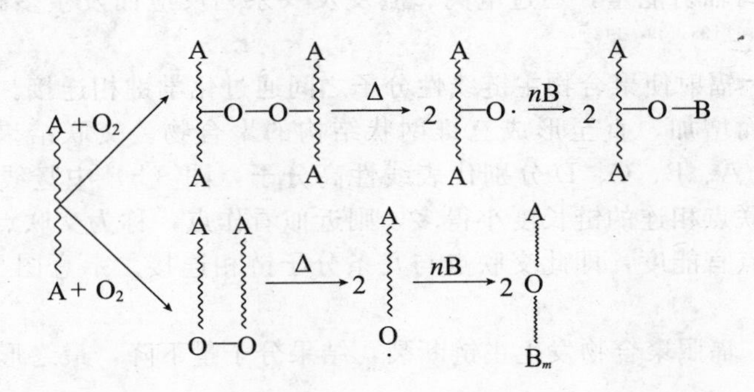

生成氢过氧化物的引发过程：

$$\text{A}\sim\sim\text{A} \xrightarrow{+O_2} \text{A}\sim\overset{|}{\text{C}}(\text{—O—O—H})\sim\text{A} \xrightarrow{\Delta} \text{A}\sim(\text{—O}\cdot)\sim\text{A} + \cdot\text{OH} \xrightarrow{\text{B}} \text{A}\sim(\text{—O—B})\sim\text{A} + \text{B}_q\text{—OH}$$

$$\text{A}\sim\sim\text{A} \xrightarrow{+O_2} \text{A}\sim\sim\text{O—O—H} \xrightarrow{\Delta} 2\ \text{A}\sim\sim\text{O}\cdot + 2\text{OH} \xrightarrow{\text{B}} 2\ \text{A}\sim\text{O}\sim\text{B}_m + 2\text{B}_q\text{—OH}$$

通过高分子过氧化物引发接枝基本上不生成均聚物。而通过烷基过氧化氢接枝，则在氢过氧化物分解时会给出小分子自由基 OH，它们可进一步引发单体的均聚反应，给出一定量的均聚物。

聚乙烯醇空气中预辐射接枝苯乙烯，定量测定了辐照过程中氧的消耗，证明确有过氧化物生成。接枝率随温度变化的实验结果表明，随着接枝温度的升高，接枝率降低，这可解释为陷落自由基衰变速率随温度升高而增加。这说明引发接枝反应的活化点是陷落自由基而不是过氧化物。实际上在预辐射接枝共聚反应中温度效应很复杂，有的体系随温度升高接枝率初始是升高，达到最高值后又下降。

天然纤维和织物也有一些缺点，如耐磨性差、易皱、易缩，有时着色性也不太好等，如为了改善其缩水性可将苯乙烯、甲基丙烯酸接枝在棉纤维上，接枝 10％单体的样品缩水率可减少 100％。

利用全氟乙丙共聚物薄膜作为基材，采用预辐射技术接枝了各种混合单体，制得了一系列 NF 型均相离子交换膜。这种膜具有良好的离子选择透过性，低电阻，高机械强度，在加速氧化和强腐蚀实验中以及长期使用中显示了辐射接枝产品的优越性。

高分子水凝胶具有良好的生物相容性，是一种医用高分子材料。但是，它在水中溶胀后过于柔软，机械强度差，从而限制了它的临床应用。辐射接枝技术可以将亲水性单体接枝在有一定机械强度的高分子基材上，形成有水凝胶覆盖层，这样就可制得既有所需机械强度又有亲水性表面的复合材料。如用硅橡胶或聚乙烯制成的宫内避孕器，有时会引起刺激性出血或使节育器自动脱落。当采用 HEMA 或其他亲水性单体进行辐射接枝时，就可以使上述缺陷得以解决或改善。

2.7.4 聚合物的辐照交联与降解

聚合物接受电离辐射能量，通过电离、激发及一系列反应而发生多种化学和物理变化，主要有以下几种类型[125,139～142]。

(1) 辐射交联　辐射使聚合物主链线性分子之间通过化学键相连接。结果是聚合物分子量随吸收剂量增加而增加，直至形成三维网状结构的聚合物。交联结果可用图 2-41 表示。示意图 (a) 中横线 A、B、C、D 分别代表线性高分子，图 (b) 中竖线代表交联键。若这些交联键长度比交联点相连的链长度小得多，则近似看作点，称为交联点。交联点的一个重要结构参数是交联点官能度，即此交联点与几条分子链相连接。示意图 (b) 则表示最终形成的网状结构

(2) 辐射降解　辐照聚合物发生主链断裂，结果分子量下降，最终形成分子量很小的低聚物。

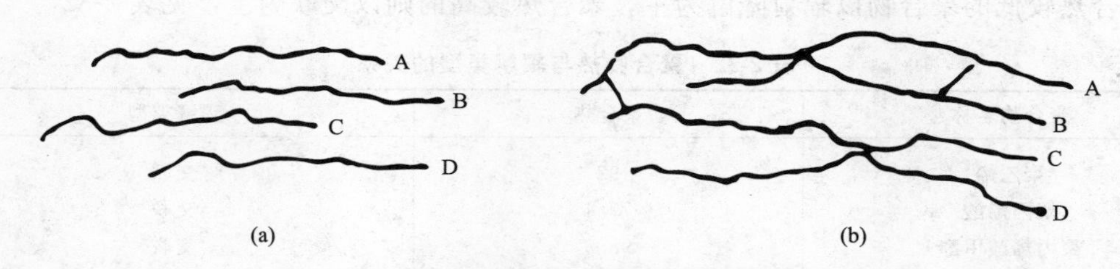

图 2-41　聚合物分子辐射交联结果

(3) 气体生成（主要是 H_2、CH_4 等）和不饱和度的变化。

(4) 氧化反应。

(5) 异构化和歧化反应。

此外，由于上述化学变化而导致聚合物物理性能的变化，如结晶度、熔点、溶解性能、电性能和弹性模量等机械性能的变化。

多数聚合物被辐照时，交联与降解反应同时发生，但总有一种是主要的。以交联为主，最终导致生成三维网状聚合物者为辐射交联型聚合物；以降解为主，致使聚合物分子量不断减少者称为辐射降解型聚合物。表 2-31 给出了一些聚合物无氧辐照时所属类型。这是实验结果归纳出来的。一种聚合物属于辐射交联型还是降解型主要决定于它的分子结构特征。

表 2-31　交联型与降解型聚合物（真空辐照）

名称	结构单元
聚乙烯	$-CH_2-CH_2-$
氯化聚乙烯	$-(CH_2)_n-CHCl-$
氯磺化聚乙烯	$-CHCl-(CH_2)_n-CH(SO_2Cl)$
聚丙烯	$-CH_2-CH-$ CH_3
聚丙烯酰胺	$-CH_2-CH(CONH_2)-$
聚丙烯酸酯(甲酯、乙酯等)	$-CH_2-CH(CO_2R)-$
聚丙烯腈	$-CH_2-CH(CN)-$
聚醋酸乙烯酯	$-CH_2-CH(OCOCH_3)-$
聚乙烯基吡咯烷酮	$-CH_2-CH-$ N　O
聚苯乙烯	$-CH_2-CH(C_6H_5)-$
聚二甲基硅氧烷	$-Si(CH_3)_2-O-$
聚乙烯醇	$-CH_2-CH(OH)-$
聚异丁烯	$-CH_2C(CH_3)_2-$
聚偏氯乙烯	$-CH_2-CCl_2-$
聚甲基丙烯酰胺	$-CH_2-C(CH_3)(CONH_2)-$
聚甲基丙烯酸	$-CH_2-C(CH_3)(CO_2H)-$
聚甲基丙烯酸甲酯	$-CH_2C(CH_3)(CO_2CH_3)-$

聚合热较低的聚合物以辐射降解为主，聚合热较高的则以交联为主，见表 2-32

表 2-32　聚合物热与辐解类型的关系

聚合物名称	聚合热	辐解类型
聚乙烯	92	交联
聚丙烯酸	77.4	交联
聚丙烯酸甲酯	98.5	交联
聚苯乙烯	71.1	交联
聚甲基丙烯酸	66.1	降解
聚异丁烯	54.4	降解
聚甲基丙烯酸甲酯	54.4	降解
聚 α-甲基苯乙烯	37.6	降解

参考文献

[1] E. A. Grulke, et al.. Suspension polymerization. Encyclopedia of Polymer Science and Engineering, 2nd Ed., New York: Wiley, 1989.
[2] J. Ugelstad, et al. Effect of Additives on the formation of monomer Emulsion and Polymer Dispession. in Irjin Diirma (ed) Emulsion polymerization. New York: Academic press, 1982.
[3] 潘祖仁等．悬浮聚合．北京：化学工业出版社，1997.
[4] 曹同玉等．聚合物乳业合成原理、性能及应用．北京：化学工业出版社，1997.
[5] Zu-Ren Pan, et al. Polymer International, 1993, 30: 259.
[6] R. Arshaady, et al. Polym. Eng. and Sci., 1993, 33: 865.
[7] K. E. J. Barrett Ed. Dispersion Polymerization in Organic Media. New York: Wiley Interscience, 1975.
[8] J. M. Desimone, et al. Science, 1994, 265: 356.
[9] A. Shinto, J. P. 0337201, 1991.
[10] C. M. Tseng, et al., J. Polym. Sci. PartA, Polym. Chem. Ed., 1986, 24: 2995.
[11] S. Shen, et al., Polym. Sci. PartA, Polym. Chem. Ed., 1993, 31: 1393.
[12] L. C. Zhang, et al., Investigation of Polymer Latex Agglomeration, in Hanbook of Applied Polymer Processing Technology, Ed. by P. C. Nicholes, et. al., Dokker, Inc, New York, Basel, Hong Kong, 1996.
[13] C. M. Tseng, et. al., J. Polym. Sci., Polym. Chem. Ed., 1986, 24: 2995.
[14] K. P. Lik, et al., J. Chem., 1985, 63: 209.
[15] J. Guillot, J. Polym. Sci. Polym. Phys., 1998, 36 (2): 325.
[16] S. F. Ahmed, et al., Ind. Eng. Chem. Res., 1997, 36: 2605.
[17] A. J. Paine, et al., Macromolecules, 1990, 23 (2): 3104.
[18] C. K. Ober, et al., J. Polym. Sci., Polym. lett. Ed., 1987, 25: 1395.
[19] M. J. Schick, Nonionic Surfactants, 1987, 23: 185.
[20] F. V. Distefano, et al., J. Colloid Interface, 1983, 92: 269.
[21] P. Trijasson, et al., Makromol. Chem. Macrcmol. Symp., 1990, 35/36: 141.
[22] D. L. Visidi, et al., Polymer Mater. Sci. Eng., 1984, 51: 258.
[23] K. H. Reichert, et al., Polymer Reaction Engneering. VCH. Weinhiem: Verlagsgellschaft, 1989.
[24] J. W. Vandhoff, J. Polym. Sci., Polym. Symp., 1985, 72: 162.
[25] Z. Q. Song, et al., J. Colloid. Inter. Sci., 1989, 128: 486.
[26] S. A. Chen, et al., Polym. International, 1993, 30: 461.
[27] B. Lindman, et al., Microemulsion. New York: Pleum Press, 1982.
[28] 哈润华等．高分子学报，1993，5：570.
[29] J. S. Guo, et al., J. Polym. Sci., Polym. Chem., 1992 30: 691.
[30] P. Y. Jiang, et al., J. Polym. Sci., PartA: Polym. Chem., 1996, 34: 695.
[31] 赵勇．反相微乳液聚合机理、动力学及应用研究．天津：天津大学博士论文，1998.

[32] V. F. Kurekov, Vysokomol. Sodin, 1987, B20: 647.
[33] V. F. Kurekov, Int. Polym. Sci. Tech., 1987, 97: 65.
[34] J. W. Vandehoff, J. Dispersion Sci. Tech., 1984, 5: 323.
[35] D. L. Visili, Ph. D. Dissertation, Lehigh Univ., PA, 1984.
[36] W. Baade, et al., Eur. Polym. J., 1984, 20: 505.
[37] K. H. Reichest, et al., Angew. Makromol. Chem., 1984, 13: 361.
[38] V. F. Gromov, Vyskomol. Soedin., 1988, A30: 1164.
[39] W, Hobinger, Ph. D. dissertation, Berlin: Technische Univ., 1989.
[40] F. Candau, et al., J, Polym. Sci., PartA: Polym. Chem., 1985, 23: 19.
[41] D. J. Hunkeler, et al., Polym. Mater. Sci. Eng., 1987, 57: 845.
[42] D. J. Hunkeler, et al., Polymer, 1991, 32: 2626.
[43] F. Candau, et al., Macromolecules, 1986, 19 (7): 1895.
[44] T. I. Min, et al., J. Polymer. Sci. Polym. Chem. Ed., 1983, 21: 2845.
[45] M. Okubo, et al., J. Appl. Polym. Sci., 1986, 31: 1075.
[46] D. C. Sunderg, et al., J. Appl. Polym. Sci., 1990, 41: 1425.
[47] L. C. Zhang, et al., In Advances in Chemistry Series, 239, Edited by D. Klempner, L. H. Sperling and L. A. Utrack, chapter 18, 373-392, ACS, Washington, DC, 1994.
[48] I. Cho, et al., J. Appl. Polym. Sci., 1985, 30: 1903.
[49] 魏真理等. 高分子通报, 2002, 2: 56-78.
[50] Fr. Pat. 2673184, 1991.
[51] P. Vindevoghel, et al., Polymer Reaction Eng., 1995, 3 (1): 23.
[52] P. Vindevoghel, et al., J. Appl. Polym. Sci., 1994, 52: 1879.
[53] M. Okubo, et al., Colloid Polym. Sci., 1992, 270: 853.
[54] W. Straethe, et al., Makromol. Chem. 1978, 179 (9): 2145.
[55] M. J. Murray, et al., Colloid Interface Sci. 1995, 54: 73.
[56] R. E. Neff, et al., USP 5354481, 1994.
[57] B. W. A. Bromley, J. Coat. Tech., 1989, 61: 39.
[58] E. J. Connors, et al., US Pat60020422, 2000.
[59] Y. Kamijo, et al., Polymer, 1996, 28 (4): 309-319.
[60] H. D. Stover, et al., USPat 5599889, 1997.
[61] M. L. Jackson, et al., USPat 6034166, 2000.
[62] C. A. Wu, Polymer, 1998, 39 (19) 4609-4619.
[63] Y. Osada, et al. Nature, 1995, 376: 219.
[64] B. R. Saunders, et al., Adv. Colloid Interface. Sci., 1999, 80: 1.
[65] Alexandre P. Richez et al., Progress in Polym. Sci., 2013, 38: 897.
[66] Elesser MT. et al., Languir, 2011, 27: 917-927.
[67] Elesser MT. et al., Languir, 2010, 26: 17989-17996.
[68] 张莉等. 中国胶黏剂, 2008, 17 (4): 47.
[69] 姜清海等. 化学工程与装备, 2010, 4: 101.
[70] 唐宏科等. 化学世界, 2012, 10: 634.
[71] Y CHEN. et al., Polym., 2009, 52 (2): 357.
[72] 施光文等. 中国胶黏剂, 2011, 20 (2): 5.
[73] 方弘钊等. 现代化工, 2011, 31 (1): 15.
[74] (a) 王国建 编著. 高分子合成新技术. 北京: 化学工业出版社, 2004; (b) Y Brudno, D R Liu, Chem & Biology, 2009, 16: 265; (c) 张发爱等. 高分子通报, 2011, 2: 73; (d) 张发爱 等. 高分子通报, 2011, 5: 57.
[75] 日本高分子学会高分子实验学编委会. 功能高分子. 李福绵译. 北京: 科学出版社, 1983.
[76] (a) R Buter, Y Y Tan, G Challa. J Polym Sci, Chem, 1973, (11): 989; (b) 何天白, 胡汉杰 编. 海外高分子科学得新进展, 北京: 化学工业出版社, 1997; (c) Suat Cetiner, et al, Fibers and Polymers, 2011, 12 (2): 151; (d) W J., Cheong, et al, Talanta, 2013, 106: 45.
[77] (a) K Tsukagoshi, KY Yu, M Maeda, et al., Bull Chem Soc Jpn, 1993, 66: 114; (b) K Tsukagoshi, KY Yu, M

Maeda, et al., Kobunshi Ronbunshu, 1993, 50: 455; (c) H Kido, Sonada H, Tsukagoshi K, et al., Kobunshi, Ronbunshu, 1993, 50: 403.
[78] F M Menger, T Tsuno, G S Hanmmond. J Am Chem Soc., 1990, 112: 1263.
[79] F M Menger, T Tsuno. J Am Chem Soc., 1990, 112: 6723.
[80] T H Chieng, L M Gan, C H Chew, et al. Langmuir, 1996, 12: 319.
[81] E Bardez, E Monnier, B Valeur. J Phys Chem., 1985, 89: 5031.
[82] T K Jain, M Varshey, A Maitra. J Phys Chem., 1989, 93: 7409.
[83] M P Pileni, J Phys Chem., 1993, 97: 6961.
[84] K-I Kurumada, A Shioi, M Harada. J Phys Chem., 1994, 98: 12382.
[85] P D I Fletcher, A M Howe, B H Robinson, J Chem Soc Faraday Trans I., 1987, 83: 985.
[86] X X Zhu, K Banana, R Yen, Polym Mater Sci Eng., 1996, 74: 418.
[87] X. X. Zhu,; K Banana, . R Yen, . Macromolecules, 1997, 30, 3031.
[88] E Ruckenstein, L. Hong Chem Mater, 1992, 4: 122.
[89] M J Sundell, E O Pajunen, O E O Hormi, et al. Chem Mater, 1993, 5: 372.
[90] M Sathav, H M Cheung, Langmuir, 1991, 7: 1378.
[91] W R P Raj, M Sasthav, H M Cheung. Langmuir, 1991, 7: 2586.
[92] L M Gan, T H Chieng, C H Chew, et al. Langmuir, 1994, 10: 4022.
[93] T H Chieng, L M Gan, C H Chew, et al. Polymer, 1995, 36: 1941.
[94] (a) H Yasuda, Plasma Polymerization. New York: Academic Press, 1985; (b) 金友民，樊友三．低温等离子体物理基础．北京：清华大学出版社，1983; (c) 王国建．高分子合成新技术．北京：化学工业出版社，2004; (d) 杨慧慧等．材料研究学报，2011，25 (1)：19; (e) 滕雅娣 等，有机化学，2011，31 (6)：932.
[95] (a) JÖrg Friedrich, Plasma Processes and Polymers, 2011, 8 (9): 783; (b) J D White, et al, Plasma Processes and Polymers, 2012, 9: 840; (c) L Cademartiri, et al, Account of Chem. Res., 2008, 41 (12): 182; (d) 张治红 等．材料研究学报，2010，24 (4)：353.
[96] T Hirotsu, Z Hou, A Partridge. Plasma and Polymers, 1999, 4 (1): 1.
[97] Y Iriyama, H Yasuda. Polym Mater Sci Eng., 1990., 62: 162.
[98] 郭海清，陈慧英，冯新德．高分子学报，1989，3：374.
[99] 张思辉，邓正华，罗春樵等．应用化学，1990，7 (4)：17.
[100] 张思辉，陈永清，邓正华等．应用化学，1992，9 (2)：115.
[101] 周茂堂，陈婕．合成树脂与塑料，1990，7 (4)：53.
[102] Y Yutaka, T Akihiko, M Keijo. J Membrane Sci, 1989, 43: 165.
[103] F Y Chuang, M Shen, A T Bell, J Appl Polym Sci, 1973, 17 (9): 2915.
[104] 吴人洁．高聚物的表面与界面．北京：科学出版社，1998.
[105] E Daysa, G Leps, Meinhard J Surface and Coating Technology, 1999, 116～119: 986.
[106] S Bourbigot, C Jama, B M Le, et al. Polymer Degration and Stability, 1999, 66: 153.
[107] S K Henricks, C Kwok, M C Shen, et al. J Biomedical Materials Research, 2000, 50 (21): 60.
[108] M Muller, C Oehr. Surface and Coating Technology. 1999, 116～119: 802.
[109] 陈维杻，超临界流体萃取的原理和应用，北京：化学工业出版社，1998.
[110] 阎立峰，陈文明，化学通报，1998，(4)：10.
[111] 刘俊诚，李干佐，韩布兴．日用化学工业，2002，32 (1)：31.
[112] Kwon Taek Lim, et al., Polymer, 2002, 43: 7043.
[113] (a) Martje, Kemmere, et al., Chemical Engineering Science, 2001, 56: 4197; (b) 邱少龙 等．化工学报，2013，64 (2)：730; (c) 尤俊平 等．高分子材料科学与工程，2005，21 (4)：37.
[114] 黄汉生．有机氟化工，2002，3：53.
[115] Chunmei Shi, Joseph M. DeSimone, Douglas J. Kiserow, Ge W. Roberts, Macromolecules, 2001, 34: 7744.
[116] George W. Roberts. Macromolecules, 2001, 34: 7744.
[117] Manuel Garcia-Leiner, Alan J. Lesser. J of Applied Polymer Science, 2004, 93: 1501.
[118] Hao Zhou, Jian Fang, Jichu Yang, Xuming Xie, J. of Supercritical Fluids, 2003, 26: 137.
[119] Muoi, Cang, et al., Eur. Polymer J., 2003, 39: 143.
[120] (a) L Suresh. et. al, J. Supercritial Fluids, 2004, 28: 233; (b) Can Erkey, et. al., Synthetic Metals, 2001,

123：509.
[121] F Kimberly. et al Jof Applied Polymer Science，2003，90：3876.
[122] T L. Sproule，et al.. J. of Supercritical Fluids，2004，28：241.
[123] Qingzhi Dong，Ying Liu，J. of Applied Polymer Science，2004，92：2203.
[124] O. Muth，Th. Hirth，H. Vogel，J. of Supercritical Fluids，2000，17：65.
[125] (a) 哈鸿飞，吴季兰编著．高分子辐射化学——原理与应用．北京大学出版社，2002；(b) 孙学武等．化工进展，2011，30 (9)：2030；(c) 刘道辉等．化学工程师，2011，185 (2)：37.
[126] 吴季兰，戚生初主编．辐射化学．北京：原子能出版社，1993.
[127] R J. Woods，A K. Pikaev. Applied Radiation Chemisty-Radiation Processing. John Wiley & Sons Inc.，1994.
[128] A. C. Thomas and R. A. Baeson. T，J. S. Afr. Chem. Inst.，1972，25 (1)：44.
[129] Y. Tabata，Phys. Chem.，1977，93：31.
[130] A. Chapiro. Radiation Chenistry of Polymeric Systems. Interscience Publishers，1962.
[131] F. Michael，A. J. Rodgers.，Radiation Chemistry-Principles and Applications. VCH Verlagsgesellscaft Publishers Inc.，1987.
[132] 哈鸿飞．核技术，1990，3 (3)：187.
[133] J. L. Williams. Processing and Mechanistic Aspect of Radiation Sterilization of Medical Disposable Plastic Material. Edited by A Singh and J. Silverman，Hanser Publishers，1992.
[134] Paul A. Dwojanyn，John L. Garnett. Radiatron Grafting on Plastics and Fibers. Radiatron Processing of Polymers. Edited by A. Singh and J. Silverman，Hanser Publishers，1992.
[135] J. L. Garnett，Stan V. Jankiewicz. Radiat. Phys. Chem.，1981，18 (3-4)：469.
[136] 町末男，吉男健三．放射线高分子改性——辐射化学应用．刘玉铭等译．上海：上海科技出版社，1987.
[137] Hisatsugu Kashiwabara，Tadao Seguchi. Radition-induction Oxidation of Plastics，1992.
[138] 张志成，葛学武，张曼维．高分子辐射化学。合肥：中国科学技术大学出版社，2000.
[139] R. W. Wadiat，et al. Radiat. Phys. Chem.，1985，25 (4～6)：843.
[140] 黄光琳，冯雨丁，吴茂良．高分子辐射化学基础．成都：四川大学出版社，1993.
[141] O. S. Cal，et al. Radiat. Phys. Chem.，1985，26：325.

第3章 多组分高分子材料

3.1 概述

不同聚合物之间或聚合物与非聚合物固体材料之间组合而构成的材料称之为多组分高分子材料。

事实上，高分子材料一般都是多组分的，单一组分的高分子材料是少数。例如用量最大的塑料、橡胶、涂料等，大都是多组分体系。在高分子中加入其他组分（聚合物或非聚合物）常常出于不同的目的，例如为改进力学性能、耐热性能、阻燃性能、耐老化性能等。有时是为了降低成本，例如塑料的填充，高分子的再生利用等。所以多组分高分子材料的范围是很宽广的。但这里的多组分高分子材料只包括聚合物共混物和聚合物基复合材料。

聚合物共混物是指两种或两种以上聚合物通过物理的或化学的方法共同混合而形成的宏观上均匀、连续的固体高分子材料。聚合物共混是获得综合性能优异的高分子材料的卓有成效的途径。

聚合物基复合材料是指聚合物与非聚合物如玻璃纤维、炭黑、水泥等组合而成的材料。但当今许多聚合物纤维，如芳纶纤维、超高分子量聚乙烯纤维等也用作聚合物基复合材料中的增强剂；另一方面，对聚合物多层膜、聚合物分子复合等，将其视为共混或复合都是可以的。所以共混与复合之间的界限已非常模糊，难于严格区别，将二者视为多组分高分子材料范畴中的两种类型或许更合适些。

对聚合物共混与复合改性近年来已有不少专著、教材进行了较系统、较全面的阐述，不再赘述，只作简单介绍。本章主要阐述的内容包括多组分高分子材料的某些共性问题，如界面问题、聚合物之间的混溶性及相分离等问题以及某些重要的进展，如互穿网络聚合物(IPNs)、高分子材料的增韧改性、聚合物基纳米复合材料及高性能高分子材料等。

3.1.1 聚合物共混物

聚合物共混物的初期概念仅局限于异种聚合物组分的简单物理混合。20 世纪 50 年代 ABS 树脂的出现，形成了接枝共聚-共混物这一新的概念。随着对聚合物共混体系形态结构研究的深入，发现存在两相结构是此种体系的普遍、重要的特征。所以，广义而言，凡具有复相结构的聚合体系均属于聚合物共混物的范畴。这就是说，具有复相结构的接枝共聚物、嵌段共聚物、互穿网络聚合物（IPN）、复合的聚合物（复合聚合物薄膜、复合聚合物纤维），甚至含有晶相与非晶相的均聚物、含有不同晶型结构的结晶聚合物均可看作聚合物共混物。两种聚合物不同的组合方式示意于图 3-1。

聚合物共混物有许多类型，但一般是指塑料与塑料的共混物以及在塑料中掺混橡胶的共混物，在工业上常称之为高分子合金或塑料合金。对于在塑料中掺混少量橡胶的共混物，由于在抗冲性能上获得很大提高，故亦称为橡胶增韧塑料。

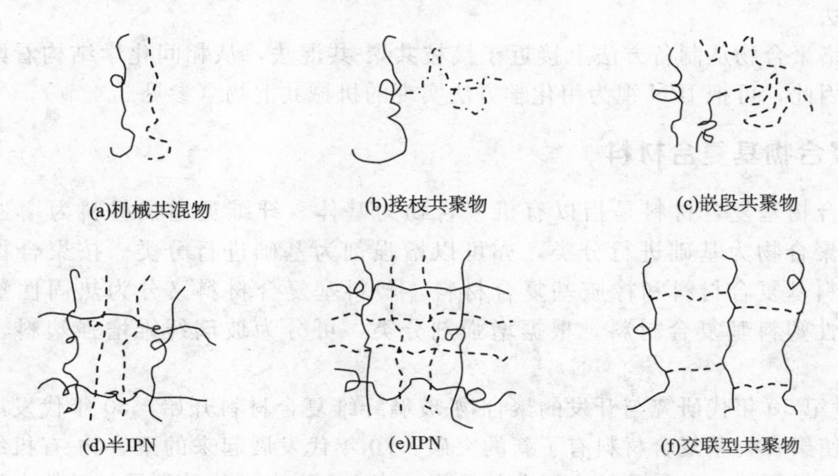

图 3-1　两种聚合物组分间不同组合方式示意图

—— 聚合物 1；······ 聚合物 2

聚合物共混物按聚合物组分数目分为二元及多元聚合物共混物。按共混物中基体树脂名称可分为聚烯烃共混物、聚氯乙烯共混物、聚酰胺共混物等。按性能特征又有耐高温、耐低温、耐燃、耐老化等聚合物共混物之分。虽然从形态结构上讲，某些均聚物亦属聚合物共混物的范围，但一般并不归入共混物之中。

为简单而又明确地表示聚合物共混物的组成情况，对由基体聚合物 A 和聚合物 B 按 x/y 的比例而组成的共混物可表示为 A/B（x/y）。例如，聚丙烯/聚乙烯（85/15）即表示由 85 份聚丙烯和 15 份聚乙烯所组成的共混物。

聚合物共混物的制备方法可分为物理方法和化学方法两种类型。

(1) 物理共混法　物理共混法又称为机械共混法，是将不同种类聚合物在混合（或混炼）设备中实现共混的方法。共混过程一般包括混合作用和分散作用。在共混操作中，通过各种混合机供给的能量（机械能、热能等）的作用，使被混物料粒子不断减小并相互分散，最终形成均匀分散的混合物。由于聚合物粒子很大，在机械共混过程中，主要是靠对流和剪切两种作用完成共混的，扩散作用极为次要。

在机械共混操作中，一般仅产生物理变化。但在强烈的机械剪切作用下可能使少量聚合物降解，产生大分子自由基，继而形成接枝或嵌段共聚物，即伴随一定的力化学过程。

物理共混法包括干粉共混、熔体共混、溶液共混及乳液共混等方法。

(2) 共聚-共混法　共聚-共混法是一种化学方法，有接枝共聚-共混与嵌段共聚-共混之分。在制备聚合物共混物方面，接枝共聚-共混法更为重要。

接枝共聚-共混法，首先是制备聚合物 1，然后将其溶于另一种单体 2 中，使单体 2 聚合并与聚合物 1 发生接枝共聚。制得的聚合物共混物通常包含 3 种组分，聚合物 1、聚合物 2 以及聚合物 1 骨架上接枝有聚合物 2 的接枝共聚物。两种聚合物的比例、接枝链的长短、数量及分布对共混物的性能有决定性的影响。接枝共聚物的存在改进了聚合物1及2之间的混溶性，增强了相之间的作用力，因此，共聚-共混法制得的聚合物共混物，其性能优于机械共混物。共聚-共混法近年来发展很快，一些重要的聚合物共混材料，如抗冲聚苯乙烯(HIPS)、ABS树脂、MBS树脂等，都是采用这种方法制备的。

(3) 互穿网络聚合物　互穿网络聚合物，简记为IPN，是用化学方法将两种或两种以上的聚合物相互贯穿成交织网络状的一类新型复相聚合物共混材料，IPN技术是制备聚合物共混物的新方法。

互穿网络聚合物从制备方法上接近于接枝共聚-共混法，从相间化学结构看则接近于机械共混法。因此，可把IPN视为用化学方法实现的机械共混物（参见3.4节）。

3.1.2 聚合物基复合材料

通常聚合物基复合材料是指以有机聚合物为基体、纤维类增强材料为增强剂的复合材料，可以聚合物为基础进行分类，亦可以增强剂为基础进行分类。按聚合物的特性分类可分为塑料基复合材料和橡胶基复合材料。塑料基复合材料又分为热固性塑料基复合材料和热塑性塑料基复合材料。根据增强剂分类，可分为玻璃纤维增强塑料、碳纤维增强塑料等。

从20世纪50年代研究与开发的聚合物-玻璃纤维复合材料开始，60年代发展了碳纤维复合材料，使聚合物基复合材料有了新的突破。70年代发展起来的聚合物-有机纤维复合材料，由于其重量更轻，已受到航空工业的重视。表3-1列出了几种常见材料的力学性能。

表3-1　几种常见材料的力学性能

材料	密度/(g/cm³)	拉伸强度/×10³MPa	弹性模量/×10⁵MPa	比强度/(×10⁻⁷/cm)	比模量/(×10⁻⁹/cm)
钢	7.8	1.03	2.1	0.13	0.27
铝合金	2.8	0.47	0.75	0.17	0.26
钛合金	4.5	0.96	1.14	0.21	0.25
玻璃纤维复合材料	2.0	1.06	0.4	0.53	0.20
碳纤维/环氧	1.45～1.6	1.5～1.7	1.4～2.4	0.67～1.03	0.97～1.5
有机纤维/环氧	1.4	1.4	0.8	1.0	0.57
硼纤维/环氧	2.1	1.38	2.1	0.65	1.0
硼纤维/铝	2.65	1.0	2.0	0.38	0.57

3.1.2.1 类型及特点

可按聚合物为基础进行分类，亦可按增强剂为基础进行分类。按聚合物的特性分类可分为塑料基复合材料和橡胶基复合材料。塑料基复合材料又分为热固性塑料基复合材料和热塑性塑料基复合材料。根据增强剂分类，可分为玻璃纤维增强塑料、碳纤维增强塑料等。

聚合物基复合材料是最重要的聚合物结构材料之一，它有以下几方面的特点。

(1) 比强度、比模量大　例如高模量碳纤维/环氧树脂的比强度为钢的5倍、为铝合金的4倍，其比模量为铜、铝的4倍。

(2) 耐疲劳性能好　金属材料的疲劳破坏常常是没有明显预兆的突发性破坏。而聚合物基复合材料中，纤维与基体的界面能阻止裂纹的扩展，破坏是逐渐发展的，破坏前没有明显的预兆。大多数金属材料的疲劳强度极限是其拉伸强度的30%～50%，而聚合物基复合材料如碳纤维/聚酯，其疲劳强度极限可达到拉伸强度的70%～80%。

(3) 减震性好　复合材料中的基体界面具有吸震能力，因而振动阻尼高。

(4) 耐烧蚀性能好　因其比热容大、熔融热和汽化热大，高温下能吸收大量热能，是良好的耐烧蚀材料。

(5) 工艺性好　制造制品的工艺简单，并且过载时安全性好。

由于上述的优异性能，在各种工业领域特别是航空和宇宙工业中得到了广泛应用。

3.1.2.2　增强剂

增强剂即指增强材料，是聚合物基复合材料的骨架。它是决定复合材料强度和刚度的主要因素。有以下主要类型：

(1) 玻璃纤维　玻璃纤维是用得最多的一类增强材料。其外观为光滑圆柱体，横截面为圆形，直径为5～20μm。

玻璃纤维的主要化学成分为二氧化硅、三氧化硼以及钠、钾、钙、铝的氧化物。以SiO_2为主要成分时称为硅酸盐玻璃，以三氧化硼为主要成分时称为硼酸盐玻璃。

玻璃纤维具有很高的拉伸强度，直径10μm以下的纤维强度达1.0×10^9Pa，超过一般的钢材。但其模量不高，约为7×10^{10}Pa，与纯铝相近，这是其主要缺点。

玻璃纤维类型很多，根据化学成分有无碱玻璃纤维、有碱玻璃纤维之分。根据外观形状有连续长纤维、短纤维、空心纤维、卷曲纤维等。根据特性又分为高强度纤维、高模量纤维、耐碱纤维、耐高温纤维等。

玻璃纤维是统称，实际上从拉丝炉出来的玻璃纤维叫单丝，单丝经过浸渍槽集束而成原丝，原丝经排纱器缠到绕丝筒上，进行各种纺织加工可制成无捻纱、玻璃布、带等。塑料基复合材料中常用的有以下几种形式：短切纤维，把原丝、无捻纱或加捻纱按一定长度（一般为0.6～60mm）切断而得；短切纤维毡，将短切纤维在平面上无序地交叉重叠，再用黏结剂黏结而得；表面毡，把短切纤维交叉重叠制成的薄纸状制品；还有连续纤维毡、无捻粗纱、玻璃布及玻璃布带、无捻粗纱布、磨碎玻璃纤维等。

(2) 碳纤维　碳纤维是有机纤维在惰性气体中经高温碳化制得的。工业上用来生产碳纤维的有机纤维只要有聚丙烯腈纤维、沥青纤维和黏胶纤维。以聚丙烯腈纤维为原料生产的碳纤维质量最好、产量最大。以黏胶纤维为原料生产的碳纤维约占总产量的10%。高性能的沥青类碳纤维尚处于研究阶段，但由于沥青价廉、碳化率高（90%），所以发展前途很大。此外，近年来还发展了以聚丙烯纤维为原料制备碳纤维的方法。

根据性能，碳纤维可分为普通、高模量及高强度等类型，如表3-2所示。根据热处理温度它又可分为预氧化纤维（在300～500℃热处理）、碳纤维（在500～1800℃碳化）和石墨纤维（在2000℃以上碳化）。预氧化纤维是一种基本上仍为无定型结构的耐焰有机纤维，可在200～300℃长期使用，并且是电绝缘的。碳纤维显示了碳结构，耐热性提高，具有导电性。石墨纤维具有类似石墨的结构，耐热性和导电性高于碳纤维，并且有自润滑性。

碳纤维的特点是密度比玻璃纤维小，在2500℃无氧气氛中模量不降低，普通碳纤维的强度与玻璃纤维相近，而高模量碳纤维的模量为玻璃纤维的数倍。

(3) 硼纤维及陶瓷纤维　硼纤维一般是用还原硼的卤化物来生产的。硼纤维的优点除了强度高、耐高温之外，更重要的是弹性模量特别高（见表3-2）。但硼纤维价格昂贵，应用受到限制。

陶瓷纤维包括碳化硼纤维、氮化硼纤维、氧化锆纤维、碳化硅纤维等，其性能亦列于表3-2。

表 3-2 碳纤维-硼纤维及陶瓷纤维的性能

性能	普通碳纤维	高模量碳纤维	高强度碳纤维	硼纤维	陶瓷纤维	晶须
相对密度	1.75	1.96	1.75	2.6	2.2～4.8	1.66～3.96
直径/μm	10	6	7	100	20～10	3～30
拉伸强度/MPa	1000	1400～2100	2500～3500	2800～3500	2000～6000	14000～20000
拉伸模量/MPa	6.6×10^4	3.8×10^5	2.4×10^5	3.8×10^5～4.2×10^5	7×10^4～5×10^5	3.5×10^5～7×10^5

（4）芳纶纤维　这里所说是芳纶纤维主要是指已实现工业化生产生产并广泛应用是聚芳酰胺纤维，国外商品牌号叫凯夫拉（Kevar），我国命名为芳纶纤维。芳纶的化学结构可分为两种类型：一种是聚对苯酰胺，$\left[\!-\mathrm{NH}-\!\langle\bigcirc\rangle\!-\mathrm{CO}-\right]_n$，我国命名为芳纶 14，美国称 Kevlar-49；另一种是聚对苯二甲酰对苯二胺，$\left[\!-\mathrm{NH}-\!\langle\bigcirc\rangle\!-\mathrm{CO}-\mathrm{NH}-\!\langle\bigcirc\rangle\!-\mathrm{CO}-\right]_n$，美国称为 Fiber-B，我国常称为芳纶 1414。

芳纶纤维的特点是力学性能好、热稳定性高、耐化学腐蚀。单丝强度可达 3850MPa，254mm 长的纤维束拉伸强度为 2.8×10^3 MPa，约为铝的 5 倍。其抗冲强度为石墨纤维的 6 倍，硼纤维的 3 倍，其模量介于玻璃纤维和硼纤维之间。芳纶纤维具有较高的断裂延伸率，不像碳纤维、硼纤维那么脆，且密度小，为增强纤维中密度最小的一种。

（5）其他纤维　用于塑料基复合材料的增强纤维尚有各种晶须，如金属晶须、陶瓷晶须等。晶须是直径为几微米的针状单晶体，强度可达 2.8×10^3 MPa，是一种高强度材料（见表 3-2）。

其他金属纤维，特别是不锈钢纤维也可用作聚合物基复合材料的增强剂。

棉、麻、石棉等天然纤维，涤纶、尼龙等合成纤维也都能用作增强材料。但这类纤维只能用于制普通的复合材料，不大可能用于制备高性能的复合材料。

3.1.2.3　聚合物基体

在复合材料的成型过程中，聚合物基体经过一系列物理的和化学的变化过程，与增强纤维复合成有一定形状的整体。就纵向拉伸性能来说，主要决定于增强剂，但不可忽视基体的作用，因为聚合物基体将增强纤维黏结成整体，在纤维间传递载荷并使载荷均衡，从而充分发挥增强材料的作用。至于复合材料的横向拉伸性能、压缩性能、剪切性能、耐热性能等则与基体关系更为密切。复合材料工艺性、成型方法和成型工艺参数则主要取决于基体的特性。

根据聚合物的特性，聚合物基体可分为塑料、橡胶两类。

（1）塑料　塑料的强度大都为 50～70MPa，超过 80MPa，模量一般为 2000～3500MPa，超过 4000MPa 的也很少。提高塑料的强度主要靠复合的方法。用增强剂增强后，力学性能可显著提高，拉伸强度可达 1200MPa，拉伸模量可达 5×10^4 MPa。

塑料基复合材料，按基体特性分为热固性塑料基复合材料和热塑性塑料基复合材料。常用的增强剂即增强材料有玻璃纤维、碳纤维、硼纤维、陶瓷纤维等。对聚合物基复合材料，如果不特别注明，习惯上都是指以塑料为基的复合材料。

热固性塑料基体以热固性树脂为基本成分，此外，尚含有交联剂、固化剂以及其他一些添加剂。常用的热固性树脂有不饱和聚酯、环氧树脂、呋喃树脂等。不饱和聚酯主要用于玻璃纤维复合材料，如玻璃钢。酚醛树脂主要用于耐烧蚀复合材料，环氧树脂可用于碳纤维增强制得高性能的复合材料。

主要的热塑性树脂基体有尼龙、聚烯烃类、苯乙烯类塑料（AS、ABS、PS)、热塑性聚酯和聚碳酸酯，其次还有聚缩醛、氟塑料、PVC、聚砜、聚亚苯基氧、聚亚苯基硫醚等。

用玻璃纤维增强后的热塑性塑料强度可提高2～3倍，耐疲劳性能和抗冲强度可提高2～4倍，抗蠕变性能提高2～5倍，热变形温度提高10～20℃，热膨胀系数降低50%～70%。

（2）橡胶　常用的橡胶基体有天然橡胶、丁苯橡胶、氯丁橡胶、丁基橡胶、丁腈橡胶、乙丙橡胶、聚丁二烯橡胶、聚氨酯橡胶等。

橡胶基复合材料所用的增强材料主要是长纤维，常用的有天然纤维、人造纤维、合成纤维、玻璃纤维、金属纤维等。近年来已有晶须增强轮胎用于航空工业。

橡胶基复合材料与塑料基复合材料不同它除了要具有轻质高强的性能外，还必须具有柔性和较大的弹性。纤维增强橡胶的主要制品有轮胎、皮带、增强胶管各种橡胶布等。

纤维增强橡胶在力学性能上介于橡胶和塑料之间，近似于皮革。

纤维在橡胶基复合材料中的用量依制品的不同而异。例如：雨衣中纤维用量为60%～70%；橡胶水坝所用的增强橡胶中含纤维30%～40%；汽车轮胎中纤维含量为10%～15%。

3.2 多组分高分子材料中的界面[1～3]

多组分高分子材料中的界面并非单纯的几何面，而是一个多层结构的过渡区，是由两相的表面区和过渡区组成，具有一定厚度的区域，其厚度可由1nm至100nm，依具体体系的不同和制备工艺条件的不同而变化。所以多组分高分子材料中的界面亦称为界面区或界面相。在界面区域，物质的组成与性质、聚合物大分子链的构象都与本体相不同，其结构与性质与两相之间相互扩散的情况、有无相间的化学结合等一系列因素有关。在相界区物质的性质既存在陡变又存在逐步过渡的渐变。

多组分高分子材料中的界面主要包括不同聚合物之间的界面和聚合物与非聚合物之间的界面。前者涉及聚合物共混物，后者涉及聚合物基复合材料。

3.2.1 界面区聚合物链的形态[2,5,6]

聚合物分子链接近固体表面并发生吸附后，分子链的形态可用图3-2示意。由图可见，这时分子链可区分为三个部分：①吸附于固体表面的部分可称为“饼”（train)，它与固体表面有若干个物理结合点；②连接“饼”而与固体表面未结合的部分称为“环”(loop)；③与固体表面未结合、伸向聚合物本体的链段部分称为“尾”（tail)。这三个部分的相对比例取决于固体表面及聚合物链的性质。有两种极端情况，即聚合物链基本上完全平铺到固体表面和聚合物基本上以“尾”的形态存在，一端与固体表面结合，另一端伸向聚合物本体，如图3-3所示。

图3-3（b）的情况一般发生于链尾端与固体表面发生化学结合的情况，例如接枝于固体表面。接枝于固体表面的聚合物链可增强两相之间的结合，提高多组分材料的性能，其效果与接枝密度和接枝链的长度有关。中等强度的接枝密度和较长的接枝链具有较强的偶合作用，可使多组分材料（包括共混材料和复合材料）的性能大幅度提高。

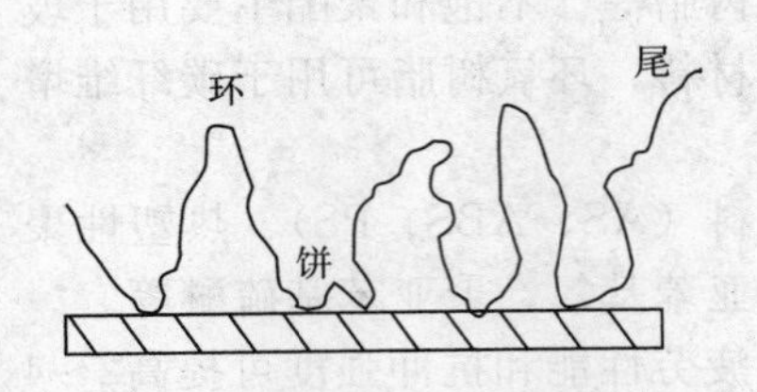

图 3-2　部分吸附于固体表面的聚合物链

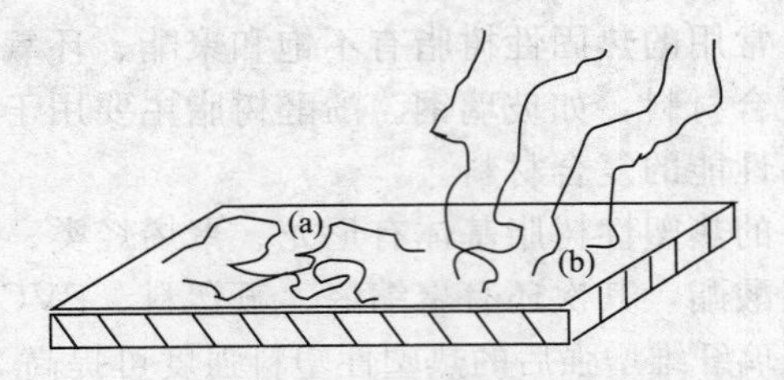

图 3-3　聚合物吸附于固体表面的两种极端情况

(a) 聚合物链呈“饼”状平铺于固体表面；
(b) 聚合物链由表面伸向本体，呈“刷子”状

聚合物链接近固体表面时需改变原有的无规线团构象，因而使构象熵减少，在无较强结合力的情况下，在固体表面附近会产生聚合物链的“空乏”区（depletion zone)，这种空乏区会影响聚合物链的对固体表面的吸附和扩散。但若存在较强的作用，有较强的次价键或者形成主价键，则可消除这种空乏区；对聚合物共混物的情况，两相大分子链的相互扩散和缠结也可克服这种“空乏”影响。

在相界区，聚合物密度或提高或下降，这决定于两相之间的结合强度，在存在化学作用或其他强的相互作用时（如许多复合材料的情况）可使聚合物密度提高，聚合物的玻璃化温度提高；若无较强的相互作用则可使相界区聚合物密度下降，自由体积增加，扩散速率增大。

在相界区，聚合物分子链有一定程度的取向作用，大分子链的中间部分平行于固体表面铺展，而链的两端部分垂直于相界面取向。由于链的两端自由度大，易于向固体表面和相界区集中，所以在相界区，链端的密度增加，而链的中间部分密度下降。同样的道理，体系中存在的低分子化合物亦易于向界面区集中。在很多情况下，聚合物的低分子量部分易于向界面区集中，产生所谓的分子量分级作用。

但某些情况下，高分子量部分富集于相界区。究竟是低分子量部分富集于相界区还是高分子量部分富集于相界区，这取决于各种动力学因素和热力学因素的竞争。在两相无强相互作用的情况下，一般是低分子量部分富集于相界区[2]。

3.2.2　聚合物共混物的界面区

两种聚合物的共混物中存在三种区域结构：两种聚合物独立的相和两相之间的界面层。界面层也称为过渡区，在此区域发生两相的黏合和两种聚合物链段之间的相互扩散。界面层的结构，特别是两种聚合物之间的黏合强度，对共混物的性质，特别是力学性能有决定性的影响。

3.2.2.1　界面区的形成

聚合物共混物界面区的形成可分为两个步骤。第一步是两相之间的相互接触，第二步是两种聚合物大分子链段之间的相互扩散。

增加两相之间的接触面积无疑有利于大分子链段之间的相互扩散，提高两相之间的黏合力。因此，在共混过程中保证两相之间的高度分散、适当减小相畴尺寸是十分重要的。为增加两相之间的接触面积、提高分散程度，可采用高效率的共混机械，如双螺杆挤出机和静态混合器；另一种途径是采用 IPN 技术；第三种方法，也是当前最可行的方法是采用增容剂。

当两种聚合物相互接触时即发生链段之间的相互扩散。若两种聚合物大分子具有相近的活动性，则两种大分子的链段就以相近的速度相互扩散；若两种聚合物大分子的活动性相差悬殊，则发生单向扩散。这种扩散的推动力是混合熵即链段的热运动。若混合过程吸热，则

熵的增加最终为混合热所抵消。最终扩散的程度主要决定于两种聚合物的热力学互溶性。

扩散的结果使得两种聚合物在相界面两边产生明显的浓度梯度（见图 3-4）。相界面以及相界面两边具有明显浓度梯度的区域构成了两相之间的界面层（亦称界面区），如图 3-4 所示。

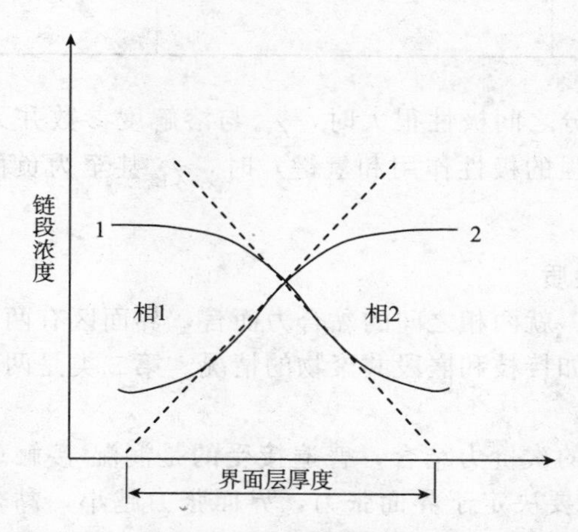

图 3-4　界面层中两种聚合物链段的浓度梯度

3.2.2.2　界面区厚度

界面区的厚度主要决定于两种聚合物的互溶性，此外尚与大分子链段尺寸、组成以及相分离条件有关。基本不互溶的聚合物，链段之间只有轻微的相互扩散，因而，两相之间有非常明显和确定的相界面。随着两种聚合物之间互溶性增加时，扩散程度提高，相界面越来越模糊，界面区厚度 Δl 越来越大，两相之间的黏合力增大。完全互溶的两种聚合物最终形成均相，相界面消失。

一般情况下，界面区厚度 Δl 约为几纳米至数十纳米。例如，共混物 PS/PMMA 用透射电镜法（TEM）测得的 Δl 为 5nm。相畴很小（即高度分散）时，界面区的体积可占相当大的比例。例如，当分散相颗粒直径为 100nm 左右时，界面区可达总体积的 20%。因此，界面区可视为具有独立特性的第三相。

界面区厚度可根据不同的理论进性估算。Ronca 等人提出，界面层厚度 Δl 可表示为：

$$\Delta l^2 = k_1 M T_c Q\ (T_c - T) \tag{3-1}$$

式中　M——聚合物分子量；

T_c——临界混溶温度；

Q——与 T_c 及 M 有关的常数；

T——温度；

k_1——比例常数。

根据 Helfand 理论，对非极性聚合物，当分子量很大时，界面区厚度为：

$$\Delta l = 2\ (k/\chi_{12})^{1/2} \tag{3-2}$$

式中　k——常数；

χ_{12}——Huggins-Flory 相互作用参数。

从热力学观点，界面区的厚度决定于熵和能两种因素。能量因素是指聚合物 1 和 2 之间的相互作用能，它与两种聚合物溶解度参数 δ_1 及 δ_2 差的平方成正比，而此差的平方又与

χ_{12}成比例。表 3-3 列出了一些共混物对的 χ_{12} 及其界面区厚度。

表 3-3 聚合物共混物的界面区厚度

聚合物对	界面区厚度/nm	χ_{12}
PS/PB	3	0.03
PS/PMMA	5	0.01

当然，若两聚合物组分之间极性很大时，χ_{12} 与溶解度参数并无简单关系，当两聚合物存在特殊的相互作用（如强的极性作用和氢键）时，χ_{12} 甚至为负值，这时界面区厚度可达到很大的值。

3.2.2.3 界面区的性质

（1）两相之间的黏合　就两相之间的黏合力而言，界面区有两种基本类型。第一类是两相之间由化学键结合，例如接枝和嵌段共聚物的情况。第二类是两相之间仅靠次价力作用而结合，如一般机械共混物。

关于两种聚合物之间的次价力结合，普遍接受的是润湿-接触理论和扩散理论。根据润湿-接触理论，黏合强度主要决定于界面张力，界面张力越小，黏合强度越大。根据扩散理论，黏合强度主要决定于两种聚合物之间的互溶性，互溶性越大，黏合强度越高。当然为使两种聚合物大分子链能相互扩散，温度必须在 T_g 以上。

事实上这两种理论是内在统一的，只是处理问题的方法不同而已。界面张力与溶解度参数之差的平方成正比。所以互溶性好时，界面张力也必然小。

（2）界面区大分子链的形态　如图 3-5 所示，在界面区大分子尾端的浓度要比本体高，即链端向界面集中。链端倾向垂直于界面取向，而大分子链整体则大致平行于界面取向。

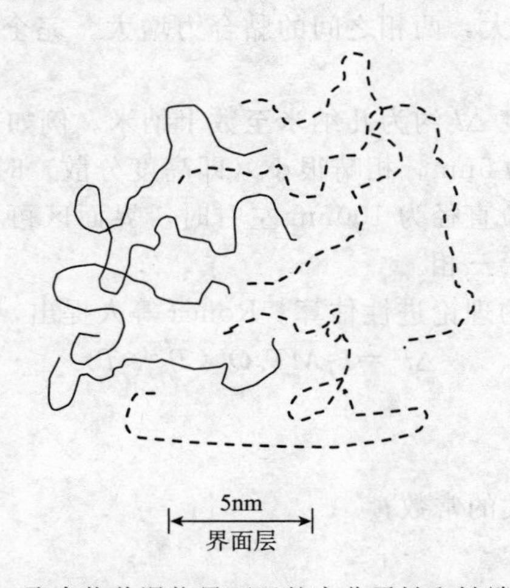

图 3-5　聚合物共混物界面区的大分子链和链端的取向

（3）界面区的分子量分级效应　如最近 Reiter 等人的研究证明，若聚合物分子量分布宽，则低分子量部分向界面区集中，产生分子量分级效应。这是由于分子量较低时，聚合物互溶性大而分子链熵值损失较小之故。

（4）密度及扩散系数　界面区聚合物密度可能增大亦可能减小，这取决于两相之间相互作用的大小。当存在化学键作用和强的相互吸引力时，界面区密度会比本体大；若无这种作用，则界面区密度比本体要小。两相之间只存在次价力的情况，一般界面区的密度要比本体小。这时，界面区的自由体积分数增大。虽然自由体积分数增加的值不很大，但却使扩散系数提高3个数量级。

(5) 其他添加剂　若在共混体系中还有其他添加剂，那么这些添加剂在两聚合物本体相和界面区中的分配一般也不相同。具有表面活性的添加剂、增容剂以及表面活性杂质等会向界面集中。

如上所述，界面区的力学松弛性能与本体相是不同的。界面区及其所占的体积分数对共混物的性能有显著影响。这也是相畴尺寸对共混物性能有明显影响的原因。

Bares证实，界面区的玻璃化温度介于两聚合物纯组分之间。随着相畴尺寸的减小，界面所占体积分数增大，作为第三相的玻璃化转变也越明显。

总之，无论就组成而言，还是就结构与性能而言，界面区都可视之为介于两种聚合物组分单独相之间的第三相。

3.2.2.4 界面强度和增容

界面强度主要是指两相之间的结合强度。

两相之间的结合力可分为机械结合力、次价键结合力和化学结合力即主价键结合力三种。机械结合是指两相之间由于接触面的粗糙而形成的啮合作用。次价键结合即物理结合力，是靠次价力而形成的结合。次价结合主要决定于聚合物之间的互溶性，前面已述及这个问题。聚合物分子量分布对两相之间的结合力亦有影响，因为聚合物之间的互溶性与分子量有关，分子量减小时互溶性增加。聚合物分子量分布较宽时，低分子级分倾向于向界面区扩散，在一定程度上起到乳化剂的作用，增加了两相之间的黏合力。化学结合是指两相之间形成化学键的结合，例如发生接枝反应。

界面强度即两相之间的结合强度是决定共混物力学强度的关键因素，所以设法提高界面强度是共混技术的关键措施。其中最重要的就是使用增容剂亦称偶联剂。

大多数聚合物之间互溶性较差，这往往使共混体系难以达到所要求的分散程度。即使借助外界条件，使两种聚合物在共混过程中实现均匀分散，也会在使用过程中出现分层现象，导致共混物性能不稳定和性能下降。解决这一问题的办法可用所谓“增容”措施。增容作用有两方面涵义：一是使聚合物之间易于相互分散以得到宏观上均匀的共混产物；另一是改善聚合物之间相界面的性能，增加相间的黏合力，从而使共混物具有长期稳定的优良性能。

产生增容作用的方法有：加入增容剂（亦称增混剂或偶联剂）；加入大分子共溶剂；在聚合物组分之间引入氢键或离子键以及形成互穿网络聚合物等。

(1) 加入增容剂法　增容剂是指与两种聚合物组分都有较好互溶性的物质，它可降低两组分间界和张力，增加互溶性，其作用与胶体化学中的乳化剂以及高分子复合材料中的偶联剂相当。

(2) 混合过程中化学反应所引起的增容作用　在高剪切混合机中，橡胶大分子链会发生自由基裂解和重新结合，这是熟知的事实。在强烈混合聚烯烃时也发生类似的现象，形成少量嵌段或接枝共聚物，从而产生增容作用。为提高这一过程的效率，有时加入少量过氧化物之类的自由基引发剂。

缩聚型聚合物在混合过程中，由于发生链交换反应也可产生明显的增容作用。例如，聚酰胺-66和聚对苯二甲酸乙二醇酯（PET）在混合过程中，由于催化酯交换反应所产生明显的增容作用。

在混合过程中使共混物组分发生交联作用也是一种有效的增容方法，交联可分为化学交联和物理交联两种情况。例如，用辐射的方法使LDPE/PP产生化学交联。在此过程中首先形成具有增容作用的共聚物，在共聚物作用下，形成所希望的形态结构。然后，继续交联使所形成的形态结构稳定。结晶作用可属于物理交联，例如PET/PP及PET/尼龙-66，由于取向纤维组织的结晶，使已形成的共混物形态结构稳定，从而产生增容作用。

(3) 聚合物组分之间引入相互作用的基团　聚合物组分中引入离子基团或离子-偶极的相互作用可实现增容作用。例如，聚苯乙烯中引入大约5%（摩尔分数）的—SO_3H基团，同时将丙烯酸乙酯与约5%的乙烯吡啶共聚，然后将二者共混即可制得性能优异且稳定的共混物。

利用电子给予体和电子接受体的络合作用，也可产生增容作用。存在这种特殊相互作用的共混物，常表现LCST行为。

(4) 共溶剂法和IPN法　两种互不相溶的聚合物常可在共同溶剂中形成真溶液。将溶剂除去后，相界面非常大，以致很弱的聚合物-聚合物相互作用就足以使形成的形态结构稳定。

互穿网络聚合物（IPN）技术是产生增容作用的新方法，其原理是将两种聚合物结合成稳定的相互贯穿的网络，从而产生明显的增容作用。

3.2.3 聚合物基复合材料的界面区

聚合物基复合材料一般是由增强剂（一般为增强纤维）与基体树脂两相组成，两相之间存在界面区，通过界面区（简称界面）使增强剂与基体结合为一个整体并产生复合效果。界面区的结构和性质对复合材料的性能起着很关键的作用。

3.2.3.1 界面区的形成与界面区的结构

(1) 界面区的形成　界面的形成大体分为两个阶段。第一阶段是基体与增强材料的接触与润湿过程。由于增强材料对基体分子的各种基团或基体中各组分的吸附能力不同，它总是要吸附那些能降低其表面能的物质，并优先吸附那些能较多降低其表面能的物质。因此，界面聚合物层在结构上与聚合物本体有所不同。第二阶段是聚合物的固化过程。在此过程中聚合物通过物理的或化学的变化而固化，形成固定的界面。

第二阶段受第一阶段的影响，同时第二阶段又直接影响着所形成界面的结构。现以热固性树脂的情况说明如下。热固性树脂的固化反应可借助与固化剂（交联剂）或靠其本身官能团进行的反应。在借助固化剂固化的过程中，固化剂所在的位置就成为固化反应的中心，固化反应从中心以辐射状向四周延伸，结果形成了中心密度大、边缘密度小的非均匀固化结构，密度大的部分叫胶束或胶粒，密度小的叫胶絮。在依靠树脂本身官能团反应的固化过程中也存在类似的情况。在复合材料中，由于增强剂表面的存在及表面的吸附作用，因此越接近增强剂的表面，上述的微胶束排列得越有序。在增强剂表面形成的这种树脂微胶束的有序层称为“树脂抑制层”，此抑制层中树脂的力学性能决定与微胶束的密度和有序程度，与树脂本体有很大差别。而这种抑制层的形成及其胶束的密度和有序程度又直接受基体与增强材料接触和润湿过程的影响。

(2) 界面区的结构　关于界面区结构，大体上包括以下几个方面：界面的结合力、界面区厚度和界面区的微观结构。关于复合材料的界面，已提出了许多理论和观点，但目前尚有争论，这里仅做简单的概括。

界面结合力存在于两相的界面间，形成两相之间的界面强度并产生复合效果。界面结合力有宏观和微观之分。宏观结合力主要是指材料的几何因素（表面的凹凸不平、裂纹、孔隙）所产生的机械铰合力。微观结合力包括次价键和化学键。这两种键的相对比重则依赖组分的性质和组分表面情况而异。化学键是最强的结合，一般是通过界面化学反应而产生的。增强材料的表面处理，就是为增大界面结合力。水的存在常使界面结合力大为削弱，特别是玻璃表面吸附的水严重削弱树脂与玻璃之间的界面结合力，而偶联剂可防止或减小水分的这种作用。

界面及其附近区域的性能、结构都不同于组分本身，因而构成了界面区。这就是说，界面区是由基体和增强材料的界面再加上基体和增强材料表面的薄层而构成的。估计基体表面层的厚度大约为增强材料的 20 倍。基体表面层的厚度是一个变量，它在界面区的厚度对复合材料的力学性能有十分重要的影响。对于玻璃纤维复合材料，界面区还包括处理剂（偶联剂）生成的偶合化合物。界面结合力与基体和增强材料表面原子之间的距离与化学结合力、原子基团的大小、界面在固化之后的收缩等因素有关。

关于界面的微观结构，目前尚不十分清楚。粉状填料复合材料的界面结构研究得较多，可引为借鉴。

以环氧树脂和粉状填料复合材料为例，当有填料存在时，由于界面力作用使固化剂的分布和固化反应物微胶束的分布受到影响，从而改变了界面层的结构和密度。对活性填料，在界面区形成“致密层”，在致密层附近形成“松散层”；对于非活性填料则仅有松散层。即界面层结构可示意如下：

活性填料：基体/松散层/致密层/活性填料

非活性填料：基体/松散层/非活性填料

界面区的厚度取决于聚合物链段的刚度、内聚能密度和填料表面能，而与填料的粒径及含量无关。

以纤维为增强剂的复合材料，界面结构有所差别。而从微观结构的总体上看，基本是一致的。

3.2.3.2　界面区的作用

界面区的作用可概括为以下几个方面。

① 通过界面区使基体与增强材料形成一个整体，并通过它传递应力。若基体与增强材料间的润湿性不好，胶接面不完全，那么应力的传递面仅为增强材料总面积的一部分。所以为使复合材料内部能均匀地传递应力，显示优异的性能，要求在复合材料的制备过程中形成一个完整的界面区。纤维与树脂间界面粘接及应力传递和应力分布如图 3-6 及图 3-7 所示。

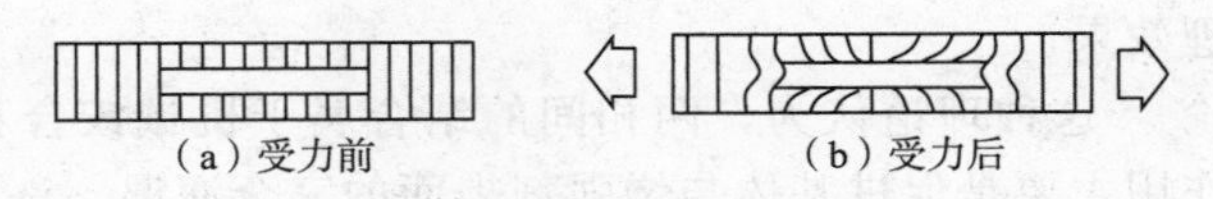

(a) 受力前　　(b) 受力后

图 3-6　复合材料受力前后的变形示意图

由于界面粘接作用，受力后树脂中产生复杂的应变。纤维通过界面粘接而对树脂施加影响。纤维中载荷的变化示于图 3-7。

载荷通过界面上的一种切变机理传递到纤维上。纤维端部切应力 T 最大，张应力 σ 为零，而纤维中部的张应力最大，切应力为零。图 3-7 也说明纤维长度与复合材料模量和强度的关系。纤维长径比越大，它所承受的平均应力也越大，因而模量和强度也越大。

② 界面的存在有阻止裂纹扩展和减缓应力集中的作用。在某些情况下又可引发应力集中。在纤维端存在高剪切应力时，它是导致裂纹产生的一种主要原因。另一方面，界面的存在会吸收裂纹扩展的能量，使裂纹尖端的能量在界面区流散而使裂纹支化、扩展受阻。流散机理包括聚合物的塑性形变、大分子链断裂、滑脱等所消耗的能量。

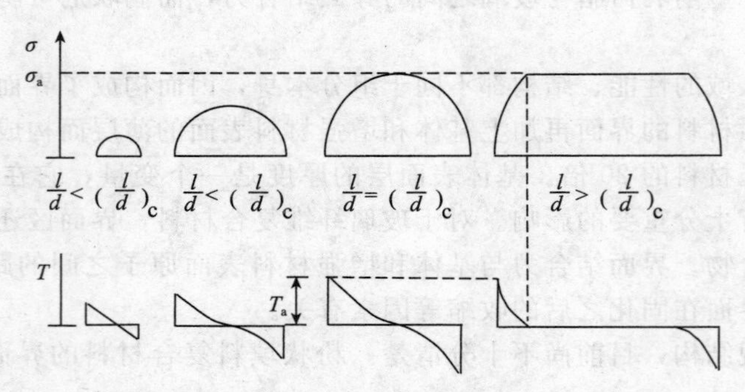

图 3-7　复合材料受力时纤维载荷的变化示意图

$(\frac{l}{d})_c$—临界长径比；σ_a—纤维的抗张强度；T_a—纤维的剪切强度

③ 由于界面的存在，复合材料产生物理性能的不连续性、界面摩擦现象以及抗电性、电感应性、耐热性、尺寸稳定性、隔音性、隔热性、耐冲击性等。界面的这些复合效应是复合材料显示优异性能的主要原因。

总而言之，复合材料复合效应产生的根源就是界面层的存在。

3.2.3.3　界面作用机理

界面作用机理是指界面发挥作用的微观机理。偶联剂之类的表面处理剂对界面作用起着关键性的影响。为什么偶联剂能起到这种关键性的作用呢？这是界面作用机理要讨论的中心问题。所以界面作用机理，有人也称为偶联剂作用机理。关于界面作用机理，目前有众多理论，但都未达到完善的程度，这些不同的理论是可以互为补充的。以下做简要介绍。

（1）化学键理论　化学键理论认为，偶联剂是双官能团物质，其分子中的一部分能与玻璃纤维表面形成化学键，而另一部分能与树脂形成化学键，这样，偶联剂就在树脂与玻璃纤维表面起到一个化学的媒介作用，从而把它们牢固地连接起来。在无偶联剂存在时，如果基体与增强剂表面能起化学反应，也能形成牢固结合的界面。这种理论的实质是认为增加界面的化学结合是改进复合材料性能的关键因素。一系列实验事实与这种理论是一致的，它对偶联剂的选择有一定的指导意义。但是，无法解释为什么有的处理剂官能团不能与树脂反应，却仍有很好的处理效果。

（2）物理吸附理论　这种理论认为，两相间的结合属于机械铰合和基于次价键作用的物理吸附，偶联剂的作用主要是促进基体与增强剂表面的完全润湿。许多实验表明，偶联剂未必一定促进树脂对玻璃纤维的浸润，甚至适得其反。所以，这种理论仅是化学键理论的一种补充。

（3）可变层理论和抑制层理论　基体与纤维的热膨胀系数相差很大，因此在固化过程中界面上会产生附加应力，导致界面破坏，复合材料性能下降。此外，在载荷作用下，界面上会产生应力集中，使界面化学键破裂，产生微裂纹，导致复合材料性能下降。增强剂经表面处理后，在界面上形成了一层塑性层，它能使界面应力松弛，减小界面应力。这种理论称为变形层理论。另一种理论认为，处理剂是界面区的组成部分，其模量介于增强剂和树脂基体之间，能起到均匀传递应力，从而起减弱界面应力的作用，这称之为抑制层理论。上述理论都未能更详细地说明“可变层”和“抑制层”的形成过程和明确结构。“减弱界面局部应力作用理论”，综合了上述几种理论的长处，是较适用和较为完整的理论。

（4）减弱界面局部应力作用理论　这种理论认为，基体和增强剂之间的处理剂，提供了一种具有“自愈能力”的化学键，在负荷下，它处于不断形成与断裂的动平衡状态。低分子物（主要是水）的应力浸蚀将使界面化学键断裂，同时，在应力作用下，处理剂能沿增强剂表面滑移，使已断裂的键重新结合。这个变化过程的同时使应力得以松弛，使界面的应力集中降低。例如，经水解后的处理剂（硅醇）在接近覆盖着水膜的亲水增强剂表面时，由于它也具有生成氢键的能力，可驱除水面与增强剂表面的—OH 基键合。这一过程存在两个可逆反应（M 为 Si、Al、Fe 等）。

```
                     H
                     |
         R           O             R     H                 R
         |         .   .           |      \                |
HO—Si—OH + H          H  ⇌  HO—Si—H + O    ⇌  HO—Si—H +      O
         |         .   .           |       |               |       /   \
         H           O             O       M               O      H     H
                     |           .   .                   .   .
                     M          H     H                 H     H
                                 .   .                   .   .
                                   O                       O
                                   |                       |
                                   H                       M
```

```
                     H
                     |
         R           O             R      H                R           O
         |         .   .           |       \               |         /   \
HO—Si—OH + H          H  ⇌  HO—Si—OH + O    ⇌  HO—Si—OH + 2H          H
         |         .   .           |        |              |
         H           O             O        M              O
                     |           .   .                     |
                     M          H     H                    M
                                 .   .
                                   O
                                   |
                                   H
```

硅烷处理剂的 R 基团与基体作用后，会生成两种稳定的膜——刚性膜和柔性膜，它们成为基体的一部分，它们与增强材料之间的界面，代表了基体与增强材料的最终界面。聚合物刚性膜和柔性膜与增强材料表面之间的粘接分别示于图 3-8 和图 3-9。

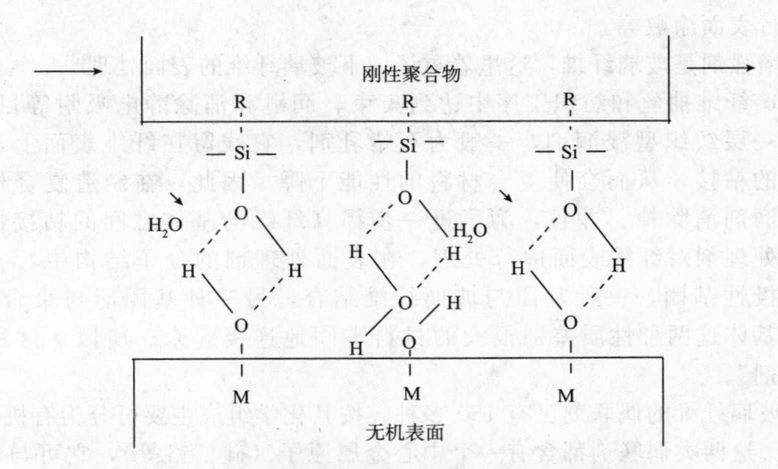

图 3-8　聚合物刚性膜与增强材料表面的粘接

对于刚性膜，处理剂与增强材料表面形成的键水解后，生成的游离硅醇保留在界面上，最终能恢复原来的键，存在上述的动态平衡，其结果界面粘接仍保持完好，而且起到减弱界面应力的作用。

对于柔性膜则不然。这时增强剂与基体之间的键断裂后，不能重新结合，因此会导致强

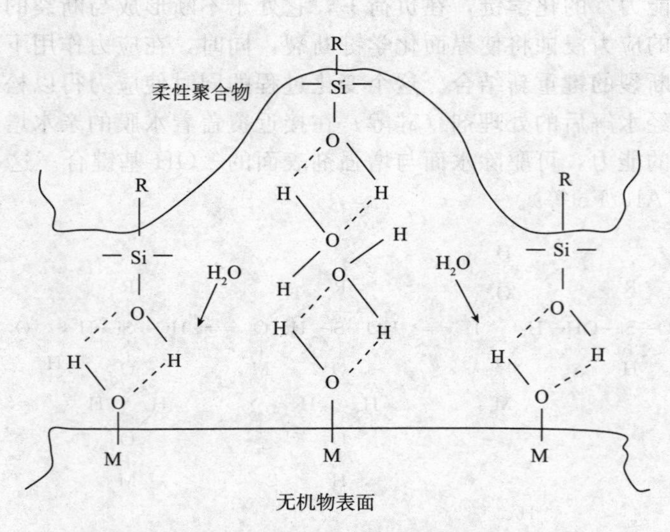

图 3-9　聚合物柔性膜与增强材料表面的粘接

度的显著下降。

关于界面作用机理，除上述理论外，尚有摩擦理论、静电理论等。界面问题十分复杂，是当前正处于研究阶段的热点问题。但上述理论，已从不同侧面，做了简要的概括。

3.2.3.4　增强剂表面处理

如上所述，增强剂与聚合物通过界面区连成整体，界面区的强度即两相的黏合强度是决定复合材料性能的关键因素。为此，在复合材料制备中，必须首先对增强剂的表面进行处理。例如对碳纤维表面进行氧化处理，增加表面可反应性基团的数量以利于与聚合物基体的粘接。根据不同基体的不同性质，也可用聚乙烯醇、聚氯乙烯、聚醋酸乙烯酯、聚氨酯、不饱和聚酯等进行表面涂敷等。

最常用的增强剂是玻璃纤维，这里着重谈一下玻璃纤维的表面处理。

为了在玻璃纤维抽丝和纺织工序中达到集束、润滑和消除静电吸附等目的，抽丝时，在单丝上涂有一层纺织型浸润剂，一般为石蜡乳剂，它残留在纤维表面上，妨碍纤维与基体材料之间的粘接，从而会使复合材料的性能下降。因此，在制造复合材料之前必须将纤维上的浸润剂消除掉。并且，为了进一步提高纤维与基体之间的粘接性能，一般还采用表面化学处理剂对纤维表面进行处理。在表面处理剂的分子结构中，一般都带有两种性质不同的极性基团，一种基团与玻璃纤维结合，另一种基团能与聚合物基体结合，从而使纤维和基体这两种性质差别很大的材料牢固地连接起来。所以，这种表面处理剂亦称为“偶联剂”。

当前用于玻璃纤维的偶联剂已有150多种，按其化学组成主要可分为有机硅烷和有机络合物两种类型。这两类偶联剂都含有一个中心金属原子（硅、铬等），它可与玻璃纤维等无机物表面成键，非金属部分则由能与聚酯、环氧树脂等聚合物起反应的基团（如乙烯基、烯丙基、甲基丙烯酰基等）组成。例如，乙烯基三氯硅烷的结构式为 $CH_2═CH—Si(Cl)_3$，它水解后可与玻璃表面形成硅氧键—Si—O—，而另一端的乙烯基可与不饱和聚酯共聚，起到偶联作用。一些常用偶联剂及其适用聚合物列于表 3-4。

近年来还发展了一系列新型的偶联剂，如钛酸酯型偶联剂、叠氮型硅烷、阳离子硅烷、耐高温型偶联剂、过氧化物型偶联剂等。

表 3-4 常用偶联剂及其适用聚合物

牌号		化学名称	结构式	适用聚合物	
国内	国外			热固性	热塑性
沃兰	Volan	甲基丙烯酸氯代铬盐	$CH_2{=}C(CH_3){-}C{<}^{O-CrCl_2}_{O\rightarrow CrCl_2}{>}OH$	酚醛、聚酯、环氧	PE、PMMA
	A-151	乙烯基三乙氧基硅烷	$CH_2{=}CHSi(OC_2H_5)_3$	聚酯、硅树脂、聚酰亚胺	PE、PP、PVC
KH-550	A-187 Y-4087 Z-6040 KBM-403	γ-缩水甘油丙基醚三甲基氧基硅烷	$\underset{\diagdown O \diagup}{CH_2-CH}-CH_2-O-(CH_2)_3-Si(OCH_3)_3$	聚酯、环氧、酚醛、三聚氰胺	PC、尼龙、PP、PS
KH-570	A-172	乙烯基三(β-甲氧乙氧基)硅烷	$CH_2{=}CHSi(OC_2H_4OCH_3)_3$	聚酯、环氧、	PP
KH-580		γ-巯基丙基三乙氧基硅烷	$HS(CH_2)_3Si(OC_2H_5)_3$	环氧、酚醛	PVC、PS、聚氨酯
KH-590	A-189 Z-6062 Y-5712	γ-巯基丙基三乙氧基硅烷	$HS(CH_2)_3Si(OC_2H_5)_3$	大部分都适用	PS
B201		二乙烯基三胺基丙基三乙氧基硅烷	$H_2NC_2H_4NHC_2H_4NH-(CH_2)_3Si(OC_2H_5)_3$	酚醛、三聚氰胺	尼龙、PC

3.3 聚合物之间的互溶性及聚合物共混物的相分离[2,3,7]

3.3.1 聚合物之间的互溶性

聚合物之间的互溶性（miscibility）亦称混溶性，与低分子物中的溶解度（solubility）相对应，是指聚合物之间热力学上的相互溶解性。聚合物之间的相容性（compatibility），起源于乳液体系各组分相容的概念，是指聚合物之间容易相互分散而制得性能良好、结构稳定的共混物的能力，是聚合物共混工艺性能的一种表达形式。相容性与互溶性并不完全一致，例如两种聚合物熔体的黏度比对热力学互溶性并无直接关系，但对相容性却是很重要的参数。不过，总的来说，聚合物之间良好的互溶性是良好的相容性的基础。

聚合物之间的互溶性是选择适宜共混方法的重要依据，也是决定共混物形态结构和性能的关键因素之一，所以有必要做较系统的阐述。

3.3.1.1 聚合物/聚合物互溶性的基本特点

聚合物分子量很大，混合熵很小，所以热力学上真正完全互溶即可任意比例互溶的聚合物对为数不多，大多数聚合物之间是不互溶或部分互溶的．当部分互溶性（即相互溶解度）较大时称为互溶性好；当部分互溶性较小时称之为互溶性差；当部分互溶性很小时，称为不互溶或基本不互溶。

图 3-10 表示了聚合物/聚合物二元体系相图的基本类型。

应当指出，聚合物/聚合物的互溶度和相图的类型尚与其分子量及分布有密切关系。

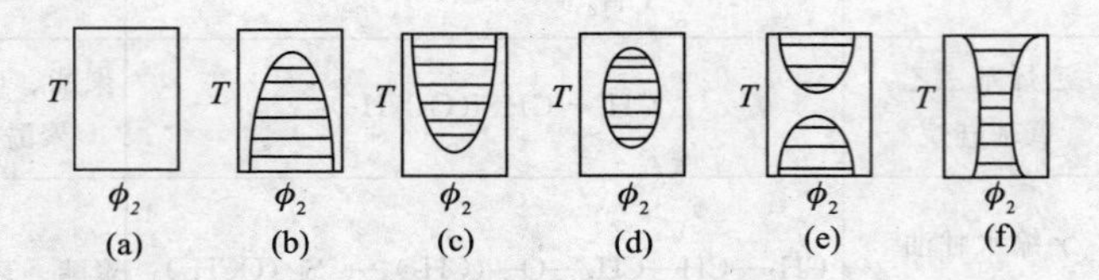

图 3-10　聚合物/聚合物相图的基本类型

(a) 为任意比例互溶；(b) 为具有最高临界互溶温度（UCST）；(c) 表示具有最低临界互溶温度（LCST）；(d) 和 (f) 表示具有局部不互溶区域的情况；(e) 同时有 UCST 和 LCST

阴影部分—相分离区；ϕ_2—聚合物 2 的体积分数；T—绝对温度

相图对分析聚合物共混物各相组成和相的体积分数非常有用。只要知道某一聚合物对的相图和起始组成即可算出共混物两相的组成和体积比。

3.3.1.2　聚合物/聚合物互溶性的热力学分析

(1) 二元体系的稳定条件　在恒定温度和压力下，多元体系热力学平衡的条件是混合自由焓 ΔG_m 为极小值。这一热力学原则可用以规定二元体系相稳定条件。图 3-11 为一种二元体系混合自由焓 ΔG_m 与组分 2 摩尔分数 x_2 的关系曲线。设此二元体系的组成为 P，则 A1P $=x_2$，$\Delta G_m= PQ$。

若此体系分离为组成分别为 P' 和 P'' 的两个相，此两相量的比为 PP'' ∶ PP'，其自由焓分别为 $P'Q'$ 和 $P''Q''$。由简单的几何原理可以证明，此两相总的自由焓为 PQ+。在 Q 点 ΔG_m 曲线是向上凹的，则 Q+位于 Q 点之上。因此，当发生相分离时，自由焓增大。这就是说，当组成在 P 点及其邻近区域时，均相状态是热力学稳定的。若 ΔG_m 曲线在整个组成范围内都是向上凹的，则此二元体系在任意组成时，均相都是热力学的稳定平衡状态，即组分之间可以任意比例相溶。

设组分 1 及组分 2 的化学位分别为 $\Delta\mu_1$ 及 $\Delta\mu_2$，则根据 Gibbs-Duhm 关系式，有

$$\Delta G_m = x_1\Delta\mu_1 + x_2\Delta\mu_2 \tag{3-3}$$

$$\left[\frac{\partial \Delta G_m}{\partial x_2}\right]_{T,p} = \Delta\mu_1 - \Delta\mu_2 \tag{3-4}$$

因此，

$$\Delta\mu_1 = \Delta G_m - x_2\left[\frac{\partial \Delta G_m}{\partial x_2}\right]_{T,p}$$

$$\Delta\mu_2 = \Delta G_m - x_1\left[\frac{\partial \Delta G_m}{\partial x_2}\right]_{T,p} \tag{3-5}$$

于是，在 ΔG_m 曲线上任意点作切线，则此切线在 $x_1=1$ 及 $x_2=1$ 处的截距即分别为 $\Delta\mu_1$ 及 $\Delta\mu_2$。图 3-11 中，对切线 B_1B_2，$\Delta\mu_1=A_1B_1$，$\Delta\mu_2=A_2B_2$。

图 3-12 所示的情况则比较复杂。这时，当组成在 A_1P' 或 A_2P'' 范围内，均相是热力学稳定状态。而当组成在 P' 和 P'' 之间时，情况比较复杂。例如在 P 点，ΔG_m 曲线仍是向上凹的，依上所述，它对分离为相邻组成的两相来说，是热力学稳定的。但对分离为组成分别是

P'及P''（相应于双切线Q'和Q''上的两个切点）的两相来说，是热力学不稳定的。这种情况称为介稳状态。当组成在ΔG_m曲线两个拐点之间时，均相状态是绝对不稳定的，会自发地分离为相互平衡的两个相。

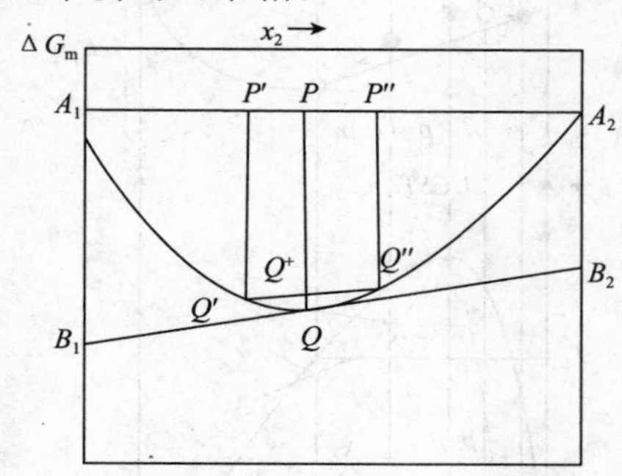

图 3-11　组分之间完全相溶的二元体系混合自由焓ΔG_m与组成的关系

$PQ=\Delta G_m$；$A_1B_1=\Delta\mu_1$；$A_2B_2=\Delta\mu_2$

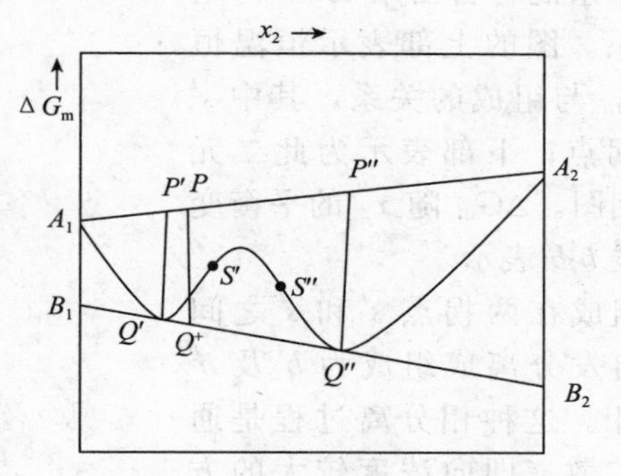

图 3-12　组分间具有部分相容的二元体系混合自由焓与组成的关系曲线

$PQ=\Delta G_m$；$A_1B_1=\Delta\mu_1$；$A_2B_2=\Delta\mu_2$

$S'S''$为曲线的两个拐点；

$A_1B_1=\Delta\mu_1$；$A_2B_2=\Delta\mu_2$

由于$\Delta\mu_1$及$\Delta\mu_2$由切线的截距给出，而对组成分别为P'及P''的两个平衡相，必然有：

$$\Delta\mu'_1=\Delta\mu''_1 \text{ 及 } \Delta\mu'_2=\Delta\mu''_2 \tag{3-6}$$

所以其切线必然是重合的。这就是说，仅当其组成分别相应于二重切线两个切点的两个相才处于热力学平衡状态。

不稳定区域的范围由ΔG_m曲线的拐点所决定。在拐点处，$\frac{\partial^2 \Delta Gm}{\partial X_2}=0$，由式（3-4）则

$$\frac{\partial\Delta\mu_1}{\partial X_2}=\frac{\partial\Delta\mu_2}{\partial X_2^2}=0 \tag{3-7}$$

ΔG_m组成曲线与温度有密切关系。例如：多数低分子混合物，随着温度的提高，双重切线的两个切点相互靠近，最后相互重合，转变成图 3-13 类型的曲线。这时不仅式（3-7）成立，而且式（3-8）亦成立：

$$\frac{\partial^2\Delta\mu_1}{\partial X_2^2}=\frac{\partial^2\Delta\mu_2}{\partial X_2^2}=0 \tag{3-8}$$

相互平衡共存的两相相互重合而形成均相的重合点称为临界点，与临界点相对应的温度称为临界温度，相应的组成称为临界组成。临界点由式（3-7）及式（3-8）所决定。

对二元体系，稳定性的判据可归纳为以下几点：

① 若$\frac{\partial^2 \Delta Gm}{\partial X_2^2}>0$即$\Delta G_m$-组成曲线向上凹的组成范围内，均相状态是热力学稳定的或介稳的；

② 若$\frac{\partial^2 \Delta Gm}{\partial X_2^2}<0$即$\Delta G_m$-组成曲线向上凸的组成范围内，均相状态是热力学不稳定的；

③ 上述两组成范围的边界由式（3-7）决定；

④ 对大多数低分子物二元系，温度升高时，不稳定区域逐渐消失，在临界点

$$\frac{\partial^2 \Delta Gm}{\partial X_2^2} \tag{3-9}$$

如图 3-13 所示的情况。

图 3-13 表示具有最高临界互溶温度（UCST）的部分互溶二元聚合物体系混合自由焓 ΔG_m 与组成的关系。图的上部表示恒温恒压下 ΔG_m 与组成的关系，其中 s' 及 s'' 为拐点；下部表示为此二元体系的相图。ΔG_m 随 x_2 的平衡变量由实线 $b'b''$ 表示。

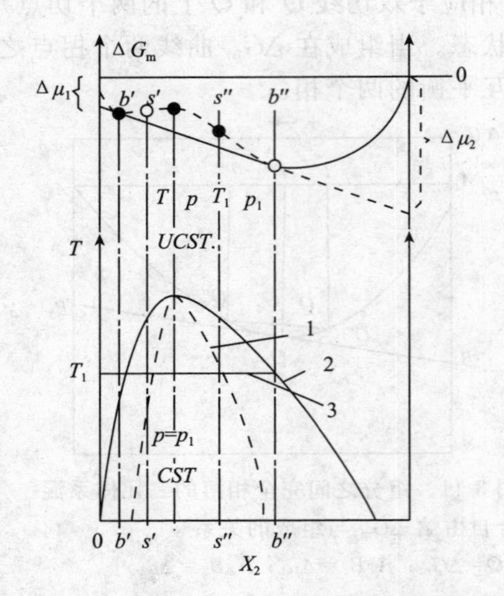

图 3-13　具有最高临界互溶温度的部分互溶二元聚合物体系混合自由焓 ΔG_m 与组成的关系

上部：组成曲线；下部：恒压相图；1—旋节线；2—双结线；3—连结线

当组成在两拐点 s' 和 s'' 之间时，会自发分离成组成为 b' 及 b'' 的两个相。这种相分离过程是通过反向扩散（即向浓度较大的方向扩散）完成的，称为旋节分离（SD），因此，拐点 s' 及 s'' 亦称旋节点。图 3-13 下部的点虚线称为旋节线。旋节相分离倾向于产生两相交错的形态结构，相畴较小，相界面较模糊，常有利于共混物性能的提高。

当组成在 b' 和 s' 及 b'' 和 s'' 之间时为介稳态，组成的微小波动会使体系自由焓增大，所以，相分离不能自发进行，需要成核作用促使相分离。这种相分离过程包括成核和核的增长两个阶段，称为成核-增长相分离过程（NG）。这种相分离过程较慢，所形成的分散相常为较规则的球状颗粒。

对部分互溶的聚合物/聚合物体系，ΔG_m-组成曲线与温度常存在复杂的关系。图 3-13 所表示的为表现最高临界互溶温度（UCST）的情况。最高临界互溶温度是指超过此温度，体系完全互溶。同样最低临界互溶温度（LCST）是指低于此温度，体系完全互溶。图 3-10 表示了聚合物/聚合物相图的各种类型。

根据经典热力学分析，聚合物/聚合物体系表现 UCST 行为是易于理解的，但对 LCST 等情况却在意料之外，所以需进一步对聚合物/聚合物体系的互溶性做进一步的热力学分析。

（2）聚合物/聚合物互溶性热力学理论　根据热力学第二定律，两种液体等温混合时，

$$\Delta G_m = \Delta H_m - T\Delta S_m \tag{3-10}$$

式中　ΔG_m——摩尔混合自由焓；

ΔH_m——摩尔混合热；

ΔS_m——摩尔混合熵；

T——绝对温度。

只有当 $\Delta G_m < 0$ 时，混合才能自发进行。

1949 年，Huggins 和 Flory 从液-液相平衡的晶格理论出发，导出了 ΔH_m 和 ΔS_m 的表示式，得出聚合物二元混合物的热力学表示式：

$$\Delta G_m = RT\ (n_1 \ln\phi_1 + n_2 \ln\phi_2 + \chi_{12}\ n_1 \phi_2) \tag{3-11}$$

即　$\Delta S_m = -R\ (n_1 \ln\phi_1 + n_2 \ln\phi_2)$

$\Delta H_m = RT\chi_{12}\ n_1 \phi_2$

式中　n_1 及 n_2——组分 1 及 2 的摩尔分数；

ϕ_1 及 ϕ_2——组分 1 及 2 的体积分数；

R——气体常数；

χ_{12}——Huggins-Flory 相互作用参数。

令 V_1 及 V_2 分别为组分 1 及 2 的摩尔体积，则式（3-11）亦可写成如下的形式：

$$\Delta G_m^R=\Delta G_m/RT=\phi_1\ln\phi_1/V_1+\phi_2\ln\phi_2/V_2+\chi_{12}/V_1\phi_1\phi_2 \tag{3-12}$$

或 $$\Delta G_m^R=\phi_1\ln\phi_1/V_1+\phi_2\ln\phi_2/V_2+\chi'_{12}/V_1\phi_1\phi_2 \tag{3-12'}$$

式中，χ'_{12}为二元体系的相互作用参数：

$$\chi'_{12}=\chi_{12}/V_1 \tag{3-13}$$

最初认为 χ'_{12}是纯粹的焓，与组分 1 及 2 溶解度参数 δ_1 和 δ_2 差的平方成正比：

$$\chi'_{12}=(\delta_1-\delta_2)^2/RT \tag{3-14}$$

因此，χ_{12}或 χ'_{12}是非负的。所以，按 Huggins-Flory 理论，仅由于混合熵的作用才能达到聚合物之间的相互溶解。

χ'_{12}用式（3-14）表示，可以解释聚合物/聚合物体系的 UCST 行为，并且由于聚合物分子量很大，混合熵很小，所以一般而言，聚合物之间的互溶度是很小的。但式（3-12）并未直接给出互溶度与聚合物分子量的直接关系。

Scott 从一般热力学概念出发讨论了聚合物之间混合热力学问题。聚合物/聚合物二元体系偏摩尔混合自由焓为：

$$\Delta\widetilde{G}_1=RT\left[\ln\phi_1+(1-m_1/m_2)\phi_2+m_1\chi_{12}\phi_2^2\right] \tag{3-15}$$

$$\Delta\widetilde{G}_2=RT\left[\ln\phi_2+(1-m_2/m_1)\phi_1+m_2\chi_{12}\phi_1^2\right] \tag{3-16}$$

式中 $\Delta\widetilde{G}_1$ 及 $\Delta\widetilde{G}_2$——聚合物 1 及 2 的偏摩尔混合自由焓；

ϕ_1 及 ϕ_2——聚合物 1 及 2 的体积分数；

χ_{12}——Huggins-Flory 作用参数，吸热时为正值，放热时为负值；

m_1 及 m_2——聚合物 1 及 2 的聚合度；

T——热力学温度；

R——气体常数。

分别求出 $\Delta\widetilde{G}_1$ 及 $\Delta\widetilde{G}_2$ 对 ϕ_1 及 ϕ_2 的一阶和二阶导数，令其为零，求得开始发生相分离时 χ_{12}的临界值 $(\chi_{12})_c$ 为：

$$(\chi_{12})_c=1/2\left[(1/m_1)^{1/2}+(1/m_2)^{1/2}\right] \tag{3-17}$$

两种聚合物互溶的条件是 χ_{12}小于或等于 $(\chi_{12})_c$。由式（3-15）可知，聚合物分子量越大，则值 $(\chi_{12})_c$ 越小，越不易互溶。通常 $(\chi_{12})_c$ 为 0.01 左右，这是很小的数值，两种聚合物之间的 χ_{12}值多数大于此值，所以真正热力学上相互溶解的聚合物对不太多。

按式（3-14）将 χ_{12}'和 χ_{12}与溶解度参数联系起来，那么可以算出，当两种聚合物之间的溶解度参数相差 0.5 以上就不会互溶。

但是，按照 χ_{12}一定为非负值，即混合热为非负值的假定是无法解释 LCST 现象的（这是聚合物/聚合物体系的多数情况）。事实上，只有非极性聚合物才可能用溶解度参数衡量聚合物之间的互溶性。对极性聚合物，极性基团之间的相互作用常常起关键作用。

为解释聚合物之间互溶性的复杂情况，发展了一系列热力学理论，例如状态方程理论、气体晶格模型理论等，都从不同侧面修正了经典的统计热力学理论。

事实上对聚合物-聚合物体系，混合熵很小，常可忽略，所以仅当 χ_{12}为零或负值时，才可能 $\Delta G_m<0$，产生完全的互溶。χ_{12}可看作由三种分量组成：色散力、自由体积和特殊的相互作用力。这些分量的相对大小及其温度的关系示于图 3-14（a）及（b）。图中 χ_{12}'与 χ_{12}的

关系见式（3-13）。

由图可见，根据 χ_{12}'（因而 χ_{12}）与温度的不同关系即可解释 LCST 及 UCST 行为。

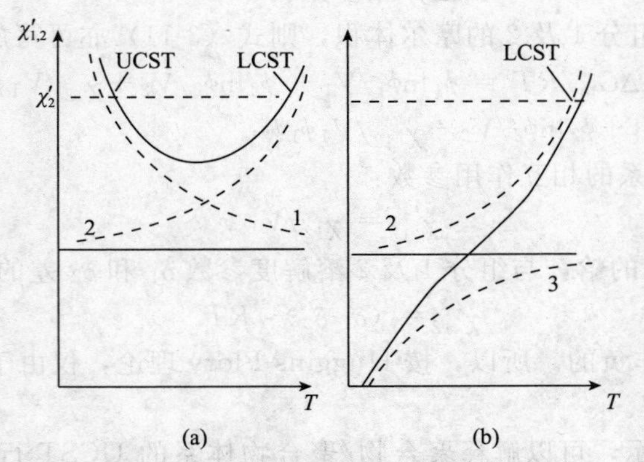

（a）大多数低分子溶液及部分聚合物共混物的情况；
（b）聚合物共混物，仅具有最低临界互溶温度（LCST）的情况

图 3-14　χ_{12}'与温度的关系示意图

1—色散力；2—自由体积；3—特殊的相互作用

3.3.2　聚合物共混物的相分离

3.3.2.1　相分离机理

在两种聚合物互溶的条件下使其混合，得到均相体系。当条件改变时，可能成为部分互溶或不互溶，这时就要发生相分离。例如，具有最高临界互溶温度（UCST）的两种聚合物，在其 UCST 以上的温度下混合，则制得均相体系，当温度下降至 UCST 以下的温度（例如室温），则就会发生相分离，形成不同的两个相。

有两种相分离机理：成核与增长机理（NG）和旋节分离机理（SD）。

成核与增长机理发生于双结线与旋节线之间的亚稳区。

在亚稳区发生相分离，首先需沿图 3-13 中的切线上面的连结线“跳跃”，以越过 ΔG_m-X 曲线上与其相邻的、位置比它较高的部分。这种跳跃所需的活化能即成核活化能。此后分离成组成为双结线所决定的两个相是自发进行的。

成核是由浓度的局部升落引发的。成核活化能与形成一个核所需的界面能有关，即依赖于界面张力系数 γ 和核的表面积 S。成核之后，因大分子向成核微区的扩散而使珠滴增大，此过程的速度可近似地表示为：

$$\frac{dV_d}{dt} \propto VX_eV_mD_t/RT \quad 或\ d \propto t^{1/n_e} \tag{3-18}$$

式中　n_e——粗化指数，$n_e \approx 3$；

d 和 V_d——滴的直径和体积；

$X_e = b'$ 或 $X_e = b''$ 为平衡浓度；

V_m——珠滴相的摩尔体积；

D_t——扩散系数。

如图 3-15 所示，在 NG 区，X_e＝常数，与时间无关。珠滴的增长分扩散和凝聚粗化两个阶段，每一阶段都决定于界面能的平衡。

由 NG 机理进行相分离而形成的形态结构主要为珠滴/基体型，即一种相为连续相，另一相以球状颗粒的形式分散其中。

如上所述，成核的原因是浓度的局部升落。这种升落可表示为能量或浓度波。波的幅度依赖于到达临界条件的距离。当接近旋节线时，相分离可依 NG 机理亦可按 SD 机理进行。

如图 3-15 所示，在温度 T_1 进行相分离就形成平衡组成 X_e 分别为 b' 及 b'' 的两个独立相。不管起始组成在不稳定区（*SD* 区）或亚稳区（*NG* 区）都是这样。但是，在相分离的初期阶段，*SD* 和 *NG* 是完全不同的。在 *NG* 区，相分离微区的组成分别为 $X_e'=b'$ 或 b''，是常数，仅成核珠滴的直径及其分布随时间而改变；而在 *SD* 区，组成和微区尺寸都依时间而改变（见图 3-15）。此外前面已述及，*SD* 过程是靠反向扩散而完成的。

按 SD 机理进行的相分离，相畴（即微区）尺寸的增长可分为三个阶段：扩散、液体流动和粗化。在扩散阶段，尺寸的增长遵从式（3-18）。扩散阶段仅限于 $d_0 \leqslant d \leqslant 5d_0$。$d_0$ 为起始直径。d_0 随冷却宽度 $\Delta T = |T - T_c|$ 的增大而减小。例如，对 PS/PVME 体系，当 ΔT 分别为 82、85、94℃时，d_0 分别为 9、3 和 2nm。

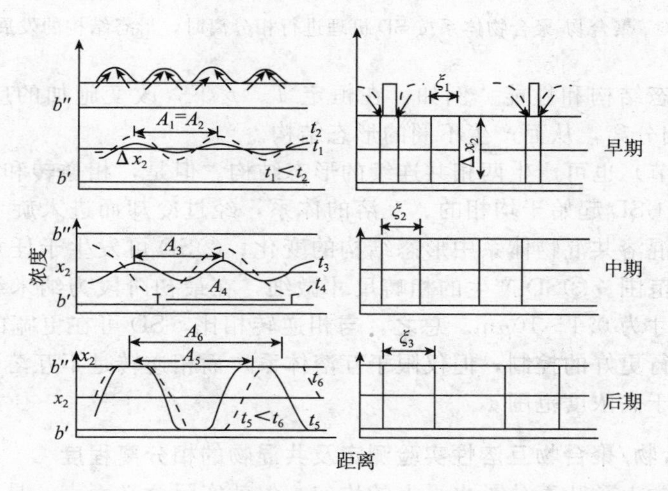

图 3-15 按 SD 机理（左）和 NG 机理（右）进行的相分离的不同阶段

在 SD 机理的初始阶段，浓度升落的波长

$A(t_1) = A(t_2)$，但在中、后期阶段，

$A(t_3) < A(t_4)$，相分离时间 $t_1<t_2<t_3<t_4$

图上部表示了相分离过程中不同的扩散机理

流动区的范围为 $5d_0 \leqslant d = 0.9t\nu/\eta \leqslant 1/\mu m \approx d_{最大}$（$t$ 为时间，ν 为界面张力系数；$d_{最大}$ 为最大直径；η 为分散液体的黏度；d_0 和 $d_{最大}$ 依赖于分子参数）。

流动区之后的粗化阶段可使相畴进一步增大。

SD 过程中，形态结构发展的一个例子示意如图 3-16。图中（f）～（h）是粗化阶段产生的形态结构。

一般而言，SD 机理可形成三维共连续的形态结构。这种形态结构赋予聚合物共混物优异的力学性能和化学稳定性，是某些聚合物共混物性能具有明显协同效应的原因。

很多情况下，当一种聚合物含量较少，例如在 10%左右时，SD 机理亦形成珠滴/基体型形态结构，但分散相的精细结构与 NG 的情况往往不同。

除温度之外，压力、应力等对相平衡也有显著影响，因而也可用以控制相分离过程，从

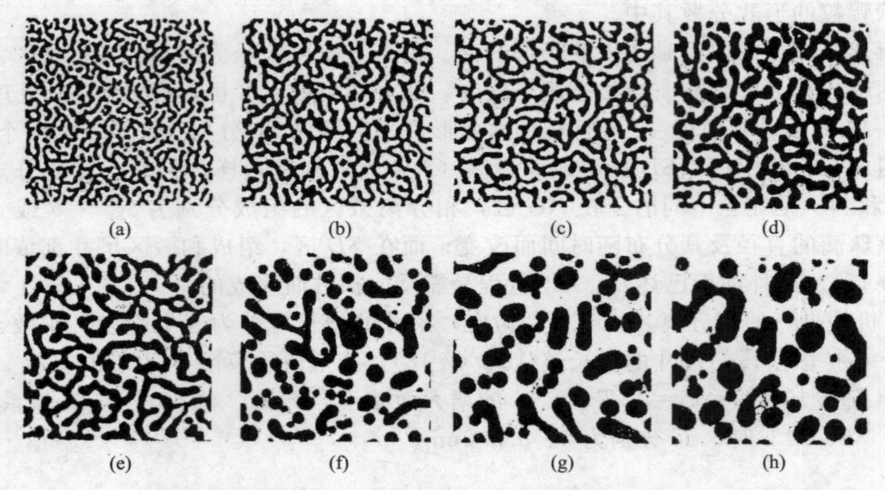

图 3-16 聚合物-聚合物体系按 SD 机理进行相分离时，形态结构的发展过程

而控制共混物的形态结构和性能。例如，在恒定 T、p 下，改变施加的应力强度也可产生 SD 型或 NG 型的相分离，从而产生不同的形态结构。

相逆转（见下节）也可产生两相共连续的形态结构。但是，相逆转和 SD 相分离之间存在三个基本区别：①SD 起始于均相的、互溶的体系，经过冷却而进入旋节区从而产生相分离，相逆转是在不混溶共混物体系中形态结构的变化；②SD 可发生于任意浓度，而相逆转仅限于较高的浓度范围。③SD 产生的相畴尺寸微细，在最初阶段为纳米级，而相逆转导致较粗大的相畴，尺寸为 0.1～10μm。总之，与相逆转相比，SD 可在更宽的浓度范围内对聚合物共混物性能进行更好的控制，但仅限于互溶体系。而相逆转是不互溶聚合物共混物的一般现象，通常发生于高浓度范围。

3.3.2.2 聚合物/聚合物互溶性实验测定及共混物的相分离程度

互溶性在热力学上意味着分子水平上的均匀。但就实际意义而言，是分散程度的一种量度，与测量方法有密切关系。例如根据玻璃化温度的测定，共混物 PVC/NBR-40 只有一个玻璃化温度，是均相体系。而根据电子显微镜分析，它是相畴很小的复相体系。事实上，根据 Lipatov 等人[7,8]的研究，仅当相畴尺寸在 15nm 以上时才能在玻璃化转变温度上反映出来，而当相畴尺寸在 10nm 以下时，无法用玻璃化转变温度表征其复相性。所以就实际意义而言，不同测定方法所得到的聚合物之间的互溶性结论具有一定的相对性。这种情况具有一般性，并非聚合物共混物的独特现象。例如，设法将油和水制成分散极细的乳液，它虽非热力学稳定状态，但具有相当的稳定性，称为介稳态。该体系是透明的，用一般光学显微镜看不到液滴存在，在很多方面表现均相性质。但用电子显微镜或用光散射法可观察到其非均相的特征。因此，即使是简单的液体相混合，也常常难于断定混合物是均相体系或多相体系。均相和多相只具有热力学统计的意义，并非完全绝对的概念。是否均相，这依赖于鉴定的标准——空间尺度和时间尺度。由不同的鉴定方法得出不很相同的结论是不足为奇的。

研究聚合物之间相溶性的方法很多。前面已述及以热力学为基础的溶解度参数（δ）及 Huggins-Flory 相互作用参数 χ_{12} 来判断互溶性。除热力学方法外，还可用玻璃化温度（T_g）法、红外光谱法、反相气相色谱法和黏度法。工程上最常用的是玻璃化温度法。以下介绍 T_g 法估计聚合物之间的互溶性。

玻璃化温度法测定聚合物-聚合物的互溶性，主要是基于如下的原则：聚合物共混物的玻璃化转变温度与两种聚合物分子级的混合程度有直接关系。若两种聚合物组分互溶，共混物为均相体系，就只有一个玻璃化温度，此玻璃化温度决定于两组分的玻璃化温度和体积分数。若两组分完全不互溶，形成界面明显的两相结构，就有两个玻璃化温度，分别等于两组分的玻璃化温度。部分互溶的体系介于上述两种极限情况之间。

当构成共混物的两聚合物之间具有一定程度的分子级混合时，相互之间有一定程度的扩散，界面层占有不可忽略的地位。这时虽然仍有两个玻璃化温度，但相互靠近了，其靠近的程度决定于分子级混合的程度。分子级混合程度越大，相互就越靠近。在某些情况下，界面区也可能表现出不太明显的第三个玻璃化转变温度。因此，根据共混物的玻璃化转变，不但可推断组分之间的互溶性，还可得到有关形态结构方面的信息。

有人还提出，可用共混物玻璃化转变区的宽度（TW）来估计聚合物之间的互溶性。对纯聚合物，$TW=6$℃；对完全互溶的聚合物共混物，$TW=10$℃左右；对部分互溶的共混物，$TW\geqslant 32$℃。某些情况，TW 与共混物的组成有关。

最近 Lipatov[2,7] 提出了半经验的关系式以表征聚合物共混物的相分离程度（segregation degree）和两聚合物组分之间的互溶程度，如图 3-17 所示。

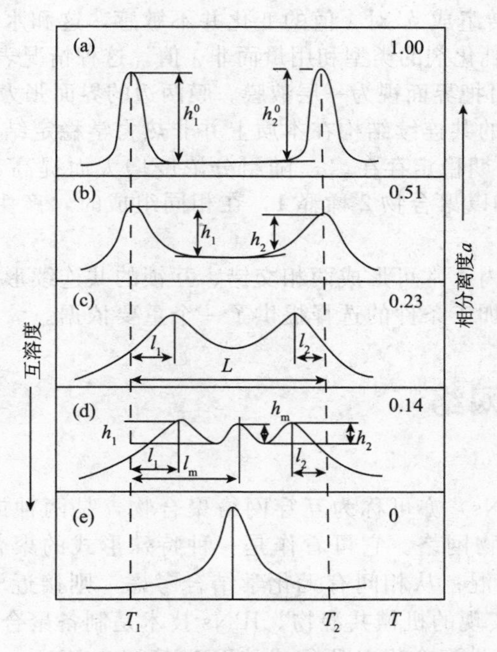

图 3-17　聚合物共混物的互溶度和相分离程度

图中的峰为 tanδ 峰，与峰值对应的温度为相应的 T_g

相分离度 a 定义为

$$a=[h_2+h_1-(l_1h_1+l_2h_2+l_mh_m)/L]/(h_1^0+h_2^0) \tag{3-19}$$

式中 l_1 和 l_2——分别表示共混物两纯组分玻璃化温度的温度位移；

h_1 和 h_2——分别表示共混物与两个 T_g 相应的转变峰（tanδ）的高度；

$h_1{}^0$ 和 $h_2{}^0$——与共混物两纯组分相应的两 T_g 转变峰的高度；

L——共混物两纯组分 T_g 之间的温度差。

下标 m 表示中间相（界面相），所以，h_m 表示此中间相的 T_g 转变峰的高度，而 l_m 表

示中间相 T_g 与纯组分 T_g 之间的温度差值。

中间相并非对共混物体系都存在。式（3-19）并不适用于图 3-17 中的情况（e），这时只有一个转变峰，实际上是完全互溶的情况。

l_1h_1 及 l_2h_2 是相应 T_g 转变峰下面积的量度。当 $l_1+l_2=L$ 时，开始出现微多相形态结构，如图中（b）所示，这时式（3-19）简化为

$$\alpha = (h_2+h_1) / (h_1^0 + h_2^0) \tag{3-20}$$

3.3.2.3 **聚合物共混物的相逆转**

聚合物共混物可在一定的组成范围内发生相的逆转。原来是分散相的组分变成连续相，而原来是连续相的组分变成分散相。这和乳液相逆转时的情况相似。设发生相逆转时组分 1 及 2 的体积分数分别为 ϕ_{1i} 及 ϕ_{2i}，则存在如下的经验关系式：

$$\frac{\phi_{1i}}{\phi_{2i}}=\frac{\eta_1}{\eta_2}=\lambda \tag{3-21}$$

式中　η_1 及 η_2——分别为组分 1 及 2 的黏度。

这是一个很好的近似式。例如，共混物 PS/PMMA、PS/HDPE、PS/PB 等的相逆转都和此经验式相吻合。应当注意，因为 λ 值常与剪切应力有关，所以，相逆转时的组成也受混合、加工方法及工艺条件的影响。

还有一些体系，相逆转组成 ϕ_i 对 λ 值的变化并不敏感，这和水/油乳液的情况相似。水/油乳液的 ϕ_i 值主要依赖与乳化剂的类型和用量而非 λ 值。这种情况表明界面的不对称性。所谓界面的不对称性就是说，可把界面视为一层液膜。膜两边的界面张力系数是不相同的。

应当指出，交错层状的共连续结构在本质上并非热力学稳定结构。但由于聚合物屈服应力 σ_y 的存在，此结构可长期稳定存在。σ_y 随组分浓度增大而提高，但不是对称函数。即使 $\lambda=1$，以聚合物 1 稀释 2 和以聚合物 2 稀释 1，在相同组成时，产生的 σ_y 值却不同，因而形态结构也可能不同。

在相逆转的组成范围内，常可形成两相交错、互锁的共连续形态结构，使共混物的力学性能提高。这就为混合及加工条件的选择提供了一个重要依据。

3.4 互穿聚合物网络[9~11]

互穿聚合物网络（IPNs）亦可称为互穿网络聚合物，是两种或两种以上交联聚合物相互贯穿可形成的交织聚合物网络。它可看作是一种特殊形式的聚合物共混物。从制备方法上，它接近于接枝共聚-共混；从相间有无化学结合考虑，则接近于机械共混物。因此，可把 IPNs 视为用化学方法实现的机械共混物。IPNs 技术是制备聚合物共混物的新方法。

由 x 份聚合物 A 和 y 份聚合物 B 所组成的 IPN 简记为 IPN x/y A/B。

IPN 概念可追溯到 1951 年，而 IPN（interpenetrating polymer networks）这一名称则是 Millar 在 1960 年首先提出的。从 20 世纪 70 年代以来，作为聚合物改性的一个新领域，IPNs 的研究日益受到重视。在此研究领域代表性人物有美国的 Frisch、Sperling 以及乌克兰的 Lipatov 等。近年来，除美国、俄罗斯之外，德、日、法等国在此领域的研究也非常活跃。我国在此领域的研究工作起步于 20 世纪 80 年代。近年来，无论在理论上或实践上 IPNs 的发展都十分迅速，并已进入工业规模的应用，成为聚合物共混与复合改性领域中一个独立的重要分支。

3.4.1 类型及合成

按照制备方法的不同，IPNs 可分为分步 IPNs、同步 IPNs（SIN）、胶乳 IPNs（LIPN）

等。分步IPNs中还包括泡沫IPNs（FIPN），这是将含有微孔的交联聚合物在单体或低聚体中溶胀再使单体或低聚体聚合而制得的IPNs。

（1）分步IPNs　分步IPNs简称IPNs，是先合成交联的聚合物1，再用含有交联剂的单体2使之溶胀，然后使单体2聚合而制得。例如，将含有交联剂二甲基丙烯酸四甘醇酯（TEGDM）和光敏剂安息香的丙烯酸乙酯光引发聚合，生成交联的聚丙烯酸乙酯，再用含有引发剂和交联剂的等量苯乙烯使其溶胀，待溶胀均匀后，将苯乙烯聚合并交联，即制得白色皮革状的IPN 50/50 PEA/PS。

研究得较多的分步IPNs品种有IPN SBR/PS、IPN PB/PS、IPN PU/PS等[11]。

由于最先合成的IPNs是以弹性体为聚合物1，塑料为聚合物2，因此，当以塑料为聚合物1而弹性体为聚合物2时，生成的IPNs就称之为逆-IPNs（inverse- IPNs）。不过，当前已逐渐淡化这种区分。

若构成IPNs的两种聚合物组分都是交联的，则可称为完全IPNs。若仅有一种聚合物是交联的，则称为半- IPNs（semi- IPNs）。若聚合物1交联，聚合物2是线型的，则称为第一类半-IPNs，简记为Semi-1；若仅聚合物2交联，聚合物1是非交联的，则称为第二类半-IPNs，简记为Semi-2。

上述分步IPNs都是指单体2对聚合物1的溶胀已达到平衡，因此制得的IPNs具有宏观上的均一的组成。如果在溶胀达到平衡之前就使单体2迅速聚合，则从聚合物1的表面至内部，单体2的浓度逐渐减小，因此产物的宏观组成具有一定的变化梯度，如此制得的产物称为梯度IPNs（gradient IPNs）。以梯度IPN法制得的互穿网络梯度材料是一种新型的复合材料，可满足某些特殊需要，具有广阔的应用前景[182～190]。IPN型梯度材料，由于组分之间具强迫互容作用，能使两种或两种以上性能差异较大的组分形成稳定的聚合物共混物，从而实现组分间功能互补和物理化学性能的梯度连续变化，从而制得可满足某些特殊需要的新型复合材料，例如具有梯度特性的胶黏剂、聚合物薄膜等。以这种方法可很好解决涂料防老化、耐腐蚀与黏结性良好、成本低的矛盾。所以梯度IPN目前广泛地应用于胶黏剂、涂料、医用材料、阻尼、分离等领域。

还有一种称为Millar IPNs的分步IPNs，它是由化学上完全相同的交联聚合物组成，因此也称为均聚互穿聚合物网络（homo-IPNs）。例如由Millar制得的IPN PS/PS，其性能与一般的交联PS有所不同，例如在相同交联度情况下，IPN PS/PS的溶胀度较小[12]。

也可用阴离子聚合的方法制备分步IPNs。例如以阴离子聚合方法制得如下的IPNs：第一网络是α，ω-双甲基丙烯醛-二（己二醇）邻苯二甲酸酯及三乙氧基-α，ω-双甲基丙烯酸酯在萘钠作用下所生成的“活的”聚合物网络；第二网络是以苯乙烯-丁二烯共聚物为基的交联聚合物网络。

（2）同步IPNs（SIN）　当两种聚合物组分时同时生成而不存在先后次序时，生成的IPNs称为同步IPNs，简记为SIN。其制备方法是：将两种单体混合在一起，使二者以互不干扰的方式各自聚合并交联。当一种单体进行加聚反应而另一种单体进行缩聚反应时即可达此目的。例如将制备环氧树脂（epoxy）的各组分和制备交联丙烯酸树脂（acrylic）的各组分混合，丙烯酸酯类单体按自由基聚合机理、环氧树脂各组分按缩聚机理同时进行聚合，即可制得SIN epoxy/acrylic。

应当指出，在SIN中，两种组分的聚合速率一般并不相同，虽然同时开始聚合，但两种网络的形成或多或少总是有先有后的。所以SIN只是表示一种制备方法，并非真正意义上的两种网络同时形成。

同步IPNs的合成有以下三种情况：①两种聚合物组分同时达到凝胶点；②两种聚合物组分依次到达凝胶点；③两种聚合物组分之间发生一定程度的接枝反应。

同时到达凝胶点的例子有 SIN epoxy/acrylic。两组分依次到达凝胶点是更一般的情况，如 SIN PU/PMMA，SIN IR/PMA 等。两组分同时凝胶的产物性能并不太好，其中一个组分先凝胶时，产物性能要好得多。所以预聚物依次到达凝胶点的办法更有实用价值。

无论是分步 IPNs 或同步 IPNs，在其生成过程中，总是或多或少地产生一些接枝反应。有时接枝反应程度很小，可以忽略。但有时接枝反应可达到很明显的程度，它可促进组分之间的混溶性，提高力学性能，所以有时故意引进一定程度的接枝反应。例如以聚氨酯为聚合物 1，聚丙烯酸酯类为聚合物 2 所构成的 SIN，若丙烯酸酯类单体含有一定量的端羟基，则异氰酸酯与端羟基之间可发生接枝反应，从而生成含有接枝成分的 SIN PU/acrylic。SIN 羟基丁腈橡胶/环氧树脂是含有接枝成分 SIN 的另一例子。

只有一种聚合物交联的 SIN 称为半-SIN，有时亦称为假-SIN（pseudo-SIN）。半-SIN 也常称为间充复相聚合物。生成半-SIN 的反应亦称为间充聚合反应。该反应可制得一系列含有硬段和软段聚合物的两相复合结构的高抗冲浇铸塑料。

从半-SIN 的概念出发，已研制出了一种新型的合成材料系列，称为互穿聚合物体系（IPS）。生成这种材料的反应称为模式聚合（matrix polymerization）或局部规整“复型”反应。制备方法类似于半-SIN 的情况。例如单体 1（M_1）为 TDI 或 1，6-己二异氰酸酯，单体 2（M_2）为 MMA、MA、AN、丙烯醛等极性单体，引发剂为三乙胺、四乙基二胺及 BPO 等。将 M_1、M_2 及引发剂混合，强烈搅拌均匀，在 N_2 保护下，聚合反应分两步进行。第一步生成 TDI 的自聚物：

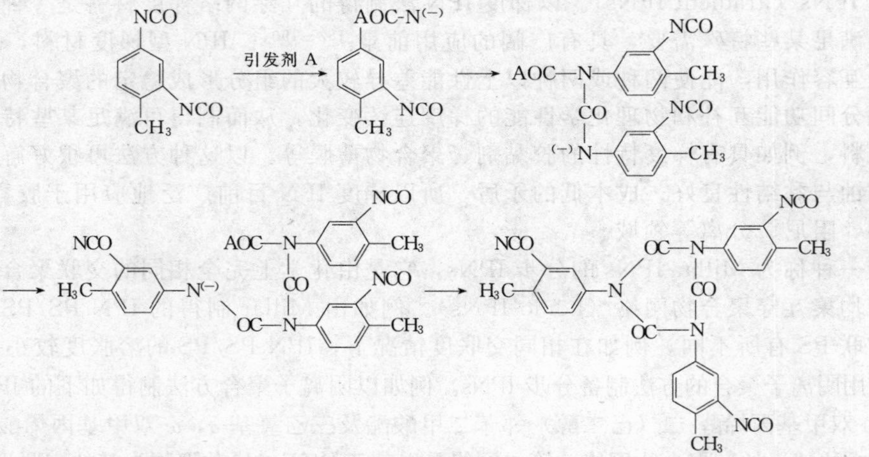

此为含异氰酸酯基的异氰脲酸酯，是强极性的紧密网络结构。第二步是在此网络中发生 M_2 的聚合。M_2 被固定在这种强极性紧密网络的空隙中，因极性作用而取向。所以这时 M_2 的聚合反应与 M_2 的本体聚合反应有很大不同。两种组分由于极性作用而使第二组分形成次价键交联的物理网络。

事实上 IPS 可视为半-SIN 的一种特殊形式。

（3）胶乳 IPNs（LIPN）[13]　用本体法合成的 IPNs 及 SIN 为热固性材料，难于成型加工。这可用乳液聚合的方法加以克服。

LIPN 是以种子乳液聚合方法合成的分步 IPNs（关于种子乳液聚合可参考 2.3.4 节）。首先以乳液聚合的方法制得由聚合物 1 组成的“种子”乳胶粒，再加入单体 2、交联剂和引发剂，但不再添加乳化剂以免形成新的乳胶粒。然后使单体 2 聚合、交联，生成核壳结构的 LIPN。LIPN 可制成两层的、三层的或多层的[14]，可以各层都是交联的或者有些层交联，有些层不交联，有时各层都不交联。这时，考虑到不交联层之间大分子的相互缠绕，从形态结构的角度，也可视为是一种 LIPN。所以也可将 LIPN 视为种子乳液聚合的一种实际应用。

LIPN 的合成及应用已有一系列专利和文章发表[14~16]，此处仅举一例。

将 250ml 脱气的去离子水加热至 60℃，于搅拌下加入 50ml10%的十二烷基硫酸钠溶液，再加入含交联剂（TEGDM）的 MMA 和 5ml5%的过硫酸钾溶液，进行乳液聚合，聚合完成后，将制得的交联 PMMA 乳胶粒作为种子，再加入含有交联剂的丙烯酸乙酯并补加引发剂，反应完全后即制得 LIPN PMMA/聚丙烯酸乙酯。

许多工业 ABS 树脂是用乳液聚合方法制得的，这种 ABS 树脂实际上是一种胶乳型半-IPN。

(4) 互穿网络弹性体（IEN） 由两种线型弹性体胶乳混合在一起，再进行凝聚、交联，如此制得的 IPNs 称为互穿网络弹性体，简记为 IEN。例如将聚氨酯脲（PUU）胶乳和聚丙烯酸丁酯胶乳混合、凝聚并交联，即得 IEN PUU/PBA。

此种 IEN 中，聚合物网络之间并无真正的相互贯穿，其结构介于机械共混物和 IPNs 之间。

(5) 其他 还有一些材料，虽非纯粹意义上的 IPN，但从结构和制备方法上看，也可归入 IPN 的范畴，这主要包括 AB-交联聚合物[17]和热塑性 IPNs。

AB-交联聚合物（ABCP）是两种聚合物通过接枝交联而构成的整体聚合物网络。ABCP 有两种类型：一种是聚合物 2 的两端分别连接于聚合物 1 的两个分子链上，形成交联网络，这称为邻接接枝型，如图 3-18（a）所示；另一种是聚合物 2 的分子链跨越一个或多个聚合物 1 的分子链，形成一系列四官能的接枝交联键，这称为接枝交联型，如图 3-18（b）所示。显然 ABCP 并非真正的 IPNs，但与 IPNs 很相似。其次，如在 ABCP 中有一个组分是交联的，则得接枝的半－IPNs；若两组分都是交联的，则得接枝的 IPNs。

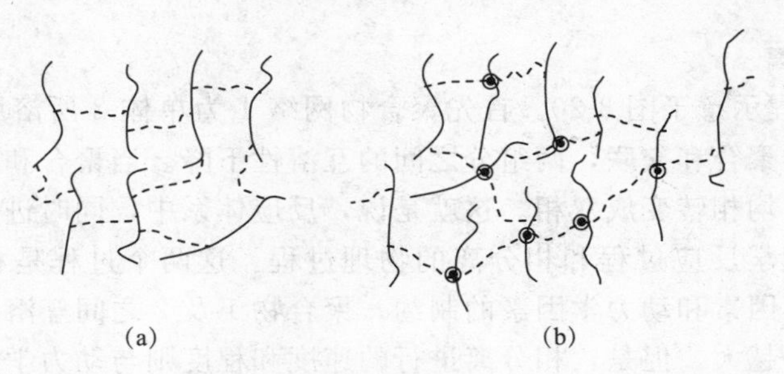

图 3-18 邻接接枝型（a）及接枝交联型（b）ABCP 示意图

实线—聚合物 1；虚线—聚合物 2

◉—四官能交联点

热塑性 IPNs 是以物理键即次价键交联的互穿聚合物网络。有三种物理交联键：半结晶聚合物的结晶部分；嵌段共聚物的结晶或玻璃态链段和离聚体中的离子部分。因此，嵌段共聚物、离聚体及半结晶聚合物都可用以构成物理交联的 IPNs。这种 IPNs 是热塑性的，是一种热塑性弹性体，所以称为热塑性 IPNs。

热塑性 IPNs 的制备有两种方法：物理共混法（熔融共混）和化学共混法。物理共混法和一般线型聚合物的机械共混法大致相同。化学共混法是将聚合物 1 用单体 2 溶胀或溶解，再使单体 2 就地聚合而制得物理交联互锁结构的方法。

例如，将苯乙烯-乙烯/丁烯-苯乙烯三嵌段共聚物（SEBS）用苯乙烯和甲基丙烯酸的混合物溶胀，用过氧化物引发剂引发苯乙烯和甲基丙烯酸聚合。反应完成后用 NaOH 中和丙烯酸根，形成钠盐，蒸出水即得热塑性 IPN SEBS/苯乙烯-甲基丙烯酸钠共聚物。

用 SEBS 和聚酰胺或聚酯可制得性能优异的热塑性 IPNs[18]。若采用一般共混法，只能得到宏观分相的、性能很差的产物。

要形成热塑性 IPNs 需两个条件：①必须存在或在制备过程中的剪切应力场中形成的初始网络，一般为物理交联网络；②聚合物 2 必须能进行化学的或动力学的反应，由离散的熔体形成无限网络，并且有足够的流动性以填充到初始网络的间隙中。

热塑性 IPNs 具有互锁的两相连续结构，如图 3-19 所示。Ohlsson 等人[19]及 Wei 等人[20]对热塑性 IPNs 的性能和结构形态进行了较系统的研究，研究表明其相畴尺寸与胶体粒子尺寸相当。

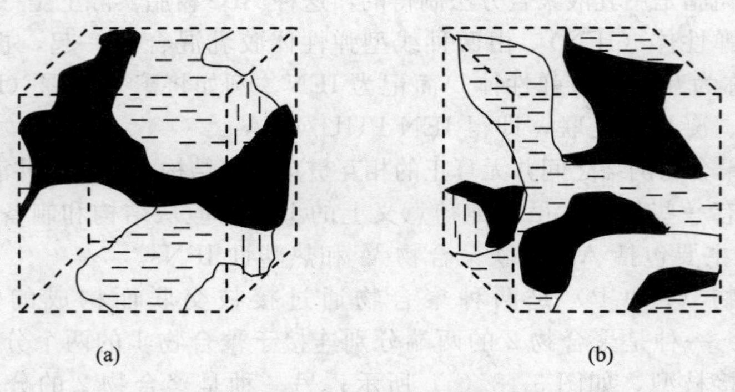

图 3-19 热塑性 IPNs 两相连续模型示意图

3.4.2 相分离及形态结构

3.4.2.1 相分离

IPNs 的形成过程示意于图 3-20。首先聚合物网络 1 为单体 2 所溶胀，整个体系为均相状态。随着单体 2 的聚合和交联，两组分之间的互溶性下降。当聚合和交联达到一定程度时即开始相的分离，由均相转变成双相。这就是说，反应体系中，同时进行两个过程：形成网络 2 的聚合与交联化学反应过程和相分离的物理过程。这两个过程是相互联系、相互影响的。相分离受热力学因素和动力学因素的制约。聚合物 1 及 2 之间互溶性越小，相分离的推动力（热力学因素）越大。但是，相分离进行的速度和程度则与动力学因素有关，例如，由于反应区黏度很大，扩散速率很小（例如在凝胶点之后），相分离就达不到热力学所规定的程度而处于非热力学平衡的亚稳态。

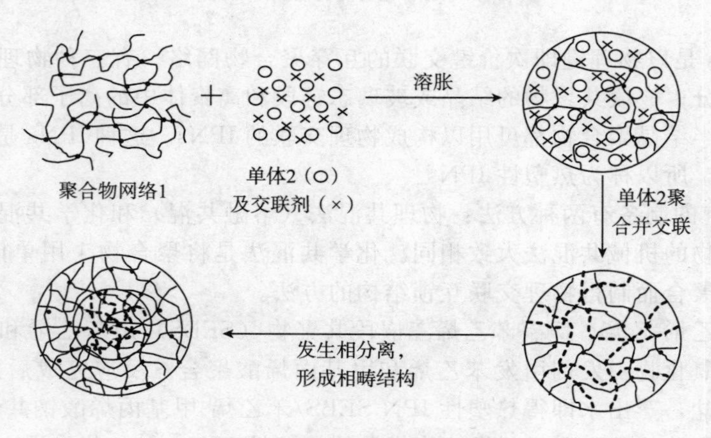

图 3-20 IPNs 形成过程示意图

关于相分离程度的表征已在3.3节述及，可参见图3-17及式（3-24）。

网络形成的反应动力学不仅影响相分离的程度，也影响相的组成和相比[21]。两组分链的缠结也是阻滞相分离、使相分离程度减小的重要原因。

相分离机理与IPNs的类型有关。按Lipatov的观点[7]，对分步IPNs主要按NG机理进行相分离；而对同步IPNs主要按SD机理进行相分离。但在网络形成的不同阶段可能有不同的相分离机理，NG机理和SD机理可以相互转换。例如，对IPN PB/PS，在St转化率为7%时开始按NG机理的相分离，形成球形相畴；而转化率达到46%时，相分离主要按SD机理进行，形成圆柱状相畴。相界区的形成与SD机理有密切关系[7]。

对同步IPNs，若一种网络形成较快，则其形成是在另一组分所构成的液相介质中进行，所以相分离进行的较彻底，相分离程度大，相畴亦较粗。若两种网络都同样迅速的形成，体系黏度迅速增大，相分离很快被冻结，整个体系成为热力学亚稳的单相结构[22]，典型的例子是反应注射成型法（RIM）所形成的IPNs。一般情况是，两种网络具有相近的和中等大小的形成速率。反应至某一转化率时，形成微相分离。相分离的发展受到网络形成的阻碍，交联度达到一定程度后，相分离在动力学上终止。这时的两相结构决定于两种网络形成的速率比，两相分离程度决定于热力学因素和动力学因素的竞争。

对于分步IPNs，由于网络1一开始便存在，所以相分离程度一般要比SIN小一些。

为更好理解互穿聚合物网络的相分离和形态结构的形成过程，可以回顾一下聚合物交联网络的形成理论。根据此理论[23]，在形成交联网络的聚合或缩聚反应中，由于首先形成高度支化的大分子，交联段落的局部升落，产生微凝胶颗粒，它是微相分离的“核”。通过微凝胶粒之间的反应而使核增长，产生微凝胶集团聚结的局域化。结果使形成的大分子网络不是均匀的，而是由高度交联的微区和交联度较小的中间层所组成。微凝胶集团之间既存在化学键亦存在物理结合。

3.4.2.2 相畴尺寸

对第一类半-IPNs，Danatelli等[24]，根据相分离热力学并假定相分离形成球形相畴，得到相畴的平均直径D_2为：

$$D_2=2\gamma v_2/RTv_1\left[\left(\frac{1}{1-v_2}\right)^{2/3}-\frac{v_2}{\gamma M_2}-\frac{1}{2}\right] \tag{3-22}$$

式中，R为气体常数；T为热力学温度；γ为两相的界面能；ν_1为网络1的体积分数；ν_2为网络2的体积分数；M_2为所形成聚合物2的分子量。

若令$M_2=\infty$即令组分2亦交联，则得全-IPN的相畴直径为：

$$D_2=2\gamma(1-v_1)/(RTv_1(1/v_1^{\frac{2}{3}}-\frac{1}{2})) \tag{3-23}$$

式中，$\nu_1=(1-\nu_2)$为组分1的体积分数。

式（3-23）亦称为Danatelli公式。

Yeo[25]对上式进行了改进，得到预测相畴尺寸的Yeo公式：

$$D_2=4\gamma/RT(Av_1+Bv_2) \tag{3-24}$$

式中，$A=\frac{1}{2}(1/v_2)(3v_1^{1/3}-3v_1^{4/3}-v_1\ln v_1)$

$B=\frac{1}{2}(\ln v_2-3v_2^{2/3}+3)$

ν_1及ν_2分别为网络1及2的交联密度。

根据对IPN PBA/PS及Semi-IPN PBA/PS相畴尺寸的研究，式（3-22），式（3-23）和

式（3-24）的计算值与实测值基本一致，并且按式（3-24）的计算值与实测值符合得更好。

以上三个关系式都表明相畴尺寸随界面张力的增大而增大，随交联密度的增大而减小。

3.4.2.3 形态结构的基本特点

各种 IPN 的形态结构存在一些共同的基本特点，归纳起来有以下几点。

①绝大多数 IPN 是复相材料，甚至由均聚网络形成的 IPN（homo-IPN）也出现一定程度的复相结构。IPNs 相分离的程度主要决定于组分间的混溶性，但与制备方法、反应条件也有密切关系。IPNs 的合成机理决定了在无真正热力学混溶情况下的“强迫混溶性”。因此与相应的机械共混物相比，组分间混合均匀，界面黏结力也较强。

②大多数 IPN 具有胞状结构，胞壁主要由聚合物 1 构成，胞体主要由聚合物 2 构成。胞壁内尚有两种聚合物链相互贯穿而形成的精细结构。一般而言，胞壁是两种聚合物网络相互贯穿的主要场所。有时胞体内也会含有聚合物 2 所组成的更小的胞体。因此，IPNs 形态结构的一般模式可用图 3-21（a）示意。根据这一模式，两种网络在胞壁的相互贯穿示意于图 3-21（b）。

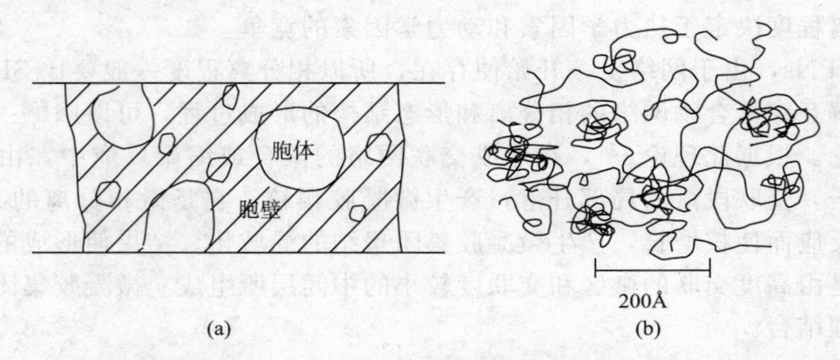

图 3-21　IPN 胞状结构模型（a）及两种聚合物网络在胞壁相互贯穿的示意图（b）

1Å＝0.1nm

胞体的产生是一级相分离的结果，即由于聚合，组分间混溶性减小而导致的一级相分离。精细结构是聚合完成之后次级相分离而产生的。这是由于在聚合过程中体系黏度的增加和交联的发生，相分离只能在很小的范围内进行，所以形成尺寸仅为 100Å 左右的小颗粒。

例如，IPN PEA/PS（50/50），具有典型的胞状结构，胞壁主要由 PEA 构成，其中尚含有更精细的结构，尺寸约为 100Å，胞体主要由 PS 构成，尺寸约为 1000Å。

③具有明显的界面层。与一般聚合物共混物相比，IPN 的界面层更为明显，对性能的影响更为突出。

根据宽谱带核磁共振法及反相气相色谱法的研究，IPN 的界面层（即界面区）具有疏松结构。由于界面层的存在，IPN 可表现出第三个玻璃化转变区。例如 IPN PU/PS，根据宽谱带核磁共振法的测定，有三个玻璃化转变区，其中相应于 25～60℃ 的玻璃化转变区是由界面层产生的。IPN PU/PUA 也有类似的情况。界面层转变温度的存在可能与不同网络分子间次价键的断裂等原因所引起的分子活动性的提高有关。

根据吸附动力学方法研究 IPN 自由体积的实测值与按加和规则计算之差 Δf 与组成的关系，可得图 3-22 所示的结果。由图可见，Δf 与组成的关系是非单调的，除 $W_2/W_1=0.03\sim0.07$ 的情况之外，IPN 的自由体积分数都比单一网络的大。这证明了界面层的疏松结构。疏松结构的产生主要是由于混合焓为正值以及在接触区构型熵的减小。

界面层的体积分数随网络 2 含量的增加而提高，在中等组成时，达 40%。

IPN 的比内表面很大。在中等组成范围内比表面存在极小值，这可能是由于相畴尺寸增大的原因。这也是中等组成时对溶剂吸附值下降的主要原因。

采用 X 射线小角散射法可测定 IPN 界面层的厚度以及厚度与组成的关系（图 3-23）。由图可见，对 IPN PU/PUA，当 PUA 含量提高时，界面层厚度减小。PUA 含量为 10%，界面层厚度为 40Å；PUA 含量为 40%时，界面层厚度减小到 20Å。但这并不意味着界面层体积分数的下降，因为体积分数与相畴的数量有关。由于相畴数目的增加，虽然界面层厚度减小了，但体积分数却增大。

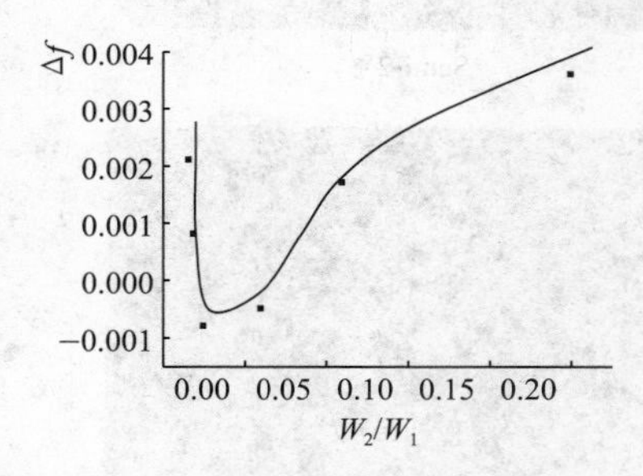

图 3-22　Δf 与 IPN 组成的关系

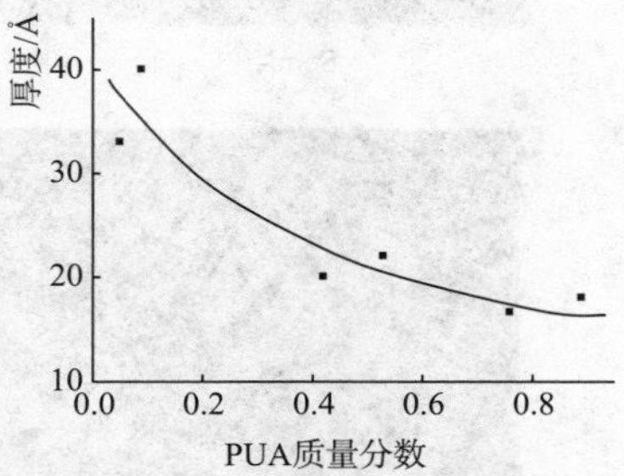

图 3-23　IPN PU/PUA 界面层厚度与组成的关系

④根据上述的结构模型，在 IPN 中，一般而言，网络之间的相互贯穿仅发生于超分子水平，并非真正的分子水平的相互贯穿。第一网络在宏观水平上是连续的，而第二相也可通过精细结构而相互连接。因此，一般而言，IPN 具有两连续的形态结构。当然，两个相的连续性程度可有所不同。

3.4.2.4　影响形态结构的主要因素

各种不同的 IPNs 其形态结构不同，因此性能亦不同。两相的连续性、相畴尺寸、相互贯穿的程度等主要决定于两种聚合物组分之间的互溶性、交联密度、聚合方法、组成比以及相分离机理等因素。

(1) 互溶性的影响　由式 (3-22) 至式 (3-24) 可见，相畴尺寸与两相界面张力（即界面能）成正比，而界面张力决定于两组分之间的互混性，互溶性越大，则界面张力越小，相畴就越小。例如 IPN PEA/PMMA 中，PEA 与 PMMA 的溶解度参数相近，互溶性好，所以相畴很小，约为 100Å。而对 IPN PEA/PS，由于 PEA 与 PS 之间的互溶性差，故相畴尺寸在 1000Å 以上。

相畴尺寸与两种网络之间的互穿情况有密切关系。一般而言，两种网络之间的相互贯穿主要是相畴级的相互贯穿，相畴减小时，分子级的相互贯穿增加。

在 IPN 中，网络 1 处于溶胀状态，网络 2 处于自然状态，所以即便两个聚合物组分是相同的，例如均聚-IPNs，两种网络之间仍存在差别，仍有分相结构存在。

(2) 交联密度的影响　由式 (3-22) 至式 (3-24) 可见，随着两种聚合物网络交联密度的增加，相畴尺寸减小。但是两种网络的影响是不同的，Sperling 指出[26]，网络 1 交联密度的影响要比网络 2 交联密度的影响大 10 倍以上。因此，一般而言，Semi-1 总是比 Semi-2 的相畴小。图 3-24 是由 SBR 和 PS 所构成的 Semi-1 及 Semi-2 以及 IPN 形态结构的电镜照片，由图可明显地看出交联密度及反应顺序的影响。

对 SIN，后凝胶时间 t（即一种组分开始凝胶化至另一组分开始聚合之间的时间间隔）也是影响相畴大小的重要因素。t 增大时，首先形成的网络达到完善的程度高，相畴减小。

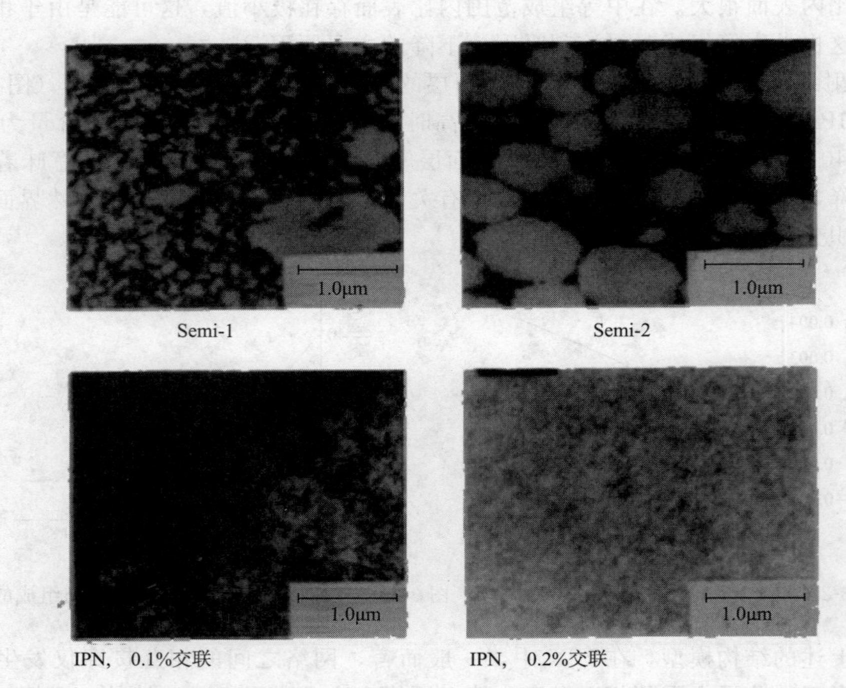

图 3-24 由 SBR 和 PS 所构成的 Semi-1 及 Semi-2 及 IPN 形态结构的透射电镜照片（用 OsO_4 染色），黑色部分为 SBR

（3）组成比的影响 组成比对形态结构的影响与 IPNs 的类型有关。对半-IPNs，一般随第二组分含量的增加，相畴尺寸增大。对 SIN，当组成比改变时会发生相的逆转，例如 SIN PU/PMMA，当 PMMA 含量由 20％增加至 40％时，会发生相的逆转。但是，相的逆转常需在强烈搅拌下才能实现。

相畴尺寸与组成的关系常常是非常单调的，在中等组成范围内，相畴尺寸及其分散性最大。

（4）聚合方法及相分离机理的影响 对于分步 IPN，形态结构主要受聚合物 1 支配。聚合物 1 具有较大的连续性。当聚合次序改变时，两相的连续性及相畴尺寸亦随之改变。例如 IPN PB/PS 中，由 PB 构成胞壁；而在 IPN PS/PB 中，由 PS 构成胞壁。

对于 SIN，当两种单体的聚合速率基本相同时，含量较大的组分一般具有较大的连续性。一般情况下，当两种聚合物网络同时到达凝胶点时，产生的相畴最小。这是由于两种网络同时形成限制了分子运动，相分离被抑制的缘故。

相分离机理对形态结构有明显影响。按 NG 机理进行时常形成球状相畴，而按 SD 机理进行相分离时，一般生成圆柱状相畴，并且一般产生两相共连续结构并存在更明显的相界区。

此外，根据 Lee 等人[27]的研究，增加聚合时的压力可使相畴尺寸减小，这是由于压力增大时，组分之间互溶性提高的缘故。

3.4.2.5 LIPN 的形态结构[2,15,16]

一般而言，胶乳型互穿聚合物网络具有核壳状结构，种子为核，聚合物 2 为壳。成膜后，壳即聚合物 2 构成连续性较大的相。但在 LIPN 制备中，在不同条件下，单体 2 可能会进入种子内部，在种子内形成胞，结果形成类似 ABS 一样的香肠状结构。如图 3-25

所示。

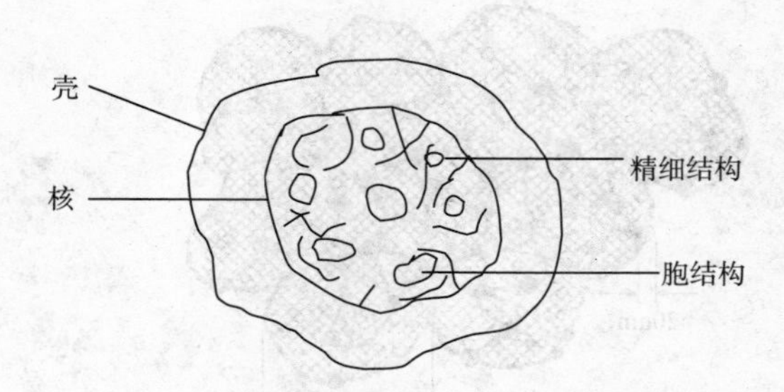

图 3-25　LIPN 乳胶粒形态结构示意图

加料方式、聚合区域的黏度、单体亲水性的差别、配料比等因素对 LIPN 的形态结构都有显著影响[15,16,28]。根据反应条件的不同，乳胶粒的结构可以是核壳状、反核壳状、草莓状、半月状以及夹层状等不同类型。[15,16]

以 LIPN PMMA/PS 为例，反应条件对 LIPN 形态结构影响的基本规律示意于图 3-26。关于 LIPN 形态结构及其影响因素的讨论已在 2.3.4 节有关种子乳液聚合中述及，这里不再重复。有关 LIPN 各层交联度的影响及多层 LIPN 的形态结构见文献[16]。

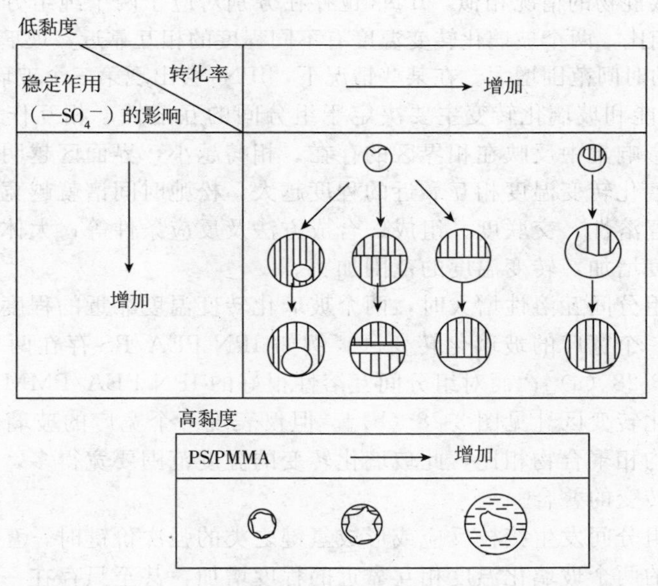

图 3-26　LIPN PMMA/PS　乳胶粒形态结构与反应条件的关系

○—PMMA 区；◍—PS 区

IEN 的相畴较大，一般为 1～4μm，网络的相互贯穿仅限于两相的界面区。

Silverstein 等[28,29]研究了由交联聚丙烯酸酯 PA（70%PBA 和 30%聚丙烯酸乙酯）和交联 PS 构成的 LIPN PA/PS 的形态结构和性能。聚合完成后经分离、干燥、压制制样后，形成如图 3-27 所示的形态结构。其流变性能类似于用球形 PS 微粒填充的交联 PA。PS 微区具有增强作用，使模量提高，抗张强度大幅度增加，拉伸率可达 200%，是一种新型的热塑性 IPNs。

图中表示了颗粒内和颗粒间的纳米级微区（相畴）结构和两相相互交织的网络结构。

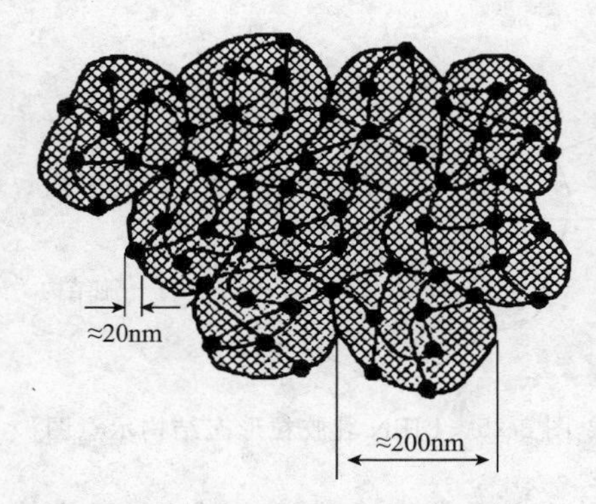

图 3-27 模塑 LIPN 截面示意图

交联 PA；交联 PS；交联 PS纳米微区

3.4.3 物理及力学性能

3.4.3.1 玻璃化转变及松弛性能

和一般聚合物共混物的情况相似，IPNs 也存在分别对应于两个纯组分的两个玻璃化转变温度，但与纯组分相比，两个玻璃化转变温度有不同程度的相互靠近，玻璃化转变的温度范围拓宽，松弛时间谱的时间范围增大。在某些情况下，IPNs 会出现第三个玻璃化转变温度。

IPNs 的松弛性能和玻璃化转变主要决定于组分间的互溶性、相互作用和相互影响。这种相互作用和相互影响集中反映在相界区的存在。相畴越小，界面区越明显，组分间的相互影响越大，两个玻璃化转变温度相互靠近的程度越大，松弛时间谱就越宽。因此，凡是使相畴减小的因素，如互溶性、交联度、组成、合成方法及反应条件等，大体上都使两个玻璃化转变温度靠近的程度增加，转变温度的范围加宽。

(1) 互溶性 组分间互溶性增大时，两个玻璃化转变温度靠近的程度增加，转变区宽度增大，最后可变成一个宽广的玻璃化转变区。例如 IPN PEA/PS 存在两个相互靠近的玻璃化转变温度［见图 3-28 (a)］；而对组分间互溶性很好的 IPN PEA/PMMA 就只存在一个温度范围很宽的玻璃化转变区［见图 3-28 (b)］。但仅表现一个宽广的玻璃化转变并不意味着均相结构。因为与均相聚合物相比，此玻璃化转变的温度范围要宽得多，这意味着是一系列温度相近的玻璃化转变的叠合。

当两种聚合物组分间发生接枝反应或形成氢键之类的强次价键时，互溶性提高，相畴减小。相应于两组分的两个玻璃化温度相互靠近的程度增加，甚至只存在一个玻璃化温度。例如，以聚氨酯和聚丙烯酸酯为基的半-SIN，加入不同量的聚丁二醇以调节接枝程度，发现随着接枝程度的增加，与 PU 组分相应的玻璃化温度向高温移动的程度迅速增加，可达 35℃。

(2) 交联度 网络交联密度的增加对 IPN 松弛性能和玻璃化转变的影响与相容性增加的影响相似。

例如，以蓖麻油聚氨酯和 PS 为基的 IPN，随着两种网络交联密度的增加，两个玻璃化温度相互靠近的程度提高。这是由于随着交联密度的提高，阻止相分离的倾向增大，强迫相容性加强。

对 SIN PU/PMMA，K=NCO/OH 是 PU 网络交联密度的控制因素。当 K=1.07 时，PU 网络的玻璃化转变温度向高移动的程度最大，因为这时 PU 网络的交联度和完善程度最

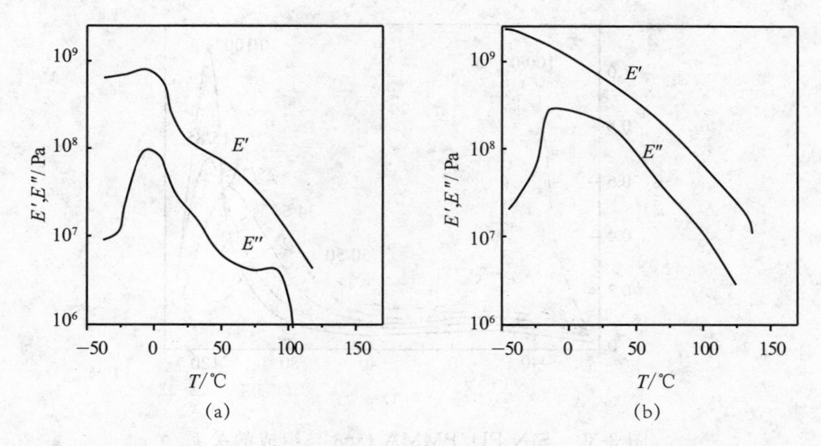

图 3-28　IPN PEA/PS（48.8/51.2）（a）和 IPN PEA/PMMA（47.1/52.9）（b）的储能模量（E'）及损耗模量（E''）与温度的关系

大。同时，相应于 PMMA 网络的玻璃化温度向低温方向移动的程度也最大（见图 3-29）。

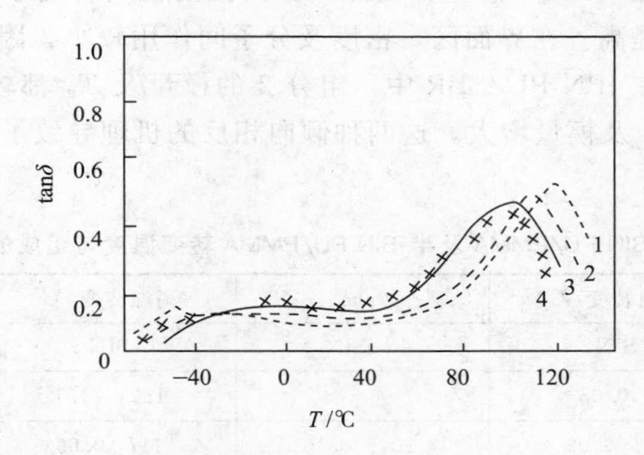

图 3-29　SIN PU/PMMA 的损耗正切（tanδ）与温度的关系

PU 含量 34%；三甲基丙烯酸三羟甲基丙烷酯（TMPTMA）用量为 5%；K=NCO/OH：曲线 1—0.77；曲线 2—0.89；曲线 3—1.28；曲线 4—1.07

（3）组成　组成比对 SIN　PU/PMMA 松弛性能和玻璃化转变行为的影响示于图 3-30 和表 3-5。由图可见，与纯组分相比，两个玻璃化温度相互靠近了，在中等组成时，靠近的程度最大；随着组成的改变，转变区的宽度亦改变，在中等组成时宽度最大。对应于 PMMA 网络的 tanδ 峰值随 PMMA 含量的减小而下降。

对于半-SIN，情况相似（见表 3-5）。这时 PMMA 是非交联的。与 SIN 不同的是，相应于 PU 玻璃化转变的低温转变温度在−20℃左右，基本上不受组成的影响。

tanδ 的半峰宽度也是相畴大小和混溶情况的一种量度，它也与组成有关。对一般机械共混物，此宽度很小。IPN tanδ 的半峰宽度要比半-IPN 的大，这是由于与半-IPN 相比，IPN 网络之间的相互贯穿程度大，相畴小的缘故。

组成对 IPN 黏弹性的影响常常是非常单调的。例如 IPN　PU/SBR，随 SBR 体积分数 v_2 的变化出现极小值。当 v_2 很小时，v_2 增大，实数模量减小；而当 v_2 较大时，v_2 增大，模量提高，在 v_2 为 0.05 左右出现极小值。与 tanδ 峰值对应的玻璃化温度 T_g 与 v_2 有类似

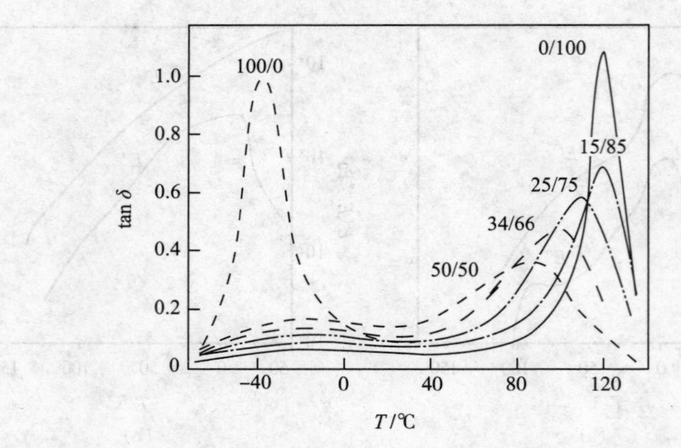

图 3-30 SIN PU/PMMA tanδ 与组成的关系
TMPTMA 用量为 5%；K=1.07

的关系。这是由于在 IPN 中，一种网络可视作另一种网络的填充剂。由于热力学的非互溶性和相分离的不完全，在 IPNs 中产生界面区。界面区的性质有别于纯组分。组分 2 含量增大时，界面区体积分数提高。在界面区，密度及分子间作用较小，因而使模量、T_g 以及 T_g 转变的活化能下降。但在 IPN PU/SBR 中，组分 2 的模量及 T_g 都较高，所以 v_2 进一步提高时，又会使 IPN 的 T_g 及模量增大。这两种倾向相反的机理导致了黏弹性与黏弹性的非单调关系。

表 3-5 SIN PU/PMMA 及半-SIN PU/PMMA 转变温度与组成的关系①

组成 PU/PMMA	低温转变/℃	tanδ	高温转变/℃	tanδ
	SIN	半-SIN	SIN	半-SIN
0/100	1①，0.08②	— —	122， 1.1	— —
15/85	0， 0.09	-20， 0.10	117，0.69	110，0.91
25/75	−7， 0.12	−20， 0.12	108，0.55	110，0.95
34/66	−10， 0.14	−23， 0.14	100，0.53	100，0.73
40/60	−15， 0.15	−20， 0.15	98，0.43	103，0.30
50/50	−15， 0.19	−20， 0.18	79，0.37	90，0.48
100/0	−40， 1.05	−40， 1.05	——	——

①角频率为 0.1rad/s；TMPTMA 用量为 5%；
②为 PMMA 的 β 转变。

（4）合成方法及反应条件的影响　合成方法及反应条件的影响主要是指动力学因素的影响。凡是阻碍相分离，使相分离程度减小的因素都会使 IPNs 的两个玻璃化温度靠近，松弛时间谱加宽。例如以聚氨酯和聚丙烯酸酯为基的 SIN、第一类半-SIN 和第二类半-SIN 的研究结果表明，SIN 及半-SIN-2 两个玻璃化温度靠近的程度较大，相界面模糊，相畴较小。半 SIN-1 和相应的线型聚合物共混物相界面分明，相畴较大，两个玻璃化温度相互靠近的程度小。这就是说当聚丙烯酸酯交联时，两个玻璃化温度靠近的程度大，相畴小。其原因是线型和交联的聚氨酯，在聚合过程中扩散速率变化不特别大，因为起始预聚物的黏度本来就较大；而聚丙烯酸酯交联后黏度急剧增大，使相分离不能充分进行。

这也说明，反应过程动力学因素对IPNs的结构与性能有重要影响。这为反应条件的设计提供了一个重要依据。

3.4.3.2 力学性能

第一网络基本上决定了IPN的力学性能。当IPN组分之一存在强烈的分子间力时（如PU的情况），性能与组成的关系往往是非单调的，在一定的组成范围内，IPN的力学性能可超过其任一组分。这种情况具有重要的实际意义。有时，当一种组分含量很少时，IPN的力学强度会急剧增大。和线型聚合物共混物的情况一样，这是一个值得重视的事实。以下举例说明。

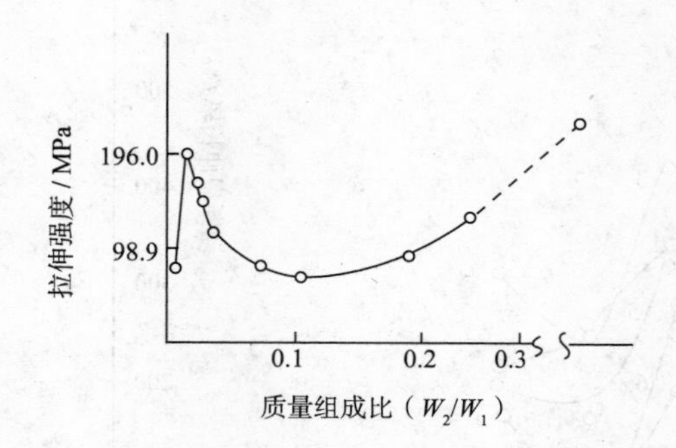

图 3-31 IPN PU/PS拉伸强度与组成的关系

以PU和DVB交联的PS为基的分步IPN，其拉伸强度与组成的关系具有极值。当PS含量很少时，强度急剧增大而达到极大值，如图3-31所示。

对此事实的解释如下：由于非晶网络聚合物，特别是PU网络的不均一性，当在单体2中溶胀时，单体2首先渗入球形结构之间的薄弱处以及微结构缺陷处。如仅渗入少量单体2就使溶胀过程停止，那么所形成的网络2的片断可能集中于球形结构或其他微区结构中的薄弱处和缺陷处，使缺陷愈合，从而提高IPN的强度。当网络2含量较大时，会使网络1中氢键及其他次价键解离，从而使强度下降。组成比大于0.2时，强度又重新提高，这可能是由于高模量高强度组分（PS）对强度的影响占主导地位的缘故。

当SIN的一个组分为PU，另一组分为EP、聚丙烯酸酯、PMMA、不饱和聚酯或PS等时，其力学强度与PU含量的关系是非单调的，如图3-32所示。强度存在极大值，这是由于网络间相互贯穿而使交联密度（其中包括物理交联）增大的缘故。当PU交联密度很大时，相互贯穿困难，因而强度极大值减小（见图3-32中曲线7）。当PU含量达75%左右时，强度出现极小值。这是由于当另一组分含量为25%左右时，PU中的氢键及其他次价键结合减小的影响占主导地位的缘故。当组分2含量较大时，有效交联密度的影响开始起主导作用。这就是说，增加有效交联密度和减小次价键这两个相反作用的总和决定了强度与组成关系中极大和极小值的存在。

当PU组分是由脂肪族二异氰酸酯制得时，由于与芳香族二异氰酸酯的情况相比，此时PU中氢键较多，因而组分2对PU的增塑作用（减少氢键数目的作用）更为明显，使得强度极小值出现在组分2含量更小的区域。而对以芳香族二异氰酸酯制成的PU的情况，此极小值或者没有或者出现在组分2含量较大的区域。

随着PU含量的减少，断裂伸长率急剧下降［见图3-32（b）］。在PU含量为50%时，断裂伸长率接近于纯组分2的树脂。

若构成IPN的两种聚合物，一种是橡胶，另一种是塑料，那么两相之间能很好地发挥协同效应。当构成主要连续相（第一网络）的组分是塑料时，橡胶起显著的增韧作用，得橡胶增韧的塑料。在 IPN 中，相畴尺寸一般为 0.1μm 左右，这对发挥橡胶相的增韧作用极为适当。另一方面，两相之间的相互贯穿和缠结增加了两相之间的黏合强度。因此，IPN 类型的增韧塑料一般都有较高的冲击强度。例如，IPN PS/SBR 的冲击强度要比一般的 HIPS 高三倍以上。

对于 SIN EP/PBA，当两组分同时到达凝胶点时，力学强度最低。这可能是由于两组分同时到达凝胶点时相畴过小，不能很好发挥两相之间协同效应的缘故。

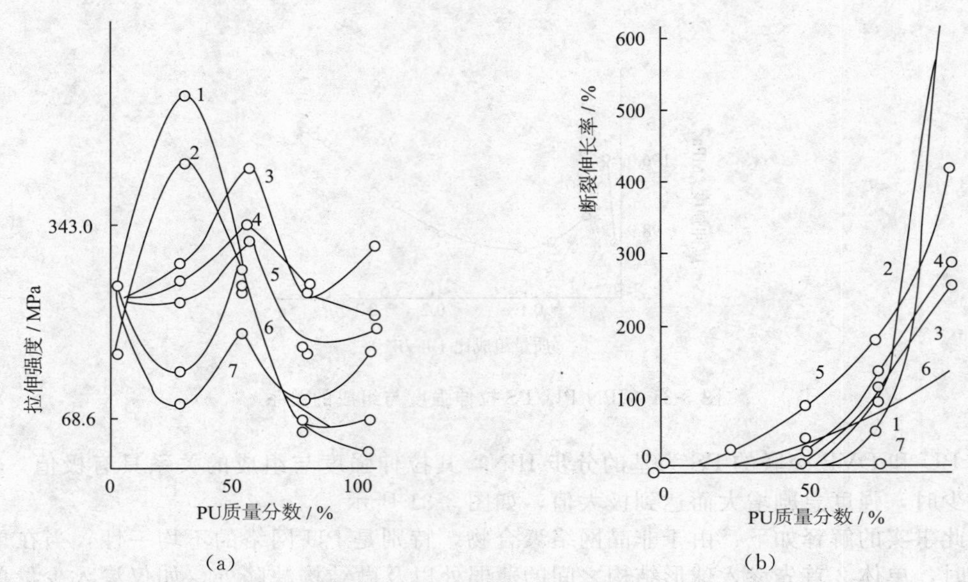

图 3-32　SIN 拉伸强度（a）和断裂伸长率（b）与 PU 含量的关系

1—SIN PU/EP-152；2—SIN PU/EP-828；3—SIN PU/PBA；
4—SIN PU/PS；5—SIN PU/PMMA；6，7—SIN PU/聚甲基丙烯酸羟乙酯

IPN 用作黏合剂时，存在一些基本特性。IPN 结构可使粘接强度大幅度提高。这和 IPN 中不同网络组分固化速度不同有关。例如，由聚酯和聚氨酯构成是 SIN，聚酯固化 40min 完成，而聚氨酯固化需数昼夜才能完成。这可使黏合层内应力松弛充分进行，从而减小黏合层内应力，使黏合强度提高。所以 SIN 聚酯/聚氨酯黏合剂的黏合强度远超过单一组分聚合物黏合剂的强度。

3.4.3.3　热稳定性

在热稳定性方面，IPNs 也常表现组分间明显的协同效应。例如 SIN PU/PMMA，在某些组成范围内，其热稳定性高于任一纯组分。这是由于 PMMA 及其降解产物起自由基捕捉剂的作用，从而保护了 PU，延滞了 PU 的降解作用。要产生这种协同作用，需要两组分之间的密切接触，而互穿网络的形成提供了这一条件。

SIN PU/PS 具有类似的情况。

3.4.4　填充 IPNs

与一般聚合物一样，用无机填料填充和增强 IPNs 是重要的改性手段．这就涉及 IPNs 与固体表面的作用问题。由 IPNs 与固体表面作用而得出的结论，原则上同样适用于以 IPNs

为基的复合材料。

3.4.4.1 IPNs与固体表面的相互作用

IPNs与固体（如无机填料）表面的作用常常可提高体系的热力学稳定性、减少相分离程度。

例如，采用等温蒸汽吸附法研究了IPN PU/PEA与各种填料表面的相互作用，测量了在不同填料存在下体系的混合自由焓[30]，如表3-6所示。

表3-6 聚合物与填料之间的相互作用自由焓[30]

聚合物	自由焓 ΔG/(J/g)		
	烟道 SiO_2	Al_2O_3	PEA
聚氨酯	−2.23	−1.17	+1.42
PEA	−0.38	+0.96	+0.31
IPN PU/PEA 90/10	−0.92	−4.73	+6.35

由表可见，烟道 SiO_2 对PU的热力学亲和性最大，其次是 Al_2O_3，它与PU的相互作用自由焓亦为负值。而聚合物填料PEA对聚合物无亲和性，自由焓变化为正值。由表也可看出，SiO_2 对网络2（PEA）亦有亲和性，但 Al_2O_3 对网络2无亲和性，混合自由焓为正值。

由表可见，IPN PU/PEA与 SiO_2 及 Al_2O_3 都是亲和的，可构成热力学稳定的体系。但对聚合物填料，构成的体系是热力学不稳定的。所以，只要填料与IPNs两组分或两组分之一具有亲和性，就可以构成热力学稳定的填充IPNs体系。这一结论同样适用于以纤维为增强剂的IPNs复合材料。

根据对一系列IPNs及半-IPNs的研究[31,32]，在填充IPNs中，聚合物与固体表面的作用机理可总结为以下几点：

①根据IPNs组分之间在互溶性的不同及不同组分对填料固体表面的亲和性不同，IPNs各组分对填料表面存在选择性吸附，具有较高表面张力的组分优先吸附在高表面能的填料表面。这种选择性吸附使其在界面富集，使界面区的组成有别于本体。两聚合组分互溶性较差时，更有利于这种选择性吸附。

②这种选择性吸附可限制大分子链段的运动，从而阻碍相分离的进行，使相分离度减小，使IPNs两组分之强迫互溶性增加，或者说提高了两组分之间的相容性。

③在填料固体表面上的选择性吸附也对IPNs形成反应动力学产生明显的影响。

IPNs与固体表面的这种作用也是IPNs对固体表面黏合强度提高的重要因素。这一点对于用作涂料和黏合剂的IPNs十分重要。

此外，根据Bauer等人的研究[33]，填充IPNs网络的交联密度有所减少，认为这是由于在填料存在下网络的缺陷增加的缘故。

3.4.4.2 填充IPNs的黏弹性[7,34]

根据对不同填料填充的IPN PU/PEA黏弹性的研究表明，加入填料可提高IPN网络之间的相容性，减少相分离度 α。

加入填料使IPNs的松弛转变发生移动，如图3-33及表3-7所示。对未填充的IPN PU/PEA（曲线1）存在对应于 $\tan\delta$ 的松弛峰，分别为66℃和175℃。填充IPN PU/PEA明显改变了整个体系的黏弹性（见图3-33及表3-7)。加入填料使模量增大，转变区加宽，

活性填料烟道 SiO_2 表现的最为突出。特别重要的是，两个转变峰合并为一个宽广的转变峰（见图 3-33 曲线 2～4）。这表明填充 IPN PU/PEA 使两种网络相容性增加，相分离度减小（见表 3-7）。对其他 IPNs 基本情况也一样。

表 3-7 填充 IPN PU/PEA 的模量 E、玻璃化温度 T_g 及相分离度 α[30]

体系	E/MPa(293K)	E/MPa(413K)	T_g/℃	α
IPN PU/PEA 90/10	457	21	70	0.83
IPN PU/PEA 90/10 加 3% Al_2O_3	794	22	108	0.46
IPN PU/PEA 90/10 加 3%烟道 SiO_2	891	28	104	0.55
IPN PU/PEA 90/10 加 3%PEA	631	23	96	0.69
PU	363	11	66	—
PEA	1514	372	170	—

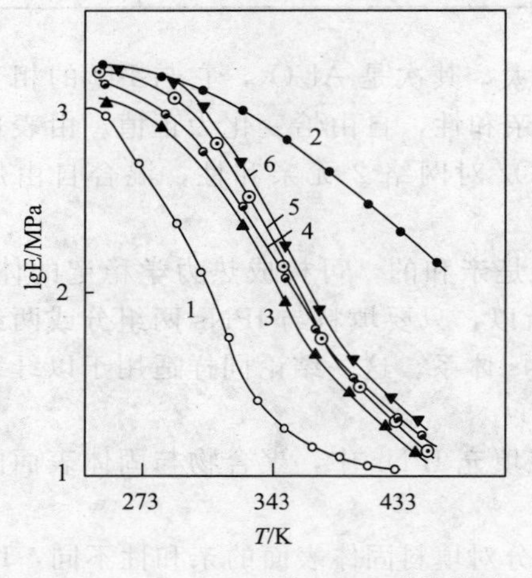

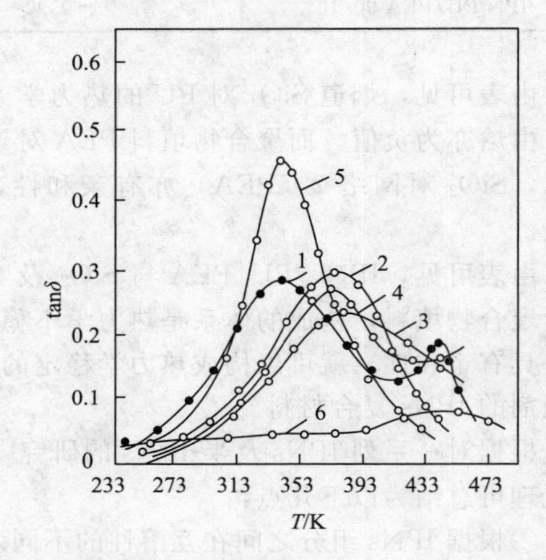

图 3-33 弹性模量（a）和力学损耗（b）与温度的关系

1—IPN PU/PEA；2—加 3% Al_2O_3 的 IPN；3—加 3%烟道 SiO_2 的 IPN；
4—加 3%PEA；5—纯 PU；6—纯 PEA

3.4.5 应用

当前 IPNs 技术已成为聚合物材料制备和改性的重要手段之一，许多 IPN 产品已投入市场。本节就 IPNs 在塑料与橡胶改性、黏合剂、离子交换树脂、阻尼减震等方面的应用作一简要介绍。

3.4.5.1 橡胶与塑料改性

橡胶与塑料的改性主要是指橡胶的增强和塑料的增韧。这有两种途径：其一是通过调整 IPN 组分以达到改性目的；其二是通过 IPN 方法合成改性剂，再与待改性的基体共混以达到改性的目的。

（1）以 IPN 方法合成增强橡胶和增韧塑料　对一种组分为塑料另一种组分为橡胶的 IPNs，改变组成比可制成以塑料增强的橡胶或以橡胶增韧的塑料。当以橡胶组分为主时为增强橡胶；以塑料组分为主时为增韧塑料。用 IPN 方法制得的产物，其增强或增韧效果要比一般的共混方法好，特别是当两组分相容性很差时，采用 IPN 方法的优点更为突出。

(2) IPN方法制备塑料改性剂　用LIPN方法合成塑料改性剂，近年来发展很快。以LIPN方法合成的聚丙烯酸酯类改性剂（ACR）和MBS树脂已投入市场，并且仍是目前研究的焦点之一。聚丙烯酸酯类为基的LIPN作为PVC、PC及PMMA的增韧改性剂或加工改性剂日益受到重视。LIPN可以是双层的也可是多层的，已投入市场的也有多种品牌。

将LIPN型弹性体表面带上能使热固性树脂交联的基团，即制得热固性树脂增韧剂。将其与热固性树脂共混，经加工成型即制得增韧的热固性塑料制品。

亦可用IPN法制得MBS树脂。用三甘醇二甲基丙烯酸酯交联的SBR制成种子胶乳，以交联的St-MMA共聚物为第二层，最外层为交联的PMMA。此种三层结构的LIPN经整析、洗涤、干燥，即得LIPN型的MBS树脂。其性能优于其他方法制备的MBS。以此种树脂与PVC共混可制得高度透明的韧性塑料，悬臂梁冲击强度可达8.33J/cm^2。

3.4.5.2　片状成型料和反应注塑

(1) 片状成型料（SMC）　一般的SMC是在不饱和聚酯、St混合物中添加碱性氧化物或氢氧化物组成。碱性添加物通过生成离子体而达到使不饱和聚酯-苯乙烯增稠的目的。通常SMC中还加入$CaCO_3$填料及玻璃纤维增强剂以提高制品模量。为达到所需黏度，增稠反应常需数天，且成型过程与添加剂的粒度及分散情况有关，所以制品质量常不够稳定。为克服这些缺点，可用交联PU代替上述的碱性氧化物或氢氧化物来起增稠作用。这种技术称为互穿增稠过程，简记为ITP。这时的增稠作用是在不饱和聚酯存在下形成PU网络，当PU网络内所含的不饱和聚酯-苯乙烯聚合并交联后，形成IPN。在灌模成型前，PU的形成反应要进行到凝胶点，然后使不饱和聚酯-苯乙烯反应并交联。PU和聚酯都是强极性的，所形成的IPN中包含大量氢键。加热时，氢键可破裂，因而能用铸模、压模或真空成型方法加工成制品。用这种方法可制得性能优异的制品。

(2) 反应注塑（RIM）　采用IPN技术可提高RIM制品的质量。例如将PU与环氧树脂、不饱和聚酯以及MMA等复合以生成PU为基的IPNs，从而提高RIM制品的模量。

3.4.5.3　离子交换树脂及压渗膜

用IPN技术制备离子交换树脂时，IPN中的一种聚合物网络是高度交联的，它赋予离子交换树脂必要的强度；另一种聚合物网络轻度交联，易于溶胀，赋予离子交换树脂必要的离子交换能力。这种离子交换树脂亦称为杂化树脂。

用压渗膜脱盐是海水淡化的新技术。在压力推动下，盐优先通过压渗膜而被脱除。为此，压渗膜需由聚阴离子和聚阳离子两个连续相组成。IPN结构可满足这种要求。例如，以交联的PS为网络1，以交联的聚乙烯吡啶为网络2，制得分步IPN，再经磺化和季胺化反应即可制得两相连续结构的压渗膜。

3.4.5.4　减震阻尼

当聚合物与振动物体接触时会吸收振动能使之变为热能，结果使振动受到阻尼。在聚合物玻璃化转变的温度范围内，对振动能的吸收最大，阻尼作用最强。在玻璃化转变温度范围之外，这种阻尼作用迅速减小。一般的均聚物和共聚物的玻璃化转变温度范围都很窄，产生有效阻尼作用的温度范围只有20～30℃。因此在减震阻尼方面的应用受到限制。两种互溶性较好的聚合物共混时可加宽此温度范围，特别是两种聚合物组分制成IPN时，玻璃化转变温度范围可达100℃。所以IPNs在减震阻尼方面的应用前景是很乐观的[189,190]。

玻璃化转变温度范围的大幅度加宽是由于形成界面区，在界面区存在明显的浓度梯度的缘故。

材料内部宏观浓度梯度最典型的例子是梯度IPN。梯度IPNs在减震阻尼方面具有巨大的应用前景[182]。

3.4.5.5 黏合剂、涂料及其他

IPN技术已用于黏合剂及涂料的改性和制备新型的黏合剂及涂料。例如改性酚醛树脂、改性醇酸树脂涂料等。

用能交联的水溶性或水分散的树脂与热塑性树脂乳液混合，经交联生成IPN结构的间充交联涂料，适用于建筑涂料。有机硅/有机硅型的IPN可用于聚酰亚胺膜与金属之间的黏合。

IPN材料在医疗器械、医用材料方面也有很大应用潜力。

IPN技术已用于制备低收缩聚酯。IPN技术也已经用于皮革改性等一系列领域。

IPNs作为智能材料的应用也日益受到关注。Eck等[35]研究了IPN在太阳能利用方面的应用。以聚氧丙烯和甲基丙烯酸羟乙酯与苯乙烯共聚物为基的IPN，在30～150℃具有可调的最低临界温度（LCST），改变组成可在此温度区间调节LCST。由此IPN制成的膜在LCST以下为透明的，温度超过LCST时则透明性逐渐下降，使太阳光透过率下降。因此这种材料可用于太阳能加热器，自动调节温度以防止过热。

3.4.6 进展和趋势

当前IPN技术已成为高分子材料改性的重要手段和相对独立的高分子科学领域。在有关IPNs的理论研究方面主要集中在相图、相分离机理、反应动力学以及相分离与反应动力学的相互关系等方面[7]。更多的研究则集中于新类型IPNs、新的合成方法以及IPNs的实际应用方面。以下对近几年的进展和趋势作简要介绍，主要是关于新型IPNs和IPNs应用研究趋势。

3.4.6.1 新型IPNs

(1) 原位分步IPNs[36]　将两种不同的乙烯基单体 M_1 及 M_2 和交联剂、引发剂混合在一起，但使两种单体依次聚合和交联。为此必须两种单体对自由基聚合反应的活性差别很大。例如，烯丙基单体的活性为丙烯酸酯和甲基丙烯酸酯单体活性的1/100，所以二者就可分别用作 M_1 及 M_2。另外还要使用在不同温度下分解的不同引发剂。这样就可使活性较大的单体在较低温度下聚合，活性较小的单体在较高温度下聚合，生成分步IPN。由于这种IPN的制备是将两种单体和相应的交联剂、引发剂一起混合但依次聚合而形成的IPN，所以这种IPN亦称为原位分步IPNs（in situ sequential IPNs）。这种方法对IPNs的加工成型提供了一个很好的途径，在IPNs的应用上很有意义。

例如，将MMA和双酚A碳酸二烯丙基酯（DACBA）混合在一起，在中等温度下，MMA聚合并交联，待MMA聚合及交联反应完成后，升高温度，进行第二步反应，再使DACBA聚合并交联，生成原位分步IPN。第一步反应在60℃进行，以AIBN为引发剂；第二步反应在95℃进行，以叔丁基过氧化异壬酸酯（TBPIN）为引发剂。由于网络1是在单体2存在下形成的，网络处于松弛状态，这与一般的分步IPNs是不同的。

(2) 梯度IPNs[37,183,188]　关于梯度IPNs的制备方法前面已经述及。当前有关梯度IPNs的应用研究已指向高新技术领域，利用其梯度组成因而其折光率梯度变化的性质，而用于制造梯度光学棱镜。

(3) 有机-无机IPNs[37,191,192]　由有机聚合物和无机物构成的IPNs称为有机-无机IPNs，亦称为杂化IPNs，可视为有机/无机杂化复合材料的一种新类型。这种由性能差别极大的组分构成的IPNs为高分子材料强度和性能设计提供了新的途径。Jackson等人[38]用

溶胶凝胶法制得了聚丙烯酸羟乙酯和 SiO_2 为基的 IPNs，经小角 X 射线散射测得 SiO_2 相畴尺寸为 100Å（1Å=0.1nm）左右。

最近 Allcock 等[39]合成了一系列由聚丙烯酸酯类与聚膦腈组成的有机-无机 IPNs，用透射电镜测得相畴尺寸为 0.05～0.25μm。

3.4.6.2 以可再生原料为基的 IPNs

由于石油资源的有限和环境污染问题，所以利用可再生资源来制备 IPNs 已成为发展 IPNs 的一种趋向。

（1）以蓖麻油为基的 IPNs　以蓖麻油为基的 IPNs 已受到普遍的关注。Suthar 等[40]合成了以蓖麻油-氨基甲酸酯网络和丙烯酸酯类网络构成的 IPNs，并合成了蓖麻油-聚苯乙烯构成的 SIN，并对其形态结构进行了研究。Nayak 等人[41]将 TDI 与蓖麻油反应制成预聚物，再与丙烯酸酯类单体混合，以二甲基丙烯酸乙二醇酯（EGDM）为交联剂，制得了同步 IPNs，研究了反应动力学、松弛转变行为以及耐热性，发现此类 IPNs 具有优异的耐热性。在耐热性上，两组分具有明显的协同效应。

Tan 等[42]合成并研究了 SIN 蓖麻油-氨基甲酸酯/聚丙烯酸酯，聚丙烯酸酯组分的合成采用 MMA、St 和 AN 混合单体。此种 SIN 具有抗水解、耐磨等优异性能，已用作水坝的堵漏剂。Xie 等[43]研究了蓖麻油型聚氨酯和 PMMA 所构成的 SIN，研究了其力学和松弛性能。这类材料已用作铁的抗锈涂料。Barrett 等人[44]合成了以蓖麻油型聚氨酯和 PET 为基的 IPNs，并对其反应机理进行了研究。

（2）以天然橡胶为基的 IPNs[45,46]　以天然橡胶胶乳作为种子，使 MMA 进行乳液聚合，可制得类似于 ABS 的抗冲复合材料。Hourston 等合成了以天然橡胶胶乳和 PMMA 为基的 LIPN 和半-IPNs，以及以天然橡胶胶乳和 PS 为基的 IPNs，这些产物都是性能优异的增韧塑料，抗冲强度可达 $32.2kJ/m^2$。

（3）纤维素衍生物为基的 IPNs　纤维素大分子上每个链节都有三个具有相当反应活性的羟基，所以可据以制备各种 IPNs 及其相关的材料。例如，Kamath 等人[47]用肉桂酸烯丙基纤维素酯与含交联剂的苯乙烯、丙烯酸酯或醋酸乙烯酯等反应，制成了各种 IPNs 和AB-交联共聚物，这些材料具有优异的耐热性。亦有用纤维素酯和丙烯酰胺制备水凝胶的报道[48,49]。这种材料可用于生物、医学领域。

3.4.6.3 特种材料

美国 Petrarch Systems 公司开发了一种商品名为 Rimplast 的 IPNs 系列产品，由聚硅氧烷和热塑性树脂组成。这类材料既具有有机硅的润滑、绝缘、耐高温、化学惰性、生物相容性和透氧性等特点，又具有热塑性树脂力学强度的特点。这种材料以两种材料形式提供，每一种材料均由母体聚合物与反应性有机硅组成。其中一种材料中的有机硅带乙烯基，另一种材料中的有机硅带活泼氢官能团，并于其中一种材料中加有铂催化剂。在成型加工过程中各种粒料反应、交联而生成 IPN。这类产品可用普通的注塑挤出工艺加工成型。此种材料可用作人体导液管、波纹管及电器绝缘材料等。制备这类材料所用的热塑性材料有聚酰胺、聚氨酯、聚碳酸酯、聚对苯二甲酸二丁酯、苯乙烯与丁二烯嵌段共聚物等。

美国 Dupont 公司开发了聚甲醛系列的 IPNs，已投入市场的牌号有 Perrin 100ST 的超增韧聚甲醛和牌号为 Delrin 500T 的增韧聚甲醛。这些材料的冲击强度为聚甲醛的 7～30 倍。

美国 Allied Fiber and Plastics 公司开发了一种碳纤维增强的半固化 IPNs，它由聚砜、聚碳酸酯以及改性酚醛树脂等组成。这种材料具有耐热性好、吸水率低、固化时间短、收缩率小的优点。

美国 Shell 公司开发了商品名为 Kraton IPN 7590 的 IPN 材料，它是由 SB 嵌段共聚物的 Kraton 产品和工程塑料如 PC、PET 等互穿交联而制得。与非 IPN 化的 Kraton 产品相比，Kraton IPN 的冲击强度提高 2.5～3 倍，且可直接上漆，边角料可回收利用。

美国里曼化学公司已于 1982 年用 IPN 技术生产 SMC 以代替传统的聚酯 SMC。

IPN 技术在宇航方面具有主要的应用前景。双氰半-IPNs 兼具热固性树脂和热塑性树脂的优点，在较苛刻条件下仍能保持良好的刚度和强度，是一种很有潜力的宇航中复合材料的基体树脂。

由于 IPNs 原料来源广、成本低、性能优异，作为聚合物共混改性的新领域，发展前景极其广阔，有待于大力研究和开发。

3.5 高分子材料的增韧改性

在聚合物的共混改性中，提高聚合物的韧性是最常见的目的。根据 Utracki[50] 的统计，在有关聚合物共混改性的专利中，主要目的是提高冲击强度的专利占 38%，如表 3-8 所示。

表 3-8　已公布的聚合物共混改性目的统计

专利旨在改进的性能	占总专利的百分数/%
提高冲击强度	38
改进加工性能	18
提高抗张强度	11
提高硬度和模量	8
提高热变形温度	8
提高阻燃性	4
提高抗溶剂性	4
提高热稳定性	3
提高尺寸稳定性	3
提高断裂伸长率	2
增加光泽	2
其他	4

因此，在聚合物共混改性中，增韧是最重要的领域，这就是常说的橡胶增韧塑料，即将橡胶颗粒与塑料共混以提高塑料的韧性。塑料包括热塑性塑料和热固性塑料。当前这是聚合物增韧的主要方法，已有数十年的研究和应用历史，许多橡胶增韧的塑料已成为大宗的高分子材料品种，如 HIPS，ABS，MBS 等。

高分子材料增韧的另一种途径是非弹性体增韧，即用刚性有机粒子、无机粒子，特别是纳米尺度的无机粒子来提高聚合物的韧性。这是 20 世纪 80 年代开始研究和开发的方法。例如在 PC、PA 等基体中添加 PS、PMMA、AS 等可制得非弹性增韧的聚合物材料等。

3.5.1 橡胶增韧塑料的增韧机理

以橡胶为分散相的增韧塑料是聚合物共混物的主要品种，比较重要的有高抗冲聚苯乙烯(HIPS)、ABS、MBS、ACR 等增韧的 PVC、聚碳酸酯和环氧树脂等。

橡胶增韧塑料的特点是具有很高的抗冲强度，常比基体树脂高 5～10 倍乃至数十倍，如表 3-9 所示。此外，橡胶增韧塑料的抗冲强度与制备方法关系很大，因为不同制备方法常使界面黏合强度、形态结果、橡胶颗粒大小及其分布变化很大，如图 3-34 所示。

表 3-9　聚合物材料的 Izod 冲击强度

聚合物	Izod 冲击强度/(J/m)
聚苯乙烯	16～24
HIPS	48～100
ABS	100～450
PVC	50
橡胶增韧 PVC	800
尼龙 66	240
超韧尼龙	1100～1200
环氧树脂	25～50
CTBN 增韧环氧树脂	125～200
聚碳酸酯	800
聚碳酸酯/ABS	400～500
聚砜	60
聚砜/ACR	600
PMMA	16
PMMA/橡胶	80

关于橡胶增韧塑料的机理[3,4]，从 20 世纪 50 年代开始已提出了许多不同的理论，如 Merz 的能量直接吸收理论、Nielsen 的次级转变温度理论、Newman 等人提出的屈服膨胀理论、Schmit 提出的裂纹核心理论等。这些理论往往只注意问题的某个侧面。当前被普遍接受的是近几年发展起来的银纹-剪切带-空穴理论。该理论认为，橡胶颗粒的主要增韧机理包括三个方面：①引发并支化大量银纹并桥接银纹（或裂纹）的两岸；②引发基体剪切形变（塑性形变），形成剪切带；③在橡胶颗粒内及表面产生空穴，伴之以空穴之间聚合物链的伸展和剪切导致基体的塑性形变。在冲击作用下，这三种机理示于图 3-35。就增韧的主要因素而言，主要就是银纹的引发、支化和基体的塑性形变，这是吸收冲击能的主要机理。基体不同，这两种机理所占比重亦不同。一般而言，对脆性基体（如 PS，PMMA 等）以银纹引发支化机理为主；对韧性基体（聚碳酸酯、尼龙等工程塑料）则以基体塑性形变为主。关于使基体产生塑性形变的机理，目前有橡胶颗粒空穴化机理和脆-韧转变两种理论，但这两种说法是相互联系的。

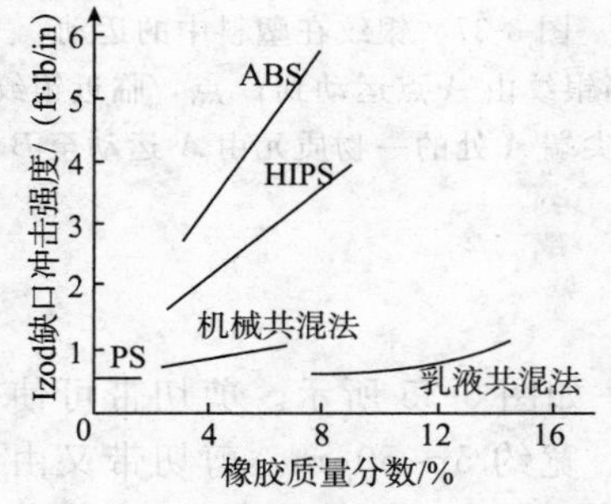

图 3-34　不同方法制备的增韧聚苯乙烯的抗冲强度 1ft・1b/in＝59.5 J/m

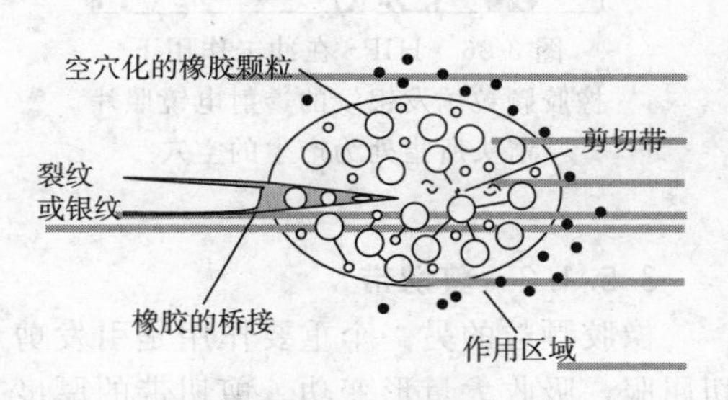

图 3-35　橡胶增韧塑料增韧机理的示意图

3.5.1.1　银纹的引发和支化[3]

橡胶颗粒第一个重要作用就是充作应力集中中心（假定橡胶相与基体有良好的结合），诱发大量银纹，如图 3-36 所示。

橡胶颗粒的赤道面上会引发达大量银纹。橡胶颗粒浓度较大时由于应力场的相互干扰和重叠，在非赤道面上也能引发大量银纹。引发大量银纹要消耗大量冲击能，因而可提高材料的冲击强度。

橡胶颗粒不但能引发银纹，更主要的是还能支化银纹。根据 Yoff 和 Griffith 的裂纹动力学理论，裂纹或银纹在介质中扩展的极限速度约为介质中声速之半，达到极限速度之后，继续发展导致破裂或迅速支化和转向。根据塑料和橡胶的弹性模量可知，银纹在塑料中的极限扩展速率约为 620m/s，在橡胶中约为 29m/s。

两相结构的橡胶增韧塑料，如 ABS，在基体中银纹迅速发展，在达到极限速度前碰上橡胶颗粒，扩散速度骤降并立即发生强烈支化，产生更多的新的小银纹，消耗更多的能量，因而使抗冲强度进一步提高。每个新生成的小银纹又在塑料基体扩展。根据 Bragaw 的计算，这些新银纹要再度达到极限扩展速度（约 620m/s）只需在塑料基体中有大约 5μm 的加速距离。然后再遇到橡胶颗粒并支化，如图 3-37 所示。这一估计为确定橡胶颗粒之间最佳距离和橡胶的最佳用量提供了重要依据。

这种反复支化的结果是增加能量的吸收并降低每个银纹的前沿应力而使银纹易于终止。

由于银纹接近橡胶颗粒时的速度大致为 620m/s，一个半径为 100nm 的裂纹或银纹，相当于 10^9 Hz 作用频率产生的影响。根据时-温等效原理，按频率每增加 10 倍，T_g 提高 6～7℃计算，这时橡胶相的 T_g 提高 60℃左右。所以橡胶相的 T_g 要比室温低 40～60℃才能有显著的增韧效应。一般橡胶的 T_g 在－40℃以下为好，在选择橡胶时，这是必须充分考虑的一个问题。

另外，如图 3-37 所示，橡胶大分子链跨越裂纹或银纹两岸而形成桥接，从而提高其强度，延缓其发展，也是提高抗冲强度的一个因素。

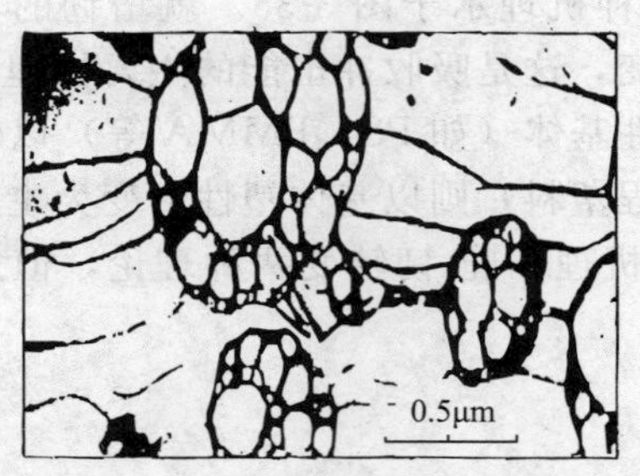

图 3-36　HIPS 在冲击作用下橡胶颗粒诱发银纹的透射电镜照片
箭头所指处为产生的空穴

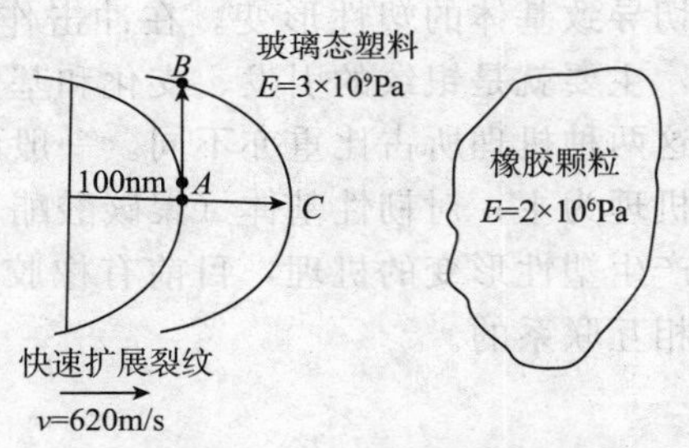

图 3-37　银纹在塑料中的运动
当银纹由 A 点运动到 C 点，临近银纹尖端 A 处的一物质元由 A 运动至 B

3.5.1.2　剪切带

橡胶颗粒的另一个重要作用是引发剪切带的形成，如图 3-35 所示。剪切带可使基体剪切屈服，吸收大量形变功。剪切带的厚度一般为 1μm，宽约 5～50μm。剪切带又由大量不规则的线簇构成，每条线的厚度约 0.1μm。

剪切带一般位于最大分剪切应力的平面上，与所施加的张力或压力成 45°左右的角。在剪切带内分子链有很大程度的取向，取向方向为剪切力和拉伸力合力的方向。

剪切带不仅是消耗能量的重要因素，而且还终止银纹使其不致发展成破坏性的裂纹。此外，剪切带也可使已存在的小裂纹转向或终止。

银纹和剪切带的相互作用有三种可能方式，如图 3-38 所示。

①银纹遇上已存在的剪切带而得以愈合、终止。这时由于剪切带内大分子链高度取向而限制了银纹的发展。

②在应力高度集中的银纹尖端引发新的剪切带，所产生的剪切带反过来又终止银纹的发展。

③剪切带使银纹的引发及增长速率下降并改变银纹动力学模式。

总的结果是促进银纹的终止，大幅度提高材料的强度和韧性。

关于银纹化和剪切屈服所占的比例主要由以下因素决定。

①基体塑料的韧性越大，剪切成分所占的比例越大。

②应力场的性质。一般而言，张力提高银纹的比例，压力提高剪切带的比例。图 3-39 表示了双轴应力作用下聚甲基丙烯酸甲酯的破坏包络线。图中第一象限表示双轴应力都是张力的情况，这时形变主要是银纹化。第三象限是双轴向压力，这时仅发生剪切形变。对第二和第四象限内，剪切和银纹的破坏包络线相互交叉，使银纹和剪切两种机理同时存在。

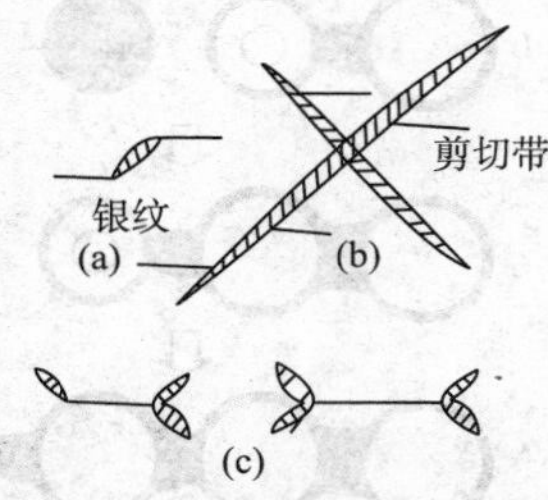

图 3-38　聚甲基丙烯酸甲酯及碳酸酯中银纹与剪切带的相互作用

(a) 剪切带在银纹尖端之间增长；

(b) 银纹被剪切带终止；

(c) 银纹为其自身产生的剪切带终止

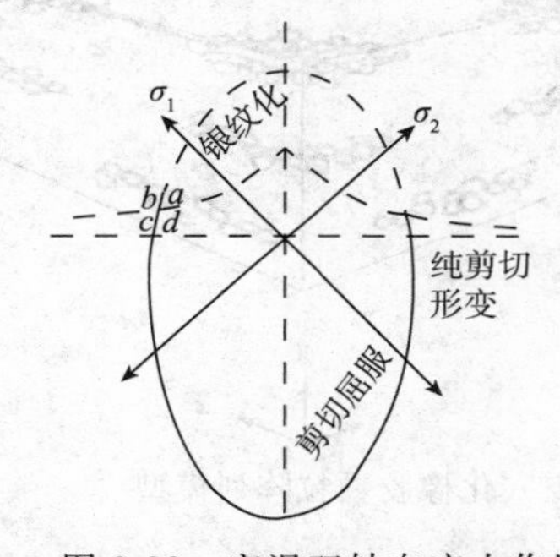

图 3-39　室温双轴向应力作用下聚甲基丙烯酸甲酯的破裂包络线

3.5.1.3　空穴作用[2,51~53]

在冲击应力的作用下，橡胶颗粒发生空穴化作用（cavitation），这种空穴化作用将裂纹或银纹尖端区基体中的三轴应力转变成平面剪切应力，从而引发剪切带，如图 3-40 所示。剪切屈服吸收大量能量，从而大幅度提高抗冲强度。

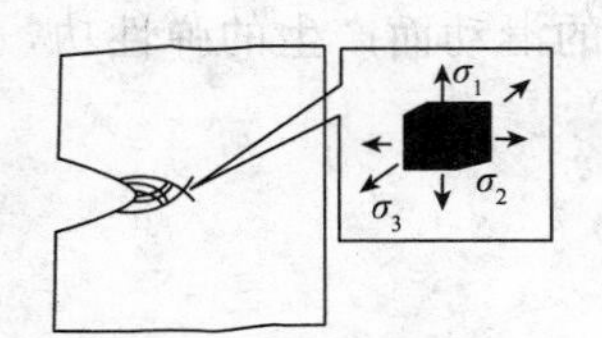

(a)未增韧的环氧树脂，在缺口前沿产生三轴张应力

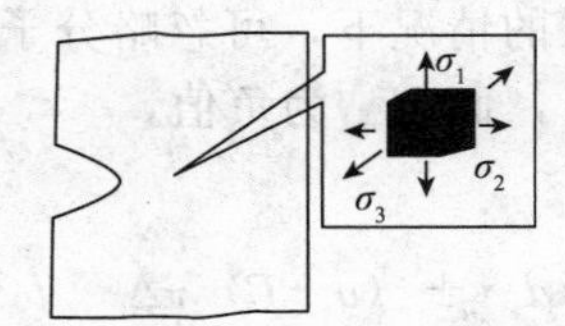

(b)CTBN橡胶增韧的环氧树脂，橡胶颗粒尚未空穴化

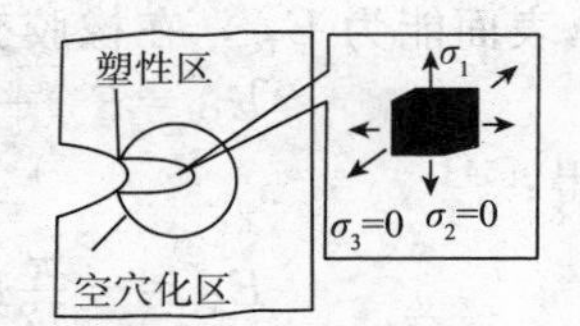

(c)CTBN橡胶增韧的环氧树脂，在橡胶空穴化之后，三轴应力转变为平面应力状态，基体树脂产生屈服形变

图 3-40　CTBN 橡胶增韧环氧树脂带缺口样品变形机理

空穴化即在橡胶颗粒内或其表面产生大量微孔，微孔的直径为纳米级。这些微孔的产生使橡胶颗粒体积增加并引起橡胶颗粒周围基体的剪切屈服，释放掉颗粒内因分子取向和剪切而产生的静压力及颗粒周围的热应力，使基体中的三轴应力转变为平面应力而使其剪切屈服。形成空穴本身并非能量吸收的主要部分，主要部分是因空穴化而发生的塑性屈服。

应当指出，在裂纹或银纹尖端应力发白区产生的空穴并非随机的，而是结构化的，即存在一定的阵列，每个阵列的厚度约为1～4个空穴化橡胶颗粒，长的约为8～34个颗粒，如图3-41所示。

空穴化阵列是由橡胶颗粒链产生和发展而形成的。在这种颗粒链中，颗粒之间的间隔大致为0.05μm。空穴化改变局部应力状态，使颗粒体积增大，在基体中形成小的塑性区，此过程反复进行，最终产生大的塑性形变（屈服形变），如图3-42所示。

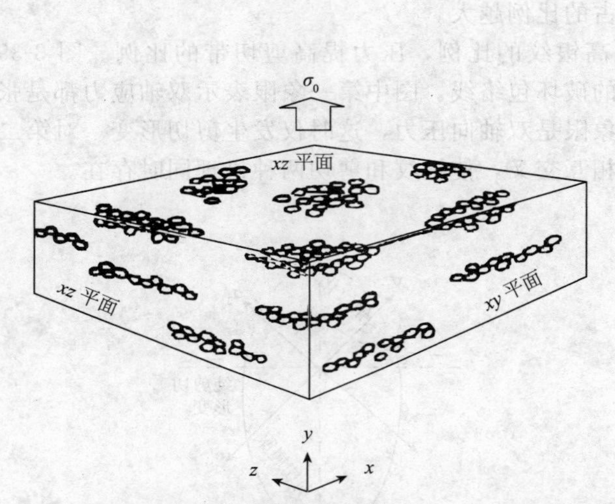

图3-41　空穴化橡胶颗粒阵列模型

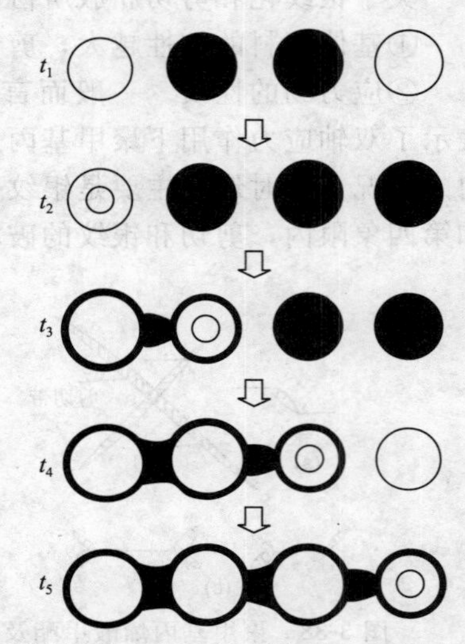

图3-42　空穴化颗粒阵列随时间而发展的示意图

由橡胶颗粒链产生空穴化阵列，这意味着在共混过程中混合过分的均匀并不一定好，而应保持橡胶颗粒的一定聚集态结构。例如，以ABS增韧PVC时，混炼的均匀程度与温度有关，混炼温度越高越均匀。采用140℃、160℃和185℃三个混炼温度，共混物的混合均匀程度依次增大，而带缺口Charpy抗冲强度却依次下降，分别为42kJ/m^2、26kJ/m^2和8 kJ/m^2。表明橡胶颗粒分散的某种不均匀会提高材料的冲击强度。

橡胶颗粒空穴化的原因是在三向应力作用下橡胶大分子链断裂，形成新表面所引起的。根据断裂的力学判据理论，仅当分子链在应力作用下的弹性储能等于或大于形成新表面所需表面能的情况下才能发生分子链的断裂。设应力场作用的总能量变化为$E_{总}$，弹性形变能量为$E_{弹}$，表面能为$E_{表}$，在橡胶交联的情况下，可忽略分子间的滑动而产生的弹性功，则

$E_{总}=E_{表}+E_{弹}$，而$E_{弹}$为负值，

于是可得：[54]

$$E_{总}=-\frac{\pi}{12}K\Delta^2 {d_0}^3+(\upsilon+\Gamma)\pi\Delta^{2/3}{d_0}^2 \tag{3-25}$$

式中，ν为橡胶颗粒的表面张力（表面能）；d_0为橡胶颗粒粒径；Δ为体积应变；K为橡胶本体模量；Γ为分子链断裂所引起的单位面积能量变化。

产生空穴的临界条件为$|E_{弹}|\geqslant E_{表}$，即式（3-25）为零，

$|E_{弹}|=E_{表}$，这就是说空穴化的临界条件为：

$$(\upsilon+\Gamma)\ \pi\Delta^{2/3}d_0{}^2=\frac{\pi}{12}K\Delta^2 d_0{}^3$$

于是可得发生空穴化的橡胶颗粒的临界直径为：

$$d_{0临}=\frac{12\ (\upsilon+\Gamma)}{K\Delta^{4/3}} \tag{3-26}$$

由橡胶颗粒空穴化引起的体积应变值 Δ、表面张力、本体模量和断裂能即可求出 d_0 临值。一般计算得到的 $d_{0临}$ 为 100～200nm，即 0.1～0.2μm。这是橡胶颗粒产生空穴化的下限值。根据 Dompas[55] 等对 MBS 增韧 PVC 的研究，产生空穴孔的橡胶粒径临界值为 150nm，过小的粒径难于产生空穴。

3.5.1.4 脆-韧转变

如上所述，橡胶增韧塑料的主要机理是银纹化和塑性形变，塑性形变（剪切形变）主要是由橡胶颗粒空穴化所产生的。对脆性较大的基体如 PS 等增韧主要是由于银纹的引发和支化，象 HIPS 和 ABS 的增韧主要是由于银纹化。而对韧性较大的基体如 PC 以及尼龙等工程塑料，增韧的主要机理是空穴化所引起的塑性形变，银纹化所占的比例甚少，甚至完全没有银纹化。在 3.5.1.1 中已谈到，根据银纹化理论，为使银纹有效地支化，橡胶颗粒之间的距离大致为 5μm，可据此计算橡胶用量的最低值。但当以剪切形变为主时，如何计算橡胶用量的临界值，这是近几年发展起来的脆-韧转变理论的核心问题。

前面已谈到，压应力和剪切应力都可激发剪切屈服形变（塑性形变）。此外，在一定条件下，厚度小的薄膜比厚度大的薄膜容易产生剪切屈服形变。例如通过共挤出制成 PC 和 SAN 交互组成的多层薄膜，发现[56,57]当层的厚度在 1.3μm 以下时，剪切带向 SAN 层延伸，开始银纹机理向剪切屈服形变的转变。这对了解使 PC 明显增韧的橡胶颗粒（或其他颗粒）之间的最大距离是很有帮助的。这就是说，对橡胶增韧塑料而言，橡胶颗粒之间要接近到一定程度时，才开始引发基体的屈服形变，产生显著的增韧作用。此距离称为临界距离。此临界值当然与基体的性质有关。若能计算出此临界距离并知道橡胶的粒径，就可计算橡胶的临界用量。换句话，问题的实质在于，橡胶颗粒之间的基体树脂厚度减小到什么程度，才使基体开始由脆性向韧性的转变，这就是脆-韧转变理论的实质。

脆-韧转变理论是 Wu 等人[58～60]首先提出的，其中心思想是：对韧性较大的基体，橡胶颗粒之间的基体层厚度 τ（称为基体韧带厚度）减小到一定值 τ_c 后，在冲击能作用下基体开始由脆性向韧性转变，发生屈服形变，表现宏观的韧性行为。

设两个橡胶颗粒球心之间的距离为 L，则韧带厚度 $\tau=L-d$，如图 3-43 所示。若橡胶颗粒粒径是均一的和等距离的，则每个颗粒周围都会形成一个厚度为 τ 的等应力球环区，如图 3-44 所示。当 τ 值达到临界值 τ_c 时，即 $L<s$ 时，等应力区的体积达到逾渗阈值，形成逾渗通道，即脆-韧转变区遍及整个基体。橡胶颗粒受冲击作用发生空穴化，释放裂纹扩展张应力，且使橡胶颗粒体积增加，使三向轴应力转变为切应力，引起基体韧带的屈服形变，吸收大量冲击能，使共混物冲击强度大幅度提高。这就是脆-韧转变逾渗模型理论的基本内容。

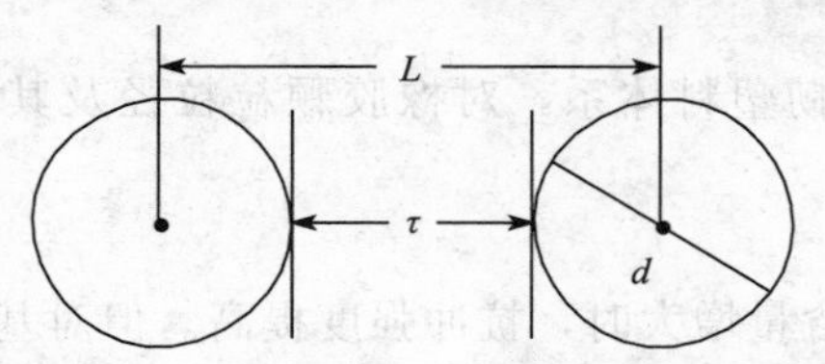

图 3-43 基体韧带厚度示意图

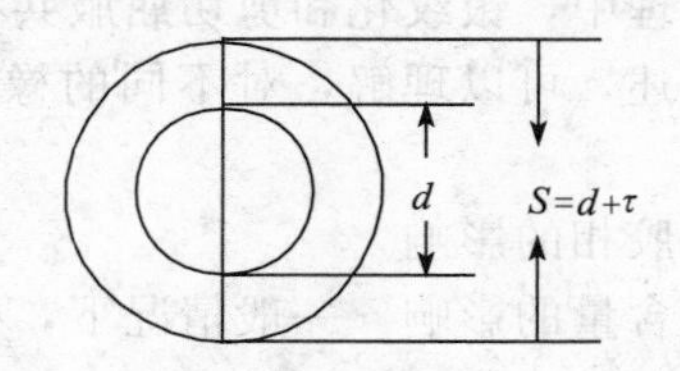

图 3-44 体积应力球模型示意图

设橡胶颗粒与基体有良好的黏合且均匀分布于基体中，并设粒径是均一的（若不均一则近似的用平均粒径），则可计算出橡胶的临界用量。若橡胶体积分数 φ 一定，则可求出橡胶颗粒的临界直径 d_c，即使 $\tau \leqslant \tau_c$ 时的粒径：

$$d_c = \tau_c \left[\left(\frac{\pi}{6\varphi} \right)^{1/3} - 1 \right]^{-1} \tag{3-27}$$

上述理论适用于塑性形变（剪切屈服形变）为主的共混体系，即基体韧性较大（一般为工程塑料）的橡胶增韧体系。应当指出，d_c 是不能任意小的，因为橡胶粒径过小就不能有效的空穴化。一般而言，是在已知橡胶颗粒粒径的前提下计算橡胶用量的临界值。

3.5.1.5 影响抗冲强度的主要因素

根据橡胶增韧塑料的主要机理，可从基体特性、橡胶相结构和相间结合力三个方面讨论影响抗冲强度的主要因素。

（1）树脂基体的影响　总的来说，橡胶增韧塑料的抗冲强度随树脂基体的韧性增大而提高。树脂基体的韧性主要决定于树脂大分子链的化学结构和分子量。化学结构决定了树脂的种类和大分子链的柔顺性。在基体种类已定的情况下，基体的韧性主要与基体分子量有关，分子量越大，分子链之间的物理缠结点越多，韧性越大。事实上，聚合物的力学强度总是随分子量的增大而提高，其原因与大分子链之间的缠结直接相关。例如聚合物的抗张强度 σ_t 与分子量具有如下关系：

$$\sigma_t = \sigma_\infty \left(1 - \frac{M_0}{\overline{M}_n}\right)$$

式中，σ_∞ 为分子量为无限大时的抗张强度；$\overline{M}_n$ 为数均分子量；M_0 为物理缠结点之间的链段分子量，其值决定于聚合物大分子链的化学结构（即分子链的柔顺性）和结晶性。抗冲强度与分子量的关系尚无简单的定量关系，但总的来说是随分子量的增大而提高。聚合物基体的分子量一般需大于 7 M_0 才有足够的韧性。在其他条件相同时，基体的韧性越大，橡胶增韧塑料的抗冲强度越高。但考虑到加工成型性能，也并非分子量越大越好。

在上述概念的基础上，Wu[58] 提出，聚合物的脆韧行为主要由缠结点密度（单位体积内缠结点数量）υ_e 和特征比 C_∞ 决定。C_∞ 定义为：

$$C_\infty = \lim \left[R_0^2 / n_e l_e^2 \right]$$

其中 R_0^2 为大分子链无扰均方末端距，它与大分子链柔性有关；n_e 为大分子链统计单元数（即统计链段数）；l_e^2 为统计链段均方长度。根据 υ_e 和 C_∞ 值可将聚合物分成两类：脆性聚合物和韧性聚合物。当 $\upsilon_e < 0.15\text{mmol/cm}^3$ 左右，$C_\infty > 7.5$ 左右时，属脆性聚合物，如 PS、PMMA 等。这类聚合物具有较低的裂纹引发和增长活化能，断裂机理主要为银纹化过程，缺口和无缺口冲击强度都较低；当 $\upsilon_e > 0.15\text{mmol/cm}^3$，$C_\infty > 7.5$ 时，聚合物为韧性，如聚碳酸酯、尼龙、PET 以及 PVC 等。这类聚合物具有较高的裂纹引发和增长活化能，但裂纹增长活化能较低，即对缺口具有敏感性。韧性聚合物一般都是 υ_e 较大，所以断裂机理以剪切屈服形变为主。有些聚合物或聚合物共混物（如 PPO/PS）处于上述两类聚合物之间，断裂机理中，银纹化和剪切屈服共存。

由上所述，可以理解，对不同的橡胶增韧塑料体系，对橡胶颗粒粒径及其分布的不同要求。

（2）橡胶相的影响

①橡胶含量的影响　一般情况下，橡胶含量增大时，抗冲强度提高。但对基体韧性较大的增韧塑料，如 ABS 增韧的 PVC，橡胶含量存在一最佳值，如图 3-45 所示。

②橡胶粒径的影响　粒径的影响与基体树脂的特性有关。前面已提及，脆性基体断裂时

以银纹化为主，较大的粒径对诱发和支化银纹有利，颗粒太小可能被银纹吞没而起不到应有的作用。当然粒径也不宜过大，否则在同样橡胶含量下，橡胶相作用要减小。所以常常存在最佳粒径范围。例如在 PS 中银纹厚度为 0.9～2.8μm，所以 HIPS 中橡胶粒径最佳值为 2～3μm[61]。

对韧性基体，断裂以剪切屈服形变（即塑性形变）为主，即在橡胶颗粒空穴化影响下发生脆-韧转变。较小的粒径对空穴化有利即对引发剪切带有利，但粒径过小时也影响空穴化有效地进行，所以存在最佳粒径值，此最佳值要小于脆性基体的情况。例如 ABS 改性 PVC 中，橡胶粒径最佳值为 0.1～0.2μm。

粒径分布亦有影响，有时采用双峰或三峰分布的粒径对增韧作用有协同效应。但目前尚未总结出一般性规律。

③橡胶相与基体树脂混溶性的影响　橡胶相与基体树脂应有适中的互溶性。互溶性过小，相间黏合力不足，粒径过大，增韧效果差；互溶性过大，橡胶颗粒过小，甚至形成均相体系，亦不利于抗冲强度的提高。例如用 NBR 增韧 PVC 时，NBR 与 PVC 的互溶性与 AN 的含量有关，AN 含量越大，互溶性越好，所以 AN 含量存在一最佳值，如图 3-46 所示。

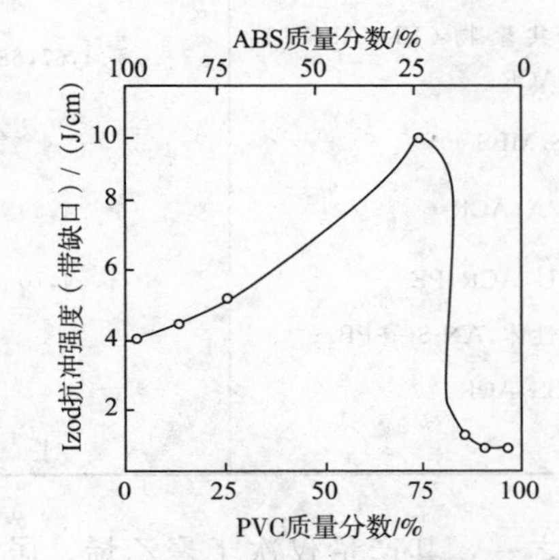

图 3-45　共混物 PVC/MBS 抗冲强度与基体组成的关系

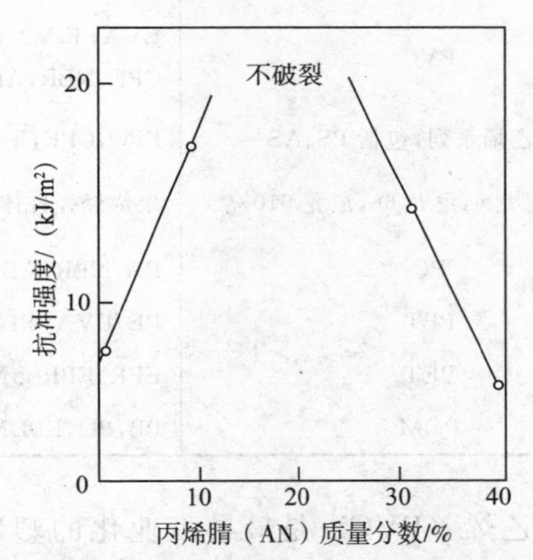

图 3-46　AN 含量对 PVC/NBR 抗冲强度的影响（PVC/NBR=100/15）

④橡胶相玻璃化温度的影响　一般而言，橡胶相玻璃化温度 T_g 越低，增韧效果越大。这是由于在高速的冲击作用下，橡胶相的 T_g 会显著提高。一般而言，负载速率增大 10 倍，T_g 提高 6～7℃，而冲击实验中，裂纹发展速率相当于 10^9 Hz 作用频率所产生的影响，可使 T_g 提高 60℃左右。所以橡胶相的 T_g 应比室温低 40～60℃才能有明显的增韧效果。

⑤橡胶颗粒内树脂树脂包容物含量的影响　橡胶颗粒内树脂包容物使橡胶相的有效体积增大，因而可在相同重量含量下达到较高的抗冲强度。但包容物亦不能过多。因为树脂包容物使橡胶颗粒的模量增大，当模量过大时，则减小甚至丧失引发和终止银纹以及产生空穴化的作用。因此树脂包容物含量亦存在最佳值，例如 HIPS 的情况[4]。

⑥橡胶交联度的影响　橡胶交联度亦存在最佳值。交联度过小，加工时在受剪切作用下会变形、破碎，对增韧不利；交联度过大，T_g 和模量都会提高，会失去橡胶的特性。交联度过大时，不但对引发和终止银纹不利，对橡胶颗粒的空穴化亦不利。最佳交联度目前仍靠经验确定。

⑦橡胶相与基体黏合力的影响　只有当两相间有良好的黏合力时，橡胶相才能有效地发挥作用。为增加两相间的结合力，可采用接枝共聚-共混或嵌段共聚-共混的方法，新生成的

共聚物起增容剂的作用，可大大提高抗冲强度。

但是，这种黏合力未必越强越好[58]，较好的次价结合就足以满足增韧的需要。所以两相之间有足够的混溶性即可。不过，多数情况下，设法增大相间黏合力是有利的。

3.5.2 橡胶增韧热塑性聚合物[2,4]

用于增韧塑料的橡胶亦称增韧剂。用各种增韧剂增韧热塑性聚合物，是聚合物共混改性中最重要的一个方面。有关这方面的详细介绍可参考有关的专著[1,2,4,50]，本节仅就PVC增韧改性的进展作简要介绍。表3-10列举了一些重要热塑性聚合物的增韧改性及其常用的增韧剂。表3-11列举了一些已商品化的橡胶增韧热塑性聚合物材料。

表3-10 一些重要的热塑性聚合物的增韧改性

聚合物	增韧剂	参考文献
HDPE	EVA,CPE,SBS,SBR,NR,CR,IIR	62,4
PP	UHMWPE(超高分子量聚乙烯),EPR,EPDM,SBS,BR,CPE,EVA	63～66
PVC	EVA,E-VA-CO三元共聚物(ELVALOY),CPE,NBR,ABS,MBS,ACR	4,67,68
聚苯乙烯系列,包括PS、AS	PPO,CPE,丁苯胶,ABS,MBS	4
PA(包括尼龙6,尼龙66,尼龙610等)	聚烯烃弹性体,PPO,EVA,ACR	4,69
PC	PA,NBR,ABS,MBS,PU,ACR,PE	4,70
PBT	PE,EVA,NBR,聚醚弹性体,AN-St-g-PB	4
PET	EPR,EPR-g-MAH,SEBS,ACR	4
POM	PB,PU,EPDM,ACR	4

聚氯乙烯（PVC）是最早工业化的塑料品种之一，其产量仅次于聚乙烯，居第二位。PVC是一种综合性能良好，用途极广的聚合物。但存在一些严重的缺点，如热稳定性欠佳，导致加工性能差；缺口冲击强度低、耐寒性差等。PVC常需进行各种改性，其中最重要的是增韧改性，主要是用各种弹性体进行增韧。最常用的弹性体有EVA（乙烯-醋酸乙烯共聚物）、ELVALOY（乙烯-醋酸乙烯-CO三元共聚物）、CPE（氯化聚乙烯）、NBR（丁腈橡胶）、ABS、MBS、ACR等。与上述各种增韧剂进行共混改性，不仅大幅度提高其抗冲强度，其他性能也可相应的提高。

表3-11 某些重要的橡胶增韧热塑性材料

商品名	生产公司	组成	主要应用
HIPS			汽车部件,电气部件,食品包装等
Limera®	Dainippon Ink and chemicals	PS/弹性体	
Styron®	Dow chemicals	PS/PB	
Polystyrol®	BASF AG		
Styroplus®	BASF AG		
ABS			汽车部件,管子,胶管,电话机等
Lacqram®	ATO		

续表

商品名	生产公司	组成	主要应用
Teluran®	BASF	PB/SAN	
Novodur®	Bayer		
Magnum®	Dow chemicals		
Cycolac®	G. E.		
Lustran®	Mousanto		
Urtal®	Montedisom		
增韧聚碳酸酯			汽车部件，运输工业领域，计算机壳件等
Arloy®	Arco	PC/P(St-CO-MA)	
Bayblend®	Miles, Inc.	PC/ABS	
Cycloy®	G. E.		
Lupoy®	LG chemical, Ltd.		
Pulse®	Dow chemicals		
Xenoy®	G. E.	PC/PET/EPDM	
增韧尼龙			汽车部件
Akuloy®	Du Pont	PA-6 或 PA-66 或 EPDM	
Eytel®	Du Pont	PA-6/离聚体或 PA-66/弹性体	
Celanese Nylon®	Hoechst—Celanese EngineeringResins	PA-66/TPU	
增韧 PVC			
Hostalite Z®	Hoechst	PVC/CPE(30%)	
Daisolac®	Osaka Soda		
Elasten®	Showa Denko		
Leveperu®	Bayer	PVC/EVA	窗架
Elvaloy®	Bayer		
Vyna®	USI		电线，电缆，胶管等
Hycar	B. F. Goodrich	PVC/NBR	
Krynac	Polysar		
增韧聚烯烃			
Ferro Flex	Ferro Crop	PP/聚烯烃弹性体	汽车部件及各种装置
Hostalen GC	Hoechst	HDPE/LDPE	摄影纸，周转箱
Kelburon	DSM	PP/EPDM	箱包
Paxon Pax Pluxs	Allied	PE/弹性体	各种薄膜
其他			
Lumax	LG chemical, Ltd.	PET/ABS	电器制品，办公室装置，汽车部件
Noryl	GE Plastics	PPO/HIPS	电气部件
Rynite	Du Pont	PET/弹性体	家具，汽车部件，自行车
SBRE	Dow	PC/聚酯	草地底拖等
Prevail	Dow Chemical	ABS/PU	仪表盘

ABS和MBS增韧PVC的研究和开发，近年来受到普遍地关注。PVC与ABS共混可使PVC从通用塑料过渡成工程塑料。当PVC/ABS=70/30时，冲击强度出现极大值。

ABS增韧PVC在冲击作用下，橡胶粒子产生空穴化。空穴化的橡胶粒子聚集成带状，这是应力发白的根本原因。橡胶颗粒对PVC增韧的主要机理是在橡胶颗粒空穴化作用影响下PVC基体的剪切屈服形变而非银纹化作用。

ABS在PVC中的分布与混炼温度有关。混炼温度越高，ABS颗粒分布越均匀。但是，橡胶颗粒未必越均匀越好。例如混炼温度依次为140℃、60℃和85℃时，橡胶颗粒分布逐渐更均匀，如图3-47所示。但共混物的Charpy缺口冲击强度却依次为42kJ/m^2、26kJ/m^{2}和8kJ/m^2。看来，对PVC/ABS而言，橡胶颗粒存在一定的聚集结构对增韧更好一些，这可能与橡胶颗粒空穴化的协同作用有关。

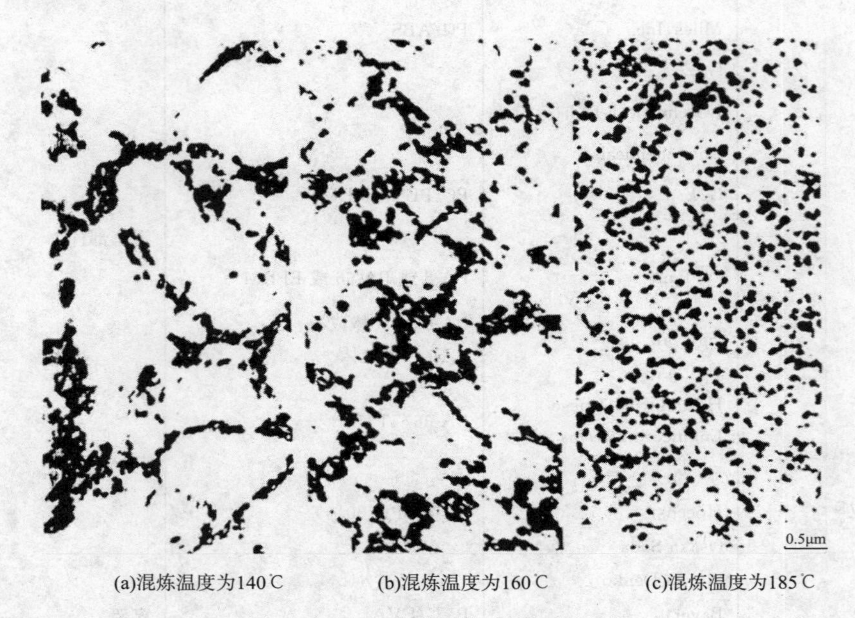

(a)混炼温度为140℃　(b)混炼温度为160℃　(c)混炼温度为185℃

图3-47　PVC/ABS的透射电镜照片

在橡胶增韧PVC中，ACR增韧PVC是一个新的进展方向。ACR作为PVC的改性剂，可分为加工助剂和抗冲改性剂两类。加工助剂型主要是甲基丙烯酸甲酯—丙烯酸乙酯的乳液共聚物；抗冲改性剂型ACR典型品种是以交联聚丙烯酸丁酯为核，其外层为甲基丙烯酸甲酯—丙烯酸乙酯共聚物的核壳结构的乳胶粒，实际上是一种LIPN。这种核壳结构的乳胶粒可以是两层的或三层的[71]。外层聚合物应与PVC有良好的相容性并有利于改善PVC的加工性能。

与其他增韧改性剂相比，ACR中不含双键，具有透明、耐候性好，具有广泛的开发前景。表3-12中列举了国内外ACR主要生产厂家及牌号[4,72]。

国内ACR的研究和开发始于20世纪80年代。率先研究的单位有北京化工研究院、河北工业大学、南开大学、浙江大学等单位。目前国内生产的ACR质量和性能方面与国外尚有不少差距，品种也较少。所以ACR的研究与开发仍然是发展方向。

近年来，在多组分橡胶内核和ACR—接枝PVC复合树脂的研究和开发方面已经进行了一系列工作[73~76]，并取得了一些进展。

表 3-12 ACR 主要生产厂家及牌号

产品牌号	主要组成	生产厂家
ACR KM－334	PBA/PMMA	新加坡
Paroloid KM－323B	PBA/PMMA	Rohm & Hass(美国)
Duastrenth 200	PBA/PMMA	
Acryloid		
K－120;K－120N;K－120ND;K－175;K－125		
Metableb P－501;P－551;P－700		日本三菱人造丝公司
Kameace PA－11;PA－20		日本钟渊公司
Hi－Blen 401;402		日本吉昂公司
Barorapid 3F;10F		BARLOCHEL 化学公司(德国)
Irgamod F1311;F138		汽巴－嘉基公司(瑞士)
BAT－2K;－3S;－3N;－3;－12	PMMA/SBR	日本吴羽公司
ACR－BM	PBA/PMMA	北京化工研究院
ACR－AL－Ⅰ;ACR－AL－Ⅱ	PBA/PMMA	苏州安利化工厂
ACR－201;－301;－401		上海珊瑚化工厂
ACR－TG2;－TG3;－TG4		无锡有机玻璃厂

3.5.3 橡胶增韧热固性聚合物[4]

3.5.3.1 橡胶增韧酚醛树脂

橡胶增韧的热固性树脂主要有增韧酚醛树脂和环氧树脂。

酚醛树脂是合成树脂中最先工业化生产的品种，其产量居热固性树脂之首。最主要的酚醛树脂是苯酚-甲醛树脂。按合成时的配料比和催化剂的酸碱性可分为热塑性酚醛树脂和热固性酚醛树脂两类。这里主要涉及热固性酚醛树脂。酚醛树脂具有较好的耐热性、耐化学腐蚀性、电绝缘性，而且价格较低廉，广泛用于制作电器零件、机械零件、仪表盘壳、瓶盖等。酚醛树脂的主要缺点是脆性大，改善其韧性是酚醛树脂共混改性的主要目的之一。

酚醛树脂与 PVC、聚乙烯醇缩醛、聚酰胺、环氧树脂等共混都可改善其韧性，但主要的增韧改性剂为丁腈橡胶。最初采用块状丁腈胶与酚醛树脂进行共混改性，工艺较为复杂。后来采用粉状丁腈胶，工艺有所简化。采用液体丁腈胶对酚醛树脂进行增韧改性是当前发展的方向。采用液体的端羧基丁腈胶（CNTBN）和含羟基的丁腈胶增韧酚醛树脂已倍受关注。

3.5.3.2 橡胶增韧环氧树脂

环氧树脂是至少带有两个环氧基团的树脂，未固化前分子结构为线型。环氧基团可与胺类、羧酸类、聚酰胺类物质反应而交联成网状结构，所以环氧树脂是热固性树脂。

最重要的环氧树脂是由双酚 A 与环氧氯丙烷（ECH）反应制得的双酚 A 二缩水甘油醚（DGEBA)，其结构为：

$$H_2C\underset{O}{—}CH—CH_2—O—\langle\bigcirc\rangle—\underset{CH_3}{\overset{CH_3}{C}}—\langle\bigcirc\rangle—O—CH_2—\underset{OH}{CH}—CH_2—O—\langle\bigcirc\rangle—\underset{CH_3}{\overset{CH_3}{C}}—\langle\bigcirc\rangle—O—CH_2—CH\underset{O}{—}CH_2$$

依分子量的不同，环氧树脂可为液态或固态。

环氧树脂具有良好的电绝缘性、化学稳定性、黏结性和力学强度，在机械、电气、电子、航空航天等领域具有重要作用。但环氧树脂最大的缺点是固化后性脆。所以增韧是环氧树脂共混改性最重要的方面，主要是用橡胶类弹性体增韧。所用橡胶主要有端羧基丁腈胶（CTBN）、端羟基丁腈胶（HTBN）、聚硫橡胶、硅橡胶以及 MBS 等。非弹性体的热塑性树脂，如聚砜、聚酯、聚酰胺等，也可用以增韧环氧树脂，但其增韧机理不同于弹性体，这在以后还要述及。此外，IPN 技术增韧环氧树脂也是环氧增韧的新发展，例如 IPN 环氧树脂/蓖麻油聚氨酯、IPN 环氧树脂/聚丙烯酸丁酯等。热致液晶聚合物（TLCP）增强和增韧环氧树脂的研究也已引起关注。

（1）液体端羧基丁腈橡胶（CTBN）增韧环氧树脂　液体端羧基丁腈橡胶（CTBN）是带有端羧基的丁二烯-丙烯腈共聚物，由活性阴离子聚合制得，分子量一般为 3700 左右。此种共聚物与环氧树脂的溶解度参数相近，在反应前二者可完全互溶，成均相体系。经加热，随二者聚合和交联反应的进行，互溶性下降，产生相分离，生成两相结构。CTBN 粒径为双峰分布，分别相应于 1～2μm 和 10～20μm。根据 CTBN 分子量、组成及用量的不同，大粒径可达 100～200μm。大粒径由初始相分离产生，小粒径由次级相分离产生[77]。CTBN 的组成（主要指丙烯腈含量）、分子量、用量以及固化剂的种类、用量和固化温度对增韧效果都有明显影响。减小 CTBN 粒径有利于提高增韧效果，当粒径为 0.2μm 时，比粒径为 3μm 时，增韧效果可提高近 10 倍[78]。

亦可用液体无规羧基丁腈橡胶（丙烯腈、丁二烯和丙烯酸的无规三元共聚物）来增韧环氧树脂。其增韧效果低于 CTBN，但其价格远低于 CTBN。

（2）液体端羟基丁腈橡胶（HTBN）增韧环氧树脂　由于 HTBN 的价格低于 CTBN，所以用 HTBN 增韧环氧树脂的研究受到很大的关注。由于 HTBN 中羟基的反应活性较羧基低，不易与胺类固化剂反应，需采用酸酐类固化剂。当 HTBN 用量为 10%～20%时，抗冲强度可提高 1～2 倍。

用丁腈-异氰酸酯预聚体及端羟基聚丁二烯（HTPB）增韧环氧树脂的研究也取得很好的进展。

（3）其他[4]　用硅橡胶改性的环氧树脂，具有高韧性、高耐热性、低热应力等特点，是理想的灌封材料。但硅橡胶与环氧树脂相容性不好，需添加增容剂才能获得良好效果。要用端羟基硅橡胶可不加相容剂而取得良好效果。液态聚硫橡胶也可用以增韧环氧树脂。液态聚硫橡胶为硫醇端基亚乙基缩甲醛二硫聚合物，结构为：

$$HS—\!\!\left[C_2H_5OCH_2OC_2H_4S\right]_n\!\!—C_2H_4O—CH_2—O—C_2H_4SH$$

是环氧树脂的优良增韧剂。增韧产物用作黏合剂、涂料和电器灌封料。

聚醚弹性体也是环氧树脂良好的增韧剂。研究较多的是端羧基聚氧化丙烯醚（CTPE）及端羧基四氢呋喃-环氧丙烷共聚醚（CTCPE）。此种增韧剂较 CTBN 便宜，工艺也较简单，具有重要的发展前途。

LIPN 型 MBS 用于增韧环氧树脂是一个新的发展方向。MBS 的粒径为 0.2μm 左右时效果最好。MBS 可单独使用亦可与 CTBN 共用。

表 3-13 列举了一些已商品化的橡胶增韧环氧树脂。

表 3-13 某些重要的橡胶增韧环氧树脂

商品名	生产厂家	组成	主要应用
DER	Dow chemical	环氧树脂/CTBN	涂料、贴胶、印刷电路板
Epoxin	BASF	或	包装料、灌封材料、
Levepox	Bayer	环氧树脂/弹性体	结构塑料
Araldit	CibaGeigy		
Hostapox	Hoechst		
Epotut	Reichhold		
Epon	Shell		
Epikote	Shell		

3.5.4 非弹性体增韧

3.5.4.1 概述

自 20 世纪 80 年代提出以刚性有机填料（ROF）粒子对韧性塑料基体进行增韧的方法以来，非弹性体增韧塑料的实践和理论研究都取得很大进展。近年来，非弹性体增韧方法已在高分子合金的制备中获得广泛应用。非弹性体颗粒包括热塑性聚合物粒子和无机物粒子两种。

（1）有机粒子增韧　刚性的热塑性聚合物粒子亦称为有机粒子增强剂（ROF），在韧性聚合物增韧中已取得实际应用。虽然增韧幅度不如橡胶粒子那么大，但对模量不致下降或下降很少，并且常使加工性能改善。所以这是有重要应用价值的增韧方法。

例如，在 PC、PA、PPO 以及环氧树脂等韧性较大的基体中添加 PS、PMMA 以及 AS 等脆性塑料，可制得非弹性体增韧的聚合物共混材料。对 PVC，可先用 CPE、MBS 或 ACR 进行增韧改性，再添加 PS、PMMA 等脆性聚合物也可使韧性进一步提高。与一般聚合物共混一样，重要的是要有良好的界面结合力。例如，尼龙-6 与 AS 之间的界面结合力不好（混溶性差），需添加苯乙烯-马来酸酐共聚物（SMA）以改善界面结合，再与 AS 共混可显著提高尼龙-6 的抗冲强度。

在 PVC/CPE、PVC/MBS 共混体系中添加 PS 所得共混物力学性能如表 3-14 所示。可以看出，PS 不仅可提高 PVC/CPE 及 PVC/MBS 的抗冲强度，而且还可使抗拉强度及模量有所提高或保持不变。PS 的最佳用量为 3%左右，超出此最佳用量，抗冲强度就急剧下降。

表 3-14 PVC 共混体系力学性能①

项目	PVC	PVC/MBS	PVC/CPE	PVC/MBS/PS	PVC/CPE/PS
抗冲强度/(kJ/m^2)	2.5	8.4	16.2	20.6	69.5
拉伸强度/MPa	54.8	47.5	41.0	47.1	43.7
弹性模量/GPa	14.1	9.8	11.0	9.8	12.1

①CPE、MBS 用量为 10（质量份），PS 用量为 3（质量份）。

非弹性体增韧的对象是有一定韧性的聚合物，如 PC、PA 等，对于脆性基体需先用弹性体增韧，变成有一定韧性的基体后，然后再用非弹性体进一步增韧才能奏效。

脆性聚合物粒子的用量有一个最佳范围。超过此范围，抗冲性能会急剧下降。ROF 增韧的最大优点在于提高抗冲强度的同时并不降低材料的刚性，且加工流动性亦有改善。

（2）无机粒子增韧　SiO_2、ZnO、TiO_2、$CaCO_3$ 等球形无机粒子，特别是纳米尺寸的这些无机粒子已广泛用以增强和增韧聚合物材料[79]。例如，在 PVC/ABS（100/8）共混中加 15 份超细碳酸钙，可使缺口冲击强度提高 3 倍[80]。将纳米级 $CaCO_3$ 制成 $CaCO_3$/PBA/PMMA 复合粒子，在 100 份 PVC 中加入 6 份这种复合粒子，可使 PVC 缺口抗冲强度提高 2～3倍[81]。将纳米级 SiO_2 制成复合粒子 SiO_2/PMMA 用于增韧 PC，可使 PC 缺口冲击强度提高 11.5 倍[82]。

无机粒子，特别是纳米尺寸无机粒子对增强与增韧聚合物材料的研究日益受到重视，应用前景十分广阔。

3.5.4.2 非弹性体增韧作用机理

Wu 等人[83,84]对 PET/PC 共混物形变及断裂过程的 TEM 及 SEM 研究，提出了非弹性增韧的脱粘-剪切屈服-裂纹跨接理论。即增韧机理包括在冲击作用下粒子与基体的脱离、剪切屈服形变（塑性形变）和对裂纹的跨接与“钉牢”作用。

这种理论认为，当加载一个裂纹时，在裂纹尖端将发展三轴应力场。在 PET/PC 共混物中，此三轴应力场首先在 PET 相中引发银纹（即微裂纹），这些银纹可被 PC 微区稳定，其发展受到 PC 的限制。应力场达到 PET 与 PC 之间粘接强度时，PET 与 PC 分离（脱粘）并在界面附近产生空穴化，并且三轴应力转变为单轴应力，促使基体产生剪切屈服形变，吸收大量冲击能，从而使抗冲强度提高。同时，在冲击能作用下，PC 微区可被拉成纤维状，跨越裂纹两岸，延缓裂纹发展，也构成增韧的一个原因。

这是一个比较概括的理论。这个理论中三种增韧因素，对不同的体系，所占比重不同。此理论的关键是强调了基体及增韧聚合物颗粒的塑性形变。

在两相结合很牢的情况下，界面空穴化可能受到抑制。屈服形变的引发机理可能改变。这时如图 3-48 所示，当韧性基体受到拉应力时，在垂直于拉伸应力的方向上对脆性聚合物粒子将产生压应力，强大的静压力作用下，脆性粒子会发生塑性形变，消耗大量能量，使冲击强度提高。这就是所谓的冷拉机理。这种机理被 PC/AS 体系所证实[85]。电镜观察表明，对此体系，在冲击作用下 AS 颗粒的应变值可达到 400%。

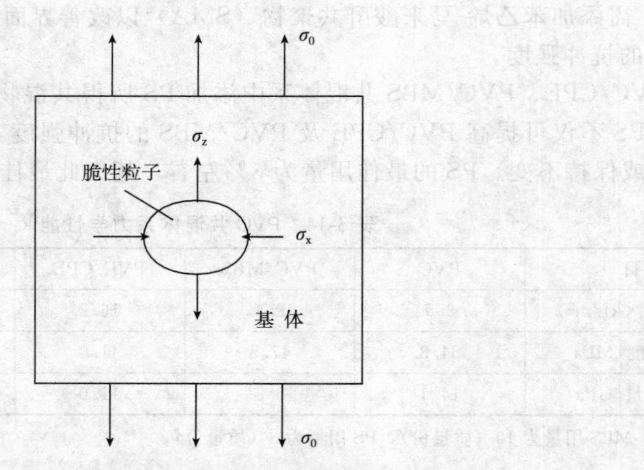

图 3-48 脆性聚合物粒子对韧性基体增韧机理示意图

冷拉机理虽然是当前普遍接受的理论，但要解释某些情况下冲击强度可提高数倍的事实尚显不充分，很可能这只是增韧机理的一个局部。

关于无机刚性粒子的增韧机理，一般认为，随着粒子的细化，比表面积增大，与塑料基体的界面也增加。当填充复合材料受到外力时，细小的刚性粒子可引发大量银纹，同时粒子之间的基体也产生塑性变形，吸收冲击能，达到增韧的效果。

与刚性有机粒子的增韧类似，无机刚性粒子的增韧效果也与塑料基体的韧性密切相关。先设法提高基体的韧性，再以无机粒子增韧可获得更好的增韧效果。将 PVC 与 ACR 共混，再添加纳米级 $CaCO_3$，其缺口冲击强度可达 $24kJ/m^2$。

3.6 聚合物基纳米复合材料

纳米科技是 20 世纪末兴起的最重要的科技新领域之一。纳米（nanometer）是一个长度单位，以 nm 表示，$1nm=10^{-3}\mu m=10^{-9}m=10Å$。通常界定 1～100nm 为纳米尺寸，此尺寸界于宏观尺寸和微观尺寸之间。

纳米科技是研究尺寸在 1～100nm 之间的物质组成体系的运动规律以及实际应用中的技术问题，主要包括纳米物理学、纳米化学、纳米生物学、纳米电子学、纳米力学、纳米材料学以及纳米加工学等七个相对独立的领域。高分子基纳米复合材料是纳米材料科学中的一个重要分支。为对高分子基纳米复合材料有一个概括的了解，有必要先了解一下有关的基本概念和基本知识。

3.6.1 概述[86]

3.6.1.1 纳米材料

广义而言，纳米材料是指在三维空间中至少有一维处于纳米尺寸范围的物质，或者由它们作为基本单元构成的复合材料。按维数，纳米材料的基本单元可分为三类：

①零维：指空间三维尺度均为纳米尺寸，如纳米颗粒、原子团簇。

②一维：指在空间有两维处于纳米尺度，如纳米丝、纳米棒、纳米管。

③二维：指一维在纳米尺度范围，如超薄膜、多层膜、超晶格。

从宏观角度分类可分为纳米粉、纳米纤维、纳米膜及纳米块体四类。宏观上的纳米纤维是指加纳米粉的纤维材料。

根据化学组成，纳米材料可分为金属纳米材料、半导体纳米材料、纳米陶瓷材料和纳米有机材料等。当上述纳米结构单元与其它材料复合时则构成纳米复合材料。纳米复合材料包括无机-有机复合、无机-无机复合、金属-陶瓷复合以及聚合物-聚合物复合等多种形式的复合。

纳米复合材料，按其复合形式可分为四类。

① 0-0 型复合，即复合材料的两相均为三维纳米尺度的零维颗粒材料，是指将不同成分，不同相或者不同种类的纳米粒子复合而成的纳米复合物，这种复合体的纳米粒子可以是金属与金属、金属与陶瓷、金属与高分子、陶瓷与陶瓷、陶瓷与高分子等构成的纳米复合体。

② 0-2 型复合，即把零维纳米粒子分散到二维的薄膜材料中，这种 0-2 维复合材料又可分为均匀分散和非均匀分散两大类，均匀分散是指纳米粒子在薄膜中均匀分布，非均匀分散是指纳米粒子随机分散在薄膜基体中。

③ 0-3 型复合，即把零维纳米粒子分散到常规的三维固体材料中，例如，把金属纳米粒子分散到另一种金属、陶瓷、高分子材料中，或者把纳米陶瓷粒子分散到常规的金属、陶瓷、高分子材料中。

④ 纳米层状复合，即由不同材质交替组成的组分或结构交替变化的多层膜，各层膜的厚度均为纳米级，如 Ni/Cu 多层膜，Al/Al_2O_3 纳米多层膜以及高分子/高分子多层膜等。

3.6.1.2　纳米微粒

纳米微粒一般为球形或类球形（包括个多面体形），有时纳米微粒可连成链状。纳米颗粒的表面存在原子台阶，表面原子最近邻数低于体内，非键电子的斥力减小，导致原子间距减小以及表面层晶格的畸变。

（1）纳米效应　纳米微粒电子的波性和原子之间的相互作用都与宏观物体有所不同，表现在热力学性能、磁学性能、电学及光学性能与宏观材料有很大差别。所表现的独特性能无法用传统的理论解释。一般认为，导致纳米材料独特性能主要基于以下几种纳米效应。

①小尺寸效应和表面效应　纳米微粒的尺寸与光波波长、电子运动的德布罗依波长等物理特征尺寸相当或更小，晶体周期性的边界条件被破坏；非晶体纳米微粒表面层附近原子密度减小，使其物理及化学性能产生变化，这称为小尺寸效应。例如光吸收的增大和吸收峰的频移，晶体熔点下降等。

与纳米微粒尺寸相关的另一特点是表面效应。随着微粒尺寸的减小，比表面积增大，比表面能提高，位于表面的原子所占比例增大，如表 3-15 所示，这就是纳米表面效应。表面效应使表面原子或离子具有高活性，极不稳定易于进行化学反应。例如金属纳米颗粒在空气中会燃烧，无机纳米颗粒在空气中会吸附气体并与之发生反应等。

②量子尺寸效应　所谓量子尺寸效应是指当颗粒状材料的尺寸下降到某一值时，其费米能级附近的电子能级由准连续转变为分立的现象和纳米半导体存在的不连续的最高占据分子轨道和最低空轨道，使能隙变宽现象，即出现能级的量子化。这时纳米材料能级之间的间距随着颗粒尺寸的减小而增大。当能级间距大于热能、光子能、静电能以及磁能等的平均能级的间距时，就会出现一系列与块体材料截然不同的反常特性，这种效应称之为量子尺寸效应。量子尺寸效应将导致纳米颗粒在磁、光、声、热、化学以及超导电性等特性与块体材料的显著不同，例如，纳米颗粒具有高的光学非线性及特异的催化性能均属此例。

表 3-15　纳米铜微粒粒径与比表面积、表面原子数比例及比表面能的关系

粒径/nm	比表面积/(m^2/g)	表面原子所占比例/%	一个粒子中的原子数	比表面能/(J/mol)
100	6.6	10	8.46×10^7	5.9×10^2
20				
10	66	20	8.46×10^4	5.9×10^3
5		40	8.46×10^4	
2	666	80		5.9×10^4
1		90		

③宏观量子隧道效应　微观粒子具有穿越势垒的能力称之为隧道效应。近年来，人们发现一些宏观的物理量，如纳米颗粒的磁化强度、量子相干器件中的磁通量，以及电荷等也具有隧道效应，它们可以穿越宏观系统的势垒而产生变化，成为宏观量子隧道效应。利用宏观量子隧道效应可以解释纳米镍粒子在低温下继续保持超顺磁性的现象。这种效应和量子尺寸效应一起，将会是微电子器件发展的基础，它们确定了微电子器件进一步微型化的极限。

（2）纳米微粒的制备方法　纳米微粒的制备方法可分为物理法和化学法两类。

①物理方法　物理方法包括真空冷凝法、机械球磨法、喷雾法和冷冻干燥法。

a. 真空冷凝法　通过块体材料在高真空条件下挥发，然后冷凝成纳米颗粒的方法。其过程是采用高真空下加热块体材料，加热方法有电阻法、高频感应法等，使金属等块体材料原子气化成等离子体，然后快速冷却，最终在冷凝管上获得纳米粒子。真空冷凝方法特别适合制备金属纳米粉，通过调节蒸发温度场和气体压力等参数，可以控制形成纳米颗粒的尺寸。用这种方法制备的纳米颗粒的最小颗粒可达 2nm。真空冷凝法的优点是纯度高、结晶组织好以及粒度可控且分布均匀，适用于任何可蒸发的元素和化合物；缺点是对技术和设备的要求较高。

b. 机械球磨法　机械球磨法适合制备脆性材料的纳米粉。该方法以粉碎和研磨相组合，利用机械能来实现材料粉末的纳米化目的。适当控制机械球磨法的研磨条件，可以得到单纯金属、合金、化合物和复合材料的纳米超微颗粒。机械球磨法的优点是操作工艺简单，成本低廉，制备效率高，能够制备出常规方法难以获得的高熔点金属合金纳米超微颗粒。缺点是颗粒分布太宽，产品纯度较低。

c. 喷雾法　喷雾法是通过将含有制备材料的溶液雾化制备微粒的方法。适合可溶性金属盐纳米粉的制备。过程是首先制备金属盐溶液，然后将溶液通过各种物理手段雾化，再经物理、化学途径转变为超细粒子的方法。主要有喷雾干燥法、喷雾热解法。喷雾干燥法是将金属盐溶液送入雾化器，由喷嘴高速喷入干燥室，溶剂挥发后获得金属盐的微粒，收集后焙烧成超微粒子。如铁氧体的超微粒子可采用此方法制备。通过化学反应还原的所得的金属盐微粒还可以得到该金属纳米粒子。

d. 冷冻干燥法　这种方法也是首先制备金属盐的水溶液，然后将溶液冻结，在高真空下使水分升华，原来溶解的溶质来不及凝聚，则可以得到干燥的纳米粉体。粉体的粒径可以通过调节溶液的浓度来控制。采用冷冻干燥的方法还可以避免某些溶液黏度大，无法用喷雾干燥法制备的问题。

②化学方法

a. 气相沉积法　气相沉积法是利用金属化合物蒸气的化学反应来合成纳米微粒的一种方法。这种方法获得的纳米颗粒具有表面清洁、粒子大小可控制，无黏结及粒度分布均匀等特点，易于制备出从几纳米到几十纳米的非晶态或晶态纳米微粒。该法适合于单质、无机化合物和复合材料纳米微粒的制备过程。

b. 化学沉淀法　化学沉淀法属于液相法的一种。常用的化学沉淀法可以分为共沉淀法、均相沉淀法、多元醇沉淀法、沉淀转化法以及直接转化法等。具体的方法是将沉淀剂加入到包含一种或多种粒子的可溶性盐溶液中使其发生化学反应，形成不溶性氢氧化物、水合氧化物或者盐类，而从溶液析出，然后经过过滤、清洗、并经过其他后处理步骤就可以得到纳米颗粒材料。

例如纳米 $BaTiO_3$ 的制备：

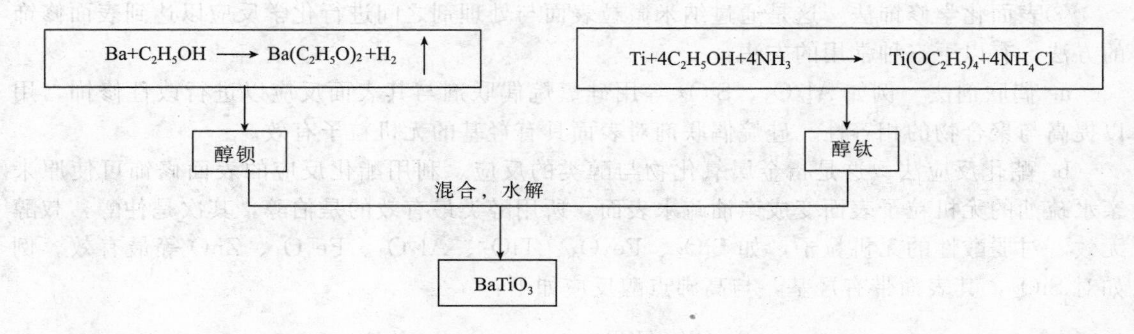

c. 水热合成法　水热法是在高温、高压反应环境中，采用水作为反应介质，使得通常

难溶或不溶的物质溶解、反应，还可进行结晶操作。水热合成技术具有两个优点，一是其相对低的温度，二是在封闭容器中进行，避免了组分挥发。水热条件下粉体的制备有水热结晶法、水热合成法、水热分散法、水热脱水法、水热氧化法和水热还原法等。近年来还发展出电化学水热法以及微波水热合成法。前者将水热法与电场结合，而后者用微波加热水热反应体系。与一般湿化学法相比较，水热法可直接得到分散且结晶好的粉体，不需作高温的灼烧处理，避免了可能形成的粉体硬团聚，而且水热过程中可通过实验条件的调解来控制纳米颗粒的晶体结构、结晶形态与晶粒纯度。

d. 溶胶-凝胶法　溶胶-凝胶（sol-gel）法适合于金属氧化物纳米粒子颗粒的制备。方法实质是将前驱物在一定的条件下水解成溶胶，再转化成凝胶，经干燥等低温处理后，制得所需纳米粒子。前驱物一般用金属醇盐或者非醇盐。

例如以 M 表示金属，R 为有机基团，金属氧化物纳米微粒的制备过程可表示为：

水解：$—M—OR + H_2O \longrightarrow —M—OH + R—OH$　　溶胶

缩聚：$—M—OH + RO—M— \longrightarrow —M—O—M— + ROH$

凝胶化

$—M—OH + HO—M— \longrightarrow —M—O—M— + H_2O$

生成的凝胶经干燥，焙烧除去有机物，得纳米微粒粉料。

e. 原位生成法　原位生成法也称模板合成法，是指采用具有纳米孔道的基质材料为模板，在模板空隙中原位合成特定形状和尺寸的纳米颗粒。模板可以分为多孔玻璃、分子筛、大孔离子交换树脂等。这些材料也称为介孔材料。根据所用模板中微孔的类型，可以合成出诸如粒状、管状、线状和层状结构的材料，这是其他制备方法所做不到的。但是这种方法作为大规模生产技术还有相当难度。

（3）纳米微粒的表面修饰　纳米微粒易团聚，为改善其分散性常需进行表面修饰。为增加其表面活性，在用以制备复合材料时改善与其他材料的相容性，或为了赋予新的功能，常需进行表面修饰。进行表面修饰的方法可分为物理法和化学法两种，有时两种方法可同时应用。

①表面物理修饰法　这是采用异质材料吸附于纳米微粒表面的方法。为防止微粒团聚，一般采用表面活性剂。另一种方法是表面沉积法，即将一种物质沉积到纳米微粒表面，形成无化学结合的异质包覆层。例如，将 TiO_2 微粒分散于水中，加热至 60℃，用 H_2SO_4 调节 pH 值为 1.5～2.0，加入硫酸铝水溶液，过滤、脱水，可制得 TiO_2 表面包覆 Al_2O_3 的复合粒子。又如将 TiO_2 沉积到 $ZnFeO_3$ 表面以提高 $ZnFeO_3$ 纳米粒子的光催化效率等。也可用适当的聚合物包覆无机粒子表面。

②表面化学修饰法　这是通过纳米微粒表面与处理剂之间进行化学反应以达到表面修饰的方法，有以下三种常用的方法：

a. 偶联剂法　例如 Al_2O_3、SiO_2 等用硅氧烷偶联剂与其表面反应以进行改性修饰，用以提高与聚合物的相容性。硅烷偶联剂对表面具有羟基的无机粒子有效。

b. 酯化反应法　这是指金属氧化物与醇类的反应。利用酯化反应的表面修饰可使原来亲水疏油的无机粒子表面变成亲油疏水表面。所用醇类最有效的是伯醇，其次是仲醇，叔醇无效。对弱酸性的无机粒子，如 SiO_2、Fe_2O_3、TiO_2、Al_2O_3、Fe_3O_4、ZnO 等最有效。例如对 SiO_2，其表面带有羟基，与高沸点醇反应如下：

$$—\!\!\!\!\!\!\diagdown\!\!\!\!\diagup\,Si—OH + HOR \longrightarrow —\!\!\!\!\!\!\diagdown\!\!\!\!\diagup\,Si—O—R + H_2O$$

c. 表面接枝改性法　这是通过化学反应将高分子链接枝到无机粒子表面的方法，这又分为三种途径：适当的单体在引发剂作用下直接从无机粒子表面开始聚合，称为颗粒表面聚合接枝法；聚合与表面接枝同时进行，这可用于对自由基有较强捕捉能力的纳米粒子，如炭黑；偶联接枝法，即通过纳米粒子表面官能团与高分子的直接反应接枝，例如：

$$颗粒—OH + OCN—P \longrightarrow 颗粒—OCONH—P$$

（P 表示高分子链）

$$颗粒—NCO + HO—P \longrightarrow 颗粒—NHCOO—P$$

（4）纳米微粒粒径测试方法

①透射电镜法　这是一种常用的测粒径的方法，可测得平均粒径及粒径的分布。由于是直接观察，采样有局限性，测量结果缺乏统计性。

②X 射线衍射线宽法　此法只适用于晶态微粒。晶粒很小时，引起衍射线的宽化。衍射线半峰高强度处的线宽 B 与晶粒尺寸 d 可用谢乐（Scherrer）公式表示：

$$d=0.89\lambda/B\cos\theta$$

式中，λ 为 X 衍射线波长；θ 为布拉格（Bragg）衍射角。

③比表面积法　通过测定微粒单位重量的比表面积 S_w，由公式 $d=6/\rho S_w$，求得粒径 d，式中，ρ 为粉体密度。一般用 BET 多层气体吸附法测得 S_w。

④X 射线小角衍射法　X 射线小角衍射法（XRD）散射角为 $10^{-2}\sim10^{-1}$ rad。衍射光强在入射方向最大，随衍射角增大而减小，在角度为 ε_0 处为零。ε_0 与波长 λ 和平均粒径有如下关系：

$$\varepsilon_0=\lambda/d$$

据此关系式可测得粒径，此方法目前尚少采用。

用于测定层状晶体的层间距，X 射线小角衍射法则是最常用的方法，例如用于测定蒙脱土晶粒的层间距。根据衍射峰的位置可利用 Bragg 公式计算出蒙脱土片层之间的距离 d：

$$2d\sin\theta=\lambda, \quad 即\ d=\frac{\lambda}{2\sin\theta}$$

式中，λ 为 X 射线波长；θ 为衍射角。

⑤光子相关谱法　这是通过测量微粒在液体中的扩散系数来测量粒径及分布。所用仪器为光子相关谱仪。

3.6.1.3　聚合物基纳米复合材料的基本类型

严格讲，聚合物基纳米复合材料与聚合物纳米复合材料这两者不是等同的。聚合物纳米复合材料是更广义的概念，是指各种纳米单元与有机聚合物以各种方式复合制成的复合材料。只要其中某一组成相至少有一维的尺寸处在纳米尺度的范围内，就可称为聚合物纳米复合材料。

聚合物纳米复合材料的结构类型非常丰富。如果以纳米粒子作为结构单元，可以构成 0-0 复合型、0-2 复合型和 0-3 复合型三种结构类型。分别指纳米粉末与高分子粉末复合成型，与高分子膜型材料复合成型和与高分子形体材料复合。这是目前采用最多的三种高分子纳米复合结构。如果以纳米丝作为结构单元，可以构成 1-2 复合型和 1-3 复合型两种结构类型，分别表示为高分子纳米纤维增强薄膜材料和高分子纳米纤维增强体形材料，在工程材料中应用较多。如果以纳米膜二维材料作为结构组元，可以构成 2-3 复合型纳米复合材料。此外，还有多层纳米复合材料，介孔纳米复合材料等结构形式。

聚合物基纳米复合材料是指以聚合物为基体的纳米复合材料，不包括聚合物为分散相的情况。按照组分相的化学组成，聚合物基纳米复合材料可按图 3-49 分类：

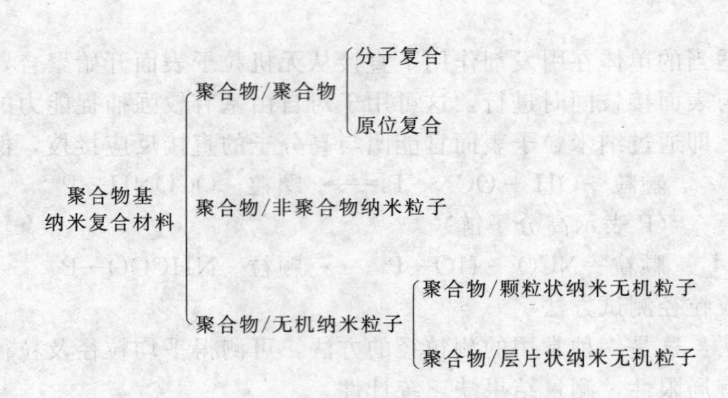

图 3-49　聚合物基纳米复合材料类型

聚合物/非聚合物纳米粒子，主要是指橡胶/炭黑增强体系，之所以归入聚合物基纳米复合材料，是因为炭黑颗粒为纳米颗粒，这是一种很重要的纳米复合材料。在聚合物/无机物纳米复合材料中，最重要的是近几年发展的聚合物/层片状纳米无机粒子材料，特别是聚合物/黏土纳米复合材料，这是本节要重点介绍的内容。

聚合物/聚合物纳米复合材料一般归入聚合物共混的范围内，聚合物大分子均方末端距常常在纳米尺寸范围内，所以聚合物/聚合物纳米复合材料，就大分子尺寸而言，亦可视为分子复合材料。

聚合物/聚合物纳米复合材料至少可包括原位复合和分子复合两种情况。这将在第 4 章中介绍。

就聚合物/聚合物纳米复合材料的概念而言，也可将一些嵌段共聚物和接枝共聚物归入这类纳米复合材料之列，因为这时的相畴尺寸都是纳米级的。但习惯上并不将其列入复合材料的范围之内。

还有些情况也可归入聚合物纳米复合材料的范畴。例如用微乳液聚合方法制得的聚合物乳液，其乳胶粒径为纳米级。将其与一般的聚合物胶乳共混，即可制得聚合物/聚合物纳米复合材料。

有机物和无机物之间的复合也称之为有机-无机混杂复合。有机物包括聚合物也包括低分子有机物，但多数情况是聚合物。一种典型的情况是 LB 膜技术制备有机层和无机层交替的有机-无机交替的纳米复合膜等。这种情况已不在我们讨论的范围。

这里以聚合物为基的有机-无机混杂纳米复合材料主要指在聚合物基体中分散类球形和片状的纳米无机粒子。这是下面主要介绍的内容。

3.6.2　聚合物/无机纳米微粒复合材料

3.6.2.1　类型和用途

聚合物/无机纳米微粒复合材料是指无机纳米粒子分散于聚合物基体中的复合体系，除了无机纳米外，碳纳米管及石墨烯与聚合物的复合也引起了关注[193~197]。按性能和功用有两种基本类型。第一类是以改善塑料力学性能和物理性能为主要目的，主要用以塑料的增强、增韧和提高热性能；第二类主要是利用无机纳米粒子的某些功能性质制备功能材料。

(1) 塑料增强和增韧　由于纳米尺寸的无机纳米粒子分散相具有较大的比表面积和较高的表面能，并且具有刚性，因此填加无机纳米微粒的聚合物基纳米复合材料通常都比相应的常规复合材料或单独的高分子材料的力学性能好。聚合物基体中加入纳米粉体后，耐冲击强度、拉伸强度、热变形温度都有较大幅度提高。其主要原因是加入纳米粉体后，在材料内部形成了大量分散的微相结构，创造了大量相界面，粒子与高分子链物理及化学结合增加，对力学性能的提高提供了结构条件。例如，将粒径为10nm左右的TiO_2粉与聚丙烯进行熔融共混复合，制得的纳米复合材料的冲击强度提高40%，弯曲模量提高20%，热变形温度提高70℃[87]。用5%（质量）的SiC/Si_3N_4纳米粒子与低密度聚乙烯熔融共混，可使冲击强度和拉伸强度提高一倍多，并且断裂伸长率也有明显增加[88]。

采用无机纳米粒子改性塑料的最大优点是可同时提高冲击强度和抗张强度，模量及热变形温度也有提高。前面已提及，用橡胶增韧塑料时一般增韧塑料的模量和抗张强度有所下降，这是所不希望的。当前无机纳米粒子作为塑料的非弹性体增韧剂已越来越受到重视。作为塑料增韧和增强剂的纳米无机粒子主要有$CaCO_3$、$MgCO_3$、SiO_2、TiO_2等。几乎所有的热塑性树脂，包括通用塑料和工程塑料都可用纳米无机粒子复合改性，大幅度提高其力学性能和加工性能，并且还可改进制品尺寸稳定性[82]。将纳米SiO_2粉用PMMA修饰后与PC复合后，可使抗冲击强度提高10倍[90]。当前用纳米$CaCO_3$微粒改性PVC的研究和开发受到重视。据报道[91]，在PVC/CPE中加入5%～12%$CaCO_3$纳米微粒，可使缺口冲击强度提高一倍，抗张强度亦有明显提高。将纳米$CaCO_3$纳米粉用聚丙烯酯处理后与PVC复合，可使PVC缺口抗冲击强度提高2.3倍[80,81]。

采用无机纳米粒子对塑料进行复合改性是具有重要应用前景的领域。

(2) 功能材料　许多纳米粉体具有特殊的物理和化学特性，但难于加工成型成制品，使用上有困难，这时可以聚合物为基体，将纳米粉分散其中，最大限度地发挥这些纳米粉的功能特性，制得所需的功能材料。

以下列举几个例子。

①特性及其应用

a. 聚合物基/无机粒子纳米复合材料的光吸收荧光光谱效应。当半导体粉体粒径尺寸接近或小于电子和空穴的波尔半径时，将产生量子尺寸效应。此时半导体的有效带隙能增加，相应的吸收光谱和荧光光谱会产生蓝移，能带也逐渐转变为分立的能级，这种现象在单独的半导体粉体中比较常见。近期研究表明，半导体纳米微粒经表面化学修饰后，不仅有利于与高分子材料复合，而且粒子周围的介质可强烈地影响其光电化学性能，表现为吸收光谱和荧光光谱发生红移。为什么会出现两种相反的情况？一般认为这是由于介电限域效应和偶极效应造成的。Takaghara等采用有效质量近似法，把不同介质中超微粒系统的能量以有效里得堡能量为单位近似表示为：

$$E_g = E'_g + \frac{\pi^2}{\rho^2} - \frac{3.572}{\rho} - \frac{0.248\varepsilon_1}{\varepsilon_2} + \Delta E$$

式中第二项系数为正，是导致蓝移的电子-空穴空间限域能，第三项是电子-空穴库仑作用能，第四项是考虑介电限域效应的表面极化能，最后一项是能量修正项。对于纳米颗粒，粒子半径很小，导致电子一空穴空间限域能起主导作用，因而主要表现出量子尺寸效应、带隙能增加、光谱蓝移。但是当对纳米颗粒的表面进行化学修饰，或者制成以半导体纳米粒子作为分散相的高分子复合材料后，如果ε_1和ε_2差别较大，会产生明显的介电限域效应，从而使上式中第四项成为影响纳米颗粒能隙的主要因素，其系数为负，将导致带隙能下降，光谱红移。颗粒表面包覆层与半导体粉体的介电常数相差很大，即$\varepsilon_1/\varepsilon_2$的比值越大，吸收光谱红移就越明显。如果将上述纳米颗粒通过复合手段与高分子材料结合，上述纳米光学性质可以用于制备转光材料。

例如将稀土荧光材料与聚合物复合，可制成透明性很高的薄膜，这种薄膜具有很高的转光性质，可将有害的紫外线转移成可见光，用作农膜可大幅度提高蔬菜产量。

许多纳米无机粉粒具有对紫外光和红外光的吸收能力，将其与聚合物复合可制成吸光膜。例如 TiO_2、Fe_2O_3、Al_2O_3、SiO_2、ZnO 等纳米微粒可制成紫外光吸收膜。这种膜可用作半导体器件中的紫外线过滤器。也可制成防晒化妆品，以及用于制成具有紫外线吸收能的油漆等。

由于纳米微粒尺寸远小于红外波长，所以对红外光透过率高，反射小，且纳米微粒比表面大，对电磁波吸收强，因此可作红外光吸收材料，在作隐身材料方面具有重要应用前景。人体释放的红外线大多为 4～16nm 中红外，这种红外波的释放很容易被灵敏的监测器发现。将 TiO_2、Al_2O_3、SiO_2 和 Fe_2O_3 纳米复合粉加到纤维中并制成军服则具有隐身效能，而且还具有保暖作用。用雷达发射电磁波可检测飞机；利用红外检测器可发现发射红外线的物体。隐身技术就是针对这种检测器的“逃避”技术。例如 1991 年海湾战争中，美国战斗机 F117A 型机身表面包覆了红外与微波的隐身材料，所以不被伊拉克的雷达所发现。

b. 纳米复合材料的非线性光学效应。纳米半导体颗粒具有较强的非线性光学性质，大量的研究表明，半导体材料的非线性光学增强效应直接与纳米晶的尺寸和粒径分布有关。这是因为，如果粒子的尺寸小于半导体中电子和空穴的波尔半径，将出现强量子限域效应。几种典型半导体材料呈现强量子限域效应的临界尺寸分别为：CdS 为 0.9nm，PdS 为 20nm，CdSe 为 46nm，GaAs 为 2.8nm。但是纳米半导体颗粒较差的稳定性、可加工型使其应用受到极大的限制。人们在研究半导体纳米胶体溶液时发现，作为胶体稳定剂的聚合物是这种半导体非线性材料极好的基体材料，通过复合技术得到的纳米半导体一聚合物复合膜是理想的非线性光学材料。例如，将阳离子交换树脂 Nafion 与经过表面修饰的半导体纳米颗粒 CdS 进行复合，构成膜型纳米复合材料，可以观察到明显的三阶非线性光学性质，其三阶非线性光学系数明显增大。

非线性光学增强效应的关键是半导体粒子的尺寸及粒径分布，而聚合物基体材料的结构与性质可以用来控制这些参数。共聚物和共混聚合物的微相分离有利于半导体团簇的分散与稳定。例如，采用溶胶一凝胶工艺，利用开环共聚的办法可以得到 PdS 粒度分布很窄的高分子复合材料，高分子基半导体纳米复合材料在制作非线性光学器件方面已经显现出明显优势，被公认为是一类最有前途的新型光信息处理器件制备材料。

c. 纳米复合材料的光致发光效应。光致发光现象是指材料受到入射光（如激光）照射后，吸收的能量仍以光的形式放出的过程。放出的光波长可以不变，但是多数情况下发生变化，通常是波长红移，如荧光现象。但是，作为纳米级光致发光材料，由于纳米效应的存在，有可能发生蓝移发光。比如，液体相的二氧化钛晶体只有在 77K 的低温下才能观察到光致发光现象，其最大光强度在 500nm 波长处；而用自组装技术制备成的二氧化钛/有机表面活性剂高度二维有序层状结构的纳米复合膜，其层厚在 3nm 时，在室温就可以观察到较强的光致发光性质，而且，其发光波长蓝移到 475nm。室温下具有的强光致发光现象被认为是由于二氧化钛与表面活性剂分子间相互作用的结果。而发射光谱的蓝移则是由于二氧化钛粒子的量子尺寸效应所致。

d. 纳米复合材料的透光性质和应用。为了提高高分子结构材料的性能，往往需要加入很多增强添加剂，如黏土、炭黑、硅胶等，但是加入这些添加剂之后，会影响其制品的透明性和色彩。如果将这些增强添加材料纳米化，由于颗粒的纳米尺寸低于可见光波长，对可见光有绕射行为，将不会影响光的透射。这样，可以获得既提高了产品的力学性能，又保持其透明性能良好的高分子纳米复合材料。

②聚合物基纳米复合材料的催化活性及其应用　多相催化剂的催化活性与催化剂的比表面积成正比，而纳米颗粒的高表面能又可以增强其催化能力，因此具有大比表面积和高表面

能的纳米复合材料是非常理想的催化剂形式。纳米催化剂与聚合物复合后，即可以保持纳米催化剂的高催化性，又可以通过聚合物的分散作用，提高纳米催化剂的稳定性。高分子纳米复合催化剂可以用于湿化学反应催化，光化学反应催化，也可以利用其催化活性制备化学敏感器。

a. 聚合物纳米复合催化剂。纳米粒子由于粒径小，比表面积大，故纳米粒子表面活性中心数量多。因此，在一般情况下，粒径越小的纳米微粒作为催化剂的反应速率越高。利用纳米粒子的上述催化特性，并用聚合物作载体，构成纳米级高分子材料复合材料，既能发挥纳米粒子的高催化活性和高催化选择性，又能通过聚合物的阻止纳米微粒团聚的作用使之具有长效稳定剂。常用的纳米粒子催化剂主要是纳米金属粒子，包括贵金属，如铂、铑、银、钯等，纳米过渡金属粒子，如镍、铁、钴等。一些金属氧化物也具有催化活性。这些纳米粒子可以负载在多孔树脂上或沉积在聚合物膜上，从而得到纳米粒子/聚合物复合催化剂。例如，纳米镍金属粉与聚环氧乙烷复合后可以作为烯烃氢化高分子催化剂。

b. 聚合物纳米材料的光催化活性与应用。光催化是利用光能引发的化学反应，具有光催化活性的有很大一部分是半导体材料。半导体材料纳米级光催化剂与体相同类光催化剂相比性能普遍提升。以 ZnS 光催化二氧化碳还原生成甲醛为例，随着催化剂粒径的减小，催化活性提高，选择性增强。纳米级光催化剂之所以具有上述特点，原因除了前面分析的具有较大比表面积和表面能之外，还与下列因素有关。

ⓐ纳米半导体的量子尺寸效应导致其价带与到带间能隙增大，使得纳米微粒有更强的氧化还原能力，因此光催化活性随着纳米微粒粒径的减小有所提高。

ⓑ光激发产生的电子与空穴的转移与传递过程是光催化反应的关键步骤。其中内部光产生电荷扩散到表面进行催化反应后和电子与空穴复合去活是一对竞争性矛盾；对于半导体纳米微粒而言，光生电荷扩散到表面的平均时间远快于体相催化剂，也快于电子与空穴的复合速率，所以可能获得比体相比常规粒径催化剂更高的光催化量子效率。

ⓒ半导体微粒与高分子复合后，两相的相互作用可以起到稳定纳米微粒的、防止其发生团聚或光腐蚀分解的作用，因此，具有较长的使用寿命。

c. 聚合物纳米复合催化体系在化学敏感器方面的应用。利用高分子纳米复合催化剂的催化活性制作各种化学敏感器，这是高分子催化剂最有前途的应用领域之一。不仅由于纳米微粒具有表面积大，表面活性高，对周围环境敏感，而且复合后纳米粒子在基体中聚集结构也会发生变化，引起粒子协同性能的变化，因此可望利用纳米粒子制成敏感度高的小型化、低能耗、多功能传感器。例如，采用对某些气体具有催化活性的催化剂为基本原料，可以制备气体敏感器。复合钙钛矿型结构氧化物 $La_{1-x}Sr_{x-1}FeO_3$ 纳米晶体材料及四方锡石构型纳米 SiO_2 粉体具有作气敏材料潜在应用潜力。这类材料可能作为选择性电极的表面修饰材料，前者对乙醇具有较高的选择性及敏感度，选择性顺序为 $La_{0.9}Sr_{0.1}FeO_3$ ＞ $LaFeO_3$（小）＞ $LaFeO_3$。此外，温度、气氛、光、湿度等的变化也会引起纳米粒子电学、光学等行为的变化，以此可以制作气体传感器、红外线传感器、压电传感器、温度传感器和光传感器等。

③聚合物基纳米复合材料的生物活性及其应用　很多高分子纳米复合材料具有生物活性，其中最重要的有两个方面，即消毒杀菌作用和定向给药作用。

a. 高分子纳米复合材料的消毒杀菌作用。很多重金属本身就有抗菌作用，纳米化之后，由于外表面积的扩大，其杀菌能力会成倍提高，如医用纱布中加入纳米银粒子就可以具有消毒杀菌作用。二氧化钛是一种光催化剂，当有紫外光照射时，它有催化作用，能够产生杀菌性自由基。而把二氧化钛做到粒径为几十纳米时，只要有可见光，就有极强的催化作用，在它的表面产生自由基，破坏细菌细胞中的蛋白质，从而把细菌杀死。将纳米二氧化钛粉体与不同高分子复合，可以得到具有杀菌性能的涂料、塑料、纤维等材料。制成产品后，在可见光照射时上面的细菌就会被纳米二氧化钛释放出的自由基杀死。又如，将 Ag 纳米微粒加到袜子中可杀菌防脚臭等。

b. 高分子纳米靶向药物制剂。在医学领域中，纳米材料最引人注目的是作为靶向药物载体，用于定向给药，使药物按照一定速率释放于特定器官（器官靶向）、组织（组织靶向）和特定细胞（细胞靶向）。靶向药物制剂中最重要的是毫微粒制剂，是药物与高分子材料的复合物，粒径大小介于 10～1000nm 之间。其导向机理是纳米微粒与特定细胞的相互作用，为器官靶向，主要富集在肝、脾等器官中。其特点是定向给药，副作用小。因为载体纳米微粒作为异物而被巨噬细胞吞噬，到达网状内皮系统分布集中的肝、脾、肺、骨髓、淋巴等靶部位定点释放。载物纳米粒子的粒径允许肠道吸收，可以做成口服制剂。纳米毫微粒可以增加对生物膜的透过性，有利于药物的透皮吸收和提高细胞内药物浓度。目前已在临床应用的毫微粒制剂还有免疫纳米粒、磁性纳米粒、磷脂纳米粒以及光敏纳米粒。

c. 其他。很多导电性粉体材料与高分子材料复合可以制备高分子复合导电材料，如可以制成导电涂料、导电胶等，在电子工业上有广泛应用。导电粉体常用金、银、铜等金属，或者炭黑，某些金属氧化物也有应用。用纳米级银粉代替微米银制成导电胶，在保证相同导电能力的前提下，可以大大节省银的用量，降低材料密度。Fe_2O_3、TiO_2、Cr_2O_3、ZnO 等具有半导体特性的氧化物纳米微粒与高分子材料复合，可以制成具有良好静电屏蔽的涂料。在化纤制品中加入金属纳米粒子可以解决其抗静电问题。由于碳纳米管具有非常好的导电性，与高分子材料复合制备的纳米复合材料也是导电的。例如，用 10%碳纳米管分散于不同的工程树脂中，其电导率均比用微米级填料为高。加入少量碳纳米管制成的聚合物复合材料可望在汽车车体上获得应用，有利于静电喷漆工艺。

另外，聚合物基/无机纳米粒复合材料在磁性记录材料、磁性液体密封方面都有广泛应用。

3.6.2.2 制备方法

聚合物基体与纳米微粒复合的方法主要有共混法和溶胶-凝胶法。

（1）共混法　共混法基本上是采用聚合物共混中物理共混的方法。这是最简单、最常见的方法。目前常用的方法有：溶液共混法、乳液共混法、熔融共混法和机械共混法。其基本原则与聚合物之间的相应共混法是类似的。除了机械共混法允许采用非纳米微粒外，其他共混法都需先制备纳米粉料，然后将纳米粉料与聚合物基体进行共混复合。关于纳米粒的制备方法前面已作介绍。共混法的主要难点是纳米粒子的分散问题。纳米粒子比表面大，比表面能高，团聚问题比常规的粒子严重得多。通常在共混前需对纳米粒子进行表面修饰。在共混过程中，除采用分散剂、偶联剂、表面改性剂等手段处理外，还可采用超声波进行辅助分散。

机械共混法是将聚合物和无机物微粒粉料加入到研磨机中研磨共混。溶液共混法是将基体树脂溶于溶剂中，加入纳米粒子，混合均匀，除去溶剂而得。可采用机械搅拌和超声波等机械作用使混合达到均匀。乳液共混法是将纳米微粒加入到聚合物乳液中，搅拌混合均匀再破乳、干燥。熔融共混法是将聚合物加热至液态，再加入纳米粉料，用机械方法混合均匀后，降低温度，固化成型。与溶液共混相比，熔融共混减少了溶解和溶剂蒸发过程，工艺相对简单，成本较低。熔融共混的限制因素是聚合物在熔融温度下必须是热稳定的。由于是高温下混合，且聚合物熔体黏度大，所以需特殊的机械和工艺。常用的方法有螺杆挤出混合、捏合机混合等。

无论采用哪种共混方法都存现在团聚问题和与聚合物的相容性问题。所以一般都需对纳米颗粒进行改性（即表面修饰）。可采用前面所述关于纳米微粒表面修饰的基本方法。

纳米微粒的团聚问题是制备聚合物基复合纳米材料的主要困难，因此，在共混前常需对纳米粒子表面进行修饰，或者在共混过程中加入相容剂（偶联剂）或分散剂。纳米粒子的表面修饰主要有两种方法。一种是化学方法，即通过化学反应在粒子表面形成一层低表面能物质层，减少团聚趋势；或者通过物理稀释方法在粒子表面形成吸附层。被吸附的物质可以是小分子，也可以是聚合物。吸附层在粒子与粒子之间起分隔作用。相容剂或偶联剂，其实是一种双亲分子，分子的一部分与纳米粒子的亲和性好，另一部分与聚合物分子亲和性好，从而提高了纳米微粒与聚合物之间的相容性并减少了纳米微粒的团聚倾向。

用于聚合物增强增韧的类球形无机纳米粒子主要有 SiO_2、ZnO、TiO_2、$CaCO_3$ 等。为使其在聚合物基体中达到均匀分散，对其进行表面改性，是成功制备聚合物基/无机纳米粒子复合材料的关键，所以近年来倍受关注。不同的纳米粒子采用不同的表面修饰方法[90]。一些磁性粒子如 Fe_3O_4 用十二烷基硫酸钠、油酸、柠檬酸等表面活性剂修饰后可大幅度降低其团聚倾向。对于 SiO_2、TiO_2 等其表面存在羟基，所以加入与羟基反应的偶联剂，如 γ-缩水甘油醚丙基三甲氧基硅烷、γ-胺丙基三乙氧基硅烷等，可大幅度减小其团聚倾向，并提高与聚合物的相容性。纳米 $CaCO_3$ 粒子常采用硬脂酸作为表面改性剂，发生如下的反应[91]：

$$CaCO_3 + RCOOH \longrightarrow Ca(OH)(OOCR) + CO_2\uparrow$$

近年来对无机纳米粒子进行聚合包覆改性的研究备受重视[92]。这是因为，这种改性可大幅度提高纳米微粒对聚合物改性的效果。例如用聚合物包覆改性 $CaCO_3$ 纳米粒子后用于聚丙烯的复合改性，可使冲击强度提高一倍，而用硬脂酸改性的 $CaCO_3$ 纳米粒只使冲击强度提高 10%。新近发展了聚合物包覆改性的异相凝聚法和包埋法。异相凝聚法是根据带有相反电荷的微粒会相互吸引、凝聚的原理提出的；包埋法是采用种子乳液聚合的方法使聚合物包覆粒子表面的方法[93]。在包埋法中，有时先用偶联剂或表面改性剂对纳米粒子进行处理。

目前，研究最多的是包埋法。举例如下：

① 先用偶联剂 KH-570 处理 SiO_2 纳米微粒，再在表面修饰后的 SiO_2 纳米微粒存在下进行 MMA 乳液聚合，制得 SiO_2/PMMA 复合粒子，用以与 PC 复合改性，可使缺口冲击强度提高 10 倍多，且拉伸强度不下降[82]。在超声波影响下，可改善包覆效果，采用适当的超声频率（$2\times10^4\sim10^9$ Hz），可不加引发剂而使单体聚合[94]。

② 先用硅烷偶联剂 MAPS 处理纳米 SiO_2 粒子，然后以种子乳液聚合方法合成 SiO_2/ACR 复合粒子，此种粒子的热分解温度比纯 ACR 高 40℃。用以改性 PVC 可提高拉伸强度、冲击强度和断裂伸长率[95]。

③ 以乳液聚合方法用聚丙烯酸酯包覆 $CaCO_3$ 纳米微粒[96]制备 $CaCO_3$/聚丙烯酸酯复合纳米粒子，用以与 PVC 复合可大幅度改善 PVC 的力学性能。用乳液聚合方法制得的 $CaCO_3$/ACR 纳米复合粒子，用以改性 PVC，可使冲击强度提高 2.3 倍[81]。

(2) 溶胶-凝胶法　溶胶-凝胶法（sol-gel）是制备聚合物-无机物纳米复合材料的重要方法之一。这种方法与共混法不同，复合产物并不局限于聚合物与纳米无机粒子之间的复合，是一种较广泛的方法。

用溶胶-凝胶法制备聚合物/无机物纳米复合材料时，过程如下：

聚合物＋金属烷氧化物→溶解形成溶液→催化水解形成混合溶胶→蒸发溶剂形成凝胶复合物。溶胶形成过程和溶胶-凝胶转变过程是关键过程。

在制备溶液的过程中需要选择前驱物和有机聚合物的共溶剂，完成溶解后在共溶剂体系中借助于催化剂使前驱物水解并缩聚形成溶胶。上述过程是在有机物存在下进行的，如果条件控制得当，在凝胶形成与干燥过程中体系不会发生相分离，可以获得在光学上基本透明的凝胶复合材料。用溶胶-凝胶法制备高分子纳米复合材料，可用的聚合物范围很广，可以是线性的，也可以是交联的；可以是与无机组分不形成共价键的，也可以是能与无机氧化物产生共价键合的聚合物。

视聚合物及其与无机组分的相互作用类型，可以将溶胶-凝胶法制备的无机-有机纳米复合材料分成如下几类。

①直接将可溶性聚合物嵌入到无机网络中　这是 sol-gel 法制备无机-有机纳米复合材料最直接的方法。在得到的复合材料中，线型聚合物贯穿在无机物网络中。通常要求聚合物在共溶剂中有较好的溶解性，与无机组分有较好的相容性。可形成该类型复合物的可溶性聚合物有聚烷基噁唑啉、聚乙烯醇、聚乙烯乙酸酯、聚甲基丙烯酸甲酯、聚乙烯吡咯烷酮、聚二甲基丙烯酰胺、聚碳酸酯、聚脲、聚乙烯基吡啶、聚丙烯腈、纤维素衍生物、聚磷腈、聚二甲基二烯丙基氯化铵、聚丙烯酸、醇溶性尼龙、芳香尼龙以及具有非线性光学效应的聚苯乙炔及其衍生物。

②嵌入的聚合物与无机网络有共价键作用　如果聚合物侧基或主链末端引入像三甲氧基硅基等能与无机组分形成共价键的基团，就可以得到有机-无机两相共价交联的复合物，这种结构形式能明显增加复合材料的机械性能。引入$(RO)_3Si$基团的方法包括：a. 用甲基丙烯酸-3-（三甲氧基硅基）丙酯与乙烯基单体共聚，在主链上引入；b. 用三乙氧基氢硅烷与端烯基或侧链烯基聚合物进行氢硅化加成，再端基或侧链引入；c. 用（3-氨基丙基三乙氧基）硅烷终止某些单体的阳离子聚合反应，在端基引入；d. 用（3-异氰酸酯基）丙基三甲氧基硅烷与侧基或末端含氨基或羟基的聚合物进行反应，生成 Si—N 键或 Si—O 键，在侧链或端基引入。

③有机-无机互穿网络结构　在溶胶-凝胶反应体系中加入交联剂，使交联反应和水解与缩聚反应同步进行，则可以形成有机-无机互穿网络型纳米复合材料。这种材料具有三维交联结构，可以有效缩小凝胶收缩，均匀性好，微区尺寸小。

溶胶-凝胶法合成聚合物纳米复合材料的特点在于该法可在温和的反应条件下进行，两相分散均匀。控制反应条件和有机、无机组分的比率，几乎可以合成有机-无机材料占任意比例的复合材料，得到的产物从加入少量无机材料改性的聚合物，到含有少量有机组分的改性无机材料，如有机陶瓷、改性玻璃等。选择适宜的聚合物作为有机相，可以得到弹性复合物或高模量工程塑料。得到的复合材料形态可以是半互穿网络、全互穿网络、网络间交联等多种形式。采用溶胶-凝胶纳米复合方法很容易使微相大小进入纳米尺寸范围，甚至可以实现无机-有机材料的分子复合。由于聚合物链贯穿于无机凝胶网络中，分子链和链段的自由运动受到限制，小比例添加物就会使聚合物的玻璃化转变温度 T_g 显著提高，当达到分子复合水平时，T_g 甚至会消失，具有晶体材料的性质。同时复合材料的软化温度、热分解温度等也比纯聚合物材料有较大提高。

该法目前存在的最大问题在于凝胶干燥过程中，由于溶剂、小分子、水的挥发可能导致材料收缩脆裂。尽管如此，sol-gel 法仍是目前应用最多，也是较完善的方法之一。可以制成具有不同性能和满足广泛需要的有机-无机纳米复合材料。溶胶-凝胶法及其所制备的纳米复合材料已被越来越广泛地应用到电子、陶瓷、光学、热学、化学、生物学等领域。

此外尚有聚合物-无机纳米复合材料顺序合成法，顺序合成法又可分为有机相在无机凝胶中原位形成和无机相在有机相原位生成两种情况。有机相在无机凝胶中原位形成包括有机单体在无机干凝胶中原位聚合、有机单体在层状凝胶间嵌插聚合。有机单体在无机干凝胶中原位聚合是把具有互通纳米孔径的纯无机多孔基质（如沸石）浸渍在含有聚合性单体和引发剂溶液中，然后用光辐射或加热引发使之聚合，可得到大尺寸可调折射率的透明状材料，应用于光学器件。

3.6.3 聚合物/蒙脱土纳米复合材料[97,198,199]

聚合物/蒙脱石纳米复合材料属于纳米插层复合材料。插层材料一般是指由层状无机物与嵌入物质构成的一类材料。层状无机物亦称插主（host），嵌入物亦称客体（guest）。层状无机物主要有以下几类：①石墨；②天然层状硅酸盐，如滑石、云母、黏土（高岭土、蒙脱土及泥质石等）和纤蛇纹石、蛭石等；③人工合成层状硅酸盐、云母，如层状沸石、锂蒙脱石和氟锂蒙脱石等；④层状金属氧化物，如 V_2O_5、MoO_3、WO_3 等；⑤其他无机物，如一些过渡金属二硫化物、硫代亚磷酸盐、磷酸盐、金属多卤化物等。

嵌入物质可以是无机小分子、离子、有机小分子和有机大分子。当嵌入物质为小分子物质时，该物质常被称为“夹层化合物”、“嵌入化合物”等。当嵌入物质为小分子时，往往要利用小分子与夹层的特殊作用，使插主材料附加上一些诸如导电、导热、催化、发光等功能；而当嵌入物质为有机大分子时，通常要利用大分子基体与层状插主材料之间的作用，使插层材料能综合插主与客体两者的功能。近年来，开发出的各种高分子插层材料，大多是在嵌入成分（高分子）上附加上或改善其某些性能。如强度、耐热性、阻隔性等。

用以制备插层复合材料的方法称为插层法（intercalation）。1987 年日本丰田中央研究院报道了用插层聚合方法制得尼龙-6/蒙脱土纳米复合材料，随后将此种材料用于制备汽车零部件。由于此种材料所表现出的优异力学性能，这一成就引起了国际上广泛的关注，掀起了研究聚合物/黏土纳米复合材料的热潮。先后研制出了环氧树脂、不饱和聚酯、聚酰亚胺、聚丙烯、聚氨酯等一系列热固性和热塑性树脂为基的黏土纳米复合材料。此外，以合成云母、高岭土及石墨为插主聚合物基纳米复合材料也有不少报道[99～101]。由于蒙脱石的特殊结构，使得它在合成插层材料上具有许多优势，是目前研究的主流。

蒙脱土的基本成分是蒙脱石，是一种层状硅酸盐。蒙脱土有时也简称黏土（虽然并不严格），所以蒙脱石、蒙脱土、黏土常指同一个意思，都是指可剥离的层状硅酸盐。聚合物/层状硅酸盐纳米复合材料（polymer/layered silicate nanocomposites）、聚合物/蒙脱石纳米复合材料（polymer/monotmorillonite nanocomposites）和聚合物/黏土纳米复合材料（polymer/clay nanocomposites）常指同一个意思，都可以记为 PLSNs。

关于插层纳米复合材料的研究都涉及两个基本问题：如何更好更经济地使黏土类矿物如蒙脱石剥离成纳米级片层状颗粒；如何使聚合物基体与纳米片层颗粒之间有更好的亲和力。

3.6.3.1 蒙脱石的结构和性质

硅酸盐矿物可分为层状结构的硅酸盐和链状-层状结构的硅酸盐两种。用作聚合物/黏土纳米复合材料无机分散相的蒙脱土（monotmorillonite，MMT），是中国丰产的一种黏土矿物，是一种层状硅酸盐，整个片层厚约 1nm，长宽各为 100nm，每层包含三个亚层，在两个硅氧四面体亚层夹一个铝氧八面体亚层，亚层之间通过共用氧原子以共价键连接。由于铝氧八面体亚层中的部分铝原子被低价原子取代，片层带有负电荷。过剩的负电荷靠游离于层间的 Na^+、Ca^{2+} 和 Mg^{2+} 等阳离子平衡。这些阳离子容易与烷基季铵盐或其他有机阳离子进行交换反应，生成亲油性的有机化蒙脱土，层间距离增大。有机蒙脱土片层可进一步使单体渗入并聚合，或使聚合物熔体渗入而形成纳米复合材料。

这种黏土的硅酸盐片层之间存在碱金属离子，在水中溶胀，故亦称为膨润土，即可溶胀的黏土。反之，像滑石、高岭土这类层状硅酸盐，片层之间无碱金属，在水中不溶胀，称之为非溶胀的黏土。

用于制备聚合物/黏土纳米复合材料的黏土主要是指可溶胀黏土（膨润土），亦称蒙脱土（蒙脱石）。

蒙脱石粉末是由九十个基本颗粒聚集而成，每个颗粒尺寸为10～50μm。颗粒之间存在缺陷，受到一定外力场作用可分散成为0.1～10μm的微小颗粒。这些微小颗粒是由若干个厚度约为1nm的硅酸盐片层紧密堆砌而成的。

蒙脱土的结构单元是2：1型的片层硅酸盐。其晶体结构是由两层硅氧四面体片之间夹着一层铝（镁）氧（羟基）八面体片结构晶层，晶层中的四面体八面体可存在异质同晶取代，从而使晶层带净负电荷，晶层间吸收水合阳离子（Na^{+}、Ca^{2+}、Mg^{2+}）等以抵消这种负电荷，这些水合阳离子可与有机或无机阳离子进行交换，并可使分子插层入层间，引起晶格沿c轴方向伸展，所以c轴方向（d_{001}）的尺寸是不固定的，即层间距是可以大幅度改变的，甚至可使晶层完全分离，即具有二维晶体的特征。这也是插层聚合的依据所在。

聚合物/黏土纳米复合材料中的黏土一般为蒙脱石钠型膨润土，其结构如图3-50所示。

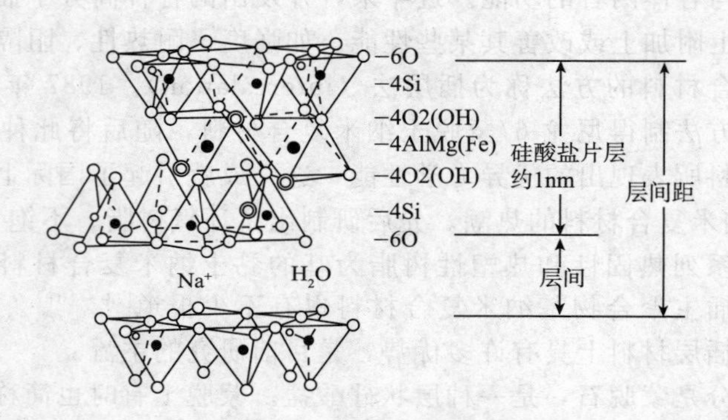

图3-50　蒙脱土的结构图

○—O；◎—OH；●—Al，Fe，Mg；∘,•—Si(Al)

由上可知，蒙脱土具有如下的重要性质：

①膨胀性，可被水溶胀的性质称为膨胀性，可用膨润值表征。

②晶层之间的阳离子是可交换的，可用无机或有机阳离子进行置换。利用阳离子的可交换性，可通过与其他阳离子交换来改变黏土层间的微环境以适应不同的要求。黏土中阳离子可交换能力的大小可用阳离子交换量（CEC值）来表征，它是指100g干土吸附阳离子的摩尔数。CEC值是决定黏土矿物能否用于制取聚合物/黏土纳米复合材料的关键。CEC太低时，不足以提供足够的使片层剥离的推动力；太高时则极高的层内库仑引力使晶层作用力太大，不利于有机分子及大分子的插入，也不利于层片之间的剥离，对于蒙脱土类黏土，CET值为60～120meq/100g土时为最好。

在实际应用中，黏土与有机阳离子的交换能力是更重要的指标。

③黏土等矿物颗粒可分离成层片，径/厚比可达1000，因此，具有极高的比表面积，从而赋予复合材料极优异的增强性能。

3.6.3.2　蒙脱石的有机改性

PLSN的制备方法大致可分为插层聚合和插层复合（共混）两类。插层聚合是先使单体嵌入硅酸盐片层之间的坑道中，再进行聚合，从而制得PLSN。插层复合是聚合物直接嵌入硅酸盐片层的坑道中。不论哪种方法，往往需将黏土预先处理，获得所谓的有机黏土（有机蒙脱土）。

蒙脱土硅酸盐片层及片层之间的坑道都是亲水而疏油的，与多数聚合物及其单体相容性很小。为此可用各种有机阳离子（如烷基铵离子、阳离子表面活性剂等）通过离子置换蒙脱石硅酸盐片层之间（亦称坑道）原有的水合阳离子，从而使其亲水性变为亲油性，这就称为蒙脱土的有机化。所用的有机阳离子也称为插层剂，如此处理过的蒙脱土即称为有机蒙脱土或有机黏土。例如用十六烷基三甲基溴化铵对无机黏土进行有机化改性的反应可表示为：

$$R—N^{+}(CH_3)_3Br^{-} + Clay—O^{-}Na^{+} \longrightarrow R—N^{+}(CH_3)_3^{-}O—Clay + NaBr$$

选择插层剂应注意以下原则：① 应与聚合物或其单体有较大的相互作用，相容性好，有利于聚合物与黏土之间的亲和；② 价廉易得。有时，单体亦可作为插层剂。

插层剂插入硅酸盐片层之间会使片层之间的距离增大，有机基团越长，距离增加的越多。用碳链有机铵阳离子作插层剂时，碳链一般要含12～16个以上的碳原子。例如用16铵盐作插层剂时，硅酸盐片层之间的距离由原来的1.2nm增到2.2nm左右。

插层剂的选择是制备PLSN十分关键的环节。根据聚合物种类和PLSN制备方法的不同插层剂也有所不同。蒙脱土的有机改性主要有以下几种方法。

(1) 离子交换法　这是用有机阳离子与硅酸盐片层之间水合阳离子进行离子交换而在片层间引入有机基团以达到有机改性的目的。这类插层剂，常用的有有机铵盐、有机磷盐、氨基酸、吡啶类衍生物等，实际上都是阳离子性表面活性剂。

有机铵盐插层剂是目前应用最多、研究的较成熟的一类有机处理剂[102]，这在前面已经提及。如果有机铵盐另一端带有可与单体共聚的基团则效果更好。例如用乙烯苯基长链季铵盐作插层剂，制得可聚合性的改性蒙脱土，在用苯乙烯插层聚合，可制得剥离型的聚苯乙烯/蒙脱土纳米复合材料。已报道的此类插层剂还有甲基丙烯酰氯-苄基-二甲基氯化铵[104]和含丙烯酸酯基的季铵盐[103]。

但是，由于烷基铵本身的热稳定性差，在温度较高时（200℃左右）发生Hoffman降解反应，影响复合材料的热稳定性[105]，所以近年来各种有机磷盐类插层剂已受到重视[106]。但有机磷盐价格较贵，目前尚难广泛采用。

在酸性溶液中，氨基酸的氨基可转变成铵基离子，也可作为黏土改性的插层剂[102]。由氨基酸改性的蒙脱土在制备尼龙-6/黏土纳米复合材料中得到了广泛的应用。例如，用1，2-氨基月桂酸处理蒙脱土，可制得尼龙-6/蒙脱土剥离型纳米复合材料。此外，也用于聚氨酯、聚己内酯、聚酰亚胺等与黏土的插层纳米复合材料的制备上。

(2) 硅烷偶联剂法　硅烷偶联剂是一类分子中同时具有两种或两种以上反应性集团的有机硅化合物，通式可表示为$RSiX_3$，X表示可水解性基团，水解后得到的硅醇基能与黏土键合；R为反应性有机基团，能与聚合物结合，于是起到偶联黏土与聚合物的作用，例如：

$$RSiX_3 + 3H_2O \longrightarrow RSi(OH)_3 + 3HX$$

$$Clay—OH + RSi(OH)_3 \longrightarrow Clay—O—\overset{|}{\underset{|}{Si}}—R + H_2O$$

基团R可与聚合物产生较强的次价键或化学键从而起到偶联剂作用。

用硅烷偶联剂改性的蒙脱土已成功地制得聚苯乙烯/蒙脱土剥离型纳米复合材料[107]。用以制备不饱和聚酯/蒙脱土纳米复合材料，改性蒙脱土用量为1.5%（质量分数）即可使冲击强度提高一倍[108]。

（3）冠醚改性法　冠醚能与碱金属、碱土金属、镧系金属离子形成稳定的络合物。所以冠醚也能与硅酸盐片层中碱金属离子形成稳定的络合物，从而达到改性的目的。用冠醚改性的黏土可很好地分散于尼龙-6 基体中形成纳米复合材料[109]。

（4）单体或活性有机物插层剂法　许多单体亦用作插层剂。这种单体一端必须是阳离子型端基，另一端是可聚合或缩聚的基团。例如，Horng 等[110]用共聚单体 4，4-二氨基二苯醚作为插层剂改性蒙脱土，然后与 3，3，4，4-二苯甲酮四羧酸二酐插层聚合制得了聚酰胺/黏土纳米复合材料。又如，用 2-（*N*-甲基-*N*，*N*-二乙基溴化铵）丙烯酸乙酯作为蒙脱土改性剂，制得的改性蒙脱土可与 MMA 进行插层共聚，制得 PMMA/蒙脱土纳米复合材料[111]。活性有机化合物如 TDI 亦可作为插层剂改性蒙脱土[112]。利用氯硅烷与蒙脱土片层中羟基的反应，亦可用以改性蒙脱土[113]。

（5）引发剂或催化剂插层剂　有报道将 2，2-偶氮二异丁脒盐酸盐（AIBN）可作为蒙脱土和高岭土的插层改性剂[114]，可引发烯类单体插层聚合。用对环氧树脂反应有催化作用的酸性较大的有机阳离子改性蒙脱土可催化环氧树脂的氨固化并制得剥离型纳米复合材料[115]。

（6）二次插层法　近年来已有不少关于二次插层法的报道，即用不同的插层剂对蒙脱土进行插层改性，可提高改性效果。例如先用十八烷基氯化铵对蒙脱土插层，再用甲基丙烯酸乙酯三甲基溴化铵进行第二次插层[116]。又如先用乙二醇插层，再用其他插层剂第二次插层[117]。以及分别用氨基乙酸/十二胺、氨基乙酸/季铵盐、季铵盐/十八胺的组分进行二次插层[118]等。

应该指出，并非在所有情况下，都需对蒙脱土进行有机改性。对于某些水溶性较大的单体和聚合物，可直接使用 Na^+ 型无机土制备插层纳米复合材料。例如，可直接用钠型无机黏土制备尼龙/无机蒙脱土纳米复合材料[119]。采用钠型无机土用悬浮法制得了聚乙烯醇和聚环氧乙烯等为基的蒙脱土纳米复合材料[120,121]。又如用钠型蒙脱土，通过乳液聚合方法可制得 PMMA/蒙脱土[122]和 PVC/蒙脱土纳米复合材料[123]。

采用无机土的方法可简化制备工艺、降低成本，是具有很大应用价值的途径，很值得进一步研究和开发。

3.6.3.3　插层热力学及动力学

聚合物的插层过程能否自发进行，取决于该过程的自由焓变化 ΔG 是否小于零。黏土夹层的层间距由原来的 h_0 膨胀到 h，ΔG 变化为：

$$\Delta G=G(h)-G(h_0)=\Delta H-T\Delta S$$

当 $\Delta G<0$ 时，过程方可自发进行。

以聚合物熔融插层为例。在插层过程中，黏土一般先进行有机改性得到有机土（OLS）。插层过程熵变 ΔS 主要来自插层剂和已插层的聚合物。聚合物链由自由的熔融态转变成受限空间内的被约束状态，构象熵将减少（$\Delta S_{\mathrm{polymer}}<0$）。对于层间的插层剂分子约束链而言，层间距增大时，运动空间增大，所以插层剂约束链的熵值（$\Delta S_{\mathrm{chain}}$）增大。而 $\Delta S\approx\Delta S_{\mathrm{polymer}}+\Delta S_{\mathrm{chain}}$。

层间距由 h_0 增至 h 时，$\Delta S_{\mathrm{chain}}>0$ 而 $\Delta S_{\mathrm{polymer}}<0$。插层剂链长增加，体积增大显然有利于 $\Delta S_{\mathrm{chain}}$ 的提高，因而有利于插层。但一般而言，仍是 $\Delta S\leqslant0$。

对于过程的焓变 ΔH 主要由插主与嵌入物质（单体或聚合物）之间的亲和程度决定。只有 $\Delta H<0$ 且 $|\Delta H|>T|\Delta S|$ 时，插层过程才能自发进行。这就是说要使 $\Delta G\leqslant0$，$\Delta H\leqslant0$ 要有较大的负值，即插主与客体之间要有较大的亲和力，例如产生化学键、氢键或较强的次价键。而一般熔融插层法，大分子与黏土之间只有较弱的范德华力，所以不易得到

剥离型插层。而环氧树脂、尼龙-6可与黏土形成化学结合，所以能得到剥离型纳米复合材料。

对于单体加聚或缩聚插层，聚合能即聚合热的作用至关重要。对于蒙脱土，根据计算，要使层间剥离，单位面积需消耗的能量为0.001J/m^2。对于聚合热，例如对己内酰胺ΔH为-13.4kJ/mol。MMA为-13.6kJ/mol，可估算出，它们在单面积黏土晶层内聚合时放出的能量为-0.06J/m^2。所以，单体聚合插层时，关键不在于插层聚合过程放出多少能量，而在于如何将聚合能集中在对黏土晶层的做功上。即如何使单体的聚合集中在片层之间，即事先单体如何扩散到片层坑道中。这就涉及动力学问题。

根据对熔融插层动力学的研究表明[124]，聚合物进入黏土层间的活化能与聚合物熔体在黏土颗粒间扩散活化能相当。因此插层复合物的形成只需考虑聚合物进入黏土颗粒的传质速率，而无需考虑聚合物在黏土层间的运动速率，采用常规加工设备即可，无需强化搅拌条件等，因为机械搅拌无助于聚合物向黏土层间的扩散，而良好的插层改性剂则将大幅度提高聚合物向黏土层内扩散。

3.6.3.4 插层方法

(1) 聚合物溶液插层　这种方法是将改性层状蒙脱土等硅酸盐微粒浸泡在聚合物溶液中加热搅拌，聚合物从溶液中直接插入到夹层中，蒸发掉溶剂之后即可形成高分子纳米复合材料。高分子溶液直接插层过程分为两个步骤：溶剂分子插层和高分子与插层溶剂分子的置换。从热力学角度分析，对于溶剂分子插层过程，溶剂从自由状态变为层间受约束状态，熵变$\Delta S<0$，所以，若有机土的溶剂化热$\Delta H<T\Delta S<0$成立，则溶剂分子插层可自发进行；而在高分子对插层溶剂分子的置换过程中，由于高分子链受限减小的构象熵小于溶剂分子解约束增加的熵，所以此时熵变$\Delta S>0$，只有满足放热过程$\Delta H<0$或吸热过程$0<\Delta H<T\Delta S$，高分子插层才会自发进行。因此，高分子的溶剂选择应考虑对有机阳离子溶剂化作用适当，太弱不利于溶剂分子的插层步骤，太强得不到高分子插层产物。温度升高有利于高分子插层而不利于溶剂分子插层，所以，在溶剂分子插层步骤要选择较低温度，在高分子插层步骤要选择较高温度，此时温度升高有利于把溶剂蒸发出去。黏土的改性对于插层成功与否起着非常重要的作用，例如，在制备聚丙烯/蒙脱土纳米复合材料时，用丙烯酰胺改性的黏土在甲苯中被聚丙烯插层，晶层间距从原来的1.42nm增加到3.91nm，而用季铵盐改性的黏土在甲苯中被聚丙烯插层时，层间距基本不变。说明丙烯酰胺的双键在引发剂的作用下可以与聚丙烯主链发生接枝反应，这样更有利于硅酸盐晶片分散剥离。XRD和TEM测试结果都证明了这一点。

聚合物溶液插层复合法以有不少成功的例子。例如，12-碳烷基季铵盐改性的蒙脱土可很好地分散于N，N-二甲基甲酰胺（DFM）中，而聚酰亚胺及其单体也可溶于DMF中。因此聚酰亚胺大分子可借助溶剂的作用插入黏土层间。加热除去溶剂即制得聚酰亚胺/蒙脱土纳米复合材料。聚氧化乙烯与蒙脱土的纳米复合材料也可用此方法制得。此法的关键是，使溶剂挥发时，要保证聚合物不随之脱掉。许多情况下，要做到这一点并不容易。

(2) 聚合物熔体插层法　熔体插层过程是首先将改性黏土和聚合物混合，再将混合物加热到软化点以上，借助混合、挤出等机械力量将聚合物插入黏土晶层间。插层过程中由于部分高分子链从自由状态的无规线团构象，成为受限于层间准二维空间的受限链构象，其熵将减小，$\Delta S<0$，聚合物链的柔顺性越大，ΔS将越负。根据热力学分析，要使此过程自发进行，需是放热过程，$T\Delta S<\Delta H<0$。因此，大分子熔体直接插层是焓变控制的。插层过程是否能够自发进行，取决于高分子链与黏土分子间的相互作用程度。

此相互作用必须强于两个组分自身的内聚作用，并能补偿插层过程中熵的损失才能奏效。另外，温度升高不利于插层过程。聚苯乙烯/黏土纳米复合材料已经用这种方法制备成功，研究者将有机改性土和聚苯乙烯放入微型混合器中，在200℃下混合反应5min，即可得到插层纳米复合材料。XRD和TEM测试表明：黏土晶层均匀地分散在聚苯乙烯基体中，形成剥离型纳米复合材料。聚合物熔融挤出插层是利用传统聚合物挤出加工工艺过程制备聚合物/黏土纳米复合材料的新方法。这种方法的明显特点是可以获得较大的机械功，因此有利于插层过程。采用这种方法得到的尼龙6/黏土纳米复合材料，根据XRD测试分析表明蒙脱土层间距由插层前的1.55nm增加到3.68nm，说明尼龙-6高分子链在熔融挤出过程中已充分插入硅酸盐晶层之间，层间距发生了膨胀。TEM测试也提供了证据，得到的复合材料性能也有较大改善。

由于熔体插层法是焓控制过程，所以关键是聚合物与黏土片层间要有良好的结合力。为此常需对聚合物进行改性方能奏效。例如聚丙烯（PP）与黏土片层无亲和性。为此用马来酸酐（MA）使PP改性，制得PP-MA低聚物（马来酸酐改性聚丙烯），把它作为第三组分（起增容剂的作用）与聚丙烯及蒙脱土进行混合。这些过程中PP-MA上的酸酐基团水解产物—COOH与硅酸盐上的氧原子之间产生较强氢键，弱化层间的次价力，使PP插入层间，制得PP/黏土纳米插层复合物[125,126]，其层间距达6～7nm。

(3) 单体原位聚合插层法　单体原位聚合插层复合工艺根据有无溶剂参与，可以分成单体溶液插层原位溶液聚合和单体插层原位本体聚合两种。单体溶液插层原位溶液聚合过程一般是先将聚合物单体和有机改性黏土分别溶解在某一溶剂中，充分溶解后混合在一起，搅拌一定时间，使单体进入硅酸盐晶层之间，然后再在光、热、引发剂等作用下进行溶液原位聚合反应，形成高分子纳米复合材料。单体插层本体聚合过程是单体本身呈液态，与黏土混合后单体插入层中，再引发单体进行本体聚合反应。单体插层原位本体聚合过程包括两个步骤：单体插层和原位本体聚合。对于单体插层步骤与聚合物熔体插层和溶剂插层过程类似。对于在黏土层间进行的原位本体聚合反应，在等温、等压条件下，该原位聚合反应释放出的自由能将以有用功的形式对抗黏土片层间的吸引力而做功，使层间距大幅度增加而形成剥离型高分子纳米复合材料，在插层过程中温度升高不利于单体插层。

单体溶液插层原位溶液聚合也分为两个步骤：首先是溶剂分子和单体分子发生插层过程，进入黏土层间，然后进行原位溶液聚合。溶剂具有通过对黏土层间有机阳离子和单体二者的溶剂化作用，促进插层过程和为聚合物提供反应介质的双重功能。要求溶剂自身能能插层，并与单体的溶剂化作用要大于与有机阳离子的溶剂化作用。由于溶液的存在使聚合反应放出的热量得到快速释放，起不到促进层间膨胀的作用。因此一般得不到解离型纳米复合材料。单体插层聚合方法已经成功用于黏土-尼龙纳米复合材料的制备，例如将黏土与已内酰胺混合，再用引发剂引发插入的已内酰胺的缩聚反应，即可制得黏土-尼龙纳米复合材料。测试结果表明：蒙脱土以约50nm尺寸分散于尼龙基体中。当蒙脱土质量分数为45%时，其层间距由原土的1.26nm增加到1.96nm；当蒙脱土质量分数为15%时，层间距增加至6.2nm。可见层间距明显与蒙脱土的含量有关。此外，将苯胺、吡咯、噻吩等单体，嵌入无机片层间，经化学氧化或电化学聚合，生成导电聚合物纳米复合材料，可作为锂离子电池的阳极材料。最新报道的液晶共聚酯/黏土纳米复合材料也是单体聚合法制备的。

在单体原位聚合插层法中，最好用共聚单体作为黏土插层改性剂。这种改性剂一端带有正电荷如鎓基，它可与黏土层片上的负电荷结合；另一端含有双键等可聚合基团，这样可大幅度提高复合效率。例如先用乙烯基苯基三甲基氯化铵通过阳离子交换插入MMT层间，再使苯乙烯单体插入并原位聚合，使聚合物链接枝到层片上：

$$\boxed{\mathrm{MMT}}-O^{\ominus}\,M^{\oplus} + Cl^{\ominus}\,N^{\oplus}(Me_3)-CH_2-C_6H_4-CH{=}CH_2 \longrightarrow$$

$$\boxed{\mathrm{MMT}}-Cl^{\ominus}\,N^{\oplus}(Me_3)-CH_2-C_6H_4-CH{=}CH_2$$

$$\Big\downarrow\ CH_2{=}CH-Ph,\,In$$

$$\boxed{\mathrm{MMT}}-Cl^{\ominus}\,N^{\oplus}(Me_3)-CH_2-C_6H_4-\underset{\underset{CH-In}{|}}{CH}-\Big[CH_2-\underset{\underset{Ph}{|}}{CH}\Big]_n$$

如此制得的聚苯乙烯/蒙脱土纳米复合材料中，每克MMT接枝的聚苯乙烯链达0.84～2.94g，层间距为1.72～2.45nm。

单体原位聚合插层法根据不同情况也可采用乳液聚合方法或悬浮聚合方法[122,123]。采用乳液聚合法时，对亲水性较大的单体常不用对蒙脱土进行有机改性，在乳化剂作用下，使用钠型无机土可取得较好的复合效果。

3.6.3.5 结构形态

根据聚合物-蒙脱土插层复合材料中蒙脱土层片在聚合物基体中的分散状态可将其复合结构分为普通复合（conventional composite)、插层纳米复合（intercalated nanocomposite）和剥离型插层纳米复合（delaminated nanocomposite）三种。在普通复合中，黏土层片并没发生层扩展的结构上的变化，聚合物也未进入片层间，所以类似通常的填充，并非真正的插层复合。在插层纳米复合中，蒙脱土片层间距因大分子的插入而明显扩大，从原来的1nm扩展至1～2nm或更大。由纳米插层复合形成的结构称为插层结构（intercalated structure），如图3-51（a）所示，这时，层片之间仍存在较强的范德华作用力，层片之间排列仍存在有序性。由剥离型插层纳米复合而形成的结构称为剥离结构（exfoliated structure），如图3-51（b）所示。这时黏土层片间作用力消失，层片在聚合物基体中无规分布。

(a) 插层结构

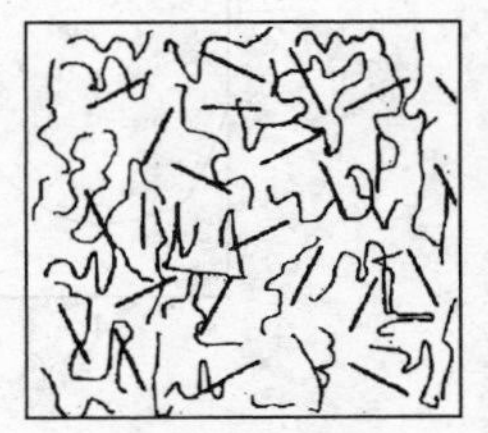

(b) 剥离结构

图3-51 聚合物/黏土纳米复合材料两种理想结构示意图

对于实际的聚合物/黏土纳米复合材料，形态结构常介于这两种理想结构之间。具体的形态结构还受动力学因素和剪切应力场的影响。通过透射电子显微镜和X射线技术，可以很好地表征这三种不同复合的结构特征。对于普通复合体系，由于蒙脱石黏土是以原有的晶体粒子分散于聚合物中，样品的X射线衍射呈现出原有蒙脱石晶体的衍射谱图，其011峰所反映的晶胞参数 c 轴尺寸，恰好是蒙脱石的层间距离 d。依据蒙脱石产地及类型的不同，所测 d 值往往不同，如钙质蒙脱石，d_{011} 在1.5182～1.5550nm；钠质蒙脱石

d_{011}在1.2404～0.2987nm；钠钙质蒙脱石的d_{011}介于钙质和钠质蒙脱石之间。用透射电子显微镜观察，在低倍数时，可看到一般无机填充粉末在聚合物基体中分散的特征；当放大倍数足够大时，且超薄切片位置合适时，可看到聚合物中黏土的晶层结构，如图3-52所示。图中黑线为黏土晶层，空白部分是层与层之间的间隙，晶层尺寸约为1nm，层间间隙约为0.3～0.5nm。

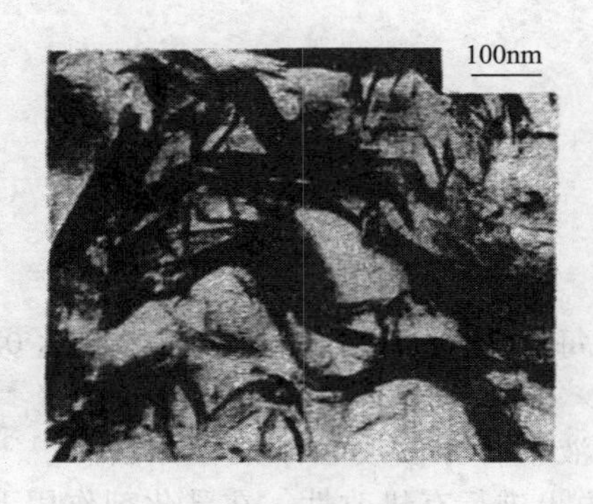

图3-52　普通复合中黏土晶层结构（TEM）
体系：PMMA/MMT

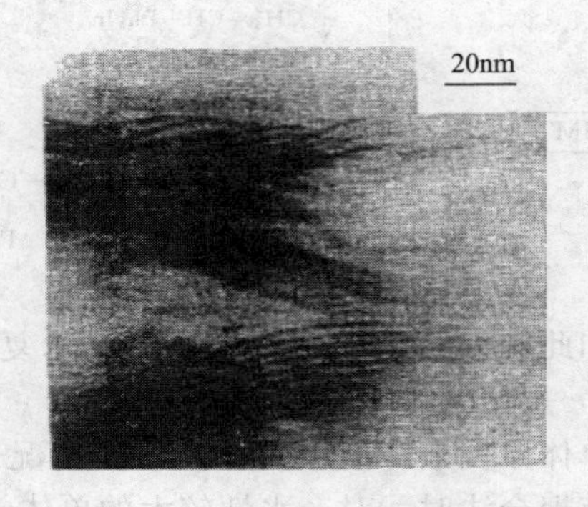

图3-53　纳米插层复合中黏土晶层结构（TEM）
体系：PMMA/MMT

对于插层纳米材料，由于聚合物对黏土层间的插入，使黏土层间距扩展。但是，由于扩展的尺寸往往不到1nm，用透射电子显微镜只能估算出层间距尺寸，参见图3-53。如果图中黑线之间空白部分尺寸大于黑线宽度，则可认为黏土层间距大于1nm。若要获得精确的层间距尺寸，则可借助X射线衍射这一有效的手段。

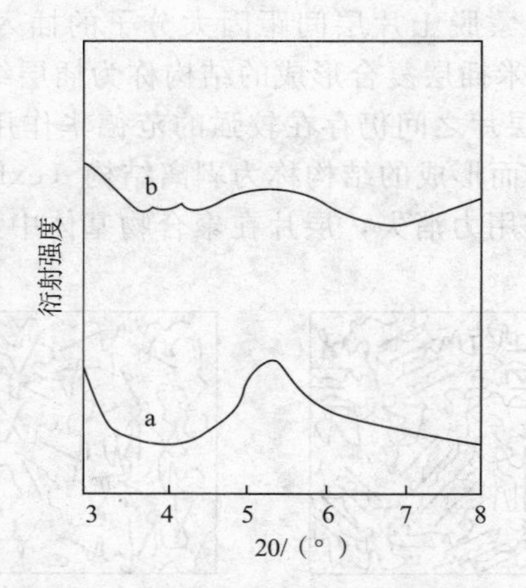

图3-54　普通插层材料及剥离型插层材料X射线衍射图
a—普通插层；b—剥离型插层

在钠质蒙脱石的X射线谱图中，011峰出现在$2\theta=5.89°$。当蒙脱石夹层中插入任何其他小分子或大分子而引起层间距扩展之后，X射线衍射的001峰将向低角度移动，而且001峰形有逐步加宽的趋势。当层间距扩展至大于2nm时，001峰几乎消失（图3-54）。也可以认为，当黏土晶层间距大于2nm时，层间作用力基本消失，层与层的排列趋于无序化。黏土夹层距小于2nm的插层材料，其层间距的精确尺寸可由X射线衍射的角度及X射线的波长（λ）等参数通过布拉格公式精确计算而得到。

对于剥离型插层材料，由于黏土层片已被聚合物完全撑开，在整个体系中呈无序分散状态，其 X 射线衍射谱图在 $2\theta=1^\circ\sim10^\circ$ 范围内见不到明显的衍射峰，因此，继续用这一方法来描述体系中黏土片层之间的距离是不合适的。这时，用透射电子显微镜技术来描述体系中黏土片层的状态较为适合，通过照片上的测量，可估算出黏土层片之间的平均间距，见图 3-55。

当超薄切片的方向垂直于黏土片层平面时，在显微镜下看到的是层片的横截面，它们呈细条纹状。由于黏土层片的尺寸可大至 100～200nm，小于 5nm，且单层晶片具有一定的“柔性”，因此，在显微镜下有时可能看到一些长短不一、可弯曲的细条。如果超薄切片的方向恰好平行于黏土的片层，并且被剥离的层片存在于 60～70nm 厚度的薄片样品中，则可通过显微镜看到黏土层片相互错位平铺于聚合物基体中的状态。

聚合物与蒙脱石之间的相互作用的表征，一般可通过核磁共振（NMR）、红外光谱等手段进行。如根据化学位移随原子核有效电荷密度的增大而增大原理，从 ^{15}N NMR 的化学位移估算尼龙-6 与黏土之间的键合情况，也可通过端基分析法测定并计算出尼龙与黏土层片形成化学结合的比例。

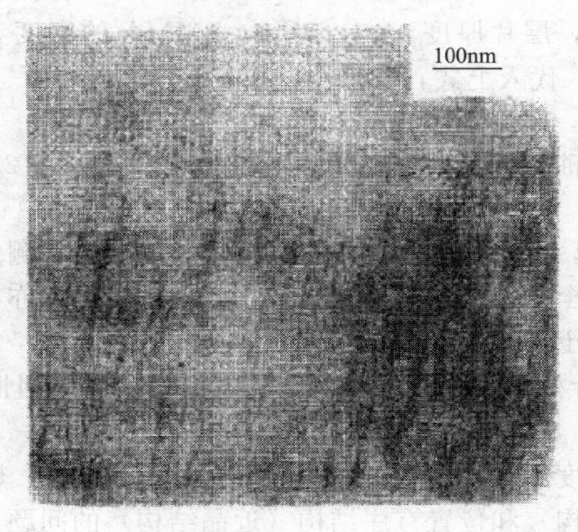

图 3-55　剥离型纳米复合材料 TEM 图
体系：PMMA/MMT

将插层材料用适当溶剂进行提取，并借助红外光谱分析等手段可以判断聚合物是否与黏土层片形成化学结合。用该法证实了乳液聚合 PMMA/MMT 插层材料中，PMMA/MMT 的化学键合成分相当可观[127]；也发现本体聚合 PMMA/MMT 插层材料中同样存在聚合物与蒙脱石的化学键合成分[128]。

插层分子在黏土夹层中所处的状态，可以通过夹层空间尺寸与插层分子的尺寸比拟来描述。对于 ω-氨基酸-蒙脱石插层体系，当碳数小于 8 时，测得蒙脱石的夹层距大致为层片厚度（1nm）与 ω-氨基酸分子直径（0.35nm）的和（即 1.35nm），所以可以认为 ω-氨基酸是平躺于黏土片层内。当 ω-氨基酸的碳数等于 11 或更多时，氨基酸分子与夹层平面形成以倾斜角 θ，并符合下列方程（参见图 3-56）：

$$\sin\theta=(d-10.0)/L \tag{3-28}$$

式中，L 为氨基酸分子长度；d 为实测层间距；θ 为氨基酸分子与夹层平面的夹角。当 ω-氨基酸的碳数为 11、12 和 18 时，θ 值分别为 23.5°、21.5°、42.5°。

如果黏土夹层在大量聚合物作用下呈完全剥离状态，则聚合物分子在夹层内的形态是自由的，与在夹层外无异，因此，在插层纳米材料中，大分子处于受限空间，其玻璃化转变可能消失[129]；而在剥离型插层纳米材料中，聚合物的玻璃化转变仍然存在。

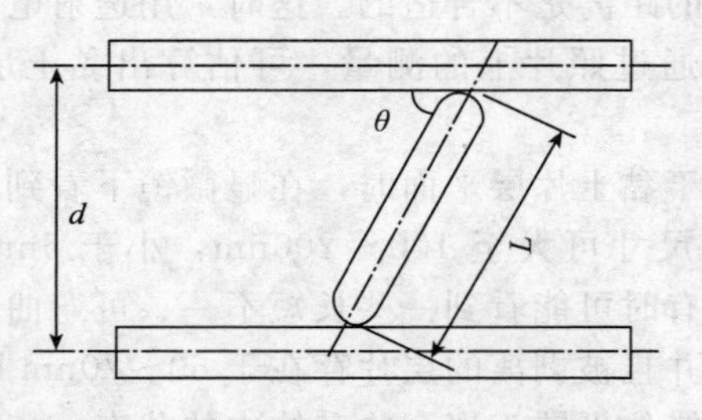

图 3-56 黏土夹层内分子状态模型图

对于剥离型插层材料，蒙脱石黏土在聚合物中的质量分数与黏土层片间距存在一定的函数关系：

$$d= (Rt\rho_c) /\rho_p + t \tag{3-29}$$

式中，t 为蒙脱石层片厚度；ρ_p、ρ_c 分别为聚合物和蒙脱石的密度；R 为聚合物与黏土的质量比值。如对油性蒙脱石，层片厚度 $t=1.68$nm，PMMA 的密度 $\rho_m=1.18g/cm^2$，蒙脱石晶体密度 $\rho_c=1.98g/cm^2$，代入上式，则：

$$d=2.7R+1.68 \tag{3-30}$$

若 100gPMMA 中含油性蒙脱石 5g，即 $R=20$，则，$d=2.71\times20+1.68=55.88$(nm)。

通过与计算值的比较，可以估算黏土层片的分散情况。一般测定值小于这个数值，可以认为其原因是体系不是完全均匀的，另外该公式推导过程的假设亦有一定偏差，即有许多聚合物实际上并不是存在黏土层片之间。

聚合物/黏土纳米复合材料的结构与形态问题还包括片层排列情况以及聚合物大分子链构象及堆砌情况。

由于硅酸盐片层的高度不对称性（直径/厚度比为 20～500），热力学稳定结构必然涉及有关片层的取向（向列结构）和位置有序结构（近晶结构）的问题。

刚性的硅酸盐片层可视之为大分子，可像刚性棒状大分子一样用排斥体积理论来推断其形态结构。以单位体积硅酸盐片层数 V 表示悬浮于聚合物基体中的片层浓度，为简化起见，将硅酸盐片层视为圆盘状，并以 L 表示片层直径，则可将这种悬浮体系分为三个浓度区：低浓度、中等浓度和液晶区（高浓度区）。每个层片的排斥体积定义为正比于 L^3 的旋转体积；每个片层所占有的体积为体系总体积除以总的片层数，即为 $1/V$。当每个片层占有的体积大于排斥体积，即 $1/V>L^3$ 时为低浓度区。这时片层之间的距离 $V^{1/3}$ 大于片层之间的横向距离 L，各个片层无规分布，无取向及位置的有序性，可视为各向同性的溶液。当 $V\geqslant1/L^3=V_1$，即浓度较高时，即进入中等浓度区，由于片层之间的相互干扰，各向同性溶液和有序结构的液晶共存，其比例决定于片层之间的相互作用的程度。这时每个片层的自由旋转受到临近其他片层的阻碍而受到某种程度的限制，使体系运动动力学发生一定程度的改变，产生一定程度的平衡取向。浓度更高时，即当 $V>V^*$ 时，各片层之间产生较确定的关联，从而发生宏观的取向结构，即向列型结构，所以此时即进入液晶浓度区。

这就是说，就一级近似而言，由于片层之间发生关联而开始形成超分子有序结构的临界浓度为 V_1 $(1/L^3)$，所以临界体积分数正比于 a^{-1}，而 $a^{-1}=L/h$，即 $a=$片层体积/片层排斥体积$=L^2h/L^3=h/L$，a 称为形状比即厚径比，h 为硅酸盐片层厚度。因为一般 20nm$<L$

<500nm，所以当浓度为 0.2%（体积）或 5%（质量）以上时即存在片层之间的关联。当 $V>V^*$ 时，平行排列（即向列有序）的片层之间的距离为 d，则 d 大致为 $h^*\phi^{-1}$（ϕ 为片层的体积分数），即 d 反比于浓度，如图 3-57 所示。

当剥离程度增大（即 h 减小）时，在给定浓度下，d 下降。当完全剥离时，$h=1$nm，当浓度为 1%和 4%（体积）时，d 分别为 100nm 和 25nm。这时 h 与聚合物大分子的旋转半径处于同一量级。这无疑会对聚合物大分子的平衡构象产生扰动，对聚合物结构-性能间的关系产生影响。这是聚合物/黏土纳米复合材料与填充聚合物的根本区别所在。可以想象，对剥离型聚合物/黏土纳米复合材料，由于聚合物与硅酸盐片层的密切接触和巨大的接触面积，整个聚合物基体都可视为界面层。

根据 Flory-Huggins 混合自由能理论和 Onsager 自由能理论对上述的排斥体积理论进行修正和细化，结果表明，开始产生超分子结构（即向列结构和近晶结构）的临界浓度还与聚合物分子量及聚合物与片晶之间作用能的大小有关。聚合物与硅酸盐片层亲和性越大，此临界浓度越高。

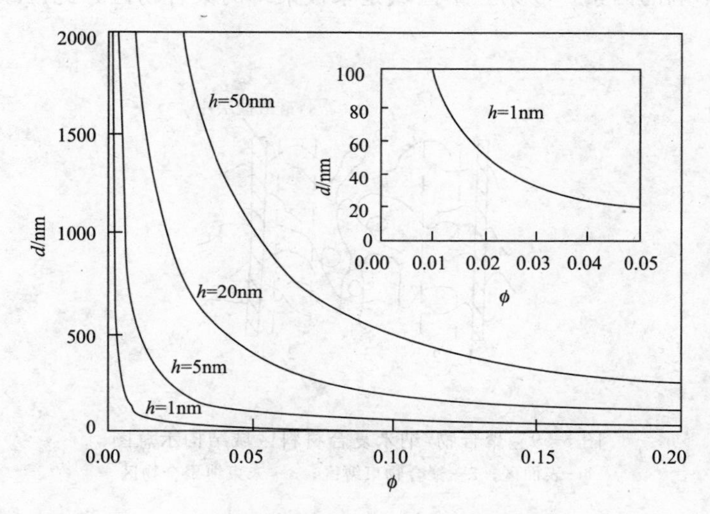

图 3-57 n 不同时，d 与 ϕ 的关系

（$h=50$nm 相当于 50 个片层组成的微晶体；$h=1$ 相当于单个片层。

这时 h 的尺寸与聚合物大分子旋转半径相当）

由上所述，可将聚合物/黏土纳米复合材料的形态结构分为有序结构、无序结构和部分有序结构三种类型，如图 3-58 所示。对于完全剥离型结构，$d>10$nm，分为有序和无序两种。插层结构也有有序和无序之分。对插层结构，在微晶表面也有小部分片层完全剥离。部分剥离结构中，存在相当部分的插层结构。

聚合物/黏土纳米复合材料中，硅酸盐片层厚度为 1nm，横向尺寸为 250nm，径/厚比为比 250nm，比表面积超过 $700m^2/g$，单个片层可视为分子量在 10^6 以上的刚性大分子。整个材料基本上是由界面层构成的。聚合物/黏土的界面是决定材料性能的基本因素。此种纳米复合此材料，围绕硅酸盐层片可区分为如下三个区域，如图 3-59 所示。①在靠近硅酸盐层片表面是由表面改性剂（插层剂）或增容剂构成的区域，厚度约为 1～2nm。②第二个区域是束缚聚合物区，可由黏土表面积伸展至 50～100nm。此区域的大小决定于表面改性剂与聚合物之间作用力的性质和强度以及聚合物/聚合物之间的相互作用力的性质和强度。表面改性剂与聚合物之间的作用力越强，此束缚区越大。另外，黏土引发成核作用，也是对此

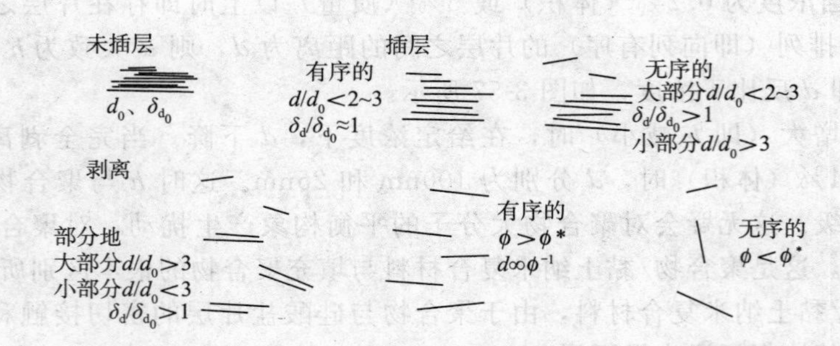

图 3-58 聚合物/黏土纳米复合材料中硅酸盐片层的纳米尺寸的排列示意图

用如下参数表示结构：

d_0，d—原始层间距及其改变值；δ_{d_0}，δ_d—其相对变化值；

ϕ_1，ϕ^*—单个片层和片层堆砌值的体积分数

束缚区产生重要影响的因素。③第三个区域是未被束缚的聚合物区，此区域大体上与原来的聚合物相同。

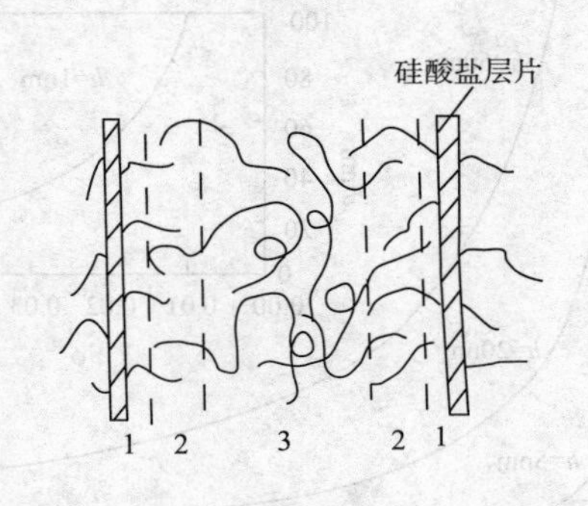

图 3-59 聚合物/纳米复合材料区域结构示意图

1—表面区；2—聚合物束缚区；3—未束缚聚合物区

由热力学和动力学因素决定此三个区域的相对大小。对完全剥离型的纳米复合材料，当片层浓度不特别小时，第三个区域可缩小至零。

这三个区域的结构不同，表现出不同的物理性能，宏观物性是由这三个区域共同决定的。例如，这三个区域会有不同的扩散系数、渗透系数等。

如上所述，聚合物/黏土纳米复合材料的形态结构包括硅酸盐片层的分散程度和排列的有序性以及聚合物大分子构象变化所形成的区域结构决定了此种纳米复合材料性能-结构关系的基本规律，是了解性能与结构关系的基础。

3.6.3.6 性能及应用

聚合物/黏土纳米复合材料的应用大体上可分为两大类，即作为工程材料和气体阻隔材料。这分别涉及工程力学性能和阻隔性能。此种纳米复合材料的抗张强度、抗张模量与聚合物基体相比有大幅度提高，这是一般用填料填充的聚合物体系所无法比拟的。同时，阻燃性、热变形温度、耐溶剂性能等都有大幅度的提高，因此，是极优异的工程材料。这类纳米材料另一特点是具有极高的气体阻隔性能，有时对某些气体的渗透性可下降一个数量级，而黏土的用量仅为1%～5%（质量）且透明性并不受明显影响。

聚合物与黏土进行纳米复合，可使力学性能有大幅度提高，使热变形温度和热分解温度

明显提高，热胀系数显著下降。表 3-16 列举了 PET/黏土纳米复合材料与纯 PET 性能的对比。

表 3-16 PET/黏土纳米复合材料的性能

性能	PET	PET，玻璃纤维增强 玻璃纤维用量 43%	PET/黏土纳米复合材料	
黏土用量/%(质量)	0	—	2	5
弯曲强度/MPa	73	230	87	91
弯曲模量/MPa	2300	10000	3100	3600
Lzod 抗冲强度/(J/m)	28	71	56	53
热变形温度(HDT)/℃				
1.86 MPa	71	231	104	110
0.45 MPa	142	246	177	192
收缩率/%	1.2	0.6	0.8	0.7
热膨胀系数/(×10^5/℃)	9.1	3.1	7.6	6.3
扭曲变形/mm	0.6	1.3	0.4	0.4
光泽/%	91.6	82.4	91.2	91.3
再结晶温度/℃	140	134	125	120

聚合物/黏土纳米复合材料具有优异的阻隔性能。黏土用量 2%～3%（质量），对各种气体的渗透系数下降一半以上。这是由于聚合物基体中分散的硅酸盐层片不能透过气体分子和液体分子，相当于挡板结构，扩散要经过曲折的途径，从而使扩散系数下降。根据 Nielsen 的观点，气体分子穿透途径曲折程度与分散相的形态与取向有关。当分散相为薄片状且平行于样品表面时，则复合材料的渗透系数 P_c 为：

$$P_c=\frac{P_c}{P_m}=\frac{\phi_m}{\tau} \tag{3-31}$$

式中 P_c 和 P_m——分别为复合材料和聚合物基体的渗透系数；

ϕ_m——聚合物的体积分数；

τ——实际途径长度与聚合物样品的厚度之比。

$$\tau=1+\left(\frac{L}{\overline{\omega}}\right)\phi_d$$

式中 ϕ_d——硅酸盐片层的体积分数；

L——薄片长度；

$\overline{\omega}$——薄片厚度。

然而上式的理论值与实测值常常有较大的正偏差或负偏差。这是由于未考虑在纳米复合材料中，聚合物基体性质的不均一性。如前所述，对聚合物/黏土纳米复合材料，存在硅酸盐片层表面改性区、束缚聚合物区和未束缚聚合物区。束缚聚合物区域的性质与聚合物本体的性质是不相同的。束缚聚合物区的扩散系数 D_c 与聚合物本体（即未束缚区）的扩散系数 D_p 不同，D_c 可大于或小于 D_p。因此，纳米复合材料的渗透系数尚与束缚聚合物区域的体积分数有关。此束缚区体积分数的大小，决定于聚合物与黏土的亲和性和硅酸盐片层的浓度及径/厚比。所以常需乘以修正系数 G：

$$G=V_p+\frac{V_c}{D_p/D_c}$$

式中　V_p——纯聚合物（即为束缚区）的体积分数；

V_c——缚聚合物曲的体积分数；

D_p、D_c——分别为纯聚合物和束缚聚合物区的扩散系数。

聚合物/黏土纳米复合材料中，存在四个相，即硅酸盐片层相、改性表面相、未束缚聚合物相、纯聚合物相。这些相的体积分数及其性质决定了整个复合材料的性质，包括阻隔性能和其他性能。

在一般的阻燃材料中，常用添加阻燃剂的方法来实现。这会使材料的物理和力学性能下降，而且一旦燃烧会产生更多的CO和烟雾。而在聚合物/黏土纳米复合材料中，如尼龙-6/蒙脱土纳米复合材料，不加阻燃剂，热释放速率下降60%以上，并不增加CO和烟雾的产生，所以是一种优异的阻燃材料。同时聚合物/黏土纳米复合材料还有优异的自熄性。阻燃和自熄的原因在于，在燃烧中，纳米复合材料结构塌陷，多层碳质-硅酸盐结构提高了碳的性能。这种富硅酸盐炭质结构是一种传质和传热的阻隔体，阻隔挥发物的产生和聚合物的分解。由于聚合物/黏土纳米复合材料呈现出良好的综合性能，如，热稳定性高、强度高、模量高、气体阻隔性高、膨胀系数低，而密度仅为一般复合材料的65%～75%，因此可广泛应用于航空、汽车、家电、电子等行业作为新型高性能工程所料。目前丰田汽车公司已成功地将尼龙/层状硅酸盐复合材料应用于汽车上。随着研究的深入，越来越多的此种纳米复合材料将应用于食品包装、燃料罐、电子元器件、汽车、航空等方面。由于层状硅酸盐的纳米尺度效应，可以成膜、吹瓶和纺丝，在成膜和吹瓶过程中，硅酸盐片层平面取向形成阻挡层可用作高性能包装和保鲜膜，是开发新型啤酒瓶的理想材料。此外，层状硅酸盐具有较高的远红外反射系数R，含5%（体积）蒙脱石的尼龙-6、PP、PET纤维的远红外反射系数$R>$75%，比市售的所谓的“红外发射纤维保健品”的性能好得多，而成本较低，是一种极具开发前景的产品。随着研究的深入，这种纳米复合材料的应用研究将进一步扩宽。应用的新领域有：高性能增强聚合物基体结构材料、高性能有机改性陶瓷等。总之，优良的综合性能使得应用越来越广，逐渐渗透到国民经济的各个领域，因此是一类极有发展前途的新型材料。

3.6.3.7　进展与展望

聚合物/层状硅酸盐纳米复合材料的研究当前主要集中于聚合物/蒙脱土体系、已发表的报道涉及数十种聚合物，其中包括均聚物也包括共聚物，例如聚丙烯[125,126,130]、EVA、聚丙烯酸乙酯[131]、聚甲基丙烯酸甲酯[111,116]、聚氧乙烯[104,107,112]、聚丙烯腈[132]、聚氨酯[133,134]、聚氧化乙烯[135]、聚苯胺[136,137]、聚吡咯[138]、PET、PBT[139,140]、聚醚酯[141]、硅橡胶[142]、NBR[143]、EPDM[145-146]、聚丙烯酰胺[147]、酚醛树脂[148]、尼龙-6[149,150]、尼龙-12[151]、尼龙-66[130]、环氧树脂[152,153]、PVC[154～156]、不饱和聚酯[157,158]、聚酰亚胺[159,160]等。

整体而言，插层法工艺较简单，原料来源丰富，价格低廉，具有工业化前景。极性聚合物基体成功的例子较多，工业化过程也较顺利，日本已有商品面世。非极性聚合物基体的插层复合上存在一些问题。

目前的研究涉及改进聚合物基体力学性能、热性能和阻隔性能的较多，但也有不少涉及功能性材料，例如PEO/Na+MMT、聚苯胺/MMT、聚吡咯/MMT等用作电子及光电子材料是有前途的。

由于插层体系同时又是一种纳米复合体系，两相呈纳米结构分散，许多纳米尺度效应上尚未发掘，可能还有许多性能，特别是光、电、磁等功能尚未进行研究。插层材料在导电材料领域、高性能陶瓷[161]、非线性光学材料[162]等领域也有应用前景。此外蒙脱石层片具有富余的负电荷可与客体分子的正电性发生作用，提供了分子组装的可能途径，如将一些天然生物材料（如壳聚糖、明胶等）与之进行分子组装插层，可以形成插层材料的新领域。

在插层技术方面，目前尚无突破。可望在应用其他相关学科的理论和技术的基础上开拓新的插层途径。例如，Kyotani[163]在蒙脱石夹层中合成聚丙烯腈后，高温烧蚀并用氢氟酸处理，把蒙脱石除去，得到分子链在二维空间高度取向的和高规整度的聚丙烯腈碳纤维，与普通的聚丙烯腈碳纤维在结构性能上有很大的不同。

在插主与客体的选择上也可以扩宽思路。例如石墨作为插主的可能。据报道[164]，若先在石墨层内插入碱金属，则乙烯、苯等可大量插入层内并聚合。用该法插层后，石墨片层可被完全剥离，使其分散于 PMMA、PA、PS、PVC 中，制成纳米分散体系，石墨含量只需2%～5%，即可制得电导率可达 0.1～10S/cm 的纳米复合材料。

聚合物/层状无机物插层材料，在插层技术、插层体系上和用途上都存在许多可能，具有广阔的前景，它可望成为21世纪普遍关注的高分子材料研究领域之一。

3.6.4 聚合物/无机物纳米复合材料的进展[164,181]

上面几节注重阐述了聚合物与类球状纳米无机粒子以及与层状硅酸盐构成的纳米复合材料及相应的制备方法。近几年，在有关聚合物/无机物纳米复合方面研究的领域加宽，制备方法也有一系列进展。以下就有关的制备方法进展作一简要介绍，这些方法主要在一些特殊场合使用。

(1) LB膜复合法　LB膜是利用分子在界面间的相互作用，人为地建立起来的特殊分子有序体系，是分子水平上的有序组装体。LB膜技术主要被用来制备0-2型纳米复合材料，即高分子纳米复合膜。LB膜有机-无机复合常用的方法有三种。

①先形成复合有可溶性金属离子的单层或多层LB膜，在与 H_2S 反应形成均匀分散在基体中的不溶性硫化物纳米微粒，构成的有机-无机复合型的LB膜。这种复合材料属于0-2型结构。

②以纳米微粒的水溶胶作为亚相，通过静电吸附，在气液界面上形成复合膜，再转移为单层或多层复合有纳米微粒的LB膜。

③在水面上分散表面活性剂稳定的纳米微粒，在制备LB膜的过程中直接进入膜内，从而得到纳米微粒单层膜。

采用上述三种方式都可以获得膜的尺寸、物理性质及粒子的分布均得到精确控制的纳米复合材料。例如，将复合镉离子的脂肪盐LB膜暴露于 H_2S 中，生成 CdS 纳米粒子均匀分布在LB膜中，形成半导体薄膜和超晶格。

(2) 模版合成法　利用基质材料结构中的空隙作为模版进行合成纳米复合材料的方法称为模版合成法。虽然使用的基质材料可以为多孔玻璃、分子筛、大孔离子交换树脂等，但是对于高分子纳米复合材料的制备而言，目前使用较多的是聚合物网眼限域复合法。这种方法的基本思想是高分子亚浓溶液可以提供由纳米级至微米级尺寸变化的网络空间。高分子链上的基团与无机纳米微粒的某一元素形成的离子键或配位键构成了有机-无机纳米复合材料两相之间的界面作用力，经转化反应后生成金属化合物纳米晶材料，致使在复合材料中聚合物和无机物纳米微粒结合稳定。溶液的浓度越高，网眼的尺寸越小，制备的微粒尺寸也越小。纳米微粒在网眼中生成，由于受到网链的限制，必然具有一定的稳定性。以下的方法可以实现网络限域复合。

①离子交换法　通过共聚或离子化改性使高分子链上含有可电离基团（一般为硫酸基团

或羧酸基团），通过离子交换过程，与无机纳米微粒的某一元素形成强烈的离子键，将无机离子交换到聚合物网络里，然后再通过化学反应，将金属阳离子还原，在吸附点原位生成金属纳米粒子。

②配位络合法　当高分子骨架上含有配位基团时，与过渡金属阳离子作用，两者之间形成配位键，金属离子被吸附在高分子基体材料中，再经过化学转换，形成金属或金属氧化物纳米粒子，构成高分子纳米复合材料。

(3) 分子自组装的制备　自组装膜是与LB膜同样重要的功能高分子材料，利用自组装技术也可以制备高分子纳米复合膜。利用自组装法制备高分子纳米复合膜主要是依据静电互相作用原理，用荷电的基板自动吸附离子型化合物，然后聚阴离子、聚阳离子电解质以交替吸附的方式构成聚阴离子-聚阳离子多层复合有机薄膜。这种自组装膜中层与层之间有强烈的互相作用力，使膜的稳定性很好，制备过程的重现性较高。原则上任何带相反电荷的分子都能以该法自组装成复合膜，利用自组装法，现在已成功合成了包括聚电解质-聚电解质、聚电解质-黏土类片状无机物、聚电解质-无机纳米颗粒、聚电解质-生物大分子等高分子纳米复合膜。

建立在静电相互作用原理基础上的自组装法，其最大特点是对沉积过程或膜结构的分子级控制。自组装法可以有效地控制有机分子、无机分子的有序排列、形成单层或多层相同组分或不同组分的复合结构。特别是多层薄膜中，每层的厚度都控制在分子级水平。众所周知，作为纳米结构材料的一种，有机高分子与其他组分组成的聚合物纳米复合膜具有独特的物理和化学性能，在气体分离、保护性涂层、非线性光学设备以及在增强无机材料的生物兼容性等方面有广阔的应用前景。

(4) 聚合物嵌入无机物基体中　这种方法制得的复合物中，聚合物并非基体。虽然这种复合方式比较少见，但是具有实用意义。同样，从制备目的考虑，也可以将其分为加入过高分子纳米添加剂改性无机材料的性能和利用无机材料作为基体，主要发挥有机添加材料的功能两种情况。由于无机基体多为刚性材料，熔点颇高，需要用特殊的复合方法。一种方法是利用膜板复合方式，采用本身具有纳米尺度内部空间的无机材料作为模版，将单体小分子扩散进入内部纳米级空间后原位聚合形成复合物。或者设法让聚合物分子熔融或溶解，进入内部纳米级空间。另一种方法是用溶胶-凝胶法制备有机-无机互穿网络型复合材料，此时，有机材料所占比重较小，构成分散相。在前一种情况下，一般可通过将无机基体浸入到高分子溶液中制得。或者将无机基体浸入含有有机单体的溶液中，使单体分子进入孔道，而后用光或热引发聚合反应，得到有机聚合物穿插于无机孔道中的复合结构。根据无机基体性质、孔道的尺寸和形状、有机组分的性质及其比例不同，可以制备一系列具有可调性质的纳米复合材料。比较典型的应用离子是导电聚合物-金属氧化物复合导电材料的制备。

层状氧化矾是锂离子电池的正极材料，但是导电性能不理想，将聚苯胺导电聚合物插入氧化矾层内可以有效提高其导电能力，弥补了金属氧化物在导电能力方面的不足。采用纳米二氧化钛薄膜吸附4-甲基-4′-乙烯基-2，2′-联吡啶合钌，然后用电化学聚合的方法，得到的层状复合材料可以提高联吡啶合钌光敏化二氧化钛太阳能电池的稳定性。但为了得到均一的复合材料，通常需要采用第二种方法——溶胶-凝胶方法，经过原位缩聚可以制得嵌入高分子的无机网络结构，从而对无机材料的性质进行调整。

对于第二种制备目的，无机基体材料发挥其刚性作用，为功能性有机分子提供发挥特殊性能的外界条件。采用上述两种复合方法，各种功能性有机分子（非线性光学染料、光致变色染料、蛋白质、酶等）都可以用这种方法嵌入到以二氧化硅或过渡金属氧化物（ZrO_2、

TiO_2、V_2O_5 等）为基础的无机网络结构中，用于发展新型的光、电及生物活性材料。

3.7 高性能高分子材料

高性能高分子材料是指具有高比强度、高比刚度（模量）、高耐热、高温抗氧、高抗疲劳、高抗蠕变、高耐磨损、高尺寸稳定性等一系列优异性能的高分子材料。根据用途的不同，未必需要一种材料同时都满足这些指标。这些指标也是相互有联系的，例如高耐热性高分子材料也往往同时具有高力学性能。一般而言，对于高性能高分子材料的一个关键问题是高耐热性。特别是作为高性能聚合物基材料，聚合物基体的高耐热性是一个核心问题。

制备高性能高分子材料的基本方法是聚合物共混和复合，复合包括宏观复合和纳米复合。一般而言，高性能高分子材料包括纯的聚合物、聚合物共混物和聚合物基复合材料，但最主要的还是聚合物基复合材料。聚合物基复合材料中的聚合物基体的耐热性是制备高性能聚合物基复合材料的关键，所以本节的重点是介绍几种典型的耐高温复合物。

3.7.1 聚合物的热性能[165]

高分子材料具有很多优异的性能，但也存在一些缺点，特别是在不耐高温、易于老化，从而限制了它的使用。随着高分子科学的发展，当前已明确了聚合物耐热性与分子结构之间的关系和提高耐热性的可能途径并已合成了一系列耐高温的聚合物。聚酰亚胺就是一例，它能在 250～280℃长期使用。如将聚酰亚胺制成薄膜并和铝片一起加热，当温度达到铝片熔点时，聚酰亚胺薄膜不但保持原状，而且还有一定强度。在长期耐高温方面，聚合物还不如金属材料，但在短期耐高温方面，金属反不如聚合物，这是因为聚合物的热导率远比金属小。例如，导弹和宇宙飞船返回地面时，其头锥部在几秒至几分钟内将经受 1 万多度的高温，这时任何金属都将熔化。如使用聚合物材料，尽管外部温度高达 1 万多度，聚合物外层熔融、分解，但由于聚合物的绝热性，在这样短的时间间隔内，只有表面一层被烧蚀，而内部仍是完好如故。显然这是聚合物的优势。

聚合物的热性能主要包括热分解温度、玻璃化温度、熔点（对结晶聚合物）、热膨胀系数和热导率。

一般而言，聚合物是热绝缘材料，热导率要比金属材料小得多，表 3-17 列出了典型非晶聚合物的热导率，为比较起见也列出了几种其他材料的数据。

表 3-17 典型聚合物的热导率

聚合物	热导率/[W/(m·K)]
聚丙烯(无规立构)	0.172
聚异丁烯	0.130
聚苯乙烯	0.142
聚氯乙烯	0.168
聚甲基丙烯酸甲酯	0.193
聚对苯二甲酸乙二醇酯	0.218
聚氨酯	0.147
聚碳酸酯	0.193
环氧树脂	0.180
铜	385
铝	240
软钢	50
玻璃	约 0.9

材料的线膨胀系数 α 取决于原子间的相互作用的强弱。分子晶体是由弱的范德华力联结的，因此 α 值很大，约为 10^{-4}/K；而由共价键相结合的材料，如金刚石等，相互作用很强，α 要小得多，约为 10^{-6}/K。对聚合物，长链分子中的原子沿链方向是共价结合，而在垂直于链的方向是范德华力，因此结晶聚合物和取向态聚合物热膨胀系数具有各向异性的性质。对各向同性聚合物，分子链是杂乱取向的，其热膨胀行为主要决定于微弱的链间相互作用，α 值较大，表 3-18 列出了一些典型材料的热膨胀系数。

聚合物热膨胀系数大，常导致成型加工制件的尺寸稳定性差。减少聚合物热膨胀系数是提高其耐热性能的一个重要方面。一般是采用与无机纤维或与无机纳米粒子复合的方法来减小高分子材料的热膨胀系数。

聚合物在受热过程中将产生两类变化。①物理变化：软化、熔融；②化学变化：环化、交联、降解、分解、氧化、水解等（后两项是热能与环境共同作用的结果）。它们是高聚物受热后性能变坏的主要原因。表征这些变化的温度参数是：玻璃化温度 T_g、熔融温度 T_m 和热分解温度 T_d。

表 3-18　典型材料的热膨胀系数

材料	α(20℃)/(×10^{-4}/K)
尼龙-66＋30％玻璃纤维	3.0～7.0(与玻纤取向有关)
天然橡胶	22.0
缩酚醛共聚物	8.0
PMMA	7.6
聚碳酸酯	6.3
尼龙-66	9.0
HDPE	11.0～13.0
LDPE	20.0～22.0
聚苯乙烯	6.0～8.0
聚丙烯	11.0
PVC	6.6
黄铜	1.9
软钢	1.1

3.7.1.1　耐热性与结构的关系

提高聚合物耐热性主要有三条途径：增加高分子链的刚性、使聚合物结晶以及使聚合物交联。

(1) 增加高分子链的刚性　玻璃化温度是高分子链柔性的宏观体现，增加高分子链的刚性，聚合物的玻璃化温度相应提高。对于晶态聚合物，其高分子链的刚性越大，则熔融温度就越高。

在这里需要提一下的是在高分子主链中尽量减少单键，引进共轭双键、叁键或环状结构(包括脂环、芳环或杂环)，对提高高聚物的耐热性特别有效。近年来所合成的一系列耐高温聚合物都具有这样的结构特点（表 3-19)。例如：芳香族聚酯、芳香族聚酰胺、聚苯醚、聚苯并咪唑、聚苯并噻唑、聚酰亚胺等都是优良的耐高温聚合物。

(2) 提高聚合物的结晶性　结构规整的聚合物以及分子间相互作用（包括偶极相互作用和氢键）强的聚合物均具有较大的结晶能力。

表 3-19　高分子主链中引入共轭双键、叁键或环状结构对 T_m 的影响

高分子结构式	T_m/℃
$[CH_2-CH_2]_n$	137
$[CH=CH]_n$	>800
$[C\equiv C]_n$	>2 300 转变为石墨
$[C_6H_4-CH_2-CH_2]_n$	400
$[C_6H_4-CH_2]_n$	>400
$[C_6H_4]_n$	530(分解)
$[C_6H_4-CH=CH]_n$	仅得低聚物,n=100 已不熔
$[NH(CH_2)_6NH-CO(CH_2)_6CO]_n$	235
$[NH(CH_2)_6NH-CO-C_6H_4-CO]_n$	350(分解)
$[NH-C_6H_4-NH-CO-C_6H_4-CO]_n$ (商品名:Nomex 或 HT-1)	450
$[NH-C_6H_4-NH-CO-C_6H_4-CO]_n$ (B 纤维)	570
$CH_3-C(=O)-O[CH_2-O]_n-C(=O)-CH_3$	175
$[C_6H_2(CH_3)_2-O]_n$ (聚苯醚,简称 PPO)	>300
$[O(CH_2)_2O-CO(CH_2)_6CO]_n$	45
$[O(CH_2)_2O-C(=O)-C_6H_4-C(=O)]_n$	264
$[O(CH_2)_2O-C(=O)-C_6H_4-C_6H_4-C(=O)]_n$	330
$[O-C_6H_4-O-C(=O)-C_6H_4-C(=O)]_n$	500
$[O-C_6H_4-C(=O)]_n$ (国外商品名:Ekonol)	(550)
$[O-C_{10}H_6-O-C(=O)-C_6H_4-C(=O)]_n$	630(分解)
$[C_6H_4-C(CH_3)_2-C_6H_4-O-C(=O)-O]_n$	220～230

续表

高分子结构式	T_m/℃
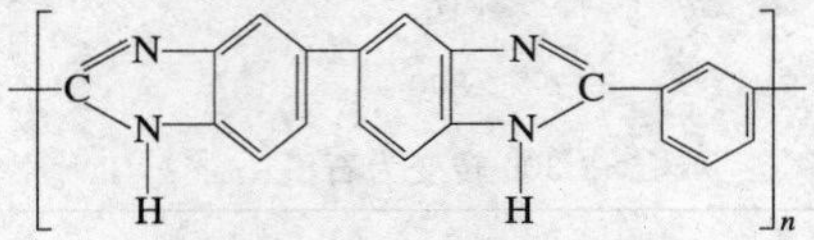 (聚苯并咪唑，简称PBI)	>500
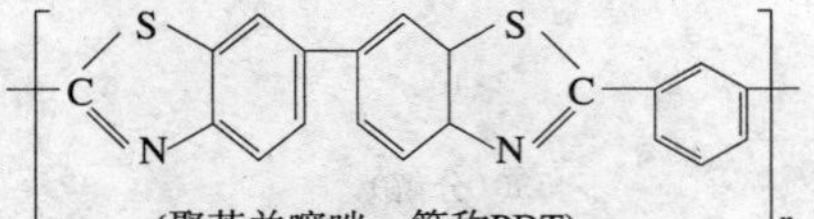 (聚苯并噻唑，简称PBT)	>600
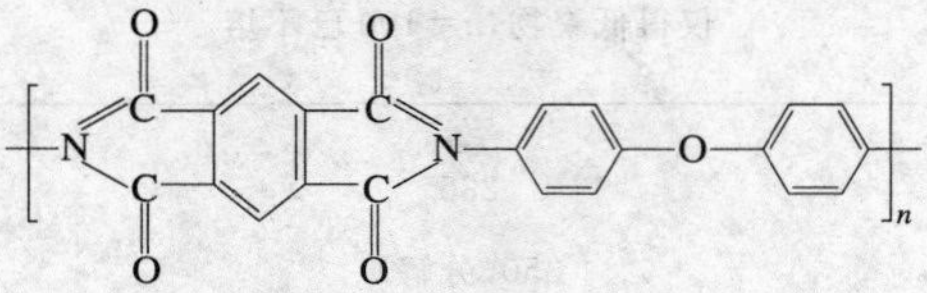 (聚酰亚胺，简称PI)	>500 不熔性树脂，T_m已接近于分解温度

在高分子主链或侧基中引入强极性基团，或使分子间产生氢键，都将有利于高聚物结晶。高聚物分子链间的相互作用越大，破坏高聚物分子间力所需要的能量就越大，熔融温度就越高。

（3）进行交联　交联聚合物由于链间化学键的存在阻碍了分子链的运动，从而增加了聚合物的耐热性。例如辐射交联的聚乙烯其耐热性可提高到250℃，超过了聚乙烯的熔融温度。交联聚合物不溶、不熔，只有在其分解温度以上才能使结构破坏。因此具有交联结构的热固性塑料一般都具有较好的耐热性。

3.7.1.2　聚合物的热分解

聚合物的热降解和交联与化学键的断裂与生成有关。因此，组成大分子链的化学键键能越大，耐热分解的能力也就越大。聚合物热分解的定量评价列于表3-20。表中，$T_{1/2}$是聚合物在真空中加热30min后重量损失一半的温度，称为半分解温度；K_{350}是指聚合物在350℃时的失重速率。

表3-20　高聚物的热降解数据

高聚物	$T_{1/2}$/℃	K_{350}/(%/min)	单体产率/%	$E_{活化}$/(kJ/mol)
$\text{-[}CF_2-CF_2\text{]}_n$	509	0.000002	>95	340
$\text{-[}CH_2-C_6H_4-CH_2\text{]}_n$	432	0.002	0	306
$\text{-[}CH_2-C_6H_4\text{]}_n$	430	0.006	0	210
$\text{-[}CH_2\text{]}_n$	414	0.004	<0.1	301
$\text{-[}CF_2-CHF\text{]}_n$	412	0.017	<1	222
$\text{-[}CH_2-CH=CH-CH_2\text{]}_n$	407	0.022	2	259
$\text{-[}CH_2-CH_2\text{]}_n$　支化	404	0.008	<0.025	263
$\text{-[}CH_2-CH(CH_3)\text{]}_n$	387	0.069	<0.2	242

续表

高聚物	$T_{1/2}$/℃	K_{350} /(%/min)	单体产率 /%	$E_{活化}$ /(kJ/mol)
$-[CF_2-CFCl]_n-$	380	0.044	27	238
$-[CHD-CH(C_6H_5)]_n-$	372	0.14	39	234
$-[CH_2-CH(C_6H_5)]_n-$	369	0.45	0.1	205
$-[CH_2-CH(C_6H_5)]_n-$	364	0.24	40	230
$-[CH_2-CH(C_6H_4CH_3)]_n-$（间位 CH_3）	358	0.90	45	23
$-[CH_2-C(CH_3)_2]_n-$	348	2.7	20	205
$-[CH_2-CH_2-O]_n-$	345	2.1	4	192
$-[CF_2-CF(C_6H_5)]_n-$	342	2.4	7.4	268
$-[CH_2-CH(COOCH_3)]_n-$	328	10	0	142
$-[CH_2-C(CH_3)(COOCH_3)]_n-$	327	5.2	>95	217
$-[CH_2-CH(CH_3)-O]_n-$ (全同立构)	313	20	1	146
$-[CH_2-CH(CH_3)-O]_n-$ (无规立构)	295	5	1	84
$-[CH_2-C(CH_3)(C_6H_5)]_n-$	286	228	>95	230
$-[CH_2-CH(OCOCH_3)]_n-$	269	—	0	71

续表

高聚物	$T_{1/2}$/℃	K_{350} /(%/min)	单体产率 /%	$E_{活化}$ /(kJ/mol)
$-[CH_2-CH(OH)]_n-$	268	—	0	—
$-[CH_2-CH(Cl)]_n-$	260	170	0	134

以聚合物的 $T_{1/2}$ 对化学键能作图（图 3-60），基本上为一直线。

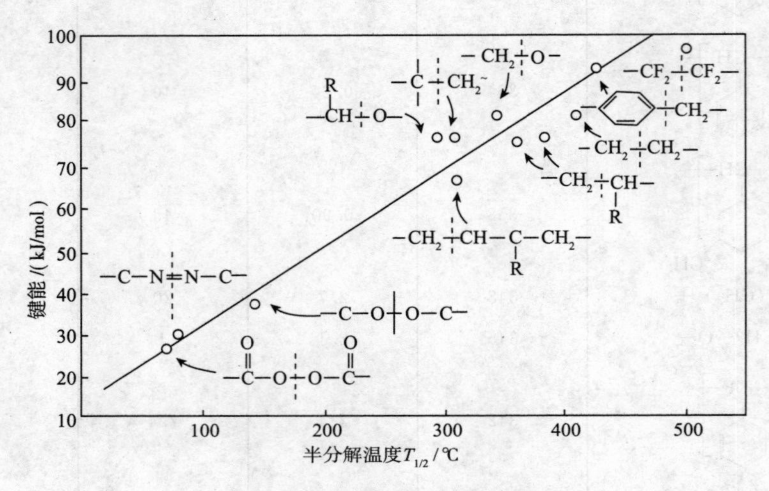

图 3-60　半分解温度与化学键键能的关系

聚合物的热分解温度与大分子链结构密切相关。提高聚合物热稳定性主要有以下三点。

(1) 在大分子链中避免弱键。在大分子链中各种键和基团的热稳定性序列为：

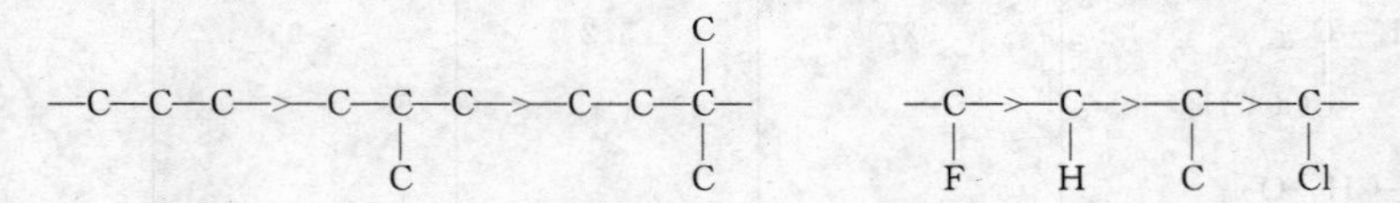

例如：聚乙烯的 $T_{1/2}=414$℃；支化聚乙烯的 $T_{1/2}=404$℃；聚丙烯的 $T_{1/2}=387$℃；聚异丁烯的 $T_{1/2}=348$℃；聚甲基丙烯酸甲酯 $T_{1/2}=327$℃。可见，在链中靠近叔碳原子和季碳原子的键较易断裂。

高聚物的立体异构对它的分解温度几乎没有影响。当高分子链中的碳原子被氧原子取代时，热稳定性降低。在高分子链中氯原子的存在将形成弱键，降低高聚物的热稳定性。因此，聚氯乙烯的热稳定性极差（$T_{1/2}=260$℃）。氯化聚乙烯的热稳定性随着氯化程度的增加而降低。

但如果 C—H 键中的氢完全为氟原子所取代而形成 C—F 键，则可大大提高高聚物的热稳定性，例如聚四氟乙烯的 $T_{1/2}$ 高达 509℃，它的耐热分解的能力仅次于聚酰亚胺。

如果用其他元素部分或全部取代主链上的碳原子，则所形成的无机高聚物一般都具有很好的热稳定性。

(2) 在高分子主链中避免一长串连接的亚甲基 $-(CH_2)-$，并尽量引入较大比例的环状结构（包括芳环和杂环），可增加高聚物的热稳定性。表 3-21 所列的一些耐高温高聚物材料都具有这样的结构特点。

表 3-21　一些耐高温聚合物材料的熔融温度及耐热性能

高聚物	分子结构式	熔融温度/℃	耐热性能
聚碳酸酯	$\left[O-C_6H_4-C(CH_3)_2-C_6H_4-O-C(=O)\right]_n$	220～230	可在 120℃长期使用
聚苯醚(PPO)	$\left[C_6H_2(CH_3)_2-O\right]_n$	＞300	在空气中 150℃ 经 150h 无变化
聚对二甲苯	$\left[CH_2-C_6H_4-CH_2\right]_n$	400	在空气中长期使用温度为 93～130℃，无氧或在惰性气体中，耐热性更好，短期使用温度达 277℃，长期使用温度 221℃
聚酰亚胺(PI)	$\left[N(C=O)_2C_6H_2(C=O)_2N-C_6H_4-O-C_6H_4\right]_n$	＞500	可在 260℃长期使用，间歇使用温度达 480℃，在惰性气体中可在 300℃长期使用
聚苯并咪唑(PBI)	$\left[C(=N)(NH)C_6H_3-C_6H_3(N=)(NH)C-C_6H_4\right]_n$	＞500	在氮气下 500℃才开始分解，短期耐热性超过聚酰亚胺，长期热老化性不及聚酰亚胺
聚苯并噻唑(PBT)	$\left[C(S)(N)C_6H_2(S)(N)C-C_6H_4\right]_n$	＞600	在氮气下，于 538℃不失重，593℃失重 6%，短期耐热超过 PI，长期耐热在 PI 及 PBI 之间
芳族尼龙(Nomex 或 HT-1)	$\left[HN-C_6H_4-NH-CO-C_6H_4-CO\right]_n$	450	在 250℃热老化 100h 重量损失仅 0.96%，冲击强度、伸长率几乎不变，具有高热稳定性
芳族尼龙(B 纤维)	$\left[NH-C_6H_4-NH-CO-C_6H_4-CO\right]_n$	570	具有很高的热稳定性
芳族聚酯(Eknol)	$\left[O-C_6H_4-C(=O)\right]_n$	(550)	事实上在高温下不熔，只是碳化，可以制备碳纤维
聚苯	$\left[C_6H_4\right]_n$	(800)	耐高温性很好，但制备有困难，通常只能得到低分子量产物，也难于成型加工，如何改性应用尚待研究

续表

高聚物	分子结构式	熔融温度/℃	耐热性能
吡隆	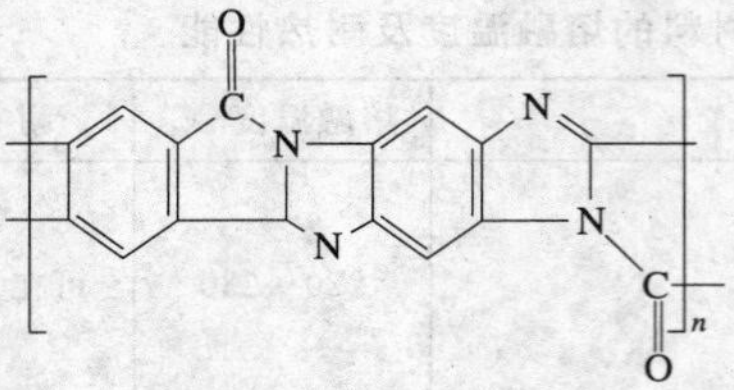 (fused-ring structure; labels: C=O, N, N, N, N, C=O, n)	>500	耐热性比 PBI 好，短期可耐 400℃以上，300～350℃不软化，空气中400℃开始分解
聚芳砜	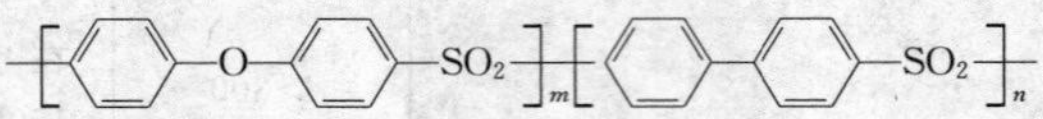 $-\!\left[-C_6H_4-O-C_6H_4-SO_2-\right]_m\!\left[-C_6H_4-C_6H_4-SO_2-\right]_n$	>270	可在 260℃长期使用，热变形温度 274℃
聚砜	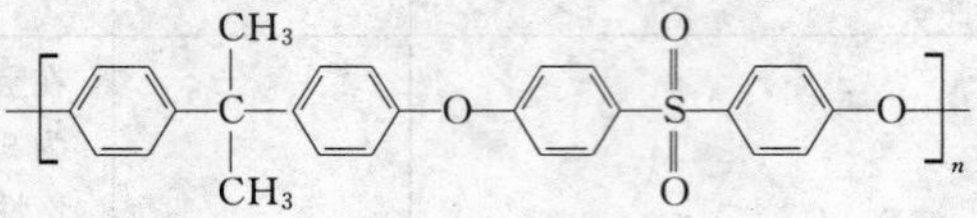 $-\!\left[-C_6H_4-C(CH_3)_2-C_6H_4-O-C_6H_4-SO_2-C_6H_4-O-\right]_n$	—	热变形温度 174℃，可在150℃长期使用
聚苯硫醚	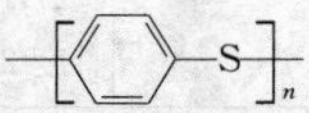 $-\!\left[-C_6H_4-S-\right]_n$	>400	可于 250℃长期使用
聚苯	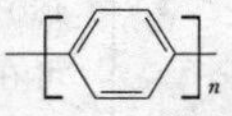 $-\!\left[-C_6H_4-\right]_n$	—	530℃开始分解，可在300～400℃长期使用

(3) 合成“梯形”、“螺形”和“片状”结构的高聚物。所谓梯形结构和螺形结构是指高分子的主链不是一条单链，而是像“梯子”或“双股螺线”。这样，高分子链就不容易被打断，因为在这类高分子中，一个链断了并不会降低分子量。即使几个链同时断裂，只要不是断在同一个梯格或螺圈里，也不会降低分子量。只有当一个梯格或螺圈里的两个键同时断开时，分子量才会降低，而这样的概率当然是很小的。此外，已经断开的化学键还可能自己愈合。至于片状结构，即相当于石墨结构，当然有很大的耐热性。因此，具有“梯形”、“螺形”和“片状”结构的高聚物的耐热性都极好。缺点是难于加工成型。

为了兼顾加工成型，有时需牺牲一些热稳定性，因而通常合成分段梯形聚合物。例如聚酰亚胺、聚苯并咪唑、聚苯并噻唑都是分段梯形聚合物。以二苯甲酮四羧酸二酐和四胺基二苯醚聚合，得分段吡隆；以均苯四甲酸二酐和四氨基苯聚合，则可得到全梯形吡隆。

3.7.2 高性能聚合物纤维

在制备高性能聚合物基复合材料方面，采用高性能树脂和高性能聚合物纤维是发展的一个重要方向。新近发展的高性能聚合物纤维主要有芳纶纤维和超高分子量聚乙烯纤维。

3.7.2.1 芳纶

芳纶即芳酰胺纤维，可分为全芳族聚酰胺纤维（Aramid）和杂环芳族聚酰胺纤维两类。用于高性能复合材料的芳酰胺纤维主要品种有聚对苯二甲酰对苯二胺（PPTA）、聚对苯甲酰胺（PBA）、对位芳酰胺共聚纤维（Technora）、聚对芳酰胺苯并咪唑纤维（CBM）。

PPTA 纤维系列有美国杜邦公司生产的 Kevalar 系列、荷兰 AKEO 公司的 Twaron 系列、俄罗斯的 Terlon 系列和我国的芳纶 1414（芳纶Ⅱ）。

此种纤维沿分子链方向（即纤维轴方向）为强共价键，垂直于纤维轴方向分子间以氢键相结合，具有高度结晶性。此种芳纶密度小，比强度高（高于碳纤维和硼纤维）、韧性好、加工性优良，但压缩强度和剪切强度不高。这类纤维对热稳定，玻璃化转变温度为 250～400℃，真空中长期使用温度为 160℃，且热膨胀系数小，具有良好的耐化学介质性。表 3-22 列举了 Kevlar 系列产品的性能。

表 3-22　各种 Kevlar 纤维的物理性能

纤　维	韧性 /(cN/tex)	拉伸强度 /MPa	弹性模量 /GPa	断裂应变 /%	吸水率 /%	密度 /(g/cm³)	分解温度 /℃
Kevlar RI 和 Kevlar 29	205	2900	60	3.6	7	1.44	约 500
Kevlar Ht 和 Kevlar 129	235	3320	75	3.6	7	1.44	约 500
Kevlar He 和 Kevlar 119	205	2900	45	4.5	7	1.44	约 500
Kevlar Hp 和 Kevlar 68	205	2900	90	3.1	4.2	1.44	约 500
Kevlar 49	205	2900	120	1.9	3.5	1.45	约 500
KevlarHm 和 Kevlar 149	170	2400	160	1.5	1.2	1.47	约 500

我国生产的 PBA 纤维定名为芳纶Ⅰ（芳纶 14）。芳纶Ⅰ比芳纶Ⅱ的拉伸强度低 20%左右，但拉伸模量要高 50%以上。芳纶Ⅰ的起始分解温度为 474℃。我国生产的芳纶Ⅰ及Ⅱ的性能对比示于表 3-23。

采用新的二胺或第三单体合成新的芳族聚合物是提高芳纶性能的重要途径。这种改进的芳纶纤维主要包括对位芳酰胺共聚纤维（Technora）和聚对芳酰胺苯并咪唑（CBM）纤维。

APMOC 纤维的性能明显高于以 Kevlar-49 为代表的纤维，并且由于其分子链中的叔胺和亚胺易于与树脂基体中的环氧官能团作用，故所制成的复合材料中纤维与基体界面可形成结合较牢固的网状结构。APMOC 复合材料的层间剪切强度比 Kevlar-49 复合材料高 25%以上。APMOC 纤维是目前世界上性能最高的芳酰胺纤维。

表 3-23　芳纶Ⅰ与芳纶Ⅱ及 Kevlar 纤维力学性能之比较

纤维名称及状态	密度/(g/cm³)	拉伸强度/MPa	初始模量/GPa	延伸率/%
芳纶Ⅰ				
原丝	1.42	1232～1414	47.6～56.0	5.5～6.5
热丝处理	1.46	2240～2478	126.4～148.7	1.5～2.0
芳纶Ⅱ				
原丝	1.44	2730～2968	49.6～56.0	3.5～5.5
热丝处理	1.45	2730～2968	87.4～98.4	2.5～3.5
Kevlar-29	1.44	2900	60	4.0
Kevlar-49	1.45	2900	120	2.5
Kevlar-149	1.48	2400	160	1.3

芳纶主要应用于先进复合材料的制备。例如制造环氧树脂为基体的复合材料，用作航天、航空以及导弹的结构材料。芳纶短切纤维增强的三元乙丙橡胶（EPDM）用作发动机的

内绝缘层。

芳纶广泛用于混杂复合材料，如 ARALL 是以芳纶环氧无纺布与薄铝板交叠铺层、再热压制成的聚合物-金属复合材料，称为超混杂复合材料。它是一种新型的结构材料，具有许多优异性能（比强度高、比模量高、疲劳寿命是铝的 100～1000 倍，阻尼和耐噪声性能较铝好，加工性能较芳纶/环氧好）；荷兰和美国的多家飞机公司利用 ARALL 制造机翼下蒙皮和机身段蒙皮及机舱门。

芳纶在基础设施和建材方面也有广泛的应用前景。例如用芳纶短切纤维与水泥混合制成一般厚度的预制件；也可用芳纶连续纤维作为加强筋等。

改善芳纶性能的基本途径是：对 PPTA 引入第三组分进行共聚、共混；合成新型芳纶以及研制 PPTA、PBA 纤维与其他纤维混杂增强的复合材料。对芳纶纤维进行表面处理改性也是一个重要的研究方向。

3.7.2.2 超高分子量聚乙烯纤维

超高分子量聚乙烯纤维（UHMW-PE 纤维）是指平均分子量在 10^6 以上的聚乙烯所纺出的纤维。此种纤维首先是荷兰 DSM 公司研制开发，1979 年获得专利，20 世纪 80 年代由美国 Allied 公司首先进行商品化生产，商品名为 sepctra900 和 spectra1000，其发展速度超过 Kevlar 纤维。20 世纪 90 年代，荷兰、日本也先后开发了商品名为 DyneemaSK-60、DyneemaUD-66、DyneemaSK-77、Tekumiron 的超高分子量聚乙烯纤维。我国于 1994 年建立了工业化实验装置。

UHMW-PE 纤维是密度（$\rho=0.97g/cm^3$）最低的高性能纤维，因此它的比强度和比模量均很高。超高分子量聚乙烯纤维模量可高达 200GPa 左右，而一般 PE（分子量 10^4～10^5）纤维的模量仅为 70GPa 左右。

超高分子量聚乙烯纤维是以平均分子量大于 10^6 的粉状 UHMW-PE 为原料，采用冻胶纺丝-超倍热牵伸技术制备的，UHMW-PE 纤维具有独特的综合性能，其相对密度低，比强度、比模量高。断裂伸长率虽然也较低，但因强度高而使其断裂功高。该纤维还具有耐海水、耐化学试剂、耐磨损、耐紫外线辐射、耐腐蚀、吸湿性低、抗弯曲、耐冲击、自润滑、耐低温、电绝缘等特性。

UHMW-PE 纤维的性能示于表 3-24。

表 3-24 UHMW-PE 纤维的性能

种类	密度/(g/cm^3)	拉伸强度/MPa	拉伸模量/GPa	断裂伸长率/%
Spectra900(美)	0.97	2.56	119.51	3.5
Spectra1000(美)	0.97	2.98	170.73	2.7
Tekumiron(日)	0.96	2.94	98.00	3.0
DyneemaSK-77(荷兰)	—	3.77	136.59	—

与芳纶相比，UHMW-PE 纤维具有良好的柔曲性。芳纶受到较大程度的弯曲时，在拉伸一侧有纤维束断裂，而 UHMW-PE 纤维即使弯曲打结也不会发生断裂。而且，弯曲后的拉伸强度和模量几乎不变。

UHMW-PE 纤维的耐疲劳性和耐磨损性好，在断裂前所能承受的应力交变循环次数比芳纶（PPTA）纤维高一个数量级。因此，UHMW-PE 纤维具有良好的编织性，用一般的机织、针织等纺织设备就可以对其进行编织加工。

UHMW-PE 纤维的冲击强度几乎与尼龙相当。在高速冲击下的能量吸收是芳纶（PP-

TA）纤维和尼龙纤维的两倍。因此可以用于制作防弹衣。

UHMW-PE 纤维的耐光性比芳纶纤维优异。

UHMW-PE 纤维是采用低压聚合法合成的支链少的线性高密度聚乙烯加工制得的，分子链不含任何芳香环、氨基、羟基或其他易受活性试剂攻击的化学基团，结晶度高，对水、酸、碱介质（pH＝1～14 范围）均极稳定。

UHMW-PE 纤维的熔点为 150℃左右。所测得的熔点值与施加在被测纤维上的张力有关，张力越大则熔点越高。

超高分子量聚乙烯纤维在宇航、航空、海洋工程等方面具有广泛用途。

UHMW-PE 纤维及其织物经表面处理后与树脂基体粘接性能得到改善，制成的聚合物基复合材料重量轻、冲击强度大、消震性好。以其制成防护制品，如防护板、防弹背心、头盔、飞机结构件、坦克的防弹片内衬等，具有重大的实用价值。UHMW-PE 纤维的不足是熔点低、易蠕变，与聚合物基体粘接性差。为改进其性能可从以下三个方面着手：①通过物理或化学方法使其交联以提高其耐热性、抗蠕变性，例如通过高能辐射使分子链间产生交联。②对纤维进行表面改性，例如用化学刻蚀或接枝、涂层和氧化法在纤维表面引入反应性基团，从而改善与树脂基体之间的黏合性。③采用分子自增强技术是发展此种纤维的重要努力方向。当高分子材料增强的主要方式是发生在分子结构或超分子结构的尺度范围，并且增强相与基体的化学结构相同时称为分子自增强，此种材料称为分子自增强材料。目前自增强聚乙烯纤维在强度和模量上都超过某些液晶材料（如 Xydar）以及某些工程材料如 PPS、聚酰亚胺等。因此分子自增强是 UHMW-PE 纤维发展的重要方向。

3.7.3 聚酰亚胺[166～168]

含有杂环的高分子因为具有环状结构，主链刚直，且由于含氧、氨和硫等极性很大的杂原子，分子间作用力大，因而耐热性好，具有高熔点、高结晶度，特别是当整个主链具有共轭结构的杂环时，耐热性、耐氧化性更好。所以，杂环高分子在耐热高分子中占有重要地位。在杂环高分子中最重要的是聚酰亚胺（PI），它是迄今唯一的已工业化生产的杂环高分子，也是目前产量最大的一类耐高温树脂。

聚酰亚胺是环-链型聚合物，一般由二元酐和二元胺缩聚而得。根据结构，聚酰亚胺可分为脂肪链聚酰亚胺和芳香链聚酰亚胺。脂肪链聚酰亚胺不耐高温，实用性差。芳香链即芳香族聚酰亚胺的通式为 $\left[N \begin{matrix} CO \\ \\ CO \end{matrix} R \begin{matrix} CO \\ \\ CO \end{matrix} R' \right]_n$，其中 R 及 R′结为芳基。根据 R 及 R′的不同芳族聚酰亚胺又可分为若干类型。

按扩链和交联反应的类型，聚酰亚胺也可分为缩聚型和加聚型两类。缩聚型聚酰亚胺（c 型 PI）的制备反应分缩聚和酰亚胺化，加聚型聚酰亚胺（a 型 PI）是通过加聚反应来固化的。

3.7.3.1 制备方法

（1）缩聚型聚酰亚胺　缩聚型聚酰亚胺（c 型 PI）由芳族二元胺和芳族二酐或芳族四羧酸或芳族四羧酸的二烷酯为原料制备。制备过程由缩聚和酰亚胺化两步完成。

第一步是生成高分子量的线型聚酰胺酸或聚酰胺酸预聚体，可在室温下瞬时完成。采用极性溶剂（DMF、DMAc、NMP、DMSO）。第二步在加热和加压条件下，从聚酰胺酸溶液脱除水或烷基醇（在采用芳族四羧酸二烷酯时），通过酰亚胺化（环化）或固化生成聚酰亚胺。例如最常见的是由均苯四酸二酐和 4，4′-二氨基二苯醚制备的聚酰亚胺反应过程为：

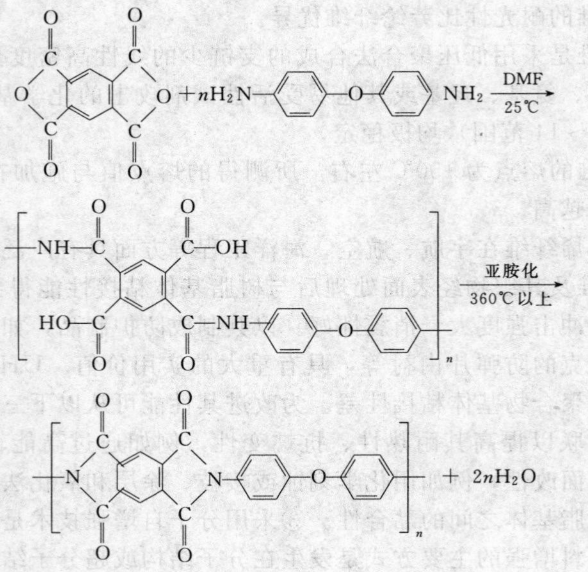

$$\text{均苯四甲酸二酐} + nH_2N-C_6H_4-O-C_6H_4-NH_2 \xrightarrow[25℃]{DMF}$$

$$\left[-NH-\overset{O}{\overset{\|}{C}}-C_6H_2(\overset{O}{\overset{\|}{C}}-OH)_2(-\overset{O}{\overset{\|}{C}}-NH)-C_6H_4-O-C_6H_4-\right]_n \xrightarrow[360℃以上]{亚胺化}$$

$$\left[-N(CO)_2C_6H_2(CO)_2N-C_6H_4-O-C_6H_4-\right]_n + 2nH_2O$$

第二步反应的反应温度高，且有小分子放出，易产生气孔，导致制品质量下降。近年来研究了先制成聚酰亚胺的一种前驱物——聚异酰亚胺（PI_I）再异构化为聚酰亚胺的工艺路线，这种异构化过程无小分子放出，且 PI_I 溶解性优于 PI，这种路线日益受到关注[169]。

聚酰胺酸有两个互变异构体：

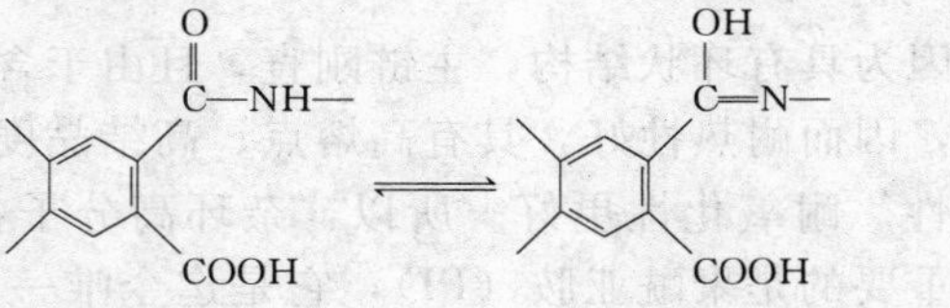

$$-C_6H_2(-\overset{O}{\overset{\|}{C}}-NH-)(COOH) \rightleftharpoons -C_6H_2(-\overset{OH}{\overset{|}{C}}{=}N-)(COOH)$$

A　　　　　　　　　　　　B

A 的环化产物是聚酰亚胺，B 的环化产物是聚异酰亚胺 $B\text{–}C_6H_2\text{–}C({=}N^-)\text{–}O\text{–}C({=}O)$。在酰亚胺化（环化）过程中采用空间位阻较大的脱水剂，如 $(CF_3CO)_2O$ 及 PCl_3 时，可制得聚异酰亚胺。

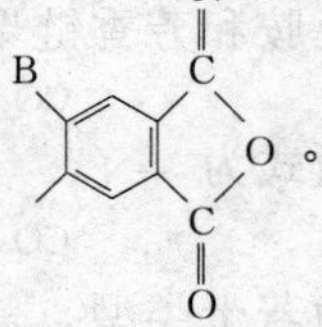

聚异酰亚胺在低温下较稳定，在较高温度或在催化剂作用下才异构化成聚酰亚胺，异构化反应是不可逆的：

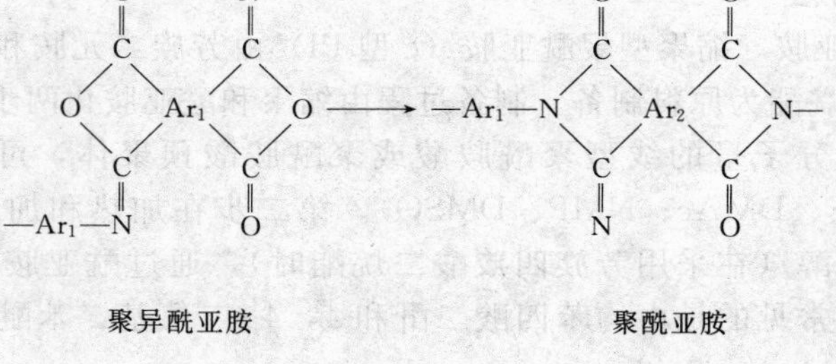

$$\text{聚异酰亚胺} \longrightarrow -Ar_1-N(CO)_2Ar_2(CO)_2N-$$

聚异酰亚胺　　　　　　　　　　聚酰亚胺

上式中 Ar_1 及 Ar_2 为芳基。

此外，还发展了尼龙盐合成聚酰亚胺的方法[171]，即直接用四酸和二胺形成尼龙盐，然后加热脱水生成聚酰亚胺的方法。其优点是避免使用高沸点的极性溶剂，某些品种还可在抽气挤出机反应挤出造粒。

均苯四酐二苯酰亚胺是最早商品化的聚酰亚胺，但因其不溶于有机溶剂，加工性能差，因而在使用上受到限制。因此可溶可熔性聚酰亚胺的发展就受到越来越大的重视。主要途径有以下四个方面。

① 在高分子主链中引入柔曲性大，热稳定性高的化学键[172]，如醚键，$>C{=}O$，$-C(CF_3)_2-$ 等。

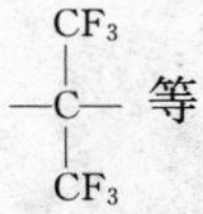

② 在高分子主链中引入结构不对称和热稳定性高的取代基团，如间亚苯基或邻位亚苯基，或者采用具有非平面扭曲结构的聚酰亚胺单体[173]。

③ 引入大的侧基，例如苯基或芴基等[174,175]。

④ 使高分子链具有很大的不对称性，例如采用两种不同的二元酐或两种不同的二元胺进行共缩聚。

基于以上原则，已合成出许多可溶可熔性聚酰亚胺。举例如下：

① 醚酐型聚酰亚胺　由二苯醚四酸二酐、三苯二醚四酸二酐以及结构更为复杂的一些醚酐与各种二胺制得的聚酰亚胺均属醚酐型聚酰亚胺，如：

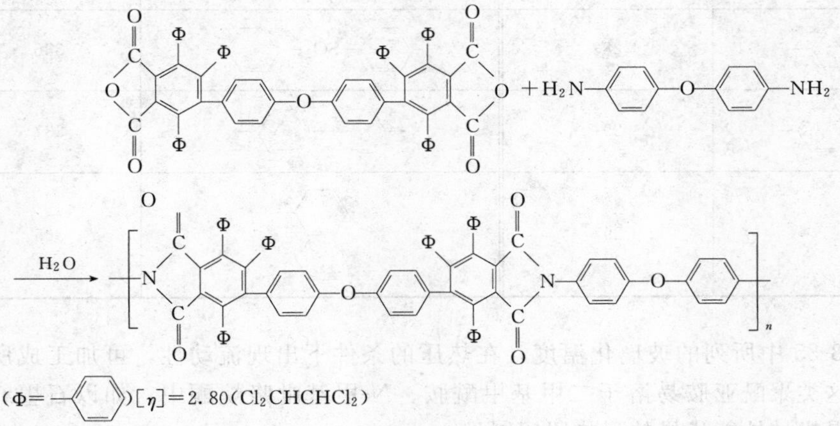

（二苯基取代醚二酐 $+ H_2N-C_6H_4-O-C_6H_4-NH_2 \xrightarrow{-H_2O}$ 聚酰亚胺）

（Φ= 苯基）$[\eta]=2.80(Cl_2CHCHCl_2)$

这种结构的聚酰亚胺具有优良的溶解性，易溶于氯仿、间甲苯酚等溶剂中，具有良好的加工性能，可加工成结构复杂的薄壁耐热制品。

② 酮酐型聚酰亚胺　酮酐型聚酰亚胺的合成反应如下：

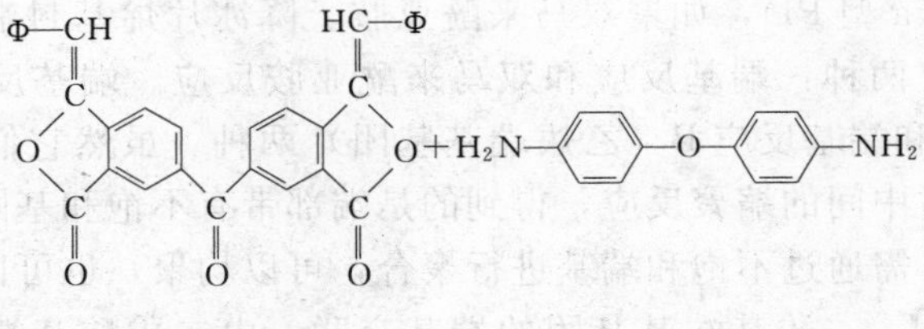

（Φ—CH、HC—Φ 取代的二苯酮型二酐 $+ H_2N-C_6H_4-O-C_6H_4-NH_2$）

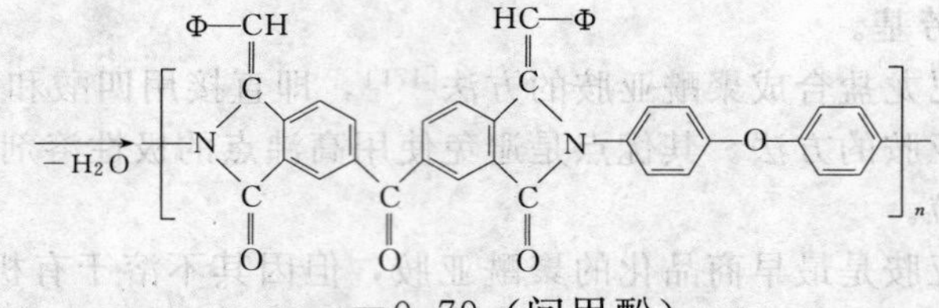

$$\xrightarrow{-H_2O}$$

$\eta_{inh}=0.79$（间甲酚）

这种结构的聚酰亚胺不仅溶解性优良，耐热性也很好，在350℃下，不出现失重。此外，还可利用缩聚体中存在的双键，在更高的温度下使之发生交联固化，能进一步提高制品的耐热性。

③ 含氟聚酰亚胺　美国杜邦公司曾合成出一种含氟的聚酰亚胺，合成反应如下：

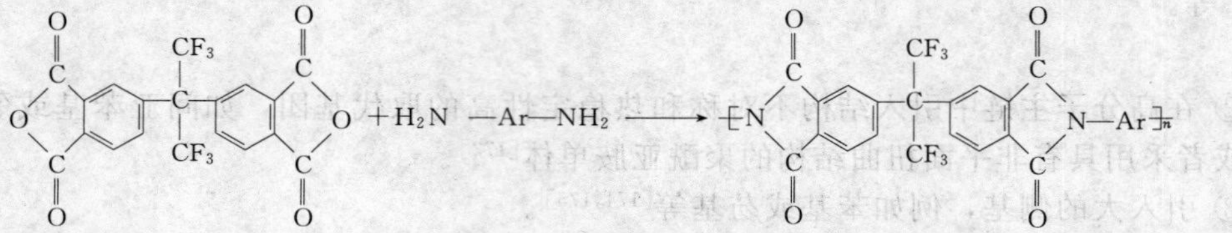

$$+H_2N-Ar-NH_2 \longrightarrow$$

该聚酰亚胺结构中的Ar不同，所得产品的玻璃化温度相应发生变化，见表3-25。

表3-25　含氟聚酰亚胺的玻璃化转变温度

Ar	T_g/℃	Ar	T_g/℃
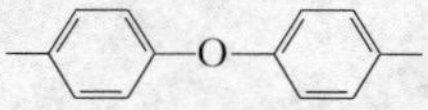 $-C_6H_4-O-C_6H_4-$	285	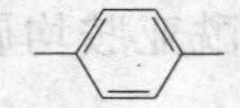 $-C_6H_4-$（对位）	326
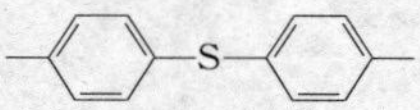 $-C_6H_4-S-C_6H_4-$	283	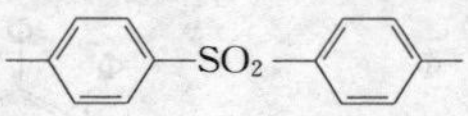 $-C_6H_4-SO_2-C_6H_4-$	336
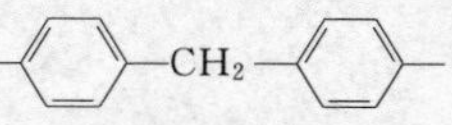 $-C_6H_4-CH_2-C_6H_4-$	291	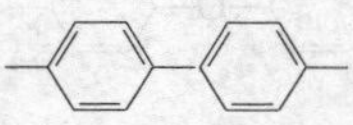 $-C_6H_4-C_6H_4-$	337
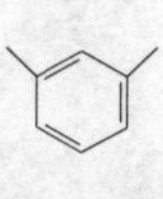 $-C_6H_4-$（间位）	297	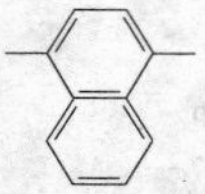 1,4-萘撑	365

当温度高于表3-25中所列的玻璃化温度，在热压的条件下出现流动性，可加工成所要求的制品。此外，这类聚酰亚胺易溶于二甲基甲酰胺、*N*-甲基吡咯烷酮中，如以石墨纤维为增强材料，可制得机械性能优异的耐热层压制品。

除聚酰亚胺外，其他含酰亚胺基的热塑性材料有聚酰胺-酰亚胺（PAI）、聚醚酰亚胺（PEI）和聚酯酰亚胺。

（2）加聚型聚酰亚胺　许多聚酰亚胺树脂可以通过加聚反应来固化，这类聚酰亚胺树脂称为加聚型聚酰亚胺（a型PI），如聚双马来酰亚胺、降冰片烯基封端聚酰亚胺等。加聚型聚酰亚胺的交联反应有两种：端基反应和双马来酰亚胺反应。端基反应又分为端基反应A（二羧基酸端基基团）和端基反应B（乙炔端基基团）两种。虽然它们被称为加聚型聚酰亚胺，但二者均需要经过中间的缩聚反应，得到的是端部带有不饱和基团的较低分子量的聚酰亚胺，具有环状结构。需通过不饱和端基进行聚合，可以均聚，也可以共聚。

① 端基反应A[170]　二羧基端基基团的端基交联。由二羧酸基端基基团的交联得到的最重要的树脂是由NASA Lewis研究中心发展的单体反应物原位聚合型聚酰亚胺树脂

(PMR)。PMR 型聚酰亚胺树脂是芳香族四酸的二烷基酯、芳香族二元胺和 5-降冰片烯-2,3-二羧酸的单烷基酯（NE）等单体在一种烷基醇（例如甲醇或乙醇）中的溶解物，这种树脂可直接用来浸渍纤维。目前有两种 PMR 型聚酰亚胺树脂，它们是 PMR-15（第一代）和 PMR-11（第二代）。

组成 PMR 型聚酰亚胺的每种单体组分的摩尔数比表示为 n：（n+1）：2，其中 n、（n+1）和 2 分别是芳族四羧酸二烷基酯、芳烷二元胺和 NE 的摩尔数。以 PMR-15 为例，反应过程如图 3-61 所示。

第一步是酰胺化，形成酰亚胺单体，同时放出缩合出的低分子物；第二步凝固，使分子量达到一定值，这两步都是缩聚反应。第三步是端基的加成反应，通过加成反应（聚合）达到交联、固化。

当 $n=2.087$ 时，PMR-15 具有最佳的综合加工特性和热氧化稳定性。此时 PMR 树脂平均分子量 $\overline{M}_n=1500$。树脂牌号 PMR-15 中的“15”即代表 $\overline{M}_n=1500$。同理 PMR-11 的 $\overline{M}_n=1100$。

此种反应过程亦称为端基复合法。

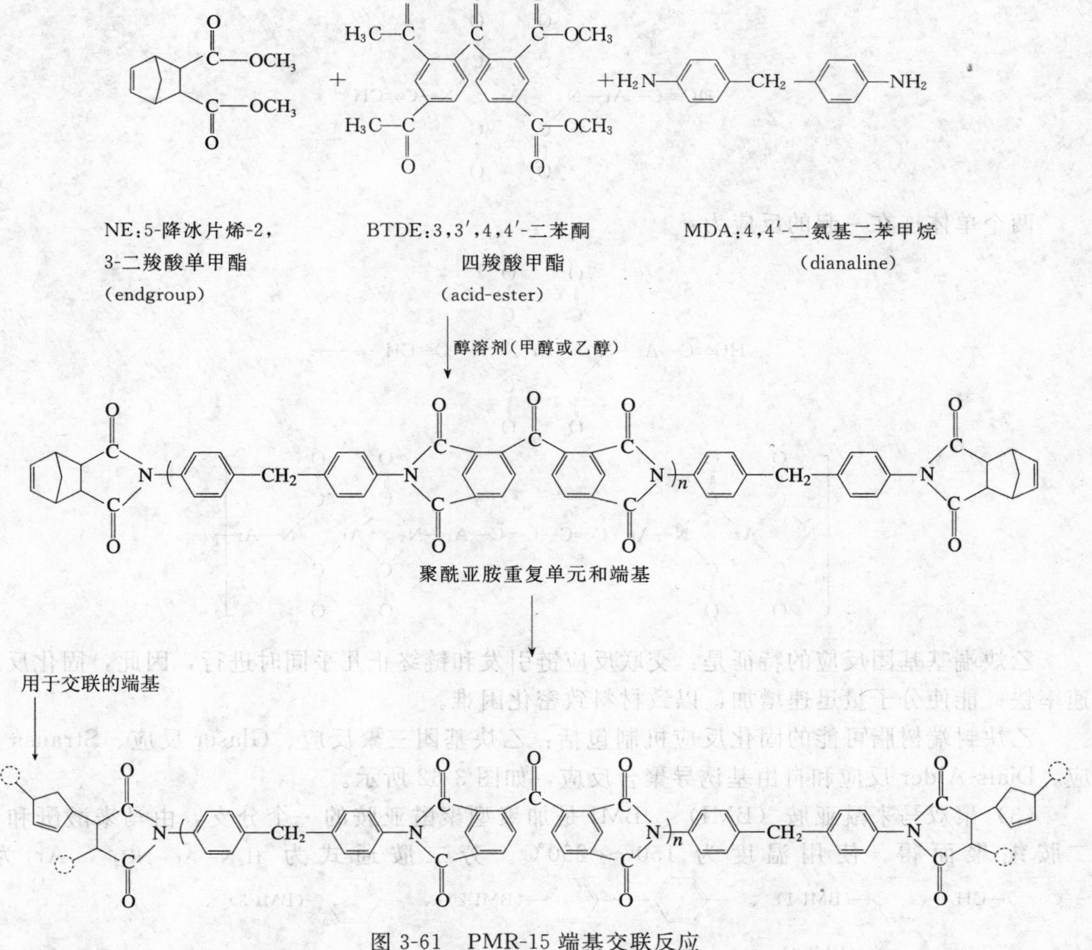

图 3-61 PMR-15 端基交联反应

PMR-11 聚酰亚胺的合成原料为 HFDE［4，4′-（六氟亚丙基）双苯（二甲酸）二甲酯（6 氟四酸二酯）］、p-PDA（对苯二胺）和 NE（5-降冰片烯-2，3-二羧酸单甲酯）。

PMR-11 聚酰亚胺的生成反应如下：

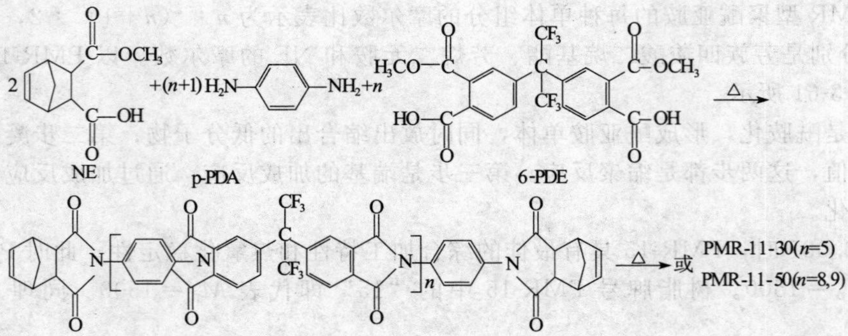

2 NE + (n+1) p-PDA + n 6-PDE —△→

PMR-11-30(n=5) 或 PMR-11-50(n=8,9)

② 端基反应 B　端基反应 B 是指乙炔端基的反应。带乙炔端基的聚酰亚胺单体可表示为：

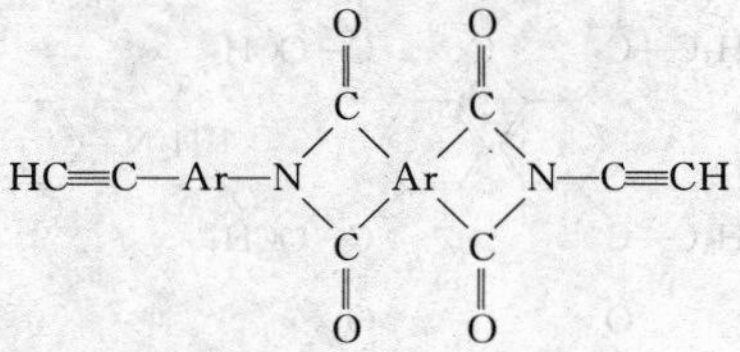

HC≡C—Ar—N(CO)₂Ar(CO)₂N—C≡CH

两个单体连在一起的反应为：

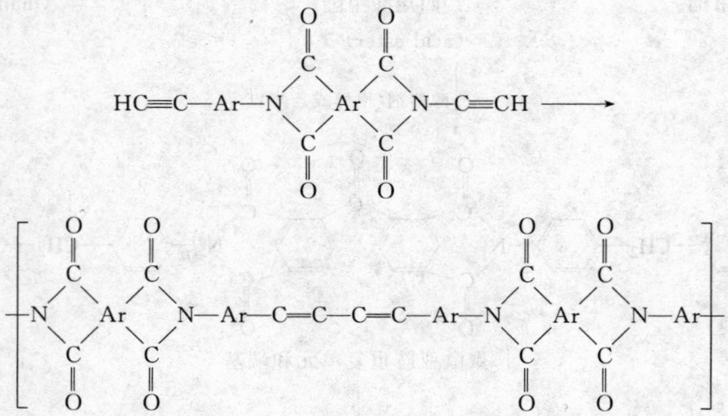

HC≡C—Ar—N(CO)₂Ar(CO)₂N—C≡CH ⟶ ［—N(CO)₂Ar(CO)₂N—Ar—C═C—C═C—Ar—N(CO)₂Ar(CO)₂N—Ar—］

乙炔端基基团反应的特征是：交联反应链引发和链终止几乎同时进行，因此，固化反应速率快；能使分子量迅速增加，以致材料致密化困难。

乙炔封端树脂可能的固化反应机制包括：乙炔基团三聚反应、Glaser 反应、Strauss 反应、Dials-Alder 反应和自由基诱导聚合反应，如图 3-62 所示。

(3) 聚双马来酰亚胺（BMI）　BMI 是加聚型聚酰亚胺的一个分支，由马来酸酐和芳二胺缩聚而得。使用温度为 150 ～ 250℃。芳二胺通式为 $H_2N—Ar—NH_2$，Ar 为：—C₆H₄—CH₂—C₆H₄—(BMI-1)、—C₆H₄—O—C₆H₄—(BMI-2)、—C₆H₄—(BMI-3)、—C₆H₄—SO₂—C₆H₄—(BMI-4)。

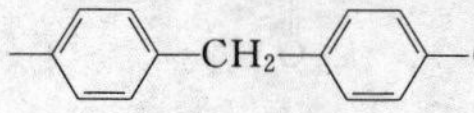

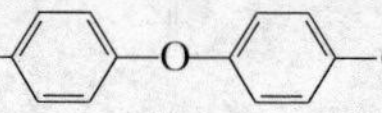

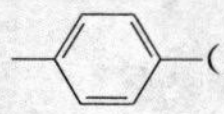

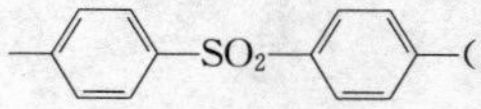

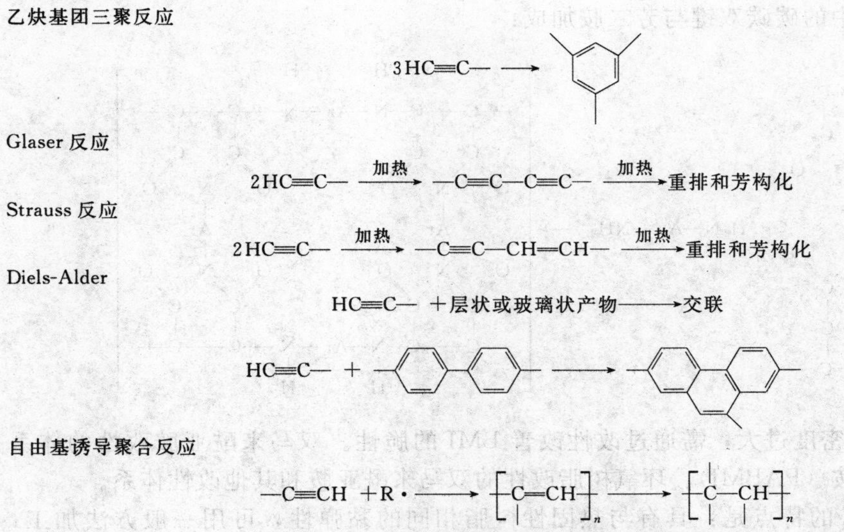
乙炔基团三聚反应
3HC≡C—
Glaser 反应
2HC≡C— 加热 —C≡C—C≡C— 加热 重排和芳构化
Strauss 反应
2HC≡C— 加热 —C≡C—CH═CH— 加热 重排和芳构化
Diels-Alder
HC≡C— ＋层状或玻璃状产物——交联
HC≡C— ＋
自由基诱导聚合反应
—C≡CH ＋R·

图 3-62 乙炔封端树脂可能的固化反应机制

反应过程如下：

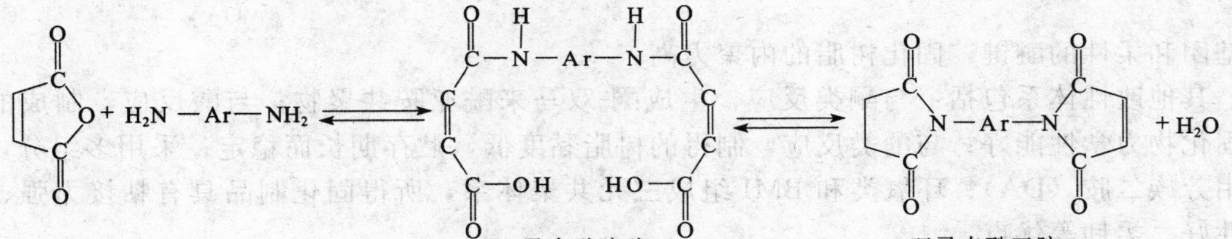

双马来酰胺酸　　双马来酰亚胺

双马来酰亚胺与胺反应产生交联的单体

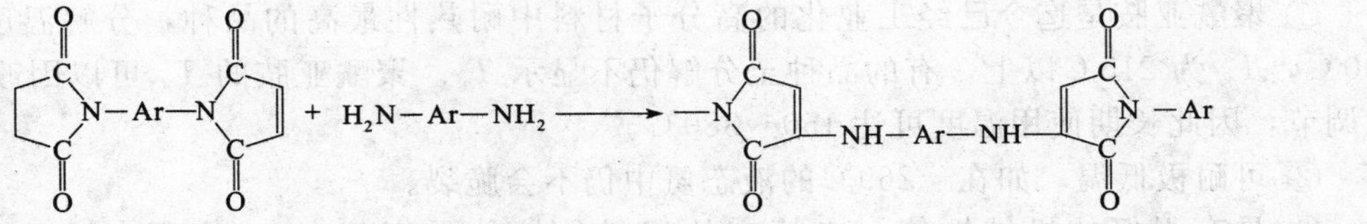

BMI 的固化分两种。第一种是双马来酰亚胺中的碳-碳双键与烯烃类反应物中的碳-碳双键反应，在酰胺基分子之间形成桥联。第二种是双马来酰亚胺中的碳-碳双键与芳二胺加成。

双马来酰亚胺中的碳-碳双键与烯烃类中的碳-碳双键反应：

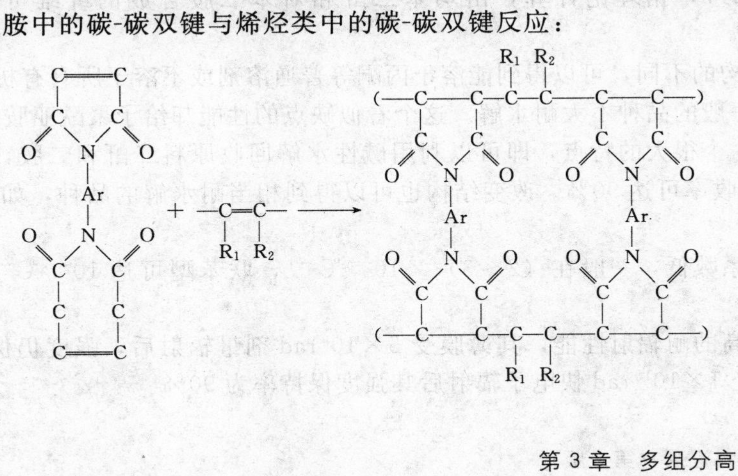

双马来酰亚胺中的碳碳双键与芳二胺加成：

```
  C===C                                    [      H                H              ]
  |   |                                    [      |                |              ]
  C   C                                    [ —C——C—N—Ar′—N—C——C—  ]
 ╱ ╲ ╱ ╲                                   [   |    |               |    |        ]
O   N   O                                  [   C    C               C    C        ]
    |                                      [  ╱ ╲  ╱ ╲             ╱ ╲  ╱ ╲       ]
    Ar                                     [ O   N    O           O   N   O       ]
    |       + H2N—Ar′—NH2 ——→              [     |                    |           ]
O   N   O                                  [     Ar                   Ar          ]
 ╲ ╱ ╲ ╱                                   [     |                    |           ]
  C   C                                    [ O   N    O           O   N   O       ]
  |   |                                    [  ╲ ╱  ╲ ╱             ╲ ╱  ╲ ╱       ]
  C   C                                    [   C    C               C    C        ]
  |   |                                    [   |    |               |    |        ]
  C===C                                    [ —C——C—N—Ar′—N—C——C—  ]
                                           [          |         |                 ]
                                           [          H         H                 ]
```

纯 BMI 的交联密度过大，需通过改性改善 BMI 的脆性。双马来酰亚胺改性的体系有：聚氨基双马来酰亚胺（PABMI）、环氧树脂改性的双马来酰亚胺和其他改性体系。

聚氨基 PABMI 的特点是：具有与热固性树脂相同的黏弹性，可用一般方法加工；固化时无小分子挥发，所制造的复合材料无气孔；易与各种填料混匀；价格较便宜；性能稳定。

用环氧树脂改性双马来酰亚胺的机制是环氧树脂的结构中含有 $—\underset{\diagdown\ O\ \diagup}{CH—CH_2}$ 、—OH 等极性基团和柔性的醚键，固化树脂的内聚力高。

其他改性体系包括：与酮类反应，生成酮-双马来酰亚胺共聚物；与酸反应，制成的树脂固化物力学性能好；与酚类反应，制得的树脂黏度低，贮存期长而稳定；采用多组分，如采用芳族二胺（DA）、环氧类和 BMI 组成三元共聚体系，所得固化制品具有粘接力强、耐热性好、柔韧等优点。

3.7.3.2 性能与应用

（1）聚酰亚胺具有优异的综合性能

① 聚酰亚胺是迄今已经工业化的高分子材料中耐热性最高的品种，分解温度在 450～600℃，T_g 为 215℃以上，有的品种至分解仍不显示 T_g。聚酰亚胺的 T_g 可以因改变结构随意调节，因此长期使用温度可达 150～380℃。

② 可耐极低温，如在－269℃的液态氦中仍不会脆裂。

③ 具有很好的机械性能。未填充的塑料的拉伸强度都在 100MPa 以上，联苯型聚酰亚胺薄膜（Upilex S）达到 400MPa。作为工程塑料，弹性模量通常为 3～4GPa，纤维可达到 200GPa，据理论计算，由均苯二酐和对苯二胺合成的纤维可达 500GPa，仅次于碳纤维。

④ 根据结构的不同，可以得到能溶于丙酮等普通溶剂或不溶于所有有机溶剂的聚合物，对稀酸稳定，一般的品种不大耐水解。这个看似缺点的性能却给予聚酰亚胺以有别于其他高性能聚合物的一个很大的特点，即可以利用碱性水解回收原料二酐和二胺，例如对于 Kapton 薄膜，其回收率可达 90%。改变结构也可以得到相当耐水解的品种，如经得起 130℃的 4000 次消毒。

⑤ 热膨胀系数低，一般在（2～3）$\times10^{-5}$℃$^{-1}$，联苯型可达 10^{-6}℃$^{-1}$，个别品种可达 10^{-7}℃$^{-1}$。

⑥ 具有很高的耐辐射性能，其薄膜受 5×10^{9} rad 剂量辐射后，强度仍保持 86%。一种聚酰亚胺纤维经 1×10^{10} rad 快电子辐射后其强度保持率为 90%。

⑦ 聚酰亚胺具有很好的介电性能，介电常数为3.4左右，引入氟，或将空气以纳米尺寸分散在聚酰亚胺中介电常数可降到2.5左右。介电损耗为10^{-3}，介电强度为100～300kV/mm，体积电阻为$10^{17}\Omega\cdot cm$。这些性能在宽广的温度范围和电磁波频率范围内仍能保持在较高水平。

⑧ 有自熄性，发烟率低；在较高真空下放气量很少；无毒。一些品种还具有很好的生物相容性。

(2) 具有广泛的应用范围　由于聚酰亚胺在性能上和合成化学上的一系列特点和优势，应用面很广，而且在每一个应用方面都显示了极突出的特点。

①薄膜　薄膜是聚酰亚胺最早的商品之一，用于电机的槽绝缘及电缆绕包材料。主要产品有杜邦的Kapton、宇部兴产的Upilex系列和钟渊的Apical。透明的聚酰亚胺薄膜可作为柔软的太阳能电池底板。

②涂料　作为绝缘漆用于电磁线，或作为耐高温涂料使用。也可用作高温结构胶。

③先进复合材料　是最耐高温的结构材料之一，用于航天、航空器及火箭零部件。例如美国的超音速客机计划所设计的速度为2.4马赫，飞行时表面温度为177℃，要求使用寿命为60000h，据报道已确定50%的结构材料为以热塑性聚酰亚胺为基体树脂的碳纤维增强复合材料，每架飞机的用量约为30t。用短碳纤维及其他无机物作为填料的聚酰亚胺可以做成喷气发动机的零件，在380℃长期使用。

④纤维　弹性模量仅次于碳纤维，作为高温介质及放射性物质的过滤材料和防弹、防火织物。

⑤薄膜塑料　用作耐高温隔热材料。

⑥工程塑料　有热固性的也有热塑性的，可以模压成型也可用注射成型或传递模塑。主要用于自润滑、密封、绝缘及结构材料。

⑦用作分离膜、超滤膜及渗透蒸发膜。

⑧ 用作光刻胶，有负性胶和正性胶，分辨率可达亚微米级，也用作液晶显示器的取向排列剂以及液晶显示用负性补偿膜。

⑨电-光材料，用作无源或有源波导材料，光学开关材料等。

⑩与各种高性能纤维复合制备高性能复合材料，与层状硅酸盐进行纳米插层复合制备低热膨胀率薄膜以提高薄膜类产品的应用质量是当前倍受关注的研究领域。

我国聚酰亚胺的合成技术水平与先进国家相比，差距并不大，但在应用方面差距较大。聚酰亚胺作为一类特色突出的高性能高分子材料，在高新技术产业中的应用必然会越来越显示其重要性。

3.7.4 梯形聚合物

梯形聚合物主要是指梯形缩聚物，一般都是由芳杂环构成。这是一类具有突出耐高温性能的聚合物。主要问题是加工成型方面尚存在困难，这就限制了这类聚合物的应用。

以下介绍几种典型的梯形缩聚物。

(1) 聚苯并咪唑亚胺类（polybenzimidazolimides）　聚苯并咪唑亚胺类的合成反应如下：

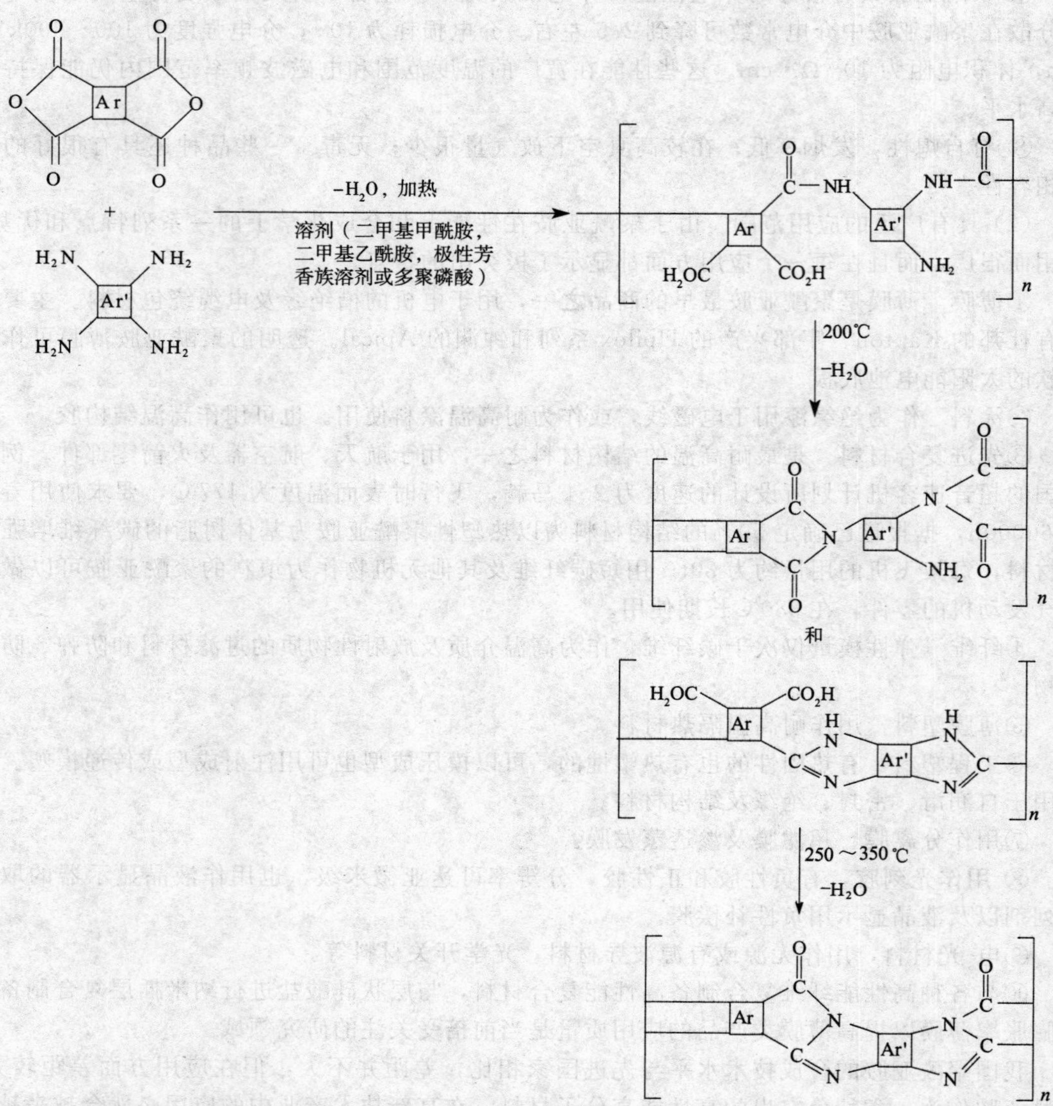

合成反应所用的原料是各种类型的多元酸酐（或多元羧酸）以及多元胺类等。

(2) 聚喹噁啉类（polyquinoxalines）[176]　一种典型的喹噁啉梯形缩聚物的合成反应如下：

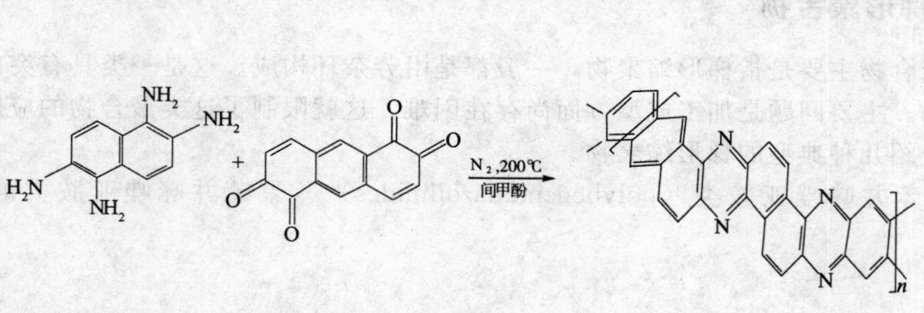

对数比浓黏度 $\eta_{inh}=0.66$（H_2SO_4）。

所得产品在成型加工后，如在 300～455℃高温下进行热处理，可使耐热温度提高到

700℃左右。

聚喹噁啉（PQ）中引入苯侧基可制得聚苯基喹噁啉（PPQ）。与PQ相比，PPQ较易合成，热稳定性高于PQ，溶解性好，操作较易。PPQ已用以加工成膜、纤维、胶黏剂以及用以制成高性能复合材料[177]。

(3) 二氮杂菲梯形缩聚物（phenanthroline ladder polymers）　二氮杂菲梯形缩聚物可由四元羧酸或它的二元酐与四元胺在150℃左右于多聚磷酸介质中进行溶液缩聚而得，也可在380℃的条件下经由熔触缩聚而得，典型的二氮杂菲梯形缩聚物的结构如下：

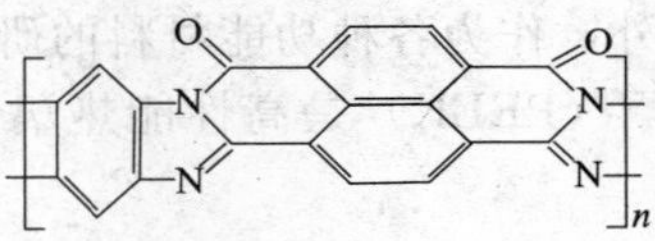

这种产品的玻璃化温度在500℃以上，在空气中的耐热温度达450～550℃，在氮气中为650～775℃。在空气中于370℃下恒温200h，几乎不失重。

(4) 石墨型梯形缩聚物（graphitic-type ladder polymer）　石墨型梯形缩聚物的合成反应如下：

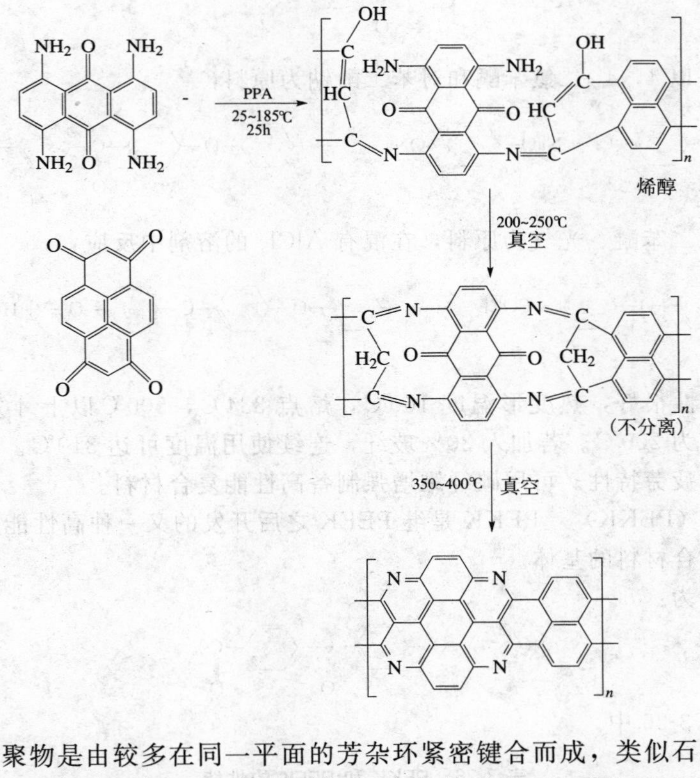

PPA 25~185℃ 25h

烯醇

200~250℃ 真空

(不分离)

350~400℃ 真空

这种梯形缩聚物是由较多在同一平面的芳杂环紧密键合而成，类似石墨结构，故称为石墨型梯形缩聚物，具有很高的导电性，耐高温，升温至560℃时失重10%，升温至700～900℃，失重25%～30%。

具有梯形或阶梯形的缩聚物还有聚吡咙，它是耐热聚合物中最耐辐射的品种。聚吡咙是由芳族四胺和芳族四酸二酐在极性溶剂中缩聚而得[177]。

3.7.5 其他耐高温聚合物

除前面所述聚酰亚胺和梯形缩聚物之外，其他可用作耐高温结构材料或功能材料的杂环聚合物还有：聚噁二唑类缩聚物、聚苯并噁二酮、含杂环的聚酯与聚酰胺、聚苯基-1，2，4-三嗪和聚苯基-1，3，5-三嗪、聚苯基喹噁啉与聚吡咙的共聚物、含噻唑的聚酰亚胺、含联吡啶及其盐的聚酰亚胺、聚酰胺-酰亚胺、聚苯并咪唑、聚苯并咪唑酮以及含噻唑的聚西氟碱等。

这些杂环高分子都具有高度的热稳定性、绝缘性、耐辐射性、耐化学介质等优异性能。这些杂环聚合物除作为结构材料外，作为各种功能材料的研究越来越受到重视。

(1) 聚醚醚酮树脂　聚醚醚酮（PEEK）是高性能热塑性树脂，是一种聚芳酮，亦称为聚芳醚酮。

制备 PEEK 有两种方法。第一种是以 4，4′-二氟二苯甲酮、对苯二酚、碳酸钠为原料，以二苯砜为溶剂制备：

$$F-C_6H_4-\underset{\|}{\overset{}{C}}(=O)-C_6H_4-F + nHO-C_6H_4-OH + Na_2CO_3 \longrightarrow$$

$$-\!\!\!(O-C_6H_4-O-C_6H_4-C(=O)-C_6H_4)\!\!\!-_n + NaF + CO_2 + H_2O$$

第二种方法是以 4，4′-二氯苯酮和对苯二酚钠为原料：

$$Cl-C_6H_4-C(=O)-C_6H_4-Cl + NaO-C_6H_4-ONa \longrightarrow -\!\!\!(C_6H_4-O-C_6H_4-C(=O)-C_6H_4-O)\!\!\!-_n + NaCl$$

新的方法是以二苯醚、光气为原料，在混有 $AlCl_3$ 的溶剂中反应：

$$C_6H_5-O-C_6H_5 + COCl_2 \longrightarrow -\!\!\!(C_6H_4-O-C_6H_4-C(=O)-C_6H_4-O)\!\!\!-_n + HCl$$

PEEK 热稳定性很好，热变形温度 160℃，熔点 334℃，500℃以上才发生显著的热失重，长期使用温度为 200℃。若加入 30%玻纤，连续使用温度可达 310℃。PEEK 还具有优异的耐蠕变性和耐疲劳特性。可用碳纤维增强制备高性能复合材料。

(2) 聚醚酮酮（PEKK）　PEKK 是继 PEEK 之后开发的又一种高性能热塑性树脂，特别适用于高性能复合材料的基体。

PEKK 的结构为：

$$-\!\!\!(C_6H_4-O-C_6H_4-C(=O)-C_6H_4-C(=O))\!\!\!-_n$$

其性能列于表 3-26 中。

表 3-26　PEKK 和 PEEK 的性能

性能	PEKK	PEEK	性能	PEKK	PEEK
密度/(g/cm^3)	1.3	1.3	拉伸模量/GPa	4.5	3.8
熔点/℃	338	340	断裂伸长率/%	4	11
T_g(DSC)/℃	156	144	断裂功/(kJ/m^2)	1	2

续表

性能	PEKK	PEEK	性能	PEKK	PEEK
T_g(DMA)℃	180	170	耐燃等级(UL 94)	V-0	V-0
加工温度/℃	360～380	370～380	极限氧指数①/%	40	35
拉伸强度/MPa	102	103	热释放速度(OSU)	<65/65	>65/65

①氧指数——在指定条件下，试样在氧、氮混合气流中，维持平衡燃烧所需的最低氧气浓度，以氧在气流中所占的体积百分数来表示。

PEKK 用碳纤维增强后可制得高性能复合材料，还可用作电绝缘材料、电缆、活塞环等。

(3) 聚苯硫醚树脂　聚苯硫醚树脂（PPS）又名聚亚苯基硫醚，是以亚苯基硫醚为主链的半晶态高聚物。线型聚苯硫醚是白色粉末，有极优良的热稳定性，能在 400℃空气或氮气中保持稳定。熔融聚合物于空气中加热时变黑，然后凝胶和固化，交联后为热固性固体。PPS 是一种具有优良性能的新兴工程塑料，目前它的消费量正以 20%年增长率在迅猛增长，已成为世界第六大工程塑料。

(4) 聚芳醚砜　聚芳醚砜（PES）的化学结构为：$\leftarrow ArSO_2Ar'O \rightarrow_n$。式中，Ar 及 Ar′为不同的芳基。PES 是由芳香二卤代物及二元酚的碱金属盐合成。其合成路线为：

$$nXArSO_2Ar'X + nMOAr''OM \xrightarrow{-2nMX} \leftarrow ArSO_2Ar'OAr''O \rightarrow_n$$

$$nXMOArSO_2Ar'X \xrightarrow{-2nMX} \leftarrow ArSO_2Ar'O \rightarrow_n$$

商品化的 PES 是以 4，4′-二氯二苯砜与不同结构的二元酚的缩聚产物。根据 Ar，Ar′及 Ar″的不同，可制得各种聚芳醚砜。

聚芳醚砜耐热等级高，机械性能好，尺寸稳定性好，阻燃性优异，是一种高性能工程塑料，已投入工业生产，年产量以 30%速度增加。为改性其高温尺寸稳定性、耐溶剂性等，可用反应性基团如乙炔基、丙烯基、氨基、环氧基、马来酰亚胺基进行封端，或引入活性侧基，由此可制得反应性聚芳醚砜（RPES），实现高性能化、高功能化和低价格比。反应性聚芳醚砜是当前 PES 领域的前沿领域，具有广阔的发展前途。

(5) 有机硅高分子　有机硅高分子集耐高、低温、耐辐射、耐氧化、高透气性、低表面能和生理惰性于一身，是高分子材料中性能独特的品种。在耐高温橡胶的研究方面主要集中于有机硅橡胶。

山东大学杜作栋等[178]合成了多取代苯基的芳基聚硅氧烷，将其加入到硅橡胶中，所得硫化胶在 300℃仍然稳定。在 280℃热空气下老化 24h，其拉伸强度保持 90%。

在硅氧链中引入体积大的基团是提高橡胶热稳定性的有效方法。美国学者合成了硅硼橡胶，$\left[-\underset{Me}{\overset{Me}{Si}}CB_{10}H_{10}C\underset{Me}{\overset{Me}{Si}}O \leftarrow \underset{Me}{\overset{Me}{Si}}O \rightarrow_x \right]_n$，这种橡胶可耐 350～450℃高温。

用改进加工和交联硫化的方法，可使氟硅橡胶的耐温性能提高到耐 250～300℃的高温[180]。

采用“逐步偶联聚合”方法可在较温和的条件下制备梯形有机硅高分子，这种高分子具有有机一无机杂化高分子的一系列优异性能。

逐步偶联聚合反应[179]的历程如下。例如，以四官能团单体（a）为例，利用活性基团反应性的差异，其中之一官能团首先与偶联剂 X—▭—X 反应，得到双分子中间体（b），后者接着与第二个偶联剂 Y—▭—Y 反应，得到梯形聚合物（c）（见图3-63）。

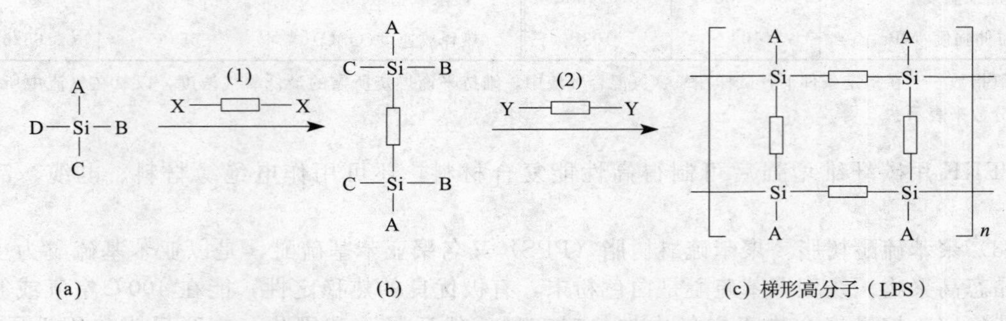

图 3-63　逐步偶联聚合法制备梯形有机硅高分子过程示意图

梯形有机硅高分子（LPS）的通式为 $[RSiO_{3/2}]_n$，即每一个硅原子与三个氧原子和一个取代基 R（R＝H 或有机基团）相连。此种无机主干赋予这类高分子优异的化学和热稳定性，耐高温性、绝缘性及耐辐射性，而有序交联的梯形双链结构则赋予此类高分子优异的力学性能和成膜性，是当前高性能有机硅发展的重要方向。

参考文献

[1] I. S. Miles, et al., Multicomponent polymer systems, Longman Scientific&Technical, Avon, UK, 1992.
[2] L. H. Sperling. Polymer Multicomponent Materials. New York: John Wiley&sons. INC., 1997.
[3] 张留成等. 高分子材料基础. 第3版. 北京：化学工业出版社，2013.
[4] 吴培熙，张留成. 聚合物共混改性. 北京：轻工业出版社，1996.
[5] R. P. Wood. Polymer Interfaces: structure and strengh. Munich: Hanser, 1995.
[6] M. Seadan, et al., Polym. Networks Blends, 3: 115, 1993.
[7] Y. S. Lipatov. Phase-separated Interpenetrating Polymer Networks. USCHTU: Dneprapetrovsk, 2001.
[8] V. F. Rosovitsky, et al., In Physical Chemistry of Multicomponent Polymer Systems, Naukva Dumka, Kiv, 1986, .2: 229.
[9] L. H. Sperling, In Interpenetrating Polymer Networks and Related Materials. New York: Plenum, 1981.
[10] S. C. Kim and L. H. Sperling. IPNs Around the world: Science and Engineering. Chichester: Wiley, 1997.
[11] 张留成等. 互穿网络聚合物. 北京：烃加工出版社，1990.
[12] Ю. С. Липотов. Взаимолроникаючие Поцмерныесетки Киев Наукова, Думка, 1979.
[13] 张留成等. 工程塑料应用，1990，3：73.
[14] L. C. Zhang, et al., J. Appl. Polym. Sci., 1992, 45: 1679.
[15] L. C. Zhang, et al., J. Appl. Polym. Sci., 1991, 42: 891.
[16] 张留成等. 高分子材料科学与工程，1992，4：76.
[17] L. C. Zhang, et al., J. Appl. Polym. Sci., 1994, 48: 494.
[18] USP 4, 040, 103, 1977; USP 4, 101, 605, 1978.
[19] B. Ohlsson, et al., Polym. Eng. Sci., 1996, 36: 501.
[20] Y. Wei., etal., 高分子学报，1995，5：606.
[21] B. Suthar, et al., Polym. Adv. Tech., 1996, 7: 224.
[22] P. Zhou, et al., Macromolecules, 1994, 27: 938.
[23] V. I. Koyoslev, et al, Russ. Chem. Rev., 1997, 66: 179.
[24] A. A. Donatelli, et al., J. Appl. Polym. Sci., 1977, 21: 1189.
[25] J. K. Yeo, et al., Polymer, 1983, 24: 307.
[26] L. H. Sperling, In Interpenetrating Polymer Networks, Acs, Washington DC, 1994.

[27] D. S. Lee, et al., Macromolecules, 1984, 17 (10): 268; D. S. Lee. et al, Macromolecules, 1985, 18 (11): 2173.
[28] M. S. Silverstein, et al., J. Appl. Polym. Sci., 1989, 30: 416.
[29] S. C. Kim and L. H. Sperling Ed. IPNs Around The World, New York: John Wiley&Sons, 1997.
[30] Y. S. Lipatov, et al., Polymer International, 1994, 34: 7.
[31] Y. S. Lipatov, Polymer Networks&Blends, 1995, 5: 181.
[32] Y. S. Lipatov, et al., Polymer, 1999, 40: 6485.
[33] B. J. Bauer, et al., Polymers for Adv. Technologies, 1996, 7: 333.
[34] O. Brovkv, et al., Polymer International, 1996, 40: 299.
[35] W. Eck, et al., Adv. Mater., 1995, 7: 800.
[36] X. He, et al., Polymer International, 1993, 32: 295.
[37] Yu. S. Lipatov, et al., J. Mater. Sci., 1995, 30: 2475.
[38] C. L. Jackson, et al., Chem. Mater., 1996, 8: 727.
[39] H. R. Allcock, et al., Macromolecules, 1996, 29 (8): 2721.
[40] P. Patel, et al., J. Appl. Polym. Sci., 1990, 40: 1037.
[41] P. L. Nayak, et al., J. Appl. Polym. Sci., 1993, 47: 1089.
[42] P. Tan, in Interpenetrating Polymer Networks, D. Klempner, etal. Eds. Washington, DC: Acs Books, 1994.
[43] H. Q. Xie, etal., in Interpenetrating Polymer Networks, D. Klempner, etal., Eds., Washington, DC: Acs Books, 1994.
[44] L. W. Barrett, et al., J. Appl. Polym. Sci., 1993, 48: 953.
[45] H. J. Hourston, et al., J. Appl. Polym. Sci., 1990, 39: 1587.
[46] M. Schneider, et al., Polym. Adv. Technol., 1995, 6: 326.
[47] M. Kamath, et al., J. Appl. Polym. Sci. , 1996, 59: 45.
[48] P. H. Corkhill, et al., Polymer, 1990, 31: 1526.
[49] P. H. Corkhill, et al., J. Bionater. Sci. Polym. Edn., 1993, 4: 615.
[50] L. A. Utracki. Polymer Alloys and Blends. New York: Hanser, 1990.
[51] R. A. Pearson, et al., J. Mater. Sci., 1986, 21: 2462.
[52] R. J. Hourston, et al., Polymer, 1991, 32 (12): 2215.
[53] Akira Yanagase, et al., Polymer, 2000, 41: 5865.
[54] D. Dompas, et al., Polymer, 1994, 35 (22): 4743.
[55] D. Dompas, et al., Polymer, 1994, 35 (22): 4750.
[56] K. Sung, et al., J. Appl. Polym. Sci., 1994, 52: 174.
[57] C. Cheng., et al., J. Mater. Sci., 1995, 30: 587.
[58] Wu Souheng. Polymer, 1985, 26: 1855.
[59] Wu Souheng, . J. Appl. Polym. Sci., 1988, 35: 549.
[60] Wu Souheng, et al., Polymer, 1990, 31: 972.
[61] D. G. Cook, et al., J. Appl. Polym. Sci., 1993, 48: 75.
[62] 方征平，汤宇烽，陈东国等．合成橡胶工业，1992，5：290.
[63] 励杭泉，汪晓东，金日光．中国塑料，1993，2：8.
[64] S. Danesi, et al., Polymer, 1978, 19 (4): 448.
[65] 付命杰．现代塑料加工应用，1989，2：11.
[66] 张增民，陈晓，李松等．塑料，1991，6：15.
[67] 张玲辉，吴国森．聚氯乙烯，1984，6：10.
[68] M. Lskander, et al., Polym. Eng. Sci., 1977, 17 (5): 300.
[69] 程为庄，赵磊，杜强国，高分子材料科学与工程，1999，15 (1)：33.
[70] L. C. Zhang, et al., Polymers for Advanced Technologies., 1996, 7: 281.
[71] 洪涛．塑料科技，1990，(3)：20-23.
[72] L. C. Zhang, et al., J. Appl. Polym. Sci., 2004, 91: 1168.
[73] P. MingWang, et al., J. Appl. Polym. Sci., 2003, 90 (3): 643.
[74] P. MingWang, L. C. Zhang, et al., Polymer, 2003, 44: 7121.
[75] 潘明旺，张留成，高分子学报，2003，(4)：513.

[76] R. A. Pearson, et al., J. Mater. Sci., 1991, 26: 3828.
[77] H. R. Azimi, et al., J. Mater. Sci. Letter, 1994, 13: 1460.
[78] Zh. X. Guo, et al., International Symposium on Engineering Plastics, 2000, (9): 14.
[79] 裘怿明，吴其哗，赵永芸等．塑料，1993，(4)：24.
[80] 王小梅．［硕士论文］河北工业大学，2004.
[81] 钱翼清，范牛奔．高分子材料科学与工程，2002，18 (4)：69.
[82] S. Wu, et al., J. Mater. Sci., 1994, 29: 4510.
[83] S. Wu, et al., J. Mater. Sci., 1993, 28: 3733.
[84] T. Kurauchi, J. Mate. Sci., 1984, 19: 1699.
[85] 张立德等．纳米材料和纳米结构．北京：科学出版社，2001.
[86] 伊藤征司郎．超微粒子を作る表面，1987，(25)：562.
[87] 黄锐，徐伟平，郑学品等．塑料工业，1997，(3)：106.
[88] Zh. X. Guo, et al., International Symposium on Engineering Plastecs, 2001, (9): 14.
[89] Z. X. Guo, et al., Chinese J of Polymer Sci., 2002, 20: 3231.
[90] E. Fekete, et al., J. Colloid and Interface Sci., 1997, 194: 269.
[91] 李远，陈建国，陈腊琼等．塑料工业，2001，29 (1)：16-17，20.
[92] 罗付生，丁建东，李凤生．南京理工大学学报，2002，26 (3)：312-315.
[93] X. H. Sheng, et al., J. Appl. Polym. Sci., 2001, 80: 1130.
[94] 任淑英，王勇，田小锋．塑料工业，2002，30 (2)：43.
[95] 岳海林等．化学学报，2002，60 (7)：1156.
[96] T. J. Pinnavaia and G. W. Beall Edited. Polymer-Clay Nanocomposites, New York: John Wiley&Sons, INC., 2000.
[97] A. Okada, et al., Polym. Prepr., 1987, 28: 447.
[98] I. J. Tunney, et al., Chem. Mater., 1996, (8): 927.
[99] K. Tamura, et al., Clay and Clay Minerals, 1996, 44 (4): 501.
[100] Y. Matsuoc, et al., Carbon, 1997, 35 (1): 113.
[101] 漆宗能等．聚合物/层状硅酸盐纳米复合材料理论与实践．北京：化学工业出版社，2002.
[102] 章永化，龚克成．硅酸盐通报，1998，(1)：24.
[103] O. Masami, et al., Polymer, 2000, 41: 3887.
[104] V. Xie Wei, et al., Chem. Mater., 2001, 13: 2979.
[105] Zhu Jin, et al., Chem. Mater., 2001, 13: 3774.
[106] 赵伟安，侯万国，孙德军等．功能高分子学报，2003，16 (1)：81.
[107] X. Kormann, et al., Polymer Engineering and Science, 1998, 38 (8): 1351.
[108] J. W. Gilman, et al., Proceedings of Additives, 2001, 3: 2001.
[109] L. T. Houng, et al., J. Polym. Sci. PartB, Polym. Phy., 2000, 38: 2873.
[110] L. Blasci, et al., Polymer, 1994, 35 (15): 3296.
[111] 陈光明，马永梅，漆宗能．高分子学报，2000，5：599.
[112] 赵春贵，阳明书，冯猛．高等学校化学学报，2003，24 (5)：928.
[113] H. G. G.. Dekking, J. Appl. Polym. Sci., 1965, 9 (5): 1641.
[114] T. Lan, et al., Chem. Mater., 1995, 7 (11): 2144.
[115] 张径，杨玉坤．高分子学报，2001，(1)：79.
[116] 张楠，徐日炜，余鼎声．石油化工，2002，31 (10)：807.
[117] 王梅等．北京化工大学学报，2002，22 (2)：240.
[118] Naoki Hasegawa, et al., Polym., 2003, 44: 2933.
[119] N. Ogata, et al., J. Appl. Polym. Sci., 1997, 66: 573.
[120] G. M. Chen, et al., J. Appl. Polym. Sci., 2000, 77: 2201.
[121] 官同华，瞿雄伟，李秀错等．中国塑料，2001，15 (11)：15.
[122] 石旭东，潘明旺，李秀错等．高分子学报，2004，(1)：149.
[123] R. A. Vaia, et al., Macromolecules, 1995, (28): 8080.
[124] M. Kato, et al., J. Appl. Polym. Sci., 1997, (66): 1781.
[125] M. Kawasumi, et al., Macromolecules, 1997, (30): 6333.

[126] D. C. Lee, et al., J. Appl. Polym. Sci., 1996, (61): 1117.
[127] G. H. Chen, et al., J. Polym. Sci., Part B, Polym. Phy. 1996, (34): 1443.
[128] M. Sikka, et al., J. Polym. Sci., PartB, Polym. Phy. 1996, (34): 1443.
[129] 李春生，周春晖，李庆伟等．化工生产技术，2002，9（4）：22.
[130] T. Xin et al., J. Polym. Sci. PartA, Polym. Chem., 2002, 40: 1706.
[131] Ji. W. Kim, et al., Polym. Bull., 1998, 41: 512.
[132] 程爱民，田艳，韩冰等．高分子学报，2003，（4）：591.
[133] 马继盛，漆宗能，张树范．高分子学报，2001，（3）：325.
[134] R. A. Vaia, et al., Adv. Mater., 1995, 7 (2): 154.
[135] 蒋殿录，翁永良，童汝亭．物理化学学报，1999，15（1）：69.
[136] Bo-Hyuu Kim, et al., Macromolecules, 2002, (35): 1419.
[137] J. W. Kim, et al., Polymer, 2003, 44: 289.
[138] 朱笑初，景肃，孟娟等．塑料工业，2000，28（20）：45.
[139] 漆宗能等．CN118，7506，1998.
[140] 顾群，吴大诚，易国祯等．高等学校化学学报，1999，20（2）：3241.
[141] 周宁琳，夏小仙，王延儒．高分子学报，2002，（12）：253.
[142] 郑增勇，丁超，贾德民等．广州化学，2001，26（4）：11.
[143] Y. W. Chang, et al., Polymer International, 2002, 51 (4): 319.
[144] 吴绍吟，马文石，叶展．特种橡胶制品，2002，23（2）：4.
[145] 朱绍东等．合成树脂及塑料，2003，20（3）：81.
[146] 封禄田，田一光，石爽等．沈阳化工学院学报，1999，13（1）：1.
[147] W. Hougsheng, et al., Macromol. Rapid. Commun., 2002, 23: 44.
[148] J. Guillemo, et al., J. Appl. Polym. Sci., 1997, 64: 2211.
[149] Naoki Hasegawa. Polymer, 2003, 44: 2933.
[150] Tong Menally, et al., Polymer, 2003, 44: 2761.
[151] 付万里等．工程塑料应用，2002，30（5）：1.
[152] X. Kommann, et al., Polymer, 2003, 42 (10): 4493.
[153] 瞿雄伟，罗艳红，丁会利等．材料工程，2002，（4）：9.
[154] 王光辉，张玲．聚氯乙烯，2003，（5）：1.
[155] 万超瑛，乔秀颖，张勇等．中国塑料，2003，17（4）：39.
[156] X. Kornmann, et al., Polymer Engineering and Science, 1998, 38 (8): 1351.
[157] 王立新，李军峰，张洪波等．摩擦学报，2003，23（3）：1.
[158] M. Rathanawan, et al., Composite Sci. Tech., 2001, 61: 1253.
[159] 雷勇，刘宇锋，江璐霞等．绝缘材料，2001，（11）：5.
[160] S. Wang, et al., J. Appl. Polym. Sci., 1998, (69): 1557.
[161] R. A. Vaia, et al., Macromolecules, 1997, (30): 7990.
[162] T. Kyotani, et al., Nature, 1988, (331): 331.
[163] 盐山洋．高分子加工，1998，47（1）：31.
[164] 赵文元等．功能高分子材料化学．第2版．北京：化学工业出版社，2003.
[165] 马德柱等．高聚物结构与性能．第2版．北京：科学出版社，1995.
[166] 张留成等．缩合聚合．北京：化学工业出版社，1986.
[167] 丁孟贤等．聚酰亚胺新型材料．北京：科学出版社，1998.
[168] Mochizuki, Amane, et al., Polymer, 1994, 35 (18): 4022.
[169] 丁孟贤等．CN95100239，1995.
[170] Z. H. Liu., et al., Thermochina Acta. 1983, 70: 71.
[171] T. Matsumoto, et al., Polymer, 2001, 42: 5175.
[172] Q. D. Mi, et al., Polymer, 1997, 38 (14): 3663.
[173] L. Tina, et al., Polymer, 1999, 40: 4279.
[174] D. J. Liaw, et al., Macromolecular Chemistry and Physics, 2001, 202: 807.
[175] P. M. Hergenrother, Macromol. Sci., Revs Macromol. Chem., 1971, 6 (1): 1.

[176] P. M. Hergenrother, Encyclopedia of Polymer Science and Engineering. New York: John Wiley&Sons, 1987, 7, 625.
[177] 卢凤才等．宇航材料工艺，1984，(2)：15.
[178] 杜作栋．高分子通讯，1981，(3)：174；高分子通讯，1983，(2)：110.
[179] 彭文庆，杨始燕，邓晓东等．高分子学报，1999，(6)：715.
[180] P. Xie，et al.，Polym. Adv. Tech.，1997，8：64.
[181] Qu. X. Guan. T. et al，J. Appl. polym. Sci.，2005，97：348.
[182] 熊睚等．粘结，2013.
[183] Ning N. Y. et al，J. Appl. polym. Sci.，2007，105 (5)：2737.
[184] Xiao. Z. Ying. et al，J. Appl. polym. Sci.，2007，105：510.
[185] 赵培仲等．塑料工业，2008，36 (2)：45.
[186] Wang. T. M. et al.，Materials and Design，2010，31：3810.
[187] Minsung. R. et al.，J. European Ceramic Society，2011，31 (9)：1541.
[188] Laguns. A. et al.，Languir，2010，26 (17)：14154.
[189] 秦旭锋等．色装工程，2013，34 (7)：114.
[190] 郭建华等．特种橡胶制品，2012，33 (6)：68.
[191] Yong. Du. et al.，Progress in Polym. Sci，2012，37：820.
[192] 张增平等．Polym. Material and Engineering，2013，29 (1)：187.
[193] 张雷等．塑料，2012，41 (3)：23.
[194] 吕鹏等．中国科学：技术科学，2010，40 (11)：1247.
[195] 朱钟鸣等．材料科学与工程学报，2013，31 (2)：310.
[196] Zdenxo. Spitalsky. et al.，Prog. in Polym. Sci.，2010，35：357.
[197] Xin. Huang. et al.，Polym. Chem.，2013，4，：435.
[198] 于娜等．化工中间体，2011，10：1.
[199] 马晓燕等．聚合物/天然硅酸盐粘土纳米复合材料，北京：科学出版社，2009.

第4章 液晶高分子材料

液晶的科学史已逾百年，它是1888年奥地利植物学家F. Reinitzer首先发现的。他制备了胆甾醇甲酸酯，在加热时于145.5℃熔化，转变成乳白色的液体，直到178.5℃才变成透明的液体。这种现象，翌年被德国物理学家O. Lehman用偏光显微镜观察得到了证实，并于1904年正式称之为液晶，从此开始了液晶领域的研究。现在公认这两位科学家是液晶科学的创始人。但此后，由于没有突出的实用背景使液晶的研究一度出现低潮。直到20世纪60年代，美国人Fergason根据胆甾型液晶的颜色变化设计制成了测定表面温度的产品。此后先后发现了向列型液晶的电光效应和动态光散射现象，制成了液晶钟表、数字及文字显示器，展示了液晶材料的实际应用前景，推动了液晶科学的蓬勃发展。目前已发现和合成七万多种液晶物质，其中有6000多种为低分子有机化合物，约占有机化合物总数的5%。

液晶高分子的发展较晚。自20世纪60年代后期美国杜邦公司的Inkwolek等人发现芳香聚酰胺溶液的液晶行为，并于1972年生产出聚对苯二甲酰对苯二胺纤维（商品名Kevlar），从此开创了液晶高分子实用化的新时期，至今已合成了近两千种液晶聚合物，世界液晶高分子产品总产量已达5万吨。液晶高分子材料已成为高分子材料中一个崭新的领域，具有极其广阔的发展前景。

4.1 概述

4.1.1 液晶态及液晶的化学结构

物质在晶态和液态之间还可能存在某种中间状态，此中间状态称为介晶态（mesophase），液晶态是一种主要的介晶态。液晶（liquid crystal，简记为LC）即液态晶体。既具有液体的流动性又具有晶体的各向异性特征。事实上，物质中存在两种基本的有序性：取向有序和平移有序。晶体中原子或分子的取向和平移（位置）都有序。将晶体加热，它可沿两个途径转变为各向同性液体。一是先失去取向有序保留平移有序而成为塑晶，只有球状分子才可能有此表现；另一种途径是失去平移有序而保留取向有序，成为液晶。但这时，平移有序未必立即完全丧失，所以某些液晶还可能保留一定程度的平移有序性。这就是说，液晶在形态上存在不同的类型。

并非任何物质都存在液晶态，液晶物质在化学结构上是有特征的。

4.1.1.1 液晶的结构类型

根据液晶高分子在空间排列的有序性不同，液晶相可分为向列相、近晶相、胆甾相和柱状相四类，如图 4-1 所示。

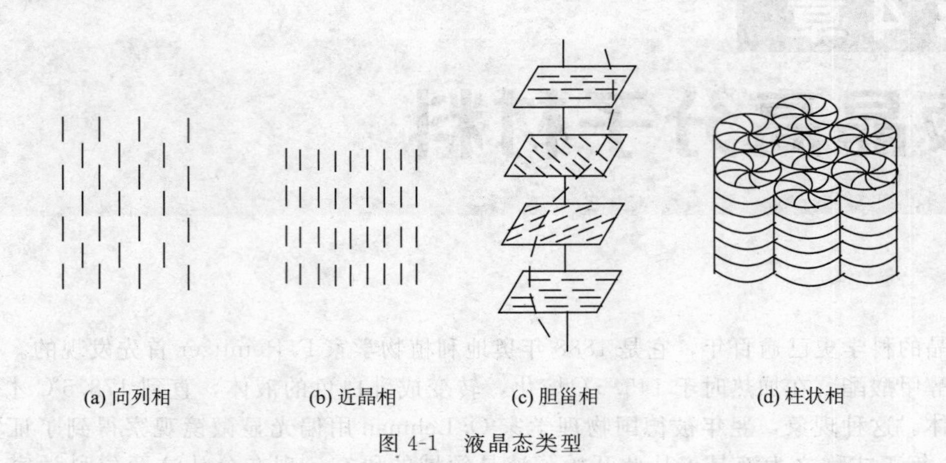

(a) 向列相　(b) 近晶相　(c) 胆甾相　(d) 柱状相

图 4-1 液晶态类型

(1) 向列相（nematic state） 向列相常以字母 N 表示，此中液晶中分子的排列只有取向序无平移序，无分子质心的远程有序，如图 4-1（a）所示。这就是说分子排列是一维有序的，其有序度最低，黏度也小。

(2) 近晶相（smectic state） 近晶相除取向有序外还有平移有序，即具有由分子质子组成的层状结构，分子呈二维有序排列，如图 4-1（b）所示。根据层内排列有序性的差别，近晶相液晶还细分为不同的子集相结构（亚相），根据发现年代的顺序分别标记为 A、B、C…，至今已排列至 Q，共 17 个亚相，分别记为 S_A、S_B、S_C…S_Q。如果这类液晶分子中含有不对称碳原子则会形成螺旋结构，因而生成相应的具有手征性的相。这种具有手征性和相常用星号“*”表示，例如，S_C^*，S_G^* 即分别表示具有手征性的近晶 C 相和近晶 G 相。这种手征性相一般具有铁电性，现在发现的有 S_C^*、S_I^*、S_F^*、S_J^*、S_G^*、S_K^*、S_H^*、S_M^* 及 S_O^* 共九种，此外尚有反铁电相 S_{CA}^*，所以晶相有 27 种亚相，其中较常见的是 S_A、S_C 两个亚相。在各种液晶相中，近晶相结构最接近晶体结构，故名之“近晶相”。

近晶 A 相（S_A）和近晶 C 相（S_C）是一维平移有序的层状液晶，如图 4-2 所示。S_A 和 S_C 除了沿指向矢 n 方向的取向有序外，还具有沿某一方向的平移有序，从而形成层状结构，层厚与液晶分子（或液晶高分子的液晶基元）长度的量级相当。由图可见，对 S_A 相层内分子倾向于垂直层面排列，层厚大致等于分子长度 l；而对 S_C 相，层内分子彼比大致平行，但与层法线相交一个角度 θ，θ 称为倾斜角，层厚 $d=l\cos\theta$。

S_A 和 S_C 相的有序性高于 N 相（向列相），所以它们出现在比 N 相低的温度区域。

S_B、S_F、S_I 及 S_M 相，它们的分子在层内呈大致规则的六角排列，从而在层内具有二维短程位置（平移）有序，还存在二维键取向长程有序，常称之为六方相或堆垛六方相。其间的差别在于分子的倾斜方向不同。它们的差别并不大，但它们不能互溶，它们之间存在相变。

S_L、S_G、S_J 和 S_E、S_H、S_K 相层与层之间关联较强，更接近于真正的晶体，近似于三维有序。与相应的结晶点阵比照，分属于斜方晶系（如 S_E）或单斜晶系（如 S_H、S_K）。

S_D 则是一类重要的立方相，亦称为 D 相，光学上各向同性，无明显的旋光性。

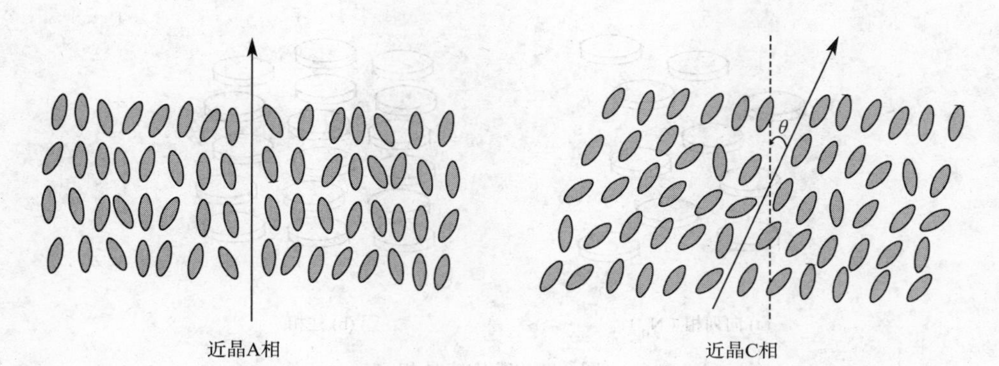

图 4-2　近晶 A 相和近晶 C 相示意图

(3) 胆甾相（cholesteric state，简记为 Ch）　胆甾相液晶具有扭转的分子层结构，在每一层分子平面上分子以向列相方式排列，而各层分子又按周期扭转或螺旋方式上下叠在一起，使相邻各层分子取向方向之间形成一定的夹角。此类液晶分子都具有不对称碳原子因而具有手征性。胆甾相液晶简记为 Ch 也常表示为 C^*，有时表示为 N^*。

胆甾相具有奇特的光学性质，具有圆偏振光的选择反射，强烈的旋光性及圆二色性。这类液晶常具有螺旋结构，一般螺距为光波波长量级，约数千埃（Å），有时可达 10μm。

有一些胆甾相液晶物质当温度继续升高时，会出现蓝相（BP），而后才进入Ⅰ相。蓝相也是一种立方相。迄今发现了三种蓝相：BPⅠ，BPⅡ和 BPⅢ。普遍的看法是：BPⅠ是体心立方，BPⅡ是简立方，BPⅢ又称为蓝雾，无结构对称性。蓝相的温度区间很窄，一般小于 1℃。它具有螺旋结构，螺距比一般的 N^* 相小。它在光学上各向同性，但有强烈的旋光性。蓝相中分子堆垛成双扭曲结构，缺陷网络起着重要作用。

BP 相与 D 相在结构上可能存在类似之外，但是它们的晶格常数很不相同，前者为数千埃，后者不足 100Å。

如果以上所有这些相都存在的话，一般相变序为：

$$I—BP—Ch—N—S_A—D—S_C—S_B—S_I—S_L—S_F—S_G—S_E—S_K—S_H—Cr$$

在这些相的位置上也包括相应的手征相（N^*，S_C^*，S_I^*，S_F^*，S_J^*，…）。只是重入相例外，它们的相序可以不遵守上述规律，例如随温度下降可能出现下面的相变序：

$$N—S_A—N_{re}—S_{Are}$$

N_{re} 和 S_{Are} 相分别代表重入 N 相和重入 SA 相。往往只有含强极性基团的液晶才可能出现重入相。

(4) 碟状液晶相（柱状相）　碟状液晶相是 1977 年发现的。组成这类液晶相的分子通常具有碟子或盘子般的形状，这些“碟子”可一个一个地重叠起来形成圆柱状的分子聚集体[见图 4-1 (d)]，组成一类新的液晶相，故又称柱状相（columnar）。

碟状液晶相亦称为盘状液晶相，最简单的碟状液晶相是向列相 N_D，这些碟状分子的法线倾向于沿某一空间方向（指矢向）排列，但无平移有序，与向列相对应，故标记为 N_D，如图 4-3 (a) 所示。N_D 相若存在手征性结构则标记为 N_D^*。碟状分子若堆砌为柱形，则形成柱状相，它与棒状分子的近晶相相对应，具有与二维六方点阵相近的排列结构[图 4-3 (b)]。图 4-4 所示为一个典型的碟状分子的化学结构和其相序。

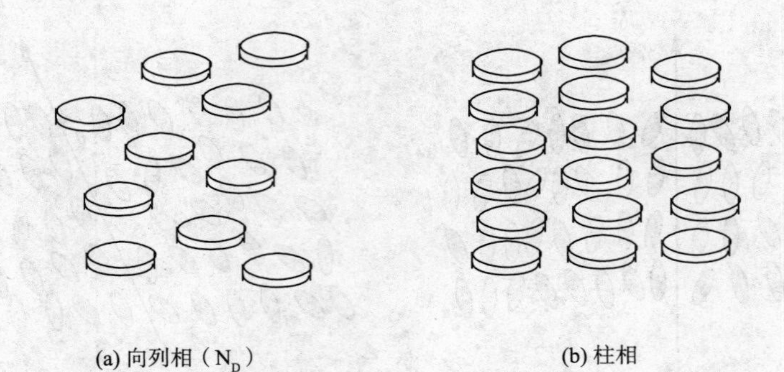

图 4-3 碟状液晶相

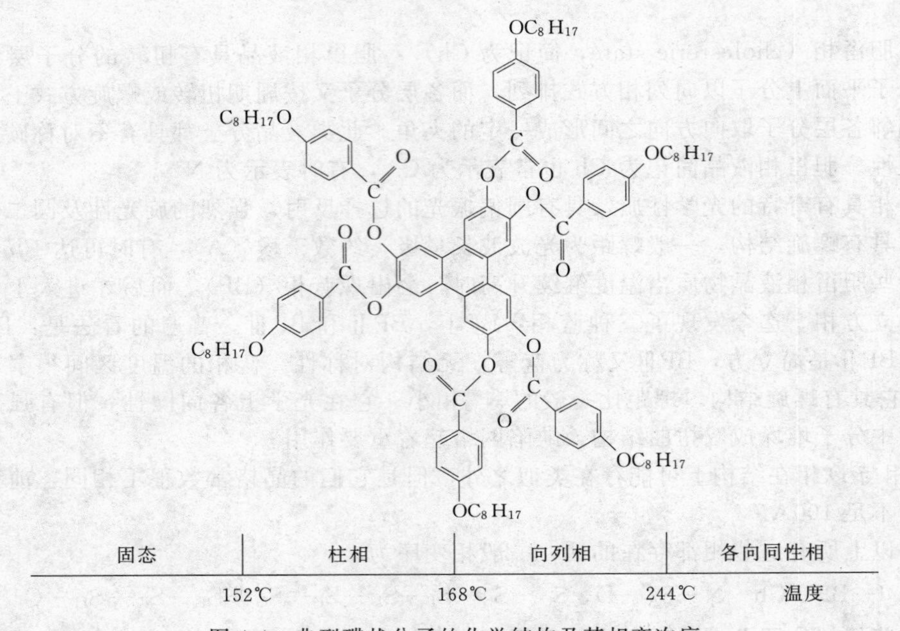

图 4-4 典型碟状分子的化学结构及其相变次序

4.1.1.2 液晶物质的化学结构

（1）棒状结构　大多数液晶物质的分子（低分子或高分子）是长棒状的，其基本结构为：

Y—⟨苯环⟩—X—⟨苯环⟩—Z

这类分子由三部分组成：

① 由两个或更多芳香环组成的“核蕊”，最常见的是苯环，有时为杂环或脂环。芳香环主要有

$\left[\text{—C}_6\text{H}_4\text{—} \right]_n$，$n=1,2,3$；—⟨萘环⟩— 2,6 / 2,7 / 3,5；—⟨R 取代苯环⟩—

R＝Cl、OCH_3、CN、NO_2、NH_2、C_nH_{2n+1}、—⟨环己基⟩—等。

② 有一个桥键 X，将芳香环连接起来。桥键 X 主要有：

—CH═N—，—N═N—，—N═N(O)—，—C(═O)—O—，—C(═O)—NH—，—C≡C—，

—CH═CR—（R = H，CH_3），—CH═CH—CH═CH—，—CH═N—N═CH— 等。

③ 端基 Y 和 Z，常见的端基 Y 和 Z 有：—R，—OR，—COOR，—OOCR，—CN，—NH_2，—Cl、Br、I 等。Y 和 Z 可以相同也可以不相同，或为 H。

这类分子的结构特征有二：一是几何形状的不对称性，即要有大的分子长径比，小分子液晶分子的长度约 20～40Å，宽度为 4～5Å，L/D 大于 4 左右的物质才可能呈液晶态；二是分子间的各向异性相互作用力。

这类分子的中间部分，如 —⟨苯环⟩—X—⟨苯环⟩—，也常称为液晶基元，或介晶基元。

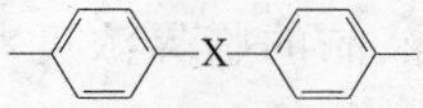

（2）碟状结构　碟状结构液晶分子一般是由一块刚性平板状芳香核心和外围连接着的较柔顺的侧链组成。图 4-5 是几个实例。

还有一类分子与碟状分子相似，但呈碗状或金字塔形，如图 4-6 所示。这类分子无上下对称性，碗相分子的结构有序性可以更高，物理性质可能出现铁电性等。

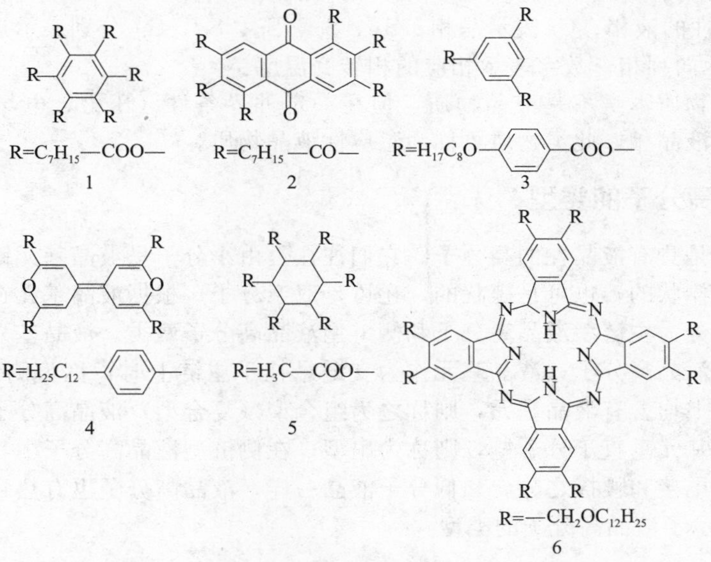

R=C_7H_{15}—COO—　1

R=C_7H_{15}—CO—　2

R=$H_{17}C_8O$—⟨苯环⟩—COO—　3

R=$H_{25}C_{12}$—⟨苯环⟩—　4

R=H_3C—COO—　5

R=—$CH_2OC_{12}H_{25}$　6

图 4-5　碟状液晶分子的几个实例

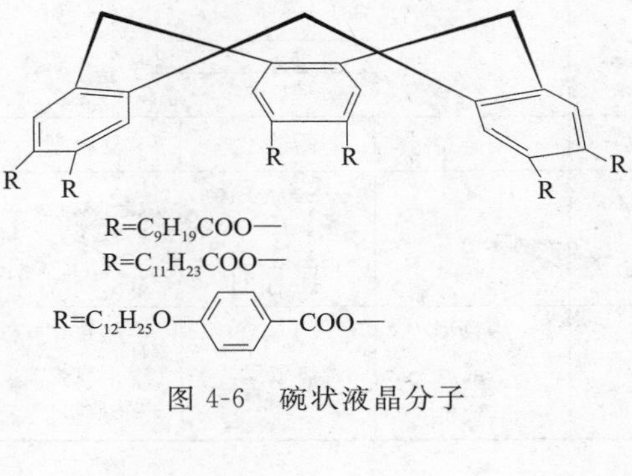

R=C_9H_{19}COO—

R=$C_{11}H_{23}$COO—

R=$C_{12}H_{25}$O—⟨苯环⟩—COO—

图 4-6　碗状液晶分子

(3) 双亲分子　双亲分子的一端为亲水的极性头，另一端是疏水的非极性链，例如正壬酸钾、磷脂、多肽等。双亲分子溶液浓度较低时先形成胶球；随着浓度的增加，逐渐形成柱，柱与柱之间成六方排列（六方相）；浓度更高时则形成层状结构即近晶相。有时在这两个相之间会出现立方相，它是由胶球堆砌而成的立方结构。这就是说双亲分子浓度在不同条件下可构成六方相、层相和立方相。

不同的液晶性物质呈现液晶态的条件会有所不同。有的因温度的变化而出现液晶态，这称为热致液晶（thermotropic）；有的需在溶剂中，在一定的浓度下才能呈现液晶性，这称为溶致液晶（lyotropic）。前述的棒状和碟状分子多是热致液晶，而双亲性分子则多属溶致液晶。

对溶致液晶，一个重要的物理量是形成液晶的临界浓度，在此浓度以上液晶相才能形成。当然临界浓度也是温度的函数。

热致液晶是指各相态的转变是由温度变化引起的。相变温度是表征液晶态的重要物理量。从晶体到液晶态的转变温度称为熔点或转变点；由液晶态转变为各向同性液体的温度称为澄清点或清亮点。有些液晶性物质，在不同温度下可呈不同的液晶相结构，例如，*N*-对戊苯基-*N*′-对丁苯基对苯二甲胺（TBPA）的相变序为：$I_{233}\,N_{212}\,S_{A149}\,S_{F140}\,S_{G61}\,S_{H}\rightarrow Cr$。其中I表示各向同性的液相；Cr表示晶相；$S_A$、$S_C$、$S_F$、$S_G$、$S_H$ 分别表示近晶A、C、F、G和H相；N表示向列相；数字表示相应的相转变温度。

此外，有些物质本身不是液晶物质，但在一定外界条件（压力、电场、磁场、光照射等）下，可形成液晶相，此类物质可称为感应性液晶物质。

4.1.2 液晶高分子的类型

液晶高分子是具有液晶性的高分子。它们往往是由小分子呈液晶基元键合而成的。这些液晶基元可以是棒状的，也可是碟状的，还可是双亲分子。根据液晶基元在高分子链中键合的方式不同，可分为主链型液晶高分子和侧链型液晶高分子两类。液晶基元位于高分子主链之内称为主链型液晶高分子；液晶基元作为支链悬挂于主链上时，称为侧链型液晶高分子。如果主链和支链上均含有液晶基元，则称之为组合型（复合型）液晶高分子。在主链液晶高分子中，若液晶基元垂直于分子链，则称为串型；在侧链型液晶高分子中，液晶基元与主链的连接方式又有尾接和腰接之分。和低分子液晶一样，液晶高分子也有热致性和溶致性两种情况。表4-1表示了液晶高分子的类型。

表4-1　液晶高分子类型

单体或液晶基元	两亲分子		非两亲分子				
			棒状			碟状	
液晶高分子	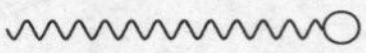 主链型	侧链型	 主链型	侧链型	复合型	 主链型	侧链型
液晶性		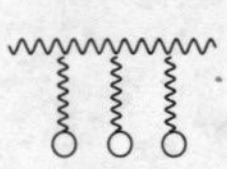 溶致性	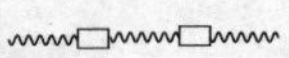 热致型或溶致性	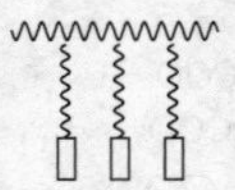 热致型	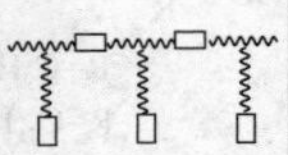 热致型或溶致性	 热致型	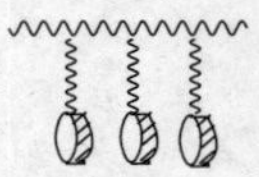 热致型

4.1.3 液晶高分子表征

关于液晶高分子的表征是一个较复杂的问题，不仅可以采用各种不同的研究方法，而且往往需要借助多种研究手段的结合才能确切加以鉴别。例如，用偏光显微镜和电子显微镜可研究不同尺寸微区的织态结构，并可初步判断液晶态的种类；用示差扫描量热法（DSC）可研究液晶高分子的热转变行为，测定各种相转变的热力学数据；用 X 射线衍射法，通过测定原子和分子在空间排布的细节，以判断液晶织构的类别，并测定分子链的取向；用核磁共振（NMR）可测定有序度参数等十分重要的结构表征量；还有其他许多方法可用来研究和表征液晶高分子的流变性质，光、电、磁学等性质。下面对一些常用的表征方法作一简要介绍。

（1）热台偏光显微镜法　当采用偏振光作为入射光束时，双折射会使偏振光分为两束，这两束光具有一定的相位差，因而发生干涉，干涉的结果得到椭圆偏振光，这是由两个相互垂直、尺寸不等的光合成的结果。此即偏光显微镜的原理。由于液晶高分子相转变温度区间很大，特别是热致性液晶，所以需采用热台偏光显微镜。

通过偏光显微镜能够直接观察到液晶高分子的相变过程。由偏光显微镜所得到的图像与有序结构的确切关系至今仍是研究的热点[5]。

向列相、近晶相和胆甾相各具有其独特的织态。例如反映到偏光显微镜照片上，向列相可表现为丝状纹理图像；近晶相为焦锥或扇形纹理图像；胆甾相为平行走向的消光条纹图像等。

织构（texture）一般指液晶薄膜在光学显微镜特别是正交偏光显微镜下用平行光系统所观察到的图像，实际上它是液晶中缺陷集合的产物。缺陷可以是物质的，如杂质及孔洞；也可以是取向状态方面的。主要是位错和向错。织构是液晶结构的光学表现，是判断液晶的存在及其类型的主要手段之一。

向列相主要为丝状纹理状图像。细分起来有球粒织构、纹影织构、反向壁织构及条带织构。图 4-7 是一种液晶高分子样品向列相纹影织构照片；图 4-8 是一个刚性侧链液晶高分子向列相条带织构照片。

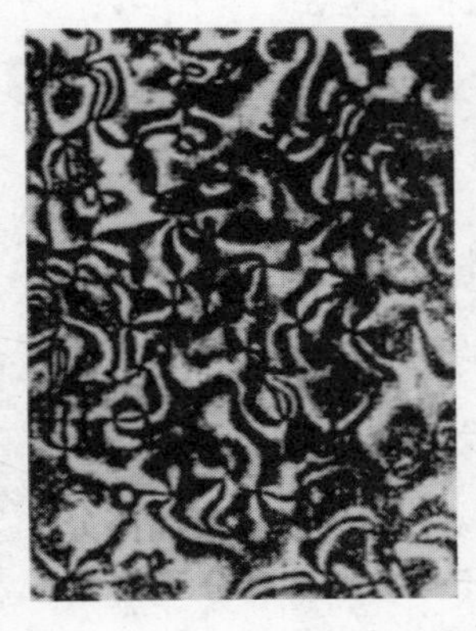

图 4-7　向列相纹影织构照片

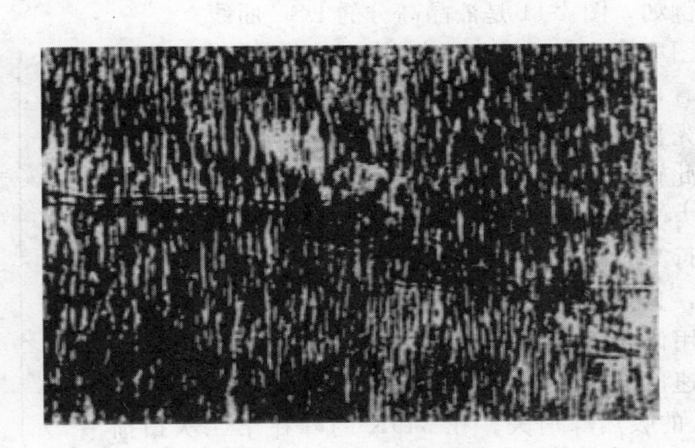

图 4-8　刚性侧链液晶高分子向列相条带织构照片

近晶种类很多，形成的织构也不尽相同。常见的近晶相 A、近晶相 B 及近晶相 C，主要表现为焦锥或扇形纹理织构。图 4-9 是一个热致性聚酯近晶相的扇形织构。

胆甾相织构与近晶相织构有许多相似之处。图 4-10 是聚谷氨酸苄酯（PBLG）胆甾相的层线织构。热台偏光显微镜法还用于研究液晶高分子液晶相转变及液晶高分子的取向。

图 4-9 热致性液晶聚酯近晶相的扇形织构

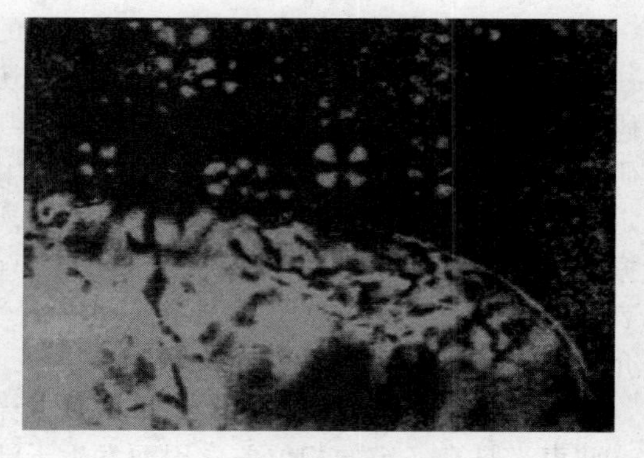

图 4-10 PBLG 胆甾相层线织构

(2) DTA/DSC 方法 差热分析（DTA）和示差扫描量热法（DSC）也是用于液晶态研究的重要方法。DTA 方法给出的信号是在程序升温或降温过程中样品和参照物之间温差的反映。若在程序变温过程中及时调节施加于样品和参比物上的加热功率以使两者间即使在样品发生相变或其他变化时不发生温差的改变而是指示出补偿功率即样品发生变化时的焓变大小，这便是 DSC 方法。DSC 法不仅指示出样品发生变化时的温度而且指示出焓变值的大小。

用 DTA 及 DSC 方法研究液晶部分的相转变时要特别注意热力学过程与动力学过程的相互竞争。此外还应注意高分子物化学结构、分子量及其分布和等规度等对相转变温度的影响。

例如，图 4-11 是液晶高分的 DSC 曲线。

图中曲线 3 是第一次加热周期的曲线。从低温方向看，第一个吸热峰为 332K 的特征转变温度，经偏光显微镜观察表明对应于玻璃至向列态的相转变。此转变受链段运动的动力学松弛过程的影响，在动力学上变得比较缓慢。在迅速冷却条件下对样品进行第二次扫描，结果（曲线 2）这一转变峰消失了，只剩下曲线斜率变化的 T_g 转变（315K），这时用偏光显微镜观察仍发现液晶态的存在。这说明迅速冷却造成体系中形成液晶玻璃态，使得在 332K 的吸热峰消失。在 349K 的峰在第二次扫描中也消失了。在此温度附近，偏光显微镜观察表明主要仍为向列态的织态结构。将样品在 333K（高于玻璃化温度 332K）下热处理 72h 使向列相形成完全，再进行测定（曲线 1），所得 DSC 曲线与曲线 3 具有基本相同的特征。在上述三条曲线中，最

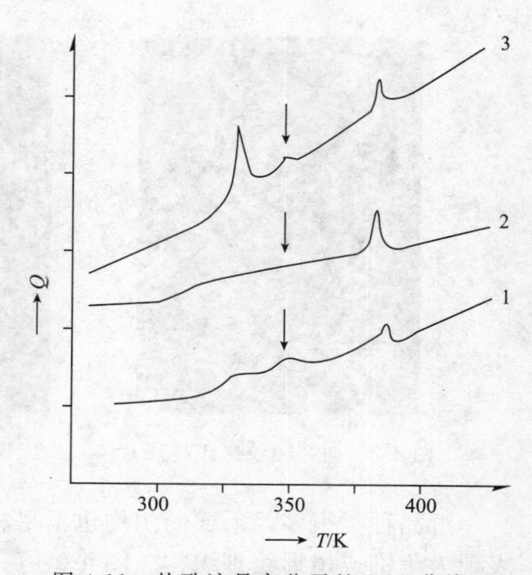

图 4-11 热致液晶高分子的 DSC 曲线

高吸热峰是向列态至各向同性熔体的相转变，其对应的温度（382K）即为相转变温度 T_{NI}。

该法既可用于熔体，也可用于溶液。由于液晶高分子的热转变往往复杂，在测定过程中常有重结晶或有几种晶型存在，在 DSC 曲线上呈现的多峰经常较难解释。但通过热处理及用加热和冷却曲线相比较的方法，可有助于说明这些峰的归属。

如用 DSC 测定液晶相转变的热焓值，还可判别向列型或是近晶型液晶。通常近晶型具有较高的有序性，其相应的热焓值较高，在 6.3～21.0kJ/mol，向列型的热焓值则仅有 1.3～3.5 kJ/mol，胆甾型液晶的热焓值与普通向列型液晶较相近。

采用 DSC 表征液晶高分子时，以下几点需充分注意以免作出错误判断。

① 某些情况下，由于物理老化的原因会使样品在升温过程中，玻璃化转变时的 DSC 信号以吸热峰的形式表现而非阶跃。物理老化是高分子样品在低于其玻璃化温度下发生的变化，一般表现为样品的脆化，故称老化[6]。

② 结晶性高分子（包括结晶性液晶高分子），在加热过程中有时会出现对应于晶体熔化的多重吸热峰。其原因包括：a. 因结晶度不同和结晶完善程度的差异所致。结晶度低的部分在较低温度熔化并重新结晶产生完善程度较高且熔点较高的晶体；b. 一种熔点较低的晶体熔化后转变成另一种熔点较高的结晶体（如晶型的转变）；同时存在结晶形态有本质不同的结晶体（如折叠链晶体和伸直链晶体），因而出现不同的熔化温度。

③ 液晶高分子相转变常有较大的过冷度。一般而言，由于各向同性液态与液晶态间的转变，分子运动较活跃，转变过程较快，升温或降温过程发生转变的温度比较接近，降温过程不会出现大的过冷（一般过冷度为几度）。与此成鲜明对比的是高分子结晶过程要慢得多，一般过冷度很大，可达到几十度。同样，各液晶相之间的转变也常有明显的过冷度。所以，液晶分子用 DSC 表征时，升温曲线与冷却曲线常有很大的差异。

④ 液晶相转变的单向性（monotropic）与双向性（enantiotropic）问题。在 DSC 升温曲线和冷却曲线上都出现的液晶相称为双向性液晶；在升温过程中不出现，只有在降温过程中才能产生的液晶相为单向性液晶。

图 4-12 是一种含二维液晶基元的液晶高分子的 DSC 曲线[7]。在第一次升温曲线（a）上，只有一个位于 234℃ 的吸热峰，根据显微镜观察，该峰属于结晶熔点，熔化后进入各向同性液相。在冷却曲线（b）上，有两个吸热峰，一个在 202℃，偏光显微镜观察证实为各向同性液体转变为向列相的温度；另一放热峰在 185℃ 是向列相转变为结晶相的温度。为了从 DSC 实验中求得该单向性向列相的清亮点，首先将样品加热至 250℃，再冷却至 190℃，而后升温，得曲线（c），测得各向同性化温度（清亮点）为 215℃。

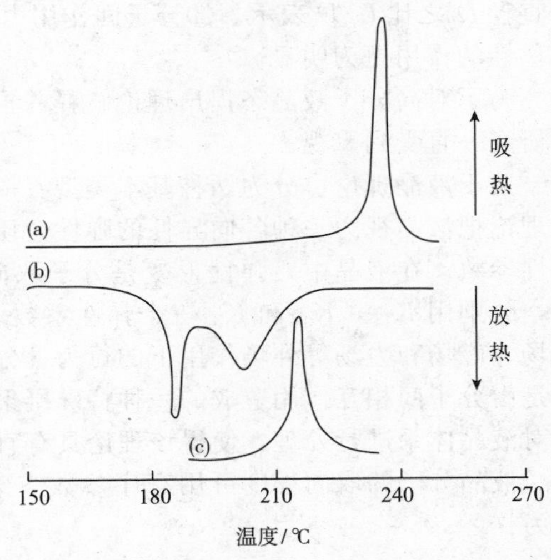

图 4-12 一种单向性向列型液晶高分子的 DSC 曲线
（a）升温曲线；（b）降温曲线；
（c）样品先升温至 250℃，再降温至 190℃，然后再升温

还应指出，大多数主链型液晶高分子在热处理过程中可能会伴随链结构的改变和分子量的变化，这会导致同一样品在多次重复测试中数据的离散甚至是意想不到的变化。

（3）X 射线衍射法　该法已成功地用来鉴定液晶态的结构，从而区分出向列型和近晶型液晶。就粉末样品的衍射来看，图谱可以分解成小衍射角的内环和大衍射角的外环。内环表示远程的层间有序性（1.5～5nm），外环则反映分子横向相互堆砌的更短尺寸的有序性（0.4～0.5nm）。从环是尖锐的还是弥散的，可以定性看出有序性的高低。对于向列型液晶来说，分子在一个微区（domain）内互相近于平行排列，但并不形成层状结构，因而它的内环（$2\theta=2^\circ\sim5^\circ$；1.5～5nm）是弥散图像，只有外环在近于 $2\theta=20^\circ$左右（0.4～0.5nm）有一个晕圈，它反映分子在横向上的排列是远程无序的，液晶分子的质心分布是无规的。

对于近晶相液晶来说，在图谱上常常呈现一个窄的内环和一个或多个外环。前者反映分子的层距（layer spacing），后者反映分子横向堆砌的有序程度。根据这两种内、外环的差别，可用来区别近晶型的各种相结构。例如，无规取向的 S_A 和 S_C，通常呈现一个弥散的外环；构造化的 S_B、S_F 和 S_I 则呈现窄的衍射外环；而 S_E、S_G 和 S_H 可显示几个衍射外环。

（4）相溶性判别法　此法以一个已知液晶相类别的化合物与未知试样相混合，如这个混合物在整个组成范围内呈现一种液晶相，则可认为它们具有相同的液晶相结构，即属于同一种类型的液晶态。但是不相溶还可能由于其他的原因，例如吸热混合过程，有一个加热的问题。因而用这种方法时必须与几种已知的液晶相结构的化合物作相图研究，直到找到一种在所有组成中相溶的体系，才能得出肯定的结论。

该法在鉴别低分子液晶的液晶态类型时用得较多。对于液晶高分子的近晶相 S_A 和 S_C 及向列相的鉴别，也有一些成功的报道。

（5）黏度测定　在剪切力作用下，向列相的主轴也会按流动方向取向，同时造成体系黏度明显下降。利用这一特性可用以判断向列相的形成。对溶致性液晶高分子向列相形成的判断是很简易的方法。

对溶致性液晶高分子，也可用折射率测定法初步判断液晶相的临界浓度。

4.1.4 液晶高分子理论[1,2]

造成液晶出现的主要原因是：①分子形状的不对称性，这种不对称性常用分子的长度 L 与直径 D 之比 L/D 表示。②分子间作用力的各向异性。对液晶高分子而言，分子形状的不对称性的作用更为明显。

为了对高分子液晶态提出理论解释并根据需要设计和合成液晶高分子，液晶高分子理论的研究一直受到重视。

关于液晶理论可分为两种基本类型。一类是连续介质理论，另一类是分子理论。连续介质理论把液晶视为一种各向异性的弹性介质，在结构上有一定的对称性，并有一定的黏性和弹性参数。在液晶中，弹性形变是分子取向改变的结果。形变可分为展曲、扭曲和弯曲三种，分别用 K_{11}，K_{12} 和 K_{33} 三个弹性系数表征之。连续介质理论可比较容易地解释液晶在电场。磁场和力场等外场作用下的行为。分子理论是从分子结构与性能关系出发，认为液晶态是由分子间相互作用造成的一种特殊凝聚态，在考虑单一分子势能的基础上，运用统计力学对液晶体系进行处理，使得该理论具有直观、明了的优点。

液晶分子的取向程度可用有序参数 S 表征。对向列相，液晶体系是轴对称的，S 可表示为：

$$S=\frac{1}{2}\left(3\langle\cos^2\theta\rangle-1\right)$$

式中，θ 为分子轴线与主轴之间的夹角，尖括号$\langle\cdots\rangle$表示对全部分子的统计平均。

由上式可见，对沿主轴完全取向的向列态，$\cos^2\theta=1$，则 $S=1$；而当分子取向为完全无规分布时，$\langle\cos^2\theta\rangle=\frac{1}{3}$，则 $S=0$。

若液晶不是向列相，液晶体系不是轴对称的，S 必须用张量表示。S 是一个非常重要的物理量，它表征液晶物理性质的各向异性和程度。S 随温度的提高而减小。

液晶高分子理论是在小分子液晶理论基础上发展起来的。迄今较有影响的理论有：以体积排斥效应为出发点，用以说明刚性棒状高分子液晶溶液的 Onsager 理论和 Flory 理论；以分子间范德华力为出发点，用以说明棒状小分子液晶相的 Maier-Saupe 理论；基于平均场方法和高分子自由连接链模型或弹性连接链模型的各种理论，以及基于平均场方法；可用以说明侧链型液晶高分子的 Wang-Warner 理论等。这些理论各有长处和短处，分别适用不同的体系。

Onsager 理论唯一考虑分子间的相互作用是空间排斥体积效应，根据体系自由能与取向参数的关系式并对此关系式进行维里展开并采用第二维利系数近似的方法。得出结论：

① 棒状高分子溶液从各向同性相（I）进入向列液晶相（N）的转变是一级相变，此转变的临界体积分数的下限为：

$$\phi_{\mathrm{I}}=3.34D/L$$

② 由各向同性相至向列相转变的临界体积分数 ϕ_{N} 的上限为：

$$\phi_{\mathrm{N}}=4.49D/L$$

当 $\phi<\phi_{\mathrm{I}}$ 时，溶液为各向同性相（I 相）；当 $\phi>\phi_{\mathrm{N}}$ 时，溶液为 N 相（向列相）；当 $\phi_{\mathrm{I}}<\phi>\phi_{\mathrm{N}}$ 时，N 相和 I 相共存。

③ N-I 相变时的临界有序参数 $S_{\mathrm{C}}=0.84$。

Onsager 理论由于采用了第二维利近似，所以仅适用于稀溶液，只有 L/D 很大时才满足相变时稀溶液这一条件，$L/D<10$ 时，此理论就不太适用了。

Flory 理论也是将空间排斥体积效应作为分子之间的唯一相互作用。他采用格子模型巧妙地处理了刚性棒状分子溶液。此理论得出如下结论：如果高分子是棒状的，其溶液就有一个临界浓度，在临界浓度以上就出现液晶相，此临界浓度为：

$$\phi_{\mathrm{c}}=8\frac{D}{L}\left(1-2\frac{D}{L}\right)\sim 6.4\frac{D}{L}$$

并指出，能够生成稳定液晶相的刚棒粒子长径比 $X=\frac{L}{D}$ 之最小值为 6.7（略大于生成亚稳态液晶相所需 X 的最小值 6.4）。

在上述结论的基础上，Flory 还进一步考虑了分子量及其分布的影响，指出多分散性使两相共存区加宽，分子量大的部分优先进入向列相。

Flory 理论更适用于高有序和高浓度的刚棒状分子溶液。

在估算临界浓度时，Flory 理论更适合；在分析临界有序参数时，Onsager 理论更好些。

Maier-Saupe 理论与 Onsager 理论和 Flory 理论不同，它不再是从分子的空间体积排斥效应为出发点，而是假定与分子取向有关的分子间范德华作用才是形成液晶相的基础。对于小分子液晶，Maier-Saupe 理论指出，若以 α 代表相互作用强度，则当 $\kappa_{\mathrm{B}}T/\alpha=0.22019$（$\kappa_{\mathrm{B}}$ 为玻耳兹曼常数，T 为开氏温度）时，发生 N-I 相变，且范德华相互作用越强则相变温度越高。M-S 理论还指出有了序参数 S 与温度的关系；S 由 $\alpha/\kappa_{\mathrm{B}}T$ 唯一确定，既是温度的函数，也与 α 有关；发生 N-I 相变时有序参数突变，临界有序参数 $S_{\mathrm{c}}=0.4289$。N-I 为一级相变，相变熵为 3.47J/（mol·K）。将 Maier-Saupe 理论用于液晶高分子自由连接链模型，仍能得到上述相变温度时 $\kappa_{\mathrm{B}}T/\alpha=0.22019$ 和临界参数 $S_{\mathrm{c}}=0.4289$ 的结果。将 Maier-Saupe 理论用于液晶高分子的连续弹性连接链或蠕虫状链模型，同样能够得到系统有序参数随温度升高而下降，以及当温度达到某约化温度时将发生 N-I 相变，相变为一级，相变时有序参数 S_{c} 从定值突降至零等结论。

侧链型液晶高分子的 Wang-Warner 理论假定系统中存在包括侧链的 Maier-Saupe 型相互作用、主链的 Maier-Saupe 型相互作用、主链和侧基间的范德华力相互作用以及主链和侧基连接处的弹性相互作用等在内的各种相互作用，其竞争结果可使侧链型液晶高分子呈现 N_{I}、N_{II}、N_{III} 三种不同的向列相；在 N_{I} 相中，主链呈铁饼状构象，而侧基与该"铁饼"大致垂直，侧基的有序参数 S_A 大于零，即彼此大致平行并沿指向矢 n 方向，而主链的有序参数 S_B 小于零。在 N_{II} 相中，主链大致平行，与主链型液晶高分子类似，而侧基大致沿主链指向矢的垂直方向排列；若侧基也倾向彼此平行取向，N_{II} 相便从单轴发展为双轴。在 N_{III} 相中，主链和侧基都倾向于沿指矢平行取向，即主链和侧基的序参数都大于零。上述理论结果得到了实验的验证，已经成为当前最有影响的侧链液晶高分子理论。

上述各种理论结果中，Flory 的刚棒分子理论在高分子学界影响最大。但是，由于 Maier-Saupe 理论并不要求分子一定具有刚棒的形状而只要求范德华相互作用与取向相关，因而可以同时用于含有刚棒和不含刚棒的体系。

4.2 液晶高分子的分子设计与合成方法

分子设计亦称分子工程，是按需要在水平上对材料结构的设计与合成。液晶高分子分子设计的首要目的是设计并合成出具有性能好、加工方便的液晶高分子材料。分子设计的基本依据是性能与分子结构的关系规律。在高分子化学、高分子物理及液晶科学的理论和经验的基础上，设计并合成出在所希望条件下表现出稳定液晶性质的液晶高分子。分子设计与合成方法是联系在一起的，不同类型的液晶高分子（主链型、侧链型、溶致性和热致性）分子设计的侧重点会有所不同，合成方法也有不同。所以将设计方案和合成方法放在一起讨论较为合适。但是一些基本原则具有普遍性，故首先作简要阐述。

4.2.1 液晶高分子的分子设计的一般原则

液晶高分子科学是在低分子液晶基础上形成和发展起来的，低分子液晶的一些规律同样适用于液晶高分子。所以先介绍一下低分子液晶分子设计中的一些规律，再简要讨论一下高分子液晶分子设计中的一些特殊问题。

(1) 液晶小分子分子结构的特点

① 具有高度的不对称性。若为棒状，长径比需在 4 以上；若为碟状也应有较大的直径厚度比，例如苯分子是亦为碟状，但直径厚度比小，所以不生成液晶。

② 存在极性或易于极化的原子或原子基团。

③ 分子有足够的刚性。

生成液晶相的能力以及液晶相的热稳定性是这三个因素的体现。由于高分子液晶常是由低分子液晶基元以不同的方式连接而成的，就以这些基本特征，对高分子液晶也是适用的。

例如：1，4-亚苯基既有很好的直线性和刚性，又有容易极化的性质，所以是包括液晶高分子在内的绝大多数液晶化合物最基本和不可缺的结构成分。

(2) 分子量及其分布的影响　化学成分和结构相同的液晶高分子，其性质因分子量及其分布的不同而有明显差异，这是与低分子液晶的根本不同，液晶的稳定性可用熔点（T_m）与清亮点（T_i）之间温度区间的大小表征。提高分子量可提高液晶相的稳定性，可将单向性液晶转变为双向性液晶[8]。分子量分布亦有显著影响，分布加宽时，液晶相温区拓宽。

与一般小分子液晶类似，液晶高分子同样具有近晶态、向列态、胆甾型和碟状液晶，其中，以具有向列态或近晶态的液晶高分子居多。

液晶高分子分类方法有两种。从应用的角度出发可分为热致性和溶致性两类；从分子结构出发可分为主链型和侧链型两类。这两种方法是相互交叉的。例如主链型液晶高分子既有热致液晶也有溶致液晶；热致液晶高分子既含有主链型的也含有侧链型的。为便于结构与性能关系的研究，常按分子结构进行分类，即分为主链型晶高分子和侧链型液晶高分子两类。

4.2.2 主链型液晶高分子

主链型液晶高分子是指液晶基元位于高分子主链之中。主链型液晶高分子又分为溶致性和热致性两种情况。

4.2.2.1 溶致主链型液晶高分子[4,9]

溶致性主链型液晶高分子又可分可天然的（如多肽、核酸、蛋白质、病毒和纤维素衍生物等）和人工合成的两类。前者的溶剂一般是水或极性溶剂；后者的主要代表是芳族聚酰胺和聚芳杂环，其溶剂是强质子酸或对质子惰性的酰胺类溶剂，并且添加少量氯化锂或氯化钙。这类溶液出现液晶态的条件是：① 聚合物的浓度高于临界值；② 聚合物的分子量高于临界值；③ 溶液的温度低于临界值。

溶致性主链型液晶高分子的介晶基元通常由环状结构和桥键两部分所组成。常见的环状结构如下：

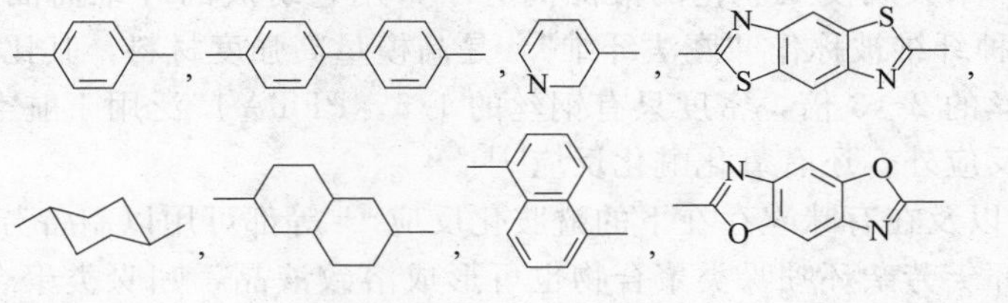

N, S, S, N, N, O, O, N

常见的桥键如下：

H, C, C, H, H, C, N, N, N, O, N, N, H, C, N, H, O, C, O, O, C, N, N, H, H, O, C, H, H, N, N, C, C, O, O, H, H, N, C, C, O, C, C, H, O, N, H

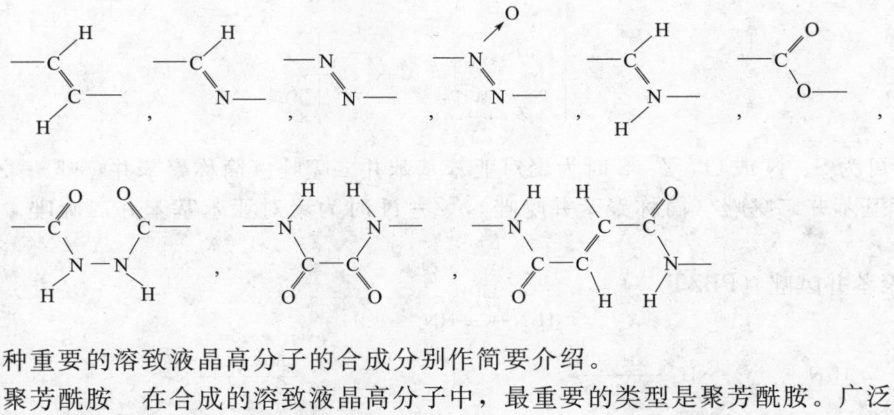

下面对几种重要的溶致液晶高分子的合成分别作简要介绍。

（1）聚芳酰胺　在合成的溶致液晶高分子中，最重要的类型是聚芳酰胺。广泛采用的制备方法是胺和酰氯的缩聚反应，例如：

$$H_2N-Ar-NH_2 \xrightarrow{SOCl_2} O=S=N-Ar-COCl \xrightarrow{HCl} HCl\cdot H_2N-Ar-COCl$$

$$\longrightarrow \left[NH - Ar - CO \right]_n$$

其他的缩聚方法[10]，如界面缩聚、使用缩合剂磷酸盐和吡啶混合物的方法等亦有报道，但尚未在工业生产上采用。

在芳族聚酰胺中，最重要的是聚苯甲酰胺（PBA）和聚对苯二甲酰对苯二胺（PPD-T或PPTA）。

① 聚苯甲酰胺（PBA） PBA是第一个非肽溶致液晶高分子，20世纪60年代美国杜邦公司的Kwolek以*N*-甲基吡咯烷酮为溶剂，$CaCl_2$为助溶剂进行低温溶液缩聚而得，反应如下：

$$H_2N-C_6H_4-COOH + 2SOCl_2 \longrightarrow O=S=N-C_6H_4-COCl + SO_2 + 3HCl$$

$$O=S=N-C_6H_4-COCl + 3HCl \longrightarrow HCl \cdot H_2N-C_6H_4-COCl + SOCl_2$$

$$nHCl \cdot H_2N-C_6H_4-COCl + 2n[S] \longrightarrow \left[NH-Ar-CO \right]_n + 2n[S] \cdot HCl$$

② 聚对苯二甲酰对苯二胺（PPTA） 以*N*-甲基吡咯烷酮为溶剂，$CaCl_2$为助溶剂，低温缩聚而得，反应为：

$$nClOC-C_6H_4-COCl + nH_2N-C_6H_4-NH_2 \longrightarrow -CO-C_6H_4-CO-NH-C_6H_4-NH-$$

PPTA是第一个大规模工业化的液晶高分子，用它纺成的纤维商品名为Kevlar，我国称芳纶1414。此种纤维被称作“魔法纤维”，是高模量高强度材料，其比强度为钢丝的6～7倍，比模量为钢丝的2～3倍，密度只有钢丝的1/5。PPTA广泛用于航空及宇航材料。

除上述缩聚反应外，还有氧化酰化反应[11]。

酯的氨解[12]以及在有咪唑存在下的酰胺化反应[13]等都可用以制备芳族聚酰胺液晶。

（2）聚芳杂环 芳杂环吲哚类聚合物也可形成溶致液晶，吲哚类聚合物具有梯形结构，多用于制备耐热材料，但被称为PBZ的一类吲哚聚合物例外，它用于制备超强纤维，即通过它们形成的溶致液晶进行抽丝制得高模量、高强度纤维。此类聚合物的结构为：

$$\left[-C\underset{Z}{\overset{N}{\langle}}C_6H_2\underset{N}{\overset{Z}{\rangle}}C-C_6H_4- \right]_n$$

式中，Z可为S、N或O，Z=S时为聚对亚苯基苯并二噻唑（简称聚苯并噻唑）；Z=O时为聚对亚苯基苯并二噁唑（简称聚苯并噁唑），Z=N时为聚对亚苯基苯并二咪唑。前两种最重要。

① 聚苯并噻唑（PBZT）

$$H_2N-C_6H_4-NH_2 \xrightarrow[HCl]{NH_4SCN} H_2N-\overset{S}{\overset{\|}{C}}-HN-C_6H_4-NH-\overset{S}{\overset{\|}{C}}-NH_2 \xrightarrow{Br_2CHCl_2} \text{苯并双噻唑（N, S, N, S, N, N）}$$

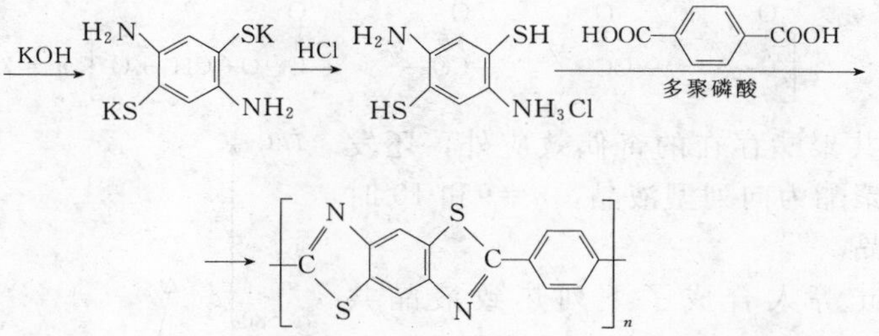

$$\xrightarrow{KOH} \text{(2,5-二氨基-1,4-苯二硫醇钾：}H_2N, SK, KS, NH_2\text{)} \xrightarrow{HCl} \text{(}H_2N, SH, HS, NH_3Cl\text{)} \xrightarrow[\text{多聚磷酸}]{HOOC-C_6H_4-COOH}$$

$$\longrightarrow \left[-C\langle^{N}_{S}\rangle C_6H_2 \langle^{S}_{N}\rangle C-C_6H_4- \right]_n$$

② 聚苯并噁唑（PBO）

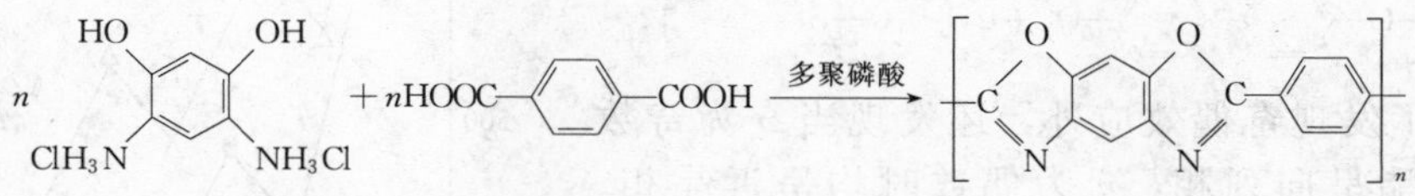

$$n\,(HO)(OH)C_6H_2(ClH_3N)(NH_3Cl) + n\,HOOC-C_6H_4-COOH \xrightarrow{\text{多聚磷酸}} \left[-C\langle^{O}_{N}\rangle C_6H_2 \langle^{O}_{N}\rangle C-C_6H_4- \right]_n$$

这两种杂环高分子都是溶致液晶高分子，是高性能高分子材料，除了比 Kevlar 具有更高的力学性能（如比强度和比模量）外，还具有优异的环境稳定性，是新一代优秀的航天材料。

（3）其他溶致主链型液晶高分子　天然的有多肽（命名如聚 γ-L-谷氨酸苄酯）、核酸、蛋白质、病毒、大部分纤维素衍生物（如羟丙基纤维素）和甲壳素等。人工合成的如以美国孟山都公司开发的聚对苯二酰肼为代表的聚芳肼类，以美国孟山都公司开发的聚对苯二甲酰对氨基苯甲酰肼为代表的聚芳酰胺-酰肼类。硅酸盐、$(SiO_2 \cdot Al_2O_3 \cdot 2H_2O)_{12}$ 的乙酸水溶液形成胆甾液晶态。某些嵌段共聚酯（如环己基酯低聚物与芳香酯低聚物的嵌段共聚物）可形成溶致液晶。由甲基-1，4-对苯二胺和对苯二甲酰氯配合所得聚甲亚胺在硫酸中形成向列相液晶。聚肼，例如聚（异氰化辛烷）在氯仿中呈现液晶态。聚异氰酸酯，当 R 为 $C_6 \sim C_{12}$ 基团时可形成溶致液晶。聚有机磷腈，例如聚苯二甲氧磷腈在甲苯中形成溶致液晶。由反式二（3-正丁基膦）二氯代铂与二炔缩合所得含有金属的聚炔烃在甲苯中形成向列相。

4.2.2.2　热致主链液晶高分子[4,14]

（1）分子设计　对于热致液晶高分子，一个重要的问题是生成液晶的温度必须低于聚合物的热分解温度。一般芳香族均聚物的熔点常高于其分解温度。所以热致主链液晶高分子的分子设计就是通过大分子链的改性降低熔点，使其在热分解温度以下能呈现稳定的液晶相。主要方法有以下几种。

① 在刚性主链中引入柔性成分　在刚性主链引入柔性间隔后，可能带来三个协同效应：

a. 降低液晶聚合物质相转变温度；

b. 导致相转变温度的奇-偶效应（even-odd effect）；

c. 产生微观分子堆砌结构的变化，即发生液晶态类型的变化，如由向列型转变成近晶型。

上述三种协同效应可同时存在，也可分别发生。例如 Roviello 和 Sirigu 合成了下列液晶共聚酯：

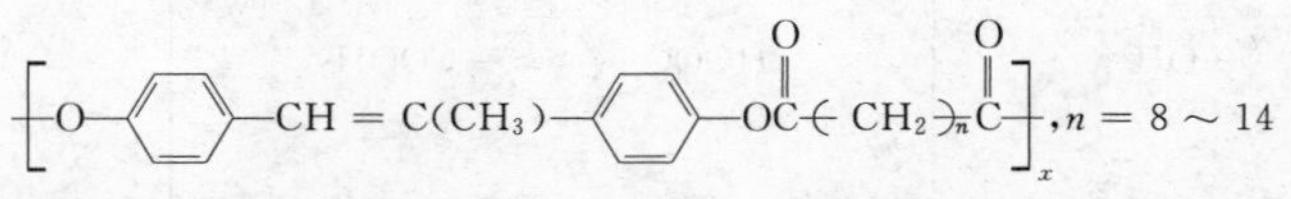

$$\left[-O-C_6H_4-CH=C(CH_3)-C_6H_4-O\overset{O}{\overset{\|}{C}}-(CH_2)_n-\overset{O}{\overset{\|}{C}}- \right]_x ,\ n = 8 \sim 14$$

他们发现，随着柔性间隔链段中亚甲基数目 n 由 8 增加到 14 时，液晶共聚酯的熔融相转变温度（T_m）和各向同性化温度（T_i）均逐步降低，并呈现典型的奇偶效应（见图 4-13）。

Ober 等人合成了热致液晶共聚酯：

$$\left[\overset{O}{\overset{\|}{C}}-C_6H_4-O\overset{O}{\overset{\|}{C}}-C_6H_4-\overset{O}{\overset{\|}{C}}O-C_6H_4-\overset{O}{\overset{\|}{C}}-O\left(CH_2\right)_nO\right]_x,n=2\sim10$$

他们除发现该共聚酯存在的奇偶效应外，还发现当 $n=2\sim8$ 时共聚酯为向列型液晶，$n=9$和 10 时共聚酯为近晶型液晶。

后来 Krigbaum 等人合成了下列热致液晶共聚酯：

$$\left[O-C_6H_4-C_6H_4-O\overset{O}{\overset{\|}{C}}\left(CH_2\right)_n\overset{O}{\overset{\|}{C}}\right]_x,n=4\sim12$$

他们除了发现奇偶效应外，还发现当 n 为奇数时液晶共聚酯呈向列相，n 为偶数时均呈近晶相。他们认为，这种现象的产生主要是由于存在两种不同的构象：当 n 为奇数时，共聚酯呈旁式（gauche）构象，分子排列不易紧密，聚合物结晶度低，有序性小，因而相转变温度较低，液晶呈向列相；当 n 为偶数时，共聚酯呈反式（trans）构象，分子排列比较紧密，有序性大，结晶度高，因而相转变温度也较高，呈近晶相。

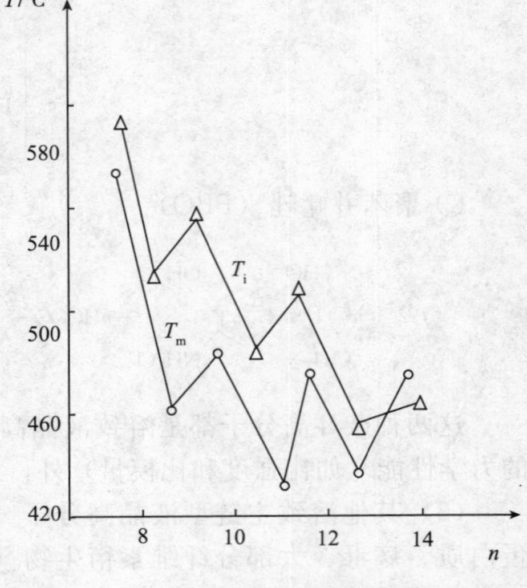

图 4-13　T_i、T_m 与 n 的关系图

上述这些协同效应是含有柔性间隔的热致主链液晶高分子所共有的普遍现象，不过随着聚合物的不同，有时不很明显或不很典型而已。

作为柔性间隔的结构单元除了$\left(CH_2\right)_n$外，常用的还有聚醚链段$\left(CH_2CH_2O\right)_n$和聚硅氧烷链段 $\left(\underset{CH_3}{\overset{CH_3}{Si}}-O\right)_n$ 等。

② 共聚合　共聚合是改变聚合物分子主链化学结构的一种有效方法。对于柔性高分子，共聚合常破坏分子链的规整性，从而降低其结晶能力和熔点。对于刚性链高分子，共聚合同样可以破坏分子链的规整性，并能降低链的刚性，从而降低熔点。例如，对羟基苯甲酸均聚物的 T_m 为 610℃，当其和 27%（摩尔分数）的 2-羟基-6-萘甲酸共聚合，其共聚酯的 T_m 下降为 325℃，熔体呈向列相，这样的共聚物可以熔融加工。当其和 60%（摩尔分数）的 2-羟基-6-萘甲酸共聚后，熔点甚至可降低到 265℃。最常用的合成全芳族热致液晶共聚酯的芳香族单体列于表 4-2。

表 4-2　合成热致液晶共聚酯的常用单体

芳香族二元酚	芳香族二元羧酸	芳香族对羟基羧酸
HO—C₆H₄—OH	HOOC—C₆H₄—COOH	HO—C₆H₄—COOH
HO—C₆H₂(X)(Y)—OH （X,Y=卤素或烷基）	HOOC—C₆H₃(X)—COOH （X=卤素，烷基）	HO—C₆H₃(X)—COOH （X=卤素，烷基）

续表

芳香族二元酚	芳香族二元羧酸	芳香族对羟基羧酸
HO—(萘环)—OH		
HO—⟨⟩—⟨⟩—OH	HOOC—⟨⟩—⟨⟩—COOH	HO—[萘环]—COOH (2,6; 2,7; 1,5)
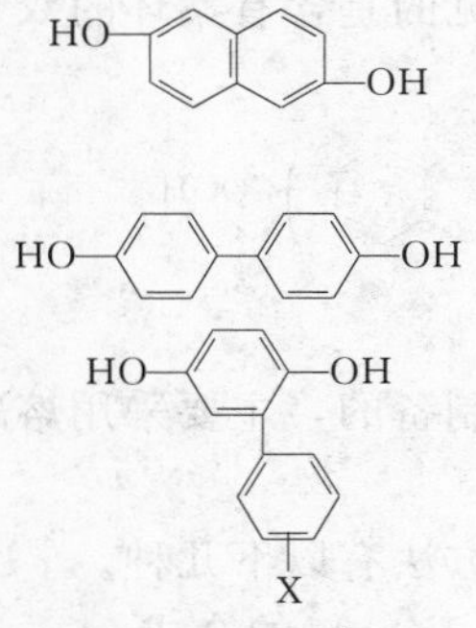 HO, OH—⟨⟩—⟨⟩—X (X=H,卤素或烷基)	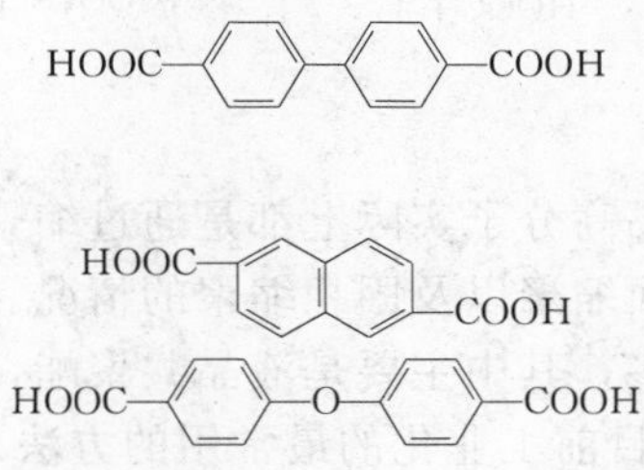 HOOC—(萘环)—COOH HOOC—⟨⟩—O—⟨⟩—COOH	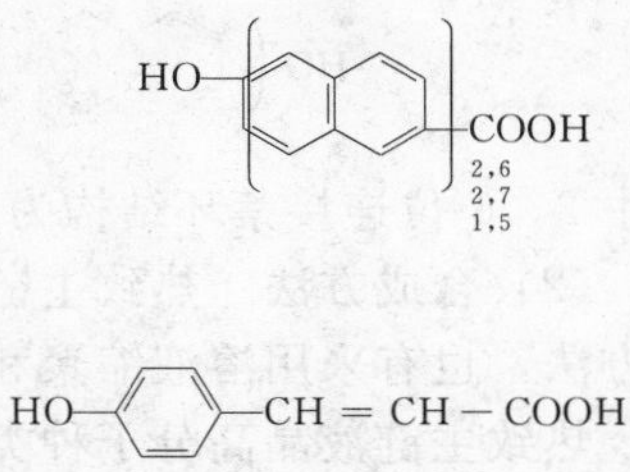 HO—⟨⟩—CH=CH—COOH

③ 苯环上引入取代基　苯环上取代基对熔点的影响取决于空间效应和极性效应二者的竞争。取代基体积越大，聚合物熔点越低；取代基极性越大，熔点越高，但有利于液晶相稳定性的提高。

在全刚性的主链液晶高分子中，对位取代的亚苯基环具有垂直于链轴的对称平面。若在亚苯基环上引入一个横向取代基，就破坏了对称平面，于是降低了分子链的结晶能力，因而降低了聚合物的熔点。这样一来，不仅可以在低于分解温度下形成液晶相，而且也能够加工液晶态的熔体。因此，在苯环上引入取代基也是降低热致液晶高分子熔点的一种有效途径。

取代基要具有适当的大小，甲基和氯原子取代基特别有效。氟原子作为取代基可能太小，不能阻止结晶。而很大的取代基，例如甲氧基、溴基等又会降低液晶相的稳定性。但像苯基、甲苯基这样很大的基团，仍然作为取代基以制备热致液晶高分子。另外，取代基在主链中的位置也很重要，在热致液晶共聚酯中，芳香族二元酚的苯环上引入取代基，比在芳香族二羧酸上引入取代基对降低分子链的对称性和聚合物的熔点更有效。例如：

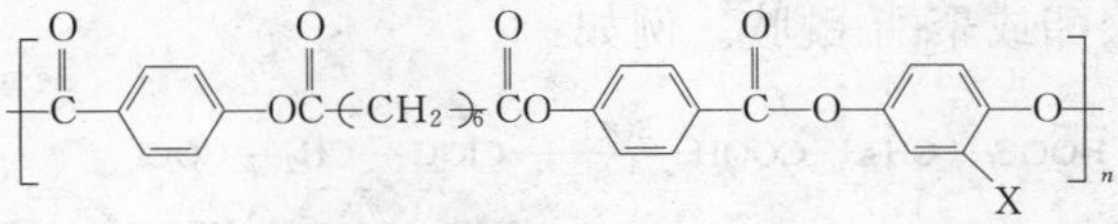

$$\left[-\overset{O}{\overset{\|}{C}}-\langle\rangle-O\overset{O}{\overset{\|}{C}}\text{+}CH_2\text{+}_8\overset{O}{\overset{\|}{C}}O-\langle\rangle-\overset{O}{\overset{\|}{C}}-O-\langle\rangle(X)-O-\right]_n$$

X	H	Cl	CH_3	C_6H_5
T_m/℃	268	147	108	198

④ 在刚性主链中引入非线性结构单元　非线性结构单元的引入破坏了刚性主链的线形结构，因而可以达到降低聚合物熔点的目的。最常采用的非线性结构单元有两类，一类是扭曲结构单元(kimks)。如间位的双官能团单体 HO, OH—⟨⟩（间位）、HOOC, COOH—⟨⟩（间位）、HO, COOH—⟨⟩（间位），这类单体两键之间一般形成120°左右的夹角。又如具有下述结构的二苯甲酸或二苯酚：

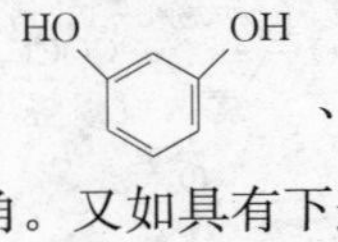

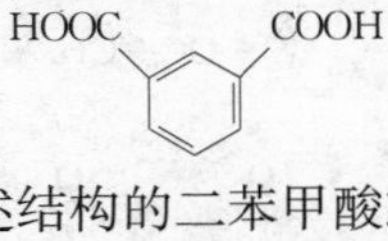

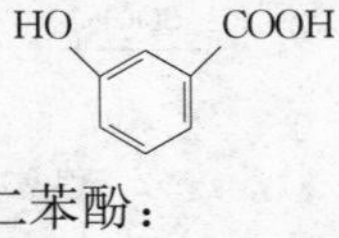

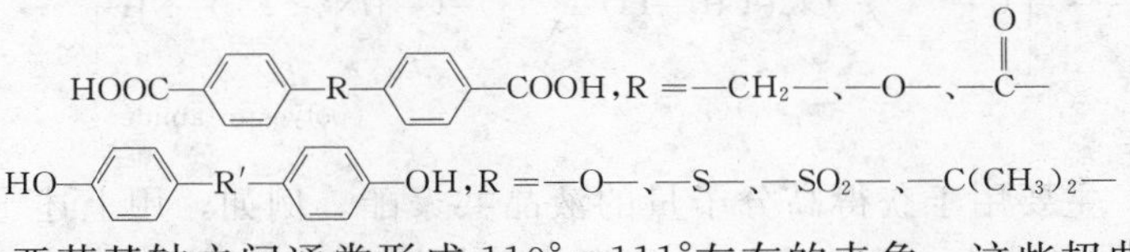

$$HOOC-\langle\rangle-R-\langle\rangle-COOH, R=-CH_2-、-O-、-\overset{O}{\overset{\|}{C}}-$$

$$HO-\langle\rangle-R'-\langle\rangle-OH, R=-O-、-S-、-SO_2-、-C(CH_3)_2-$$

这类单体两个亚苯基轴之间通常形成110°～111°左右的夹角。这些扭曲结构单元引入主链虽然可有效地降低液晶高分子的熔点，但同时也不同程度地破坏了聚合物的液晶性。其影响次序如下：

$-C(CH_3)_2- > -SO_2- > -CH_2- > -CH_2-$、$-S- > -O- >$ 无原子或基团

另一类非线性结构单元是曲柄状结构单元（crankshaft），最常见的是含有萘环的双官能团单体：

$$HO-\!\!\left(C_{10}H_6\right)\!\!-OH\ (2,6;\ 2,7;\ 1,5),\quad HOOC-\!\!\left(C_{10}H_6\right)\!\!-COOH\ (2,6;\ 2,7;\ 1,5),\quad HO-\!\!\left(C_{10}H_6\right)\!\!-COOH\ (2,6;\ 2,7;\ 1,5)$$

其中 2，6-位连接萘环结构为最好。

（2）合成方法　热致主链液晶高分子实际上都是通过缩聚反应制备的，主要采用熔融缩聚方法，也有采用溶液缩聚和界面缩聚以及固相缩聚的情况。

热致主链液晶高分子种类很多，其中主要是液晶共聚酯，合成方法有以下几种。

① 高温下的熔融缩聚　这是目前工业化的最常用的方法。例如 Vectra 的合成：

$$HO-C_6H_4-COOH \xrightarrow{(CH_3CO)_2O} CH_3C(=O)-O-C_6H_4-COOH$$

$$HO-C_{10}H_6-COOH \xrightarrow{(CH_3CO)_2O} CH_3C(=O)-O-C_{10}H_6-COOH$$

$$\longrightarrow \text{透明熔体} \longrightarrow$$

$$\xrightarrow[\text{0.5～3h}\ \ -CH_3COOH]{\text{250～280℃}} \text{混浊的流动体系} \xrightarrow[\text{10min～1h}]{\text{280～340℃ 抽真空}} \text{发乳白光的热致液晶高分子}$$

$$\left[-O-C_6H_4-C(=O)-\right]_x\left[-O-C_{10}H_6-C(=O)-\right]_y \longrightarrow \text{挤出造粒}$$

② 溶液缩聚或界面缩聚　主要是利用芳香二酰氯与二元酚或二元胺的 Schotten-Baumann 反应合成液晶共聚酯或聚酯-酰胺。例如：

$$HOOC-(CH_2)_n-COOH \xrightarrow{SOCl_2} ClOC-(CH_2)_n-COCl \quad + \quad 2HO-C_6H_4-COOH$$

$$\longrightarrow HOOC-C_6H_4-OC(=O)-(CH_2)_n-C(=O)O-C_6H_4-COOH$$

$$\xrightarrow{SOCl_2} ClOC-C_6H_4-OC(=O)-(CH_2)_n-C(=O)O-C_6H_4-COCl \xrightarrow{H_2N-C_6H_3(OCH_3)-NH_2}$$

$$\longrightarrow \left[-C(=O)-C_6H_4-OC(=O)-(CH_2)_n-C(=O)O-C_6H_4-C(=O)-HN-C_6H_3(OCH_3)-NH-\right]_x$$

（polyester-amide）

③ 固相缩聚　主要用于获得高分子量的液晶共聚酯。例如，用上述①法制得的液晶共聚酯的颗粒或切片，在减压或氮气氛中并不断搅拌的情况下，采用多级变化温度以促进聚合物分子量的提高，最终反应温度控制在比聚合物熔点低 20～30℃。

④ 其他方法　如芳香二羧酸与酚类的氧化酯化反应。该反应有含磷化合物和含氯烷烃参加：

$$HOOC-C_6H_4-COOH + HO-C_6H_4-OH + HO-C_6H_4-COOH \xrightarrow[C_2Cl_6]{P(C_6H_5)_3}$$

$$\left[\left(\overset{O}{\overset{\|}{C}}-C_6H_4-\overset{O}{\overset{\|}{C}}O-C_6H_4-O\right)_x\left(\overset{O}{\overset{\|}{C}}-C_6H_4-O\right)_y\right]_n + P(C_6H_5)_3 + C_2Cl_4 + 2HCl$$

此外，还可以通过混合酸酐的聚合反应，完成芳香族二羧酸与二酚的直接缩聚：

$$HOOC-C_6H_4-COOH + C_6H_5-S_2OCl \longrightarrow$$

$$\longrightarrow C_6H_5-SO_2-O\overset{O}{\overset{\|}{C}}-C_6H_4-\overset{O}{\overset{\|}{C}}O-SO_2-C_6H_5$$

$$\xrightarrow{HO-Ar-OH} \left[\overset{O}{\overset{\|}{C}}-C_6H_4-\overset{O}{\overset{\|}{C}}O-Ar-O\right]_n + C_6H_5-SO_3H$$

以聚芳酯为代表的热致液晶高分子不仅可制备纤维和薄膜，而且是高性能的新一代工程塑料。已商品化的聚芳酯商品有 Xydar、Ekonol、Vectran 及以 RodrnmLC-5000 等。

除聚芳酯外，尚有其他各种类型的热致主链液晶高分子。

如含有偶氮苯、氧化偶氮苯、苄连氮、甲亚胺、炔或烯类不饱和链等桥键的聚酯、聚醚、聚酮、聚氨基甲酸酯、聚酰胺、聚酯-酰胺、聚碳酸酯、聚酰亚胺、聚 β-硫酯以及聚烃、聚甲亚胺、聚对二甲苯、聚磷腈、聚二甲基硅氧烷、聚噻吩和沥青等。

还有兼溶致和热致性的主链液晶高分子，如某些聚芳酰胺、聚芳酯；纤维素衍生物、聚芳醚、聚烃；某些有机金属聚合物和嵌段共聚物等。

含有碟状液晶基元的热致液晶高分子也有不少报道，例如由苯并菲[9,10]为液晶基元和柔性亚甲基组成的主链型液晶高分子：

$$\left[O-(\text{triphenylene, 4 OR})-OOC(CH_2)_x-CO\right]_n, R=-(CH_2)_4-CH_3$$

这类液晶高分子主要用于光电显示器件方面。

主链型席夫碱（甲亚胺）液晶聚醚[15~17]也是一类重要的主链型液晶高分子，如 $\left[O-C_6H_4-CH{=}N-C_6H_4-O(CH_2)_x\right]_n$ 等，共计已合成九大类 45 种席夫碱共聚醚。我国在此领域具有领先地位[18]。

4.2.3　侧链型液晶高分子 (SCLCP)

侧链型液晶高分子是指液晶基元位于大分侧链的液晶高分子。与主链型液晶高分子不同，侧链液晶高分子的液晶性质主要决定于含有液晶基元的侧链，受大分子主链影响的程度较小。由于液晶基元多是通过柔性链与主链相接，所以侧链液晶高分子接近于小分子液晶。主链型液晶高分子主要用于高性能高分子材料，而侧链型液晶高分子主要用作功能材料。侧链液晶高分子一般不采用热致和溶致进行分类。这是因为其溶解性质主要决定于主链，与液晶基元的关系不大。通常主链都是柔性的，一般都可溶解。所以侧链液晶高分子可以同时是热致液晶和溶致液晶。另一个原因是链侧液晶高分子性质常与同一液晶基元的小分子液晶类似，所以按液晶基元分类更合理一些。

按液晶基元结构分，液晶基元分为双亲液晶基元和非双亲液晶基元，相应地，侧链液晶高分子也可分为以双亲型侧链液晶高分子和非双亲型侧链液晶高分子两类。研究和应用较多的是非双亲型侧链液晶高分子。若不特别指明，侧链液晶高分子都是指非双亲型的。

4.2.3.1 侧链液晶高分子的结构类型

按照液晶基元与主链连接的方式，侧链液晶高分子的各种类型如图 4-14 所示。

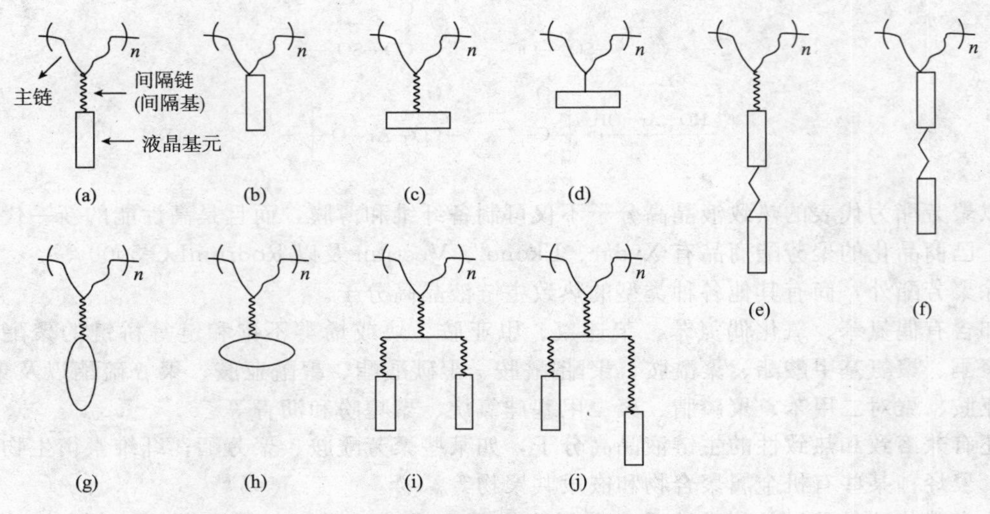

图 4-14 SCLCP 的连接方式

图 4-14 中的（a）为刚性棒状介晶基元（以▭表示）尾接（又称竖挂、端接）于高分子主链，中间插入间隔基（以～～表示）；（b）为刚性棒状介晶基元，尾接，无间隔基；（c）为刚性棒状介晶基元，腰接（又称横挂、侧接）于主链，中间插入间隔基；（d）为刚性棒状介晶基元，腰接，无间隔基；（e）为柔性棒状介晶基元，尾接，有间隔基；（f）为柔性棒状介晶基元，尾接，无间隔基；（g）为碟状介晶基元，尾接；（h）为碟状介晶基元，腰接；（i）为一根侧链（间隔基）并列接上两个介晶基元，称为孪生（成对），二个介晶基元相同；（j）为一根间隔基侧链连接上一对介晶基元，这二个介晶基元不同。

在以上各种连接方式中，最普遍和最重要的是图 4-14（a）所表示的情况。以下主要以这种情况为例说明侧链液晶高分子的分子设计和合成方法。

4.2.3.2 侧链液晶高分子的分子设计[19]

（1）分子设计的基本问题　以液晶基元为侧基刚性成分的液晶高分子，如聚（甲基丙烯酰氧己氧联苯腈），是侧链型液晶高分子。指导侧链型液晶高分子分子设计的基本模型是 H. Finkelmann、H. Ringsdorf，H. J. Wendorff 共同提出的“柔性链段去偶合模型”。该模型的核心思想是，如果将刚性液晶基元作为侧基直接接枝于柔性链高分子主链，则主链的无序热运动将干扰液晶基元的取向排列而阻碍液晶相的生成。解决矛盾的方法是，在主链与液晶基元之间插入一个柔性链段，该柔性链段能够解除主链和液晶基元两者运动间的“偶合”，使两者各自独立运动，互不干扰，从而在满足主链无序热运动的同时仍可保证液晶基元采取液晶相的有序排列。如聚（丙烯酰氧己氧基联苯腈），其液晶基元可视为—O—C_6H_4—C_6H_4—CN，而主链是聚丙烯酸酯链，在主链和液晶基元间插入的柔性链段是由6个亚甲基组成的$\text{-}(CH_2)_6\text{-}$。该聚合物有较丰富的液晶相，其相变序为：g32N_{re}80S_A124N132I，即在玻璃态和各向同性液相间存在重入向列相N_{re}、近晶-A相S_A和向列相N。与之相对照，如果不插入柔性去偶合链段，则产物为聚（丙烯酰氧基联苯腈），它可生成一个稳定的近晶相，但不生成向列相。

然而，这种去偶合的设计思想并非绝对的。当液晶基元的取向倾向很强，或者主链非常柔顺时柔性间隔链未必非要不可，也可无间隔链，这就是图4-14（b）所示的情况。例如不含柔性间隔链的聚丙烯酸酯可在T_g以上生成稳定的向列相液晶[20]：

$$\text{-}[CH_2-\underset{\underset{COO-C_6H_4-O-\overset{O}{\overset{\|}{C}}-C_6H_4-O-\overset{O}{\overset{\|}{C}}-C_6H_4-R'}{|}}{\overset{\overset{R}{|}}{C}}]_n\text{-}$$

（R=R′=H时，T_g=228℃，T_{NI}>260℃；R=CH_3，R′=H时，T_g=252℃，T_{NI}>300℃）

一般而言，无柔性间隔链时，液晶基元生成液晶的能力很强时才能使构成的高分子能够生成向列相，否则形不成液晶相。例如聚甲基丙烯酸联苯酯就不生成任何液晶相。

无柔性间隔链的侧链液晶高分子的情况并不多。

（2）影响因素

① 侧链的影响　侧链液晶高分子通常由柔性链、柔性间隔链、液晶基元和末端基四部分组成，每一部分都对液晶性能有明显的影响。了解这种影响是分子设计的重要基础。

② 主链的影响　由于不能实现完全去偶，主链和侧链总有某种程度的相互偶合作用，结果主链与侧链运动相互影响，一方面聚合物主链的存在限制了侧链的平动和转动，改变了介晶基元所处的环境，对它的液晶行为也会造成一定影响，这也正是同种间隔基和介晶基元所组成的侧链键合到柔性不同的主链上其相行为不同的原因；另一方面刚性侧链与柔性主链的键合，限制了主链的平动和转动，增加了主链的各向异性和刚性，柔性主链不再是无规线团的构象，而畸变为扁长的和扁圆的线团构象。主链柔性增加时，液晶相转变温度移向低温，T_g和T_i均移向低温。由低分子单体聚合成高分子使相转变温度移向高温，相转变区加宽，而且有序性也增加，原来没有液晶性的单体，聚合后也可能形成液晶聚合物。

主链分子量也有影响，在平均聚合度$\overline{X}_n \leqslant 10$时，随分子是增加，清亮点$T_i$提高的很快；$10<\overline{X}_n<100$时，$T_i$亦随分子量增加而不断提高。当$\overline{X}_n>100$时，$T_i$不再随分子量变化。

③ 间隔链长度的影响　间隔链长度增加时，聚合物T_g下降，而T_i提高；液晶温度范围变宽，并且液晶态的有序性增大，有时从向列相转变为近晶相。

④ 液晶基元的影响　液晶基元上的末端基对液晶性有明显影响，如表4-3所示。随末端基长度增加，液晶态有序性增大，T_g及T_i都提高，液晶态范围变宽。

表4-3　末端基的影响

聚合物	相转变温度/℃	ΔT/℃
$\text{-}[CH_3-C(CH_3)]_x\text{-}$，侧基 $COO\text{-}(CH_2)_2\text{-}O-C_6H_4-COO-C_6H_4-OCH_3$	G96N121I	25
$\text{-}[CH_3-C(CH_3)]_x\text{-}$，侧基 $COO\text{-}(CH_2)_2\text{-}O-C_6H_4-COO-C_6H_4-OC_6H_{13}$	G137S178I	41

续表

聚合物	相转变温度/℃	ΔT/℃
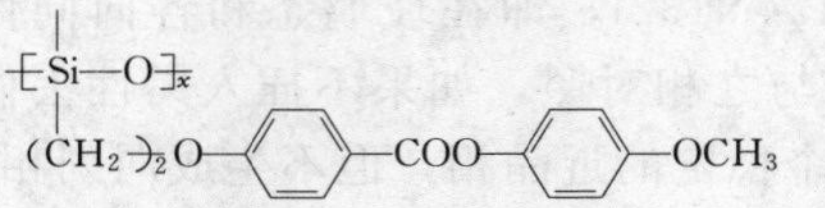 $-[Si-O]_x-$ ，侧链 $(CH_2)_2O-C_6H_4-COO-C_6H_4-OCH_3$	G15N61I	46
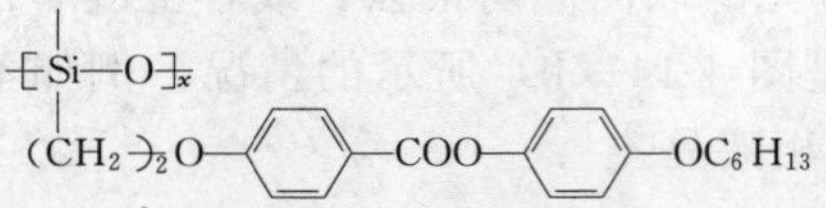 $-[Si-O]_x-$ ，侧链 $(CH_2)_2O-C_6H_4-COO-C_6H_4-OC_6H_{13}$	G15S112I	97

液晶基元长度增加时，液晶的有序性和稳定性提高如表 4-4 所示。

表 4-4　液晶基元对液晶性能的影响

聚合物	相转变温度/℃	ΔT/℃
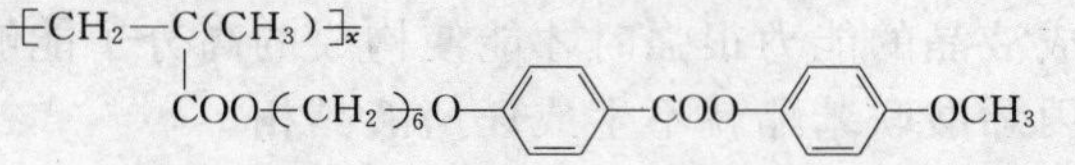 $-[CH_2-C(CH_3)]_x-$ ，侧链 $COO-(CH_2)_6-O-C_6H_4-COO-C_6H_4-OCH_3$	G36N101I	65
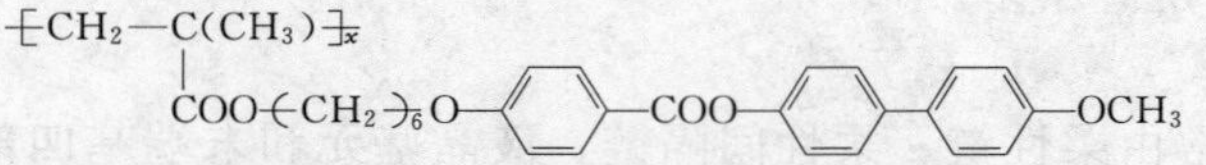 $-[CH_2-C(CH_3)]_x-$ ，侧链 $COO-(CH_2)_6-O-C_6H_4-COO-C_6H_4-C_6H_4-OCH_3$	G60S125N262I	202
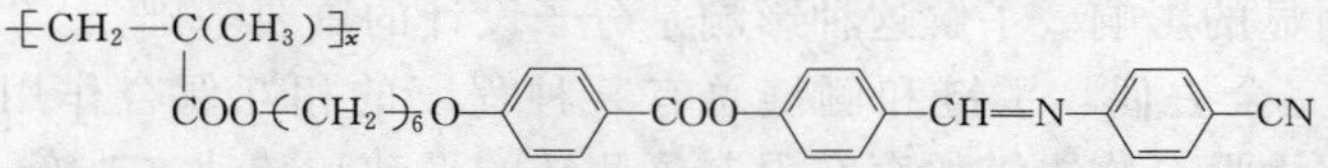 $-[CH_2-C(CH_3)]_x-$ ，侧链 $COO-(CH_2)_6-O-C_6H_4-COO-C_6H_4-CH=N-C_6H_4-CN$	G51S334I	283

4.2.3.3　合成方法

侧链型液晶高分子主链一般都是柔性大分子链，主要有聚丙烯酸酯类、聚硅氧烷、聚苯乙烯和聚乙烯醇四类。

侧链型液晶高分子可通过加聚、缩聚及大分子反应制得，如图 4-15 所示：

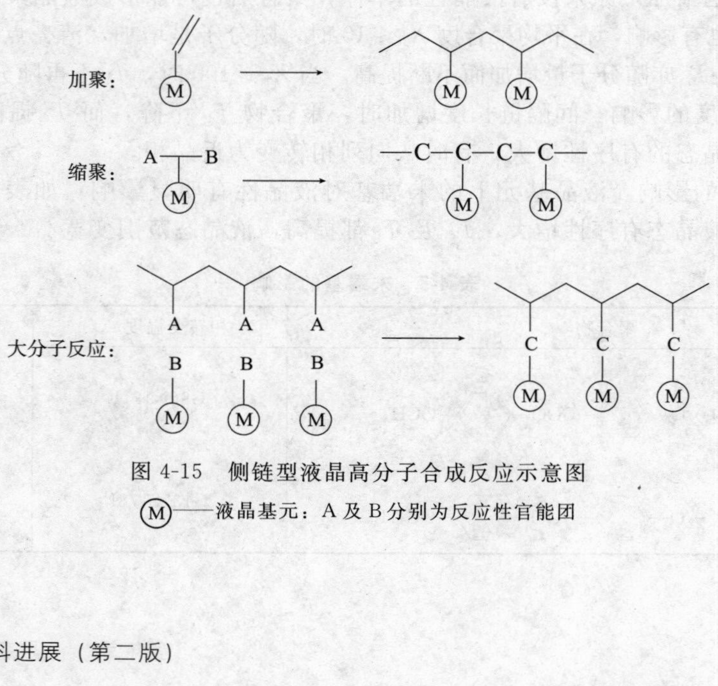

加聚：

缩聚：

大分子反应：

图 4-15　侧链型液晶高分子合成反应示意图

Ⓜ——液晶基元：A 及 B 分别为反应性官能团

需要指出，各向异性单体的聚合过程对液晶有序性的影响，例如无论胆甾型单体或近晶型单体，得到的聚合物均为近晶型聚合物。因此，要得到胆甾型液晶高分子，就必须采用能形成液晶而为各向同性的光活性单体。

丙烯酸酯类聚合物类主链多是通过自由聚合反应制得的，分子量分布较宽。近年来采用活性聚合的方法（如阳离子聚合）制备侧链液晶高分子以控制其分子量分布的工作受到重视。活性开环聚合、基团转移聚合等也用于制备分子量分布较窄的侧链型液晶高分子。

共聚合反应是制备侧链液晶高分子最有效的方法。两种共聚单体或者都含有液晶基元，或者只其中一种单体含液晶基元。采用共聚的方法可有效地调节聚合物的结构和性质。由于含有胆甾液晶基元的单体得到的均聚体一般为近晶相，所以含有介晶基元的单体共聚是制备胆甾相液晶高分子的唯一办法。

除聚合反应外，另一种方法是使用含有活性官能团的聚合物链与含有液晶基元的小分子进行反应，例如：

$$\text{-}[\underset{\mathrm{H}}{\overset{\mathrm{CH_3}}{\mathrm{Si}}}\text{—O}]_x\text{-} + CH_2{=}CH\text{-}(CH_2)_4\text{-}C_6H_4\text{—COO—}C_6H_4\text{—OCH}_3 \longrightarrow$$

$$\longrightarrow \text{-}[\underset{(CH_2)_6\text{-}C_6H_4\text{—COO—}C_6H_4\text{—OCH}_3}{\overset{\mathrm{CH_3}}{\mathrm{Si}}}\text{—O}]_x\text{-}$$

又如

$$\text{-}[CH_2\text{—}\underset{\mathrm{COCl}}{CH}]_x\text{-} + HO\text{—}C_6H_4\text{—N=N—}C_6H_5 \longrightarrow$$

$$\longrightarrow \text{-}[CH_2\text{—}\underset{\mathrm{COO—C_6H_4—N=N—C_6H_5}}{CH}]_x\text{-}$$

缩聚反应是合成侧链液晶高分子的另一类重要反应。通过缩聚反应还可制得主链上及侧链上都含有液晶基元的混合结构的液晶高分子。对同一高分子物，两种不同液晶基元的相互作用会引起性质的变化，使液晶高分子的分子设计增加新途径。

这里也提一下双亲型侧链液晶高分子。

双亲单体进行聚合可得到双亲聚合物，亦称“聚皂”。此类溶致液晶是由 Friberg 等首先提出的。由单体至聚合物的转变伴随着由单体六方相到聚合物介晶相（lamellar）的转变。

此类液晶的相结构与双亲液晶基元与分子主链的连接方式有关。一般而言，有以下两种连接方式：

A 型，憎水一端与主链相连，例如：

$$\text{-}[CH_2\text{—}\underset{\underset{\mathrm{COO^-\ Na^+}}{(CH_2)_8}}{CH_2}]_n\text{-}$$

B 型，亲水一端与主链相连，例如：

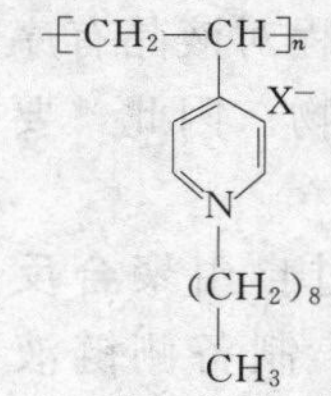

$$\left[CH_2-CH \right]_n$$ (4-position pyridinium ring, X^-, N-substituted with $(CH_2)_8-CH_3$)

4.2.3.4 腰接型侧链液晶高分子与甲壳型液晶高分子[21,22]

腰接型侧链液晶高分子分有间隔链（间隔基）和无间隔链两种情况［见图 4-14（c）及（d）］。无间隔基时可形成甲壳型液晶高分子。

（1）有间隔链［见图 4-14（c）］ 例如如下的结构即为腰接 SCLCP 的例子：

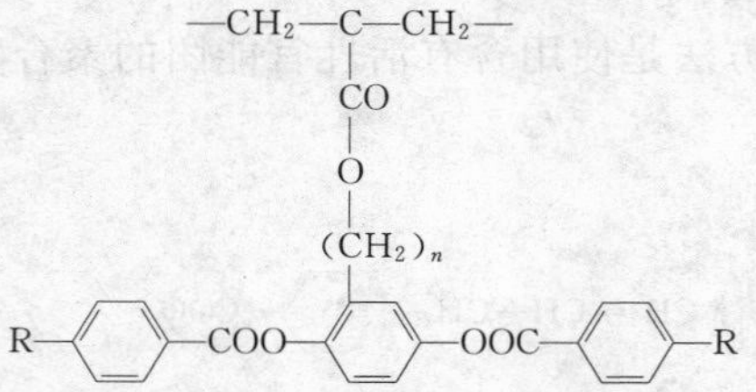

$$-CH_2-C-CH_2- \; | \; CO-O-(CH_2)_n- \; [R-C_6H_4-COO-C_6H_3-OOC-C_6H_4-R]$$

$n=6,11;R=OC_mH_{2m+1};m=1\sim8$

腰接型 SCLCP 与尾接型不同，液晶基元的腰 部与主链相接，这与近晶相的结构有所抵触，因此全部腰接 SCLCP 液晶都为向列相，而尾接 SCLCP 一般近晶相居多。腰部与主链相接，阻碍了液晶基元绕其长轴的旋转，有利于双轴向列相的生成。当柔性的间隔链增长时，清亮点下降，液晶相热稳定性下降。

（2）无间隔链 1987 年周其凤首先合成了液晶基元直接腰接于主链的新型侧链液晶高分子，提出了甲壳型液晶高分子（MJLCP）的新概念。

由于在分子主链周围空间内，体积庞大且不易变形的刚性棒状介晶基元密度很高，主链被由介晶基元所形成的刚性外壳所包裹，并被迫采取尽可能伸直的刚性链构象，本来柔顺的主链好像箍上一件硬的（液晶基元的）夹克外壳或硬的甲壳，同时液晶基元也尽可能在有限的空间里采取有序排列，以降低相互之间的排斥，主链和液晶基元之间的共同作用使得 MJLCP 有别于传统的柔性 SCLCP，尽管从化学结构上看它应属于 SCLCP 的范围，但其性质更多地与主链 LCP 相似，例如有较高的玻璃化转变温度、清亮点温度和热分解温度，有较大的构象保持长度，并能形成条带织构和溶致液晶，同时这也正是它能形成稳定的向列相液晶态的内在结构因素。

甲壳型液晶高分子和上节介绍的柔性间隔段去偶合模型是两种互为逆向的思维产物，它们都是液晶高分子领域具有重要意义的发展。按照去偶合模型设计的侧链型液晶高分子具有较大的分子链柔性和较低的液晶相相变温度，它们在信息技术领域有应用前景；按照甲壳型液晶高分子模型设计的高分子，具有明显的分子链刚性和很高的液晶相热稳定性。甲壳型液晶高分子以液晶基元为侧基，这与侧链型液晶高分子相似，但在链刚性和液晶相热稳定性等性质上却完全不同于普通侧链型液晶高分子而与主链型液晶高分子相似。因此，甲壳型液晶高分子还沟通了侧链型和主链型两类液晶高分子的联系，对深入阐明物质液晶性质的分子结构基础具有重要意义。此外，由于刚性主链型液晶高分子都是通过缩合聚合反应得到的，不仅对单体纯度和配比有更严格的要求，而且难以控制产物的分子量和分子量分布；而甲壳型液晶高分子一般是通过烯类单体的链式聚合实现的，因而比较容易得到高分子量产物，并有可能通过选择聚合或控制聚合手段（如各种活性聚合）使产物的分子量、分子量分布得到控制，同时也为合成包括嵌段共聚物在内的各种共聚产物提供了方便。

4.2.3.5 含柔性棒状液晶基元的 SCLCP

1987 年 V. Perec 首先提出“柔性棒状介晶基元”或“构象异构棒状介晶基元”的概念，即由 4，4′-双取代的 1，2-二苯乙烷或 4，4′-双取代的苄基苯基醚这样的柔性结构也可以制备液晶高分子，原因是这种结构存在反式和旁式构象间的动态平衡：

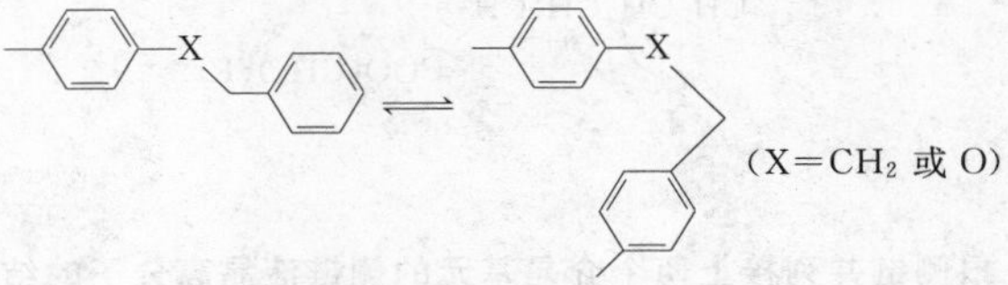

(X=CH_2 或 O)

含这种结构的聚合物实际上是含直线形棒状侧基和含扭曲侧基两种基本结构的共聚物，这两种构象异构体处于平衡状态，保持一定的比例，低温时反式有较高比例，有利于液晶相的形成，并且有较高的液晶相稳定性。Percec 已经合成了分别含有这两种柔性棒状液晶基元，间隔基分别为 6 个和 11 个亚甲基，主链分别为聚硅氧烷、聚甲基丙烯酸酯的含有柔性棒状介晶基元及间隔基的侧链液晶高分子，这类高分子的链结构示意图见图 4-14（e）。Percec 还合成了高分子主链为聚乙烯，介晶基元为苄基联苯基醚，不含柔性间隔基的名为含柔性棒状介晶基元的侧链液晶高分子，其链结构示意图见 4-14（f），其化学结构式为：

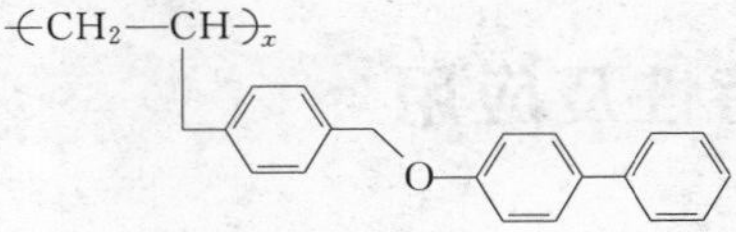

$\leftarrow CH_2-CH \rightarrow_x$

此外还含有下述柔性棒状液晶基元的侧链高分子：

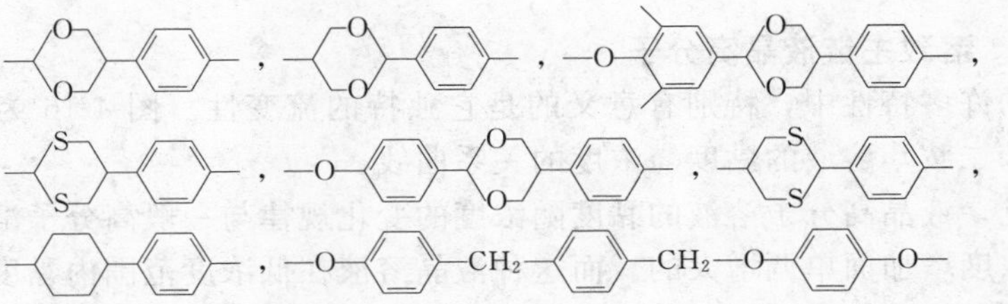

$-CH_2-$ ，$-CH_2-O-$

4.2.3.6 其他侧链液晶高分子

（1）含盘状介晶基元的侧链液晶高分子　它们的分子链示意图见图 4-14（g），（h），其结构式举例如下：

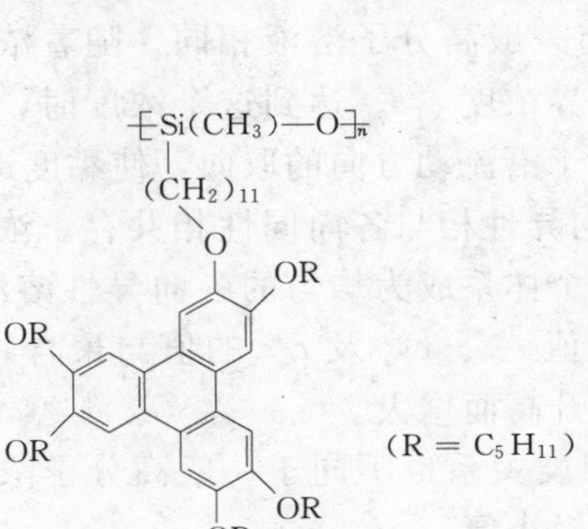

$\{Si(CH_3)-O\}_n$

$(CH_2)_{11}$

O

OR OR OR OR OR

($R = C_5H_{11}$)

它的相转变温度为 G19D39I，G 为玻璃化温度 T_g，D 为柱状相，I 为各同性化转变温度。

(2) 含孪生介晶基元的侧链液晶高分子　它们的两种分子链结构的示意图见图 4-14(i)，(j)，结构式举例如下：

$$\begin{array}{l} \quad CH_3 \\ -[Si-O]_n- \\ \quad | \qquad\qquad\qquad\qquad COO(CH_2)_xR \\ \quad CH_2CH_2CH_2CH \\ \qquad\qquad\qquad\qquad\qquad COO(CH_2)_yR^1 \end{array}$$

其相变温度见表 4-5。

表 4-5　一根侧链并列接上两个介晶基元的侧链液晶高分子的结构与相行为

聚合物	R	R^1	X	Y	相变温度/℃
A	$-O-C_6H_4-COO-C_6H_4-OCH_3$	$-O-C_6H_4-COO-C_6H_4-OCH_3$	2	2	G35K94S98N103i
			2	6	G18S100N113i
			6	6	G4S130i
B	$-O-C_6H_4-COO-C_6H_4-OCH_3$	$-O-C_6H_4-C_6H_{10}-C_3H_7$	2	2	G13S73XS_A104i
			2	6	G25K70S72N80i

4.3 液晶高分子的特性及应用

4.3.1 流变特性及力学特性

4.3.1.1 溶致主链液晶高分子

在液晶的许多特性中，特别有意义的是它独特的流变性。图 4-16 为液晶 PPTA（聚对苯二甲酰对苯二胺）溶液的黏度与浓度的关系曲线。

由图可见，液晶高分子溶液的黏度随浓度的变化规律与一般高分子溶液不同，一般体系的黏度是随浓度增加面单调增大的。而这种液晶溶液在低浓度范围内黏度随浓度增加而急剧上升，出现一个黏度极大值。随后，浓度增加时，黏度反而急剧下降并出现一个黏度极小值。最后，黏度又随浓度增加而提高。这是液晶高分子溶液的一般性规律，它反映了溶液体系中区域结构的变化。浓度很小时，刚性大分子在溶液中均匀分散，无规取向，是各向同性溶液，此时，黏度-浓度关系与一般高分子溶液相同。随着浓度的增加，黏度迅速提高，黏度出现极大值的浓度是一个临界浓度 c_1^*。达到这个浓度时，体系内开始形成一定的有序区域结构，形成向列相液晶，由于沿流动方向的取向，使黏度迅速下降（因为这时浓度增加时取向度提高）。这时溶液中各向异性相与各向同性相共存。浓度继续增大时，各向异性相的比例增大，黏度减小。直到整个体系成为均匀的各向异性溶液时，体系的黏度达到极小值，这时溶液的浓度是另一个临界值 c_2^*。c_1^* 及 c_2^* 的值与聚合物的分子量和体系的温度有关，随分子量增大而减小；随温度升高而增大。

液晶高分子溶液的黏度-温度关系也不同于一般高分子浓溶液体系，在同一浓度下随温度的升高，黏度也出现极大和极小值。

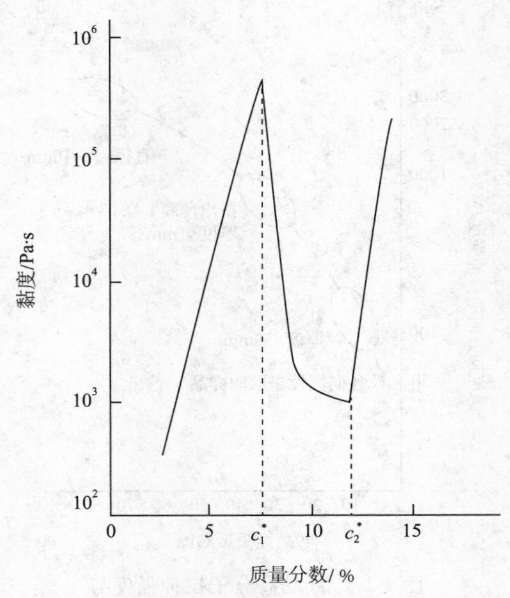

图 4-16　PPTA 浓硫酸溶液的黏度-浓度关系（20℃，M=29700）

根据液晶高分子溶液的这种黏度-温度-浓度关系已创造了新的纺丝技术——液晶纺丝。该技术解决了通常情况下难以解决的问题：高浓度必然伴随高黏度，可以在较高浓度下（即在临界浓处）而同时具有较低黏度下进行纺丝。同时由于液晶分子的取向特性，纺丝时可在较低的牵引倍率下获得较高的取向度，避免纤维在高倍拉伸时产生内应力和受到损伤，从而获得高强度、高模量、综合性能好的纤维。

4.3.1.2　热致主链液晶高分子

（1）熔体黏度　一般而言，与分子量相近的一般聚合物相比，液晶聚合物具有低得多的剪切黏度。同时在由各向同性至液晶的相转变温度处的熔融黏度会有明显的下降。有证据表明[23]，在由各向同性相进入向列相时，液晶高分子的黏度比一般聚合物的黏度低 3 个数量级。

在液晶高分子材料的熔融加工过程中，由于伸展流动的存在，会发生分子链的取向。在解取向过程中，由于高分子具有较长的松弛时间，所以流动停止后，这种取向仍被保持在加工品之中。这一特性具有很大的应用价值。例如：

① 由于流动黏度低，可用以注塑一些复杂形状的制品；

② 由于流动黏度低，在加入许多填充剂（例如加入 70%质量的填充剂）后仍可有一定的流动性；

③ 液晶高分子可用作高分子材料的加工助剂。例如在与被加聚合物的熔融温度相近时，在共熔温区，加入液晶高分子可改善共混物的流动性。加入 10%的液晶高分子，往往可使体系的熔融黏度下降一半。

（2）力学性能　液晶高分子的力学性能，特别是拉伸强度和模量是与其取向程度密切相关的。因此，制品性能与加工方法和制品尺寸有密切关系，如图 4-17 所示。如果制品外形尺寸小，其受伸长流动场的作用大，取向程度高，力学性能就高，特别是在流动方向上。因此，如将液晶高分子材料模压成型，就发挥不了取向的优势，其性能与一般高分子材料相当。

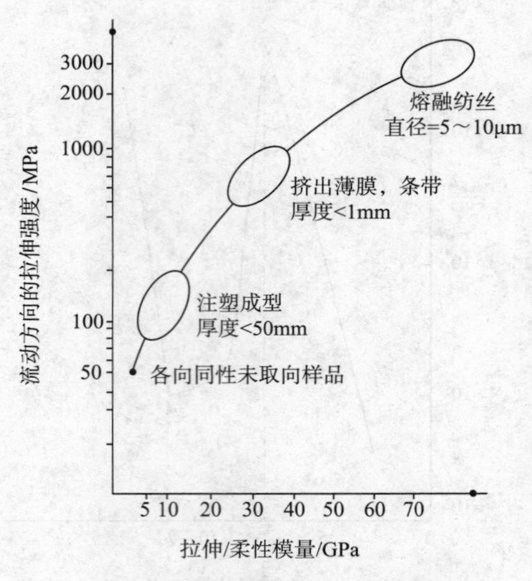

图 4-17　液晶高分子拉伸强度与模量和取向程度的关系

在注塑成型中，由液晶高分子制得的制品常比用玻璃纤维增强材料制品有更高的模量，这是由于液晶高分子中，高度取向的表皮层形成的原因。注塑件一般是由芯部和表皮两部分构成，表皮层对流场的响应更集中，取向度更大。

液晶高分子经注射成型后实际上形成了自增强材料。要设计这种自增强材料，仅靠形成液晶相是不够的，还必须使液晶高分子按流动方向取向并按流动场分布形成取向梯度，特别是在表皮层中。

液晶高分子材料具很高的韧性和耐冲击性，其行为类似长纤维增强的高分子材料或天然的木材。这种强韧性来源于分子链的取向，且由于液晶高分子熔点一般很高，通常在200℃这种取向也不会被破坏，所以液晶高分子可用作耐高温高性能材料。

由于液晶高分子的取向，其制品具有各向异性性质，即在平行和垂直于流动场的两个方向上有明显判别。这一差别的值与制品形状和尺寸有关（见图 4-17）。对于注塑制品，一般有 4∶1 至 10∶1 的差别。一般，随制品厚度减小，各向异性的差别增大。这是由于表皮层相对于芯的比例增加之故。

液晶高分子制品的吸水性低，热膨胀系数比一般聚合物和金属材料的小，约为 $10^{-5}℃^{-1}$，而铜为 $2\times10^{-5}℃^{-1}$，尼龙则为 $4\times10^{-5}℃^{-1}$ 左右。低收缩率是一个很重要的性能。低收缩率的原因是由于熔融前后，分子链构象和堆砌密度变化小的缘故。这一特性对制品尺寸稳定性十分有利。

液晶高分子与普通高分子材料的对比示于图 4-18。

液晶高分子材料适用的范围应是能利用和发挥其高强度、易流动、好的尺寸稳定性、能承载较多填充物和好的抗溶剂性等性能方面的用场。例如在电子工业中，可用于元件表面和印刷线路表面涂层。由于与金属有较一致的热膨胀系数，使得两者接触具有较小的应力而成为一个整体。另外，易流动和低曲翘也使得液晶高分子材料能制成较杂碎的精密仪器制件等。高性能纤维及高性能结构材料也是重要的应用领域。

然而，液晶高分子材料亦有不足。在模具中流动时，流动的前端会在模具弯曲处碰壁而降低取向度，使得弯曲处材料强度下降。另外，取向不均，会在制品中形成“焊缝”，出现

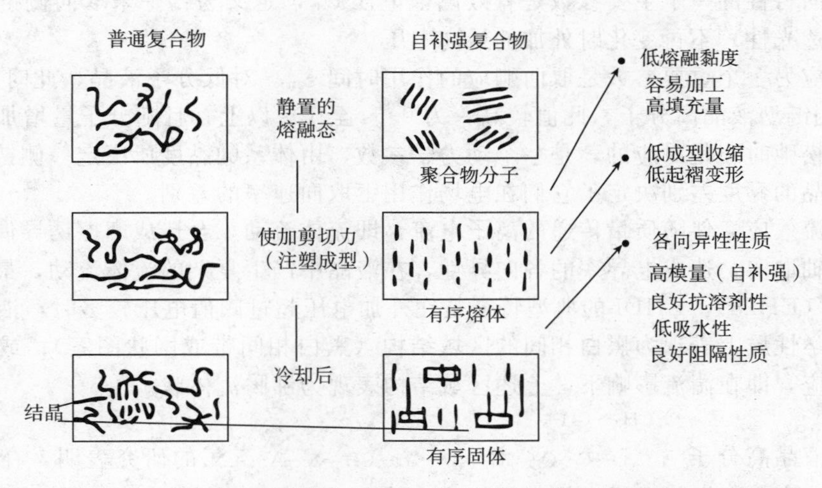

图 4-18　液晶高分子材料与普通高分子材料结构形态与性能的对比

薄弱环节。另外，液晶高分子价格比一般高分子材料价格要高得多。这些都是液晶高分子开发与应用的主要障碍。

开发低价的新型单体、改进制备方法是降低价格的主要途径，共混与复合则是改善性能不足方面的主要措施。

4.3.2　功能性质

功能性质主要是指对外场（力场、电场和磁场等）的响应特性。液晶高分子具有和一般低分子一样的对外场的各种响应特性。关键是响应过程松弛时间差别，特别是主链型液晶高分子由于松弛时间很大，很难作相应的功能材料使用。侧链型液晶高分子与相应的低分子液晶较为接近。用作功能材料的液晶高分子一般都是侧链型液晶高分子，与低分子液晶一样，侧链液晶高分子可在外场作用下取向而呈现不同的特性。

液晶最重要的应用之一就是扭转向列相的液晶显示（TNLCD），这就是液晶场致效应的一例。

(1) 取向效应　和低分子液晶一样，在电场作用下液晶基元可进行取向。未加电场前，侧链液晶高分子的液晶基元可采取一定的预排列，即均相排列（液晶基元长轴与电极面平行）；垂直排列（亦称异相排列，液晶基元长轴垂直于电极面）和扭转向列态排列，这是由均相排列的扭转所致。这三种排列中，最重要的是扭转向列态。它被广泛用于液晶显示技术。外加场使扭转向列态转变为异相排列从而使按主轴方向传播的光线通过。因为液晶物质具有介电各向异性的性质，即平行于主轴的介电常数 ε_{11} 与垂直于主轴方向的介电常 ε_{12} 不同，且 $\Delta\varepsilon=\varepsilon_{11}-\varepsilon_{12}>0$，于是可通过施加足够大的电压 V（$V>V_m$）来实现扭转向列态至异相排列的转变。V_m 是实现此转变的最小电压，称为阈值电压。

$$V_m=\pi\left[\frac{k_{11}+\frac{1}{4}(k_{33}-2k_{22})}{\varepsilon_0\Delta\varepsilon}\right]^{\frac{1}{2}}$$

式中，ε_0 为真空中的介电常数；k_{11}，k_{22}，k_{33} 分别为展开扭转和弯曲三种形变的弹性常数。低分子液晶的 $\Delta\varepsilon$ 与侧链液晶高分子的差别不大，二者 V_m 的差别主要来自弹性形变常数的不同，而弹性形变常数的不同来源于主链与液晶基元间的偶合作用。

说明取向特性的一个主要参数是有效阈值电压 U_0，定义为：一未取向侧链液晶高分子光学性质（透光性）不再变化时外加的最高电压。

取向效应另一个重要参数是取向响应的作用时间 τ_{on}。对低分子液晶，此时间为 $10^{-3}\sim10^{-1}$s，而侧链型液晶高分子，此值较高，为 0.5s 至 10s 以上，且随分子量增加而加大。此作用时间与松弛时间是对应的，是一个动力学参数，由体系的黏度所决定。侧链液晶高分子与低分子液晶的黏度差别决定了它们在电场作用下取向速率的差别。

（2）电流效应　伴随质量传递的离子电流，即流体流动，会造成摩擦诱导偶极矩，使液晶基元的长轴取向，造成电导率的各向异性，在液晶中产生复杂的流体流动，最终导致电流的不稳定性（EHDI）。EHDI 的典型特征是在外加电压超过阈值电压较多时，液晶发生周期性破坏，光学性质上表现为黑白相间的区域结构（黑白相间带或网状图案）；或者表现为动态光散射效应，即在湍流影响下，上述区域结构表现为沸腾流体状。

对侧链液晶高分子 $\left(\!\begin{array}{c}\leftarrow CH_2-CH \rightarrow_n \\ | \\ O{=}C-O\leftarrow CH_2\rightarrow_6 O-Ar-CH{=}N-Ar-CN\end{array}\right)$ 的研究表明，在接近清亮点温度下，把一高变电场加在垂直排列的上述液晶层，垂直排列被破坏，原本透明的液晶层的透明度急剧下降，这是 EHDI 造成的。将样品缓慢冷却，又会建立均一的垂直排列。这是一可逆过程，即将垂直排列取向的液晶膜加热至一定温度（T_{EHDI}）以上，又可看到 EHDI 的过渡过程。EHDI 发生的特征是它发生在较高温度处，此时离子性杂质的活动性较大。电场频率增加时，发生 EHDI 的温度区间变窄，T_{EHDI} 也提高。因此可通过调节电场频率以调节液晶高分子的透明性，这在控制液晶高分子薄膜的光学性质方面有着诱人应用前景。

（3）磁场效应　磁场对侧链液晶高分子也产生重要影响，除引起液晶基元取向外，对磁化率、旋转黏度等也都产生显著影响[24]。

（4）胆甾相液晶高分子的特性　胆甾相液晶在显示器件中的应用具有特殊地位。胆甾相液晶具有不同于一般液晶的光学性能，如选择反射、圆二色性、强烈的旋光性以及电光和磁光效应等[25]。

将一薄层胆甾液晶充入玻璃盒内，用白光照射时会看到液晶盒呈现鲜艳的色彩，不同角度有不同的彩色；温度改变时，彩色亦随之改变，这就是选择反射。如果材料选择吸收或反射光束中两个旋向相反的圆偏振光分卷中的一个，则称为圆二色性。选择反射来源于胆甾相结构的周期性，而圆二色性归因于其螺旋结构。

胆甾相的螺距 P 是极重要的参数，它随温度、电场、磁场等的变化而变化。这在显示器件中有重要应用。

胆甾相液晶的电光效应主要有相变效应、方栅效应、存贮效应和彩色效应。

上述所有这些特性也同样存在于胆甾相液晶高分子。低分子胆甾液晶应用时需装在液晶盒内或者制成微胶囊。而胆甾相液晶高分子可将小分子胆甾液晶的特性和高分子材料的力学特征结合在一起，制成薄膜、涂层等。这是胆甾相液晶高分子的优越之处。

4.3.3 应用

主链型液晶高分子作为结构材料，主要用于制备高强度、高模量纤维以及原位复合材料和分子复合材料等。侧链型液晶高分子则是一类有发展前途的功能材料，特别是信息材料。

4.3.3.1 高强度、高模量纤维

使液晶高分子熔体或溶液流过喷丝孔、模口或流道，在剪切应力场中很容易发生大分子链的取向，在很低的剪切速率下即可获得很高的取向度。利用这一特性可制得高强度、高模量的纤维、薄膜和注塑制品[26]。

目前用于制备高强度、高模量纤维的液晶高分子主要有以下几类：

① 芳族聚酰胺类　主要代表有聚对氨基苯甲酸（PBA）和聚（对苯二胺-对苯二甲酰）（PPD-T）。由 PPD-T 制得的纤维的商品名为 kevlar。还有以对苯二胺和对苯二甲酸为基的各种共聚物。

② 聚芳杂环液晶高分子，主要代表有聚苯并噁唑（PBO）和聚苯并噻唑（PBZT）。

以上两类都是溶致主链型液晶。

③ 聚芳酯液晶高分子，这是一类热致性液晶高分子。此类液晶高分子不仅可用以纺制高强度纤维，而且也是新一代的工程塑料。目前已工业化的聚芳酯类液晶高分子大体分为三类。即以 Amuco 公司的 Xydar 和 Sumitomo 公司的 Exonol 为代表的Ⅰ型；以 Hoechst-Celanese 公司的 Vectra 为代表的Ⅱ型和以 Unitika 公司的 RodrumLC-5000 为代表的Ⅲ型。Ⅰ型为联苯系列，分子的基本成分为对羟基苯甲酯（HBA）和 4，4′-联苯二酸（BP）以及不同比例的对苯二甲酸（TPA）和间苯二甲酸（IPA）；Ⅱ型属萘系列，主要成分是 HBA 和 6-羟基-2-萘酸（HNA）；Ⅲ型为 HBA 与 PET 的共聚产物。Ⅰ型耐热性最好，热形变温度（HDT）高达 300℃以上，适合于要求高温性能的场合，但加工较困难；Ⅲ型耐热性差些，HDT 为 170℃；Ⅱ型的综合性能较好，其耐热性居中，HDT 为 180～240℃。表 4-6 列出了各种纤维的强度和模量，其中包括几种已商品化的液晶高分子纤维。

表 4-6　各种纤维的强度和模量

纤维	密度 /(g/cm³)	理论模量 /GPa	理论强度 /GPa	普通纤维		高技术纤维	
				模量	强度	模量	强度
聚乙烯	0.97	182～340	27.4～319	4.3	0.59～0.76	158.8～200	3.3～5.0
聚丙烯	0.91	41.2～49.0	14.7～17.2	3.2	0.44～0.72	17.7～21.6	0.64～1.28
涤纶	1.38	122～137	24.5～28.4	9.4	1.16	19.4～24.7	1.19～1.28
尼龙-6	1.14	182～263	28.3～31.9	4.83	0.91～0.96	5.2～19	1.0～1.71
尼龙-66	1.14	157～196	28.3～31.8	5.83	0.99	6.7	1.0
腈纶	1.18	236	16.1～20.8	1.07	0.38	16.7	2.08
聚乙烯醇	1.28	142～255	23.5～26.8	2.82	1.08	33.9	1.70～2.71
聚氯乙烯	1.39	153～230	17.4～20.8	4.87	0.49		
纤维素	1.50	56.5～121	7.2～17.6	11.0	0.68	22.1	0.4～0.6
再生纤维素	1.50	56.5～121	7.2～17.6	5.17	0.69～0.70	24.3～54.7	0.9～2.3
液晶聚芳酯							
Ekonol	1.40			136	3.8		
Vectran	1.44			88	3.2		
液晶取芳酰胺							
芳纶-29	1.44	182～200	24.5～28.4	62	2.76		
芳纶-49	1.44	182～200	24.5～28.4	124	2.96		
芳纶-149	1.47	182～200	24.5～28.4	141	2.29		
液晶芳杂环高分子							
PBT	1.58	370		300	3.0		
PBO	1.5			340	3.4		
碳纤维	1.77～1.96	1606	100	519	3.55	822	5.3
硼纤维	2.60			412	4.4		
玻璃纤维	2.54～2.48			83.2	3.1		
钢纤维	7.8			207			

表中的高技术纤维是指利用凝胶纺丝成或固态挤出等高技术制得的纤维。采用这种高技术纺丝虽然也能得到高度取向且力学性能优异的纤维，如凝胶法超高分子量聚乙烯纤维，但加工技术要比液晶高分子纺丝复杂，而且所得纤维因熔点低而耐热性差，液晶高分子纤维则有极好的耐热性能。

由聚对苯二甲酰对苯二胺制得的 Kevlar 纤维，其比强度为钢丝的 6～7 倍，比模量为钢丝和玻纤的 2～3 倍，密度只有钢丝的五分之一。这种纤维的耐温性能优良，200℃下仍能保持较好的模量和强度，在－45℃下仍保持室温下同样的韧性。Kevlar 制品的高强度、高模量和低相对密度的特点，使它们在航空航天工业上有广泛的应用。Kevlar-49 复合材料可作雷达天线罩、火箭发动机外壳及导弹发射系统。军用直升机采用 Kevlar-49 复合材料来减轻重量以增加负载。如波音-105 直升机后货舱门改用这种复合材料可减重 35%，用作波音 737 收音机机翼可减重 15%。

Kevlar 纤维防弹性能很好，在重量轻一半的条件下，其防弹能力是钢的五倍左右。因此，广泛用于装甲防护和制作防弹背心和军用头盔等。Kevlar 纤维制成的防护装置不仅能防御常规弹药对通讯设备、电子装置、武器指挥系统和人员的伤害，而且能抗御化学、生物、原子武器的冲击波和热辐射。

Kevlar 纤维的尺寸稳定性好，收缩率和蠕变近似于碳纤维，对橡胶有良好的亲和性。因此是综合性能十分良好的轮胎帘子线的材料。此外它还应用于油田装置的绳索。这种绳索当具有 450 吨切断强力时，比钢丝绳要轻 80%，在宇航及气象方面可作软着陆降落伞绳带，还可作直升机的吊绳、电线支撑线、抛锚绳、潜水装置和海底电视电缆等。

液晶高分子纤维也有不足，主要是其压缩性能，包括压缩模量和压缩强度不理想。克服这一不足是努力的重要方向。

4.3.3.2 液晶高分子自增强塑料

作为结构材料的液晶高分子主要是热致主链液晶高分子，最有代表性的是聚芳酯类。其优异力学性能的重要原因是自增强作用。所以液晶高分子结构材料也可称为液晶高分子自增强材料。

热致液晶高分子在熔体挤出成型或注射模塑的加工过程中容易发生分子链的高度取向而产生部分微纤结构。这种微纤起增强剂的作用从而赋予材料以类似于宏观纤维增强复合材料的形态和性能。而增强剂不是外加的，是在加工过程自身自发形成的，因而称为“自增强塑料”(self-reinforcang plastics) 或自增强材料。所以热致主链液晶高分子也称为自增强塑料。这种自增强塑料亦称为超级工程塑料，具有优异的综合性能[27]，具有高强度、高模量、高抗冲、突出的耐热性、优异的阻燃性、极小的热膨胀系数、优异的电性能和成型加工性能，在高新技术领域具有广泛的应用前景，已引起广泛重视，1984 年美国首先实现了第一个热致主链液晶高分子的工业化生产，商品名为 Xydar。此后，日本、德国、美国等先后开发了 Vecfra、Ekonol、LC 树脂、EPE 树脂和 Ultrex 等产品。这些超级工程塑料具有一系列优异性能。

(1) 高强度、高模量及其他优良的机械性能　例如未改性的 Vectra A950，在 150℃下的拉伸强度与常温下的 ABS 相当。在－196℃的低温下，拉伸强度不变，冲击强度保持 70%以上，而弹性模量还有升高。Xydar 在 100℃仍保持优良的耐蠕变性，其优良的耐摩擦、磨耗性能也可与 POM 和 PBT 相媲美。

(2) 突出的耐热性　Xydar 的熔点高达 421℃，空气中 560℃才开始分解。其热变形温度大大高于 PPS、PES 和 PEEK 等所有热塑性塑料而接近于 360℃，可在－50～＋240℃连续使用。Xydar 和 Ekonol 的锡焊耐热性是热塑性塑料中最高者，可在 320℃焊锡中浸渍 5min，增强级 Vectra 也可在 260～280℃浸渍 10min。

(3) 优异的阻燃性　全芳族液晶高分子在火焰中由于表面形成一层泡沸炭，能窒息火焰而在空气中不燃烧，因此不加阻燃剂就可达到 UL94V-0 级。

(4) 极小的线膨胀系数，很高的精度和尺寸稳定性　液晶高分子在成型加工成制品时，由于不发生无定形到结晶的相变引起的体积收缩，故成型收缩率比一般工程塑料低，制品尺寸精度高。其流动方向的线膨胀系统比普通塑料小一个数量级，与金属和陶瓷相当，接近石英。其吸水率为 0.02%～0.08%，在热塑性塑料中也属最低之列，故适于制造精密制品。

(5) 耐气候老化、耐辐照，并能透过微波　Vectra 气候老化照射 2000h，性能保持 90%～100%。200℃高温老化 180 天，拉伸强度和伸长率仍保持 50%。经碳弧加速紫外线照射 6700h，或^{60}Co辐射 10^7rad (1rad=10mGy)，性能无显著下降。

(6) 优良的电性能　液晶高分子在厚度小时介电强度比普通工程塑料高得多，抗电弧性也较高。电器应用的 UL 连续使用温度，Ekonol 高达 260～300℃，Xydar 为 240℃，间断使用达 316℃，是其他热塑性塑料无法比拟的。

(7) 突出的耐化学腐蚀性　液晶高分子在很宽的温度范围内不受所有工业溶剂、燃料油、热水、90%的酸、50%的碱腐蚀，也不发生应力开裂。如 Xydar 浸于 50℃ 的 20% H_2SO_4 中 11 天，拉伸强度保持 98%；在 82℃热水浸泡 4000h，性能不变。

(8) 优异的成型加工性能　液晶高分子虽属高性能工程塑料，但其熔体黏度对于剪切速度有极大的敏感性。当 $\dot{\gamma}$ 为 1000～10000s^{-1}时，填充和未填充的 Xydar 的熔体黏度与 PE 和 PP 相当，因而成型加工性能优异，可像普通热塑性塑料一样注射或挤出成型，有的品种也可压制成型。由于熔体黏度低，流动性好，故成型压力低、周期短，不需要脱模剂和后处理，可加工成薄壁、细长和形状复杂的制品。

正是由于液晶高分子具有上述优异的综合性能，它们在电子电器、航空航天、汽车、机械、化工和光纤通讯等领域中获得了广泛的应用（表 4-7）。

表 4-7　液晶自增强塑料的应用领域

应用领域	加工方法	
	注射成型	挤出成型
电子、光学	接触器，电子元部件体的屏蔽件，硬盘的底材，印刷电路板	光纤的涂覆层材料，张力部件，金属的涂覆材料，精密的印刷电路板
工业用材料	化工设备的部件，泵及阀门的部件，垫封材料，汽车零部件	增强橡胶的板材，带材涂覆材料，膜，片材及复合膜
精密零部件	精密机床、设备的部件、磅秤、尺规、卡尺及仪器零件	
其他	微波炉的托盘，冰箱的部件，工程塑料模加工的改进剂	高强度长丝，高弹力比，单丝

但是自增强塑料还存在两个突出的问题需进一步研究解决：一是价格较贵；二是容易存在力学性能薄弱部位。第一个问题主要是单体成本高，随着研究的深入，生产规模的扩大及合成工艺的改进可望逐步解决。第二个问题与“自增强”本身有关。微纤是在熔体加工中在拉伸应力作用下形成的。拉伸力的分布不均匀会引起微纤在尺寸、形态和取向上的差异并可能出现“焊缝”，因而造成材料性能的劣化。这是热致生液晶高分子材料推广应用的障碍。这个问题的解决除改进加工工艺及模具设计外，还可以用玻纤或其

他宏观纤维增强剂制成复合材料或与普通树脂共混制成 LC 合金以及用原位复合和分子复合的办法加以解决。

4.3.3.3 液晶高分子复合材料

液晶高分子复合材料包括液晶高分子分子复合、液晶高分子原位复合以及液晶高分子与宏观纤维的复合。

(1) 分子复合材料　以玻璃纤维等宏观纤维为增强剂以热固性或热塑性树脂为基体的复合材料已取得巨大成功，但还存一些问题有待解决。最突出的问题是纤维与基体间的黏合力不理想以及两者的热膨胀系数相差较大，这经常是导致材料破坏的关键。此外，配料的高黏度和高摩擦不仅能耗高而且容易造成设备的损坏。液晶高分子分子复合材料就是在此背景下产生的。

液晶高分子分子复合材料的概念是由高柳素天 (Takayanagi) 和美国 Helminiak 等人于 1980 年提出的。将主链型液晶高分子如 PBA 或 PPTA 与柔性链高分子如尼龙-6 或尼龙-66 在共同溶剂（硫酸）中溶解再析出共沉淀，使 PBA 或 PPTA 以单分子形态分布于基质中，制成所谓的分子复合体系，使材料强度大幅度提高。但达不到分子水平的复合，实际上液晶高分子是以分子簇的形式存在，它包含几个至十几个分子链。看来所谓分子复合只是量级的概念，允许存几根分子链的聚结。Tsai 等[28]将分子水平的分散程度定义为聚结尺寸（即微纤直径）5nm 以下。液晶高分子分子复合材料的增强系数 k_f 由下式计算：

$$E=k_f E_f V_f+E_m V_m$$

式中，E 及 V 分别表示复合材料的模量和体积分数；下标 f 和 m 分别表示增强剂和基体。在加工成型过程中的相分离会导致分子链聚结体增大，微纤尺寸增加从而使性能下降。采用稀溶液［液晶浓度在临界浓度以下，一般为 2%～3%（质量分数）］快速共凝聚法可取得较好的效果。分子复合的工艺技术还不十分成熟，也是当前研究的热点。

LCP 分子复合技术是通向高性能、高功能复合材料的重要途径之一。

已开发出的分子复合材料为两大类：一类是酰胺类（如 Kevlar)；另一类是芳杂环聚合物（如 PBZT)。柔性链基体聚合物的品种很广泛。目前已成功开发出聚对苯二甲酰对苯二胺/聚酰胺、聚苯并噻唑/聚 2，5-苯并咪唑、聚对苯二甲酰对苯二胺/PVC 等高分子复合材料，都具有较好的机械性能。

(2) 原位复合材料　1987 年 Kiss 和 Weiss 提出了原位复合材料的概念。原位复合材料是将热致性 LCP 与热塑性树脂熔融共混用挤塑和注塑等常用技术制造的。热致性 LCP 微纤起增强剂作用，它是在共混物熔体的剪切或拉伸流动时在基体树脂中原位形成的。原位复合材料实际上是热致性 LCP 和热塑性树脂的共混物，其新颖之处在于原位的概念。它的增强形式（即 LCP 微纤）在树脂加工前不存在，而是在加工过程中原位就地形成的。现在已经实现了用亚微米直径的热致性 LCP 微纤对热塑性树脂的原位增强，为了获得增强效果必须考虑两个关键因素，一是要形成直径为 0.1μm，长径比足够大的热致 LCP 微纤；二是要在起增强作用的热致 LCP 微纤与被增强的基体树脂之间形成足够强的界面相互作用。已报道了各种增强剂（液晶聚酯、液晶聚酰胺、液晶聚酯酰胺等）与各种基体材料（如聚丙烯、聚酮、聚醚、聚醚砜、聚砜、聚碳酸酯、聚酰胺、聚醚醚酮、聚三氟氯乙烯、聚甲醛等）组成的原位复合材料，见表 4-8。

其实，原位复合材料也可称为液晶高分子合金或含 LCP 的聚合物共混物，原位复合是就其复合机理而言的。LCP 与工程塑料的这种共混可部分解决 LCP 成本高、各向异性和“焊缝”的问题。在工程塑料中混入 LCP 以后可改善工程塑料的尺寸稳定性、耐热性，提高力学强度、模量、阻燃性、耐磨性和加工性能等。

纤维与纤维也能混合成为高分子合金，火灾防护服制造是 LCP 和另一种聚合物共混后优势互补的典型实例。若将性能不同的两种芳酰胺纤维混起来就会产生意想不到的相乘效果。将间位的 Nomex（聚间苯二甲酰间苯二胺）纤维和对位的 Kevlar（聚对苯二甲酰对苯二胺）纤维混合，由高度伸展主链所组成的对位芳酰胺，加热时分子的取向不乱，依然是高度取向有序，纤维不收缩，直到分解点之前仍能保持耐用的强度。对位芳酰胺纤维起到了保护骨架结构的作用，间位芳酰胺纤维起绝热发泡填充材料作用和起补强纤维间力的传递作用。在间位芳酰胺中仅混入 5%的对位芳酰胺所制成的衣服，即使处于火焰中，布的强度和外观也不受损，更不会发生破裂。

表 4-8　注射模塑原位复合材料与基体高分子的力学性能

材料（基体/液晶）	拉伸强度 /MPa	断裂伸长率 /%	拉伸模量 /GPa	挠曲强度 /MPa	挠曲模量 /GPa
PES	63.6	122	2.50	101.9	2.58
液晶聚酯	235.1	3.8	13.1	159.9	9.38
PES/液晶聚酯	125.5	3.8	4.99	125.1	4.11
液晶聚酰胺	385.4	1.68	26.2	237.1	15.0
PES/液晶聚酰胺	172.4	2.6	8.82	157.2	6.78
PES/玻璃纤维	140	3	1.24	190	8.4
Aclon	27.0	21.7	1.70	52.4	2.75
Aclon/液晶聚酯	70.3	2.5	5.24	83.4	3.83
Ardel	71.0	155	1.52	67.2	1.76
Ardel/液晶聚酯	102	5.3	4.27	100.6	3.32
Lexan	66.9	100	2.32	93.1	2.47
Lexan/液晶聚酯	121	3.49	5.72	132	4.54
Nylon	73.1	436	2.06	76.5	2.01
Nylon/液晶聚酯	66.9	14.6	2.65	93.8	2.52
Ultem	91.0	59	3.05	141	3.34
Ultem/液晶聚酯	129	4.3	5.15	156	4.78
Ultem/液晶聚酰	95.8	1.54	7.45	103	6.18

注：复合材料中液晶高分子含量为 30%（质量分数）。

作为参照的 PES/玻璃纤维复合材料中的玻纤含量也是 30%。

由于原位复合具有广阔的前景，在高分子液晶应用方面是最受关注的领域之一[53～56]。

(3) 复合材料　在 LCP 中添加玻璃纤维、碳纤维等增强材料或添加石墨、云母、滑石等无机填料不仅可降低成本，而且能够改善液晶高分子各向异性的缺陷。这种改性方法已取得了工业生产的应用。

4.3.3.4　液晶高分子功能材料

液晶高分子不仅可作为结构材料来使用，而且也可制作各种功能材料，如信息显示材料、光学记录、贮存材料、非线性光学材料和分离功能材料等。用作功能材料的，主要是侧链液晶高分子。

侧链液晶高分子用作信息显示材料，由于阈电压高，响应时间长，操作温度不如低分子液晶方便，过去曾认为不如低分子液晶。但是，最近的研究表明，在适当的电场电压、波形和频率下，通过引入新型侧链液晶高分子，并尽可能制成很薄的薄膜，响应时间可接近秒或更短，使其在信息显示器件中得到应用。此外，一些包含偶氮、蒽醌染料单元的侧链液晶高分子可使染料单元的含量达到10%以上，其相转变温度不随共聚物组成的变化而变化。因此，侧链液晶高分子在彩色显示技术领域中有着巨大的应用前景。

利用侧链液晶高分子的电光学效应，可将其用于光学记录、贮存材料。在这方面原苏联莫斯科大学的科学家们利用下列聚丙烯酸酯类侧链液晶高分子薄膜首次描述了这种应用。

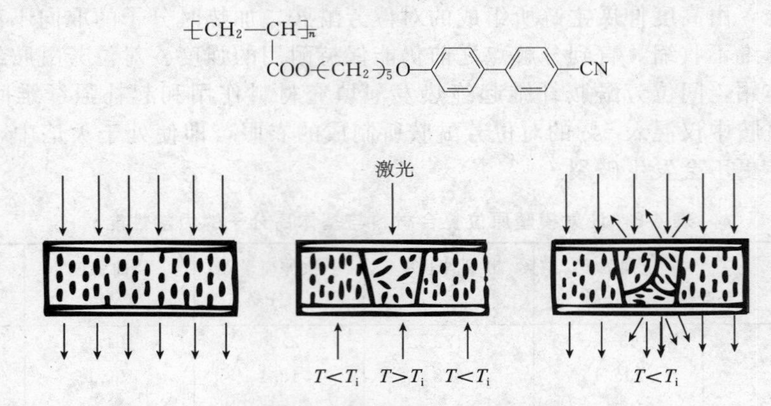

图 4-19　向列型侧链液晶高分子薄膜热记录原理图

光记录原理如图 4-19 所示。在激光束的作用下，透明的垂面取向液晶膜产生过热区。在过热区中液晶转变为各向同性液体，垂面取向被破坏。当冷却时，则其逐渐从透明的单相织构转变为散射光的多相织构。以这种方式可把信息记录和贮存在透明薄膜上或投影到屏幕上。如施加电场或升高温度可以将其擦去。这种信息方法称作热感记录或热编址。为了实现记录，要求在无电场作用时，液晶的取向状态长时间稳定，即要求取向松弛速率要足够低。一般向列型低分子液晶并不能满足这种作用要求，而上述向列型的侧链液晶高分子就可以较好地应用于这种领域。由于侧链液晶高分子的解取向的速度很小，假若将其冷却到玻璃化温度以下，激光记录的信息就可长时间保存下来。从这个角度讲，液晶高分子显示出了比低分子液晶有巨大的优越性，因为低分子液晶器件中，信息贮存时间通常不超过几天。

虽然液晶高分子材料在信息记录、贮存和显示器件中的应用，现在还不及低分子液晶材料，但是最新合成的侧链液晶高分子也有许多低分子液晶所不及的优点。一是要得到适当的散射织构，液晶池不需要特殊的排列处理；二是液晶高分子不需要掺离子来产生动态散射效应；三是信息存入两相区后，再冷却到近晶相，光学织构可以容易地被贮存起来，这些织构在开或关的状态间有很高的对比度；四是信息的记录、贮存可在方便的温度下操作。可以预言，新型液晶高分子材料，将使新一代的信息记录、贮存材料和器件得到广泛的实际应用。

液晶态具有低黏性、高流动性，易膨胀性和有序性的特点，特别是在电、磁、光、热力场和 pH 值改变等作用下，液晶分子将发生取向和其他显著变化，使液晶膜比高分子膜具有大得多的气体、水、有机物和离子透过通量和选择性。液晶膜具有原材料成本较低，使用方便，易大面积超薄化和力学强度大等特点。液晶膜作为富氧膜、烷烃分子筛膜、包装膜、外消旋体拆分膜、人工肾、控制药物释放膜和光控膜将获得十分广泛的应用。

近年来，偶氮型液晶高分子的研究及应用受到关注[57~62]。偶氮型液晶高分子有主链型、侧链型、树枝状和星型等不同类型。这是一类含有偶氮苯基的液晶高分子，由于具有特殊的光致异构、光致变形、光致变色等特征，在光存储材料、光开关材料和非线性光学设备等领域具有巨大的应用潜力。

偶氮型聚合物的功能取决于偶氮基两端的取代基。芳香族偶氮化合物中，偶氮基和两端

的芳香基形成了大 π-π 共轭体系。在偶氮分子光致异构反应中，反式异构体的 π-π^* 跃迁偶极矩平行于分子长轴，只有平行于分子长轴的偏振光才能激发分子的跃迁。棒状的反式结构吸收一定波长的光可转变成顺式；顺式结构也可吸收一定波长的光转变为反式。由于反式结构较顺式结构稳定，所以顺式结构会自发向反式转变，最终达到平衡态，如下所示：

$$\text{Ph—N=N—Ph (反式)} \underset{h\nu(\lambda_2)}{\overset{h\nu(\lambda_1)}{\rightleftharpoons}} \text{Ph—N=N—Ph (顺式)}$$

反式结构偶氮基可形成液晶相，而顺式结构则不能。所以偶氮基团的光致异构化可使偶氮聚合物液晶在液晶态和液晶态之间转变。这就是偶氮型聚合物液晶光致异构、光致变色、光致变形等特征的根本原因。苯环上吸电子取代基可降低异构化的位垒。偶氮型聚合物液晶的这种特性使其在光学领域中以及形状记忆材料中具有巨大的应用前景[59,60,63～65]。

4.4 进展与趋势

液晶高分子近年来的主要进展可概括为以下几方面：新型液晶高分子的合成与研究；液晶结构与性能关系的理论研究与表征；液晶高分子的应用研究。

4.4.1 新型液晶高分子

4.4.1.1 组合型液晶高分子[66,67]

组合型液晶高分子又称混合型、主侧链型或二维液晶基元液晶高分子，是指主链与侧链都含液晶基元，分以下几种类型。

（1）主链和侧链的液晶基元皆与柔性间隔链相接：

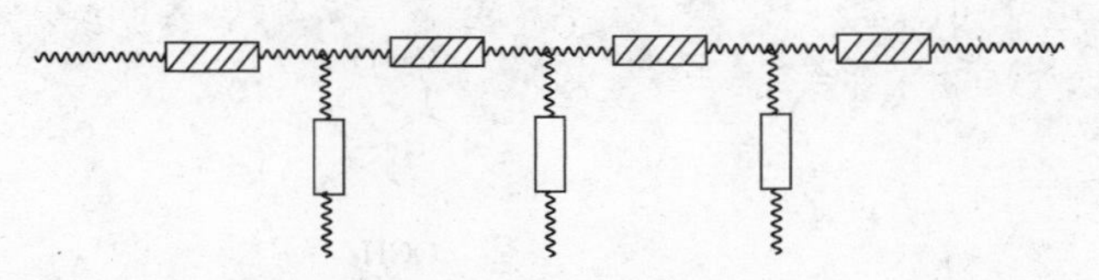

其中，▨和□为不同的液晶基元；～～为柔性间隔链（基）。

例如：

$$\text{—[OOC—CH—COO—(CH}_2\text{)}_6\text{O—C}_6\text{H}_4\text{—C}_6\text{H}_4\text{—O—(CH}_2\text{)}_6\text{]}_x\text{—}$$
$$\text{侧基：CH—(CH}_2\text{)}_6\text{—O—C}_6\text{H}_4\text{—N=H—C}_6\text{H}_4\text{—OCH}_3$$

（2）T 型　根据侧链液晶基元间有隔基可分为两种情况。

① 主侧链液晶基元间无间隔基

例如：

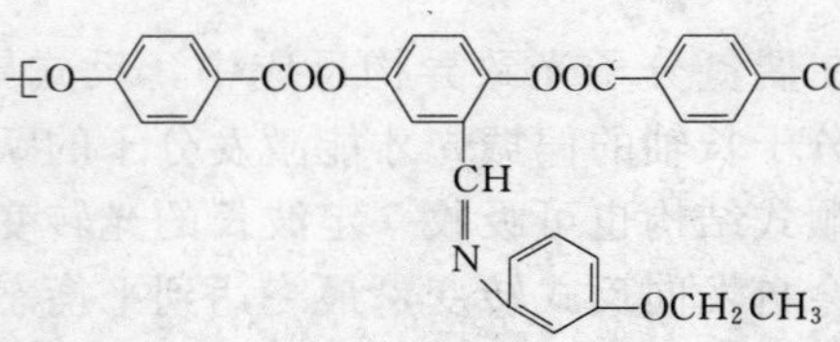

$$\left[\!\!-\mathrm{O}-\mathrm{C_6H_4}-\mathrm{COO}-\mathrm{C_6H_3}(\mathrm{CH{=}N}-\mathrm{C_6H_4}-\mathrm{OCH_2CH_3})-\mathrm{OOC}-\mathrm{C_6H_4}-\mathrm{COO}\!\left(\mathrm{CH_2}\right)_6\mathrm{CO}-\!\!\right]_x$$

这是真正的T型，可视作由二维液晶基元组成的液晶高分子，即可看作将T型二维液晶基元的其中一维部分固定于主链之中，而另一维结构部分作为侧基存在而增强了分子间作用力，所以在二维方向上或多维方向上可望有卓越的力学性能，从而有望克服传统的主链型LCP各向异性导致的缺点。

由于这种二维液晶基元间存在很强的相互作用，这类高分子都能生成稳定的液晶相；而由于同时也使分子链堆砌密度下降而使其熔点和清亮点反而有所下降，这在应用上十分有利。

② 主侧链液晶基元间有间隔基，例如：

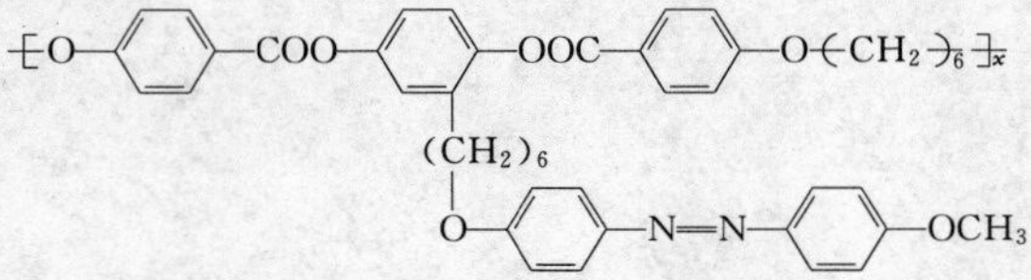

$$\left[\!\!-\mathrm{O}-\mathrm{C_6H_4}-\mathrm{COO}-\mathrm{C_6H_3}\big((\mathrm{CH_2})_6-\mathrm{O}-\mathrm{C_6H_4}-\mathrm{N{=}N}-\mathrm{C_6H_4}-\mathrm{OCH_3}\big)-\mathrm{OOC}-\mathrm{C_6H_4}-\mathrm{O}\!\left(\mathrm{CH_2}\right)_6-\!\!\right]_x$$

(3) X型　X型又称十字型或交叉型，主链上液晶基元间可有间隔基亦可无间隔基，其特征是液晶基元是二维的X型。例如：

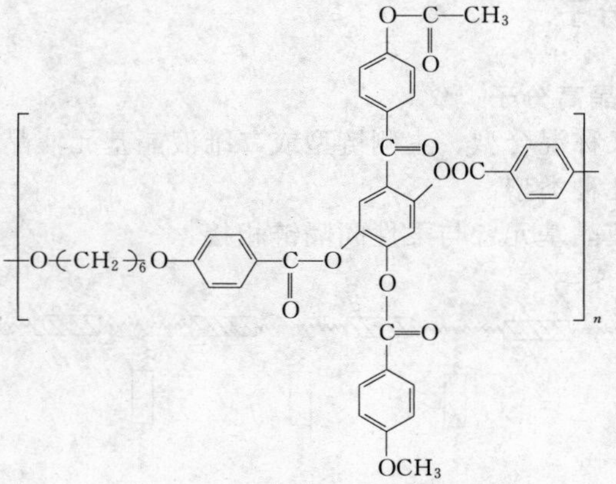

O—C(=O)—CH₃

C=O

OOC

—O—(CH₂)₆—O—C(=O)—O

O

C=O

OCH₃

n

(4) 串型　串型可示意表示为：

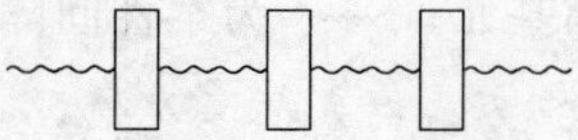

例如：

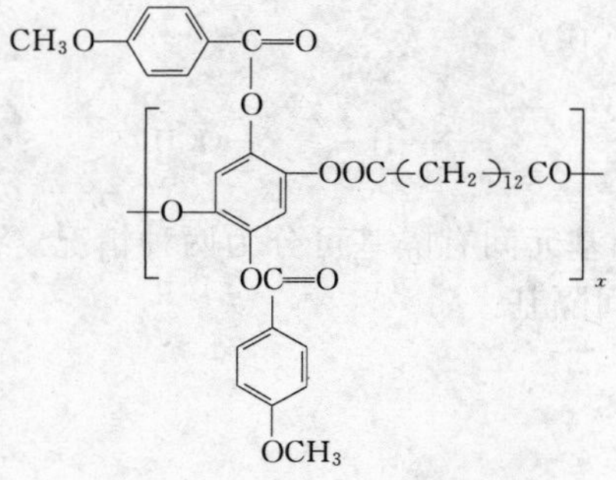

CH₃O—C=O

O

—O—OOC—(CH₂)₁₂—CO—

OC=O

OCH₃

x

4.4.1.2 树状液晶高分子[31]

树状大分子简称树形物（dendrimer)，被认为是新材料的一个突破。

经典液晶理论认为液晶是刚性棒状分子，而树形物是球形与此不符。但目前已有很多关于液晶树形物的报道，我国学者张其震在这方面进行了开创性工作。张其震等人已合成出第三代树形液晶高分子，第三代液晶树形物包含的液晶基元已达 108 个。图 4-20 为最简单的第一代树形液晶的结构式。

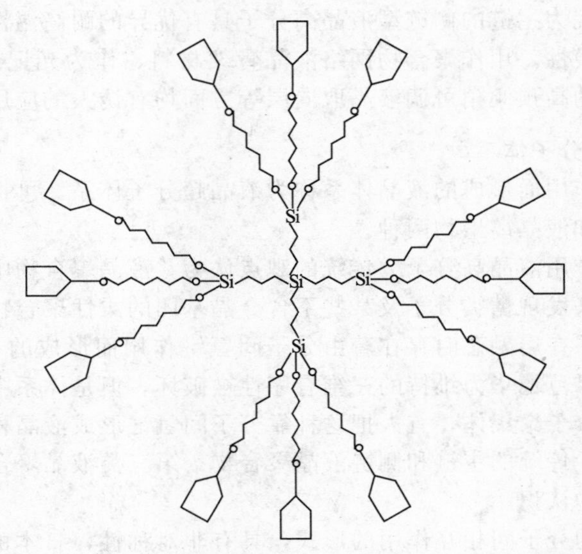

图 4-20　含 12 个介晶基元的一代树状大分子液晶结构式

N=N　R；

OR*

A：R= NO_2；B：R= OC_4H_9；C：R= OC_6H_{13}；D：R* = $CH_2^*CH(CH_3)CH_2CH_3$

树形物具有无链缠结、低黏度、高反应活性、高混合性、低摩擦、高溶解性、大量的末端基和较大的比表面的特点，据此可开发新产品。与其他多枝聚合物的区别是从分子到宏观材料，其化学组成、尺寸、拓扑形状、分子量及分布、繁衍次数、柔顺性及表面化学等均可进行分子水平的控制，可得到单一的、确定的分散系数近一的最终产品，有的树形物分子已达纳米尺寸，故可望进行功能性液晶高分子材料的“纳米级构筑”和“分子工程”。主链型液晶高分子用作高模高强材料，缺点是非取向方向上强度差，液晶树形物对称性强可望改善这一缺点。侧链液晶高分子因介晶基元的存在而用于显示、记录、存储及调制等光电器件，但由于大分子的无规行走，存在链缠结导致光电响应慢，又因其前驱体存在邻基、概率及扩散等大分子效应导致侧链上介晶基元数少，功能性差，树形物既无缠结，又因活性点位于表面，呈发散状，无遮蔽，挂上的介晶基元数目多，功能性强，故可望解决困扰当今液晶高分子材料界的两大难题，成为 21 世纪全新的高科技功能材料。

4.4.1.3 “鱼骨形”和“划艇形”液晶高分子[32]

采用“逐步偶联聚合”方法可制得梯形结构的有机硅高分子，这在第 3 章已简单介绍过。预胺解法就是这种逐步偶联聚合方法中的一种。我国张榕本等采用 α，ω-二胺的预胺解法制备了反应性梯形高分子聚氢基倍伴硅氧烷或其共聚物，并发现梯形主干上的活泼 Si—H 键可像单链聚甲基氢硅氧烷一样与含有活性 C=C 及 C≡C 键的烯、炔类化合物进行硅氢加成反应。因此利用含端烯基的液晶性单体经氢硅加成反应得到了“鱼骨形”液晶高分子；与含内炔基的液晶性单体反应则得到“划艇形”液晶高分子。前者因为其主干为梯形双链，类似鱼的脊骨，而两侧伸展的带液晶基元的侧基类似脊骨两侧的双肋，故称之为鱼骨形液晶高分子。所谓“划艇形”液晶高分子则是因为经 X 射线衍射分析表明，其侧基的排列如同划艇的浆一样。

此类以梯形聚硅烷为主链的侧链型液晶高分子具有优异的耐高温性、耐辐射、化学稳定性好并具有良好的成膜性。用作聚合物网络液晶骨架材料、作为光记录材料的液晶指令膜，可在较低温度下固化的高预倾角可调液晶取向层等方面均有诱人的应用前景。

4.4.1.4 液晶超分子体系[33,34,67]

由氢键或离子间作用面形成的液晶体系称为液晶超分子体系。可把液晶超分子体系分为分子间氢键作用液晶和液晶离聚物两种。

（1）分子间氢键作用液晶高分子　传统的观点认为，液晶聚合物中都含有几何形状各向异性的介晶基团，后来发现糖类分子及某些不含介晶基团的柔性聚合物也可形成液晶态，它们的液晶性是由于体系在熔融态时存在着由分子间氢键作用而形成的有序分子聚集体所致。该体系在熔融时虽然靠范德华力维持的三维有序性被破坏，但是体系中仍然存在着由分子间氢键而形成的有序超分子聚集体，有人把这种靠分子间氢键形成液晶相的聚合物称为第三类液晶聚合物，以区别于传统的主链和侧链液晶聚合物。第三类液晶聚合物的发现，加深了人们对液晶态结构本质的认识。

氢键是一种重要的分子间相互作用的形式，具有非对称性，日本的 T. Kato 有意识地将分子间氢键作用引入侧链液晶聚合物体系，得到了具有较高热稳定性的液晶聚合物。

图 4-21（a）是含有分子间氢键作用的侧链液晶聚合物复合体系的结构模型。通常作为质子给体的聚合物与作为质子受体的分子间氢键作用，形成了具有液晶自组织特性的聚合物复合体系。图 4-21（b）是这一结构模型的实例。很明显，聚合物的羧基上的氢原子与小分子上氮原子形成了分子间氢键，因而这一复合体系的介晶基团是含有分子间氢键合作用的扩展介晶基团，形成了如图 4-21（a）所示的分子排布。Kato 等对含有氢键的液晶聚合物复合体系的相行为进行了研究，当质子给体与质子受体以等摩尔比复合时，体系液晶态的热稳定性最高。通过调节质子给体与质子受体之间的配比，可以很方便地调节体系的相变温度，以满足不同功能对材料性质的要求。

我国一些学者也开展了相关研究。张广利等研究了以聚乙烯基吡啶共聚物为质子受体、以硝基（或甲氧基）苯偶氮苯酚为质子给体的复合体系的制备和性质，发现原本非液晶性的两种分子经氢键相互作用组装形成的超分子体系具有液晶性，可以相当宽的温度范围内以稳定的液晶相存在。李伯耿等则用对氮基苯甲酸与聚（苯乙烯-马来酸酐）反应得到含苯甲酸侧基的聚（苯乙烯-马来酰亚胺），进而以此为质子给体，以对硝基（或甲氧基）苯乙烯基吡啶为质子受体，得到了超分子液晶“均聚物”（只用对硝基苯乙烯基吡啶或对甲氧基苯乙烯基吡啶之一作为质子受体）和超分子液晶“共聚物”（同时采用以硝基苯乙烯基吡啶和对甲氧基苯乙烯基吡啶两种质子受体）。

（2）液晶离聚物　最近发现，通过离子间的相互作用也可将液晶基团连接到大分子链上，得到的液晶离聚物具有许多特异性质。例如下述液晶聚合物可以形成互变 S_A 液晶相：

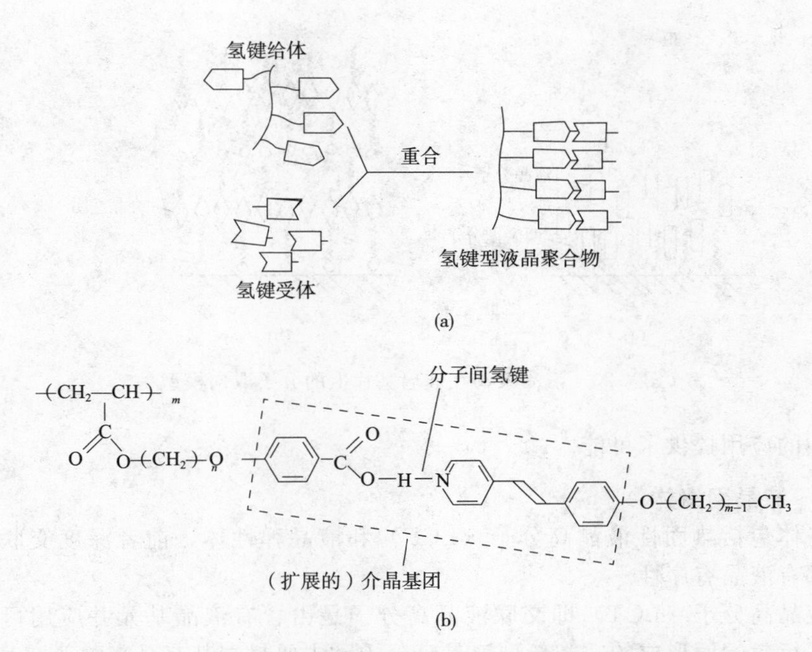

图 4-21　分子间氢键型液晶聚合物体系的结构示意图及实例

$$\left[CH_2-CH\right]_n \text{（苯环上对位 } SO_3^- \text{）}, \quad HOCH_2CH_2-\overset{+}{N}(C_2H_5)(CH_2CH_2OH)-(CH_2)_6O-C_6H_4-N=N-C_6H_4-NO_2$$

分子的排布模型如图 4-22 所示。

其近晶相的层状结构是由介晶基团和离子组成。液晶离聚物的一个有趣性质是其液晶态的分子具有自发形成垂面排列取向的性质，即液晶聚合物本身具有表面活性剂（垂面）的性质。上述离聚物之所以能形成垂面排列是由于其分子中的铵离子能与基片（玻璃）之间的相互作用，垂直地吸附在基片上，进而起到垂面处理剂的作用。这与在小分子液晶显示中用卤代烷基铵盐作为垂面处理剂的原理是一致的。

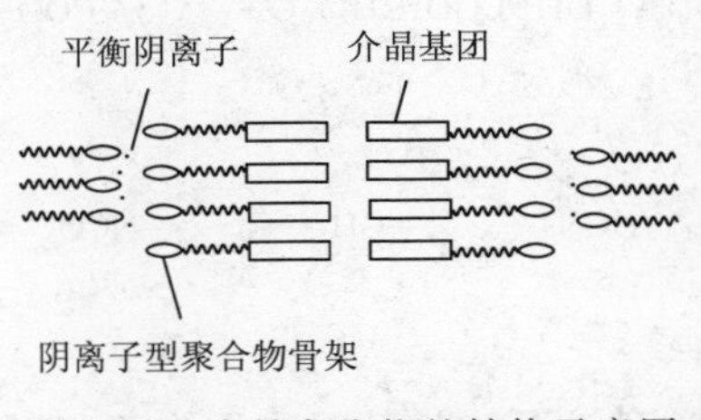

图 4-22　液晶离聚物的结构示意图

图 4-23 形象地给出了两亲型铵盐和液晶离聚物在玻璃表面的垂面分子排列模型。图中聚合物离子无液晶性，二者组装为液晶离聚物。这种通过离子间相互作用面形成的有序超分子聚集体也属于第三类液晶聚合物。

液晶离聚物的独特性质及良好的热稳定性，体系中电荷的可流动性为该材料在光学材料

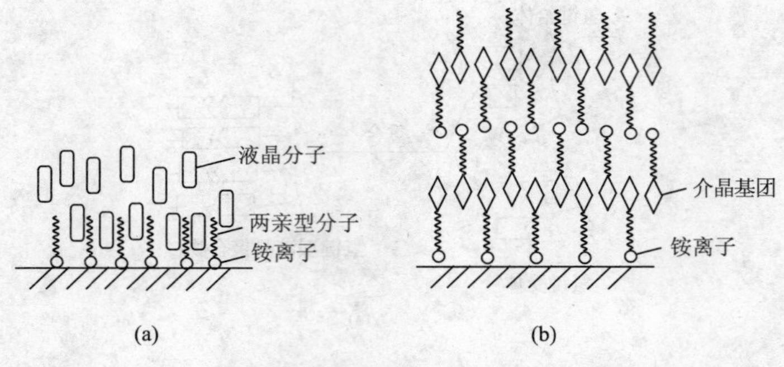

图 4-23 液晶聚物在玻璃基片上的分子取向模型

和导电材料中的应用提供了可能。

4.4.1.5 液晶网络体

液晶网络体包括热固性液晶高分子（LCT）和液晶弹性体，前者深度交联，后者轻度交联，二者都有液晶有序性。

热固性液晶高分子（LCT）即交联液晶高分子是由含有液晶基元并应用可交联或共聚的活性端基进行封端而形成的一类新型液晶高分子。主要封端基有马来酰亚胺基、异氰酸酯基、苯乙炔基、环氧基、烯丙基、乙烯基及氰基等。LCT 的制备就是合成可交联的具有液晶基元的单体或低聚物，经交联后，液晶相牢固地嵌入高分子网络结构中，从而制备稳定的二维增强的高分子材料[35]。这种材料在树脂基高性能复合材料、薄膜、特种涂料、电子密封材料等方面有诱人的应用前景。我国四川大学对热固性液晶高分子的合成以及以其为基的自增强网络材料制备以及玻璃纤维和碳纤维增强的复合材料制备和表征方面进行了一系列工作[36]。

热固性液晶环氧树脂与普通环氧树脂相比，其耐热性、耐水性和抗冲强度都显著提高；在取向方向上线胀系数减小；介电损耗减小、介电强度高，可用于高性能复合材料。

液晶弹性体兼有弹性、有序性和流动性，是一种新型的超分子体系，它可通过官能团之间的反应或利用射线辐照和光辐照的方法来制备，例如，在非交联型液晶聚合物（A）中引入交联剂（B），通过（A）与（B）之间的化学反应，

$$\leftarrow CH_2—CH \rightarrow_{0.05} \leftarrow CH_2—CH \rightarrow_{0.95}$$

$$COO(CH_2)_6OH \quad COO(CH_2)_6O—C_6H_4—COO—C_6H_4—OCH_3$$

（A）

$$OCN—C_6H_4—CH_2—C_6H_4—NCO$$

（B）

就可得到交联型液晶弹性体。这种液晶弹性体具有取向记忆功能，其取向记忆功能是通过大分子链的空间分布来控制介晶基团取向。它在机械力场下，只需要 20%的应变就足以得到取向均一的液晶单畴。液晶单畴的制得无论在理论上还是在实际上都具有重要意义。具有 S_C^* 相的液晶弹性体的铁电性、压电性和取向稳定性使其在光学开关和波导等领域有诱人的应用前景。结晶或玻璃态的膜选择性高，但透过性差，准液膜则透过性高，选择性差。对混合物的分离，无孔膜越来越受到重视，这种分离膜要求具有高选择性和高透过性，液晶弹性

体正是具备了液态膜和晶态膜的优点，可望得到兼有高选择性和高透过性的无孔分离膜。另外，将具有非线性光学特性的生色基元引入到液晶弹性体中，利用液晶弹性体在应力场、电场、磁场作用下的取向的特性，制得具有非中心对称结构的取向的液晶弹性体，可望在非线性光学领域有应用。

4.4.1.6 功能性液晶高分子

（1）铁电液晶高分子　具有铁电性的液晶高分子也是在小分子铁电性液晶的基础上发展的。

前已述及手征性近晶C相液晶 S_C^*。S_C^* 相中，液晶分子排列成层状，层内分子倾斜排列，与层法线成一定角度 θ，θ 为温度的函数。层与层之间 θ 逐渐改变，自发极化强度 P_2 亦随之改变方向，所以实际上观察不到宏观的铁电性。1982 年 Clark 等提出了著名的表面致稳铁电性液晶结构（SSFLC），从而将 S_C^* 本征所具有的铁电性在宏观上表现出来。这种方法是 S_C^* 液晶夹在两片间隔约 $2\mu m$ 的玻璃盒内，将玻璃表面加以处理，使表面处的液晶分子都沿同一方向排列，从而克服了其螺旋结构，所有分子的自发极化便沿同一方向取向，表现出宏观的极化。改变电压的极性，可使液晶分子在 $+\theta$ 和 $-\theta$ 两个状态变化。若在液晶盒上安排两块偏振片。则可获得暗和亮两个光学状态。此种转换的响应时间为微秒级。所以发现这种铁电液晶材料后，使液晶材料的响应速度由毫秒级提高到微秒级，使液晶显示材料取得了突破性进展。

在这基础上提出了制备铁电性液晶高分子的问题。将具有铁电性的小分子液晶转化成相应的高分子的研究工作当前已取得很大进展。铁电液晶高分子有侧链型、主链型和主侧混合型，从应用而言，侧链型最为重要。

1989 年 Wallba 等人[37] 报道了一种铁电液晶高分子，响应时间为 3ms。1990Dumon 等[38~39] 报道了一种含双不对称碳原子的光活性基可使 P_S 增大，响应时间缩短。我国张其震等人[40]已合成10 种铁电液晶单体（M）及其相应的铁电液晶聚硅氧烷 P：

M 为：$CH_2=CH-(CH_2)_8-COOR$

P 为：$Me_3Si-O-[Si(CH_3)((CH_2)_{10}-COOR)]_{35}$

式中，R 可为 $-C_6H_4-COO-C_6H_4-OR^*$，$-C_6H_4-CH=N-C_6H_4-OR^*$，$-C_6H_4-COO-C_6H_4-C_6H_4-OR^*$ 等。

对于铁电性小分子液晶，响应时间为数十微秒。由于响应时间正比于其旋转黏度，受主链的影响，铁电性液晶高分子（侧链型）的响应时间为毫秒级。所以采用柔性主链（如聚硅氧链），减小响应时间是此类液晶高分子研究的主攻方向。S_C^* 树形液晶由于其黏度较小也引起很大的关注[41]。

铁电性液晶高分子可改善对分子取向的控制、取向稳定性及耐久性，且高分子易于加工成膜，形成不用液晶盒的自支持膜。这些特点使得铁电性液晶高分子在大型平板彩电显示方向很有应用前景。其潜在应用还包括信息传递，热电检测以及非线性光学器件等方面。

（2）光学非线性液晶高分子　当一束波长为 $1.06\mu m$ 的红外线激光通过一块适当放置的非线性光学介质后，将会发现出射光除了 $1.06\mu m$ 的红外线外，还有 $0.53\mu m$ 的绿色光。这个使入射光频率增大一倍的现象就是光倍频现象，而能产生光倍频现象的介质则称为非线性光学介质。非线性光学效应除光倍频外，还有泡克耳效应、克尔效应、三倍频和四波混频现象等。与光倍频及泡克耳效应相联系的介质性质是二阶非线性极化系数 $\chi^{(2)}$，而与克尔效应及三倍频相联系的是三阶非线性极性系数 $\chi^{(3)}$。具有高 $\chi^{(2)}$ 值的有机材料，其分子应是长的直线状，有较大的永久偶极矩，且电子容易沿分子长轴方向运动。显然，液晶高分子符合这些要求并因此受到重视。不过，未经极化的向列液晶相具有中心对称性，其 $\chi^{(2)}=0$，并不具有二阶非线性光学性质；只有采用电场极化等方法使偶极子倾向于同一方向取向，才能显示出二阶非线性光学性质。

由于非线性光学现象的重要性，相关研究正日益深入。比如，范广宇等[41]对分子中含有光学非线性活性基团的侧链型液晶共聚物的性能进行了研究。该共聚物的主链为聚甲基丙烯酸酯，主链与侧基间的柔性间隔段为六亚甲基，光学非线性活性基团为末端带有吸电子硝基的偶氮苯（NPAP），而非活性侧基则为末端带给电子甲氧基的联苯（MPP）。用 Maker 条纹法测定发现，共聚物［NPAP：MPP（摩尔比）＝89：11］膜经电晕极化后的二阶非线性光学系数达到 1.67×10^{-8}esu，表明该系列共聚物具有良好的二阶非线性光学性质；同时发现，给电子性液晶基元的存在有助于提高二阶非线性光学活性基元的取向有序性和取向稳定性。

谢萍等[42]以腰接和端接两种方式将非线性光学活性基团挂接到梯形聚硅氧烷主链上，制得了具有非线性光学活性的梯形高分子[43]。与挂接同类活性基团的单链高分子相比，前者具有高得多的抗衰减稳定性；80℃，120h 的老化实验表明，梯形高分子极化膜的取向因子的保留值相当于相应的单链高分子极化膜的 2 倍。梯形高分子的上述性能优势可能与其较高的分子链刚性有关。

液晶高分子特别是侧链液晶高分子是极有前途的非线性光学材料。它容易在分子中引入具有高极化度和非线性光学活性的液晶基元；易于在外场作用下实现一致的取向面产生最大的非线性系数；液晶高分子的取向在熔点或玻璃化温度以下可长期保留而有足够的使用寿命；容易加工成所需尺寸和形状。这些优势使其成为极具潜力的非线性光学材料。

在功能液晶高分子材料方面，光导液晶高分子、生物性液晶高分子等，也都是当前受到重视的研究领域。

4.4.1.7 感应性液晶高分子

本来不具有液晶性的某些高分子在一定外场作用下也可具有液晶性，形成液晶相，这可称之为感应性液晶高分子。事实上，液晶性是分子结构和分子运动对外界条件的一种响应行为。刚性液晶基元未必是产生液晶相的绝对条件。双亲性液晶高分子、氢键作用液晶高分子和离聚体液晶高分子都不具有刚性液晶基元，但都产生液晶相。所以感应性液晶高分子的研究对拓宽研究液晶问题的思路是一个重要的途径。

例如，在足够压力（350～400MPa）下，聚乙烯结晶在升温熔化后不直接进入无序液相而是首先进入一个近晶 B 相（六方相）[2]。

除聚乙烯外，柔性链高分子聚 4-甲基-1-戊烯（P4MP1），在 20℃或 200℃升压出现向列液晶相。在高压中改变温度同样也出现向列相。这种通过压力变化而实现的液晶相称为压致液晶相，能生成压致液晶相的高分子称为压致液晶高分子。

某些液晶高分子在高压下会出现本来不存在的新的液晶相。

除了 PE、P4MP1 能在高压下生成液晶相外，有些不含刚性液晶基元的高分子还能在常压下生成液晶相[44]。

4.4.2 高分子液晶态的研究

高分子液晶态的研究主要集中在高分子液晶结构、液晶态相转变、液晶态流变行为等方面。

4.4.2.1 液晶高分子的流变行为[45]

液晶高分子流体表现出复杂的流变学行为，如在一定的剪切速率范围内发生的负的第一法向正应力以及显著的剪切应力振荡等。对这些流变学行为的正确理解和合理利用在理论和液晶高分子的实际应用上无疑都有着十分重要的意义。根据 Ercksen-Leslie 液晶连续体理论，流动场对向列相液晶取向的影响大致可以分为两种情况。如果第三 Leslie 系数小于零，指向矢的取向是稳定的；而当该系数大于零时，将发生指向矢的翻滚。指向矢翻滚在小分子液晶体系中很少遇到，而在高分子液晶特别是主链型高分子液晶中非常普遍。已有大量研究工作证明，液晶高分子流体的上述复杂的流变学行为都可以用指向矢翻滚模型作出解释。但是以往的理论，包括经典的 M. Doi 理论在内，都没有考虑指向矢场的空间非均匀性的客观存在。因此，从严格意义上说，它们只能用于无缺陷的单畴液晶，而实际体系却并非如此。

针对上述理论缺陷，丁建东和杨玉良等由棒状分子转动扩散运动的 Lamgevin 方程出发，以向列相液晶的 Lebwohl-Lasher 模型为原型而没有采用平均场方法，建立起了他们自己的棒状高分子切变流动的布朗力学理论。采用 L-L 模型的好处是可以考虑紧邻分子间相互作用的影响，并从而能够讨论指向矢场的空间非均匀性等与空间位置相关的性质和多畴体系。他们的理论再现了液晶在切变流动过程中的指向矢翻滚和摇摆及其导致的负第一法向正应力等复杂的流变学现象，以及液晶体系流动过程中所产生的空间非均匀性及其演变过程，不仅得到了与以往理论相似的结果，而且能够解释其他理论模型所未能解释的一些实验现象。很显然，该理论能更满意地说明高分子液晶的流体力学行为，是高分子液晶流变学理论的重要进展。

4.4.2.2 液晶高分子的相变行为[46]

与小分子液晶相似，高分子液晶的相变动力学也可用 Avrami 方程描述。徐懋等曾用 DSC、光学解偏振等方法对液晶高分子的相变行为进行了深入研究。他们通过对某具有两个液晶相的主链型液晶高分子聚酯的等温相变动力学研究发现，该聚合物的液体/液晶、液晶/液晶和液晶/晶体间相转变的 Avrami 指数 n 分别为 2.4、5.3 和 2.2。较小的液体/液晶相变 n 值表明，液晶相的生长可能不是三维的。研究结果显示，Avrami 指数 n 与化合物的类型以及实验条件（温度）有关。某些主链型热致液晶聚酯生成向列型液晶的 n 值约等于 1，表明该液晶相可能是一维生长的；某些侧链型热致液晶高分子发生液体/近晶相相变的 n 值约等于 2，表明该近晶相可能是二维生长的；另有一些侧链型热致液晶高分子发生液体/近晶相相变的 n 值等于 3，说明可能发生了三维生长。徐懋等的研究还发现，各向同性液体向液晶的转变即使在很小过冷度的温度下也可以很快的速度发生，而结晶过程只有在较大过冷度的温度下才能发生。他们认为这是由于液晶相的表面自由能很小所致。黄勇等研究纤维素衍生物的非等温液晶化过程也有类似发现。

徐懋等还利用偏光显微镜和小角光散射等从形态学的角度研究了在各向同性液体/液晶相变过程中旧相消失和新相形成的过程。他们发现，无论是主链型液晶高分子还是侧链型液晶高分子，新相的形成都是在旧相的局域经成核后发生的。比如，用正交偏光显微镜观察液晶化过程发现，在各向同性的黑色背景中首先出现非常小的亮点，表明在各向同性液体中开始出现了液晶相；随着温度下降，亮点逐渐长大并逐渐显现出圆的外形，圆中可见黑十字交叉；继续降温，逐渐长大的亮区将互相接触并融合一体，形成更大的亮区；然后亮区将从分散相变为连续相，成为视场中的主体，而非液晶相的黑色区域则由连续相变成了分散相，直至相变过程结束，体系呈现典型的液晶相织构。

由于液晶高分子在分子量或结构上存在多分散性，以上描述的相变过程可能更加复杂化。比如，相变中可能同时发生分子量分级，高分子量部分将先于低分子量级分进入液晶相。因此，较早生成的液晶粒子中含有较多高分子量成分，而较后生成的液晶粒子中含有较多低分子量成分。

4.4.2.3 液晶高分子的条带织构[47]

条带织构是高分子液晶一种重要的特征织构，它的形成对材料的结构和性质产生重要影响。陈寿羲等早在1979年就报道，聚对苯甲酰对苯二胺（PPTA）溶液向列相经受剪切力后产生了条带织构（当时被称为草席晶结构），成为国际上最先报道该织构的学者。此后发现，条带织构是一种相当普遍的织构形式，在许多高分子溶致液晶和高分子热致液晶薄膜中都可能生成。用偏光显微镜观察，条带织构是一组明暗相间的条带，其走向几乎平行，但垂直于原剪切力的方向；旋转样品物台或都按同一方向同时旋转上下偏振片，条带的明暗将发生替变。电子衍射实验证明，条带织构样品中分子链的总体走向与条带走向相垂直，而平行于原来剪切力的方向。选区电子衍射实验说明，分子链在条带中高度取向，但在相邻条带中链的取向并不相同。根据陈寿羲等的发现，在某PPTA样品的条带织构中，相邻两条带内的分子链取向相对于剪切方向的夹角分别是+14°和−14°，而在某热致性液晶高分子样品中发现该两夹角分别是+25°和−25°；条带织构正是这种取向结构所产生的光学效应。

研究表明，条带织构是高分子液晶薄膜在受剪停止后的弛豫过程中形成的。受剪前，高分子液晶相由许多微区结构所组成。每个微区中分子链是取向有序的，因而在偏光显微镜下可观察到具有双折射的图像。但各微区的取向状态并不一致。在剪切应力下，原本取向不一的微区沿力场方向取向排列，形成均一的取向结构；剪力停止后，在应力弛豫过程中均一取向的结构有回复形成微区的倾向，形成锯齿状微纤结构。这种周期性规则弯曲的微纤结构在偏光显微镜下即表现为条带织构。

一般说，只有刚性较大的主链型液晶高分子才能产生条带织构。徐懋等发现，甲壳型液晶高分子也产生条带织构，是侧链型液晶高分子条带织构的第一个实例；而陈寿羲等在研究一种手征性侧链液晶高分子近晶相取向态织构时，进一步发现这种侧链液晶高分子的冻结取向液晶态在偏光显微镜下也呈现出与主链型高分子液晶态相似的剪切诱发条带织构。

条带织构的研究对了解结构-性能关系和指导成型加工的设计具有重要的意义。

4.4.3 应用研究

4.4.3.1 结构材料

在作为结构材料应用方面的研究当前较集中的领域是通用高分子的液晶化改性（共混）以及液晶高分子复合材料。

通用高分子的液晶化改性，既可提高高分子材料的使用性能，也可降低成本，改性的方法包括共聚、共混。例如最近张鸿志等[47]通过控制加料和添加第三单体的方法制得了具有高度无规微观序列分布的高HBA含量的PET/HBA树脂，所得共聚物HBA含量高达80%，具有很高的HDT（200℃）且便于加工，主要性能指标都达到国际同类产品的先进水平。周其庠等[48]以双酚A型聚碳酸酯和HBA为原料合成出改性聚碳酸酯，解决了聚碳酸酯在高温下易酸解脱羧的问题。当HBA含量为55%以上时，产物为向列相液晶。黄启谷等合成了液晶性环氧树脂[49]，将其与普通环氧树脂共混，可显著改高材料的性能，加入量为4%时，拉伸强度由ER的22MPa提高到42MPa，加入适当增容剂，性能还可进一步提高。

为实现热致液晶高分子（TLCP）在原位复合材料中的有效增强作用，关键是要解决TLCP在基体树脂中的成纤以及形成的TLCP微纤与基体树脂间的相容性问题。TLCP的成纤性可用“可纺性”表征。可纺性是指在最佳纺丝条件下被纺成直径最小的连续纤维的能力，所得纤维直径越小，直径分布越窄，可纺性就越好，TLCP在空气中的可纺性与在树脂熔体中的成纤性之间具有对应关系[50]。因此TLCP的可纺性可作为用TLCP实现亚微米级微纤增强的必要条件。这对原位复合的研究具有指导意义。此外，还需分散相对基体熔融黏度之比要远小于1才能实现TLCP在基体树脂中的有效成纤。

由于TLCP与热塑性树脂通常相容性差，两相间黏合力不好，从而限制了TLCP的增强效果。为此，最好加入第三组分——增容剂。例如，轻度磺化的聚苯乙烯锌盐（SPS）可作为某些聚酯型TLCP与聚砜（PSF）体系的增容剂，可明显改善TLCP与PSF之间的相容性，加入2%的SPS可使拉伸强度提高70%，拉伸模量提高30%。

为了综合利用宏观纤维增强幅度高和TLCP有利于降低加工黏度的优点，何嘉松等提出了“原位混杂增强复合材料”的概念，即将TLCP与碳纤维及热塑性树脂熔融共混，利用使TLCP成纤的条件加工，使复合材料中既有预先加入的微米级碳纤维，又有加工过程中原位生成的亚微米级TLCP微纤。碳纤维赋予材料主要的强度和模量，微纤阻断微裂纹的扩展，从而可以赋予材料更均衡的力学性能。比如，经注射模塑制得的某聚醚砜（PES）拉伸试条，其拉伸强度为96.0MPa，拉伸模量为0.925GPa；用5%碳纤维增强后，强度和模量分别增至113MPa和1.38GPa；若再加入5%TLCP，强度和模量可进一步增至123MPa和1.64GPa。可见，利用原位混杂增强复合材料的概念可以得到综合性能更好的复合材料。

4.4.3.2 功能材料

液晶高分子作为功能材料主要是侧链型液晶高分子，主要集中于聚硅氧烷类及聚丙烯酯类。含有手性基团的液晶高分子及铁电性液晶高分子及其应用研究都是当前最受关注的领域。应用研究集中的领域有显示材料、光记录和储存材料、铁电及压电材料，非线性光学材料、光致变色材料以及具有分离功能的材料。

液晶LB膜的研究受到关注。

LB膜在非线性光学、集成光学及电子学等领域具有重要的应用前景。将LB技术引入到液晶高分子体系，制得的液晶高分子LB膜具有一些特异性能[51]。

Ringsdorf对两亲性侧链液晶聚合物LB膜内的分子排列特征进行了研究，某一两亲性聚合物在58～84℃呈现近晶型液晶相。经LB技术组装的该聚合物在60～150℃呈现各向异性分子取向，其液晶态的分子排列稳定性大大提高，它的清亮温度提高66℃。液晶聚合物LB膜的另一特性是它取向记忆功能，对上述液晶聚合物LB膜的小角X射线研究表明，熔融冷却后的LB膜仍然能呈现出熔融前的分子排布特征，表明经过LB技术处理的液晶聚合物对于分子间相互作用的记忆功能，预期高分子液晶LB膜的超薄性和功能性可望在波导领域有应用可能。

通过研究铁电和光致变色两类液晶高分子LB膜，并通过偏振红外光谱分析证明，这两类液晶聚合物LB膜存在轴向有序性，液晶侧链倾斜取向，LB膜结构与体相的近晶层类似。所以用LB技术，室温下就可以组装得到液晶聚合物在体相需较高温度才能达到的高有序性，从而有望改善液晶聚合物的使用条件，并可用作研究其体相功能的二维模型。

液晶/高分子复合体系也是受到关注的一个领域。此种体系包括以液晶粒子为分散相，以聚合物为基体的“聚合物分散液晶（PDLC）”或称“聚合物包埋液晶”和以液晶为连续相并以少量（10%以下）溶胀于液晶中的高分子为稳定剂的“聚合物稳定液晶（PSLCP）”两类。这些材料的优点是既保持小分子液晶对外场响应快的特点，又有高分子材料易于成膜和便于加工的优点。

研究并开发热致液晶高分子结构材料，特别是共聚酯类自增强材料；发展高强、高模和耐高温液晶高分子纤维；研究和开发原位复合材料；开发基础和应用基础研究；加强单体等原料的开发及加工成型技术和设备的研究。这些前沿领域是我国发展液晶高分子科学和技术的中近期战略目标[52]。

参考文献

[1] 张其锦．聚合物液晶导论．合肥：中国科技大学出版社，1994.

[2] 周其凤，王新久．液晶高分子．北京：科学出版社，1994.

[3] N. A. Plate. Liquid-crystal polymers. New York：Plenum press，1993.

[4] 吴大诚等．高分子液晶．成都：四川教育出版社，1988.

[5] W. Pechold，et al.，Colloid & Polymer. Sci.，1992，270：639.

[6] R. Y. Qian，et al.，Chinese Journal of Polymer science，1989，7 (2)：150.

[7] 周其凤．高分子通报，1991，3：166.

[8] 段小青等．科学通报，1987，20：1562.

[9] H. H. Yang. Aromatic High-strength Fibers. John Wiley & Sons，1989.

[10] F. Higashi，et al.，J. Polym. Sci.，Chem. Ed.，1988，26：3235.

[11] G. E. Wu，et al.，Polymer，1982，14：571.

[12] M. S. Jacovic，et al.，Polym. Bull.，1982，8：295.

[13] N. Ogata，et al.，J. Polym. Chem.，Ed.，1979，17：2401.

[14] M. Ballanff，Macromolecules，1986，19 (5)：1366.

[15] 张其震等．高分子学报，1994，(5)：644.

[16] J. Hou，et al.，Ppolymer，1994，35 (13)：2815.

[17] J. Hou，et al.，Chin. J. Polym.，Sci.，1995，13 (2)：97.

[18] 施良和等主编．高分子科学的今天与明天．北京：化学工业出版社，1994.

[19] C. B. McArdle. Side chain liquid crystal polymers. Glasgow and London：Blackie and son Ltd，1989.

[20] 李自法等．高分子学报，1995，4：414-419，

[21] 周其凤．高分子通报，1999，3：54-61.

[22] X. H. Wan，et al.，Brit，Polym，Sci.，1998，6：377.

[23] B. P. Griffin et al.，Brit，Polym. J.，1990，12：147.

[24] M. V. piskunov，et al.，Macromol Chem. Rapid. Commun. 1982，3：443.

[25] 王新久．物理，1990，19：685.

[26] H. H. Yang. Aromatic Aigh-strength Fivers. John Wiley & Son，1989.

[27] F. Hardouin，et al.，J. Phys，France，1991，1：511.

[28] T. T. Tsai，et al. Polym，Prepr.，1985，26 (1)：144.

[29] Q. F. Zhou，et al.，Macromolecules，1989，22：3821.

[30] J. Hou，et al.，Polymer，1994，35 (4)：699.

[31] 张其震等．高等学校化学学报，1998，7：1175.

[32] P. Sie. et al.，Polymers for Advanced Technologies，1997，8：649.

[33] T. kato. et al.，Macromolecules，1989，22：3818.

[34] 武晓东等．高分子学报，1998，6：744.

[35] H. L. Chen，et al.，J. Polym. Sci. Part A. Polym. Chem.，1993，31：1125.

[36] 刘孝波．成都：四川大学博士学位论文，1995.

[37] D. M. Wallba. et al. J Am Chem Soc.，1989，111：8273.

[38] M. Dumon，et al.，Macromolecules，1990，23：357.

[39] Q. Z. Zhang，et al. Polym. Adv. Technol.，19967 (2)：129；Q. Z. Zhang. et al.，Polym. Adv. Technol.，1996 (7) 2：135.

[40] 张其震等．高等学校化学学报，1998，19 (7)：1175.

[41] 范广宇等．湘潭大学学报（自然科学版），1998，10：79.

[42] 谢萍等．高分子通报，1995，2：65.

[43] S. M. Aharoni，Macromolecules，1988，21：1941.

[44] J. Ding, et al., Macromolecules, 1998, 31: 176.
[45] Y. Huang. et al., Mol. Cryst. Liq. Cryst, 1996, 281: 27.
[46] 宋文辉等. 高分子学报, 1999, 1: 80.
[47] G. Zhang, et al., J. Mater Sci. Letters, 1997, 16: 846.
[48] 龚烈忠等. 高分子学报, 1996, 3: 330.
[49] 黄启谷等. 湘潭大学学报(自然科学版), 1998, 10: 58.
[50] 何嘉松. 高分子通报, 1997, 4: 197.
[51] Q. B. Xue, et al., Macromol. Chem. Phys., 1995, 196: 3243.
[52] 国家自然科学基金委. 自然科学学科发展战略调研报告: 高分子材料科学, 北京: 科学出版社, 1994.
[53] 杨朝明. 化工新材料, 2010, 38 (5): 34.
[54] 高鸿锦等. 精细与专用化学品, 2012, 20 (3): 1.
[55] 高鸿锦. 液晶化学, 北京: 清华大学出版社, 2011.
[56] 孔令光等. 化工新型材料, 2008, 36 (4): 5.
[57] 韦雄雄等. 化学研究与应用, 2012, 24 (2): 161.
[58] 周光强等. 化工中间体, 2010, 12: 8.
[59] 王威等. 化学进展, 2011, 23 (6): 1165.
[60] Dac-Yoon Kim et al., J. Mater. Chem. C., 2013, 1: 1375.
[61] He-Low Xie et al., Macromolecules, 2009, 42: 8774.
[62] He-Low Xie et al., Macromolecules, 2011, 44: 7600.
[63] Wang D. et al., Polymer, 2009, 50: 418.
[64] Yu X. X. et al., Synth. Metal., 2008, 158: 375.
[65] 钟世安等. 高分子材料科学与工程, 2009, 8: 8.
[66] Ling-Yung Wang et al., Macrmolecules, 2010, 43: 1277.
[67] He-Lou Xie et al., J. Am. Chem. Soc., 2010, 132: 8071.

第5章

功能高分子材料

功能高分子材料是指具有特定的功能作用，可做功能材料使用的高分子材料。这类材料是当前甚受瞩目、发展迅速的高分子材料。本章择其主要者作简单介绍，同时引出重要参考文献以便于读者参考。

5.1 吸附性高分子材料

吸附高分子材料是指具有突出的吸附或吸收能力的高分子功能材料，主要包括吸附树脂、活性碳纤维、高吸水树脂和吸油树脂四类。

5.1.1 吸附树脂[1~3]

吸附树脂是一类多孔性的、高度交联的高分子共聚物，亦称为高分子吸附剂。1980 年后我国才开始工业化生产和应用。

吸附树脂具有多孔结构，其外观为球形颗粒，颗粒内部由众多微球堆积、连接在一起。正是这种多孔结构赋予吸附树脂优良的吸附性能。

吸附树脂可按化学结构分为非极性和极性吸附树脂等不同类型，也可按吸附机理或孔结构等进行分类，一般是按化学结构进行区分的。

非极性吸附树脂是指由非极性单体聚合而成的多孔树脂，例如由二乙烯基苯为单体聚合而成的吸附树脂。

极性吸附树脂，按极性的大小又可区分为中极性、极性和强极性吸附树脂。中极性吸附树脂一般是含酯基、羰基的一类单体聚合而成的；极性吸附树脂一般含有酰胺基、亚砜基、氰基等；强极性吸附树脂含有吡啶基、氨基等强极性基团。

5.1.1.1 吸附树脂的制备

吸附树脂的制备技术主要包括成球和致孔两个方面。

(1) 成球一般采用悬浮聚合方法制成粒径为 0.3～1.0mm 的吸附树脂。例如，单体(二乙烯基苯)、致孔剂（甲苯、200 号汽油)、引发剂（过氧化二苯甲酰）按一定比例混合，悬浮聚合即可制得非极性的吸附树脂。

当烯烃类单体含有极性基团时，如丙烯酸甲酯、甲基丙烯酸甲酯、丙烯腈、乙酸乙烯酯、丙烯酰胺等，它们在水中具有较大的溶解度，虽然仍能采用悬浮聚合方法合成相应的球形聚合物，但聚合条件与非极性苯乙烯、二乙烯基苯等单体的悬浮聚合有所不同[4,5]。极性树脂所用单体多为水溶性的，所以需要采用反相悬浮缩聚反应进行成球反应，即反应时的分散介质为惰性的有机液体，如液体石蜡等[6]。

（2）致孔技术就是在球形聚合物颗粒内形成孔隙的技术，一般方法是在聚合过程中加入致孔剂。致孔剂可区分为低分子和高分子两种。

在悬浮聚合体系的单体相中，加入不参与聚合反应并与单体相溶、沸点高于聚合温度的惰性溶剂，在聚合完成后再用适当的方法（如萃取或冷冻干燥）将其从聚合物珠体中除去得到大孔聚合物珠体，惰性溶剂原来占据的空间成为聚合物珠体中的孔。这种惰性溶剂就是一种低分子致孔剂。

线型高分子也可用作致孔剂，称为聚合物制孔剂。可用作致孔剂的线型聚合物有聚乙烯、聚乙酸乙烯酯、聚丙烯酸酯类等。在聚合过程中，作为线型聚合物溶剂的单体逐渐减少和消失，发生相分离。悬浮聚合完成后，采用溶剂抽提出聚合物珠体中的线型聚合物，得到孔径比较大的大孔树脂。

也可将合适的低分子致孔剂和高分子致孔剂按一定比例混合使用，以制得所需孔结构的吸附树脂。

以上方法制得的吸附树脂，孔径大，而孔的比表面积较小，因此吸附效率不理想。为提高孔的比表面积，近年来发展了如下几种新的致孔技术。

① 后交联成孔技术　用悬浮聚合方法制备吸附性树脂时，交联度（二乙烯苯 DVB 的含量）对孔结构的影响比较大，用 50% 含量的工业 DVB 制得的吸附树脂，比表面积不足 $500m^2/g$，而采用后交联成孔技术可大幅度提高孔的比表面积。例如，先用苯乙烯和少量 DVB 以悬浮聚合方法制成凝胶（不加致孔剂）或多孔剂（比表面积不大）的低交联（0.5%～6%）的共聚物，再用氯甲醚进行氯甲基化反应（Fridel-Crafts 反应）：

$$\sim\sim HC{-}CH_2\sim\sim(-C_6H_5) + ClCH_2OCH_3 \xrightarrow[\text{或 } AlCl_3]{ZnCl_2} \sim\sim HC{-}CH_2\sim\sim(-C_6H_4{-}CH_2Cl) + CH_3OH$$

引入的氯甲基在较高温度下，可与邻近的苯环进一步发生 Fridel-Crafts 反应：

$$\sim\sim HC{-}CH_2\sim\sim(-C_6H_4{-}CH_2Cl) + \sim\sim HC{-}CH_2\sim\sim(-C_6H_5) \longrightarrow \overset{|}{\underset{|}{HC}}(CH_2){-}C_6H_4{-}CH_2{-}C_6H_4{-}\overset{|}{\underset{|}{CH}}(CH_2)$$

这样，原来分属两个分子链上的苯环通过亚甲基实现了交联，因未用另外的交联剂，又是在聚合后实现的交联，故称为后交联。如此制得的吸附树脂孔的比表面积可达 $1000m^2/g$ 以上。

② 乳液制孔技术　是以可聚合的单体为油相，制备油包水（W/O）乳液，在聚合分散在油相中的水珠起致孔剂的作用。通过分散剂类型与用量、油相与水比例、搅拌速度等因素来调整孔径（水珠直径）和孔度（水珠含量）。此法制得的吸附树脂，孔径比均一，具有良好的吸附动力特征和较高的吸附选择性。

③ 无机微粒致孔技术　采用溶胶-凝胶工艺制备出粒径均一的无机纳米粒子。若此纳米粒子在一定条件下能够溶解，就可用做多孔材料的致孔剂；以其作为致孔剂，采用模板胶体晶技术可制得三维有序、窄分布的孔结构材料。已用这种方法制得平均孔径为 71～480nm 的三维有序间规聚苯乙烯吸附树脂。

5.1.1.2　特性和用途

吸附树脂具有吸附选择性，一般规律如下。

① 溶性不大的有机物易被吸附，在水中的溶解度越小，越易被吸附。无机酸、碱、盐不被吸附。

② 吸附树脂不能吸附溶于有机溶剂的有机物。如溶于水中的苯酚可被吸附，溶于乙醇或溶于丙酮的苯酚不能被吸附。

③当吸附树脂与有机物形成氢键时，可增加吸附量和吸附选择性。

吸附树脂已广泛用于天然食品添加剂的提取、药物提取纯化、环境保护以及血液净化等方面。图 5-1 列出了吸附树脂的应用领域。

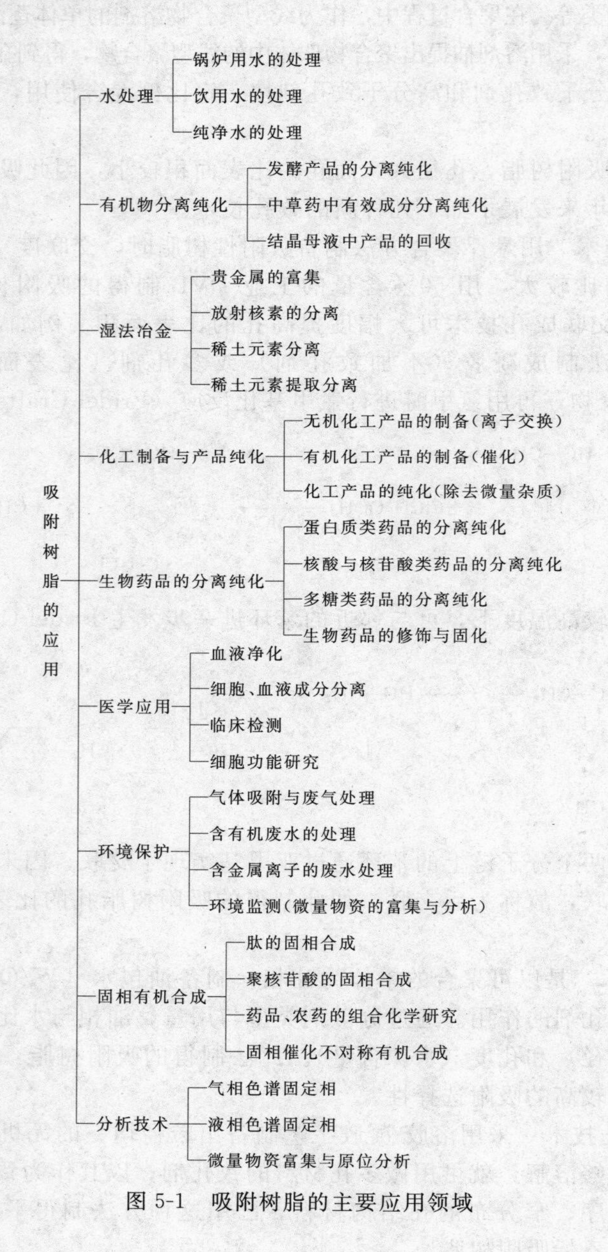

图 5-1　吸附树脂的主要应用领域

吸附树脂在组合化学研究领域的应用也受到了广泛的关注[7,8]，主要是作清除树脂之用。

利用固相聚合物载体进行组合合成是组合化学发展的基础。但固相反应常受到扩散的限制，而液相反应不受此限制，固相在组合化学合成中有优势。清除树脂是在溶液相化学反应完成后用以去除过量反应试剂和副产品的吸附树脂。

5.1.2 活性碳纤维[9]

活性碳纤维是以高聚物为原料，经高温碳化和活化而制成的一种纤维状高效吸附分离材料。一般根据原料的名称分类和命名。例如以纤维素为原料制得的为纤维素基活性碳纤维；以聚丙烯腈为原料制得的称为聚丙烯腈基活性碳纤维等。

活性碳纤维的制备工艺可概括为预处理、碳化和活化三个主要阶段，如图 5-2 所示。

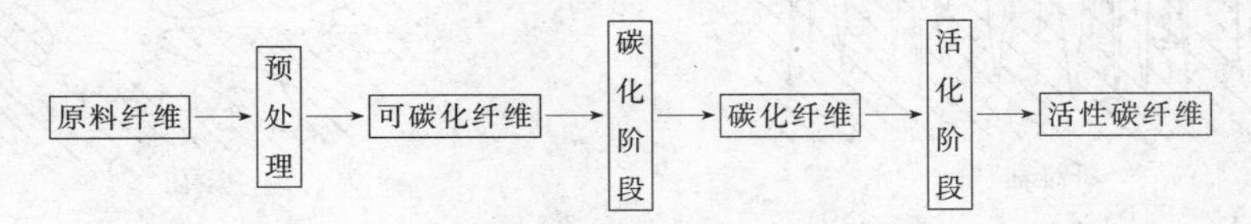

图 5-2 活性碳纤维生产过程

活化碳纤维的表面包括大量含氧官能团如酚羟基、醌基、酮基、羧基等，此外还有 C—H 结构以及 C 原子与 N 等杂原子所形成的基团。活性碳纤维的本体（体相）的 C 原子主要以类石墨平面片层大共轭结构存在。活性碳纤维的比表面积一般为 1000～3000m^2/g。巨大的比表面积赋予它极高的吸附容量。表 5-1 列举了几种活性碳纤维的比表面积和孔径。

表 5-1 活性碳纤维的比表面积和孔径

样品	外表面积/(m^2/g)	比表面积/(m^2/g)	平均孔径/nm	孔径分布曲线举点/nm	产地
NACF		900～1000		1	日本东邦贝丝纶公司
KF-A	1.5	1000		<0.9	日本东洋纺织公司
KF-B	约 2.0	1500	约 1.4	1.6	日本东洋纺织公司
酚醛基 ACF		1000～3000	1～2.8		美国碳化硅公司
PACF		1300～1700	1.4		中山大学
SNACF		800～1000	1.4		中山大学
GAC	0.01	900	2.6	1.8,50,200	

活性碳纤维孔结构特点是：微孔占孔体积的 90％以上（孔径 2nm 以下的为微孔），孔径小而且分布窄（见图 5-3），所以吸附分离性能好。另一特点是微孔直接分布于纤维表面，因此吸附和解吸的途径短因而具有很高的吸附和解吸速度。不像粒状活性炭，吸附物质分子必须经过大孔、中孔才到达微孔吸附中心。图 5-4 及图 5-5 分别表示活性碳纤维和活性炭的孔结构模型。

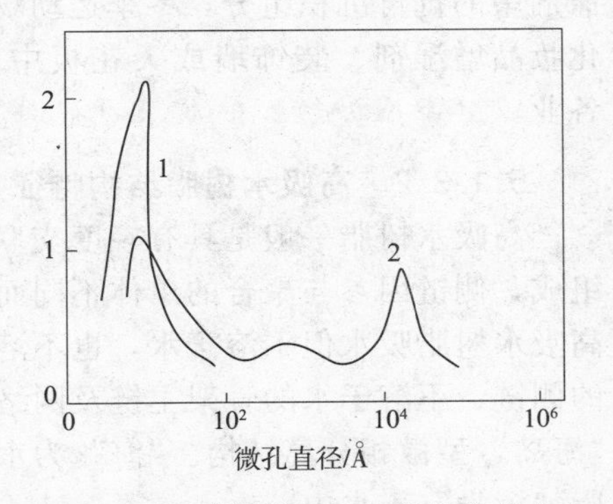

图 5-3 活性碳纤维和活性炭的孔径分布

1—活性碳纤维；2—活性炭

活性碳纤维具有与传统活性炭等吸附材料不同的化学结构与物理结构和优异的性能特征，碳含量高、比表面积大、微孔丰富、孔径小且分布窄，因而吸附量大、吸附速度快、再生容易。此外，能以纱、线、布、毡等形式使用，在工程应用上灵活方便。因此，在化学化工、环境保护、医疗卫生、电器、军工等领域具有良好的应用前景。已被成功地用于溶剂回收、废水废气净化、毒气、毒液、放射性物质及微生物的吸附处理、贵金属回收等方面。因此活性碳纤维一直受到科学家和企业家的重视，是当今国际上多孔吸附分离材料研究的热点，将是21世纪最优秀的环境材料之一。

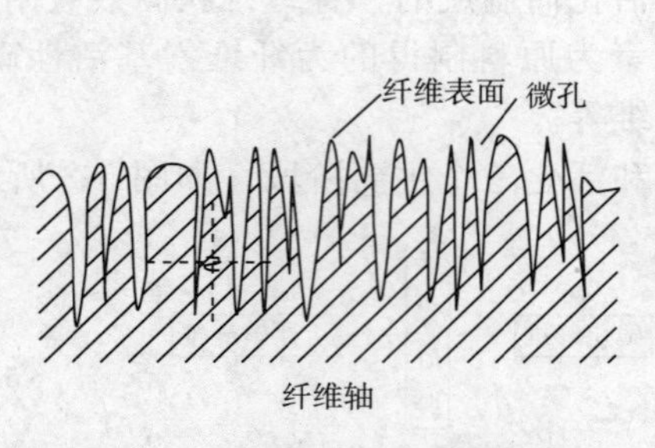

图5-4 活性碳纤维的孔结构模型图

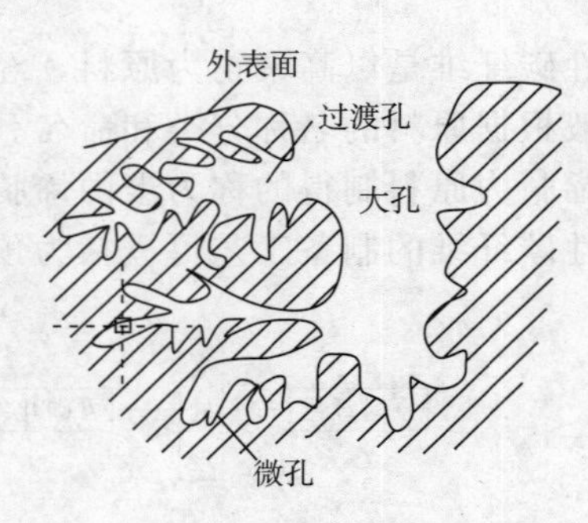

图5-5 活性炭的孔径结构模型

5.1.3 高吸水树脂[10,11]

5.1.3.1 高吸水树脂概述

高分子吸水树脂最早是由美国农业部北方研究中心的Fanta等人在20世纪60年代末期首先开发研究成功的，它是用铈盐作引发剂合成的淀粉-丙烯腈接枝共聚物的水解产物。高吸水树脂是一种吸水能力高、保水能力强的功能高分子材料，它能吸收自身重量几十倍乃至上千倍的水分并膨润成凝胶，即使受外加压力也不能把水分离出来。迄今为止，研制成功的高分子吸水树脂最高吸水倍数可达5000倍。由于高吸水树脂是用作胶凝剂的干状物质，有时也被称作干胶。高吸水聚合物对水强烈的亲和力使它在个人卫生用品方面得到广泛应用，仅一次性纸尿布工业，就消耗高吸水聚合物总产量的80%～85%。高吸水聚合物在农业上的应用也显示出广阔的前景，研究发现，在农业上应用高吸水聚合物，可减少灌溉水的消耗，降低植物死亡率，提高土壤肥力，以及提升植物生长速度。高分子吸水树脂奇特的性能和可观的应用正在由一般的应用性能向功能化、智能化材料拓展，如通讯电缆的防水剂、洗涤剂中的抗再沉积组分，冬季运动场的人造雪、湿度调节剂、凝胶传动装置、活性酶载体、化妆品增湿剂、装饰墙或天花板中的抗湿剂等，其应用领域已经渗透到国民经济的各行各业。

5.1.3.2 高吸水树脂结构特征

高吸水树脂一般是具有轻度交联的三维网络结构，它们的主链大多是由饱和的碳-碳键组成，侧链因参与聚合的单体不同而不同，常带有羧基、羟基、磺酸基等亲水性基团，因而高吸水树脂吸水但不溶于水，也不溶于常规的有机溶剂。其结构特征在于含有大量亲水基团的侧链、不溶于水的骨架主链及网络。因此有人认为高吸水树脂也具有像ABS塑料那样的“海岛”型微相分离结构。“海”为水库，用于吸收并存储水，“岛”为堤岸，不让聚合物树脂“沉没”于水中。

5.1.3.3 高吸水树脂的吸水机理

高吸水树脂的分子结构大多数是聚电解质，它是一种带有离子基团的聚合物，当聚合物接触到水，反离子溶解于水，同时网络结构上也形成固定的离子基团，由于树脂内外离子浓度的差别，形成一定的渗透压，导致了水分进入吸水树脂，如图 5-6 所示。另一方面，聚合物支链上存在亲水基团，它们的水合作用也促使了树脂吸水膨胀，这是非离子吸水树脂吸水的机理。

在盐溶液中，由于电荷屏蔽效应，溶液中的离子改变了聚电质分子内外的相互作用，更重要的是由于吸水树脂外部离子浓度的升高，凝胶内的渗透压降低，导致吸水树脂膨胀的大幅减少。

为了了解高吸水树脂的吸水机理，分析吸水后水的状态是非常重要的。按 0℃时水是否结冰将水分为非冻结水和冻结水，而冻结水中又根据是否与树脂成键分为结合水和自由水。Hatakeyema 等[12]人运用 DSC、NMR 法分析树脂凝胶中水的结合状态，结果表明在树脂吸收的水分中大量的水为自由水。陈军武等人[13]根据吸水聚丙烯酸钠水的 DSC 图，认为聚丙烯酸钠水凝胶中的水有冻结水和非冻结水两种存在形式。这些研究表明被吸入的水只有部分与树脂有相互作用，而其余的水只有与树脂有相互作用的水有作用，高吸水树脂的分子链可高度扩展，这样水可存在于交联网络中，网络内外的渗透压是树脂大量吸水的关键。随着交联密度增加，树脂网络中交联点间的链变短，网络间的空隙变小，吸水倍率下降；树脂上亲水基团与水的亲和力越大，与之形成氢键的水分子越多，吸水能力越大；树脂上电荷的密度提高，树脂内外的渗透压增大，树脂的吸水倍率也提高。

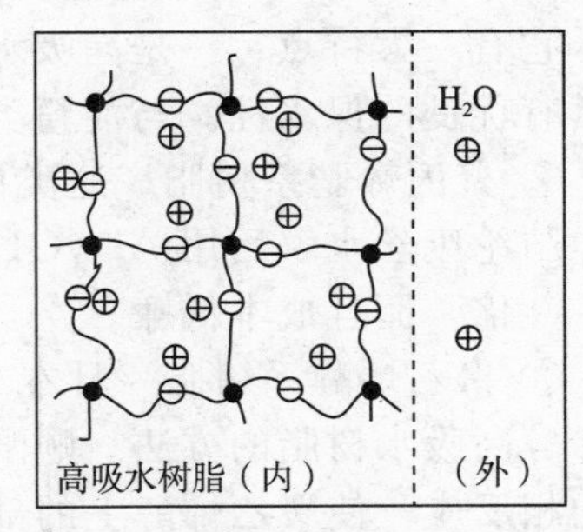

图 5-6　吸水树脂吸水机理示意图

⊖ 高分子电解质；⊕可活动离子；●交联点

Jose 等人[14]对丙烯酸和 *N*-异丙基丙烯酰胺共聚吸水树脂的吸水膨胀进行了研究，他们认为在 pH 值为 1 的酸溶液中该树脂中的聚丙烯酸片段和聚 *N*-异丙基丙烯酰胺片段都具有一个各自的膨胀和收缩的临界转变温度，而在纯水和 pH 值为 12 的碱溶液中，这个临界转变温度不一定都存在。在 pH 值为 1 的酸溶液中树脂吸水膨胀比在纯水中小得多，而且随着酸性共聚单体的增多，膨胀比减小。

5.1.3.4　高吸水树脂的分类及制备

高吸水聚合物种类繁多，以原料来源分类，可分为天然高分子及其改性物，如淀粉系列（淀粉接枝、羧甲基化等）；纤维素系列（羧甲基化、接枝等）；合成高分子如聚丙烯酸、聚丙烯酰胺等。有些吸水树脂可降解，有些不可降解。

吸水高分子材料的合成大多采用功能性单体的均聚、共聚及接枝共聚。引发方法有化学引发、射线辐射引发、微波辐射法、紫外光辐射法[15]和等离子体引发，其中以化学引发为主。聚合方法可以采用本体聚合法、溶液聚合法和反相悬浮聚合法等。与前两种方法相比，采用反相悬浮聚合法，聚合过程稳定，聚合产物不易成块状凝胶、粒径均匀、吸水率高。由于采用的原料及产物是亲水性的，采用反相悬浮聚合法可避免聚合产物吸收大量的水分，有利于产物后处理。

(1) 淀粉类接枝共聚物　淀粉是亲水性的天然多羟基高分子化合物，其接枝共聚物是世界上最早开发的一种高吸水性树脂。其制备方法是淀粉和取代烯烃在引发剂存在下进行接枝共聚，如用淀粉和丙烯腈在引发剂存在下进行接枝共聚，聚合产物在强碱条件下加压水解，接枝的丙烯腈变成丙烯酰胺或丙烯酸盐，干燥后即得产品。这种接枝的吸水树脂吸水率较高，可达自身质量的千倍以上，但其长期保水性和耐热性较差。

(2) 纤维素类　纤维素与淀粉相似，也可作为接枝共聚体的骨架，接枝单体除丙烯腈外，还可使用丙烯酰胺或丙烯酸等，所得产品为片状。将纤维素与单氯醋酸反应得到羧甲基纤维素，再经加热进行不溶化处理或用表氯醇等进行交联后可制得高吸水树脂。目前国内这方面的研究不多。虽然纤维素类吸水树脂的吸水能力比淀粉类要低，但是在一些特殊的性能方面，纤维素类吸水树脂是不能代替的。例如制作高吸水性织物。

(3) 合成树脂类　合成树脂类高吸水树脂有如下几大类：

① 聚丙烯酸系树脂　这类树脂的代表性产品是丙烯酸甲酯与醋酸乙烯共聚后的皂化产物。它有三大特点：一是高吸水状态下仍有很高的强度；二是对光和热有较高的稳定性；三是具有优良的保水性。与淀粉类树脂相比，具有更高的耐热性、耐腐蚀性和保水性。

② 聚丙烯腈系树脂　这类树脂是由聚丙烯腈纤维用碱皂化其表面层，再用甲醛交联制得。腈纶废丝水解后用 $Al(OH)_3$ 交联的产物也属于此类。后者的吸水能力可达自身质量的 700 倍，而且成本低廉。

③ 聚乙烯醇系树脂　日本 Kuraray 公司开发了用聚乙烯醇与粉状酸酐反应制备改性聚乙烯醇高吸水树脂的方法。顺酐溶解在有机溶剂中，然后加入聚乙烯醇粉末，加热搅拌进行非均相反应，使聚乙烯醇上的部分羟基酯化并引进羧基，然后用碱处理，得到高吸水性的改性聚乙烯醇树脂。

④ 聚环氧乙烷系树脂　聚环氧乙烷交联制得的高吸水性树脂虽然吸水能力不高，但它是非电解质，耐热性强，盐水几乎不降低其吸水能力。

⑤ 其他非离子型合成树脂　近年来开发出了以羟基、醚基、酰胺基水溶液辐射交联，得到含羟基的吸水性树脂。这类树脂吸水能力较小，一般只能达50倍。它们通常不做吸水材料用，而是作为水凝胶用于人造水晶和酶的固化方面。

5.1.3.5　影响高吸水树脂性能的因素[15]

为了提高吸水性，人们从聚合机理、吸液机理等方面进行研究。高吸水树脂的吸液速率、吸液率和凝胶强度等性能与合成方法有关，采用反相悬浮聚合法和共沸脱水法，可合成粒径为 20～50nm 的球状高吸水性树脂，增大了粒子的比表面积，提高了吸水率。

(1) 合成工艺条件的影响

① 单体　单体的浓度是提高吸水性的关键。对于均聚反应，浓度太低，不但不能交联，而且易结块，使聚合难以进行；浓度太高，反应过于猛烈，链转移反应增加，支化程度、自交联程度高，降低了材料的吸水性能。对于共聚体系，单体组成应具有一个合适的配比。

② 中和度　由于吸水树脂的吸水能力与高分子电解质的电荷密度有关，所以中和度对于吸水倍率有很大影响。中和度较低时，水中酸度较高，聚合速率大。中和度过高时，由于水中的酸度降低，反应速度降低，树脂可溶部分增多，吸水倍率下降。实验表明，反应体系的中和度在 70%～85%时，吸水倍率最大。

③ 交联剂　交联剂用量的大小，决定了树脂的空间网络的大小，从而对树脂的吸水率有很大影响。交联剂用量一般为反应中和物的 0.0005%～20%（质量）。交联剂用量很小时，树脂的可溶部分大，吸水率低，部分树脂溶于水中。随着交联剂用量的增加，形成适宜的网络，树脂中可溶部分减少，吸水率增加，在合适的交联剂用量下，吸水率可达到最大值。当交联剂用量过多时，交联点密度大，网络点之间的距离小，溶胀时不易扩张，使吸水率下降。研究发现，交联剂链的长短与吸水性能也有密切关系。交联剂链过短时，树脂的微孔对水分子的吸附能力较强，水分子排列较密，凝胶强度大，但分子网络过紧，限制了吸水时体积充分膨胀；当交联剂链过长时，形成一个长的分子网络，树脂微孔对水分子的束缚能

力减少，水在其中呈流动状态，凝胶强度低，水易流失，吸水率也低。另外，交联剂链上的官能团的亲疏水性与数量对树脂的吸水性能也有影响。

④ 引发剂　引发剂有过氧化物、偶氮类化合物、氧化还原体系（如：铈盐、锰盐）等。引发剂用量与引发剂的种类、生产方式有关，一般用量为单体的0.01%～8%（质量）。引发剂用量过大，导致聚合物交联点间的相对分子质量过小，聚合物的网络变小，吸水倍率下降。引发剂用量过小，聚合物交联点间相对分子量过大，树脂可溶部分增多，吸水率也下降。

⑤ 反应温度　为提高产物分子量，一般反应温度在50～80℃之间。反应温度低，体系黏度大，不利于反应热的排除。随着反应温度的升高，体系黏度减小，易于引发剂的分解，单体转化率高。温度过高，易发生链转移和自交联反应，产物的吸水率降低。

在悬浮聚合中，分散稳定剂对形成高性能的材料主体非常重要。分散稳定剂包括表面活性剂及无机物粉末等。其作用是吸附在液滴周围，形成一层致密吸附膜，起着保护、隔离胶体的作用，使分散体在整个聚合过程中处于稳定状态。当分散稳定剂用量过小时，悬浮体系不稳定，随分散稳定剂用量增加，稳定的粒子数目增多，产物粒径减少，吸水率增加。分散稳定剂用量过多易产生乳化现象，产物粒径过细，后处理困难。Span类稳定剂对树脂吸水率的影响不大，而对树脂的粒径有较大的影响，随着分散剂HLB值的增大，树脂的粒径不断降低。此外，聚合体系的油水比对聚合物的吸水能力也有较大的影响。

(2) 树脂种类的影响　吸水性高分子的吸水性能与其分子链的组成、结构、分子量、交联程度有关。离子型聚合物比非离子型聚合物吸水能力强，而且离子化程度越高，吸水能力越强。但离子型吸水高分子的吸水能力受溶液的pH值、盐的浓度影响较大，非离子型的吸水高分子则受溶液的盐浓度[15k,15p]、pH值的影响较小。

5.1.3.6　高吸水树脂的应用

高分子吸水树脂具有高吸水性、高保水性、高增稠性三大功能。高吸水树脂主要有如下几方面的应用：① 日常用品，一次性卫生用品是高分子吸水树脂的主要的也是较为成熟的应用领域，约占高分子吸水树脂总用量的70%～80%，它们主要是婴幼儿护理卫生用品、妇女护理卫生用品和成人失禁卫生用品。② 农林方面，土壤中混入0.11%～0.5%高吸水树脂后，即使因干旱缺水时也能保持其有效湿度稳定，可减少浇水次数。作物生长旺盛、产量提高、节省劳力，此外高分子吸水树脂还有改善土壤团粒结构的作用。在改造沙漠中，吸水树脂可作水分保持剂、肥料缓释剂。高吸水树脂吸水后和种子混合，用于大规模机械化流体播种，不仅可节省50%种子，而且种子受机械损害程度少，成活率高。高分子吸水树脂在这一方面的应用有望进一步得到推广。③ 隔水材料，用高吸水树脂和橡胶或塑料共混后加工成各种形状，用于土木建筑领域挤缝，这些材料一遇水就会急剧膨胀，有很高的水密性。这一技术在防止油气渗漏、废水渗漏等油田化学中作密封或包装密封得到广泛应用。④ 露点抑制剂和温度调节剂，高吸水树脂具有平衡水分的功能，在高湿度下能吸收水分，在低湿度下又能放出水分。国外制造高吸水树脂非织布，将它衬在包装箱内或做成口袋来包装水果、蔬菜，这样可调节水分并防止在塑料袋内形成水珠，以保持水果、蔬菜等的鲜度。该非织布用于内墙装饰可防止结露并调节空气湿度。⑤ 医疗保健，用作外用软膏基质，有提高药效、清洗方便之特点；用于缓释药物的制造；制成冰枕、冰袋、冰带有降低体温，防止体温局部过热的作用。⑥ 高吸水树脂应用于水泥改性，制造高强度混凝土的研究始于20世纪70年代末，这些研究大多集中在丙烯酸及其衍生物高吸水树脂上，研究工作多见于国外的专利，国内的研究极少。将耐盐型的部分磷酸化聚乙烯醇高吸水树脂应用于混凝土改性中，效果十分良好。当选择合适的交联密度和可解离磷酸根含量时，添加2.4%～3.0%的此类树脂，可使抗压强度提高25%以上，且耐蚀性大大提高，收缩率大大降低。

5.1.3.7 吸水树脂发展的新趋势

目前高分子吸水树脂已由单一的吸水功能向多功能型、智能型高聚物水凝胶方向发展，由过去强调单一的高吸水性向高性能、多功能方向转变。通用功能型高吸水树脂的发展主要表现在结构及合成工艺上。工艺的改进使之符合工业化生产的需要，拓宽它们的应用领域，同时提高其在传统应用中的性能。如 Taked 和 Taniguchi[16a] 以高丙烯酸单体浓度制备自交联型高吸水树脂。反应于 80℃条件下引发，并任其自动升温，利用反应聚合热，使得产物一方面呈多孔性，提高了吸液速率，另一方面，含水量很低（15%），减少干燥需要的热量。多孔高吸水树脂因其独特的性能引起人们很大关注[16b]。Murase 等[17] 首先用氢氧化钠溶解含二氧化钛的聚酯纤维制得中空纤维，然后用丙烯酸、丙烯酸钠、聚乙二醇和过硫酸钾混合液浸渍该纤维，在真空中加热得高吸水纤维。Okamoto[18] 等以丙烯酸、丙烯酸钠、*N*，*N*′-亚甲基二丙烯酰胺混合液浸渍聚氨基甲酸乙酯泡沫制得吸水性复合材料。Ishizaki[19] 等利用浸渍了丙烯酸、丙烯酸钠、TMPTA、甘油、EGDE 的聚乙烯四邻苯二甲酸酯纤维压在压辊的转筒上加热，开发出生产片状吸水材料的工艺。Hahnle[20] 等人将单体、交联剂、泡沫稳定剂、聚合反应调节剂、填充剂及成核试剂的混合液中通入大量气体，然后聚合得到高吸水泡沫材料。Pearlstein[21] 将一种非胶态的固体核包在乙二醇二缩水甘油醚交联聚合的部分中和丙烯酸树脂内，得到具有高性能的吸水颗粒。

由于高分子量的交联聚丙烯酸（盐）基吸水树脂及其他许多吸水树脂都难以生物降解，不能被土壤中的微生物和细菌所分解。因此，开发可生物降解吸水剂，使其使用后的废物可以生物降解，以减少对环境的污染是当前国内外在这一领域的重要研究课题[22]。天然聚合物及经化学改性的天然聚合物一般是可生物降解的，其生物降解性能与天然聚合物的结构和改性的程度、方式有关，而以 C—C 键为主链的合成聚合物，若其分子量较大（>1500g/mol），则一般不能生物降解。若经分步聚合或缩聚而成的主链含有杂原子的聚合物一般可生物降解，降解程度取决于其主链的化学性质、分子量、亲水性及形态。基于上述规律，一般可通过以下 3 种途径来制备可生物降解吸水树脂：① 通过化学改性增强吸水树脂的生物降解性能；② 通过化学改性提高可生物降解材料的吸水性能；③ 采用可生物降解聚合物与非生物降解性吸水树脂接枝、共混的方法制备可生物降解吸水树脂。其中第一种方法要求伴有某些非生化机制，使高聚物首先在外界非生化因素（如热分解、水解或化学分解）的作用下分解为相对较小的聚合物分子（相对分子质量降低到 1500g/mol 以下），被分解成的小分子聚合物才能够穿过微生物的细胞膜，与细胞内的活性酶接触而被进一步分解为 CO_2、甲烷、水或小分子物质。第二种途径一般要求在疏水性的可生物降解聚合物分子中引入带电荷的官能团，并实施交联以提高其吸水性能。第三种方法国外已有研究报道，结果表明采用这种方法得到的吸水树脂难以完全生物降解。

5.1.4 高吸油树脂[23]

5.1.4.1 概述

高吸油材料是一种可吸油（包括有机液体）的材料。1966 年美国道化学公司以烷基乙烯为单体，经二乙烯苯交联制得一种非极性的高吸油树脂，1990 年日本触媒化学工业公司以丙烯酸类单体为原料，制得的侧链上有长链烷基的丙烯酸酯低交联聚合物，这种聚合物是一种中等极性的高吸油树脂。随着工业的发展，含油污的废水、废液、海洋石油泄漏等造成的污染促使吸油材料的发展。最初人们利用海绵、黏土等多孔性物质来吸油，这种吸油材料有着明显的缺点：① 吸油量不大；② 油水选择性不高，往往吸油的同时也吸水；③ 吸油后保油性差，稍一加压就会重新漏油，这些缺点的存在使得它们的应用受到限制。后来，人们受到表面活性剂表面改性的启发，用吸油垫来作吸油材料[23]，如丙纶吸油毡是以等规聚丙烯树脂为原料，采用纺连法一步成网，再经针刺成毡而制得的[24]，吸油垫本身是亲油物质或经改性后是亲油物质，因此吸油垫的吸油率和油水选择性都有所提高。然而在加压下重新漏油的问题却仍不能解决。近年来，研究人员们受到高吸水树脂某些理论的启发，使吸油材料向高吸油树脂发展。目前研究较多的高吸油树脂往往是以亲油性单体为基本单位，经适度交联形成低交联的聚合物网络结构，它吸收的油以范德华力保存在这个网络中。这种吸油材料吸油倍率高、油水选择性好，且保油性能大大提高，不易重新漏油，是一种高性能的新型材料。国内对高吸油性树脂的研究起步比较晚，只有少数几家高校和研究所在开展这项工作，部分研究人员研究了聚降冰片烯树脂、聚氨酯泡沫等吸油材料，大多数研究人员是采用甲基丙烯酸酯系列为原料，以过氧化苯甲酰、过硫酸盐等为引发剂，用二丙烯酸 1，4-丁二醇酯、乙二醇二丙烯酸酯、双烯交联剂等为交联剂，采用悬浮聚合、乳液聚合、微波辐射等多种方法制得了吸油倍率在 10～30 不等的高吸油树脂。

5.1.4.2 吸油高分子树脂分类及吸油机理

吸油材料可以根据不同的分类方法进行多种分类。按原料分，吸油材料可以分为无机吸油材料和有机吸油材料，有机吸油材料又可以分为天然有机吸油材料和合成有机吸油材料。按吸油材料的吸油机理可以分为吸藏型、凝胶型和吸藏凝胶复合型。按吸油材料的产品外观可分为片状类、粒状固体类、粒状水浆类、编织布类、包裹类、乳液类等。表 5-2 将通用吸油材料的种类、应用领域及特征归纳如下。

表 5-2 通用吸油材料的种类、应用领域及特征

分类		种类	应用领域	优点	缺点
天然	包藏型	黏土 二氧化硅 珠层铁 石灰	工厂废油处理 漏油处理	低价 安全	吸油少 运输成本高 体积大，也吸水 不可燃弃
	天然包藏型	棉 泥碳沼 木棉 纸浆	油炸食品废油处理 工厂废油处理 漏油处理	低价 安全 可燃弃	受压漏油 也吸水 体积大
合成	合成包藏型	PP 织物 聚苯乙烯织物 聚氨酯泡沫	工厂废油处理 工厂排水混入油处理 流出油处理 漏油处理	吸速快 可燃弃	受压漏油 也吸水 体积大
	合成凝胶型	金属皂类 12-羟基硬脂酸 亚苄基山梨糖醇 氨基酸类	油炸食品废油处理 油黏度调整剂 流出油处理 漏油处理	安全可燃弃 小型紧凑安全可燃弃 体积小	需加热熔融 高价
	合成复合型	聚降冰片烯树脂	废油处理 漏油处理	可燃弃 体积小	高价，吸速慢 吸油量少 不吸油脂类

吸油高分子树脂吸油机理现在研究的还很少。① 吸藏型的吸油材料往往是具有疏松多孔结构的物质，它利用毛细管现象吸油，如黏土、棉、PP 织物等。吸藏型的吸油材料吸油速度比较快，但缺点明显，如吸油也吸水、保油性差。② 凝胶型的吸油材料大多是低交联的亲油高聚物。凝胶型的吸油材料吸油倍率大，保油性好。它的吸油机理类似于非离子型高吸水树脂的吸水机理，原则上用亲油基取代高吸水树脂中的亲水基，使高吸水树脂转化为高吸油树脂。高聚物中的亲油基与油分子相互亲和作用力为吸油推动力，油吸入后储藏在树脂内部的网络空间中，高聚物交联度越低，则它的网络空间越大，吸油储油能力也越大。由于交联度降低将会导致高聚物在油中的溶解度增大，合理把握两者的平衡是制备高吸油树脂的关键。③ 吸藏凝胶复合型，集中了前两者的优点，利用吸藏型的吸油材料吸油速度比较快和凝胶型的吸油材料吸油倍率大，保油性好和选择性好的特点。

5.1.4.3 吸油高分子树脂性能指标及影响因素

吸油树脂性能的好坏可用下列几个指标来表示：① 吸油倍率。② 吸油速度。吸油速度可以用单位质量的树脂在一定时间内吸多少油来表示，也可以用单位质量的树脂吸一定量的油需要多少时间来表示。③ 保油性，指吸收了油之后的树脂在一定的压力条件下保油性能。保油性好的树脂不易漏油，保油性差的树脂吸油后又会重新漏油。④ 油水选择性，油水选择性可以用吸油量与吸水量的比值来表示，也可以用吸水量与吸油量来表示。就高吸油树脂而言，我们希望它多吸油，少吸甚至不吸水。⑤ 水面浮油回收性能，水面浮油回收性能是指树脂对油水混合物中的油的回收情况。迄今为止的研究表明，吸油倍率高的树脂吸收水面浮油也多，吸油速度快的树脂吸收水面浮油的速度也快。另外，水面浮油总量在树脂饱和吸收总量的 80%以下时，树脂可基本将浮油吸收完全。需要说明的是，以上各指标中所提到的油并没有统一的规定，使用相对较多的是对苯和对煤油的吸收情况。油种类的选择对各指标影响很大，选用不同的油，各指标的结果将会不同。以 1989 年日本村上公司用三异丙苯基过氧化物交联制得的醋酸乙烯-氯乙烯共聚体高吸油树脂为例，油的种类与吸油倍率的关系见表 5-3。

表 5-3　油的种类与吸油倍率的关系油

油的种类和名称		吸油倍率(质量比)
脂肪烃	正己烷	8
	正癸烷	10
	环己烷	12
芳香烃	甲苯	15
	二甲苯	15

树脂的吸油性能与树脂的结构及制备条件等因素密切相关，分别描述如下：

(1) 单体结构的影响　单体是树脂的重要组成部分，因此选择合适的单体至关重要。首先单体的极性直接影响着树脂对油品亲和力的大小，对树脂的吸油率及吸油速率起着决定性的作用。当树脂与油品的溶度参数相近时，树脂达到最大吸油率。就丙烯酸酯类树脂而言，一般单体的碳链越长则对非极性油品的吸收性越好。但也有文献[25]指出若酯基的链过长，吸油率也将下降，这与树脂的有效网络容积有关。其次单体的空间结构决定了树脂的内部微孔的数量和大小，对油品选择性有很大影响。一般来说，选择多支链单体可有效地提高树脂内微孔的数量，但它对聚合性能的影响也不可忽视，需综合考虑。最后，选用适当的共聚单体也可改进树脂的亲油性能及内部结构，是改善树脂性能的有效手段。

(2) 交联剂种类与用量的影响　交联剂不同，所得的树脂性能也不同，对此有关文献进行了有益的探索，交联剂用量对树脂性能影响较大。用量太多，则交联点增加，交联点间的链段较短，伸缩力差，吸油率低；交联剂用量太低，则三维分子网交联程度差，会溶于油中而使吸油率降低，此外保油性也将较差。

(3) 引发剂的影响　常见的自由基引发剂是过氧化物和偶氮化物，引发剂用量对树脂性能的影响不容忽视。用量过大，反应太快，交联度增加，吸油率下降；用量太小，反应太慢，交联度过小，吸油率也会降低。

(4) 分散剂的影响　分散剂的主要作用是使树脂在形成的聚合过程中形成稳定、均匀的颗粒，它决定着树脂的粒径大小，同时分散剂对转化率及分子量也有间接的影响。因此选用合适的分散剂及其用量，不仅能降低生产成本，还能减少树脂的分散剂残余量，对提高产品的吸油速率起着重要作用。

(5) 聚合工艺的影响　随着乳液聚合工艺的不断发展，出现许多新兴的聚合技术，如运用致孔技术改善树脂结构，就可在基本保持原有工艺的基础上，大幅度地提高树脂的吸油率和吸油速率。目前，这方面的研究应用还很少。但采用新的聚合技术是从本质上改善树脂性能的最佳方案。

5.1.4.4　吸油高分子树脂应用[26]

随着研究的深入，研究人员已经发现高吸油树脂可以用在相当广泛的领域。例如：利用它的吸油性，高吸油树脂可以用于工业含油废水处理、食品废油处理、海面石油泄漏处理等；利用它吸油后对油的缓释性，可以做油品缓释基材；利用高吸油树脂的吸油机能和释放功能，可以作为油污过滤材料、橡胶改性剂、纸张用添加剂、黏胶添加剂等；利用它在油中的溶胀性，可以作防漏油密封材料等。如果说高吸水树脂几乎可以用在一切与水有关的领域，那么我们也可以预测高吸油树脂可以用在一切与油有关的领域。如海面上的浮油一般是通过吸油材料吸除的。美国 Kimberly-Clark 公司最近开发出一种由两种材料组合而成的新材料（美国专利 US5834385），新型吸油材料是由两片外层材料中间夹裹吸收填料而组成，面向水面的一面经凸凹轧纹处理后形成方形截面或其他形状截面的凸凹结构，这种结构的作用是提高与油面的接触，有助于非织造布层的透油速度。两外层的搭边处向外延伸一段并封合好以形成良好的接缝，保证内层吸收材料不会向外透出。在两片外层材料间充填芯材后，整体吸收体呈圆柱体形。它是由一系列内连的部段组成，每个部段可以是两端闭合的圆柱形结构，各部段沿搭接区固定，外层由捆扎线封闭，形成如同一串香肠状的产品。作为外层的 PP 熔喷非织造布的纤维呈随机分布，纤维细，比表面积大，同时 PP 的吸油性能好，非常适合这一用途。当水表面的浮油层接触到吸油材料时，吸油材料的外层熔喷布就会快速将油吸走并传递给内层的吸收材料，将油吸收。它还可以吸去水中浮游的油滴。外层的非织造布可吸油并将油转移到纤维素填料层中，而水却被挡在了外层。由于纤维素纤维是可更换的材料，而 PP 则为不宜更换的材料，因此这种结构可以大大节省 PP 熔喷布的消耗。用过的吸油材料可以取出进行处理或将吸收的油通过施压提取，进行再利用。与其他这类的清洁材料相比，这种新型吸油材料在设计和制作方面的优点是简单易得，且用后的处理费用较少。

5.1.4.5　吸油高分子树脂发展方向

由于人们对高吸油树脂领域的研究还较少，今后尚有很大的发展空间。如：

(1) 吸油热力学和动力学、树脂结构与性能之间的关系。如果能在这方面作更深入的探索将对吸油树脂的研究和开发产生指导作用，为更好地开发新型吸油材料提供坚实的理论基础，从而进一步提高吸油倍率和吸油速率。

（2）树脂的再生利用。如果树脂在某一条件下吸油，而在另一条件下又可以把油较快地释放出来，就可以达到树脂和油的循环再利用。就目前掌握的资料看，这方面的研究极少。如果这一研究有了重大突破，将对油品采集及回收具有重要的作用。

（3）树脂吸油后处理。树脂吸油后，如何处理带油的树脂是一个研究得较少的领域。现有基本上是将它燃弃，若能找出更有效的树脂吸油后处理技术，将其有效利用也将是一个非常有意义的方向。

（4）原料来源问题。目前研究的高吸油树脂多数是从单体开始聚合而合成，如果能废物利用，将废料如轧棉机废料作为原料，制备高吸油材料，对环境、能源等方面均有很大的意义。

（5）应用领域的进一步开拓。高吸油树脂已在许多领域发挥作用，但仍有许多空白领域等待开发，例如可以将它用于美容品中用于除油，合成新型生物吸油材料；可以用于医学方面，解决人体血液中过剩血脂或肥胖等问题。

（6）复合吸油材料的研制与开发。

5.2 离子交换高分子、螯合树脂以及配位高分子

5.2.1 离子交换树脂和离子交换纤维[2,3,5]

离子交换树脂，亦称为离子交换剂，是由交联结构的高分子骨架与可电离的基团两个部分组成的不溶性高分子电解质。它能与液相中带相同电荷的离子进行交换反应，并且此交换反应是可逆的，当条件改变，用适当的电解质（如酸或碱等）又可恢复其原来的状态而供再次使用，这称为离子交换树脂的再生。以强酸型离子交换树脂 $R—SO_3H$ 为例（R 为树脂母体），存在如下的可逆反应。

$$R-SO_3H+Na^+ \rightleftharpoons R-SO_3Na+H^+$$

在过量 Na^+ 存在时，反应向右进行，H 型树脂可完全转化成钠型，此为除去溶液中 Na^+ 的原理。当 H^+ 过量时（即加入酸时），则反应向左进行，此即强酸型离子交换树脂再生的原理。

5.2.1.1 类型

离子交换树脂品种繁多，可以从不同的角度进行分类。一般有两种分类方法，即根据离子交换树脂上所带交换官能基进行分类和根据树脂的孔结构进行分类。

根据离子交换树脂所带离子化基团的不同可分为如下几类。

（1）阳离子交换树脂按其交换性能的强弱分为强酸性、中等酸性及弱酸性三类。强酸型如磺化苯乙烯-二乙烯基苯共聚物、磺化煤、磺化酚醛树脂等，其交换功能基都是$—SO_3H$。中等酸性离子交换树脂的例子有磷酸类及膦酸类离子交换树脂。弱酸性的例子有含羧基或酚基的离子交换树脂。

（2）阴离子交换树脂有强碱、弱碱及强弱碱混合树脂之分。强碱性又分为季胺类、鏻离子类和锍离子类交换树脂，分别以$\equiv N^+X^-$，$\equiv P^+X^-$和$\equiv S^+X^-$基作为离子交换基团。弱碱性，如间苯二胺-甲醛、三聚氰胺-胍-甲醛、吡啶-二乙烯苯及苯酚-多乙烯胺-甲醛等离子交换树脂。强弱碱性混合树脂，如四乙烯五胺 $H(HNCH_2CH_2)_4NH$ 与环氧氯丙烷所生成的离子交换树脂。

(3) 特殊的离子交换树脂包括螯合树脂、两性离子交换树脂（蛇笼树脂）、氧化还原树脂等特殊功能的离子交换树脂。螯合树脂可以螯合键吸附金属离子。这是一类具有高度选择性的离子交换树脂。两性离子交换树脂是同时具有酸性阳离子交换基团与碱性阴离子交换基团的离子交换树脂。其中最有趣的是所谓的“蛇笼树脂”（snake cage resin）。它是在同一个树脂颗粒里带有阴、阳交换功能的两种聚合物，一种交联的树脂为“笼”，另一种线型树脂为“蛇”。例如，以交联的阴离子交换树脂为笼，使能聚合的阴离子，例如丙烯酸盐在其中聚合，所生成的线型聚合物在体型母体内被紧紧抓住，而不能被其他离子所置换。此种树脂的两种功能基相互靠近后，相互中和，但遇到溶液中的离子时，还能起交换作用，可使溶液脱盐，使用后只需用水洗即可恢复交换能力，如图 5-7 所示。蛇笼树脂应用的原理是离子阻滞，即利用蛇笼树脂中所带阴阳两种功能基截留阻滞处理液中的电解质。

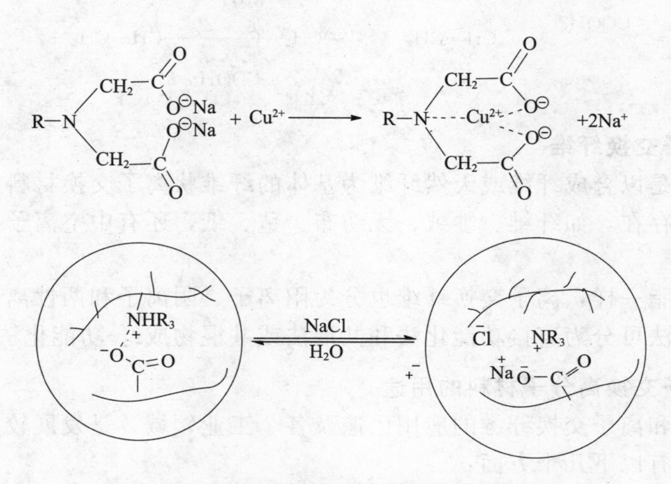

图 5-7　蛇笼树脂及其离子交换机理

氧化还原树脂亦称为电子转移性树脂，是指能反复进行氧化还原反应的高分子物，例如带氢醌基、巯基等基团的高分子化合物。这类树脂主要应用于催化氧化还原反应，以及作去氧剂和抗氧剂、净化单体及环境保护等。

此外尚有热再生树脂、磁性树脂、碳化树脂等具有特殊功用的交换树脂，在耐热高分子骨架上赋予交换基团的耐热性离子交换树脂。

根据树脂的孔结构，可分为凝胶型和大孔型离子交换树脂。凝胶型离子交换树脂一般是指在合成离子交换树脂或其前体的过程中，聚合体系中除单体和引发剂之外不含不参与聚合的物质即致孔剂，所得离子交换树脂在干态和湿态都是透明的颗粒。在溶胀状态下存在聚合物链间的凝胶孔，孔径一般为 2～4nm，小分子或离子可在凝胶孔内扩散。大孔型离子交换树脂是指在其合成过程中或其前体的合成过程中除单体和其引发剂之外尚加入不参加反应、与单体互溶的所谓致孔剂。所得的离子交换树脂颗粒内存在海绵状多孔结构，因而是不透明的。这种聚合物在分子水平上类似烧结玻璃过滤器。大孔离子交换树脂的孔径从几个纳米到几百纳米甚至到微米级。比表面积可达每克数百平方米。凝胶型离子交换树脂的优点是体积交换容量大、成本低，缺点是耐渗透强度差。大孔型离子交换树脂耐渗透强度高、抗有机污染、可交换较大的离子且交换速率大，缺点是成本高、体积交换量较低。

5.2.1.2 制备方法

最早粒状离子交换树脂是将块状聚合物粉碎制成，市售 20～50 目的球体物料一般是通过悬浮聚合的方法制得的。离子交换树脂是在具有微细网状结构的高分子骨架（母体）上引入离子交换基团的树脂。其合成方法可分为两类。一是在交联的高分子骨架上通过高分子反应引入交换基团。例如使苯乙烯与二乙烯基苯共聚（二乙烯基苯的用量决定交联度），再进行磺化，引入—SO_3H，即得强酸型离子交换树脂。另一种方法是带有离子交换基团的单体聚合或缩聚反应，例如通过以下反应制得弱酸型离子交换树脂。

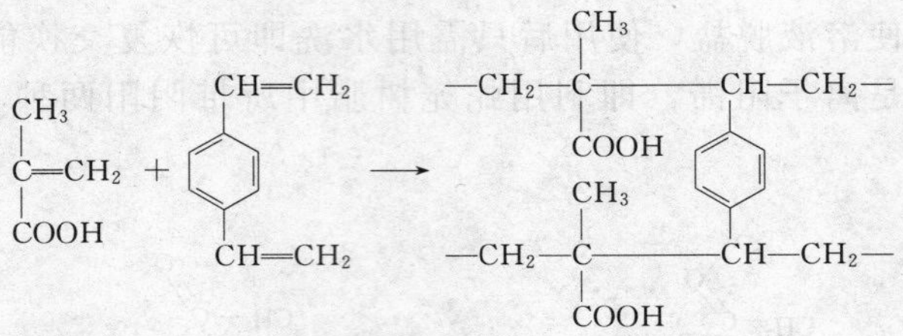

$$CH_2{=}C(CH_3){-}COOH + CH_2{=}CH{-}C_6H_4{-}CH{=}CH_2 \longrightarrow \begin{array}{l} {-}CH_2{-}C(CH_3)(COOH){-}CH_2{-}CH{-}CH_2{-} \\ \qquad\qquad\qquad\qquad\quad | \\ \qquad\qquad\qquad\qquad\quad C_6H_4 \\ \qquad\qquad\qquad\qquad\quad | \\ {-}CH_2{-}C(CH_3)(COOH){-}CH_2{-}CH{-}CH_2{-} \end{array}$$

5.2.1.3 离子交换纤维

离子交换纤维是以合成纤维或天然纤维为基体的纤维状离子交换材料。离子交换纤维可以不同的织物形式存在，如纤维、纱绒、无纺布、毡、纸，还有中空离子交换纤维、离子交换纤维膜等。

与离子交换树脂一样，离子交换纤维也分为阳离子、阴离子和两性离子交换纤维。离子交换纤维的制备方法可分为直接功能化法和共混法或共混物成纤-功能化法。

5.2.1.4 离子交换高分子材料的用途

离子交换树脂和离子交换纤维的应用已遍及各个工业领域，是发展较完善的一类高分子材料。其用途主要有以下几个方面：

① 水的处理，包括硬水软化、高压锅炉用水、医疗用水、海水淡化、去除水中放射物质、回收废水中贵金属等。

② 铀的提取及其他贵重金属的分离回收。

③ 在医药方面的应用，例如用弱酸性阳离子交换树脂分离与提纯链霉素，用于治疗溃疡病等。

④ 在食品工业中用于精制白糖，在酿酒中用于除去醛类物质以及回收氨基酸、酒石酸等。

⑤ 在化工中广泛用作高分子催化剂，如酯的水解、醇醛缩合、蔗糖转化等都可应用离子交换树脂作催化剂，它具有选择性高、不腐蚀设备、减少副反应、可回收等一系列优点。在某些氧化还原反应中可用氧化还原树脂为催化剂。

此外，在化学分析、净化、脱色、环境保护等方面都有广泛的应用。

5.2.2 螯合树脂及配位高分子

5.2.2.1 螯合树脂[9,27]

螯合树脂是指聚合物大分子链骨架上含有螯合基团的一类高分子化合物。因此，螯合树脂可视为高分子多齿配体。大分子骨架上的配位基团多是低分子金属配合物化学中所熟知的，如氨基多羧酸、多胺、喹啉、羟基酸、β-二酮等，将这些基团引入高分子链即可制得相应的螯合树脂。制备螯合树脂的方法可分为两类：使具有配位基的低分子化合物聚合或缩聚，例如将氨基羧酸、亚胺二羧酸等缩聚；通过高分子反应将配位基引入聚合物，例如，将聚苯乙烯首先氯甲基化，再与亚胺二乙酸反应即可制得相应的聚苯乙烯为骨架的螯合树脂。

常见的螯合树脂有：

PDTA-4 树脂

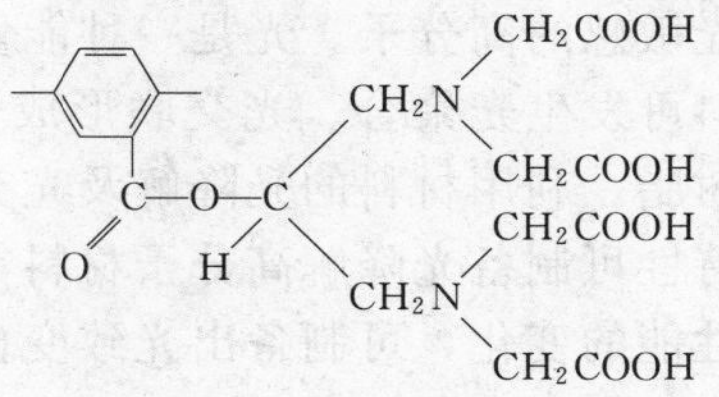

$$-C_6H_3-C(=O)-O-CH\begin{cases}CH_2N(CH_2COOH)_2\\CH_2N(CH_2COOH)_2\end{cases}$$

β-二酮类大孔网树脂

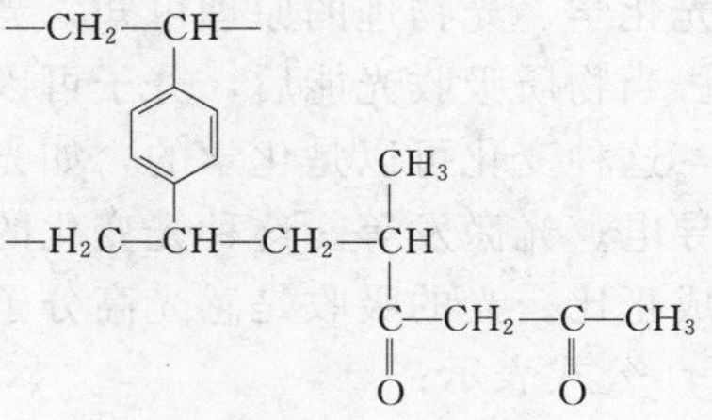

$$-CH_2-CH(C_6H_4)-\ ;\ -H_2C-CH-CH_2-C(CH_3)H-C(=O)-CH_2-C(=O)-CH_3$$

罗丹宁类树脂

$$-CH_2-CH(C_6H_4-CH_2-N<)-\ \ \text{(环：HC—CH}_3\text{，O=C，NH，C=O)}$$

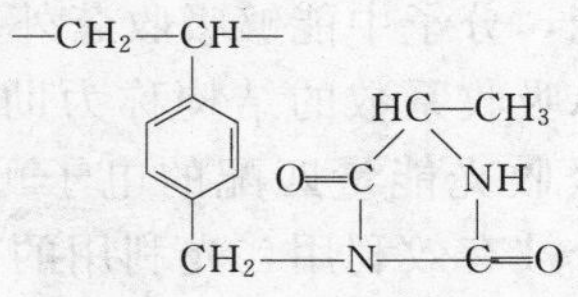

以及偶氮类螯合树脂、变色酸螯合树脂、二氨基螯合树脂、邻苯二酚型二乙酸螯合树脂等。

由于螯合树脂具有与金属离子螯合的特性，使得它不仅在金属配合物化学方面而且在工业上都有十分重要的用途。例如，用于痕量金属离子的浓缩分离及回收、金属离子的定量分析、金属盐及有机化合物的精制等。与常规的离子交换树脂相比，螯合树脂与金属的作用强于一般离子交换树脂，配位后解离较难。

5.2.2.2 配位高分子[27d]

螯合树脂与金属离子形成的配合物称为配位高分子，有时将由低分子多齿配位体与金属离子螯合而形成的高分子螯合物也称为配位高分子，如下所示。

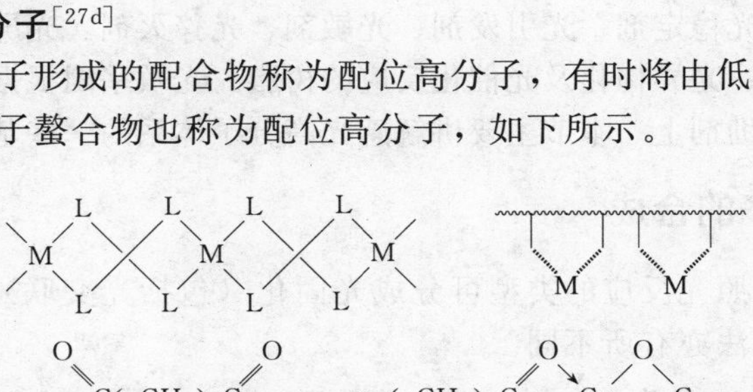

$$\cdots L_2M L_2 M L_2 M \cdots \qquad\qquad \text{M}\ \ \text{M}$$

$$HO(O=)C-(CH_2)_n-C(=O)OH \longrightarrow -(CH_2)_n-C(O)_2Cu(O)_2C-$$

配位高分子一般具有耐高温性、半导电性、光电导性、催化活性等特点，在这些方面有广阔的应用前景。

5.3 感光高分子

5.3.1 概述[1,9]

感光高分子顾名思义是对光敏感的高分子。光是一种能量形式。感光高分子材料吸收光能后，在光能量的作用下，材料可发生光聚合、光交联形成大分子，由此可制备光敏涂料、光敏胶黏剂、印刷油墨等光敏树脂。利用材料的光降解及光交联特性，可制备正性或负性光致刻蚀胶，利用材料的光降解特性可制备光降解高分子材料等。利用材料的光异构化等化学反应，导致材料的物理及化学性能的变化，可制备出光致变色、光致发电及光致激光等功能性高分子材料。

光可分为紫外光、可见光、红外光及激光等，不同的光具有不同的光强度，因此不同的光对材料产生不同的作用。从光化学、光物理的原理可知，当光照到物质表面时，光能够被物质反射或者穿过物质被透射。当物质吸收光能后，分子可以从基态跃迁到激发态，处在激发态的分子容易发生各种变化，这种变化可以是化学的，如光聚合、光降解及光异构化；也可以是物理的，如光变色、光导电、光激发等。这种光变化的程度与光的强度有关。光的强度与它的波长成反比，与频率成正比。光的吸收是感光高分子材料发挥功能的基础。光被材料吸收的程度可用 Beer-Lambert 公式表示：

$$\lg (I_0/I) = \varepsilon c l$$

式中，ε 是摩尔消光系数，是定量描述物质对光吸收的能力。虽然材料可以吸光，但并不是材料的所有部位都能有效地吸收光，分子中能够吸收紫外和可见光的部分被称为发色团或生色团，能够提高分子对上述光摩尔吸收系数的结构称为助色团。当分子的发色团吸收光后，光能转移到分子的内部，外层与吸收光能量匹配的电子可以从低能态跃迁到高能态即激发态。照射到材料上的光只有一部分被有效利用，光利用的效率通常用光量子效率表示。量子效率与材料的结构及使用浓度有关。体系中的猝灭剂如芳香胺、脂肪胺、氧气等，可降低光的量子效率，影响感光高分子的性能。在感光高分子材料中还经常提到光引发剂及光敏剂，两者均能促进光化学反应。光引发剂吸收光能后产生自由基，引发光反应，光引发剂被消耗，而光敏剂吸收光能后，跃迁到激发态，进而将能量传递给另一个分子，自身回到基态，它只是起到能量传递的作用。

感光高分子材料根据它的用途不同，其组成也不同。一般感光高分子材料是含有各种功能组分的复合体。它们是光稳定剂、光引发剂、光敏剂、光猝灭剂、光屏蔽剂、光催化剂等可光聚合、光降解、光交联、光异构化及光催化反应的树脂。光敏基团根据材料性能的需要，可以在主树脂上，也可以在助剂上。本节主要讲解感光高分子体系的一些基本知识及相关进展。

5.3.2 感光高分子的合成

感光高分子材料按照光反应的类型可分成光固化（包括光交联）、光降解和光转化。不同类型的材料的合成方法亦有所不同。

5.3.2.1 光固化高分子的合成

光固化高分子材料要求在光的作用下，能发生光固化反应，因此要求这类材料具有可在光作用下发生聚合或使材料固化反应的基团。可用于光聚合反应的常见单体结构见表 5-4。将表 5-4 中的官能团通过酯化、醚化等化学反应连接到小分子结构上，制备出具有一定分子量的低聚物或预聚物。活性官能团有时在预聚物的端基，有时在预聚物的分子链中。根据交联度的需要，可制备不同官能度的预聚物及超支化分子、树枝状分子等，有关进展可以参考文献［28］，一些典型的单体见表 5-4。胶的黏度可通过加入活性稀释剂（具有活性官能团的小分子单体）、溶剂等来调节。

表 5-4　可用于光聚合反应的单体结构

化学结构 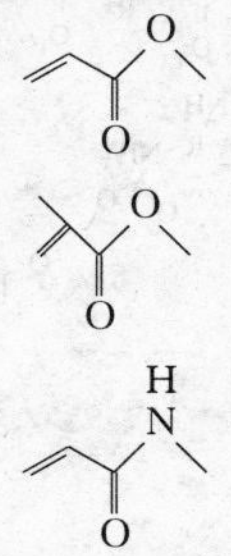	化学结构 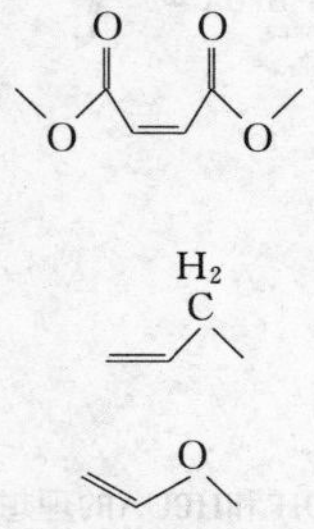	化学结构 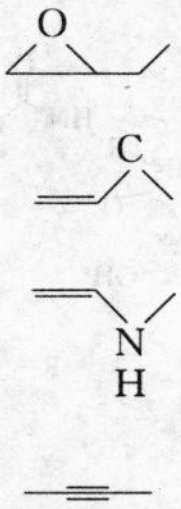
O O	O O O O	O
O O	H_2 C	C
H N O	O	N H

光敏树脂在光的作用下，可发生自由基聚合、阳离子自由基聚合及阳离子聚合。光可以是紫外光和可见光。常见的阳离子自由基光固化引发剂有锍盐、季铵盐等，常见的阳离子光聚合引发剂是碘盐及锍盐[29]。常见的可光聚合的单体及引发剂见图 5-8。

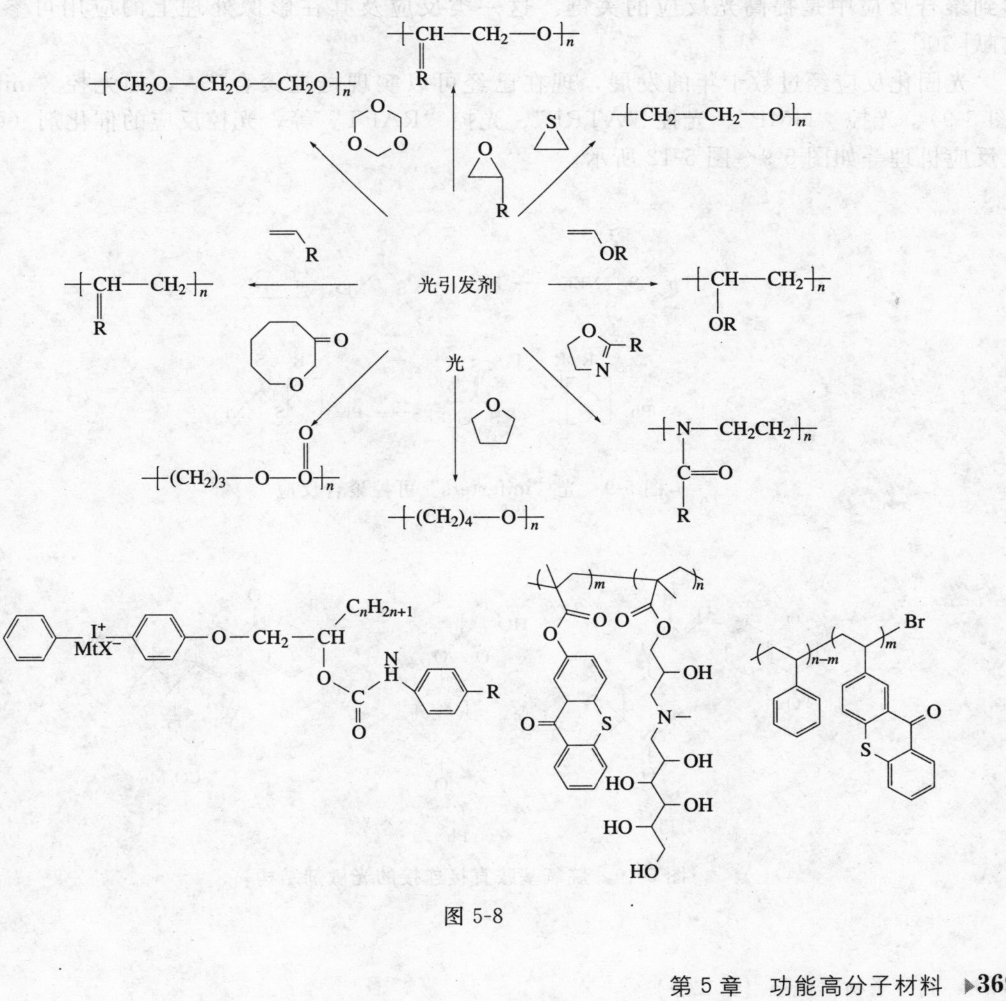

$-[CH-CH_2-O]_n-$ (R)

$-[CH_2O-CH_2O-CH_2O]_n-$

$-[CH_2-CH_2-O]_n-$

O O O　S　O R

R　OR

$-[CH-CH_2]_n-$ (R)　光引发剂　$-[CH-CH_2]_n-$ (OR)

O O　光　O N R

O

$-[(CH_2)_3-O-O]_n-$ (O)　$-[N-CH_2CH_2]_n-$ (C=O, R)

$-[(CH_2)_4-O]_n-$

I^+ MtX^- —O—CH_2—CH(C_nH_{2n+1})—O—C(=O)—NH—R

m n O O O O OH N O S OH HO OH HO OH

Br $n-m$ m S O

图 5-8

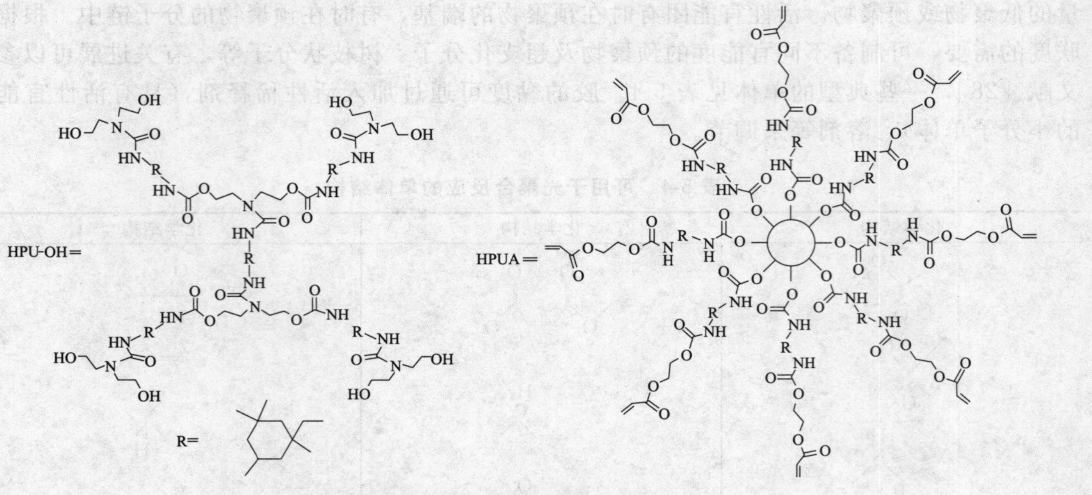

HPU-OH和HPUA的理想分子式

图 5-8 常见光聚合反应、引发剂及大单体的结构

在光诱导的聚合中，有一类反应是光诱导电子转移聚合反应。光将电子从电子给体中转移到电子受体上，从而引发聚合反应。光引发剂和光敏剂有效地吸收光能并将其转移到聚合反应中是提高光反应的关键。这一类反应及其在影像处理上的应用可参阅有关文献[30]。

光固化反应经过数十年的发展，现在已经可以实现可控聚合[28n]，如光控“iniferters”（图 5-9）、光控“NMP”、光控“ATRP”、光控“RAFT”等，光控反应的催化剂（引发剂）及反应机理等如图 5-9～图 5-12 所示。

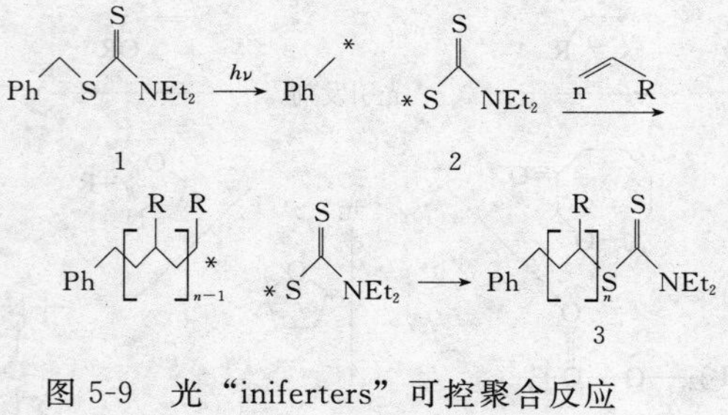

图 5-9 光“iniferters”可控聚合反应

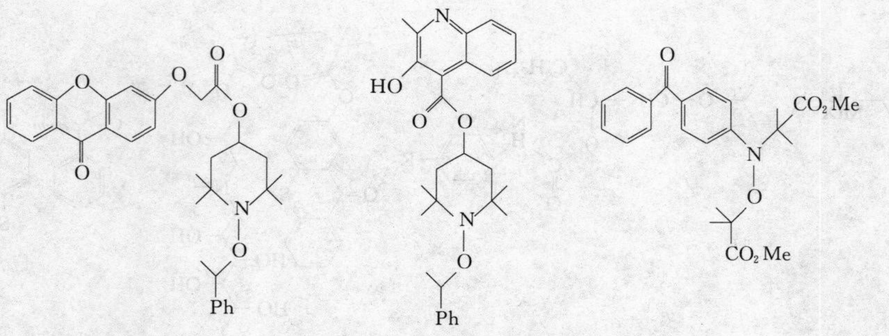

图 5-10 烷氧基胺直接连接的光敏剂结构

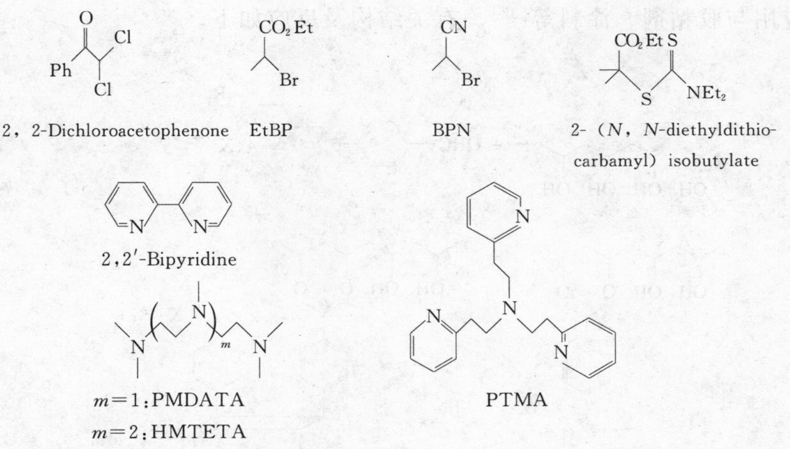

2，2-Dichloroacetophenone
EtBP
BPN
2-（N，N-diethyldithio-carbamyl）isobutylate
2,2′-Bipyridine
m=1:PMDATA
m=2:HMTETA
PTMA

图 5-11　光控 ARTP 的引发剂及配体

fac-[Ir(ppy)3]
P–Br
Visible light
Ir(III)*
Ir(III)*
Ir(IV)Br
P.
+Mononmer

(a)　　(b)

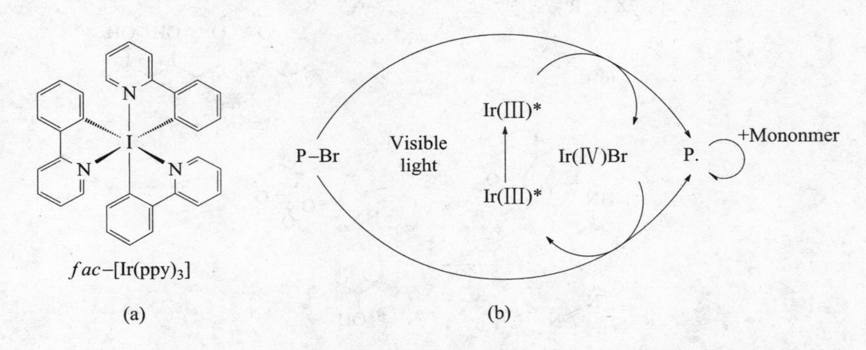

图 5-12　氧化-还原活性 Ir 络合物的结构及光控 ATRP 反应的机理

此外，可见光诱导的光聚合反应是一类非常有趣的反应，有着非常好的应用前景，因为它避免了紫外线的使用，将使光固化材料的应用更加广泛和方便。可见光光聚合的引发剂主要有三类：① 酮-胺体系；② 染料共引发体系[31]；③ 金属有机引发体系。

由于溶剂型光敏高分子材料溶剂的危害，近年来，无溶剂型及水溶或水乳型感光高分子的研究越来越多。水溶性光敏高分子是在树脂上引入如季铵盐、磺酸盐、羧酸、亲水性聚醚等亲水基团，使其具有水溶性，在光的作用下，生成不溶于水的聚合物。这类树脂主要分三类：光聚合型、具有感光基的高分子和感光性化合物与水溶高分子的加合型。光聚合型光敏树脂由水溶性的光敏预聚体、水溶性的光敏单体、水溶性的引发剂等组成。这些单体为丙烯酸、羟甲基丙烯酰胺、乙烯基吡咯烷酮、丙烯酸羟乙酯、丙烯酸 2-羟丙酯、甲基丙烯酸羟乙酯等。水溶性引发剂是将水溶性基团，如 O（CH_2）$_n$$SO_3$M、O（$CH_2$）$_m$$NR_3^+X^-$ 和长链羟乙基醚基等引入到引发剂如二苯甲酮的一个苯环上，制备得可溶于水的引发剂。水溶性预聚体以改性的聚乙烯醇的研究较多，一般将光敏性的单醛、二醛与聚乙烯醇反应形成水溶的预聚体。水溶性预聚体上的双键、重氮盐、叠氮基在光的作用下二聚，使可溶于水的树脂变成不溶的聚合物。具有感光基的高分子上的重氮盐、叠氮化合物等光敏的基团在光的作用下，分解使具有强亲水性的基团变成亲水性小的基团，使可溶于水的树脂变成不溶的聚合物。此外将丙烯酸缩水甘油酯与苯乙烯的共聚物同丙烯酸反应，使共聚物中的部分环氧基酯化，将感光基团丙烯酸酯基引入聚合物，利用聚合物中残余的环氧基和丙烯酸、二甲胺乙基丙烯酸酯反应将水溶性季铵盐基引入聚合物，从而制得光敏水溶的预聚物，水性光固化高分子已经广泛应用与胶粘剂、涂料等[32]。有关结构及反应如下。

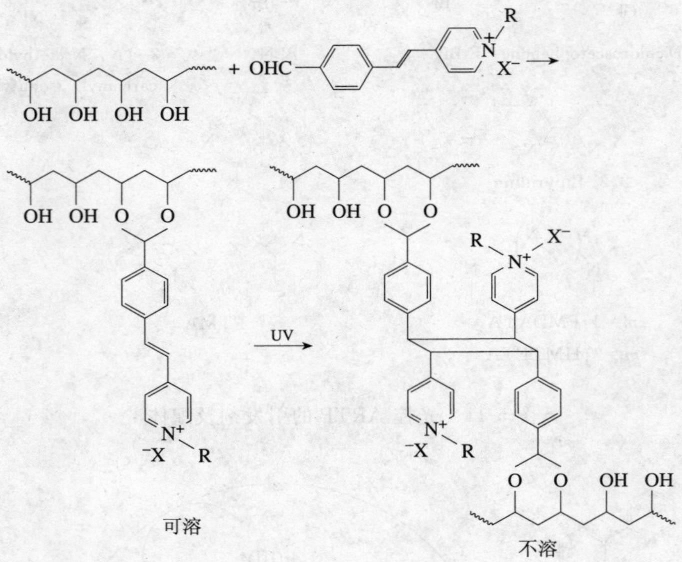

OH OH OH OH + OHC R N^+ X^-

OH OH O O UV OH OH O O R N^+ X^-

N^+ ^-X R

N^+ ^-X R O O OH OH

可溶 不溶

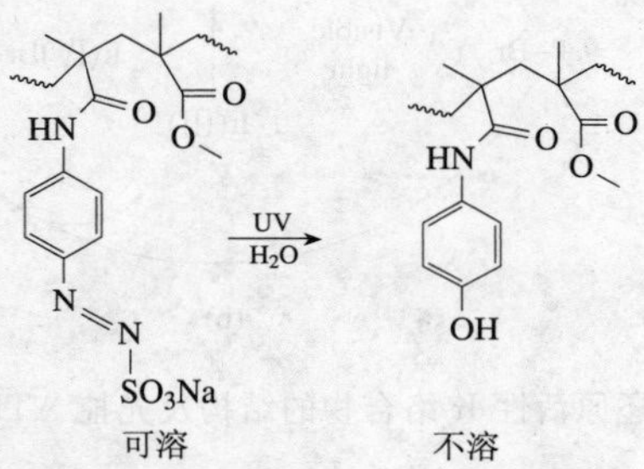

HN O O UV H_2O HN O O

N N SO_3Na OH

可溶 不溶

上述反应是普通的光敏聚合反应，引发剂或光敏剂只要捕获一个光子，就会产生自由基或者阳离子等活性基团，引发单体聚合；或者光敏剂将一个光子的光能量吸收后传递给单体或引发剂引发聚合。近年来，双光子光聚合技术（two photon polymerization）[33]得到了快速发展，这是有别于普通的光敏聚合反应的一门新技术。在双光子光聚合反应中，物质必须同时吸收两个波长相同或波长不同的 λ_1 或 λ_2 光子后，到达激发态 S_1、S_2，通过 S_1 或 T_1 发生电子转移或能量转移，引发单体的聚合反应。一般单光子的吸收截面为 $10^{-17}\sim10^{-18}cm^2$ · s/光子，而双光子的吸收截面一般为 $10^{-50}\sim10^{-46}cm^2$ · s/光子，因此单光子吸收对光密度要求小，即使弱光也可发生，而双光子吸收只有在光强足够大的地方才可能发生。也就是说普通光聚合（单光子聚合）在光线通过的地方都会发生聚合反应，是整体或面上的聚合；而在双光子光聚合体系中，光敏引发剂只有在激光光强足够强的地方，一般在两束光聚焦的焦点处（可分为双光子双光束聚合和双光子单光束聚合）才能同时吸收两个光子，引发聚合反应，聚合是发生在空间一点，亦称点聚合。由于双光子聚合中可采用长波长激光，光的穿透能力好，因此可以完成物质体内的定点操控，其聚合加工精度可达到很高的空间分率高，分辨率大小取决于聚焦点的直径。

从双光子光聚合的机理看，双光子聚合的核心部分是双光子聚合的光敏引发体系，它直接决定双光子聚合技术的引发效率和应用。跟普通光敏聚合一样，双光子聚合的光引发体系也可根据引发剂是否可以直接引发聚合，而分为两类：一类是本身具有双光子吸收的性质且可以直接引发聚合的光引发剂；另一类是有机分子虽然具有双光子吸收的性质，但本身却不能引发聚合，需要将能量转移给引发剂从而实现光聚合的光敏剂。合成高效双光子引发剂的一般原则为：分子结构中含有较大双光子吸收截面的基团，如DπD结构；结构中含有能够产生高效引发聚合反应的物种，如含有UV引发剂；分子受激发后活化，如电子转移机制。根据已有的文献报道，双光子聚合的引发体系主要为通过一个或多个苯乙烯结构连接的共轭分子。如美国Arizona大学Cumpston等[34]合成了一系列双光子光聚合引发剂，其分子结构通式见图5-13，其中n为0～4，R为烷基或者是烷氧基，R_1与R_2可以相同，也可以一端为给体，另一端为受体。该类化合物具有较大的双光子吸收截面，可达到$10^{-46}cm^2 \cdot s$/光子。它可以引发丙烯酸酯类单体聚合，但引发效率较低。从以上分子通式可以发现，分子无论是由连续的双键还是由连续的苯乙烯组成，其结构一般都可以写成DπD，DπA，DπAπD，AπDπA（π表示共轭键桥，D表示给体，A表示受体）。实验和理论研究表明，增大双光子吸收截面的分子的途径有以下几种方法：① 增加有机分子作为键桥的共轭双键的个数；② 增强电子给体的给电子能力及受体的吸电子能力；③ 增加共轭结构的可极化程度。还有一些在分子中π键部分中掺入杂原子，如氧、氮原子，也可使物质的双光子吸收截面达到$10^{-45}cm^2 \cdot s$。

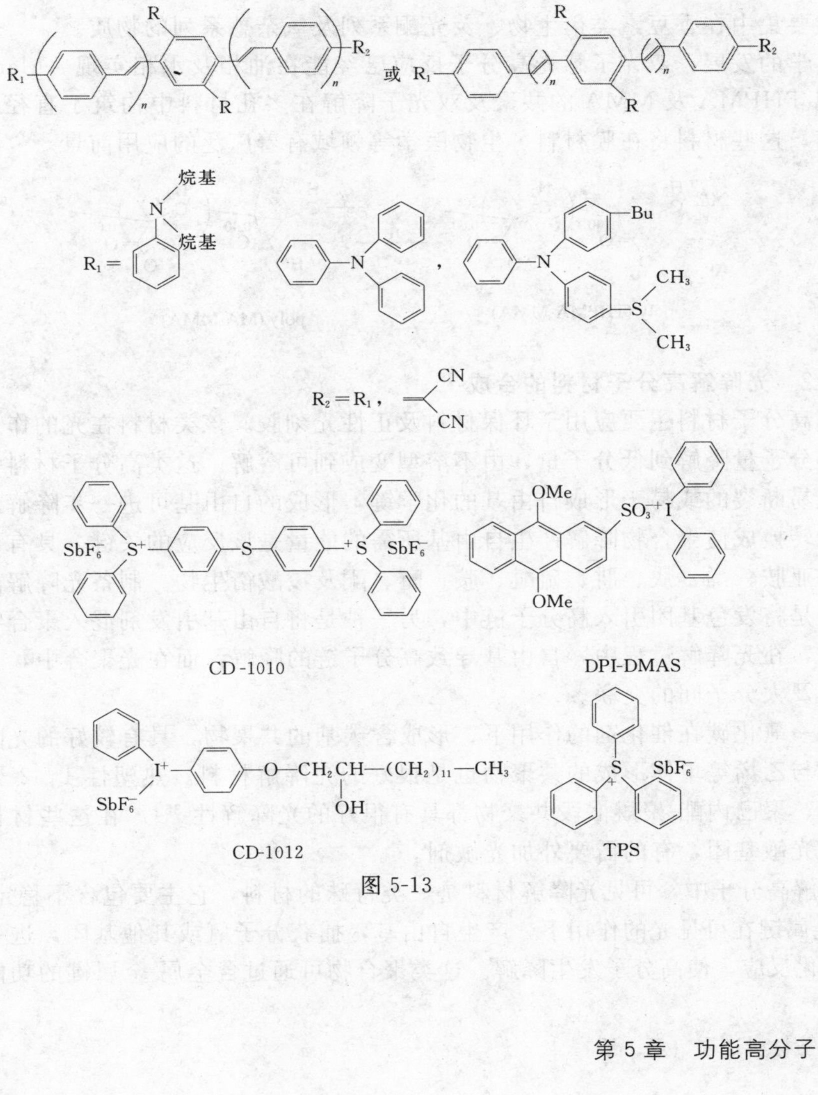

CD-1010　　DPI-DMAS

CD-1012　　TPS

图 5-13

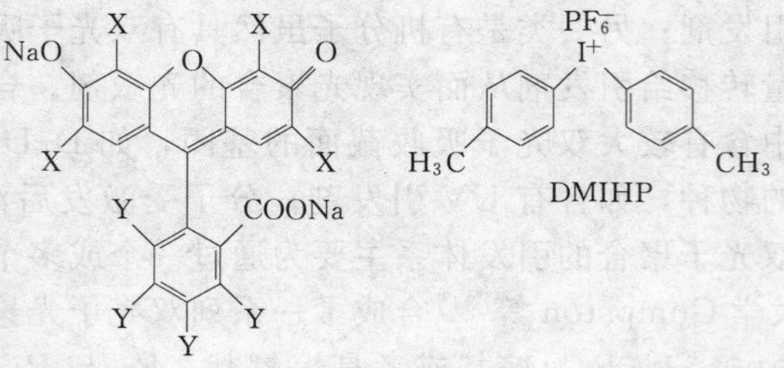

X＝Y＝H，FL

X＝Br，Y＝H，EO

X＝Cl，Y＝I，RB

DMIHP

图 5-13 双光子光聚合引发剂

可以直接引发聚合的双光子引发剂虽然具有较大的双光子吸收截面和较快的引发效率，但由于这些连续的共轭双键和苯乙烯结构的有机分子合成十分复杂，成本较高，因此限制了它们广泛应用和实用化进程。双光子引发剂的引发效率与双光子吸收截面及其内部电子转移速度都是相关的。因此，近年来，许多研究小组正逐渐寻找那些虽然双光子吸收截面不是很大，但具有很高的引发效率的紫外光敏体系。因为该类光敏体系合成简单，或者已经商品化了，这样就可以大大降低成本，加快双光子光聚合技术的应用。目前的双光子紫外光敏引发剂的研究主要集中在香豆素类衍生物、荧光酮系列及氧杂蒽系列的物质。

随着科学的发展，双光子感光高分子反应已经能在油相及水相实现。Marder 成功应用双光子实现 THPMA 及 MMA 的共聚及双光子降解在多孔材料中构筑了直径在 10μm 的三维流体通道，这些材料将在膜材料、生物医学等领域有着广泛的应用前景[33d～33f]。

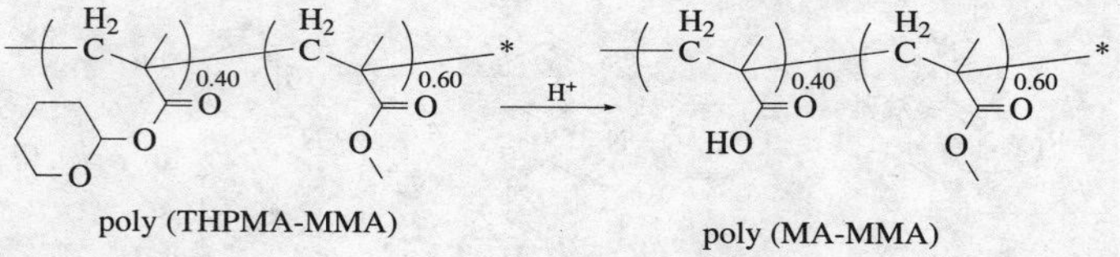

poly (THPMA-MMA) $\xrightarrow{H^+}$ poly (MA-MMA)

5.3.2.2 光降解高分子材料的合成[35]

光降解高分子材料主要应用于环保材料及正性光刻胶。该类材料在光的作用下，分子量变小，由高分子量降解到低分子量，由不溶型变成到可溶解。这类高分子材料一般要具有在光作用下较易断裂的或易于形成自由基的化学键，形成的自由基可进一步降解。光的有效吸收并将光能转换成使聚合物降解产生自由基所需的能量是该反应的关键。具有可吸收光的基团有重氮、亚胺、烯、炔、肼、硫醚、胺、醚、酮及羧酸衍生物。制备光降解高分子的方法有两种，一是将发色基团引入高分子链中，另一种是将自由基引发剂混入聚合物中。这里需要说明的是，在光降解过程中，自由基导致高分子链的降解，而在光聚合中，自由基是引发单体的聚合及大分子间的交联。

乙烯与一氧化碳在催化剂的作用下，形成含羰基的共聚物，具有较好的光降解性。乙烯酮的均聚及与乙烯等单体形成的共聚物也是很好的光降解材料。热塑性 1，2-聚丁二烯、聚氧化异丁烯、聚己内酯-聚醚嵌段共聚物都具有很好的光降解性[36]。在这些材料中，有些高分子中含有光敏基团，有的需要外加光敏剂。

在光降解高分子中，可见光降解材料是一类特殊的材料，它主要包含不稳定的金属-金属键，金属-金属键在可见光的作用下，产生自由基，捕获分子氧或其他基团，进一步引发自由基式自动氧化反应，使高分子发生降解。这类聚合物可通过含金属-金属键的功能性单体的缩合聚合及加聚反应得到，反应性活性基团可以是羟基、氨基和双键[37]。典型反应如下。

5.3.2.3 光功能转化高分子材料的合成

将光敏的基团引入高分子中，使高分子材料在光的作用下，产生结构上的变化，导致其物理性能上的功能化。这种功能可以表现在能量的有效利用、光学材料、光电材料、光力学材料、光催化剂等方面。将光敏基团引入线形聚合物的主链、侧链及链端，或树枝状分子的核心、连接点、链或表面，即可制备光功能的材料。第一个光活性的树枝状[38]是在树枝状分子的链上连接偶氮基团，在光的作用下，可发生光异构化。第一个光开关[39]见图 5-14 所示。在光的作用下，光异构化的发生，使树枝状分子的构型发生变化，树枝状分子的表面结构发生开启或封闭性变化，实现开关的作用。

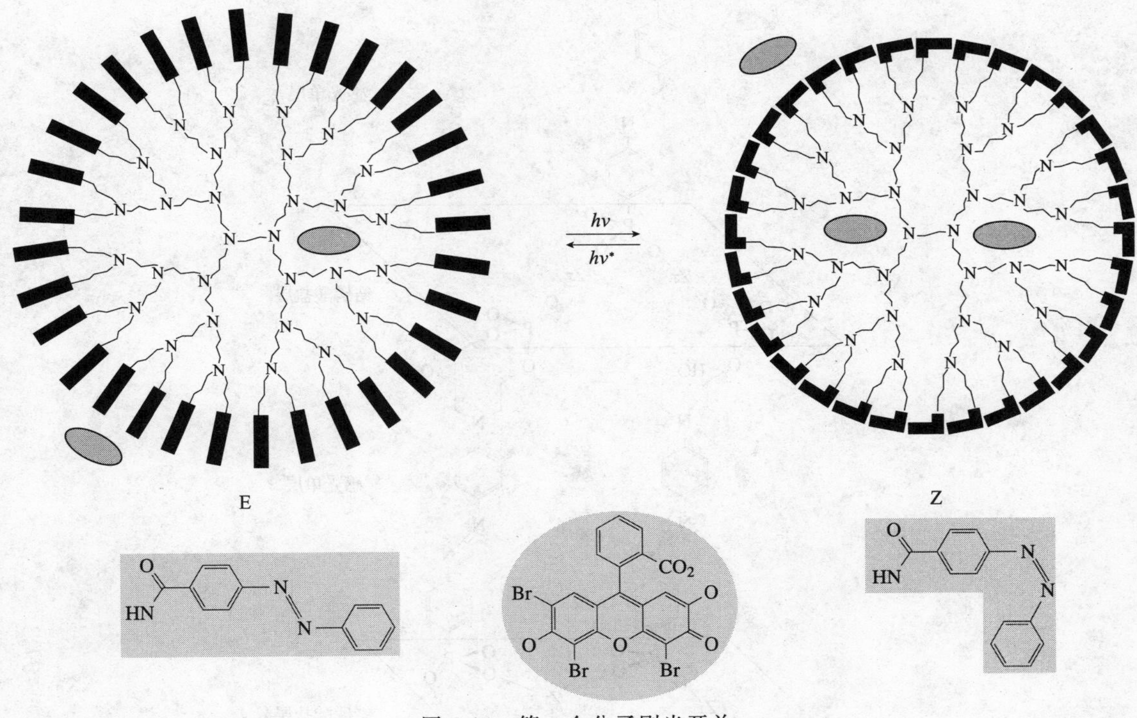

图 5-14　第一个分子刷光开关

此外，将重氮基取代基引入聚合物侧链可制得非线形光学材料[40]，结构见图 5-15。

非线形光学材料不仅可以是聚合物，也可由小分子通过自组装多层分子膜的形式形成感

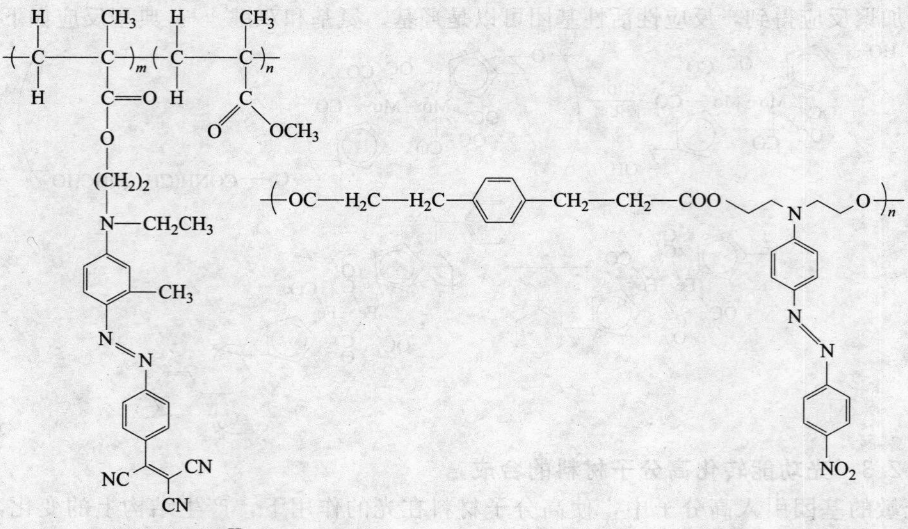

(DCV-MMA) Ⅱ

图 5-15 含重氮基取代的非线形光学聚合物

光高分子[41]，其过程如图 5-16 所示。

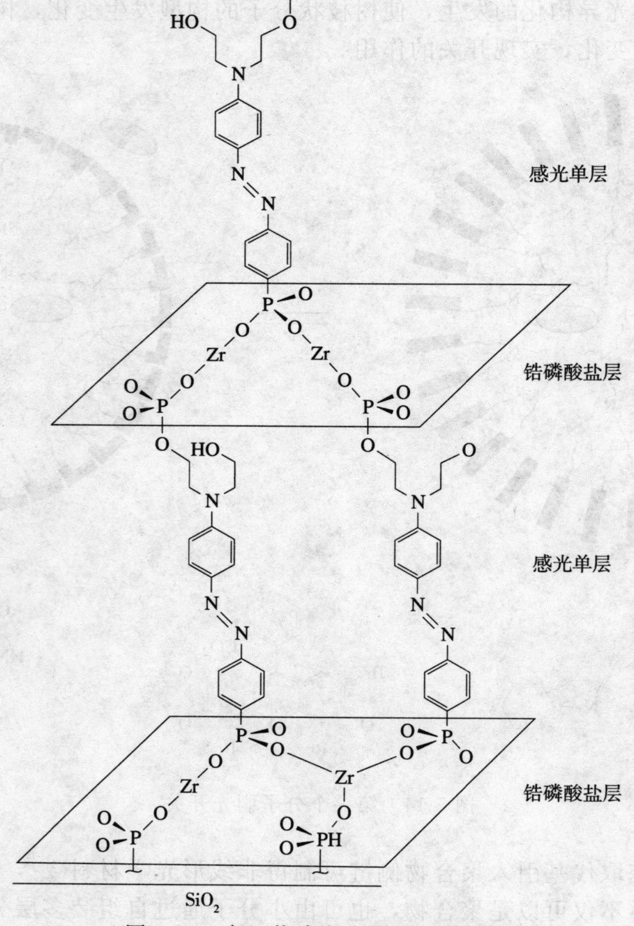

图 5-16 自组装感光非线形光学材料

同样，利用有机硅的偶联反应，也可将具有光效应的单体组装成感光高分子膜材料[42]。

通过将光活性的组分键合到活性单体上，利用单体的反应将光活性组分连接到有机高分子上，可合成出光功能的聚合物，如 Miller 将具有重氮官能团的二胺与酸酐反应合成出可溶的聚酰亚胺[43]。

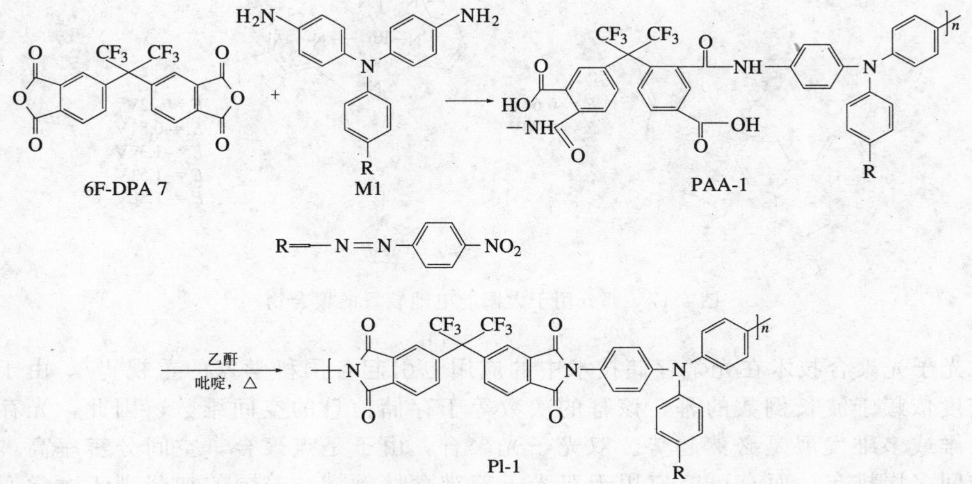

6F-DPA 7 + M1 ⟶ PAA-1

$R = -N=N-C_6H_4-NO_2$

⟶（乙酐，吡啶，△）PI-1

同样，通过将光活性的组分键连到无机高分子上，可合成无机高分子负载的具有光功能材料[44]。

5.3.3 感光高分子的应用

感光高分子在各个方面的应用不断扩展，其应用领域主要有光敏涂料、光敏胶、光刻胶、高分子光稳定剂、光催化剂、光导材料、荧光材料、非线性光学材料、光力学材料、光致变色高分子及光记录材料。光聚合反应是一个快速发展的技术，该过程可无溶剂，能效高，经济、环保，在涂层、涂料、印刷、黏合剂、复合材料和假牙复修等领域有着广泛的应用。由于聚合过程的高选择性，能产生高分辨率的图像，广泛应用于印刷电路、光盘和微电路，最近，这一技术在三维立体成像、全息记录方面也得到应用。

近年来，感光高分子在太阳能电池中的应用也引起人们的注意。太阳能是一种取之不尽，用之不竭的可再生能源，太阳能的利用是解决能源危机的一个重要途径。通过各种方式将太阳能有效或高效地转化成化学能、热能及电能是利用太阳能的手段。高分子材料由于其加工方便，制备工艺的多样性等优点，使得其在太阳能转化研究中成为一个热点。研究工作主要在如下三个方面：① 功能高分子光敏剂及光猝灭剂在光电子转移反应中将光能转化成化学能，如光解水制氢气和氧气；② 利用高分子材料的光化学反应制备出不稳定的高能聚合物，将光能转化成化学能储存起来，加以利用；③ 利用功能高分子的光电转化的性质，制备光电池。

目前大多数光电池是由无机材料如：单晶硅、非晶硅及砷化镓等半导体材料制备而成。在材料的制备及加工中，难度较大，造价高。聚合物光电池的研究已经取得了一些进展。利用不同氧化还原型聚合物具有不同氧化还原电势的特点，在导电材料的表面进行多层复合，制备出类似于无机 p-n 的单向导电结构，组成太阳能电池装置。在太阳能电池装置中应用的部分聚合物的结构[45]如图 5-17。

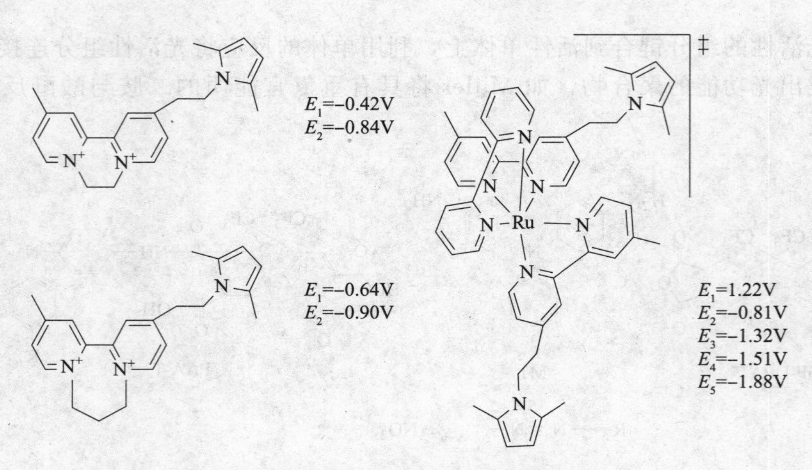

图 5-17　部分用于太阳能电池装置的聚合物

双光子光聚合技术在光学存储技术中的应用也引起各国科学家的重视[46]。由于信息存储密度依赖于波长倒数的幂，该幂的次数等于存储信息的空间维数，因此，光存储技术向三维或多维发展是必然趋势。双光子光聚合，由于是点聚合，空间分辨率高，可以进行空间多层排布，而有可能应用于双光子三维存储领域。美国的加州理工大学 Cumpston 用 Arizona 大学的材料，在波长为 600～800nm，脉冲半峰宽为 150fs，焦点的光斑直径为 0.3μm 的激光照射下，制作出了直径为 2μm 左右的聚合点。这样的结构，可以被认为是将来的三维数据光存储的基本模型。利用该技术，可以存储的容量在理论上可以达到 12×1014bits/cm^3，远远超出现有的二维光存储材料的容量（理论值为在 200nm 波长下，2.5×109bits/cm^2）。由于双光子聚合具有仅在两束光焦点内聚合的特点，因此，可以通过计算机辅助设计（CAD)，进行精细的立体复杂结构的加工。1998 年 Witzgall 等用双光子光聚合技术制作出各种三维微观结构，空间分辨率达到微米级。2002 年法国 Irenewang 实现了雕刻出一枚分辨率为纳米级的 1 欧元硬币。此外，双光子技术还有可能用于医用材料中[47]，它可有效地提高材料的固化准确性和针对性，实现生物体内的深层光固化，同时，由于双光子过程具有纳米和亚微米水平的空间准确定位，也有可能用于某些肿瘤的光疗。

由于现有的材料的双光子吸收截面及引发效率距离实用化还有一定的差距，因此，继续设计合成既具有较大的双光子吸收截面又具有较高的引发效率的新材料，仍是今后国内外研究的重点，可以坚信，随着新的聚合材料的研究和不断发展，双光子光聚合技术的应用前景必将越来越广阔。

5.4 高分子功能膜[1,2,9,48～50]

5.4.1 概述

1748 年，Nelkt 发现水能自发地扩散到装有酒精溶液的猪膀胱内，这一发现可以说是开创了膜渗透的研究。19 世纪，人们发现了天然橡胶对某些气体的不同渗透率，并提出利用多孔膜分离气体混合物的思路。Martin 在 20 世纪 60 年代初研究反渗透时发现具有分离选择性的人造液膜，这种液膜是覆盖在固体膜之上的，为支撑液膜。60 年代中期，美籍华人黎念之在测定表面张力时观察到含有表面活性剂的水和油能形成界面膜，从而发现了不带有固膜支撑的新型液膜。在此基础上 Cussler 又研制成功含流动载体的液膜，使液膜分离技术具有更高的选择性。与此同时一些与膜有关的膜过程，如膜萃取、膜分相、渗透汽化、膜蒸馏等的研究也在广泛开展。

膜就是在一个流体相内或两个流体相之间的一薄层凝聚相物质，它将流体相分隔开来成为两部分。这种凝聚相物质可以是固态的，也可以是液态的。被膜隔开的流体相物质则可以是液态的，也可以是气态的。膜至少具有两个界面，膜通过这两个界面分别与被膜分开于两侧的流体物质互相接触，膜可以是完全透过性的，也可以是半透过性的，但不应是完全不透过性。膜分离是利用薄膜对混合物组分的选择性透过性能使混合物分离的过程。膜分离过程的主要特点是以具有选择透过性的膜作为组分分离的手段，膜分离过程的推动力有浓度差、压力差、分压差和电位差。膜分离过程可概述为以下三种形式：① 渗析式膜分离，料液中的某些溶质或离子在浓度差、电位差的推动下，透过膜进入接受液中，从而被分离出去，属于渗析式膜分离的有渗析和电渗析等；② 过滤式膜分离，由于组分分子的大小和性质有别，它们透过膜的速率有差别，因而透过部分和留下部分的组成不同，实现组分的分离，属于过滤式膜分离的操作有超滤、微滤、反渗透和气体渗透等；③ 液膜分离，液膜必须与料液和接受液互不混溶，液液两相间的传质分离操作类似于萃取和反萃取，溶质从料液进入液膜相当于萃取，溶质再从液膜进入接受液相当于反萃取。膜分离过程没有相的变化（渗透蒸发膜分离过程除外），它不需要使液体沸腾，也不需要使气体液化，化学品消耗少，因而是一种低能耗、低成本的分离技术；膜分离过程一般在常温下进行，因而对需避免高温分级、浓缩与富集的物质，如果汁、药品等，显示出其独特的优点。膜分离装置简单、操作容易、制造方便，膜分离技术应用范围广，对无机物、有机物及生物制品均可适用，并且不产生二次污染。近年来材料科学迅速发展，为膜材料的研究开发提供了良好的条件，促使膜分离技术不断发展。膜材料及相关技术的进展可以参考文献[50]。

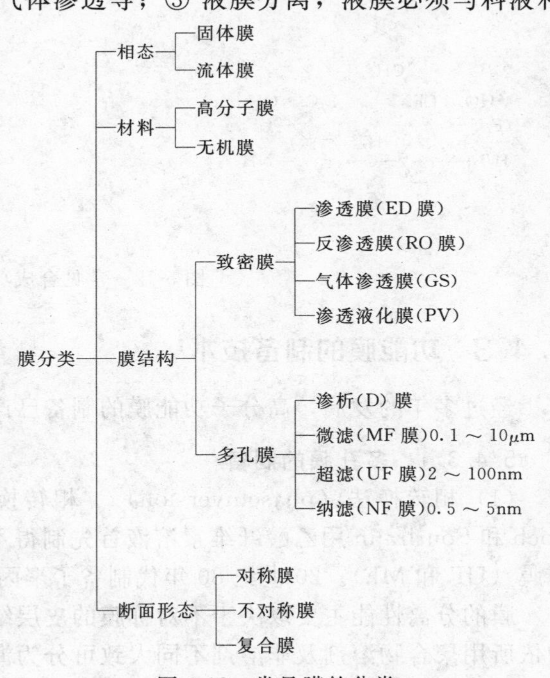

图 5-18　常见膜的分类

针对不同的分离对象，分离方法也不同，分离用的膜也不同。按照膜的结构、形态和应用等的不同，膜的分类如图 5-18 所示。

5.4.2　高分子膜材料

高分子由于加工性能好，是膜材料的最适宜材料。不同用途的膜材料需要不同的高分子基质。常见的用于制备膜材料的单体图 5-19 所示。

这些单体可以通过界面聚合、光接枝、电子束辐射、等离子引发的聚合的方式形成高分子膜。商业聚酰胺的界面聚合的反应如下：三官能团的酰氯可以产生一定程度的交联及部分酰氯水解后形成亲水性的羧基，以调节膜的性能。根据膜功能的需要，基于聚合物的聚集状态及分子结构的特点，利用分子设计的原理设计高分子膜材料。如利用两性离子聚合物、两性（亲水及亲油性）聚合物的组装及膜的表面功能改性的形式可以得到特定结构的功能膜[60]，如膜材料表面接枝改性，膜材料表面改性基团间没有相互作用、膜之间官能团间相互作用及膜材料膜自身表面的相互作用，引起膜表面性能的改变，如图 5-20 所示。

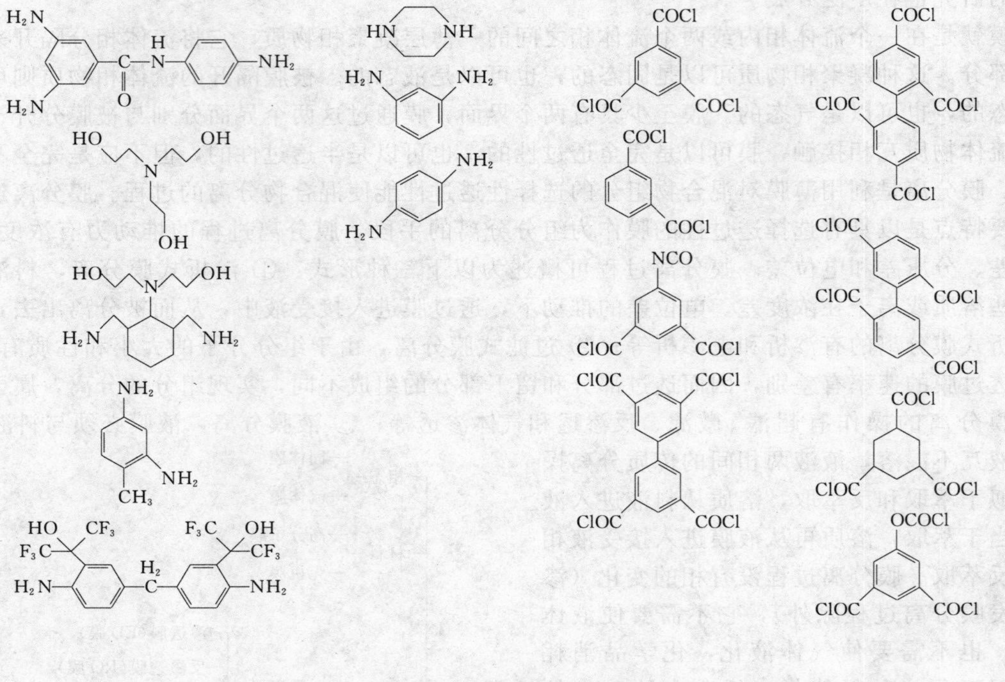

图 5-19　常见合成功能膜的单体结构

5.4.3　功能膜的制备技术

经过多年的发展，高分子功能膜的制备已产生多种。主要方法分述如下。

5.4.3.1　多孔膜的制备

（1）相转换法（phaselnversion）　相转换法是经典的制备不对称膜的方法。1950 年 Loeb 和 Sourirajin 用乙酸纤维素溶液首先制得不对称膜。20 世纪 70 年代用本体法制备出聚砜膜（UF 和 MF）。20 世纪 80 年代制备了聚丙烯腈膜（UF 和 MF）。

膜的分离性能主要取决于不对称膜的皮层结构，而起支撑作用的不对称膜底层的多孔结构依所用聚合物溶剂及非溶剂不同大致可分为海绵状孔和针状孔两大类。从高分子/溶剂/沉淀剂二元体系相图，区分出溶液的亚稳态和不稳态，并在分相成浓相和稀相时区分出瞬时分相和延迟分相，浓相逐步达到其玻璃化温度时固化，而稀相则逐步转化为孔。

（2）粉末烧结法　粉末烧结法是模仿陶瓷或烧结玻璃等加工制备无机膜的方法，将高密度聚乙烯粉末或聚丙烯粉末筛分出一定目度范围的粉末，经高压压制成不同厚度的板材，在略低于熔点的温度烧结成型，制得产品的孔径在微米级，质轻，大都用作复合膜的机械支撑材料。近年来有以超高分子量聚乙烯代替高密度聚乙烯的趋势。超细纤维网压成毡，用适当的黏合剂或热压电可得到类似的多孔柔性剂，如聚四氟乙烯和聚丙烯，平均孔径也是 0.1～1μm。

间苯二胺溶于水　　三甲酰氯苯溶于烃　　聚酰胺薄膜

CA 膜表面引发剂的固定及两性离子的表面引发ATRP接枝反应

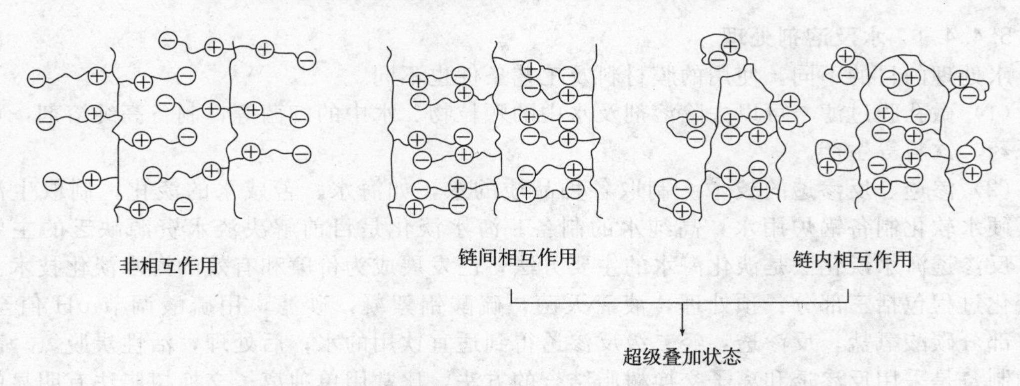

图 5-20　膜材料表面改性及膜表面官能团间的相互作用

(3) 拉伸致孔法　低密度聚乙烯和聚丙烯等室温下无溶剂可溶的材料无法用相转移法制膜。但这类材料的薄膜在室温下拉伸时，其无定形区在拉伸方向上可出现狭缝状细孔（长宽比约为 10∶1)，再在较高温度下定形，即可得到对称性多孔膜，可制备成平膜（厚 25μm，宽 30cm）或中孔纤维膜。双向拉伸 γ-聚丙烯的方法可以得到各向同性的聚丙烯多孔膜，孔为圆到椭圆形。

(4) 热致相分离法　聚烯烃（聚乙烯、聚丙烯、聚 4-甲基-1-戊烯）溶于高温溶剂，在纺中空纤维或制膜过程中冷却时发生相分离形成多孔膜，再除去溶剂后得到多孔不对称膜。

(5) 核轨迹法（nuclear tract)　聚碳酸酯等高分子膜在高能粒子流（质子、中子等）辐射下，粒子经过的径迹经碱液刻蚀后可生成孔径非常单一的多孔膜，膜孔呈贯穿圆柱状，孔径分布可控，且分布极窄，在许多特殊要求窄孔径分布的情况下是不可取代的膜材料，但开孔率较低。

5.4.3.2　致密膜的制备

(1) 溶剂涂层挥发法　将高分子铸膜液刮涂在玻璃或不锈钢带表面，在室温下挥发至指触干，再转移到烘箱或真空烘箱中干燥；或利用二元组分的溶剂，一是低沸点良溶剂，另一组分为高沸点不良溶剂，刮涂后随低沸点溶剂的挥发而分相。要得到较薄的致密膜，可采用旋转平台方法制备厚度小于 1μm 的膜。

（2）水面扩展挥发法　更薄的均质膜则利用水面扩展法，待溶剂挥发，聚合物膜即浮于水表面。此法制备的膜厚度可达 20nm，也可用两层（或多层）叠合以避开针孔。

5.4.3.3　复合膜的制备

（1）支撑膜（一般为超波不对称膜）加涂层　气体分离用聚砜中空纤维膜用硅橡胶表面涂层以堵塞缺陷。

（2）支撑膜加水面扩展连续超薄膜　以拉伸法制得的聚丙烯微滤膜上连续复合硅橡胶或聚甲基戊烯（PMP）超薄膜用于氧氮分离。这类复合技术难度较大，只能以中试规模生产宽 30cm 下的复合膜。

（3）界面缩聚法原位制备复合膜　聚砜支撑膜（可用无纺布增强）经单面浸涂芳香二胺水溶液，再与芳香三酰氯的烃溶液接触，即可在位生成交联聚酰胺超薄层与底膜较牢地结合成复合逆渗透膜。

5.4.4　功能膜的应用进展[51～63]

功能膜的应用很广，本节将按膜分离的应用领域加以简单介绍。

5.4.4.1　水及溶剂处理

水处理的目的不同，使用的膜材料及工艺条件也不同。

（1）微孔膜过滤　可以去除溶剂及水中的颗粒物、水中的细菌等，制备高纯溶剂，可用于医药、饮料等生产。

（2）渗透、反渗透的技术　制取各种品质的水，如海水、苦咸水的淡化，制取生活用水，硬水软化制备锅炉用水，高纯水的制备。海水淡化是目前解决淡水资源缺乏的主要方法，反渗透海水淡化法是淡化海水的主要方法，已发展成为价廉和有效的海水淡化技术。海水淡化过程包括三部分：预处理，液氯灭菌，硫酸铝絮凝，砂滤，用硫酸调节 pH 值至 6，分解部分碳酸氢盐；反渗透，经二级反渗透得到适宜饮用的水；后处理，活性炭脱氯。高纯水的制备是采用反渗透和离子交换树脂结合的方法，比常用单独离子交换树脂法有明显的优点，纯水质量高，水质稳定，节约离子交换树脂再生费用，减少酸性污染，改善微孔滤膜的堵塞现象，延长使用寿命。

（3）纳滤技术　纳滤技术的发展为水的纯化提供了新途径，特别是该技术能除去易在 RO 膜表面积聚的可溶性 SiO_2 和腐殖酸，促进了海水淡化过程的改革，大大简化了其前处理过程。现行工艺路线如图 5-21 所示。

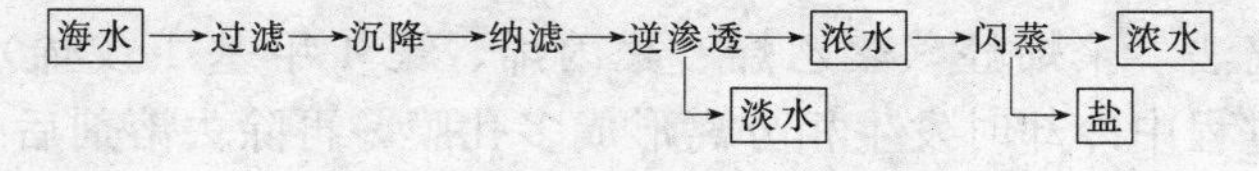

图 5-21　海水淡化工艺流程图

（4）膜蒸馏技术　利用太阳能、温泉、锅炉和柴油机等的冷却用水等热源，以憎水多孔膜分隔水溶液，应用膜蒸馏技术，以温差作为驱动力，可使水分子不透过膜而水蒸气分子能在蒸汽压差驱动下透过膜冷凝而达到蒸馏的目的，从而实现从海水或苦咸水制取蒸馏水的目的利用。在膜的下游侧减压，可以不在水的沸点进行，减压膜蒸馏，以提高产水速率。

（5）电渗析技术　导电膜可以采用电渗析法处理水，适于苦咸水的淡化和从浓盐水制盐。在电渗析过程中高价阳离子不断沉积在膜表面而使离子交换膜性能劣化，将正负极倒转即可除去已沉积在膜上的高价离子，于是电渗析装置大多改装为倒极电渗析（electrodialysis reversal，EDR）。用于海水淡化的电渗析能耗高于逆渗透法。

(6) 超滤技术　当液体中的杂质是可以溶解的中性分子，可以采用超滤膜过滤，超滤主要用于溶液中分子量500～5×10^5g/mol的高分子物质与溶剂或含小分子物质的溶液的分离，超滤是目前应用最广的膜分离过程，它的应用领域涉及化工、食品、医药、生化等领域。如①超滤广泛用于水中的细菌、病毒、热敏化合物和其他异物的除去，用于制备高纯饮用水、电子工业超净水和医用无菌水等。②应用处理汽车、家具等制品电涂淋洗水，淋洗水中常含有1%～2%的涂料（高分子物质），用超滤装置可分离出清水，清水返回重复用于清洗，同时回收的涂料得到浓缩重新用于电涂。③纺织工业中含聚乙烯醇废水的处理。

5.4.4.2　气体分离膜[59]

气体分离膜可用气体中固体颗粒及液体微滴的去处及混合气体的分离。固体颗粒物及液滴的分离可以用微滤技术，可以分离介质中大于0.05μm左右的微细粒子，可用于大气中悬浮着尘埃、灰烬、纤维、毛发、花粉、细菌、病毒等组成的混合物的微滤，以净化空气。

混合气体的分离则利用混合气体中各组分在一定的化学式梯度（如压力差、浓度差、电势差）推动下透过膜的速率不同，从而实现对各组分的分离。按照气体分离膜活性层的致密程度，可以将其分为多孔膜和无孔膜，一般来讲，气体通过多孔膜时遵循微孔扩散机理，通过无孔膜时遵循溶解-扩散机理。根据膜材料的不同可将气体分离膜分为无机膜、高分子膜、有机-无机复合膜。以下将对近些年来高分子基气体分离膜材料的研究进展进行介绍，主要包括高分子膜材料和有机-无机复合膜材料。以聚醚酰亚胺（PEI）为膜材料，*N*-甲基吡咯烷酮（NMP）为溶剂制备PEI中空纤维气体分离膜，当芯液组成m（NMP）：m（H_2O）=19：1时，中空纤维内外表面的膜微结构相对疏松，支撑层为不对称结构，对O_2/N_2、H_2/N_2和He/N_2都表现出较好的分离效果，以PDMS/PEI非对称平板复合膜对CO_2/CH_4进行研究，结果表明可利用该膜分离CH_4/CO_2，当CH_4的体积分数为50%时，渗余相流量对CO_2的渗透系数影响较小，而提高温度和压力可以强化CO_2溶解，增大CO_2的分离系数等，文献[59]做了很好的评述。

5.4.4.3　食品及医药领域

微孔滤膜：对食糖溶液和啤酒、黄酒等酒类进行过滤，可除去食糖中的杂质，酒类中的酵母、霉菌和其他微生物，提高食糖的纯度，使酒类产品清澈，存放期延长。微滤技术用于解决药物中热敏性药物的热分解及热压法灭菌时，细菌的尸体残留在药物中的问题。热敏性药物如胰岛素、ATP、血清蛋白等均不能热灭菌，对于这类情况微滤有突出的优点，常温操作不致引起药物的受热损失和变性，细菌被截留，无细菌尸体残留在药物中。生物化学和微生物的研究中，可用不同孔径的微孔滤膜收集细菌、酶、蛋白等以供检查和分析及药品、饮料的无菌检验等等。

减压膜蒸馏：用于果汁等的浓缩，果汁中的水分在蒸汽压差驱动下透过憎水膜而被下游侧的浓盐水吸收，避免高温浓缩时风味的变劣。以浓缩液为产品，在医药、食品工业中用以浓缩药液，如抗生素、维生素、激素和氨基酸等溶液的浓缩，果汁、咖啡浸液的浓缩。与常用的冷冻干燥和蒸发脱水浓缩比较，反渗透法脱水浓缩比较经济，而且产品的香味和营养不受影响。

透析：将大分子被半透膜截留，小分子由浓侧透向淡侧直至平衡，由下游侧液体流动的方法使分离过程完成。此法效率较低，速度慢，处理量小，一般只在实验室应用。透析用人工肾过去使用再生纤维素膜（如铜氨纤维素膜和水解乙酸纤维素膜），近年来用丙烯酸酯类、聚砜、聚丙烯腈、聚苯醚（PPO）等来清除血液中的尿素和其他小分子有毒物质，成为医院外科治疗尿毒症的常规治疗方法。

电渗析法：用于除去果汁（如橙汁）中的有机酸以改进其风味。

纳滤技术：该技术在从非水溶液分离溶质和溶剂方面有重大经济价值。例如食用油现普遍采用己烷或（芳烃）抽余油（主成分为 C_7 烷烃），萃取再回收溶剂的工艺，处理量大，容易因泄漏而引起火灾。如用聚酰亚胺类纳滤膜（耐烃类）可将萃取液中大部分己烷（烷烃）回收再用于萃取，从而大大减少蒸发回收溶剂的处理量。如果进一步与非水超滤相结合，纳滤膜处理后食用油溶液中的蛋白质和色素，再回收全部溶剂，即可得到精制的食用油（色拉油）。与现行食用油加工厂的经浓酸、浓碱洗涤、水洗、脱水工艺路线相比，可大大降低食用油加工厂的环境污染问题。

超滤技术：从乳清中分离蛋白和低分子量的乳糖，应用超滤可使果汁保持原有的色、香、味，产品清澈，而且操作方便，费用低。在医药和生化工业中用于处理热敏性物质，分离浓缩生物活性物质，从动、植物中提取药物等。

5.4.4.4 离子膜材料在电池及电解池中的应用[63]

离子膜的最大应用是电池及电解池中的隔离膜。目前主要是 Nafion 膜、复合膜及非氟功能膜，膜材料的关键是温度及导电。一些材料的制备过程如下：将亲水单体在憎水聚合物 PVDF 的分散体中聚合，制备出两亲的聚合物，进一步处理形成膜材料，见图 5-22。

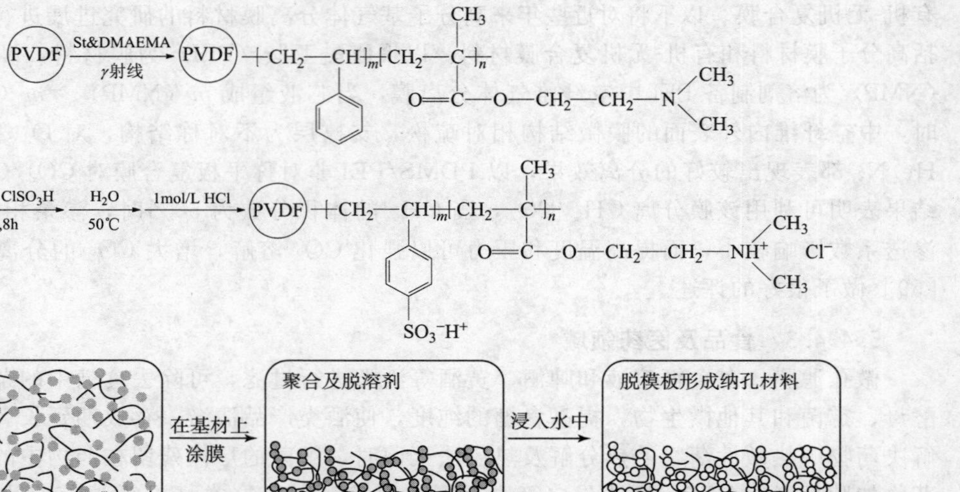

(b)高分子亲水/疏水相互作用诱导溶液相分离制膜机理

图 5-22 两性离子膜的制备

离子膜可以通过电渗析技术从废酸洗液中回收酸，从而减少环境污染。

展望：膜材料已经从当初的单纯分离的功能发展到集反应与分离于一身的膜反应器[61]。在生物工程方面：原来分离膜只用于酶的回收使用和下游产物的分离。膜酶反应器的出现使酶（或微生物）限制在中空纤维组件的纤维间的腔中，底物从纤维内经膜进入，产物经膜由纤维中间输出，大大提高了酶的活力和寿命。此装置也可用于细胞和单克隆体的培养。在医药及特定条件下的智能膜[60]，如在不同的环境下膜表现不同性能的膜材料，如环境响应材料等，图 5-23 是几个功能膜的代表。

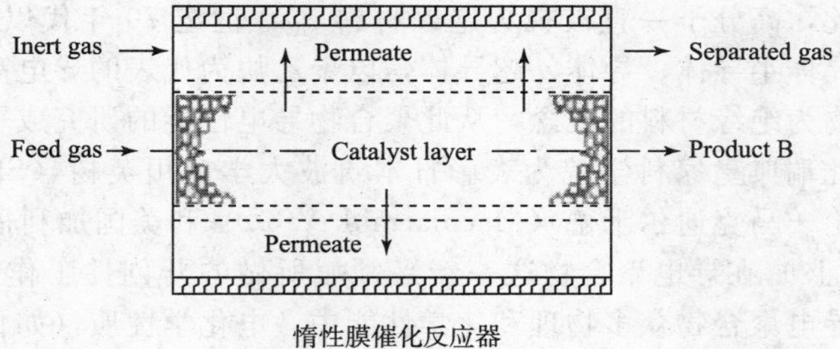

惰性膜催化反应器

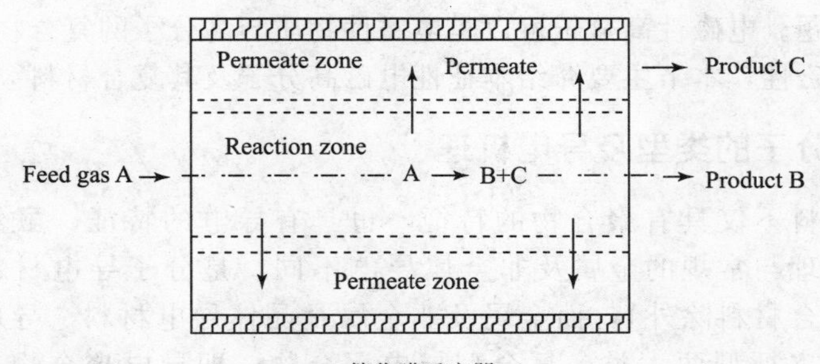

催化膜反应器

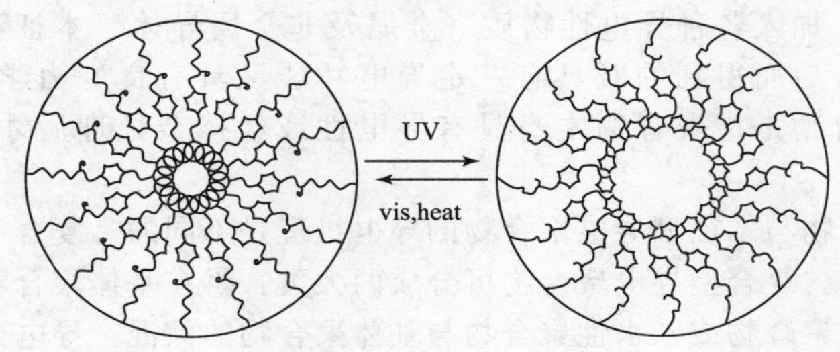

偶氮苯改性的光响应型智能开关膜的膜孔变化

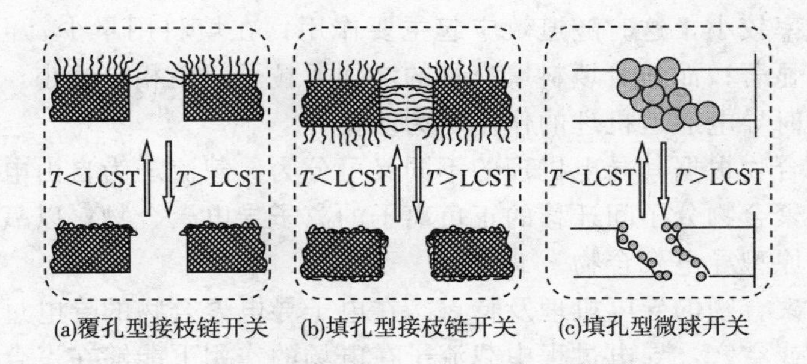

(a)覆孔型接枝链开关 (b)填孔型接枝链开关 (c)填孔型微球开关

图 5-23 几种智能膜材料的结构示意图

5.5 电磁功能高分子

导电高分子是指自身具有导电功能的高分子，磁高分子是指具有磁性的高分子，导电高分子可以产生磁性。传统的高分子是以共价键相连的一些大分子，组成大分子的各个化学键是很稳定的，形成化学键的电子不能移动，分子中无很活泼的孤对电子或很活泼的成键电子，为电中性，因此，高分子一直被视为绝缘材料。20 世纪 70 年代以 TCNQ 电荷转移络合物为代表的有机晶体半导体、导体、超导体，以聚乙炔为代表的导电高分子的研究，彻底改变了高分子聚合物为绝缘材料的观念，从此聚合物导电性能的研究成了热门领域，并取得了较大的进展。为此瑞典皇家科学院为表彰日本筑波大学白川英树（ShirakawaH.）、美国宾夕法尼亚大学艾伦·马克迪尔米德（Macdiarmid A. G.）和美国加利福尼亚大学的艾伦·黑格尔（Heeger A. J.）在导电聚合物这一新兴领域所做的开创性工作，颁发他们 2000 年诺贝尔化学奖。在导电聚合物众多物理和化学性能中，电化学性质（如化学活性、氧化还原可逆性、离子掺杂/脱掺杂机制）以及稳定性是决定其许多应用成功与否的关键，是该领域的一个热点研究课题。电磁性高分子可以是电磁性物质与高分子的复合物，也可以是高分子本身具有导电性及磁性，本节主要介绍本征性电磁高分子及其复合材料。

5.5.1 导电高分子的类型及导电机理[64]

导电高分子材料不仅具有聚合物的特征，也具有导电的特征。虽然导电高分子可以导电，但导电的机理与常规的金属及非金属导电不同，是分子导电材料（金属及非金属导体与聚合物的复合材料除外），而金属及非金属是晶体导电材料。导电高分子根据其组成可分为复合型和本征型两大类。复合型导电聚合物，即导电聚合物复合材料，是指以通用聚合物为基体，加入各种导电性物质（金属及非金属导体、本征型导电高分子），采用物理化学方法复合后而得到的既具有一定导电功能又具有良好力学性能的多相复合材料。本征型导电聚合物是指聚合物本身具有导电性或经掺杂处理后才具有导电功能的聚合物材料。

复合型导电聚合物与本征型导电聚合物的导电机理是不同的。复合型导电聚合物的导电机理还与其组成有关。复合型导电聚合物可分成两大类：①在基体聚合物中填充各种导电填料；②将本征型导电聚合物或亲水性聚合物与基体聚合物的共混。导电聚合物复合材料的导电机理比较复杂，通常包括导电通道、隧道效应和场致发射三种机理，复合材料的导电性能是这三种导电机理作用的结果。在填料用量少、外加电压较低时，由于填料粒子间距较大，形成导电通道的概率较小，这时隧道效应起主要作用；在填料用量少、但外加电压较高时，场致发射机理变得显著；而随着填料填充量的增加，粒子间距相应缩小，则形成链状导电通道的概率增大，这时导电通道机理的作用更为明显。

本征型导电聚合物根据其导电机理的不同又可分为：载流子为自由电子的电子导电聚合物；载流子为能在聚合物分子间迁移的正负离子的离子导电聚合物；以氧化还原反应为电子转移机理的氧化还原型导电聚合物。

（1）电子导电聚合物的导电机理及特点　在电子导电聚合物的导电过程中，载流子是聚合物中的自由电子或空穴，导电过程中载流子在电场的作用下能够在聚合物内定向移动形成电流。电子导电聚合物的共同结构特征是分子内有大的线性共轭 π 电子体系，给自由电子提供了离域迁移条件。作为有机材料，聚合物是以分子形态存在的，其电子多为定域电子或具有有限离域能力的电子。π 电子虽然具有离域能力，但它并不是自由电子。当有机化合物具有共轭结构时，π 电子体系增大，电子的离域性增强，可移动范围增大。当共轭结构达到足够大时，化合物即可提供自由电子，具有了导电功能。电子导电聚合物的导电性能受掺杂剂、掺杂量、温度、聚合物分子中共轭链的长度的影响。常见导电高分子的名称及结构通式图 5-24。掺杂类型、最大电导率及其典型应用见表 5-5[65]。

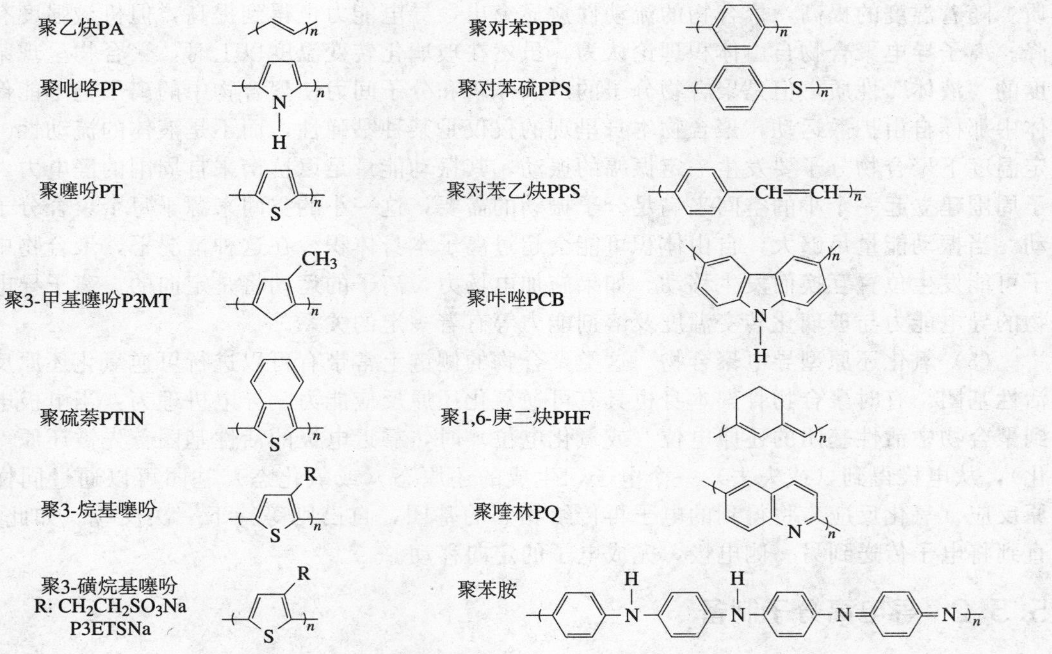

聚乙炔PA

聚对苯PPP

聚吡咯PP

聚对苯硫PPS

聚噻吩PT

聚对苯乙炔PPS

聚3-甲基噻吩P3MT

聚咔唑PCB

聚硫萘PTIN

聚1,6-庚二炔PHF

聚3-烷基噻吩

聚喹林PQ

聚3-磺烷基噻吩
R: $CH_2CH_2SO_3Na$
P3ETSNa

聚苯胺

图 5-24　常见导电高分子的名称及结构通式

表 5-5　常见导电高分子的最大电导率、掺杂类型及应用

导电聚合物	最大电导率/(S/cm)	掺杂类型	应用装置
聚苯胺，取代聚苯胺 PA	5	n,p	电致变色显示器；影印底片；充电电池；电化学电容器；抗腐蚀剂；传感器
聚吡咯，取代聚吡咯 PPY	40～200	p	电致变色显示器；轻重量电池；太阳能电池；传感器
聚噻吩，取代聚噻吩 PT	10～100	p	电发光体；电池阳极材料；微电子电路；电化学电容器；抗腐蚀剂
聚对亚苯	500	n,p	电发光体；充电电池；太阳能电池；激光材料
聚对苯乙炔 PPV	1～1000	p	电发光体；充电电池；太阳能电池；激光材料
聚异硫萘	1～50	p	
聚对苯亚甲硫	3～100	p	
聚乙炔	200～1000	n,p	

（2）离子型导电聚合物的导电机理　离子导电机理的理论中比较受大家认同的有非晶区扩散传导离子导电理论、离子导电聚合物自由体积理论等。固体离子导电的两个先决条件是具有能定向移动的离子和具有对离子有溶解能力的载体。离子导电高分子材料也必须满足以上两个条件，即含有并允许体积相对较大的离子在其中“扩散运动”；聚合物对离子具有一定的“溶解作用”。非晶区扩散传导离子导电理论认为在玻璃化温度以下时，聚合物主要呈固体性质，但在此温度以上，聚合物的物理性质发生了显著变化，类似于高黏度液体，有一定的流动性。因此，当聚合物中有小分子离子时，在电场的作用下，该离子受到一个定向

力，可以在聚合物内发生一定程度的定向扩散运动，因此，具有导电性，呈现出电解质的性质。随着温度的提高，聚合物的流动性愈显突出，导电能力也得到提高，但机械强度有所下降。离子导电聚合物自由体积理论认为，虽然在玻璃化转变温度以上时，聚合物呈现某种程度的“液体”性质，但是聚合物分子的巨大体积和分子间力使聚合物中的离子仍不能像在液体中那样自由扩散运动，聚合物本身呈现的仅仅是某种黏弹性，而不是液体的流动性。在一定温度下聚合物分子要发生一定振幅的振动，其振动能量足以抗衡来自周围的静电力，在分子周围建立起一个小的空间来满足分子振动的需要，这一小的空间来源于每个聚合分子热振动。当振动能量足够大，自由体积可能会超过离子本身体积。在这种情况下，聚合物中的离子可能发生位置互换而发生移动。如果施加电场力，离子的运动将是定向的。离子导电聚合物的导电能力与玻璃化转变温度及溶剂能力等有着一定的关系。

(3) 氧化还原型导电聚合物　这类聚合物的侧链上常带有可以进行可逆氧化还原反应的活性基团，有时聚合物骨架本身也具有可逆氧化还原反应能力。导电机理为：当电极电位达到聚合物中活性基团的还原电位（或氧化电位）时，靠近电极的活性基团首先被还原（或氧化），从电极得到（或失去）一个电子，生成的还原态（或氧化态）基团可以通过同样的还原反应（氧化反应）将得到的电子再传给相邻的基团，自己则等待下一次反应。如此重复，直到将电子传送到另一侧电极，完成电子的定向移动。

5.5.2 导电高分子制备

本同类型的导电高分子的制备方法不同。当复合型导电聚合物中的填充型为无机导电填料时，一般是将不同性能的无机导电填料掺入到基体聚合物中，经过分散复合或层积复合等成型加工方法而制得。目前研究和应用较多的是由炭黑颗粒、金属纤维填充制成的导电聚合物复合材料。而当复合型导电聚合物中的填充型为导电聚合物时（一般称共混型导电聚合物复合材料），则是将导电聚合物或亲水性聚合物与基体聚合物共混，制备出既有一定导电性或永久抗静电性能，又具有良好力学性能的复合材料。具有互穿网络或部分互穿网络结构的导电聚合物复合材料可以用化学法或电化学法来实现，即将单体在一定条件下，分散在基体聚合物中，再经聚合得到导电聚合物。利用这一方法已经得到了 PAN/聚甲醛（POM）、聚吡咯（PPY）/聚（乙烯接枝磺化苯乙烯）、PPY/PI 等导电聚合物复合材料。这种方法的不足之处是电导率相对较低。而电化学法制备互穿网络或部分互穿网络结构的导电聚合物复合材料的原理是将两种可聚合的单体在电极上同时聚合或一种单体分散到另一种导电聚合物中进行聚合。

纯净或未“掺杂”本征型导电高分子中各 π 键分子轨道之间还存在着一定的能级差。而在电场作用下，电子在聚合物内部迁移必须跨越这一能级，这一能级差的存在造成 π 电子还不能在共轭聚合中完全自由跨越移动，因此，聚合物的导电性一般不高。降低这一能垒的是提高其导电性的一种有效的方法。“掺杂”这一术语来源于半导体科学，掺杂的作用是在聚合物的空轨道中加入电子，或从占有的轨道中拉出电子，进而改变现有 π 电子能带的能级，出现能量居中的半充满能带，减小能带间的能量差，使得自由电子或空穴迁移时的阻碍力减小因而导电能力大大提高。电子导电聚合物的导电性能受掺杂剂、掺杂量、温度、聚合物分子中共轭链的长度的影响。掺杂有物理化学掺杂、电化学掺杂、质子酸掺杂及其他的物理掺杂等。

(1) 物理化学掺杂　可给出电子或接受电子的物质与共轭聚合物的相互作用，导致电荷的转移，提高了导电性。接受电子的物资（如：I_2、AsF_5 等）与共轭聚合物的掺杂为氧化掺杂或 p 型掺杂；给电子的物资（如 Na、K 等）与共轭聚合物的掺杂为还原掺杂或 n 型。

掺杂剂的量不同，其掺杂效果不同，不同的共轭聚合物与掺杂剂的相互作用不同，其掺杂性能也不同，有些共轭聚合物可进行氧化掺杂，有些共轭聚合物可进行还原掺杂，有些共轭聚合物两种掺杂都可进行。

（2）电化学掺杂　将导电聚合物或其单体涂在电极上，在一定的电场下，单体可发生电化学聚合，所得聚合物或涂上的聚合物在电场下的作用下，发生氧化（掺杂阴离子 ClO_4^-，BF_4^-，PF_6^-，$CF_3SO_3^-$，卤离子及高分子阴离子）、还原反应（掺杂阳离子 NR_4^+，Li^+），形成一定掺杂的导电聚合物。掺杂程度与电极间的电位有关。电化学聚合制备导电聚合物具有很大优点是，合成与掺杂可同时进行，且可形成很好的膜。

（3）质子酸掺杂　有些聚合物可与质子酸反应，被质子酸质子化，从而提高了其导电性，这种掺杂为质子酸掺杂，如聚苯胺、聚吡咯等。为了提高材料的性能，有机酸代替无机酸作为掺杂酸成为人们研究的热点。

（4）其他物理掺杂　如导电聚合物材料在光及其他因素的作用下，体系达到激发态，导电性得以提高。

典型聚合物的掺杂示意图见图 5-25。

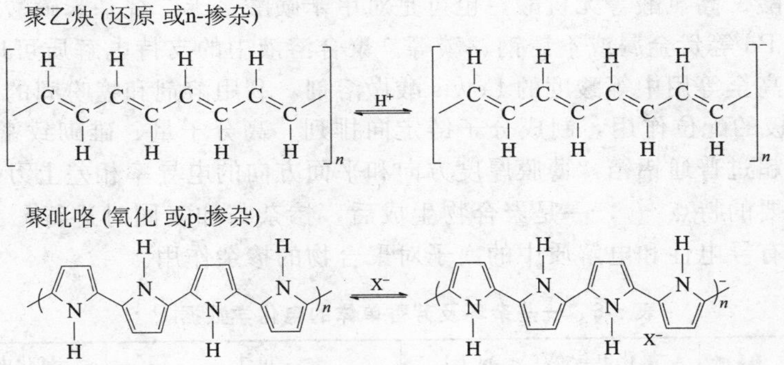

聚乙炔 (还原 或n-掺杂)

H^+

聚吡咯 (氧化 或p-掺杂)

X^-

图 5-25　典型聚合物的掺杂示意图

本征型电子导电高分子可通过化学法及电化学法合成。聚乙炔（PA）是研究最早，也是迄今为止实测电导率最高的电子聚合物。它的聚合方法比较有影响的有白川英树方法、Naarman 方法、Durham 方法和稀土催化体系。白川英树采用高浓度的 Ziegler-Natta 催化剂，由气相乙炔出发，直接制备出自支撑的具有金属光泽的聚乙炔膜，在取向了的液晶基体上成膜，PA 膜也高度取向。Naarman 方法的特点是对聚合催化剂进行了“高温陈化”，因而聚合物力学性质和稳定性有明显的改善，高倍拉伸后具有很高的电导率。1983 年 MacDiarmid 用聚苯胺（PAN）与碱的反应，合成出可导电的高分子。由于原料廉价、合成容易、稳定性好，聚苯胺很快成为导电高分子研究的热点之一。聚苯（PPP）也是研究较早的共轭高分子，但因为不能加工，一直未得到重视。上述本征性电子导电聚合物很多都是不溶不熔的固体，加工很困难。合理解决加工性能与导电性能是今后工作的一个重点。现在许多人致力于可溶型导电聚合物的合成与性能的研究，以期得到更多的应用。通过引入大的取代基或共聚的方式可加大聚合物的溶解性。李永舫等人利用钯催化的 Suzuki 偶联反应合成出具有光、电性质的芴的共聚物[66]，其结构见图 5-26。

电化学方法制备导电膜，是一种导电高分子制备的好方法。电化学聚合需要电解池、电极、电解质、溶剂等。溶剂及电解质对电化学聚合产生很大影响。通常用亲核性小的非质子溶剂如乙腈、苯腈、二甲基甲酰胺、二甲基亚砜、六甲基膦酰胺。电解质选择在非质子溶剂

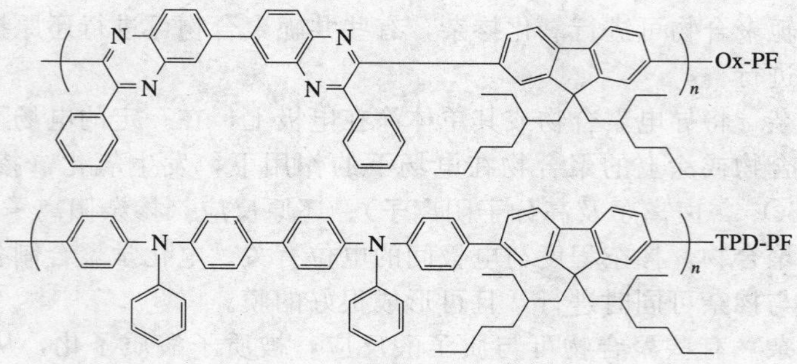

Ox-PF

TPD-PF

图 5-26 PF 及其共聚物的结构

中有较大溶解度的盐，如季铵盐 $R_4N^+X^-$。X 为卤素及亲核性强的阴离子对聚合物成膜不利。表 5-6 列出一些杂环及芳香单体的电化学数据，这些单体可用于电化学方法合成导电聚合物。聚吡咯（PPY）很容易电化学聚合，形成致密薄膜。其电导率高达 100S/cm 数量级，仅次于聚乙炔和聚苯胺，稳定性比聚乙炔好。吡咯在酸性溶液中即可电化学聚合，酸可以是盐酸、硝酸、硫酸、高氯酸等无机酸，也可是对甲苯磺酸、十二烷基苯磺酸等有机酸。聚合电极可以是 Pt、Pd 等贵金属或不锈钢、碳等。聚合溶液中的支持电解质可以是 KCl 等。南京大学薛奇和石高全等用中等酸度的 Lewis 酸做溶剂，利用溶剂和噻吩间的络合以及噻吩环 π 电子对金属电极的配位作用，制成分子链定向排列、高分子量、碓砌致密的聚噻吩薄膜，该膜的拉伸强度超过普通铝箔，薄膜厚度方向和平面方向的电导率相差上万倍。电化学聚合具有一些非常重要的特点[67]，一是聚合物生成后，掺杂与加工同时进行，二是电解质具有两重功效，即具有导电性和电解质中的离子对聚合物的掺杂作用。

表 5-6 一些杂环及芳香单体的电化学数据[68]

单体	氧化电位/V(Vs SCE)	单体	氧化电位/V(Vs SCE)
吡咯	1.20	甘菊环	0.91
二吡咯	0.55	芘	1.30
三吡咯	0.26	咔唑	1.82
噻吩	2.07	芴	1.62
二噻吩	1.31	荧蒽	1.83
三噻吩	1.05	苯胺	0.71

Nabid 等人在磺化聚苯乙烯（SPS）存在下，由酶作催化剂，催化氧化邻甲基苯胺（OT），可制得水溶性的导电聚合物（POT）及（POT/SPS）复合物[69]，利用 LB 膜静电相互作用可构造多层导电性聚合物膜[70]，Blumstein 合成出两亲的离子型乙炔的共聚物，以便形成膜材料[71]，见图 5-27。Kim 等人采用不同单体的组配，利用 Suzuki 反应，合成出性能优于简单聚苯 PPP 及聚苯乙炔 PPV 的聚苯-聚苯乙炔的共聚物[72]，见图 5-28。Gianni 等人将不同的二吡咯涂在阴极上，通过电化学的方法连接到导电聚合物上，制备的聚合物溶解度大增，从而提高了其掺杂量，进而提高了导电性。二吡咯的引入比吡咯的引入减少了聚合物在掺杂中的过分氧化[73]。

高分子材料不仅可以导电，还有可能实现超导，美国科学家报道了聚氮化硫 PSN 具有超导性[74]。Tonoyan 等[75]用高分子量 PE 或 PMMA 和超导陶瓷材料在 200℃下加热黏合形

(a)几种可自组装的聚合物

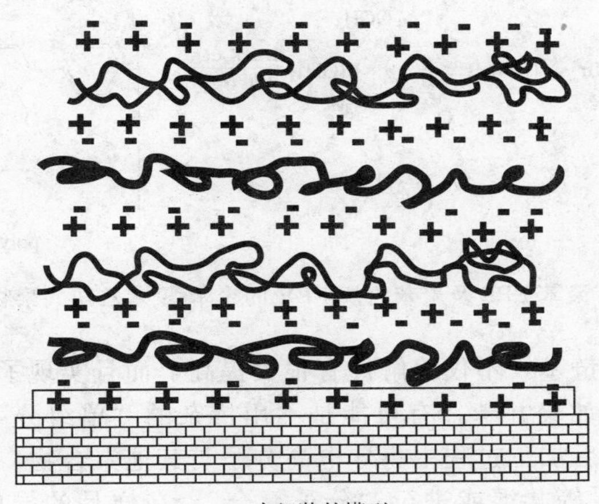

(b)自组装的模型

图 5-27　自组装导电聚合物

成复合超导材料，超导转变温度为95～96K，高分子的加入可提高陶瓷的弯曲强度和弹性模量，还可以对超导材料得到保护，以免受到环境的影响[76]。

5.5.3　导电高分子的应用进展

从第一个导电聚合物PA被发现至今，导电高分子科学和技术已有了很大的发展。但作为材料来说，离实际广泛应用还有相当大的距离。如电极材料、光电器件等和已经实用的技术相比还缺乏竞争力。除了由于导电高分子结构、性能和导电机理等基本问题尚不十分清楚和所知甚少外，还存在以下三方面的问题：①加工性不好。至今没有获得可熔体加工的导电聚合物，可溶性加工的品种也很少。可溶性聚合物路线在一定程度上解决了加工性问题，但结构缺陷对性能的影响又难以避免；②稳定性不好。芳杂环导电聚合物的出现，尽管解决了一般的化学和环境不稳定性问题，但掺杂剂本身的不稳定仍是现有导电聚合物共同的弱点；③较难合成结构均一的聚合物。化学结构缺陷的存在，各个层次上的凝聚态结构的多分散性，都对材料的宏观性能有影响，也妨碍对结构和性能关系的认识。因此，导电聚合物的研究方向将集中在以下几方面：① 合成可溶性导电聚合物。直接合成可溶性导电聚合物是实现可加工性和深入研究结构和性能的有效途径。目前已合成出可溶性PA_n及其自支撑膜，聚（β-长链烷基噻吩）不但本征态是可溶的，掺杂态也是可溶的；② 自掺杂或不掺杂导电聚合物。这是解决导电聚合物稳定性问题的根本方法，如（CH_2）$_x SO_3H$或（CH_2）$_x SO_3H$

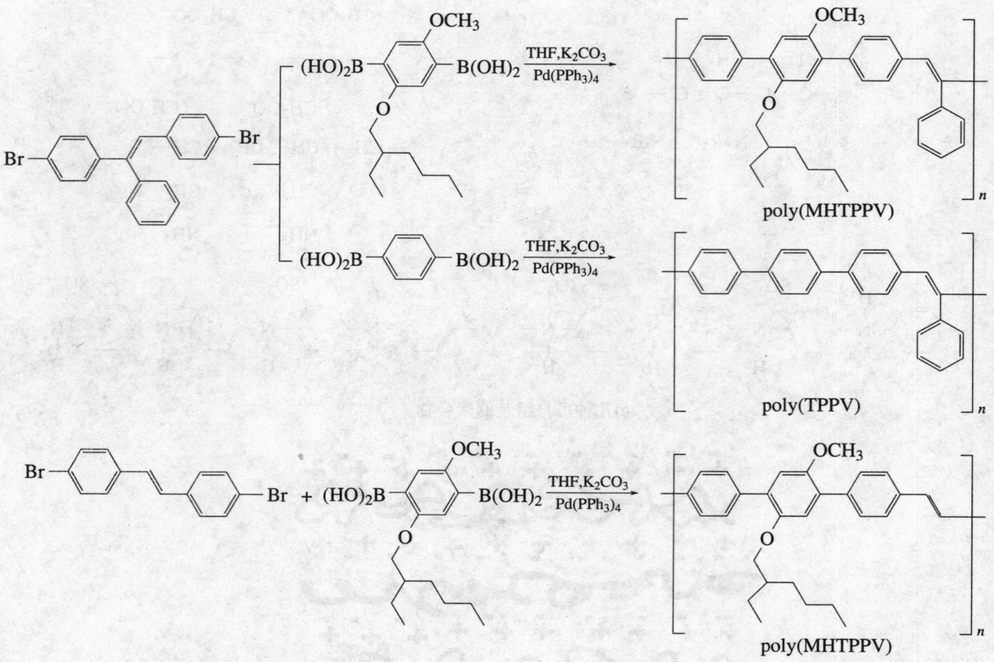

图 5-28　聚苯 PPP 及聚苯乙炔 PPV 的聚苯-聚苯乙炔共聚物

等基团，引入了聚合物的侧链基，不仅溶解性有很大提高，而且实现了自掺杂。理论计算表明，类似石墨结构的高分子如聚并苯，有可能是不用掺杂的“单组分”导电聚合物；③ 复合型导电聚合物，在合成或后加工过程中将导电高分子与其他聚合物，如聚甲基丙烯酸甲酯（PMMA）、聚苯乙烯（PS）等共混或进行“分子复合”，在样品的导电性能降低不多的同时，使加工和机械性能大大提高。④ 超高导电性。20 世纪 80 年代初，聚乙炔（PA）的电导率在 10^3S/cm，1986 年制得高度取向 PA，电导率达 10^4S/cm 数量级，1988 年一些学者已使 PA 拉伸后的电导率达 10^5S/cm，接近铜和银的室温电导率。有机高分子导电性究竟可达到什么电导率水平，怎样达到更高的水平，涉及一系列的理论和技术问题有待进一步研究与开发。⑤ 分子导电，聚合物的导电是在一个分子链上实现的，如果适当控制分子链结构或改变分子链的局部环境，使一个分子的各个链段具有不同的导电行为，则有可能制成“分子导线”、“分子电路”和“分子器件”，这一设想如能实现，将会引起电子技术的革命。⑥ 光、电、磁多功能，已经发现，聚乙炔和其他导电高分子都具有异乎寻常的三阶非线性光学性质。具有强共轭结构的双乙炔类聚合物（polydiacetylene，PDA）的电导率不高，但它的三阶非线性光学系数在已知的聚合物中是最高的，具有聚双炔主链的一种聚合物的铁磁性目前已得到证实。在分子水平上研究高分子的光、电和磁行为，揭示分子结构和光电磁特性的关系，将导致新一代功能材料的出现，引起光电子工业和信息科学技术的重大变革和突破。

由于导电聚合物的电导率覆盖范围广，约为 $10^{-9}\sim10^5$S/cm，这跨越了绝缘体、半导体、导体。如此宽的范围是目前任何种类的材料都无法相媲美的，这使它在技术应用上具有很大的潜力。如高电导的导电聚合物在能源、光电子器件、信息、传感器、分子导线和分子器件以及电磁屏蔽、金属防腐、防静电和隐身技术上有着广泛、诱人的应用前景。导电聚合物与无机半导体的一个明显不同点是它还存在脱掺杂的过程，而且掺杂-脱掺杂完全可逆。这一特性若与高的室温电导率相结合，则导电聚合物将成为二次电池的理想电极材料，从而使全塑固体电池得以实现。掺杂-脱掺杂的可逆性若与导电聚合物的可吸收雷达波的特性相结合，则导电聚合物又将是快速切换隐身技术的首选材料。此外，导电聚合物还保留了聚合物的结构多样化、可加工性和密度小等性质，这些正好满足了现代信息科技中器件尺寸的日益微型化要求，这也是现有的无机半导体材料所望尘莫及的。

导电高分子泡沫材料[77a]由于能导电，且质量更轻、比强度高、可吸收和缓冲冲击载荷，是理想的静电保护（ESD）和电磁屏蔽（EMI）材料，其在航空航天、汽车等领域的应用不仅可以节省材料和能量、降低成本，且可使操作更加灵活方便。然而由于泡沫中微孔的存在阻碍了体系中导电网络的构建，因此 CPCs 泡沫制备比较困难。目前制备该类材料的方法主要有：① 热塑性高分子为基体的 CPCs 泡沫的制备方法，如将导电填料和高分子基体熔融混合或在溶液混合物中加入化学发泡剂的化学发泡法；利用压缩气体的物理发泡法；将本征型聚合物单体通过气相沉积法（VDP）分散到泡沫基体中后氧化聚合法等。② 热固性高分子为基体的复合型导电高分子泡沫，聚氨酯泡沫（PUF）具有密度小、耐冲击性好、比强度高等优点，聚氨酯（PUR）已经被研究者广泛用来制备热固性高分子为基体的 CPCs 泡沫。以 PUR 为基体的 CPCs 泡沫的制备方法有：在高分子与导电填料的混合过程中加入发泡剂的方法、将 PUF 浸渍在导电填料中的方法等。Xiang 等[77b]将 CNTs 在丙酮中超声分散后与聚醚多元醇混合，升温至 80℃除去丙酮，然后先加入发泡剂蒸馏水等，再加入甲苯二异氰酸酯（TDI），机械搅拌后将溶液倒入密闭模具，在 100℃烘箱中固化发泡成型，制备了 PUR/CNTs 泡沫。密度为 $0.2g/cm^3$ 的导电泡沫从 20℃升高到 100℃的过程中，其体积电阻率从 4×10^7cm 降至 8×10^6cm，表现出反常的 NTC 现象。密度为 $0.3g/cm^3$ 的导电泡沫的 NTC 行为在升温循环测试中表现出良好的可重复性。

将导电聚合物材料应用于传感器的研究始于 20 世纪 80 年代末，以聚吡咯（PPY）、聚苯胺（PAN）、聚噻吩（PTH）为典型的导电聚合物，由于具有较低的成本、较好的导电性、光电性、热电性、可以方便地沉积在各种基片上，可与其他功能材料共聚或复合、可在常温或低温使用等优点，因而受到传感器研究者的青睐。导电聚合物作为传感器的基体材料或选择性包覆材料可制作生物传感器、离子传感器、气体传感器、湿敏传感器等。

导电高分子在传感器方面的应用[77c~78]：导电聚合物材料的出现为传感器的设计制作引发了新的思路，特别是在生物传感器和气体传感器方面具有广阔的应用前景。开发和利用导电聚合物的优异特性并使之实用化是导电聚合物传感器今后的研究主流：① 根据特定的要求，通过化学修饰（接枝、嵌入、复合等）合成性能优良的导电聚合物敏感材料，并从功能设计出发进行材料分子结构的设计；② 多功能导电聚合物传感器阵列的研究；③ 采用多样化的检测手段（阻抗技术、SAW 技术、QCM 技术、SPR 技术、智能化系统等），以提高导电聚合物传感器的灵敏度和可靠性；④ 导电聚合物传感器在环保监测中的应用研究；⑤ 导电聚合物生物传感器用于临床医学检测的研究；⑥ 导电聚合物传感器微型化的研究。导电聚合物在传感器方面的应用主要有导电聚合物生物传感器、导电聚合物离子传感器、导电聚合物气敏、湿敏传感器及液体传感器。

导电高分子在液体传感器上的应用基于高分子在不同液体中的溶胀能力不同所致，这种材料在液体包装材料的检漏等方面具有很大应用[77d]。各相异性导电高分子在温度敏感材料方面也有些应用[77e]，张等[77f]研究了由 CB/聚乙烯（PE）/PET 各向异性 CPC 的体积电阻对温度和时间的依赖性时发现当温度在 20～180℃变化时，垂直于取向方向上试样的电阻比平行于取向方向的试样具有更强的正温度系数（PTC）和负温度系数（NTC）效应。这可能是由于这两个方向上导电网络结构的不同所致。平行于取向方向上，很多取向的导电微纤良好接触形成良好的导电通路；而在垂直于取向方向上，导电通路则主要是由导电微纤和一少部分基体中的

CB之间的搭接构成，导电通路数目较少。所以当温度在PE熔点附近时，PE微晶融化体积膨胀对前者的影响要比后者小得多。当高于PE熔点时，在垂直于取向方向上，由于导电微纤的团聚形成许多新的导电通路，所以出现了很强的NTC效应。而在平行于取向方向上，新导电通路的形成只是加强了已有的导电通路，所以不会出现很强的NTC效应。

导电聚合物生物传感器主要是用导电聚合物为载体或包覆材料固定生物活性成分（酶、抗原、抗体、微生物等），并以此作为敏感元件，再与适当的信号转换和检测装置结合而成的器件。1986年，Foulds和Love将葡萄糖氧化酶（GOD）包埋固定于聚吡咯中，构建了酶传感器，揭开了导电聚合物构建生物传感器的序幕。随后，许多学者相继将不同的酶、辅酶、抗体、DNA，甚至细胞和组织等生物活性物质固定于不同的导电聚合物中，形成各种新型的生物传感器。导电聚合物生物传感器的主要特点是响应性能强，制作过程简单可控。近年来，导电聚合物应用于DNA等生物传感器的研究呈上升趋势。

常用的生物活性物质的固定化方法有包埋法、共价法、吸附法和交联法。包埋法最为多见，该法可将生物活性物质与聚合单体混合，单体电化学聚合时同步实现生物活性物质以包埋的形式固定到导电聚合膜中。也可先将单体与生物活性物质共价连接，然后再将此单体聚合。此外，也可采用共价、吸附或交联法将生物活性物质固定于导电聚合膜中。在电化学聚合过程中，通过有效地控制电聚合过程，生物活性物质可固定到各种类型的电极或者电极的特定部位。也可将两种或多种酶等生物活性物质同时固定于同一层聚合膜或分别固定于多层聚合膜上。导电聚合物作为分子导线，其三维立体导电结构可使电子在生物分子（活性中心）与电极表面直接传递，显著提高生物传感器的响应特性。通过控制聚合膜的厚度、生物分子在膜中的空间分布、聚合膜的空隙度等指标，调整生物传感器的响应特性和选择性。导电聚合物生物传感器已经有葡萄糖传感器、尿素传感器、乳酸传感器、胆固醇传感器、免疫传感器、DNA传感器等。

虽然生物活性物质可通过电化学聚合固定于导电聚合物，但这些方法需要贵重金属作为电极，成本高，而且，目前还没有常规设备可制造稳定的、可重复生产的导电聚合物生物传感器，所以此类传感器在分析领域并没有获得广泛应用。可溶性导电聚合物的使用，有望应用于丝网印刷技术来生产廉价的生物传感器。

导电聚合物离子传感器：离子传感器也称为离子选择性电极，可选择性地检测溶液中特定离子的浓度（活度）。董绍俊等[79]最早发现，掺杂NO_3^-、Cl^-、Br^-、I^-、ClO_4^-的聚吡咯膜的电极电位分别对这些离子存在Nernst响应，根据此原理可制成相应的离子电位传感器。后来，人们发现掺杂或化学修饰后的导电聚合物对某些阳离子也有响应，可用于阳离子传感器的制作。例如：引入—$C_6H_{12}OH$或—SC_8H_{17}的聚噻吩与硬脂酸共混后制成的LB膜可用于微量Hg_2^+的检测。Rahman等人将EDTA连接到导电聚合物上制备出对重金属离子敏感的传感器[80]。导电聚合物pH值传感器主要是利用导电聚合物的电导率随溶液pH值变化而改变的原理制作的。用聚吡咯制作的pH值传感器可在宽广的pH值范围内测量。

此外，将功能性基团与导电聚合物复合还可制备各种专用传感器，如Marystela等人利用LB膜法制备出导电聚合物与钌的络合物膜，该膜对蔗糖、喹啉、氯化钠及盐酸具有很高的识别能力[81]。导电高分子通过氧化还原反应就可以发生可逆的体积变化（膨胀或压缩）从而制备微型执行器，PPy作为电活性高分子表现出了大应力（平面内3%，平面外>30%）高强度，低电压运行条件等特点。Jager等研究设计了新型导电高分子微型执行器[82]。该微型执行器以双层PPy-Au为原料，金层既作为微型执行器的结构层，又作为执行器的电极。这一微型肌肉目前可执行拿盘子，打开或者关上箱子等一些简单行为，而且，它可以执行一些面积在250μm×100μm之内的物体的提高、升起、移动等动作。

导电高分子在涂料方面的应用也是非常重要的，尤其是价格相对较低的聚苯胺[83]，德国的OrmeconChemie公司的也有一些导电防腐涂料，其中SHIPPERS CORRPASIV是一种海洋防腐涂料，已成功应用于船舶、港口和码头的防腐。随着人们对环境问题的日益关注，聚苯胺涂料也在向着更加环保的方向发展。Ahmad小组[83b]研究了一系列植物基树脂/聚苯胺涂料对碳钢的防腐行为，得到了令人满意的结果。Bagherzadeh[83c]发现，在双组分水性环氧树脂中加入很少量（0.02%质量）的纳米聚苯胺就能显著地提高涂层的防腐能力，而且即使在腐蚀测试之后，涂层仍然保持着良好的附着力。Ahmad[83d]将聚萘胺和聚乙烯醇共混后采用间甲酚-甲醛反应物作为固化剂，制备了聚萘胺的水性涂料，分别在酸性、碱性和含盐离子溶液的腐蚀介质中进行了测试，结果表明，这种涂料对碳钢的腐蚀防护能力甚至超过了已经报道的油性树脂/聚苯胺涂料体系。中国科学院长春应化所在聚苯胺涂层的防腐效果上取得了重要进展，其中80μm厚的聚苯胺环氧树脂底漆在聚苯胺含量低于5%（质量分数）时，划叉样板的中性盐雾试验仍能达到800h，与80%（质量分数）富锌底漆的水平相当，由于聚苯胺涂层的密度很低，因此在单位面积的涂层成本方面已经与富锌底漆有很强的竞争力。

5.5.4 磁性高分子的合成及应用进展[84]

人类最早使用的磁性材料是由天然磁石制成的，后来开始利用磁铁矿烧结成磁性材料。然而这种铁氧体一般是通过二次烧结而制成的，烧结温度高达1200℃左右，质硬而脆，烧制过程材料的变形大，难以制成形状复杂、尺寸精度高的制品，而且成品率较低。随着高分子科学的发展，磁性高分子材料也越来越引起人们的注意。

磁性材料的磁性主要来自电子的自旋，物质具有磁性需要两个条件：①电子间交换积分大于零是充分条件；②原子具有固有磁矩是必要条件。因此，制造强磁体高分子的关键是制备电子数为奇数的，至少有一个不成对电子的分子，再利用聚合、结晶、氢键、掺杂等手段，加强其分子间的作用力，使分子有序排列和自旋有序取向，就能实现有机物质的宏观磁性。磁性高分子材料可分为复合型和结构型两类，用于磁性分离及导向的磁性高分子的制备可参考有关文献[84c，84d]。

复合型就是将磁性材料与高分子材料复合而成。复合型磁性高分子材料的性能取决于要添加的磁性材料及加工过程的工艺条件。复合型磁性高分子材料的制备工艺如下：经表面处理的磁粉、橡胶或塑料及其它配合剂经开炼机混炼或高速混合机混合后出片或造粒，经硫化或注射模压，最后充磁。铁氧体磁粉一般是在1150～1300℃烧结而成，然后粉碎成粉末。由于在机械粉碎时，产生了很大的内应力，同时晶体也有很多缺陷，这对磁性能是不利的。进行适当的退火处理可以使晶体的缺陷在一定程度上得到恢复，有利于磁性的提高。磁粉属于亲水性的无机物，与疏水性的高分子材料的亲和性较差，因而磁粉很难在高分子材料中均匀分散，大大影响了磁性高分子材料的磁性能和物理机械性能。目前，解决这一问题的方法主要是用偶联剂对磁粉进行表面改性处理。经偶联剂处理后，不但提高了磁粉与高分子的相容性，而且能够增加磁粉在高分子材料中的添加量，因而可以大大提高磁性能。对于稀土类磁粉而言，用偶联剂处理，还可以防止其发生氧化作用，从而提高了其磁稳定性。磁性材料的不同形状（球状、纤维状、片状）及添加量对复合材料的磁导率产生一定影响，磁性材料的用量影响大于磁性粒子的形状，一般磁性随添加量的上升而升高，但不定是线性关系。此外，对于各向异性磁性高分子材料而言，磁性粉末的取向度也是影响其磁性能的重要因素。取向度是指磁晶粒子按磁化择优原则在磁体使用方向上有序排列的程度，其计算方法如下：$Q=[B_r\perp$ö$(B_r\perp+B_r/\!/)]\times100\%$。其中，$Q$表示取向度；$B_r\perp$表示取向方向的剩磁；$B_r/\!/$表示垂直于取向方向的剩磁。磁性高分子材料的磁性能基本上不受高分子种类的影响，而主要取决于磁粉的性质和用量。由氯丁橡胶和丁腈橡胶等极性高分子制备的磁性高分子材料的磁通量略高，这是由于生胶单体分子具有较强极性时，有利于各向异性晶体粒子的定向排列，因此有利于磁性能的提高，但是这种差别并不明显。磁粉的粒径对磁性高分子材料的磁性能有较大的影响，一般粒径较大，粒度分布不均匀，则在复合材料中的分散不均匀，导致内退磁现象增强，还会造成应力集中，降低物理机械性能。磁粉粒径小时，一方面磁粉在高分子材料中分散均匀，另一方面磁粉粒径越小，退磁能力就越小，就不会产生畴壁，当粒径足够小时，各颗粒成为单畴，这样当磁粉的粒径接近磁畴的临界晶粒直径时，磁性材料的矫顽力大大增加。因此从理论上讲要求粒径尽可能小，但实际上很难办到。在磁性橡胶的制备过程中，可以在外加磁场中进行混炼，可以使磁性微粒在混炼中得到较高程度的取向，从而提高磁性能。磁场磁力线的方向是磁取向能否成功的关键因素，磁粉的注入方向与磁力线方向平行时，制成的磁性橡胶各向异性最佳。还可以通过压延效应提高磁性，即可以采用薄通法，将薄胶片逐层按相同压延方向叠合，然后压成一定厚度的胶片待用。这是因为压延效应能使磁粉定向排列而呈各向异性。另外在磁场中进行硫化也可以提高磁性，因为硫化初期胶料处于热流动状态，磁粒（畴）在外磁场作用下能顺利地取向一致，到硫化交联后，高分子链间的网状结构限制或固定住这些整齐排列的磁粒，使之不能转向。硫化后对制品进行剪切拉伸，在保证产品具有良好的机械性能的同时，也能够提高其磁性。利用二茂金属高分子铁磁体微粉与经过处理的 NdFeB 和丙酮混合后真空干燥并造粒，然后热压成型，制备了磁性高分子黏结钕铁硼，而且在磁粉体积分数相同的情况下，磁性高分子黏结 NdFeB 的磁性能比非磁性高分子黏结 NdFeB 的磁性能高。这是由于这两类黏结 NdFeB 磁体中的 NdFeB 磁粉颗粒之间的磁场结构状态发生了变化。在磁性高分子黏结的 NdFeB 颗粒之间具有磁性的二茂金属高分子铁磁体能导磁，起着导磁体的作用，其磁阻小；而环氧树脂黏结的 NdFeB 颗粒之间，由于环氧树脂无磁性，使得 NdFeB 颗粒之间的磁力线穿过环氧树脂，其磁阻很大。这种磁性高分子材料实际上是由结构型与复合型结合而得到的一种新型磁性高分子材料，是制备磁性高分子材料的一种新方法。在尿素、聚乙烯基吡咯烷酮和盐酸中控制 $FeCl_3$ 的水解，使球状微米级聚合物粒子表面沉积上一层磁性物质，从而获得了具有核/壳结构的磁性高分子材料。为了改变壳层的化学组成，将复合物在氢气中加热至 270～330℃。考虑到煅烧处理工艺，核心聚合物采用交联的耐热聚合物微粒。增加 $FeCl_3$ 的用量，壳层的厚度增加；XRD 和 SEM 研究表明壳层的化学组成、形态以及最终的磁性能可以通过控制煅烧条件来进行控制。产品的饱和磁化强度随着壳层还原程度的增加而单调增大；剩余磁化强度在壳层由赤铁矿转变为磁铁矿的过程中一直增加，而在壳层由磁铁矿转变为铁的过程中则减小。利用无皂乳液聚合法得到苯乙烯和丙烯酸共聚物，苯乙烯和 4-乙烯基吡啶共聚物的微球，通过还原法将金属镍和钴沉积在聚合物的表面上，制备了磁性高分子金属（镍、钴）微球。透射电子显微镜观察磁性高分子微球的形貌时发现，在聚合物小球的表面有新的物相产生，在高分子微球表面形成许多纳米级的颗粒，这一结果也得到 X 射线衍射物相分析的验证，磁性高分子金属微球的交流磁化率随着温度的降低而降低，这与顺磁性物质不同，可以断定它们是强磁性物质。以生物高分子为壳层，磁性金属氧化物为核的核-壳结构磁性生物高分子微球有望用于固定化酶、靶向药物、细胞分离与免疫分析等领域。

复合型磁性高分子材料与烧结磁体相比，具有能耗低、易于加工成型、尺寸精度高、柔韧性强等优点，已经进入实用阶段。复合永磁材料的磁性能虽低于烧结磁体，但它可以制备小型、异型的永磁体，广泛应用于微型电机、办公用品、自动控制等领域。近年来发展起来的非晶和纳米微晶金属软磁材料具有许多优异的特性，与晶态相比，非晶态材料通常具有高强度、高耐腐蚀性和高电阻率等特性，纳米结构的软磁材料具有优良的高频特性。因此，采用非晶纳米微晶金属软磁材料与高分子结合可望制备出一种新型的磁性高分子材料，既具有非晶和纳米微晶金属软磁材料优异的磁性能又具有高分子材料易于加工、尺寸精度高、可加工成各种复杂的形状等优点，这类材料在高功率脉冲变压器、航空变压器、开关电源等方面已获得应用，将大有可为。

结构型磁性高分子材料是指高分子材料本身含有稳定自由基并具有铁磁相互作用的有机高分子或与高分子进行掺杂后具有磁性的复合材料的总称。目前磁性高分子材料的研究相对还较少，如何制备有机铁磁体仍是磁性材料研究领域中的一大挑战。结构型有机高分子磁性材料具有复合型磁性材料不可比拟的优点，如磁性随温度的变化很小、结构多样性、磁损耗低，磁性衰减不明显、易于加工成型及低密度等特点。正是这些优异特点，使得结构型高分子磁体作为光电磁器件等一些新型功能材料的应用研究成为一大热点。结构型磁性高分子材料的设计和构筑主要有两条途径：①根据单畴磁体结构，构筑具有大磁矩的高自旋聚合物；②参考 α-Fe、金红石结构的铁氧体，使低自旋高分子的自旋取齐。结构型有机高分子磁性材料主要包括二炔烃类衍生物的聚合物、共轭的高自旋聚合物、配位聚合物及含杂环聚合物自由基等。

McmConnell[85] 在 1963 年提出了制备有机磁体的可能性，1987 年 Ovchinnikov[86] 首次报道了低维纯有机磁体聚 1，4-双（2，2，6，6-四甲基-4-羟基-1-氧自由基哌啶）丁二炔(简称聚 BIPO)，聚 BIPO 磁体的饱和磁化强度 $M_s=0.10224$emuPg，居里温度 T_c 超过分解温度（分解温度 $T_d=250\sim310$℃）。通过改变聚合条件可在一定范围内改变磁性，性能可从超顺磁性至铁磁性。此外，该实验首次证明仅含 C、H、N、O 等 s 和 p 轨道的高分子具有磁性。这一研究引起了有机磁性材料研究领域的一场革命。此后 Makarova T[87] 等人在 Nature 杂志报道了一个在室温下工作的有机铁磁体，这种材料由螺旋碳分子组成，如果这项成果能在更便宜的有机材料中实现的话，将改变磁性记忆材料制造业的历史。目前该材料由于制备成本太高，其实用价值有限，但是这一发现进一步激发科学家对有机铁磁体的研究兴趣。π 共轭系统的电子自旋间交换相互作用比小分子级别的有机自由基的空间相互作用强得多。合成 π 共轭的大分子有望成为一个能在较高温度，甚至在室温下具有良好磁性能的新型有机磁体。1991 年 Allemand 等[88] 发现第一个软铁磁性聚合物在居里温度以下，磁化强度与温度关系同传统铁磁体不同。

金属有机高分子磁体实际上是含有多种顺磁性过渡金属离子的金属有机高分子络合物，具有特殊的配位环境和配位结构的多样性，能够形成二维或三维的有序网状结构，磁性来源于金属离子与有机基团中的不成对电子间的长程有序-自旋作用。金属有机络合物磁性高分子一般有二类：一是指用有机配体桥联过渡金属及稀土金属等顺磁性离子形成的络合物，顺磁性金属离子通过有机配体“桥”产生磁相互作用产生磁性；二是金属离子与自由基型配体配位，形成的金属-自由基交替链聚合物，该材料在低温时具有铁磁性或亚铁磁性的。由于顺磁性金属离子间的磁相互作用对高分子的磁性起到十分关键的作用，金属离子的磁性与自由基配体的磁性相互作用对材料的磁性产生影响，因此，这类材料的磁性与金属离子及配体的结构密切相关。在配位聚合物中，Schiff 碱过渡金属络合物的研究引人注目，Schiff 碱的特殊结构使其极易与顺磁性的过渡金属形成配合物，较早引起人们关注的是 PPH・$FeSO_4$ 型高分子铁磁体，该材料在常温下具有很强的铁磁性，有的甚至可以和磁铁相匹敌。含双噻唑的聚 Schiff 碱过渡金属离子及稀土金属离子配合物的磁性能从反铁磁、顺磁、铁磁不等，耐热性好，具有一定的应用前景。二茂铁有机金属磁性高分子是第一个常温稳定具有实用价值的高分子磁体，是高分子磁体从理论研究到应用研究的一个转折点。

电荷转移复合物是研究最多的一类有机磁体，磁性基于电子给体和电子受体之间的电荷相互作用达到长程有序。电荷转移复合物磁体研究方面 Miller JS 取得很大成就[89~91]，他最先合成出［$FeCp_2$］［TCNE］，此化合物具有一维线性结构，由［$FeCp_2$］和［TCNE］交替组成，该材料是一个变磁体，基态时呈反铁磁性，当磁场超过1500Oe时，呈现高磁化强度的铁磁状态。聚苯胺（PANi）和7，7，8，8-四氰基对二亚甲基苯醌（TCNQ）反应形成一种新型的PANi-TCNQ聚合物[92]，这种聚合物呈亚磁和铁磁性，居里温度可达350K，最大饱和磁场强度达0.1J/（T·kg），它的磁性有序随时间增加而增加，需要几个月才能完成。该成果是纯有机磁性聚合物研究从理论性向实用性迈出了巨大的一步。

对于有机高分子磁性材料而言，探索其磁性产生的机理和建立合理的理论模型是其快速发展的依据。分子设计是研制磁性高分子的重要手段，它打破了高分子材料工业所遵循的技术路线，从分子设计入手，合理裁剪分子结构，既可以经济快捷地开发出磁性高分子，又可对其进行官能团修饰改变其磁性。随着人们对磁性理论和高分子研究的深入，将合成出更多的具有实用价值的有机高分子磁性材料，而这些有机高分子磁性材料的应用将在航天、航空、军工、信息、超导等领域引发一系列重大的技术革新。

5.6 生物高分子

生物高分子一般是指自然界动、植物体内自然合成的，具有很好降解性的高分子。生物高分子及其衍生物是一类重要的生命物质，协助生命体实现着许多重要的生理功能。生物高分子种类丰富，特性多样，根据其不同的化学结构可以主要分为八大类：①核酸，如脱氧核糖核酸、核糖核酸；②聚酰胺，如蛋白质、聚氨基酸；③多糖，如纤维素、淀粉、壳聚糖和黄原胶；④有机聚氧酯，如聚羟基脂肪酸酯；⑤聚硫酯；⑥无机聚酯，以聚磷酸酯为唯一代表；⑦聚异戊二烯，如天然橡胶或古塔波胶；⑧聚酚，如木质素、腐殖酸。随着科学技术的快速发展及交叉科学的出现，人们将生物高分子的研究范围扩展到可用于生物体的高分子及生物高分子的改性及应用等诸多方面。21世纪最有发展前景的高分子材料是生物高分子。

5.6.1 概述[1,2,93]

由于生物高分子的研究面很广，本书将主要介绍医用的天然高分子及合成高分子（简称医用高分子）、与生物能友好共存的高分子（环境友好的高分子）的制备与应用。

医用高分子是高分子材料与生命科学之间相互渗透而产生的一门边缘领域，它已广泛地应用于医疗外用材料、内用材料、人体器官及功能化高分子药物。作为医疗内用材料、人体器官的材料，要求植入人体后，不应产生全身性的不良反应及局部的器官和组织的病变，以满足生物体复杂而又严格的多功能要求，此外还应具备适当的力学功能，如：硬度、模量、弹性等；若要实现生物功能性，如作为人工肾脏的材料应具有高度的选择透过性功能及生物相容性，如血液相容性和组织相容性，只有具有较高相容性的材料才不会引起血栓、炎症、毒性及变态反应。功能化高分子药物为一类新型药物，它可分成高分子缓释药物、高分子负载药物、高分子定向药物等。

环境友好高分子材料：所谓环境友好高分子，是指不对环境造成危害的高分子材料。这些材料主要指天然高分子材料和经化学改性易分解的高分子材料。我们知道大多数合成高分子的原料是石油，而石油总有用尽的一天，天然高分子的原料为天然的原料，可以再生，而且易被水解、不对环境产生污染。地球上每年生长的植物所含纤维素高达千亿吨，超过了石油的总储量，这是大自然给我们的一种既廉价又取之不尽的可再生资源。在避免石油危机、白色污染严重的今天，对天然高分子的开发利用是重要出路之一。

5.6.2 医用高分子的制备及应用

用于医用的聚合物有两类，即天然聚合物和合成聚合物。一般天然聚合物直接应用于医用高分子的不多，对其进行功能改性是提高其性能的一个有效方法。医用高分子的制备有二个途径：一是聚合物的功能改性；二是功能性单体的聚合反应。合成聚合物材料在生物界已有着广泛的应用，一方面是由于这些材料具有内在的仿生性能，另一方面是这些材料具有天然材料无法比拟的优越性[94]。如2-羟基乙基甲基丙烯酸酯与其他丙烯酸酯及交联剂共聚的聚合物，广泛应用医用凝胶，由于其独特的吸水性、保水性及可控的机械强度，被用作隐形眼镜的镜片。这种材料具有天然材料无法比拟的抗降解性及长期储存性。

医用高分子的分类的方法很多，不同的分类给出的类型不同。医用高分子可分成内用材料及外用材料。本书将主要介绍内用材料如体内抗凝血材料、可生物降解高分子材料和高分子药物三大类。

5.6.2.1 抗凝血材料

不论是医用高分子材料内用材料，还是人体器官都遇到第一个问题即材料的血液相容性，因此，血液相容性材料即抗凝血材料是医用高分子材料里一个非常重要的类型。一般认为，材料表面与血液接触后，首先是蛋白质、脂质吸附在材料的表面，分子发生构象的变化，导致血液中的各种成分的相互作用，造成凝血因子的活化，纤维蛋白的凝胶、发生凝血现象。为了阻止血栓的形成，在材料的表面形成血液的相容层是关键。医用高分子材料抗凝血性的研究主要集中在微多相高分子材料、材料的表面接枝改性、天然高分子材料的改性及材料表面的内皮细胞固定化四个方面。

(1) 微多相医用高分子材料的研究[95] 微多相高分子材料由于具有微相分离的结构，部分链段亲水，部分链段憎水，形成微相不均匀的聚集态结构，具有较好的抗凝血性能。研究发现，多嵌段聚醚-聚氨酯的抗凝血性能相对较优，其物理力学性能也较好。Ishihara 等利用具有一定生物活性的含膦官能团功能性丙烯酸酯单体与其他丙烯酸酯单体共聚，得到一种能直接与血液接触的功能性聚合物生物材料，其结构示意图见图 5-29。该材料可用于人工器官、生物医疗装置的表面处理，以提高其对血液及组织的相容性[96]。由于医用材料的抗凝血性取决于其表面与血液相接触后所生成的蛋白质吸附层的组成和结构，而吸附层的组成和结构又与材料表面的组成、化学结构与形态结构密切相关，这些关系不仅复杂且很难统一，因此，通过研究微多相高分子来提高材料的抗凝血性也受到一定的限制。

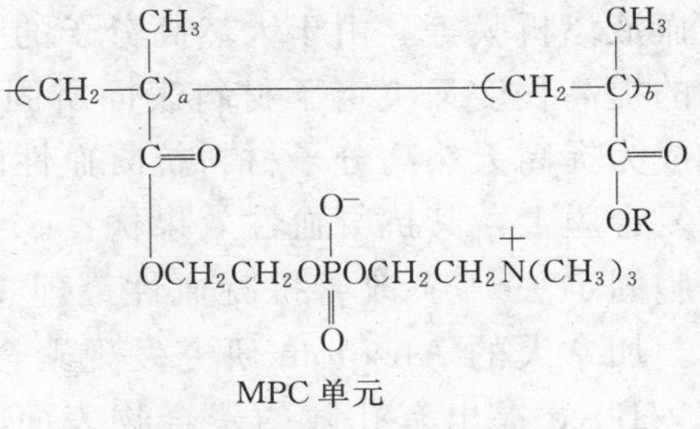

$$\text{-}\!\!\left(CH_2-\underset{\underset{OCH_2CH_2O\overset{O^-}{\overset{|}{P}}(=O)OCH_2CH_2\overset{+}{N}(CH_3)_3}{|}}{\underset{C=O}{\underset{|}{\overset{CH_3}{\overset{|}{C}}}}}\right)_a\!\!\text{——}\!\!\left(CH_2-\underset{\underset{OR}{|}}{\underset{C=O}{\underset{|}{\overset{CH_3}{\overset{|}{C}}}}}\right)_b$$

MPC 单元

$R=(CH_2)_nH$ 简称

$n=1$：PMM

$n=4$：PMB

$n=12$：PMD

$R=CH_2CH(CH_2CH_3)(CH_2)_4H$：PMEH

$R=CH_2CH_2NHCOO(CH_2)_4H$：PMBU

图 5-29 含膦官能团改性聚丙烯酸酯

(2) 材料的表面改性[97] 对现有物理机械性能较好的高分子材料进行表面改性是制备抗凝血性材料的重要方法之一。表面改性可以通过物理覆盖及化学接枝来实现。将具有较好血液相容的试剂接枝到高分子材料的表面，使其功能化是合成抗凝血性材料的重要方法。医用高分子材料表面接枝法有化学试剂法、偶联剂法、紫外光照射法、等离子体法及高能辐射法、臭氧化接枝法等。最近，光化学固定法开始引人注目，这种方法具有反应快、设备简单、且适用于几乎所有高聚物表面等优点，同时，光化学固定法还能使材料表面处于高度有序状态，使其具有更显著的抗凝血性。此外，还有研究表明，在高聚物加工时加入小分子添加剂或高分子表面改性剂，添加剂或改性剂分子可迁移到高分子材料的表面来控制其表面特性，这也是一种可行的方法。用两亲的水溶性 PMB 作乳化剂，采用溶剂挥发的方式将 PMB 聚合物包覆在生物可降解的聚乳酸 PLA 的表面，制备出纳米颗粒。蛋白质血浆在 PMB 聚合物包覆聚乳酸 PLA 的表面的吸附量比聚苯乙烯包覆的少。PMB 包覆聚乳酸 PLA 纳米颗粒可作为血液中药物的安全载体，制备过程见图 5-30。通过亲水性相互作用，一种抗癌药物吸附在该纳米颗粒上用于癌症的治疗[96]。

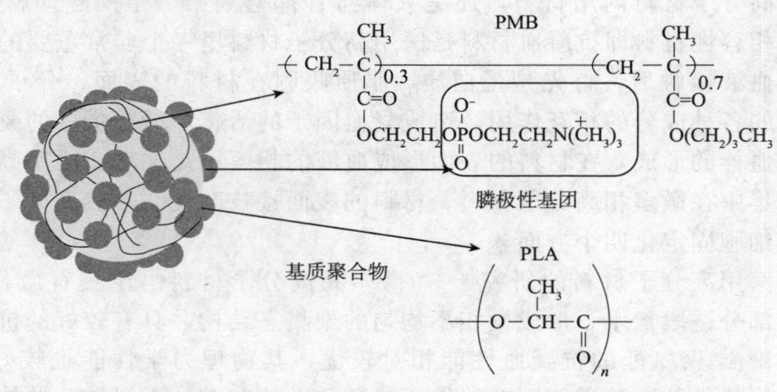

图 5-30 PMB 聚合物包覆聚乳酸 PLA 纳米颗粒

(3) 天然高分子材料的改性[98] 肝素是临床上常用的一种天然抗凝血性高分子化合物。早在 1963 年 Gott 等就提出在材料表面固定肝素的石墨-氯化苄铵盐肝素化法（GBH 法）。甲壳素是另一种十分丰富的天然抗凝血性高分子化合物。它广泛存在于昆虫和甲壳动物，两者的改性产物都具有较好的抗凝血性，在医学上有广泛的应用前景，如能制成止血纱布、人工皮肤、手术缝线及人工肾血液渗析膜等。由于天然高分子的生物活性取决于其改性后能否维持天然构象，而抗凝血性的提高程度又决定于材料表面所固定的天然高分子浓度，因此，如何同时满足两方面的要求成为提高天然高分子材料抗凝血性的重要课题。研究表明用离子键合法将肝素固定在壳聚糖复合膜上，其抗凝血性效果优良。

(4) 材料表面的内皮细胞固定法[99] 改善抗凝血性最理想的途径应是在医用材料的表面种植、培养血管内皮细胞。加拿大的 Absolom 研究发现聚合物表面张力直接影响血浆蛋白的吸附和内皮细胞的附着，Boyd 提出有孔隙的聚合物表面利于内皮细胞的附着。但是，直接把内皮细胞种植在材料表面不仅繁殖慢，且经过一段时间后还容易从材料表面脱落下来。较好的办法是在材料表面先固定上细胞黏合蛋白或在这类蛋白质中担负着结合功能的肽链，然后再在其上种植和培养内皮细胞。

5.6.2.2 可生物降解高分子材料[100]

硬组织的固定、修复材料、外科缝合线、高分子药物载体等进入人体后，当它们完成任务后，能自动降解是非常重要的。因此，生物相容的可生物降解高分子材料也是医用高分子材料中的一个重要成员。生物可降解医用高分子可分为天然生物可降解高分子材料和合成可降解高分子材料。天然可降解高分子材料除了结晶的赛璐珞和坚硬的蛋白质外，大多数天然生物高分子如多肽、多糖、多聚核甘酸及细菌法聚酯在生物体内是酶降解的，天然生物可降解高分子的结构与人体组织很接近，但由于其生理活性太强而受到人体的排斥。由于体内不同组织部位，酶的浓度不同，难以评价天然生物可降解高分子在生物体内降解速率，且天然生物可降解高分子机械性能差，这些缺陷都使其应用受到了限制。合成可降解高分子材料由于可以根据需要设计生产，材料的重复性好，结构可调，以满足不同的需要，比天然高分子材料有更多的优点，因此获得广泛的性能。首先，脂肪族聚酯如聚羟基乙酸（PGA）、聚乳酸（PLA）、聚 ε-己内酯（PCL）及其共聚物是合成医用可降解高分子材料中研究最多，应用最广的合成材料。这类聚合物当分子量较高时，聚合物具有高机械性质与较缓慢降解性，可用于骨固定材料，另一方面当分子量较小时，则因其降解时间较短，而适用于药物释放系统。PGA 是最简单的脂肪聚酯，其机械强度在体内耗损较快，一般适用于 2～4 星期伤口愈合的外科手术。PLA 由于有一个甲基，其亲水性和结晶度都较低，降解速率更大，PLA 是手性分子，有四种不同形态的聚合物，即 DL-PLA、D-PLA、L-PLA 以及 meso-PLA。D-PLA 和 L-PLA 呈半结晶状，机械强度好，常用于医用缝合线和外科矫正材料。DL-PLA 呈无定形状，一般用于药物控释载体。PLA/PGA 的共聚物水解速度快，降解时间更短。PCL 是一种半结晶性高分子，室温下为橡胶态，其极易与别的高分子共混的特性促进了其作为生物医用材料的研究，PCL 作为骨钉已应用于临床。

PLA 在作为生物医用材料应用于生物医学领域时，仍然存在亲水性差、细胞相容性待改善等不足，需要用聚乙二醇、氨基酸等对其进行改性。糖类物质作为有机体的重要组成成分和主要能量来源，无论是单糖、多糖、糖类大分子，都对多肽、蛋白质等具有较好的亲和性，对组织细胞也有较好的相容性，利用单糖类化合物改性 PLA 的研究也日益受到人们的关注。将 D-葡萄糖中的羟基用苄基进行保护，再将其与 L-丙交酯进行阴离子聚合反应，脱苄氢解后得到了末端含葡萄糖基的 PLA。由于 PLA 末端 D-葡萄糖的引入，共聚物薄膜表面的润湿性增加，有利于进一步提高 PLA 的生物相容性。一些改性 PLA 的合成如图 5-31 所示。

聚原酸酯是另一类合成的非均相降解机制的高分子，由于其主链上含有酸敏感的原酯键，所以可以通过加入酸性或碱性赋形剂控制其降解释药行为。此外，聚碳酸酯、聚酸酐、聚磷酸酯是表面浸蚀材料，主要用于药物控释体系。值得一提的是，聚对二氧六环酮（PDS）因其在骨组织中可被完全吸收，随着聚合物的降解，新骨从固定物中长出，被医学界公认为是骨折内固定的首选材料。聚对二氧六环酮用来做长脚螺钉固定下颌角部骨折已取得成功。Iiznka 用皿状垫片修复眼眶底骨折，垫片被吸收后眼球自然恢复到正常位置。此外，聚 α-氨基酸也是一类很好的生物降解高分子医用材料。

生物降解医用高分子用途的不同，其性能的要求也不同。在医学领域里，对生物可降解高分子材料的需求是：①更好的机械性能：较高分子量是提高其机械性能的重要方法之一，通过分段升温，提高聚合物的结晶度，可有效地提高聚合物的分子量，过分地延长反应时间及提高反应温度对提高聚合物的分子量是不利的[101]。开环聚合有时比线形缩聚能得到分子量更高的聚合物。②控制降解速度：目前主要是制件的形状即与活体环境的接触面积来控制速度，而以后的方向是通过高分子结构的控制来调节降解速度。③良好的生理活性。④药物扩散速度的控制：通过高分子结构的控制及其与药物的相互作用的调节及环境响应对高分子材料结构的影响来达到降解和透过性能兼容。

Me_2C　OCH_2　O-CH　OH　H　O-CMe_2　K^+　KOH_2CH_2C (OCH_2CH_2)$_{n-1}$

lactide　H^+　CF_3COOH　(OCH_2CH_2)$_n$　OH　CH_2OH

(PLA chain,it is the same in the following schemes)

含葡萄糖段的聚乳酸-聚乙二醇嵌段聚合物的合成

CH_2OBzl　OBzl　OH　lactide　t-BuOK,THF　H_2,Pd/C　CH_2OH

末端含葡萄糖基的聚乳酸合成

(1)C_2H_5ONa　(2) AcOH　C_2H_5　OH　m　lactide　$Sn(Oct)_2$　130℃

HO　OH　SH　S

含葡萄糖的聚乳酸嵌段共聚物的合成

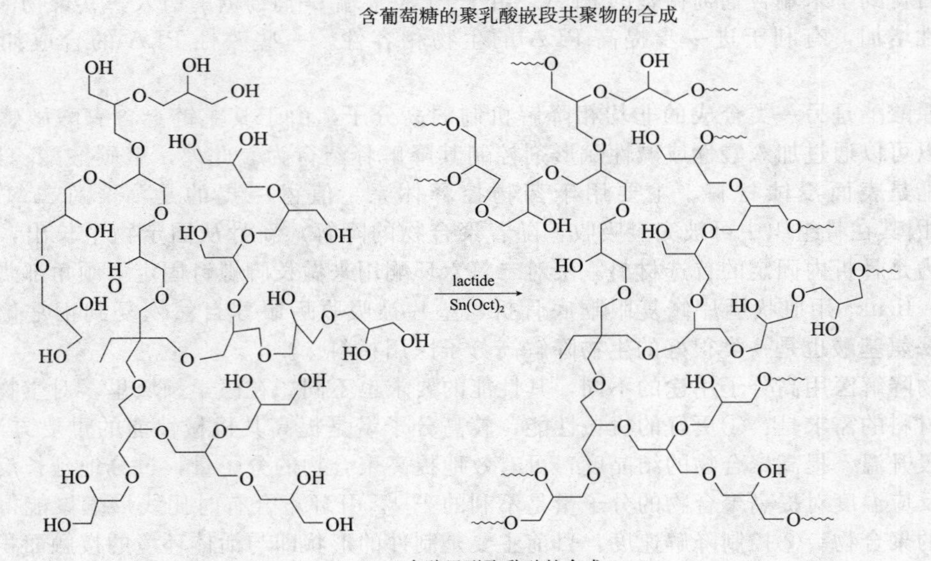

多臂星形聚乳酸的合成

图 5-31　改性聚乳酸的合成

5.6.2.3 高分子药物

高分子药物与低分子药物相比，具有低毒、高效、缓释、长效、可定点、定向释放等优点。根据药用高分子结构与制剂的形式，药用高分子可分为四类。

(1) 具有药理活性的高分子药物　它们本身具有药理作用，断链后即失去药性，是真正意义上的高分子药物。天然药理活性高分子有激素、肝素、糖、酶制剂等。合成药理活性高分子如聚乙烯吡咯烷酮和聚4-乙烯吡啶-*N*-氧化合物，它们是较早研究的代用血浆。有些阳离子或阴离子聚合物也具有良好的药理活性。例如主链聚阳离子季铵盐具有遮断副交感神经、松弛骨骼筋作用，是治疗痉挛性疾病的有效药物；阴离子聚合物二乙烯基醚与顺丁烯二酐的吡喃共聚物是一种干扰素诱发剂，具有广泛的生物活性，不仅能抑制各种病毒的繁殖，具有持久的抗肿瘤活性，而且还有良好的抗凝血性。

(2) 低分子药物的高分子化　低分子药物在体内新陈代谢速度快，半衰期短，体内浓度降低快，从而影响疗效，故需大剂量频繁进药，而过高的药剂浓度又会加重副作用，此外，低分子药物也缺乏进入人体部位的选择性。将低分子药物与高分子结合的方法有吸附、共聚、嵌段和接枝等。第一个实现高分子化的药物是青霉素（1962年），所用载体为聚乙烯胺，以后又有许多的抗生素、心血管药和酶抑制剂等实现了高分子化。

(3) 药用高分子微胶囊　将细微的药粒用高分子膜包覆起来形成微小的胶囊是近年来生物医药工程的一场革命。药物经微胶囊化处理后可以达到下列目的：延缓、控制释放药物，提高疗效；掩蔽药物的毒性、刺激性和苦味等不良性质，减小对人体的刺激；使药物与空气隔离，防止药物在存放过程中的氧化、吸潮等不良反应，增加贮存的稳定性。所用高分子材料有天然高分子，如骨胶、明胶、海藻酸钠、琼脂等；半合成的高分子有纤维素衍生物等；合成高分子有聚葡萄糖酸、聚乳酸及乳酸与氨基酸的共聚物等。包覆方法有原位聚合法、界面聚合法、相分离法和溶液干燥法等。

(4) 药物与高分子载体的共混形成的高分子药物　这类药物可广泛用于环境响应的定向给药系统。

高分子药物的作用方式一般可内服、外敷及内植。内服高分子药物一般是低分子药物高分子负载化。共混型高分子药物一般在消化过程中释放出有效成分，而键合型高分子药物的作用机理则不同，部分高分子药物在消化过程中分解，部分在血液中分解。键合型负载高分子药物要求键合的键在体内消化过程中可分解释放出有效成分，高分子载体本身无毒可直接排出或可分解成无毒的产物排出。外敷的高分子药物主要是共混型，起到缓释、长效的作用。作为内植高分子药物必须具备下列条件：①本身及其分解产物应无毒，不会引起炎症和组织变异反应，无致癌性；②进入血液系统的药物不会引起血栓；③具有水溶性，能在体内水解为具有药理活性的基团；④能有效到达病灶处，并积累一定浓度；⑤聚合物主链必须易降解，使之有可能排出体外或被人体吸收。

聚α-氨基酸是一类很好的高分子药物的载体，通过将药物分子直接或通过手臂基团间接键连到聚天冬氨酸、聚谷氨酸的羟基上，亦可将单克隆抗体等靶向基团同时键连到聚合物的侧链，获得特异性靶向治疗的效果。

碳水化合物是细胞壁的主要组分，病毒和细菌可通过对这些物质的识别反应而引起炎症。这种识别性的相互作用是多方面的。因此将具有生物活性的糖类共聚物用于高分子药物的研究具有重大意义。从统计上看，功能性糖类单体与其他亲水性单体的共聚物是细胞壁的模型，这类聚合物可抑制蛋白质对细胞表面的键合。常规的自由基聚合由于不能对聚合物的结构及分散度加以控制，不能用于制备这样复杂的聚合物。因糖类单体中的羟基的影响，离子聚合一般不能应用在这类共聚物的合成中。活性及受控聚合是合成这类聚合物的较好方法，如氧化胺引发的自由基聚合、过渡金属络合物引发的原子转移反应（ATRP）及硫代硫羰基化合物的自由基的加成转移聚合反应（RAFT）[102]。应用这些技术可合成大量结构可控的嵌段、接枝及梯度聚合物。如单体 1a、1b 在引发剂 BS-DBN 的引发下，活性聚合得到单分散的聚合物。单体 1a、1b 及 BS-DBN 的结构见图 5-32。该反应若用过氧化苯甲酰（BPO）引发，单体由于易热分解而导致转化率很低[103]。由于引发剂对功能性单体中的官能团及对溶剂的忍耐性的限制，这类糖类共聚物用非自由基引发剂的事例较少。

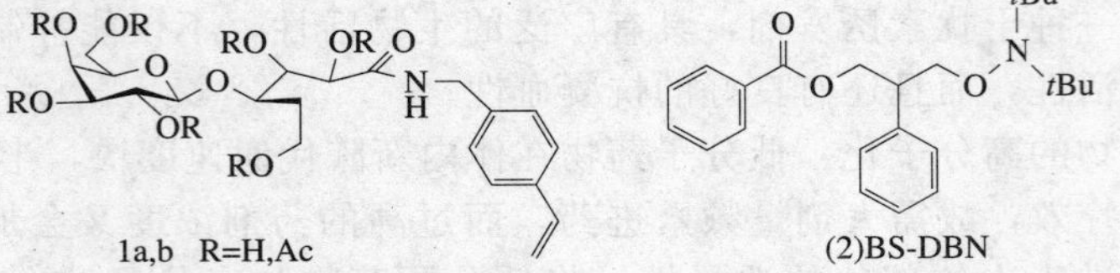

1a,b R=H,Ac

(2)BS-DBN

图 5-32 单体 1a、1b 及 BS-DBN 的结构

Schrock 等人利用化合物 3、4 作催化剂，成功地实现了糖取代的环状单体的开环聚合反应，合成出取代糖类均聚物、共聚物[104]，见下列反应。

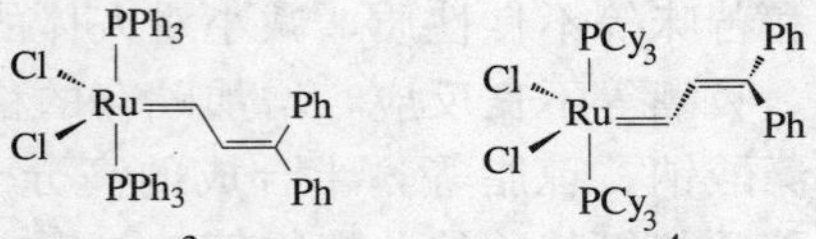

3 4

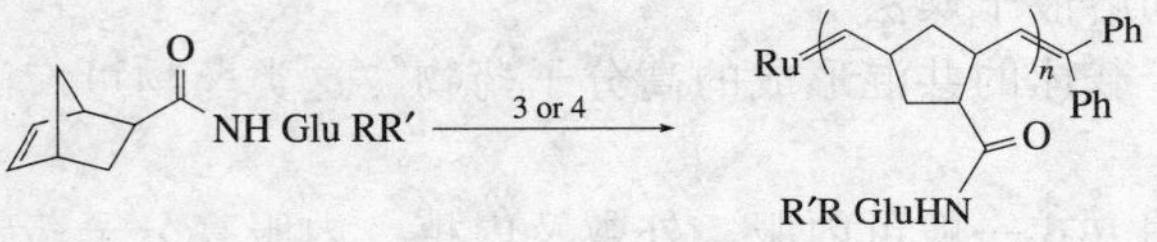

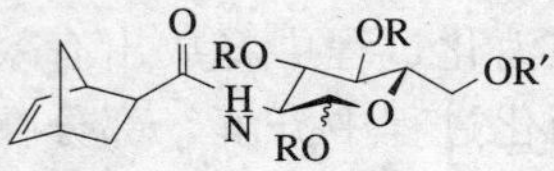

NH Glu RR′ —3 or 4→ R′R GluHN

RR′=H 5

RR′=Ac 6

RR′=CH_2Ph 7

RR′=$SiEt_3$ 8

R=H,R′=Trityl 9

聚合物中含有许多可供配位的基团，这样的聚合物称为多齿配位聚合物。多齿配体聚合物由于其可以与细胞表面的相互作用而被作为高分子药物用在抗体和活化体治疗中，多齿配体聚合物抗体的作用是阻止外来配体与受体的相互作用，而活化体的作用是多齿配体聚合物诱导细胞壁对外界的反应。其模型如图 5-33 所示。

在流感病毒抗体研究中，人们发现病毒是通过其滤过性膜蛋白的红细胞的凝聚素对哺乳动物的糖蛋白和糖脂细胞表面上的残基的键合，天然的红细胞凝聚素可以阻断流感病毒对哺乳动物的袭击，但许多天然的红细胞凝聚素的结构不清楚，全合成很困难或不可能。Whiteside 等人通过一系列单体的聚合反应，合成出多齿配体密度可控、聚合物结构清楚的聚合物，这些聚合物比天然的红细胞凝聚素类似物具有更好的对细胞表面的键合力，阻碍了病毒

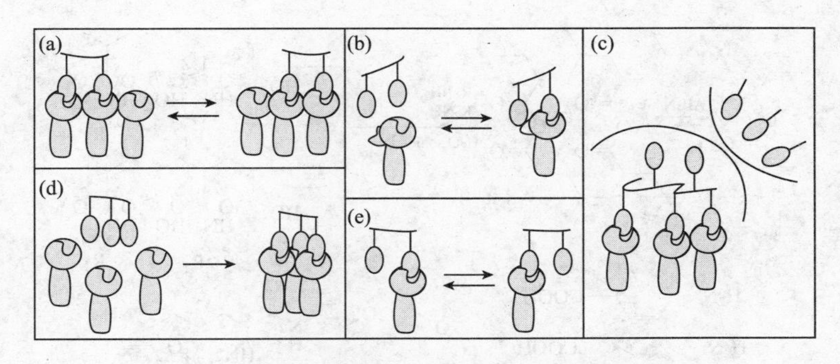

图 5-33 多齿配体聚合物对受体的键合

(a) 螯合效应导致高的键合，减少了键合的解离；(b) 通过侧链的键合，加强了配体与受体的键合；(c) 立体位阻阻止了竞争的相互作用；(d) 族效应导致局部靠近和定位；(e) 高的局部浓度提高了配体与受体识别的统计概率

对细胞的侵犯，是一种很好的流感病毒抗体。其合成反应式如下[105]：

AcO, OAc, AcO, AcHN, Cl, AcO, C—OCH$_3$, O → (a~d) HO, OH, HO, AcHN, HO, O$^-$, O, H, N, O → (e) AS, R, SA

(a)HO(CH$_2$)$_4$O(CH$_2$)$_3$NHCbz,Ag-salicylate,C$_6$H$_6$,25℃，72h
(b)$_1$N NaOH,25℃,12h
(c)H$_2$/5%Pd-C,MeOH,25℃,6h
(d)C$_7$H$_7$NO$_3$,Et$_3$N,H$_2$O,25℃,12h

(e)CH$_2$COR,4,4′-azobis(4-cyanopentanoicacid),
$h\nu$($_{365}$nm),25℃,5h

R=—NH$_2$
—NHCH$_2$OH
—N(CH$_3$)$_2$
—NHC(CH$_2$OH)$_3$
—NH(CH$_2$)$_3$—O—(CH$_2$)$_4$-O-β-Glucose
—NH(CH$_2$)$_3$—O—(CH$_2$)$_3$-COO-
—NH(CH$_2$)$_6$-NH$_{3+}$

此外，他们还将聚丙烯酸酐与不同的胺反应，制备出氮乙酰基神经氨酸衍生物，通过这些亲水性官能团的协同作用，尤其是芳香酰胺化侧链反应，提高了该类聚合物的生物活性[106]。

在高分子药物的应用中，环境感应式控制释放开关膜是实现靶向式药物载体的有效手段，因此，环境感应式控制释放开关膜成了膜材料与医用高分子材料的研究热点[107]。环境感应的方式有温度感应、pH 值感应葡萄糖浓度感应等。

(1) 温度感应型控制释放开关膜[108] 温度感应型控制释放开关膜是用多孔基膜材料接枝感温性凝胶开关制备的，其中应用最广泛的感温性凝胶是聚异丙基丙烯酰胺（PNI-PAM）。PNI-PAM 的温度感应型控制的原理在于其结构随温度变化而变化，当环境温度小于其临界溶液温度时，PNI-PAM 与溶液中水形成氢键，同时其疏水性减弱而亲水性增强，因此，聚合链处于伸展构象，使得膜孔的有效孔径大大减小，透过率随之减小；当环境温度大于其临界溶液温度时，PNI-PAM 聚合物分子间及分子内相互作用增强，PNI-PAM 与水

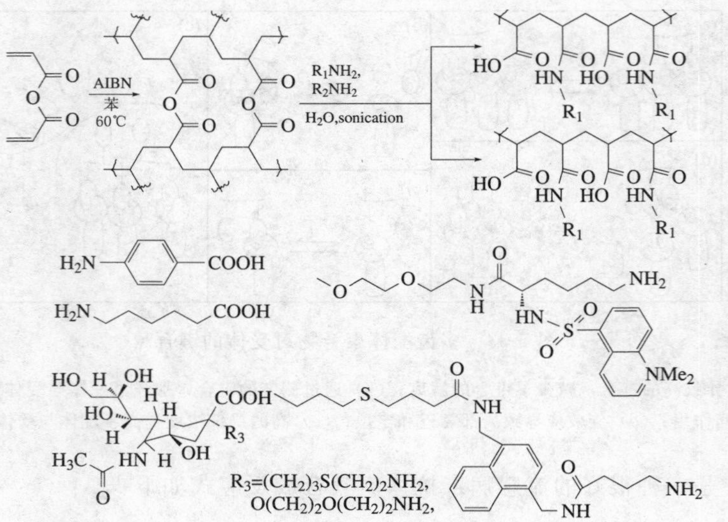

之间的氢键消失，而且由于聚合物链中烷基的存在使得链的柔顺性、分子间和分子内作用以及疏水性增强，使得膜孔的有效孔径大大变大，透过率随之增大。这样药物就可以有效地、可控地释放。

（2）pH值感应型控制释放开关膜[109]　pH值感应型控制释放开关膜是用多孔膜材料接枝pH值感应性聚电解质开关制备的。这类膜材料的结构随环境的酸碱性变化而变化，构象的改变是通过静电相互作用来实现的。对于接枝带负电聚电解质（聚羧酸类）而言，当环境pH＞pK_a（稳定常数）时，聚电解质的官能团因离解而带上负电，由于带负电官能团之间的静电斥力使链处于伸展构象，膜孔的有效孔径减小，故渗透率减小；当环境pH＜pK_a时，聚电解质的官能团因质子化而不带电荷，链段处于收缩构象，膜孔的有效孔径增大，扩散透过率增大。相反，对于接枝带正电荷聚电解质（如聚吡啶类）而言，当环境pH＞pK_a时，聚电解质的官能团因不带电荷使链段处于收缩构象，膜孔的有效孔径增大，从而扩散透过率增大；但当环境pH＜pK_a时，聚电解质的官能团因质子化而带正电，带正电官能团之间的静电斥力使链段处于伸展构象，膜孔有效孔径减小，扩散透过率随之减小。影响感应pH值开关膜扩散透过率的因素有接枝率大小、渗透物尺寸、接枝单体性质等。当接枝率很高和很低时，会出现两种相反的扩散透过率变化行为。当接枝率低时，接枝物（PMAA）主要接枝在孔内，当pH＞pK_a时，接枝物中侧基COO^-静电力使聚合物处于伸展构象，扩散透过率减小；相反，pH＜pK_a时，接枝物侧基以COOH形式存在，聚合物处于收缩构象，扩散透过率增大。这种机理被称之为透过膜孔机理。另一方面，当接枝率高时，接枝物（PMAA）主要接枝在多孔膜表面形成PMAA凝胶层。它对扩散透过率变化行为起决定作用，当pH＜pK_a时，表面PMAA层收缩得更为致密，产生了更大的扩散阻力，使扩散透过率减小。这种机理称之为透过凝胶层机理。

（3）葡萄糖浓度感应型控制释放开关膜[110]　糖尿病是影响人类健康的严重疾病。普通的治疗法不能为胰岛素提供长效、高效的释放方式，所以人们正在致力于研制根据血糖浓度水平来自动调节胰岛素控制释放的载体体系。在多孔膜上接枝羧酸类聚电解质制成pH值感应型控制释放开关膜，同时，在膜开关上使葡萄糖氧化酶（GOD）固定化，这使得开关膜响应葡萄糖浓度变化成为可能。在无葡萄糖、中性pH值条件下，羧基解离带负电，接枝物处于伸展构象，膜孔处于关闭状态，胰岛素释放速度慢；反之，当环境葡萄糖浓度高到一定水平时，GOD催化氧化使葡萄糖变成葡萄糖酸，使得羧基质子化，减小了静电斥力，接枝物处于收缩构象，膜孔处于开放状态，胰岛素释放速度增大。

5.6.3 环境友好的高分子的制备及应用

环境友好的高分子材料是指该材料本身无毒，是可以降解的不污染环境的高分子材料。现在推出的环境友好的高分子材料大致有以下几种：①合成高分子型，这一类降解高分子是利用化学的方法合成与天然高分子结构相似的生物降解塑料。②改性高分子是在合成高分子原料上接枝一个易被水解的基团，例如羟基、羧基等，利用水解反应及相关反应来降解高分子。也可以在高分子原料上接枝一个天然高分子，如接枝玉米淀粉等，利用天然高分子的可降解性将大分子进行分解为小分子。③在树脂中添加光敏剂，制成光降解塑料。光降解塑料一般是在太阳光的照射下，引起化学反应而使大分子链断裂和分解的塑料。④天然可降解高分子的改性。可降解塑料的出现，可在一定程度上降低环境污染。虽然可降解塑料并不能从根本上解决环境污染，但它毕竟为高分子材料的发展带来一丝曙光。

淀粉、纤维素、聚乳酸（PLA）、聚酯（PA）等是目前研究最多的可降解材料。淀粉及纤维素的改性可参考文献[111a～111d]。聚乳酸的制备方法及聚乳酸与其他高分子材料的共聚及共混物的制备及性能研究很值得关注。PLA/聚丁二酸丁二醇酯（PBS）系列、PLA/聚羟基烷酸（PHA）系列、PLA/聚 ε-已内酯（PCL）系列、PLA/淀粉系列、PLA/聚酰胺（PA）系列等。PHA是以生物为原料通过微生物发酵直接合成的一类生物高分子材料。由于PHA具有与通用塑料相似的热塑性，又能够完全降解为水和二氧化碳，因此作为生态环境材料而逐渐受到重视。PLA可以与不完全生物化的高分子如PP、POM、PC、PMMA及ABS形成合金[111e,111f]。生物可降解高分子应用于形状记忆高分子的研究近年来也引起人们的研究兴趣，具有形状记忆性的可生物降解复合材料在生物医学上被应用到骨组织固定、血栓治疗、人造器官修复、血管手术夹、药物释放等。这种材料用于手术后，无须再次手术，其分解产物为小分子，可随正常的新陈代谢排出体外；同时，该生物材料具有形状记忆性，在特殊的人体手术过程中起到非常简便的作用，使一些常规方法难于完成的手术能轻松地进行，它的应用可大大减轻病人的痛苦和手术治疗的费用，同时也极大地减少了繁琐的手术过程和医生的工作压力。因此，生物可降解高分子形状记忆合金被称为21世纪第三代生物材料[112]。

细菌纤维素（bacterial cellulose，简称BC）是由生长在液态含糖基质中的细菌产生的，并分泌到基质中的纤维素成分，它不是细菌细胞壁的结构成分，而是一种胞外产物。为了与植物来源的纤维素区分，将其命名为“细菌纤维素”。细菌纤维素是由葡萄糖以β-1，4-糖苷键连接而成的高分子聚合物，有很多优于植物纤维素的特点，如不含半纤维素、木质素。此外，细菌纤维素还具有以下一些优点：①良好的生物可降解性；②高结晶度、高聚合度和非常一致的分子取向；③极强的持水性和透水透气性，能吸收60～700倍其干重的水分；④机械性能好，抗拉力强度高，有很高的弹性模量；⑤细菌纤维素生物合成具有可调控性。采用不同的培养方法，如动态培养和静止培养，可得到不同高级结构的细菌纤维素。细菌纤维素对人体具有许多独特的功能，如增强消化功能，预防便秘，是人体内的清道夫，有吸附与清除食物中有毒物质的作用，同时还可优化消化系统内的环境，起到抗衰老作用，这些符合现在人们高蛋白、高纤维、低脂肪、营养、保健的饮食趋向。又由于细菌纤维素具有良好的亲水性、持水性、凝胶特性、稳定性及完全不被人体消化的特点，使之成为一种很具有吸引力的新型功能性食品基料。细菌纤维素具有很好的生物相容性，细菌纤维素还具有良好的理化性能，这使其成为材料学尤其是生物材料的研究热点。细菌纤维素产业在日本、美国已形成年产值上亿元的市场，进入食品、医药、纺织、化工、采油等行业。目前，我国细菌纤维素产量低、成本高，主要技术障碍是发酵水平低，无法实现产业化[113]。

聚羟基脂肪酸（酯）(polyhydroxyalkanoates，PHAs) 是一类由多种细菌合成的脂肪酸聚酯，作为碳源和能源储存物，在其细胞内以颗粒形式积累。PHAs 的材料特性能通过控制其单体组成而进行调节，可以像石油塑料一样通过热塑技术制成各种类型的产品。同时，PHAs 还具有石油塑料所不具备的生物可降解性和生物相容性，因此在诸如包装材料（特别是食品包装）、医用材料（缝线、骨钉）、薄膜材料（地膜、购物袋、堆肥袋）、一次性用品（笔、餐具）等方面有着广泛的应用前景，其应用领域在近 30 年内得到极大拓展。其合成和生产也成为生物学和材料学的研究热点之一。依据其单体的碳原子数，PHAs 可以分为短链聚羟基脂肪，其单体含有 3～5 个碳原子和中长链聚羟基脂肪酸，其单体含有 6～14 个碳原子，结构通式如下：

$$\left[\mathrm{O-\underset{}{\overset{R}{\overset{|}{C}}}H-(CH_2)_n-\overset{O}{\overset{\|}{C}}}\right]_m$$

$n=1,2,3,4$；$m=200\sim12\ 000$；$R=H,CH_3,C_2H_5,C_3H_7\cdots\cdots$

近二三十年，PHAs 无论从产量上还是从类型上都得以飞速发展。应用领域已经从最初的包装领域跃迁至涵盖纸、纸箱、牛奶包装盒（膜）、卫生纸巾保湿层、梳子、子弹及大宗化学品制造领域。与 PHAs 应用相关的国内外专利包括模具、容器、高尔夫球座、尿布、个人卫生用品、薄膜、热熔和压力敏感黏合剂等。PHAs 的医学用途最近成为关注的一个热点，像作为心血管产品（心包腔和围鳃腔修补片、动脉组织再生支架、血管接枝物等）、前药、药物缓释剂、营养强化剂（无论对动物还是植物）、缝合线、隔离粉、关节软组织等。另一方面，PHAs 作为食品香味传递剂、奶酪替代品等用途吸引了国内外食品行业的广泛关注。与石油基 PHAs 相比，生物基 PHAs 具备更高的生物安全性和可降解性，无疑在食品行业具有更为广阔的应用前景。随着国家对食品包装材料的要求不断提高以及近期“塑化剂”等食品安全事件的频发，食品行业对生物高分子材料的需求必将不断增加[114]。

甲壳素可以从自然界中的虾和蟹壳中大量的获得，是自然界中除纤维素外最丰富的生物大分子。由于甲壳素可以形成分子内的氢键，因而其结构较为稳定，用一般溶剂不易溶解，所以甲壳素的应用受到了一定的制约。壳聚糖是甲壳素脱乙酰后的阳离子衍生物，可溶解于稀酸溶液中。由于其良好的生物可降解性、生物相容性和较好的力学性能，壳聚糖已经成为了组织工程应用中的重要生物高分子材料，并被用于生物膜材料、生物粒子材料、生物纤维材料和生物支架材料。利用壳聚糖制备组织工程复合支架可避免易碎，降解率低，细胞黏附力不够，植入体内有酸性代谢产物而导致轻微免疫反应等不良效果，但如何通过新的方法提高壳聚糖复合支架的力学性能将成为未来壳聚糖支架的研究中的主要方向[115]。

5.7 高分子催化剂

5.7.1 概述[116,117]

高分子催化剂顾名思义就是高分子化的催化剂，催化活性中心在高分子上，高分子是催化剂的载体，因此有人称它为负载催化剂。高分子催化剂按载体的不同可分成无机高分子催化剂和有机高分子催化剂。无机高分子催化剂主要是将催化剂通过物理吸附的方式负载在无机高分子的表面，催化剂容易脱落，催化剂的活性受载体表面性质影响较大，载体在反应中不能溶胀，一般负载后催化剂的活性下降。近年来，人们通过将催化剂与无机高分子载体表面的羟基或经表面修饰的无机高分子的表面上的功能性基团的反应将催化剂固定在载体上以解决催化剂的流失问题取得了较好的效果。有机高分子催化剂是将催化剂通过化学键与有机高分子载体连接，形成具有催化活性的功能性高分子。有机高分子催化剂可分成交联型（不溶)、凝胶型和可溶型高分子催化剂，它们的区别在于交联度的大小，交联度大的高分子催化剂不溶，催化剂易于分离回收，但催化活性不宜控制。交联度较小的高分子催化剂为可较好溶胀的凝胶型，无交联的高分子负载催化剂可溶于某些特定的溶剂。可溶型高分子催化剂因分子结构较大可用超滤的方法将催化剂与反应物分离。按催化剂的催化作用及机理来分，高分子催化剂又可分为高分子酸催化剂、高分子碱催化剂、高分子相转移催化剂、生物酶催化剂、高分子金属络合物催化剂及高分子负载的金属催化剂。本节将主要介绍高分子酸碱催化剂、相转移催化剂和高分子金属络合物催化剂。

5.7.2 高分子负载酸碱催化剂及高分子相转移催化剂

酸碱催化剂在有机反应中非常常见，有机酸碱催化剂及其负载化的研究也较多。最常见的是酸、碱离子交换树脂，含有机胺、有机膦的高分子作为功能高分子在 5.2 节也有介绍。本节主要介绍这些负载的酸、碱催化剂及相转移催化剂。负载的有机酸、碱可以才像未负载的有机酸、碱一样催化有机反应，所不同的是，负载以后催化剂更容易分离。相转移催化（简称 PTC）能促进有机合成反应中两相之间的反应速率、缩短反应时间、提高产品收率，使某些原来难进行的非均相反应能在较温和条件下顺利完成。目前相转移催化剂主要有季盐类、冠醚、穴醚类、聚乙二醇及其衍生物。但由于季铵盐的化学稳定性差，冠醚、穴醚类制备困难，价格昂贵且又有毒性，因而其应用受到了一定限制。聚合物负载相转移催化剂是将具有相转移活性的组分，如季盐离子和冠醚等，负载化到高分子载体上形成的一类新型催化剂。用负载的酸与碱反应、负载的碱与酸反应及负载的酸、碱反应制备负载的“盐”有望作为高分子负载的相转移催化剂。负载催化剂具有耐溶剂性、机械强度好、无毒、不污染环境等优点，并且能够催化大多数非负载相转移催化剂所能催化的反应。因此，其开发与应用的研究已引起人们的关注。

负载有机催化剂的研究非常广泛[117d]，如负载的酸性催化剂、负载碱性催化剂。由于载体大多数是聚苯乙烯树脂，功能化存在位置差异，图 5-34 中仅画出重要的异构体，其他异构体的比例在图例中列出。

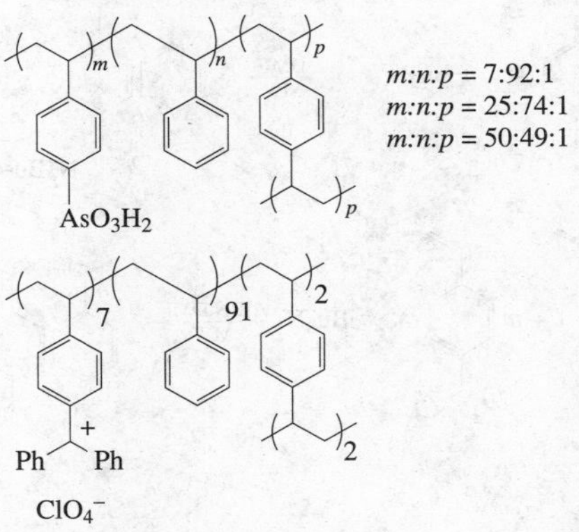

AsO_3H_2

$m:n:p = 7:92:1$
$m:n:p = 25:74:1$
$m:n:p = 50:49:1$

ClO_4^-

图 5-34

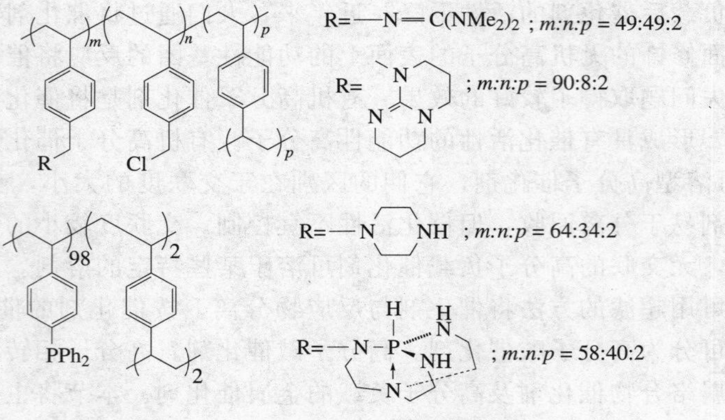

R=—N=C(NMe$_2$)$_2$; m:n:p = 49:49:2

R= (环状胍基) ; m:n:p = 90:8:2

R=—N(哌嗪)NH ; m:n:p = 64:34:2

R=—N-P(H)… ; m:n:p = 58:40:2

图 5-34 一些负载酸碱催化剂的结构式

高分子相转移催化剂除载体不同外，其类型与常规相转移催化剂类似，主要有高分子负载的有机季盐类（主要是季铵盐、季鏻盐、季锍盐）、冠醚穴醚类、聚乙二醇及其衍生物，不同相转移催化剂可负载在同一载体上形成复合高分子相转移催化剂，这是常规相转移催化剂不能具有的性质。高分子相转移催化剂的载体可根据需要选择不同性质的有机高分子及无机高分子。高分子相转移催化剂的合成可用带有活性官能团的相转移催化剂单体自聚或共聚法，也可将具有相转移活性的催化剂或催化剂前体与高分子载体相连而负载化。如将羧酸化的聚乙烯与功能性二胺反应，将二胺连接到聚乙烯上，经溴化物的季铵化得到聚乙烯负载的季铵盐相转移催化剂。非交联的可溶性聚苯乙烯制备可溶的负载季铵盐相转移催化剂，可由苯乙烯与功能化的苯乙烯的共聚，再季铵化；或共聚和季铵化反应同步进行[119]。此外，聚丙烯酰胺[121]、无机的二氧化硅[122]都可作载体合成负载的季铵盐相转移催化剂。季铵盐相转移催化剂的负载化还可以通过含活性基团的季铵盐的自聚来实现[123]，如图 5-35 所示。

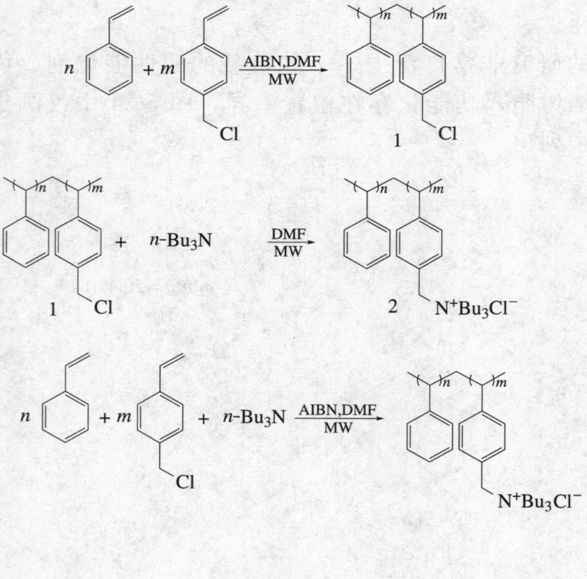

n (苯乙烯) + m (4-氯甲基苯乙烯) —AIBN,DMF / MW→ 1

1 + n-Bu$_3$N —DMF / MW→ 2 (N$^+$Bu$_3$Cl$^-$)

n (苯乙烯) + m (4-氯甲基苯乙烯) + n-Bu$_3$N —AIBN,DMF / MW→ (N$^+$Bu$_3$Cl$^-$)

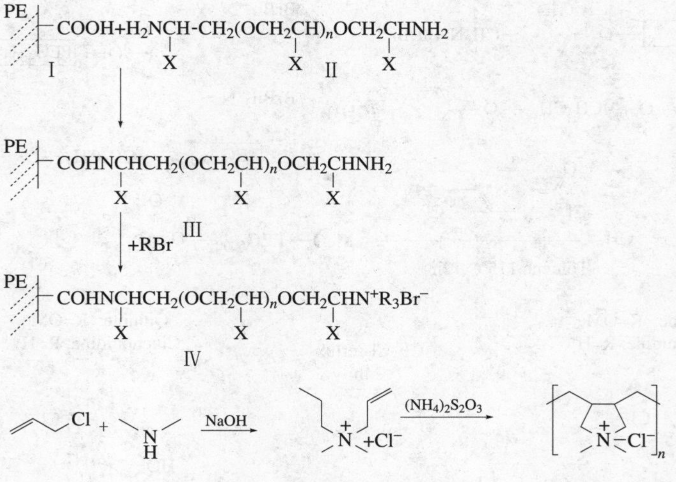

PE—COOH + $H_2N\underset{X}{CH}$-$CH_2(OCH_2\underset{X}{CH})_nOCH_2\underset{X}{CH}NH_2$

I　　　　II

↓

PE—$COHN\underset{X}{CH}CH_2(OCH_2\underset{X}{CH})_nOCH_2\underset{X}{CH}NH_2$

III

↓ +RBr

PE—$COHN\underset{X}{CH}CH_2(OCH_2\underset{X}{CH})_nOCH_2\underset{X}{CH}N^+R_3Br^-$

IV

Cl + N(H) —NaOH→ $\overset{+}{N}$ + Cl^- —$(NH_4)_2S_2O_3$→ $[\overset{+}{N}\ Cl^-]_n$

图 5-35　负载季铵盐的合成

Philip 等报道了交联聚苯乙烯负载化的手性季铵盐相转移催化剂的合成[117e]，手性催化剂经负载后用于催化不对称反应，一些负载手性催化剂的结构式如图 5-36 所示。

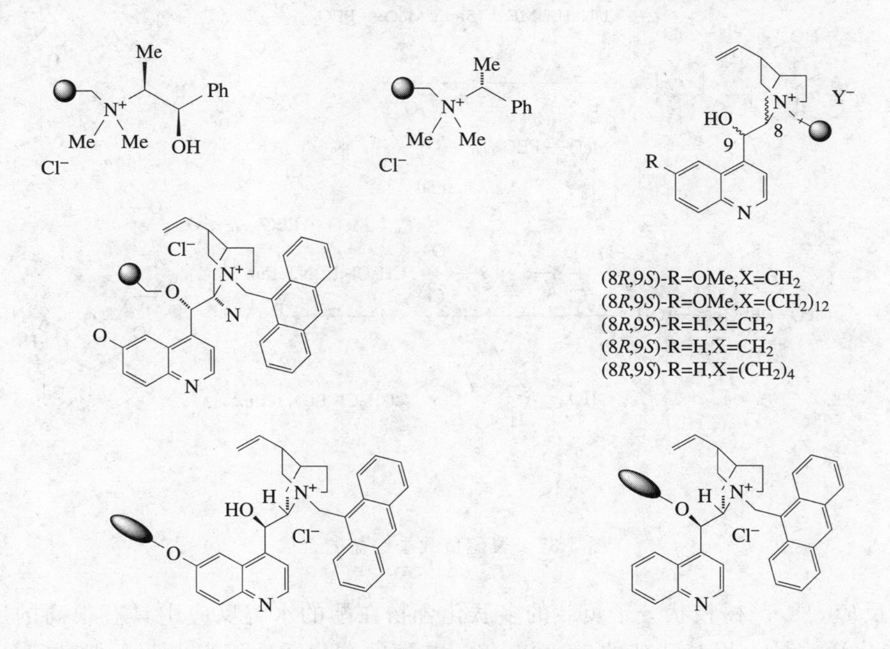

图 5-36　手性季铵盐相转移催化剂

Benaglia 报道了聚乙二醇负载的季铵盐相转移催化剂的合成[125]，后来 Thierry 等报道了聚乙二醇负载的手性季铵盐相转移催化剂的合成[126]，它可由功能化的聚乙二醇与手性季铵盐的酯化和醚化反应而负载化，也可由手性胺与功能化的聚乙二醇的季铵化反应形成，如图 5-37 所示。

21 世纪初，树枝状负载的有机催化剂（图 5-38）引起人们的广泛关注，传统的树枝状分子 PAMAM、PPI 等被用来负载有机催化剂，广泛应用于C—C 键的形成、酯的水解、氧

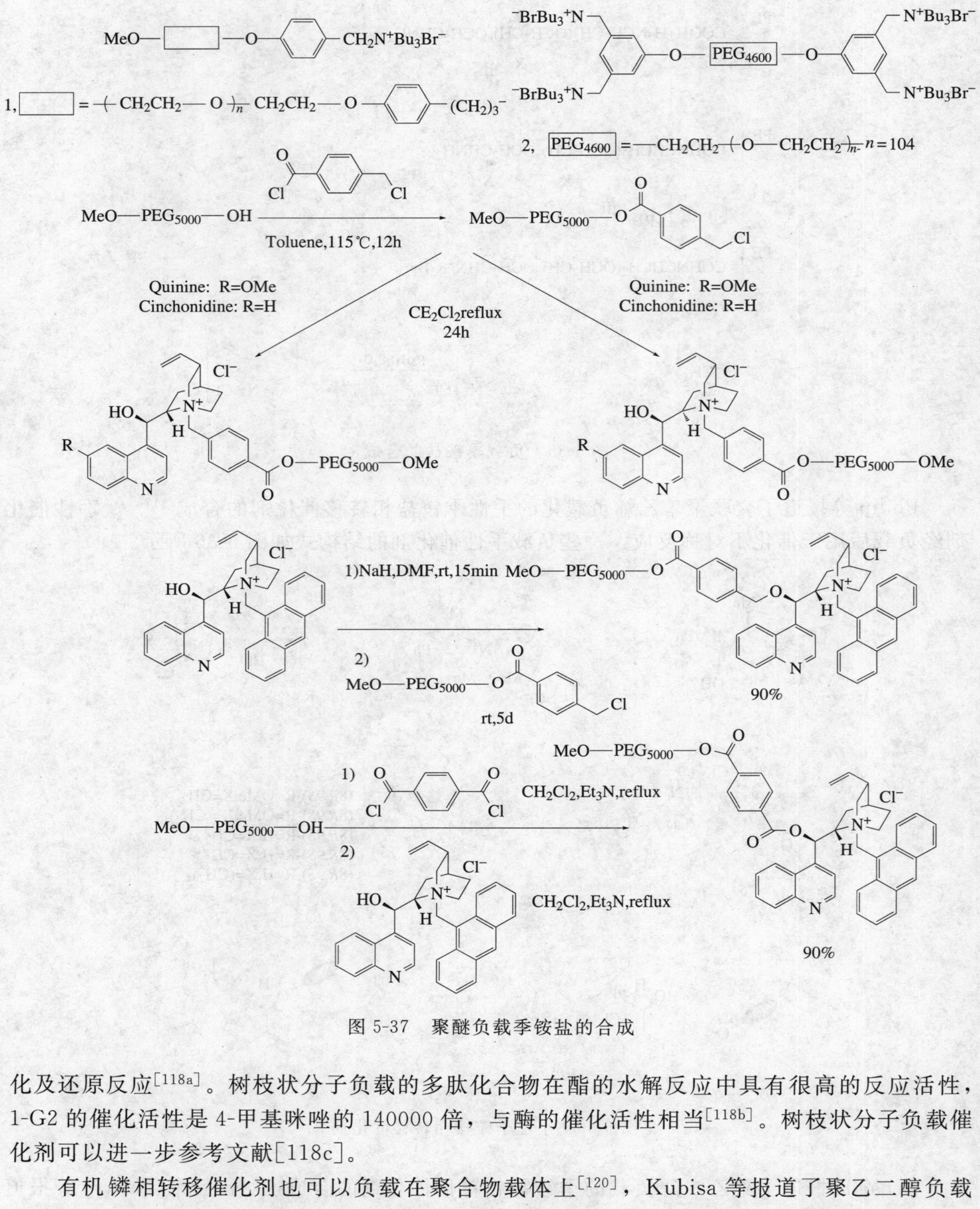

图 5-37　聚醚负载季铵盐的合成

化及还原反应[118a]。树枝状分子负载的多肽化合物在酯的水解反应中具有很高的反应活性，1-G2 的催化活性是 4-甲基咪唑的 140000 倍，与酶的催化活性相当[118b]。树枝状分子负载催化剂可以进一步参考文献[118c]。

有机鳞相转移催化剂也可以负载在聚合物载体上[120]，Kubisa 等报道了聚乙二醇负载的季鳞盐相转移催化剂[124]，该催化剂具有穴醚及季鳞盐两个相转移催化功能，如图 5-39。

5.7.3　高分子负载金属络合物及金属催化剂

许多金属、金属氧化物在有机反应及化学工业中作为催化剂，具有广泛的应用。而这些催化剂的催化性能与其颗粒大小、氧化价态及配位状态密切相关。高活性的金属、金属氧化

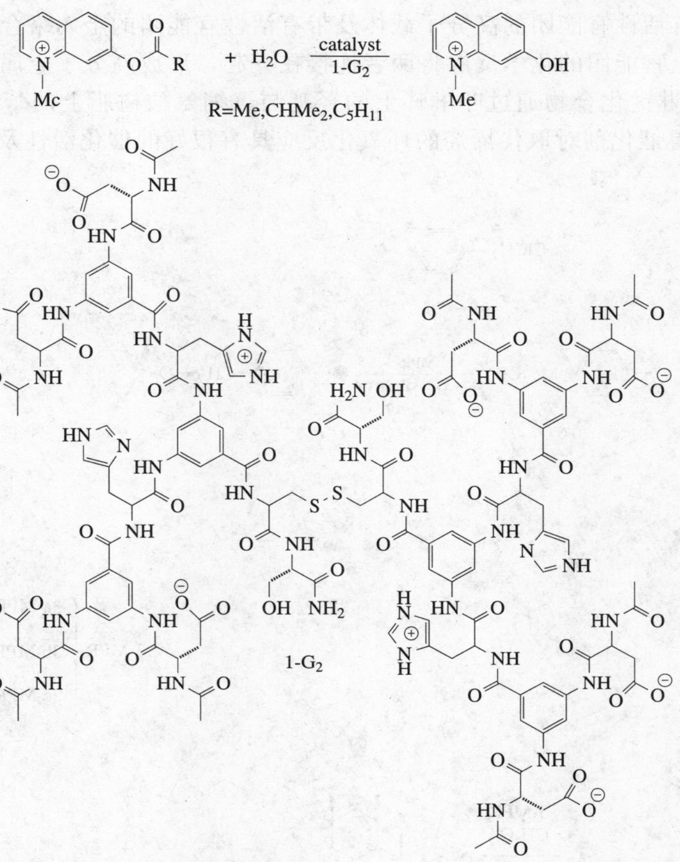

R=Me,CHMe$_2$,C$_5$H$_{11}$

1-G$_2$

图 5-38　树枝状负载季铵盐及催化反应

物催化剂在制备及使用中可发生团聚、活性中心受其他配体（催化剂的毒物）等因素的影响而失活。金属络合物催化剂在反应中可以溶解，具有催化活性高、催化性能可调等优点，但其稳定性、分离回收性较差，这些因素都导致它们的应用受到很大的影响。因此，将金属络合物催化剂负载在有机高分子上制备出高分子负载的金属络合物催化剂的研究具有重要的理论意义和应用前景。负载金属有机络合物在催化反应中可能分解成活性金属单质，高活性金属单质在催化反应中可能形成金属络合物，因此本节将这两类催化剂合并讨论。

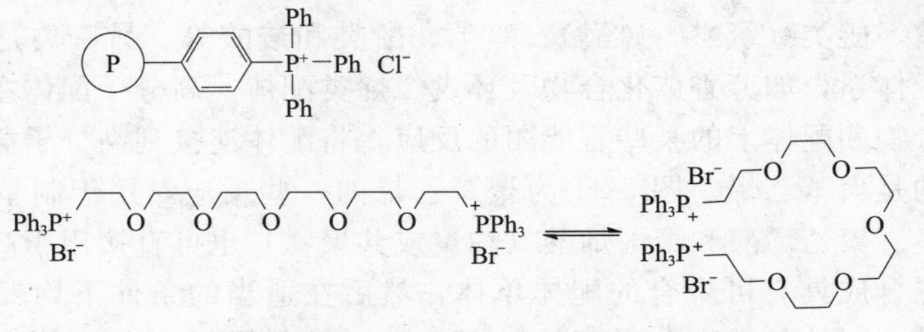

图 5-39　负载化有机鏻相转移催化剂

高分子负载金属络合物的制备在 5.2 节中主要是从螯合物的角度讨论的，本节将从催化剂的角度加以介绍。用于催化剂的高分子负载金属络合物的制备方法主要有三种。

(1) 合成带有活性官能团的高分子载体及带有活性官能团的金属络合物，通过金属络合物与高分子载体上官能团的化学反应将两者连接在一起，形成高分子金属络合物催化剂，如图 5-40 所示，卟啉锰化合物通过卟啉环上的羟基与聚缩氨酸树脂上的苄基氯的醚化反应而负载化[118d]。所得催化剂对取代烯烃的环氧化反应具有很好的催化活性及β-位立体选择性。

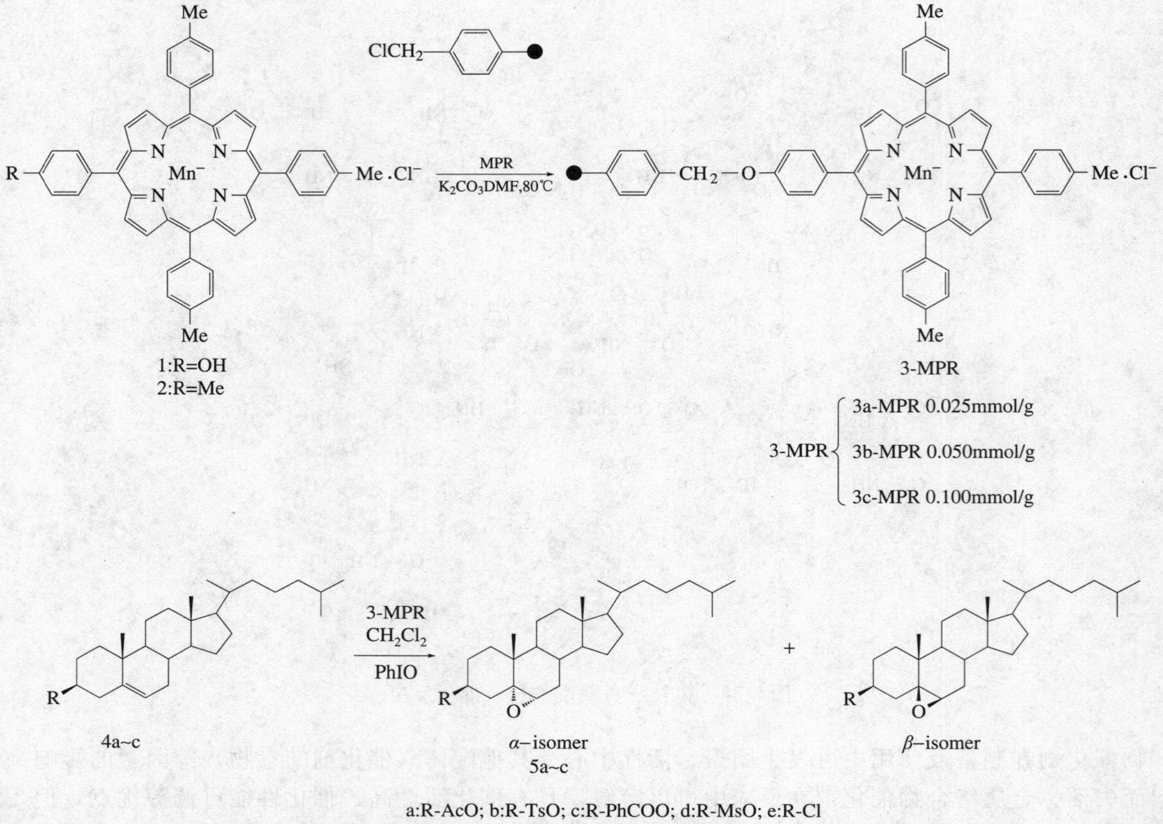

Me
ClCH2
R
Mn⁻
Me .Cl⁻
MPR
K2CO3DMF,80℃
CH2—O
Me
1:R=OH
2:R=Me
3-MPR
3a-MPR 0.025mmol/g
3-MPR
3b-MPR 0.050mmol/g
3c-MPR 0.100mmol/g
3-MPR
CH2Cl2
PhIO
R
O
+
4a~c
α–isomer
5a~c
β–isomer
a:R-AcO; b:R-TsO; c:R-PhCOO; d:R-MsO; e:R-Cl

图 5-40 卟啉锰化合物的负载化及其催化反应

(2) 合成带有功能性配体的高分子，利用高分子配体与金属化合物的配位反应直接合成高分子金属络合物催化剂。用于合成高分子催化剂的高分子配体有两种，一是含有 P、S、O、N 等可以提供未成对电子的所谓配位原子的化合物，含有这样结构的化合物种类繁多，如有机胺、有机膦、醚类（氧醚、硫醚）、醇类、酚类和羧酸等。另一类是分子结构中含有离域性强的π电子体系，如芳香族化合物及环戊二烯类配体。高分子配体主要有如下的合成方法：①利用聚合物和配体上的某些官能团的反应，将配体连接到高分子载体上。有机高分子载体用的最多的是聚苯乙烯。图 5-41 为聚苯乙烯的一些反应，用于制备功能化的高分子载体及高分子配体。聚乙烯醇和聚丙烯酸（均聚或共聚物）也可直接用于高分子催化剂的载体及配体。②首先合成具有可聚合的配体单体，然后在适当的条件下均聚或与其他单体共聚，形成配体含量不同的负载高分子配体如图 5-42。③将无机高分子的表面功能化，再通过活性官能团的化学反应将活性配体或金属络合物连接到无机载体上，制备出负载配体或高分子催化剂。无机高分子载体用得较多的硅胶，其部分反应见图 5-43 所示。

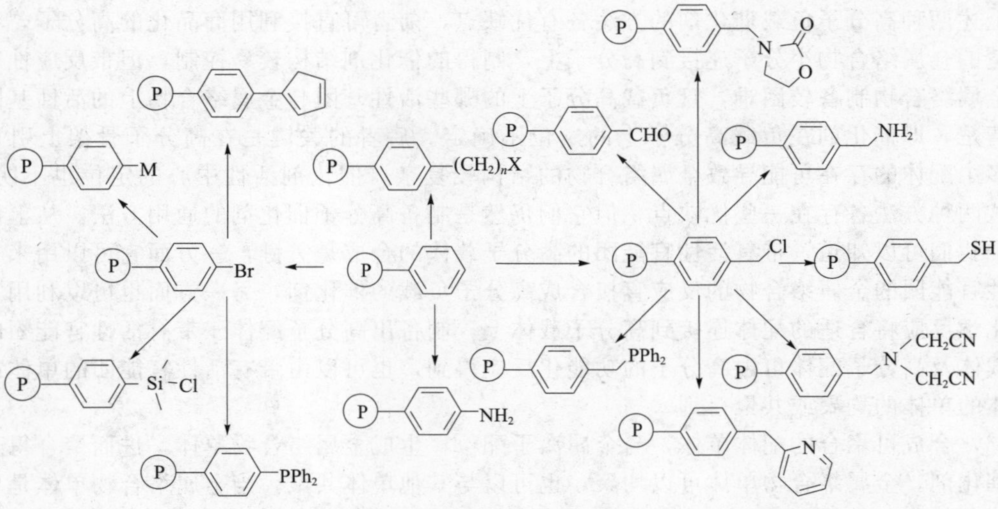

图 5-41 聚苯乙烯的功能化反应合成功能化高分子及高分子配体

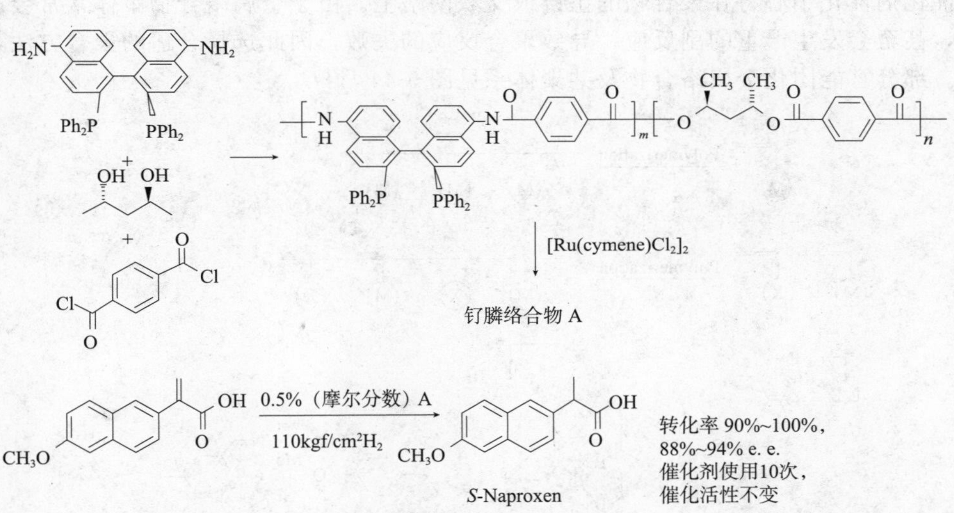

[Ru(cymene)Cl_2]$_2$

钌膦络合物 A

0.5%（摩尔分数）A

110kgf/cm^2 H_2

S-Naproxen

转化率 90%~100%，
88%~94% e. e.
催化剂使用10次，
催化活性不变

图 5-42 功能性配体的负载化反应及其催化性能[127a]

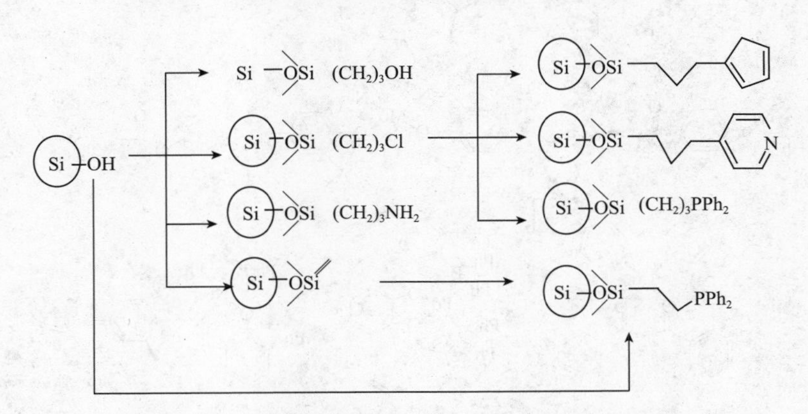

图 5-43 硅胶的功能化反应合成负载型配体及活性硅胶

上述两种高分子负载催化剂的方法各有优缺点，前者可直接利用商品化的高分子，将结构清楚的金属络合物小分子连接到高分子上，制得的催化剂结构较易控制，但带反应性官能团的金属络合物制备较困难，且负载高分子上的哪些活性基团与金属络合物上的活性基团反应不清楚，即催化剂在负载高分子上的定位不确定。后者的关键是在高分子骨架上引入配体，多个配体的存在可能导致金属络合物的结构较复杂。催化剂活性中心的定位也不明确。虽然这两种方法各存在一些优缺点，但它们仍然是制备高分子催化剂的通用方法。从上面的描述中我们可以知道，带有活性官能团的高分子载体的合成是关键，一方面它可以用来与带有活性官能团的金属络合物的反应直接合成高分子负载的催化剂，另一方面也可以利用官能团的化学反应将合适的配体连接到高分子载体上，制备出高分子配体。带有活性官能团的高分子载体及高分子配体可由高分子的功能化反应得到，也可以由带有活性官能团的单体或带有配体的单体的均聚或共聚得到。

(3) 合成可聚合的配体单体，与金属离子配位，生成金属络合物单体，进而聚合得到高分子催化剂。金属络合物单体可以均聚，也可以与其他单体共聚。当金属络合物单体是单官能团的，形成的催化剂催化中心在聚合物的侧链上，当金属络合物单体是二或多官能团的，形成的催化剂催化中心将在聚合物的主链或交联网络上。由于金属络合物单体常常会影响聚合反应，甚至会发生严重的副反应，导致聚合反应的失败，因此选择合适的聚合方法是非常重要的。部分官能团化金属络合物及共聚体系见图 5-44[127b]

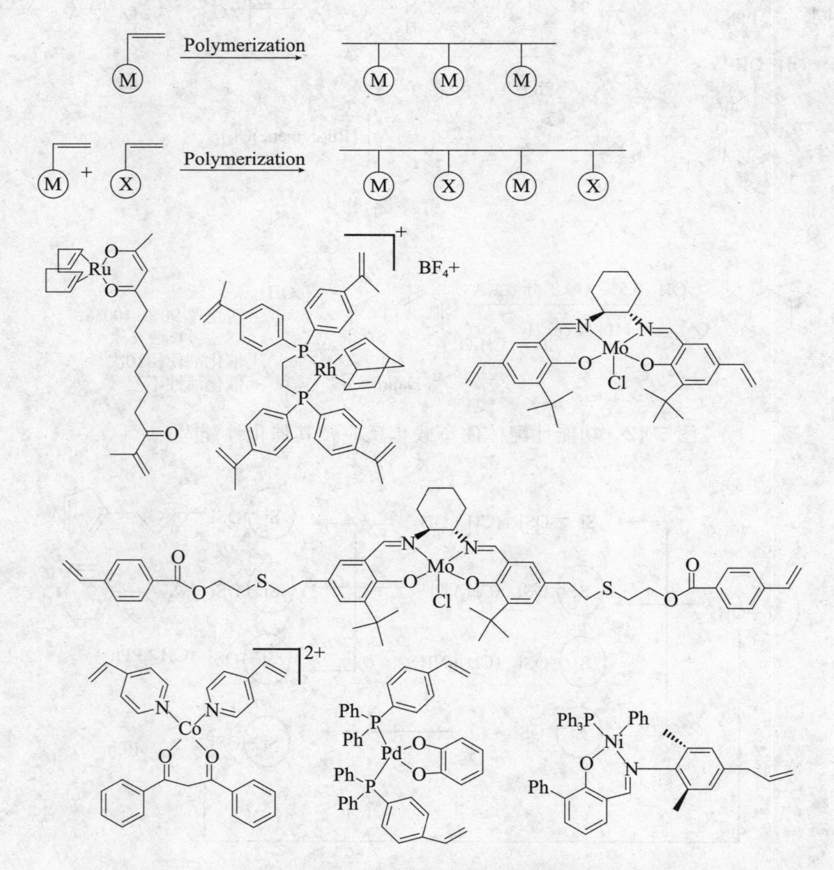

图 5-44 一些可用于聚合的金属络合物的单体实例及聚合模型反应

近年来，高分子负载金属催化剂朝着结构更精细、精准的方向发展。催化剂的催化性能与催化剂的结构密切相关，催化剂活性中心与载体的距离、催化剂载体的内部结构对催化剂的性能有很大影响。树枝状高分子、超支化高分子成为高分子载体的重要发展方向，树枝状高分子的结构可控，催化剂的金属络合物可以发布在树枝状分子的表面、树枝状高分子的树杈及分子的内核上，不同的负载方式会带来完全不同的催化性能，分布在表面的可以大大提高局部的催化剂的浓度，提高催化剂间的相互作用，改变催化剂的催化性能[128]。催化剂位于内核的，可以通过调节表明的基团，调节进入内核的分子的极性、分子的大小等，来调节催化反应的选择性。树枝状高分子负载的 Co 催化剂的催化剂间的协同效应如图 5-45 所示。Co 催化剂在分子刷的表面，由于催化剂的局部浓度高，催化剂活性中心的协同作用可产生非常好的催化性能，催化剂单体催化该反应 40h，转化率小于 1%，但将其负载在上述树枝状分子载体上后，20h 转化率达 50%，环氧化合物的 *ee* 值高达 98%，催化剂可回收再用，这是一般高分子催化剂不能达到的效果，导致这一原因是催化剂在分子刷表面的浓度高，两个催化活性中心具有如图 5-45 所示的协同效应[128c]。催化剂活性中心在分子刷的中心时，催化剂的稳定性、反应的选择性（立体选择、分子大小、极性等）都可望提高。图 5-46 为一个选择性环氧化反应的实例[128d]。

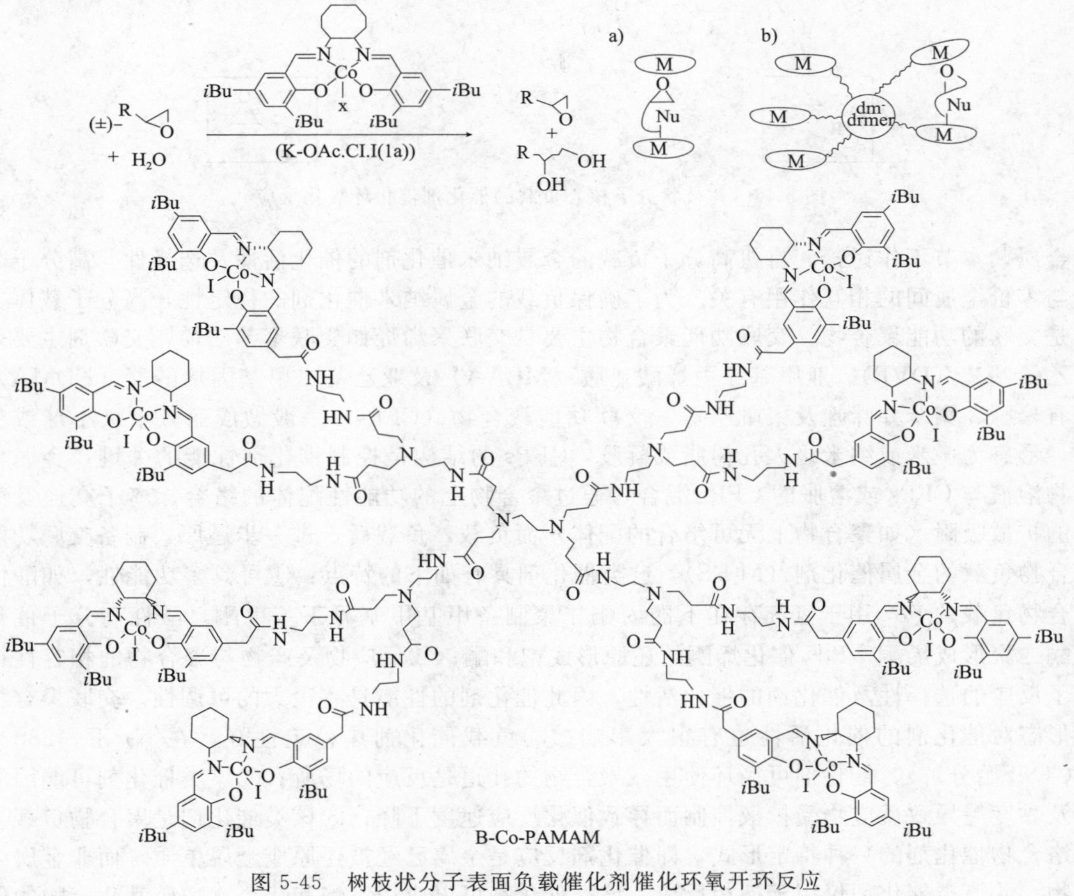

图 5-45　树枝状分子表面负载催化剂催化环氧开环反应

高分子负载金属络合物在催化反应中可以形成高分子负载的纳米金属催化剂，人们也可以通过该方法专门制备高分子负载的纳米催化剂[129]。负载金属催化剂 M^0/S，M^0 为零价金属，S 为载体，载体可以是无机物，也可以是有机高分子。无机物载体的主要作用是分散零

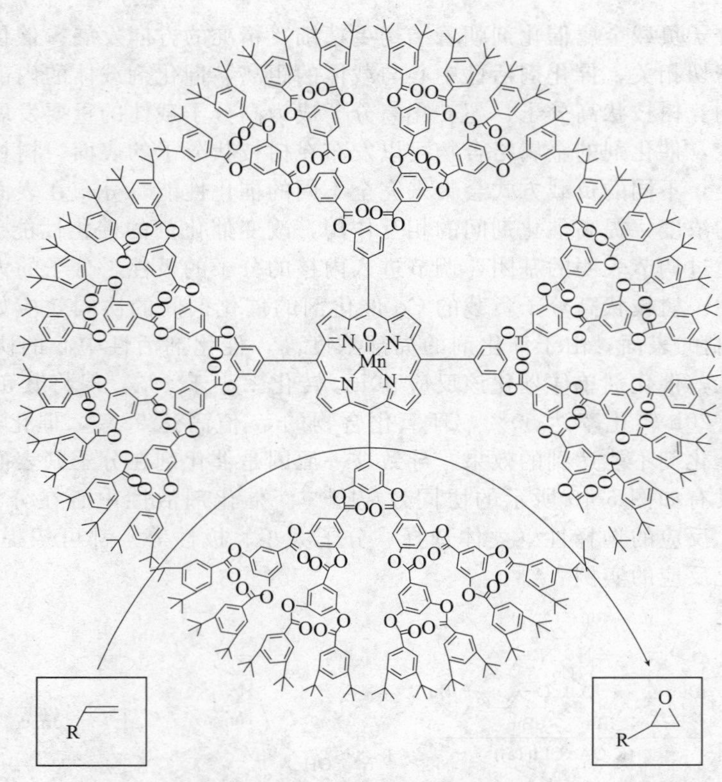

图 5-46　树枝状分子核心负载的催化剂催化环氧化反应

价金属，本节不作讨论。有机高分子负载的金属纳米催化剂的催化活性及选择性与高分子载体与零价金属间的相互作用有关。为了确保负载的金属纳米催化剂的稳定性，高分子载体主要是交联的功能聚合物。交联功能聚合物主要是交联聚烯烃如交联聚苯乙烯，交联剂主要是二乙烯基苯（DVB）、亚甲基二丙烯酸亚胺（MBAA）及亚乙基二甲基丙烯酸酯（EDMA），也有聚脲、聚苯并咪唑及聚吡咯等。交联功能聚合物（CFPs）一般做成亚微米级小球或粉状，形态为微米或纳米级大孔树脂或凝胶，CFPs 的结构是控制催化剂性能的关键。金属化合物溶液与 CFPs 或溶胀的 CFPs 混合，通过聚合物上的功能性配体的络合、离子交换及简单的扩散吸附（如聚合物上无可络合的配体）而负载，负载后，进一步还原，制备交联功能聚合物负载的金属催化剂（M^0/S）。这类催化剂具有如下的特点：①可具多功能性，如酸性聚合物负载的 Pd^0 用于氢气存在下的丙酮二聚制备甲基甲基异丁基甲酮，酸性高分子催化丙酮二聚形成烯酮，Pd^0 催化烯酮的还原形成饱和酮；②反应物及产物与聚合物的相容性控制了反应的选择性及催化剂的催化活性，因此催化剂的性能具有很大的可调性。交联聚合物的形态对催化剂的催化活性也有很大影响；③负载催化剂热稳定性好（在 N_2 下，280～320℃开始分解），催化剂可循环使用，聚合物的孔道是反应的场所；④该类催化剂可能因溶胀及黏度等导致反应物受扩散控制而导致催化反应速度下降；⑤该类催化剂是聚合物负载金属络合物催化剂的一种特定形式，即催化剂反应是金属已经被还原成金属单质，而非金属络合物；⑥该类催化剂仅用于液相反应。该类催化剂可以应用不饱和化合物如硝基化合物的催化氢化、羰基化合物及烯烃的还原；烃、醇及醛的氧化反应；及一些金属催化剂可以催化的反应如偶联反应等。在烷基芳基酮的还原反应中 Pd^0/CFPs 表现出优越的催化活性，选择性形成醇，没有 Pd/C 负载催化剂的氢解反应，Uozumi 等报道 Pd^0/PS-DVB-PEG 催化剂在水相用氧气氧化苄醇，选择性形成苯甲醛，收率97%。一些典型反应如下：

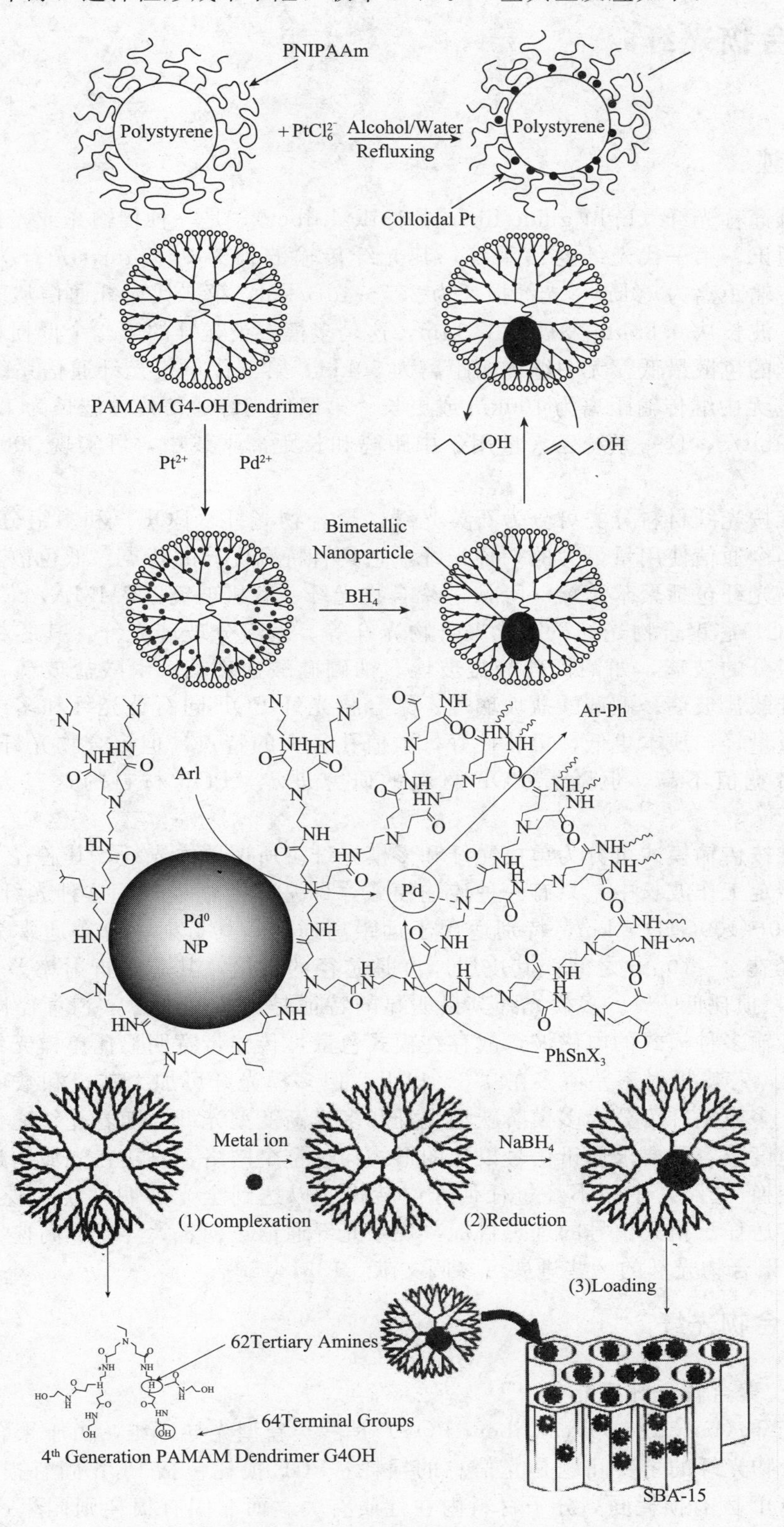

图5-47　负载纳米金属催化剂的制备及催化反应

5.8 聚合物光纤

5.8.1 概述

光导纤维简称光纤（light guide fiber 或 optical fiber），是一种传输光或光信号的纤维材料，用于光通讯。第一代光纤通信系统，其光纤传输波长为 0.85μm，光纤为多模石英光纤，无中继传输距离为 10km，光纤损耗为 2.5～4dB/km。第二代光纤通信从多模光纤向单模光纤发展，波长从 0.85μm 发展至 1.3μm，这是多模石英光纤的第二个低损耗窗口，有较低的损耗且光的色散最低，无中继传输距离为 50km。第三代单模光纤通信系统通信传输波长为 1.3μm，无中继传输距离为 100km 或更长。第四代光纤通信传输波长为 1.55μm，传输速率已达 10Gbit/s，这一系统已大量用于中距离和长距离干线中，可实现 300km 无中继站传输。

光导纤维按光纤材料分类可分为石英光纤，聚合物光纤（POF）和多组分玻璃光纤等。石英光纤是当今通信使用量最大的一种光纤，它具有特别优异的特点：低色散，高带宽，低损耗。聚合物光纤包括聚苯乙烯（PS）芯聚合物光纤、有机玻璃（PMMA）芯聚合物光纤、聚碳酸酯（PC）芯聚合物光纤、氰化聚合物光纤等。多组分玻璃光纤，其芯材通常为含有多个氧化物组分的玻璃，如钠钙硅酸盐玻璃、钠硼硅酸盐玻璃、磷酸盐玻璃、铅硅酸盐玻璃、钠锂钙硅酸盐玻璃、硼硅酸盐玻璃等。聚合物光纤 POF 同石英光纤和多组分玻璃光纤相比，具有重量轻，成本更低，柔软性好，数值孔径大的特点，但聚合物光纤耐热性不高，损耗较大，带宽值不高，但随着 POF 材料的研究进步，POF 材料的这三大缺陷正逐渐改善。

光导纤维按传输模式可分为单模光纤和多模光纤。所谓单模光纤，其芯径只有传输波长的几倍，在给定工作波长中，只有一种传输模式，即基模传输模式，这种光纤传输带宽大，其带宽可达 10～100GHz·km，特别适用于远距离通信，其折射率分布通常为阶跃型，芯细皮厚，芯径在 3～10μm 之间，其皮层厚度是芯径的数倍，其芯皮折射率差值在 0.1%～0.5%范围内，损耗低[130]。多模光纤其最明显的特征是：芯厚皮薄，芯直径比传输波长长好几倍，可传输多种模式的电磁波，故存在模式色散，传输带宽明显比单模光纤小，其芯径在 10μm 以上，芯皮折射率差值多在 0.3%以上，但多模光纤可加大芯径和数值孔径，提高入射光功率，多模光纤可分为多模阶跃型光纤和多模渐变型光纤。随着光纤通信技术的迅速发展，通讯速度及容量要求通讯信号以光的形式穿过整个网络，直接在光域内进行信号的传输、再生和交换/选路，中间不经过任何光电转换，以达到全光透明性，实现由任意时间、任意地点和传送任意格式信号的理想目标，现今光纤通信正朝着大容量、高速率和长距离方向发展[131]。聚合物光纤的一些进展可参阅文献 [132，150]。

5.8.2 聚合物光纤

5.8.2.1 聚合物光纤损耗[130,131]

聚合物光纤（polymer optical fiber，POF）是一类新型光导纤维。由于聚合物结构对光的吸收，聚合物光纤的主要问题是光信息的损耗。POF 损耗包括 POF 固有损耗和 POF 非固有损耗。POF 固有损耗同高分子材料内在性质有关。而非固有损耗则同生产工艺和生产条件等外在因素相关，优化或改变生产工艺和条件可改变 POF 非固有损耗。表 5-7 列出了一些 POF 的损耗分析。

表 5-7　POF 损耗分析

固有损耗		非固有损耗	
吸收损耗	瑞丽散射损耗	吸收损耗	散射损耗
CH 键高次谐波 α_v 电子跃迁 α_e	因物质形态密度不同而产生的	是因水、过渡金属及有机杂质等产生的	是由灰尘、波导结构缺陷等产生的

POF 固有损耗包括吸收损耗和散射损耗，有机高分子中 C－H 键、N－H 键和 C═O 键的振动是产生固有吸收损耗最主要的原因。C－X 键基频振动即第一次高频谐波有强烈的吸收，高频谐波的波长随着次数的增加而降低，且吸收峰值的强度也下降一个数量级（见表 5-8）。

表 5-8　C—X 键基频振动波长

C—X 键	基频振动波长/μm	C—X 键	基频振动波长/μm
C—H 键	3.3～3.5	C—C 键	11.7～18.2
C—D 键	4.4	C—O 键	7.9～10.0
C—F 键	8.0	O—H 键	2.8

对于 PS 芯 POF，其脂肪族中 C－H 振动吸收峰出现在 758nm、646nm 和 562nm 处，苯环上的 C－H 振动吸收峰出现在 714nm、648nm 和 532nm 处，苯环的 C－H 吸收峰强于脂肪族上的 C-H 吸收峰。

对 PMMA 芯 POF，其 C—H 振动量子数 n 和高频谐波强度成对数关系，高频谐波的吸收强度随 n 值的提高而降低；在可见光至近红外区，因存在 CH_3—和—CH_2—，故有较大的吸收峰，因此 PMMA 芯 POF 在近红外区域的损耗主要归因于 C—H 振动吸收；在可见光区域对 PMMA 芯 POF 衰减损耗影响最大的是 C—H 振动吸收的第五次至第七次高频谐波。与 C—H 产生吸收损耗相比，在波长 600～1200nm 区域，C—F 键产生的损耗可忽略不计，故用 F 取代 H，增加 C—F 键的个数降低 C—H 键的个数，可使 POF 整体损耗降低[133]。除 C－X 键吸收损耗外，POF 还有电子跃迁吸收损耗及瑞利散射损耗。

（1）电子跃迁吸收损耗　通常电于跃迁吸收峰在紫外波长区，如 C═C 双键的 $n\rightarrow\pi^*$ 的跃迁以及羰基的 $\pi\rightarrow\pi^*$ 跃迁，其在可见光区的吸收尾峰影响 POF 传输损耗，紫外吸收损耗的大小随着波长增大而减小。电子跃迁损耗可采用如下公式计算：

$$\alpha_e = C\times\exp\ (\beta/\lambda)$$

式中，λ 为传输波长值，单位为 nm；β、C 为常数；α_e 单位 dB/km，与选用的芯材有关，对于 PS、PMMA 和 PC 芯 POF，其 β、C 值见表 5-9。

表 5-9　PS、PMMA 和 PC 芯 POF 的 β、C 值

芯材	C/(dB/km)	β/nm
PS	1.1×10^{-8}	8.0×10^{3}
PMMA	1.58×10^{-15}	1.15×10^{4}
PC	4.1×10^{-4}	5.0×10^{3}

由表 5-9 可知，PC 的电子跃迁损耗大于 PS 的电子跃迁损耗，PS 大于 PMMA。这是由于每一个苯基产生一个 $\pi \rightarrow \pi^*$，而 PMMA 没有苯基，电子跃迁最小，PS 只有一个苯基，PC 有两个苯基，故电子跃迁产生的损耗最大，而对于 PMMA 芯 POF，由于酯基内碳氧双键引发 $n \rightarrow \pi^*$ 跃迁，合成时残余的链转移剂中 S—H 键引发 $n \rightarrow \sigma^*$ 跃迁，引发剂中偶氮基基团产生 $\pi \rightarrow \pi^*$ 跃迁，这些皆会产生电子跃迁吸收损耗[134]。

(2) POF 瑞利散射损耗　瑞利散射损耗由材料密度、取向和成分变化引起的，其中取向变化是由聚合物中的各向异性和聚合链的结晶度引起的。完全无定形聚合物是各向同性的均质聚合物，其密度是均一的，实际上各向同性物因密度的波动也会产生瑞利散射损耗；光纤芯材结构的不规整引起的瑞利散射损耗，其不规整实际不均尺寸小于波长的 10%，每一个不规整结构都是一个散射中心。减少芯材密度和浓度的起伏变化，可减少芯材瑞利散射损耗；瑞利散射损耗同芯材折射率亦有关，降低芯材折射率亦降低瑞利散射损耗；瑞利散射损耗还同芯材的玻璃化温度有关[135]。结晶和半结晶聚合物是各向异性非均质聚合物，密度的波动性大于完全无定形的聚合物，若以晶态聚合物作芯材，其瑞利散射将极大，若选用晶态聚合物作皮材，因散射光也会产生较大的损耗。

POF 非固有损耗包括因吸收水、含有重金属及有机物杂质而产生的吸收损耗，因存在灰尘及不完善的波导结构而产生的散射损耗。故作为 POF 材料必须是较纯的聚合物，为此，必须在合成聚合物前对反应单体及其他反应物进行提纯，并且尽量选用形成纯净聚合物的聚合方法，即多采用连续本体聚合方法，而少用或不用乳液聚合和悬浮聚合法，以避免因聚合而带来杂质。对反应物采用提纯的方法有水洗、干燥、精馏和过滤等方法，通常经过一系列的提纯后，可消除阻聚剂产生的紫外吸收、降低反应物中空气的含量、重金属的含量、大直径杂质粒子的个数、水分子的含量及有机杂质的含量等，采用这些提纯法，不仅可降低非材料的固有吸收损耗，而且可降低非固有散射损耗。另一方面，不完善的 POF 波导结构也是产生非固有散射损耗的重要原因，波导缺陷包括波导几何结构缺陷（包括直径、偏心率、椭圆度和纤芯折射半分布变化），以及（纤芯或包层中的气泡、裂纹、灰尘和纤芯）包层界面的缺陷，这些缺陷产生的色散损耗，大体上与波长无关，若要消除或降低这一损耗，必须选用合适的光纤生产工艺，这包括 POF 芯皮材的选择及其预处理、拉丝温度及牵伸比的控制、挤出机选择及模头设计等。POF 材料的损耗还包括弯曲损耗、连接损耗和耦合损耗[136]。

5.8.2.2　聚合物光纤材料的要求

聚合物光纤所用芯皮材最明显的特征是其高透明性，而作为高透明聚合物，它通常只有如下几方面特征[137]：①聚合物为无定形结构，各向同性，不含有发色基团，具有均一的折射率。②若聚合物中存在结晶性，则要求结晶区和无定形区有相近的折射率和密度，而对于完全结晶或结晶程度较高的聚合物，若其晶区尺寸较小，小于可见光波长，且不含发色基团，则光经过这些晶区时将不发生折射和反射，故这种结晶聚合物亦会有比较好的透明性。聚合物的透光性可以用透光率、雾度、折射率、双折射和色散等方法测定，聚合物的透光率和雾度通常用积分球或光度计测量。③通常作为 POF 芯皮材，大多要求聚合物的透光率大于 90%。芯皮材透光率愈高，POF 的透光率亦愈高，POF 损耗将愈低。聚甲基丙烯酸甲酯 PMMA，其透光率为 92%，表面（界面）反射率为 4%，散射率为 2%，吸收率为 1%～2%。④雾度（haze）是材料内部或表面上的不连续性或不规则性造成的，如材料内有极微小气泡或空隙和表面粗糙等，雾度是衡量一种透明或半透明材料不清晰或浑浊的程度，通常以散射光通量与透过材料的光通量之比的百分数表示。⑤双折射（birefringence）是表征聚合物材料光学性质各向异性的物理量，即平行方向与垂直方向折射率的差值，它主要由聚合物分子结构、分子取向和聚合物的成型工艺决定的。作为POF用芯皮材，通常要求材料双折射愈低愈好，一方面聚合物分子随分子极化在不同方向都显示了一定的双折射，像含有苯环这样极化率大的基团的PS易产生双折射，而不带苯环的聚合物如PMMA，其双折射很小。另一方面，聚合物材料的制备方法也影响材料的各向异性，影响材料的双折射。为了降低材料的双折射，可以用正负双折射率材料共混或者其单体共聚的方式来实现，如PMMA为负双折射率材料，PVC为正双折射率材料，两者的混合物是低双折射率材料；甲基丙烯酸氟化酯同MMA共聚也可得低双折射率材料。⑥聚合物分子取向，一般都受到拉伸的影响，拉伸取向后的聚合物分子链来不及松弛到无规线团构型之前就被冷却到玻璃化转变温度之下后，光经过这种聚合物时会变成传输方向和振动相位不同的两次折射光，聚合物就会出现双折射现象。因此，通过聚合物的加工，将聚合物经过“取向”（orientation）而形成为各向同性的材料，是制备POF的一种可能的方法。⑦对于聚合物而言，若聚合物中含有脂环、溴、碘、硫、磷及亚硫酸根基团，则既有较高的折射率又具有较低的色散，聚合物中若引入镧、钽、钡、镉和钍等金属离子可得到高色散和低折射率树脂，而聚合物中若引入苯环、稠环及铅、铋、钛和汞等金属离子则可得到高色散和高折射率树脂。

POF对芯皮材折射率有严格的要求[138,139]，芯皮材折射率不仅同材料的色散有关，而且还与传输波长、温度、聚合物化学结构、透光率和数值孔径等因素有关：①材料折射率随传输波长增大而降低；②聚合物材料折射率随温度变化比玻璃材料折射率变化大两个数量级；③POF聚合物的折射率与聚合物的密度和单体单元的平均极化度有关；④折射率和透光率是互相制约的，折射率的主要抑制参数是透光率，高折射率的物质最容易吸收可见光，如含芳香族单体和卤素衍生物聚合物，紫外光是不能透过的；⑤设计高折射率的材料，结构上要求单体分子折射率大，摩尔体积小。PMMA的酯基取代基若含有共轭结构的苯环分子，则折射率值较大，含有这种结构的材料可望有较高的折射率。在脂肪族碳氢取代基中，相同碳原子的碳氢基团的折射率按支化链＜直链＜环状链的顺序。而聚合物中含有甲基和氟原子则可使聚合物折射率降低，因此，在设计高折射率的材料时，根据基团结构决定分子体积的原理，在相同碳数基团中应尽可能采用环状结构。

在POF芯皮界面上，有一部分光波透射进皮层，如果没有皮层，光信号在界面附近的微粒散射而造成光传输的损失。透明固体材料作为光纤的皮层可以将光全反射在光纤的内部，反射光从一端至另一端，其实际路程比光纤的长度要长。路程越长，因媒质而产生的吸收损耗越大。作为POF芯皮材，要求有较好的稳定性和耐老化性能[140]。作为POF用芯材，要求其有较高的纯度，除非为某一目的而特殊设计，通常不能添加其他掺杂剂，如抗静电、脱模剂、荧光增白剂和增塑剂等。若添加其他掺杂剂，会显著降低所制备的POF传光性能。

POF芯皮材选择除折射率要求匹配外，还必须要求芯皮材之间有较好的黏附性能，若芯皮间黏附性差，则易产生不良的芯皮界面，传输光在芯皮界面上会产生散射导致一部分光从皮层表面泄漏出来，提高了POF非固有散射损耗。降低了POF光传输效率。POF芯皮材还应有相近的热膨胀系数，以提高POF的强度、柔软性以及不同温度下使用的稳定性。

POF的皮保护层材料可选用紫外固化树脂，亦可选用热塑性或橡胶类聚合物，如聚乙烯PE、线性低密度PE（LLDPE）、聚碳酸酯PC、聚氯乙烯PVC、聚氟乙烯PVDF、聚氨酯PU以及DuPont公司的Hydrel牌号树脂，一般多要求保护层材料使用温度稍高于POF的最高使用温度为佳，并常常根据实际使用条件或特殊要求而确定，日本旭化成公司的TC-

1000-50 型 POF，它有两层保护层，其内保护层为 PE，其外保护层为 PVC。

5.8.2.3 聚合物光纤用主要聚合物

(1) 聚苯乙烯 PS　PS 芯 POF 的优点在于其芯材的吸湿系数低，即吸水性能差，因而在潮湿环境中应用，其性能应当比 PMMA 芯 POF 稳定，尽管 PMMA 芯 POF 整体机械性能优于 PS 芯 POF。通常 PS 芯 PMMA 皮 POF 的传输损在 1200dB/km 左右，可满足一般 POF 工艺制品和广告的应用，如可用 PS 芯 POF 制作圣诞树、盆景、花卉以及多姿多彩的动态 POF 产品广告，其使用长度最多只有几米。PS 芯 POF 在可见光范围内的损耗参见表 5-10[131]。

表 5-10　PS 芯 POF 传输损耗

单位：dB/km

损耗	波长/nm					
	552	580	624	672	734	784
总损耗	162	138	129	114	466	445
损耗极限	117	93	84	69	421	400
振动吸收损耗	0	4	22	24	390	377
紫外吸收损耗	22	11	4	2	1	0
瑞利散射损耗	95	78	58	43	30	23
结构缺陷损耗	45	45	45	45	45	45

表 5-11 就列出了不同纯度 St 对所制备的 PS 芯 POF 损耗的影响。

表 5-11　St 不同纯度对所制备的 PS 芯 POF 损耗的影响

苯乙烯纯度/%	光损耗/(dB/km)	苯乙烯纯度/%	光损耗/(dB/km)
99.97	300～400	99.61	1100～1200
99.94	600	99.48	1600～2000
99.87	800		

由表 5-11 可知，St 纯度为 99.97%时，PS 芯 POF 损耗降至 300～400dB/km，而当 St 单体纯度为 99.48%时，聚合物拉制的 PS 芯 POF 传输损耗高达 1600～2000dB/km，而由此可见，若要 POF 传输性能优异，则对芯材单体的纯度极为苛刻。

(2) 聚甲基丙烯酸甲酯 PMMA[141,142]　PMMA 透光性优异，在 250～295nm 紫外波段的透光率可达 75%，比一般光学玻璃好得多，在 360～780nm 透光率 92%，PMMA 具有优异的耐候性和实用的机械性能，在热带气候下曝晒多年，它的透明度和色泽变化很小。PMMA 的光弹性系数小，双折射率小，Abb 数高，是最早用于制备 POF 的材料之一。常规 PMMA 芯 POF 的耐温性仅有 80℃左右，为了提高这种 POF 的耐热性，最有效的方法是使大分子链段活动性减小，即增强高分子链间作用力，增加链段刚性，或使体系交联成网状结构。MMA 可同一定量的氟代丙烯酸甲酯、含有羰基和酰胺基的单体及丙烯腈（AN）等极性单烯烃共聚，所得共聚物透明度可同 MMA 相仿，而玻璃化温度亦可在一定程度上提高。若获得的共聚物为线型结构，可进行二次成型加工。而 MMA 亦可用具有多官能团结构的单体共聚，形成交联 MMA 共聚物，这样改性的 PMMA 耐热性能可获得显著的提高，但不具备二次加工性能。

(3) 聚碳酸酯 PC[143,144] PC 是一种性能优异的热塑性工程塑料，具有优异的综合均衡的机械介电性能、耐酸耐油性，尤其是其耐冲击韧性性能为一般热塑料之首，耐热性好，可在−60～120℃下长期使用，其透光率大于 89%。PC 对热辐射、空气和臭氧有良好的稳定性，但在潮湿而强烈光照射下表面变黄发脆，引起裂纹及破碎。PC 是紫外光良好的吸收剂，光线对制品的贯穿力深度只达 8～1.2mm；同时它亦有较大的光弹性系数，故采用 PC 制备的 PC 芯 POF，其特征为损耗较大，为 600～800dB/km，但柔软性好，POF 直径为 2mm 时，也有极佳柔软性，且 PC 芯 POF 可在 125℃长期使用，故 PC 是制备耐热 POF 的重要材料之一。提高 POF 的透光率，降低 PC 芯 POF 损耗是 PC 材料发展的关键。氟化双酚 A 和光气反应则可合成氟化 PC，透明氟化 PC 因其折射率低于 PC，故可制备出 PC 芯氟化 PC 皮 POF，这种 POF 在 780nm 处的损耗为 630dB/km。

(4) 耐热 ARTON 树脂[142] ARTON 树脂是以降冰片烯结构为分子主链骨架结构，较多的饱和烃在一定程度上抵消了因极性基团而引起的吸水性，在分子链中又引入分子极性基团，加大了分子链间的作用力，提高了聚合物玻璃化温度（T_g 高达 171℃），因 ARTON 结构中不含有不饱和双键，故在短波长处吸收小，在紫外光和可见光区有优异的透光率，其透光率达 92%，当入射光为自然光时，ARTON 芯 POF 的输出光几乎为自然光（可见光），而 PC 芯 POF 因 PC 链中含有苯环和双键，在短波长处有明显的吸收，故其出射光看起来有些发黄。

(5) 氟塑料 Teflon AF[145] Teflon AF 的化学稳定性与其他 Teflon 材料相同，如聚四氟乙烯 FTFE、四氟乙烯-全氟化烷基乙烯醚共聚物 PFA（tetrafluoroethylene-perfluorinated-alkyl vinyl ether copolymer）和聚全氟乙丙烯 FEP，Teflon AF 共聚物的折射率随 PDD 含量增加而降低，其折射率是聚合物折射率中最低的，折射率在 1.19～1.35 范围内调节，一般 TFE 含量愈大，则 T_g 愈高，折射率愈低，对于 AF-1600 和 AF-2400，通常调节 TFE/PDD 的配比就可得到不同折射率，玻璃化温度在 80～300℃范围内。Teflon AF 还可以在特殊溶剂中溶解，使得 Teflon AF 既具有常规热塑性塑料的易加工性，又具有氟塑料特殊的性能，尤其是它在紫外区波段至红外区波段有极高的透光率，在波长大于 2000nm 的红外波段，透光率接近 100%，透光率大大优于 PMMA。

(6) 聚 4-甲基-1-戊烯 PMP 或 TPX[144] 用 4-甲基-1-戊烯制备出的等规聚合物 TPX，是具有立体规整结构的结晶型透明材料，结晶度约为 40%～60%，密度只有 0.83g/cm^3，是一种较轻的塑料。尽管聚合物 TPX 是一种结晶性聚合物，由于其结晶区和无形区的密度几乎相等，折射率几乎相同，故在紫外区和可见光波段具有较高的透明性，在可见光区透光率达 90%，在远红外区的光学性能优异，它具有优异的抗老化性能和抗溶剂性能，低吸水率（小于 0.01%）。

(7) 多媒体用光学聚酯树脂[146] 一般其玻璃化温度为 120℃，折射率为 1.61，其中含有独特的第三成分，可使聚酯树脂的光学均质性高，聚合物双折射率几乎为零，同时具有优异的成型性。因这种聚酯树脂折射率高，是理想的耐热 POF 芯材之一。

(8) 非晶质 PETG[147] 美国伊斯曼 Eastman 化学公司通过乙二醇与对苯二甲酸进行聚合反应，并添加环已烷二甲醇 CHDM 取代部分乙二醇使结晶延缓，研制出非晶质 PETG，这种 PETG 具有优异的耐候性、抗冲击性、坚韧以及极佳的加工性能，是可能用于 POF 的透明材料。

(9) 环烯烃聚合物[148] 主链中含有环烯烃结构的聚合物是一类性能稳定的新型高性能聚合物，采用烷基锂与胺（amine）组成的引发体系可使 1，3-环已二烯进行活性阴离子聚合，合成非晶质聚 1，3-环已二烯 PCHD，聚 1，3-环已烯亦可氢化，合成非晶质聚已烷

PCHE，这两种聚合物同 PMMA 性能对比于表 5-12。

表 5-12 环烯烃聚合物性

性能	PCHD	PCHE	PMMA
透光率/%	92	91	93
折射率	1.45	1.51	1.49
玻璃化温度/℃	175	235	105
热变形温度(1.82MPa)/℃	150	183	90
线膨胀系数/$\times 10^{-5}$℃$^{-1}$	5.0	5.0	7.0
弯曲弹性模量/GPa	4.0	6.1	3.4
Izod 冲击强度/(J/m)	20	20	16
洛氏硬度(R 标尺)	125	125	120
介电常数	25		4.0
密度/(g/cm^3)	1.05	1.05	1.19

(10) 四氟乙烯-偏二氟乙烯共聚物 (tetrafluoroethylene-vinylidene fluoride copolymer)[149]　四氟乙烯-偏二氟乙烯共聚物又简称 F42 或 F24，其主要特点是耐润滑油性好，并具有良好的物理机械性能和电绝缘性能，热稳定性好，在 340℃下长期在氧及空气中不分解，275℃中热 5h 后失重 0.12%～0.4%，耐化学药品性好，耐强酸、氧化性酸、碱、有机溶剂，但使用温度较低，在 220～240℃模压可制得无色透明或半透明薄膜，可采用 F42 的丙酮或丁酮溶液用流延法制薄膜及纺丝、喷涂等。

(11) EA 光学聚合物　双酚 A 环氧丙烯酸双酯与苯乙烯共聚合合成 EA 光学聚合物。与 PMMA 相比，EA 光学聚合物折射率高，内应力小，抗冲击强度相当；与聚苯乙烯相比，EA 光学聚合物虽然折射率稍低，但透光率高 2%，内应力要小，抗冲击强度两者相当。EA 光学聚合物主要光学性能为：折射率为 1.5836，阿贝数为 32，可见光透过率大于 90%，至近红外波长 1200nm 处已有一定的透光率，紫外光全吸收，内应力是现有光学聚合物中最小的。

除上述主要聚合物 POF 材料外，还有 THV 氟塑料、聚全氟乙丙烯 FEP、氘代聚合物、有机树脂、非结晶性环烯烃聚合物等等。1989 年杜邦公司已生产出 PDD 和 TIE 共聚物，牌号为 Teflon AF1600，T_g 为 160℃，在整个红外至紫外区域都有较高的透光率，是一种极富有应用前景的 POF 树脂，其结构式为：

$$\left(CF_2-CH_2 \right)_n \left(CF-CF \right)_n \quad \text{(two CF linked via O–C(CF}_3)_2\text{–O ring)}$$

5.9 智能高分子材料

5.9.1 概述

智能材料又称机敏材料 (smart materials)，是具备自感知、自诊断、自适应、自修复等功能的材料。智能材料来自于功能材料[151]。功能材料有两类：一类是对外界（或内部）

的刺激强度（如应力、应变、热、光、电、磁、化学和辐射等）具有感知的材料，通称感知材料，用它可做成各种传感器；另一类是对外界环境条件（或内部状态）发生变化做出响应或驱动的材料，这种材料可以做成各种驱动（或执行）器。智能材料是利用上述材料做成传感器和驱动器，借助现代信息技术对感知的信息进行处理并把指令反馈给驱动器，从而做出灵敏、恰当的反应，当外部刺激消除后又能迅速恢复到原始状态。这种集传感器、驱动器和控制系统于一体的智能材料，体现了生物的特有属性，如图 5-48 所示。

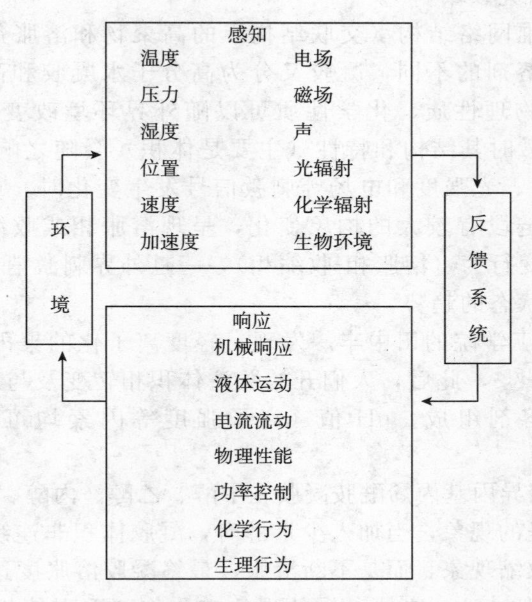

图 5-48　机敏材料的感知功能和执行功能

通过对生物结构系统的研究和考察，机敏或智能材料有了可借鉴的设计和建造思想、模型和方法。从仿生学的观点出发，智能材料内部应具有或部分具有以下生物功能。

(1) 有反馈功能，能通过传感神经网络，对系统的输入和输出信息进行比较，并将结果提供给控制系统，从而获得理想的功能。

(2) 有信息积累和识别功能，能积累信息，能识别和区分传感网络得到的各种信息，并进行分析和解释。

(3) 有学习能力和预见性功能，能通过对过去经验的收集，对外部刺激做出适当反应，并可预见未来并采取适当的行动。

(4) 有响应功能，能根据环境变化适时地动态调节自身并做出反应。

(5) 有自修复功能，能通过自生长或原位复合等再生机制，来修补某些局部破损。

(6) 有自诊断功能，能对现在情况和过去情况作比较，从而能对诸如故障及判断失误等问题进行自诊断和校正。

(7) 有自动动态平衡及自适应功能，能根据动态的外部环境条件不断自动调整自身的内部结构，从而改变自己的行为，以一种优化的方式对环境变化做出响应。

具有上述结构形式的材料系统，就有可能体现或部分体现下列智能特性：①具有感知功能，可探测并识别外界（或内部）的刺激强度，如应力、应变、热、光、电、磁、化学和辐射等；②具有信息传输功能，以设定的优化方式选择和控制响应；③具有对环境变化做出响应及执行的功能；④反应灵敏、恰当；⑤外部刺激条件消除后能迅速回复到原始状态。

智能高分子是其中一类当受到外界环境的物理、化学乃至生物信号变化刺激时，其某些物理或化学性质会发生突变的聚合物。智能材料的新进展可以进一步参考文献[152]。

5.9.2 智能高分子凝胶

最早研究的智能高分子凝胶，高分子凝胶作为软湿件（soft and wet wares）材料成为智能高分子材料中的重要研究领域[153]。

高分子凝胶是由三维网络结构（交联结构）的高聚物和溶胀剂组成的，网络可以吸收溶胀剂而溶胀。根据溶剂的不同，凝胶又分为高分子水凝胶和高分子有机凝胶。智能高分子凝胶是其结构、物理性质、化学性质可以随外界环境改变而变化的高分子凝胶。当这种凝胶受到环境刺激时其结构和特性（主要是体积）会随之响应，如当溶剂的组成、pH 值、离子强度、温度、光强度和电场等刺激信号发生变化时，或受到特异化学物质的刺激时，凝胶网络内的链段有较大的构象变化，呈现溶胀相或收缩相，凝胶的体积会发生突变，呈现体积相转变行为（溶胀相-收缩相），一旦外界刺激消失时，凝胶系统有自动恢复到内能较低的稳定状态的趋势。

1978 年美国麻省理工学院的田中丰一发现，轻度离子化的聚丙烯酰胺在水-丙酮溶液中具有体积相转变现象[154]，此后，人们开始关注体积相转变及与之相关的临界现象；人们发现温度[155～159]、溶剂组成、pH 值、离子强度等因素均可诱发非连续的体积相转变[160～163]。

Mukae 等[164]观测聚异丙基丙烯酰胺凝胶在甲醇、乙醇、丙醇、叔丁醇与水形成混合液中的溶胀时发现一个奇怪的现象，当加入少量醇时，凝胶体积非连续收缩；随着醇的加入，凝胶并非保持所预料的收缩现象，而是不断溶胀，最终凝胶溶胀度达 13～14 倍，而且超过在纯水中的溶胀度（约 10 倍），这种奇异的现象被称作“重现的相”[165,166]（reentrant or reappearing phase）。

NMR 对 PIPAM/水溶液的质子自旋-格子弛豫时间的研究结果表明，相分离过程进行时 *N*-异丙基侧链弛豫减缓，而主链弛豫加速[167～169]。这说明相分离过程中疏水 *N*-异丙基周围有序水分子从其水合水分离，此类基团间进而形成疏水相互作用，并限制了 *N*-异丙基的甲基的运动。相分离时 PNIPAM 因链间的 *N*-异丙基疏水相互作用会形成网络结构。

实验研究还表明，凝胶的尺寸和网络组成还是影响聚异丙基丙烯酰胺发生非连续的体积变化的因素。用激光散射技术考察了平均直径 0.1～0.2μm 球形微凝胶在不同温度下的溶胀行为[170]。实验中没有观察到微凝胶相组成相同的大尺寸凝胶那样发生非连续体化。

除了聚异丙基丙烯酰胺（PNIPAAm）外，聚乙烯基甲基醚（PVME）、聚氧化乙烯（PEO）、羟丙基纤维素、聚乙烯醇（PVA）、乙基羟乙基纤维素和聚 2-乙基噁唑啉等均为热收缩性聚合物。环境温度升至低临界溶解温度时聚合物由溶液析出，产生相分离。这种相转变的推动力是亲水和疏水相互作用的平衡。上述聚合物 PNIPAAm 和 PVME 的相转变可逆。

单一组分凝胶存在两种不同的相态：溶胀相和存在于液体中的收缩相。凝胶响应外界温度变化产生体积相转变时，表面微区和粗糙度亦发生可逆变化。在原子力显微镜下对聚异丙基丙烯酰胺水囊胶海绵状微区结构的观察表明，凝胶的表面结构和粗糙度不仅取决于制备温度（低于或高于聚合物的相转变温度），而且与凝胶的状态（溶胀或收缩相）有关[171]。表面粗糙度随温度的变化对应于宏观上的体积相转变。

根据高分子凝胶受刺激信号的不同，可分为不同类型刺激响应性凝胶。例如受化学信号刺激的有 pH 值响应性凝胶、化学物质响应性凝胶；受到物理信号刺激的有温敏性凝胶、光敏性凝胶、电响应凝胶、磁响应性凝胶、压敏性凝胶等。

温敏性凝胶是其体积能随温度变化的高分子凝胶，分为高温收缩性凝胶和低温收缩性胶。例如聚异丙基丙烯酰胺水凝胶能响应温度变化而发生形变，呈现低临界溶解温度（LCST）和温度依赖特性，它低于32℃时在水溶液中溶胀，大分子链因水合而伸展，分子呈扩展构象；而在32℃以上凝胶发生急剧的脱水合作用，由于疏水基团的相互吸引作用，链构象收缩而呈现脱溶胀现象。由此可知，上述现象是由于水分子和PNIPAM疏水基团，氢键的形成和解离所致；水分子与其相邻的PNIPAM疏水基团间由氢键形成的五边形结构；在低温稳定，而在高温不稳定。

pH值响应性凝胶是具体积能随环境pH值变化的高分子凝胶。这类凝胶大分子网络有可解离的基团，其网络结构和电荷密度随介质pH值变化，并对凝胶网络的渗透压产生影响；同时因网络中增加了离子，离子强度的变化也引起体积的变化。pH值响应性凝胶是以物理交联的刚直的非极性结构与柔韧的极性结构组成的嵌段聚合物。

物质（如糖类）的刺激高分子智能凝胶，例如药物释放体系可依据病灶引起的化学物质（或物理信号）的变化进行自反馈，通过凝胶的溶胀与收缩调控药物释放的通、断[172]。另外，可在相转变附近将生理活性酶、受体或细胞包埋入凝胶中，使其在目标分子等近旁诱发体积相转变而起作用[173]。

对光、pH值响应的智能高分子，用于药物释放体系[174]（图5-49）。

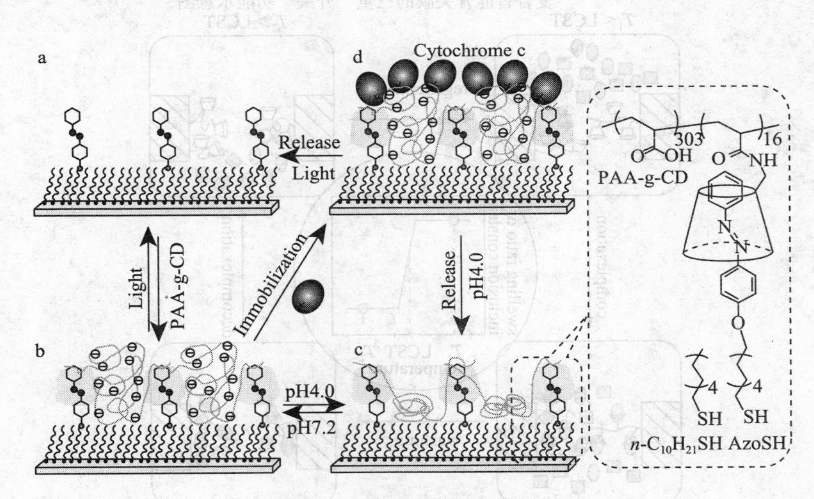

图5-49 智能药物释放模型

双重及多级刺激响应智能高分子的研究也越来越引起关注[175a]，复合功能膜[175b]及手性分离膜[175c]的模型如图5-50所示。

于同隐研究组[176]以戊二醛交联壳聚糖和丝心蛋白制备了半互穿聚合物网络（CS/SF*semi*-IPN），由FT-IR确认壳聚糖和丝心蛋白间存在强氢键相互作用。该*semi*-IPN在缓冲溶液中的溶胀显示出可逆的pH值和Al^{3+}敏感性。将此CS/SF*semi*-IPN制备成天然生物大分子配合物膜材，用于含$AlCl_3$的异丙醇-水混合物的渗透蒸发分离。研究表明，改变料液中$AlCl_3$含量即可控制蒸发通量，说明此膜可望作为醇-水混合物分离的化学阀使用。

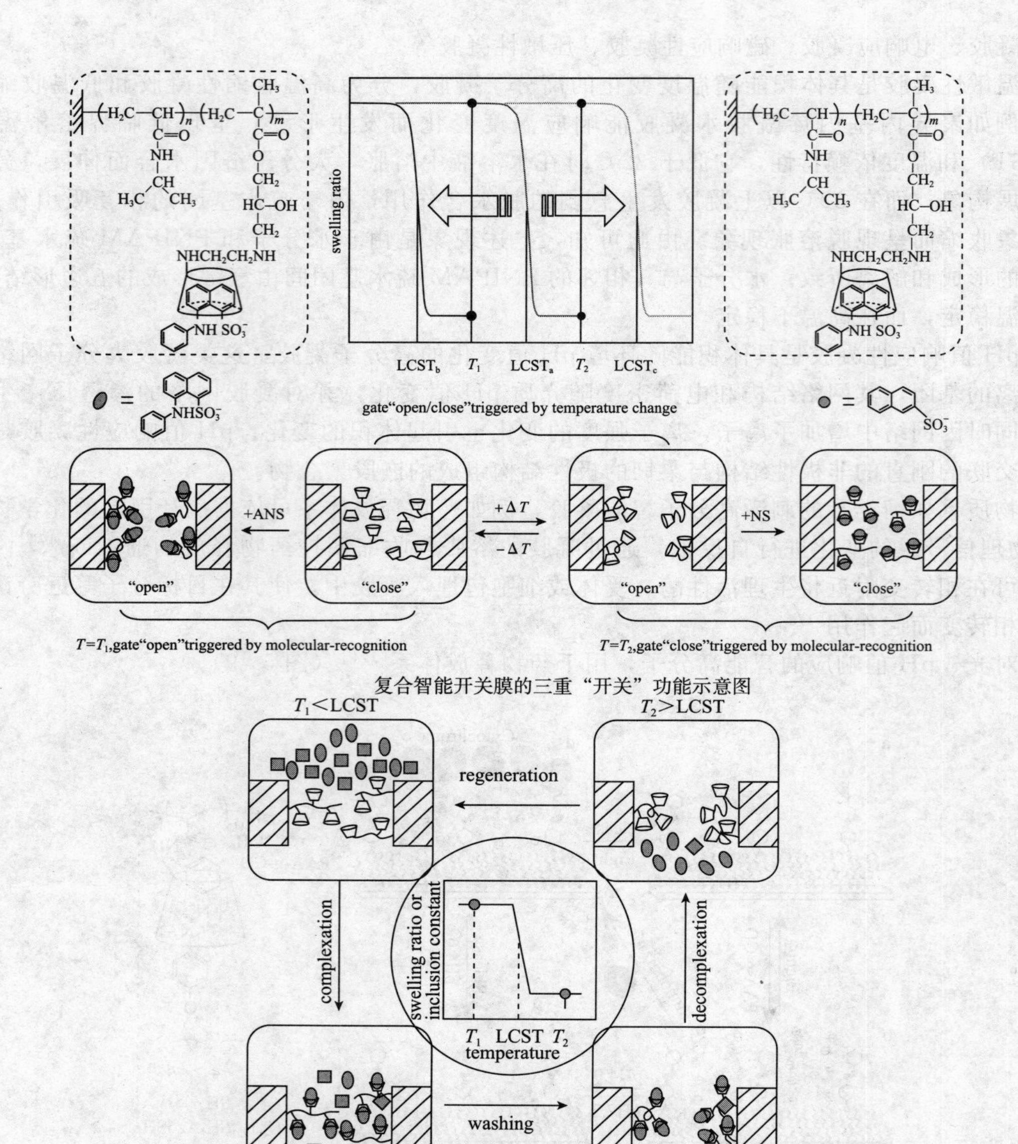

复合智能开关膜的三重“开关”功能示意图

用于手性拆分的复合智能开关膜示意图

图 5-50　智能开关膜材料模型

智能高分子凝胶的应用范围如表 5-13 所示。在生物医用高分子方面的应用可参考文献[177]。

表 5-13　智能高分子凝胶的应用

领域	用途
传感器	光、热、pH 值和离子选择传感器，免疫检测，生物传感器，断裂传感器，超微传感器
驱动器	人工肌肉

续表

领域	用途
显示器	可任何角度观察的热、盐或红外敏感的显示器
光通讯	温度和电场敏感光栅,用于光滤波器、光通讯
药物载体	控制释放、定位释放
选择分离	稀浆脱水,大分子溶液增浓,膜渗透控制
生物催化	活细胞固定,可逆溶解生物催化剂,反馈控制生物催化剂,强化传质
生物技术	亲和沉淀,两相体系分配,调制色谱,细胞脱附
智能织物	热适应性织物和可逆收缩织物
智能催化剂	温敏反应"开"和"关"的催化系统

5.9.3 智能超分子结构

Lehn 等提出超分子化学的概念以来，超分子化学已经形成了一门新化学领域[178]。超分子化学，如文字所表述的一样是"超越分子的化学"。以往的化学是以共价键的形成/断裂来合成新的分子的，而超分子化学以非共价键的形成使分子组装，来达到制备新功能性分子集合体的目的。近年来，以超分子结构为基础的材料设计，主要是尝试实现一些共价键分子材料所不具备的功能。蛋白质、酶等生物高分子就是以分子间结合力形成两次结构、三次结构，从而实现高功能性的，由此而知，以分子间结合力使分子组装的材料设计方法是必然的潮流。

以动态共价键形成的智能高分子以其全新的功能，成为高分子研究的一个新的领域[152c]。常规聚合物、超分子聚合物及动态共价键聚合物的结构示意图如图 5-51 所示。

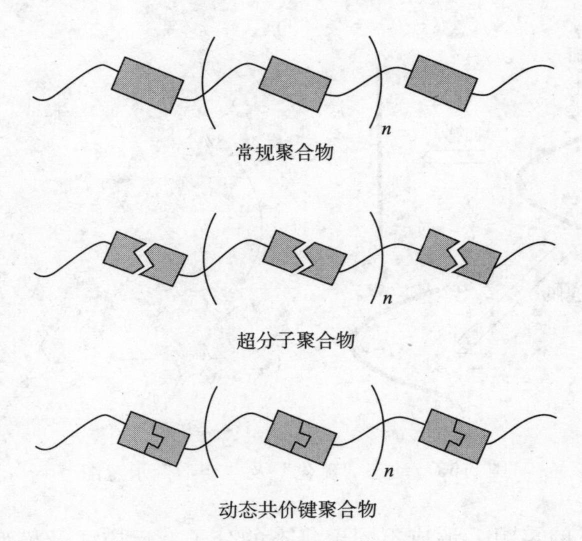

图 5-51　聚合物的结构示意图

这种动态共价聚合物在一定外界刺激下可以重新组合，从而改变聚合物原来的性能。这些反应在常规聚合物合成中有，但研究不详细，可控性差。将这些反应有效控制，将形成特定的功能高分子。动态共价键聚合物组装在智能高分子合成中应用示意图如图5-52所示。

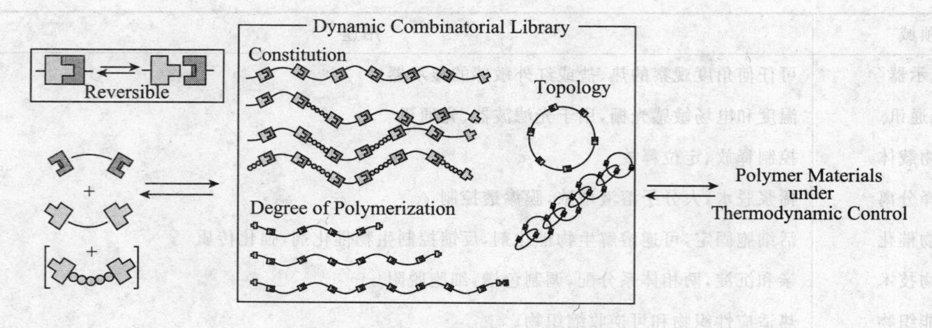

图 5-52 动态共价键组合聚合图

为了更好说明这类反应在智能高分子中的应用，举例如下。硫醇与烯烃形成交联网络，与硫醚 MDTO 及 1，6-已二硫醇反应，形成低交联密度的网络，在光照下，C—S 键会发生断裂，重组，可形成压力释放的体系，反应式及模型图如图 5-53 所示。这一体系具有动态硫化的特征。

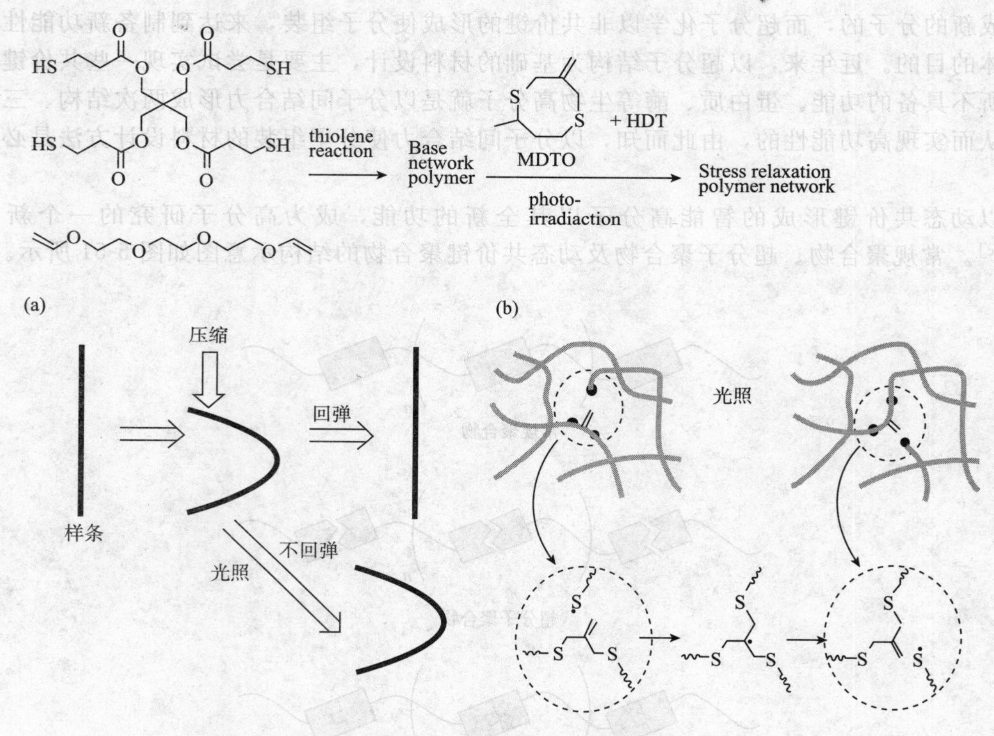

图 5-53 动态“硫化”及“变形”示意图

分子在不同条件下的重组，形成不同聚集态的分子，反应式及模型如图 5-54 所示。

单功能团的可逆二聚，在特定条件下可以形成“轮烷”。二聚二官能团单体在形成高分子是可以形成环状低聚物，也可以形成互锁化合物（interlocked molecules）[179]。互锁化合物是指用几何缠结（机械型结合：mechanical bond）方式而形成的化合物，典型的互锁络合物如轮烷和索烃（rotaxane 和 catenane）（图 5-55）。轮烷由线状分子和环状分子组成，为防止环状分子的脱落，必须在线状分子的末端导入体积大的置换基。索烃是指两个环

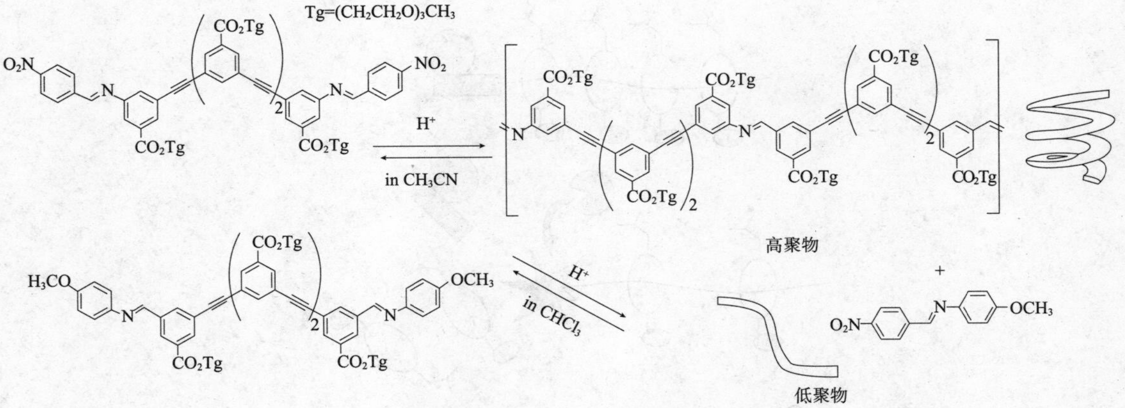

图 5-54　动态聚集态的变化过程示意图

状分子由机械结合而连接在一起的化合物。由多个成分构成的轮烷和索烃，分别被称为聚轮烷和聚索烃。轮烷（或聚轮烷）的最大特征是，由于线状分子和环状分子不是以共价键连接在一起的，环状分子在线状分子上可以进行平移和旋转运动。由于以共价键形成的分子是无法实现这样的功能的，利用轮烷制备分子开关、分子马达等功能元件的研究受到很大重视。这样的超分子化合物开拓了智能材料的范围，有希望实现新的特种功能。

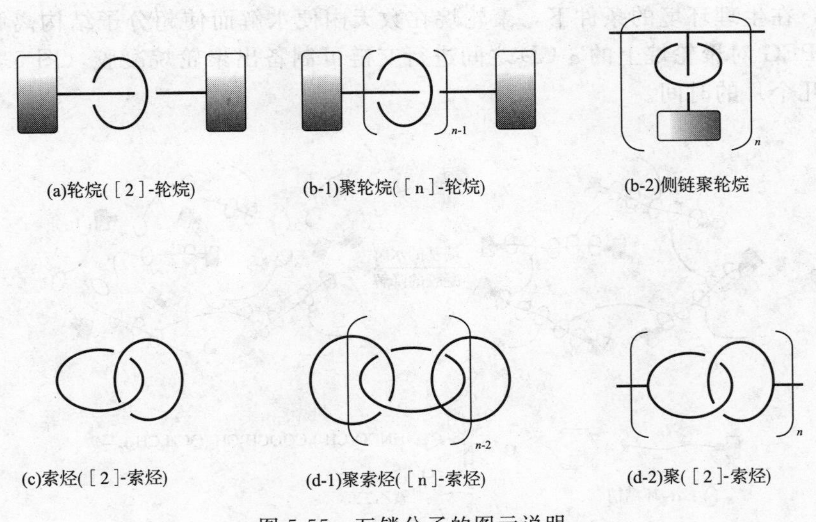

图 5-55　互锁分子的图示说明

以 PEG 为轴、α-CD 为环状分子而形成的聚合物，在 PEG 末端导入能酶降解的肽基（L-苯基丙胺酸、L-phenylalanine），制备出了酶降解性的聚轮烷[180]（图 5-56）。端基与线状分子间的酰胺键被切断后，超分子结构便被离解[181]。在这样的系统中，药物修饰型 α-CD 所显示的特殊释放特征完全起因于聚轮烷的特殊结构。使用一般高分子医疗材料时，由于大多数的药物本身显示疏水性性质，侧链上导入药物后，药物之间会发生凝聚，因此，酰胺键因凝聚所造成的立体障碍难于受到酶的攻击，因而难于释放出药物。

聚轮烷在水解性材料方面的应用也得到研究。在聚轮烷的 PEG 末端以酯键导入体积大

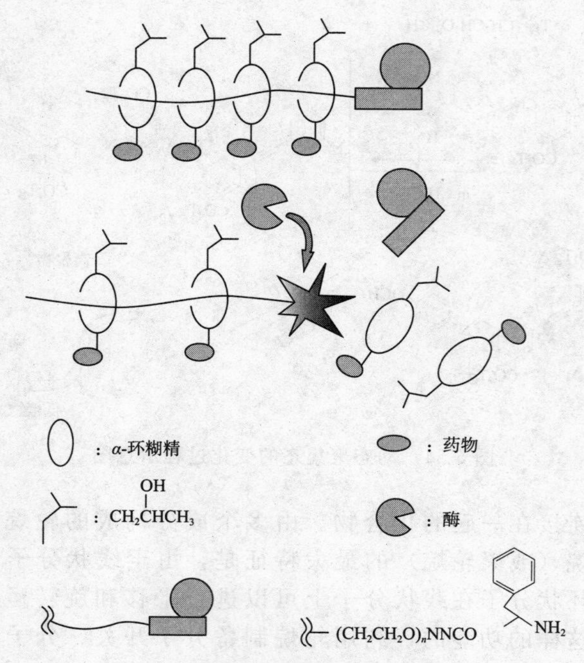

图 5-56　酶降解性聚轮烷

块状端基被酶分解，修饰型环状分子被释放出来

的置换基后，在生理环境的条件下，聚轮烷在数天内便水解而使超分子结构离解[182]。更有趣的是，用 PEG 对聚轮烷上的 α-CD 之间进行交链可制备出聚轮烷凝胶（图 5-57），该凝胶的分解需要几个月的时间。

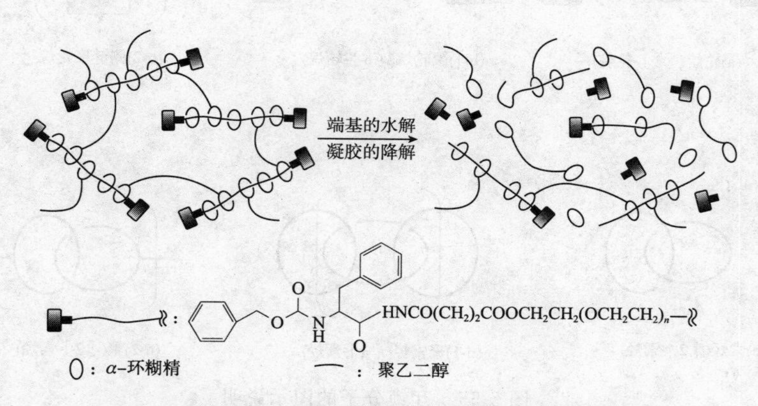

图 5-57　水解性聚轮烷随超分子结构的离解而降解

聚轮烷上的环状分子的位置可由温度来调节。使用 PEG 和 PPG 的三元嵌段共聚物 PEG-PPG-PEG 和 β-CD 合成了聚轮烷[183]。β-CD 只能和 PPG 形成包接复合体，但 PEG 嵌段能为 β-CD 提供平移的空间。溶液的 pH 值为 7 时，相邻的 β-CD 之间以氢键结合，因此，认为 β-CD 聚集排列在 PPG 嵌段上。溶液的 pH 值为 12 以上时，β-CD 的羟基发生离解，如图 5-58 所示。

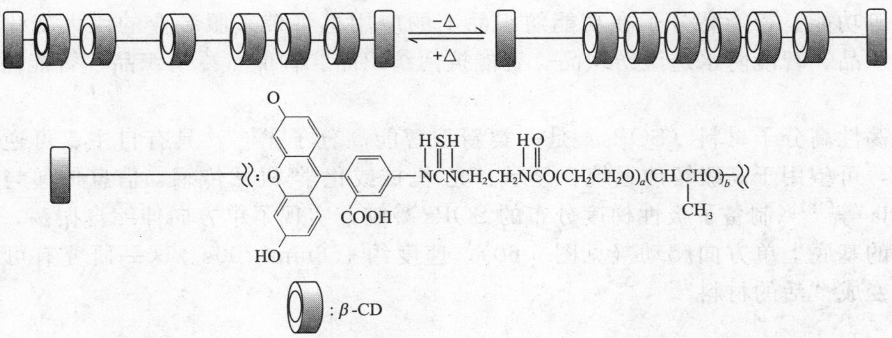

图 5-58 β-CD 和聚（乙二醇-*block*-聚丙二醇-*block*-聚乙二醇）三元共聚物组成的温度敏感型聚轮烷

注：高温时（50℃），观察到 β-CD 定位排列在聚丙二醇嵌段上，在低温条件下 β-CD 在三元嵌段聚合物上均匀地分散排列。有趣的是，系统的温度上升后，分散着的 β-CD 会聚集排列在 PPG 嵌段上。^{1}H NMR 和诱导圆二色测试（induced circular dichroism measurement）已证明了上述现象。这是因为随着温度的上升，疏水性 PPG 嵌段与 β-CD 空孔之间的疏水性结合力增强的缘故。通过用等温滴定热量计（isothermal titration calorimeter）测定包接复合体形成反应的热量，确认了上述疏水性分子和 β-CD 衍生物之间的结合力随温度上升而增强的现象[184,185]。因此，环状分子在三元嵌段共聚物上随温度变化而分散、聚集的现象是至今为止还没有报道过的特性，这种材料可期望应用在动作器的制备上。

智能高分子材料在形状记忆高分子[186a]上的研究引人关注。Weber 等报道由 A 型分子链段和 B 型分子链段按一定比例，通过化学键连接形成的高分子网络（AB 型网络），AB 型网络与 IPN 的本质区别在于链段间通过共价键相连，两种链段同时参与构成网络骨架；在 IPN 中链段的大小主要由合成网络的交联密度决定，而对于 AB 型网络，链段的大小是由 A 型和 B 型分子链段的大小所决定，也就是说，链段长短和交联密度是可以分别独立的。Yakacki[186b] 等用丙烯酸叔丁酯和 PEGDMA 合成的 AB 型网络结构 SMP 材料制备了心血管支架。所得到的形状记忆支架材料在人体温度下具有优异的形状记忆性能，如图 5-59 所示。通过改变 PEGDMA 的分子量和含量，得到的支架材料 T_g 能控制在 50～55℃，橡胶态模量能在 1.5～11.5MPa 变化。因此，以人体温度为 T_{trans} 可以获得不同机械性能要求的形状记忆支架材料。

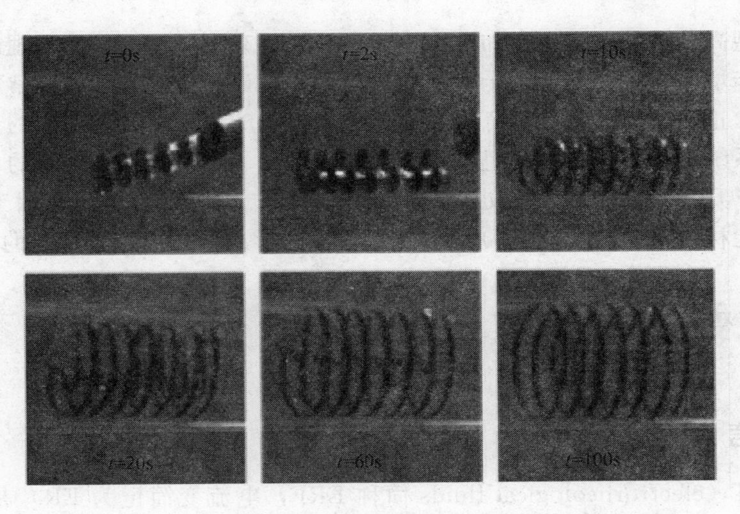

图 5-59 AB 型网络形状记忆聚合物支架在的形状回复

智能高分子在高分子膜材料也有很好的应用[152f,186c]，智能涂料[186d]可实现自清洁、防腐、抗菌等功能。智能高分子在功能纺织品上的应用也将带来服装业的巨大变化[186e]，智能调温纺织品、智能防水透湿纺织品、智能抗菌纺织品、智能蓄冷纺织品、智能医用敷料等纺织品等。

自振荡性高分子材料（SOPs）是一类新型智能高分子[187a]，具有自主、可逆、循环响应的特点，可望用于高级智能系统、显示、光-机械或化学-机械传感、信息传递与控制等领域。Maeda 等[187b]制备了极性梯度分布的 SOPs 凝胶，实现了单方向伸缩自振荡，其能在锯齿状纹路的基底上单方向爬动（见图 5-60），速度约 1.6mm/700s。这一研究有可能使“合成材料”变成“活的材料”。

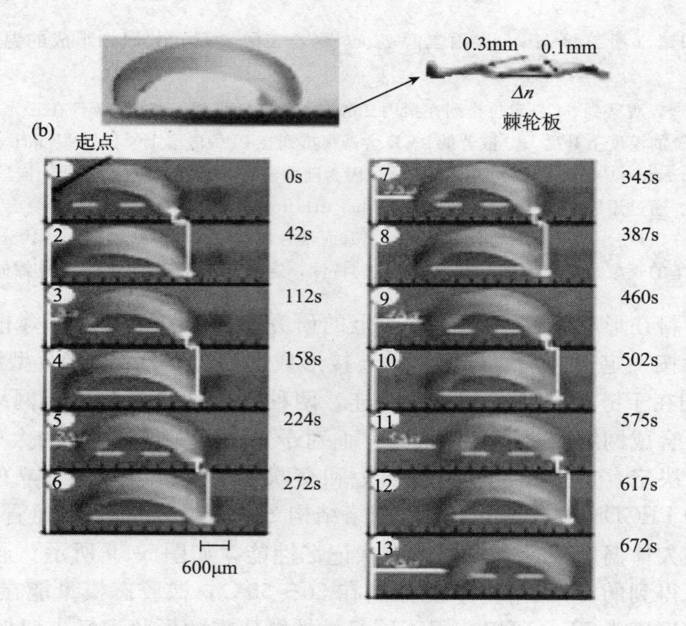

图 5-60　水凝胶的自主爬虫运动

关于智能型高分子的研究正在加速前进，今后对具有更高度的信息处理能力的智能材料的需求会进一步增强。就如内分泌干扰物质一样，即使遇到与正常基质非常相似的基质，也能正确地识别，正确地把握庞大信息的系统是可望实现的。为了实现这样的系统，必须建立高度组织化的系统。而要建立高度组织化的系统，超分子化学是必不可缺的，其应用前景很大。另外，为了开发具有高度信息处理能力的感应器，必须大力应用基因工学的手段和技术。这样的智能材料将以多功能性 DDS、人工器官的形式为人类带来无限的恩惠。

5.10 电流变材料

5.10.1 引言[188～190]

电流变材料（electrorheological fluids 简称 ERF，电流变简记为 ER）是指其流变性能在外加电场作用下发生变化的流体，主要是指黏度随外加电场强度的增加而急剧增加，在足够高的场强下失去流动性而固态化的一类流体。由于这类流体对外加场强的响应速度快（毫秒级）且具有可逆性，因而在各种传动、制动等装置中具有广阔的应用前景。例如，将ER液制成制动器，用于机器人装置中的低能界面处可提高机器人操作的灵敏度和准确度。ER液是一种重要的人工智能材料和机电一体化中最具有潜能的智能流体（smart fluid），因而受到普遍关注。

电流变体通常是由固态极性材料（包括半导体材料）悬浮分散于液体绝缘介质中形成。在电场作用下作为分散相固体粒子极化，由于偶极间的相互作用形成大量粒子链，致使整个悬浮体呈类似固体性质。因此，使电流变体具有电流变效应的组分是作为分散相的固体极性材料。对于构成电流变体的液态介质，要求其具有较高的沸点和密度、电绝缘性和化学稳定性，以利于电流变材料的分散稳定和使用。常用的液体包括硅油、各种矿物质油、高碳数烷烃及卤代烃等。

关于电流变悬浮液的研究始于20世纪40年代，直到20世纪80年代，关于电流变体的研究报道数量还很少。20世纪80年代中期以来，研究报道的数量急剧增加。纵观发表的专利和文献，主要研究工作包括以下四个方面。

（1）新型电流变体的制备关于这方面的工作多见于专利报道。主要通过不同电流变材料的选择及改变分散相粒子的结构以求获得性能优异的电流变体[191]。

（2）关于电流变体性能的研究。研究在外加电场作用下，分散相微粒分散状态的变化，微粒的化学结构、组成、尺寸及分布和分散相体积分数等对电流变体的屈服应力、黏度及某些动态性能（G'、G''）的影响，为设计高效电流变体提供理论依据。

（3）电流变效应的模型化研究及计算机模拟。在假设电流变效应起源的基础上，从微观相互作用的角度进行理论推导，得到黏度、屈服应力等与外界场强及有关电流变体本身特性参数间的关系，进行计算机模拟和预测，以求与实验事实相关对照，探讨电流变效应的产生机理。

（4）电流变体的应用探索。利用所研制的电流变体制成离合器、控制阀等进行应用方面的尝试。

这里仅对电流变体材料的类型、介质及添加剂的影响和电流变机理做简单介绍。

5.10.2 电流变材料的类型[191]

从不同角度对点流变液（ERF）进行分类。按照悬浮粒子（有时也称ER材料）的极化特征可分为非本征极化粒子和本征极化粒子两类。

（1）非本征极化粒子　非本征极化粒子是由较低介电常数的物质组成，这类悬浮粒子总是需要添加剂（如水、醇之类的极性物质）才能获得明显的ER效应。这类材料包括无机物如分子筛、硅胶和有机高分子如纤维素、壳聚糖、淀粉及其衍生物；聚电解质如聚苯乙烯磺酸盐和聚丙烯酸盐等。

非本征极化的ER材料需要添加低分子活化剂，限制了其使用温度范围，添加剂的冰点和沸点之间的温度区间是其最大的使用温度范围。

（2）本征极化粒子　本征极化悬浮粒子与非本征极化粒子不同，本征极化悬浮粒子不需要加入活化剂，因为活化剂常用水，本征极化粒子构成的ER液称为无水电流变液。本征极化粒子材料有以下几类。

① 有机半导体聚合物　如聚辛胺、取代聚辛胺、聚芳醌、聚对亚苯基、热解酚醛树脂、聚丙烯腈、聚乙烯醇，热处理的沥青中间产物等半导体聚合物和聚醚类固体电解质等。

② 无机物　如沸石、$BaTiO_3$、$SrTiO_3$、TiO_2、PbS等。

③ 金属类　一般是以在其外面包一层绝缘物质的核壳粒子形式使用。

④ 复合材料　包括有机半导体-无机物复合材料、金属-无机物复合材料、聚合物-金属复合材料以及聚合物-聚合物复合材料等。

按照电流变材料（主要指悬浮粒子）的化学组成，可分为无机电流变材料、高分子电流变材料和复合型电流变材料，还有新近发展的由液晶高分子所构成的均相电流变材料。

5.10.2.1　无机电流变材料[192～194]

已报道的具有电流变效应的无机材料有 SiO_2、沸石、金属氧化物（如 Cr_2O_3、Al_2O_3、CoO、Ni_2O_3、TiO_2 等）、多价金属酸盐（如金属硅酸盐等）、复合金属氧化物等，其中以对 SiO_2、沸石等的研究最早。由于无机粒子密度大，与介质密度差过大，易于沉降，电流变液的稳定差。另外，无机粒子硬度大，对电极或器壁的磨损大。许多无机物如 SiO_2、沸石、金属氧化物等，需要用水为活化剂，这一方面限制了其使用温度；另一方面会增加漏电电流，使能耗增大，不利于实际应用。

某些复合金属氧化物、氢氧化物及复合金属盐等可归之于本征极化物质，不需添加水，且电流变效应强而成为无机物电流变体发展的主流，这类材料的例子有：美国 General Mo-tors 公司开发的，结构式为 $A_5MSi_4O_{12}$（式中，A 为单价金属 Na、K、Li、Ag 等；M 为三价金属 Sc、Fe、La、Eu、Tb 等）复合金属氧化物；道化学公司开发的组成为 $Mg_{1.7}Al_{0.5}(OH)_5$ 等；硫酸联氨锂（$LiN_2H_5O_4$）是一种特殊的电流变材料，其介电常数呈现明显的各向异性，具有优异的电流变性能。

为了增加无机电流变悬浮液的稳定性，常加入一些表面活性剂。这类活性剂多为高分子物，靠空间位阻效应阻止粒子的凝聚和沉降，如聚二甲基硅氧烷的。一些嵌段和接枝共聚物也被采用。

为了克服无机粒子的磨蚀性，可将其用黏弹性的高分子包覆起来，形成具有核-壳结构的复合粒子，这在下面还要谈到。

5.10.2.2　高分子电流变材料[195～198,208～211]

由于高分子材料与无机材料的密度相比较小，因而与介质密度差小，混合分散性亦相对较好，分散粒子不易沉降，流制成的电流变材料稳定性较大。高分子硬度较无机材料低，对电极的磨蚀程度小。高分子易于进行分子结构和粒子结构的设计，以适应电流变性能的需要。由于这些优势，故自 20 世纪 80 年代以来，高分子流变材料的开发和研究超过了无机材料。高分子电流变材料有以下几类。

(1) 天然高分子及离子交换树脂　天然高分子主要包括淀粉、纤维素及其衍生物。离子交换树脂主要是交联聚苯乙烯类离子交换树脂。这类材料电流变效应较弱，且需添加水为活化剂。为克服加水后的缺点，可以醇、酰胺、胺等低分子极性物质代替水作为活化剂。

(2) 高分子电解质用作电流变液的高分子　电解质主要有聚丙烯酸盐、聚甲基丙烯酸盐、含有磺酸（盐）基团的聚苯乙烯或其共聚物以及丙烯酸盐与乙酸乙酯、马来酸酐等单体的共聚物。

一般而言，高分子电解质需添加少量水（2%～5%）才能表现显著的电流变效应，因为水的存在可促进电解质分子电离，促进其在电场作用下的极化。但水含量不宜过多，多余的自由水会引起体系的漏电电流增大。

(3) 结构型导电高分子及高分子半导体　高分子半导体作为电流变材料是目前研究的一个热点，原因在于其电流变效应不依赖于水，且有报道表明：其电流变效应也很显著，关于这一点可从结构及机理方面予以简单分析。目前有关电流变效应的起因较公认为的观点是在电场作用下被极化的粒子间产生库伦力，从而使粒子相互相吸引，在两电极间成链状排列，导致抵抗性变的高屈服应力的产生乃致使电流变体失去流动性，呈现类似固体状。这种极化控制的物理机制最近也得到了理论计算及分子动态模拟结果的支持。

因此，从结构设计的角度，开发新型电流变流体的关键在于寻找能够高度极化（最好无水条件下）的高分子材料或其他能够实现离子或电子迁移的物质。结构导电高分子及高分子半导体可以满足这一要求。以高分子半导体为例，部分离域的共轭 π 电子结构有利于通过电子的迁移使粒子快速而高度地极化，因而近年来有关报道趋于增加。

可作为电流变材料的高分子半导体主要有部分氧化的聚丙烯腈、聚苯胺、聚醌类、聚亚苯基等以及高度共轭、梯形结构的聚（对亚苯基-2，6-苯并噻唑）（PBET）。

5.10.2.3 复合型电流变材料[199,200,208～211]

复合型电流变材料主要指将不同材料复合在一起，形成具有复合相结构（如核/壳结构）的微粒，再将分散于液体介质中形成电流变体。复合可以是不同高分子间的复合、不同无机物之间的复合或是无机物与高分子材料之间、金属与高分子之间的复合。

例如，以憎水的交联丙烯酸高烷基酯为核，亲水高分子（含有羟基、羧基等强极性基团的聚合物）为壳，形成核/壳结构的复合粒子。由于壳层单体具有足够的亲水性，可吸附水等极性液体（活化剂），而疏水的核层又可免于水的渗入，降低整个粒子的吸水量，有利于电流变体性能的改进。

将无机材料与高分子材料复合形成的新型电流变材料可集无机电流变材料的强电流变效应与高分子材料的调解保护功能于一体，显示出独特的优越性，有关专利报道也较多。例如，以高分子化合物为核，无机微粒为壳的复合电流变材料。在材料的选择方面，以干态下具有强电流变效应的无机粒子交换剂如多价金属的氢氧化物、水滑石［$M_{13}Al_6$ $(OH)_{43}CO_{43}$ $(CO)_3 12H_2O$］复合金属氧化物等为壳，以求在低电场下获得较高的抗剪切强度，克服水分带来的不利影响，核层高分子化合物绝缘、低密度，这样既使壳的密度及导电性较高，通过调节核/壳组分的配比，可以改善所得电流变体的分散稳定性，降低电能消耗；其次，核层聚合物应较软，这样，尽管壳为硬的无机粒子，复合粒子总是软的，与电极或器壁接触时，靠核层高聚物的形变，改善对电极或器壁的磨蚀性。

当然也可以无机物为核，黏弹性的高分子材料为壳制得复合型电流变材料。例如，以 γ-Fe_2O_3 为核、聚丙烯酸为壳制得的复合电流变材料，具有良好的电流变性能。

5.10.2.4 均相电流变材料[188]

从广泛意义上来说，ER 液可以分为粒子悬浮型 ER 液和均相 ER 液。粒子悬浮型 ER 液（即通常所说的 ER 液）由于绝缘油中的微米级粒子本身具有沉降、聚集的倾向，尤其是在受到震动和离心力作用时，因而存在稳定性差的特点，从而限制了它在某些领域中的作用。另外，它在使用过程中还有粒子使电极产生磨损的弊端。主要由液晶高分子（LCP）组成的均相 ER 液是高性能 ER 液材料的一个重要研究方向，最近引起了人们浓厚的研究兴趣。由于不含悬浮粒子，它不仅能避免上述缺陷，而且在设计 ER 器件时，能使用很小的电极间距（可小于 0.1mm），从而能明显降低控制电源的输出功率和电压；另外，它还是一类调节黏度型（无屈服应力）的 ER 液。

事实上，某些极性液体或小分子液晶形成的电流变材料早已有过尝试，但因其电流变效应过于微弱，无实用价值而未引起重视。A. Inoue 等有感于液晶对微电场的响应能力，认为小分子液晶电流变效应弱的原因，在于电场作用下其晶区之间的相互作用弱，如果能将这些晶区用柔性大分子链连接起来，可望获得较强的相互作用。在此基础上，制备了以聚硅氧烷柔性大分子为主链，$-O-C_6H_4-COO-C_6H_4-CN$ 或 $-OC-C_6H_4-OOC-C_6H_4-COO$ 为液晶基团的高分子液晶于二甲基硅氧烷中形成均相电流变体，发现侧链液晶的电流变效应最高，并且其电流变性能由于传统的微粒分散的电流变体。

其他被采用的液晶高分子还有聚谷氨酸酯类、聚正己基异氰酸酯、聚对苯二甲酸二苯酯、聚对苯甲酰胺等。

液晶高分子作为均相电流变材料的主要问题是如何选择适当的溶剂或稀释剂。

5.10.3 分散介质及添加剂

分散介质即连续相，通常为不导电的绝缘油或其他的非导电型的液体。ER 液中理想的分散介质应符合下列条件：①高沸点、低凝固点、低挥发性；②低黏度，以便使电流变液在不加电场时，黏度低，有良好的流动性；③高体积电阻，以降低 ER 液的涌电电流，高介电强度以使其能在更宽广的电场强度范围内使用而不致电击穿，以便使流体能承受高电压而不放电；④密度大，使载液与悬浮颗粒的密度接近，减少沉降现象发生；⑤高 ER 活性，具有高的化学稳定性，以便在存放和使用过程中不发生降解或其他的化学变化；⑥高的疏水性；⑦有良好的润滑性能；⑧无毒、无味、无腐蚀性，价廉等。

常用的分散介质有硅油、改性硅油、石蜡油、氧化石蜡油、变压器油。为了理论研究的目的，也常采用卤代烃、环烷烃、甲苯、卤代芳烃等化合物。

一般而言，氧化石蜡油较烷烃油和硅油有更高的 ER 活性。用各向异性的，特别是向列相液晶作 ER 液的分散介质，具有提高 ER 液的电流变效能的作用。这是因为这种分散介质在电场作用下发生取向，因此分散介质本身也表现出 ER 活性。

事实上，有些分散颗粒只在某一种或某几种分散介质中才表现出较强的 ER 效应。所以存在分散颗粒与分散介质之间的协同效应，应引起重视，但这方面研究尚少。

ER 液中的添加剂主要可分为两类：一类是提高 ER 效应的“活化剂”；另一类是提高 ER 液稳定性、阻碍悬浮粒子团聚和沉降的表面活性剂和悬浮稳定剂。

活性剂亦称促进剂，使用较多的是水；此外，还有乙醇、乙二醇、二甲基甲酰胺等极性液体和某些酸、碱和盐类。

含水 ER 液一般都存在与温度和电场强度有关的最佳水含量，一般为悬浮粒子质量的 3%～10%。少于最佳含量就不能充分发挥增加电流变效应的作用，高于最佳含量将导致漏电电流增加，ER 效应反而下降。关于水活化的机理，多数人认为，可用离子极化机理或“电导效应”解释，即粒子中的离子在水分作用下发生离解，成为可移动离子。可移动离子在电场作用下产生粒子内迁移是这类体系产生 ER 效应的根源。若水分过多，在电场作用下会脱附成为“自由水”，在粒子表面形成离子迁移通道，使离子产生粒子间迁移，从而提高漏电电流，使 ER 效应下降。当悬浮粒子中，可移动离子能通过其它途径产生时，ER 便无需水活化。某些研究表明，某些体系采用醇、酰胺和胺类为活化剂会有更好的效果。

为提高 ER 液的稳定性，可加入表面活性剂或分散稳定剂。这类添加剂对 ER 效应有不同的影响，有些使 ER 效应下降，有些对 ER 效应影响不大，而还有一些能起稳定作用的同时，使 ER 效应亦有提高。

5.10.4 ER 液的结构与流变特性[188,189,201～203,208～211]

(1) 结构　在电场作用下，无规分散于 ER 液中的粒子会迅速沿电场方向形成粒子链，并进一步聚集成柱状体。柱状体的直径为几个粒子大，随电场面积的增大而增加，与 $a(L/a)^{2/3}$ 成正比（式中 L 为电极间隙的距离，a 为悬浮粒子的粒径）。随着粒子体积分数 Φ 的增加，位于柱状体中的粒子百分数和粒子链的支化现象都会增加；形成柱状体所需的时间 t_c

随电场强度 E 和 Φ 的增加而缩短，柱状体加粗，柱状体之间距离会增加，ER 液强度也增大。去除电场后，柱状体消散的松弛时间远大于 t_c 且随粒径的增大而延长，与 Φ 无关。当 ER 液中含有聚合物稳定剂时，ER 液的结构可能由柱状体变为粒子链。

ER 液在垂直电场方向产生小应变时，其柱状体会倾斜和拉伸，但仍黏附于两电极板上，表现为弹性应变。应变较大时，可导致柱状体的断裂，使 ER 液产生流动。在低剪切作用下，在电场与剪切方向决定的平面内的粒子链会一致地只黏附与一个电极板形成紧密堆砌的层状结构，ER 液通过层间的相对滑移而产生流动。

(2) 流变特性　在零电场下，ER 液的流变性能与一般悬浮液类似。由于 ER 液稳定性欠佳，易发生粒子间某种程度的聚集，而表现在零电场下有一个低屈服应力；在足够大的电场作用下，ER 液会产生一个较大的场致屈服应力。

随着电场强度 E 的增加，其黏度缓慢增加，E 达到某一临界值 E^* 时，急剧增大到 $10^6 \sim 10^8 \mathrm{Pa \cdot s}$，当电场强度大于 E^* 时，ER 呈固体状，表现出与固体相类似的属性，即表现出典型的黏弹特性。当 ER 液作小的振动应变时，表现出明显的力学损耗，其实数模量 G' 与损耗模量 G'' 之比 $G''G''$ 常常接近于 0.8，并随电场强度 E 和体积分数 Φ 的增大而增加。当应变较小时（如剪切形变 $\nu_c \leqslant 0.03$），表现为线性响应；而形变大于临界剪切形变 ν_c 时，则产生塑性响应；ν_c 随 E 的增加而增大。

ER 液的流变特性可用修正的宾汉模型表征，即屈服应力随 E 的增加而增大。在低剪切速率（$\dot{\Upsilon}$）下产生一个剪切应力平台，也就是动态屈服应力 τ_y^d。当 $\dot{\Upsilon}$ 很大时，ER 液的黏性作用远大于电场诱导效应，此时它能承受的剪切应力（即屈服应力）基本与外加电场无关。

在电场作用下，当 $\dot{\Upsilon}$ 由零开始增加，一开始应力下降，这一反常现象的原因是 ER 液的结构重排是一个松弛过程，ER 液达到稳态需要一定时间。所以，一般而言，ER 液的静态屈服应力 τ_y^s 要大于屈服应力 τ_y^d。

5.10.5 电流变理论[188,189,202,204]

电流变理论即 ER 效应的机理，是分析 ER 液在外场（包括电场和力场）作用下，粒子间相互作用力产生的原因，建立 ER 效应与材料性能和电场的关系规律。目前虽尚无完整的理论，但电流变效应的产生源于分散微粒在外加电场作用下的极化却已成为普遍被接受的事实。

5.10.5.1 ER 液中分散粒子在电场作用下的极化

分散粒子在电场作用下的极化方式包括自身极化、界面极化和双电层变形极化。

(1) 分散粒子的自身极化　这包括分子极化及偶极矩的取向极化。

在 ER 液中，悬浮粒子处于分散介质中，因此，分子的极化行为又与介质的性质有关，这主要取决于分散粒子与分散介质二者介电常数之差 β，β 值亦称为介电不匹配常数。

$$\beta=\frac{\varepsilon_p-\varepsilon_f}{\varepsilon_p+2\varepsilon_f}$$

式中，ε_p 及 ε_f 分别为分散粒子和介质的介电常数。

许多情况下，β 越大，ER 效应越大。因此，ER 液的许多性能，如屈服应力、弹性模量 G' 等均与 β 值的大小有关。

分散粒子的极化率 α 与半径 a 及 β 值的关系可表示为：

$$\alpha=\frac{a^3\varepsilon_f\ (\varepsilon_p-\varepsilon_f)}{\varepsilon_p+2\varepsilon_f}=a^3\varepsilon_f\beta$$

（2）双电层的界面极化　双电层界面极化，简称双电层极化，即分散粒子周围双电层的变形极化。这种极化产生的诱导偶极使粒子间相互作用而导致ER效应。

事实上，一系列实验表明，电流变悬浮液在电场的作用下，分散粒子有做定向运动的现象，即电泳现象，说明粒子是带电的。在非水介质中，粒子表面电荷的来源有两方面原因：粒子本身的可离解基团；介质存在一定的电离状态的离子对，粒子吸附这些离子带电。当然，不同的体系，这种双电层极化的程度和所占的分量会有所不同。

（3）界面极化　这是指分散粒子与介质的界面处，在电场的作用下而产生的极化。这种极化与双电层极化相似，不仅与分散粒子的性质有关，而且与介质的性质有关。添加剂会影响界面的组成和性质，因而添加剂也会对这种极化产生影响。

界面极化主要是吸附于分散颗粒表面上的分子或某些离子的极化。界面极化和双电层变形极化都是强调分散微粒表面性质对ER效应的重要性，许多实验事实都表明着两种极化在某些体系中对ER效应起决定性的作用。例如，SiO_2 离子在萘中形成的ER液，比钛酸钙具有更强的ER效应，尽管钛酸钙的介电常数更高、更易极化。又如ER效应的快速响应（毫秒级）表明：这与粒子表面的原子或分子的迁移有关，而非粒子本身的运动。

事实上，对于不同的体系和不同的外界条件（包括电场强度和电场交变频率等），上述各种极化的强度所占比例都会有所不同，因而就有不同的电流变行为。例如，界面极化（包括双电层极化）所需时间，一般要比粒子本身极化所需时间长一些，所以，在频率较大的交变电场作用下，粒子本身的极化占主导地位。而在直流电场作用下，界面极化作用可能更大一些。所以，同一体系的ER行为也与电场交变频率有关。

5.10.5.2　电流变理论

现在人们普遍认为，ER效应是按极化机理产生的。在电场作用下，ER液中的粒子由于其复介电常数（$\varepsilon_p{}^*$）与悬浮介质的复介电常数（$\varepsilon_f{}^*$）不匹配而产生界面极化，形成偶极子，偶极子在“多粒子效应”作用下增强，进而通过库仑力使粒子产生强烈的相互吸引或排斥，沿电场方向形成粒子链或柱状体，ER液表现出剪切屈服 τ_y 及表观黏度增加等ER现象。

5.10.6　影响因素

影响电流变效应的因素有：外加电场强度及频率、分散粒子的化学组成、分散介质的性质、添加剂、悬浮液浓度、颗粒的电导和介电性质以及温度等。

5.10.6.1　电场强度及频率

屈服应力 τ_y 是表征ER效应强弱的主要指标之一。对某些体系，研究发现：τ_y 与外加电场强度 E 成线性关系：

$$\tau_y = k_y\ (E - E_c)$$

式中，k_y 为常数；E_c 为临界电场。

低于 E_c 时，无明显的ER效应。但也有的研究表明，τ_y 与 E^2 成正比，且当 E 足够大时，τ_y 及表观黏度 η_a 趋于某一饱和值，不再随 E 的增加而提高。也有人提出以下关系：$\tau_y = AE^n$。

式中，A 与具体ER液体系有关；n 值在1～2.5，取值与电场强度有关，多数情况下取2，在 E 值较大时，一般 $n=1$。

可见，关于电场强度影响的定量关系目前尚缺乏一致的关系，但在一定范围内，τ_y 随 E 的增加而提高这一定性规律是一致的。

电场频率的影响也非常重要。随着外加电场频率的提高，某些形式的极化可能跟不上电场的变化而使极化程度下降，ER效应减弱。但也有些体系电场频率与ER效应的关系是非单调的。

5.10.6.2 温度的影响

温度的影响存在相互竞争的两个方面：一是温度对粒子极化强度的影响，表现为粒子介电常数和电导随温度的变化；另一方面是温度对粒子热运动的影响，布朗运动加大时，ER效应将减弱。总的影响取决于这两个因素的竞争。所以，温度对电流变效应的影响常常是非单调的，且不同的体系也有很大的差别。

5.10.6.3 粒子浓度的影响

粒子浓度过低时，ER效应不明显。浓度过高时，则零场黏度过大，甚至失去流动性，并且易使电极两端短路。一般而言，粒子浓度应不高于50%。在一定的浓度范围内，屈服应力随浓度的增加而提高。例如SiO_2/硅油ER液，屈服应力与浓度的2/3次方成正比。许多体系都存在一个浓度的最佳值。

5.10.6.4 分散粒子电导和介电常数的影响

分散粒子的电导率存在一最佳值，过大过小都会使ER效应下降，例如氧化聚丙烯腈-硅油体系的情况，这可能是由于在此电导率最佳值时，界面极化达到极大值。

分散相与分散介质的介电常数差越大，越有利于ER效应的提高，前面已提及这个问题。一般而言，屈服应力与β^2成正比。但也发现，某些体系并不遵从这种规律。

5.10.7 应用前景[205~213]

美国Ford汽车公司用于汽车工业中的ER液具备的性质报告中，对ER液综合性能指标提出如下要求：

① 在外加电场为5kV/mm时，动态屈服应力大于20kPa，或其表观黏度与零场黏度的比值大于100；

② 零场黏度小于100mPa·s，最好小于50mPa·s；

③ 能耗小，在室温和5kV/mm下，漏电密度小于100μA/cm^2，最好小于10μA/cm^2；

④ 工作温度区间大至少能在−40～200℃范围内工作；

⑤ 响应速快，在毫秒（ms）级范围内；

⑥ 稳定性好；

⑦ 与ER器件中的其他材料有良好的相容性，如不产生磨损和腐蚀；

⑧ 环境友好，对人体无毒。

目前已研究出的最好悬浮型ER液具有如下的指标：在3kV/mm的电场作用下，动态屈服应力为3～5kPa，静态屈服应力为16～20kPa；漏电密度分别小于30μA/cm^{2}和3μA/cm^2。

虽然ER液的研究距工业化大规模应用还有一段距离，也还有一系列理论问题和技术问题需要解决；但ER液的应用前景还是比较乐观的。

电流变体的特点是在外加电场作用下，能从流变性能良好的牛顿流体转变为屈服应力很高的塑性体，并且这种转变连续、可逆、迅速且易于控制，因此具有广泛的应用前景。例如：

① 在汽车工业中，汽车传动用的离合器和减震器、供发动机用的风扇调速离合器；

② 用电流变技术制造各种控制量和压力的阀，有可能取代目前通用的各种液压阀，其特点是不需要精密机加工，流量和压力可以直接用信号控制；

③ 机器人领域，可制造出体积小、响应快、动作灵活并直接用微机控制的活动关节；

④ 国防工业，例如可把电流变技术用于直升机的旋翼叶片上。

此外，还可以用于流体密封等领域。

鉴于ER液的特性，它可能使诸如交通工具、液压设备、机器人制作业、机器人、传感技术等领域发生革命性进展的一种智能材料。美国能源部的一份报告中曾预测，如果ER液在工程应用方面能取得突破，其产生的经济效益每年可达数百亿美元。

以下仅对专利报道的离合器、减震器和液压阀的应用等予以简单介绍。

(1) 离合器　ER液制备的离合器，可通过电压控制离合程度，实现无级可调，如图5-61所示。未加电场时，电流变体为液态且黏度低，因此不能传递力矩。施加电场后，ER液的黏度随电场强度的增加而增加，能传递的力矩也相应增加；当电流变体为固体时，主轴与转子结合成为一个整体。

(2) 液压阀　液压阀主要有两种形式：一是同心圆筒型；另一种为平板型。同心圆筒型液压阀如图5-62所示。当ER液在狭缝中流动时，零场下阻力很小；当施加高压电场时，流动阻力骤增；电压足够大时，ER液因固化而失去流动性，从而起到调节流量及开关的作用。

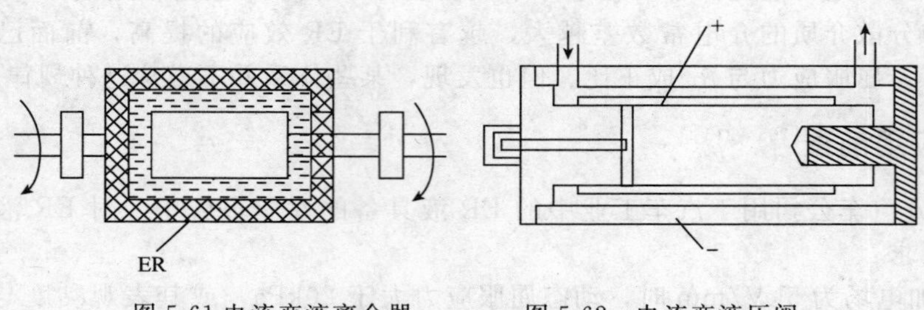

图5-61 电流变液离合器　　图5-62　电流变液压阀

(3) 减震器　图5-63为固定电极阀型减震器。它由活塞缸和阀门形成回路。在高压电场下，液体不能在两电极环形成的缝隙中流动，活塞就受到很大的阻力；反之，在低电压或零场下，活塞很容易上下滑动。用计算机自动选取最佳电压，就可控制狭缝中流体的流动阻力，把车辆、电极底座等的振动尽快吸收掉。

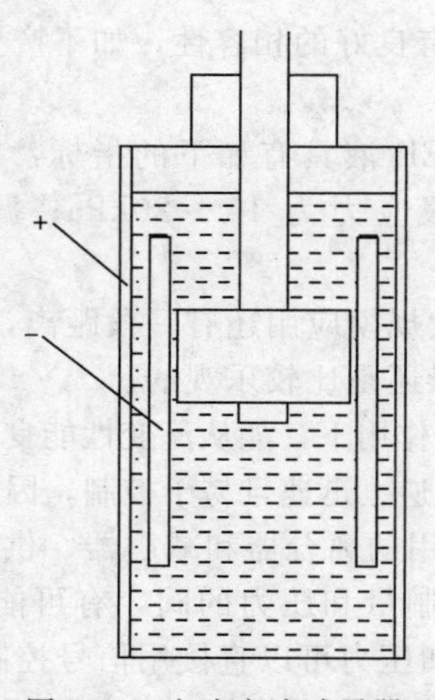

图5-63　电流变液减震器

5.10.8 磁流变液和电磁流变液[208~213]

磁流变（MR）液和电磁流变（EMR）液是与ER液类似的另外两种重要的人工智能流体，其中MR液是由软磁微粒分散在液体介质中组成的悬浮液。在外场作用下，其流变性能可以发生较快和基本可逆的显著变化。与ER液相比，MR液具有场致屈服力（τ_y）高和τ_y的温度依赖性小等优点。当外磁场为1.3T时，MR液的τ_y可高达150kPa，远大于ER液的τ_y。因而普遍认为，MR液在汽车工业和化学抛光等领域中的应用前景远超过ER液。

一般认为，MR液中理想的悬浮粒子应具有以下特性：饱和磁化强度大，磁滞回线窄，最好没有矫顽力，密度低，能与悬浮介质相匹配，且具有较好的分散性和良好的摩擦性能。但事实上，目前开发的高性能MR液的悬浮粒子基本上都是Fe、Co、Ni以及合金，或铁氧体等粒径为微米级的无机磁性粒子。它们不但密度很大（大多为7～8g/cm^{3}甚至更大），而且磁滞回线是一窄长的椭圆，有相对较大的矫顽力，与（有机）分散介质的相容性差，所以目前的MR液通常存在稳定性差、响应时间长、可逆性不甚理想等缺点。为了提高MR液的稳定性和再分散性，人们曾先后提出：在MR液中使用硅石等胶体陶瓷粒子、碳纤维等方法，但效果均不明显。按Stokes定律，即在牛顿液体中的悬浮粒子，其沉淀速度μ应满足：

$$\frac{\mu}{\varpi}=\frac{8a\ (\rho_p-\rho_f)}{9\eta_f}$$

式中，μ为磁性粒子的沉降速度；ϖ为加速度；ρ_p为磁体的密度；ρ_f为介质的密度；a为悬浮磁性粒子的半径；η_f为介质的黏度。

可见提高MR液稳定性的根本措施是减少悬浮粒子的半径a，降低其密度ρ_p。但降低a会使MR液的τ_y同时降低，并使τ_y表现出较强的温度依赖性。另一方面实验表明，往含微米级磁性粒子组成的MR液中添加纳米胶体粒子作为添加剂，或对磁性悬浮粒子用偶联剂或表面活性剂进行适当的改性处理，能在不降低MR活性的前提下，显著提高MR液的稳定性和再分散性。开发高饱和磁化强度和矫顽力低甚至为零的磁性微粒及其制备技术，是目前MR液领域的另一个研究重点。基于磁性纳米粒子具有矫顽力随粒径的变化而发生较大变化，甚至可以为零的特点，将无机磁性纳米与聚合物复合，制成复合粒子是一个重要的研究方向。由于聚合物-无机磁性纳米复合微粒的电磁性能均可设计，密度也可以做到与悬浮介质相当，而且外层的聚合物与悬浮介质有较好的相容性，可构成稳定性好的MR液，也可以制备电磁流变体。

电磁流变体（EMRF）是一种既能表现出ER效应又能表现出MR效应的悬浮液，它的流变性能在外加电场或磁场作用下，均能产生迅速、可逆的变化。EMRF的研究虽然只有十几年的历史，但已引起极大的关注，这主要是因为EMRF液同时具备ER液和MR液两者的特点，即具有ER液响应速度快和MR液场致屈服力大的优点，因而具有更乐观的应用前景。EMRF在电场和磁场同时作用下产生的τ_y远大于在单独的电场或磁场作用下产生的τ_y的线性加和值，即具有显著的协同效应。但总的来说，EMRF目前还处于研究的起步阶段。

近年来发展的磁流变弹性体（MER）[214]，是在磁流变液的基础上发展起来的。通过使用橡胶类高分子替代液体介质，从而可克服MRF易沉降、稳定性差、颗粒易磨损等缺点。

按结构分，MRE可分成各相同性磁流变弹性体（未取向MRE）和各向异性MRE，各向异性MRE也叫取向MRE，它是橡胶固化过程中施加磁场，使磁性颗粒定向排列成链状，固化后此链状取向结构保持在橡胶基体中。与各向同性MRE相比，各向异性MRE具有更高的磁流变效应和磁致模量变化。

MRE 最早可追溯到 1995 年日本 Shiga 等使用硅橡胶与铁粉混合制备的磁性凝胶。

MRE 所使用的基体橡胶包括天然橡胶和合成橡胶，常见的有硅橡胶、天然橡胶、丁烯橡胶、顺丁橡胶、聚氨酯橡胶及热缩性弹性体等。MRE 是一种新型智能材料，在减速、降噪等方面具有很大的应用前景。

参考文献

[1] 何天白，胡汉杰．功能高分子与新技术．北京：化学工业出版社，2001.

[2] 马建标，李晨曦．功能高分子材料．北京：化学工业出版社，2000.

[3] 何炳林，黄文豫主编．离子交换与吸附树脂．上海：上海科技教育出版社，1995.

[4] 袁直等．科技通报，1996，41（21）：1957.

[5] 许立志等．功能高分子学报，1996，9（2）：183.

[6] 史林启等．离子交换与吸附，1995，11（5）：424.

[7] R J Booth，J C Hodges．．Acc. Chem Res.，1999，32：18.

[8] R J Booth，J C Hodges．．J. Am. Chem Soc.，1997，119：4482.

[9] 张留成等．高分子材料基础．第 3 版．北京：化学工业出版社，2013．

[10]（a）李娟 等．合成树脂及塑料，2011，28（3）：78；（b）刘嵩 等，高分子材料科学与工程，2001，17（3）：11；（c）崔英德．化工进展，2003，22（8）：845；（d）王孝华等．化学推进剂与高分子材料，2003，1（3）：143.

[11]（a）邹新僖 编著．超强吸水剂．北京：化学工业出版社，1991；（b）贡长生，张克立 编著．新型功能材料．北京：化学工业出版社，2001.

[12] T. Hatakeyama，et al.，Eur. Polym.，J.，1984，20：61.

[13] 陈军武等．华南理工大学学报，2000，28（8）：67．

[14] L. Jose，et al.，Chem. Phys.，1998，199：1127.

[15]（a）竺亚斌，浦炳寅．高分子材料科学与工程，1999，15（6）：169；175；（b）Leewy，et al.，J. Appl. Polymer. Sci.，1997，64：2370；（c）路建美，朱秀林，顾梅．高分子材料科学与工程，1996，12（4）：55；（d）王进，于善普，李旭乐．化工新型材料，1998，27（12）：35；（e）何培新，熊松平．高分子材料科学与工程，1999，15（6）：65；（f）蒋笃孝，宗龄瑛，罗新祥．化学与粘合，1998，1：1；（g）蒋笃孝，宋岭瑛，化学与粘合，1999，（3）：115；（h）朱秀林，陈振平，路建美，等，高分子材料科学与工程，1998，14（3）：32；（i）刘焕梅等．化学世界，2013，1：54；（j）罗志河．高分子通报，2010，5：12；（k）严小妹，沈慧芳．化工新型材料，2013，41（4）：（l）张恩瑞 等．化工新型材料，2013，41（5）．

[16]（a）H. Takeda，Y. Taniguchi. U. S. Pat. 4，525，527；（b）林真 等．化工新型材料，2013，41（2）：160.

[17] Y. Murase，M. Suzuki. Japan，Jpn. Pat. 09，95，864．．

[18] K. Okamoto，et al.，Jpn. Pat. 07，228，342．．

[19] K. Ishizaki，et al.，WO 97，16，492．．

[20] H-J Hahnle，M. Walter，J. Tropsh，et al.， WO 97，31，931．．

[21] L. Pearlstein，M. Pearlstein，el al.，WO 97，27，884．．

[22]（a）崔英德等．化工进展，2003，22（8）：845；（b）余响林 等．材料导报，2013，27（15）：88.

[23]（a）陈绍平．化学世界，1985，5，172；（b）阮一平等．高分子通报，2013，5：1；（c）魏微．合成树脂及塑料，2013，23；（d）徐龙宇等．化工新型材料，2013，41（2）：141.

[24] 梁士杰．化工环保，1990，2：87.

[25] 蒋必彪．高分子材料科学与工程，1996，12（6）：25.

[26]（a）杨俊华．合成树脂及塑料，1991，4：39；（b）赵育．化工新型材料，1993，10：23；（c）黄歧善，黄志明，方仕江等．合成树脂及塑料，1996，4：55；（d）汪济奎，郭卫红．高分子材料，1994，2：24；（e）崔小明，苗敏．甘肃化工，1997，3：1；（f）孟红．化学与粘合，1991，2：119；（g）李树生．粘接，1991，6：19；（h）张正柏，吴佩瑜，何云南．安徽化工，1991，1：1；（i）孟洁，陈悦，胡博路等．青岛大学学报（自然科学版），1998，3：89.

[27]（a）游效曾等．配位化学．北京：高等教育出版社，2000；（b）M Kaneko. A Wada. Adv. Polym. Sci.，1984，55：2；（c）M. V. Pael. et al.，J. Macromol. Sci. A，1988，25：211；（d）F. Ciardelli，et al.，高分子金属络合物．张志奇等译．北京：北京大学出版社，1999.

[28] (a) S. Denizligil, et al., Polymer, 1995, 36: 3093; (b) S. Denizligil, et al., Macromol. Chem. Phys., 1971, 233: 1996; (c) I. Reetz, et al., Polym. Int.,, 1997, 43: 27; (d) I. Reetz, et al., Macromol. Chem. Phys., 1997, 198: 19; (e) P. Monecke, et al., Polymer, 1997, 38: 5389; (f) Y. Yagci, A. Onen, J. Polym. Sci., Part A; Polym. Chem., 1996, 34: 3621; (g) 陈用烈 等. 辐射固化材料及其应用. 北京: 化学工业出版社, 2003; (h) 张丰志. 应用高分子手册. 北京: 化学工业出版社, 2006; (i) 张磊等. 化工新型材料, 2012, 40 (10): 12; (j) 尹顺等. 化工新型材料, 2012, 40 (5): 23; (k) 冯春云等. 化工进展, 2013, 32 (5): 1086; (l) 周成飞. 合成技术及应用, 2012, 27 (4): 26; (m) 周成飞. 合成技术及应用, 2013, 28 (1): 33; (n) S Yamago, Y Nakamura. Polymer, 2013, 54: 981.

[29] (a) J. V. Crivello, Radiation Physics and Chemistry, 2002, 63: 21; (b) 付文 等. 热固性树脂, 2012, 27 (5): 69; (c) 韦军 等. 材料导报, 2012, 26 (8): 107.

[30] (a) J. P. Fouassier, Recent Res. Dev. Polym. Sci., 2000, 4: 131; (b) B. M. Monroe, G. C. Weed, Chem. Rev., 1993, 93: 435; (c) D. F. Eaton, Adv. Photochem., 1985, 13: 427; (d) R. S. Davidson, J. Photochem. Photobiol. A: Chem., 1993, 73: 81; (e) R. S. Davidson. Radiation Curing in Polymer Science and Technology, J. P. Fouassier, J. F. Rabek (Eds.), Elsevier, New York, 1993, 3: 153; (f) H. Ito, et al., Bull. Chem. Soc. Jpn., 2001, 74: 395; (g) Y. Tsurutani, et al., J. Photopolym. Sci. Technol., 2000, 13: 83; (h) H. Ito, et al., Bull. Chem. Soc. Jpn., 1997, 70: 1659.

[31] K. Kawamura., J. of Photochemistry and Photobiology A: Chem., 2004, 162: 329-338.

[32] (a) 许晓燕等. 影像技术, 1999, 3: 7; (b) 罗志河等. 高分子通报, 2010, 5: 12; (c) 张颂培, 王华. 化工新型材料, 2011, 29 (8): 25; (d) 姚永平 等. 涂料工业, 2011, 41 (8): 74; (e) 康永, 罗江. 化学工业, 2011, 29 (2—3): 35.

[33] (a) 王涛, 施盟泉, 李雪, 吴飞鹏. 感光科学与光化学, 2003, 21: 223; (b) 夏荣捷等. 化学进展, 2011, 23 (9): 1854; (c) 张献等. 化学研究, 2011, 22 (2): 103; (d) L. Steidl, et al, J. Mater. Chem., 2009, 19: 505; (e) W. Zhou, et al, Science, 2002, 296: 1106; (f) J. T. Lee, et al, J. Am. Chem. Soc., 2009, 131: 11294.

[34] B. H. Cumpston, et al, Nature, 1999, 398: 51.

[35] 朱福海. 合成材料老化与应用, 1999, 1: 25.

[36] 贝建中等. 高分子学报, 1999, 5: 627.

[37] D. R. Tyler. Coordination Chemistry Reviews, 2003, 246: 291.

[38] H-B. Mekelburger, K. Rissanen, F. Vögtle. Chem, Ber., 1993, 126: 1161.

[39] A. Archut, et al., J. Am. Chem. Soc., 1998, 120: 12 187.

[40] K. Sandhya, et al., Prog. Polym. Sci., 2004, 29: 45.

[41] H. E. Katz, et al., Science, 1991, 254: 1485.

[42] W. Lin, et al., J. Am. Chem. Soc., 1996, 118: 8034.

[43] R. D. Miller, et al., Macromolecules, 1995, 28: 4970.

[44] J. Hongwei, J. Am. Chem. Soc., 1999, 121: 3657.

[45] J. Marfurt, W. Zhao, L. Walder. J. Chem. Soc., Chem. Commun., 1994, 51.

[46] (a) 马文波, 吴谊群, 顾冬红等. 化学进展, 2004, 16 (4): 631; (b) 刘建静, 郝伟, 刘锴等. 应用光学, 2006, 27 (3): 239; (c) 郝扶影, 尹建慧, 甘小平 等. 应用化学, 2009, 26 (11): 1278; (d) 任晓杰, 卢晓梅, 范曲立等. 化学进展, 2013, 25 (10): 1739.

[47] (a) J. Torgersen, et al, Adv. Functional Mater., 2013, 23 (36): 4542; (b) S. D. Gittard, et al, Frontier in Bioscience, 2013, E5 (2): 602; (c) A. J. G. Otuka, . et al, Materials Science & Engineering, C: Materials for Biological Applications, 2014, 35, 185.

[48] (a) 高以恒, 叶凌碧. 膜分离技术基础. 北京: 科学出版社, 1989; (b) R. W. Rousseou. Handbook of Seperation ProessTechnology. John wiley and Son Press, 1987; (c) M. Murder. 膜技术基本原理. 第2版. 李琳译. 北京: 清华大学出版社, 1999.

[49] (a) 刘富等. 化工生产与技术, 2012, 19 (6): 39; (b) 刘富等. 化工生产与技术, 2013, 20 (1): 21; (c) R. G. Hu, et al, Progress in Organic Coating, 2012, 13: 129; (d) J. Tobis, et al., J. Membrance Sci., 2011, 372: 219; (e) 陈银 等. 化学进展, 2011, 23 (5): 1033; (f) 王保国. 石油化工, 2010, 39 (9): 953.

[50] a) W. J. Lau, et al, Desalination, 2012, 287: 190.

[51] J. M. S. Henis, K. Tripodi, J. Memb. Sci., 1981, 8: 233.

[52] J. T. Wang, J. Wainright, R. F. Souinnell, et al. J. Electrochem., 1996, 26: 751.

[53] J. T. Wang, W. F. Lin, M. Weber, et al. Electrichem Acta, 1998, 43: 3821.

[54] 蒋维钧，戴猷元．新型分离方法．北京：化学工业出版社，1992.
[55] W. J. Koros，G. K. Fleming. J. Membrane Sci.，1993，8：43.
[56] 褚良银等．化工进展，2011，30（1）：167.
[57] 段谟华．过滤与分离，2013，23（2）.
[58] 张守海等．高分子通报，2011，9：1.
[59] 谭婷婷等．化工新型材料，2012，40（10）：4.
[60] 李倩等．高分子通报，2012，3：1.
[61] 闫云飞等．无机材料学报，2011，26（12）：1233.
[62]（a）T. Nakagawa，T. Watanabe，M. Mori，et al. ACS Symposium，1999；（b）J. E. Romireg-Vick，A. A. Garcia，Sep. Purif. Methods，1997，25（2）：85.
[63]（a）青格乐图等．化工学报，2013，64（20）：427；（b）徐帆等．化工新型材料，2012，40（12）：4；（c）杜春慧等．现代化工，2010，30（3）：167.
[64]（a）G. Lang，et al.，Electrochem. Acta，1993，38：773；（b）F. J. R. Nieto，et al.，J. Electroanal. Chem.，1997，434：83；（c）H. N. Dinh，et al.，J. Electroanal Chem.，1998，443：63；（d）G. Inzelt，J. Electrochem Acta.，2000，45：3865；（e）代坤等．高分子通报，2012，6：10.
[65] K. Gurunathan，et al，Materials Chemistry and Physics，1999，61：173.
[66] Q. Sun，et al.，Thin Solid Films，2003，440：247.
[67]（a）B. D. Malhotra，N. Kumar，S. Chandra，Prog. Polym. Sci.，1986，12：179；（b）B. P. Jelle，G. Hagen，S. Nodland，Electrochim. Acta，1993，38：1497；（c）P. Bergveld，Sensors and Actuators B.，1991，4：125；（d）Z. Bao，Y. Feng，A. Dodabalpu，V. R. Raju，A. J. Lovinger，Chem. Mater.，1997，9：1299.
[68] A. F. Diaz，K. K. Kanazawa，in：J. S. Miller（Ed.），Extended，Linear Chain Compounds. vol. 3，New York：Plenum Press，1982.
[69] R. N. Mohammad，A. E. Ali，Eur. Polymer J.，2003，39：1169.
[70]（a）M. Ferreira，et al，Thin Solid Films，1994，244：806；（b）J. H. Cheung et. al.，Thin Solid Films，1992，210/211：246；（c）T. Liu，et al.，Langmuir，1993，11：4205.
[71]（a）L. Balogh，A. Blumstein，Polym. Prepr.，1994，35（2）：768；（b）L. Balogh et al.，Proc. ACS，PMSE，1995，73：312；（c）A. Blumstein，et al.，Makromol，Chem. Rapid Commun.，1992，13：67.
[72] Yun-Hi Kim，et al.，Polymer，2004，45：2525.
[73] Gianni Zotti，et al.，Chem. Mater.，2002，14：3607.
[74] R. L. Greene，et al，Phys. Rev. Lett.，1975，34：89.
[75] A. O. Tonoyan，et al，J. Mater Process Technol.，2001，108（2）：201.
[76] 王卫华等．应用化学，1994，11（4）：78.
[77]（a）赵国帅等．工程塑料应用，2012，40（7）：89；（b）Z. D. Xiang，et al. Macromolecular Materials and Engineering，2009，294（2）：91；（c）薛怀国等．化学通报，2001，7：402；（d）胡婷婷等．上海塑料，2012，159：1；（e）屈莹莹等．塑料工业，2012，40（5）：22；（f）Y. C. Zhang，et al. J Appl Polym Sci.，2012，124（3）：1808.
[78]（a）杨志建等．传感器技术，2003，22（10）：74；（b）王珊，杨小玲，古元梓．化工科技，2012，20（3）：62.
[79] 董绍俊，车广礼，谢远武．化学修饰电极．北京：科学出版社，1995.
[80] Md. Aminur Rahman，et al.，Anal. Chem.，2003，75：1123.
[81] Marystela Ferreira，et al.，Anal. Chem.，2003，75：953.
[82]（a）E. W. H. Jager，et al，Science，2000，288（117）：2335；（b）C. B. Breslin，et al.，Mater. Design，2005，26（1）：233.
[83]（a）李应平等．中国材料进展，2011，30（8）：17；（b）J. Alam，U. Riaz，S. Ahmad，Current Applied Physics，2009，9（1）：80；（c）M. R. Bagherzadeh，F. Mahdavi，M. Ghasemi，et al. Progress in Organic Coatings，2010，68（4）：319；（d）S. Ahmad，S. M. Ashraf，U. Riaz，et al. Progress in Organic Coatings，2008，62（1）：32；（e）S. Bhadraa，et al，Progress in Polymer Science，2009，34：783.
[84]（a）王韶晖，张萍，赵树高，王声乐，都有为．青岛化工学院学报，2002，23（2）：23；（b）邓芳，何伟，姜莹莹，范惠琳，蹇锡高．高分子材料科学与工程，2010，26（2）：171；（c）M. M. Rahman，A. Elaissari，J. Mater. Chem.，2012，22：1173；（d）T. Ren，et al，J. Mater. Chem.，2012，22：12329.
[85] H. M. Mcmonnell，Chem. Phys.，1963，39：1910.
[86] Y. V. Korshak，T. V. Medvedeva，et al.，Nature，1987，326：370.

[87] T. L. Makarova, et al., Nature, 2001, 413: 716.
[88] P. M. Allemand, et al. Science, 1991, 253: 301.
[89] J. S. Miller, A. J. Epstein, W. M. Feiff. Science, 1988, 240: 40.
[90] M. L. Taliaferro, F. Palacio, J. S. Miller, J. Mater. Chem., 2006, 16: 2677.
[91] J. G. DaSilva, et al., Inorg. Chem., 2013, 52 (2): 1108.
[92] N. A. Zaidi, et al, Polymer, 2004, 45: 5683.
[93] (a) J. Nicolas, et al., Chem. Soc. Rev., 2013, 42: 1147; (b) Ernst Wagner, Adv Polym Sci, 2012, 247: 1.
[94] David Cunliffe, et al, Eur. Polymer J., 2004, 40: 5-25.
[95] (a) M. Szycher, V. L. Poirier, Ind. Eng. Chem., Prod. Res., Dev., 1983, 22: 588; (b) 夏维娟等. 高分子通报, 2011, 4: 164.
[96] K. Ishihara, Science and Technology of Advanced Materials, 2000, 1: 131.
[97] (a) 罗祥林等. 生物医学工程学杂志, 2000, 17 (3): 320; (b) 陈旭东, 许黎瑞. 功能高分子学报, 1998, 11 (4).550.
[98] 屠美 等. 功能高分子学报, 1997, 10 (3): 328.
[99] (a) D. R. Absolom, J. Biomed. Mater. Res., 1988, 22: 271; (b) K. L. Boyd, J. Biomed. Mater. Res., 1988, 22: 163.
[100] (a) 李世普, 生物医用材料导论. 武汉: 武汉科技大学出版社, 2003; (b) D. H. Lewis, Controllease of Bioactive Agents from Lactide/Glycolide Polymers, in Biodegrable. Polymers as Drug Delivery Systems, New York: Marcel Dekker Inc, 1990; (c) J. Heller, R. V. Separer, G. M. Zentenner, Poly (othester) in Biodegradable Polymers as Drug Delivery Systems, New York: Marcel Dekker Inc, 1990; (d) 罗时荷等. 高分子通报, 2011, 7: 50.
[101] S.-I. Moon, C.-W. Lee, I. Taniguchi, M. Miyamoto, Y. Kimura, Polymer, 2001, 42: 5059.
[102] A. B. Lowe, B. S. Sumerlin, C. L. McCormick Polymer, 2003, 44: 6761.
[103] K. Ohno, Y. Tsujii, T. Miyamoto, et al. Macromolecules, 1998, 31: 1064.
[104] C. Fraser, R. H. Grubbs, Macromolecules, 1995, 28: 7248.
[105] (a) G. B. Sigal, M. Mammen, G. Dahmann, G. M. Whitesides, J. Am. Chem. Soc., 1996, 118: 3789; (b) S. K. Choi, M. Mammen, G. M., Whitesides J. Am. Chem. Soc., 1997, 119: 4103.
[106] M. Mourez, et al., Nat Biotechnol., 2001, 19: 958.
[107] 时均, 袁权等. 膜技术手册. 北京: 化学工业出版社, 2001.
[108] (a) T. Peng, Y. L. Cheng. J. Appl. Polym. Sci., 1998, 70, 2133; (b) T. Yamaguchi, T. Ito, T. Sato, et al. J. Am. Chem. Soc., 1999, 121, 4078.
[109] (a) J. K. Shim, Y. B. Lee, Y. M. Lee. J. Appl. Polym. Sci., 1999, 74: 75; (b) Y. Ito, et al., J. Am. Chem. Soc., 1997, 119: 2739; (c) Y. Ito, et al., J. Am. Chem. Soc., 1997, 119: 1619.
[110] Y. Ito, M. Inaba, et al., Macromolecules, 1992, 25: 73.
[111] (a) 郑树娜等. 山东化工, 2013, 42 (9): 34; (b) 杜郢等. 化学与粘合, 2013, 35 (4); (c) 钟宇科等. 合成材料老化与应用, 2013, 42 (1): 37; (d) 牛萍等. 中国塑料, 2013, 27 (8): 13; (e) 张向南等. 塑料科技, 2012, 40 (4): 119; (f) 姚东明, 何和智. 塑料, 2011, 40 (1): 52.
[112] 曾超等. 科学通报, 2011, 56 (19): 1497.
[113] 武志芳等. 食品与发酵科技, 2010, 46 (1): 27.
[114] 黄金等. 食品与发酵工业, 2012, 38 (3): 132.
[115] 姚远. 科技通报, 2013, 29 (1): 75.
[116] 赵文元, 王亦军. 功能高分子材料化学. 北京: 化学工业出版社, 2003.
[117] (a) J. P., Collman, L. S., Hegedus, Priciples and Applications of Organotransition Metal Chemistry, 1980, Mill Valley; (b) P. L. Osburn, D. E. Berghreiter, Prog. Polymer. Sci., 2001, 2015; (c) P. Mastrorilli, C. F. Nobile, Coord. Chem. Rev., 2004, 248: 377; (d) M. Benaglia, A. Puglisi, F. Cozzi, Chem. Rev., 2003, 103 (9): 3401; (e) Z. Zhang, Y. Wang, Z. Wang, H. Philip, React. & Funct. Polym., 1999, 41: 37-43.
[118] (a) D. Astruc, Tetrahedron Asymm., 2010, 21: 1041; (b) E. Delort, T. Darbre, J. L. Reymond, J. Am. Chem. Soc., 2004, 126: 15642; (c) D. Wang, D. Astruc, Coordination Chemistry Reviews, 2013, 257: 2317; (d) C.-P. Du, et al, J. of Molecular Catalysis A: Chemical, 2004, 216: 7.
[119] Z.-X. Chen, G.-Y. Xu, G.-C. Yang, W. Wang, React. & Funct. Polym., 2004, 61: 139.
[120] F. Miyajima, T. Iijim, M. Tomoi, Y. Kimura, React. & Funct. Polym., 2000, 43: 315.

[121] B. Tamami, H. Mahdavi, React. & Funct. Polym., 2002, 51: 7.
[122] L. Li, J. Shi, J. Yan, et al., J. Mol. Catal. A: Chem., 2004, 209: 227.
[123] J. Luo, C. Lu, C. Cai, et al. J. Fluor. Chem., 2004, 125: 701.
[124] P. Kubisa, T. Biedron, React. & Funct. Polym., 1995, 27: 237.
[125] M. Benaglia, M. Cinquini, F. Cozzia, et al., Tetrahedron Lett., 2002, 43: 3391.
[126] B. Thierry, J. C. Plaquevent, D. Cahard, Tetrahedron: Asymmetry, 2003, 14: 1671.
[127] (a) Q. H. Fan, et al., J. Am. Chem. Soc., 1999, 121 (32): 7407; (b) T. Kaliyappan, P. Kannan, Prog. Polym. Sci., 2000, 25: 343.
[128] (a) S. M. Grayson, J. M. J. Frechet, Chem. Rev., 2001, 101: 3819; (b) D. Astruc, Franc, Oise Chardac, Chem. Rev., 2001, 101: 2991; (c) R. Breinbauer, E. N. Jacobsen, Angew. Chem. Int. Ed., 2000, 39: 3604; (d) P. Bhyrappa, J. K. Young, J. S. Moore, K. S. Suslick, J. Am. Chem. Soc., 1996, 118: 5708.
[129] (a) Alain Roucoux, Ju¨rgen Schulz, Henri Patin, Chem. Rev. 2002, 102: 3757; (b) K. Zhang, D. C. Neckers, J. Polym. Sci. Polym. Chem. Ed., 1983, 21: 3115; (c) E. Gautron, A. Garron, E. Bost, F. Epron, Catal. Commun., 2003, 4: 435; (d) T. Mallat, A. Baiker, Chem. Rev., 2004, 104: 3037; (e) A. A. D. Archivio, L. Galantini, et al., Chem. Eur. J., 2000, 6: 794; (f) J. Tsuji, Palladium Reagents and Catalysts: New Perspectives for the 21st Century, Wiley-VCH, Weinheim, 2004; (g) J. Yu, H. Wu, C. Ramarao, J. B. Spencer, S. V. Ley, Chem. Commun., 2003, 678; (h) Didier Astruc, et al., Chem. Rev. 2010, 110: 1857; (i) M. Kralik, A. Biffis, J. Mol. Catal. A: Chem., 2001, 177: 113; (j) B. Corain, G. Schmid, N. Toshima, Metal Nanoclusters in Catalysis and Materials Science: The Issue of Size Control, Elsevier B. V., 2008; (k) R. W. J. Scott, A. K. Datye, R. M. Crooks, J. Am. Chem. Soc., 2003, 125: 3708.
[130] (a) 张丽英．化工新型材料，1999，27 (11)：37；(b) 杨华．化工新型材料．1997，333.
[131] 江源，邹宁宇．聚合物光纤．北京：化学工业出版社，2002.
[132] (a) 王舰等．功能材料，2013，增刊 (II)，171；(b) 孔德鹏等．中国激光，2013，40 (1)：153；(c) 周鸿颖等．自动化仪表，2011，32 (7)：15；(d) 何志良．电力系统通讯，2010，31 (208)：66；(e) 吕晨等．纺织学报，2013，34 (7)：148.
[133] Mc. Allister, et al., WO: 93-03074, 1993.
[134] Y. Koike, T. Ishigure, E. Nihei, J. of lightwave Technology, 1995, 13 (8): 1686.
[135] Tatsuya Kanno, Kenichi Sesaki. USP: 5002362, 1991.
[136] 袁松青，刘海平．光纤通信原理．北京：人民邮电出版社，1998.
[137] 杨柏，高长有，沈家驄．高分子通报，1995，(6)：92.
[138] 曾汉民主编．高技术新型材料要览．北京：中国科学技术出版社，1993.
[139] 王之江，陈杏蒲，陆汉民，顾培森．光学技术手册．北京：机械工业出版社，1987.
[140] 周维祥．塑料测试技术．北京：化学工业出版社，1997.
[141] 区英鸿，刑春明，李永先．塑料手册．北京：兵器工业出版社，1991.
[142] 江源．工程塑料及应用，1999，27 (3)：32.
[143] 罗毅，肖勤莎．塑料，1997，26 (5)：12.
[144] 张素霖．塑料工业，1984，(2)：54.
[145] 赵宜明．塑料，1990，19 (1)：40.
[146] 范海明，王寿泰，徐传骧．光纤与电缆及应用，1997，141 (2)：27.
[147] 石晓东．塑料，1996，25 (1)：33.
[148] 邹盛欧 编译．化工新型材料，1992.
[149] 徐乃英．光纤与电缆及其应用技术，1999，(4)：3.
[150] H. Y. Tama, et al., Optical Fiber Technology, 2010, 16: 357.
[151] (a) 杨大智．智能材料与智能系统，天津大学出版社，2000；(b) 马光辉，苏志国．新型高分子材料．北京：化学工业出版社，2003；(c) 陈莉．智能高分子材料．北京：化学工业出版社，2004.
[152] (a) E. Wischerhoff, et al, Adv. Polym. Sci., 2011, 240: 1; (b) S. Peng, B. Bhushan, RSC Advances, 2012, 2: 8557; (c) Takeshi Maeda, Hideyuki Otsuka, Atsushi Takahara, Progress in Polymer Science, 2009, 34: 581; (d) A. Chan, et al, Advanced Drug Delivery Reviews, 2013, 65: 497; (e) T. Chen, et al, Progress in Polymer Science, 2010, 35: 94; (f) C. Zhao, et al, Progress in Polymer Science, 2011, 36: 1499; (g) 袁焜 等．材料导报，2011，25 (8)：382. (h) 陈秀丽，裴先茹．化学工程与装备，1010，3：134.

[153] R. Dagani Chem. & Eng. News，1997，75（23）：26.
[154] T. Tanaka，Phys. Rev. Lett.，1978，40：820.
[155] T . Hino，J. N. Peausnits，Polymer，1998，39：3279.
[156] Y. Hirokawa，T. Tanaka，J. Chem. Phys.，1984，81：6379.
[157] S. Fujishige，K. Kubota，I. Ando，J. Phys. Chem.，1989，81：3311.
[158] E. S. Matsuo，T. Tanaka，J. Chem. Phys.，1988，89：1695.
[159] M. Shibayama，S. Mizutani，S. Nomura，Macromolecules，1996，29：2019.
[160] M. Havsky，J. Hrowz，K. Ulbrich，Polym. Bull.，1982，7：107.
[161] T. Tanaka，Sci. Am.，1981，244：124.
[162] I. Ohmine，T. Tanaka，J. Chem. Phys.，1982，11：5725.
[163] Y. Li，T. Tanaka，Ann. Rev. Mater. Sci.，1992，22：243.
[164] K. Mukae，M. Sakutai，S. Sawamuta，J. Phys. Chem.，1993，97：737.
[165]（a）J. S. Walker，C. A. Vance，Sci. Am.，1987，256：90；（b）何炳林，王林富等，离子交换与吸附，1991，7（3）：161.
[166] A. K. Lele，S. K. Karode，M . V. Badiger，K. A. Mashelkar，J. Chem. Phys.，1997，107：2142.
[167] F. Zeng，Z. Tong，H. Feng，Polymer，1997，38：5339.
[168] X. Zheng，Z. Tong，X. Xie，F. Zeng，Polym. J.，1988，30（4）：284.
[169] F. Zeng，X. Zheng，Z. Tong，Polymer，1997，39（5）：1249.
[170] 马建标，李建敏等．高分子学报，1991，（6）：698.
[171] A. Suzuku，et al.，Macromolecules，1997，30：2350.
[172] 长田义仁，岸良一．化学工业（增刊），1987，184.
[173] 国府田悦男．化学工业，1993，46：1209.
[174] P. Wan et al.，Adv Mater.，2009，21：4362 - 4365.
[175]（a）谢锐 等，化学进展，2012，24（2/3）：195；（b）M. Yang，et al.，J. Membrane Sci.，2010，355（1/2）：142；（c）M. Yang，et al.，Adv. Funct. Mater.，2008，18（4）：652.
[176]（a）X. Chen，W. Li，W. Zhong，Y. Lu，T. Yu，J. Appl. Polym. Sci.，1997，65：2257；（b）X. Chen，et al.，J. Polym. Sci.，Part . B，Polym. Phys.，1997，35：2293.
[177] 肖春生等．中国科学化学，2008，38（10）：867.
[178] J. M. Lehn，Supramol. Chem.，Eds. Weinheim：VCH，1995.
[179] N. Yui，T. Ikeda，In Supramol. Design Bio.，2002，4：135.
[180] T. Ooya，N. Yui，Polyrotaxanes：Crit. Ther. Drug Deliv. Syst.，1999，16：289.
[181] T. Ooya，N. Yui，J. Biomater. Sci. Polym. Ed.，1997，8：437.
[182] J. Watanabe，T. Ooya，Chem. Lett.，1998，1031.
[183] H. Fujita，T. Ooya，N. Yui，Macromolecules，1999，32：2534.
[184] T. Ikeda，et al.，Langmuir，2001，17：234.
[185] T. Ikeda，et al. Macromolecules，2002，36：435.
[186]（a）李兴建等．化学进展，2013，25（10）：1726；（b）C. M. Yakacki，et al.，Biomaterials，2007，28（14）：2255；（c）杜春慧等．现代化工，2010，30（3）．27；（d）吕维华等．化学进展，2008，20（2，3）：351；（e）周兰君，徐军．上海纺织科技，2010，38（5）：5.
[187]（a）周宏伟等．化学进展，2011，23（11）：2368；（b）S. Maeda，Y. Hara，R. Yoshida，S. Hashimoto. Advanced Robotics，2008，22：1329.
[188] 李秀错等．复合材料学报，2000，17（4）：119.
[189] D. Z. Klass，. et al.，J. Appl. Phys.，1967，38（1）：67.
[190] H. Bloch，et al.，J. Appl. Phys.，1988，21：1661.
[191] Katbleen O'leasyHaveka，Progress in Electrorheology［Proc. Am. Chem. Soc. Symp. Electrorheol.（ER）Mater. Fluids］，1995：43.
[192] R. L . Bloind.，et al.，USP 5，149，454，1992.
[193] R. L. Bloind，et al.，USP 5，130，029，1992.
[194] T. L. Knobel，et al.，EP 427，520，1991.
[195] 朝香良信，日本流变学会志，1992，20（2）：61.

[196] 小野哲等 . JP 05，112，608. 1993.
[197] A. Inoue，et al，J. Appl. Polym. Sci.，1995，55：113.
[198] Hiroshi，Kimura，et al.，Polym. J.，1994，26 (2)：1079.
[199] R. A. Pollack，USP 5，445，360，1995.
[200] E. Barritt. et al.，EP 0，394，049，1990.
[201] A. F. Sprecher，et al.，Sci. Eng.，1987，95：187.
[202] D. J. Klingeuberg，et al.，Langmuir，1990，6：15.
[203] H. Block，et al.，Langmuir，1990，6：6.
[204] A. F. Sprecher，Electrorheological Fluid Proc. Int. conf.，Ind，1991 (Pub. 1992)：142.
[205] F. E. Fliskc，Chem. Industry (London)，1992，10：370.
[206] 汪建晓等 . 功能材料，2006，35 (50)：706.
[207] T. Shiga，et al.，J. Appl. Polym. Sci.，1995，58：787.
[208] S. M. Yun，et al，Smart Mater. Struct. 2010，19 (6)：65023 .
[209] H. Bose，et al，J. Phys. Conf. Ser，2009.
[210] I. Cheu，et al，J. Mater. Sci.，2007，42 (14)：5483.
[211] T. I. Sun，et al，Polymer Test，2008，17 (4)：520.
[212] A. Boczkowska，et al，Solid state Phenomena，2009，154：170.
[213] P. Zajac，et al Samrt Mater Structure，2010，19 (4)：045014.
[214] 卢秀茵等 . 磁性材料及器件，2011，42 (16)：1.